Konzepte und Studien zur Hochschuldidaktik
und Lehrerbildung Mathematik

Herausgegeben von
Prof. Dr. Rolf Biehler (geschäftsführender Herausgeber), Universität Paderborn
Prof. Dr. Albrecht Beutelspacher, Justus-Liebig-Universität Gießen
Prof. Dr. Lisa Hefendehl-Hebeker, Universität Duisburg-Essen, Campus Essen
Prof. Dr. Reinhard Hochmuth, Leuphana Universität Lüneburg
Prof. Dr. Jürg Kramer, Humboldt-Universität zu Berlin
Prof. Dr. Susanne Prediger, Technische Universität Dortmund

Die Lehre im Fach Mathematik auf allen Stufen der Bildungskette hat eine Schlüsselrolle für die Förderung von Interesse und Leistungsfähigkeit im Bereich Mathematik-Naturwissenschaft-Technik. Hierauf bezogene fachdidaktische Forschungs- und Entwicklungsarbeit liefert dazu theoretische und empirische Grundlagen sowie gute Praxisbeispiele.
Die Reihe „Konzepte und Studien zur Hochschuldidaktik und Lehrerbildung Mathematik" dokumentiert wissenschaftliche Studien sowie theoretisch fundierte und praktisch erprobte innovative Ansätze für die Lehre in mathematikhaltigen Studiengängen und allen Phasen der Lehramtsausbildung im Fach Mathematik.

Axel Hoppenbrock · Rolf Biehler ·
Reinhard Hochmuth · Hans-Georg Rück
Herausgeber

Lehren und Lernen von Mathematik in der Studieneingangsphase

Herausforderungen und Lösungsansätze

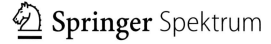 Springer Spektrum

Herausgeber

Axel Hoppenbrock
Institut für Mathematik
Universität Paderborn
Paderborn, Deutschland

Rolf Biehler
Institut für Mathematik
Universität Paderborn
Paderborn, Deutschland

Reinhard Hochmuth
Institut für Didaktik der Mathematik und Physik
Leibniz Universität Hannover
Hannover, Deutschland

Hans-Georg Rück
Institut für Mathematik
Universität Kassel
Kassel, Deutschland

ISBN 978-3-658-10260-9   ISBN 978-3-658-10261-6 (eBook)
DOI 10.1007/978-3-658-10261-6

Die Deutsche Nationalbibliothek verzeichnet diese Publikation in der Deutschen Nationalbibliografie; detaillierte bibliografische Daten sind im Internet über http://dnb.d-nb.de abrufbar.

Springer Spektrum
© Springer Fachmedien Wiesbaden 2016

Planung: Ulrike Schmickler-Hirzebruch

Gedruckt auf säurefreiem und chlorfrei gebleichtem Papier.

Springer Fachmedien Wiesbaden GmbH ist Teil der Fachverlagsgruppe Springer Science+Business Media
(www.springer.com)

Vorwort

In mathematikhaltigen Studiengängen sind die ersten Semester oft mit großen Problemen für die Studierenden verbunden. Sie erleben einen großen Unterschied zwischen der Mathematik, die sie aus der Schule kennen und die sie nun ganz anders in der Hochschule erfahren. Dieser „Kulturschock" verbunden mit neuen Anforderungen an eigenverantwortliche Lern- und Arbeitsmethoden ist nicht selten ein entscheidender Grund für die – im Vergleich zu anderen Studiengängen – hohen Abbrecherquoten. Die Hochschuldidaktik Mathematik setzt sich systematisch mit diesen Problemen auseinander, entwickelt Angebote und Konzepte, um die mathematische Hochschullehre zu verbessern sowie Theorien und Methoden, um Problemlagen besser verstehen und analysieren zu können. Die Anzahl fachspezifischer Projekte, die auf Lehrverbesserungen zielen, hat in den letzten 10 Jahren stark zugenommen und durch den im Jahr 2011 vom BMBF gestarteten Qualitätspakt Lehre (www.qualitaetspakt-lehre.de) einen weiteren enormen Schub erfahren.

Um einen Austausch solcher Projekte zu fördern, einen Diskurs auf wissenschaftlicher Ebene zu befördern, und um die Hochschuldidaktik Mathematik (HDM) als wissenschaftliche Disziplin zu formieren, hat das Kompetenzzentrum Hochschuldidaktik Mathematik (khdm) im Februar 2013 eine Tagung in Paderborn zum Thema „Mathematik im Übergang Schule, Hochschule und erste Studienjahr" organisiert.

Die Tagung fand vom 20.02.2013 bis zum 23.02.2013 an der Universität Paderborn statt und wurde in Verbindung mit zwei gemeinsamen Kommissionen von DMV, GDM und MNU, der „Gemeinsamen Mathematik-Kommission Übergang Schule-Hochschule" und der „Kommission Lehrerbildung" sowie mit dem vom Verein MNU initiierten Projekt Mathematik „Basiskompetenzen am Ende der Sekundarstufe II" und dem Projekt VEMINT (Virtuelles Eingangstutorium für die MINT-Fächer, ehemals VEMA) durchgeführt.

Der vorliegende Band enthält Ausarbeitungen einer Auswahl der dort gehaltenen Vorträge. Alle Beiträge wurden in einem peer review Verfahren begutachtet.

Das khdm (www.khdm.de) wurde im Jahr 2010 gegründet und hat sich im Laufe der Jahre als gemeinsame wissenschaftliche Einrichtung der drei Universitäten Paderborn, Kassel und Lüneburg etabliert, eine Ausweitung auf die Universität Hannover ist geplant. Das Ziel des khdm ist es u. a. die HDM als wissenschaftliche Disziplin weiter zu entwickeln und zu etablieren, einen Beitrag zur Verknüpfung von Grundlagenforschung und

Lehrinnovationen zu leisten sowie den Austausch der verschiedenen Akteure auf dem Gebiet der HDM zu fördern. Im khdm angesiedelt sind eine Reihe von eigenen Forschungs- und Lehrinnovationsprojekten, zu denen auch Beiträge in diesem Band zu finden sind. Daneben konnte mit der ersten khdm-Arbeitstagung zu Vor- und Brückenkursen im Jahr 2012 ein Beitrag zum Austausch über Hochschuldidaktikprojekte geleistet werden. Dieser Austausch wurde mit der zweiten khdm Tagung im Jahr 2013 intensiviert und ausgebaut. Die Zahl von ca. 100 Teilnehmern im Jahr 2012 stieg auf über 270 im Jahr 2013.

Die erst beginnende Institutionalisierung der HDM zeigt sich auch im europäischen Raum. Dort, wo längerfristig hochschuldidaktische Forschung betrieben wird, hängt sie in der Regel stark an einzelnen Wissenschaftlern. Fest etabliert ist die HDM im nordamerikanischen Raum durch die Special Interest Group on Research in Undergraduate Mathematics Education (RUME), die sich aus der fachmathematischen Mathematical Association of America (MAA) heraus gebildet hat. In Großbritannien existiert mit dem Mathematics Education Centre der Loughborough University ein Forschungszentrum und mit dem zusammen mit der Coventry University gegründeten Sigma-Network eine Struktur von hochschuldidaktischen Initiativen mit dem Schwerpunkt „student support centres for mathematics". In Norwegen wurde im Jahr 2014 das Centre for Research, Innovation and Coordination of Mathematics Teaching (MatRIC) an der University of Agder gegründet. Dieses fokussiert auf das Lehren und Lernen von Mathematik im Service, vor allem der Ingenieursausbildung. Ende 2014 hat sich Kontext der ERME (European Society for Research in Mathematics Education) die Gruppe INDRUM (*International Network for Didactic Research in University Mathematics*) gebildet.

Die HDM hat sich im Schnittbereich mehrerer Disziplinen und Fachgebiete entwickelt wie der Fachmathematik, der schulbezogenen Fachdidaktik der Mathematik, der allgemeinen Hochschuldidaktik, der empirische Bildungsforschung, der (pädagogische) Psychologie und der Erziehungswissenschaften. Jede dieser Disziplinen und Fachgebiete hat eigene Forschungsanliegen, methodische Ansprüche und Institutionen. Am engsten ist die Hochschuldidaktik der Mathematik dabei mit der schulbezogenen Didaktik der Mathematik verwandt und verknüpft. Gemeinsam ist beiden Fachgebieten, dass sie sich zwischen klassischen Disziplinen entwickelt haben und sich auf die spezifische Domäne des Lehrens und Lernens von Mathematik in bestimmten Institutionen beziehen. Zudem stehen ihre Projekte stets im Spannungsfeld zwischen pragmatischer Lehrverbesserung und wissenschaftlich begründeter Theoriebildung.

Mit stärkerem Fokus auf pragmatische Verbesserungen der Lehre wurden in den letzten Jahren an verschiedenen Hochschulen Programme zur Verbesserung der mathematikbezogenen Lehre im MINT-Bereich initiiert. Ein großes Forschungs- und Lehrinnovationsfeld im Bereich der HDM sind die Vor- und Brückenkurse. Diese haben sich an fast allen Universitäten als Einstiegshilfe in den Studienstart mit unterschiedlichen Formaten etabliert. Viele neuere Projekte fokussieren auf das erste Studienjahr, in dem ergänzende Angebote wie Lernzentren, Mentorenprogramme oder Zusatzkurse sowie ganz neue Lehrveranstaltungen kreiert wurden. Ferner gibt es Lehrinnovationen in den üblichen Anfängervorlesungen, z. B. durch fachspezifische Tutorenschulungen, Einsatz von kognitiv aktivierenden Lernmethoden oder neue Akzente in den Inhalten oder Prüfungsformen. Diese Lehrinnovationen werden in unterschiedlichem Maße wissenschaftlich begleitet und evaluiert.

Die 2. khdm-Arbeitstagung setzte sich unter anderem zum Ziel, Praxisbeispiele vorzustellen, Ergebnisse aus der hochschuldidaktischen Forschung zu präsentieren und den Austausch zwischen den verschiedenen Akteuren der Hochschuldidaktik zu fördern und damit einen Beitrag zur Entwicklung der Hochschuldidaktik der Mathematik als wissenschaftlicher Disziplin zu liefern.

Wir haben diesen Band, den Charakter der verschiedenen Beiträge auf der Tagung widerspiegelnd, in 4 Bereiche gegliedert: nach den 2 Hauptvorträgen folgen „Best-Practice Beispiele", „Wissenschaftliche Beiträge" und „Diskussionsbeiträge". Je nach dem Typ des Beitrags wurden im Begutachtungsverfahren jeweils etwas andere Kriterien zugrunde gelegt. Wir hoffen, dass dieser Band dazu beiträgt, die genannten Bereiche einander näher zu bringen. So erfährt die wissenschaftliche Forschung im Bereich HDM Anregung durch gute Beispiele der Lehrinnovation. Andererseits bedürfen auch auf Anhieb überzeugend erscheinende Praxisbeispiele einer kritischen wissenschaftlichen Reflexion und einer Überprüfung ihrer tatsächlichen Effekte.

Während sich der Hauptvortrag von Sigrid Blömeke mit den empirischen Studien zum mathematikbezogenen Übergang von Schule zur Hochschule beschäftigt, analysiert Lisa Hefendehl-Hebeker die unterschiedliche mathematische Wissenskonstruktion und -organisation in Schule und Hochschule. Das zweite Kapitel „Best-Practice-Beispiele" führt eine Reihe von Lehrinnovationen und deren Evaluation auf. Diese „Best-Practice-Beispiele" reichen auf der inhaltlichen Ebene von Mathematik im Service über Lehrinnovationen in Fachmathematikveranstaltungen bis hin zu Veranstaltungen mit dem speziellen Fokus auf die Lehramtsausbildung und auf der zeitlichen Ebene von Vor- und Brückenkursen bis hin zu Veranstaltungen in den ersten Semestern. Im dritten Kapitel „Wissenschaftliche Beiträge" werden exemplarisch einige interessante Forschungsergebnisse vorgestellt. Abgerundet wird der Tagungsband durch das vierte und letzte Kapitel „Diskussionsbeiträge", das zu weiteren Forschungs- und Lehrinnovationsvorhaben anregen soll.

Das Erstellen eines Tagungsbandes nach einer Konferenz mit solch großer Beteiligung sowie den sehr intensiven und auch kontroversen Diskussionen ist eine ganz besondere Herausforderung und hat u. a. wegen des gründlichen Begutachtungsverfahrens nun auch einige Zeit erfordert. Wir bedanken uns an dieser Stelle zunächst für die Geduld aller Autorinnen und Autoren. Unser Dank gilt den Gutachterinnen und Gutachtern, die im Wesentlichen aus dem Kreis der Autoren und Koautoren dieses Bandes stammen und sehr zum Gelingen des Bandes beigetragen haben, und natürlich allen Autorinnen und Autoren.

Paderborn, Kassel, Hannover im April 2015   Axel Hoppenbrock,
                                                                                                      Rolf Biehler,
                                                                                              Reinhard Hochmuth,
                                                                                               Hans-Georg Rück

Inhaltsverzeichnis

Teil I
Hauptvorträge

Der Übergang von der Schule in die Hochschule: Empirische Erkenntnisse zu mathematikbezogenen Studiengängen

1

Sigrid Blömeke

Zusammenfassung

Der Übergang von der Schule in die Hochschule stellt – wie frühere Übergänge zum Beispiel von der Grundschule in die Sekundarstufe I – eine schwierig zu bewältigende Anforderung dar. Unterschiedliche Denkweisen und Lehrstile an Schule und Hochschule, die unterschiedliche Organisation der Ausbildungsgänge verbunden mit unterschiedlichen Erwartungen an die Lernstrategien und das Selbstmanagement sowie die neue soziale Situation an der Hochschule führen oftmals zu Problemen der Studierenden. In den mathematisch-naturwissenschaftlichen Studiengängen werden diese aufgrund früher und hoher Abbruchquoten besonders deutlich. In diesem Beitrag wird der Forschungsstand zum Übergang Schule – Hochschule mit einem Schwerpunkt auf der Situation in den mathematikbezogenen Studiengängen einschließlich der Lehrerausbildung zusammengefasst. Dabei wird vor dem Hintergrund des Wandels des Bildungsauftrags der Schule zum einen thematisiert, mit welchen Voraussetzungen die Studierenden heute in die Ausbildung an der Hochschule eintreten. Zum anderen geht es darum, Bedingungsfaktoren zu identifizieren, die Studienerfolg vorhersagen, um Konsequenzen für die Gestaltung der Lehre ziehen zu können. Diese werden mit Blick auf die Förderung der Selbstwirksamkeitserwartung in den mathematikbezogenen Studiengängen konkretisiert.

1.1 Ausgangslage

Der Übergang von der Schule in die Hochschule stellt – wie frühere Übergänge zum Beispiel von der Grundschule in die Sekundarstufe I – eine schwierig zu bewältigende Anforderung dar. Unterschiedliche Denkweisen und Lehrstile an Schule und Hochschule,

Sigrid Blömeke ✉
University of Oslo, Centre for Educational Measurement (CEMO), Oslo, Norwegen
e-mail: sigribl@cemo.uio.no

© Springer Fachmedien Wiesbaden 2016
A. Hoppenbrock et al. (Hrsg.), *Lehren und Lernen von Mathematik in der Studieneingangsphase*, Konzepte und Studien zur Hochschuldidaktik und Lehrerbildung Mathematik, DOI 10.1007/978-3-658-10261-6_1

die unterschiedliche Organisation der Ausbildungsgänge verbunden mit unterschiedlichen Erwartungen an die Lernstrategien und das Selbstmanagement sowie die neue soziale Situation an der Hochschule führen oftmals zu Problemen der Studierenden.

Im Fach Mathematik werden diese Probleme besonders deutlich. Die mathematikbezogenen Studiengänge weisen laut Bildungsbericht 2012 mit 55 % der Anfängerinnen und Anfänger in einem Bachelor-Studiengang die höchste Abbruchquote aller Studiengänge auf (zum Vergleich: die mittlere Abbruchquote aller Bachelor-Studiengänge an der Universität beträgt 35 %, Autorengruppe Bildungsberichterstattung 2012). Als Hauptgründe für den Studienabbruch geben die Studierenden zum einen eine Überforderung in leistungsmäßiger Hinsicht und zum anderen eine fehlende Sinnkonstruktion an (Heublein et al. 2010). Es fällt ihnen schwer, eine Verbindung der an der Hochschule präsentierten mathematischen Inhalte und Methoden mit späteren beruflichen Anforderungen zu erkennen. Unter motivationalen Gesichtspunkten kann sich eine solch fehlende Verbindung negativ auf das Durchhaltevermögen und letztlich die Studienleistungen auswirken.

Die didaktische Vermittlung mathematischer Inhalte wird für mathematikbezogene Studiengänge entsprechend schlechter beurteilt als für alle übrigen Studiengänge, nur 40 % der Studierenden zeigen sich zufrieden (Autorengruppe Bildungsberichterstattung 2012). Besonders viele Studienabbrüche erfolgen im ersten Jahr und von weiblichen Studierenden (Dieter 2012). Das heißt, dass es sich bei dem Studienabbruch in den mathematikbezogenen Studiengängen zum einen um ein Problem des Übergangs von der Schule in die Hochschule handelt und zum anderen um ein geschlechtsspezifisches Problem. Ersteres erfordert spezifische Anpassungsleistungen, die Hochschulen unterstützen können (Details s. u. im Abschnitt „Was tun? Erfolgreiche Interventionen"). Die geschlechtsspezifischen Probleme sind unter dem Gesichtspunkt der Chancengerechtigkeit und einer optimalen Ressourcenausschöpfung nicht optimal.

Im Zuge der so genannten Bologna-Reform erfolgte auch für die mathematikbezogenen Studiengänge die Umstellung von grundständigen Studiengängen mit einem Diplom oder Staatsexamen als Abschluss auf die mehrstufige Bachelor-Master-Struktur mit Modulen. Allerdings ergab sich nicht – wie erhofft – eine Verbesserung der Abschlussquoten und eine Verringerung des Anteils an Studienabbrüchen und Fachwechseln, sondern die Abbruchquote hat sich im Gegenteil erhöht (Autorengruppe Bildungsberichterstattung 2012). Die Verdichtung der Anforderungen und die höhere Verbindlichkeit der Lehrangebote haben zwar generell zu einer Verkürzung der mittleren Studienzeit beigetragen, gleichzeitig aber die Bereitschaft erhöht, das Fach Mathematik nicht weiter zu verfolgen.

Allerdings zeigt der aktuelle Bildungsbericht, dass sich diese Negativentwicklung für die mathematikbezogenen Studiengänge möglicherweise zu drehen beginnt. Die Studienbedingungen werden unter Betreuungsgesichtspunkten und im Hinblick auf den Umfang des Angebotes neuerdings besser beurteilt als in den übrigen Studiengängen – und die didaktische Qualität scheint ebenfalls zu steigen (Autorengruppe Bildungsberichterstattung 2012). Möglicherweise schlagen sich hier bereits die Anstrengungen nieder, die das Fach in den letzten Jahren aus eigener Initiative unternommen hat, um seine Erfolgsquote und Qualität zu steigern.

1.2 Schule im Spannungsfeld von Allgemeinbildung, Kompetenzorientierung, sozialer Öffnung und Wissenschaftspropädeutik

Die hochschulische Mathematik-Ausbildung baut auf einer Reihe von vorlaufenden Prozessen auf, die aus gesellschaftlichen Gründen nicht rückgängig gemacht werden können oder sollten. So ist die Abiturientenquote innerhalb von 40 Jahren von 6 auf 40 % gestiegen. Insgesamt haben wir – die Allgemeine und die fachgebundenen Hochschulreife zusammengenommen – in den letzten Jahren eine Zunahme auf 50 % Studienberechtigte einer Alterskohorte zu verzeichnen. Festzuhalten ist auch, dass mittlerweile rund ein Drittel der Hochschulzugangsberechtigten nicht von einem allgemeinbildenden Gymnasium kommt (Autorengruppe Bildungsberichterstattung 2012). Diese Veränderungen sind mit Chancen auf höhere Bildung für eine eher untypische Gymnasialklientel verbunden, was die soziale Herkunft angeht, und bedeuten eine Demokratisierung des Schulwesens im Hinblick auf Bildungsgerechtigkeit und Chancengleichheit.

1.2.1 Wandel des Bildungsauftrags des Gymnasiums

Zugleich hat sich der Bildungsauftrag des Gymnasiums in den letzten Jahrzehnten sukzessive gewandelt. Zum einen bringen die dargelegten demographischen Veränderungen – der Ausbau des Anteils an Gymnasialschülerinnen und -schülern einer Alterskohorte und die Herkunft eines substanziellen Anteils von beruflichen Gymnasien – zwangsläufig eine verstärkte Heterogenität mit sich. Parallel und möglicherweise mit diesen Veränderungen zusammenhängend ist die Übergangsquote in ein Studium von früher über 90 % der Studienberechtigten auf unter 70 % zurückgegangen, sodass statt *Tiefe* im Interesse von Wissenschaftspropädeutik als Ziel der gymnasialen Bildung *Breite* im Interesse von Allgemeinbildung stärker in den Mittelpunkt gerückt ist.

Diese Veränderung ging in einigen Bundesländern zu Lasten des Stellenwertes der Mathematik als Unterrichtsfach. Hier ist insofern kritisch zu hinterfragen, was *Allgemeinbildung* bzw. *Breite* in der Schule meinen kann bzw. muss. Es ließe sich beispielsweise argumentieren, dass die Sinus-Funktion genauso zur Allgemeinbildung gehört wie beispielsweise das Lesen klassischer deutscher Literatur, die Erarbeitung historischer Prozesse oder naturwissenschaftlicher Gesetze.

Zum anderen hat der „PISA-Schock" im Jahr 2001 das Vertrauen der breiten Öffentlichkeit und der Bildungspolitik in die Leistungsfähigkeit des traditionellen deutschen Schulwesens untergraben, indem sich für Deutschland in Bezug auf das Fach Mathematik insbesondere Probleme mit Modellieren und kumulativem Lernen gezeigt haben. Eine Folge war, dass – in Orientierung am konzeptionellen Rahmen der internationalen Vergleichsstudien, für die die PISA-Studien zum bekanntesten Synonym geworden sind – statt kanonisiertem Faktenwissen die Kompetenzorientierung als neues Leitideal der Allgemeinbildung diskutiert wurde.

Parallel wurden für den öffentlichen Sektor neue Steuerungsmodelle diskutiert. Wie im schulischen Bereich dominierte in den übrigen Bereichen des öffentlichen Sektors eine Steuerung der Arbeitsprozesse über so genannte Input-Regelungen, beispielsweise über die Vorgabe von Richtlinien und Budgets. Eine Überprüfung der erreichten Ergebnisse fand in Deutschland traditionell nicht statt. Aufgrund explodierender Kosten für den öffentlichen Sektor und zunehmender Kritik an dessen Leistungsfähigkeit wurde eine verstärkte Orientierung an tatsächlich erreichten Ergebnissen diskutiert (*new public management*), deren Kernmerkmal eine output-Steuerung ist. Hier trafen sich also unterschiedliche Entwicklungslinien, die in dieselbe Richtung wiesen und für das Schulsystem eine grundlegende Neuausrichtung zur Folge hatten.

Kritische Reflexion
Der Wandel des Bildungsauftrags kann in Bezug auf das Gymnasium einerseits als eine wichtige und notwendige Weiterentwicklung seines überlieferten Selbstverständnisses interpretiert werden, die gesellschaftlichen Veränderungen Rechnung trägt. Andererseits steht dieser Wandel hin zu einer kompetenzorientierten Allgemeinbildung, die ggf. noch auf das relativ enge funktionale Verständnis der internationalen Vergleichsstudien verkürzt wird, in einem Spannungsverhältnis zum zweiten Bildungsauftrag des Gymnasiums, der Wissenschaftspropädeutik. Dieses Spannungsverhältnis lässt sich insbesondere dann feststellen, wenn „Wissenschaftspropädeutik" eher traditionell als rein systematisch-disziplinärer, inhaltsorientierter Zugang verstanden wird.

Einen Zusammenhang zwischen Lerngelegenheiten und Lernergebnissen vorausgesetzt, geht Kompetenzorientierung auf Seiten der Schülerinnen und Schüler insofern vermutlich mit neuen Stärken einher, allerdings vermutlich auch mit neuen Schwächen. Schul- und Unterrichtszeit lassen sich nicht beliebig vermehren, sondern sind begrenzt. Ein neues Bildungsverständnis mit neuen Akzentsetzungen geht notgedrungen mit Einbußen an anderen Stellen einher. Schülerinnen und Schüler erwerben nach den neuen Curricula, die an den nationalen Bildungsstandards orientiert sind, weniger inhaltsgebundenes Wissen, dafür aber früher nicht gekannte prozessbezogenen Kompetenzen.

Dieser Rückgang einer Orientierung an der Inhaltssystematik und der Routinisierung von Fähigkeiten gefährdet im Fach Mathematik allerdings möglicherweise die Voraussetzungen für ein wissenschaftliches Studium. Zudem muss die Frage gestellt werden, inwieweit prozessbezogene Kompetenzen tatsächlich inhaltsunabhängig erworben werden können. Und schließlich ist zu vermuten, dass die Ausbildung von schulischen Spitzenleistungen über Spezialisierungen (z. B. in Form von Leistungskursen) nur schwer mit dem Anspruch einer Allgemeinbildung verknüpfbar ist. Insofern müssen aus einer konzeptionellen Perspektive Einbußen des Wandels festgestellt werden.

Zugleich ist aber zu bedenken, dass auch bei einer starken Ausrichtung des Gymnasiums auf seinen wissenschaftspropädeutischen Charakter schulisch erworbene Kenntnisse und Fähigkeit angesichts des hohen Vermittlungstempos an der Hochschule bereits nach kurzer Zeit nicht mehr weiterhelfen. Insofern stellt sich die Frage, inwieweit die geschilderten Einbußen tatsächlich wirksam werden oder ob die neue Kompetenzorientierung nicht auch produktiv genutzt werden kann.

1.2.2 Empirische Erkenntnisse zu den Studienvoraussetzungen in Mathematik

Unter empirischen Gesichtspunkten deuten einige Studien auf ein Absinken der mathematikbezogenen Lernvoraussetzungen von Studienanfängerinnen und -anfängern über die Zeit hin. Auf der Basis eines 45-minütigen Tests der mathematischen Kenntnisse auf Sekundarstufen-I-Niveau kann Knospe (2011) dieses Absinken beispielsweise anhand einer langfristigen Trenderhebung für die Eingangsvoraussetzungen in Mathematik an den nordrhein-westfälischen Fachhochschulen zeigen. Seit 2002 haben 26.000 Studienanfänger von 13 Fachhochschulen hieran teilgenommen. Nimmt man an, dass Einflüsse von Drittvariablen wenig relevant sind, deutet sich auf der 10-Punkte-Skala eine mittlere Abnahme von 4,0 Punkten im Jahr 2002 über 3,7 Punkte im Jahr 2006 auf aktuell 3,3 Punkte an. Termumformungen, das Lösen von Gleichungen sowie der Umgang mit Potenzen und Logarithmen scheinen besondere Schwierigkeiten zu bereiten.

Unter empirischen Gesichtspunkten ist zu den Eingangsvoraussetzungen weiterhin festzuhalten, dass enorme Unterschiede in der mathematikbezogenen Leistungsfähigkeit der Abiturientinnen und Abiturienten zwischen den Bundesländern bestehen. Es muss ein Süd-Nord-Gefälle konstatiert werden, wie der TOSCA-Leistungsvergleich zwischen Baden-Württemberg und Hamburg zeigt (Trautwein et al. 2007). Diese Unterschiede werden regelmäßig auch für jüngere Schülerinnen und Schüler durch die systematischen Ländervergleiche zum Beispiel im Rahmen von PISA-E (Baumert et al. 2002; Prenzel et al. 2005) oder die Ländervergleichsstudien des IQB deutlich, die auf die nationalen Bildungsstandards ausgerichtet sind (Stanat et al. 2012).

Auffällig ist dabei, dass die Hamburger Schülerinnen und Schüler trotz vergleichbarer Lerngelegenheiten schwächere Mathematikleistungen zeigen. Als Ursache machen Trautwein et al. (2007) zum einen den unterschiedlichen Anteil an Schülerinnen und Schülern aus, die einen Leistungskurs in Mathematik belegen (Hamburg: 18 %, Baden-Württemberg: 34 %) sowie eine geringere Selektivität im Zugang zum Abitur aus: In Hamburg erwirbt ein deutlich größerer Anteil die Studienberechtigung als in Baden-Württemberg. Konkret münden diese Unterschiede in Bezug auf die mathematische Grundbildung, die mit dem Test aus TIMSS III erfasst wurde, dass von den Grundkurs-Schülerinnen und Schülern nur 55 % das als „Regelerwartung" (über das Anwenden einfacher Routinen hinaus gelingt das Modellieren und Verknüpfen, wobei die Aufgaben oft mehrschrittig sind und der Ansatz erschlossen werden muss) definierte Kompetenzniveau III und nur 10 % das als „Leistungsspitze" (zusätzlich können die Schülerinnen und Schüler argumentieren) definierte Niveau IV erreichen, während dies in Baden-Württemberg 80 bzw. 25 % gelingt (Trautwein et al. 2007).

In Bezug auf die voruniversitäre Mathematik, ebenfalls mit dem entsprechenden Test aus TIMSS III erfasst, erreichen in Hamburg 50 % der Leistungskurs-Schülerinnen und Schüler, das für diese Kursart als Regelerwartung definierte Niveau III (Anwenden von Oberstufen-Mathematik) und 0 % die Leistungsspitze (Kompetenzniveau IV: selbstständiges Lösen von Aufgaben, die den Einsatz von Oberstufen-Mathematik erfordern). In Baden-Württemberg lauten die Vergleichszahlen 80 und 10 % (Trautwein et al. 2007). In beiden Bundesländern ist dabei auffällig, dass es deutliche Unterschiede zwischen den verschiedenen Schulformen gibt, wie hoch die Anteile an erfolgreichen Schülerinnen und Schülern sind. Die allgemeinbildenden und technischen Gymnasien erreichen durchweg bessere Leistungen als die sonstigen beruflich ausgerichteten Gymnasien.

Die Folgen der Reformen, die auf eine Stärkung der Allgemeinbildung ausgerichtet sind, lassen sich auf der Basis der TOSCA-Repeat-Daten in Baden-Württemberg nachvollziehen (Trautwein et al. 2010). In dieser Studie konnten das landesweite Leistungsniveau in Mathematik vor und nach der Aufhebung des Kurssystems mit fünfstündigen Leistungs- und dreistündigen Grundkursen, die zuvor im Mittel von 35 bzw. 64 % der Schülerinnen und Schüler belegt worden waren, sowie der Einführung verpflichtender Mathematik-Kurse im Umfang von vier Stunden im Klassenverband und der schriftlichen Belegung des Fachs Mathematik im Abitur verglichen werden. Nach den Reformen lässt sich in positiver Hinsicht zum einen festhalten, dass die mittlere Leistung um ein Zehntel einer Standardabweichung anstieg. Dieser Anstieg ist vor allem auf stärkere Leistungen an den nicht-technischen beruflichen Gymnasien zurückzuführen. Zum anderen – und hiermit zusammenhängend – konnte das untere mathematische Leistungsniveau gestärkt werden.

Allerdings geht die Reform mit einer Schwächung der Leistungsspitze insbesondere an Technischen Gymnasien einher, sodass die Variabilität der Leistungen also reduziert wurde. Damit kann das mit der Reform bildungspolitisch verfolgte Ziel als erreicht angesehen werden. Kultusministerin Schavan (politik-digital 2003) hatte die Einführung wie folgt begründet: „Die Reform war nötig, um zu einer besseren fachlichen Grundbildung für alle zu kommen, zu einer Stärkung der Naturwissenschaften, zur Einführung neuer Arbeitsformen und zur Wegnahme überflüssiger Spezialisierungen." Die neue Arbeitsform besteht aus Facharbeiten, die von Schülerinnen und Schülern positiv bewertet werden. Zugleich ist allerdings insgesamt eine geringere Leistungsmotivation festzustellen.

Kritische Reflexion

Das oben dargestellt Ergebnis von Knospe (2011) zum Absinken der mathematischen Eingangsvoraussetzungen an den nordrhein-westfälischen Fachhochschulen auf 3,3 Punkte im Mittel muss insofern zum Nachdenken anregen, als der Arbeitskreis Ingenieurmathematik ein Ergebnis von sechs Punkten als Mindestanforderung bezeichnet hat, um realistische Chancen zu haben, ein Ingenieurstudium erfolgreich abzuschließen. Dieser Wert von sechs Punkten wird nur von 18 % aller Testteilnehmerinnen und -teilnehmer erreicht. Selbst von den Absolventinnen und Absolventen eines Leistungskurses in Mathematik gilt, dass lediglich 38 % mindestens 6 Punkte erreichen.

Allerdings muss in diesem Zusammenhang auch darauf hingewiesen werden, dass die Folgen des Wandels im Bildungsverhalten, dem verstärkten Streben nach einer Studienberechtigung, für das berufliche Schulwesen und die duale Ausbildung weit gravierender sind als für den tertiären Bildungssektor. Da nur ein sehr kleiner Anteil an Studienberechtigten eine berufliche Ausbildung aufnimmt, müssen Betriebe und Schulen hier bei gestiegenen Anforderungen – relativ gesehen – mit noch schwächeren schulischen Eingangsvoraussetzungen umgehen, indem sie Schülerinnen und Schüler ausbilden, die noch wenige Jahre zuvor als ungelernte oder angelernte Arbeitskräfte beschäftigt worden wären – eine Option, die der Arbeitsmarkt angesichts des technischen Fortschritts kaum noch anbieten kann.

Was die Veränderungen in Baden-Württemberg durch die Reformen zur Stärkung der Allgemeinbildung angeht, die vermutlich einen bundesweiten Trend einläuten, ist die erreichte Verbesserung mit Vorteilen für Studiengänge verbunden, in denen die Mathematik eine Hilfswissenschaft darstellt, z. B. also für die Sozial- und Wirtschaftswissenschaften. Für Mathematik-Kernstudiengänge, die auf hohe Spezialisierung als Voraussetzung bauen, ist das Ergebnis der Reform daher als negativ zu bewerten.

1.3 Was tun? Erfolgreiche Interventionen

Die Hochschulen müssen sich auf die veränderten Voraussetzungen einstellen. Diese können und sollen nicht mehr rückgängig gemacht werden. Mittlerweile liegt denn auch eine Reihe an empirisch fundierten Beispielen dafür vor, wie sich das mathematische Wissen der Studierenden unmittelbar vor oder zu Studienbeginn fördern lässt. Verwiesen sei zum Beispiel auf das Virtuelle Eingangstutorium für mathematische Vor- und Brückenkurse VEMA (Biehler et al. 2012a, 2012b), auf den Online-Mathematik-Brückenkurs der TU4 (Roegner 2012). Ableitinger et al. (2013) haben zudem als Band 1 der neuen Reihe „Konzepte und Studien zur Hochschuldidaktik und Lehrerbildung Mathematik" Ansätze zu Verknüpfungen der Mathematikausbildung mit schulischen Vorerfahrungen zusammengetragen, wie die doppelte Diskontinuität der Lehramtsausbildung gemildert werden kann.

Im Hinblick auf weitere studienrelevante Merkmale hat sich die Förderung von Lernstrategien bewährt. Hier liegen unter anderem empirische Hinweise dazu vor, dass Selbsterklärungsstrategien förderlich sind. Studierende mit entsprechenden höheren Werten sind erfolgreicher beim Modulabschluss und zeigen einen weniger starken Rückgang an Interesse (Rach und Heinze 2013; Rach et al. 2012). Aus dem Projekt Mathe/Plus für Ingenieure wird deutlich, dass sich das Führen eines Lerntagebuchs positiv auf die metakognitiven Lernstrategien der Studierenden auswirkt (Griese et al. 2011a, 2011b).

Ein Schlüsselmerkmal für einen erfolgreichen Studienabschluss stellt die mathematikbezogene Selbstwirksamkeitserwartung dar. Bandura (1977, S. 71) beschreibt ihre Bedeutung wie folgt: „Motivation, Gefühle und Handlungen von Menschen resultieren in stärkerem Maße daraus, woran sie glauben oder wovon sie überzeugt sind, und weniger daraus, was objektiv der Fall ist." Selbstwirksamkeitserwartung kann definiert werden als

„[. . .] subjektive Gewissheit, [. . .] schwierige Anforderungen aufgrund eigener Fähigkeiten erfolgreich bewältigen zu können" (Jerusalem 2002, S. 10). Ihre Wirkung ist vielfach empirisch belegt, indem sich Personen mit stärkeren Ausprägungen zielbezogen durch ein höheres Anspruchsniveau, prozessbezogen durch größere Anstrengung und Ausdauer, effektiveres Arbeitszeitmanagement und größere Flexibilität bei der Lösungssuche sowie ergebnisbezogen durch bessere Leistungen und langfristig zudem durch realistischere Selbsteinschätzungen und motivationsförderlichere Erklärungen für die eigene Leistungen auszeichnen.

Nach Deci und Ryan (1985) können Selbstwirksamkeitserwartungen können durch drei Formen an Erfahrung gefördert werden: Kompetenzerleben, soziale Einbindung und Selbstbestimmung. Im Folgenden finden sich Überlegungen, wie solche Erfahrungen im Mathematikstudium ermöglicht werden können. Sie erfordern in einigen Punkten allerdings grundsätzliche Veränderungen im hochschuldidaktischen Handeln der Mathematiklehrenden, insbesondere auf der professoralen Ebene. Zudem kosten sie Zeit, die durch Reduktionen in den curricularen Inhalten gewonnen werden müsste. Zum Teil stellt sich hier also eine ähnliche Herausforderung, mit der die Schule konfrontiert war.

1.3.1 Förderung des mathematikbezogenen Kompetenzerlebens

Das mathematikbezogene Kompetenzerleben kann durch unterschiedliche Maßnahmen gefördert werden (s. im Folgenden Röder und Jerusalem 2007). So haben sich eine Fehlertoleranz sowie die Trennung von Lernsituationen (prinzipiell benotungsfrei, auf eine individuelle Diagnose und Bewertung ausgerichtet, mit individueller Ergebnissicherung – dies könnte beispielsweise während der begleitenden Übungen geschehen) und Leistungssituationen (z. B. in Form von Abschlussklausuren und Modulprüfungen) für schulisches Kompetenzerleben als relevant herausgestellt. Gezeigt hat sich, dass ein ständiger Leistungswettbewerb wenige Gewinner, aber viele Verlierer produziert, womit eine unzureichende Ausschöpfung des Begabungspotenzials verbunden ist. Die Leistungssituation (z. B. also die Semesterabschlussklausur) sollten dabei hinsichtlich ihrer Anforderungen (Lernziele, Aufgabentypen), der Vorbereitungsmöglichkeiten (Lernstrategien, Materialien) und der Bewertung (Kriterien, Gewichtung, Punktevergabe, Notenverhältnis) transparent sein. Auf diese Weise kann Unsicherheit reduziert und eine effizientere Planbarkeit sowie eine bessere Einschätzung des eigenen Leistungsvermögens sowie der eigenen Defizite ermöglicht werden.

Die Unterteilung komplexer Semester-Ziele in konkrete Teilziele (für jedes Semester-Drittel und jede Woche) würde die Wahrscheinlichkeit weiter erhöhen, Erfolge zu erleben, was sich wiederum positiv auf die Anstrengungsbereitschaft der Mathematikstudierenden auswirken sollte. Es bietet sich zudem an, für unterschiedliche Leistungsniveaus jeweils bewältigbare und zugleich herausfordernde Übungsaufgaben zu stellen, die variierenden Kontexten entstammen. Zudem erscheint es wichtig, Angebote zur Sinnkonstruktion zu machen, die insbesondere eine Verbindung der akademischen Mathematik mit typischen beruflichen Anforderungen erleichtert. Schließlich hat sich Modellernen bewährt, z. B. in Form von Lernen durch Erklären oder anhand von Lösungsbeispielen (Renkl 1997, 2002). Angesichts der zentralen Stellung des Beweises in der Mathematik könnten Vorschläge hier das Lernen anhand des Lesens von Beweisen sein und die Beobachtung von Expertinnen und Experten beim Umgang mit Sackgassen.

1.3.2   Förderung der Erfahrung sozialer Einbindung und Selbstbestimmung

Um soziale Einbindung erfahrbar zu machen, ist es wichtig, Mathematikstudierenden häufig, direkt und regelmäßig Feedback zu erreichten Fortschritten im Studium zu geben. Dieses Feedback sollte konstruktiv zu individuellen – also nicht pauschalen – Defiziten erfolgen, indem den einzelnen Studierenden konkrete Möglichkeiten der Weiterarbeit aufgezeigt werden, die für sie bewältigbar sind. Eine andere Form der sozialen Einbindung ist die Nutzung kooperativer Lernphasen auch in der Vorlesung. Dies lässt sich kurzfristig immer in Form von Partnerarbeit ermöglichen.

Weitere Möglichkeiten, die soziale Einbindung erfahrbar zu machen, liegen in einer generell respektvollen Haltung den Studierenden gegenüber: wertschätzendes Verhalten zeigen (z. B. Ausdruck der Freude über die Teilnahme an einer Lehrveranstaltung), Studierende offen loben und ermutigen, Geduld bei Problemen zeigen und kränkendes Verhaltens abbauen (z. B. nicht die zu erwartende Selektion auf einen kleinen Prozentsatz vorhersagen). Als Rahmenbedingung fördert auch ein günstiges emotionales Klima in der Lehrveranstaltung die Kommunikation. Hierfür hat es sich bewährt, konkrete Regeln aufzustellen und dann bei Verstößen auch konsequent durchzusetzen (z. B. in Hinblick auf Essen oder Laptops). Regelmäßiges Einholen von Feedback seitens der Studierenden, und zwar nicht nur am Ende des Semesters, sondern formativ über kurze mündliche Blitzlichter oder Diskussionen, tragen weiter zur sozialen Einbindung bei.

Zur Förderung von Selbstbestimmungserfahrungen bietet es sich an, Wahlmöglichkeiten innerhalb von Lehrveranstaltungen zu geben, was beispielsweise die Inhalte und Aufgaben, den Ort, Zeitpunkt und die Form der Bearbeitung von Übungsaufgaben angeht. Wahlmöglichkeiten im Studium, sodass nicht alles Pflichtmodule sind, sollten sich ebenfalls günstig auf das Erleben von Selbstbestimmung auswirken. Die Bachelor-Master-Reform hat die entsprechenden Möglichkeiten allerdings deutlich eingeschränkt, da der Pflichtanteil gerade im Mathematikstudium heute sehr hoch ist.

1.4   Schlussfolgerungen

Die dargestellten Maßnahmen führen vermutlich nicht zu einer Verringerung der Leistungsunterschiede zwischen leistungsstarken und leistungsschwachen Mathematikstudierenden, da weiterhin eine hohe Korrelation von mathematikbezogenen Studienvoraussetzungen und im Studium erreichten Ergebnissen bestehen wird. Zu erwarten ist aber eine Steigerung der mittleren Mathematikleistung auf einem insgesamt höheren Niveau sowie eine größere Unabhängigkeit der Studienergebnisse von der sozialen Herkunft und dem Geschlecht. Im Hinblick auf Chancengleichheit und Bildungsgerechtigkeit sind dies wichtige Ziele. Zudem würde die stärkere Individualisierung auch zu einer besseren Herausbildung einer Leistungsspitze beitragen. Insgesamt ist allerdings dringend umfangreiche empirische Forschung nötig, um die Annahmen dieses Beitrags zu überprüfen. Hier ist von den Erkenntnissen aus den mathematikbezogenen Projekten des Förderprogramms KoKoHs – also insbesondere KoM@ING, MoKoMasch, KomMa – Weiterführendes zu erwarten.

Die spezifische Aufgabe des KHDM könnte in den nächsten Jahren darin bestehen, Professionelle Lerngemeinschaften (PLGs) unter den Hochschullehrenden anzuregen, in denen versucht wird, einige der obigen Vorschläge umzusetzen. Zudem sollte das Kompetenzzentrum auf präzise Begriffsdefinitionen, präzise Wirkungsmodellierungen, Abstimmung der Instrumente und empirische Prüfungen drängen sowie die Anschlussfähigkeit der laufenden Studien untereinander zu sichern, sodass eine Kumulativität der Ergebnisse erreicht wird.

Literatur

Ableitinger, C., Kramer, J., & Prediger, S. (Hrsg.). (2013). *Zur doppelten Diskontinuität in der Gymnasiallehrerbildung.* Wiesbaden: Springer Spektrum.

Autorengruppe Bildungsberichterstattung (2012). *Bildung in Deutschland 2012. Ein indikatorengestützter Bericht mit einer Analyse zur kulturellen Bildung im Lebenslauf. Im Auftrag der Ständigen Konferenz der Kultusminister der Länder in der Bundesrepublik Deutschland und des Bundesministeriums für Bildung und Forschung.* Bielefeld: Bertelsmann.

Bandura, A. (1977). *Social Learning Theory.* New York: General Learning Press.

Baumert, J., Artelt, C., Klieme, E., Neubrand, M., Prenzel, M., & Schiefele, U. et al. (Hrsg.). (2002). *PISA 2000: Die Länder der Bundesrepublik Deutschland im Vergleich.* Opladen: Leske + Budrich.

Biehler, R., Fischer, P., Hochmuth, R., & Wassong, T. (2012). Designing and evaluating blended learning bridging courses in mathematics. In M. Pytlak, T. Rowland, & E. Swoboda (Hrsg.), *Proceedings of the Seventh Congress of the European Society for Research in Mathematics Education* (S. 1971–1980). Rzeszów, Polen: University of Rzeszów.

Biehler, R., Hoppenbrock, A., Klemm, J., Liebendörfer, M., & Wassong, T. (2012b). Training of student teaching assistants and e-learning via math-bridge – Two projects at the German Centre for Higher Mathematics Education. In D. Waller (Hrsg.), *CETL-MSOR Conference Proceedings 2011* (S. 21–27). Vereinigtes Königreich: The Maths, Stats & OR Network.

Deci, E. L., & Ryan, R. M. (1985). *Intrinsic motivation and self-determination in human behavior.* New York: Plenum.

Dieter, M. (2012). *Studienabbruch und Studienfachwechsel in der Mathematik: Quantitative Bezifferung und empirische Untersuchung von Bedingungsfaktoren.* Dissertation. Universität Duisburg-Essen, Duisburg/Essen.

Griese, B., Kallweit, M., & Rösken, B. (2011a). Mathematik als Eingangshürde in den Ingenieur-wissenschaften. In R. Haug, & L. Holzäpfel (Hrsg.), *Beiträge zum Mathematikunterricht 2011* (Bd. 1, S. 319–322). Münster: WTM-Verlag.

Griese, B., Glasmachers, E., Kallweit, M., & Rösken, B. (2011b). Supporting engineering students in mathematics. In B. Ubuz (Hrsg.), *Proceedings of the 35th Conference of the International Group for the Psychology of Mathematics Education* (Bd. 1, S. 304). Ankara, Türkei: PME.

Heublein, U., Hutzsch, C., Schreiber, J., Sommer, D., & Besuch, G. (2010). *Ursachen des Studienab-bruchs in Bachelor- und in herkömmlichen Studiengängen – Ergebnisse einer bundesweiten Befragung von Exmatrikulierten des Studienjahres 2007/08*. Hannover: HIS.

Jerusalem, M. (2002). Einleitung. *Zeitschrift für Pädagogik, 44*(Beiheft), 8–12.

Knospe, H. (2011). Der Eingangstest Mathematik an Fachhochschulen in Nordrhein-Westfalen von 2002 bis 2010. Proceedings des 9. Workshops Mathematik für ingenieurwissenschaftliche Stu-diengänge. *Wismarer Frege-Reihe*, 02/2011, 8–13.

politik-digital (2003). Die Auswertung der neuen Oberstufe zeigt, dass es keine schlechteren No-ten im ersten Halbjahr im Landesschnit. http://politik-digital.de/die-auswertung-der-neuen-oberstufe-zeigt-dass-es-keine-schlechteren-noten-im-ersten-halbjahr-im-landesschnit. Zuge-griffen: 20. Januar 2015

Prenzel, M., Baumert, J., Blum, W., Lehmann, R., Leutner, D., & Neubrand, M. et al. (Hrsg.). (2005). *PISA 2003: Der zweite Vergleich der Länder in Deutschland – Was wissen und können Jugendliche?* Münster: Waxmann.

Rach, S., & Heinze, A. (2013). Welche Studierenden sind im ersten Semester erfolgreich? Zur Rolle von Selbsterklärungen beim Mathematiklernen in der Studieneingangsphase. *Journal für Mathematik-Didaktik, 34*(1), 121–147. doi:10.1007/s13138-012-0049-3.

Rach, S., Ufer, S., & Heinze, A. (2012). Lernen aus Fehlern im Mathematikunterricht – kognitive und affektive Effekte zweier Interventionsmaßnahmen. *Unterrichtswissenschaft, 40*(3), 213–234.

Renkl, A. (1997). Learning from Worked-Out Examples: A Study on Individual Differences. *Cognitive Science, 21*(1), 1–29.

Renkl, A. (2002). Learning from worked-out examples: Instructional explanations supplement self-explanations. *Learning and Instruction, 12*, 529–556.

Röder, B., & Jerusalem, M. (2007). Implementationsgrad und Wirkungen eines Programms zur Förderung von Selbstwirksamkeit. *Psychologie in Erziehung und Unterricht, 54*, 30–46.

Roegner, K. (2012). *TuMult: A comprehensive blended learning model utilizing the Mumie platform for improving success rates in mathematics courses for engineers*. Habilitationsschrift. Techni-sche Universität Berlin.

Stanat, P., Pant, H. A., Böhme, K., & Richter, D. (Hrsg.). (2012). *Kompetenzen von Schülerinnen und Schülern am Ende der vierten Jahrgangsstufe in den Fächern Deutsch und Mathematik Ergebnisse des IQB-Ländervergleichs 2011*. Münster: Waxmann.

Trautwein, U., Köller, O., Lehmann, R., & Lüdtke, O. (Hrsg.). (2007). *Schulleistungen von Abituri-enten: Regionale, schulformbezogene und soziale Disparitäten*. Münster: Waxmann.

Trautwein, U., Neumann, M., Nagy, G., Lüdtke, O., & Maaz, K. (Hrsg.). (2010). *Schulleistungen von Abiturienten: Die neu geordnete gymnasiale Oberstufe auf dem Prüfstand*. Wiesbaden: VS Verlag für Sozialwissenschaften.

Mathematische Wissensbildung in Schule und Hochschule

2

Lisa Hefendehl-Hebeker

Zusammenfassung

Mathematik als Wissenschaft hat eine Jahrtausende währende Entwicklungsgeschichte. Die Umgangsweisen mit Mathematik an Schule und Hochschule entsprechen verschiedenen Stadien in diesem Entwicklungsprozess und unterscheiden sich in Bezug auf Inhalte, theoretischen Anspruch und Darstellungsmittel. An der Hochschule haben Studierende des Faches Mathematik im Vergleich zu ihren schulischen Erfahrungen ein schnelleres Tempo, eine größere Fülle an Inhalten, einen höheren Grad an Abstraktion und ein stärkeres Maß an Formalisierung zu bewältigen. Zusätzlich müssen sie einen neuen professionellen Habitus mit zugehörigen Einstellungen, Normen und Gepflogenheiten erwerben. Der vorliegende Beitrag verfolgt das Ziel, diese Thesen genauer auszuführen und durch Beispiele zu belegen.

2.1 Verschiedene Stufen der Wissensbildung

Die Mathematik ist ein Organ der Erkenntnis und eine unendliche Verfeinerung der Sprache. Sie erhebt sich aus der gewöhnlichen Sprache und Vorstellungswelt wie eine Pflanze aus dem Erdreich, und ihre Wurzeln sind Zahlen und einfache räumliche Vorstellungen ... Wir wissen nicht, welcher Inhalt die Mathematik als die ihm allein angemessene Sprache verlangt, wir können nicht ahnen, in welche Ferne und Tiefe dieses geistige Auge den Menschen noch blicken lässt (Kähler 1955, zitiert nach Zeidler 2009, S. 556).

Dieses Zitat beschreibt in prägnanter Weise, dass die Mathematik aus elementaren Wurzeln entstanden und zu einem hoch entwickelten Forschungsgebiet herangewachsen ist, wobei nicht abgesehen werden kann, in welche Bereiche die Dynamik dieser Wissenschaft noch vordringen wird. Die Mathematik in der Schule befindet sich nah an den Wurzeln, die

Lisa Hefendehl-Hebeker ✉
Universität Duisburg-Essen, Fakultät für Mathematik, Essen, Deutschland
e-mail: lisa.hefendehl@uni-due.de

© Springer Fachmedien Wiesbaden 2016   15
A. Hoppenbrock et al. (Hrsg.), *Lehren und Lernen von Mathematik in der Studieneingangsphase*, Konzepte und Studien zur Hochschuldidaktik und Lehrerbildung Mathematik, DOI 10.1007/978-3-658-10261-6_2

Mathematik an der Hochschule dagegen in einem weit fortgeschrittenen Stadium dieses Prozesses. Daraus ergeben sich grundlegende Unterschiede in Bezug auf die verhandelten Inhalte, die Stufe der Theoriebildung, die Art der Darstellungsmittel und die begleitenden Standards, Konventionen und Zielsetzungen.

2.1.1 Inhalt und Abstraktionsniveau

> Our mathematical concepts, structures, ideas have been invented as tools to organise the phenomena of the physical, social and mental world. Phenomenology of a mathematical concept, structure, or idea means describing it in its relation to the phenomena for which it was created, and to which it has been extended in the learning process of mankind ... (Freudenthal 1983, S. ix).

Im Sinne dieser Sprechweise haben die Begriffe und Inhalte der Schulmathematik ihre phänomenologischen Ursprünge überwiegend in der uns umgebenden Realität. „Most concepts in school mathematics can be traced back to an origin in material physical activities of some sort or another (such as counting, measuring, drawing, constructing)." (Dörfler 2003, S. 154) Die Geometrie (synthetisch und analytisch) ist auf das Erkennen und Beschreiben von Strukturen in unserer Umwelt und somit auf den dreidimensionalen Anschauungsraum bezogen, der Umgang mit Zahlen, Größen und Funktionen findet seine Sinngebung vorwiegend in der Lösung lebensweltlicher Probleme und die Stochastik betrachtet Zufallserscheinungen in alltagsweltlichen Situationen. „Dies alles kann durchaus intellektuell anspruchsvoll behandelt werden, auch mit lokalen Deduktionen, wo sie der Erkenntnissicherung dienen oder der Arbeitsökonomie." (Kirsch 1980, S. 231). Jedoch bleibt insgesamt die ontologische Bindung an die Realität bestehen, wie es bildungstheoretisch und entwicklungspsychologisch durch Aufgabe und Ziele der allgemeinbildenden Schule gerechtfertigt ist. Damit geht die Schulmathematik kaum über das begriffliche Niveau und den Wissensstand des 19. Jahrhunderts hinaus.

Seitdem hat das mathematische Wissen „einen geradezu exponentiellen Zuwachs" (Wußing 2009, S. VIII) erfahren und die Phänomenologie hat sich grundlegend geändert. Stichworte wie „Axiomatische Methode" und „Lösen der ontologischen Bindung" deuten an, dass moderne mathematische Theorien in erster Linie „deduktiv geordnete Welten eigener Art" (Winter 1995) sind, die Phänomene der mentalen Welt, dargestellt als abstrakte Mengen mit spezifischen Struktureigenschaften, organisieren (was in einem eigenartigen Spannungsverhältnis zu ihrer hochgradigen Anwendungsrelevanz steht). Dazu haben komplexe Prozesse der fortlaufenden Restrukturierung vorhandener und der Begründung neuer Theorien geführt. Bedürfnisse nach Ausweitung und zugleich tieferer Fundierung sowie streng logischer Hierarchisierung von Wissensbeständen waren dabei maßgebliche Triebkräfte. Mathematik als wissenschaftliche Disziplin ist heute zu einem Geflecht hoch spezialisierter abstrakter Teilgebiete geworden. Dazu legt die Schule elementare Grundlagen, arbeitet aber „ohne Preisgabe des naiven Weltbildes" (Kirsch 1980, S. 230) und bildet nur eine Vorstufe zur Hochschulmathematik.

2.1.2 Begriffsbildungshierarchien

Da die Schulmathematik sich nah an den Wurzeln des Fachgebietes bewegt, sind ihre Begriffsbildungen noch vergleichsweise elementar. Geometrische Begriffe wie „Kreis" und „Würfel" erfassen Formen, die an einzelnen Gegenständen ablesbar sind. Schwieriger sind bereits Relationsbegriffe wie „senkrecht", die zwei Objekte in Beziehung setzen. Weit komplexer sind Zahlbegriffe, weil Zahlen in einem reichhaltigen relationalen Gefüge zu anderen Zahlen stehen und unter vielen Aspekten erscheinen können. Sehr komplex werden Begriffsbildungen, die aus gedachten Prozessen auf dem Wege der „Einkapselung" mentale Objekte auf höherer Ebene konstituieren (Dubinsky und Harel 1992), die wiederum Operationen unterworfen und zu Objektklassen zusammengefasst werden können.

Eine Funktion stellt in einer ursprünglichen Sichtweise einen (in der Zeit ablaufenden) Prozess der Zuordnung zwischen Größen dar. Von einem höheren Standpunkt aus betrachtet kann eine Funktion zu einem geschlossenen Objekt werden, das man als Ganzes manipulieren kann, indem man es zum Beispiel mit anderen Funktionen verkettet oder verknüpft oder als Glied einer Funktionenfolge auffasst. Die Nebenklassen einer Untergruppe vereinigen diejenigen Gruppenelemente, die sich nur um ein Element der betreffenden Untergruppe unterscheiden. Diese Nebenklassen werden dann selbst wieder als Elemente einer Faktorgruppe aufgefasst, auf die Operationen und Morphismen angewendet werden können.

Solche Prozesse der „Objektivierung" (Radford 2010) oder „Reification" (Sfard 1995, 2000) kommen in der Schule nur in Ansätzen vor, vor allem in der Algebra der Termumformungen und bei der Betrachtung von Folgen und Funktionen sowie geometrischen Vektoren und stellen hier bereits erhebliche Anforderungen an das Verständnis. In der Hochschulmathematik spielen sie von Anfang an in vielen Zusammenhängen eine wichtige Rolle und können bis ins Akrobatische gestaffelt werden. Das ist zum Beispiel der Fall, wenn Faktorgruppen aus Faktorgruppen betrachtet oder die Reellen Zahlen mit Hilfe von Äquivalenzklassen von Cauchy-Folgen konstruiert werden. Zum Nachweis der Vollständigkeit des so gewonnenen Zahlkörpers sind Cauchy-Folgen zu betrachten, deren Glieder aus Äquivalenzklassen von Cauchy-Folgen rationaler Zahlen bestehen.

Diese Prozesse erfordern nicht nur das gedankliche Konzipieren neuer Objekte, sondern auch einen flexiblen Wechsel zwischen der Gesamtsicht des Objektes und der Auflösung in seine einzelnen Zustände bzw. Bestandteile (siehe dazu auch das Beispiel im zweiten Abschnitt). Ein solcher Wechsel wird notwendig,

- wenn für eine Funktion bestimmte Eigenschaften (Linearität, Monotonie . . .) nachzuweisen sind,
- wenn die Verkettung von zwei Abbildungen auf bestimmte Merkmale untersucht wird und
- wenn für eine Faktorstruktur die Wohldefiniertheit der Verknüpfung gezeigt werden soll.

2.1.3 Darstellungsmittel

Die Entwicklung der Mathematik zu einem Theoriegebäude abstrakter mentaler Konstrukte hat ein äußeres Pendant in den verwendeten Darstellungsmitteln.

> In *Fachpublikationen* wird Mathematik präsentiert in einer restriktiven konventionalisierten
> Fachsprache, die wie die Gemeinsprache weitgehend durch lineare Zeichenfolgen dargestellt
> wird und sich gegenwärtig in der Regel auf die Semantik der Mengenstrukturen bezieht. Die
> restriktiven Konventionen sind Resultat des Strebens der Mathematiker nach *Konsens* und
> *Kohärenz* größtmöglichen Ausmaßes (Wille 2005, S. 6).

Somit ist die mathematische Fachsprache ein hoch entwickeltes Artefakt, das eine *große Informationsdichte auf kleinem Raum* erzeugt und dessen verständige Handhabung eine eigene Expertise erfordert. Mathematik in der Schule nimmt diese Kunstsprache nur in moderaten Ansätzen in Gebrauch und bedient sich überwiegend einer mit Fachwörtern durchsetzten natürlichen Sprache.

2.1.4 Zeichen und Bedeutung: das epistemologische Grundproblem

Mathematische Inhalte sind nicht identisch mit ihren materialisierten Ausdrucksformen. Ein symbolischer Ausdruck wie eine unterstützende Graphik liefern nur ein sichtbares Gerüst für einen weiten Kosmos an Bedeutung. Dieser erschließt sich in dem Maße, wie sich, in der Diktion von Tall und Vinner (1981) gesprochen, hinter einer formalen „concept definition" ein reichhaltiges „concept image" auftut. Wer sich mit Mathematik beschäftigt, bewegt sich in einem dialektischen Verhältnis zwischen Zeichen und Bedeutung, Syntax und Semantik.

Dieses Spannungsverhältnis zwischen Zeichen und Bedeutung als grundlegende Triebkraft mathematischen Denkens hat Charles S. Peirce (1839–1914) in seiner Theorie des diagrammatischen Denkens genauer zu erklären versucht (Hoffmann 2005). Dabei fasst er unter den Begriff „Diagramm" jede Art von Darstellungsmitteln in der Mathematik, für die es Regeln und Konventionen der Herstellung und des Gebrauchs gibt. Nicht nur bereichsspezifische graphische Darstellungen wie geometrische Figuren, Funktionsgraphen, Hasse-Diagramme usw. sind Diagramme in diesem Sinne, sondern auch Symbolsequenzen oder Symbolkonfigurationen wie Vektoren und Matrizen. Im Zentrum des mathematischen Denkens steht das „diagrammatische Schließen" als eine Erkenntnistätigkeit, die an der Konstruktion von Darstellungen und dem Experimentieren mit solchen orientiert ist. Dabei fungieren die Zeichen als Erkenntnismittel im doppelten Sinne. Als äußere Mittel liegen sie konkret und verwirklicht vor uns. Als innere Mittel sind sie Werkzeuge des Geistes, die uns erlauben, die Welt um uns zu konzeptualisieren und zu organisieren, und damit auch „Möglichkeitsräume" eröffnen. Zeichen werden dann zum inneren Mittel der Erkenntnis, wenn sie uns so vertraut sind, dass wir dahinter etwas Repräsentiertes wahrnehmen. Für den Umgang mit Zeichen ist immer bereits „kollaterales" (begleitendes) Wissen notwendig. Das kann kulturell vermitteltes Wissen allgemein oder spezielles Wissen einer Gemeinschaft sein. Das Spezialwissen der in der mathematischen Forschung Tätigen geht jedoch weit über das im Schulunterricht vermittelte mathematische Wissen hinaus. Dieser Vorsprung betrifft sowohl fachliche Inhalte wie auch fachinterne Gepflogenheiten.

Der Ansatz von Peirce erklärt im Übrigen auch, warum in der Mathematik Freiheit und Gebundenheit, Kreativität und logische Strenge zusammen wirken. Einerseits eröffnen Diagramme kreative Spielräume, weil sie für Interpretationen offen sind und spielerische Veränderungen erlauben (z. B. ein Vorzeichen umzudrehen, einen zusätzlichen Faktor in Betracht zu ziehen). Andererseits enthält das Experimentieren mit Diagrammen den Charakter logischen Schließens, weil seine Ergebnisse durch die Regeln des Darstellungssystems bestimmt sind.

Der Umgang mit der mathematischen Fachsprache erfordert die Ausbildung einer Lesefähigkeit für symbolische Ausdrücke, die es ermöglicht, diese sinnvoll zu interpretieren und Informationen aus ihnen abzulesen, wie auch die Fähigkeit, diese Ausdruckmittel flexibel und sinnvoll als Werkzeug einzusetzen. Beides zusammen fasste Arcavi (1994) unter den Begriff „structure sense". Beispiele weiter unten werden zeigen, dass dessen Ausbildung mehr Anstrengung und auch begleitendes Wissen (s. o.) erfordert, als oftmals angenommen wird.

2.2 Die erlebte Diskontinuität zwischen Schule und Hochschule

„Der junge Student sieht sich am Beginn seines Studiums vor Probleme gestellt, an denen ihn nichts mehr an das erinnert, womit er sich bisher beschäftigt hat[. . .]" (Klein 1908, S. 1). Diese vor mehr als hundert Jahren getroffene Feststellung hat auch heute noch eine weit reichende Aktualität. Das haben die Ausführungen zu den unterschiedlichen Stufen der Wissensbildung bereits deutlich gemacht. Im Folgenden soll die erlebte Diskrepanz aus Sicht der Studierenden noch einmal an drei Problemkreisen erläutert und durch Beispiele belegt werden.

2.2.1 Umgang mit der Fachsprache

Die mathematische Fachsprache erzeugt, wie bereits festgestellt, eine *hohe Informationsdichte auf kleinem Raum*. Welche Anforderungen allein die Ausbildung einer mathematischen Lesefähigkeit stellt, sei an einigen Aspekten genauer beleuchtet.

Mathematische Lesefähigkeit
In dem Ausdruck $M_{n,m}(K)$ für den Ring der $m \times n$-Matrizen über einem Körper K trägt jedes Zeichen zusammen mit seiner Position in der Zeichenfolge und der Art seiner Verwendung (z. B. als Index oder als Hauptzeichen) eine Information. Diese Tatsache allein

stellt Novizen bereits vor hohe Anforderungen. Sie verlangt genaues Hinsehen und die Fähigkeit, alle Details fachgerecht zu einer Synthese zusammen zu führen.

Bei der Entschlüsselung symbolischer Ausdrücke können geistige Hürden auftreten. Dies ist zum Beispiel der Fall, wenn Lernende sich von der *Wucht der Signale* irritieren lassen. Vergleichen wir etwa die Ausdrücke $M_{n,m}(K)$ und $s_A(x,y)$, wobei $s_A(x,y) :=$ $x^t A y$ eine durch die Matrix A induzierte Bilinearform auf einem Vektorraum darstellt. Beide Ausdrücke enthalten vier Buchstaben, eine Klammer und ein Komma, beschreiben aber ganz unterschiedlich „große" Objekte. $M_{n,m}(K)$ bezeichnet eine Mannigfaltigkeit von Matrizen über einem Körper, die dem Umfang nach unermesslich sein kann, $s_A(x,y)$ steht nur für ein einzelnes Element eines Körpers, das nach einer gegebenen Abbildungsvorschrift ermittelt wird.

In syntaktischen Konstellationen können *kleine Unterschiede große Wirkungen* haben, so etwa bei der Schachtelung von Quantoren. In der Gruppentheorie wird die Existenz eines neutralen Elementes durch die Sequenz $\exists_{e \in G} \forall_{a \in G} a \circ e = a$ erfasst. Vertauscht man darin die Quantoren, so entsteht die viel schwächere Bedingung $\forall_{a \in G} \exists_{e \in G} a \circ e = a$, die jedem Gruppenelement nur noch ein „Privatneutrales" einräumt. Bekanntlich fällt es auch vielen Studierenden schwer, in einer Analysis-Vorlesung verschiedene Stetigkeitsbegriffe formal und phänomenologisch zu unterscheiden. Die Definitionen für die lokale Stetigkeit einer Funktion an einer Stelle c und die gleichmäßige Stetigkeit über einem geschlossenen Intervall $[a, b]$ sind äußerlich weitgehend analog gestaltet. Der entscheidende Unterschied besteht darin, dass im zweiten Fall ein Quantor mehr vorhanden ist, der auch Auswirkungen auf die Variablenkonstellation hat:

$$\forall_{\varepsilon > 0} \exists_{\delta > 0} |x - c| < \delta \Rightarrow |f(x) - f(c)| < \varepsilon$$
$$\forall_{\varepsilon > 0} \exists_{\delta > 0} \forall_{x,y \in [a,b]} |x - y| < \delta \Rightarrow |f(x) - f(y)| < \varepsilon.$$

Der verstehende Umgang mit mathematischen Texten erfordert auch *flexibles Deuten und Umdeuten* von Ausdrücken. Eine Matrix kann je nach Zusammenhang als Konfiguration aus Zeilen- bzw. Spaltenvektoren oder selbst als Element eines linearen Raumes aufgefasst werden. Eine Folge ist ein komplexes Gebilde aus potentiell unendlich vielen Elementen. Aus einer höheren Perspektive wird sie als geschlossenes Objekt oder als Punkt in einem Raum betrachtet.

Subtile Vielfalt – ein Beispiel

Für das verständige Lesen eines mathematischen Textes müssen *viele Ausdrücke, syntaktische Regeln und fachinterne Konventionen gleichzeitig im Bewusstsein* gehalten werden, ähnlich wie der geläufige Umgang mit einer Fremdsprache die Verfügbarkeit von Vokabeln, grammatischen Regeln und Idiomen erfordert. Das wurde der Autorin kürzlich schlagartig bewusst, als sie sich auf eine Kollegialprüfung vorbereiten und dazu ein Kapitel zur Gruppentheorie aus dem Vorlesungsskript eines Kollegen studieren musste – ein Gebiet, mit dem sie sich lange nicht mehr intensiv beschäftig hatte. Die Anforderung sei

exemplarisch an einem Auszug von einer knappen Seite demonstriert. Dort werden innere
Automorphismen eingeführt und untersucht (Knoop 1997, S. 229 f.).

Ausgangspunkt der nach fachinternen Standards sorgfältig aufgebauten Überlegungen
ist eine Gruppe G mit ihrer Automorphismengruppe $Aut(G)$. Dazu wird definiert:

Ist $x \in G$, so definieren wir $\varphi_x : G \to G$ durch $\varphi_x(y) := xyx^{-1}$.

Dieser kurze Satz beschreibt zwei ineinander geschachtelte Abbildungsvorgänge. Jedem Gruppenelement wird eine Abbildung der Gruppe G in sich zugeordnet, deren Wirkung mit Hilfe der Gruppenoperation festgelegt ist. Dadurch enthält der definierende
Term xyx^{-1} zwei Typen von Variablen: die unabhängige Funktionsvariable y und den
Parameter x. Diese Unterscheidung ist wesentlich für das Verständnis der folgenden Überlegungen:

Wegen $\varphi_x(yz) = x(yz)x^{-1} = xyx^{-1}xzx^{-1} = \varphi_x(y)\varphi_x(z)$ ist φ_x bereits ein Homomorphismus.

In diesem Beweis wird die Homomorphieeigenschaft von φ_x in einer geschlossenen
Gleichungskette gezeigt. Die äußeren Terme bilden die nachzuweisende Funktionalglei-
chung, die Zwischenterme die zum Nachweis erforderlichen Transformationsschritte. Dabei wird zuvor bereitgestelltes Wissen über Gruppenhomomorphismen in der speziellen
Situation angewendet. Dieses Wissen bleibt implizit und wird nicht mehr eigens ausgewiesen, muss also für den Leser/die Leserin verfügbar geworden sein. Ähnlich verhält es
sich mit der nächsten Feststellung:

Aus $\varphi_x \circ \varphi_{x^{-1}} = \varphi_{x^{-1}} \circ \varphi_x = id_G$ folgt, dass φ_x sogar ein Automorphismus auf G ist.

Sie appelliert an vorhandenes Wissen über notwendige und hinreichende Bedingungen für die Bijektivität von Abbildungen. Zur Verifizierung der behaupteten Identität
müssen Ausdrücke wie $\varphi_x \circ \varphi_{x^{-1}}(y) = x(x^{-1}yx)x^{-1}$ gebildet werden. Dazu ist die
Abbildungsvorschrift zweimal richtig anzuwenden, und es sind zwei Verknüpfungen zu
unterscheiden: die Verkettung von Abbildungen und die innere Verknüpfung der Gruppe.

Im Lehrtext folgen nun zwei Worterklärungen:

Und $\varphi \in Aut(G)$ heißt ein innerer Automorphismus, wenn ein $x \in G$ existiert mit
$\varphi = \varphi_x$.

Zwei Elemente $a, b \in G$ heißen *konjugiert*, wenn es ein $x \in G$ gibt mit

$$\varphi_x(b) = xbx^{-1} = a.$$

Die erste Erklärung folgt dem mathematischen Streben nach Verdichtung von Informationen: Sie gibt den eingeführten Gruppenautomorphismen vom Typ φ_x einen eigenen
Namen und setzt zugleich fest, dass der Name ausschließlich für diese Abbildungen re-
serviert sein soll. Diese beiden Informationen werden in einer einzigen Formulierung

zusammengefasst. Das geht nur um den Preis, dass die natürliche Reihenfolge der Gedanken umgedreht wird.

Anschließend wird gezeigt, dass die Abbildung, die jedem Gruppenelement den induzierten inneren Automorphismus zuordnet, selbst ein Homomorphimus ist:

Wir erhalten einen Homomorphismus $\alpha_G : G \to Aut(G)$ durch $a_G(x) := \varphi_x$.

Es ist also die Rede von einem Homomorphismus, dessen Bildbereich aus Automorphismen besteht. Das erfordert in den folgenden Überlegungen die genaue begriffliche und darstellungstechnische Unterscheidung von Betrachtungsebenen, in denen es jeweils um Homomorphismen geht. Zum Beweis ist zu zeigen, dass $\alpha_G(xy) = \alpha_G(x) \circ \alpha_G(y)$ gilt. Dies geschieht durch Übergang zu den definierenden Termen. Damit ergibt sich die Gleichung $\varphi_{xy} = \varphi_x \circ \varphi_y$, deren Gültigkeit nun zu beweisen ist. Da zwei Abbildungen identisch sind, wenn sie auf jedes Element des Definitionsbereiches gleich wirken, ist schlussendlich die Beziehung $\varphi_{xy}(z) = \varphi_x \circ \varphi_y(z)$ zu zeigen. Diese ist wohl zu unterscheiden von der bereits bewiesenen Beziehung $\varphi_x(yz) = \varphi_x(z)\varphi_y(z)$. In beiden Gleichungen kommen dieselben Buchstaben vor, und doch machen sie ganz unterschiedliche Aussagen. In der ersten geht es um die Verkettung von zwei Abbildungen, in der zweiten um die innere Gesetzmäßigkeit einer einzigen Abbildung. In allen Überlegungen greifen verschiedene Aspekte des mathematischen Abbildungsbegriffs ineinander. Eine Abbildung als Zuordnung zwischen Elementen von Mengen ist einerseits ein komplexes Gebilde mit einer eigenen „Infrastruktur", andererseits wird sie als geschlossenes Objekt betrachtet, das selbst wieder zum Bildbereich einer Abbildung gehören oder Element einer algebraischen Struktur sein kann.

Zum Schluss wird noch der Kern von α_G betrachtet und gezeigt, dass er genau die Elemente von G enthält, die mit allen Gruppenelementen kommutieren. Auch für diesen Beweis sind zahlreiche Umdeutungsvorgänge notwendig.

$$Ker\, a_G = \{x \in G \,|\, \varphi_x = id_G\} = \{x \in G \,|\, xyx^{-1} = y \text{ für alle } y \in G\}$$
$$\Longleftrightarrow Ker\, a_G = \{x \in G \,|\, xy = yx \text{ für alle } x \in G\}$$

Am Übergang von der Gleichung $xyx^{-1} = y$ zu $xy = yx$ lassen sich Grundzüge des diagrammatischen Schließens im Sinne von Peirce (s. o.) demonstrieren. Die Umformungsmöglichkeit kann durch direktes Erkennen oder durch spielerische Veränderung der ersten Gleichung (Multiplikation mit dem Faktor x von rechts) erschlossen werden. So gelangt man durch das Experimentieren mit Darstellungen zu neuen Informationen, die aber an die Regeln des Darstellungssystems (hier: die Gruppenaxiome) gebunden bleiben.

Das Beispiel sollte zeigen, welch ein vielfältiges Geflecht aus gedanklichen Vollzügen und kollateralem Wissen für das Lesen mathematischer Lehrtexte erforderlich ist, damit die Zeichen „Werkzeuge des Geistes" (s. o.) werden. Erst wenn hierin ein Mindestmaß an Geläufigkeit erreicht ist, wird es vermutlich möglich, die Ökonomie mathematischer Darstellungen zu würdigen. Ein Beispiel für diese Ökonomie ist die folgende Beschreibung für die Transformation einer Abbildungsmatrix bei Basiswechsel:

$$M_{B'}^{B'}(f) = T_{B'}^{B} \circ M_{B}^{B}(f) \circ T_{B}^{B'}.$$

2.2.2 Der Perspektivenunterschied zwischen Experten und Novizen

Ein generelles Problem des Lehrens von Mathematik (wohl des Lehrens überhaupt) ist der
grundlegende Perspektivenunterschied zwischen Experten und Novizen. Lehrende reden
und handeln zumeist aus einer fachsystematisch orientierten Langzeitperspektive, in die
Lernende erst hineinwachsen müssen. Wie die Ausführungen im ersten Abschnitt zeigen
sollten, ist der Perspektivenunterschied zwischen den Fachkulturen an Schule und Hochschule groß. Das äußert sich bereits in der lokalen Gestaltung von Lehrtexten, hat aber
noch weiter reichende Ausprägungen. Diese seien im Folgenden an drei Aspekten entfal-
tet.

Die Elaboriertheit von Begriffen und Darstellungssystemen
Die Mathematik verwendet Schlüsselbegriffe und Darstellungssysteme, die sich in einer
langen Geschichte herausgebildet haben. In ihrer ausgereiften Fassung markierten sie
Meilensteine in der Wissenschaftsgeschichte, ihr Anwendungsbereich ist weit reichend
und ihre fachinterne Bedeutung umfassend. Wir betrachten dazu drei repräsentative Beispiele.

Beispiel 1 – die algebraische Formelsprache Die elementare algebraische Formelsprache war eine Errungenschaft der frühen Neuzeit, die sich im Europa des 16. Jahrhunderts
herausbildete.

> An der „Schnittstelle" der orientalischen und der griechischen Traditionslinien, dort also, wo
> das Wissen um Verfahrensweisen in den Rang eines begründeten wissenschaftlichen Wissens
> gehoben wird, entsteht eine für die neuzeitliche Wissenschaft konstitutive und vorbildlose
> Neuerung: *die mathematische Formel* (Krämer 1988, S. 72).

Hiermit gelingt es erstmalig, allgemein gültige Beziehungen zwischen Zahlen und Größen symbolisch zum Ausdruck zu bringen und operativ handhabbar zu machen. Dieses
Werkzeug hat sich aus antiken Wurzeln in vielen Jahrhunderten langsam und schrittweise entwickelt und ist für die Hochschulmathematik fundamental. Seine verständige
Handhabung und der Erwerb von „structure sense" (s. o.) erfordern ebenfalls einen langen kognitiven Anlauf und viel Übung. Dabei ist ein Mindestmaß an mentaler Investition
vermutlich nicht zu unterschreiten, auch wenn der individuelle Lernprozess deutlich kürzer verläuft als die geschichtliche Entwicklung. Zwischen Experten und Novizen besteht
meist ein großer Abstand in Bezug auf Erfahrung und Geläufigkeit im Umgang mit dieser
Sprache und ihrer Weiterentwicklung.

Beispiel 2 – der Funktionsbegriff Das Denken in Zuordnungen und Abhängigkeiten ist ebenfalls in den antiken und orientalischen Traditionslinien nachweisbar. Der Name „Funktion" tritt erstmalig bei Leibniz auf, mit Euler wird der Funktionsbegriff für die Analysis zentral (Sonar 2011, S. 460). Mit Hilfe von Funktionen kann ein großes Spektrum von Phänomenen mathematisch erfasst werden. Dieser Begriff wird in der Hochschulmathematik in voller Allgemeinheit (n Variable) grundlegend verwendet.

Beispiel 3 – der Vektorbegriff Der Vektorbegriff ist noch deutlich jünger als der Funktionsbegriff. Das Wort Vektor tritt in der Mathematik nicht vor der Mitte des 19. Jhs. auf (Scriba und Schreiber 2005, S. 432). Mit Hilfe dieses Begriffes gelang es, ganz unterschiedliche Phänomene wie Kräfte in der Physik oder Bewegungen in der Geometrie der algebraischen Berechnung zugänglich zu machen. Heute liefert die Theorie der Vektorräume ein weitreichendes Beschreibungsmittel in der Mathematik. Die Lineare Algebra der Hochschulmathematik löst sich in der Regel von Anfang von der Bindung an den dreidimensionalen Anschauungsraum.

Der Erwerb solcher Begriffe vollzieht sich im Spannungsfeld zwischen „Individualität der Erscheinungen und Abstraktion der Formen" (Courant und Robbins 1992, S. IXX). Ihr Verständnis muss sich an Beispielen ausbilden und von dort zu allgemeinen Beschreibungen vordringen. Experten verfügen über einen großen Erfahrungshintergrund im Umgang mit Beispielen und können sich deshalb sicher auf der abstrakt-begrifflichen Ebene bewegen, Novizen müssen einen solchen Erfahrungsschatz erst erwerben und sind bei abstrakten theoretischen Erörterungen oft ratlos, wenn keine Anschauungshilfen bereitstehen.

Das Ideal der theoretischen Geschlossenheit

Zum Stilempfinden der Mathematik gehört das Streben nach einem konsistenten und lückenlosen Theorieaufbau, der mit möglichst wenigen Grundannahmen beginnt und alle Begriffe und Aussagen hierauf zurückführt. Dabei werden Aussagen und Verfahren oft in eine möglichst allgemeine Form gefasst. Dadurch entsteht eine Darstellung des Sachgebietes, die dessen genetische Entwicklung nicht mehr erkennen lässt und aus der Sicht von Novizen manche befremdliche Artikulationsform enthält. Dazu betrachten wir einige Beispiele, die sowohl die Grundlegung wie den Aufbau der Theorie betreffen.

Grundlegung Die Formulierung von Axiomensystemen steht wissenschaftsgeschichtlich am Ende einer langen Entwicklung. Sie fassen den Kern, aus dem die gesamte Theorie erwächst. Für Novizen ist es oft fraglich, wie solche Axiomensysteme zustande kommen und warum sie gerade so aussehen. Unklar bleibt insbesondere, warum bestimmte Axiome überhaupt notwendig sind, zum Beispiel die anschaulich evidente Forderung, dass in einem Vektorraum über einem Körper K mit Einselement 1_K für jeden Vektor x gilt: $1_K x = x$.

Aufbau Hier stellt sich analog die Frage, warum bestimmte Sätze überhaupt formuliert werden und warum anschaulich evidente Sachverhalte bewiesen werden müssen, etwa die Unabhängigkeit des Riemann-Integrals von der gewählten Zerlegung. Ebenso stellt sich die Frage, warum anschaulich vorhandene Objekte in aufwändigen Verfahren mathematisch konstruiert werden müssen, zum Beispiel die reellen Zahlen als Äquivalenzklassen von Intervallschachtelungen. Ein Verständnis für den Anspruch, dass diese auch in der Theorie als wohl bestimmte Objekte existent sein sollen, muss geweckt werden.

Der Grundsatz der Systemtauglichkeit
Mathematische Definitionen werden oft so formuliert, dass mit den definierenden Eigenschaften gut operiert werden kann, dadurch aber der ursprüngliche Sinn verstellt wird.

Beispiel 1 – Parallelität von Geraden Studierende tendieren dazu, parallele Geraden als verschieden anzusehen. Jedoch hat es für die Formulierung geometrischer Zusammenhänge Vorteile, wenn die Parallelität als Äquivalenzrelation aufgefasst wird und folglich parallele Geraden auch identisch sein können. Das ermöglicht in diesem Kontext insbesondere eine typisch mathematische Schlussfigur, die von zwei (potentiell verschiedenen) Objekten ausgeht und dann nachweist, dass diese identisch sind.

Beispiel 2 – lineare Unabhängigkeit Die lineare Unabhängigkeit eines Systems von Vektoren wird üblicherweise durch das technische Kriterium definiert, dass der Nullvektor in diesem System nur trivial darstellbar ist. Der anschauliche Kern des Kriteriums, dass kein Vektor des Systems im linearen Erzeugnis der übrigen liegt, erscheint dann allenfalls als Folgerung.

Beispiel 3 – stochastische Unabhängigkeit Die stochastische Unabhängigkeit zweier Ereignisse A und B wird zuweilen sehr unvermittelt durch die Produktgleichung $P(A \cap B) = P(A) \cdot P(B)$ definiert. Die inhaltliche Bedeutung dieses Kriteriums besteht indessen darin, dass es äquivalent ist zu jeder der Gleichungen $P(A/B) = P(A)$ und $P(B/A) = P(B)$. Diese bedeuten, dass das Eintreten eines der Ereignisse wahrscheinlichkeitstheoretisch keinen Einfluss auf das jeweils andere hat (Henze 2006, S. 116).

Wenn solche systemtauglichen Definitionen ohne Erläuterung präsentiert werden, fallen Primärintuition und Definition auseinander und es wird für Novizen schwierig, ein Sinnverständnis aufzubauen.

2.2.3 Implizite Regeln der mathematischen Praxis

Gemeinschaften können ihre internen Gepflogenheiten und die Regeln ihres Handelns besser oder schlechter, aber nicht vollständig erklären. Ein Kochbuch für Anfänger kann gute Anleitungen geben, aber nicht jede Maßnahme so genau beschreiben, dass sie stets zweifelsfrei gelingt. Erst recht kann erfolgreiches mathematisches Handeln nicht vollständig in Anleitungen erfasst werden. Es bleiben „Imponderabilien", mit denen Lernende erst allmählich und in individuell unterschiedlichem Maße zurechtkommen.

> Das Gefühl des Mathematikers will sich … nicht nur die blanken Begriffe vorstellen, sondern die ganze Art, wie mit ihnen operiert wird, das ganze Getriebe einer zusammenhängenden Theorie und viele Imponderabilien, die der Mathematiker von Beruf zur Hand hat (Toeplitz 1931 in Perilli 2013, S. 21).

Auch dieses Problem sei an ausgewählten Beispielen demonstriert.

Beispiel 1 – mathematisches Stilgefühl Der Präzisionsanspruch der Mathematik erfordert es, dass Symbole konsistent verwendet und Zusammenhänge präzise formuliert werden. Studierende handeln hier oft unbekümmert. Für die Flächenberechnung eines Kreises K, dessen Radius sich aus zwei Streckenlängen r und s zusammensetzt, findet man z. B. das folgende Kurzprotokoll: $A(K) = \pi r^2 = \pi (r + s)^2$. Die Gleichungskette wird dann nicht als in sich konsistente Aussageform, sondern als Abfolge von Überlegungen aufgefasst. Wenn in der analytischen Geometrie der Schnittpunkt einer Geraden g mit einer Ebene E zu bestimmen ist, wird der Lösungsansatz oft mit „Setze $g = E$" beschrieben, obwohl bei korrektem Verständnis nicht die Objekte, sondern ihre Parameterformen gleichzusetzten sind.

Beispiel 2 – mathematisches Begriffsverständnis Mathematische Begriffe gehen nicht in ihrem Definitionen auf. Definitionen erfassen einen Kern, aus dem viele mitgemeinte Eigenschaften erwachsen. Diese müssen sich zu einem kohärenten „concept image" (s. o.) zusammenfügen. Experten verfügen über ein viel ausgereifteres und reichhaltigeres „concept image" als Novizen.

Beispiel 3 – Struktursinn In einer empirischen Studie zum Umgang mit Bruchtermen zeigt Rüede (2009), dass Experten lösungsorientierter strukturieren und weiter vorausschauen, weil sie über viel unausgesprochenes Wissen und einen großen Erfahrungsschatz verfügen.

Beispiel 4 – Problemlösen Eine Hauptschwierigkeit für Studierende beim Lösen von Aufgaben besteht darin, sich einen Ankerpunkt zu verschaffen, an dem sie mit der Bearbeitung ansetzen können. Auch hier verwenden Experten viel unausgesprochenes Wissen. Ableitinger und Herrmann (2011) machen die verwendeten Strategien an Beispielen explizit.

> Wissen Sie schon, dass 2 eine obere Schranke einer Menge ist und wollen Sie beweisen, dass 2 sogar die kleinste obere Schranke ist, so können Sie sich Zugriff verschaffen, indem Sie für beliebiges $\varepsilon > 0$ die Zahl $2 - \varepsilon$ betrachten. Können Sie beweisen, dass $2 - \varepsilon$ für kein $\varepsilon > 0$ eine obere Schranke ist, dann ist 2 die kleinste obere Schranke (Ableitinger und Herrmann 2011, S. 17).

2.3   Möglichkeiten und Grenzen der Schulmathematik

Viele der aufgezeigten Probleme unterscheiden sich in Schule und Hochschule nur graduell, wobei der Sprung allerdings groß sein kann.

Die *epistemologische Grundspannung zwischen Zeichen und Bedeutung* besteht auf allen Stufen des Mathematiklernens. Viele Schülerfehler ergeben sich daraus, dass die Lernenden den Kontakt zur Bedeutung der Zeichen verloren haben und nach eigenen, subjektiv plausiblen Regeln verfahren, zum Beispiel, wenn in der Rechnung $3,25 \cdot 0,5 = 0,125$ die Zahlen vor und nach dem Komma getrennt multipliziert werden.

Ebenso stellt die *Elaboriertheit von Begriffen und Darstellungssystemen* schon früh hohe Anforderungen. In weiterführenden Schulen spielen die algebraische Formelsprache und grundlegende Begriffe wie Funktion und Vektor eine entscheidende Rolle, wenn auch in elementarer Verwendung. Die dadurch bedingten Verständnisprobleme stellen nach wie vor eine didaktische Herausforderung dar.

Der *Grundsatz der Systemtauglichkeit* ist ebenfalls bereits in elementaren Kontexten vorhanden. Schülerinnen und Schüler sind angesichts von Festsetzungen wie $a^0 = 1$ und $a^1 = a$ konsterniert, wenn man ihnen nicht bewusst macht, wo diese Festsetzungen sich bewähren. Auch die mathematische Gewohnheit, Begriffe in exakte Hierarchien zu bringen, kostet stets aufs Neue Überzeugungsarbeit, weil nach intuitivem Verständnis ein Quadrat nicht unbedingt auch ein Rechteck und eine ganze Zahl kein Bruch ist.

Schließlich gibt es auch in der *Schulmathematik implizite Regeln der mathematischen Praxis*, die eine Distanz zwischen Experten und Novizen erzeugen. Rüede (2009) hat dies eindrücklich am Beispiel des Umgangs mit Bruchgleichungen gezeigt.

Ein *prinzipieller Unterschied* zwischen Schulmathematik und Hochschulmathematik betrifft das *Ideal der theoretischen Geschlossenheit*. In der Strengewelle der 1970-er Jahre hat man im Mathematikunterricht des Gymnasiums diesbezüglich einen hohen Anspruch aufgerichtet. Schon in der Mittelstufe wurden Inhalte axiomatisch aufgebaut, die reellen Zahlen wurden exakt konstruiert, in der Kreismessung erarbeitete man nicht nur infinitesimale Methoden zur Bestimmung von Länge und Umfang, man problematisierte auch die Frage, wie diese Begriffe hier exakt zu fassen seien. Diese Ansprüche sind inzwischen wieder stark zurückgenommen, weil man zu der Überzeugung gelangt ist, dass sie didaktisch falsch tariert, d. h. der Entwicklungsstufe der Adressaten nicht angepasst waren.

Naheliegend ist aber die Frage, ob der Mathematikunterricht etwas dazu beitragen kann, die Diskontinuität zwischen Schule und Hochschule leichter bewältigbar zu machen, auch wenn er keine Inhalte eines künftigen Studiums vorwegnehmen kann.

Die in den vergangenen fünfzehn Jahren aufgebrochene Bildungsdiskussion hat das Bewusstsein dafür geschärft, dass Mathematikunterricht nicht nur trainierbare Aufgabenformate vermitteln sollte. Einflussreich wurde in diesem Zusammenhang die Definition mathematischer Grundbildung („Mathematical Literacy") im Rahmen von OECD/PISA:

> Mathematische Grundbildung ist die Fähigkeit einer Person, die Rolle zu erkennen und zu verstehen, die Mathematik in der Welt spielt, fundierte mathematische Urteile abzugeben und

sich auf eine Weise mit der Mathematik zu befassen, die den Anforderungen des gegenwärtigen und künftigen Lebens dieser Person als konstruktivem, engagiertem und reflektierendem Bürger entspricht (Prenzel et al. 2004, S. 48).

Damit ist die Fähigkeit gemeint, Mathematik in inner- und außermathematischen Kontexten flexibel anzuwenden und die Vorgehensweise kritisch zu reflektieren. Einen zusätzlichen Akzent setzt die folgende bildungstheoretische Position:

> Deshalb gehört es zur Bildung, dass sie unterschiedliche Weltzugänge, unterschiedliche Horizonte des Weltverstehens eröffnet, die … nicht wechselseitig substituierbar sind und auch nicht nach Geltungshierarchien zu ordnen sind: empirische, logisch-rationale, hermeneutische und musisch-ästhetische Weltzugänge mit ihren jeweils unterschiedlichen Potenzialen an Verfügungswissen und Orientierungswissen, mit ihren jeweils eigenen Rationalitätsformen (Dressler 2006, S. 110).

In die Erfassung der facheigenen „Rationalitätsformen" schließt der Autor in der Sekundarstufe II eine wissenschaftstheoretische Reflexion mit ein. Hier könnte ein Ansatz sein, schon im Schulunterricht das Bewusstsein für spezifisch mathematische Erkenntnisweisen und ihre Artikulationsformen zu schärfen. Ungeklärt ist allerding noch, wie viele operative Fähigkeiten für gehaltvolle Reflexionen nötig sind (Vohns 2014). Auch muss man bedenken, dass der Schulunterricht schon aus Gründen der Zeitknappheit schnell an seine Grenzen stößt. Der Erwerb von Wissen, das über Generationen hinweg von einer großen Forschergemeinschaft erarbeitet wurde, lässt sich vermutlich nicht beliebig komprimieren und beschleunigen.

Literatur

Ableitinger, C., & Herrmann, A. (2011). *Lernen aus Musterlösungen zur Analysis und Linearen Algebra: Ein Arbeits- und Übungsbuch*. Wiesbaden: Vieweg+Teubner.

Arcavi, A. (1994). Symbol sense: informal sense-making in formal mathematics. *For the Learning of Mathematics, 14*(3), 24–35.

Courant, R., & Robbins, H. (1992). *Was ist Mathematik?* (4. Aufl.). Berlin: Springer.

Dörfler, W. (2003). Mathematics and mathematics education: Content and people, relation and difference. *Educational Studies in Mathematics, 54*(2/3), 147–170.

Dressler, B. (2006). *Unterscheidungen: Religion und Bildung*. Leipzig: Evangelische Verlagsanstalt.

Dubinsky, E., & Harel, G. (1992). The nature of the process conception of function. In G. Harel, & E. Dubinsky (Hrsg.), *The concept of function – Aspects of epistemology and pedagogy*. MAA Notes, (Bd. 25, S. 85–105). Washington: Mathematical Association of America.

Freudenthal, H. (1983). *Didactical Phenomenology of Mathematical Structures*. Dordrecht: D. Reidel Publishing Company.

Henze, N. (2006). *Stochastik für Einsteiger* (6. Aufl.). Wiesbaden: Vieweg.

Hoffmann, M. H. G. (2005). *Erkenntnisentwicklung: Ein semiotisch-pragmatischer Ansatz*. Frankfurt am Main: Vittorio Klostermann.

Kähler, E. (1955). Über die Beziehungen der Mathematik zu Astronomie und Physik. In H. Reichhardt (Hrsg.), *Carl Friedrich Gauß Gedenkband anläßlich des 100. Todestages am 23. Februar 1955*. Leipzig: Teubner.

Kirsch, A. (1980). Zur Mathematik-Ausbildung der zukünftigen Lehrer – im Hinblick auf die Praxis des Geometrieunterrichts. *Journal für Mathematikdidaktik, 1*(4), 229–256.

Klein, F. (1908). *Elementarmathematik vom höheren Standpunkte aus. Teil I: Arithmetik, Algebra, Analysis*. Grundlehren der mathematischen Wissenschaften, Bd. 14. Leipzig: Teubner.

Knoop, H.-B. (1997). *Lineare Algebra I & II. Algebra und Diskrete Mathematik I und II: Vorlesung mit Übungen*. Duisburg: Gerhard-Mercator-Universität Gesamthochschule Duisburg.

Krämer, S. (1988). *Symbolische Maschinen: die Idee der Formalisierung in geschichtlichem Abriss*. Darmstadt: Wissenschaftliche Buchgesellschaft.

Prenzel, M., Baumert, J., Blum, W., Lehmann, R., Leutner, D., & Neubrand, M. et al. (Hrsg.). (2004). *PISA 2003. Der Bildungsstandard der Jugendlichen in Deutschland – Ergebnisse des zweiten internationalen Vergleichs*. Münster: Waxmann.

Radford, L. (2010). Signs, gestures, meanings: Algebraic thinking from a cultural semiotic perspective. In V. Durand-Guerrier, S. Soury-Lavergne, & F. Arzarello (Hrsg.), *Proceedings of the Sixth Congress of the European Society for Research in Mathematics Education* (S. XXXIII–LIII). Lyon: Institut national de recherche pédagogique (INRP).

Rüede, C. (2009). Wenn das unausgesprochene regelnd wirkt – eine theoretische und empirische Arbeit zum Impliziten. *Journal für Mathematikdidaktik, 30*(2), 93–120.

Scriba, C. J., & Schreiber, P. (2005). *5000 Jahre Geometrie: Geschichte, Kulturen, Menschen* (2. Aufl.). Berlin: Springer.

Sfard, A. (1995). The Development of Algebra: Confronting historical and psychological Perspectives. *Journal of Mathematical Behavior, 14*(1), 15–39.

Sfard, A. (2000). Symbolizing Mathematical Reality Into Being – Or How Mathematical Discourse and Mathematical Objects Create Each Other. In P. Cobb, E. Yackel, & K. McClain (Hrsg.), *Symbolizing and Communicating in Mathematics Classroom. Perspectives on Discourse, Tools and Instrumental Design* (S. 37–98). Mahwah: Lawrence Erlbaum Associates.

Sonar, T. (2011). *3000 Jahre Analysis: Geschichte, Kulturen, Menschen*. Berlin: Springer.

Tall, D., & Vinner, S. (1981). Concept image and concept definition in mathematics with particular reference to limits and continuity. *Educational Studies in Mathematics, 12*(2), 151–169.

Toeplitz, O. (1931). Das Verhältnis von Mathematik und Ideenlehre bei Plato. In O. Neugebauer, J. Stenzel, & O. Toeplitz (Hrsg.), *Quellen und Studien ur Geschichte der Mathematik Astronomie und Physik: Abteilung B: Studien* (Bd. 1, S. 3–33). Berlin: Springer. Wieder abgedruckt in: Perilli, L. (2013). *Logos. Theorie und Begriffsgeschichte* (S. 19–44). Darmstadt: Wissenschaftliche Buchgesellschaft.

Vohns, A. (2014). *Zur Dialektik von Kohärenzerfahrungen und Differenzerlebnissen. Bildungstheoretische und sachanalytische Studien zur Ermöglichung mathematischen Verstehens*. Klagenfurter Beiträge zur Didaktik der Mathematik, Bd. 11. München: Profil.

Wille, R. (2005). Mathematik präsentieren, reflektieren, beurteilen. In K. Lengnink, & F. Siebel (Hrsg.), *Mathematik präsentieren, reflektieren, beurteilen* (S. 3–20). Mühltal: Verlag Allgemeine Wissenschaft.

Winter, H. (1995). Mathematikunterricht und Allgemeinbildung. *Mitteilungen der Gesellschaft für Didaktik der Mathematik, 61*, 37–46.

Wußing, H. (2009). *6000 Jahre Mathematik Eine kulturgeschichtliche Zeitreise – 2. Von Euler bis zur Gegenwart*. Berlin: Springer.

Zeidler, E. (2009). Gedanken zur Zukunft der Mathematik. In H. Wußing (Hrsg.), *6000 Jahre Mathematik Eine kulturgeschichtliche Zeitreise – 2. Von Euler bis zur Gegenwart* (S. 553–586). Berlin: Springer.

Teil II
Best Practice

Vernetzte Kompetenzen statt trägen Wissens – Ein Studienmodell zur konsequenten Vernetzung von Fachwissenschaft, Fachdidaktik und Schulpraxis

Bärbel Barzel, Andreas Eichler, Lars Holzäpfel, Timo Leuders, Katja Maaß und Gerald Wittmann

Zusammenfassung

Der mathematikdidaktische Teil eines Lehramtsstudiums zielt auf den Erwerb fachwissenschaftlicher, fachdidaktischer und unterrichtspraktischer Kompetenzen und muss dabei die Anforderungen von Wissenschafts- und Berufsorientierung zugleich beachten. Ein in die einzelnen Bereiche fragmentierter Kompetenzerwerb birgt die Gefahr, träges Wissen zu produzieren, welches in der späteren Praxis nicht genutzt werden kann. Bereits im Studium sollte daher die Integration der verschiedenen Kompetenzbereiche angelegt und systematisch gefördert werden. Im vorliegenden Beitrag wird das Studienmodell des IMBF (Institut für Mathematische Bildung Freiburg) vorgestellt, das einen solchen integrierten Kompetenzerwerb realisiert.

3.1 Einleitung

Ein Idealbild der Lehramtsausbildung an der Hochschule ist es, zukünftige Lehrkräfte so zu professionalisieren, dass sie ihre Kompetenzen in der späteren Praxis optimal entfalten können. Dabei soll auch die Grundlage für lebenslanges Lernen im Beruf gelegt werden,

Bärbel Barzel
Universität Duisburg-Essen, Fakultät für Mathematik, Essen, Deutschland
e-mail: baerbel.barzel@uni-due.de

Andreas Eichler
Universität Kassel, Kassel, Deutschland
e-mail: eichler@mathematik.uni-kassel.de

Lars Holzäpfel · Timo Leuders ✉ · Katja Maaß · Gerald Wittmann
Pädagogische Hochschule Freiburg, Insititut für Mathematische Bildung Freiburg (IMBF), Freiburg, Deutschland
e-mail: lars.holzaepfel@ph-freiburg.de, leuders@ph-freiburg.de, maass@ph-freiburg.de, gerald.wittmann@ph-freiburg.de

© Springer Fachmedien Wiesbaden 2016
A. Hoppenbrock et al. (Hrsg.), *Lehren und Lernen von Mathematik in der Studieneingangsphase*, Konzepte und Studien zur Hochschuldidaktik und Lehrerbildung Mathematik, DOI 10.1007/978-3-658-10261-6_3

bei dem durch theoriegeleitete Reflexion und fortgesetzten Kompetenzerwerb die eigene Unterrichtspraxis stetig weiterentwickelt wird. Die Lehrerbildungsforschung hat in den letzten Jahrzehnten die für den Lehrerberuf nötigen Kompetenzen auf ihre Genese, ihre Struktur und auf ihre Wirkungen – insbesondere im Fach Mathematik – untersucht (Blömeke et al. 2010; Even und Ball 2009; Kunter et al. 2011). Aus den Befunden lassen sich erste Hinweise auf die Gestaltung eines Lehramtsstudiums ableiten. Seit Shulman (1986) hat sich ein Facettenmodell hinsichtlich der Struktur von Lehrerkompetenzen herausgeschält, das pädagogische, fachwissenschaftliche und fachdidaktische Kompetenzen unterscheidet und empirisch erfassbar macht. Dieses Modell wurde weiter ausdifferenziert (z. B. Baumert und Kunter 2011) und umfasst auch Überzeugungen, motivationale Orientierungen und Selbstregulation.

Es mag selbstverständlich erscheinen, wird aber oft genug zu wenig beachtet, dass eine solche Ausdifferenzierung von Kompetenzen ein analytischer Akt ist, etwa um Kompetenzziele normativ zu setzen – wie in den Standards der Empfehlungen der Verbände DMV, GDM und MNU (2008) – oder um die Wirkungen von Lehrerkompetenzen zu untersuchen (in Bezug auf unterrichtspraktische Kompetenzen vgl. Hugener et al. 2007, in Bezug auf fachdidaktische Kompetenzen vgl. Baumert und Kunter 2006). In der Schulpraxis dagegen werden diese Kompetenzen in der Regel nie einzeln, sondern immer nur in enger Verbindung miteinander und in berufsspezifischen Kontexten aktiviert (vgl. die Diskussion um „mathematical knowlegde for teaching", Ball et al. 2008; Leuders 2012; Ma 1999).

In welcher Weise zukünftige Lehrkräfte im Studium die für ihre spätere Praxis notwendigen Kompetenzen erwerben, ist bislang unzureichend erforscht (Grossman 2008). Dennoch gibt es gute Argumente, diese Kompetenzen professionsorientiert zu lehren, also in Vernetzung der später im Berufsleben notwendigen Kompetenzfacetten (Beutelspacher et al. 2011; Grossman 2008; Finn 2001): Wenn das Lernen an der Hochschule in einzelnen Kompetenzfeldern isoliert stattfindet und der Transfer auf das Berufsfeld nicht bereits in dieser Phase mitgelernt wird, dann droht die Gefahr der Ausbildung trägen Wissens (Renkl et al. 1996), das in der späteren Praxis nicht trägt.

Das IMBF (Institut für Mathematische Bildung an der Pädagogischen Hochschule Freiburg) hat im Rahmen einer Studienreform in Baden-Württemberg und der damit einhergehenden Möglichkeit einer umfassenden Studiengangsentwicklung für die Lehrämter an Grundschulen sowie an Real- und Werkrealschulen ein Studienmodell des *Vernetzten Kompetenzerwerbs mit dem Ziel der Professionsorientierung* entwickelt. Dieses soll im vorliegenden Beitrag vorgestellt und diskutiert werden. Die für die Lehrerbildung geforderte Professionsorientierung (z. B. Ball und Cohen 1999) soll dabei nicht durch ein *Mehr* an Praxis erreicht werden, sondern wird durch eine reflektive Vernetzung der verschiedenen Kompetenzfacetten eingelöst. Vernetzung findet dabei nicht erst im Kopf des Studierenden und nicht erst in der zweiten Ausbildungsphase oder gar in der Praxis statt, sondern im Rahmen der organisierten Lerngelegenheiten, in den Veranstaltungen der Hochschule (vgl. Abb. 3.1).

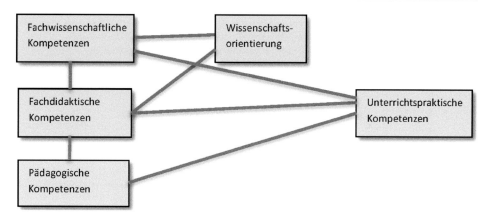

Abb. 3.1 Kompetenzbereiche in der Lehrerausbildung und ihre Vernetzung

Im Gegensatz zu den aus der Literatur bekannten Kompetenzmodellen haben wir die Facette der „Wissenschaftsorientierung" mit aufgenommen. Diese ist im Sinne der Weinertschen Kompetenzdefiniton (1999) streng genommen ein *Aspekt* fachdidaktischer bzw. fachwissenschaftlicher Kompetenz, wird aber zum Zwecke der Studiengangsentwicklung als (ebenfalls zu vernetzende) Facette eigens aufgeführt. Abbildung 3.1 enthält damit insgesamt diejenigen Kompetenzfacetten sowie deren Vernetzungen, die im Modell der Lehramtsausbildung am IMBF adressiert werden können: Bei der Nutzung diagnostischer Kompetenzen im Alltag greifen Lehrkräfte beispielsweise auf ihr allgemeines Wissen zu Diagnosezielen und -verfahren (Pädagogische Kompetenzen) sowie auf ihr Wissen um typische Schülerfehler (Fachdidaktische Kompetenzen) zurück und sie nutzen ihre fachlichen Kompetenzen für das Nachvollziehen komplexer Schülerlösungen. Der Aufbau dieser Fähigkeit wird in unserem Studienmodell nicht durch drei getrennte Veranstaltungen (in Psychologie, Fachdidaktik und Fachwissenschaft) geleistet, sondern durch Lerngelegenheiten, die den Aufbau und die Weiterentwicklungen solcher Fähigkeiten *im Kontext und auf integrierte Weise* fördern.

In den nachfolgenden Abschnitten werden wir exemplarisch verschiedene Konkretisierungen von Lerngelegenheiten aus den Studiengängen des IMBF darstellen und dabei jeweils eine der in Abb. 3.1 dargestellten Vernetzungen diskutieren.

3.2 Vernetzung von Fachwissenschaft und Fachdidaktik am Beispiel einer fachwissenschaftlichen Einführungsveranstaltung

Die Vernetzung von Fachwissenschaft und Fachdidaktik diskutieren wir exemplarisch an Lerngelegenheiten innerhalb *einer* Veranstaltung zur Arithmetik, der fachwissenschaftlichen Grundveranstaltung der Primarstufe. Ähnliche Ansätze liegen beispielsweise dem Konzept „Mathematik als Prozess" (Müller et al. 2004) zugrunde. Die hier beschriebe-

Erkundung 4.28: Eine Anwendung des kgV findet man in der Schule im Rahmen der Bruchrechnung. Die Aufgabe, die sich bei der Addition von Brüchen stellt, lautet: Wie macht man zwei Brüche am günstigsten gleichnamig?

$$\frac{1}{10} + \frac{3}{8} = \frac{4}{40} + \frac{15}{40} = \frac{19}{40}$$

$$\frac{1}{10} + \frac{3}{8} = \frac{8}{80} + \frac{30}{80} = \frac{38}{80} = \frac{19}{40}$$

Manchmal lernen Schülerinnen und Schüler, die beiden Brüche auf den kleinsten gemeinsamen Nenner zu erweitern. Viele Lehrer halten dies aber für eine eher überflüssige zusätzlich zu lernende Rechenprozedur, die sie den Schülern nicht noch zumuten wollen. Sie raten dazu, als gemeinsamen Nenner einfach das Produkt zu wählen und später – falls überhaupt nötig – zu kürzen.

Untersuchen Sie, wie „schlecht" das Verfahren „Multiplizieren" im Vergleich zum Verfahren „Kleinster gemeinsamer Nenner" ist. Wie groß sind die beiden Nenner jeweils? Wie stark unterscheiden sie sich? Kann man präzise sagen, wie das von den beiden Nennerzahlen a und b abhängt?

Abb. 3.2 Ein didaktischer Anlass für die fachwissenschaftliche Reflexion (Leuders 2010)

nen Prinzipien sind allen diesen Veranstaltungen gemein und ebenso auf alle Schulformen übertragbar (vgl. Beutelspacher et al. 2011; Reiss et al. 2012).

Fachwissenschaftliche Kompetenzen bilden als Voraussetzungen für fachdidaktische Kompetenzen (vgl. Ball 1993) einen Schwerpunkt von Einführungsveranstaltungen im Lehramtsstudium. Für das Lehramt Primarstufe ist das in der Regel die Arithmetik. Eine rein fachwissenschaftlich orientierte Arithmetik würde dem Aufbau und der (in Grenzen) deduktiven Absicherung der Grundstrukturen der natürlichen Zahlen dienen und ggf. einige Fragstellungen der Zahlentheorie anschneiden. Dieses Wissen wird aber im späteren Schulalltag in dieser systematischen Form kaum abgerufen. Eine „professionsorientierte Arithmetik" bedarf hier einer geeigneten Vernetzung mit Aspekten fachdidaktischen Denkens. Dies kann zunächst einmal durch Bezüge zu Lehr-Lern-Situationen oder zu bestimmten Schülerfehlern geschehen, auch ohne die Darstellung einer systematischen Didaktik der Arithmetik. Man kann beispielsweise auf Schulbuchaufgaben, kritische Momente aus Lehr-Lernsituationen („Warum ist $1 \div 0$ nicht 0?") oder diagnostische Situationen verweisen. Ein weiteres Beispiel findet sich in Abb. 3.2. Solche „Unterrichtsmomente als explizite Lernanlässe in fachinhaltlichen Veranstaltungen" (Prediger 2013) erfüllen eine sinnstiftende Funktion, indem sie den Studierenden sogleich den Nutzungskontext ihres mathematischen Wissens vor Augen führen.

Aber auch ohne explizite Unterrichtssituationen einzubeziehen, lässt sich fachdidaktisches Denken anregen, indem man neben den mathematischen *Inhalten* auch die mathematischen *Prozesse*, d. h. insbesondere die epistemologischen und heuristischen Prozesse des mathematischen Denkens der Studierenden explizit zum Gegenstand macht – und anschließend reflektiert, wie sich diese Erfahrung auf einen entsprechenden Mathematikunterricht übertragen lässt. Die Studierenden lernen auf diese Weise mathematische

Prozesse wie Explorieren, Problemlösen, Argumentieren usw. kennen, auf die sie später auch in fachdidaktischen Zusammenhängen zurückgreifen sollen. Im Folgenden werden dazu einige Lerngelegenheiten aus der Veranstaltung „Arithmetik und mathematisches Denken" dargestellt (vgl. auch das zugehörige Lehrbuch, Leuders 2010).

- Die große Vielfalt der Interpretationen und Lösungen einer kombinatorischen Zählaufgabe wird erarbeitet an einem vertrauten Beispiel (vgl. Selter und Spiegel 2004, S. 81): „Wie viele verschiedene Möglichkeiten gibt es, sich ein Eis mit 3 Kugeln zusammenzustellen, wenn man aus 5 Sorten auswählt?". Der Prozess der zunächst divergenten Exploration der unterschiedlichen Interpretationen der Aufgabe und die anschließende Zusammenführung und Systematisierung zu kombinatorischen Grundsituationen lässt sich in der Lehrveranstaltung auf eine Weise durchführen, die als Modell für eine entsprechende Unterrichtsstunde dienen kann. Abschließend wird mit den Studierenden der Prozess von der Erkundung bis zur Systematisierung sowie die Lehrerrolle bei der Moderation dieses Prozesses reflektiert.
- Eine endgültige Definition des Primzahlbegriffes wird mehrere Sitzungen lang offen gehalten. Im Raum stehen z. B. vorläufige Definitionen wie „eine Zahl mit zwei Teilern" vs. „eine Zahl, die nur durch 1 und sich selbst teilbar ist". Erst aus Anlass der Untersuchung der Eigenschaften der Primfaktorzerlegung wird eine „nützliche" gemeinsame Definitionsentscheidung getroffen. Hierbei werden die Funktion und die Qualität mathematischer Definitionen reflektiert und es wird diskutiert, inwieweit dies auch im Unterricht für Schülerinnen und Schüler transparent werden kann.
- Die Modulararithmetik wird als Verallgemeinerung des Versuches „mit gerade und ungerade zu rechnen", entwickelt: „Kann man mit ‚durch 3 teilbar‘ und ‚nicht durch 3 teilbar‘ als zwei abstrakten Zahlen genauso rechnen wie mit ‚gerade und ungerade‘?". Bei der Erweiterung auf andere Teiler erleben die Studierenden „neue Zahlenwelten", in denen Divisionsaufgaben mal eindeutige Lösungen, mal mehrere Lösungen, mal keine Lösung besitzen. Die Analogie zur „Division durch Null" in den natürlichen Zahlen wird reflektiert. Dabei erleben sie in den ihnen unvertrauten Welten der Modulararithmetik ähnliche Herausforderungen wie Schülerinnen und Schüler der Grundschule bei der Erschließung der Operationen im Raum der natürlichen Zahlen.
- Zahlschreibweisen und insbesondere das heutige Stellenwertsystem werden im historischen und kulturvergleichenden Kontext exploriert (Zahlen bei den Mayas, Inkas, Babyloniern, Chinesen, Computerzahlen) und dabei erlebt, welche Kulturleistungen in den basalen mathematischen Darstellungen stecken. Zugleich wird diskutiert, welche Chancen und Herausforderungen bei der Verwendung solcher Themen im Unterricht bestehen. Gleichzeitig kann die (vermeintliche) Logik unserer Zahlschreibweise reflektiert werden.
- Die verschiedenen Ansätze der Wissenschaft, das „Wesen der Zahlen" zu klären, werden gegenübergestellt: Neben einer deduktiv-axiomatischen Sicht der Mathematik werden kulturhistorische sowie psychologische und grundschuldidaktische Analysen durchgeführt und ihre Beziehungen und Unterschiede diskutiert.

Die angedeuteten Elemente ermöglichen die von Winter (1996) genannten „Grunderfahrungen". Es geht um das von Schoenfeld (1992) beschriebene „learning to think mathematically" und nicht nur um das „learning mathematics". Studierende, die solche Erfahrungen gemacht haben, können später möglicherweise individuelle Begriffsbildungen bei Schülerinnen und Schülern besser erkennen und flexibler darauf reagieren. Sie sind durch eigenes Erleben für die Unterrichtskonzepte des entdeckenden und genetischen Lernens aufgeschlossener, beispielsweise, wenn sie dem Zugang zu Primzahlen bei Winter (1989) begegnen. In den fachdidaktischen Veranstaltungen wird diese Thematik dann noch einmal gezielt aus der Perspektive des Unterrichts reflektiert.

Eine besondere Herausforderung stellt zu Beginn des Studiums der Anschluss an die Schulmathematik dar, wenn diese als fertiges und weitgehend schematisches Wissensgebäude erlebt wurde. Ziel ist daher nicht primär, das Füllen von Wissenslücken (z. B. in Brückenkursen), sondern die Veränderung von Überzeugungsstrukturen zur Mathematik. Damit eine fachwissenschaftliche Veranstaltung zum Aufbau eines angemessenen Bildes von „Mathematik als Prozess" beiträgt, muss sie begleitet sein von umfangreichen Lernsituationen der individuellen mathematischen Aktivität. Dies wird durch einen begleitenden Übungsbetrieb gewährleistet und durch Aufgaben, die vor allem auf das offene, explorierende und problemlösende Mathematiktreiben ausgerichtet sind. Die begleitenden Tutorinnen und Tutoren werden darin geschult, den mathematischen Austausch zwischen den Studierenden zu moderieren, aber niemals „Musterlösungen" zu präsentieren.

3.3 Vernetzung von Fachwissenschaft und Fachdidaktik am Beispiel der Medienintegration

Die Vernetzung von Fachwissenschaft und Fachdidaktik über *verschiedene* Veranstaltungen hinweg soll am Beispiel der Medienintegration im Lehramtsstudium für die Sekundarstufe I erläutert werden. Für diese wird – wie auch für die Sekundarstufe II – der sinnvolle Einsatz digitaler Medien gefordert (KMK 2004, 2009, 2012). Diese Forderung korrespondiert mit den Erkenntnissen der Lehr-Lern-Forschung, die dem Einsatz von Neuen Medien im Mathematikunterricht im Zusammenhang mit einer entsprechenden Unterrichtskultur die Förderung konzeptionellen Lernens im Gegensatz zu rein algorithmischen Fertigkeiten bescheinigt (Barzel 2012; Lagrange et al. 2003; Zbiek et al. 2007).

Eine Konsequenz der Richtlinie, digitale Medien sinnvoll für den Lernprozess von Schülerinnen und Schüler einzusetzen, sind die im breiten Konsens entstandenen Forderungen, digitale Medien ebenfalls zum integralen Bestandteil der Lehramtsausbildung zu machen (DMV, GDM, MNU 2008). Um diesen Anforderungen zu genügen, hat das IMBF ein integratives Medienkonzept für die Lehramtsausbildung in der Sekundarstufe entwickelt (Eichler et al. 2011). Integrativ bedeutet hier, dass Studierende digitale Medien selbstverständlich und von Beginn des Studium an in allen Bereichen ihrer Ausbildung

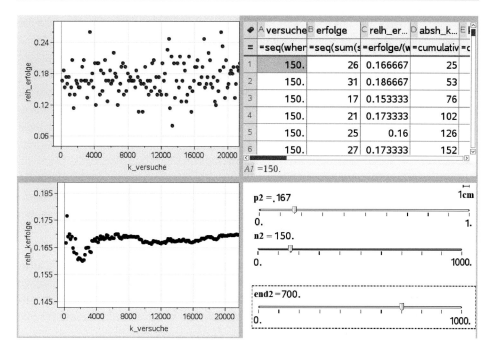

Abb. 3.3 Umgebung zur Simulation (Bildschirmansicht)

einsetzen, um damit potentiell später den Anforderungen an den Mathematikunterricht hinsichtlich digitaler Medien gerecht werden zu können. Zu diesem Einsatz zählen wir vier verschiedene Aspekte, die im Folgenden exemplarisch beleuchtet werden.

Der erste Aspekt umfasst, dass Studierende digitale Medien beim fachlichen Lernen nutzen, um Möglichkeiten und Grenzen dieser Medien im eigenen Lernprozess zu erfahren. In der Veranstaltung „Daten und Zufall" werden etwa Simulationen eingesetzt, um phänomenologisch Sachverhalte im Umfeld des (empirischen) Gesetzes der großen Zahlen zu untersuchen (Abb. 3.3). Dazu gehört z. B. die Stabilisierung relativer Häufigkeiten in langen (simulierten) Würfelserien, die Grundlage der Entwicklung des frequentistischen Wahrscheinlichkeitsbegriffs sind.

Der zweite Aspekt umfasst, dass Studierende in fachdidaktischen Vertiefungen kritisch Einsatzmöglichkeiten sowie Chancen und Risiken des Rechners im Unterricht diskutieren und dabei auf ihre Erfahrungen mit digitalen Medien beim eigenen fachlichen Lernen zurückgreifen. Im Beispiel der Simulationen kann diskutiert werden, bei welchen Themen der Sekundarstufe I Simulationen die Begriffsbildung fördern können (etwa zur Einführung des frequentistischen Wahrscheinlichkeitsbegriffs), ob Simulationsumgebungen von Lernenden selbst gestaltet oder vorgegeben werden sollten (Eichler und Vogel 2012) oder, übergreifend, welche Begriffsbildungen überhaupt den Einsatz des Rechners sinnvoll machen – etwa bei der Möglichkeit, die für die Begriffsbildung entscheidenden Phänomene dynamisch visualisieren zu können (Barzel et al. 2005).

Weitere Aspekte der Integration digitaler Medien in die Lehramtsausbildung sind die Teilnahme der Studierenden an Forschungsprojekten in speziellen Seminaren sowie die gezielte und exemplarische Erprobung von rechnerintegrierten Lernumgebungen in konkreten Unterrichtsstunden im Rahmen schulpraktischer Studien.

Die Integration digitaler Medien in die Lehramtsausbildung setzt die Bedienungskompetenz der Studierenden voraus, die zu Beginn des Studiums noch sehr eingeschränkt ist, durch die aber erst das für den sinnvollen Einsatz notwendige reflektierte, instrumentale Wissen bezogen auf den Rechner entstehen kann (Artigue 2004). Zur Gewährleistung des Aufbaus dieser Kompetenz nutzt das IMBF verschiedene Strategien: Zunächst bietet die Festlegung auf ein Multirepräsentationssystem, das alle Programmarten verfügbar hat, die Möglichkeit, den Aufwand zum Erreichen einer adäquaten Bedienkompetenz zu verringern. Weiterhin setzt das IMBF spezielle Tutorate sowie ein Online-Kompendium ein, um Bedienprobleme der Studierenden zeitnah zu beseitigen.

Eine gelungene Integration digitaler Medien in fachwissenschaftliche und fachdidaktische Veranstaltungen betrifft weiterhin sowohl die Verfügbarkeit dieser Medien in allen Veranstaltungen als auch deren Nutzung in Prüfungen. Um beiden Aspekte zu genügen, wird ein Handheld-Gerät mit begleitender Software verwendet, das für alle fachlichen Veranstaltungen geeignete Applikationen aufweist und die Integration in Klausuren (keine Funkverbindung) sowie technisch den Einsatz in Großveranstaltungen und Präsenzübungen ermöglicht.

3.4 Vernetzung von Fachwissenschaft, Fachdidaktik und Bildungswissenschaft am Beispiel des Integrierten Semesterpraktikums (ISP)

Die Studienstruktur an der Pädagogischen Hochschule Freiburg sieht mehrere Praxisphasen vor, die mit den theoretischen Ausbildungsteilen sowohl in den Bildungswissenschaften als auch in den Fächern systematisch vernetzt sind. Zentral dabei ist das Integrierte Semesterpraktikum (ISP), welches in der Regel im 4. oder 5. Semester absolviert wird. Zu diesem Zeitpunkt verfügen die Studierenden bereits über eine Reihe notwendiger fachwissenschaftlicher und fachdidaktischer Kompetenzen, um Unterricht planen, durchführen und reflektieren zu können.

Neben den Herausforderungen des Unterrichtens stellen sich im ISP zahlreiche Lerngelegenheiten bezogen auf das gesamte Tätigkeitsfeld Schule. Dies geht weit über den Unterricht hinaus und so kann eine ganzheitliche Betrachtung des späteren Berufsfeldes wahrgenommen werden. Studierende können insbesondere im Integrierten Semesterpraktikum neben dem Hospitieren und Unterrichten auch an Konferenzen teilnehmen, Projekte mitgestalten und an außerunterrichtlichen Aktivitäten partizipieren.

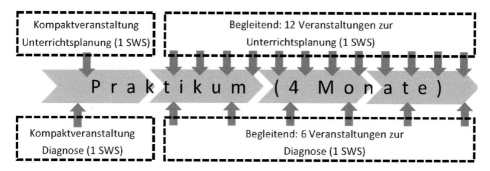

Abb. 3.4 Ausbildungsstruktur mit begleitenden Veranstaltungen zum Praktikum

Die Verknüpfung mit der Fachdidaktik erfolgt auf zwei Weisen (Müller und Dieck 2011):

- Die Tradition der Pädagogischen Hochschule, dass alle Lehrenden an einem Tag der Woche die Studierenden an ihren Praktikumsschulen begleiten und beraten, wird auch im ISP fortgesetzt.
- Während des ISP werden zudem an der Hochschule fachdidaktische Begleitveranstaltungen (zu den Themen Diagnose und Unterrichtsplanung/Reflexion) im Umfang von ca. 4 SWS in zwei bis drei Fächern (einschließlich Bildungswissenschaften) angeboten.

Die Studierenden werden in mehrerlei Hinsicht systematisch auf das Integrierte Schulpraktikum vorbereitet: neben der Grundlagenbildung in Fachwissenschaft und Fachdidaktik in den ersten vier Semestern werden mit Beginn und während des Praktikums spezifische praktikumsbezogene Veranstaltungen zu den Themen Unterrichtsplanung und Diagnose angeboten (vgl. Abb. 3.4).

Nachfolgend wird dargelegt, wie das IMBF die Studierenden inhaltlich auf diese Praxisphase vorbereitet und währenddessen begleitend unterstützt:

- Anwendung fachdidaktischer und fachwissenschaftlicher Kompetenzen aus den Seminarveranstaltungen in der Praxis – Lehrende können die Lernprozesse aktiv unterstützen (z. B. indem sie auf Modelle aus den Veranstaltungen für die Umsetzung in der Praxis hinweisen) und auch als Modell bei der gemeinsamen Unterrichtsvorbereitung fungieren (z. B. wenn sie selbst eine Stunde planen und halten).
- Integration allgemeinpädagogischer Aspekte (Klassenführung) und fachdidaktischer Aspekte (Kommunikationsverhalten bei der Bildung vorläufiger mathematischer Begriffe).
- Dialog zwischen Praxisfeld Schule und wissenschaftlicher Orientierung an der Hochschule – dieses Spannungsfeld kann nicht nur erlebt, sondern mit Lehrendenunterstützung produktiv reflektiert werden: z. B. indem anhand theoretischer Modelle Unterrichtssituationen durchleuchtet werden und Studierende erleben, welchen Mehrwert es

hat, durch eine „theoretische Brille" auf Situationen zu schauen und dabei Dinge zu erkennen, die man ohne diese nicht erkannt hätte.

Die Motivation der Studierenden ist in der Regel recht hoch, was das Praktikum angeht – nicht zuletzt deshalb, weil in diesen Phasen der Berufswunsch konkret erlebt werden kann (Hascher 2011). Jedoch besteht genau hier auch die Gefahr des Diskrepanzerlebens zwischen theoretischer Ausbildung an der Hochschule und Erlebnissen in der Praxis. Dieses Spannungsfeld auszuhalten stellt eine Herausforderung dar und es bedarf einiger Reflexionsprozesse seitens der Studierenden diesbezüglich. Ziel im ISP ist es, zu der Überzeugung zu gelangen, dass Theoriebildung einen wesentlichen Teil zur Professionalisierung beiträgt (Fraefel 2011). Solche Reflexionsprozesse sind essentiell, denn es ist ein wesentliches Ziel, eine reflexive Praxis (Schön 1983) zu kultivieren. Wie gelingt das?

Im Rahmen der beiden Veranstaltungen „Unterrichtsplanung" und „Diagnose" werden theoretische Modelle mit konkreten Erfahrungen aus der Praxis verschränkt. Die Studierenden erleben, welchen Mehrwert eine theoretische Auseinandersetzung mit sich bringt, wenn sie z. B. beim Diagnostizieren von Schülerfehlern theoretische Fundierungen kennen gelernt haben (z. B. typische Schülerfehler kennen und deren Ursachen gezielt nachforschen können). Ein konkretes Beispiel aus der Praxis: Die Planung, Durchführung und Reflexion einer Gruppenarbeitsphase beim Explorieren von Würfelnetzen („Wie viele verschiedene Würfelnetze gibt es?") erfordert einige Überlegungen sowohl auf der pädagogischen, fachdidaktischen als auch auf der fachlichen Ebene. Grundsätze zur Gruppenarbeit wie z. B. das Problem, dass einer arbeitet und die anderen stören oder dass der Arbeitsauftrag unklar bzw. nicht „teilbar" ist, finden sich in theoretischen Modellen aus der pädagogischen Psychologie (Renkl und Beisiegel 2003). Auch Aspekte zur Klassenführung werden hier wichtig – sowohl in der Planung als auch bei der Durchführung und Reflexion. Die Ebene der Fachlichkeit wird wichtig, weil z. B. in der Gruppenarbeitsphase Lösungsansätze verstanden und ggf. kommentiert werden müssen. Auch mit Blick auf die anschließende Präsentationsphase muss erkannt werden, welche Überlegungen zielführend sind, wenn es darum geht, eine schlüssige Argumentation zu finden, dass man alle Würfelnetze gefunden hat. Fachdidaktisch gibt es ebenfalls einige theoretische Überlegungen, die hier von Bedeutung sind: z. B. die Frage, wie geprüft werden kann, ob ein Netz korrekt ist oder nicht (hierzu muss auf die Raumvorstellung zurückgegriffen werden und es müssen entsprechende Materialien bereitgestellt werden, die den Aufbau der Vorstellung unterstützen).

Sowohl die Planung einer solchen Phase wie auch deren Durchführung und Reflexion können an Qualität gewinnen, wenn theoriebasiert gearbeitet wird. Studierende lernen an solch einem (kleinen) Beispiel, welchen Gewinn es für die eigene Professionalisierung bedeutet, theoretische Modelle zu nutzen. An dieser Stelle zeigt sich aber auch die Breite der Anforderungen an die Dozierenden: Eine Integration der verschiedenen Ebenen ist notwendig, um zielführend und gewinnbringend an einer Theorie-Praxis-Verknüpfung zu arbeiten. Im Hinblick auf die Integration dieser Ebenen muss jedoch auch eine Professionalisierung der Dozierenden erfolgen – dies gehört daher auch zum Programm des IMBF. Zuvorderst stehen dabei die eigene (Unterrichts-)Erfahrung einerseits und die Überzeugung, dass Theoriebildung einen wesentlichen Baustein zur Professionalisierung im Lehrerhandeln darstellt. Gleiches gilt jedoch auch für die Mentoren und Ausbildungsberater, die die Studierenden alltäglich begleiten. Das IMBF ist an der Qualifizierung dieser Personen beteiligt, so dass auch hier eine gemeinsame Basis entstehen kann.

Im Sinne der Qualitätssicherung wurde im Team des IMBF ein Curriculum zur Unterrichtsplanung, Durchführung und Reflexion entwickelt (Barzel et al. 2011), auf das sich alle Dozierenden des Faches und Mentoren an den Schulen beziehen. Hierbei werden zentrale Themen wie das Formulieren von Zielen, die Auswahl geeigneter Methoden, die Planung einer Gruppenarbeit, das Konzipieren eines Einstiegs oder das differenzierte Üben behandelt und – begleitend zum Praktikum – stets mit der Praxis verknüpft.

3.5   Vernetzung von Wissenschaftsorientierung, Fachdidaktik und Schulpraxis am Beispiel von Forschungsseminaren

In der Lehramtsausbildung werden Wissenschaftsorientierung und Berufsfeldorientierung nicht selten als Gegensätze betrachtet. Wissenschaftsorientierung bedeutet dabei, dass die Studierenden am Ende ihrer Ausbildung

- nicht ausschließlich handlungspraktisches Wissen, sondern ein vernetztes und theoriebasiertes Wissen erwerben sollen, das an die Forschungsergebnisse der jeweiligen Bezugswissenschaft anknüpft,
- nicht nur über inhaltliches Wissen der jeweiligen Bezugswissenschaft verfügen, sondern auch deren typische Denk- und Arbeitsweisen kennen und (in angemessenem Maße) auch selbst praktizieren können.

Dieser zweite Aspekt der Wissenschaftsorientierung ist eng verknüpft mit dem Prinzip des forschenden Lernens (Aepkers 2002; Artigue und Blomhoej 2013; Huber 2003; Koch-Priewe und Thiele 2009): Die Studierenden sollen typische Denk- und Arbeitsweisen der jeweiligen Bezugswissenschaft dadurch erwerben, dass sie diese selbst praktizieren. Betrachtet man insbesondere die Mathematikdidaktik als Bezugswissenschaft der Mathematiklehrkräfte, so ist hiervon ein wesentlicher Beitrag für deren Professionalisierung zu erwarten: Lehrkräfte werden nicht nur als „Abnehmer" mathematikdidaktischer Forschung gesehen, die deren Ergebnisse rezipieren, vor allem jene der Entwicklungsforschung, etwa über Fortbildungen oder durch regelmäßiges Lesen einschlägiger Fachzeitschriften und -bücher. Lehrkräfte sollen vielmehr auch einen „forschenden Habitus" zeigen: Sie gehen an Praxisprobleme mit einer Haltung heran, die von Offenheit (anstelle von berufsspezifischer Vorurteile) geprägt ist und sind bereit, diese durch eine an wissenschaftlicher Forschung angelehnte Vorgehensweisen zu lösen. In einer sehr ausgeprägten Form kommt dies zum Ausdruck in Projekten wie IMST[2] (Krainer et al. 2009; Krainer und Zehetmeier 2013) oder Konzepten der Aktionsforschung (Altrichter und Posch 2006), auch wenn die dokumentierten Vorgehensweisen der Lehrkräfte diesen Anspruch nicht immer halten können und teilweise auch singulär wirken.

Eine Möglichkeit, den forschenden Habitus zu wecken, erläutern wir anhand eines Forschungsseminars, in dem qualitativ auf Denkprozesse von Schülerinnen und Schülern fokussiert und damit eine Arbeitsrichtung der Bezugswissenschaft Mathematikdidaktik verdeutlicht wird. Für die Unterrichtspraxis unmittelbar relevante Forschungsergebnisse lassen sich durch Konzepte wie Grundvorstellungen und davon abweichende individuelle Fehlvorstellungen sowie epistemologische Hürden im Bereich des konzeptuellen Denkens und typische Lösungswege und -strategien sowie Fehlermuster im Bereich des prozeduralen Denkens beschreiben. Typische Denk- und Arbeitsweisen zeigen sich in der qualitativen Forschung, beruhend auf Interviews mit Schülerinnen und Schülern (exemplarisch: Maier und Voigt 1994).

Im Sinne eines forschenden Lernens sollen die Studierenden in diesem Seminar nicht nur die Forschungsergebnisse kennen und anwenden können, sondern – anknüpfend an Ansätze wie „Erkundungsprojekte" (Selter und Spiegel 1997) oder individualdiagnostische Interviews (Wollring 2004) – in kleinen, fallstudienartigen Projekten selbst erheben. Einordnen lässt sich dies als ein (meist ausschnittsweises) Replizieren aus der Literatur bekannter Studien mit kleinen Fallzahlen. Wesentliche Elemente eines solchen Seminars mit einem klaren Themenschwerpunkt (Bruchrechnung, Algebra, geometrische Begriffe ...) lassen sich wie folgt beschreiben: Die Studierenden

- lesen die einschlägige Literatur nicht nur mit dem Fokus auf Ergebnisse, sondern auch im Hinblick auf Forschungsfragen und -methoden,
- formulieren eine gezielte Forschungsfrage, die an Literatur anknüpft,
- entwickeln ein Setting (unter anderem Aufgaben und Materialeinsatz) für ein diagnostisches Interview,
- führen das Interview durch (Aufzeichnung per Audio oder Video) und transkribieren es,
- werten das Interview differenziert nicht nur im Hinblick auf Defizite aus, sondern auch auf Kompetenzen der Kinder, in stetigem Bezug auf Indikatoren im Text, in Abgrenzung zu einer im Unterrichtsalltag verbreiteten pauschalen und vorschnellen Einordnung und
- beziehen ihre Ergebnisse auf die Forschungsfrage und stellen sie nachvollziehbar dar.

Über einen tiefen Einblick in diesen Aspekt mathematikdidaktischer Forschung hinaus erwerben die Studierenden dabei auch für ihre Schulpraxis wichtige Kompetenzen: Sie

- erfahren um die Komplexität nicht nur von Lernprozessen, sondern auch von deren Erfassung, beispielsweise um die Schwierigkeit, passende Diagnoseaufgaben zu stellen (so in Klassenarbeiten),

- lernen, Schülerlösungen in subtiler und differenzierter Weise zu bewerten sowie indikatorengestützte Folgerungen daraus zu ziehen und
- erhalten eine Rückmeldung über die eigene Gesprächsführung und können diese weiterentwickeln.

Möglich ist dies, weil die qualitative mathematikdidaktische Forschung, auf die im beschriebenen Seminar exemplarisch fokussiert wird, und die diagnostische Tätigkeit von Lehrkräften ein gemeinsames Ziel besitzen: dem Denken der Schülerinnen und Schüler auf die Spur zu kommen. Die hierzu eingesetzten Forschungsmethoden erweisen sich als Verlängerung und Präzisierung der in der Praxis üblichen Vorgehensweisen.

3.5.1 Überblick

Die oben skizzierten Beispiele aus der Praxis des Lehramtsstudiums am IMBF zeigen auf, wie Lerngelegenheiten aussehen können, die den integrativen Kompetenzerwerb in den Bereichen Fachdidaktik, Fachwissenschaft, Bildungswissenschaft und Schulpraxis unter der der Perspektive der Berufs- und der Wissenschaftsorientierung fördern können.

Formal gehen die oben genannten Vernetzungsideen in der Studienordnung am IMBF auf, die in Abb. 3.5 exemplarisch für die Sekundarstufe I dargestellt ist. Die Lerntrajektorie beginnt für Studierende stets mit mathematischen Grundveranstaltungen, in die erste didaktische Reflexionen integriert werden, wie am Beispiel der Arithmetikveranstaltung erläutert. Ausgebaut und systematisiert werden diese ersten fachdidaktischen Reflexionen in der jeweils nachfolgenden fachdidaktischen Veranstaltung. In diesen Veranstaltungen wird wiederum die Perspektive der Stoffdidaktik mit der Perspektive der empirischen Didaktik verknüpft. Übergreifende Leitlinien, wie etwa der Medieneinsatz, das Modellieren, Problemlösen, Argumentieren (Beweisen) sind einerseits Bestandteil der fachwissenschaftlichen und fachdidaktischen Veranstaltungen und werden andererseits in Spezialveranstaltungen des späteren Studiums gebündelt. Dies geschieht in didaktischen Veranstaltungen, die sich auf die Entwicklung spezifischer Lernumgebungen oder Materialien beziehen („Fachdidaktische Entwicklung"), oder in didaktischen Veranstaltungen, in denen übergreifende Ideen aus den einzelnen mathematischen Disziplinen gebündelt werden („Fachdidaktische Vertiefung": z. B. Modellieren oder Computer im Mathematikunterricht).

Die Vernetzungen, die sich in dem Plan der Studienordnung zeigen, werden auch in den Prüfungen abgebildet. So werden im Modul 1 zwar auch Standardaufgaben gestellt, die sich nur auf spezifisch fachwissenschaftliche oder fachdidaktische Themenbereiche beziehen, ebenso aber Aufgaben, sich die über die Grenzen beider Bereiche erstrecken. In gleicher Form werden in der Prüfung zum Modul 2 Aufgaben gestellt, die sich auf verschiedene fachwissenschaftliche und fachdidaktische Bereiche des Moduls beziehen können. Daneben werden die beiden Aspekte nicht isoliert, sondern immer an konkreten

	Fachwissenschaftlicher Bereich	Fachdidaktischer Bereich	Schulpraktischer Bereich
Modul 1 (12 ECTS)	Arithmetik, Zahlbereiche und mathematisches Denken		
	Geometrie und mathematisches Denken		
Modul 2 (21 ECTS)	Funktionen und Algebra		
		Didaktik der Algebra und Zahlbereiche	
		Didaktik der Geometrie	
	Daten und Zufall	Didaktik der Stochastik	
Semesterpraktikum (15 ECTS)			Unterricht planen, durchführen und reflektieren, Individuelle Diagnose und Förderung
Modul 3 (24 ECTS)	Fachwissenschaftliche Vertiefung	Fachdidaktische Vertiefung	
		Fachdidaktische Forschung	
	Fachliche Forschung	Fachdidaktische Vernetzung	
		Fachdidaktische Entwicklung (von Unterrichtsmaterialien)	
Examen		Wissenschaftliche Hausarbeit, Forschungspraktikum	

Abb. 3.5 Struktur der Studienordnung 2011 für das Lehramt in der Sekundarstufe I im Bereich Mathematik

„Fällen", also z. B. Lehr-Lernsituationen, Aufgaben aus Lehrbüchern oder Textausschnitten aus Handbüchern geprüft.

3.5.2 Diskussion

Das hier vorgestellte Studienmodell des IMBF ist nur eines von vielen möglichen. Die Struktur, die Anteile in den verschiedenen Bereichen, die gewählten Vernetzungen, die hier gewählt sind, bergen einige Kontingenzen und sind nicht im Einzelnen empirisch zu rechtfertigen. Das zentrale, gleichsam unverrückbare Merkmal ist die Realisierung möglichst umfassender Vernetzungen der Kompetenzbereiche bei der Strukturierung der Lerngelegenheiten, sowie die durchgehende Professionsorientierung. Die Wissenschaftsorientierung wird in diesem Modell nicht durch eine lehramtsunspezifische „Fachwissenschaftsschiene" (z. B. in Form eines polyvalenten Bachelors) angelegt, sondern durch das Angebot von fachwissenschaftlichen Inhalten mit explizitem Bezug auf die Lehrerprofession. Das schließt nicht aus, dass auch mathematische Inhalte mit nur losem Bezug zum Schulcurriculum behandelt werden, diese werden aber mit dem expliziten Ziel des Aufbaus eines epistemologisch angemessenen Wissenschaftsbildes ausgerichtet. Des Weiteren bedeutet Wissenschaftsorientierung auch und vor allem den Einbezug aktueller Inhalte und Methoden der Fachdidaktik als bildungswissenschaftliche Forschungsdisziplin – Grundvoraussetzung für ein akademisches Studium.

Eine solche Studienstruktur hat nicht unbeträchtliche Voraussetzungen in den Rahmenbedingungen und Ressourcen: Eine substantielle Wissenschaftsorientierung im Bereich der Fachdidaktik kann nur gewährleistet sein, wenn die Lehrenden aktiv fachdidaktisch forschen. Umgekehrt braucht es für die Gestaltung von Praxisanteilen Personen, die substantielle Erfahrungen in der Schulpraxis haben. Die Vernetzung dieser Perspektiven schließlich ist umso einfacher herzustellen, wenn die Personen, die dies tun, die genannten Erfahrungen und Kompetenzen miteinander vereinen. Dies ist aufgrund der Berufungsgrundsätze an einer Pädagogischen Hochschule möglich und am IMBF gegeben (6 Professorinnen und Professoren, 5 akademische Mitarbeiter und ca. 30 Doktorandinnen und Doktoranden). Diese Personal- und Deputatsstruktur ermöglicht das Ausbringen fachwissenschaftlicher und fachdidaktischer Veranstaltungen, sowie eine intensive schulpraktische Begleitung (Dozenten sind jede Woche mit einer Kleingruppe an der Schule). Zudem ist die Vernetzung mit den Nachbardisziplinen, die ebenfalls schwerpunktmäßig auf die Lehrerbildung und die Schul- und Unterrichtsforschung ausgerichtet sind, strukturell einfach. Kritisch ist allenfalls die Frage zu stellen, in welchem Umfang das Fach Mathematik in der Lehrerbildung auch durch fachwissenschaftlich forschende Personen vertreten sein muss. Ein optimales Modell, das hier nicht realisiert ist, wäre sicher eine enge Zusammenarbeit von Fachwissenschaftlern und Fachdidaktikern bei der Planung und Durchführung von Fachveranstaltungen für Lehrkräfte – ganz im Sinne der vom IMBF angestrebten, in diesem Beitrag geschilderten integrierten Lehre.

Man könnte die Situation der Lehrerbildung an den Pädagogischen Hochschulen des Landes Baden-Württemberg dahingehend resümieren, dass die Bedingungen einer „School of Education", wie sie für die Universitäten gefordert wird, bereits realisiert sind. Dennoch wird es hier weitere Entwicklungen geben müssen: Eine engere Kooperation mit den Universitäten in der Gymnasiallehrerbildung ist bereits für die nahe Zukunft absehbar.

Literatur

Aepkers, M. (2002). Forschendes Lernen – Einem Begriff auf der Spur. In M. Aepkers, & S. Liebig (Hrsg.), *Entdeckendes, forschendes und genetisches Lernen* (S. 69–87). Hohengehren: Schneider.

Altrichter, H., & Posch, P. (2006). *Lehrerinnen und Lehrer erforschen ihren Unterricht: Unterrichtsentwicklung und Unterrichtsevaluation durch Aktionsforschung* (4. Aufl.). Bad Heilbrunn: Klinkhardt.

Artigue, M. (2004). The integration of computer technologies in secondary mathematics education. In J. Wang, & B. Xu (Hrsg.), *Trends and challenges in mathematics education* (S. 209–222). Shanghai: East China Normal University Press.

Artigue, M., & Blomhoej, M. (2013). Conceptualising inquiry based education in mathematics. *Zentralblatt für Didaktik der Mathematik (ZDM), 45*(6), 797–810.

Ball, D. (1993). With an Eye on the Mathematical Horizon: Dilemmas of Teaching Elementary School Mathematics. *The Elementary School Journal, 93*(4), 373–397.

Ball, D., & Cohen, D. K. (1999). Developing practice, developing practitioners: Toward a practice-based theory of professional education. In G. Sykes, & L. Darling-Hammond (Hrsg.), *Teaching as the learning profession: Handbook of policy and practice* (S. 3–32). San Francisco: Jossey-Bass.

Ball, D., Thames, M. H., & Phelps, G. (2008). Content knowledge for teaching: What makes it special? *Journal of Teacher Education, 59*(5), 389–407.

Barzel, B. (2012). *Computeralgebra im Mathematikunterricht. Ein Mehrwert – aber wann?* Münster: Waxmann.

Barzel, B., Hußmann, S., & Leuders, T. (2005). *Computer, Internet & Co. im Mathematikunterricht.* Berlin: Cornelsen.

Barzel, B., Holzäpfel, L., Leuders, T., & Streit, C. (2011). *Mathematik unterrichten planen, durchführen, reflektieren.* Berlin: Cornelsen.

Baumert, J., & Kunter, M. (2006). Stichwort: Professionelle Kompetenz von Lehrkräften. *Zeitschrift für Erziehungswissenschaft, 9*, 469–520.

Baumert, J., & Kunter, M. (2011). Das Kompetenzmodell von COACTIV. In M. Kunter, J. Baumert, W. Blum, U. Klusmann, S. Krauss, & M. Neubrand (Hrsg.), *Professionelle Kompetenz von Lehrkräften – Ergebnisse des Forschungsprogramms COACTIV.* Münster: Waxmann.

Beutelspacher, A., Danckwerts, R., Nickel, G., Spies, S., & Wickel, G. (2011). *Mathematik Neu Denken. Impulse für die Gymnasiallehrerbildung an Universitäten.* Wiesbaden: Vieweg+Teubner.

Blömeke, S., Kaiser, G., & Lehmann, R. (Hrsg.). (2010). *TEDS-M 2008. Professionelle Kompetenz und Lerngelegenheiten angehender Mathematiklehrkräfte für die Sekundarstufe I im internationalen Vergleich.* Münster: Waxmann.

DMV, GDM, MNU (2008). Standards für die Lehrerbildung im Fach Mathematik. Empfehlungen von DMV, GDM, MNU. http://madipedia.de/index.php/Stellungnahmen. Zugegriffen: 18. Januar 2015

Eichler, A., & Vogel, M. (2012). *Leitidee Daten und Zufall.* Wiesbaden: Springer Spektrum.

Eichler, A., Barzel, B., & Holzäpfel, L. (2011). Integriertes Medienkonzept in der Mathematiklehrerausbildung (IM²). http://stifterverband.info/wissenschaft_und_hochschule/lehre/fellowships/fellows_2011/eichler/index.html. Zugegriffen: 18. Januar 2015

Even, R., & Ball, B. (Hrsg.). (2009). *The Professional Education and Development of Teachers of Mathematics.* New York: Springer.

Finn, C. E. (2001). How to get better teachers – and treat them right. http://www.hoover.org/research/how-get-better-teachers-and-treat-them-right. Zugegriffen: 18. Januar 2015

Fraefel, U. (2011). Vom Praktikum zur Arbeits- und Lerngemeinschaft: Partnerschulen für Professionsentwicklung. *Journal für Lehrerinnen- und Lehrerbildung, 11*(3), 26–33.

Grossman, P. (2008). Responding to our critics: From crisis to opportunity in research on teacher education. *Journal of Teacher Education, 59*, 10–23.

Hascher, T. (2011). Vom „Mythos Praktikum" … und der Gefahr verpasster Lerngelegenheiten. *Journal für Lehrerinnen- und Lehrerbildung, 11*(3), 26–33.

Huber, L. (2003). Forschendes Lernen in deutschen Hochschulen. Zum Stand der Diskussion. In A. Obolenski, & H. Meyer (Hrsg.), *Forschendes Lernen. Theorie und Praxis einer forschenden LehrerInnenausbildung* (S. 15–36). Bad Heilbrunn: Klinkhardt.

Hugener, I., Pauli, C., & Reusser, K. (2007). Inszenierungsmuster, kognitive Aktivierung und Leistung im Mathematikunterricht. In D. Lemmermöhle, M. Rothgangel, S. Bögeholz, M. Hasselhorn, & R. Watermann (Hrsg.), *Professionell Lehren. Erfolgreich Lernen* (S. 109–122). Münster: Waxmann.

Koch-Priewe, B., & Thiele, J. (2009). Versuch einer Systematisierung hochschuldidaktischer Konzepte zum forschenden Lernen. In B. Roters, R. Schneider, B. Koch-Priewe, J. Thiele, & J. Wildt (Hrsg.), *Forschendes Lernen in Praxisstudien – Unterwegs zu einer Didaktik professionsorientierter Lehrerinnen und Lehrerbildung* (S. 271–292). Bad Heilbrunn: Klinkhardt.

Krainer, K., & Zehetmeier, S. (2013). Inquiry-based learning for students, teachers, researchers, and representatives of educational administration and policy. Reflections on a nation-wide initiative fostering educational innovations. *ZDM – The International Journal on Mathematics Education, 45*(6), 875–886.

Krainer, K., Hanfstingl, B., & Zehetmeier, S. (Hrsg.). (2009). *Fragen zur Schule – Antworten aus Theorie und Praxis. Ergebnisse aus dem Projekt IMST*. Innsbruck: Studienverlag.

Kultusministerkonferenz (2004). *Bildungsstandards im Fach Mathematik für den Mittleren Schulabschluss (Beschluss vom 4.12.2003)*. München: Luchterhand.

Kultusministerkonferenz (2009). Empfehlung der Kultusministerkonferenz zur Stärkung der mathematisch-naturwissenschaftlich-technischen Bildung (Beschluss der Kultusministerkonferenz vom 07.05.2009). http://www.kmk.org/fileadmin/veroeffentlichungen_beschluesse/2009/2009_05_07-Empf-MINT.pdf. Zugegriffen: 18. Januar 2015

Kultusministerkonferenz (2012). Bildungsstandards im Fach Mathematik für die Allgemeine Hochschulreife (Beschluss der Kultusministerkonferenz vom 18.10.2012). http://www.kmk.org/fileadmin/veroeffentlichungen_beschluesse/2012/2012_10_18-Bildungsstandards-Mathe-Abi.pdf. Zugegriffen: 18. Januar 2015

Kunter, M., Baumert, J., Blum, W., Klusmann, U., Krauss, S., & Neubrand, M. (2011). *Professionelle Kompetenz von Lehrkräften: Ergebnisse des Forschungsprogramms COACTIV*. Münster: Waxmann.

Lagrange, J.-B., Artigue, M., Laborde, C., & Trouche, L. (2003). Technology and Mathematics Education: A Multidimensional Study of the Evolution of Research and Innovation. In A. J. Bishop, M. A. Clements, C. Keitel, J. Kilpatrick, & F. K. S. Leung (Hrsg.), *Second International Handbook of Mathematics Education* (S. 237–269). Dordrecht: Kluwer Academic Publishers.

Leuders, T. (2010). *Erlebnis Arithmetik*. Heidelberg: Spektrum Akademischer Verlag.

Leuders, T. (2012). Mathematiklehrerbildung in Deutschland – Konzepte und Modelle am Beispiel Baden-Württemberg. In C. Cramer, K.-P. Horn, & F. Schweitzer (Hrsg.), *Lehrerausbildung in Baden-Württemberg. Historische Entwicklungslinien und aktuelle Herausforderungen* (S. 123–154). Jena: Garamond.

Ma, L. (1999). *Knowing and teaching elementary mathematics: Teachers' understanding of fundamental mathematics in China and the United States*. Mahwah: Lawrence Erlbaum Associates.

Maier, H., & Voigt, J. (Hrsg.). (1994). *Verstehen und Verständigung. Arbeiten zur interpretativen Unterrichtsforschung*. Köln: Aulis.

Müller, G. N., Steinbring, H., & Wittmann, E. C. (Hrsg.). (2004). *Arithmetik als Prozess* (S. 291–310). Seelze: Friedrich.

Müller, K., & Dieck, M. (2011). Schulpraxis als Lerngelegenheit? Mehrperspektivische empirische Befunde zu einem Langzeitpraktikum. *Journal für Lehrerinnen- und Lehrerbildung, 11*(3), 46–50.

Prediger, S. (2013). Unterrichtsmomente als explizite Lernanlässe in fachinhaltlichen Veranstaltungen. Ein Ansatz zur Stärkung der mathematischen Fundierung unterrichtlichen Handelns. In C. Ableitinger, J. Kramer, & S. Prediger (Hrsg.), *Zur doppelten Diskontinuität in der Gymnasiallehrerbildung* (S. 151–168). Wiesbaden: Springer Spektrum.

Reiss, K., Prenzel, M., & Seidel, T. (2012). Ein Modell für die Lehramtsausbildung: Die TUM School of Education. In R. Oerter, H. Mandl, L.von Rosenstiel, & K. Schneewind (Hrsg.), *Universitäre Bildung: Fachidiot oder Persönlichkeit* (S. 192–209). München: Rainer Hampp.

Renkl, A., & Beisiegel, S. (2003). *Lernen in Gruppen: Ein Minihandbuch.* Landau: Verlag Empirische Pädagogik.

Renkl, A., Mandl, H., & Gruber, H. (1996). Inert knowledge: Analyses and remedies. *Educational Psychologist, 31*, 115–121.

Schoenfeld, A. H. (1992). Learning to think mathematically: Problem solving, metacognition, and sense-making in mathematics. In D. A. Grouws (Hrsg.), *Handbook of research on mathematics teaching and learning* (S. 334–370). New York: Macmillan.

Schön, D. A. (1983). *The Reflective Practitioner: how professionals think in action.* Aldershot: Arena.

Selter, C., & Spiegel, H. (1997). *Wie Kinder rechnen.* Leipzig: Klett.

Selter, C., & Spiegel, H. (2004). Elemente der Kombinatorik. In G. N. Müller, H. Steinbring, & E. C. Wittmann (Hrsg.), *Arithmetik als Prozess* (S. 291–310). Seelze: Friedrich.

Shulman, L. S. (1986). Professional Development and Teacher Learning: Mapping the Terrain. *Educational Researcher, 15*(2), 4–14.

Winter, H. (1989). *Entdeckendes Lernen im Mathematikunterricht: Einblicke in die Ideengeschichte und ihre Bedeutung für die Pädagogik.* Wiesbaden: Vieweg.

Winter, H. (1996). Mathematikunterricht und Allgemeinbildung. *Mitteilungen der Gesellschaft für Didaktik der Mathematik, 61*, 37–46.

Wollring, B. (2004). Individualdiagnostik im Mathematikunterricht der Grundschule als Impulsgeber für Fördern, Unterrichten und Ausbildung. Teil 2: Handlungsleitende Diagnostik. *Schulverwaltung. Ausgabe Hessen Rheinland-Pfalz und Saarland, 8*(11), 297–298.

Zbiek, R., Heid, K., Blume, G., & Dick, T. (2007). Research on Technology Mathematics Education – A Perspective of Constructs. In F. Lester (Hrsg.), *Second handbook of research on mathematics teaching and learning* (S. 1169–1207). Charlotte: Information Age.

Methodische Innovationen in der Veranstaltung „Arithmetik" für das Lehramt Grundschule

4

Claudia Böttinger und Carmen Boventer

Zusammenfassung

Für die Veranstaltung Arithmetik im Lehramtsstudium Grundschule gibt es inzwischen Vorschläge, die Inhalte eher prozessorientiert und mit engem Schulbezug zu behandeln. Damit einhergehen muss eine methodische Weiterentwicklung der Veranstaltung, die diese Prozesse und die Reflexion darüber in den Blick nimmt. Vorgestellt werden Grundlagen und Beispiele für Methoden, die die Studierenden zur Mitarbeit aktivieren und zur mathematischen Reflexion anregen sollen. Parallel dazu gehört zum professionellen Verständnis, dass die die beteiligten Lehrkräfte ihr eigenes Handeln im Team kritisch reflektieren und weiterentwickeln.

4.1 Darstellung der Ausgangslage

Bei der Konzeption von Mathematikveranstaltungen für das Lehramt Grundschule sind (u. a.) drei grundlegende Faktoren von Bedeutung: Das Verhältnis der Studierenden zur Mathematik, die Sichtweise auf Mathematik und das Verständnis von Lehren und Lernen von Mathematik (Böttinger 2012a).

Über die Gruppe der Studierenden im Lehramt Grundschule gibt es gestützt durch umfangreiche Erfahrungen und eine Reihe von Untersuchungen differenzierte Informationen. „Die Bandbreite reicht von Studierenden, die Mathematik immer mit viel Freude und mit viel Erfolg betrieben haben, bis hin zu Studierenden, deren Auseinandersetzung mit Mathematik über viele Jahre hinweg von Abneigung und Misserfolg geprägt war." (Bender et al. 2009, S. 1). Eilerts (2009) weist empirisch nach, dass Studierende mit dem Studienziel Lehramt Grund-Haupt-Realschulschule im Vergleich zu Studierenden mit dem Studienziel Lehramt Gymnasium ein geringeres Interesse am Studienfach Mathematik

Claudia Böttinger ⊠ · Carmen Boventer
Universität Duisburg-Essen, Fakultät für Mathematik, Essen, Deutschland
e-mail: claudia.boettinger@uni-due.de, carmen.boventer@uni-due.de

© Springer Fachmedien Wiesbaden 2016
A. Hoppenbrock et al. (Hrsg.), *Lehren und Lernen von Mathematik in der Studieneingangsphase*, Konzepte und Studien zur Hochschuldidaktik und Lehrerbildung Mathematik, DOI 10.1007/978-3-658-10261-6_4

zeigen. Besonders hervorzuheben ist jedoch, dass es immer wieder eine Reihe von motivierten, leistungsstarken und leistungsbereiten Studierenden gibt, die allerdings häufig unauffällig bleiben.

Die Sichtweise auf Mathematik, wie sie heute verstanden wird, lässt sich zusammenfassen „als Wissenschaft von Mustern, die man aktiv und interaktiv erforschen, fortsetzen, umgestalten und erzeugen kann" (Devlin 1998, zit. nach Müller et al. 2004, S. 11). Als Konsequenz für den Unterricht von Mathematik an Schule und Universität fordern z. B. Beutelspacher et al. (2011):

> Daher „[...] sollte der Einstieg in ein Teilgebiet besser auf einer Ebene erfolgen, die ohne zu trivialisieren bereits die fachspezifischen Strukturen erkennen lässt und dem Lernenden trotzdem die Sicherheit der Anschauung gibt. [...] So steht der deduktive Aufbau einer Veranstaltung und damit die Mathematik als Produkt erst am Ende eines Lernprozesses." (S. 13)

Diese Sichtweise ist untrennbar verbunden mit dem Verständnis von Lehren und Lernen von Mathematik. „Mathematische Lernprozesse werden zunehmend als aktive Wissenskonstruktionen der Schülerinnen und Schüler begriffen, wobei diese selbst aktiv werden, Entdeckungen vornehmen und durch gemeinsame Reflexion verallgemeinerte Einsichten gewinnen." (Steinbring 2003, S. 195) Dabei hat diese Sichtweise für die Lehramtsausbildung doppelte Bedeutung. Die Studierenden müssen diese Sichtweise in Mathematikveranstaltungen selbst erleben und andererseits, im Rahmen der Didaktikveranstaltungen, im Hinblick auf den späteren Unterricht reflektieren.

Das bedeutet für die Mathematikveranstaltungen im Lehramt:

1. Auswahl entsprechender Aufgaben bzw. Lernumgebungen, die derartiges Lernen ermöglichen und für die Lehramtsausbildung relevant sind.
2. Konzeption der Übungsgruppen, die derartiges Lernen unterstützen und das (mathematische) Urteilsvermögen der Studierenden erhöhen sollen.
3. Eigene Professionalisierung der verantwortlichen Dozierenden und Übungsgruppenleiter, um dieses Lernen anzuregen und zu begleiten.

Gleichzeitig war es ein Anliegen, bewährte Elemente wie die regelmäßige schriftliche Abgabe von Hausübungen beizubehalten. In diesem Artikel wird darauf eingegangen, in welcher Weise diese drei Aspekte in der Anfängerveranstaltung „Arithmetik" für Studierende des Lehramts umgesetzt wurden.

4.2   Wahl der Lernumgebungen

Die im Folgenden exemplarisch vorgestellte Aufgabe folgt der konstruktivistischen Sicht, nach der sich der Lernzuwachs stärker in einer Veränderung der Wissensstrukturen als lediglich im (deklarativem) Wissenserwerb ausdrücken sollte (vgl. Metz-Göckel et al. 2012, S. 222). Studierende – speziell des Lehramts – müssen diese Sichtweise sowohl für das eigene Mathematiklernen als auch für die spätere Tätigkeit als Mathematiklehrkraft erfahren.

Um dieser Sicht entgegen zu kommen, sind für den (Grund-)Schulunterricht Merkmale strukturierter Lernumgebungen herausgearbeitet worden, die auf die Mathematikausbildung an der Universität übertragbar sind. Dazu gehören u. a. eine niedrige Eingangsschwelle, die Möglichkeit unterschiedlicher Zugangsweisen und Ergebnisse, die Diskussionsbedarf schaffen, (vgl. Hengartner et al. 2006, S. 20). Um die Relevanz der Aufgaben für die spätere Tätigkeit in der Schule zu erhöhen wurden neben den zahlreichen Beispielen aus Müller et al. (2004) Lernumgebungen erprobt, die gleichzeitig in einem Förderprogramm für mathematisch interessierte Kinder „Mathe für schlaue Füchse" eingesetzt wurden. Daran können die Studierenden ab dem 3. Semester in Form eines Praktikums teilnehmen. Dieser mögliche Einsatz in der Schule soll gleichzeitig die Relevanz der Veranstaltung für die spätere Tätigkeit als Lehrer(in) erhöhen, was als motivationsfördernd angesehen wird (Böttinger 2012b; Klauer und Leutner 2007).

Als Beispiel für eine derartige Aufgabe dient die „Sternaufgabe" (Abb. 4.1), entnommen aus Fritzlar und Heinrich (2010, S. 35). 14 Punkte („Punktzahl") werden kreisförmig angeordnet. Beginnend von einem Startpunkt wird jeder 4. Punkt verbunden, bis man wieder beim Startpunkt angekommen ist, d. h. die Schrittweite ist 4. Variieren Sie Zahl Punkte und die Schrittweite. Nennen Sie drei Beobachtungen und erklären Sie eine. Wann erhält man einen Stern, der alle Punkte berührt (mit Begründung/Beweis)? Wie lässt sich der Abstand von einer Sternspitze zur nächsten deuten?

Die Aufgabe ist angesiedelt beim Thema ggT und kgV. Man geht mit der Schrittweite so oft am Kreis entlang, bis sich der Stern schließt. In diesem Fall ist man zum ersten Mal eine Punktzahl abgeschritten, die sowohl Vielfaches der Punktzahl als auch Schrittweite ist. Das heißt die Zahl der Punkte, die insgesamt abgeschritten wurde, ist gleich dem kgV der beiden Werte.

Der Abstand d von einer Sternspitze zur nächsten ist sowohl ein Teiler der Gesamtzahl der Punkte als auch der Schrittweite und damit ein Teiler der beiden Zahlen, damit ist $d \leq ggT$ (Punktzahl, Schrittweite).

Das Abgehen der Punkte mit fester Schrittweite entspricht der Division der Vielfachen der Punktzahl mit Rest. Nach einer Runde bleibt ein Rest, der durch eine Sternspitze

Abb. 4.1 Sternfigur (Fritzlar und Heinrich 2010)

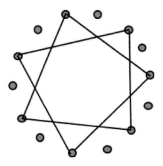

gekennzeichnet wird, nach zwei Runden bleibt ein Rest, der wieder durch die letzte Stern-spitze vor der vollen Umrundung gekennzeichnet ist.

Der *ggT* von Punktzahl und Schrittweite ist ein Teiler dieser Reste, denn er teilt sowohl die Punktzahl als auch die Schrittweite: $m \cdot PZ = n \cdot SW + Rest$. Damit ist der kleinste auftretende Rest – das ist d – ein Vielfaches des *ggT* und damit größer.

Beide Beweisteile zusammen ergeben, dass der Abstand von einer Sternspitze zur nächsten gleich dem *ggT* von Punktzahl und Schrittweite ist.

Die Aufgabe ist so angelegt, dass auch elementare Beobachtungen möglich sind. Ein Beispiel: Ist die Schrittweite Teiler der Punktzahl erhält man keinen „echten" Stern, son-dern ein einfaches Polygon. Ist die Punktzahl eine Primzahl, so erhält man immer einen Stern, der alle Punkte berührt. Eine besonders anspruchsvolle Bearbeitung wäre es, einen Bezug zum euklidischen Algorithmus herzustellen.

Es lässt sich ein Bezug zur *kgV*-Darstellung am Zahlenstrahl herstellen (Abb. 4.2), bei dem die Punkte hintereinander und nicht kreisförmig angeordnet sind. Die Punktzahl entspricht hier einem Bogen der Länge 14 und die Schrittweite einem Bogen der Länge 4. Das Ende jedes Bogens der Länge 4 entspricht der Spitze eines Sterns.

Als Beispiel für die unterschiedlichen Zugangsweisen der Studierenden sollen die bei-den Beispiele in Abb. 4.3 und 4.4 dienen.

Der erste sehr systematische Ansatz ist nicht zu Ende geführt worden, weist jedoch auf regelmäßige Beziehungen zwischen Punktzahl-Schrittweite und Zahl der Spitzen des Sterns. Die Pfeile deuten wohl auf auffällige Muster bei den Eckenzahlen.

Die nächste Lösung ist in mehrerlei Hinsicht typisch. Ist die Schrittweite ein Teiler der Punktzahl, so erhält man „eine geometrische Figur", d. h. ein Polygon und keinen echten Stern. Dieses Teilergebnis erhalten praktisch alle Studierenden. Die Nutzung selbstge-wählter Begriffe wie „geometrische Figur" ist bei derartig ungewohnten Fragestellungen typisch. Ebenso existieren Schwierigkeiten bei der Beweisführung: Was ist beweispflich-tig? Wann ist eine Aussage schlüssig bewiesen? In welche Richtung wird argumentiert?

Erreicht wurde, dass durch die niedrige Einstiegsschwelle alle Studierenden Ergebnisse erzielen konnten. Bildliche Darstellungen und Beispiele wurden vorsichtig angenommen und der Verzicht auf Variablen führte zu einer Zunahme inhaltlicher Argumentationen wie in Abb. 4.3. Trotz geänderter Aufgabenkultur blieb eine große Abhängigkeit vom Do-zenten, weil komplexere Lösungen und Beweise nicht auf Richtigkeit überprüft werden konnten. Die Studierenden nahmen unreflektiert auf, was an die Tafel geschrieben wurde. Eine Auseinandersetzung mit Lösungen anderer Studierenden war wenig erkennbar. Das Vertrauen in die eigenen Fähigkeiten blieb gering. Diese Probleme sollten durch methodi-sche Änderungen im Ablauf der Übungen aufgegriffen werden.

Abb. 4.2 Vielfache am Zah-lenstrahl

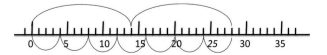

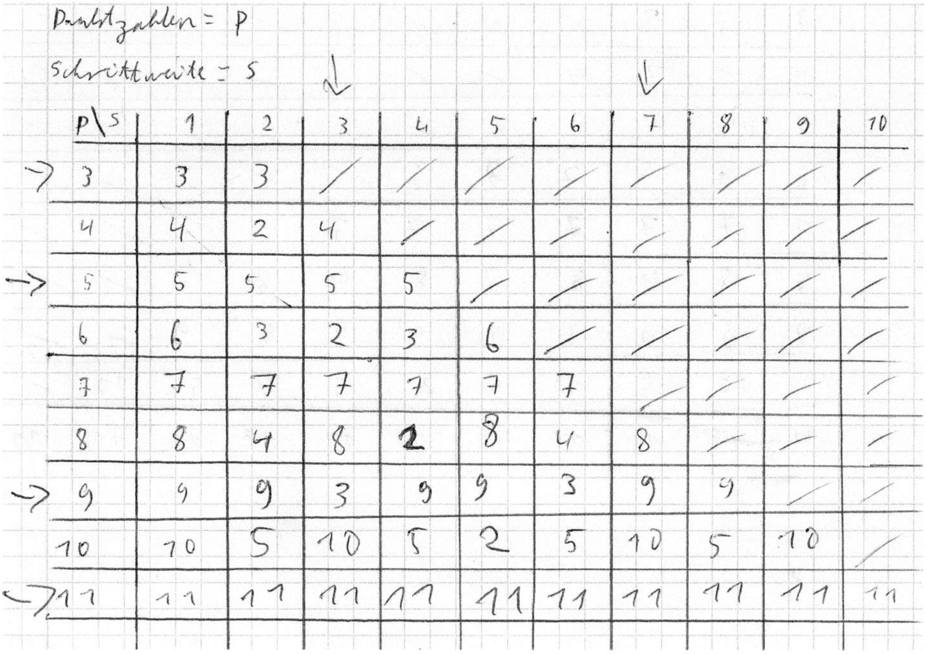

Punktzahlen = P

Schrittweite = S

P\S	1	2	3	4	5	6	7	8	9	10
3	3	3	/	/	/	/	/	/	/	/
4	4	2	4	/	/	/	/	/	/	/
5	5	5	5	5	/	/	/	/	/	/
6	6	3	2	3	6	/	/	/	/	/
7	7	7	7	7	7	7	/	/	/	/
8	8	4	8	2	8	4	8	/	/	/
9	9	9	3	9	9	3	9	9	/	/
10	10	5	10	5	2	5	10	5	10	/
11	11	11	11	11	11	11	11	11	11	11

Abb. 4.3 Systematische Lösung

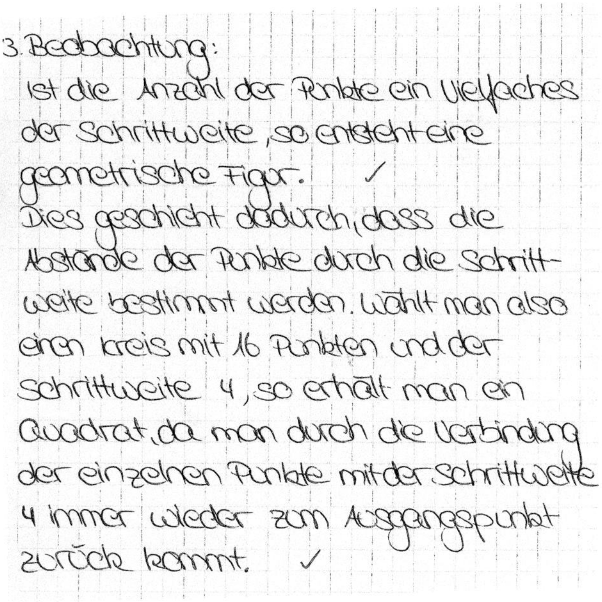

Abb. 4.4 Beschreibende
Lösung

3. Beobachtung:
Ist die Anzahl der Punkte ein Vielfaches
der Schrittweite, so entsteht eine
geometrische Figur. ✓
Dies geschieht dadurch, dass die
Abstände der Punkte durch die Schrittweite bestimmt werden. Wählt man also
einen Kreis mit 16 Punkten und der
Schrittweite 4, so erhält man ein
Quadrat, da man durch die Verbindung
der einzelnen Punkte mit der Schrittweite
4 immer wieder zum Ausgangspunkt
zurück kommt. ✓

4.3   Besondere Konzeption der Übungsgruppen

Bei der Neu-Konzeption der Übungen ging es um drei Aspekte, die verstärkt in den Blick genommen werden sollten: Einführung aktivierender Methoden, Einführung von Elementen der Reflexion, Einführung von Elementen zur Erhöhung der Urteilskraft.

4.3.1   Einführung aktivierender Methoden

Die oben angeführte Sichtweise auf das Lernen (auch auf Mathematik) erfordert eine darauf abgestimmte Gestaltung der Lehrveranstaltungen. „Methodisch kommt es darauf an, Formen des Lehrens und Lernens zu etablieren, die die Studierenden in der eigenaktiven Konstruktion ihres Wissen nachhaltig unterstützen" (Beutelspacher et al. 2011, S. 3). Es herrscht Konsens über die Fachdisziplinen hinweg, dass „[...] Lernen nicht darin besteht, fertige Stoffpakete möglichst genau aufzunehmen, sondern es ist wichtig, den aktiven, selbst gesteuerten Prozess der Informationsverarbeitung zu unterstützen." (Reis 2009, S. 101) Dabei wird immer wieder herausgestellt, dass in den sogen. „harten Fächern", zu denen auch die Mathematik zählt, mehr inhaltsorientiert und weniger studentenzentriert gearbeitet wird (Winteler 2002). Metz-Göckel et al. (2012, S. 221) betonen jedoch, dass gerade im deutschsprachigen Bereich traditionelle Vorstellungen von Lehre vorherrschen. Lehrendenzentrierte Vermittlungsstrategien überwiegen über ganz unterschiedliche Fächergruppen hinweg.

Winteler (2002, S. 84) gibt einen Überblick zu Untersuchungen, die belegen, dass fortgeschrittene, studierenden-orientierte Lehrkonzeptionen eine hohe Bedeutung für die Qualität des Lernens der Studierenden haben. Die Studierenden entwickeln Lernkonzeptionen, die den Lehrkonzeptionen entsprechen und zwar sowohl auf Fakultäts- als auch auf Veranstaltungsebene, sodass es in jedem Fall lohnt, mit der Umstellung einzelner Veranstaltungen zu beginnen.

Die Besprechung von schriftlichen Hausübungen hat für die Präsenzübungen in Mathematikveranstaltungen eine lange Tradition. Es ist durchaus üblich, dass die Lösungen in Form von Musterlösungen von den Übungsgruppenleitern präsentiert werden, wie z. B. bei Biehler et al. (2012) beschrieben. Trotz teilweise uneinheitlicher Forschungslage sollten Übungsgruppen kognitiv aktivierend gestaltet werden. Typische Elemente sind z. B. komplexe Aufgabenstellungen, das Zulassen von Widersprüchen und Konflikten oder der Vergleich verschiedener Lösungswege (z. B. Lipowski 2006, S. 62).

In Zusammenarbeit mit dem Hochschuldidaktischen Zentrum HDZ der Universität Duisburg-Essen wurden aktivierende Methoden erprobt, die für Übungen in Mathematikveranstaltungen geeignet erschienen, und in die die Besprechung von Hausübungen integriert werden konnten. Ein Beispiel dafür ist das *Sandwich* (Knoll 2001). Es besteht aus drei Phasen. Im ersten Schritt werden gruppenweise Beobachtungen und Erfahrungen zu einem Thema gesammelt. Dies können z. B. alle unterschiedlichen Ergebnisse einer Aufgabe wie z. B. der obigen Sternaufgabe sein. In der zweiten Phase erfolgt ein Impuls, dies kann z. B. die Präsentation eines Beweises der vorbereiteten Studierenden sein. In der dritten Phase erfolgt die Weiterarbeit, dies kann im obigen Beispiel die Verbindung zur Vorlesung sein, etwa die Beziehung zwischen der „Sternaufgabe" und der Darstellung des *kgVs* mithilfe des Zahlenstrahls sein (s. Abb. 4.2).

Museumsgang: Verschiedene Lösungen werden auf Plakaten ausgestellt, davor können die Lösungen diskutiert werden. Alternativ können auch Lösungen mit Klebepunkten gekennzeichnet werden, die noch einmal ausführlich vorgestellt werden sollen.

Besondere Formen der Gruppenarbeit (Gruppenpuzzle, arbeitsteilige Gruppen, wachsende Gruppen, Murmelgruppen).

Auf diese Weise ist ein kleiner Methodenpool entstanden, der zu aktivierenden, abwechslungsreichen Übungen führen soll.

4.3.2   Einführung von Elementen der Reflexion

Die Wahl der Lernumgebungen, die im Idealfall unterschiedliche Zugänge ermöglicht, erfordert weitergehende Änderungen. Es ist eine Kultur erforderlich, in der sich die Studierenden auf andere Lösungsansätze als die eigenen einlassen, in der sie die eigenen Wege zu denen anderer in Beziehung setzen oder im Austausch mit anderen die eigene Lösung weiterentwickeln. Im Sinne des o. a. Zitats von Steinbring geht es um eine gemeinsame Reflexion zur Erlangung verallgemeinerter Einsichten.

Neben der Bearbeitung der thematischen – in unserem Zusammenhang mathematischen – Aufgabe muss reflexives Lernen ermöglicht werden, d. h. es muss eine Haltung zum eigenen Lernverhalten aufgebaut werden. Dieses muss verstanden und ggf. überarbeitet werden. Diese Zuwendung zum eigenen Lernverhalten wird i. d. R. durch einen Impuls angeregt die Handlung noch einmal zu betrachten, etwa weil eine Anforderung nicht erfüllt werden konnte. Die resultierenden Irritationen werden reflexiv bearbeitet, indem das Handeln rekonstruiert, umgedeutet und verändert wird (Reis 2009, S. 102–103) Er betont, dass Studierende, die im thematischen Lernen verharren und keine reflexive Haltung einnehmen, ihre Leistung praktisch nicht verbessern können.

Für die Mathematikdidaktik sind die verschiedenen Konzepte der Reflexion von Schülke (2013) zusammengetragen und gegenübergestellt worden. Im Hinblick auf das mathematische Lernen versteht sie „[…] ‚mathematische[.] Reflexion' als eine kognitive Aktivität, ein Denkprozess im Sinne eines *Standpunkt- bzw. Perspektivwechsels*, auf dessen Grundlage Umdeutungsprozesse stattfinden" (Schülke 2013, S. 52). Dabei muss das bereits bekannte mathematische Wissen neu oder bewusst durchdacht werden und dabei um- oder neu gedeutet werden. Es geht nicht um ein Wiederholen oder Erinnern bereits bekannter Inhalte. Daher ist die Voraussetzung für Reflexion immer der Bezug zu einem „menschlichen Gegenüber" (ebd., S. 52).

Dies bedeutet, dass die methodische Umstellung der Veranstaltung im Hinblick auf die mathematische Reflexion noch weiter akzentuiert werden muss. In diesem Sinn bedarf es durch den Dozenten angeregte Anlässe für die Studierenden ihre mathematischen Ergebnisse noch einmal zu durchdenken (in Anlehnung an Reis 2009, S. 103).

Eine sehr praktikable Weiterentwicklung des Übungsbetriebs wird in Metz-Göckel (2012, S. 224, Beispiel B) beschrieben. Gruppen von Studierenden waren gehalten z. B. inhaltliche Zusammenfassungen zu erstellen, Verständnisfragen zu formulieren oder persönliche Bedarfe zu ermitteln. Die dargestellte Änderung führte (empirisch nachgewiesen) zu einer erhöhten Interaktion zwischen Lehrperson und Studierenden und sowie zu einer Aufmerksamkeitssteigerung der Studierenden.

Im Zentrum der Sitzung mit den Studierenden stehen die Bearbeitungen der Studierenden. In der Regel stellen kleine Studierendengruppen ihre Bearbeitungen – auf unterschiedliche Weise (s. o.) – vor. Mögliche „Fehler", Unzulänglichkeiten oder Lücken bei der Präsentation werden als Chance verstanden, innezuhalten und den Bearbeitungsweg noch einmal neu zu durchdenken. Sie sorgen häufig auch für die notwendigen Irritationen zur Reflexion. Nach der Identifikation von offenen Fragen, Fehlern oder Verständnisschwierigkeiten besteht die Möglichkeit Unklares ausgiebig zu klären.

Daran anknüpfend wurden weitere Elemente regelmäßig eingesetzt, die eigens zur Erhöhung der mathematischen Reflexionsfähigkeit gedacht waren. Allen Methoden ist gemeinsam, dass eine Rückmeldung zu den Bearbeitungen anderer schriftlich „erzwungen" wird. Es ist nur schwer möglich, sich aus dieser Arbeitsphase vollständig zurück zu ziehen.

- Schreibkonferenzen: Die Studierenden schreiben ihre Bearbeitungen auf Flipchartbögen, anschließend sind alle gefordert, zu den Bearbeitungen eine Rückmeldung, einen Kommentar oder eine Frage zu notieren. Diese werden im Rahmen dieser Schreibkonferenz beantwortet.
- Fragerunden: Eine offene Frage oder eine Verständnisfrage wird auf einen Zettel geschrieben. Dieser wird weitergereicht und von einer anderen Person beantwortet.
- Stolpersteine: Vor der Präsentation werden Fragen zum Inhalt aufgeschrieben, nach der Präsentation wird kontrolliert, ob diese aus dem Weg geräumt werden konnten.
- Gutachten: Gruppenweise werden „Gutachten" zu den vorgestellten Lösungen angefertigt.[1]

4.3.3 Einführung von Elementen zur Erhöhung des Urteilsvermögens

Das große Problem der mangelnden (mathematischen) Urteilskraft der Studierenden wurde ebenfalls systematisch methodisch angegangen. Die Präsentation von Lösungen oder Lösungsansätzen erfolgt durch Studierende. Sie wissen dies frühzeitig und können sich entsprechend vorbereiten. Dies vermeidet eine Bloßstellung und durch die Vorbereitung

---

[1] http://www.standardsicherung.schulministerium.nrw.de/methodensammlung/liste.php (Zugegriffen: 26.12.14).

wird die Qualität der Präsentationen deutlich gesteigert. Die Präsentation/Besprechung erfolgt vor der Rückgabe der korrigierten Übungen um zu vermeiden, dass nur auf Anmerkungen der Korrekteure und damit einer vermeintlichen Autorität eingegangen wird. Gleichzeitig erfolgt auf diese Weise die Besprechung unmittelbar nach Abgabe der Übungen zu einem Zeitpunkt, an dem die Bearbeitung den Studierenden noch einigermaßen präsent ist – wohlwissend, dass zu diesem Zeitpunkt dann auch nicht auf typische Fehler eingegangen werden kann.

Darüber hinaus bleibt die seit längerem erprobte Feedbackkultur erhalten (Böttinger 2012b). Auf der Basis von Feedbackregeln (Ich-Botschaften, positiv-negativ-positiv, konkret, konstruktiv) gibt es ein verpflichtendes, inhaltliches Peer-feedback von drei Studierenden zu den Lösung der Aufgaben. Sie sind gehalten, konkret und mit Bezug zur besprochenen Lösung herauszustellen, welches Argument besonders überzeugend und schlüssig war und welches eher weniger. Die Übungsgruppenleiter achten auf die Einhaltung der Regeln und halten sich selbst daran (!). Werden keine offenen Fragen benannt, kann der Übungsgruppenleiter zur nächsten Aufgabe übergehen, d. h. hier wird die Verantwortung für den weiteren Verlauf einer Sitzung an die Studierenden übergeben.

Auf diese Weise soll die Abhängigkeit von den Lehrkräften reduziert werden, die Urteilskraft erhöht und eine größere mathematische Selbstständigkeit der Studierenden gefördert werden. Damit einhergehen sollte eine Stärkung des Selbstbewusstseins, was insbesondere für schwache Schülerinnen und Schüler (und hoffentlich auch für Studierende) lernförderlich ist (z. B. Lipowski 2006, S. 63).

4.4   Maßnahmen zur eigenen Professionalisierung

4.4.1   Gegenseitige Hospitationen

Die Veränderung der Lehrveranstaltung geht einher mit einer Professionalisierung und Reflexion der eigenen Tätigkeit. Wöchentliche gemeinsame Besprechungen zur Sicherung der fachlichen Inhalte sind gerade bei studentischen Tutoren unerlässlich, (z. B. Lipowski 2006, S. 50), da die fachliche Expertise der Lehrkräfte eine Determinante des Lehrerhandelns darstellt. Es ist davon auszugehen, dass dies auf die universitären Mathematikveranstaltungen übertragbar ist. Zur Professionalisierung gehört darüber hinaus die Qualifikation aller Beteiligten (Dozierenden wie studentischen Tutoren) durch die Teilnahme an hochschuldidaktischen Veranstaltungen und dem Ablegen der zugehörigen Zertifikate. Für den Unterricht stellt Steinbring (2003, S. 196) heraus:

Im aktuellen Unterrichtsgeschehen ist die Lehrerin in die Interaktion mit ihren Schülerinnen und Schülern direkt eigebunden und kann nicht gleichzeitig die Rolle einer distanzierten Beobachterin des Geschehens spielen. Die Entwicklung der Unterrichtstätigkeit erfordert jedoch gerade auch ein kritisches Nachdenken und damit eine Distanz, aus der her die eigene Tätigkeit überdacht werden kann.

Dies gilt selbstredend auch für die universitären Veranstaltungen. Daher finden regelmäßige gegenseitige Besuche statt, die ermöglichen, das unterrichtliche Geschehen mit distanzierten Beobachtern zu reflektieren.

Durch die professionelle Begleitung des HDZ ist sichergestellt, dass die Rückmeldungen konkret, kompetenzorientiert, wertschätzend und vor allem konstruktiv sind. Es muss jedoch betont werden, dass derartige gegenseitige Besuche ein besonderes gegenseitiges Vertrauen voraussetzen.

4.4.2 Kollegiale Fallberatung

Größere Probleme, die bei einzelnen Lehrenden auftreten und die auf den ersten Blick als schwierig und fast unlösbar empfunden werden, werden mittels *kollegialer Fallberatung* bearbeitet. Die hier vorgestellten Arbeitsschritte erfolgen nach Unterlagen des HDZ in Anlehnung an Fallner und Gräßlin (1990). Sie wird in mehreren Schritten durchgeführt.

1. Genaue Schilderung der Situation: Die Reflexionspartner hören zu und stellen Verständnisfragen.
2. Schilderung ähnlicher Situationen: Die Reflexionspartner schildern ähnliche Situationen aus der eigenen Lehrpraxis.
3. Problemanalyse: Die Reflexionspartner versuchen zu klären, wie das Problem zu erklären ist.
4. Lösungsvorschläge sammeln: Es wird nicht diskutiert oder die Vorschläge gewertet.
5. Abschluss: Der Falleinbringer nimmt Stellung: Was kann ich mir vorstellen auszuprobieren.

Dieses Verfahren bietet den Vorteil, dass es klar strukturiert ist; es ist sichergestellt, dass nur der „Fall" und keinesfalls die Person, die den Fall vorträgt, zur Diskussion steht und es führt immer zu Lösungsvorschlägen, mit denen derjenige, der den Fall einbringt, sich auch identifizieren kann. Bisher hat es kollegiale Fallberatungen zu den Themen „Störungen", „Vorbereitung der Studierenden", „auffällige Studierende" gegeben, die alle zu befriedigenden Ergebnissen geführt haben. Gleichzeitig unterstützt dieses Verfahren auch die anderen Beteiligten, denn die besprochenen Fälle sind bei den meisten ebenfalls aufgetreten und sie können auf diese Weise ihr eigenes Handlungsrepertoire erweitern.

4.4.3 Einholung von Feedbacks

Neben der von der Hochschule vorgegebenen Evaluation gibt es kleinere Maßnahmen, von den Studierenden ein Feedback zu einzuholen. Eine einfache, ohne Aufwand durchzuführende Art besteht darin, den Studierenden Fragen zu stellen, die sie kurz beantworten sollen. Diese werden eingesammelt, ausgewertet und das Ergebnis wird in der nächsten

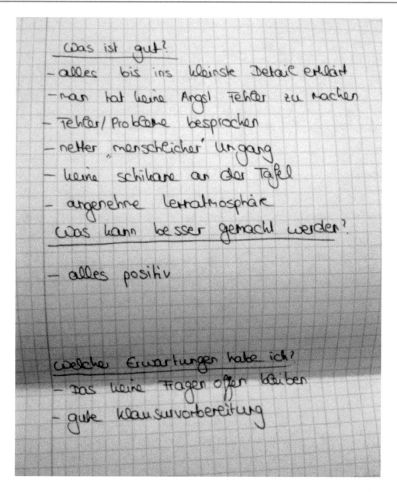

Abb. 4.5 Beispiel 1

Sitzung kurz präsentiert. Die beiden Beispiele für Feedbacks in Abb. 4.5 und 4.6 sind eine typische Auswahl vom Beginn des Semesters. Die Studierenden bringen zum Ausdruck, was ihnen wichtig ist: ein konstruktives, „schikane-freies" Arbeitsklima und dabei eine gute Klausurvorbereitung.

In einschlägigen Methodenbüchern und auf Internetseiten gibt es eine Reihe von Anregungen, die sich auch für Mathematikveranstaltungen eignen.[2]

Zeitnahe Rückmeldungen, die an Zielen des Lernens orientiert sind, sind dabei deutlich wirksamer, als verspätete (z. B. Lipowski 2006, S. 58). Insbesondere die regelmäßig durchgeführten Lehrevaluationen sind weniger aussagekräftig und hilfreich.

---

[2] http://www.ruhr-uni-bochum.de/lehreladen/feedback-methoden.html (Zugegriffen: 26.12.14)
http://methodenpool.uni-koeln.de/download/feedback.pdf (Zugegriffen: 26.12.14).

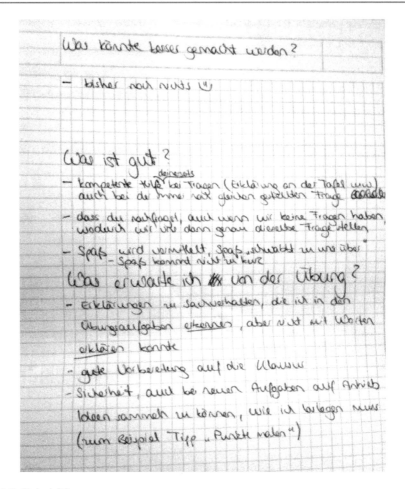

Abb. 4.6 Beispiel 2

4.5   Eine kleine Evaluation

Die Veranstaltung „Arithmetik" mit der oben ausgeführten Konzeption war Teil einer kleinen Studie, die zeitgleich in den Veranstaltungen Arithmetik (1. Semester), Didaktik der Arithmetik (3. Semester), Mathematik lehren und lernen (5. Semester) durchgeführt wurde (Böttinger 2011, 2012a). Inhaltlich ging es u. a. um die folgende Frage: *Wie entwickelt sich die Einstellung zum eigenen Lernen von Mathematik im Rahmen der angegebenen Veranstaltungen?*

In der Veranstaltung Arithmetik konnten 60 Teilnehmer mit Vor-und Nachtest erfasst werden.

Das Design der Fragen war experimentell, es wurde ein Fragenkonstrukt adaptiert, das sich in den Naturwissenschaften bewährt hat, ein sogen. „Two-tier-test" (Treagust 2006;

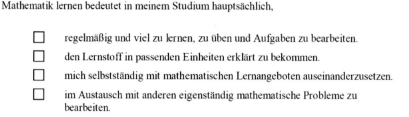

Mathematik lernen bedeutet in meinem Studium hauptsächlich,

☐   regelmäßig und viel zu lernen, zu üben und Aufgaben zu bearbeiten.

☐   den Lernstoff in passenden Einheiten erklärt zu bekommen.

☐   mich selbstständig mit mathematischen Lernangeboten auseinanderzusetzen.

☐   im Austausch mit anderen eigenständig mathematische Probleme zu bearbeiten.

Abb. 4.7 Sicht auf das eigene Mathematiklernen

Böttinger 2011). Um genauere Informationen über die Beziehungen zwischen fachlichen bzw. fachdidaktischen Anforderungen und den zugrunde liegenden Einstellungen zu erhalten, wurden zweistufige Multiple-Choice-Fragen gestellt. Im ersten Schritt wird eine fachliche Frage gestellt und im zweiten wird nach der Begründung für die Wahl der Antwort gefragt. Der Fragebogen wurde zu Beginn und am Ende der Veranstaltung verteilt. Vor- und Nachtest waren identisch, wohlwissend, dass durch Erinnerungseffekte das Ergebnis verfälscht werden kann. Dieses Vorgehen war dem Fragenaufbau und der besseren Auswertbarkeit geschuldet. Insbesondere die Sicht auf das eigene Lernen ist für die Veranstaltung „Arithmetik" von Bedeutung. Die Frage ist in Abb. 4.7 dargestellt.

Für die Veranstaltung „Arithmetik" ergaben sich in Vor- und Nachtest die in Tab. 4.1 aufgeführten Zahlen.

Aufgrund der kleinen Zahlen lassen sich nur leichte Tendenzen beobachten und die Interpretation der Daten ist nur unter Vorbehalt zu sehen. Interessant ist – bei aller Vorsicht – dass in der ersten Befragung die Antwort „den Lernstoff in passenden Einheiten erklärt zu bekommen" noch von 12 Studierenden gewählt wurde. Dies könnte eine Erfahrung aus der Schule sein. Nach dem ersten Semester bekommt der Austausch mit anderen eine erkennbare höhere Bedeutung, was durch die gruppenweise Bearbeitung der Hausaufgaben auch angeregt wird.

Tab. 4.1 Mathematiklernen im Studium bedeutet für mich …

Vortest / Nachtest	…viel lernen	…Lernstoff erklärt bekommen	…selbstständig arbeiten	…Austausch mit anderen	Gesamt
…viel lernen	19	7	0	3	29
…Lernstoff erklärt bekommen	1	1	0	1	3
…selbstständig arbeiten	1	0	2	1	4
…Austausch mit anderen	5	4	4	4	17
Gesamt	26	**12**	6	9	53

In einem zweiten Schritt wird nach einer Begründung gefragt, hierbei wird das zugrunde liegende Mathematikbild angesprochen.

Auf einer vierstufigen Skala von „trifft zu" bis „trifft gar nicht zu" standen folgende Antwortmöglichkeiten zur Auswahl: Ich habe die Antwort gewählt, weil ich Mathematik als

- Sammlung von Regeln und Verfahren sehe.
- Tätigkeit des Problemlösens sehe.
- System von Ideen, Begriffen und Zusammenhängen sehe.
- System von Definitionen, Sätzen und Beweisen sehe.

In einem ersten Schritt wird unabhängig von der ersten Frage mithilfe einer Mittelwertverschiebung untersucht, bei welcher Begründung es eine auffällige Verschiebung vom Vor- zum Nachtest gibt. Hier sind die aussagekräftigsten Ergebnisse zu erwarten. Das ist in diesem Fall „weil ich Mathematik als System von Regeln und Verfahren sehe".

Man kann folgende Aussage aus dem Nachtest ablesen: Nur bei den Studierenden, denen der Austausch mit anderen besonders wichtig war, nimmt die Bedeutung von Regeln ab. Das lässt hoffen, dass sowohl der Austausch als auch die Sichtweise auf Mathematik sich vorsichtig entwickeln lassen.

4.6 Probleme und Aufgaben für die Zukunft

Für die Studierenden ist der Ablauf der Übungen ungewohnt. Anstatt wie erwartet „Musterlösungen" in den Übungen zu erhalten, müssen die Aufgaben noch einmal durchdacht werden und sie sind stärker als in der Schule gefordert, selbst ein mathematisches Urteil zu fällen. Das Beweisen wird als große, unüberwindbare Hürde empfunden. Die Studierenden bevorzugen nach wie vor Algorithmen, die man abarbeiten muss.

Alle Bemühungen um den Einsatz schulnaher Aufgaben laufen ins Leere, wenn die Studierenden diesen Einsatz für unmöglich halten und völlig ablehnen. Zu sehr dominiert das Mathematikbild aus der Schule. Die oben angeführte Sternaufgabe gehört dazu. Äußerungen wie „So etwas habe ich in der Schule nie gehabt" oder „Im Orientierungspraktikum habe ich so etwas nie gesehen" sind typisch. Erst in der folgenden, aufbauenden Didaktikveranstaltung wird ein besseres Verständnis angelegt und bleibt eine Aufgabe für das komplette Studium. Dies wird durch weitere Ergebnisse aus der o. a. Befragung gestützt.

Aufgaben mit verschiedenen möglichen Lösungswegen führen zu Verunsicherung vor allem im Hinblick auf die Klausur. Die Studierenden suchen verständlicherweise klare Orientierungen für die Abschlussarbeit. Dass eine eigene gute Idee zu mehr Verständnis führt als eine wohlformulierte Musterlösung wird kaum eingesehen.

Es fallen immer wieder Studierende auf, deren Fähigkeit, schlüssig zu begründen, wenig ausgeprägt ist. Dieses Problem muss auf Dauer ganz grundsätzlich angegangen werden, es ist nicht – jedenfalls nicht ausschließlich – durch methodische Maßnahmen zu lösen.

4.7 Fazit

Trotz der angedeuteten Probleme lohnt es sich, den Ablauf von Präsenzübungen neu zu gestalten. Durch die verschiedenen methodischen Maßnahmen wird die Zahl der aktiv mitarbeitenden Studierenden deutlich erhöht. Weil der Dozent/Tutor nicht mehr im Mittelpunkt steht, wird Zeit frei, um auf Probleme Einzelner einzugehen.

Zusammenfassend kann auf folgende Internetquellen für Methoden hingewiesen werden, die für diese Veranstaltung zum Einsatz kamen:

http://www.standardsicherung.schulministerium.nrw.de/methodensammlung/liste.php

http://www.ruhr-uni-bochum.de/lehreladen/feedback-methoden.html

http://methodenpool.uni-koeln.de/download/feedback.pdf

Literatur

Bender, P., Rinkens, H.-D., Schipper, W., & Selter, C. (2009). Empfehlungen für die universitäre Grundschullehrerausbildung im Lernbereich Mathematische Grundbildung in Nordrhein-Westfalen. http://www.mathematik.tu-dortmund.de/ieem/cms/hpdoc/empf_GLA_NRW.pdf. Zugegriffen: 05. Januar 2015

Beutelspacher, A., Danckwerts, R., Nickel, G., Spies, S., & Wickel, G. (2011). *Mathematik Neu Denken. Impulse für die Gymnasiallehrerausbildung an Universitäten.* Wiesbaden: Viehweg-Teubner.

Biehler, R., Hochmuth, R., Klemm, J., Schreiber, S., & Hänze, M. (2012). Tutorenschulung als Teil der Lehrinnovation in der Studieneingangsphase „Mathematik im Lehramtsstudium" (LIMA-Projekt). In M. Zimmermann, C. Bescherer, & C. Spannagel (Hrsg.), *Mathematik lehren in der Hochschule – Didaktische Innovationen für Vorkurse, Übungen und Vorlesungen* (S. 33–44). Hildesheim: Franzbecker.

Böttinger, C. (2011). Ein Fragebogen zur professionsorientierten Evaluation von mathematischen Lehramtsveranstaltungen-orientiert an den Zielen des Studiengangs Grund-Haupt-und Realschule (NRW). In R. Haug, & L. Holzäpfel (Hrsg.), *Beiträge zum Mathematikunterricht 2011* (Bd. 1, S. 119–122). Münster: WTM-Verlag.

Böttinger, C. (2012a). Lehren und Lernen von Mathematik – Entwicklung von Sichtweisen in Veranstaltungen des Studiengangs Grund-Haupt-Realschule. In M. Ludwig, & M. Kleine (Hrsg.), *Beiträge zum Mathematikunterricht 2012* (Bd. 1, S. 177–180). Münster: WTM-Verlag.

Böttinger, C. (2012b). Neukonzeption des DGM an der Universität Duisburg-Essen. In M. Zimmermann, C. Bescherer, & C. Spannagel (Hrsg.), *Mathematik lehren in der Hochschule – Didaktische Innovationen für Vorkurse, Übungen und Vorlesungen* (S. 105–113). Hildesheim: Franzbecker.

Devlin, K. (1998). *Muster der Mathematik.* Heidelberg: Spektrum Akademischer Verlag.

Eilerts, K. (2009). *Kompetenzorientierung in der Mathematik-Lehrerausbildung: Empirische Untersuchungen zu ihrer Implementierung.* Paderborner Beiträge zur Unterrichtsforschung und Lehrerbildung, Bd. 14. Berlin: LIT.

Fallner, H., & Gräßlin, H.-M. (1990). *Kollegiale Beratung. Eine Systematik zur Reflexion des beruflichen Alltags.* Hille: Ursel Busch Fachverlag.

Fritzlar, T., & Heinrich, F. (2010). Doppelrepräsentation und mathematische Begabung im Grundschulalter – Theoretische Aspekte und praktische Erfahrungen. In T. Fritzlar, & F. Heinrich (Hrsg.), *Kompetenzen mathematisch begabter Grundschulkinder erkunden und fördern* (S. 25–44). Offenburg: Mildenberger.

Hengartner, E., Hirt, U., & Wälti, B. (2006). *Lernumgebungen für Rechenschwache bis Hochbegabte: natürliche Differenzierung im Mathematikunterricht.* Zug: Klett und Balmer.

Klauer, K. J., & Leutner, D. (2007). *Lehren und Lernen: Einführung in die Instruktionspsychologie.* Weinheim: Beltz.

Knoll, J. (2001). *Kurs- und Seminarmethoden – Ein Trainingsbuch zur Gestaltung von Kursen und Seminaren, Arbeits- und Gesprächskreisen.* Weinheim: Beltz.

Lipowski, F. (2006). Auf den Lehrer kommt es an. Empirische Evidenzen für Zusammenhänge zwischen Lehrerkompetenzen, Lehrerhandeln und dem Lernen der Schüler. *Zeitschrift für Pädagogik, 51*(Beiheft), 47–70.

Metz-Göckel, S., Kamphans, M., & Scholkmann, A. (2012). Hochschuldidaktische Forschung zur Lehrqualität und Lernwirksamkeit – Ein Rückblick, Überblick und Ausblick. *Zeitschrift für Erziehungswissenschaft, 15*(2), 213–232.

Müller, G. N., Steinbring, H., & Wittmann, E. C. (Hrsg.). (2004). *Arithmetik als Prozess.* Seelze: Friedrich.

Reis, O. (2009). Durch Reflexion zur Kompetenz – Eine Studie zum Verhältnis von Kompetenzentwicklung und reflexivem Lernen an der Hochschule. In R. Schneider, B. Szczyrba, U. Welbers, & J. Wildt (Hrsg.), *Wandel der Lehr- und Lernkulturen* (S. 100–120). Bielefeld: Bertelsmann.

Schülke, C. (2013). *Mathematische Reflexion in der Interaktion von Grundschulkindern, Theoretische Grundlegung und empirisch-interpretative Evaluation.* Münster: Waxmann.

Steinbring, H. (2003). Zur Professionalisierung des Mathematiklehrerwissens. In M. Baum, & H. Wielpütz (Hrsg.), *Mathematik in der Grundschule – ein Arbeitsbuch* (S. 195–219). Seelze: Kallmeyer.

Treagust, D. F. (2006). *Diagnostic assessment in science as a means for improving teaching, learning and retention.* Symposium Proceedings Assessment in Science Teaching and Learning September 28, 2006. (S. 1–9). Sydney: The University of Sydney, UniServe Science.

Winteler, A. (2002). Lehrqualität = Lernqualität? Über Konzepte des Lehrens und die Qualität des Lernens (Teil 2). *Das Hochschulwesen, 50*(3), 82–89.

Online-Studienvorbereitung für beruflich Qualifizierte am Beispiel „Mathematik für Wirtschaftswissenschaftler/innen"

5

Stefanie Brunner, Günter Hohlfeld und Olaf Zawacki-Richter

Zusammenfassung

Um in Niedersachsen die Zielgruppe der beruflich qualifizierten Studieninteressierten mit Hochschulzugangsberechtigung ohne Abitur bei einem Einstieg in das Studium zu unterstützen, werden im Rahmen des BMBF-geförderten Projekts „InOS – Individualisiertes Online-Studienvorbereitungsprogramm für beruflich Qualifizierte" Angebote in den Bereichen Beratung, Anrechnung und Vorbereitung entwickelt. Von Januar bis März 2013 fand der erste Onlinekurs „Mathematik für Wirtschaftswissenschaftler/innen" statt, der in seiner fach- und mediendidaktischen Konzeption vorgestellt wird.

5.1 Hintergrund und Relevanz

Ausgehend von einem Beschluss der Kultusministerkonferenz im März 2009 wurde der Hochschulzugang in Niedersachsen für beruflich qualifizierte Bewerber/innen ohne schulische Hochschulzugangsberechtigung im Juni 2010 mit der Novellierung des Niedersächsischen Hochschulgesetzes (NHG) erheblich erweitert. Einen allgemeinen Hochschulzugang besitzen demzufolge Absolvent/innen beruflicher Aufstiegsfortbildungen, also Meister/innen, Techniker/innen, Fachwirtinnen und Fachwirte sowie Absolvent/innen gleichgestellter Abschlüsse. Zudem berechtigen häufig eine dreijährige Berufsausbildung und eine dreijährige Berufstätigkeit zu einem fachbezogenen Studium. Eine Fachhochschulreife berechtigt in Niedersachsen seitdem ebenfalls zu einem fachbezogenen Studium. Einen länderspezifischen Überblick der Umsetzung dieses Beschlusses geben Nickel und Duong (2012).

Stefanie Brunner ✉ · Günter Hohlfeld · Olaf Zawacki-Richter
Carl von Ossietzky Universität Oldenburg, Institut für Pädagogik, Oldenburg, Deutschland
e-mail: stefanie.brunner@uni-oldenburg.de, guenter.hohlfeld@uni-oldenburg.de,
olaf.zawacki.richter@uni-oldenburg.de

© Springer Fachmedien Wiesbaden 2016   67
A. Hoppenbrock et al. (Hrsg.), *Lehren und Lernen von Mathematik in der Studieneingangsphase*, Konzepte und Studien zur Hochschuldidaktik und Lehrerbildung Mathematik, DOI 10.1007/978-3-658-10261-6_5

Bildungspolitisches und gesellschaftliches Interesse an der Öffnung der Hochschulen für nicht-traditionelle Zielgruppen sowie an einer verstärkten Durchlässigkeit zwischen beruflicher und hochschulischer Bildung existiert schon seit mehreren Jahrzehnten (Hartmann et al. 2008, S. 13), z. B. aufgrund konkreter Arbeitsmarktbedarfe (Stichwort Fachkräftemangel, s. z. B. Maier et al. 2014), mit dem Fokus auf die Aufwertung beruflicher Berufsausbildung (Hartmann et al. 2008, S. 13 f.) oder auch, um allgemein „chancengerechten Zugang zu Bildung und damit für Lebenschancen" zu ermöglichen (BLK 2004, S. 6).

In den letzten Jahren wurde im Bereich der Öffnung der Carl von Ossietzky Universität Oldenburg für nicht-traditionelle Zielgruppen bereits einiges erreicht: Unter anderem wurden im Rahmen des „Modellvorhabens Offene Hochschule" Möglichkeiten der Anrechnung außeruniversitär erworbener Qualifikationen und beruflicher Kompetenzen geschaffen, die z. B. für den berufsbegleitenden Bachelor „Business Administration in mittelständischen Unternehmen" der Universität Oldenburg erfolgreich implementiert wurden (Müskens 2010). Hanft und Brinkmann (2013) geben einen umfassenden Überblick zu relevanten Forschungsfeldern zur Öffnung der Hochschulen für neue Zielgruppen.

Die Zielgruppe der beruflich qualifizierten Studieninteressierten zeichnet sich unter anderem dadurch aus, dass sie in besonderer Weise von einer örtlichen und zeitlichen Flexibilisierung sowohl von Studienangeboten als auch von Angeboten für den besseren Übergang in ein Studium profitiert, da beruflich qualifizierte Studieninteressierte häufig weiteren Verpflichtungen *außerhalb* des Hochschulsystems nachgehen (Familie, Beruf). Da viele Personen dieser Gruppe aktuell noch gar nicht wissen, dass sie eine Hochschulzugangsberechtigung besitzen, werden dementsprechend konzipierte Angebote in den kommenden Jahren voraussichtlich verstärkt nachgefragt werden. An diesem Punkt setzt das Projekt „InOS" an, das im Folgenden vorgestellt wird.

5.2 Das Projekt „InOS"

Das vom Bundesministerium für Bildung und Forschung geförderte Projekt InOS („Individualisiertes Online-Studienvorbereitungsprogramm für beruflich Qualifizierte")[1], das der Initiative „ANKOM – Übergänge von der beruflichen in die hochschulische Bildung"[2] zugeordnet und an der Carl von Ossietzky Universität Oldenburg im Arbeitsbereich Weiterbildung und Bildungsmanagement verortet ist, hat zum Ziel, speziell für die Gruppe der beruflich qualifizierten Studieninteressierten ohne schulisches Abitur Unterstützungsangebote für den Übergang zu entwickeln. Das Projekt kooperiert mit Partnern der beruflichen Bildung (Oldenburgische IHK, IHK für Ostfriesland und Papenburg, Wirtschafts-

---

[1] http://www.inos.uni-oldenburg.de (Zugegriffen: 15.08.2014). Siehe auch: Hanft, A., Zawacki-Richter, O., und Gierke, W. B. (Hrsg.). (2015). *Herausforderung Heterogenität beim Übergang in die Hochschule*. Münster: Waxmann.
[2] http://ankom.his.de/ (Zugegriffen: 15.08.2014).

und Sozialakademie Bremen) sowie dem Center für Lebenslanges Lernen der Universität Oldenburg (C3L).

Das Projekt InOS beschäftigt sich insbesondere mit der Entwicklung und Erprobung von Online-Vorbereitungskursen, die Studieninteressierte auf dem Weg in ein Studium fachlich und auch allgemein unterstützen sollen.

Zielstudiengang der Entwicklungen ist der berufsbegleitende Bachelor „Business Administration in mittelständischen Unternehmen". Der Fokus liegt, entsprechend der Studieninhalte des Pilotstudiengangs, auf den Wirtschaftswissenschaften.

Die Zielgruppe der InOS-Angebote, Berufsqualifizierte mit und ohne Abitur, ist sehr heterogen, unter anderem in den individuellen allgemeinen und bildungsbiographischen Verläufen, der Altersstruktur, den Lernerfahrungen, Vorkenntnissen und Kompetenzen. All diese Faktoren beeinflussen, „wie Personen lernen oder ihr Lernen organisieren" (Stöter 2013, S. 58). Neben Hauptschulabsolvent/innen, die unter Umständen auch die ersten in ihrer Familie sind, die ein Studium anstreben, können sich in einer Teilnehmergruppe auch Abiturient/innen befinden, deren Schulabschluss bereits 15 Jahre zurück liegt. Die individuellen Vorkenntnisse bezüglich der Inhalte und der (Selbst-)Lernkompetenzen können folglich eine große Spannbreite haben.

Die Herausforderung bei der Konzeption der zu entwickelnden Vorbereitungskurse für diese heterogene Zielgruppe lag dementsprechend darin, Angebote zu schaffen, die a) individuelle Einstiegslevel ermöglichen, b) möglichst niedrigschwellig schnelle Erfolgserlebnisse bieten, c) beim „Lernen" unterstützen, d) dabei zeitlich und räumlich flexibel sind und e) genügend motivationale Anreize bieten, um einem vorzeitigen Abbruch („Dropout") vorzubeugen.

5.3   Das Online-Modul „Mathematik für Wirtschaftswissenschaftler/innen"

Neben den Bereichen Jura und Wissenschaftliches Arbeiten liegt im Projekt InOS ein besonderer Fokus auf dem Bereich Mathematik, da hier, erhoben und festgestellt durch eine vorgeschaltete Bedarfserhebung im Zielstudiengang, eine besonders große Nachfrage besteht. Die Bedarfserhebung wurde im zweiten Quartal 2011 zum einen schriftlich mittels halbstandardisiertem Kurzfragebogen über die Lernplattform des Studiengangs durchgeführt. Zum anderen wurde der Bedarf in persönlichen (Beratungs-)Gesprächen durch die Fachstudienberaterin von Studieninteressierten als auch von Studierenden erfragt.

5.3.1   Ziele

Durch das Modul „Mathematik für Wirtschaftswissenschaftler/innen" soll Anschlussproblemen im mathematischen Bereich bei der Aufnahme eines wirtschaftswissenschaftlichen Studiums vorgebeugt werden, indem individuelle Kenntnislücken zum

Anforderungsprofil des angestrebten Studiengangs identifiziert werden („Gap-Analyse") und die Möglichkeit gegeben wird, diese Lücken durch das passgenau entwickelte Professionalisierungsmodul im Online- bzw. Blended Learning Format zu schließen. Das Modul vermittelt zudem erste, einführende fachliche Studieninhalte des Zielstudiengangs, dem Bachelor „Business Administration", die bei Aufnahme des Studiums mit zwei Kreditpunkten angerechnet werden können. Geplanter Ausgangspunkt des Moduls ist eine individuelle Studienberatung, die eine Gap-Analyse mittels des Einsatzes von Self-Assessments einschließt (Human et al. 2005). Zum Zeitpunkt der ersten Durchführung des Kurses befand sich die vorgeschaltete Analyse noch in der Entwicklung und wird hier nicht näher vorgestellt. Die Inhalte des Moduls wurden dem Anforderungsprofil des Zielstudiengangs entsprechend erstellt.

Durch die Gestaltung des Lernangebots werden die Teilnehmer/innen an das Lernen *selbst* herangeführt, und zwar an das Lernen im konstruktivistischen Sinne, das es ermöglicht, eigenständig und fokussiert Lernziele anzustreben und zu erreichen (vgl. z. B. Bucholc 2010, S. 14 ff.; Schulz-Zander und Tulodziecki 2011, S. 40 ff.).

5.3.2 Mediendidaktische Überlegungen

Die mediendidaktischen Überlegungen legen den Fokus auf die Wahl des Mediums, mit dem das Bildungsangebot durchgeführt werden soll. Wie die rasante Entwicklung in der Vergangenheit zeigte, bedeutete nicht jedes neue Medium gleichzeitig eine Revolutionierung des Lernens (Kerres 2001; Kerres und Preussler 2014).

Im Vordergrund steht also zunächst die Frage, welches Bildungsanliegen vorliegt und wie es angemessen gelöst werden könnte. Eine Zielgruppenanalyse wird als wichtiger Schritt bei der Erstellung und Durchführung von E-Learning-Angeboten empfohlen (z. B. Klimsa und Issing 2011). In der Pädagogik findet sich die Berücksichtigung zielgruppenrelevanter Merkmale im Zusammenhang mit der Gestaltung von Lehr-Lernarrangements meist in Bezug auf vorhandene Leistungsunterschiede bzw. potentielle Heterogenität der Vorkenntnisse der Lernenden (Morrison et al. 2012). Demzufolge ist es sinnvoll, Merkmale der Zielgruppe zu identifizieren bzw. zu erfassen, die sich auf Lernkompetenzen, Lernerwartungen und lernmotivationale Dispositionen beziehen. Einige dieser Merkmale wurden quantitativ über die Online-Fragebogenerhebung zu Beginn des Kurses erfasst, andere wurden qualitativ über Beiträge in einem Forum der Lernumgebung erhoben. Die Entwicklung des Instruktionsdesigns wurde, in Anlehnung an das blended learning Design des Zielstudiengangs, im Sinne des Modells von Schott (1991) durchgeführt.

Die Nutzer/innen sollten weitestgehend zeit- und ortsflexibel selbstgesteuert lernen können und gleichzeitig innerhalb der Online-Lernplattform eine vorbereitete Lernumgebung finden, die in der Art der Präsentation bereits eine Begleitung darstellt. Dies erfolgte durch den Einsatz von Selbstlernbausteinen. Durch die abwechselnde Präsentation von kurzen Inhalten und darauf folgende Aufgaben mit automatischer Rückmeldung in den Selbstlernbausteinen wurde das Ziel, einen niedrigschwelligen Einstieg mit schnellen Erfolgserlebnissen anzubieten, umgesetzt.

Trotz niedrigschwelligen Einstiegs war explizites Ziel, mit dem Angebot an das An-forderungsniveau eines Studiums heranzuführen, damit die Teilnehmenden nicht einen falschen Eindruck davon vermittelt bekommen, was sie im Anschluss erwarten wird. Eine angemessene Lösung für diese Anforderungen bei der Konzeption der Vorbereitungs-kurse war erforderlich, damit sich die Dropout-Problematik nicht in das Studium hinein verschiebt. Eine realistische Einschätzung dessen, was später an Niveau und Lerntempo verlangt wird, sollte vor allem durch die Konzeption der Lerneinheiten ermöglicht wer-den. Nach der Darstellung von Inhaltsbausteinen kann, wie bereits erwähnt, das Gelernte anschließend sofort durch Selbsttests überprüft werden. Dieses kleinschrittige Vorgehen ermöglicht schnelle Erfolgserlebnisse, dient der Motivation und erzeugt im besten Fall bei den Lernenden Zutrauen, auch schwierigere Inhalte zu bewältigen.

Die *technische* Konzeption beinhaltet dabei nicht nur die Frage der Darstellung der Inhalte und des geleiteten Navigationssystems sondern auch die Berücksichtigung der spä-teren Einbindung der Bausteine in andere Lernmanagementsysteme, da die Kurse nach dem Ende des Projekts auch den Projektpartnern zur Verfügung gestellt werden sollen. Durch den Einsatz XML-fähiger Skriptsprache wurde die Kompatibilität mit anderen Lernmanagementsystemen gewährleistet. Als Editor für mathematische Formeln wurde das Programm MathJax implementiert.[3]

Die Konstruktion der Lernumgebung wurde absichtlich sehr reduziert in den Funk-tionalitäten außerhalb der Selbstlernbausteine konzipiert, um eine Fokussierung der Teil-nehmenden zu unterstützen und Überforderung durch zu viele Bewegungsmöglichkeiten innerhalb der Online-Lernumgebung zu verhindern.

5.3.3   Fachdidaktische Überlegungen

Die inhaltlich-fachdidaktische Konzeption erfolgte durch ein Expertenteam, bestehend aus einem Hochschullehrenden des Zielstudiengangs „Business Administration", zwei Lehrerinnen aus dem Erwachsenenbildungsbereich, die über langjährige Erfahrungen in der Vorbereitung von Studieninteressierten über die Zulassungsprüfung[4] verfügen, sowie einem mediendidaktischen Experten des C3L, der – selbst ausgebildeter Mathematik-Physik-Lehrer und Autor eines Print-Kurses für die Z-Prüfung im Bereich Mathematik – für die technische Umsetzung verantwortlich zeichnete. Die Inhalte der Kapitel wurden als speziell für den Zielstudiengang „Business Administration" relevante Grundlagen ausgewählt.

---

[3] http://www.mathjax.org (Zugegriffen: 15.08.2014).
[4] Mit dem erfolgreichen Ablegen der Zulassungsprüfung (sog. Z-Prüfung) erhalten Studieninteres-sierte eine fachbezogene Hochschulzugangsberechtigung für Hochschulen in Niedersachsen, mit der sie sich bewerben (zulassungsbeschränkte Fächer) bzw. einschreiben (zulassungsfreie Fächer) können. Weitere Informationen unter: http://www.studieren-in-niedersachsen.de/voraussetzungen. htm (Zugegriffen: 15.08.2014).

Insgesamt umfasst das Modul neun in sich abgeschlossene Kapitel, die wöchentlich freigeschaltet werden. Bei der Kursdurchführung wird empfohlen, sie in ihrer vorgesehenen Reihenfolge zu bearbeiten, da diese durch das Expertenteam als sinnvoll bewertet wurde. Die Kapitel sind in ihrer Reihenfolge: 1. Lineare Gleichungssysteme, 2. Vektoren und Matrizen, 3. Statistik, 4. Lineare und quadratische Funktionen, 5. Potenzen, Wurzeln, Exponentialfunktion und Logarithmus, 6. Differentialrechnung: Ableitungen, 7. Differentialrechnung: Kurvendiskussion, 8. Differentialrechnung mit zwei Variablen, 9. Lagrange.

Die letzten zwei Kapitel führen in erste Studieninhalte ein. Aufgrund des knappen Zeitbudgets des veranschlagten Arbeitsaufwands von durchschnittlich ca. sechs Stunden wöchentlich können diese beiden Kapitel jeweils nur einen kurzen Überblick und Einstieg in diese Themenfelder bieten, weshalb sie auch nicht Teil der Klausur waren und erst nach der Präsenzveranstaltung freigeschaltet wurden. Der Kurs umfasste elf Wochen, mit einem veranschlagten Arbeitsaufwand von ca. sechs Stunden wöchentlich. Dies ermöglichte, nach erfolgreichem Absolvieren der Abschlussklausur, die Anrechnung von zwei Kreditpunkten im Zielstudiengang, die unter anderem als Voraussetzung einen Zeitumfang von ca. 25–30 Arbeitsstunden je Kreditpunkt vorsieht.

Da das Fach Mathematik häufig mit negativen Konnotationen und Ängsten besetzt ist, wurden vor Beginn des Kurses das Selbstkonzept und die Selbstwirksamkeit in Bezug auf Mathematik sowie die Motivation der Teilnehmenden erfasst (Online-Kurzfragebogen). Dies hatte nicht nur den Zweck, im Hinblick auf eine Evaluation die Veränderung dieser motivationalen Dispositionen über den Verlauf des Kurses hinweg zu erfassen; unter didaktischer Perspektive sollte mit diesem speziellen Wissen über die Teilnehmer/-innen die Möglichkeit genutzt werden – im Sinne einer systemischen Intervention –, den Kursteilnehmer/innen eine Reflexionsmöglichkeit zu bieten, um Einstellungen bewusst zu machen und einen konstruktiven Umgang damit zu ermöglichen.

5.3.4 Die Durchführung

Beschreibung der Teilnehmer/innengruppe
Innerhalb des Anmeldezeitraums von knapp zwei Monaten meldeten sich 55 Teilnehmer/innen über das Online-Anmeldeformular auf der InOS-Website an, davon 25 Frauen. Von den 55 angemeldeten Personen waren sieben bereits Studierende des Bachelorstudiengangs „Business Administration", 18 studierten zu diesem Zeitpunkt den Master-Studiengang „Umweltwissenschaften" der Fernuniversität in Hagen. Acht Teilnehmer/innen befanden sich in der Fortbildung zum Betriebswirt (VWA). 20 der Teilnehmer/innen besaßen das Abitur, 18 die Fachhochschulreife, zwölf verfügten über einen Realschulabschluss, und eine Person besaß einen Hauptschulabschluss. Knapp die Hälfte aller Interessenten lebte in der Region Oldenburg oder Ammerland; der Rest verteilte sich über Deutschland, vom Umkreis Berlin und Hamburg bis hin zu einigen Teilnehmer/innen in Baden Württemberg und Bayern sowie jeweils einem Teilnehmer in Frankreich und in Ita-

lien. 43 der Teilnehmer/innen gaben an, welchem Beruf sie nachgingen; davon waren es zehn, die im kaufmännischen Bereich tätig waren. Die übrigen boten ein breites Spektrum an Berufsfeldern: Vom Ingenieur/in über Justizvollzugsbeamter/-beamtin, Buchhändler/in und Lehrer/in bis hin zu Elektroniker/in und Wasserbaumeister/in.

Kursablauf

Vor dem Versand der Login-Daten erhielt jede/r Teilnehmende eine E-Mail mit der Bitte, vor dem ersten Einloggen online einen Evaluations-Fragebogen auszufüllen (System: LimeSurvey[5]). Zu Beginn des Kurses wurden die Teilnehmer/innen in der Lernumgebung zu verschiedenen Anfangsaktivitäten aufgefordert, z. B. zum Ausfüllen des Profils und zur Kurzvorstellung in einem Forumsbeitrag. Jeweils montags wurde ein neues Kapitel, d. h. ein neuer Selbstlernbaustein freigeschaltet und das dazugehörige Lernmaterial als PDF-Datei zum Download bereitgestellt. In der fünften Woche wurde eine Feedbackwoche durchgeführt. In der letzten Woche vor der Klausur wurden zur Vorbereitung eine Übungsklausur sowie weitere Online-Aufgaben bereitgestellt. Die Abschlussklausur schrieben neun Teilnehmer/innen mit; diese nahmen auch an dem Gruppeninterview teil, das direkt im Anschluss in der Präsenzveranstaltung geführt wurde.

Die tutorielle Begleitung erfolgte engmaschig und dem Prinzip folgend, innerhalb von 24 Stunden auf technische, organisatorische und fachliche Anfragen zu reagieren. Die beiden häufigsten Wege der Kontaktaufnahme erfolgten über die Lernplattform in den Foren sowie die private E-Mail.

Evaluation

Die Evaluation erfolgte mittels quantitativer und qualitativer Erhebungen. Zu drei Erhebungszeitpunkten wurden Online-Fragebögen eingesetzt:

Erhebungszeitpunkt $t1$ war zu Beginn des Kurses ($N = 50$); Erhebungszeitpunkt $t2$ erfolgte zu Beginn von Woche fünf, da hier eine Feedbackwoche stattfand und kein neuer Inhaltsbaustein freigeschaltet wurde ($N = 29$); Erhebung $t3$ fand zum Kursabschluss statt ($N = 9$).

Mit drei Teilnehmer/innen wurden halbstandardisierte Interviews durchgeführt; und im Anschluss an die abschließende Klausur wurde ein Gruppeninterview mit den neun Teilnehmer/innen der Abschlusssitzung geführt. Hier werden aus Platzgründen im Folgenden lediglich einige Ausschnitte der quantitativen Erhebung vorgestellt. Dabei konzentrieren wir uns vornehmlich auf Ergebnisse, die zeigen, ob sich unsere durch Literaturrecherche und eigene Erfahrungen mit der Zielgruppe aufgestellten Hypothesen bzw. Erwartungen zu spezifischen Merkmalen der Zielgruppe bewahrheiten. Weiter interessiert uns, ob der didaktische Aufbau der Lernumgebung (Selbstlernbausteine, Aufgaben mit automatisierter Rückmeldung, Begleitung durch die Dozentinnen) hilfreich für die Teilnehmenden war. Außerdem untersuchen wir die mathematikbezogenen Selbsteinschätzungen.

---

[5] http://www.limesurvey.org/de (Zugegriffen: 15.08.2014).

5.3.5 Limitationen

Von den 55 angemeldeten Personen gehörten nur die 13 Teilnehmer/innen mit Real- bzw. Hauptschulabschluss explizit zur Zielgruppe des Angebots („Studieninteressierte *ohne* Abitur"). 25 Teilnehmende studierten sogar bereits. Vor diesem Hintergrund kann sicherlich nicht von „den" Berufsqualifizierten gesprochen werden. Die Gespräche im Laufe des Kurses sowie die qualitativ durchgeführten Befragungen ergaben jedoch, dass auch bei vielen der Berufsqualifizierten, die ein Abitur besitzen, große Unsicherheit bezüglich ihrer eigenen Kenntnisse vorhanden war, da ihre Schulzeit schon etliche bis viele Jahre zurücklag. So scheint solch ein Angebot, das innerhalb der eigenen „social group" von Berufstätigen besucht werden kann, auch für diese Gruppe sehr sinnvoll zu sein. Dasselbe gilt für Studieninteressierte mit fachbezogener Studienberechtigung bzw. Fachhochschulreife, die in Niedersachsen fachbezogen studieren können. Nicht klären konnten wir die Frage, ob es für die „klassischen" Berufsqualifizierten *ohne* Abitur möglicherweise problematisch ist, mit Berufsqualifizierten *mit* Abitur in einem Kurs gemeinsam zu lernen. Es könnte zu ungünstigen Effekten führen, beispielsweise könnte es sein, dass sich im Forum durch vermeintlich „dumme" Fragen niemand „outen" möchte.

Aufgrund der Freiwilligkeit und Kostenfreiheit des Angebots gab es leider keine Möglichkeit, die Teilnehmenden zur Beantwortung der Befragungen zu verpflichten, was dazu führte, dass an der letzten Befragung trotz mehrfacher und auch individueller Aufforderung per E-Mail lediglich neun Personen teilnahmen. Aufgrund fehlerhafter Eingaben der Teilnehmenden konnten außerdem die einzelnen Nutzer/innen der verschiedenen Erhebungszeitpunkte nicht einander zugeordnet werden, so dass es erhebliche Grenzen bei der Interpretation der Daten gibt. Auch sind Selektionseffekte zu vermuten, z. B. dass insbesondere die sehr motivierten und erfolgreichen Teilnehmer/innen auch die dritte und letzte Befragung ausgefüllt haben.

5.3.6 Deskriptive Ergebnisse

Zugang

1. **Motivation für die Belegung des Moduls:** Laut Angaben, die bei der Anmeldung erhoben wurden, befand sich zum Zeitpunkt des Kurses ca. die Hälfte aller Teilnehmenden in einem Studium. Alle anderen bereiteten sich mit Hilfe des Moduls vor Studienbeginn fachlich vor.
2. **Informationsmedium:** Das Internet ist die erste Informationsquelle, durch die die Teilnehmenden von dem Kurs erfahren haben. Auch die Informationsveranstaltungen, die bei den Projektpartnern durchgeführt wurden, weisen ein hohes Akquirierungspotential auf.

Tab. 5.1 Berufsausbildung und aktuelle Berufstätigkeit

| | | Sind Sie aktuell berufstätig? | | **Gesamt** |
		Ja	Nein	
Berufsausbildung	Anzahl	31	8	**39**
	%	81,6 %	66,7 %	
Berufliche Aufstiegsfortbildung (z. B. Techniker, Meister, Fachwirt, etc.)	Anzahl	9	2	**11**
	%	23,7 %	16,7 %	
Bachelor/Diplom FH	Anzahl	7	3	**10**
	%	18,4 %	25,0 %	
Master/Diplom FH	Anzahl	6	2	**8**
	%	15,8 %	16,7 %	
Gesamt	**Anzahl**	**53**	**15**	**68**

Spezielle Informationen zu Merkmalen der Gruppe der Berufsqualifizierten

3. **Bekanntheitsgrad „Studium ohne Abitur" (mit beruflicher Qualifikation):** Zu der Frage nach dem Grad der Informiertheit zur Änderung des Niedersächsischen Hochschulgesetzes 2010, das den Zugang zum Studium für beruflich Qualifizierte ohne Abitur erheblich ausgeweitet hat, gaben 28 % an, von dieser Form des Hochschulzugangs nichts gewusst zu haben.
4. **Berufsausbildung und Berufstätigkeit:** Fast 75 % aller Befragten gaben an, eine Berufsausbildung oder eine berufliche Aufstiegsfortbildung (z. B. Techniker, Meister, Fachwirt, etc.) zu haben. Gleichzeitig fällt auf, dass ein recht hoher Anteil bereits über ein abgeschlossenes Studium verfügt (26 %) und sich dennoch von dem Angebot angesprochen fühlte. Im Durchschnitt arbeiten diejenigen, die aktuell berufstätig sind, 38,7 Std./Woche ($s = 9{,}9$; s.a. Tab. 5.1).

Fragen zur medien- und fachdidaktischen Gestaltung des Kurses

5. **Interesse an Smartphone-Nutzung:** Lediglich 18 % bewerten die Nutzung eines Smartphones beim Lernen als positiv. Zwei Drittel aller Befragten sind nicht von einer sinnvollen Nutzung überzeugt. Eine Gruppierung nach Geschlecht weist nur bei den zustimmenden bzw. ablehnenden Ausprägungen Unterschiede auf. Insgesamt gibt es allerdings keine signifikanten Unterschiede (Kontingenzkoeffizient $C = 0{,}322$; n. s.). Eine Bestätigung für die Vermutung, dass Berufsqualifizierte aufgrund des in der Literatur immer wieder postulierten Bedarfs an zeit- und ortsflexiblen Lernmöglichkeiten auch besonders an einer Smartphone-Kompatibilität interessiert sein könnten, lässt sich in unserer Untersuchung nicht finden.
6. **Bedeutung der Dozentinnen für den Lernerfolg:** Die generelle Einschätzung der Teilnehmer/innen bei der zweiten und dritten Erhebungswelle weist auf eine recht hohe generelle Zufriedenheit mit der Unterstützungsleistung der beiden Dozentinnen beim Erreichen des Lernerfolgs im Verlauf der Lehrveranstaltung hin (s. Tab. 5.2).

Tab. 5.2 Bedeutung der Dozentinnen für den Lernerfolg/Gesamteinschätzung Zufriedenheit mit den Dozentinnen (1 = stimmt vollkommen bis 5 = stimmt überhaupt nicht)

	Erhebung 1			Erhebung 2			Erhebung 3		
	N	M	S	N	M	S	N	M	S
Bedeutung der Dozenten/ Dozentinnen für Lernerfolg	–	–	–	29	2,41	0,825	9	2,56	1,01
Gesamteinschätzung zur Zufriedenheit mit Dozenten/Dozentinnen	–	–	–	29	1,66	0,67	9	2,00	1,00

Tab. 5.3 Benutzerfreundlichkeit und Einschätzung der Kommunikationsmöglichkeiten der internetgestützten Lernumgebung (1 = sehr zufrieden bis 5 = unzufrieden)

	Erhebung 1			Erhebung 2			Erhebung 3		
	N	M	S	N	M	S	N	M	S
Benutzerfreundlichkeit der internetgestützten Lernumgebung	–	–	–	29	1,76	0,74	9	1,67	0,87
Kommunikationsmöglichkeiten über die internetgestützte Lernumgebung	–	–	–	29	1,79	0,77	9	2,00	0,71

Fragen

„Die Betreuung durch die Dozentinnen war für meinen Lernerfolg wichtig.";
„Wie zufrieden sind Sie insgesamt mit der Betreuung durch die Dozentinnen?"

---

7. **Einschätzungen zur Zufriedenheit mit der „Benutzerfreundlichkeit" und „Kommunikationsmöglichkeit" der Lernumgebung:** Die allgemeinen Einschätzungen zur Zufriedenheit mit der „Benutzerfreundlichkeit" und den „Kommunikationsmöglichkeiten" der Lernumgebung sind sehr positiv. Innerhalb der Erhebungszeitpunkte verändert sich diese Einschätzung kaum. Die positiven Einschätzungen bleiben über den gesamten Verlauf des Veranstaltungszeitraumes recht stabil (s. Tab. 5.3).

5.3.7 Veränderung der mathematikbezogenen Selbsteinschätzungen über den Kursverlauf

Wir stellen die Hypothese auf, dass die mathematikbezogenen Selbsteinschätzungen (Einstellung zur Mathematik; Selbstwirksamkeitsüberzeugung) sich über den Kursverlauf ins Positive hin verändert haben (vom ersten bis zum dritten Erhebungszeitpunkt). Die verwendeten Skalen mit vierstufigen Antwortmöglichkeiten orientieren sich an den Skalen der PISA-Erhebung (Ramm et al. 2006).

„Selbstwirksamkeit" Das Konstrukt „Selbstwirksamkeit" beschreibt nach Bandura (1977) die Überzeugung einer Person, notwendige Handlungen für die Erreichung eines bestimmten Zieles ausführen zu können. In Anlehnung an die Operationalisierung der PI-SA-Studie (OECD) wurden 4 Items formuliert, die die Disposition „Selbstwirksamkeit" in Bezug auf die Lösung von Problemen im Bereich Mathematik messen. Die interne Konsistenzprüfung mit Hilfe des statistischen Verfahrens nach Cronbach ergab einen fast zufriedenstellenden Alpha-Wert, nämlich 0,687 (zufriedenstellend sind generell Alpha-Werte über 0,7). *(Beispielfrage siehe Anhang)*

„Selbstkonzept, Ängstlichkeit" Neben der „Selbstwirksamkeit" ist auch das „Selbstkonzept" (Marsh 1993), das sich auf das Vertrauen der Menschen in ihrer eigenen Fähigkeit beim Lernen bezieht, ein weiterer Bestandteil der Selbsteinschätzungen der Kompetenzen im Fach Mathematik. Mit dem „Selbstkonzept" ist der Glaube an die eigenen Fähigkeiten für erfolgreiches Lernen von ganz entscheidender Bedeutung (Marsh 1986). Konträr entgegengesetzt in der Wirkung auf das „Selbstkonzept" ist die „Ängstlichkeit". Die Teilnehmer/innen wurden gefragt, inwieweit sie sich im Umgang mit Mathematikaufgaben hilflos bzw. emotional gestresst fühlen *(Items siehe Anhang)*.

Cronbachs Alpha beträgt bei der Skala „Selbstkonzept" 0,888; bei der Skala „Ängstlichkeit" 0,761. Bei einer aufgeklärten Varianz von 68,8 % (Varimax-Rotation) wurden zwei Dimensionen über die Faktorenanalyse (Extraktionsmethode: Hauptkomponentenanalyse) ermittelt.

„Instrumentelle Motivation", „Interesse und Freude an Mathematik" Motivation ist eine treibende Kraft beim Lernen. Zwei wesentliche Aspekte sind hierbei zu berücksichtigen: das Interesse am Fach sowie die Freude an einem Fach. Es handelt sich um stabile Orientierungskriterien, die die Intensität und auch Kontinuität des Engagements in Lernsituationen beeinflussen. Auch die instrumentelle Motivation, die über externe Belohnungen wie gute Berufsaussichten stabilisiert wird, trägt zu einer stabilen Lernorientierung bei *(Items siehe Anhang)*.

Konstrukt-Validität Bei einer aufgeklärten Varianz von 64,39 % (Varimax-Rotation) wurden zwei Dimensionen über die Faktorenanalyse (Extraktionsmethode: Hauptkomponentenanalyse) ermittelt.

Reliabilität Zufriedenstellend ist die interne Konsistenz beim Konstrukt „Interesse und Freude" (Alpha = 0,794), bei dem Konstrukt „Instrumentelle Motivation" ist sie gut (Alpha > 0,8 = 0,809).

Die folgende Tabelle mit den Mittelwerten (arithmetisches Mittel, *M*) und Standardabweichungen (*S*) zu den erhobenen selbst- und fachbezogenen Kognitionen („Selbstwirksamkeit", „Ängstlichkeit in Mathematik", „Selbstkonzept") und „Motivation in Mathematik" („Instrumentelle Motivation", „Interesse und Freude an Mathematik") zeigt eine eher

Tab. 5.4 Mittelwerte (M) und Standardabweichungen (S) in den drei Erhebungswellen für „Selbst- und fachbezogene Kognition" und „Motivation in Mathematik" („Instrumentelle Motivation", „Interesse und Freude an Mathematik")

	Erhebung 1			Erhebung 2			Erhebung 3		
	N	M	S	N	M	S	N	M	S
Selbstwirksamkeit	43	1,71	0,71	29	1,64	0,57	9	1,58	0,47
Selbstkonzept	50	1,56	0,45	29	2,28	0,58	9	1,87	0,57
Ängstlichkeit	49	1,62	0,39	29	2,72	0,53	9	2,11	0,52
Instrumentelle Motivation	45	1,42	0,42	29	2,29	0,53	9	2,31	0,83
Interesse und Freude an Mathematik	50	1,42	0,43	29	2,05	0,69	9	1,86	0,60

negative Veränderung von der ersten zur zweiten Erhebung sowie eine positive Entwicklung von der zweiten zur dritten Erhebung. Erst am Schluss zeigt sich also eine positive Veränderung.

Die Veränderung von der ersten zur zweiten Erhebung vollzieht sich in Richtung einer „negativen" Entwicklung, d. h. z. B. die geringe „Ängstlichkeit" zu Beginn der Veranstaltung ist bei der zweiten Erhebung (nach vier Wochen) nach der ersten lernenden Auseinandersetzung mit den Inhalten in Mathematik eher größer geworden. Mit zunehmendem Verlauf des Lernprozesses wird diese „Ängstlichkeit" jedoch wieder aufgefangen und wird geringer, ohne jedoch das niedrige Anfangsniveau der ersten Erhebung zu erreichen. Allerdings muss hier beachtet werden, dass aufgrund der Selektionsproblematik und der geringen Stichprobengröße ($N = 9$) der dritten Erhebung die statistische Aussagekraft eingeschränkt ist und vor allem der Hypothesengenerierung für weitere Untersuchungen dienen kann.

Die Hypothese einer stetigen Verbesserung der mathematikbezogenen Selbsteinschätzungen (Einstellung zu Mathe; Selbstwirksamkeitsüberzeugung) vom Start bis hin zum Ende der Veranstaltung lässt sich hier nicht bestätigen (s. Tab. 5.4).

In der einfachen grafischen Darstellung der Mittelwertdifferenzen in Bezug auf die einzelnen Erhebungsphasen 1 bis 3 wird deutlich, dass bei der Disposition „Selbstkonzept" und auch „Ängstlichkeit" eine deutliche Verbesserung eingetreten ist. Hier sind auch die Effektstärken nach Cohen (d) – hier wird der Abstand der Mittelwerte an der mittleren Standardabweichung normiert und somit die Größe von Auswirkungen quantifiziert –, sehr groß.[6] Neben der Angabe von statistischer Signifikanz von Mittelwertunterschieden, die lediglich statistisch die Frage klärt, ob sich der in der Stichprobe beobachtbare Mittelwertunterschied gegenüber dem Zufall absichern und auf die Grundgesamtheit generalisieren lässt, ist die Effektstärke als quantitatives Maß zur Einschätzung der praktischen Bedeutsamkeit der Mittelwertunterschiede anzusehen (Bortz und Döring 2006). Die Effektstärke ist eine normierte und dimensionslose numerische Größe. Sie drückt die Mittelwertunterschiede in Einheiten der jeweiligen Standardabweichungen aus. Dies er-

---

[6] Effektstärke „Ängstlichkeit", Phase 2 bis 3, $d = -1{,}16$; („großer" Effekt nach Cohen); Effektstärke „Selbstkonzept" Phase 2 bis 3, $d = -0{,}71$; („mittlerer" Effekt nach Cohen).

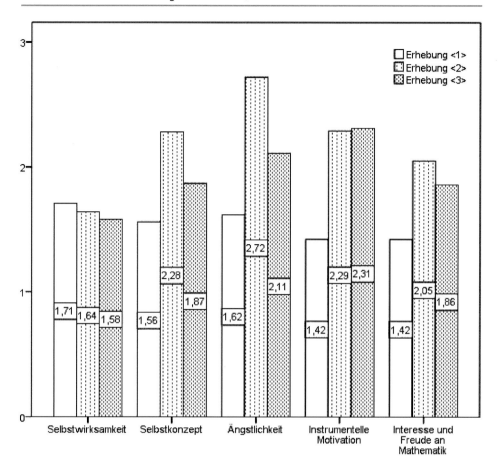

Abb. 5.1 Mittelwerte der Erhebungswellen 1 bis 3

möglicht eine größere Vergleichbarkeit der Ergebnisse. Nach Cohen (1988, S. 82) gelten als erste Orientierungshilfe Effektstärken unter $d = 0{,}20$ als vernachlässigbar; ab 0,50 im mittleren Bereich und ab 0,80 als groß (s. Abb. 5.1).

5.3.8   Zusammenfassung und Reflexion der Ergebnisse

Ein hoher Anteil der Teilnehmenden, nämlich ca. 50 %, studierte bereits und wollte sich entweder allgemein auf Mathematikanteile im Studium oder auf konkrete Module vor-bereiten (s. Punkt 1). Etwa ein Viertel der Teilnehmer/innen repräsentierten die Gruppe der beruflich Qualifizierten ohne Abitur. Die Zusammensetzung wirft in jedem Fall die Frage auf, wie groß das Interesse an Vorbereitungskursen für diejenigen ist, die zwar mit dem Gedanken spielen, zu studieren, sich aber noch nicht für ein Studium entschieden haben. Interessant ist auch, dass fünf der Teilnehmenden aus der „klassischen" Zielgruppe ohne Abitur erfolgreich die Abschlussklausur absolvierten und im Abschlussinterview bestätigten, dass das Modul für sie ein hilfreiches Angebot war, das sie gut bewältigen konnten. Ein Teilnehmer bestand die Klausur nicht, meldete jedoch zurück, dass ihm die Teilnahme dennoch Erfolgserlebnisse verschafft hätte und er die Plattform weiterhin für das Selbstlernen und Wiederholen der Inhalte nutzen wolle.

Die Gruppe der Berufsqualifizierten, mit und ohne Abitur, wurde durch das Angebot gut erreicht: 76 % aller Teilnehmenden verfügte mindestens über eine Berufsausbildung und war zum Zeitpunkt des Kurses in Vollzeit berufstätig. Diejenigen, die bereits studierten, waren in der Mehrzahl in einem berufsbegleitenden Studiengang immatrikuliert. Darüber hinaus hatten 37 % der Berufstätigen Kinder. Viele Teilnehmer/innen waren also tatsächlich in dem Maße auf flexible Angebote angewiesen, wie wir angenommen hatten.

Die Konzeption der Lerneinheiten als Selbstlernbausteine traf den Bedarf der Gruppe. Einerseits kommt dies zum Ausdruck durch die sehr positive Einschätzung der Lernumgebung an sich als auch durch die Ergebnisse der qualitativen Befragungen, die hier aus Platzgründen nicht ausführlich präsentiert werden konnten. Diese zeigten, dass vor allem die Abfolge von kleinen Inhaltsbausteinen im Wechsel mit Selbsttestaufgaben, die die sofortige Kontrolle der eingegebenen Lösung ermöglichten, als sehr hilfreich bewertet wurde. Erwähnenswert ist auch, dass die meisten Teilnehmer/innen zusätzlich auf die PDF-Dokumente, die zum Download bereitgestellt wurden, zurückgriffen. Ein Kurs, der komplett online, also ohne vorliegende Studienmaterialien durchgeführt würde, wäre für die Mehrzahl der befragten Teilnehmenden allerdings nicht wünschenswert gewesen. So bestätigten die Teilnehmer/innen, dass die Betreuung durch die Dozent/innen wichtig für den Lernerfolg war (s. Punkt 6).

Das Ergebnis der Untersuchung zur mathematikbezogenen Selbsteinschätzung ist aufgrund der oben beschriebenen Problematiken bei der Erhebung der Daten leider nur sehr vorsichtig und eingeschränkt zu interpretieren. Anfänglich ist die Bewertung durchaus sehr positiv; in der zweiten Erhebung lässt sich eine Tendenz hin ins Negative feststellen. Dies ist allgemein zu erwarten gewesen, da den Teilnehmenden zu Beginn des Kurses noch keine realistische Einschätzung des eigenen Könnens bezüglich der konkreten Inhalte möglich gewesen ist. Zudem könnte auch eine gewisse Anfangseuphorie die Ursache für die ersten recht positiven Einschätzungen sein, die dann bei der „ernsten" Konfrontation mit dem Lernstoff relativiert werden.

Bei einer weiteren Durchführung sollte das Evaluationsverfahren angepasst werden, so dass eine eindeutige Zuordnung der Befragten zu den jeweiligen Gruppen mit einer Abbildung des Verlaufs möglich ist. Dies könnte beispielsweise durch die Verpflichtung zu Kurzinterviews mit paralleler Bearbeitung des Online-Fragebogens erfolgen. Dadurch könnten auch die Gründe für einen Abbruch des Kurses flächendeckend identifiziert werden. In der aktuellen Untersuchung konnten lediglich in den qualitativen Befragungen Abbruchgründe erfragt werden; dies war z. B. in einem Fall die hohe Arbeitsbelastung der betreffenden Teilnehmerin im Beruf. Eine weitere Teilnehmerin gab an, dass das Online-

Lernen für sie nicht die passende Lernform und mit zu vielen sozialen Unsicherheiten besetzt sei.

Durch den Einsatz von Learning Analytics (die Aufzeichnung von Lernwegen sowie weiterer Daten wie z. B. die Häufigkeit des Einloggens auf der Plattform) könnten z. B. die Nutzungsintensität, Abbrecher und deren Zuordnung zur jeweiligen Gruppe der Berufsqualifizierten (mit bzw. ohne Abitur) identifiziert werden.

5.4 Ausblick

Die Ergebnisse der ersten Durchführung des Online-Moduls „Mathematik für Wirtschaftswissenschaftler/innen" zeigen, dass ein Bedarf bei der Zielgruppe besteht, der perspektivisch noch steigen dürfte, da sich das Wissen darum, dass auch mit beruflicher Qualifikation ein (fachbezogenes) Studium aufgenommen werden kann, noch nicht breit bekannt ist und sich sicherlich noch weitertragen wird.

Das Angebot trifft den Wunsch der Teilnehmenden nach einer flexiblen und dennoch begleiteten Unterstützung zur Vorbereitung auf ein Studium (oder auch zur konkreten Vorbereitung auf mathematische Studieninhalte, wenn ein Studium schon begonnen wurde). Die auf das Relevante fokussierte Lernumgebung sowie die speziell konzipierten Selbstlernbausteine wurden als sehr hilfreich bewertet; die Flexibilität, die durch das Studienmaterial in Printformat entsteht, wird zusätzlich als sehr wichtig erachtet. So konnte beispielsweise auch während Zugfahrten gelernt werden, wie ein Teilnehmer in einem Interview berichtete.

Eine große Herausforderung bei der Konzeption von Angeboten für berufsqualifizierte Studieninteressierte und Studienanfänger/innen liegt sicherlich in der Heterogenität der Zielgruppe. Hier geht es unter Umständen nicht nur darum, jemanden „fit zu machen" für ein Studium sondern bisweilen auch darum, Grenzen aufzuzeigen bzw. deutlich zu machen, wie aufwändig das Erreichen der Studierfähigkeit und der Ziele eines Studiums sein können. Auch deshalb sollte die Bedeutung der Begleitung von Vorbereitungskursen durch Dozent/innen, die bei dieser Einschätzung unterstützen können, nicht unterschätzt werden.

Die hohe Resonanz schon nach verhältnismäßig kurzer Zeit der Öffentlichkeitsarbeit im Projekt „InOS" bestätigt, dass ein Bedarf an Vorbereitungsangeboten vorhanden ist. Weitere Erprobungen werden zeigen, in welcher Weise das Angebot erweitert werden könnte. So wäre z. B. eine Entwicklung in Richtung eines hauptsächlich im Selbststudium, ohne tutorielle Betreuung zu bearbeitenden Online-Kurses denkbar, der frei im Internet zugänglich ist. Dies sollte jedoch sinnvollerweise nur ein Zusatzangebot darstellen und betreute Kurse nicht gänzlich ersetzen, denn die Begleitung durch Tutor/innen oder Dozent/innen wird, wie auch unsere Ergebnisse zeigen, häufig als essentiell wichtig für den Kurserfolg gewertet.

5.5   Anhang

5.5.1   „Selbstwirksamkeit"

Beispielfrage:
Wie sicher glauben Sie, folgende Mathematikaufgaben lösen zu können? (Antwortkategorien: 1 = sehr sicher; 2 = sicher; 3 = nicht sehr sicher; 4 = gar nicht sicher)

A Ausrechnen, wie viel billiger ein Fernseher bei 30 % Rabatt wäre.
B Ausrechnen, wie viele Liter Farbe man bräuchte, um eine spezielle Wand deckend zu streichen.
C Die Länge der Diagonale eines Rechtecks berechnen, wenn die Seitenlängen bekannt sind.
D Das Volumen eines Prismas zu berechnen.

5.5.2   „Selbstkonzept, Ängstlichkeit"

„Wie fühlen Sie sich beim Lernen in Mathematik? Bitte geben Sie an, wie sehr Sie den folgenden Aussagen zustimmen." (Antwortkategorien: 1 = stimmt ganz genau; 2 = stimmt eher; 3 = stimmt eher nicht; 4 = stimmt überhaupt nicht).

Konstrukt	Item
Selbstkonzept	A In Mathematik lerne ich schnell
Ängstlichkeit	B Ich mache mir oft Sorgen, dass es für mich in Mathematik schwierig sein wird
Ängstlichkeit	C Ich bin sehr angespannt, wenn ich Mathematikaufgaben machen muss
Selbstkonzept	D Ich war schon immer überzeugt, dass Mathematik eines meiner besten Fächer ist
Ängstlichkeit	E Beim Lösen von Aufgaben in Mathematik werde ich ganz unruhig
Selbstkonzept	F In Mathe verstehe ich sogar die schwierigsten Aufgaben
Ängstlichkeit	G Beim Lösen von Mathematikaufgaben fühle ich mich hilflos
Selbstkonzept	H Ich bin einfach nicht gut in Mathe
Selbstkonzept	I Im Fach Mathematik bekomme ich gute Noten

5.5.3   Motivation in Mathematik: „Instrumentelle Motivation", „Interesse und Freude an Mathematik"

„Wie denken Sie über Mathematik? Geben Sie bitte an, wie sehr Sie den folgenden Aussagen zustimmen." (Antwortkategorien: 1 = stimmt ganz genau; 2 = stimmt eher; 3 = stimmt eher nicht; 4 = stimmt überhaupt nicht)

Konstrukt	Item
Interesse und Freude	A Ich mag Bücher über Mathematik
Instrumentelle Motivation	B Mathematik ist für mich ein wichtiges Fach, weil ich es für mein (späteres) Studium brauche
Interesse und Freude	C Ich mache Mathematik, weil es mir Spaß macht
Interesse und Freude	D Mich interessiert das, was ich in Mathematik lerne
Instrumentelle Motivation	E Ich werde viele Dinge in Mathematik lernen, die mir dabei helfen werden, einen Job zu bekommen
Interesse und Freude	F Ich freue mich auf meine Mathematik-Lernzeit

Literatur

Bandura, A. (1977). Self-Efficacy: Toward a Unifying Theory of Behavioral Change. *Psychological Review, 84*(2), 191–121.

Bortz, J., & Döring, N. (2006). *Forschungsmethoden und Evaluation für Human- und Sozialwissenschaftler* (4. Aufl.). Berlin: Springer.

Bucholc, A. (2010). *Online-Lernen und selbstregulierte Lernprozesse als berufliche Qualifikation.* Marburg: Tectum Verlag.

BLK (2004). Strategie für Lebenslanges Lernen in der Bundesrepublik Deutschland. http://www.blk-bonn.de/papers/heft115.pdf. Zugegriffen: 30. September 2013

Cohen, J. (1988). *Statistical power analysis for the behavioral sciences.* Mahwah: Lawrence Erlbaum Associates.

Hanft, A., & Brinkmann, K. (Hrsg.). (2013). *Offene Hochschulen. Die Neuausrichtung der Hochschulen auf Lebenslanges Lernen.* Münster: Waxmann.

Hartmann, E., Buhr, R., Freitag, W., Loroff, C., Minks, K.-H., & Mucke, K. (2008). Durchlässigkeit zwischen beruflicher und akademischer Bildung – wozu, wie, warum und für wen? In R. Buhr, W. Freitag, E. Hartmann, C. Loroff, K.-H. Minks, & K. Mucke et al. (Hrsg.), *Durchlässigkeit gestalten! Wege zwischen beruflicher und hochschulischer Bildung* (S. 13–20). Münster: Waxmann.

Human, S. E., Clark, T., & Baucus, M. S. (2005). Student Online Self-Assessment: Structuring Individual-Level Learning in a new Venture Creation Course. *Journal of Management Education, 29*(1), 111–134.

Kerres, M. (2001). *Multimediale und telemediale Lernumgebungen: Konzeption und Entwicklung.* München: Oldenbourg.

Kerres, M., & Preussler, A. (2014). Mediendidaktik. In F.von Gross, D. Meister, & U. Sander (Hrsg.), *Medienpädagogik – Ein Überblick*. Weinheim: Beltz.

Klimsa, P., & Issing, L. (2011). *Online-Lernen. Handbuch für Wissenschaft und Praxis*. München: Oldenbourg.

Maier, T., Zika, G., Wolter, M. I., Kalinowski, M., & Helmrich, R. (2014). Engpässe im mittleren Qualifikationsbereich trotz erhöhter Zuwanderung. http://www.bibb.de/dokumente/pdf/a14_BIBBreport_2014_23.pdf. Zugegriffen: 18. Januar 2015

Marsh, H. W. (1986). Verbal and math self-concepts: An internal/external frame of reference model. *American Educational Research Journal, 23*(1), 129–149.

Marsh, H. W. (1993). The multidimensional structure of academic self-concept: Invariance over gender and age. *American Educational Research Journal, 30*(4), 841–860.

Morrison, G., Ross, S., & Kemp, J. (2012). *Designing Effective Instruction*. Chichester: Wiley.

Müskens, W. (2010). Anrechnung beruflicher Kompetenzen im berufsbegleitenden Bachelor-Studiengang ‚Business Administration' an der Universität Oldenburg. In P. A. Zervakis (Hrsg.), *Studienreform nach Leuven: Ergebnisse und Perspektiven nach 2010 – Jahrestagung des HRK Bologna-Zentrums* (S. 69–77). Bonn: Hochschulrektorenkonferenz.

Nickel, S., & Duong, S. (2012). *Studieren ohne Abitur. Monitoring der Entwicklungen in Bund, Ländern und Hochschulen*. Gütersloh: CHE.

Ramm, G., Prenzel, M., Baumert, J., Blum, W., Lehmann, R., & Leutner, D. et al. (2006). *PISA 2003: Dokumentation der Erhebungsinstrumente*. Münster: Waxmann.

Schott, F. (1991). Instruktionsdesign, Instruktionstheorie und Wissensdesign: Aufgabenstellung, gegenwärtiger Stand und zukünftige Herausforderungen. *Unterrichtswissenschaft, 19*, 195–217.

Schulz-Zander, R., & Tulodziecki, G. (2011). Pädagogische Grundlagen für das Online-Lernen. In P. Klimsa, & L. J. Issing (Hrsg.), *Online-Lernen. Handbuch für Wissenschaft und Praxis* (S. 35–45). München: Oldenbourg.

Stöter, J. (2013). Öffnung der Hochschulen für neue Zielgruppen. In A. Hanft, & K. Brinkmann (Hrsg.), *Offene Hochschulen. Die Neuausrichtung der Hochschulen auf Lebenslanges Lernen* (S. 53–65). Münster: Waxmann.

Wirksames mediales Lernen und Prüfen mathematischer Grundlagen an der Hochschule Heilbronn

6

Andreas Daberkow, Oliver Klein, Emil Frey und York Xylander

Zusammenfassung

Gerade an Hochschulen für angewandte Wissenschaften mit vielen Studienanfängern aus dem zweiten Bildungsweg erschwert fehlendes Mathematik-Grundlagenwissen den Studienanfängern den Einstieg in wichtige studienbezogene Grundlagenfächer wie Technische Mechanik oder Elektrotechnik. Seit zwei Jahren verbessert nun das Team eLearning und eAssessment an der Hochschule Heilbronn durch wirksames mediales Lernen den Wissensstand der Studierenden in den Mathematikgrundlagen. Als computergestütztes Lernsystem wurde dazu der Online-Mathetrainer „bettermarks", der unter der Mitwirkung von Lehrern und Didaktikern entwickelt wurde, ausgewählt. Über die mit diesem Lernsystem gewonnenen Erfahrungen und Erfolge aus vier Semestern wird in diesem Beitrag erstmalig berichtet. Die Autoren sind überzeugt, dass mit dem hier beschriebenen System, der darin implementierten medialen Unterstützung und dem aufgebauten Prozess der Übergang von Schule zur Hochschule erleichtert werden kann.

6.1 Einleitung

Die staatliche Hochschule Heilbronn (HHN) ist mit nahezu 8000 Studierenden die größte Hochschule für Angewandte Wissenschaften (HAW) in Baden-Württemberg. 1961 als Ingenieurschule gegründet, liegt heute der Kompetenz-Schwerpunkt auf den Bereichen Technik, Wirtschaft und Informatik. Angeboten werden an den vier Standorten Heil-

Andreas Daberkow ✉ · Oliver Klein · Emil Frey
Hochschule Heilbronn, Zentrum für Studium und Lehre, Heilbronn, Deutschland
e-mail: andreas.daberkow@hs-heilbronn.de, oliver.klein@hs-heilbronn.de

York Xylander
bettermarks GmbH, Berlin, Deutschland
e-mail: york.xylander@bettermarks.com

© Springer Fachmedien Wiesbaden 2016   85
A. Hoppenbrock et al. (Hrsg.), *Lehren und Lernen von Mathematik in der Studieneingangsphase*, Konzepte und Studien zur Hochschuldidaktik und Lehrerbildung Mathematik, DOI 10.1007/978-3-658-10261-6_6

Abb. 6.1 Vielfalt der Wege vom mittleren Bildungsabschluss zum Studium an einer HAW, verein-facht dargestellt in Anlehnung an (Agentur für Arbeit Heilbronn 2012)

bronn-Sontheim, Heilbronn Europaplatz, Künzelsau und Schwäbisch Hall und in sieben Fakultäten insgesamt 46 Bachelor- und Masterstudiengänge. Die enge Kooperation mit Unternehmen aus der Region und die entsprechende Vernetzung von Lehre, Forschung und Praxis werden in Heilbronn großgeschrieben.

Typisch für das Studierendenprofil der technischen Studiengänge in Heilbronn ist die Bindung vieler Studienanfänger an die Region mit einem Wohnort am elterlichen Lebens-mittelpunkt. Wie an vielen Hochschulen für angewandte Wissenschaften kommen auch in Heilbronn ca. 60 % der Studienanfänger über einen mittleren Bildungsabschluss, oft in Kombination über den zweiten Bildungsweg. Die damit verbundene Vielfalt führt dazu, dass diese Studienanfänger wenig Kontinuität in ihrer mathematischen Grundausbildung erfahren haben (s. Abb. 6.1).

Trotz sehr hoher Motivation gerade dieser Studierenden erschwert die Vielfalt der un-terbrochenen Bildungswege wie auch von Hetze (2011) beschrieben den Einstieg. Dies betrifft zunächst die Mathematikausbildung in den ersten Studiensemestern. Kritisch ist dies aber auch für die wichtigen studienbezogenen Grundlagenfächer wie Technische Me-chanik, Physik oder Elektrotechnik.

Ziel des Teams eLearning und eAssessment (eLeA) an der HHN ist es deshalb, durch
ein neues studienbegleitendes mediales Lernen den individuellen Wissensstand in den
Grundlagen der Mathematik deutlich zu verbessern. Die Aufgeschlossenheit vieler Erstsemester bei der medialen Nutzung des Computers und des Internets mit Bildern, Ani-
mationen und Videos soll dabei für die Mathematik genutzt werden. Eine zusätzlich erforderliche Präsenz abends oder am Samstag sowie die damit verbundenen Kosten hält
viele Studierende vom Besuch von Brücken- oder Aufbaukursen ab. Hier verspricht sich
das Einführungsteam, über einen webbasierten Ansatz die Zusatzaufwände zu reduzieren
und in eine für die Studierenden wertschöpfende und individuell steuerbare Zeit für die
Einübung von Mathematik-Grundlagen umzuwandeln.

In den Aufbau- oder Brückenkursen gelingt es ab einer größeren Teilnehmerzahl auch
nicht mehr, auf individuellen Wissenslücken der Teilnehmer einzugehen. Ziel ist hier die
Auswahl eines Lernsystems, welches die Studierenden bei der Identifizierung ihrer persönlichen Wissenslücken unterstützt und darauf aufbauend die Lücken behebt. Schließlich
bedeutet der Ausbau von Präsenzveranstaltungen, manuell zu verwaltenden und zu korrigierenden Mathematik-Aufgabenpools oder Tutorien weitere Aufwände für Professoren,
Lehrbeauftragte und akademische Mitarbeiter. Im Idealfall kann ein Lernsystem durch
ein geschicktes Aufgaben- und Prüfungsmanagement einschließlich einer automatisierten
Testkorrektur diese Aufwände wesentlich reduzieren.

Die o. g. Zielstellungen mündeten in ein begleitendes Einführungsprojekt an der HHN.
Über die gewonnenen Erfahrungen und erarbeiteten Erfolge aus vier Semestern wird in
diesem Beitrag berichtet.

6.2   Auswahlprozess und erste Erfahrungen

Der Anforderungskatalog, der Auswahlprozess und die Evaluierung alternativer medialer
Mathematik-Lernsysteme mit den Erfahrungen im ersten Probesemester sind ausführlich
in Daberkow et al. (2013) beschrieben. Zu Beginn des Einführungsprojektes im Jahr 2011
standen nur einzelne Online-Lernsysteme zur Mathematik zur Verfügung, die den Anforderungen der HHN genügten. Die sogenannte Fachmathematik in den ersten Vorlesungen
zur Elektrotechnik, zur Konstruktionstechnik oder zur Technischen Mechanik erfordert
Basis-Kompetenzen beispielsweise in der Lösung von Bruchgleichungen, Wurzelglei-
chungen oder Termen, so dass das Mathematik-Lernsystem eine hohe Funktionalität vor
allem in den Grundlagen aufweisen muss (s. Abb. 6.2). Viele Studierende fallen in den
ersten Prüfungen oft nicht aufgrund fehlender Studienfachkenntnisse, sondern aufgrund
der unzureichenden Grundlagen-Mathematikkenntnisse durch die Prüfungen des ersten
und zweiten Semesters.

Eine weitere wichtige Grundanforderung ist die Integrationsfähigkeit des Lernsystems
in das Integrierte Lern-, Informations- und Arbeitskooperations-System ILIAS (Kunkel
2011). Die ILIAS-Installation an der HHN strukturiert Studiengangmodule übersichtlich
für Studierende in Kursen, Gruppen und Übungen.

Abb. 6.2 **a** Beispiele für typische Rechenergebnisse von
Erstsemestern und **b–d** für
Basis-Fachmathematikanfor-
derungen im ersten Semester
technischer Studiengänge aus
(Grote und Feldhusen 2011)

a

$$\frac{1}{0} = 0, \frac{1}{x} \cdot sin(x) = sin(1), cos(0) = 0, \dots$$

Typische falsche Rechenergebnisse von Erstsemestern

b

$$I_y = \frac{1}{12} \cdot b \cdot h^3, b = 2 \cdot a, h = 3 \cdot a$$

Axiales Flächenmoment 2. Ordnung I_y für einen
Rechteckquerschnitt der Breite b und Höhe h, hier jeweils vom
Parameter a abhängig

c

$$\frac{1}{R_{ges}} = \frac{1}{R_1} + \frac{1}{R_2} + \frac{1}{R_3}$$

Gesamtwiderstand R_{ges} bei einer Parallelschaltung dreier
Widerstände R_1, R_2 und R_3

d

$$d \geq \sqrt[3]{\frac{16 \cdot M_T}{\pi \cdot \tau_{Zul}}}$$

Mindestdurchmesser d einer kreiszylindrischen Welle mit der
ertragbaren Torsionsspannung τ_{zul} unter Belastung durch ein
Torsionsmoment M_T

Sonstige Anforderungen an das Mathematik-Lernsystem waren die Möglichkeit eines
Prüfungsbetriebes mit der Verwaltung von Prüfungsteilnehmern sowie eine für die In-
genieurausbildung wichtige hohe Funktionalität bei der Visualisierung mathematischer
Sachverhalte (Funktionen, Geometrie, Wertetabellen).

Die Evaluierung mündete dann in eine Kooperation mit der bettermarks GmbH (Bettermarks 2008), welche ein mehrfach ausgezeichnetes Online-Lernsystem für die individu-
elle Förderung und Leistungsverbesserung in der Mathematik bis zum Abitur entwickelt.
Eine wissenschaftlich-didaktische Untersuchung dieses Online-Lernsystems auch im Vergleich zu anderen Mathematik-Lernsystemen findet sich beispielsweise in Stein (2012).
Das Online-Lernsystem bietet über 40 interaktive Eingabemöglichkeiten per Formel, über
Farbmarkierungen, mit Graphen- und Geometriekonstruktion, über Funktionen oder durch
Baumdiagramme. Die Benutzerführung wird durch eine Mikro- und Makro-Adaptivität
und ein implementiertes Lernnetz unterstützt. Darauf aufbauend sind individuelle Wissenslücken identifizierbar und werden dem Anwender rückgemeldet. Ein Aufgabenpool
mit über 100.000 Aufgaben mit hoher Vielfalt in der Tiefe und in der Breite sowie einem
Dozenten-Center zur administrativen Steuerung von Übungsaufgaben und Tests unterstützen die professionelle Nutzung an einer Hochschule (Speroni 2014).

Als Beispiel für die mediale Mathematikunterstützung im System sind nachfolgend
Aufgaben aus dem Thema Funktionen und aus dem Thema Trigonometrie dargestellt. In

Gegeben ist die Funktion h mit der Gleichung $y = h(x) = -\frac{1}{3}x + 2$.

Zeichne den Graphen der Funktion h.

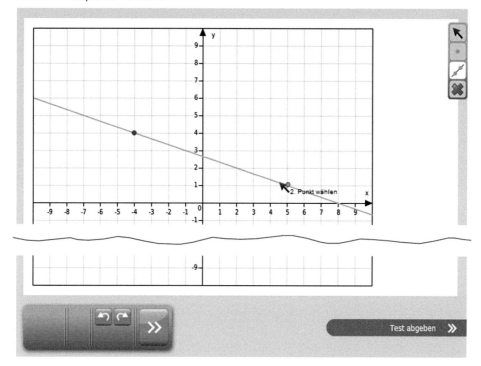

Abb. 6.3 Beispielaufgabe mit interaktiver Konstruktion einer linearen Funktionen im Mathematik-Lernsystem

(Abb. 6.3) ist die interaktive Eingabemöglichkeit der Konstruktion einer linearen Funktion über 2 Punkte demonstriert.

An diesem Beispiel wird auch die Mikro-Adaptivität des Online-Lernsystems deutlich. Mikro-Adpativität bedeutet, dass sich der Studierende hier eine Hilfe zur Konstruktion der Geraden anzeigen lassen kann (Abb. 6.4, rechts oben). Ist die Steigung der Geraden korrekt konstruiert aber der Achsenabschnitt falsch, so wird dies vom System erkannt und der Studierende erhält einen Hinweis für einen zweiten Versuch (Abb. 6.4, rechts unten).

Als weiteres Beispiel zeigt Abb. 6.5 die interaktive Veränderung der Periode einer Sinusfunktion im Online-Lernsystem.

In Kauf genommen wurde zunächst, dass das Lernsystem zum Projektstart in seiner Anmutung deutlich als Lernsystem für eine schulische Anwendung erkennbar ist (Abb. 6.6). Die Integration von ILIAS und dem Mathematik-Lernsystem erfolgt dann über Pakete einer Standardschnittstelle (SCORM 2013).

Zeichne die Gerade durch den Punkt P (-6|1) mit der Steigung m = 3.

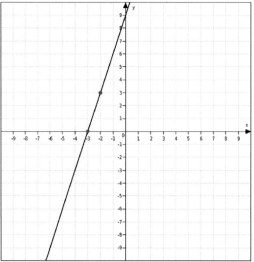

Hilfestellung

Trage zunächst den Punkt P ins Koordinatensystem ein und trage von dort aus die Steigung ab. So erhältst du einen zweiten Punkt, der auch auf der Geraden liegt.

Zeichne die Gerade durch den Punkt P (-6|1) mit der Steigung m = 3.

Die Gerade hat die richtige Steigung, verläuft aber nicht durch den Punkt P.

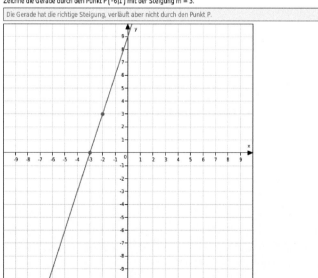

Abb. 6.4 Zur Mikro-Adpativität im Online-Lernsystem nach (Speroni 2014)

Stelle den Schieberegler so ein, dass die Periode den Wert $\frac{1}{2}\pi$ annimmt.

Es gibt zwei Möglichkeiten.

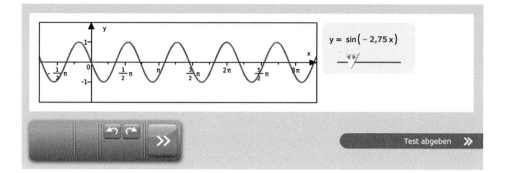

Abb. 6.5 Beispielaufgabe mit interaktiver Modifikation der Periode einer Sinusfunktion

Abb. 6.6 Schulische Anmutung des Mathematik-Lernsystems

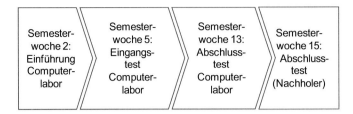

Abb. 6.7 Mathematik-Grundlagentests über 15 Semesterwochen

Zum Projektstart im Wintersemester 2011/2012 mit 60 Studierenden aus den Studiengängen „Robotik und Automatisierungstechnik" sowie „Elektronik und Informationstechnik" wählten die Mathematik-Experten des HHN-Pilotteams dann aus dem Lernsystempool von ca. 100.000 Aufgaben diejenigen mit dem gewünschten Schwierigkeitsgrad aus. Die Studierenden mussten als Präsenzveranstaltung zunächst eine Einführungsveranstaltung sowie eine Eingangsprüfung auf freiwilliger Basis durchlaufen. Wurden 60 % der Aufgaben richtig gelöst, so galt der Test als bestanden, sonst war ein weiterer freiwilliger Abschlusstest gegen Ende des Semesters zu durchlaufen (s. auch Abb. 6.7). Eingangs- und Abschlussprüfung wurden unter Aufsicht im Computerlabor der Hochschule betreut, bettermarks stellte zu diesen vereinbarten Terminen einen weitgehend störungsfreien Betrieb des Lernsystems sicher.

Schnell wurde deutlich, dass die intuitive Bedienung des Lernsystems einen nur geringen Supportaufwand für die Studierenden und das Supportteam erforderte. Für verbleibende Fragen stand der dritte Koautor dieses Beitrags, der ehemalige Tutor der Erstsemestervorlesung Mathematik 1 im parallel angebotenen Mathematik-Tutorium des Studiengangs zur Verfügung.

Die lang bestehende Vermutung des Lehrkörpers, dass viele Studierende mangelhafte Mathematik-Grundlagenkenntnisse aufweisen, hat sich dann nach dem Eingangstest bestätigt: 70 % der Teilnehmer bestehen nicht und sollten den Ausgangstest wiederholen. Die enge Projektbegleitung zeigte dann, dass ein freiwilliges Wiederholen von mathematischen Grundlagen deutlich erkennbar auf Mittelstufenniveau nur von wenigen Studierenden angenommen wurde. Ebenso wurde die schulische Anmutung des Lernsystems abgelehnt (Auswahl einer Schulform, einer schulischen Klassenstufe sowie das Duzen des Anwenders, s. Abb. 6.6).

Nach Diskussionen im Pilotteam und mit dem Systemanbieter wurde zunächst ein Abbruch des Projektes erwogen und danach Maßnahmen beschlossen, um in einer weiteren Projektphase einen letzten Einführungsversuch zu unternehmen.

6.3 Modifikationen am Lernsystem und im Einführungsprozess

Als größter erkannter Kritikpunkt wurde der Schulbezug im Lernsystem entfernt. Ein Duzen des Anwenders konnte aber in der Tiefe der Anwendung nicht durchgängig eliminiert

Abb. 6.8 Mathematik-Lernsystem mit universitärer Anmutung

werden. Im neu modifizierten System ist außerdem im oberen linken Bereich des Lern-system-Portals der Bezug zur Hochschule immer erkennbar (s. Abb. 6.8).

Ein erneuter breiter Test in denselben Studiengängen musste im Sommersemester 2012 entfallen, da diese als sogenannte „Halbzüge" nur im Wintersemester neue Erstsemester aufnehmen. Als Ziel-Studiengang bot sich jetzt der Studiengang „Automotive Systems Engineering" mit ca. 30 Erstsemestern an.

Dazu erfolgte in enger Abstimmung mit dem Prüfungsausschuss und dem Prorektorat für Lehre und Qualitätssicherung in seiner Richtlinienverantwortung für das Prüfungsamt die Verpflichtung der Studierenden zur Mathematik-Grundlagenprüfung. Ohne eine ein-malig bestandene Mathematik-Grundlagenprüfung ist jetzt keine Zulassung zu bestimm-ten Erstsemesterprüfungen gegeben. Dieser Hebel bewirkt, dass sich der Kreis der ca. 30 Erstsemester auf insgesamt 90 Studierende erweitert, die auch als Wiederholer eine der drei Prüfungen mitschreiben müssen.

Die Integration einer neuen verpflichtenden Prüfung zur aktuellen Studienprüfungsord-nung ist eine Aufgabe, die nur kooperativ zwischen einem Studiengang und dem Hoch-schulmanagement bewältigt werden kann. Eine Änderung einer Studienprüfungsordnung

(SPO) ist in der Regel ein komplexer Hochschulverwaltungsakt, bei dem Akkreditierungs-
richtlinien und Hochschulgesetze beachtet sowie Fakultäts- und Senatsbeschlüsse eingeholt werden müssen. Gerade bei Prüfungen mit neuen Medien im Sinne eines eAssessment
ist aber bei der Ersteinführung eine Flexibilität zu unvorhergesehenen Prozessanpassun-
gen notwendig. Entscheidend für die Verpflichtung der Studierenden zu den Mathematik-
Grundlagentests war hier die Möglichkeit, diese Tests ohne SPO-Änderung als sogenannte
„verpflichtende Erledigung von Übungsaufgaben" ähnlich wie ein Labor-Antestat durchführen zu können.

Auch in diesem Studiengang bestanden nur 37 % der Studierenden den Eingangstest
im ersten Anlauf (mit den Wiederholern waren es 31 %). In der Übergangszeit zum Abschlusstest konnte für die Studierenden nun mit der Pflicht einer Wiederholung über die
Auswertefunktionalität des Mathematik-Lernsystems eine rege Übungstätigkeit beobachtet werden. Trotz eines Mehraufwandes insbesondere für die Wiederholer würde eine
knappe Mehrheit der befragten Studierenden das Mathematik-Lernsystem den Kommilitonen weiterempfehlen.

Die ausgewählten Aufgaben als auch die implementierten Prüfungs-, Übungs- und in-
dividualisierten Supportprozesse wurden nun im Sommersemester 2012 gut angenommen
und motivierten das Einführungsteam das Projekt im Folgesemester mit einem erweiterten
Teilnehmerkreis fortzuführen.

6.4 Regelbetrieb und Evaluation ab Wintersemester 2012/2013

Für den Regelbetrieb standen im Lernsystem mittlerweile die Inhalte bis zur gymnasialen Klassenstufe 10 zur Verfügung, in 60 Minuten sind pro Test jeweils 4 Aufgaben aus
5 Themenfeldern „Funktionen", „Terme", „Gleichungen", „Trigonometrie" und „Brüche"
zu lösen.

Es empfahl sich ein leicht modifizierter Übungs- und Prüfungsprozess (s. Abb. 6.9).

Für jeden Studiengang der nun involvierten Studiengänge (6 mit insgesamt 260 Studierenden im Wintersemester 2012/2013 und 3 mit insgesamt 80 Studierenden im Sommersemester 2013) unterstützt ein verantwortlicher Professor aus dem jeweiligen Prüfungsausschuss die Integration der Lernsystemaktivitäten in den Stundenplan und in das Curriculum. Das Lernsystem ist für die Studierenden ab der ersten Vorlesungswoche verfügbar.

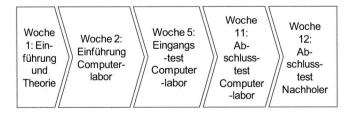

Abb. 6.9 Modifizierter Übungs- und Prüfungsprozess im Regelbetrieb

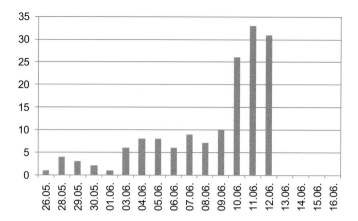

Abb. 6.10 Lernaktivität (Anzahl der Nutzer pro Tag) vor dem zweiten Pflicht-Abschlusstest in der Semesterwoche 11 am 13.6.2013

Der im Kooperationsabkommen der HHN mit dem Systemanbieter vereinbarte Betriebsbereitschaftsservice bewirkt, dass sämtliche Betriebs- und Anwendungsprobleme zu den Prüfungszeiten erfolgreich abgefangen werden. Als unschlagbarer Vorteil für Dozenten und Studierende zeigt sich die automatische und unmittelbare Prüfungskorrektur durch das Lernsystem. Die zusätzlich parallel eingesammelten Prüfungsbögen helfen, erkennbare Übertragungsfehler der Studenten noch zugunsten der Studierenden zu berücksichtigen. Diese Übertragungsfehler werden maximal von 5 % der durchgefallenen Studenten gemeldet und können vom Betreuungsteam ohne nennenswerten Mehraufwand bearbeitet werden.

Auch im Regelbetrieb bestätigt sich wieder, dass nur ca. 40 % der Studierenden den Eingangstest im ersten Anlauf bestehen. Das terminorientierte Lernverhalten der den Test wiederholenden ca. 60 Studierenden zeigt Abb. 6.10.

Wünschenswert wäre hier ein kontinuierliches, das Erstsemester begleitendes Lernen und Üben der Mathematik-Grundlagen.

Der Einsatz des Lernsystems wird durch Umfragen auf der Basis von (Venkatesh et al. 2003) kontinuierlich begleitet. Trotz der Mehraufwände werden in der begleitenden studentischen Umfrage das Mathematik-Lernsystem und die Supportprozesse überwiegend positiv bewertet (Abb. 6.11). Im Wintersemester stimmten 74 % der 185 Befragten voll und ganz oder eher zu, dass das Üben der Mathematik mit dem Lernsystem eine gute Idee ist (1 = stimme voll und ganz zu, 5 = stimme ganz und gar nicht zu).

Auf die Frage, ob sie bettermarks anderen Studenten empfehlen würden, antworteten über 60 % der Studierenden im Wintersemester mit „ja" (Abb. 6.12).

Die 185 Befragten im Wintersemester und 78 im Sommersemester 2013 geben dem Lernsystem als Mittelwert die Schulnote 2,3 bzw. 2,2. Einen persönlichen studentischen Eindruck findet man in (Ich dachte, ich sei fit in Mathe 2013).

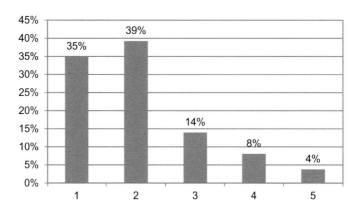

Abb. 6.11 Bewertung von 185 Studierenden zum Üben im Lernsystem

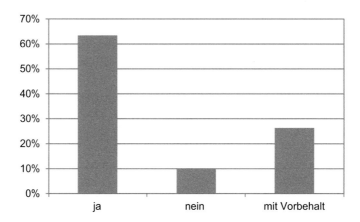

Abb. 6.12 Mathematik-Lernsystem und Weiterempfehlung der Befragten

6.5 Zusammenfassung und Fazit

Eine neue mediale Mathematik-Grundlagenförderung an der Hochschule Heilbronn konnte erfolgreich mit einem professionellen Lernsystem aufgebaut werden. Das Ziel, die grundlegenden Mathematik-Wissenslücken von Studierenden im Übergang von der Schule zur Hochschule zu schließen, wurde erreicht. Spätestens nach der 2. Pflichtwiederholung haben über 95 % der Erstsemester den Test bestanden und damit gezeigt, dass sie ihre Lücken in den Mathematik-Grundlagen geschlossen haben. Wichtig sind nach Meinung der Autoren

- die Attraktivität und der Inhalt sowie die didaktische Gestaltung, Stabilität und Integrationsfähigkeit des Lernsystems,

- eine Individualisierung persönlicher Lerninhalte, des Lernortes und der Lernzeiten durch das Lernsystem,
- die wirtschaftliche automatische Korrektur und wiederholte Nutzbarkeit von Übungen und Tests und
- die Bereitschaft des Lernsystemanbieters, Anforderungen der Hochschulen aus dem Lern- und Prüfungsbetrieb kooperativ in künftige Versionen des Lernsystems zu integrieren.

Auch an der HHN werden Brücken- und Aufbaukurse zur Mathematik als Präsenzveranstaltung angeboten. Diese Kurse werden genau wie beim nicht verpflichtenden medialen Mathematik-Grundlagenkurs nur von einem Teil der Studierenden besucht. Gerade diejenigen Studierenden werden oft nicht erreicht, die ihre Grundlagenkenntnisse fälschlicherweise als ausreichend einschätzen.

ELearning und eAssessment sind fachlich und organisatorisch interdisziplinär, (s. z. B. Issing und Klimsa 2011). Neben der Ausgestaltung und Qualität des Lernsystems muss das Hochschulumfeld stimmen: Nur die erfolgreiche Zusammenarbeit von Hochschuleinrichtungen wie das Rechenzentrum, das Prüfungsamt, der Prorektorate für Lehre und Qualitätsmanagement sowie eines verantwortlichen Medienzentrums mit den lehrenden Dozenten und Professoren und der Hochschulleitung führt zum erfolgreichen Einsatz eines medialen Lernsystems und von eLearning und eAssessment allgemein. Die wichtigen Faktoren sind hier im Einzelnen

- die begleitende aktive Einforderung der Mathematik-Grundlagenkenntnisse nicht nur durch die Mathematik, sondern unbedingt auch durch technische Grundlagenfächer sowie
- die zwingende Verpflichtung der Studierenden zum Mathematik-Grundlagentest direkt oder indirekt über die SPO.

Ist eine der o. g. Hochschuleinrichtungen oder das Hochschulmanagement nicht im Einführungsprozess integriert oder kann diesen aus Kompetenz- oder Kapazitätsgründen nicht begleiten oder steht diesem sogar kritisch gegenüber, so ist eine erfolgreiche Implementierung sehr schwierig bzw. praktisch unmöglich. Ein Hochschulteam mit der Aufgabe eines Medienzentrums ist der Treiber und muss bereit sein, in einem industrieähnlichen Projektmanagement die Implementierung des Lernsystems und der Unterstützungsprozesse zu organisieren und auch mit einem hohen Serviceverständnis zu begleiten. Nicht mediale oder didaktische Hypes, sondern attraktive Inhalte, nachhaltige Prozesse und eine gute hochschulinterne Zusammenarbeit haben hier zum Erfolg geführt.

Bei erkannten Grundlagenproblemen helfen die Berater im Studienmodell Individuelles Lernen SMILE (SMILE 2012) an der HHN den Studierenden, den individuellen Studienplan bei Bedarf anzupassen.

6.6   Ausblick und offene Fragen

Die Mathematik-Grundlagenausbildung mit dem Mathematik-Lernsystem bettermarks wird wie auch im Wintersemester 2013/2014 nun im Sommersemester 2014 im Regelbetrieb fortgeführt. Die Erfahrungen werden regelmäßig mit dem Lehrkörper, den beteiligten Hochschuleinrichtungen, den Studierenden und dem Systemanbieter diskutiert.

Der Umfang und das Niveau der Übungen und Tests bis zur gymnasialen 10. Klasse wurden vom Projektteam für die Mathematik-Grundlagenförderung als ausreichend erachtet. Der angekündigte Ausbau des Lernsystems bis zum Abiturstoff könnte dann einen erweiterten Einsatz des Lernsystems auch für die Mathematikausbildung mit dem Stoff des 1. Semesters ermöglichen. Ferner möchte das Projektteam eine neue mehrstufige Komponente des Lernsystems, den sogenannten „bettermarks-Prüfungstrainer", nutzen. Nach einem Prüfungstrainer-Eingangstest bestimmt das Lernsystem aus den Ergebnissen automatisiert eine Reihe von Themen (z. B. Brüche), bei denen der Student Lücken aufweist. Zu jedem dieser Themen werden dann Diagnose-Übungen vorgeschlagen, die eine genauere Analyse der Probleme ermöglichen. Auf Grundlage der dabei detektierten Schwächen werden wiederum individuelle Trainings-Übungen angeboten.

Nach den Erfahrungen von vier Semestern verfestigt sich, dass kontinuierlich ca. 60 % der Technikstudierenden lückenhafte Mathematik Grundlagenkenntnisse haben. Scheinbar können schulische Bildungseinrichtungen oft diese Grundlagen nicht mehr vermitteln oder die Brüche in den individuellen Bildungswegen lassen dies erst gar nicht zu. Es muss diskutiert werden, mit welchen Maßnahmen dem entgegengewirkt werden kann. Auch die Wiedereinführung verbindlicher Mathematik- oder auch Physikeingangstest an allen Hochschulen sollte hierzu kritisch geprüft werden.

Die Autoren sind überzeugt, dass mit dem hier beschriebenen System, der darin implementierten medialen Unterstützung und dem aufgebauten Prozess der Übergang von Schule zur Hochschule erleichtert werden kann. Sie stellen die These auf, dass die erfolgreiche Behebung der Mathematik-Grundlagenwissenslücken von MINT- Erstsemestern nur über einen verpflichtenden Prozess, d. h. die Kombination von eLearning und eAssessment erfolgen kann. Die Mathematik-Grundlagenkenntnisse müssen dabei unbedingt auch von den technischen Grundlagenfächern aktiv eingefordert werden.

Literatur

Agentur für Arbeit Heilbronn (2012). *Infos zur Berufsausbildung Ausgabe 2012/2013* (S. 4–5, 54). Heilbronn: Agentur für Arbeit.

Bettermarks (2008). bettermarks. http://www.bettermarks.de. Zugegriffen: 9. März 2013

Daberkow, A., Klein, O., Frey, E., & Xylander, Y. (2013). Webbasiertes Lernen zur Förderung des mathematischen Grundwissens an der Hochschule Heilbronn. In M. Stein, & K. Winter (Hrsg.), *Mathematiklernen mit digitalen Medien* (S. 75–96). Münster: WTM-Verlag.

Grote, K.-H., & Feldhusen, J. (Hrsg.). (2011). *Dubbel: Taschenbuch für den Maschinenbau* (23. Aufl.). Berlin: Springer.

Hetze, P. (2011). *Nachhaltige Hochschulstrategien für mehr MINT-Absolventen* (2. Aufl.). Essen: Stifterverband.

Ich dachte, ich sei fit in Mathe (2013). *Junge Wissenschaft, 28*(96), 62–63.

Issing, L. J., & Klimsa, P. (Hrsg.). (2011). *Online-Lernen: Handbuch für Wissenschaft und Praxis.* München: Oldenbourg.

Kunkel, M. (2011). *Das offizielle ILIAS 4-Praxisbuch. Gemeinsam online lernen, arbeiten und kommunizieren.* München: Addison-Wesley.

SCORM (2013). SCORM. http://www.adlnet.gov/scorm. Zugegriffen: 9. März 2013

SMILE (2012). SMILE – Beratung rund um Lernen und Studienplanung. http://www.hs-heilbronn. de/smile. Zugegriffen: 21. August 2012

Speroni, C. (2014). Inspires that aha effect. http://bettermarks.com/whitepaper_learning.pdf. Zugegriffen: 05. Mai 2014

Stein, M. (2012). *Eva-CBTM: Evaluation of Computer Based Online Training Programs for Mathematics – 2nd enlarged edition.* Münster: WTM-Verlag.

Venkatesh, V., Morris, M. G., Davis, G. B., & Davis, F. D. (2003). User Acceptance of Information Technology: Toward a Unified View. *MIS Quarterly, 27*(3), 425–478.

Die Hildesheimer Mathe-Hütte – Ein Angebot zur Einführung in mathematisches Arbeiten im ersten Studienjahr

7

Jan-Hendrik de Wiljes, Tanja Hamann und Barbara Schmidt-Thieme

Zusammenfassung

Ein Kernstück des Programms HiStEMa an der Universität Hildesheim ist die Mathe-Hütte, eine dreitägige Exkursion, auf der Studierende in Kleingruppen ein ihnen bisher unbekanntes mathematisches Thema selbstständig, literaturbasiert erarbeiten und im Anschluss im Rahmen einer Poster-Session präsentieren. Konzept und Ziele der Mathe-Hütte sowie die Evaluationsergebnisse aus den Jahren 2011–2013 werden in diesem Artikel vorgestellt und diskutiert.

7.1 Ausgangssituation

Lehrkräfte sollen die Schülerschaft für ihr Fach begeistern können. Von den Absolventinnen und Absolventen des Faches Mathematik für das Grund-, Haupt- und Realschullehramt an der Universität Hildesheim erwarten wir daher, dass sie in der Lage sind, ihr Fach mit innerer Überzeugung und in seiner gesamten Breite zu vermitteln. Notwendig sind hierfür natürlich solide mathematische Basiskenntnisse, das Wissen über die fachspezifischen Methoden und ein positives, vielfältiges Bild des Faches sowie – auf der Basis der genannten Aspekte – Sicherheit in der Fachwahl. Dass schulisches Basiswissen als Grundlage eines vertieften Verständnisses der Schulmathematik von Studierenden des Lehramts beherrscht werden muss, ist klar; zudem sind Curricula ständigem Wandel unterworfen, so dass Lehrerinnen und Lehrer jederzeit in der Lage sein müssen, sich auf Basis fundierter Grundlagenkenntnisse in neue Themen einzuarbeiten. Hierfür ist zudem das Vorhandensein eines Repertoires an Lern- und Elaborationsstrategien allgemeiner (Sachverhalte mit eigenen Worten ausdrücken, Verknüpfung neuer Inhalte mit bereits vor-

Jan-Hendrik de Wiljes ✉ · Tanja Hamann · Barbara Schmidt-Thieme
Universität Hildesheim, Institut für Mathematik und Angewandte Informatik,
Hildesheim, Deutschland
e-mail: wiljes@uni-hildesheim.de, hamann@imai.uni-hildesheim.de, bst@imai.uni-hildesheim.de

© Springer Fachmedien Wiesbaden 2016   101
A. Hoppenbrock et al. (Hrsg.), *Lehren und Lernen von Mathematik in der
Studieneingangsphase*, Konzepte und Studien zur Hochschuldidaktik und Lehrerbildung
Mathematik, DOI 10.1007/978-3-658-10261-6_7

handenem Vorwissen) wie fachspezifischer Art (Nutzung von Beispielen, Variation von Werten, Wechsel der Darstellungsform) nötig (vgl. Streblow und Schiefele 2006, S. 354). Weiterhin sind ausgeprägte Methodenkenntnisse als Vorbereitung auf das spätere Unterrichten für Lehramtsstudierende besonders relevant, sowohl im Hinblick darauf, dass prozessbezogene Kompetenzen an sich zu vermitteln sind (vgl. Niedersächsisches Kultusministerium 2006a, 2006b) als auch darauf, dass sie den fachdidaktischen Kompetenzen Erklären (allgemeiner: Kommunizieren) und Repräsentieren (allgemeiner: Darstellen) zugrundeliegen (vgl. Kunter et al. 2011, S. 138); diese Form metamathematischen Wissens ist ein unabdingbarer Bestandteil mathematikdidaktischen Professionswissens und eine der Voraussetzungen dafür, dass fachliche Inhalte für den Mathematikunterricht in einer dem Fach angemessenen Weise aufbereitet werden können (Heinze und Grüßing 2009, S. 247; Kunter et al. 2011, S. 35 f.). Ein Überblick über die Vielfalt mathematischer Arbeitsweisen, die im Allgemeinen über die in der Schule kennengelernten deutlich hinausgehen, bedingt wiederum das Bild, das die Studierenden von ihrem Fach haben und im späteren Berufsleben weitergeben. Dass es sich hierbei um einen relevanten Faktor für die Qualität von Unterricht handelt und fachspezifische Überzeugungen von Lehrkräften Einfluss auf Schülerleistungen haben, hat das Projekt COACTIV gezeigt (Kunter et al. 2011, S. 247 f.).

Verschiedene Beobachtungen, Erfahrungen und Untersuchungen zeigen jedoch, dass es vielen Studierenden zu Beginn ihres Studiums an mathematischen Basiskompetenzen mangelt. In Hildesheim bestätigen dabei insbesondere die Ergebnisse des im Wintersemester 2013/14 neu eingeführten Grundlagentests (Nolting und Kreuzkam 2014) frühere Beobachtungen und Untersuchungen (vgl. Kreuzkam 2011, 2013), nach denen vor allem in den Bereichen Terme, Gleichungen und Potenzen erhebliche Defizite vorliegen; die Befunde stehen dabei im Einklang mit Studien an anderen Universitäten (vgl. z. B. Becher et al. 2013; Fischer und Biehler 2011).

Neben der Tatsache, dass die fundamentalen Kompetenzen fehlen, zeigt sich hier, dass viele Studierende außerdem nicht in der Lage sind – trotz gegebener Transparenz bezüglich der Anforderungen und regelmäßiger Übungsaufgaben zu Routinefertigkeiten im Übungsbetrieb des gesamten ersten Studienjahres – ihre Defizite zu beheben. Umso wichtiger scheint es, dass diese Studierenden über einen Vorrat an Methoden und Lernstrategien zum Betreiben von Mathematik verfügen, zumal Studien gezeigt haben, dass sich inhaltliches Vorwissen und die Nutzung strategischer Lernhilfen gegenseitig bedingen (vgl. Streblow und Schiefele 2006, S. 355 f.), und dass Studierende eine Einführung in Problemlösemethoden explizit wünschen (Törner und Grigutsch 1993, S. 15 f.). Zu diesem Befund passen Beobachtungen und Ergebnisse mehrerer Untersuchungen, die u. a. das Bild, das die Studierenden von ihrem Fach haben, thematisieren. Dieses scheint häufig eng, die Mathematik wird auf das Rechnen von Aufgaben und Anwenden von Formeln und somit auf ihren Schemaaspekt beschränkt (vgl. Grigutsch 1996, S. 103–126) und in weiten Teilen losgelöst von historischen Entwicklungen und echter Alltagsrelevanz betrieben (vgl. Herrmann 2012; Kunter et al. 2011, S. 237). Unter diesen Voraussetzungen muss

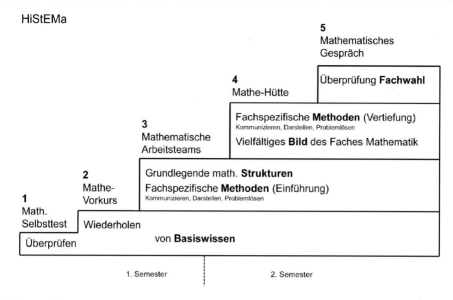

Abb. 7.1 HiStEMa

davon ausgegangen werden, dass eine Vielzahl der angehenden Lehrerinnen und Lehrer nicht in der Lage ist, ihre Fachwahl in ausreichendem Maße kritisch zu reflektieren, denn wie sollten sie entscheiden können, ob sie ein Fach unterrichten möchten, wenn ihnen wesentliche Aspekte von diesem unbekannt sind?

7.2   Das Projekt HiStEMa

Um den weithin bekannten Schwierigkeiten beim Übergang zwischen Schule und Hochschule (vgl. allgemein z. B. Bausch et al. 2014) sowie den im Einzelnen geschilderten Missständen zu begegnen, wurde in Hildesheim das Projekt HiStEMa (Hildesheimer Stufen zum Einstieg in die Mathematik) entwickelt, ein mehrstufiges Begleitprogramm während des ersten Studienjahres, in dem in fünf einzelnen, jedoch zusammenhängenden Modulen schulisches Basiswissen aufgefrischt, Methoden mathematischen Arbeitens vermittelt, darauf aufbauend ein vielfältiges Bild von Mathematik entwickelt und schließlich die Fachwahl überprüft werden soll. Die in der Mitte des zweiten Semesters stattfindende Hildesheimer Mathe-Hütte ist eines dieser Module und schließt an die kooperative Bearbeitung von Übungen in den mathematischen Arbeitsteams – Gruppen von 7–8 Studierenden, denen jeweils eine studentische Tutorin oder ein studentischer Tutor fest zugeteilt sind – an. Abbildung 7.1 bietet einen Überblick über die Bestandteile von HiStEMa und ihre jeweiligen Ziele, die sich gegenseitig ergänzen und bedingen (zu HiStEMa allgemein vgl. Hamann et al. 2014).

7.3 Die Mathe-Hütte

Die Mathe-Hütte ist ein zentraler Teil von HiStEMa, dessen vorwiegendes Ziel in der Ergänzung und Vertiefung des mathematischen Methodenwissens liegt. Damit baut die Veranstaltung direkt auf den Erfahrungen aus den mathematischen Arbeitsteams auf, in denen ein besonderer Fokus auf die Einführung methodischer Grundlagen, insbesondere im Hinblick auf die Bearbeitung von Übungsaufgaben, gerichtet wird (vgl. Ableitinger und Herrmann 2011, S. 13–21; Lehn o. J.).

In einer freiwilligen dreitägigen Exkursion arbeiten sich Studierende in Kleingruppen, in freier Zeiteinteilung auf der Basis von Fachliteratur in ein ihnen bis dahin unbekanntes mathematisches Thema ein (z. B. *Planare Graphen, Parkettierungen, Euklids Elemente*). Die Arbeit unterscheidet sich dahingehend von derjenigen in den vorlesungsbegleitenden Übungen, dass bewusst auf die Formulierung konkreter Aufgabenstellungen verzichtet wird. Den Teilnehmerinnen und Teilnehmern ist somit freigestellt, welche konkreten Inhalte sie sich in welcher Form und in welcher Tiefe erarbeiten. Die z. T. kleinschrittigen methodischen Hilfen zur Bearbeitung von Aufgaben auf Übungsblättern können eine Hilfe zum Einstieg sein, aber sie reichen nicht mehr aus. Weitere Elaborationsstrategien sind nötig, um einen unbekannten Inhalt zu erschließen und zu vernetzen; insbesondere die Methoden Kommunizieren, Problemlösen und Darstellen (die drei genannten gehören zu den in den schulischen Bildungsstandards und den niedersächsischen Kerncurricula festgeschriebenen allgemeinen Kompetenzen) sind geeignet, die Studierenden hier weiterzubringen.

Die auf der Mathe-Hütte zu bearbeitenden Themen umfassen sowohl offene Fragestellungen, die von vorneherein ein exploratives, experimentelles Vorgehen erfordern (dies sind besonders Themen aus der Spieltheorie und der Geometrie, z. B. *Perfekte Rechtecke*), als auch Themengebiete, die den Studierenden in der Literatur deduktiv und somit als fertiges Produkt mit einem entsprechenden Begriffsapparat präsentiert werden (hierunter fallen z. B. Themen aus der Graphentheorie). Letztere fordern von den Studierenden, die gegebenen Begrifflichkeiten zu verstehen, d. h., zu den gegebenen Definitionen in einem konstruktivistischen Prozess Begriffe in Form mentaler Schemata zu entwickeln (vgl. Heinze und Grüßing 2009, S. 255). In beiden Fällen sind Wege zum Lösen auftretender Probleme nicht offensichtlich; um einen Wissenszuwachs zu erzielen, bedarf es also heuristischer Strategien wie Betrachten von Beispielen und Spezialfällen, systematisches Probieren, Nutzen von Analogien und das Verwenden von Darstellungen. Besonders die Begriffe und Zusammenhänge aus der Geometrie und der Graphentheorie sind gut geeignet, auf verschiedenen Repräsentationsebenen – enaktiv/handelnd, ikonisch/bildlich, symbolisch/sprachlich – dargestellt, im Sinne des intermodalen Transfers von einer Darstellungsform in die andere übertragen und der jeweiligen Repräsentationsform entsprechend spezifisch weiter bearbeitet zu werden.

Kooperative Lern- und Arbeitsarrangements wirken in solch einer problemorientierten Arbeitsumgebung unterstützend, unter anderem durch die Anregung kommunikativer Prozesse im Rahmen der Kleingruppenarbeit (vgl. Westermann und Rummel 2010, S. 240).

Sie haben dadurch nicht nur den Vorteil, dass Ideen ausgetauscht, dadurch Inhalte aus mehreren Perspektiven betrachtet und somit tiefer verstanden werden, sondern sie fördern darüber hinaus die Kommunikationskompetenz an sich. Die Gruppenmitglieder müssen sich verständlich ausdrücken, dabei eine sprachliche Ebene wählen, die sowohl Inhalt wie Adressaten angemessen ist, bzw. aktiv zuhören, sichergehen, dass sie das Gehörte verstanden haben und dies ggf. mit anderen Worten formulieren[1]. Damit wird nicht nur eine grundlegende Methode geübt, die hilft, Inhalte zu erschließen, sondern zugleich eine Kompetenz geschult, die gerade für angehende Lehrerinnen und Lehrer von großer Bedeutung ist, denn sie müssen verbal geäußerte Ideen ihrer Schülerinnen und Schüler nachvollziehen und einordnen können, selbst Inhalte auf verschiedenen Ebenen darstellen und erklären können (vgl. Schmidt-Thieme 2009; Wagner und Wörn 2011) und im Zuge dessen die Kommunikationskompetenz bei den Schülerinnen und Schülern bewusst fördern.

Begleitet und unterstützt werden die Studierenden in diesem Prozess von Lehrenden (Professorinnen und Professoren ebenso wie Mitarbeiterinnen und Mitarbeiter des Instituts) und studentischen Hilfskräften. Dennoch steht die Selbstständigkeit in der Wahl der Arbeitsmittel die gesamte Zeit über im Vordergrund.

Am dritten Tag präsentieren die Teilnehmerinnen und Teilnehmer ihren Mitstudierenden ihre Ergebnisse im Rahmen einer Poster-Session. Auch hierbei werden die gewünschten Kompetenzen – insbesondere das Kommunizieren und Darstellen – gefördert. Die Vorbereitung einer Präsentation setzt voraus, dass der „Stoff überhaupt erst einmal als kommunizierbar betrachtet" wird (Drüke-Noe und Jahnke 2007, S. 4), sie erfordert außerdem ein echtes Verständnis des Gegenstands und auf dem Weg dahin eine offene, selbstständige Herangehensweise unter Anwendung geeigneter Strategien und fachlicher Methoden (vgl. Drüke-Noe und Jahnke 2007). Für die Präsentation selbst, die gemäß der jeweiligen Bearbeitung auf unterschiedlichen Niveaus gehalten werden kann, müssen inhaltliche Schwerpunkte gesetzt und geeignete Repräsentationen gewählt werden, bevor jede Teilnehmerin und jeder Teilnehmer einmal den Zuhörenden die erarbeiteten Begriffe und Zusammenhänge erklärt. Die Poster-Session motiviert somit die Arbeit in den Kleingruppen, ergänzt diese optimal im Hinblick auf die methodischen Ziele und stellt damit insgesamt einen passenden Abschluss der Mathe-Hütte dar.

Um einen besseren Eindruck der Vorgaben sowie der studentischen Bearbeitung zu gewinnen, seien im Folgenden zwei Themen exemplarisch vorgestellt. Das stark literaturbasierte Thema *Heiratssatz von Hall* aus dem Bereich der Graphentheorie wurde zusammen mit den hilfestellenden Stichpunkten „Matching" und „bipartit" an eine Arbeitsgruppe verteilt. Die zur Bearbeitung angegebene und verfügbare Literatur bestand aus etwa zehn graphentheoretischen Einführungswerken (Aigner, Bollobás, Diestel und weiteren), zusätzliche Informationen konnten mit Hilfe von Internetrecherchen gesammelt werden. Die Posterpräsentation im Jahr 2012 zeigte mathematischen Tiefgang bei

---

[1] In den Anforderungen an die Teilnehmerinnen und Teilnehmer finden sich dabei Parallelen zu den Regeln des Sokratischen Gesprächs nach Nelson, vgl. Spiegel (1989).

der Bearbeitung, da neben der Vorstellung der erforderlichen Begriffe und der Aussage des Satzes von Hall auch Beweisideen skizziert wurden. Eher explorativer Natur ist das Thema *Kategorische Spiele*, welches dem Gebiet der Spieltheorie zuzuordnen ist, die in der zur Verfügung gestellten Literatur von Herrmann und Schrage & Baumann genauer beschrieben wird. Als helfende Stichpunkte wurden „Nim-Spiel", „Strategie" und „Gewinnposition" vorgegeben. Durch die abschließende Präsentation wurde deutlich, dass sich die zuständige Arbeitsgruppe intensiv mit dem Thema auseinandergesetzt hatte und dadruch Strategien und Gewinnpositionen für allgemeine Fälle – auch für Varianten des vorgestellten Spiels – entwickelt hatte und mathematisch korrekt erläutern konnte.

Für ein solches ernsthaftes Betreiben von Mathematik wird Zeit benötigt. Diese ist auf der Mathe-Hütte gegeben. Die räumliche Entfernung von der Universität ermöglicht zudem eine Konzentration, wie sie zwar für eine tiefergehende Auseinandersetzung mit dem Studienfach notwendig, im Studienalltag aufgrund von Verpflichtungen durch andere Studienfächer, Jobs etc. aber im Allgemeinen nicht gegeben ist.

Das Kennenlernen neuer Inhalte, Methoden und Herangehensweisen beeinflusst auch das mathematische Weltbild der Studierenden. So soll Mathematik auf der Mathe-Hütte als eine Wissenschaft der offenen Problemstellungen – nicht als „Wissenschaft der Aufgaben" – erfahren werden, als ein Fach, in dem geforscht statt nur gerechnet wird, und das durchaus schwer ist, dessen intellektuelle Herausforderungen aber vor allem Spaß machen.

Ein ergänzendes Rahmenprogramm soll zusätzlich das Gruppengefühl und die Identifikation mit der Fachgruppe stärken. Die Mathe-Hütte liefert damit zusätzlich einen wichtigen Beitrag zur Fachwahlüberprüfung.

Die Mathe-Hütte hat Pfingsten 2013 bereits das dritte Mal stattgefunden. Im Folgenden werden Ergebnisse der durchgeführten Evaluationen vorgestellt und der Einfluss der Mathe-Hütte auf die von uns formulierten Ziele auf Grundlage dieser Befragungen untersucht. Der Fokus liegt dabei auf der umfangreichsten Untersuchung im Jahr 2012, die durch ausgewählte Ergebnisse aus dem Jahr 2013 ergänzt wird.

7.4   Evaluation

Eine erste Kurzbefragung 2011 (1 Fragebogen, $N = 72$) bezog sich vorwiegend auf organisatorische Aspekte. Dennoch ist festzuhalten, dass die Rückmeldungen – auch in Bezug auf das Fachliche – in weiten Teilen positiv waren.

Die der Evaluierung der Mathe-Hütte 2012 zugrundeliegende Studie (vgl. i. F. Rasche 2012) umfasste die Auswertung von zwei Fragebögen ($N = 94$ und $N = 45$), die sowohl offene als auch geschlossene Fragestellungen enthielten, Gruppeninterviews und eigenen Beobachtungen vor Ort. 34 der mitgefahrenen Studierenden bearbeiteten beide Bögen.

Im Jahr 2013 gab es erneut zwei Fragebögen ($N = 20$) mit offenen und geschlossenen Fragestellungen, wobei der erste direkt zu Beginn und der zweite wie 2012 einige Tage nach der Mathe-Hütte – und somit mit einer gewissen Bedenkzeit – bearbeitet wurde.

7.4.1   Mathematisches Methodenwissen

Auf der Grundlage der bis dahin gehörten Vorlesungen (Lineare Algebra im 1. sowie Geometrie und – je nach Studienschwerpunkt – Arithmetik oder Analysis im 2. Semester) sind
den Studierenden in der Mitte des zweiten Semesters bereits vor der Mathe-Hütte wesentliche Unterschiede zwischen schulischen und universitären mathematischen Methoden
bekannt und bewusst. Besonders die Selbstständigkeit des Arbeitens an der Hochschule wird in den Antworten zu einer entsprechenden offen gestellten Frage ($N = 94$) häufig
(53 %) hervorgehoben. Dem gegenüber stehen als am häufigsten genannte Aspekte schulischer Mathematik (jeweils 16 %) die Dauerhilfe durch den Lehrer sowie das schlichte
Auswendiglernen von Formeln und Beispielen bzw. die Möglichkeit ohne Verständnis zu
lernen und das Bearbeiten anwendungsbezogener Übungsaufgaben. Als typisch für die
Universität werden dagegen das Verallgemeinern und der Einsatz von Variablen gesehen
(ebenfalls 16 %), Mathematik wird hier als (zu) theoretisch erlebt. Dazu passt, dass 34 %
der Befragten ausdrücklich die schulische Mathematik bevorzugen[2], während nur eine
Person die universitäre Mathematik favorisiert und wiederum nur eine Person ausdrücklich Spaß am universitären Arbeiten hat.

Die (ebenfalls offene) Frage nach dem konkreten Nutzen, den die Mathe-Hütte dem
subjektiven Empfinden nach dem Einzelnen gebracht hat, ergibt im Vergleich mit unseren
methodischen Zielen einige positive Antworten. Übung im Erklären und Präsentieren, eigenständiges Arbeiten ebenso wie Gruppenarbeit, das Kennenlernen von Strategien zum
effektiven Lernen und die Arbeit mit Literatur an sich wird von einigen Studierenden als
Gewinn empfunden. Der Kommentar „Mit Zeit, Literatur und Methodik kann man ohne weitere Hilfe Probleme lösen." ist im Hinblick auf die formulierten Ziele besonders
hervorzuheben und zeigt, dass die Mathe-Hütte geeignet ist, die Einstellung zumindest
eines Teils der Studierenden zu den wissenschaftlichen Methoden entscheidend zu verbessern.

Darüber hinaus können einige geschlossene Fragen zu methodischen Aspekten den positiven Eindruck unterstützen, wenn auch mit Einschränkungen. Der Aussage „Ich habe
einen besseren Eindruck, wie Mathematik funktioniert." stimmen nach der Mathe-Hütte
42 % der Befragten zu, 27 % stimmen nicht zu. Die Bearbeitung mathematischer Aufgaben glauben 20 % zukünftig besser bewältigen zu können, die Mehrheit (53 %) jedoch
erwartet hierbei keinen Fortschritt. Ein Grund hierfür mag der oben bereits angesprochene
Verzicht auf die Formulierung konkreter Aufgabenstellungen sein; ein positiver Einfluss
auf eine systematischere Herangehensweise an Aufgaben ist somit eher indirekt zu erwarten und für viele Studierende selbst ist dieser Zusammenhang zunächst nicht ohne
Weiteres zu erkennen. Im Vergleich beider Fragebögen lässt sich dagegen ein signifikanter Einfluss der Mathe-Hütte auf die Frage nach der Wichtigkeit von Literaturrecherche

---

[2] Näheres dazu, was die Studierenden unter „schulischer Mathematik" verstehen, findet sich im
folgenden Abschnitt zum Bild des Faches; für eine differenzierte Aufstellung der Unterschiede (vgl.
Heinze und Grüßing 2009, S. 245–252).

und selbstständigem Arbeiten feststellen. Stimmten einer entsprechenden Aussage vor der Mathe-Hütte 44 % der Befragten ($N = 34$) zu, so sind es nach der Mathe-Hütte 65 %. Die Befragung im Jahr 2013 liefert ein ähnliches Ergebnis: So sind nach der Exkursion alle Studierenden davon überzeugt, dass Beispiele notwendig sind, um Mathematik zu betreiben (vorher lediglich 85 %), und der Wert von Literaturrecherche wurde für 5 Studierende überhaupt erst durch die Teilnahme an der Mathe-Hütte erkennbar. Zwei Personen dagegen revidierten ihre vorherige positive Meinung zu dieser Methode. Möglicherweise bearbeiteten diese beiden Studierenden eines der experimentell anzugehenden Probleme, für die wenig Literatur zur Verfügung stand. Wie u. a. der mehrfach (15 %) genannte Aspekt, dass „keine für die Studies relevanten Themen bearbeitet" wurden, bestätigt, können einige Studierende die langfristigen (positiven) Folgen einer solchen intensiven Beschäftigung mit einem Thema jedoch nicht einschätzen und sind stattdessen hauptsächlich an den aktuellen Prüfungsvorbereitungen interessiert. Diese andere Arbeitsweise wurde trotz der Erwartung, dass „praktische Aufgaben angeboten werden . . . , die auf unseren Vorlesungen basieren", von einer Person ausdrücklich „aber trotzdem [als] gut" empfunden.

Dass die Präsentation der Ergebnisse in der Poster-Session nicht nur Anlass zum Kommunizieren und Darstellen bietet, sondern tatsächlich besonders geeignet ist, die angehenden Lehrkräfte für die Notwendigkeit einer gut ausgebildeten Erklärkompetenz zu sensibilisieren, zeigt das folgende Zitat: „In der Präsentation musste man ständig reflektieren, ob die Zuhörer auch folgen können und wo mehr Hintergrundwissen gegeben werden muss. Diese Reflexionen waren besonders für das spätere Unterrichten nützlich."

7.4.2 Bild des Faches Mathematik

Obwohl die Studierenden des zweiten Semesters, wie oben ausgeführt, bereits umfänglich mit der universitären Mathematik vertraut gemacht worden sind, werden ihre fachbezogenen beliefs nach wie vor weitgehend durch schulische Erfahrungen bestimmt. 46 % der Befragten ($N = 94$) definieren Mathematik als den Umgang mit Zahlen und Operationen, 34 % verstehen darunter Rechnen, weitere 5 % das Finden und Anwenden von Formeln. Insgesamt deutlich weniger Studierende definieren Mathematik als die Wissenschaft der logischen Kombinationen (23 %), in der Denken, Verstehen, Anwenden und Übertragen (20 %) die zentralen Tätigkeiten darstellen. Beweise werden nur von 17 %, Definitionen von 13 % als integrale Bestandteile des Faches genannt. Offenbar dominiert hier meist der Schemaaspekt. Bei 16 % hat die Definition von Mathematik als etwas Abstraktes und damit Kompliziertes zudem eine deutlich negative Konnotation.

Bei einem Teil der mitgefahrenen Studierenden konnte der Besuch der Mathe-Hütte das alte, verfestigte Bild aufbrechen, wie Antworten auf die offene Frage nach dem Nutzen, den die Mathe-Hütte dem subjektiven Empfinden nach gebracht hat, zeigen ($N = 45$). Besonders positiv zu bewerten sind hier Aussagen wie „Ich habe gemerkt, dass Mathematik nicht immer nur mit ‚Rechnen' zu tun hat." Bei drei Teilnehmenden wurde ausdrücklich der Spaß am Fach (wieder) geweckt, und auch „[z]u lernen, dass Mathematik nicht immer einen Sinn und Zweck haben muss", war für eine/n Teilnehmer/in offenbar eine neue, so nicht erwartete und somit überraschende Erfahrung. Insgesamt geben 13 % der Teilnehmenden an dieser Stelle eine Antwort, die darauf schließen lässt, dass eine positive Modifikation der mathematikbezogenen beliefs stattgefunden hat. Weitere Freitextkommentare, die zum Abschluss des Fragebogens abgegeben wurden, wie „Mathe ohne Formeln hat mir sehr gut gefallen." und „Bei der neuen Arbeitsweise erarbeitet man sich ‚alles' selbst. Die ‚Aha'-Erlebnisse werden im Gedächtnis bleiben und nicht das ‚stumpfe' Anwenden von Formeln, wie es in der Schule war." weisen in die gleiche Richtung: Bei diesen Studierenden ist das bisher vorhandene enge schulische Bild des Unterrichtsfaches „Mathe" nicht mehr allein vorherrschend, die (methodische) Vielfalt des Faches ist deutlich geworden und wird überdies offenbar positiv bewertet. Dazu passt, dass 42 % der Teilnehmerinnen und Teilnehmer der Aussage zustimmen, dass sich ihre Einstellung zur Mathematik geändert habe. 27 % weisen dies allerdings klar zurück. Unabhängig davon, dass hierunter möglicherweise auch diejenigen Studierenden fallen, denen die Mathematik bereits vor dem Besuch der Mathe-Hütte uneingeschränkt Freude bereitet hat, wird durch abschließende Kommentare wie „Konkrete Aufgaben zum Rechnen auf dem Aufgabenzettel!!!" deutlich, dass die erwünschte Wirkung der für die Studierenden neuen Arbeitsweise bei einigen ausbleibt.

Dass nach der Mathe-Hütte 2013 deutlich mehr Teilnehmerinnen und Teilnehmer der Meinung sind, Mathematik sei „häufig so schwer, dass es keinen Spaß mehr macht" (80 % nachher, 45 % vorher), wirkt zuerst widersprüchlich im Hinblick auf die vorwiegend positiven Erfahrungen, die während der Exkursion gemacht wurden. Wie aber bereits oben beschrieben, kann dies Ausdruck einer Verunsicherung durch schulisch geprägte beliefs sein. Ein gewisses Frustrationserleben ist integraler Bestandteil der Bearbeitung mathematischer Problemstellungen und somit des universitären Alltags, ebenso wie die in ihrer Intensität erst dadurch möglichen Erfolgserlebnisse. Dennoch erfahren Studierende diesen wichtigen Aspekt der Mathematik üblicherweise nicht oft in den ersten Semestern. Die Mathe-Hütte ermöglicht damit scheinbar, wie gewünscht, im Vergleich zu den semesterbegleitenden Vorlesungen und Übungen vielfältigere emotionale Erfahrungen beim mathematischen Arbeiten.

Kein voll zufriedenstellender Einfluss der Mathe-Hütte kann in Bezug auf die Frage danach, welche Mathematik angehende Lehrkräfte kennen und können müssen, nachgewiesen werden. Zwar sind gegenüber 88 % der Teilnehmenden vor der Exkursion danach nur noch 68 % der Meinung, universitäre Mathematik sei zu abstrakt für die Schule (geschlossene Frage, $N = 34$). Dennoch halten gut 70 % der Grundschullehramtsstudierenden (bei den Studierenden des Realschullehramts sind dies nur 10 %) vertiefte Mathematikkenntnisse bei Lehrenden für unnötig. Dass dennoch 60 % der Meinung sind, eine hohe Fachkompetenz der Lehrkraft sei wichtig für guten Unterricht, wirft einen Widerspruch auf, der nicht vollständig zu lösen ist. Es kann jedoch angenommen werden, dass die Studierenden unter Fachkompetenz vor allem didaktisches Können verstehen (der Zusammenhang zwischen fachlichem und didaktischem Wissen ist für Studienanfänger häufig sehr schwer auszumachen) oder unterschiedliche Auffassungen vorherrschen, was unter vertiefter fachlicher Kompetenz zu verstehen ist.

7.4.3 Überprüfung der Fachwahl

Nach den Gründen für ihre Wahl des Faches Mathematik befragt, antworten 41 % der Befragten ($N = 94$, offene Frage), dass sie Spaß an Mathe hätten und weitere 28 %, dass sie das Fach spannend oder interessant fänden. Diesem grundsätzlich zunächst einmal positiven Befund stehen jedoch die 20 % gegenüber, die ihre Fachwahl damit begründen, dass eben ein zweites Fach (und dieses muss in Hildesheim eines der Hauptfächer Mathematik, Deutsch oder Englisch sein) gewählt werden musste. 13 % geben gute Berufsaussichten an und damit ebenso wenig inhaltliche Gründe wie die 27 %, die eine gute Note als ausschlaggebend nennen. Dieses Ergebnis stimmt durchaus mit Resultaten aus TEDS-M überein, nach denen das Interesse am fachlichen Unterrichten bei der Berufswahl deutscher Mathematiklehrkräfte eher im Hintergrund steht (Blömeke et al. 2010a, S. 164 f., 2010b, S. 160 f.).

Über den Einfluss, den die Teilnahme an der Mathe-Hütte auf die Reflexion der Fachwahl ausüben kann, lassen sich nur wenige Aussagen treffen. Auffällig ist in diesem Zusammenhang, dass die Zustimmung zu der Aussage „Ich muss im Studium so viel leisten, dass der Spaß verloren geht" von 21 % im ersten Fragebogen (vor der Mathe-Hütte) auf 38 % im zweiten Fragebogen gestiegen ist. Möglicherweise ist dieses Ergebnis erneut Ausdruck einer mit der Ablösung althergebrachter beliefs einhergehenden Verunsicherung, die aber gleichzeitig Beleg für eine veränderte Sichtweise auf und eine Reflexion des eigenen Verhältnisses zur Mathematik ist. Dafür, dass die Studienentscheidung neu überdacht wurde, spricht auch, dass sich zu der Frage, „ob man sicher sei, den Abschluss zu schaffen", auf einer Likert-Skala von 1 (absolut sicher) bis 5 (absolut unsicher) nach der Mathe-Hütte 35 % für 2 (gegenüber zuvor 32 %), dagegen aber 18 % (zuvor waren es 6 %) für eine 5 entschieden haben ($N = 34$).

2013 ergibt sich an dieser Stelle ein etwas anderes Bild, hier sind 65 % der Teilnehmerinnen und Teilnehmer nach der Mathe-Hütte (vorher 55 %) sicher (1 oder 2 auf einer Likert-Skala von 1 bis 6), das richtige Studienfach gewählt zu haben. Dieses Ergebnis spricht für die Überzeugung der Studierenden, irgendwann genügend Erfolgserlebnisse zu sammeln, die die häufigen Enttäuschungen mehr als kompensieren. Es lässt sich außerdem feststellen, dass nach der Mathe-Hütte bei 40 % der Teilnehmenden eine Meinungsänderung zur Fachwahl stattgefunden hat, womit ein guter Anknüpfungspunkt für das mathematische Gespräch am Ende des zweiten Semesters gegeben ist.

7.5 Fazit

Insgesamt bewerten die Teilnehmerinnen und Teilnehmer der Mathe-Hütte die Veranstaltung mit einer guten Durchschnittsnote (2012 mit 2,4 und 2013 mit 2,1 auf einer Skala von 1 bis 6), wobei sich erläuternde Kritik an diesen Stellen häufig auf organisatorische Aspekte und teilweises Nichtverständnis unserer Ziele bezieht. Das offensichtlich bestehende Problem der über die Jahre stark sinkenden Teilnehmerzahlen konnte nicht durch bereits bestehende extrinsische Motivation in Form eines Belohnungssystems (Notenverbesserung) gelöst werden. Ein Ansatz wäre die Förderung des Austauschs zwischen den einzelnen Jahrgängen, denn fast alle Befragten (93 % im Jahr 2012, 100 % im Jahr 2013) würden ihren Mitstudierenden die Teilnahme empfehlen. Insbesondere dieser letzte Punkt sowie viele der oben ausgeführten Ergebnisse sprechen für die Implementierung derartiger Zusatzprogramme ins Studium und in die Lehramtsausbildung im Besonderen.

Klar ist, dass die Mathe-Hütte nicht alle unsere Ziele und schon gar nicht für alle Studierenden erfüllen kann. Besonders im Hinblick auf die Frage nach der für angehende Lehrkräfte notwendigen Tiefe der fachlichen Kenntnisse hat sich das Bild nicht im erwünschten Maße gewandelt. Dennoch wird deutlich, dass das Programm geeignet ist, für einen Teil der Studierenden einen wesentlichen Teil der formulierten Ziele zu erfüllen: Gewünschte Änderungen der Einstellung gegenüber Mathematik, besonders im Hinblick auf die fachspezifische Methodik, sowie ein Überdenken der Fachwahl haben bei einigen offenbar stattgefunden.

Ein weiterer Faktor, der über die bisher genannten Ziele noch hinausgeht, liegt im persönlichen Kontakt zwischen den Teilnehmergruppen. Zum einen wird die Hemmschwelle der Studierenden gegenüber den Dozentinnen und Dozenten herabgesetzt; die Exkursion mit der anderen Umgebung, den gemeinsamen Unternehmungen (Wanderungen, Grillabend, Bogenschießen, . . .), der flexiblen Zeiteinteilung erlaubt eine offenere gegenseitige Kommunikation als dies im universitären Alltag möglich ist. Tatsächlich findet sich in den Evaluationsbögen bei der Frage nach Zielen und Verbesserungsvorschlägen immer wieder der Wunsch nach Kontakten – untereinander wie zu den Dozierenden. Auf der anderen Seite haben die Lehrenden so die Möglichkeit, die Studierenden (besser) kennenzulernen, was in der Regel bei Vorlesungen mit um die 150 Zuhörerinnen und Zuhörern kaum möglich ist. Die Mathe-Hütte bildet somit eine gute Grundlage, auf der im Rahmen des mathematischen Gesprächs am Ende des zweiten Semesters – dem abschließenden Baustein von HiStEMa – eine erweiterte Fachwahlüberprüfung stattfinden kann.

Literatur

Ableitinger, C., & Herrmann, A. (2011). *Lernen aus Musterlösungen zur Analysis und Linearen Algebra: Ein Arbeits- und Übungsbuch.* Wiesbaden: Vieweg+Teubner.

Bausch, I., Biehler, R., Bruder, R., Fischer, P. R., Hochmuth, R., & Koepf et al. (Hrsg.). (2014). *Mathematische Vor- und Brückenkurse: Konzepte, Probleme und Perspektiven.* Wiesbaden: Springer Spektrum.

Becher, S., Biehler, R., Fischer, P., Hochmuth, R., & Wassong, T. (2013). Analyse der mathematischen Kompetenzen von Studienanfängern an den Universitäten Kassel und Paderborn. In A. Hoppenbrock, S. Schreiber, R. Göller, R. Biehler, B. Büchler, R. Hochmuth, et al. (Hrsg.), Mathematik im Übergang Schule/Hochschule und im ersten Studienjahr, Extended Abstracts zur 2. khdm-Arbeitstagung (S. 19–20). http://kobra.bibliothek.uni-kassel.de/handle/urn:nbn:de:hebis: 34-2013081343293. Zugegriffen: 09. November 2014

Blömeke, S., Kaiser, G., & Lehmann, R. (2010a). *TEDS-M 2008. Professionelle Kompetenz und Lerngelegenheiten angehender Mathematiklehrkräfte für die Sekundarstufe I im internationalen Vergleich*. Münster: Waxmann.

Blömeke, S., Kaiser, G., & Lehmann, R. (2010b). *TEDS-M 2008: Professionelle Kompetenz und Lerngelegenheiten angehender Primarstufenlehrkräfte im internationalen Vergleich*. Münster: Waxmann.

Drüke-Noe, C., & Jahnke, T. (2007). Präsentieren im Mathematikunterricht. *mathematik lehren, 143*, 4–9.

Fischer, P. R., & Biehler, R. (2011). Über die Heterogenität unserer Studienanfänger. Ergebnisse einer empirischen Untersuchung von Teilnehmern mathematischer Vorkurse. In R. Haug, & L. Holzäpfel (Hrsg.), *Beiträge zum Mathematikunterricht 2011* (Bd. 1, S. 255–258). Münster: WTM Verlag.

Grigutsch, S. (1996). *Mathematische Weltbilder von Schülern. Struktur, Entwicklung, Einflußfaktoren*. Duisburg: Gerhard-Mercator-Universität Gesamthochschule Duisburg.

Hamann, T., Kreuzkam, S., Schmidt-Thieme, B., & Sander, J. (2014). „Was ist Mathematik?" Einführung in mathematisches Arbeiten und Studienwahlüberprüfung für Lehramtsstudierende. In I. Bausch, R. Biehler, R. Bruder, P. R. Fischer, R. Hochmuth, & W. Koepf et al. (Hrsg.), *Mathematische Vor- und Brückenkurse: Konzepte, Probleme und Perspektiven* (S. 375–387). Wiesbaden: Springer Spektrum.

Heinze, A., & Grüßing, M. (2009). *Mathematiklernen vom Kindergarten bis zum Studium: Kontinuität und Kohärenz als Herausforderung für den Mathematikunterricht*. Münster: Waxmann.

Herrmann, J. (2012). *Mathematische Weltbilder und Vorstellungen über Mathematiker bei Studierenden sowie Schülerinnen und Schülern der Sekundarstufe II*. Unveröffentlichte Masterarbeit, Universität Hildesheim, Hildesheim.

Kreuzkam, S. (2011). *Mathematische Grundkenntnisse von Studierenden*. Unveröffentlichte Masterarbeit, Universität Hildesheim, Hildesheim.

Kreuzkam, S. (2013). Mangel an mathematischen Routinefertigkeiten – Basiswissen Mathematik. In G. Greefrath, F. Käpnick, & M. Stein (Hrsg.), *Beiträge zum Mathematikunterricht 2013* (Bd. 1, S. 564–567). Münster: WTM-Verlag.

Kunter, M., Baumert, J., Blum, W., Klusmann, U., Krauss, S., & Neubrand, M. (2011). *Professionelle Kompetenz von Lehrkräften: Ergebnisse des Forschungsprogramms COACTIV*. Münster: Waxmann.

Lehn, M. (o. D.). Wie bearbeitet man ein Übungsblatt. http://www.mathematik.uni-mainz.de/Members/lehn/le/uebungsblatt. Zugegriffen: 13. September 2013.

Niedersächsisches Kultusministerium (Hrsg.). (2006a). *Kerncurriculum für die Grundschule Schuljahrgänge 1–4: Mathematik Niedersachsen*. Hannover: Niedersächsisches Kultusministerium.

Niedersächsisches Kultusministerium (Hrsg.). (2006b). *Kerncurriculum für die Realschule Schuljahrgänge 5–10: Mathematik Niedersachsen*. Hannover: Niedersächsisches Kultusministerium.

Nolting, D., & Kreuzkam, S. (2014). Förderung mathematischer Fertigkeiten im Lehramtsstudium durch computerbasierten Grundlagentest. In J. Roth, & J. Ames (Hrsg.), *Beiträge zum Mathematikunterricht 2014* (Bd. 2, S. 859–862).

Rasche, A. (2012). *Die Hildesheimer Mathe-Hütte als Angebot zur Überwindung der Diskrepanz zwischen Schule und Studium*. Unveröffentlichte Masterarbeit, Universität Hildesheim, Hildesheim.

Schmidt-Thieme, B. (2009). Erklär mir doch mal! Erklärkompetenz bei Schülern entwickeln. *mathematik lehren*, *156*, 43–45.

Spiegel, H. (1989). Sokratische Gespräche in der Mathematiklehrerausbildung. In D. Krohn, D. Horster, & J. Heinen-Tenrich (Hrsg.), *Das sokratische Gespräch: ein Symposion* (S. 167–171). Hamburg: Junius.

Streblow, L., & Schiefele, U. (2006). Lernstrategien im Studium. In H. Mandl, & H. F. Friedrich (Hrsg.), *Handbuch Lernstrategien* (S. 352–364). Göttingen: Hogrefe.

Törner, G., & Grigutsch, S. (1993). „*Mathematische Weltbilder" bei Studienanfängern – eine Erhebung*. Duisburg: Universität Gesamthochschule Duisburg.

Wagner, A., & Wörn, C. (2011). *Erklären lernen – Mathematik verstehen. Ein Praxisbuch mit Lernangeboten*. Seelze: Klett-Kallmeyer.

Westermann, K., & Rummel, N. (2010). Kooperatives Lernen in der Hochschulmathematik: eine experimentelle Studie. *Mitteilungen der DMV*, *18*, 240–243.

Optimierung von (E-)Brückenkursen Mathematik: Beispiele von drei Hochschulen

8

Katja Derr, Xenia Valeska Jeremias und Michael Schäfer

Zusammenfassung

An Hochschulen und Universitäten hat sich eine Vielzahl unterschiedlicher Ansätze für Mathematik-Brückenkurse entwickelt. Im vorliegenden Artikel werden die Konzepte von drei Hochschulen aus Baden-Württemberg, Brandenburg und Nordrhein-Westfalen vorgestellt, die alle einen umfangreichen E-Learning-Anteil einschließen. Dies wird als eine Optimierungsmöglichkeit von Angeboten zur Studienvorbereitung gesehen, da Online-Bestandteile eine höhere Flexibilität ermöglichen als klassische Präsenzkurse. Die Anpassung der Kurse auf die Teilnehmer/-innen z. B. durch diagnostische Eingangs- und Zwischentests gestattet unterschiedliche Lerngeschwindigkeiten, sodass ein individuelleres Aufarbeiten der fehlenden Vorkenntnisse möglich wird. Als unabdingbar für gute Blended-Learning-Angebote haben sich eine präzise Abstimmung der Selbstlernphasen und Präsenzveranstaltungen sowie entsprechend aufbereitete Materialien herausgestellt. Online-Selbsttests, die sowohl auf Seiten der Lernenden als auch für die Lehrenden Rückmeldungen über die Passgenauigkeit des Lehr-Lernverhaltens liefern, runden die Konzepte ab.

Katja Derr ✉
Duale Hochschule Baden-Württemberg, Mannheim, Mannheim, Deutschland
e-mail: katja.derr@dhbw-mannheim.de

Xenia Valeska Jeremias
Technische Hochschule Wildau, Zentrum für Qualitätsentwicklung, Wildau, Deutschland
e-mail: xenia.jeremias@th-wildau.de

Michael Schäfer
Hochschule Ruhr West, Mülheim an der Ruhr, Deutschland
e-mail: michael.schaefer@hs-ruhrwest.de

© Springer Fachmedien Wiesbaden 2016
A. Hoppenbrock et al. (Hrsg.), *Lehren und Lernen von Mathematik in der Studieneingangsphase*, Konzepte und Studien zur Hochschuldidaktik und Lehrerbildung Mathematik, DOI 10.1007/978-3-658-10261-6_8

8.1 Einleitung

In den vergangenen Jahren hat das Interesse an technischen Studiengängen deutlich zugenommen; im Studienjahr 2011 stieg die Zahl der Studienanfänger/-innen in diesem
Bereich sogar stärker an als in anderen Studienrichtungen. Ebenfalls deutlich gestiegen ist
die Studienabbruchquote in MINT-Fächern. Während sie an Universitäten teilweise ober-
halb von 50 % liegt, brechen an Fachhochschulen ungefähr 1/3 der Studierenden in MINT-
Fächern ihr Studium ab (Heublein et al. 2012). Häufig genannte Motive für einen Abbruch
des Studiums sind zu hohe Leistungsanforderungen bzw. nicht bestandene Zwischen- und
Abschlussprüfungen (Heublein et al. 2010). Dabei ist eine wachsende Differenzierung der
Schulabgänger/-innen in Bezug auf ihre Grundkenntnisse zu beobachten, insbesondere im
Bereich der Mathematik. Für die Konzeption und Durchführung von Brückenkursen stellt
die starke Heterogenität der angehenden Studierenden eine hohe Herausforderung dar.

Der vorliegende Artikel gibt einen Überblick über unterschiedliche Ansätze zur Gestaltung und Evaluation von online-gestützten Brückenkursen und liefert Anregungen und
Tipps aus der Praxis zur Implementierung von E-Brückenkursen an kleinen bis mittleren
Hochschulstandorten. Im letzten Abschnitt wird auf technische und didaktische Probleme
und mögliche Verbesserungsmaßnahmen bei den beschriebenen Projekten hingewiesen.

Die DHBW Mannheim ist mit etwas mehr als 6000 Studierenden (davon 2000 an der
Fakultät Technik) der zweitgrößte Standort der staatlichen Dualen Hochschule Baden-
Württemberg. Studierende der DHBW sind während ihres Studiums bei einem Partnerun-
ternehmen angestellt; die Theoriephasen an der Hochschule wechseln sich ab mit Pra-
xisphasen im Unternehmen. Parallel zu den Anforderungen des ersten Semesters sind
Defizite in Schulmathematik nur schwer abzubauen.

Die TH Wildau [FH] ist mit rund 4200 Studierenden die größte Fachhochschule Bran-
denburgs und bietet schwerpunktmäßig Studiengänge aus den Bereichen Ingenieurwesen
und Wirtschaft (sowohl Vollzeit als auch berufsbegleitend) an. Mathematik ist dabei (mit
einer Ausnahme) in allen Studiengängen enthalten.

Die Hochschule Ruhr West (HRW) ist eine im Jahr 2009 gegründete Hochschule in
Nordrhein-Westfalen, die für 4000 bis 4500 Studierende ausgelegt ist und den Schwerpunkt auf MINT-Fächer legt.

Die in diesem Artikel vorgestellten Konzepte unterscheiden sich in ihrer Gewichtung
der Online- und Präsenzanteile und der Adaptivität der Systeme. In Tab. 8.1 werden Gemeinsamkeiten und Unterschiede der drei Konzepte dargestellt. Das Konzept der DHBW
Mannheim umfasst umfangreiche diagnostische Tests, auf deren Basis Lernempfehlungen
mit Links zu Online-Lernmodulen ausgesprochen werden. Die TH Wildau [FH] setzt den
Fokus auf innovative Aufgabenformate; die Besonderheit an der Hochschule Ruhr West
ist das adaptive Konzept der Online- und Präsenzveranstaltungen.

Der Grad der Online-Anteile ist unterschiedlich hoch: In Mannheim wurde mit einem
E-Learning-Programm begonnen, das erst im weiteren Projektverlauf durch Präsenzele-
mente erweitert wird, während in Wildau und an der HRW von vornherein ein Blended-
Learning-Konzept verfolgt wird.

Tab. 8.1 Übersicht über die in den Brückenkursen eingesetzten Maßnahmen

	DHBW Mannheim	TH Wildau [FH]	HS Ruhr West
Diagnostischer Eingangstest	E-Assessment: 89 Items 10 math. Gebiete Bearbeitungszeit 120 min ab Juli (erstmalig 2011)	E-Assessment: 11 Items 10 math. Gebiete Bearbeitungszeit 20 min erstmalig 2013	Paper & Pencil: 48 Items 14 math. Gebiete Bearbeitungszeit 30 min Digitalisiert über Optical Mark Recognition
Selbstlernphase	Online-Kursraum (Moodle): Lernmodule zu 10 math. Gebieten als PDF-Skript/als interaktives Lernmodul Übungsaufgaben für jedes Kapitel inklusive Musterlösungen Abschlusstests für jedes Lernmodul	Online-Kursraum (Moodle): 18 Lernmodule u. a. mit ausführlichen Musterlösungen Kurztests zu jedem Thema mit diff. Feedback Steht auch im Semester zur Verfügung Betreuung durch Tutoren (Mail, Forum, Skype)	Online-Kursraum (Moodle): umfangreiche Lernmodule zu allen Bereichen der Mathematik ab 10-ter Klasse > 100 Übungsaufgaben mit Lösungen Kurztests zu jedem Thema mit Feedbackskala Online-Betreuung via Mail und im Forum
Präsenzphase	Nur für TN mit FH-Reife: 5 Tage (vormittags Vorlesung, nachmittags Übung)	5 Präsenztermine samstags (14-tägig), davon einer nur für Ingenieure	Coaching-Konzept auf Basis von Eingangstestergebnis: 1–3 Wochen (6 h/Tag)
Abschlusstest	E-Assessment: zu Studienbeginn in PC-Räumen der HS 47 Items 10 math. Gebiete Bearbeitungszeit: 60 min	Paper & Pencil (auf Wunsch der TN): 7 Fragen 8 math. Gebiete Bearbeitungszeit: 45 min	Paper & Pencil: Inhaltlich identisch mit Eingangstest Bearbeitungszeit: 30 min
Evaluation	Feedback-Fragebogen Testergebnisse „vorher/nachher" Testergebnisse 2011/2012	Feedback-Fragebogen Testergebnisse	Effektmessung über T-Test abhängiger Stichproben Formative Evaluation
n (2012)	Gesamt: $n = 873$ (beide Tests: $n = 654$)	$n = 50$ (Pilotphase)	$n = 893$

8.2 Projektbeschreibung und Ergebnisse

Im Folgenden werden die in Tab. 8.1 aufgelisteten Bestandteile der Brückenkurse ausführlicher vorgestellt.

8.2.1 Diagnostischer Eingangstest

Das Bearbeiten von Aufgaben bzw. die Durchführung von Selbst-Assessments ist meist ein zentraler Bestandteil von E-Learning-Angeboten und bei Lernenden beliebt, wenn sie schnelles und aussagekräftiges Feedback vom System erhalten (z. B. Heidenreich 2009; Whitelock 2008). In der Literatur wird für diese Form des „lernprozessbegleitenden" Tests (Klieme et al. 2010) der Begriff des formativen Assessment verwendet, das – im Unterschied zum summativen Assessment – vor allem zur Selbstdiagnose und zum Einüben von erlernten Techniken und Verfahren dient (Black und William 1998).

Im Rahmen der vorgestellten Brückenkurse ist dementsprechend zu unterscheiden zwischen eher umfangreichen diagnostischen (Eingangs-)Tests, die eine erste Orientierung und Einschätzung der eigenen Kenntnisse liefern, sowie themenbezogenen Kurztests oder Übungsaufgaben zur Selbstkontrolle nach oder während der Bearbeitung einer Lerneinheit. Letztere werden im Abschnitt „Selbstlernphase" beschrieben.

Beim Umfang der Eingangstests wurden an den drei Standorten unterschiedliche Ansätze verfolgt. In Mannheim wurde ein sehr umfangreicher diagnostischer Test verwendet, der mittelfristig auch Aufschluss über die Entwicklung der Kenntnisse der Kohorten geben soll, während Wildau einen eher kurzen aktivierenden Test einsetzte. Mit 48 Items lag der Test der Hochschule Ruhr West im Mittelfeld. Welcher Variante der Vorzug gegeben wird, hängt von unterschiedlichen Faktoren ab, z. B. welches Spektrum der daran anschließende Vorkurs abdeckt, ob die Tests zu Hause oder vor Ort durchgeführt werden und welche Aussagen aus den Ergebnissen abgeleitet werden sollen. Angesichts der unterschiedlichen Konzeption sind die Ergebnisse in den Eingangstests nur bedingt vergleichbar, dennoch lassen sich einige Parallelen ziehen.

Die Testergebnisse waren an allen drei Hochschulstandorten sehr heterogen, mit teilweise erheblichen Wissenslücken in den Themengebieten Geometrie und Trigonometrie sowie deutlichen Schwierigkeiten bei komplexeren Termumformungen und Funktionen. Selbst einfache Bruchrechenaufgaben stellen manche Teilnehmer/-innen vor Probleme, und das Themengebiet Vektorrechnung kann bei einer großen Anzahl der Studienanfänger/-innen offenbar nicht mehr als bekannt vorausgesetzt werden. Angesichts der großen Unterschiede der Schulsysteme und Curricula in Deutschland überrascht dieses Ergebnis nicht und ist in Übereinstimmung mit anderen Studien (z. B. Bescherer 2003; Biehler et al. 2012; Polaczek und Henn 2008; Schwenk und Berger 2006).

Sehr deutlich zeigte sich die starke Streuung der Ergebnisse an der DHBW Mannheim, aufgrund ihrer Lage Einzugsgebiet für Schulabsolventen aus mehreren Bundesländern. Der auf zwei Stunden angesetzte Eingangstest basiert auf dem Lehrplan der Mittel- und

Oberstufe in Baden-Württemberg und deckt zehn mathematische Grundlagenthemen ab. Neben grundlegenden Rechentechniken wie Termumformungen oder Auflösen von Gleichungen wurden Fragen aus den Bereichen Geometrie, Trigonometrie, Logik sowie Vektorrechnung gestellt.

In beiden Jahren erreichten die Teilnehmer durchschnittlich weniger als die Hälfte der Punktzahl, wobei die Ergebnisse im Jahr 2012 schwächer waren als 2011. Dabei hatte die Schul-Mathematiknote den stärksten Einfluss auf das Testergebnis, wobei auch in der Gruppe mit sehr guten Noten die Ergebnisse stark streuten. Als weiterer starker Faktor ist die Art der Hochschulzugangsberechtigung zu nennen: Absolventen von Gymnasien erzielten deutlich höhere Mittelwerte als die von Fachgymnasien, die wiederum besser abschnitten als Studienanfänger/-innen mit Fachhochschulreife. Für weitere Faktoren wie Alter, Geschlecht, Bundesland oder gewählter Studiengang konnte kein statistisch signifikanter Zusammenhang mit den Testergebnissen festgestellt werden.

Der Online-Eingangstest an der TH Wildau [FH] (erstmalig 2013 durchgeführt) bestand aus elf Fragen, die mathematische Gebiete von Prozenten bis Integralen abdeckten, für die ein Zeitlimit von 20 Minuten gesetzt wurde. Auffällig war hier, wie auch an der DHBW, dass in einem Drittel der Fälle die Zeit nicht ausreichte. Durchschnittlich wurden etwa 30 % der Punkte erreicht, wobei die Spannweite von 0 bis 84 % reichte. Aufgaben zu den Themen Prozentrechnung sowie lineare Funktionen wurden dabei zu etwa 75 % richtig beantwortet; bei Ableitungen und Integralen lag die „Richtig-Quote" bei 10 bis 15 %. Offensichtlich eingabebedingte Fehler wurden nachträglich bereinigt. Da sich zeigte, dass die Probleme sowohl bei angehenden Ingenieuren als auch bei angehenden Wirtschaft-

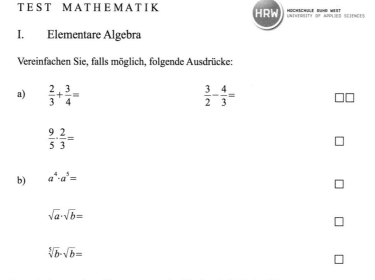

Abb. 8.1 Ausschnitt aus dem Eingangstest der Hochschule Ruhr West

lern häufig bereits in der Mittelstufenmathematik liegen, wurde der Brückenkurs für beide Gruppen gemeinsam angeboten.

Im Eingangstest der Hochschule Ruhr West, an dem im WS 2012/13 $n = 893$ Studierende teilnahmen, wurden hauptsächlich einfache Rechentechniken untersucht. Angefangen mit der Addition, Subtraktion und Multiplikation (s. Abb. 8.1) von je zwei Brüchen (Fehlerquote > 20 %), über das Rechnen mit Potenzen und Wurzeln (Fehlerquote > 30 %), die grafische Darstellung einfacher Funktionen (Fehlerquote > 50 %) bis zu Grundableitungen und Grundintegralen sind die Ergebnisse sehr ernüchternd (Schäfer 2013). Festzustellen ist, dass die Ergebnisse ein verstärktes Engagement in der Studieneingangsphase nahelegen, um die Studienerfolgsquote zu verbessern.

8.2.2 Selbstlernphase

In Bezug auf Nutzungshäufigkeit und -intensität der Lernmaterialien konnte wiederum eine hohe Heterogenität festgestellt werden, allerdings mit leichten Unterschieden zwischen den Standorten.

In Mannheim wurden Lernmodule zu den zehn Grundlagenthemen entwickelt (Abb. 8.2). Nach Testdurchführung erhielten die Teilnehmer/-innen eine E-Mail mit einer Übersicht über ihre Ergebnisse plus, falls diese in einer oder mehreren Kategorien unter einer festgesetzten Grenze lagen, Lernempfehlungen und Links zu den entsprechenden Lernmodulen. Diese wurden jeweils ab Juli bereitgestellt und konnten als PDF-Skript

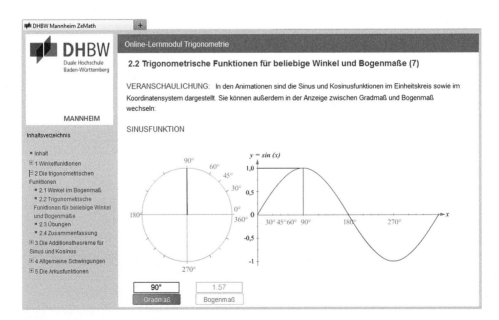

Abb. 8.2 Ausschnitt aus dem Lernmodul Trigonometrie, DHBW Mannheim

heruntergeladen oder alternativ als Online-Lernmodul bearbeitet werden (2012 waren vier der zehn Lernmodule in der interaktiven Version verfügbar). Die Module enthielten neben Erklärungen zu den mathematischen Inhalten immer wieder Übungsaufgaben sowie einen themenbezogenen Schlusstest.

In den Jahren 2011 und 2012 gaben mehr als 80 % der Eingangstest-Teilnehmer/-innen an, ein oder mehrere Lernmodule bearbeitet zu haben. Häufigkeit und Dauer der Lernaktivitäten unterschieden sich allerdings erheblich, auch ließ die Aktivität insgesamt nach der Bearbeitung von zwei bis drei Lernmodulen teilweise recht deutlich nach. Als Begründung gaben Teilnehmer/-innen vor allem mangelnde Zeit, aber auch Motivationsprobleme und Verständnisschwierigkeiten an.

Ein interessantes Phänomen zeigte sich in Bezug auf die Nutzung des E-Learning-Angebots: Während eine Gruppe die interaktiven Module klar bevorzugte und bemängelte, dass nicht alle Lerninhalte in dieser Form zur Verfügung standen, war eine zweite Gruppe dem Lernen am Computer gegenüber generell skeptisch eingestellt und nutzte ausschließlich ausgedruckte PDFs. Eine kleinere dritte Gruppe nutzte beides.

Kern des Moodle-Kursraums in Wildau sind Lernmodule mit vielen Aufgaben, Erklärungen und ausführlichen, kommentierten Musterlösungen zu den Themen, die im Laufe des Brückenkurses besprochen werden (Grundrechenarten bis Integralrechnung). Einige Kapitel bzw. Teile von Kapiteln sind als Selbstlerneinheiten konzipiert. Zu jedem Thema gibt es einen kurzen, interaktiven Selbsttest, der jeweils fünf zufällig ausgewählte Fragen umfasst. Die Zufallsauswahl und die Größe des dahinter liegenden Fragenpools gewährleisten, dass die Teilnehmenden auch bei mehrmaliger Durchführung sinnvolle Erkenntnisse zu ihrem Lernstand erhalten. Zudem wird darauf geachtet, dass aktivierende, kompetenzorientierte Fragen Verwendung finden, also fast keine MC-Fragen. Auch wenn in erster Linie auf eher einfache Rechenkompetenzen abgezielt wird, war/ist es nötig, neue Fragetypen zu entwickeln. Wert wird zudem speziell auf ein differenziertes Feedback sowohl der Fragen als auch der Assessments gelegt, sodass z. B. nach Durchführung des Einstiegstests erkennbar wird, welche Lernmodule bearbeitet werden sollten.

Auch in Wildau nahm das Engagement, sich in den Online-Phasen mit den Brückenkursinhalten zu beschäftigen, im Verlauf des Kurses ab. Allerdings blieb der Kursraum nach Abschluss der Blended-Learning-Phase auf der Lernplattform aktiv, sodass auch im Semester darauf zugegriffen werden konnte. Auch wenn es bekannterweise zwischen den Online-Materialien und den Semesterinhalten in einigen Studiengängen Überschneidungen gab, war 2012 eine erstaunlich hohe Aktivität in diesem Moodle-Kursraum durch das ganze Semester hinweg bis in die Prüfungszeit hinein zu beobachten. Für die Betreuung der Teilnehmer/-innen in den Selbstlernphasen hat sich die hochschulweit dauerhaft zur Verfügung stehende E-Mailadresse tutor.mathe@th-wildau.de bewährt. Eingehende Fragen werden von Projekttutoren, die auch in den Brückenkurs eingebunden waren, innerhalb von 24 Stunden beantwortet. Dieses Angebot wird zwar unterschiedlich stark, aber insgesamt gut genutzt (s. Abb. 8.3).

An der Hochschule Ruhr West steht die Adaptierung der Materialien auf Grund des Vorwissens der Studierenden im Vordergrund, um so die Passgenauigkeit zu verbessern

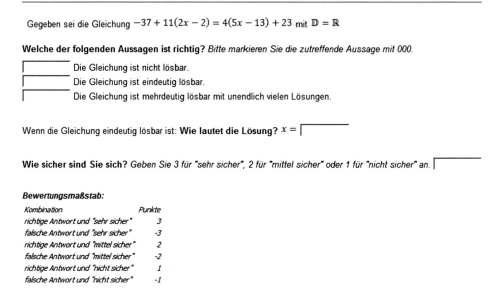

Gegeben sei die Gleichung $-37 + 11(2x - 2) = 4(5x - 13) + 23$ mit $\mathbb{D} = \mathbb{R}$

Welche der folgenden Aussagen ist richtig? *Bitte markieren Sie die zutreffende Aussage mit 000.*

☐ Die Gleichung ist nicht lösbar.

☐ Die Gleichung ist eindeutig lösbar.

☐ Die Gleichung ist mehrdeutig lösbar mit unendlich vielen Lösungen.

Wenn die Gleichung eindeutig lösbar ist: **Wie lautet die Lösung?** $x =$ ☐

Wie sicher sind Sie sich? *Geben Sie 3 für "sehr sicher", 2 für "mittel sicher" oder 1 für "nicht sicher" an.* ☐

Bewertungsmaßstab:

Kombination	Punkte
richtige Antwort und "sehr sicher"	3
falsche Antwort und "sehr sicher"	-3
richtige Antwort und "mittel sicher"	2
falsche Antwort und "mittel sicher"	-2
richtige Antwort und "nicht sicher"	1
falsche Antwort und "nicht sicher"	-1

Abb. 8.3 Beispiel für eine E-Test-Aufgabe entwickelt an der TH Wildau [FH]

und die Studierenden weder zu langweilen noch zu überfordern (Schulmeister 2007). Gleichzeitig wird versucht, durch kurzfristiges optisches Feedback Anreize zu setzen, um die Verweildauer im Kurs zu erhöhen. In Abb. 8.4 ist eins von dreizehn Lernelementen dargestellt. Die Studierende hat in diesem Fall, auf Grund des Eingangstests ermittelt, sehr gute Kenntnisse („Daumen hoch") in diesem Themenbereich, wobei sie bei den Selbsttestaufgaben nur jeweils 3 von 5 „Sternchen" bekommen, also nur mittelmäßig in der Selbstüberprüfung abgeschnitten hat.

Neben den inhaltlichen Elementen werden u. a. Videocasts eingesetzt, um gerade auch Studierende, denen die Metakompetenzen zum selbstgesteuerten Lernen fehlen, zu zielführenden Handlungen mit schnellen Erfolgserlebnissen zu führen.

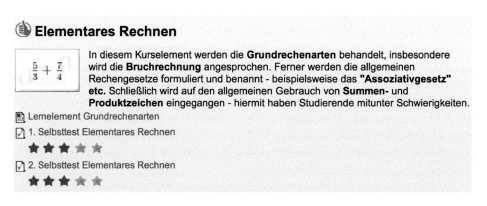

🝆 Elementares Rechnen

$\frac{5}{3} + \frac{7}{4}$ In diesem Kurselement werden die **Grundrechenarten** behandelt, insbesondere wird die **Bruchrechnung** angesprochen. Ferner werden die allgemeinen Rechengesetze formuliert und benannt - beispielsweise das **"Assoziativgesetz"** etc. Schließlich wird auf den allgemeinen Gebrauch von **Summen-** und **Produktzeichen** eingegangen - hiermit haben Studierende mitunter Schwierigkeiten.

📄 Lernelement Grundrechenarten

☑ 1. Selbsttest Elementares Rechnen

★★★☆☆

☑ 2. Selbsttest Elementares Rechnen

★★★☆☆

Abb. 8.4 Einzelnes Lernelement mit zugehörigen Selbsttests aus dem Brückenkurs der HRW

Insgesamt schnellt die Online-Beteiligung nach der ersten Informationsmail mit den persönlichen Zugängen nach oben, wobei die Aktivitäten mit dem Beginn der Präsenz-kurse (6 Stunden pro Tag) auf die Wochenenden beschränkt bleiben und mit dem Start der Semesterveranstaltungen nahezu eingestellt werden. Eine verstärkte Aktivität ist dann kurz vor der ersten Mathematik-Klausur zu beobachten.

8.2.3 Präsenzphase

Das Mannheimer Konzept sah ursprünglich keine Präsenzphase vor, da der Großteil der Studienanfänger/-innen in den Sommermonaten Vorpraktika besucht und nicht vor Ort sein kann. Es zeigte sich allerdings schon bei einem ersten Testdurchlauf 2010, dass vor allem Studienanfänger/-innen mit Fachhochschulreife wenig von den Selbstlernangeboten profitierten. In den Jahren 2011 und 2012 wurde zusätzlich ein einwöchiges Präsenzse-minar für sie angeboten. Dieses wurde zwar gut angenommen und sehr positiv evaluiert, führte aber dazu, dass die Selbstlernangebote weniger intensiv genutzt wurde. Trotz dieser Effekte soll das Präsenzangebot im Projektverlauf für weitere Teilnehmergruppen geöffnet werden, um Lernende mit einer Präferenz für Kontaktstudium besser anzusprechen.

Die Präsenztermine sind integraler Bestandteil des Brückenkurses an der TH Wildau [FH]. Diese müssen am Wochenende stattfinden, da der Kurs, um ausreichend Zeit für die Bearbeitung der wichtigsten Themen zu haben, bereits *vor* Ende des Bewerbungszeit-raumes beginnt und viele Teilnehmer/-innen zu dieser Zeit unter der Woche noch andere Verpflichtungen haben. Außer am ersten Präsenztermin, der drei Vorlesungen umfasst, werden die Teilnehmenden im ersten Block für eine Übung in drei Kleingruppen einge-teilt, in denen Fragen aus der Online-Phase aufgegriffen und diskutiert werden. So ergibt sich eine gute Verzahnung zwischen Online- und Präsenzanteilen. Es schließen sich je-weils zwei Vorlesungen an. Die Vorlesungen am letzten Präsenztermin sind ausschließlich für angehende Ingenieure vorgesehen, sodass hierüber nötige Differenzierungen zwischen den verschiedenen Studienrichtungen vorgenommen werden können.

Die Präsenz an der Hochschule Ruhr West wird auf Grund der Eingangsfähigkeiten der Studierenden adaptiert. Hierzu werden drei Leistungsgruppen ermittelt, die unterschied-lich lange Präsenzphasen besuchen können. So hat die leistungsschwächste Gruppe drei Wochen an jeweils fünf Tagen je sechs Stunden Unterricht, während die leistungsstärkste Gruppe nur eine Woche Unterricht hat.

Aus psychologischen Gründen werden die Gruppen jeweils mit der nächstbesseren Leistungsgruppe aufgestockt. So beginnen die leistungsschwachen Studierenden in zwan-zig Kleingruppen mit weniger als zehn Studierenden, um nach einer Woche durch Hinzu-nahme der nächsten Studierenden auf 20 anzuwachsen. In der letzten Woche ergibt sich dann eine Gruppengröße von maximal 35 Studierenden. In den einzelnen Wochen wird jeweils mit dem gleichen Inhalt begonnen, nur eine höhere Unterrichtsgeschwindigkeit genutzt. Hierdurch ergibt sich für die einen eine Wiederholung, an der diese sich aktiv beteiligen können, für die anderen, die neu hinzugekommen sind, ist die Lerngeschwin-digkeit passgenauer.

Insgesamt führt dieses Vorgehen zu einer Zunahme der Fähigkeiten aller Studierenden, bei gleichzeitiger Homogenisierung der Leistungsunterschiede.

8.2.4 Evaluation

Hauptziel der Evaluation in Mannheim war die Untersuchung der Wirksamkeit der Maßnahme, zusätzlich sollte im Hinblick auf Verbesserung und Weiterentwicklung die Qualität der diagnostischen Tests analysiert werden. Ein weiteres Ziel war der Erkenntniszuwachs in Bezug auf Zusammenhänge zwischen Testergebnissen und persönlichen Faktoren wie mathematischem Vorwissen, Einstellung zur Mathematik, Art und Umfang der Nutzung des Lernangebots.

Zur Messung der Wirksamkeit der Studienvorbereitung wurde ein Vergleich zwischen Eingangs- und Kontrolltestergebnissen unternommen. Die Studierenden, die an beiden Tests teilgenommen haben (2011 $n = 506$; 2012 $n = 654$) erzielten im Kontrolltest insgesamt bessere Mittelwerte als im Eingangstest, und schnitten auch deutlich besser ab, als die Teilnehmer/-innen, die nur den Kontrolltest durchgeführt und nicht an der Studienvorbereitung teilgenommen hatten.

Ein signifikanter Zusammenhang zwischen Lernmodulbearbeitung und Lernerfolg ließ sich allerdings nicht nachweisen, da auch bei dieser Auswertung die Daten stark streuten (s. Abb. 8.5). Die stärksten Verbesserungen ließen sich für die Gruppe der Teilnehmer/-innen mit Abitur und/oder guten Mathematiknoten bei weniger gutem Eingangstestergebnis feststellen. Diese erhielten eine entsprechend hohe Anzahl an Lernempfehlungen und konnten sich durch die Beschäftigung mit den Lernmodulen deutlich steigern. Teilnehmer/-innen ohne Abitur konnten sich durch Teilnahme an der Selbstlernphase zwar auch verbessern, der Abstand zu den Abiturient/-innen konnte allerdings nur in Einzelfällen geschlossen werden.

Daten zum Nutzerverhalten und zur Zufriedenheit mit dem Angebot wurden über einen Evaluationsfragebogen erfasst; zur Hinterfragung bzw. Bestätigung der quantitativen Daten wurden im Jahr 2012 zusätzlich Gruppeninterviews mit insgesamt 13 Studienanfänger/-innen der Fakultät Technik durchgeführt. Während die Akzeptanz des Lernangebots hoch war und die Usability überwiegend als gut bis sehr gut bezeichnet wurde, wurde der Schwierigkeitsgrad sowohl der diagnostischen Tests als auch der Lernmodule unterschiedlich eingeschätzt. So wurde der Eingangstests von etwa 50 % der Teilnehmer/-innen als „schwer" bzw. „sehr schwer" bezeichnet.

Bei der Evaluation in Wildau überraschte die Tatsache, dass auch die Teilnehmer/-innen mit Abitur (GK und LK Mathematik) größtenteils angaben, dass der Brückenkurs für sie „nicht unbedingt notwendig, aber hilfreich" bzw. sogar „unbedingt notwendig" gewesen war. Ein besonderer Schwerpunkt der Evaluation lag auf der Abstimmung zwischen Online-Phasen und Präsenzterminen, da das erste Mal ein Brückenkurs in dieser Blended-Learning-Form angeboten wurde. Im Gegensatz zu den herkömmlichen Brückenkursen, die übereinstimmend als zu kurz und zu komprimiert beurteilt wurden, erfuhr diese Orga-

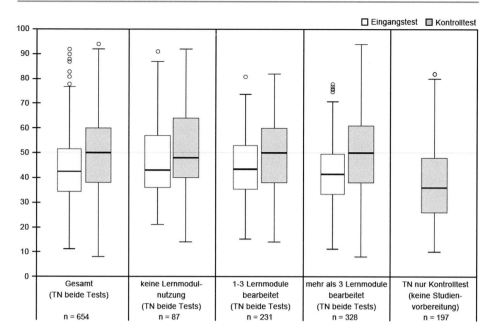

Abb. 8.5 Testergebnisse DHBW Mannheim Eingangstest und Kontrolltest 2012. (Vergleich Teilnehmer an beiden Tests/nach Lernmodulbearbeitung*/Teilnehmer nur Kontrolltest) (*missing: $n = 8$)

nisationsform hohe Zustimmung. Da 2012 kein Eingangstest durchgeführt wurde, können keine Aussagen über eine mögliche Verbesserung der Teilnehmer/-innen getroffen werden.

An der Hochschule Ruhr West ergab eine formative Evaluation im Dezember 2012 mit einem Rücklauf von $n = 94$ eine hohe individuelle Passgenauigkeit der Anforderungen in den Vorkursen und eine positive Einschätzung der adaptiven Maßnahmen auf den persönlichen Lernerfolg. Eine summative Evaluation im Oktober 2012 ergab einen großen Lernzuwachs der Studierenden durch den Einsatz des Systems. In einem t-Test abhängiger Stichproben wurde ein starker Effekt ($d = 1{,}83$) nachgewiesen. Die erreichte mittlere Punktzahl im Ausgangstest hat sich im Vergleich zum Eingangstest mehr als verdoppelt (Eingangstest: $M = 13{,}70$; $SD = 8{,}82$; $n = 132$, Ausgangstest: $M = 28{,}48$; $SD = 7{,}31$; $n = 132$) und die Leistungsunterschiede zwischen den Studierenden haben sich angeglichen.

8.3   Diskussion/Ausblick

Angesichts der hohen Heterogenität innerhalb der Zielgruppe ist es schwierig, eindeutige Empfehlungen zur Optimierung von Brückenkursen abzuleiten. Das Ziel sollte sein, möglichst breite und adaptive Angebote zu entwickeln, die für möglichst viele

Studienanfänger/-innen passende Elemente bereithalten. Dies gilt nicht nur im Hinblick auf die fachliche Entwicklung der Teilnehmer/-innen, wie auch die Erfahrungen an der Hochschule Ruhr West zeigen: Die Anpassung der Online- und Offline-Angebote an die Vorkenntnisse der Studierenden führte hier zu einem guten Lernerfolg *und* hoher Zufriedenheit bei allen Studierenden.

Die vorgestellten Ansätze der drei Hochschulen zeigen verschiedene technische und didaktische Aspekte, die im Rahmen der Optimierung von Brückenkursangeboten Beachtung finden sollten, von denen hier die bedeutendsten noch einmal herausgegriffen und diskutiert werden sollen.

E-Learning-Module sind grundsätzlich gut geeignet, um heterogene Zielgruppen zu adressieren, da die Zeiteinteilung – anders als in klassischen Präsenzkursen – flexibel ist. Dies stellt einen erheblichen Mehrwert gegenüber anderen Angeboten dar, vorausgesetzt die E-Learning-Materialien sind qualitativ hochwertig. Mehr noch als im Präsenzbereich sind hier gut nachvollziehbare Strukturen und eine durchdachte Gestaltung der Inhalte vonnöten. Die Arbeit im Selbststudium erfordert außerdem konsistente Betreuungs- sowie Blended-Learning-Konzepte, um die Motivation z. B. durch klare Kommunikationsmöglichkeiten und individuelles Feedback in Zwischentests aufrecht zu erhalten (Niegemann et al. 2004). Neben Studierenden, die aufgrund geringerer Vorkenntnisse mehr Zeit für die Erarbeitung der relevanten Inhalte brauchen, wird es immer Studierende geben, die zwar einen Brückenkurs benötigt hätten, ihn aber nicht besucht haben (Polaczek und Henn 2008). E-Brückenkurse bieten die Möglichkeit, fehlende Vorkenntnisse während des ersten Semesters nachzuarbeiten. Das hilft auch den Dozenten, die so diesen Teil der Mathematik nicht behandeln müssen, und damit der ganzen Seminargruppe, weil mehr Zeit für die eigentlichen Studieninhalte bleibt.

Grundsätzlich ist bei allen Optimierungen und Gestaltungen von Online-Materialien darauf zu achten, dass das (technische) Medium zum zu vermittelnden Inhalt und zu den Lerngegebenheiten passt und dass zwischen den verschiedenen Angebotsteilen eine gute Verzahnung, die auf die Bedürfnisse der Zielgruppe ausgerichtet ist, hergestellt wird. Das reine „Verfügbarmachen" von Materialien auf einer Lernplattform reicht nicht aus (Kerres et al. 2009). Diese Verzahnung betrifft im Brückenkursbereich insbesondere die Abstimmung der Lehrinhalte mit den Studieninhalten sowie mit den Rahmenplänen der Schulen, wie es z. B. in der cosh-Gruppe in Baden-Württemberg geschieht. Nicht zu vernachlässigen ist dabei, dass es verhältnismäßig ressourcenintensiv ist, einen Brückenkurs auf diese Weise umzugestalten. Es ist weder von Honorarkräften noch von „normal" in die Hochschullehre eingebundenen Lehrkräften nebenbei zu bewältigen.

Die angebotenen E-Tests nützen den (angehenden) Studierenden bei der realistischen Selbsteinschätzung ihrer mathematischen Fähigkeiten. Dies bietet Optimierungsmöglichkeiten in doppelter Hinsicht: Zum einen können die Brückenkurs-Teilnehmer/-innen ihre individuellen Lernaktivitäten anpassen. Zum anderen erhält der/die Lehrende eine differenzierte Rückmeldung über die verschiedenen Lernstände und kann ggf. Themenauswahl und Schwerpunktsetzung an diese angleichen. Werden E-Tests zu diesem Zweck eingesetzt, ist darauf zu achten, dass sie nicht den Charakter einer Prüfung haben, sondern als

Hilfestellung im Lernprozess gesehen werden mit dem Ziel, die geeigneten Rahmenbedingungen für jede/n einzelne/n Teilnehmer/-in zu schaffen. Sowohl an der DHBW als auch an der TH Wildau [FH] zeigte sich in diesem Zusammenhang, dass dem Aspekt der Anonymität eine besondere Bedeutung zukommt. Immer wieder wurde die Befürchtung geäußert, dass schlechte Ergebnisse negative Auswirkungen auf die Bewerbung oder zukünftige Lehrveranstaltungen haben könnten. Es ist daher deutlich zu machen, dass sowohl die Testergebnisse als auch die Aktivität auf der Lernplattform zu keinem Zeitpunkt an Dozenten, das Immatrikulationsamt oder Arbeitgeber/Ausbildungsunternehmen weitergegeben werden, sondern ausschließlich für die Gestaltung des Lernweges genutzt werden.

Vorstellbar zur weiteren Optimierung der Angebote ist, die Tests in Selbstlernphasen als Selektionsmechanismus einzusetzen, indem z. B. bestimmte Kapitel erst freigeschaltet werden, wenn andere Kapitel, die zum Verständnis benötigt werden, erfolgreich absolviert wurden. Dies kann Frustrationen infolge von Überforderung bei den Teilnehmer/-innen vorbeugen (Handke und Schäfer 2012).

Bei der Entwicklung von E-Assessments ist die Eingabe von Formeln nach wie vor schwierig umzusetzen (Craven 2009). Auch das Abprüfen von Lösungswegen ist nicht bzw. nur schlecht möglich. Diese Einschränkung relativiert sich ein wenig, wenn man berücksichtigt, dass auch im klassischen Paper & Pencil-Tests, die zu Beginn von Brückenkursen geschrieben werden, häufig nur die Ergebnisse kontrolliert werden, weil dies bei der Masse der Teilnehmenden nicht anders möglich ist. Die Frage „E-Assessment oder Paper & Pencil" ist grundsätzlich nicht entscheidend für die Qualität und Aussagekraft eines Tests, sondern allein seine didaktische Gestaltung als solche (Handke und Schäfer 2012). Zu berücksichtigen ist auch, dass es sich bei den Themen, die im Rahmen des Brückenkurses behandelt und abgefragt werden, um Grundlagen handelt, die für ein erfolgreiches Absolvieren der Mathematiklehrveranstaltungen im Studium absolut sicher beherrscht werden müssen. Es sind hierbei keine kreativen Rechenwege gefragt, sondern das sichere Anwenden von Lösungsroutinen. Die entsprechende Gestaltung vorausgesetzt kann die Prüfung solcher Fähigkeiten bereits mithilfe von Multiple-Choice-Fragen gelingen (Kastner und Stangl 2011). Vielfach ist aber eine andere Konzeption von Testfragen erforderlich, vor allem wenn stärker prozedurales Wissen in den Mittelpunkt des Assessments rückt. Generell macht der heutige Stand der Computerprogramme dies möglich (z. B. Sangwin und Badger 2010). Auch hier ist der Aufwand einer solchen Implementierung in Bezug auf technische und personelle Ressourcen allerdings nicht zu unterschätzen.

Wesentlich ist die Möglichkeit des manuellen Nachkorrigierens der Ergebnisse, z. B. um eventuelle Eingabefehler, die bei Online-Tests fast zwangsläufig auftreten, zu bereinigen. Dies ist insbesondere bei Assessments der Fall, die sich nicht auf MC-Fragen beschränken. Die grundsätzlich positive Einstellung zu E-Assessments bei Studierenden (z. B. Heidenreich 2009; Whitelock 2008) sollte nicht durch Fehl-Empfehlungen infolge von Eingabefehlern gefährdet werden. Auch die Akzeptanz von Online-Tests bei Lehrenden kann dadurch gesteigert werden, weil ihnen und nicht der Technik die endgültige Entscheidung über die Testergebnisse überlassen bleibt (Handke und Schäfer 2012). Allein die erhöhte Sichtbarkeit von E-Assessments, die durch die Brückenkurstests gegeben ist, wirkt in diese Richtung. An der TH Wildau [FH] ist es seitdem schon vermehrt zu Anfragen für weitere E-Tests gekommen, z. B. als Eignungstests für Studieninteressierte, die anders (noch) nicht erreicht werden können, sodass sich hier strukturelle Auswirkungen auf ganz andere Hochschulbereiche ergeben haben.

Die innovative Form der Brückenkurse verlangt, dass immer wieder kritisch geprüft wird, ob allen Anforderungen Rechnung getragen wird. So hat beispielsweise die DHBW auf Schwierigkeiten im ersten Jahr reagiert und Präsenzanteile wieder eingeführt, da diese offensichtlich benötigt wurden; auch wurde das Design der diagnostischen Tests basierend auf den Ergebnissen des Vorjahres optimiert. In Wildau wurden für den zweiten Jahrgang die Themen angepasst, um die Bedürfnisse der technischen Studiengänge stärker zu berücksichtigen. In den Online-Kurs der HRW wurden nachträglich motivierende Videocasts eingebunden, um den Durchhaltewillen der Teilnehmer/-innen zu stärken. Obwohl jede Änderung darauf ausgerichtet ist, die Brückenkursangebote unter den gegebenen Bedingungen zu optimieren, wird dieser Prozess nie wirklich zu einem Ende kommen, da auf der einen Seite die Entwicklungen im E-Learning-Bereich immer wieder neue Möglichkeiten eröffnen werden. Auf der anderen Seite sind die Anpassungen vorwiegend durch die Inhomogenität in der Gruppe der Studienanfänger/-innen bedingt. Verstärken sich diese Tendenzen, was durch die Öffnung der Hochschule für alternative Bildungswege zu erwarten ist, müssen sich auch die Bemühungen der Hochschulen, passende Angebote zu schaffen, erhöhen.

Bei Interesse können Zugänge zu den Tests und Lernmaterialien erstellt werden. Für einen Zugang zur Lernplattform der DHBW Mannheim schicken Sie bitte eine formlose E-Mail an zemath@dhbw-mannheim.de, weitere Informationen erhalten Sie unter http://www.zemath.dhbw-mannheim.de. Für einen Zugang zu den Tests und Lernmaterialien der TH Wildau [FH] senden Sie bitte eine formlose E-Mail an xenia.jeremias@th-wildau.de.

Literatur

Bescherer, C. (2003). *Selbsteinschätzung der mathematischen Studierfähigkeit von Studienanfängerinnen und -anfängern*. Dissertation, Pädagogische Hochschule Ludwigsburg, Ludwigsburg.

Biehler, R., Fischer, P., Hochmuth, R., & Wassong, T. (2012). Designing and evaluating blended learning bridging courses in mathematics. In M. Pytlak, T. Rowland, & E. Swoboda (Hrsg.), *Proceedings of the Seventh Congress of the European Society for Research in Mathematics Education* (S. 1971–1980). Rzeszów, Polen: University of Rzeszów.

Black, P., & Wiliam, D. (1998). Assessment and classroom learning. *Assessment in Education, 5*(1), 7–74.

Craven, P. (2009). *History and Challenges of e-assessment: The ‚Cambridge Approach' perspective – e-assessment research and development 1989 to 2009*. Cambridge: Cambridge University Press.

Handke, J., & Schäfer, A. M. (2012). *E-Learning, E-Teaching und E-Assessment in der Hochschullehre: Eine Anleitung*. München: Oldenbourg.

Heidenreich, S. (2009). *Pädagogische Anforderungen an das Lernhandeln im E-Learning. Dimensionen von Selbstlernkompetenz.* Medienpädagogik und Mediendidaktik, Bd. 16. Hamburg: Verlag Dr. Kovač.

Heublein, U., Hutzsch, C., Schreiber, J., Sommer, D., & Besuch, G. (2010). *Ursachen des Studienabbruchs in Bachelor- und in herkömmlichen Studiengängen – Ergebnisse einer bundesweiten Befragung von Exmatrikulierten des Studienjahres 2007/08.* Hannover: HIS.

Heublein, U., Richter, J., Schmelzer, R., & Sommer, D. (2012). *Die Entwicklung der Schwund- und Studienabbruchquoten an den deutschen Hochschulen – Statistische Berechnungen auf der Basis des Absolventenjahrgangs 2010.* Hannover: HIS.

Kastner, M., & Stangl, B. (2011). Multiple-Choice and Constructed Response Tests: Do Test Format and Scoring matter? *Procedia – Social and Behavioral Sciences, 12,* 263–273.

Kerres, M., Ojstersek, N., & Stratmann, J. (2009). Didaktische Konzeption von Angeboten des Online-Lernens. In L. J. Issing, & P. Klimsa (Hrsg.), *Online-Lernen: Handbuch für Wissenschaft und Praxis* (S. 263–272). München: Oldenbourg.

Klieme, E., Bürgermeister, A., Harks, B., Blum, W., Leiß, D., & Rakoczy, K. (2010). Leistungsbeurteilung und Kompetenzmodellierung im Mathematikunterricht. Projekt Co2CA. *Zeitschrift für Pädagogik, 56*(Beiheft), 64–74.

Niegemann, H., Hessel, S., Hochschied-Mauel, D., Aslanski, K., Deimann, M., & Kreuzberger, G. (2004). *Kompendium E-Learning.* Berlin: Springer.

Polaczek, C., & Henn, G. (2008). *Vergleichende Auswertung des Mathematik-Eingangstests.* Aachen: FH Aachen.

Sangwin, C. J., & Badger, M. (2010). Core Skills in Entry Level Mathematics. http://web.mat.bham.ac.uk/C.J.Sangwin/projects/2010STEM/CoreSkills2.pdf. Zugegriffen: 23. August 2013

Schäfer, M. (2013). *Knowledge Controlled Mathematical Coaching – Strategies and Results of a Personalized Blended Learning Approach* 5th International Conference on Computer Supported Education (CSEDU), 2013, Mai 06–08. (S. 484–488). Aachen: RWTH Aachen.

Schulmeister, R. (2007). *Grundlagen hypermedialer Lernsysteme: Theorie – Didaktik – Design* (4. Aufl.). München: Oldenbourg.

Schwenk, A., & Berger, M. (2006). Zwischen Wunsch und Wirklichkeit: Was können unsere Studienanfänger? *Die Neue Hochschule, 2,* 36–40.

Whitelock, D. (2008). Accelerating the assessment agenda: thinking outside the black box. In F. Scheuermann, & A. G. Pereira (Hrsg.), *Towards a Research Agenda on Computer-Based Assessment – Challenges and Needs for European Educational Measurement* (S. 15–21). Luxembourg: Office for Official Publications of the European Communities.

CAT – ein Modell für lehrintegrierte methodische Unterstützung von Studienanfängern

9

Hans M. Dietz

Zusammenfassung

Für viele Studienanfänger erweist sich der Mangel an adäquaten Studien- und Arbeitstechniken als ein besonders gravierendes Studienhemmnis. Der Beitrag stellt ein neuartiges Konzept zu dessen Überwindung durch die Verbindung fachbezogener Lehre mit gezielten studien- und arbeitsmethodischen Instruktionen vor. Grundlegend ist dabei das verstehende Lesen „mathematikhaltiger" Texte. Hierfür wurde eine spezielle Leseprozedur entwickelt, die bei konsequenter Anwendung zu einem tieferen Konzeptverständnis führt.

9.1 Einführung

9.1.1 Überblick

Probleme des Übergangs von der Schule zur Hochschule bildeten den Gegenstand der khdm-Arbeitstagung vom 20. bis 23. Februar 2013 in Paderborn. In besonderer Breite und Intensität finden sich derartige Probleme dort, wo die Studierendenzahlen am höchsten und das Bedürfnis zur Beschäftigung mit Mathematik am geringsten ausgeprägt sind. Beides trifft auf die Anfängerkurse zur „Mathematik für Wirtschaftswissenschaftler" des Autors an der Universität Paderborn zu. Deswegen wurden hier bereits seit Längerem systematisch Maßnahmen zur Verbesserung der Lehre umgesetzt. Ein Problem jedoch erwies sich als besonders hartnäckig: die unangepasste Studien- und Arbeitsmethodik vieler Studierender. Hoffnung auf einen Wandel in diesem Bereich bietet die seit 2010 eingeführte Lehrinnovation CAT, die die Verbesserung der methodischen Fähigkeiten der Studierenden zu einem integralen Bestandteil der fachbezogenen Lehre macht. CAT wurde aus

Hans M. Dietz ✉
Universität Paderborn, Institut für Mathematik, Paderborn, Deutschland
e-mail: dietz@upb.de

© Springer Fachmedien Wiesbaden 2016
A. Hoppenbrock et al. (Hrsg.), *Lehren und Lernen von Mathematik in der Studieneingangsphase*, Konzepte und Studien zur Hochschuldidaktik und Lehrerbildung Mathematik, DOI 10.1007/978-3-658-10261-6_9

jahrelanger Lehrpraxis abgeleitet und hat weitere praktische Verbesserungen der Lehre zum Ziel, besitzt jedoch zugleich deutliche Bezüge zu aktuellen Forschungsfeldern der Hochschuldidaktik.

Ziel des vorliegenden Beitrages ist das Konzept von CAT im Zusammenwirken aller Komponenten darzustellen und erste praktische Erfahrungen zu vermitteln.

9.1.2 Ausgangssituation in der Lehre

Die Veranstaltungen zur „Mathematik für Wirtschaftswissenschaftler" zählen mit bis zu 1400 Studienanfängern zu den teilnehmerstärksten der Universität Paderborn. Die Vorlesungen werden zwei- bis dreizügig gelesen und durch bis zu 40 Übungsgruppen ergänzt. Die enormen Teilnehmerzahlen bringen extreme Unterschiede in Vorqualifikation, Motivation, Leistungsvermögen und Lernverhalten, kurz: in der allgemeinen Studierfähigkeit der Studienanfänger, mit sich. Alle auf der kdm-Arbeitstagung thematisierten Probleme des Übergangs Schule-Hochschule werden hier insofern noch verstärkt, als die wirtschaftswissenschaftlichen Studiengänge einen für die Studierenden unerwartet bis unerwünscht hohen Mathematikanteil aufweisen und zugleich relativ hohe Anforderungen stellen, die sich aus der zunehmenden Mathematisierung der wirtschaftswissenschaftlichen Theorie und Praxis ergeben.

Bereits vor der Einführung von CAT wurde diesen Herausforderungen Rechnung getragen, indem das Lehrangebot in einem mehrjährigen Prozess systematisch optimiert wurde. So wurden die Veranstaltungen in sich so aufgebaut, dass die Studienanfänger auch mit vergleichsweise rudimentären Schulkenntnissen problemlos folgen können, sofern sie konsequent mitarbeiten. Zugleich wurden den curricularen Kernbestandteilen Vorlesung und Übung mehrere fakultative Unterstützungsangebote zur Seite gestellt. Hervorzuheben sind das Übungsaufgaben-Korrektursystem ECORsys, Zentralübungen sowie das kursspezifische Beratungssystem ECOMent: Durch ECORsys erhalten die Studierenden eine Rückmeldung über die Richtigkeit ihrer Lösungen von Übungsaufgaben. In den Zentralübungen werden diese Übungsaufgaben besprochen; zudem gibt es die Möglichkeit, ausgiebig Fragen zu allen Themen der Vorlesung zu stellen; diese werden vom Dozenten beantwortet. Mit ECOMent wurde die Möglichkeit einer individuellen Studierendenbetreuung unterhalb der Ebene des „offiziellen Lehrpersonals" geschaffen. Während der Sprechstunden eines eigens dafür eingerichteten Mentorenbüros können die Studierenden sowohl fachliche Fragen als auch Fragen zur Korrektur und Bewertung ihrer ECORsys-Lösungen klären. Als Mentoren sind leistungsstarke Studierende höherer Fachsemester tätig, die in der Regel die kurseigene Bestenförderung durchliefen und vom Dozenten unterstützt werden.

Diesem immer weiter ausgebauten Lehrangebot zum Trotz erzielten zahlreiche Studierende bei subjektiv großen Anstrengungen nur enttäuschende Studienergebnisse. Die Hauptursache besteht nach allen Erfahrungen des Autors in gravierenden Schwächen in der studien- und fachbezogenen Arbeitsmethodik. Dies gilt gleichermaßen für organisa-

torische wie für inhaltliche Aspekte. Zu beobachten ist eine verbreitete „einfache Un-
terlassung" notwendiger Arbeitsschritte, die einhergeht mit mangelnder Selbstkontrolle.
Als ein besonders schwerwiegendes Studienhemmnis erwies sich insbesondere, dass viele
Studierende selbst einfachste „mathematikhaltige" Formulierungen nicht verstehend lesen
können. Viele Studierende haben daher große Probleme, ausgehend von den ihnen zur Verfügung stehenden Informationen valide mentale Konzepte zu entwickeln. Nachdem sich
in der Vergangenheit mehrere Ansätze zur Lösung dieses Problems – wie z. B. spezielle
fakultative Veranstaltungen zur Verbesserung der Studien- und Arbeitstechnik – mangels
Verbindlichkeit als wirkungslos erwiesen hatten, wird seit 2010 mit CAT ein durchgreifend neuer Ansatz verfolgt.

9.1.3   Das CAT-Konzept

CAT ist eine Einheit von Lehrphilosophie, Instruktionen und „Produkten". *Philosophie*
von CAT ist es, Lehre weniger als *Be*-lehrung zu verstehen, sondern vielmehr als Hilfe zur Selbsthilfe – und zwar in Form eines erfolgreichen Selbststudiums. Daher bilden
nicht allein rein fachliche Sachverhalte den Gegenstand der Lehre, sondern zugleich die
Prozesse des selbständigen Lernens. Die Studierenden sollen diese Prozesse möglichst
bewusst gestalten und insbesondere jederzeit genau wissen, *was* sie wissen und *woher* sie
es wissen. Diesem Ziel dienen differenzierte *methodische Instruktionen* für alle wesentlichen Lern- und Arbeitsprozesse, wie nachfolgend ausführlicher dargestellt. Neuartig an
CAT ist, dass diese Instruktionen nicht neben, nach oder auf sonstige Weise außerhalb
der „normalen Lehre" vermittelt werden, sondern sich, in den regulären Lehrprozess integriert, wie ein roter Faden durch all seine Ebenen ziehen. Dem Wunsch vieler Studierender
folgend werden die Instruktionen in Form regelhaft anwendbarer Prozeduren wie „Checklisten, Ampel und Toolbox" formuliert, woraus sich auch das Kürzel CAT herleitet. Mit
Hilfe dieser Prozeduren erarbeiten sich die Studierenden Vokabellisten und Konzeptbasen
als „Produkte", die den Aufbau valider mentaler Konzepte des Gelernten unterstützen.
Zugleich unterstützen diese Prozeduren eine verbesserte Übersicht über die eigene Vorgehensweise sowie eine bessere Systematik der Arbeit.

9.2   Die Bausteine von CAT

9.2.1   Checklisten

Ein erstes Anliegen von CAT ist es, die Organisation des Selbststudiums zu verbessern
und dazu die Studierenden an regelmäßig erforderliche Arbeitsschritte sowie deren zweckmäßige Anordnung zu erinnern. Diese Aufgabe wird von insgesamt drei Checklisten zu
den Themen „Vorlesungsnachbereitung", „Klausurvorbereitung" und „Lesen" übernommen.

Tab. 9.1 Bedeutung der Ampelfarben

Grün:	vollkommen verstanden	
Gelb:	hmmmmmm...???	>>> klären!
Rot :	Definitiv nicht verstanden	>>> klären!

Die erste Checkliste umfasst das wöchentliche Arbeitsprogramm während der Vorlesungszeit und enthält Aktivitäten wie z. B. „Vorlesung besuchen", „Vorlesung nacharbeiten" (7 Unterpunkte), „Präsenzübung vorbereiten" (5 Unterpunkte) etc., die allein aus Platzgründen hier nicht vollständig wiedergegeben werden können. Aufgabe der Studierenden ist es, diese Liste wöchentlich durchzugehen und alle Aktivitäten abzuhaken, die sie für erledigt halten. Bleiben am Ende einer Vorlesungswoche nicht abgehakte Kästchen übrig, so vermitteln diese eine doppelte Botschaft: Erstens sind sie als eine klare Handlungsaufforderung zu verstehen, die betreffende Aktivität möglichst bald nachzuholen. Zweitens geben sie – im Falle der Nichterledigung – einen klaren Hinweis auf bestehende Risiken, denn fast jede unerledigte Aktivität zieht Folgeprobleme nach sich. Hervorzuheben ist, dass der Gebrauch dieser Checkliste an sich sehr einfach ist und keine spezielle Begabung erfordert – schon gar nicht mathematischer Natur –, denn die Studierenden haben für jede Aktivität lediglich das Urteil „erledigt oder nicht" zu fällen. Die Checkliste übernimmt somit nur die Verwaltung der Aktivitäten; nicht zu verwechseln damit sind die Aktivitäten selbst, die in einigen Fällen zusätzlicher Instruktionen bedürfen oder auf weitere CAT-Komponenten zugreifen. Die Checkliste wird in der Vorlesung vorgestellt und steht den Studierenden per Download zur Verfügung; zudem wird sowohl durch den Dozenten als auch durch die Übungsleiter regelmäßig darauf Bezug genommen.

Hinsichtlich der Checkliste „Klausurvorbereitung" mag der Hinweis genügen, dass diese analog aufgebaut und zu verwenden ist; sie listet Aktivitäten auf, die während der unmittelbaren Klausurvorbereitung stattfinden sollten.

Die Checkliste „Lesen" dagegen stellt als zentrales Element von CAT weitaus höhere Anforderungen an die Studierenden und wird im Abschnitt Mathematisches Lesen erläutert.

9.2.2 Die „Ampel"

Mit der „Ampel" wird den Studierenden eine Hilfestellung zur Verbesserung ihrer Selbstkontrolle gegeben. Es handelt sich hierbei weniger eine Prozedur im engeren Sinne als vielmehr ein universelles Prinzip. Es besagt, dass jeder dem Verständnis dienende Arbeitsschritt durch einen Ampel-Check abzuschließen und die Weiterarbeit dann erst sinnvoll ist, wenn „Grün" erreicht ist. Die Interpretation der Ampelfarben ist in Tab. 9.1 dargestellt.

Die Idee zur Ampel entstand ursprünglich, um Studierenden eine Anleitung für das Durcharbeiten des Vorlesungsskriptes zu geben: Je nach dem Verständnisgrad sollten

Textteile mit den Farben Rot, Gelb oder Grün markiert werden. Alle gelben oder roten Markierungen signalisieren unmittelbaren Klärungsbedarf. Die betreffenden Passagen sind nochmals vertieft durchzuarbeiten und offene Fragen sind mit Übungsleitern, Mentoren und Dozent zu klären.

Mittlerweile wird diese Funktion der Ampel auf alle Arbeitsschritte ausgedehnt, in denen es darauf ankommt, Inhalte genau zu verstehen. Dies bezieht sich insbesondere auf das mathematische Lesen, auf das weiter unten eingegangen wird.

Hervorgehoben sei, dass der Ampel-Check von jedem Studierenden in voller Eigenverantwortung durchzuführen ist, und das ist durchaus so beabsichtigt. Angesichts der Erfahrungstatsache, dass es den Studierenden überaus schwer fällt, ihre eigenen Leistungen nach objektiven Kriterien zu beurteilen, mag sich die Frage stellen, ob und welche positiven Effekte denn durch die Ampel erzielt werden können. Die Antwort beruht auf folgenden drei Aspekten:

Erstens bedarf es einer klaren Anleitung für die Studierenden, wie mit der Ampel umzugehen und wie ihre Signale zu interpretieren sind. Eine solche Anleitung wird – wiederholt – in der Vorlesung gegeben, steht aber auch zum Download zur Verfügung. Die Studierenden werden instruiert, äußerst kritisch über sich selbst zu urteilen und die Ampel erst dann „grün" zu stellen, wenn sie über den jeweiligen Gegenstand einen *Vortrag* halten und die anschließende *Diskussion* erfolgreich bestehen könn(t)en. Wichtig ist, dass aus dem subjektiven Urteil „grün" allein noch nicht zuverlässig auf einen Prüfungserfolg geschlossen werden kann. Dagegen geben „Gelb" oder „Rot" einen absolut zuverlässigen Hinweis auf eine Verständnislücke, die dringend geschlossen werden muss. Der Wert der Ampel besteht also in erster Linie darin, unmittelbaren Handlungsbedarf aufzuzeigen.

Zweitens gibt es Minimalanforderungen, die von den Studierenden selbst fehlerarm überprüft werden können. U. a. müssen folgende zwei Fragen positiv beantwortet werden: Kann ich eine Konzeptbasis (vgl. Abschnitt Vokabelliste und Konzeptbasis) anfertigen? Bestehe ich einen Memo-Test? (Dieser Test sieht vor, dass die Studierenden Einträge ihrer Vokabelliste – bzw. allgemeiner, Auszüge des Gelesenen – aus dem Gedächtnis niederschreiben und danach mit dem Originaltext vergleichen; solange sich Abweichungen zeigen, ist der Test nicht bestanden. *Wie* der Memo-Test durchzuführen ist, wird mehrfach in den Veranstaltungen thematisiert.)

Drittens können die Studierenden die subjektiven Ergebnisse der Ampel dadurch objektivieren, dass sie externe Rückmeldungen einholen – von den Übungsleitern, aus ECORSys, ECOMent, Dozentensprechstunden und neuerdings auch aus „Fitness-Checks" und „Mini-Prüfungen" durch das Lehrpersonal.

9.2.3 Toolbox(en)

Auch bei den Toolboxen handelt es sich eher um ein universelles Prinzip als um eine Prozedur im engeren Sinne. Das Prinzip sieht vor, zu Beginn der Lösung jedes Problems eine Toolbox anzulegen und zu „füllen". Ihren Inhalt bildet eine Kollektion sämtlicher Wissensbausteine, die bei der Problemlösung eine Rolle spielen könnten. Dabei kann es sich sowohl um Begriffe und Aussagen aus der Vorlesung oder dem vorausgesetzten Schulwissen, ebenso aber auch um Informationen aus dem unmittelbaren Problemkontext handeln. Diese „Tools" werden nun nacheinander „probiert". Dabei wird zunächst dasjenige Tool gewählt, welches am leichtesten zum Erfolg zu führen verspricht; Tools ohne sichtbaren Bezug zur Aufgabenstellung bleiben zunächst außer Acht. Bleibt der Problemlösungsprozess dennoch stecken, wird das „nächst-einfache" Tool probiert. In der Regel wird nach wenigen Schritten ein Werkzeug gefunden, das zum Erfolg führt; auch eine Kombination mehrerer Werkzeuge kann – ggf. mehrfach angewandt – den Erfolg bewirken. Bei allen Aufgaben, die innerhalb des Kurses gestellt werden, ist dieser Erfolg nahezu sicher, weil diese Aufgaben ja allein mit den im Kurs vermittelten Methoden gelöst werden können. Dies setzt voraus, dass die Studierenden die Toolbox korrekt gebrauchen und insbesondere den Überblick über die im Kurs behandelten Tools, speziell die grundlegenden Begriffe, haben. Dies wiederum wird durch die Führung der Vokabelliste unterstützt.

Auch das Toolbox-Konzept und seine Anwendung wird zunächst mehrfach in der Vorlesung demonstriert, anschließend in den Übungen vertieft und zudem auch in den ECO-Ment-Beratungen thematisiert. Ein Beispiel hierzu wird mit Abb. 9.5 gegeben.

9.2.4 Mathematisches Lesen

Die Checkliste „Lesen" wurde entwickelt, um „mathematisches Lesen" zu unterstützen. Hiermit ist das verstehende Lesen mathematikhaltiger Texte gemeint, welches sich stark vom rein orientierenden Überblicks-Lesen im Alltag unterscheidet. Die Checkliste „Lesen" ist folglich beim Lesen sämtlicher mathematischen Texte und Formulierungen einsetzbar, die es absolut genau zu verstehen gilt: Symbole, Formeln, Definitionen, Sätze, Aufgabenstellungen etc., unabhängig davon, ob diese innerhalb oder außerhalb unseres Kurses auftreten. Den inhaltlich wohl wichtigsten Anwendungsfall bildet das Lesen neuer Begriffe. Hierfür sind die in Abb. 9.1 dargestellten Schritte vorgesehen; eine umfassende Erläuterung dieser Schritte findet sich im kursbegleitenden Lehrbuch (Dietz 2012).

Die Liste unterstützt den gesamten Prozess von der visuellen Aufnahme einzelner Zeichen bzw. Wörter („Atome") bis hin zum Aufbau eines validen mentalen Konzeptes des Gelesenen. In einer ersten Phase wird die gegebene Textpassage zunächst „übersetzt"; aus einer Zeichenkette entsteht hierbei ein „Vorlies" als flüssig lesbare Formulierung. In der zweiten Phase wird der eigentliche Aufbau des Konzeptes vollzogen. Dies geschieht unter bewusster Einbeziehung des bis zum Beginn des Lesens erworbenen Vorwissens, welches wohlbestimmten Wissensbasen zugeordnet wird, und des jeweiligen Kontextes. Zur Illustration nehmen wir an, ein Dokument (etwa ein Vorlesungsskript) enthalte die in Abb. 9.2 dargestellte Passage.

Wie kann die Zeile (1) mit Hilfe unserer Checkliste gelesen und verstanden werden? Voraussetzung hierfür ist, dass sowohl der *unmittelbare Problemkontext* als auch der *wei-*

S0: "erkennen"

Übersetzungsphase:

S1: "buchstabieren" (ZZWW)
S2: "vorlesen"

Konzeptphase:

S3: "beleben"
S4: "visualisieren"
S5: "vortragen"

Abb. 9.1 Die Checkliste „Lesen"

... Damit ist die Behauptung bewiesen.
Gegeben sei nun eine beliebige Menge M. Wir setzen

$$H := \{A \mid A \subseteq M\}. \tag{1}$$

H heißt die Potenzmenge *von M. ...*

Abb. 9.2 Textpassage zum Begriff „Potenzmenge"

tere Dokumentenkontext bereits verstehend gelesen wurden; ersterer umfasst die beiden Zeilen vor und nach (1), letzterer den gesamten vorausgehenden Text (grau) bis einschließlich „[...] bewiesen". Speziell die Konzepte *Menge* und *Teilmenge* müssen verstanden sein, ehe die Zeile (1) verstehend gelesen werden kann. Eine gute Vorlesung unterstützt das, indem sie einen Ausdruck wie (1) erst dann einführt, wenn zuvor alle dafür benötigten Symbole und Begriffe bereitstehen.

Das Lesen beginnt mit der *Übersetzungsphase*. Im ersten Schritt S1 „buchstabieren" wird (1) „Zeichen für Zeichen, Wort für Wort" buchstabiert und dabei die Bedeutung bzw. Rolle jedes Atoms zweifelsfrei geklärt. Soweit sich die Bedeutung eines Atoms nicht direkt aus dem Kontext oder der Syntax von (1) ergibt, ist sie aus einer mentalen, besser noch materiellen Wissensbasis wie z. B. einer Vokabelliste (s. nächsten Abschnitt) zu importieren. Falls Mehrfachbedeutungen einzelner Atome auftreten, wird die zutreffende durch einen Bedeutungsabgleich zwischen verschiedenen Atomen bzw. mit Hilfe der Syntax identifiziert. Da die Bedeutungen im Schritt S1 zunächst funktionell beschrieben werden – z. B. durch „Mengeninklusions-Symbol" –, wird die Beschreibung im Schritt S2 „vorlesen" in eine Form gebracht, die die Studierenden flüssig vorlesen können und auch sollen (vgl. Pólya 1949). Das Ergebnis der Übersetzung von (1) könnte so lauten:

[Das neue Objekt] *H* ist definiert als Menge aller *A* mit der Eigenschaft, dass *A* eine Teilmenge von [der gegebenen Menge] *M* ist.

Man könnte annehmen, dass allein ein derartiges „Vorlies" das Verständnis des Gelesenen wesentlich unterstützt, da sich unser Denken oft flüssiger Formulierungen der natürlichen

Sprache bedient. Das gilt umso mehr, wenn – wie hier – unsere natürliche Sprache eine weitere Vereinfachung nahelegt:

> [...] *H* ist definiert als Menge aller Teilmengen von [...] *M*.

Tatsächlich jedoch besteht zwischen der Fähigkeit, eine symbolhaltige Phrase vorzulesen, und ihrem tieferen Verständnis ein sehr großer Unterschied. Dies zeigen Ergebnisse einer diesbezüglichen Klausuraufgabe aus dem Februar 2012. Während ca. 46 % der Studierenden hinreichend gut „vorlesen" konnten, hatten weniger als 12 % das Gelesene wirklich verstanden. Dies weist klar darauf hin, dass die Studierenden beim Aufbau mentaler Konzepte wirksamer methodischer Unterstützung bedürfen (vgl. auch Dietz und Rohde 2012b). Als Konsequenz erhielten die Studierenden seither verstärkt methodische Instruktionen für die Schritte S3 bis S5 der Konzeptphase. Ein wesentlicher Fortschritt wurde durch die Einführung der *Konzeptbasis* als materieller Leitfaden für die Konzeptbildung erreicht.

9.2.5 Vokabelliste und Konzeptbasis

Wie erwähnt, müssen vor dem Lesen eines neuen mathematikhaltigen Textes alle darin vorkommenden Begriffe und Symbole bekannt – genauer: vollständig verstanden – sein. CAT sieht dazu vor, dass die Studierenden eine *Vokabelliste* anlegen, in die alle neu eingeführten Begriffe und Symbole einzutragen sind. Zu jedem Stichwort sind eine präzise Definition, ggf. syntaktische Hinweise sowie bei Symbolen zusätzlich eine Funktionsbeschreibung sowie ein „Vorlies" aufzunehmen, siehe z. B. den oberen Teil von Abb. 9.3; dieser zeigt beispielhaft den Vokabellisteneintrag zum Mengeninklusions-Symbol. Somit ist die Vokabelliste ein wesentliches Hilfsmittel, um einen gegebenen Textabschnitt wie z. B. (1) Zeichen für Zeichen, Wort für Wort korrekt lesen zu können. Umgekehrt ist die Vokabelliste jedesmal um einen entsprechenden Eintrag zu ergänzen, wenn eine neue Definition gelesen wurde – im Beispiel um das Stichwort „Potenzmenge".

Beim Ergebnis der Schritte S1 und S2 handelt es sich zunächst nur um die lexikalischen Grundlagen des jeweiligen Begriffes – hier desjenigen der Potenzmenge. Um hieraus zu einem validen mentalen Konzept zu gelangen, wurde das Hilfsmittel der *Konzeptbasis* eingeführt. Seiner Natur nach handelt es sich um ein materielles Abbild des *concept image* im Sinne von Tall und Vinner (1981), welches sich die Studierenden selbst erarbeiten. Im Zentrum einer Gesamtheit miteinander verknüpfter Informationen stehen die lexikalischen Grundlagen zusammen mit vielfältigen dazu konformen Erweiterungen. Letztere sollten in jedem Fall folgende Aspekte umfassen: Beispiele und ggf. „Nicht-Beispiele", wenn möglich: Visualisierungen, wichtige Aussagen sowie eventuell wesentliche Anwendungen. Dem Wunsch der Studierenden nach regelhaften Prozeduren folgend wird hierfür ein leeres Formular vorgegeben, welches schrittweise auszufüllen ist. Die Erarbeitung der Kategorien „Beispiele" und „Nicht-Beispiele" sowie „Visualisierung" ist Gegenstand der

Abb. 9.3 Beispiel-Konzeptbasis zur Mengeninklusion (Dietz 2012)

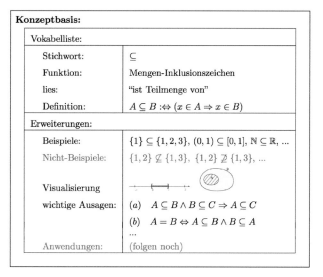

Konzeptbasis:	
Vokabelliste:	
Stichwort:	$\subseteq$
Funktion:	Mengen-Inklusionszeichen
lies:	"ist Teilmenge von"
Definition:	$A \subseteq B :\Leftrightarrow (x \in A \Rightarrow x \in B)$
Erweiterungen:	
Beispiele:	$\{1\} \subseteq \{1,2,3\}, (0,1) \subseteq [0,1], \mathbb{N} \subseteq \mathbb{R}, \dots$
Nicht-Beispiele:	$\{1,2\} \not\subseteq \{1,3\}, \{1,2\} \not\supseteq \{1,3\}, \dots$
Visualisierung	
wichtige Ausagen:	$(a) \quad A \subseteq B \wedge B \subseteq C \Rightarrow A \subseteq C$
	$(b) \quad A = B \Leftrightarrow A \subseteq B \wedge B \subseteq A$
	...
Anwendungen:	(folgen noch)

Schritte S3 „beleben" sowie S4 „visualisieren" der Checkliste Lesen. Auch hierzu finden sich ausführliche Erläuterungen bei Dietz (2012). Die Rubriken „wichtige Aussagen" und „wesentliche Anwendungen" überschreiten dagegen den Rahmen einer einzelnen Definition und werden erst im Verlauf der weiteren Arbeit mit dem gesamten Dokument – sei es eine Vorlesung, ein Textbuch o. a. – ausgefüllt. Das Ergebnis könnte z. B. so aussehen wie in Abb. 9.3.

9.3 Einige theoretische Bezüge

Das Prinzip von CAT, die Schulung des verstehenden Lesens mathematikhaltiger Formulierungen zur Grundlage des weiteren kognitiven Aufbaus zu machen, trifft sich mit der bekannten Feststellung von Magnus Österholm: „[...] there is a need for more explicit teaching of reading comprehension for texts including symbols" (Österholm 2006, S. 1) und zieht praktische Konsequenzen für teilnehmerstarke Studiengänge. Dabei werden insbesondere mathematik-interne implizite Konventionen zum Symbolgebrauch adressiert, die bekanntlich zu den wesentlichsten Ursachen für die Schwierigkeiten der Studienanfänger mit dem Fach Mathematik gehören (vgl. Hefendehl-Hebeker 2013). Von Richard Cox stammt die Feststellung „The process of constructing and interacting with an external representation is a crucial component of learning" (Cox 1999, S. 347). Dieser Prozess vollzieht sich in den Schritten S3 und S4 der Leseprozedur. Der Schritt S3 widmet sich nicht allein der Konstruktion eigener Beispiele, sondern gibt zudem Anstöße für naheliegende diagrammatische Schlussfolgerungen i.S. von Peirce, vgl. Hoffmann (2005); eine ausführlichere Diskussion hierzu folgt in Dietz (2015). Schritt S4 trägt der z. B. von Arcavi (2003) betonten Bedeutung visueller Darstellungen Rechnung. Wichtig ist hierbei, dass die Studierenden Hinweise zur Konstruktion eigener Visualisierungsbeispiele erhalten, wie es derzeit in den Vorlesungen geschieht (vgl. Dietz 2013). Die Funktion der Konzeptbasis ist somit auch deswegen herausragend, weil sie einen Verknüpfungspunkt verschiedener externer Repräsentationen bildet.

9.4   CAT in der Praxis

CAT steht für die Integration methodischer Aspekte in die Lehre. Die Studierenden sollen die CAT-Methoden kennenlernen und – idealerweise – so nachdrücklich von ihnen überzeugt werden, dass sie sie möglichst regelmäßig und mit dem gewünschten Erfolg anwenden.

CAT in der Vorlesung: Hier wird der erste Schritt dazu – das Kennenlernen der Methoden – vollzogen. Dazu werden die fachlichen Themen an geeigneten Stellen durch methodische Exkurse ergänzt. Darin werden die CAT-Bausteine vom Dozenten in Funktionsweise und beispielhaften Anwendungen vorgestellt. Darüber hinaus wird, so oft es die fachlichen Zusammenhänge nahelegen, immer wieder Bezug auf die CAT-Methoden genommen. Auch wird exemplarisch demonstriert, wie allein durch systematische Anwendung der CAT-Methoden Probleme lösbar werden, die zuvor sehr schwierig erschienen. Zur Illustration einige Beispiele:

1. *Vokabelliste:* Nachdem das Konzept dafür zunächst in der Vorlesung eingeführt wurde, werden mehrfach Mustereinträge demonstriert, und zwar stets im Zusammenhang mit neu eingeführten Begriffen oder Symbolen. Auf den Übungszetteln wird dazu angeregt, die Vokabellisten mit in die Übungen zu bringen. Die Übungsleiter sehen sie sich dort an und geben Hinweise zu deren Verbesserung.
2. *„Mathematisches Lesen":* Zunächst wird in der Vorlesung eine Anleitung gegeben; diese ist sehr ausführlich und kann auch im kursbegleitenden Lehrbuch (Dietz 2012) nachgelesen werden. Anschließend wird die Lesetechnik bei der Einführung neuer Begriffe und Sachverhalte mehrfach wiederholt. Abbildung 9.4 beispielsweise zeigt eine solche Wiederholung: Die neu eingeführte Definition des kartesischen Produktes $A \times B$ zweier Mengen A und B wird zunächst „vor" gelesen und anschließend durch die Erzeugung zunächst möglichst einfacher Beispiele „belebt" (Schritte S1 bis S3 der Checkliste Lesen). Dabei wird ständiger Bezug auf die Vokabelliste genommen, um die Bedeutung der auftretenden mathematischen Symbole zu klären.
3. *Toolbox:* Den Ausgangspunkt zu ihrer Behandlung gibt jeweils ein konkretes Problem, wie z. B. in der nachfolgenden Abb. 9.5. Das Foto entstammt einer Zentralübung; Thema war die Aufgabe, die Dreiecksungleichung für reelle Zahlen nachzuweisen.

Am Anfang steht das sorgfältige Lesen aller Zeichen(gruppen) – hier an den Unterstreichungen erkennbar – und ihre Interpretation. Anschließend wird die Toolbox aufgestellt, die hier neben der *Definition* des Betrages selbst weiterhin *Umformungsregeln* für Unglei-

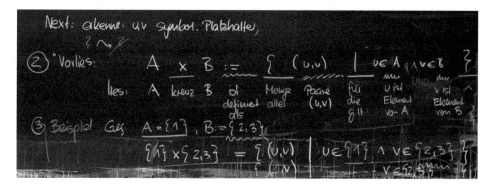

Abb. 9.4 Beispielhafte Anwendung der Lesetechnik in der Vorlesung

Abb. 9.5 Lösung einer „Beweisaufgabe" mit Hilfe der Toolbox (Auszug)

chungen, kurz „URU", insbesondere die Additionsregel für Ungleichungen, kurz „AVU", sowie einige in der Vorlesung bereits behandelte *Aussagen* a), b), c) ... über den Betrag aufführt.

Der nachfolgende Lösungsprozess, der hier aus Platzgründen nicht vollständig abgebildet werden kann, bedient sich *ausschließlich* dieser Tools, wobei einige von ihnen mehrfach benutzt werden. Wesentlich bei der Anwendung des Toolbox-Konzeptes ist also, zu demonstrieren, wie durch den geradezu spielerischen Umgang mit den Tools relativ leicht und folgerichtig ein Weg zur Lösung des Problems gefunden wird, wobei auch „systematisches Probieren" hilft. Zugleich wird ersichtlich, wie wertvoll die *Übersicht* über den behandelten Stoff ist (die durch die Checklisten, die Vokabelliste und Konzeptbasen unterstützt wird).

CAT im weiteren Lehrangebot Die ersten Erfahrungen im Studienjahr 2010/11 zeigten, dass die Verankerung von CAT *in der Vorlesung und den Zentralübungen allein* noch nicht genügt, um das Arbeitsverhalten der Studierenden durchgreifend zu verändern. Vielmehr bedürfen die Studierenden dazu zumindest anfänglich eines regelmäßigen Anstoßes und einer intensiven Unterstützung. Deswegen wurde das CAT-Konzept seither erweitert und auf die *gesamte* Lehre ausgedehnt – und zwar gleichermaßen auf das Selbstverständnis der Lehre wie auf das konkrete Lehrangebot wie auch auf das Lehrpersonal. Ziel ist es, Lehre durchgehend als Hilfe zur Selbsthilfe zu verstehen und die methodischen Aspekte des Selbststudiums permanent im Blick zu behalten. Angestrebt wird, dies im gesamten Lehrangebot umzusetzen, also in

- Lehrveranstaltungen (Vorlesungen, Übungen, Zentralübungen),
- Lehrmaterialien (ECOMath-Handbuch, Homepage, Übungsaufgaben m./o. Korrektur),
- Beratung und Support (ECOMent, ECOMentPlus, Dozentensprechstunden) und
- Prüfungen.

Die Verankerung methodischer Elemente in allen *Lehrveranstaltungen* auch über die Vorlesungen hinaus sowie auch im Beratungssystem ECOMent wird durch die Übungsleiter und Mentoren begleitet und betreut. Den Einstieg geben zumeist Übungs- und Korrekturaufgaben mit explizitem Bezug zu CAT, ebenso aber auch die Fragen der Studierenden zu den Aufgaben oder zum Vorlesungsstoff. Im Idealfall sollten in *allen* Übungen und in *allen* ECOMent-Beratungen gewisse, zum jeweiligen Thema besonders passende CAT-Elemente thematisiert werden. Vor allem dann, wenn Studierende auf Probleme stoßen, geht es darum aufzuzeigen, wie diese mit Unterstützung von CAT (leichter) gelöst werden können.

CAT findet sich auch in den *Lehrmaterialien*. Zentrales Element ist die konzeptbildende Lesetechnik, deren Anwendungsbereich über unseren speziellen Kurs hinausreicht. Hierfür stehen den Studierenden im ECOMath-Handbuch ausführliche Erläuterungen zur Verfügung. Weitere, eher kursspezifische CAT-Elemente wie Ampel und Toolbox werden auf den Internetseiten des Kurses erläutert.

Eine höhere Verbindlichkeit von CAT wird nicht allein durch Aufgaben mit CAT-Bezug erreicht, sondern auch durch die Aufnahme von explizit CAT-bezogenen *Klausuraufgaben,* wie aus Abb. 9.6 ersichtlich.

Ein wesentlicher Faktor für den Erfolg von CAT ist die Fähigkeit des gesamten im Kurs tätigen Lehrpersonals, die Philosophie von CAT „zu leben". Dies bedeutet, in nahezu jeder Situation über den in der traditionellen Lehre gesetzten Rahmen hinauszugehen

---

Aufgabe: Wir betrachten die folgende Definition einer Menge M:

$$M := \{\, x \in \mathbb{N} \mid \exists y \in \mathbb{N} : x = y^2 \,\}$$

1. Angenommen, Sie wollen Ihrer Lerngruppe diese Definition vorstellen und beginnen damit, sie "vorzulesen". Wie lautet Ihre Formulierung?
2. Geben Sie – als Beispiele – drei Elemente der Menge M an.
3. Geben Sie drei Zahlen an, die der Menge M nicht angehören.
4. Geben Sie den Inhalt der obigen Definition mit Ihren eigenen Worten wieder.

Abb. 9.6 Eine Klausuraufgabe zum verstehenden Lesen

und möglichst konkret Bezug zur Philosophie bzw. zu den passenden Komponenten von CAT zu nehmen. Dies gilt umso mehr, als CAT nicht allein in den Lehrveranstaltungen zu thematisieren ist, sondern ebenso in den Bereichen Beratung und Support. Wenn z. B. ein Student in einer *ECOMent-Beratung* nach dem Ergebnis einer Aufgabe fragt, so wird ihm im Idealfall keine „fertige" Antwort auf diese Frage gegeben. Vielmehr wird mit ihm gemeinsam an der Beantwortung der Meta-Frage gearbeitet, wie er sich in die Lage versetzen kann, das gesuchte Ergebnis *selbst* zu finden. Dabei wird analysiert, ob die Aufgabe zunächst richtig gelesen wurde, ob alle benötigten Begriffe parat sind (Vokabelliste!), ob eine Toolbox zusammengestellt wurde etc. Daraus wird nach Möglichkeit ein „Arbeitsauftrag" abgeleitet, der dem Studierenden hilft, die nächsten Schritte selbst zu gehen.

Diese Herangehensweise setzt ein sehr gutes Verständnis des CAT-Konzeptes in all seinen Komponenten voraus. Deswegen werden Übungsleiter und Mentoren mit Blick auf die methodischen Aspekte besonders geschult. Neben einem Semester-Startworkshop finden wöchentlich ca. zweistündige Tutorenschulungen statt, in denen sukzessiv alle Aspekte von CAT thematisiert werden.

9.5   Begleitende Analysen

Wie einleitend erwähnt, wurde CAT aus jahrelanger Lehrpraxis abgeleitet und hat primär weitere praktische Verbesserungen der Lehre zum Ziel. Im Zuge der Arbeit mit und an CAT wurden zugleich verschiedene Fragestellungen sichtbar, die Anlass zu hochschuldidaktischen Analysen bieten. Hier seien folgende genannt: Wie ist das lehrverbessernde Potential einer gezielten methodischen Unterstützung der Studierenden einzuschätzen? Welche Ursachen hat die langjährig verbreitet beobachtete geringe Akzeptanz von Hinweisen zur Methodik (im Vergleich zur Akzeptanz rein fachlicher Lehre)? Wie kann die Akzeptanz und damit die Wirksamkeit von CAT erhöht werden?

9.5.1   ECOStud

Zur Analyse der erstgenannten Frage wurde in den Studienjahren 2010–2012 unter dem Titel ECOStud eine komplex designierte qualitative Begleitstudie durchgeführt (vgl. Dietz und Rohde 2012a). Diese verfolgte das Ziel, das Potential eines gezielten methodischen Trainings anhand einer Projektgruppe mit ca. 30 Studierenden zu analysieren und die Erkenntnisse für den „Regellehrbetrieb" in teilnehmerstarken Studiengängen nutzbar zu machen. Die Studie erlaubte tiefere Einsichten in die Natur der Probleme, die viele Studierende beim Umgang mit Mathematik haben. Die Beobachtungen bestätigten, dass sich vielfältige mathematische Fehlleistungen im Kern auf relativ einfache methodische Fehler zurückführen lassen. Die größten Schwierigkeiten hatten die Studierenden mit der „Sprache" der Mathematik, dem Verständnis logischer Strukturen so der Memorisierung bereits erarbeiteter Inhalte. Zugleich schätzten die TeilnehmerInnen das gezielte methodische

Training als sehr wertvoll ein und erzielten z. T. deutlich bessere Klausurergebnisse als die Mitglieder einer Kontrollgruppe im Wintersemester 2010/11. Die Ergebnisse stimulierten die verbreiterte Einführung von CAT und ermöglichten zugleich Verbesserungen bei den Instruktionen, z. B. durch die ausdrückliche Erläuterung impliziter Konventionen der Symbolsprache.

9.5.2 Projektarbeit im khdm

Der Abbau von Selbststudienhemmnissen, die mit mangelnder Akzeptanz methodischer Instruktionen verbunden sind, ist Gegenstand eines Teilprojektes der AG WiWi-Math des khdm am Standort Paderborn. Im Rahmen dieses Projektes wurde im WS 2011/12 eine Erhebung durchgeführt, die rund 650 statistisch verwertbare Antwortbögen erbrachte. Deren Analyse bestätigte die Erfahrungswahrnehmung, dass die CAT-Methoden noch von einem deutlich zu geringen Anteil der Studierenden angenommen und erfolgreich praktiziert wurden. Interessanterweise hat sich die Annahme, CAT erzeuge möglicherweise einen zu hohen zusätzlichen Arbeitsaufwand, bei den tatsächlichen Nutzern von CAT nicht signifikant bestätigt. Als wichtigstes Akzeptanzhemmnis wurde vielmehr eine zu geringe Thematisierung von CAT durch die Übungsleiter genannt. In der Konsequenz werden mittlerweile auch Übungsleiter und Mentoren systematisch in CAT eingeführt und angeleitet, um CAT in den Übungen und Beratungen sachgerecht vermitteln zu können. Weitere Akzeptanzhemmnisse – wie etwa ein noch nicht ausreichendes Verständnis für die Funktionsweise von CAT – geben Anlass zu einer künftig noch besseren Vermittlung von CAT, ebenso aber auch zu einer vertieften Analyse darüber, welche Elemente von CAT bislang noch nicht ausreichend verstanden werden. Diese ist Gegenstand zweier weiterer im Studienjahr 2013/14 geplanter Erhebungen, deren erste bereits im Wintersemester 2013/14 durchgeführt wurde und die gegenwärtig ausgewertet wird. Für das Sommersemester 2014 ist eine Nachbefragung geplant, die insbesondere retrospektive Wertungen zu CAT nach Vorliegen der Klausurergebnisse des letzten Wintersemesters erheben wird.

9.5.3 Zur Wirksamkeit von CAT

Die folgende Einschätzung basiert auf den bereits genannten Informationsquellen, Klausurergebnissen und direktem Feedback von Studierenden und Lehrpersonal. Seit Einführung von CAT haben sich folgende Fähigkeiten *verbessert*:

- die zum verstehenden mathematischen Lesen,
- die zum Problemlösen durch korrektes mathematisches Argumentieren und
- die zur korrekten Wiedergabe mathematischer Grundbegriffe.

Zur Illustration werden in Tab. 9.2 einige *quantitative* Daten aufgeführt.

Tab. 9.2 Fähigkeiten in Klausuren

Klausur Mathematik 1 vom Februar	2012	2013
Korrekt „vorlesen" können	~46 %	~54 %
Konzeptverständnis haben	< 12 %	~20 %
Korrekt problemlösend argumentieren können	< 11 %	~20 %
Definitionskenntnis bzw. -import korrekt bei	~46 %	~56 %

Die Prozentangaben beziehen sich jeweils auf eine Stichprobe von 100 Teilnehmern, die aus der Gesamtheit *aller* Klausurteilnehmer des betreffenden Jahrganges zufällig ausgewählt wurden. Ersichtlich hat sich der Anteil der Studierenden, die vom „Vorlesen" mathematischer Formulierungen bis zum Konzeptverständnis vordringen, im zweiten Jahrgang nahezu verdoppelt. Als Ursachen hierfür kommen die Einführung von Konzeptbasen im Wintersemester 2012/13 und die stärkere Thematisierung von CAT in den Übungen dieses Jahrganges in Betracht.

In *qualitativer* Hinsicht ist zu ergänzen, dass die Übungsleiterinnen und Übungsleiter im WS 2012/13 mit Bezug auf das Vorjahr rückmeldeten, „die Studierenden werden besser". Zudem hat sich auch das Studierverhalten bei einem Teil der Studierenden verbessert: In der direkten Kommunikation mit CAT-Nutzern gibt es viele positive Rückmeldungen über CAT, insbesondere über den Nutzen der Konzeptbasis. Weiterhin gibt es Studierende, die Konzeptbasen auch schon für andere Lehrveranstaltungen nutzen. Die Auswertung der letzteren Klausur zeigte, dass viele Studierende sich aktiv bemühen, CAT-Elemente wie z. B. die Toolbox beim Problemlösen einzusetzen. Beobachtungen der Übungsleiter weisen darauf hin, dass durch das Toolbox-Konzept die Akzeptanz sonst eher wenig beliebter Lösungsmethoden und auch die Hartnäckigkeit beim Problemlösen gesteigert werden. Auch wenn nicht in jedem Fall ein Erfolg erzielt wird, ist doch das (meta-kognitive) Bemühen, die Kontrolle über den eigenen Arbeitsprozess zu wahren, unübersehbar.

Bisher nicht befriedigen konnte zum Zeitpunkt der khdm-Arbeitstagung, dass es bis dahin noch nicht gelungen war, das nach Auffassung des Autors vorhandene Wirkungspotential von CAT voll auszuschöpfen. Dies zeigte sich an einer noch immer zu geringen Akzeptanz von CAT und daran, dass auch bei CAT-Nutzern noch zu viele methodisch bedingte Fehler auftreten. Die Prüfungsergebnisse aufeinanderfolgender Jahrgänge haben sich insgesamt nur leicht verbessert (s. Tab. 9.3).

Bei der Bewertung dieser Tabelle ist sicherlich zu berücksichtigen, dass sich die aus der Schule vorausgesetzten Kenntnisse und Fähigkeiten der Studienanfänger in den letzten Jahren verschlechtert haben, was nicht allein eigenen Beobachtungen entspricht, sondern

Tab. 9.3 Klausurergebnisse

Klausur Mathematik 1 vom Februar	2012	2013
Bestanden:	53,3 %	58,8 %
Durchschnittsnote aller Teilnehmer	4,0	3,9

auch durch empirische Untersuchungen belegt ist (Weinhold 2013). Größte Schwierigkeiten gibt es nicht nur beim Umgang mit abstrakteren Konstrukten, sondern bereits im
Bereich des Mittelstufen-Stoffes und der elementaren Arithmetik. Zudem haben viele Studierende erhebliche Probleme, ihre Überlegungen angemessen schriftlich zu formulieren.
Es liegt nahe, sich dass sich die aufwendigen Bemühungen zur Verbesserung der Hochschullehre infolgedessen zum Teil nur kompensatorisch auswirken.

Nichtsdestoweniger stellte sich zum Zeitpunkt der khdm-Arbeitstagung die Aufgabe,
CAT auch innerhalb des Übungsbetriebes noch intensiver zu thematisieren. Dies ist seit
dem Wintersemester 2013/14 umgesetzt worden. Eine erste Sichtung der Daten der in diesem Semester durchgeführten Studierendenbefragung lässt erkennen, dass der Anteil der
Studierenden, die mit CAT arbeiten, deutlich zugenommen hat. Einer detaillierten, auf dieser Befragung beruhenden Analyse der Wirksamkeit von CAT und seiner Komponenten,
die derzeit erarbeitet wird, soll hier jedoch nicht vorgegriffen werden.

Zusammenfassend erscheint dem Autor die These gerechtfertigt, dass CAT ein hohes Wirkungspotential sowohl zur Unterstützung von Selbstkontrollstrategien als auch zur
Förderung der Konzeptverständnis- und Problemlösefähigkeit besitzt, welches es künftig
durch eine wirksamere Vermittlung, basierend auf der Analyse von Anwendungshemm-
nissen, wie auch durch die Weiterentwicklung einzelner Komponenten noch besser auszunutzen gilt.

Literatur

Arcavi, A. (2003). The role of visual representations in the learning of mathematics. *Educational
Studies In Mathematics, 52*(3), 215–241.

Cox, R. (1999). Representation construction, externalised cognition and individual differences.
Learning and Instruction, 9, 343–363.

Dietz, H. M. (2012). *Mathematik für Wirtschaftswissenschaftler. Das ECOMath-Handbuch.* Berlin:
Springer-Gabler.

Dietz, H. M. (2013). Mathematik für Nichtmathematiker – diagrammatische Aspekte. In G. Greefrath, F. Käpnick, & M. Stein (Hrsg.), *Beiträge zum Mathematikunterricht 2013* (Bd. 1, S. 256–
259). Münster: WTM-Verlag.

Dietz, H. M. (2015). Semiotics in „Reading Maths". In G. Kadunz (Hrsg.), *Semiotische Perspektiven
auf das Lernen von Mathematik* (S. 185–203). Wiesbaden: Springer Spektrum.

Dietz, H. M., & Rohde, J. (2012a). Studienmethodische Unterstützung für Erstsemester im Mathe-
matikservice. In M. Ludwig, & M. Kleine (Hrsg.), *Beiträge zum Mathematikunterricht 2012*
(Bd. 1, S. 201–204). Münster: WTM-Verlag.

Dietz, H. M., & Rohde, J. (2012b). Adventures in Reading Maths. In O. Prosorov (Hrsg.), *Phi-
losophy, Mathematics, Linguistics: Aspects of Interaction. Proceedings of the 2012 PhML
Conference* (S. 61–68). St. Petersburg: Steklov Institute of Mathematics and Euler Mathematical.

Hefendehl-Hebeker, L. (2013). Mathematische Wissensbildung in Schule und Hochschule – Gemeinsamkeiten und Unterschiede. In A. Hoppenbrock, S. Schreiber, R. Göller, R. Biehler, B.

Büchler, R. Hochmuth, et al. (Hrsg.), Mathematik im Übergang Schule/Hochschule und im ersten Studienjahr, Extended Abstracts zur 2. khdm-Arbeitstagung (S. 79–80). http://kobra.bibliothek.uni-kassel.de/handle/urn:nbn:de:hebis:34-2013081343293. Zugegriffen: 18. Januar 2015

Hoffmann, M. (2005). *Erkenntnisentwicklung*. Frankfurt am Main: Vittorio Klostermann.

Österholm, M. (2006). Characterizing Reading Comprehension of Mathematical Texts. *Educational Studies in Mathematics, 63*(3), 325–346.

Pólya, G. (1949). *Schule des Denkens: Vom Lösen mathematischer Probleme*. Bern: Francke.

Tall, D., & Vinner, S. (1981). Concept image and concept definition in mathematics, with particular reference to limits and continuity. *Educational Studies In Mathematics, 12*(2), 151–169.

Weinhold, C. (2013). Schwierigkeiten von Lernenden beim Übergang ins Studium. In A. Hoppenbrock, S. Schreiber, R. Göller, R. Biehler, B. Büchler, R. Hochmuth, et al. (Hrsg.), Mathematik im Übergang Schule/Hochschule und im ersten Studienjahr, Extended Abstracts zur 2. khdm-Arbeitstagung (S. 164–165). http://kobra.bibliothek.uni-kassel.de/handle/urn:nbn:de:hebis:34-2013081343293. Zugegriffen: 18. Januar 2015

Vorbereitende und begleitende Angebote in der Grundlehre Mathematik für die Fachrichtung Wirtschaftswissenschaften

10

Bruno Ebner, Martin Folkers und Daniel Haase

Zusammenfassung

Im Jahr 2009 wurde erstmals ein Blended Learning Vorkurs Mathematik für die Fachrichtung Wirtschaftswissenschaften am Karlsruher Institut für Technologie (KIT) eingeführt. In diesem Artikel werden das Konzept und die Struktur des Vorkurses erläutert, wobei sowohl die Onlinephase als auch die Präsenzphase dargestellt werden. Im Anschluss wird der vom MINT-Kolleg Baden-Württemberg angebotene Begleitkurs zur Vorlesung Mathematik 1 für die Fachrichtung Wirtschaftswissenschaften vorgestellt und auf das Prüfungsszenarium eingegangen. Weiter werden Evaluationen und Effekte des Vorkurses sowie des Begleitkurses auf den Studienerfolg im Fach Mathematik dargestellt.

10.1 Einleitung

Seit über 40 Jahren bietet das Karlsruher Institut für Technologie (KIT) die interdisziplinären Studiengänge Wirtschaftsingenieurwesen und (Technische) Volkswirtschaftslehre (Bachelor und Master) an. Traditionell werden in diesen Studiengängen die mathematischen Methoden in den Wirtschaftswissenschaften besonders gepflegt. Alle Studierenden müssen im Rahmen der Bachelorstudiengänge eine umfangreiche ma-

Bruno Ebner ✉ · Martin Folkers
Karlsruher Institut für Technologie (KIT), Institut für Stochastik, Karlsruhe, Deutschland
e-mail: bruno.ebner@kit.edu, martin.folkers@kit.edu

Daniel Haase
Karlsruher Institut für Technologie (KIT), MINT-Kolleg Baden-Württemberg,
Karlsruhe, Deutschland
e-mail: daniel.haase@kit.edu

© Springer Fachmedien Wiesbaden 2016   149
A. Hoppenbrock et al. (Hrsg.), *Lehren und Lernen von Mathematik in der Studieneingangsphase*, Konzepte und Studien zur Hochschuldidaktik und Lehrerbildung Mathematik, DOI 10.1007/978-3-658-10261-6_10

thematische Grundausbildung durchlaufen. Neben einer klassischen dreisemestrigen Ingenieurmathematik sind jeweils eine zweisemestrige Grundausbildung in den Fächern Statistik bzw. Operations Research sowie eine dreisemestrige Informatikausbildung zu absolvieren. Die erworbenen mathematischen Kenntnisse sollen darüber hinaus die Studierenden befähigen, nach der Ablegung der Bachelorprüfung in einem der wirtschaftswissenschaftlichen Studiengänge den Masterstudiengang Wirtschaftsmathematik zu belegen. Dieser Masterstudiengang wird von der Fakultät für Wirtschaftswissenschaften gemeinsam mit der Fakultät für Mathematik angeboten. Aufgrund der sehr guten Berufsaussichten für Wirtschaftsingenieure und des Bekanntheitsgrades ist die Bewerberzahl für die wirtschaftswissenschaftlichen Bachelorstudiengänge mit deutlich über 3000 Bewerbungen bei etwa 600 Studienplätzen sehr hoch. Neben Ehrenämtern und sportlichen Aktivitäten spielt vor allem die Abiturnote eine große Rolle beim Auswahlverfahren, welches die Fakultät für Wirtschaftswissenschaften jährlich durchführt. Dementsprechend bringen die meisten Studienanfänger auffallend gute Noten insbesondere auch im Fach Mathematik mit. Folglich haben Lehrende in den genannten Studiengängen fast nicht mit mangelnden mathematischen Kenntnissen aus dem Bereich der Primarstufe zu kämpfen. Die wenigen Ausnahmen resultieren meistens aus Quereinsteigern, für die das Abitur aus den unterschiedlichsten Gründen schon länger zurück liegt. Für diese (meist hochmotivierte) Klientel bietet das MINT-Kolleg Baden-Württemberg erfolgreich spezielle Aufbau- und Begleitkurse an. Trotz dieser für uns überaus erfreulichen Situation fällt der Einstieg in die Vorlesung den meisten Studierenden erfahrungsgemäß schwer. Gründe hierfür sind das im Vergleich zur Schule erhöhte Abstraktionsniveau und die Lehrgeschwindigkeit, Probleme mit dem Frontalunterricht im großen Hörsaal, sowie die neue Lebenssituation. Eine ausführliche Beschreibung der möglichen Ursachen für die „Lücke zwischen Schul- und Hochschulmathematik" findet sich in einer Studie, in der Hochschullehrer aus verschiedenen Ländern zu dieser Problematik befragt wurden (s. Grünwald et al. 2004). Um den Problemen der Studienanfänger beim Studienstart entgegenzuwirken, wurde 2009 erstmals vom Institut für Stochastik in Kooperation mit dem Fernstudienzentrum des KIT ein (nicht verpflichtender) Blended Learning Vorkurs Mathematik für die Fachrichtung Wirtschaftswissenschaften eingeführt. Zur Begrifflichkeit und zu unterschiedlichen Konzepten des Blended Learning (s. Mandl und Kopp 2006; Fischer 2014). Der inhaltliche Fokus wurde vor allem auf die erste Hälfte der Vorlesung Mathematik 1 gelegt, da die dort behandelten Themen in den Lehrplänen (zumindest von Baden-Württemberg) teilweise nicht mehr vorkommen, was den Einstieg der Studienanfänger zusätzlich erschwert. Dementsprechend handelt es sich nicht um einen „Brückenkurs Mathematik" im Sinne des Abschlussberichts des Expertentreffens, welches im Jahr 2009 vom BMBF in Bonn veranstaltet wurde (s. Meiner und Seiler 2009). Unser Vorkurs ist als ein Angebot zu verstehen, welches Studieninteressierte auf die Hochschulmathematik vorbereitet und auf die prinzipiellen Unterschiede zur Schulmathematik eingeht.

10.2   Ausgangslage

Klagen über eine mangelhafte mathematische Vorbildung und ungenügende Motivation von Studienanfängern in technisch-wissenschaftlichen oder naturwissenschaftlichen Studiengängen durchziehen die Universitätsgeschichte seit Jahrhunderten. Ein wesentlicher Grund für diese Klagen liegt in der großen Diskrepanz zwischen dem Mathematikunterricht an einer allgemeinbildenden Schule und dem akademischen Niveau einer mathematischen Grundvorlesung, in der Regel im Frontalunterricht bei sehr hohem Tempo und gegenüber dem schulischen Unterricht sehr hohem Abstraktionsniveau. Über diese Diskrepanz ist vielfach berichtet worden. Exemplarisch seien genannt die Ausarbeitung eines Vortrages von Otto Toeplitz[1] aus dem Jahr 1928, gehalten auf der 90. Versammlung Deutscher Naturforscher und Ärzte zu Hamburg und ein Artikel von S. Rach und A. Heinze aus dem Jahr 2013. Für Toeplitz ergibt sich der Unterschied zwischen der Schul- und der Hochschulmathematik *aus dem Antagonismus zwischen Stoff und Methode*. Bezogen auf die Inifinitesimalrechnung schreibt er:

[…] überwiegt in der Infinitesimalrechnung der Schulen die formale Seite der Sache, die Rechentechnik des Differenzierens und Integrierens, um ein kurzes Wort zu gebrauchen: der Kalkül (Toeplitz 1928, S. 13).

Beim Bildungsziel der Schulmathematik steht das Methodische im Vordergrund. Schüler/innen sollen bei der Auseinandersetzung mit Mathematik heuristische Problemlösefähigkeiten ausbilden und in die Lage versetzt werden, Mathematik zu verwenden, um Erscheinungen der Welt zu verstehen und damit umzugehen (s. Rach und Heinze 2013). Demgegenüber schreibt Toeplitz zur Universitätslehre:

Ihre Vorlesungen sind ausgesprochenermaßen auf das Stoffliche eingestellt. Sie lehren Tatsachen und betrachten Tatsachen stillschweigend als das einzig gültige Ziel. Die Tatsachen werden … um ihrer selbst willen als absolute Werte hingesetzt, deren äußere und innere Notwendigkeit zu motivieren überflüssig ist. Und diese Tatsachen bilden hernach, als „abfragbares Wissen", die Grundlage der abschließenden Prüfungen (Toeplitz 1928, S. 3).

Eine inhaltlich ähnliche Beschreibung findet man in Rach und Heinze (2013). Ergänzend hierzu wird dort bemerkt:

Wenn man dagegen Mathematik in der Schule eher als instrumentales Anwendungsfach betreibt, haben mathematische Beweise eine geringere Bedeutung für die Evidenzgenerierung, da hier auch andere Autoritäten (z. B. Schulbuch, Lehrkraft) ausreichen, um die Gültigkeit von Aussagen sicherzustellen (Rach und Heinze 2013, S. 126).

---

[1] Otto Toeplitz (1881–1940), Studium in Breslau, 1905 Promotion bei Jakob Rosanes in Breslau, 1906 Mitarbeiter von David Hilbert, 1913 Professor in Kiel, 1928 Professor in Bonn, 1939 Auswanderung über Basel nach Jerusalem, Hauptarbeitsgebiete: Algebra, Analysis, Didaktik der Mathematik. Zur Person und zum Werk von Otto Toeplitz siehe Müller-Stach (2014).

Weiter beschreiben die beiden Autoren die Unterschiede in den Lernstrategien, welche notwendig sind, um an der Universität erfolgreich zu bestehen. Während an der Schule eine selbstständige Organisation des Lernens im Klassenverband eine eher untergeordnete Rolle spielt, liegt der Schwerpunkt der individuellen Lernprozesse an einer Universität vor allem im Selbststudium. Dies setzt aber voraus, dass ein Studierender möglichst schnell lernt, seine Arbeit und sein Lernen eigenverantwortlich zu organisieren und auch die Fähigkeit erwirbt, sich immer wieder aufs Neue zu motivieren (s. auch Wild 2005).

Um die Umstellung von der Schulmathematik auf die universitäre Mathematik zu meistern, benötigen Studienanfänger Zeit, die meistens nicht vorhanden ist. Ausgangspunkt für unsere Überlegungen beim Aufbau eines Vorkurses für Studienanfänger, welche in der Regel gute Noten im Fach Mathematik mitbringen, ist eine Ausarbeitung eines Vortrags von Georg Feigl (1927 in Berlin)[2], welcher 1928 im 37. Band des Jahresberichtes der Deutschen Mathematikervereinigung erschienen und heute noch aktuell ist. Feigl (1928) schreibt:

> Ich glaube, [...], daß der mathematische Schulunterricht sich gerade an diejenigen zu wenden hat, die die Mathematik nach dem Verlassen der Schule nicht mehr systematisch betreiben werden. Der mathematische Schulunterricht soll versuchen, die Gesamtheit der Schüler zu exaktem und kritischen Denken zu erziehen und ihr einen Einblick in das Wesen der Mathematik, eine Vorstellung von ihrer Arbeitsweise, eine Einführung in ihre beherrschenden Begriffe, Probleme und Methoden zu geben (Feigl 1928, S. 187).

Folgt man diesem vernünftigen Grundsatz, bedeutet das für einen mathematischen Vorkurs, dass nicht vorrangig Schulstoff wiederholt wird, sondern im Gegenteil ein moderater Einstieg in die akademische Hochschulmathematik vollzogen werden muss. Man vergleiche hierzu auch die Ausführungen in Gehrke (2012). Eine theoretische Fundierung für dieses Vorgehen findet man in Reichersdorfer et al. (2014). Die Diskussion, ob das heutige allgemeinbildende Gymnasium stets die Forderung erfüllt, die Gesamtheit der Schüler zu exaktem und kritischen Denken zu erziehen, muss an anderer Stelle geführt werden. Insbesondere wird hier auch nicht beleuchtet, ob die heute übliche Stoffauswahl und Stoffdarstellung immer die günstigste ist.

10.3 Konzept: Vorbereitung der Hochschulmathematik

Die Autoren des mathematischen Vorkurses gehen davon aus, dass bei der oben näher beschriebenen Klientel eine reine Wiederholung des Schulstoffes der Primarstufe wenig zielführend ist. Das zu Grunde liegende didaktische Konzept besteht vielmehr darin, die ersten Themen der Universitätsmathematik vorzubereiten und die Vorteile des wiederholenden Lernens und Einübens auszunutzen. Es werden insbesondere in keiner Weise

[2] Georg Feigl (1890–1945), Studium in Jena, Promotion 1918 bei Paul Koebe in Leipzig, 1919 Assistent bei Erhard Schmidt in Berlin, ab 1933 dort Professor, 1935 Professor in Breslau, Hauptarbeitsgebiete: Geometrie und Topologie.

Vorlesungsinhalte aus der Vorlesung Mathematik 1 in den Vorkurs ausgelagert und dann als bekannt vorausgesetzt. Bei der Durchsicht von vielen mathematischen Vorkursen fällt auf, dass entweder sehr breit die Inhalte der Primarstufe (elementares Rechnen, Termumformungen, Rechengesetze) behandelt werden oder die gesamten Inhalte einer Vorlesung Mathematik 1 vorweggenommen werden. Die Themen Geometrie und Numerik werden meistens sträflich vernachlässigt. Wir haben versucht, zwischen diesen beiden extremen Standpunkten einen Mittelweg zu gehen. Unser Vorkurs zielt vor allem darauf ab, den Einstieg in die Universitätsmathematik in den ersten Wochen den Anfängern dadurch zu erleichtern, dass die ersten Themen der Vorlesung Mathematik 1 schon im Vorkurs angesprochen und mit einfachen Aufgaben eingeübt werden. Es wird aber nach Möglichkeit auf exakte Formulierungen geachtet, wie sie der universitären Mathematik eigen sind. Das inhaltliche Konzept des Karlsruher „Vorkurses Mathematik für die Fachrichtung Wirtschaftswissenschaften" ist ähnlich angelegt wie die „Münchner Brückenkurse" (s. Reichersdorfer et al. 2014). Insbesondere wird auf den „Reparaturcharakter" als Zielbereich bewusst weitestgehend verzichtet. Dieses Vorgehen führt natürlich immer wieder zu der Klage, dass einfache Sachverhalte (z. B. in der Mengenlehre) „unnötig abstrakt" dargestellt werden. Insbesondere Anfänger mit guten Noten verstehen hier manchmal die Welt nicht mehr, da sie aus der Schule gewohnt waren, mathematische Sachverhalte ohne Nacharbeit sofort zu verstehen und zu verinnerlichen, jetzt aber feststellen müssen, dass aus einer akademischen Perspektive viele Dinge nicht mehr so selbstverständlich sind und einer Nacharbeit bedürfen. Dies führt bei vielen zu einer gewissen Demotivation, die möglichst schnell aufgelöst werden muss. Ein Anfänger muss behutsam an die Erkenntnis herangeführt werden, dass strukturelle Überbauten in der Mathematik unerlässlich sind. Grünwald et al. (2004) bemerken zu Recht:

> Viele Studierende werden zum ersten Mal in ihrem Leben an der Hochschule mit dem konventionellen logischen Aufbau der Mathematiklehrveranstaltungen konfrontiert und erfahren daher in ihrem ersten Studienjahr einen enormen kognitiven Konflikt (Grünwald et al. 2004, S. 285).

10.4   Blended Learning Konzept

Der Vorkurs startet fünf Wochen vor Vorlesungsbeginn und läuft insgesamt vier Wochen (zwischen Vorkurs und Studienstart findet die Orientierungsphase der Fachschaft statt), wobei drei Wochen in einer Onlinephase und eine Woche in einer Präsenzphase stattfinden. Für die Onlinephase wird die E-Learning Plattform ILIAS verwendet (s. http://www.ilias.de) und zur Formeldarstellung wurde das auf LaTeX basierende MathJax integriert (s. http://www.mathjax.org). In der Onlinephase werden insgesamt fünf Themen behandelt: „Mengenlehre", „Zahlenbereiche", „Abbildungen", „Die Sprechweise der Stochastik" und „Kurvendiskussion". Eine Lernplanung fördert das kontinuierliche Auseinandersetzen mit dem jeweiligen Stoff. Die persönliche Betreuung wird über ein durch

studentische Hilfskräfte betreutes Forum zu jedem Themenbereich gewährleistet. Erstmals wurden im WS 2012/13 kurze Lehrvideos von Jörn Loviscach[3] an entsprechender
Stelle in die Onlinemodule „Mengenlehre" und „Abbildungen" integriert, welche von
Loviscach auf der Videoplattform YouTube (s. http://www.youtube.de oder auch http://
www.capira.de) veröffentlicht wurden. Auf Grund des großen Zuspruchs sind in einer
überarbeitenden Version auch Kurzvideos in den Onlinemodulen „Zahlenbereiche" und
„Die Sprechweise der Stochastik" eingebunden. Als weiteres Lehrmittel wurden in allen Onlinemodulen Testaufgaben integriert, um Studierenden ein gewisses Feedback zum
Lernerfolg zur Verfügung zu stellen. Die Präsenzphase beinhaltet eine Woche mit Veranstaltungen, welche vor Ort stattfinden. Vormittags wird exemplarisch eine Vorlesung
über ein spezielles mathematisches Themengebiet mit Anwendungen in den Wirtschaftswissenschaften gehalten und administrative Informationen sowie Informationen zum Prüfungswesen gegeben. Der wichtigste Baustein während der Präsenzphase ist ein täglicher
3-stündiger Übungsbetrieb nachmittags in kleineren Gruppen, in dem gemeinsam unter
Anleitung von Tutoren/innen Übungsaufgaben zu den Inhalten der Onlinephase bearbeitet
werden. Es werden Ideen des „inverted classroom" oder „flipped classroom" verwendet.
Die Grundidee des „inverted classroom", (s. Spannagel 2013; Handke et al. 2012), besteht
darin, Vorlesungsinhalte (Theoriephase) ins Internet auszulagern und im Präsenzunter-
richt Übungsaufgaben zur Theorie zu lösen sowie Projekte zu den jeweiligen Themen
gemeinsam zu bearbeiten. Dieses Vorgehen setzt natürlich voraus, dass alle Teilnehmer
der Präsenzphase die Inhalte der Onlinephase mindestens zur Kenntnis genommen haben.
Die Autoren gehen durchaus nicht davon aus, dass im Rahmen des Vorkurses alle Onlineinhalte schon vollständig verstanden sind. Auch ist uns bewusst, dass die Intensität,
mit der die Studienanfänger die Onlineinhalte durcharbeiten, sehr unterschiedlich ist. Es
sei erneut darauf hingewiesen, dass alle vorlesungsrelevanten Themen in der Vorlesung
Mathematik 1 nochmals einschließlich eines Übungsbetriebes behandelt werden, dies allerdings vertiefend und auch fortschreitend. Das Prinzip des „inverted classroom" soll in
Zukunft weiter ausgebaut und vielleicht auch auf Teile der Lehrveranstaltung Mathematik 1 ausgedehnt werden.

10.5 Inhalte

Die Autoren haben sich inhaltlich vor allem am ersten Teil des Vorkurses für Studiengänge
in den Wirtschafts- und Sozialwissenschaften der RWTH Aachen orientiert (s. Cramer und
Nešlehová 2012). Die Vorlesung Mathematik 1 wird gehalten nach dem Buch: Mathematik für Wirtschaftsingenieure 1 von Henze und Last (2005). Sie beginnt mit den Themen:
Aussagenlogik, Mathematische Schlussweisen und Beweisverfahren. Diese Themen werden im Vorkurs bewusst nicht angesprochen. Insbesondere werden im gesamten Vorkurs
nicht die Notationen aus der Aussagenlogik verwendet, sondern mathematische Inhalte

---

[3] Homepage von Loviscach: http://www.j3l7h.de/ (Zugegriffen: 19.01.2015).

verbal beschrieben. Die Autoren sind der Meinung, dass eine zu frühe Verwendung von logischen Symbolen Anfänger unnötig verwirrt und von den wirklichen mathematischen Inhalten ablenkt, da die Symbolsprache aus der Schule weitestgehend unbekannt ist. Die zunehmende Verwendung von logischen Symbolen sollte erst im Laufe des ersten Semesters durch regelmäßiges Verwenden eingeübt werden. Georg Feigl schreibt im Jahr 1927:

> Was die Schüler durchweg mitbringen, ist Fertigkeit im Rechnen. Demgemäß werden in den Übungen die rein rechnerischen Aufgaben stark bevorzugt und mit großer Freude bearbeitet, [...]. [...] Es fragt sich nun aber, ob diese [...] durchaus erfreuliche rechnerische Fertigkeit das entscheidende Unterrichtsziel darstellt. [...] Sieht man sich die Übungen unter dem Gesichtspunkt an, wie es mit der logischen Schulung der Abiturienten steht, so erhält man sofort ein anderes Bild. Die Resultate in den Übungen verschlechtern sich, wenn man statt Aufgaben, die nach bekannten Regeln zu rechnen sind, solche stellt, an denen selbständige Überlegungen durchzuführen sind, oder wenn man gar den Beweis von Sätzen fordert (Feigl 1928, S. 190 f.).

Die Frage, ob die Fertigkeit im Rechnen bei einer Klientel mit guten Abiturnoten, also einer Klientel, welche auch in der Weimarer Zeit ein Gymnasium besucht hätten, nennenswert abgenommen hat, sei dahingestellt. Festzustellen ist aber eine gewisse Gleichgültigkeit gegenüber den erzielten Ergebnissen. Plausibilitätsüberlegungen (Proben, Überschlagrechnungen) zur Überprüfung der Resultate finden nur in sehr geringem Maße statt. In der Regel ist dieses Fehlverhalten aber nicht die Folge von Wissensdefiziten aus der Primarstufe. Insofern sind sicher Defizite festzustellen bei der Erfüllung der Aufgabe des allgemeinbildenden Gymnasiums, Schüler und Schülerinnen zu exaktem und kritischem Denken zu erziehen. Ansonsten hat sich im Vergleich zur Weimarer Zeit offensichtlich nicht viel geändert. Ein Hauptziel einer mathematischen Grundausbildung an einer Universität muss (heute wie damals) die logische Schulung und die Erziehung zu einer stringenten mathematischen Argumentation sein. Dementsprechend wird dem Thema „mathematische Schlussweisen und Beweisverfahren" am Beginn der Vorlesung Mathematik 1 viel Zeit gewidmet (s. Henze und Last 2005). Im Vorkurs wird vor allem in den Übungen des Präsenzteils versucht, die Anfänger mit einfachen Aufgaben wie „untersuchen Sie die Mengenidentität ..." oder „untersuchen Sie die Injektivität der Abbildung ..." oder „untersuchen Sie die Irrationalität von ..." darauf vorzubereiten.

10.6 Die Vorlesung in der Präsenzphase

In der Woche der Präsenzphase findet täglich vormittags eine 90-minütige Vorlesung statt, durchgeführt vom Dozententeam der Vorlesung Mathematik 1. Wichtigste Grundidee dieser Vorlesung ist es, ein oder zwei für die Wirtschaftswissenschaften relevante Anwendungen von mathematischen Methoden zu behandeln. Es wird vermieden, die Inhalte der Onlinephase weiter zu vertiefen, dies bleibt der Vorlesung im Semester vorbehalten. Als eine typische Anwendung wurde im WS 2012/13 unter anderem das Thema Barcodes,

QR Codes und ihr Einsatz in der Logistik behandelt. Im WS 2013/14 war das Thema ein Einstieg in die elementare Finanzmathematik. Außerdem soll die Zeit während der Vorlesung genutzt werden, die an der Lehrveranstaltung Mathematik 1 beteiligten Personen vorzustellen, administrative Dinge wie z. B. das Prüfungsgeschehen darzustellen und allgemeine Empfehlungen zum erfolgreichen Studienstart zu geben. Wichtig ist, dass die Studienanfänger schon im Vorfeld gezeigt bekommen, wie ein typischer Vorlesungsbetrieb abläuft und auf was zu achten ist. Weitere typische Themen, welche zum Studienstart im Rahmen der Vorkursvorlesung angesprochen werden, sind: Videoaufzeichnungen, Dokumentenablage, Literatur und allgemeiner das Informationsversorgungssystem des KIT, Organisation des Übungsbetriebes, Mitschreiben in Vorlesungen und Übungen, soziale Netzwerke.

10.7   Der Übungsbetrieb in der Präsenzphase

Nachmittags findet in der Präsenzwoche täglich ein 3-stündiger Übungsbetrieb in Kleingruppen (jeweils ca. 25 Teilnehmer) statt. Dieser wird von studentischen Hilfskräften durchgeführt und baut auf den Inhalten der Onlinephase auf, und wie oben beschrieben wird nach Möglichkeit versucht, Ideen des Prinzips des „inverted classroom" umzusetzen. Die eingesetzten Tutoren/innen sind ausdrücklich angehalten, längere Pausen einzubauen, um den Studienanfängern die Gelegenheit zu geben, sich zu unterhalten und kennenzulernen. Es ist klar, dass Studierende am Anfang ihres Studiums die unterschiedlichsten Fragen, Ängste und Probleme haben und daher oft sehr dankbar sind, wenn im Rahmen einer solchen Veranstaltung manche Hilfestellung geboten wird. Aus vielen Gesprächen ist uns bekannt, dass Lerngruppen, die sich während der Präsenzphase gefunden haben, auch ein Jahr später sich noch zusammen auf Prüfungen vorbereiten oder auch andere Dinge gemeinsam unternehmen. Der Präsenzwoche folgt dann die Woche der Orientierungsphase, welche die Fachschaft Wirtschaftswissenschaften am KIT seit vielen Jahren mit großem Aufwand erfolgreich durchführt.

10.8   Ergebnisse der Evaluation

Der Vorkurs wurde 2009 zum ersten Mal angeboten und wird seitdem unter Berücksichtigung der gemachten Erfahrungen von Jahr zu Jahr weiterentwickelt. Die Studierenden wurden nach jedem Kurs aufgefordert, ihn zu evaluieren. Wir gehen in diesem Abschnitt konkret auf die Studierendenbefragungen der letzten beiden Kurse (in den WS 2013/14 und WS 2012/13) ein. Es nahmen in jedem Jahr jeweils etwa 460 Studienanfänger sowohl an der Onlinephase als auch an der Präsenzphase des Vorkurses teil. Nach der Onlinephase der Kurse im WS 2013/14 bzw. im WS 2012/13 wurde über ein Umfragetool der E-Learning Plattform ILIAS den Studenten die Möglichkeit für ein anonymes, freiwilliges Feedback gegeben. Es wurde der zeitliche Aufwand, die Akzeptanz des Online-Ange-

Tab. 10.1 Evaluationsergebnisse nach Lerneinheiten

Lerneinheit	WS 2013/14		WS 2012/13		
	MW	SA	MW	SA	p-Wert
Mengenlehre	1,87	0,79	1,73	0,72	0,874
Zahlbereiche	1,89	0,80	2,04	0,88	0,120
Abbildungen	2,26	0,83	2,37	0,73	0,136
Sprechweise der Stochastik	2,28	0,84	2,52	0,67	0,014
Kurvendiskussion	2,15	0,85	2,23	0,76	0,246

bots, die Verständlichkeit der Lernmodule, sowie die Resonanz zu den eingebundenen Videos abgefragt. Im Folgenden werden die Daten der Evaluation aus dem WS 2013/14 im Fließtext und die Daten der Evaluation aus dem WS 2012/13 jeweils in Klammern angegeben. Es haben 86 (97) Studenten an der Onlineumfrage teilgenommen. Insgesamt gaben 92,8 % (94,7 %) der Studierenden an, keine Probleme mit der Art der Durchführung als Online-Kurs gehabt zu haben. Die Studierenden sollten zu jeder Lerneinheit auf einer fünfstufigen Likert-Skala von 1 („für trifft voll zu") bis 5 („trifft nicht zu") jeweils die Frage beantworten, ob sie gut verständlich ist. In allen Lerneinheiten außer dem Lehrmodul „Kurvendiskussion" waren im Kurs des WS 2013/2014 erklärende Videos von J. Loviscach eingebunden. Im Vorjahr hingegen nur in den Lerneinheiten „Mengenlehre" und „Abbildungen". Die Ergebnisse der Befragungen sind in Tab. 10.1 zu finden. Dabei bezeichnen wir mit MW das arithmetische Mittel und mit SA die Standardabweichung der gegebenen Antworten.

Aus statistischer Sicht liegt zu jeder Lerneinheit ein Zweistichprobenproblem vor. Führt man jeweils einen einseitigen Wilcoxon-Rangsummentest auf Gleichheit der Verteilungen der Stichproben der jeweiligen Semester gegen Shiftalternativen durch, so ergibt sich für die Nutzerangaben in der Lerneinheit „Sprechweise der Stochastik" eine Ablehnung der Hypothese auf dem 5 % Niveau (p-Wert: 0,014). Die Organisatoren des Vorkurses schließen daraus, dass die durch die eingebundenen Videos ergänzende audiovisuelle Darstellung des Lernstoffes das subjektive Schwierigkeitsempfinden der Studierenden positiv beeinflusst. Insgesamt lässt sich hier eine positive Tendenz anhand der empirischen Daten erkennen. Konsistent zu diesen Beobachtungen ist die Aussage von 76 % (80 %) der Teilnehmer, dass die eingebetteten Lernvideos zum Verständnis des Stoffes beigetragen haben. Interessant ist die Frage nach dem für den Onlinekurs verwendeten zeitlichen Aufwand. So gaben die Studierenden an, im Mittel 31,45 (23,39) Stunden für den Kurs verwendet zu haben, der Median lag allerdings nur bei 15 (10) Stunden (SA: 55,49 (38,84)), für einen Boxplot der Daten siehe Abb. 10.1.

Ein einseitiger Wilcoxon-Rangsummentest lehnt auch hier die Hypothese auf Gleichheit der Verteilungen zugunsten der Alternative eines vorhandenen Shifts auf dem 5 % Niveau ab (p-Wert: 0,021). Hieraus schließen die Autoren, dass die eingebundenen Videos einen positiven Effekt auf die Langzeitmotivation der Studienanfänger ausüben. Die beobachtete recht große Differenz zwischen Mittelwert und Median in den vorliegenden

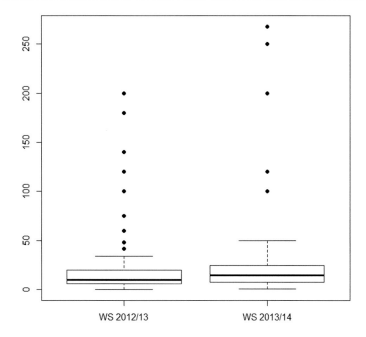

Abb. 10.1 Zeitlicher Aufwand

Stichproben ist auf Ausreißer zurückzuführen, die sehr hohe Arbeitsstundenzahlen angegeben haben. Diese Beobachtung deckt sich mit den beschriebenen Daten in Fischer
(2014, Abschn. 6.1.1, S. 275 f.), in dem der investierte Zeitaufwand für eLearning Kurse
dargestellt wird.

10.9   Begleitkurs des MINT-Kollegs Baden-Württemberg
zur Vorlesung Mathematik 1 im WS 2012/2013

Kurskonzept Im Rahmen des Programms des MINT-Kollegs Baden-Württemberg (s.
Haase 2014), wird zur Vorlesung Mathematik 1 für die Fachrichtung Wirtschaftswissen-
schaften halbjährlich ein Begleitkurs im Umfang von 4 SWS mit 60 Plätzen angeboten.
Der Kurs wird zu Beginn des Semesters in der Vorlesung beworben. Zielgruppen sind Stu-
dierende, die nicht den Vorkurs besucht oder Probleme beim praktischen Rechnen oder
beim Verständnis des Stoffs der Vorlesung haben. Inhaltlich orientiert sich der Kurs am
Stoff der Vorlesung und ist zeitlich mit ihr abgestimmt. Er besteht aus einer knappen
Stoffwiederholung sowie angeleitetem Rechnen von Aufgaben etwa im zeitlichen Ver-
hältnis 1:3. Eine Besonderheit dieses reinen Präsenzkurses ist es, dass direkt nach der
Wiederholung einzelner Inhalte die passenden Übungsaufgaben gerechnet werden. Beim
Rechnen der Aufgaben berät der Dozent/in die Studierenden und greift ein, sobald diese
an einer Stelle nicht weiterkommen oder einen ungünstigen Rechenweg gewählt haben.

Die gestellten Aufgaben sind unabhängig vom regulären Übungsbetrieb der Vorlesung und werden sämtlich innerhalb des Kurses gerechnet. Zu jeder Aufgabe erhalten die Studierenden im Anschluss an den Kurstermin über die Plattform ILIAS eine ausführliche Musterlösung. Der Schwierigkeitsgrad der Kursaufgaben liegt unter denen des regulären Übungsbetriebs, und die Aufgaben sind so konzipiert, dass klassische Brückenkursinhalte (insb. aus der Sekundarstufe I) verstärkt eingesetzt werden müssen, um sie zu lösen. In den ersten drei Wochen des Kurses wird zudem mathematische Sprechweisen trainiert und in den Aufgaben ein starkes Gewicht auf die richtige sprachliche Formulierung der Ergebnisse gelegt wie z. B. bei Fallunterscheidungen oder beim Rechnen mit Abbildungen und Mengen. Freiwillige Begleitkurse dieser Form werden für die meisten Vorlesungen der ersten Semester in MINT-Studiengängen am KIT und der Universität Stuttgart angeboten. Durch die Belegung dieser Kurse zusätzlich zu Vorlesungen, Übungen und Tutorien bzw. Praktika entsteht den Studierenden ein erheblicher zeitlicher Mehraufwand. Dieser kann im Rahmen des Programms „Studienmodelle individueller Geschwindigkeit" des Ministeriums für Wissenschaft und Kunst (Baden-Württemberg) durch eine Verlängerung der Studienzeit um ein bis zwei Semester bei qualifizierter Teilnahme an den MINT-Kursen kompensiert werden. Studierenden mit erheblichen Problemen in den Vorlesungen wird empfohlen, ausgewählte Vorlesungen (z. B. die Mathematik 1) durch Belegung von Kursen zeitintensiver (und messbar erfolgreicher) zu betreiben und dafür andere Vorlesungen bzw. die zugehörigen Prüfungen um ein oder zwei Semester zu verschieben. Für eine qualifizierte Teilnahme an diesem Programm müssen mehrere Kurse am MINT-Kolleg belegt werden, die von fast allen Teilnehmern gewählte Kurskombination in den Studiengängen Wirtschaftsingenieurwesen und TVWL am KIT ist der Begleitkurs Mathematik plus der Begleitkurs zur Vorlesung Stoffumwandlung und Bilanzen. Diese Vorlesung leidet darunter, dass die meisten Studienanfänger am Ende der Sekundarstufe II die Fächer Physik oder Chemie abgewählt hatten und daher Grundkenntnisse im Umgang mit Reaktionsgleichungen und physikalischen Formeln fehlen.

Evaluation Der Begleitkurs wird halbjährlich intern evaluiert. Als Gründe für die Probleme mit dem Stoff der Vorlesung geben die Studenten regelmäßig an, dass

- die Präsentation des Stoffs in der Vorlesung (Folienpräsentation) für sie zu schnell sei, auch wenn auf das Abschreiben der (online verfügbaren) Inhalte verzichtet wird,
- die Nachbearbeitung der Folien ohne Erklärung der Begriffe schwierig sei,
- der Stoffumfang über alle Veranstaltungen im ersten Semester im Studiengang insgesamt zu hoch sei.

Erfahrungen Mangelnde Kenntnisse des Stoffs der Sekundarstufen I/II sowie Probleme beim Rechnen ohne grafischen Taschenrechner werden in der Regel nicht als Grund für die auftretenden Probleme von den Studierenden genannt. Bei der betreuten Bearbeitung der Aufgaben im Kurs zeigt sich aber deutlich, dass in diesen Bereichen oft Kenntnislücken sowie mangelnde Rechenfertigkeiten (per Hand) vorliegen und die Lösung der Aufgabe

behindern. Eine Ausnahme bilden die Teilnehmer des Kurses, deren Hochschulzugangsberechtigung nicht das allgemeinbildende Abitur ist oder deren Abschluss schon mehrere
Jahre zurückliegt. Diese Studenten nennen explizit den fehlenden Schulstoff als Grund für
die Teilnahme am Kurs. Die restlichen Teilnehmer verorten die Probleme innerhalb des
Studiums nicht bei sich, sondern in der Stoffmenge bzw. der Vorlesungsgeschwindigkeit
und damit bei der Lehre. Dennoch empfinden die Studierenden die stark rechenbasierten
Aufgaben als sehr hilfreich und bewerten den Begleitkurs in der Evaluation mit der Note
„sehr gut", sowohl beim Wissenszuwachs wie auch bei Motivation und Atmosphäre.

10.10 Prüfungswesen

Im Rahmen der Einführung der gestuften Studiengänge Bachelor und Master wurde auch
das Prüfungsverfahren im ersten Studienjahr im Fach Mathematik verändert. Es besteht
zurzeit sowohl in Mathematik 1 als auch in Mathematik 2 jeweils aus einer Midtermklausur (Dauer 60 min) in der Mitte der Vorlesungszeit und einer Abschlussklausur (Dauer
60 min) am Ende der Vorlesungszeit des jeweiligen Semesters. In der Midtermklausur
wird der erste Teil des Stoffes der jeweiligen Vorlesung abgeprüft, in der Abschlussklausur der zweite Teil. Beide Klausuren müssen getrennt bestanden werden. Die jeweilige
Semesternote wird gebildet als arithmetisches Mittel aus den Ergebnissen der beiden
Klausuren. Dieses Prüfungsverfahren hat den Vorteil, dass schon nach der Hälfte des Semesters die Studierenden gezwungen sind, den Stoff soweit zu lernen und zu verstehen,
dass sie erfolgreich an einer Klausurprüfung teilnehmen können. Der Vorteil für die Studierenden ist, dass sie den zu lernenden Stoff auf zwei kleinere Teile aufteilen können.
Dieses Vorgehen hat die Durchfallquoten merklich gesenkt. Ein weiterer Vorteil des Prü-
fungsszenariums ist, dass die Wiederholung des Stoffes zur Prüfungsvorbereitung für die
Midtermklausur das Verständnis der Vorlesungsinhalte der zweiten Hälfte des Semesters
unterstützt. Im Folgenden gehen wir kurz auf die Ergebnisse der letzten Midtermklausur
Mathematik 1 des WS 2012/13 ein. Diese sind in Hinblick auf den Vorkurs von besonderem Interesse, da in dem Vorkurs im Wesentlichen der Stoff der ersten Hälfte der
Vorlesung Mathematik 1 vorbereitet wird. An der Klausur haben 508 Studierende teilge-
nommen und 26,6 % der Teilnehmer haben die Klausur nicht bestanden. Das arithmetische
Mittel der Noten der Studierenden, welche die Klausur bestanden haben, lag bei 2,8, wobei
der Anteil der sehr guten Noten (1,0 bzw. 1,3) bei insgesamt 6,7 % lag. Für die Klausur-
teilnehmer, welche den Begleitkurs des MINT-Kollegs besucht haben (44 ausgewertete
Datensätze, einige Teilnehmer haben an der Klausur nicht teilgenommen), ergab sich eine
Durchfallquote von 20,5 %. Die Durchschnittsnote der Studierenden, welche die Klausur
bestanden haben, veränderte sich im Vergleich zum Gesamtkurs nicht und belief sich auch
hier auf 2,8, wobei 6,8 % der Studierenden sehr gute Ergebnisse erzielten. Das Angebot
des MINT-Kollegs hatte folglich deutlich positive Auswirkungen auf die Durchfallquote,
während sich die beiden anderen Kennzahlen nicht verändert haben.

10.11   Erfahrungen und Bewertungen

Der angebotene Vorkurs Mathematik für die Fachrichtung Wirtschaftswissenschaften wurde insgesamt von den Studienanfängern positiv evaluiert. Es ist aber anzumerken, dass die Bereitschaft, sich vor Studienbeginn länger mit Online-Inhalten auseinanderzusetzen, recht niedrig ist. Fast alle Studienanfänger haben sich die eingebundenen Lehrvideos angesehen. Ein großer Anteil hat sich aber mit den anderen Inhalten und gestellten Aufgaben weniger auseinandergesetzt. Insbesondere das betreute Forum für Fachfragen wurde von den Studienanfängern nur in sehr geringem Maße genutzt. Diese Erfahrung deckt sich teilweise mit den Ergebnissen einer Befragung zur studienbezogenen Mediennutzung durch Grosch und Gidion (2011). Diese Befragung kam u. a. zu dem Ergebnis, dass der Typ virtuelle Lehre insgesamt unterdurchschnittliche Werte hinsichtlich Akzeptanz und Zufriedenheitswerte aufweist. Das Ergebnis muss insofern für unseren Kontext relativiert werden, da bei dieser Befragung allgemein Studierende und nicht Studienanfänger befragt wurden. Trotzdem lehren auch unsere Erfahrungen, dass man sich von einem reinen Online-Vorkurs nicht zu viel versprechen sollte. Es hat sich gezeigt, dass der Kern des Vorkurses die Präsenzphase ist. Insbesondere bilden sich hier die sozialen Kontakte und Bindungen, die für ein erfolgreiches Studium enorm wichtig sind. Bemerkenswert ist die große Akzeptanz der eingebundenen Videos von J. Loviscach. Loviscach hat mittlerweile eine Reihe von diesen Videos zu einem virtuellen Vorkurs zusammengestellt (s. http:// www.capira.de). Auf Grund unserer Erfahrungen werden wir diese Entwicklung aufmerksam weiter verfolgen. Interessant ist in diesem Zusammenhang, dass die Untersuchung von Grosch und Gidion (2011) auch ergab, dass Video-Plattformen im Vergleich zu virtuellen Lehrveranstaltungen eine erheblich höhere Akzeptanz und Zufriedenheitsrate (im Werteranking im Mittelfeld) bei Studierenden haben. Sie schließen daraus, dass ihre Nutzung nicht nur im Freizeitbereich, sondern auch im Rahmen des Studiums von Relevanz ist. Dagegen lief die Präsenzphase ausgesprochen erfreulich ab, wobei aber, wie die Tutoren/innen berichteten, auch hier die Bereitschaft zu eigenen Aktivitäten eher geringer ausfiel. Da die meisten Teilnehmer zumindest die eingebundenen Videos zur Kenntnis genommen hatten, waren in den Übungen der Präsenzphase die Grundgerüste der Themen „Mengenlehre" und „Abbildungen" den Studienanfängern bekannt. Insgesamt eher enttäuschend war (im Vergleich mit den Zahlen des Vorjahres) das Ergebnis der Midtermklausur im WS 2012/13. Vor allem die Bearbeitung formalerer Aufgabenteile (z. B. vollständige Induktion) fiel deutlich schlechter aus als ein Jahr zuvor. Die Abschlussklausur Mathematik 1 (Themen: stetige Funktionen, Differential- und Integralrechnung) fiel dagegen in beiden Jahrgängen sehr gut aus (Durchfallquoten jeweils unter 10 %). Die im Vergleich zum Vorjahr deutlich schlechteren Prüfungsergebnisse in der Midtermklausur zeigen uns, dass im WS 2012/13 die Verzahnung des Vorkurses mit der Vorlesung Mathematik 1 nicht so gut gelungen ist wie im WS 2011/12. Ein Grund könnte sein, dass im WS 2011/12 versucht wurde, das spezielle Klima der Präsenzphase auszudehnen auf die ersten Vorlesungswochen und erst allmählich überzuleiten in einen normalen Vorlesungs- und Übungsbetrieb. So wurden z. B. die Tutoren/innen aufgefordert, ihren ersten

Übungstermin in den Abend zu verlegen, um in einem Lokal bei einem Glas Bier oder einem Glas badischen Weines sich zunächst in lockerer Runde gegenseitig kennenzulernen und dadurch Berührungsängste und Hemmungen, in den Tutorien Fragen zu stellen, abzubauen. Durch derartige Maßnahmen wurde versucht, die im Vorkurs aufgebaute Motivation in die schwierige Umstellungsphase auf den universitären Betrieb weiter zu tragen. Dass dies gelingen kann, zeigen die Ergebnisse der Midtermklausur im WS 2011/12 (Durchfallquote: 8,4 %, Durchschnittsnote der bestandenen Klausuren: 2,8, bei gleichem Prüfungsanspruch).

10.12   Fazit

Wie ein Blick in die Historie zeigt, sind Probleme von Studierenden in der Studieneingangsphase kein neues Phänomen. Im Fach Mathematik haben die Studienanfänger den Übergang von der am Methodischen orientierten Schulmathematik zu der vor allem am Stofflichen orientierten Hochschulmathematik zu meistern (s. Toeplitz 1928). Die oben beschriebenen Angebote sollen Studienanfängern helfen, diesen Übergang zu vollziehen. Hierzu reicht es nicht aus, einen Vorkurs zu installieren, möglicherweise mit großem technischen Aufwand und Einsatz von modernen Medien. Ein an der Schulmathematik angelehnter Vorkurs kann nur dann erfolgreich wirken, wenn er mit der Anfängervorlesung bewusst verzahnt wird. Dies bedeutet, dass in der ersten Hälfte des ersten Semesters ein langsamer Übergang von der Schulmathematik zur Hochschulmathematik erfolgen muss. Hier hat sich die Einführung einer Midtermklausur als sehr günstig erwiesen, da in dieser Klausur die ersten Themen, die auch schon im Vorkurs vorbereitet wurden, abgeprüft werden und damit die Eingangsphase ein definiertes Ende findet. Falls Studierende in dieser Zeit in Schwierigkeiten geraten, gibt es die Möglichkeit, im MINT-Kolleg einen Begleitkurs zu belegen und somit die Studieneingangsphase weiter zu entzerren. Die Verwendung moderner Medien in der Lehre kann dabei nur ein Baustein sein, um den Lernprozess der Studierenden zu unterstützen. Es werden hierdurch aber die grundsätzlichen Probleme der Studieneingangsphase nicht gelöst. Die Ergebnisse der Studierendenbefragung zeigen, dass der Einsatz von Medien (z. B. Videos) aber einen Mehrwert für den Lernprozess liefert. Unsere Erfahrungen im Vorkurs zeigen weiter, dass die persönliche Ansprache in der Präsenzphase von entscheidender Bedeutung ist. Zum Abschluss sei Heinrich Behnke zitiert:

Es gilt dem Anfänger Mut zu machen, ihm das Abstrakte in „abstrakter Anschauung" zu bringen – und man erntet viel Dank. Es sind noch lange nicht die Schlechtesten, die in den Anfangssemestern große Schwierigkeiten haben. Damit wird nicht der Mittelmäßigkeit das Wort geredet. Doch setze ich mich für die Qualifizierten ein, die des Aufschwungs und der Initiative fähig sind, die aber dazu eines didaktisch durchdachten und menschlich ansprechenden Unterrichts bedürfen (Behnke 1954, S. 163).

Literatur

Behnke, H. (Hrsg.). (1954). *Der mathematische Unterricht für die sechzehn- bis einundzwanzig-jährige Jugend in der Bundesrepublik Deutschland* (S. 152–190). Göttingen: Vandenhoeck & Ruprecht.

Cramer, E., & Nešlehová, J. (2012). *Vorkurs Mathematik: Arbeitsbuch zum Studienbeginn in Bachelor-Studiengängen* (5. Aufl.). Berlin: Springer.

Feigl, G. (1928). Erfahrungen über die mathematische Vorbildung der Mathematikstudierenden des ersten Semesters. In L. Bieberach, O. Blumenthal, & G. Faber (Hrsg.), *Jahresbericht der Deutschen Mathematikervereinigung* (Bd. 37, S. 187–199). Leipzig: Teubner.

Fischer, P. (2014). *Mathematische Vorkurse im Blended-Learning-Format.* Wiesbaden: Springer Spektrum.

Gehrke, J. (2012). Vorkurse Mathematik – Schnittstelle zwischen Schule und Hochschule. In M. Zimmermann, C. Bescherer, & C. Spannagel (Hrsg.), *Mathematik lehren in der Hochschule – Didaktische Innovationen für Vorkurse, Übungen und Vorlesungen* (S. 11–20). Hildesheim: Franzbecker.

Grosch, M., & Gidion, G. (2011). *Mediennutzungsgewohnheiten im Wandel.* Karlsruhe: KIT Scientific Publishing.

Grünwald, N., Kossow, A., Sauerbier, G., & Klymchuk, S. (2004). Der Übergang von der Schul- zur Hochschulmathematik: Erfahrungen aus Internationaler und Deutscher Sicht. *Global Journal of Engineering Education, 8*(3), 283–293.

Haase, D. (2014). Studieren im MINT-Kolleg Baden-Württemberg. In I. Bausch, R. Biehler, R. Bruder, P. R. Fischer, R. Hochmuth, & W. Koepf et al. (Hrsg.), *Mathematische Vor- und Brückenkurse: Konzepte, Probleme und Perspektiven* (S. 123–136). Wiesbaden: Springer Spektrum.

Handke, J., Loviscach, J., Schäfer, A. M., & Spannagel, C. (2012). Inverted Classroom in der Praxis. In B. Berendt, B. Szczyrba, & J. Wildt (Hrsg.), *Neues Handbuch Hochschullehre* (Bd. E 2.11, S. 1–18). Stuttgart: Raabe.

Henze, N., & Last, G. (2005). *Mathematik für Wirtschaftsingenieure und für naturwissenschaftlich-technische Studiengänge* (2. Aufl., Bd. 1). Wiesbaden: Vieweg.

Mandl, H., & Kopp, B. (2006). *Blended Learning: Forschungsfragen und Perspektiven.* Forschungsbericht, Bd. 182. München: Ludwig-Maximilians-Universität, Department Psychologie, Institut für Pädagogische Psychologie.

Meiner, S., & Seiler, R. (2009). Abschlussbericht Expertentreffen „Brückenkurs Mathematik". http://www.integral-learning.de/wp/wp-content/uploads/2012/11/Abschlussbericht.pdf. Zugegriffen: 19. Januar 2015

Müller-Stach, S. (2014). Otto Toeplitz: Algebraiker der unendlichen Matrizen. *Mathematische Semesterberichte, 61*(1), 53–77.

Rach, S., & Heinze, A. (2013). Welche Studierenden sind im ersten Semester erfolgreich? Zur Rolle von Selbsterklärungen beim Mathematiklernen in der Studieneingangsphase. *Journal für Mathematik-Didaktik, 34*(1), 121–147. doi:10.1007/s13138-012-0049-3.

Reichersdorfer, E., Ufer, S., Lindmeier, A., & Reiss, K. (2014). Der Übergang von der Schule zur Universität: Theoretische Fundierung und praktische Umsetzung einer Unterstützungsmaßnahme am Beginn des Mathematikstudiums. In I. Bausch, R. Biehler, R. Bruder, P. R. Fischer, R. Hochmuth, & W. Koepf et al. (Hrsg.), *Mathematische Vor- und Brückenkurse: Konzepte, Probleme und Perspektiven* (S. 37–53). Wiesbaden: Springer Spektrum.

Spannagel, C. (2013). Die Mathematikvorlesung aus der Konserve. In J. Sprenger, A. Wagner, & M. Zimmermann (Hrsg.), *Mathematik lernen, darstellen, deuten, verstehen* (S. 253–261). Wiesbaden: Springer Spektrum.

Toeplitz, O. (1928). Die Spannungen zwischen den Aufgaben und Zielen der Mathematik an der Hochschule und an der höheren Schule. *Schriften des deutschen Ausschusses für den mathematischen und naturwissenschaftlichen Unterricht, 11*(10), 1–16.

Wild, K.-P. (2005). Individuelle Lern Strategien von Studierenden. Konsequenzen für die Hochschuldidaktik und die Hochschullehre. *Beiträge zur Lehrerbildung, 23*(2), 191–206.

Mathematische Erkenntnisentwicklung von Würfelsymmetrien zum Gruppenbegriff – ein Vorschlag für einen Brückenkurs

11

Astrid Fischer

Zusammenfassung

Der Aufsatz schlägt eine Veranstaltung in Vorlesungs- und Übungsstruktur vor, in der Einblicke in die Denk- und Handlungsweisen einer mathematischen Forschungskultur gegeben werden. Anhand der Frage nach den Symmetrien des Würfels werden die Studierenden in die Entwicklung von ersten geometrischen Überlegungen bis zur Konstruktion geeigneter Darstellungsweisen von Kongruenzabbildungen des Würfels und ersten gruppentheoretischen Konzepten mit hineingenommen. Dabei werden mathematisches Begründen, Problemlösen, Ordnen, Darstellen und Begriffsbilden auf zunehmend höheren Stufen der Abstraktion erprobt und reflektiert. Im Aufsatz werden erste Erfahrungen mit dem Konzept erörtert. Die Erfahrungen ermutigen dazu, das Konzept als Brückenkurs zwischen Schule und Hochschule für Mathematikstudierende des gymnasialen Lehramts auszuprobieren, der orientierungs- und sinnstiftend für die Mathematikausbildung an der Universität wirken kann.

11.1 Bedarf für einen Brückenkurs

11.1.1 Probleme mit dem Mathematikstudium und Versuche des Brückenschlags

Über Probleme von Studienanfängerinnen und -anfängern mit dem Mathematikstudium ist viel geschrieben worden (z. B. Beutelspacher et al. 2011; Fischer et al. 2009; Hefendehl-Hebeker 2013; Thomas 2008). Zugeschriebene Ursachen rangieren von allgemeinen Haltungen und Arbeitsverhalten (Rach und Heinze 2013) bis zu fehlenden mathematischen Grundkenntnissen und -fertigkeiten (z. B. Leviathan 2008) und bis zu grundlegenden Un-

Astrid Fischer ✉
Universität Oldenburg, Institut für Mathematik, Oldenburg, Deutschland
e-mail: astrid.fischer@uni-oldenburg.de

© Springer Fachmedien Wiesbaden 2016
A. Hoppenbrock et al. (Hrsg.), *Lehren und Lernen von Mathematik in der Studieneingangsphase*, Konzepte und Studien zur Hochschuldidaktik und Lehrerbildung Mathematik, DOI 10.1007/978-3-658-10261-6_11

terschieden in der Auffassung von Mathematik in Schule und Hochschule. Während auch die ersten Punkte wichtige Teilprobleme ansprechen, scheint mir dieser letzte einen Kern des Problems zu erfassen, der insbesondere seitens der Hochschule angegangen werden muss. Unterschiede in der Mathematik an den beiden Institutionsarten werden z. B. von Tall (2008) mit seiner Theorie von drei verschiedenen „Welten" von Mathematik, von denen zwei der Schulmathematik, die dritte der in Vorlesungen dargestellten Hochschulmathematik angehören, beleuchtet. Letztere zeichnet sich durch eine axiomatisch aufgebaute Theorie aus, die in ihrer fertigen Fassung präsentiert wird.

Gerade für mathematische Anfängervorlesungen ist es typisch, dass Mathematik nicht in Wegen der Erkenntnisentwicklung dargestellt wird, sondern Ergebnisse jahrhundertelanger mathematischer Forschung von einer Metaperspektive aus zusammengefasst werden, die erst aus dem Rückblick auf die ausgereifte Theorie entwickelt werden kann. Das führt bei den Hörerinnen und Hörern leicht zu Orientierungslosigkeit und Sinnentleerung, da sie die dargebotenen Inhalte nicht an vorhandene kognitive Strukturen anknüpfen können (Hefendehl-Hebeker 2013).

Hier setzt das Brückenkonzept von Danckwerts (Beutelspacher et al. 2011) an. Es betont die Kontinuität von Inhalten, indem es Inhalte aus der Vorlesung Analysis I an Konzepte anbindet, die den Studierenden aus der Schulanalysis vertraut sind. Zudem erörtert es historische Entwicklungslinien, die Präkonzepte und Hürden bei der Genese der heutigen Theorie der Analysis verdeutlichen. Auch Bauer (2013) setzt einen Schwerpunkt in der Anknüpfung seiner Analysis an Konzepte aus der Schulanalysis, wobei er besonderen Wert auf die Erörterung von Grundvorstellungen und die Diskussion von alternativen Begriffsmöglichkeiten legt. Brieskorn (1983) thematisiert in der Einführung in seine Lineare Algebra den Entwicklungscharakter von Mathematik, indem er exemplarisch aufzeigt, wie sich Mathematik ausgehend von dem einfachen mathematischen Thema „Symmetrie" entfalten kann.

Hefendehl-Hebeker begründet die Notwendigkeit, dass insbesondere Studierende des gymnasialen Lehramts eine solche Perspektive auf Mathematik einnehmen lernen, mit ihren zukünftigen Aufgaben als Mathematiklehrerinnen und -lehrer:

> Eine wichtige Aufgabe des gymnasialen Mathematikunterrichts sollte darin bestehen, grundlegende Vollzüge mathematischer Wissensbildung in elementarem Kontext anzustoßen und zur Geltung zu bringen. Dazu muss man aber verstanden haben, wie mathematische Erkenntnisbildung geschieht und wie diese Erfahrung im Unterricht vermittelt werden kann. (Hefendehl-Hebeker 2013, S. 5)

Die fertige Mathematik, wie sie in Anfängervorlesungen typischerweise gelehrt wird, charakterisiert keineswegs die Hochschulmathematik insgesamt, denn Mathematik ist wesentlich auch durch eine spezifische Art der Erkenntnisentwicklung gekennzeichnet. So beschreibt Freudenthal (1973) Mathematik mehr als Tätigkeit denn als fertige Theorie. Auch Schoenfeld (1992) betont den Prozesscharakter, wenn er sagt, dass den Kern von Mathematik die Suche nach Mustern und Strukturen und nach Lösungen für echte Probleme ausmacht. Diese Sichtweise spiegelt sich im Brückenkonzept von Grieser (2013) wider, das sich auf die für die Mathematik typischen Tätigkeiten des Problemlösens und des Beweisens konzentriert und damit eine Einführung in Denk- und Arbeitsweisen von Mathematikerinnen und Mathematikern gibt. Auch Bikner-Ahsbahs und Schäfer (2013) setzen hier einen Schwerpunkt. Sie vermitteln mathematisches Handwerkszeug zum Beweisen, indem sie Studierende verschiedene Phasen des Beweisens kennenlernen und einüben lassen.

11.1.2 Mathematische Erkenntnisentwicklung

Der Vorkurs, der in diesem Aufsatz vorgeschlagen wird, versucht eine Brücke zwischen Schulmathematik und Hochschulmathematik zu schlagen, die beide beschriebenen Schwerpunkte mit einander verbindet: Er soll den Studierenden Erfahrungen ermöglichen, wie sich Erkenntnisentwicklung in der Mathematik an einem exemplarischen Thema vollziehen kann (vgl. Fischer 2013).

Die zugrundeliegende Vorstellung von mathematischer Erkenntnisentwicklung geht auf Freudenthal (1973, S. 118 ff.) zurück. Er beschreibt das Mathematiktreiben als einen Prozess des Ordnens und Umordnens, das auf zunehmend höheren Stufen geschieht: Die Handlungen auf einer Stufe werden auf der nächsten zum Gegenstand der Betrachtung. Sie kommen insbesondere in den Mitteln und Werkzeugen, die auf einer Stufe zum Gewinnen einer Ordnung verwendet werden, zum Ausdruck. Sie rücken auf der nächsten Stufe als Objekte der Analyse in den Mittelpunkt des Interesses.

Auf jeder einzelnen Stufe finden verschiedene mathematische Tätigkeiten statt, die das Ordnen der Gegenstände und damit das Verstehen ihrer Struktur unterstützen. Dazu gehören das Konstruieren und Analysieren von Beispielen, das Aufstellen und Begründen von Vermutungen, das Problemlösen, das Begriffsbilden und das Klassifizieren. Zudem gehört dazu das Entwickeln von Darstellungen, die erkannte Beziehungen, Zusammenhänge, Strukturen möglichst prägnant zum Ausdruck bringen, und die geeignet sind, weiterführende Untersuchungen an den betreffenden Objekten anzustellen und möglichst ökonomisch Schlussfolgerungen zu ziehen. Bei der Beschäftigung mit der betrachteten Gegenstandsklasse werden Werkzeuge konstruiert, die helfen, die Charakteristika der Gegenstände wahrzunehmen und herauszustellen. Solche Werkzeuge können geschickt gewählte Darstellungen für die Gegenstände sein, es können aber auch neue Objekte sein, wie z. B. die Strukturen der Gegenstände, strukturerhaltende Abbildungen oder Mengen, die eine Klasse von Objekten zusammenfassen.

Am Beispiel des Themas „Symmetrien des Würfels" kann dieses Konzept mathematischer Erkenntnisentwicklung so konkretisiert werden:

Auf der ersten Stufe ist der Gegenstand der geometrische Würfel. Das Erkenntnisinteresse wird auf ein Strukturmerkmal, nämlich seine Symmetrieeigenschaften, gerichtet. Die Analyse und Aufzählung von Gleichartigem kann ein erster Schritt sein, sich dem Thema zu nähern. Um Symmetrieeigenschaften vollständig zu erfassen, müssen diese Gleichartigkeiten jedoch in ihren Beziehungen erfasst werden. Als Werkzeug eignet sich

das Drehen und Spiegeln des Würfels auf sich, das am dreidimensionalen Objekt, mit
Zeichnungen oder mit verbalen Beschreibungen dargestellt werden kann. Schon auf dieser ersten Stufe ist eine gedankliche Abstraktion angelegt, da zwar das Drehen noch am
Gegenstand praktisch durchgeführt werden kann, das Spiegeln jedoch nicht.

Auf der zweiten Stufe rücken die Drehungen und Spiegelungen, die Selbstabbildungen
des Würfels sind, in den Mittelpunkt des Interesses: Wie viele gibt es? Wie können sie
nach Typen geordnet werden? Diese Fragen hängen noch sehr eng mit dem Anliegen der
ersten Stufe zusammen, da die Symmetrien mit den Selbstabbildungen quasi gleichgesetzt
werden können. Eine weiterführende Frage löst sich jedoch deutlich von dem Fokus auf
Würfelsymmetrien: Was passiert, wenn wir zwei der Abbildungen nach einander ausführen? In welchen Beziehungen stehen die Abbildungen dann zu einander? Die Gegenstände
dieser Stufe sind Abbildungen. Das zugehörige Handeln geschieht schon auf der ersten
Stufe, nun jedoch werden sie zu mathematischen Objekten. Von der eigentlichen Handlung wird abstrahiert, von Interesse ist nur noch die Wirkung. Verschiedene Handlungen,
die dieselbe Wirkung erzielen, werden identifiziert. So werden z. B. Drehungen um 360°
um verschiedene Achsen als gleich bezeichnet. Darstellungen der Abbildungen fokussieren nun auf deren Wirkung und die ökonomische Durchführung von Verknüpfungen.

Auf der dritten Stufe werden die Abbildungen nicht mehr einzeln angeschaut, sondern die Struktur der Menge der Selbstabbildungen des Würfels wird untersucht. Dazu
gehören nun auch alle, die durch die Verknüpfung der zunächst anvisierten Abbildungen entstehen. Die einzelne Abbildung wird nur noch unter dem Fokus ihrer Rolle in
der Gesamtstruktur der Abbildungsmenge gesehen. Die Betrachtung der Struktur einer
Menge als Gegenstand abstrahiert von den Besonderheiten der einzelnen Elemente, die
diese Menge ausmachen. Als Darstellungen bieten sich nun Bezeichnungen für die Abbildungen an, die über strukturrelevante Eigenschaften definiert werden, ohne anzugeben,
welche bestimmte Abbildung jeweils gemeint ist, wie etwa die Beziehung $a(a^{-1}) = e$.

Die drei hier angesprochenen Stufen werden im Lernprozess nicht sauber voneinander
getrennt, denn auf den höheren Stufen wird sinnvollerweise häufig Bezug auf die unteren
genommen und Ansätze zum Wechseln auf eine höhere werden von der darunter liegenden
aus unternommen.

Im folgenden Abschnitt wird das Konzept des Brückenkurses vorgestellt. Es wurde
in etwas anderer Rahmung, in einer Vorlesung für Studierende des Grund-, Haupt- und
Realschullehramts, erprobt. Die Erläuterung von ausgewählten Aufgaben wird hin und
wieder durch kurze Darstellungen von Erfahrungen mit diesen Studierenden ergänzt. Im
letzten Abschnitt werden Ergebnisse der Klausur zu dieser Vorlesung diskutiert und ein
Fazit gezogen.

11.2   Eine Skizze des Brückenkurses

Der Brückenkurs ist als einwöchiger Vorkurs vor Beginn des ersten Studiensemesters für
Studierende, die das gymnasiale Lehramt anstreben oder die Mathematik als einziges Fach
studieren wollen, gedacht. Die Studierenden erleben täglich eine Plenumsvorlesung, eine

von einem Tutor oder einer Tutorin betreute Übung für maximal 20 Studierende, in der Aufgaben in kleinen Gruppen bearbeitet und anschließend in der Übungsgruppe diskutiert werden, und eine unbetreute Übung mit Aufgaben zur selbstständigen Bearbeitung allein oder in kleinen Gruppen.

11.2.1   Ziele und Lehrphilosophie

Ziel des Kurses ist, dass die Studierenden beispielhaft erleben, wie Mathematik sich entwickeln kann.

- Inhaltlich sollen sie erste Anfänge der Gruppentheorie mit dem Gruppenbegriff bis zum Satz von Lagrange kennenlernen.
- In Bezug auf mathematische Methoden der Erkenntnisentwicklung sollen sie Beispiele mathematischen Problemlösens, Begründens, Ordnens und Entwickelns von Begriffen und von Darstellungen kennen lernen und
- erleben, dass diese Prozesse in einander greifen und sich gegenseitig und die inhaltliche Entwicklung voranbringen.
- Sie sollen sich der Erfahrungen der Erkenntnisentwicklung durch explizite Reflexion bewusst werden.

Hinter dem Konzept des Kurses steht eine moderat-konstruktivistische Auffassung vom Lernen, die davon ausgeht, dass neue Inhalte nicht Eins-zu-Eins von Lernenden abgebildet werden, sondern aktiv rekonstruiert werden müssen, indem die vorhandenen kognitiven Strukturen erweitert oder umstrukturiert werden. Ziel bei der Entwicklung des Lehrkonzepts war daher auch:

- Die Lernenden können Lernangebote an bereits bekanntes Wissen anknüpfen, sodass ihnen möglich ist, sie mit ihren bereits vorhandenen Denkstrategien zu verarbeiten.

Dies betrifft nicht nur die Anforderungen, die Aufgaben stellen, sondern auch die Inhalte der Instruktion in den Vorlesungen.

- Die mathematischen Inhalte werden von den Studierenden als sinnvoll erlebt.

Dazu soll jeweils vor der Einführung von neuen Konzepten durch Ermöglichen von geeigneten Vorerfahrungen ein Bedürfnis nach diesen Konzepten geweckt werden.

Der Erkenntnisprozess selbst soll im Wechsel von Vorlesungs- und Übungsphasen vorangebracht werden. Das bedeutet, dass die Studierenden nicht alles selbst erfinden sollen, dass sie aber in ihren Übungen auch nicht nur nachvollziehen und nacharbeiten, was in der Vorlesung präsentiert wurde. Sondern an geeigneten Stellen sollen sie Aufgaben erhalten, die ihnen über die Vorlesungsinhalte hinausgehende Erkenntnisse bringen, an die die nächste Vorlesungssitzung ihrerseits anschließt. Übungen dienen der Exploration, der Entwicklung von Hypothesen und Ansätzen zur Ordnung und Begründung, und der Selbstreflexion, vereinzelt auch dem Training von Verfahren. Die Vorlesung führt in Fragestellungen ein, gibt Rückblicke und Standortbestimmungen und Orientierung im großen Zusammenhang, und gibt hin und wieder entscheidende Impulse, weiterführende Konzepte und Informationen über Darstellungskonventionen. Zur Sicherstellung einer guten Verzahnung von Vorlesung und Übungen gibt es tägliche Absprachen zwischen den Lehrenden.

Der Kurs ist beispielorientiert im Hinblick auf das Metathema „mathematische Erkenntnisentwicklung". Im Hinblick auf das gewählte inhaltliche Thema bleibt er nicht bei Beispielen stehen, sondern schreitet immer von dort zu allgemeingültigen Beschreibungen und Schlüssen fort.

11.2.2 Wahl des Kontextes zur Entwicklung des Gruppenbegriffs

Der Gruppenbegriff ist ein grundlegender Begriff der Mathematik, der bereits im Schulunterricht und in den Anfängervorlesungen eine zentrale Rolle spielt. Zwar tritt er im Schulunterricht nicht in seiner abstrakten Form auf, die Studienanfänger besitzen jedoch vielfältige Erfahrungen mit den Gruppeneigenschaften aus dem Rechnen mit Zahlen. Der Gruppenbegriff soll im Vorkurs in einem weiteren Kontext, nämlich aus der Untersuchung der Würfelsymmetrien heraus entwickelt werden, sodass er als gemeinsame Struktur von ganz verschiedenen mathematischen Inhalten – Zahlbereiche und Abbildungsmengen – reflektiert werden kann. Die Würfelsymmetrien bietet sich aus mehreren Gründen an:

Das Thema setzt auf elementarem, sehr anschaulichem Niveau an, das nicht mehr als Schulerfahrungen aus Klasse 5 voraussetzt. So kann davon ausgegangen werden, dass alle Teilnehmerinnen und Teilnehmer am Vorkurs an eigenes Wissen anschließen können.

Zugleich ist der Kontext der Würfelsymmetrien schon auf dieser ersten Stufe mathematisch reichhaltig. Er bietet Anlässe zu anspruchsvollen Problemstellungen und Argumentationen, die mehrschrittige Begründungsketten erfordern. Durch den geometrischen Kontext und die Abwesenheit von Zahlen und Rechenoperationen sind diese notwendig auf inhaltliche Überlegungen konzentriert. Der Kontext dient also nicht nur dem Einstieg in ein eigentlich anderes Thema, sondern bietet für sich genommen eine ernstzunehmende mathematische Herausforderung.

Der Würfel ist ein hinreichend komplexes Objekt, an dem spannende Entdeckungen gemacht werden können. Um den Geheimnissen des Würfels auf die Spur zu kommen, lohnt sich die Entwicklung von Theorie zur Vereinfachung der Komplexität. Ein Kontext wie die Symmetrien eines regelmäßigen n-Ecks ist leichter zu durchdringen und bietet ebenfalls ein Beispiel für eine Gruppe und ihre Untergruppen. Die Kraft dieser Konzepte zum Ordnen von Beziehungen wird hier aber nicht ersichtlich. Der gewählte Kontext der Würfelsymmetrien bietet dagegen die Möglichkeit, zeitweise auf die einfachere Situation von Symmetrien von Vielecken zurückzugehen, um Teilphänomene in den Blick zu nehmen oder gewonnene Erkenntnisse auf eine andere Situation zu transferieren und zu reflektieren.

Etliche Untergruppen der Symmetriegruppe des Würfels treten bereits bei einer ersten Systematisierung der Symmetrien des Würfels in Erscheinung (aber natürlich nicht unter diesem Namen), wenn Drehungen nach gemeinsamen Drehachsen geordnet werden. Diese Ordnung kann später der Veranschaulichung von Untergruppen dienen. Untergruppen erscheinen nicht als rein formales Konstrukt, sondern haben für die Lernenden ein Pendant in der Würfelstruktur. Dadurch kann diese Würfelstruktur für die theoretischen Konzepte, die entwickelt werden, sinnstiftend wirken.

Der Satz von Lagrange ist eine erste tiefgreifende Erkenntnis, zu deren Begründung sich die Entwicklung von formaler Theorie als lohnend erweist. Zugleich bereichert seine Aussage die Beantwortung der Leitfrage des Kurses nach einer Erfassung der Würfelsymmetrien.

11.2.3   Erörterung ausgewählter Aufgaben

Die Problemstellung verstehen
Zu Beginn werden die Studierenden in einem Vorlesungsteil in das Thema eingeführt. Dies geschieht am Beispiel der Suche nach den Symmetrien eines regelmäßigen n-Ecks. Es werden die Begriffe „Drehung" und „Spiegelung" in der Ebene angesprochen, die den Studierenden aus ihrer Schulzeit, aber auch dem Alltag bekannt sind, zudem wird der Begriff der „Selbstabbildung" definiert. Abbildungen werden dabei auf den ganzen Raum (hier: die Ebene) bezogen, die als Selbstabbildungen einer Figur die Eigenschaft besitzen, dass alle Bildpunkte der Figur auf der Figur liegen. Anschließend werden Eigenschaften dieser Abbildungen benannt und begründet.

Eigenarbeit an einem reichhaltigen Problem
Als erste Aufgabe zur eigenständigen Bearbeitung erhalten die Studierenden den Auftrag:

Aufgabe
Basteln Sie einen Würfel und suchen Sie alle Spiegelungen und Drehungen, die ihn auf sich abbilden.

An dieser Aufgabe kann jede Studentin, jeder Student sinnvoll arbeiten. Der Gegenstand, der je nach Sichtweise im Fokus gesehen wird, kann der Würfel sein, können aber auch die Abbildungen – sei es als Handlungen oder gedachte Handlungen, sei es als mathematische Objekte – sein. Das 3-dimensionale Modell hilft, Anschauungen zum Würfel und seinen Selbstabbildungen aufzubauen und erste Erkundungen durchzuführen. Hier können Entdeckungen gemacht werden, die manchen überraschen: Es gibt verschiedene

Typen von Spiegelebenen und von Drehachsen! Und: die möglichen Drehwinkel hängen von der Achse ab. Wie findet man die zugehörigen Winkel? Und auch wenn zunächst die Drehtypen nach Achsen geordnet werden, könnte hier schon die Beobachtung gemacht werden, dass der Drehtyp selbst unabhängig von der Achse beschrieben werden kann: Manche führen nach zwei-, andere nach drei- und wieder andere nach viermaliger Anwendung zum Ursprungszustand. Um die Ergebnisse zu Papier bringen zu können, müssen Darstellungen gewählt werden.

Wohl nicht jeder wird alle diese Abbildungen finden, und die Bearbeitungen werden sich auch darin unterscheiden, ob die Studierenden versuchen, sich selbst und andere davon zu überzeugen, dass sie alle gefunden haben. (Tatsächlich begnügten sich die meisten Studierenden, mit denen das Konzept erprobt wurde, damit, die Abbildungen, die sie gefunden hatten, zu beschreiben. Manche wählten dazu rein verbale Darstellungen, viele kombinierten sie mit Zeichnungen des Würfels und seiner Drehachsen und Spiegelebenen.) Darum wird die Aufgabe in der ersten betreuten Übung präzisiert zu:

Aufgabe
Stellen Sie die Spiegelungen und Drehungen, die den Würfel auf sich selbst abbilden, übersichtlich dar. Begründen Sie:

a) Die gefundenen Spiegelungen und Drehungen bilden den Würfel tatsächlich auf sich selbst ab.
b) Es gibt keine weiteren selbstabbildenden Spiegelungen und Drehungen des Würfels.

Hier ist Gelegenheit, die eigenen, vielleicht noch intuitiven und unvollständigen Überlegungen, warum man die aufgezählten Abbildungen gewählt und sich mit ihnen zufrieden gegeben hat, zu kommunizieren, zu hinterfragen und gegebenenfalls weiterzuführen, wenn berechtigte Einwände erhoben werden. Für eine überzeugende Begründung bietet sich an, eine Systematisierung zu wählen, die sicherstellt, dass nichts übersehen worden ist. Bei der Diskussion der Ergebnisse sollten die nicht weiter in Frage gestellten Annahmen reflektiert und hinterfragt werden, wie z. B.: *Müssen alle Drehachsen durch den Mittelpunkt des Würfels gehen? Warum? Müssen sie parallel zu Kanten verlaufen? etc.* Das Maß an Strenge, mit dem solche Fragen zu beantworten sind, soll sich nach den Begründungsbedürfnissen der Studierenden richten.

Problemerweiterung
Ein Schritt, der den Fokus noch stärker auf die Abbildungen lenkt, wird mit dieser weiterführenden Fragestellung angestoßen, die zur Exploration in unbetreuter Arbeit geeignet ist:

Aufgabe

Untersuchen Sie entweder, was geschieht, wenn Sie zwei Spiegelungen, die den Würfel auf sich selbst abbilden, nach einander ausführen oder wenn Sie zwei Drehungen, die den Würfel auf sich selbst abbilden, nach einander ausführen. Kommt ein Abbildungstyp heraus, den Sie bereits beschrieben haben? Überlegen Sie sich, ob es einen Unterschied macht, welche Spiegelungen bzw. welche Drehungen Sie wählen.

Zwei Drehungen, die nicht dieselbe Drehachse betreffen, nach einander auszuführen, kann an einem Würfelmodell leicht durchgeführt werden. Bei zwei Spiegelungen wird schon eine hohe Anforderung an die Vorstellungskraft gestellt. Hier wächst ein Bedürfnis nach geeigneten Darstellungen.

In der anschließenden Vorlesung werden die Darstellungsideen, die die Studierenden entwickelt und weiterentwickelt haben, aufgenommen. Einige Studierende entschieden sich z. B., einen Spielwürfel mit nummerierten Seiten zu zeichnen, im Ausgangs-, Zwischen- und Endzustand. Das war eine geeignete gedankliche Unterstützung, wurde jedoch als aufwändig empfunden. Um sich einen Eindruck von dem zu verschaffen, was beim Nacheinander-Ausführen von zwei Abbildungen passiert, braucht man eigentlich einen größeren Pool von Beispielen, wozu ein einfacher Weg der Bestimmung des Ergebnisses hilfreich wäre. In der Vorlesung wird nun in zwei Schritten eine Weiterentwicklung der Darstellungen präsentiert:

Die Drehung etwa um eine Achse durch die Seitenmittelpunkte 1 und 6 bildet wie folgt ab: $1 \to 1; 2 \to 3; 3 \to 5; 4 \to 2; 5 \to 4; 6 \to 6$. Mit dieser Darstellungsform kann man sofort an diese Abbildung eine weitere anhängen und das Bild jeder Seite bestimmen. Nachteil dieser Darstellung ist noch, dass man nicht gut nachvollziehen kann, wie die Bewegung aussieht. Das hebt eine Darstellung hervor, die die Bilder in geschickterer Reihenfolge angibt, wie die Zykeldarstellung: $(1)(2354)(6)$, der man mit einem Blick ansieht, welche Seiten unter einander vertauscht werden. Auch sie kann man nach einem einfachen Algorithmus mit einer anderen Abbildung in Zykeldarstellung verknüpfen. Zwar ist der Algorithmus leicht auszuführen, dennoch stellt dieses Zeichensystem hohe kognitive Anforderungen, da es von dem abstrahiert, was vorher tragender Teil der Vorstellung war: Die Seitenflächen sind nicht mehr sichtbar, die Drehung selbst wird weder real noch in Gedanken ausgeführt. Die Darstellung entfremdet von der Vorstellung des Operierens an einem Würfel. Bei der Erprobung konnten die Studierenden den Zweck und den Prozess der Darstellungsentwicklung gut nachvollziehen. Dennoch fiel es ihnen schwer, die formalen Darstellungen mit Zuordnungspfeilen oder mit Permutationszykeln zu erfassen. Als Herausforderung erwies sich insbesondere, bei der Verknüpfung von zwei solcherart dargestellten Abbildungen zwischen ursprünglichen Positionen und Bildpositionen der Seitennummern zu unterscheiden.

Reflexion von Darstellungen

Auf eine solche Einführung müssen unbedingt Übungen mit den neuen Darstellungen folgen, die Vertrautheit mit den neuen Zeichen und ihren Bedeutungen und mit dem Algorithmus schaffen. Übersetzungen zwischen verschiedenen Darstellungsformen sind hier wichtig, ebenso die Reflexion der Strukturen, die eine Darstellung wie (1)(2354)(6) zum Ausdruck bringt. So kann man hier wiederfinden, dass gegenüberliegende Seiten des Würfels sich analog verhalten, nämlich auf gegenüberliegende Seiten abgebildet werden. Mit etwas Übung kann man zudem erkennen, dass der Viererzykel nach viermaliger Anwendung aufgehoben ist, also jede Seite dann auf sich selbst abgebildet wird, und daraus schließen: (1)(2354)(6) ist eine Drehung um 90°.

Eine weitere Übung fordert auf, über verschiedene Darstellungsformen und ihre Vor- und Nachteile nachzudenken. Hier wird eine ebene Grundfigur gewählt, so dass die gesammelten Erfahrungen auf die neue Situation übertragen werden müssen, ohne dass direkt bereits bekannte Antworten übernommen werden können:

Aufgabe

a) Beschreiben Sie die Drehungen und Spiegelungen, die ein regelmäßiges Sechseck auf sich selbst abbilden, auf verschiedene Weisen.

Geom. Handlung	Bilder der Seiten	Permutations- zykel	Name der Abb.	Beziehungen zu anderen Abb.
Drehung um 180°	1 auf 4 2 auf 5 …	(14)(25)(36)	t	$t \circ t = \mathrm{id}$

b) Erörtern Sie, welchen Sinn die einzelnen Darstellungsformen haben. Welche Formen bevorzugen Sie? Begründen Sie!

In b) ist der Sinn der Darstellungen zunächst nach objektiv-sachlichen Kriterien zu beschreiben. Hier geht es nicht um persönliche Meinung, sondern um Zweckmäßigkeit und Handlungs- und Denkmöglichkeiten, die die verschiedenen Darstellungsformen eröffnen. Sodann sind die Darstellungen aber auch auf die eigene Person zu beziehen und aus explizit subjektiver Perspektive zu beurteilen. Damit wird indirekt die Botschaft ausgegeben, dass individuelle Denkweisen und Prioritäten neben objektiven Gegebenheiten immer ebenfalls relevant sind. Zugleich bietet sich hier für Studierende die Gelegenheit persönliche Schwächen wahrzunehmen, etwa wenn sie eine Darstellung nicht mögen, weil sie sie nicht verstehen. Das kann Anlass geben, sich mit der betreffenden Darstellung intensiver aus einander zu setzen.

Einführung des Gruppenbegriffs

Eine Übersicht über die gefundenen Drehungen und Spiegelungen, in der Überschriften die Typen von Spiegelebenen und Drehachsen bezeichnen und die die einzelnen Abbildungen mit Hilfe der Zykelnotation angibt, schafft nochmals eine Verbindung von Vorstellung und formaler Darstellung. Zudem erlaubt sie eine Draufsicht, die nun alle Abbildungen zugleich in den Blick nimmt und ihre Beziehungen zu einander reflektiert. Hier können Beobachtungen angestellt werden, wie z. B.: Die Drehungen bilden bestimmte „Gruppen", zu denen jeweils die identische Abbildung gehört. Jede dieser „Gruppen" besteht aus einer Drehung, aus der die anderen Gruppenglieder durch mehrfaches Anwenden gewonnen werden können. Zu jeder Abbildung gibt es eine, die sie rückgängig macht; die beiden gehören zu derselben „Gruppe". Die Spiegelungen stehen jeweils für sich. An solche, noch unvollständige, nur teilweise systematische Beobachtungen schließt sich nun der Begriff der mathematischen Gruppe und der Untergruppe an, die in der Vorlesung definiert werden. Der Würfel bietet zahlreiche weitere Beispiele von Gruppen und Untergruppen neben den zyklischen Untergruppen, die schon in der Übersicht aufgefallen sind. Für weitere einfache Beispiele lohnt sich auch der Rückgriff auf Symmetrien ebener Figuren.

Der Satz von Lagrange

Die folgende Übungsaufgabe gibt ein weiteres Beispiel für den Gruppen- und den Untergruppenbegriff.

Aufgabe

a) Zeigen Sie, dass die Selbstabbildungen des Quadrats eine Gruppe bilden (Verknüpfung: hintereinander ausführen) und geben Sie alle Untergruppen an.

b) Wählen Sie eine Ihrer Untergruppen und irgendeine Selbstabbildung des Quadrats und verknüpfen sie mit jeder Abbildung aus der Untergruppe. Wie viele verschiedene Abbildungen erhalten Sie? Woran liegt das?

Der Hauptteil der Aufgabe besteht darin, mit den neu eingeführten Begriffen vertraut zu werden. Die Anweisung, die bei b) auszuführen ist, führt zu einer Nebenklasse der gewählten Untergruppe. Dieser Begriff ist bislang noch nicht eingeführt worden. Die Aufgabe ermöglicht Vorerfahrungen mit dem Begriff, insbesondere mit der Konstruktion einer Nebenklasse und mit ihrer Beziehung zur zugehörigen Untergruppe.

Die letzte Frage nach Ursachen dafür, dass die Anzahl der Nebenklassenelemente gleich der Anzahl der Elemente der Untergruppe ist, kann auf unterschiedlichem Niveau beantwortet werden. So kann man sagen, dass aus jedem Element der Untergruppe eine neue Abbildung gewonnen wird, daher die Anzahl gleich sein muss. Eine weitergehende Überlegung reflektiert noch, warum es nicht passiert, dass zwei gleiche Abbildungen erzeugt werden. Dies kann intuitiv als selbstverständlich angesehen werden: Wenn mit zwei verschiedenen Dingen dasselbe gemacht wird, kann nicht dasselbe herauskommen. Ganz so selbstverständlich ist das nicht, denn es ist natürlich nur sicher für umkehrbare Handlungen, wie die durch die Abbildungen aus der Gruppe veranlassten. Für eine umkehrbare Handlung gilt: Wenn sie zwei verschiedene Zustände zu demselben Zustand führen könnte, dann müsste ihre Umkehrung diesen in zwei verschiedene Ausgangszustände zurückführen können, ein Widerspruch! Dieses Argument kann formal präzisiert werden: Aus $ab = ac$ würde folgen:

$$a^{-1}(ab) = a^{-1}(ac), \text{ also } (a^{-1}a)b = (a^{-1}a)c, \text{ also } b = c.$$

Der hier vorgestellte unterschiedliche Grad an Vollständigkeit, aber auch an Strenge einer Begründung kann auch dem allerersten Argument Wertschätzung geben, das ja einen wesentlichen Teil der Einsicht in das Phänomen gibt. Das Hinterfragen und dann Präzisieren von Einsichten führt zu einem vertieften Verständnis des Phänomens. Es ist lohnend solche unterschiedlichen Stufen von Beweisen mit den Studierenden zusammen zu reflektieren. Zum Beispiel welches Argument ist überzeugender, und warum: das formal dargestellte oder das verbale, dass durch Umkehren der Handlung nicht zwei verschiedene Ausgangsobjekte erhalten werden könnten? Die Antworten der Studierenden auf diese Frage könnten durchaus unterschiedlich ausfallen.

An diese Übung schließt nun eine Vorlesung an, in der der Begriff der Nebenklasse eingeführt wird und anschließend der Satz von Lagrange, dass in einer endlichen Gruppe die Ordnung einer Untergruppe immer Teiler der Gruppenordnung ist, bewiesen wird. In der Übung zuvor ist ein Beispiel für eine Nebenklasse entwickelt worden zugleich mit der für den Satz von Lagrange wichtigen Eigenschaft, dass die Anzahl der Elemente einer Untergruppe und jeder ihrer Nebenklassen gleich sind. Es fehlt noch das Argument, dass zwei Nebenklassen entweder identisch sind, oder keine gemeinsamen Elemente haben, um die Gruppe in Nebenklassen zerlegen zu können, die alle gleiche Anzahl von Elementen wie die Untergruppe haben.

Mit diesem letzten Teil bewegen wir uns deutlich auf der dritten Gegenstandsstufe, auf der die Struktur einer Gruppe im Fokus steht. Auch wenn auf die Vorstellung zurückgegriffen werden kann, die das Beispiel aus der vorangegangenen Übung angeregt hat, werden die Darstellungen nun in einer Allgemeinheit gewählt, die für jede endliche Gruppe und jede Untergruppe passend ist. Dies kann mit symbolischen Zeichen oder auch mit verbalen Beschreibungen geschehen. Die Argumente selbst greifen nur auf allgemeine Eigenschaften zurück.

Auch hier lohnt sich nochmals eine Erörterung, die die Schwierigkeiten vergleicht, die eine allgemeine Darstellung gegenüber der Betrachtung eines spezifischen Beispiels bringt. Die Tatsache, dass das Beispiel konkreter ist, kann helfen, sich darauf einzulassen. Insbesondere ist an der in der Übungsaufgabe gewählten Untergruppe unverwechselbar klar: Es handelt sich um eine bestimmte, nicht variable Menge, auf die alle weiteren Überlegungen angewendet werden. Alle Nebenklassen, die gebildet werden, beziehen sich auf dieselbe Untergruppe. Andererseits bringen die Besonderheiten des Beispiels auch

Ablenkung von den relevanten Strukturen, die hier unter Umständen viel schwerer wahrzunehmen sind. Das kann z. B. passieren, wenn die Aufmerksamkeit auf die spezifischen Elemente, die sich in der gewählten Untergruppe befinden, gerichtet wird.

Bei der Erprobung erwies sich der Beweis des Satzes von Lagrange aufgrund seiner argumentativen Komplexität trotz der vorherigen Erörterung eines wichtigen Argumentationsteils an einem konkret erfahrenen Beispiel als große Herausforderung. Ich hatte den Eindruck, dass der größere Teil der Studierenden Teilargumente verstand, den Beweis aber nicht vollständig erfasste.

11.3   Erfahrungen und Lernergebnisse in der Erprobung

Das Konzept des Vorkurses wurde in den ersten sechs Wochen einer Vorlesung erprobt, die für ca. 80 Studierende des Grund-, Haupt- und Realschullehramts ihre erste Vorlesung in Hochschulmathematik war. Sie erhielten wöchentlich eine Vorlesung, Präsenzübungen mit Tutoren und wöchentliche Hausaufgaben, die den unbetreuten Aufgaben im Vorkurskonzept entsprechen. Ein großer Teil der Studierenden arbeitete aktiv mit, und auch in den Vorlesungssitzungen gab es Nachfragen, Einwände und Ideenvorschläge. Hausaufgaben wurden im Normalfall nicht in den Präsenzübungen besprochen, sondern die Studierenden erhielten Rückmeldungen über Korrekturen. Hin und wieder wurden Hausaufgaben in der Vorlesung thematisiert und Gedankengänge, die sie anstießen, weitergeführt. Hier war auch Platz, Aufgaben, die sich als problematisch erwiesen, oder Fehlvorstellungen, die sich in den schriftlichen Abgaben zeigten, zu reflektieren. Solche kamen in wöchentlichen Tutorenbesprechungen zur Sprache.

Es wurde keine empirische Begleituntersuchung durchgeführt, die gezielt auf die Lernprozesse schaut. Einen kleinen Eindruck von den Lernergebnissen kann jedoch die Klausur geben, die am Ende des Semesters geschrieben wurde.

Klausuraufgabe
Die Klausur zur Vorlesung bestand aus zwei Aufgaben, von denen sich die erste auf den Gruppentheorieteil bezog. Die Studierenden hatten 90 Minuten Zeit für die beiden Aufgaben. Insgesamt konnte man in der Klausur 27 Punkte erreichen, 14 davon in der Aufgabe zur Gruppentheorie. 81 Studierende haben die Klausur geschrieben.

Die Klausuraufgabe zur Gruppentheorie lautete:

Die Menge der Drehungen, die den Würfel auf sich selbst abbilden, ist mit der Verknüpfung „hintereinander ausführen" eine Gruppe. Wir nennen sie G.

a) Geben Sie eine Untergruppe von G (nicht G selbst) explizit an und begründen Sie, warum es eine Untergruppe ist. Nennen Sie Ihre Untergruppe U.

b) Was wissen Sie über die Nebenklassen von *U*? Geben Sie zwei verschiedene Nebenklassen explizit (mit Nennung ihrer Elemente) an.

c) Um die Frage a) zu beantworten, kann man verschiedene Darstellungsformen wählen. Erläutern Sie dies und nennen Sie Vor- und Nachteile der Wahl, die Sie getroffen haben.

Für Aufgabenteil a) konnte man 6 Punkte erhalten, für b) und c) jeweils 4 Punkte. Bei der Korrektur der Arbeit wurden Darstellungen, die nicht formal waren, aber den Sachverhalt richtig wiedergaben, vollständig akzeptiert. So konnte eine Menge mit Hilfe mathematischer Symbolsprache, aber auch mit Hilfe einer verbalen Erläuterung angegeben werden. Kleine formale Fehler wurden nicht geahndet, wenn deutliche Hinweise darauf erkennbar waren, dass das Konzept richtig erfasst wurde. Konzeptuelle Fehler jedoch wie eine Verwechslung von einer Menge mit ihren Elementen erhielten Punktabzug.

Die Vorlesungsziele und -inhalte wurden von mir als anspruchsvoll eingeschätzt, da sie einen kognitiv sehr fordernden Erkenntniszuwachs anstoßen, der durch die drei Gegenstandsstufen gekennzeichnet ist. Die Klausur setzt auf der dritten Gegenstandsstufe, der Gruppenstruktur der Symmetriegruppe an, auf der verschiedene Tätigkeiten auf das konkrete Beispiel des Würfels zu beziehen sind.

Einsichten durch die Klausurergebnisse zur gruppentheoretischen Aufgabe

74 % der Studierenden erhielten in der Aufgabe mindestens die Hälfte der erreichbaren Punkte. Immerhin 23 % kamen sogar auf 13 oder 14 Punkte. Im Schnitt erreichten die Studierenden 65 % der möglichen Punkte. Im Aufgabenteil a) erhielten sie durchschnittlich 74 % der in a) erreichbaren Punkte, in Teil b) waren es 51 % und in Teil c) 65 % der jeweils erreichbaren Punkte.

Damit erwies sich der Aufgabenteil zu den Nebenklassen als der schwerste. Das ist nicht überraschend: Um b) bearbeiten zu können, musste man in a) zumindest eine Untergruppe gefunden haben, wenn auch der korrekte Untergruppennachweis für b) nicht relevant war. Das Konstrukt der Nebenklasse baut zudem auf demjenigen der Untergruppe auf und stellt eine höhere kognitive Herausforderung dar. Die Reflexionsaufgabe c) konnte auch ohne erfolgreiche Bearbeitung von Teil b) erfolgen. Zum einen bestand die Möglichkeit, sich auf Teil a) zu konzentrieren, zum anderen konnte man Nachteile der gewählten Darstellungsform auch in Bezug auf erfolglose Versuche, eine Nebenklasse zu finden, erörtern. Ein sehr großer Anteil der Studierenden zeigte, dass sie sich auf der dritten Gegenstandsstufe bewegten und einzelne Unterstrukturen der Drehgruppe des Würfels angeben konnten. So fanden viele eine Untergruppe und konnten Untergruppeneigenschaften nachweisen. Allerdings erfassten viele das komplexere und kognitiv noch deutlich anspruchsvollere Konzept der Nebenklassen nicht. Hier unterschieden sich deutlich zwei große Gruppen von Studierenden: 42 % nannten richtig zwei verschiedene Nebenklassen, 43 % gaben keine korrekte Nebenklasse an. (Die übrigen 15 % nannten eine Nebenklasse, die Untergruppe selbst.)

Die Erörterungen ihrer Darstellungen gelangen sehr vielen Studierenden. Sie unterschieden sich in der Differenziertheit der Überlegungen und darin, ob sie auf eine oder mehrere Darstellungsformen ausführlich eingingen, aber es entstand der Eindruck, dass die meisten Studierenden sich auf diese für Mathematikvorlesungen eher ungewöhnliche Fragestellung sehr bereitwillig einließen.

Ein Fazit

Insgesamt zeigten die Erfahrungen in dieser Vorlesung, dass viele Studierende sich auf die inhaltlich anspruchsvolle Mathematik über den vorgeschlagenen elementarmathematischen Zugang einlassen konnten. Ihre Reflexionen und die Art ihres Umgangs mit den mathematischen Konzepten lassen vermuten, dass sie sowohl die Konzepte als auch deren Darstellungen als sinn- und bedeutungsvoll erlebten.

Natürlich muss das Konzept noch im Kontext eines Vorkurses erprobt werden. Aufgrund der Vorerfahrungen bestehen begründete Erwartungen, dass es sich für Studienanfängerinnen und -anfänger als sinnstiftend und orientierungsgebend für Mathematik erweist, die nach ähnlichen Prinzipien aufgebaut wird.

Literatur

Bauer, T. (2013). *Analysis – Arbeitsbuch: Bezüge zwischen Schul- und Hochschulmathematik – sichtbar gemacht in Aufgaben mit kommentierten Lösungen*. Wiesbaden: Vieweg+Teubner.

Beutelspacher, A., Danckwerts, R., Nickel, G., Spies, S., & Wickel, G. (2011). *Mathematik Neu Denken. Impulse für die Gymnasiallehrerbildung an Universitäten*. Wiesbaden: Vieweg+ Teubner.

Bikner-Ahsbahs, A., & Schäfer, I. (2013). Ein Aufgabenkonzept für die Anfängervorlesung im Lehramt Mathematik. In C. Ableitinger, J. Kramer, & S. Prediger (Hrsg.), *Zur doppelten Diskontinuität in der Gymnasiallehrerbildung: Ansätze zu Verknüpfungen der fachinhaltlichen Ausbildung mit schulischen Vorerfahrungen und Erfordernissen* (S. 57–76). Wiesbaden: Springer Spektrum.

Brieskorn, E. (1983). *Lineare Algebra und analytische Geometrie I. Noten zu einer Vorlesung mit historischen Anmerkungen von Erhard Scholz*. Wiesbaden: Vieweg.

Fischer, A. (2013). Anregung mathematischer Erkenntnisprozesse in Übungen. In C. Ableitinger, J. Kramer, & S. Prediger (Hrsg.), *Zur doppelten Diskontinuität in der Gymnasiallehrerbildung: Ansätze zu Verknüpfungen der fachinhaltlichen Ausbildung mit schulischen Vorerfahrungen und Erfordernissen* (S. 95–116). Wiesbaden: Springer Spektrum.

Fischer, A., Heinze, A., & Wagner, D. (2009). Mathematiklernen in der Schule – Mathematiklernen an der Hochschule: die Schwierigkeiten von Lernenden beim Übergang ins Studium. In A. Heinze, & M. Grüßing (Hrsg.), *Mathematiklernen vom Kindergarten bis zum Studium. Kontinuität und Kohärenz als Herausforderung für den Mathematikunterricht* (S. 245–264). Münster: Waxmann.

Freudenthal, H. (1973). *Mathematik als pädagogische Aufgabe*. Stuttgart: Klett.

Grieser, D. (2013). *Mathematisches Problemlösen und Beweisen: Eine Entdeckungsreise in die Mathematik.* Wiesbaden: Springer Spektrum.

Hefendehl-Hebeker, L. (2013). Doppelte Diskontinuität oder die Chance der Brückenschläge. In C. Ableitinger, J. Kramer, & S. Prediger (Hrsg.), *Zur doppelten Diskontinuität in der Gymnasiallehrerbildung* (S. 1–16). Wiesbaden: Springer-Spektrum.

Leviathan, T. (2008). Bridging a Cultural Gap. *Mathematics Education Research Journal, 20*(2), 105–116.

Rach, S., & Heinze, A. (2013). Welche Studierenden sind im ersten Semester erfolgreich? Zur Rolle von Selbsterklärungen beim Mathematiklernen in der Studieneingangsphase. *Journal für Mathematik-Didaktik, 34*(1), 121–147. doi:10.1007/s13138-012-0049-3.

Schoenfeld, A. (1992). Learning to think mathematically: Problem solving, metacognition, and sense-making in mathematics. In D. Grouws (Hrsg.), *Handbook for Research on Mathematics Teaching and Learning* (S. 334–379). New York: MacMillan.

Tall, D. (2008). The Transition to Formal Thinking in Mathematics. *Mathematics Education Research Journal, 20*(2), 5–24.

Thomas, M. O. J. (2008). The Transition from School to University and Beyond. *Mathematics Education Research Journal, 20*(2), 1–4.

Habe ich das Zeug zum MINT-Studium? Die CAMMP week als Orientierungshilfe für Schülerinnen und Schüler

12

Martin Frank und Christina Roeckerath

Zusammenfassung

Während der mathematischen Modellierungswoche „CAMMP week" lösen Schülerinnen und Schüler selbständig komplexe Probleme aus Alltag, Industrie und Forschung, die direkt aus der Praxis stammen. Dieser problemorientierte Ansatz grenzt sich von dem weitgehend methodenorientierten Lernen in der Schule ab. So werden bei der Arbeit an den Problemen neue innermathematische Konzepte und Begriffe erst dann von den Schülerinnen und Schülern erarbeitet bzw. entdeckt, wenn sie zur Lösung des Problems dienen. Aufgrund dieser anspruchsvollen, für die Schülerinnen und Schüler neuen Arbeitsweise und der hohen Komplexität der Fragestellungen sind vor allem Durchhaltevermögen, Ehrgeiz, Teamfähigkeit und Selbstorganisation gefordert: Alles Fähigkeiten die gerade für einen erfolgreichen Einstieg in ein MINT-Studium unabdingbar sind. Durch die CAMMP week können Schülerinnen und Schüler einige der Herausforderungen, die ein MINT-Studium mit sich bringt, aktiv erleben und selbst erfahren, dass die genannten Fähigkeiten in derartigen Situationen zum Erfolg führen. Darüber hinaus nutzen sie bei der Problemlösung die in vielen MINT-Studiengängen gebräuchlichen digitalen Werkzeuge Matlab und LaTeX, und erhalten somit auch in dieser Hinsicht eine Studienvorbereitung.

Martin Frank
RWTH Aachen University, Mathematik (CCES), Aachen, Deutschland
e-mail: frank@mathcces.rwth-aachen.de

Christina Roeckerath ✉
RWTH Aachen University, Mathematik (CCES), Aachen, Deutschland
Kaiser-Karls-Gymnasium Aachen, Aachen, Deutschland
e-mail: roeckerath@mathcces.rwth-aachen.de

© Springer Fachmedien Wiesbaden 2016
A. Hoppenbrock et al. (Hrsg.), *Lehren und Lernen von Mathematik in der Studieneingangsphase*, Konzepte und Studien zur Hochschuldidaktik und Lehrerbildung Mathematik, DOI 10.1007/978-3-658-10261-6_12

12.1 Probleme beim Studieneinstieg

Studienanfänger erleben den Übergang von der Schule zur Hochschule häufig als Krise, die nicht selten zum Studienabbruch führt (Blömeke 2013). Die an sie gestellten Erwartungen unterscheiden sich stark von denen, die sie aus der Schulzeit kennen. An der TU Braunschweig wurden in einer Trendstudie von 2007 bis 2011 neben fachlichen Fähigkeiten methodische und soziale Facetten bei der Bewältigung des Übergangs von der Schule zur Hochschule untersucht (Weinhold 2013). Die Ergebnisse dieser Studie zeigen, dass nicht nur die höheren fachlichen Anforderungen sondern auch die Änderung des sozialen Umfelds und der universitären Lehrformen den Übergang zwischen Schule und Hochschule erschweren und ein hohes Maß an Selbstregulation der Eigenverantwortlichkeit bei den Studierenden erforderlich ist. In den Lehrveranstaltungen besteht häufig keine Anwesenheitspflicht mehr, das Erledigen von Hausaufgaben wird nicht unbedingt kontrolliert, die zu erlernende Stoffmenge ist deutlich höher und komplexer, man ist auf die Zusammenarbeit mit anderen Studierenden angewiesen. Wesentlich für den Studienerfolg ist darüber hinaus gemäß Blömeke (2013) eine hohe Selbstwirksamkeitserwartung. Dabei handelt es sich um die subjektive Gewissheit, neue und schwierige Anforderungssituationen auf Grund eigener Kompetenz bewältigen zu können (Schwarzer und Jerusalem 2002).

Um MINT-interessierte junge Menschen beim Übergang von der Schule zur Hochschule zu unterstützen, sollte schon möglichst während der Schulzeit auf das universitäre Lernen und Arbeiten vorbereitet werden. Kompetenzen wie Teamfähigkeit, Selbstständigkeit, Durchhaltevermögen und Ehrgeiz sind in den Augen der Autoren maßgeblich für einen erfolgreichen Einstieg in ein MINT-Studium. Denn wer eine Vorstellung von dem hat, was ihn im Studium erwartet und welche Kompetenzen benötigt werden, kann eine passende Studienwahl treffen und ist eher für die Schwierigkeiten der ersten Studienjahre gewappnet. Weiterhin sollten Lernsituationen im MINT-Feld geschaffen werden, welche die Selbstwirksamkeitserwartungen zukünftiger Studenten positiv beeinflussen.

12.2 Vorstellung und Einordnung der Modellierungsaktivitäten im Rahmen der CAMMP week

Die CAMMP week ist ein Angebot des Schülerlabors CAMMP (Computational and Mathematical Modeling Program) für Mathematik und Computational Engineering Science der RWTH Aachen. Die Grundidee der CAMMP week besteht darin, dass Schülerinnen und Schüler unter Einsatz vom mathematischer Modellierung und Simulation selbstständig eine Lösung für ein herausforderndes reales Problem finden. Dabei handelt es sich um bisher ungelöste Probleme aus Alltag, Wissenschaft und Industrie, die aus der Praxis von CAMMP-Partnerfirmen und Instituten stammen. Wir berichten in diesem Artikel über eine Problemstellung der NovatecSolar GmbH, bei der es sich um die Optimierung eines Solarkraftwerkes handelt.

Im Rahmen der CAMMP week werden folglich ausschließlich Modellierungsprobleme behandelt, welche das Qualitätsmerkmal der Authentizität erfüllen und keine optimale oder gar eindeutige Lösung besitzen. In Kaiser und Schwarz (2010) wird eine umfassende Klassifikation der jüngsten Modellierungsansätze gegeben. Wir verfolgen gemäß dieser Klassifikation einen realistisch-angewandten Modellierungsansatz.

Deutschlandweit sind neben der CAMMP week weitere Modellierungsveranstaltungen zu benennen, die ebenfalls authentische Modellierungsaufgaben in Kleingruppen über den Zeitraum einer Woche von Schülerinnen und Schülern lösen lassen: Seit den frühen 90er Jahren bietet die TU Kaiserslautern Modellierungswochen an (Bracke et al. 1993–1997; Bracke et al. 2013). Die CAMMP week beruht in wesentlichen konzeptionellen Punkten auf dieser Modellierungswoche. Weiter finden Modellierungswochen in Hamburg statt, welche 2009 unter der Fragestellung, ob authentische Modellierungsprobleme für Oberstufenschüler in einem solchen Rahmen zugänglich sind, untersucht wurden (Kaiser und Schwarz 2010).

Das Lernen in der Schule geschieht häufig noch methodenorientiert, wobei die Vermittlung von formalen Fertigkeiten und fachlichem Wissen ggf. eingebettet in einen Sachzusammenhang im Vordergrund steht. Die primäre Intention, welche die Organisatoren der CAMMP week verfolgen, besteht darin, Schülerinnen und Schülern eine Vorstellung von mathematischer Modellierung und Problemlösung zu vermitteln, wie sie in angewandter Forschung und Industrie zum Lösen authentischer Probleme vollzogen werden. Ein Lehr-Lern-Konzept zur Verbesserung der Mathematikausbildung von Maschinenbaustudenten, welches auf problemorientiertem Lernen (vgl. Barrows 1996) basiert, wurde im Wintersemester 2012/13 an der Fachhochschule Kiel eingesetzt und ergab einen durchschnittlich besseren Lerneffekt bei den Teilnehmern im Vergleich zu Teilnehmern der Regel-Veranstaltungen (Beinhauer et al. 2013). Bei der Arbeit an den Problemen im Rahmen einer CAMMP week werden ähnlich wie beim Problembasierten Lernen, neue innermathematische Konzepte und Begriffe erst dann von den Schülerinnen und Schülern erarbeitet, wenn sie zur Lösung des Problems dienen. Auf diese Weise soll neben der Erzielung eines ggf. nachhaltigeren Lerneffekts vor allem die fundamentale Bedeutung von Mathematik für viele Berufszweige verdeutlicht und ein Einblick in die Berufswelt gegeben werden.

12.3   Realisierung

Seit 2011 wird die CAMMP week unter der Beteiligung der Autoren ein- bis zweimal im Jahr für Schülerinnen und Schüler sowie Lehrerinnen und Lehrer in einer Jugendherberge angeboten. In sechs bis acht verschiedenen Gruppen, bestehend aus ca. sechs Schülerinnen und Schülern, zwei Lehrkräften und einer Wissenschaftlerin bzw. einem Wissenschaftler werden die verschiedenen Probleme projektorientiert bearbeitet. Jede Gruppe löst dabei ein Problem. Dafür sind insgesamt 26 Arbeitsstunden vorgesehen. Tatsächlich arbeiten die Gruppen in der Regel freiwillig deutlich länger an ihren Problemen. Vor Beginn der Arbeit an den Modellierungsprojekten werden die Schülerinnen und Schüler im Plenum durch einen Vortrag für den Einsatz und die Bedeutung mathematischer Modellierung und Simulation sensibilisiert.

12.3.1 Problemstellungen

Die zu lösenden Probleme sind stets real und stammen direkt von Firmen oder Forschungsinstituten. So bildet die Arbeit der Schülerinnen und Schüler die tatsächliche interdisziplinäre Zusammenarbeit zwischen Simulationswissenschaftlern und Anwendern ab. Es handelt sich bei den Problemen um Fragestellungen, die in allen Punkten den Kriterien von offenen Aufgaben genügen (Leuders 2011). Die Aufgabenstellungen sind äußerst knapp formuliert und enthalten lediglich eine Problembeschreibung ohne Hintergrundinformationen oder weitere Angaben. Dementsprechend gibt es viele mögliche gute Lösungen. Folgende Probleme wurden u. a. bisher gestellt: *Wie kann man den Fahrkomfort einer Aufzugskabine optimieren?* (Böhnke und Partner GmbH), *Wie lassen sich Textilien für Faserverbundwerkstoffe faltenfrei drapieren?* (SAERTEX GmbH & Co. KG und Institut für Textiltechnik RWTH Aachen), *Wie kann man die Temperatur innerhalb eines Handmessgerätes akkurat messen?* (AGT International GmbH), *Wie kann man die Fortbewegung einer Eis-Sonde steuern?* (Enceladus Explorer Konsortium), *Wie kann man eine intelligente Thermostatventilsteuerung entwickeln?* (E.ON Energy Research Center), *Wie kann ein Computer die Planung einer Kieferrekonstruktion unterstützen?* (Uniklinikum RWTH Aachen), *Wie kann man ein Warenlager optimal einräumen?* (JTL Software GmbH). Aufgabenstellungen und Materialien zu diesen Themen sind auf Anfrage bei den Veranstaltern erhältlich.

12.3.2 Arbeit in den Gruppen

Übergeordnetes Ziel bei der Gruppenarbeit ist, dass die Schülerinnen und Schüler selbständig eine eigene Lösung für das Problem finden. Jede Gruppe wird bei ihrer Arbeit an dem Problem von einem Betreuerteam, bestehend aus einem Wissenschaftler und ein bis zwei Lehrkräften unterstützt. Zwischen den Betreuern ist folgende Aufgabenteilung vorgesehen:

Bei dem/der Wissenschaftler/in handelt es sich um einen Mitarbeiter der RWTH Aachen, der im Bereich der mathematischen Modellierung und Simulation forscht und demnach die idealen Voraussetzungen mitbringt, die Schülerinnen und Schüler bei der selbständigen Entwicklung eines eigenen Modells zu unterstützen. Ihm oder ihr kommt daher die Aufgabe zu, die Gruppe inhaltlich zu betreuen, ohne dabei die selbständige Arbeit der Schülerinnen und Schüler zu stören. Das bedeutet, dass er den Schülerinnen und Schülern ermöglichen muss, ein eigenes auf ihren Ideen beruhendes Modell zu entwickeln. Ungesehen von der Gruppe schätzt der Betreuer bzw. die Betreuerin die Ideen und Ansätze hinsichtlich ihrer Durchführbarkeit und Zielgerichtetheit ein, und ermutigt bzw. kritisiert dementsprechend. Generell unterstützt er den inhaltlichen Fortgang der Gruppenarbeit nach dem Prinzip der minimalen Hilfe (Aebli 1994). Die Betreuer/innen stellen gegebenenfalls Material oder Daten zur Verfügung, aber nur auf aktive Nachfrage durch die Gruppenmitglieder.

Die Aufgabe der Lehrkräfte beschränkt sich auf die methodisch-pädagogische Unterstützung der Schülerinnen und Schüler. Im Gegensatz zum eigenen Unterricht tragen die Lehrkräfte hier nicht die Verantwortung für die Vermittlung der Inhalte oder das Erreichen eines bestimmten inhaltlichen Lernziels. Ihre Aufgabe besteht vielmehr darin, Problemen entgegenzuwirken, die auf der häufig hohen Heterogenität innerhalb der Gruppen basieren oder auf fehlenden Kompetenzen bei der Teamarbeit zurückzuführen sind. Ihre Arbeit kann beispielsweise darin bestehen, auf regelmäßige Zusammenfassungen zu achten, Aufgabenverteilungen zu veranlassen, die Schülerkommunikation anzuregen oder auch emotionale Unterstützung zu leisten.

Wichtig ist, dass die Schülerinnen und Schüler zwar bei der Arbeit vom Betreuerteam in der beschriebenen Art und Weise unterstützt werden, allerdings dennoch selbst die Verantwortung für den Erfolg des Projekts tragen. Die Betreuenden haben die Möglichkeit auf den Projektablauf einzuwirken. Im Idealfall beschränken sie sich jedoch auf eine Rolle, die der des Anwenders entspricht (d. h. sie formulieren Anforderungen oder Wünsche), und greifen kaum aktiv ein.

Zur Lösung müssen die Schülerinnen und Schüler ein mathematisches Modell erstellen. Häufig entwickeln sie dabei basierend auf ihren Vorkenntnissen gängige mathematische Methoden oder Konzepte bevor sie diese auf einer theoretischen Ebene kennenlernen, wie zum Beispiel Differenzenmethoden zur Lösung von Differentialgleichungen. Hier zeigt sich deutlich, dass es sich um ein problemorientiertes und nicht um ein methodenorientiertes Arbeiten handelt. Die Methoden und Konzepte werden entweder komplett selbst entwickelt oder auf Hinweis des inhaltlichen Betreuers erarbeitet, wenn sie benötigt werden.

Zur Verfügung stehen den Gruppen je ein Raum mit einigen Laptops, Internetzugang, Flipcharts und weiteren notwendigen Materialien. Ihre Ergebnisse halten sie in einem Bericht und in Präsentationsfolien fest. Am Ende der Woche stellen die Gruppen ihre Ergebnisse im Plenum im Rahmen einer vierstündigen repräsentativen Abschlussveranstaltung vor, zu der neben Eltern, Lehrern und Mitschülern auch die Firmenvertreter geladen sind.

Seit der CAMMP week 2013 ist die Verwendung von Matlab als Programmiersprache und von LaTeX als Satzsystem für Folien und Bericht verpflichtend. Unsere Erfahrungen mit diesen beiden Programmen werden wir in einer zukünftigen Arbeit zusammentragen.

12.4   Das Solarproblem

Um einen Eindruck von der Gruppenarbeit an den Problemen zu vermitteln, wird im Folgenden beispielhaft die Arbeit einer Gruppe der CAMMP week 2011 an einem Problem vorgestellt, welches von der Firma Novatec Solar stammt.

Aufgabe war eine Optimierung des Solarfeldes in einem Fresnel-Kraftwerk. Bei dieser Art von solarthermischen Kraftwerken werden Sonnenstrahlen anhand von Spiegelstreifen auf Rohre gebündelt. Durch die Rohre wird Wasser geleitet, welches sich auf diese Weise erhitzt. In den Rohren entsteht daher Wasserdampf, der in Turbinen geleitet wird. Durch den Wasserdampf werden die Turbinen angetrieben und erzeugen somit Strom. Da sich die Position der Sonne im Laufe des Tages ändert, wird der Neigungswinkel der Spiegel über den Tag hinweg stets angepasst. Die Konzeption eines solchen Solarfeldes birgt verschiedene Probleme: Zum Beispiel kann der Abstand zwischen den einzelnen Spiegelstreifen so gering gewählt werden, dass Spiegel bei flach stehender Sonne Schatten auf andere Spiegel werfen. Dadurch wird ein Teil der Sonnenstrahlen nicht genutzt. Wird der Abstand hingegen zu groß gewählt, dann können kleine Fehler bei der Einstellung der Neigungswinkel der äußeren Spiegelreihen dazu führen, dass ein Teil der reflektierten Sonnenstrahlen das Rohr verfehlt.

Die Aufgabe bestand darin, den Abstand und die Größe der Spiegel sowie die Höhe des Rohres und weitere Größen so zu bestimmen, dass ein Maximum an Energie erzeugt wird. Dazu muss vorab die Reflexion der Sonnenstrahlen an den geneigten Spiegelstreifen modelliert werden. In vereinfachter Form ist das Problem dargestellt in (Frank und Roeckerath 2012).

12.4.1 Vorgehensweise der Gruppe

Zur Beschreibung des Modellierungsprozesses, den die Schülerinnen und Schüler bei der Bearbeitung der Probleme durchlaufen, verwenden wir im Folgenden die von Westermann (2011) vorgestellte Terminologie: In einem ersten Modellierungsschritt wird die reale Situation in ein so genanntes *reales Modell* überführt. Dazu wird die reale Situation strukturiert und durch *Abstraktion* und *Idealisierung* vereinfacht. Abstraktion steht in diesem Zusammenhang für das Weglassen von Eigenschaften, die für die Lösung des Problems nicht oder wenig relevant sind. Idealisierung bedeutet, dass Annahmen getroffen werden und Eigenschaften hinzugefügt werden, die eine anschließende Übersetzung in ein mathematisches Modell erlauben. Die Überführung des realen Modells in ein mathematisches Modell wird als *Mathematisierung* bezeichnet. Anhand des mathematischen Modells wird durch mathematisches Operieren (Deduktion) eine Lösung des mathematischen Problems gefunden. Diese Lösung stellt das *mathematische Resultat* dar. Das mathematische Resultat wird durch Interpretation auf die reale Situation bezogen und validiert. Liefert die Interpretation keine brauchbaren Ergebnisse für das reale Problem oder stellt sich eine Einbeziehung weiterer realer Aspekte als sinnvoll heraus, so werden die einzelnen Modellierungsschritte mit geeigneten Änderungen erneut durchgeführt.

Während der Entwicklung des Modells hat die Gruppe den Modellbildungskreislauf gemäß Westermann (2011, S. 157) etliche Male durchschritten. Am Ende erzielten die Schülerinnen und Schüler ein Modell, welches unter Berücksichtigung vieler Faktoren, wie Schattenwurf durch Sekundärreflektor und Spiegel, oder Störung des Neigungswinkels bei gegebenen Wetterdaten (Sonnenstand und Intensität der Sonnenstrahlung) die am Rohr ankommende Energie berechnet. Das Modell entwickelten sie im Wesentlichen unter Verwendung ihrer Kenntnisse der Geometrie und Analysis (siehe Abb. 12.3 für eine beispielhafte Anwendung). Gelegentlich trat dabei der Fall auf, dass sie sich neue Inhalte aneignen mussten (z. B. bei der Verwendung von trigonometrischen Funktionen). Die notwendigen Informationen recherchierten sie im Internet. Das Modell setzten die Schülerinnen und Schüler in ein Simulationsprogramm um. Wiederum beispielhaft für ein Ergebnis ist Abb. 12.2: Das Simulationsprogramm wurde von einem der Schüler im Anschluss an die CAMMP week mit einer graphischen Oberfläche ausgestattet, die eine Visualisierung des Ergebnisses und u. a. auch eine Fehlerkontrolle erlaubt. Anhand des Programms konnte die Gruppe die erzielte Energie, bezogen auf ein ganzes Jahr, für unterschiedliche Belegungen der Modellparameter bestimmen. Anhand von mehreren Simulationen stellten sie fest, welche Parameterbelegung die meiste Energie zur Folge hatte und erzielten somit eine Lösung des gestellten Optimierungsproblems.

Zu Beginn des ersten Durchlaufs des Modellierungszyklus entwickelten die Schülerinnen und Schüler ein reales Modell. Dazu nahmen sie ausgehend von den Informationen, die sie der Aufgabenstellung entnehmen konnten, eine Strukturierung der realen Situation vor. Sie stellten beispielsweise fest, dass die Anzahl der Rohre und Spiegelreihen, ihre Kosten, sowie die Breite der Spiegelstreifen eine wichtige Rolle spielen. Auch dass bei der Neigung von Spiegeln Energieverluste auftreten müssen, wurde besprochen. Sie hielten fest, dass eine Ungenauigkeit der Spiegeleinstellung Konsequenzen auf den Energiegewinn haben muss. Außerdem erkannten sie, dass sie Informationen über Intensität und Einfallswinkel der Sonnenstrahlung abhängig von Uhrzeit und Datum für den Standort des Kraftwerks (Wetterdaten) brauchen. Es wurde der optimale Standort des Kraftwerkes diskutiert, wobei die Schülerinnen und Schüler zu dem Ergebnis kamen, dass es sich um einen sonnenreichen Ort, wie eine Wüste, handeln sollte, da intensivere Sonnenstrahlung zu einer größeren Energiegewinnung führt. Zum Standort Dagget, einem Ort in der südkalifornischen Wüste in den USA, lagen Wetterdaten (Strahlungsintensität der Sonne zu verschiedenen Tages- und Jahreszeiten) vor, die vom Fraunhofer-Institut für Solare Energiesysteme in Freiburg zur Verfügung gestellt wurden. Daher entschieden die Schülerinnen und Schüler sich dafür, Dagget als Standort des Kraftwerks festzulegen.

Durch gezielte Vereinfachungen nahmen die Schülerinnen und Schüler eine Abstraktion der realen Situation vor: So entschieden sie sich dafür die dritte Dimension zu vernachlässigen und ein Modell in einer 2D-Welt zu entwickeln, bei dem Spiegel und Rohr im Querschnitt betrachtet werden und die Sonne im Halbkreis um sie herum wandert (vgl. Abb. 12.1). Dazu mussten die in 3D Polarkoordinaten gegebenen Sonnenstandsdaten in 2D Polarkoordinaten überführt werden. Bei diesem Schritt benötigten die Schülerinnen und Schüler Hilfe durch den Betreuer. Weiter entschieden sie sich, ein Kraftwerk mit nur einem Rohr zu modellieren. Sie idealisierten die reale Situation, indem sie von parallel einfallenden Sonnenstrahlen ausgingen. Außerdem hatten sie die Idee, einen weiteren Spiegel über dem Rohr vorzusehen, welcher Strahlung, die am Rohr vorbei geht auffan-

Abb. 12.1 Solarfeld eines
Fresnel-Kraftwerks (Mertins
2009)

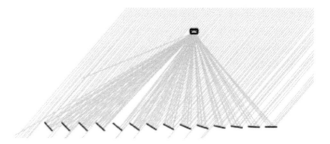

gen und auf das Rohr zurückspiegeln kann. Ein solches Bauteil wird tatsächlich eingesetzt und nennt sich Sekundärreflektor. Die Schülerinnen und Schüler informierten sich im Internet über dieses Bauteil und verwarfen ihre erste Idee dass es sich dabei um einen Parabolspiegel handeln müsse. Nach weiteren Recherchen erkannten sie, dass es sich um ein komplexeres Bauteil handelt, dessen mathematische Modellierung in einem gesonderten Modellierungsprozess vorgenommen werden müsste. Daher entschieden sie sich für die Annahme eines idealisierten Sekundärreflektors, welcher alle Sonnenstrahlen auf das Rohr bündelt, die von unten einfallen.

Für den ersten Durchlauf des Modellierungskreislaufes entschieden die Schülerinnen und Schüler sich, ein möglichst einfaches reales Modell zu Grunde zu legen. Sie legten fest, dass zunächst nur ein Spiegel berücksichtigt werden sollte. Weiter sollten im ersten Modell keine Verschattungen oder Ungenauigkeiten des Neigungswinkels mit einbezogen

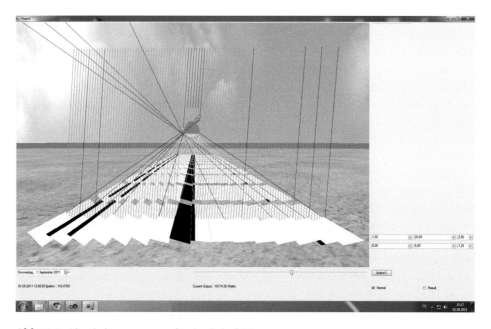

Abb. 12.2 Simulationsprogramm für das Solarfeld

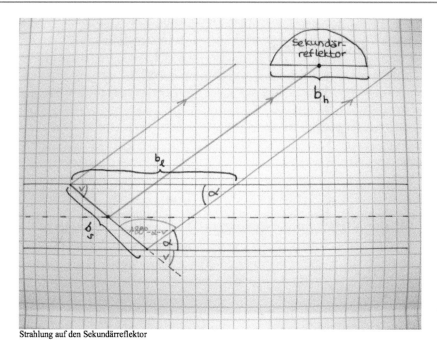

Strahlung auf den Sekundärreflektor

$$\frac{b_l}{\sin(180-\alpha-\nu)} = \frac{b_s}{\sin\alpha} \Leftrightarrow b_l = \frac{b_s \cdot \sin(180-\alpha-\nu)}{\sin\alpha}$$

Abb. 12.3 Skizze und Formel der Schülerinnen und Schüler zur Berechnung der Strahlung auf den Sekundärreflektor

werden. Auf der Basis dieses reduzierten realen Modells begannen sie mit der Mathematisierung.

In einem ersten Schritt berechneten sie unter Verwendung des Arkustangens und des Reflexionsgesetzes eine korrekte Ausrichtung des Spiegels. Korrekt bedeutet in diesem Falle, dass ein Maximum der reflektierten Strahlung auf den Sekundärreflektor treffen sollte. Dazu mussten die Schülerinnen und Schüler den Einfallswinkel der Sonnenstrahlen, die Höhe des Rohres und den Abstand des Spiegels vom Rohr berücksichtigen. Im nächsten Schritt bestimmten sie mit Hilfe diverser Winkelberechnungen und des Sinussatzes wie viel der reflektierten Strahlung bei einem korrekt ausgerichteten Spiegel am Sekundärreflektor ankommt. Dann berechneten sie unter Verwendung des Kosinus, wie viel Strahlung in Abhängigkeit von der Spiegelneigung auf einen Spiegel trifft. Beispielhaft zeigt Abb. 12.3 eine Skizze der Teilnehmenden zur Verwendung der Winkelsätze.

Unter Verwendung dieses mathematischen Modells entwickelten die Schülerinnen und Schüler das Simulationsprogramm, welches für ein Kraftwerk mit genau einem korrekt ausgerichteten Spiegel bei gegebenem Sonneneinfallwinkel und gegebener Energie der einfallenden Sonnenstrahlen die am Sekundärreflektor ankommende Energie in Abhängigkeit von der Spiegelbreite, des Abstands vom Rohr und der Rohrhöhe bestimmen konnte. Auf diese Weise erzielten sie erste mathematische Resultate.

Diese Resultate wurden von den Schülerinnen und Schülern im Hinblick auf die reale Situation überprüft und als realistisch eingestuft: Zum Beispiel stellten sie fest, dass für die am Sekundärreflektor ankommende Energie niemals ein größerer Wert als für die auf den Spiegel strahlende Energie berechnet wurde und, dass eine größere Spiegelfläche zu mehr Energie am Sekundärreflektor führt.

Es folgten weitere Durchläufe des Modellierungskreislaufs. Dazu bezogen die Schülerinnen und Schüler nach und nach die noch nicht berücksichtigten Elemente des realen Modells mit ein: mehrere Spiegelreihen, verschiedene Strahlungsintensitäten, Verschattungen durch Spiegel und Sekundärreflektor und Ungenauigkeiten des Neigungswinkels. Weiter fiel ihnen auf, dass sie bisher nicht berücksichtigt hatten, dass bei der Spiegelung der Strahlung Energie z. B. durch Verschmutzung der Spiegel verloren geht. Diesen Aspekt nahmen sie ebenfalls in das Modell auf. Dieses setzten sie anhand eines umfangreichen Mathematisierungsprozesses in ein mathematisches Modell und anschließend in ein Simulationsprogramm um.

Häufig erkannten sie bei dem Versuch, das mathematische Modell ins Simulationsprogramm zu übertragen, Fehler oder ungünstige Ansätze, die eine Überarbeitung des mathematischen Modells erforderten. Zum Beispiel stellten sie fest, dass die Berechnungen sich unterscheiden, je nachdem ob ein Spiegel rechts oder links vom Rohr steht. Oder sie erkannten mit Unterstützung der Betreuer, dass es sinnvoller ist, die Spiegelneigung anhand des Winkels zwischen der Normalen eines Spiegels und dem Boden anstelle des Neigungswinkels anzugeben, da der Neigungswinkel negativ werden kann und somit zu vielen Fallunterscheidungen im mathematischen Modell führt. Bei der Überführung zu den neuen Gleichungen war ebenfalls eine intensivere Begleitung durch den Betreuer notwendig. Auch die durch das Programm erzielten mathematischen Resultate wiesen nach einem Rückbezug auf die reale Situation häufig auf noch vorhandene Fehler im mathematischen Modell hin, was zu einem erneuten Durchlauf des Modellierungskreislaufes führte.

Neben den bereits beschriebenen inhaltlichen Hilfestellungen durch die Betreuer, waren vor allem die methodische Unterstützung der Schülerinnen und Schüler wichtig. Die Festlegung von Teilzielen, das Sichern und Zusammenführen von Teillösungen, und die Erarbeitung von Plänen für eine weitere Vorgehensweise sowie die Aufgabenverteilung innerhalb der Gruppe musste immer wieder vom Betreuer angeregt und teilweise auch koordiniert werden.

Das Endergebnis der Schülerinnen und Schüler besagte, dass sich die maximale Jahresenergie bei einem Spiegelabstand von 1,80 m und einer Absorberrohrhöhe von 7,50 m erzielt wird, wobei sie eine feste Spiegelbreite von einem halben Meter angenommen haben. Das Ergebnis bezüglich der Höhe kommt der Absorberrohrhöhe nahe, die von kommerziellen Solarkraftwerksherstellern verwendet wird. So gibt die Novatec Solar GmbH an, bei ihrem Solarkraftwerk eine Absorberrohrhöhe von 7,40 m zu verwenden. Diese marginale Abweichung erklärt sich durch ein Modell für Lichtverlust durch Staub, das die Gruppenteilnehmer in der beschränkten Zeit nicht einarbeiten konnten.

12.5 Auswirkungen der CAMMP week

12.5.1 Evaluation

Die Evaluation der CAMMP weeks fand bisher anhand von Beobachtungen durch die Organisatoren und Betreuer, Gespräche mit den beteiligten Lehrkräften und durch schriftliche Befragungen der Teilnehmenden anhand von Fragebögen statt. Im Rahmen der CAMMP week 2011 wurde die Arbeit einer Gruppe anhand eines Fragebogens evaluiert (Roeckerath 2012). Dieser Fragebogen enthielt ausschließlich offene Fragen. Die Erhebungsbögen aus den Jahren 2012 und 2013 enthielten sowohl Fragen zum Ankreuzen als auch offene Fragen.

Die Ergebnisse der Evaluationen deuten darauf hin, dass die CAMMP week eine Lernsituation bietet, die auf einen Einstieg in ein MINT-Studium vorbereitet. Wir konnten beobachten, dass die Gruppen aufgrund der hohen Komplexität der Aufgabe während der Arbeit an den Problemen in Sackgassen gerieten, aus denen sich phasenweise keine Auswege abzeichneten. In derartigen Situationen lässt sich erwartungsgemäß beobachten, dass die Mitglieder ein Verhalten zeigen, welches auf Frustration und Demotivation hinweist. Dieses wird durch Rückmeldungen der Schülerinnen und Schüler gestützt: „Frustration hatte ich zwischendurch, wenn man bei einem Problem nicht weiter kam." Die Teilnehmer erleben, dass *Durchhaltevermögen* wichtig für den Erfolg ist. Dementsprechend lauten zwei von vielen ähnlichen Rückmeldungen: „Es war eine Herausforderung, sich so lange und intensiv mit einer Aufgabe zu beschäftigen und sich von Rückschlägen nicht entmutigen zu lassen." und „Man ist sich unsicher, ob man es schafft diese Mengen zu bewältigen und die gestellten Probleme zu lösen. Jedoch wird man mit jedem Erfolg motivierter und ist immer mehr bereit, sich auch komplexeren Problemen zu stellen." Diese Aussagen weisen auch darauf hin, dass der *Ehrgeiz* der Schülerinnen und Schüler geweckt wurde und mit zum Erfolg beigetragen hat.

Unsere Beobachtungen und die Rückmeldungen der Teilnehmer ergaben, dass sich mit dem gegen Ende der Woche wachsenden Zeitdruck auch die Teamarbeit und die Selbstorganisation verbesserten. Die Schülerinnen und Schüler wollen bis zur Abschlusspräsentation ein gutes Ergebnis erzielen und dieses angemessen repräsentieren und entscheiden sich daher dafür, bis spät in die Nacht zu arbeiten. Aus diesem Verhalten kann geschlossen werden, dass sie sich verantwortlich für das Ergebnis fühlen. Die Schülerinnen und Schülern werden demnach im Bereich der *Selbstorganisation* stark gefordert. Folgende Rückmeldung steht dabei für viele ähnliche Aussagen: „Es war sehr viel mehr als im Unterricht selbstständiges Arbeiten gefragt."

Dass den Schülerinnen und Schülern offenbar deutlich wird, dass sie die Aufgabe nur in Teamarbeit lösen können, zeigt sich unter anderem daran, dass sie Teilprobleme identifizieren und Aufgaben untereinander verteilen. Eine von vielen ähnlichen Rückmeldungen lautete „Für mich persönlich war es eine große Herausforderung, im Team zu arbeiten. Zumindest mir wäre es nicht möglich gewesen, die Aufgabe alleine zu lösen."

Weiter gaben im Rahmen der CAMMP week 2013 insgesamt 81 % von 52 Schülerinnen und Schüler an, dass sie den Eindruck haben, durch die CAMMP week besser
einschätzen zu können, was in einem MINT-Studium auf sie zukommen könnte. Bei
der Frage, was sie glauben, welche Fähigkeiten und Eigenschaften man für ein MINT-
Studium benötigt, nannten viele Schülerinnen und Schüler Teamfähigkeit und Sozialkompetenz. Sehr häufig wurden auch Durchhaltevermögen, Zielstrebigkeit, Ausdauer, Geduld,
Willensstärke, Frustrationstoleranz sowie Ehrgeiz genannt. Insgesamt 47 % gaben an, dass
die CAMMP week sie bei der Entscheidung für bzw. gegen ein MINT- Studium beeinflusst.

Zur weiteren Untersuchung dieser Aspekte sollen zukünftig Erhebungen unter Studenten der ersten Semester, die an einer CAMMP week teilgenommen haben, durchgeführt
werden. Dabei soll beleuchtet werden, welche Teilnehmer/innen tatsächlich ein MINT-
Studium aufgenommen haben, welche Rolle die CAMMP week bei der Entscheidung
für oder gegen ein MINT-Studium gespielt hat sowie die Frage, inwiefern die in der
CAMMP week gebildeten Erwartungen sich im ersten Semester bestätigt haben. Verein-
zelte Rückmeldungen von ehemaligen Teilnehmern diesbezüglich liegen bereits vor, sind
aber aufgrund der geringen Anzahl noch nicht aussagekräftig.

Die CAMMP week beruht auf Selbsterfahrung und vermittelt somit in den Augen
der Autoren eine realistische Vorstellung von den zu erwartenden Herausforderungen
eines MINT-Studiums. Die folgende Schülerrückmeldung stützt die Annahme, dass die
CAMMP week eine gute Orientierungshilfe für Studieninteressierte darstellt:

> Am Anfang fand ich es sehr überwältigend und wusste nicht so recht, wie man so ein Problem
> lösen könnte. Jedoch hat es im Laufe der Arbeit immer mehr Spaß gemacht und auch das
> Interesse ist größer geworden. Frustration hatte ich zwischendurch, wenn man bei einem
> Problem nicht weiter kam. Zusätzlich kann ich nicht verschweigen, dass ich am Ende der
> Arbeit doch sehr stolz auf das Team und mich war.

Dieser Teilnehmer hat eine subjektiv als sehr schwierig empfundene Situation erfolgreich
bewältigen konnten. Die Selbstwirksamkeitserwartung eines Menschen wird nach Bandura (zit. n. Schwarzer und Jerusalem 2002) durch Erfolg bei der Bewältigung schwieriger
Situationen erhöht, was dazu führt, dass der Glauben daran bestärkt wird, zukünftige Herausforderungen erfolgreich meistern zu können. Daher stützt diese Rückmeldung darüber
hinaus auch unsere Vermutung, dass die erfolgreiche Teilnahme an einer CAMMP week
zu einer für einen Studienerfolg wichtige Erhöhung der Selbstwirksamkeitserwartung im
MINT-Bereich der Schülerinnen und Schülern führen kann. Der Einfluss der Teilnahme an
einer CAMMP week auf die Selbstwirksamkeitserwartung soll in zukünftigen Projekten
detaillierter untersucht werden.

12.5.2 Schwierigkeiten

Im Laufe der letzten CAMMP weeks konnten wir einige Erfahrungen bei der Durchführung sammeln und verschiedene Schwierigkeiten erkennen. Es zeigt sich, dass sich

bei manchen Gruppen im Falle einer geringen pädagogisch-methodischen Unterstützung durch die Betreuer eine unproduktive Leistungsheterogenität einstellen kann. Diese äußert sich darin, dass wenige Gruppenmitglieder die Denkarbeit leisten und der Rest der Gruppe nicht mehr gedanklich an der Arbeit teilnimmt, was zu einer großen Demotivation und auch Frustration bei den betroffenen Schülerinnen und Schülern führt. In zwei Fällen reisten Teilnehmer sogar vorzeitig ab. Hier zeigte sich für uns deutlich die wichtige Rolle der methodisch-pädagogischen Betreuung durch die Lehrkräfte. Im Gegensatz zum Wissenschaftler bzw. zur Wissenschaftlerin, welche die inhaltliche Betreuung übernehmen sollen, haben die Lehrkräfte häufig aufgrund ihrer pädagogisch-didaktischen Ausbildung und ihrer Erfahrungen aus dem eigenen Unterricht die notwendige Expertise, derartige Gruppendynamiken zu verhindern. Weiter erkannten wir, dass zu große Gruppen eine solche Entwicklung begünstigen. Aufgrund unserer Erfahrungen erscheint uns eine Gruppengröße von sechs Schülerinnen und Schülern am sinnvollsten.

Durch unsere Beobachtungen und aufgrund von Rückmeldungen der Lehrkräfte wurde uns deutlich, dass die Rolle, die Lehrkräfte einnehmen sollen, einer genauen Definition bedarf. Häufig fühlten sie sich nach eigenen Angaben für die inhaltliche Entwicklung der Gruppenarbeit verantwortlich und beklagten, dass sie im Vorfeld keine Informationen über die Problemstellungen bekommen hatten, um sich in ihren Augen angemessen vorbereiten zu können. Eine derartige Vorbereitung ist in unserem Konzept allerdings ausdrücklich nicht vorgesehen. Auf diese Weise wollen wir unterstützen, dass die Schülerinnen und Schüler eine eigene Lösung für das Problem finden und dabei möglichst wenig Lenkung erfahren. Was den inhaltlichen Bereich angeht, kann sich die Lehrkraft aufgrund der Kooperation mit der wissenschaftlichen Betreuung darauf beschränken, den Modellierungsschritten der Gruppe gedanklich zu folgen.

12.6   Fazit

Die Beobachtung (Kaiser und Schwarz 2010), dass authentische Modellierungsprobleme von Schülerinnen und Schülern bewältigt werden können, stimmt mit unseren Erfahrungen aus den bisherigen CAMMP weeks überein. Eine derartige unter empirischen Gesichtspunkten wissenschaftliche Untersuchung bezüglich der Wirksamkeit der CAMMP week als Studienvorbereitung wurde bisher noch nicht durchgeführt. Vielmehr liefern die Schüleräußerungen sowie Beobachtungen von Betreuern erste Hinweise auf eine mögliche Effektivität der CAMMP week.

Die Erfahrung, die wir bei der Durchführung von inzwischen sieben CAMMP weeks in den Jahren 2011 bis 2014 sammeln konnten, weist aber darauf hin, dass eine Vorbereitung auf den häufig schwierigen Start ins Studium erzielt wird: Aufgrund der anspruchsvollen, für die Schülerinnen und Schüler neuen Arbeitsweise und der hohen Komplexität der Fragestellungen werden gemäß den Erfahrungen im Rahmen der durchgeführten CAMMP weeks vor allem Fähigkeiten wie Durchhaltevermögen, Ehrgeiz, Teamfähigkeit und Selbstorganisation für eine erfolgreiche Teilnahme an einer CAMMP week gefordert.

Die Einschätzung der Autoren, dass derartige methodische und soziale Fähigkeiten gerade für einen erfolgreichen Einstieg in ein MINT-Studium bedeutend sind, wird durch die von Weinhold (2013) an der TU Braunschweig durchgeführte Studie gestützt. Durch die CAMMP week können Schülerinnen und Schüler einige der Herausforderungen, die ein MINT-Studium mit sich bringt, aktiv erleben und selbst erfahren, dass die genannten Fähigkeiten in derartigen Situationen zum Erfolg führen. Darüber hinaus nutzen die Schülerinnen und Schüler bei der Problemlösung die in vielen MINT-Studiengängen gebräuchlichen digitalen Werkzeuge Matlab und LaTeX und erhalten somit auch in dieser Hinsicht eine Studienvorbereitung.

Zusammenfassend folgern wir aus unseren Beobachtungen und den Rückmeldungen, dass die CAMMP week eine Lernsituation bietet, die ähnliche Krisenerfahrungen beinhaltet, wie jene, die häufig beim Studienbeginn in einem MINT-Fach auftreten. Gerade leistungsstarke Schülerinnen und Schüler machen diese Erfahrungen häufig das erste Mal im Studium. Auf der CAMMP week lernen sie, dass die Kompetenzen Teamfähigkeit, Selbstständigkeit, Durchhaltevermögen und Ehrgeiz in derartigen Situationen zum Erfolg führen. Wir kommen daher zu dem Schluss, dass unsere bisherigen Beobachtungen und Untersuchungen erste Hinweise dafür liefern, dass die CAMMP week eine gute Orientierungshilfe für Studieninteressierte darstellt. Eine systematische Evaluation anhand von qualitativer und quantitativer Methoden erscheint daher in den Augen der Autoren sinnvoll und sollte zur Stützung der bisher gewonnen Eindrücke im Rahmen zukünftiger Veranstaltungen sowie unter ehemaligen Teilnehmern durchgeführt werden.

Literatur

Aebli, H. (1994). *Zwölf Grundformen des Lehrens: Eine Allgemeine Didaktik auf psychologischer Grundlage. Medien und Inhalte didaktischer Kommunikation, der Lernzyklus* (8. Aufl.). Stuttgart: Klett-Cotta.

Barrows, H. S. (1996). Problem-Based Learning in Medicine and Beyond: A Brief Overview. In L. Wilkerson, & W. H. Gijselaers (Hrsg.), *Bringing Problem-Based Learning to Higher Education: Theory and Practice* (S. 3–12). San Franscisco: Jossey-Bass.

Beinhauer, S., Krüger, D., Nessel, A., & Schmidt, S. (2013). Problembasiertes Lernen in der Mathematik. In A. Hoppenbrock, S. Schreiber, R. Göller, R. Biehler, B. Büchler, R. Hochmuth, et al. (Hrsg.), Mathematik im Übergang Schule/Hochschule und im ersten Studienjahr, Extended Abstracts zur 2. khdm-Arbeitstagung (S. 21–22). http://kobra.bibliothek.uni-kassel.de/handle/urn:nbn:de:hebis:34-2013081343293. Zugegriffen: 09. November 2014

Blömeke, S. (2013). Der Übergang von der Schule in die Hochschule: Empirische Erkenntnisse zu Problemen und Lösungen für das Fach Mathematik. In A. Hoppenbrock, S. Schreiber, R. Göller, R. Biehler, B. Büchler, R. Hochmuth, et al. (Hrsg.), Mathematik im Übergang Schule/Hochschule und im ersten Studienjahr, Extended Abstracts zur 2. khdm-Arbeitstagung (S. 25–26). http://kobra.bibliothek.uni-kassel.de/handle/urn:nbn:de:hebis:34-2013081343293. Zugegriffen: 09. November 2014

Bracke, M. et al. (1993–1997). Bericht zur Mathematischen Modellierungswoche. Kaiserslautern: TU Kaiserslautern, Fachbereich Mathematik. https://kluedo.ub.uni-kl.de/home. Zugegriffen: 09. November 2014

Bracke, M., Göttlich, S., & Götz, T. (2013). Modellierungsproblem Dart spielen. In R. Borromeo Ferri, G. Greefrath, & G. Kaiser (Hrsg.), *Mathematisches Modellieren für Schule und Hochschule – Theoretische und didaktische Hintergründe* (S. 147–162). Wiesbaden: Springer Spektrum.

Frank, M., & Roeckerath, C. (2012). Gemeinsam mit Profis reale Probleme lösen. Erfahrungen aus der mathematischen Modellierungswoche. *Mathematik Lehren, 174*, 59–60.

Kaiser, G., & Schwarz, B. (2010). Authentic Modelling Problems in Mathematics Education – Examples and Experiences. *Journal für Mathematik-Didaktik, 31*(1), 51–76.

Leuders, T. (Hrsg.). (2011). *Fachdidaktik: Mathematik-Didaktik: Praxishandbuch für die Sekundarstufe I und II* (6. Aufl.). Berlin: Cornelsen.

Mertins, M. (2009). *Technische und wirtschaftliche Analyse von horizontalen Fresnel- Kollektoren.* Dissertation, Universität Karlsruhe (TH).

Roeckerath, C. (2012). *Mathematische Modellierung der Spiegel eines solarthermischen Kraftwerks.* Schriftliche Hausarbeit im Rahmen der Zweiten Staatsprüfung für das Lehramt an Gymnasien und Gesamtschulen, Zentrum für schulpraktische Studien, Jülich.

Schwarzer, R., & Jerusalem, M. (2002). Das Konzept der Selbstwirksamkeit. *Zeitschrift für Pädagogik, 48*(44), 28–53.

Weinhold, C. (2013). Schwierigkeiten von Lernenden beim Übergang ins Studium. In A. Hoppenbrock, S. Schreiber, R. Göller, R. Biehler, B. Büchler, R. Hochmuth, et al. (Hrsg.), Mathematik im Übergang Schule/Hochschule und im ersten Studienjahr, Extended Abstracts zur 2. khdm-Arbeitstagung (S. 164–165). http://kobra.bibliothek.uni-kassel.de/handle/urn:nbn:de:hebis:34-2013081343293. Zugegriffen: 09. November 2014

Westermann, B. (2011). Anwendung und Modellbildung. In Leuders (Hrsg.), *Fachdidaktik: Mathematik-Didaktik: Praxishandbuch für die Sekundarstufe I und II* (6. Aufl. S. 148–162). Berlin: Cornelsen.

Konzeption eines Mathematik-Förderprogramms für Informatikstudierende der Universität Bielefeld

13

Dirk Frettlöh und Mathias Hattermann

Zusammenfassung

Im vorliegenden Artikel wird ein Konzept der Technischen Fakultät der Universität Bielefeld zur Förderung von Informatikstudierenden mit Problemen in Mathematik vorgestellt. Der Kurs ist auf der theoretischen Grundlage des Meister-Lehrling-Prinzips im Sinne des *Cognitive Apprenticeship* konzipiert, in welchem Lösungsbeispiele eine tragende Rolle einnehmen. Anhand von empirischen Untersuchungen der Klausurbearbeitungen werden aufgetretene Fehler bei der Integralberechnung und der Bestimmung von Konvergenzradien analysiert. Anhand dieser Analysen wird sowohl die Konzeption des Kurses begründet als auch im Vergleich mit den in der Nachklausur erhobenen Daten dessen Wirksamkeit belegt.

13.1 Einleitung

Schnittstellenprobleme treten in Bildungssystemen an mehreren Stellen auf und sind wiederholt Thema von abgebenden und aufnehmenden Institutionen. Insbesondere der Übergang zur Hochschule wurde im mathematischen Bereich bereits in der Vergangenheit erforscht (Artigue 2001; de Guzmán et al. 1998; Wood 2001). Darüber hinaus erfährt diese Problematik nicht zuletzt wegen der benötigten Absolventen in den MINT-Fächern

Dirk Frettlöh ✉
Universität Bielefeld, Technische Fakultät, Bielefeld, Deutschland
e-mail: dirk.frettloeh@udo.edu

Mathias Hattermann
Universität Bielefeld, Fakultät für Mathematik, Bielefeld, Deutschland
e-mail: mathias.hattermann@uni-bielefeld.de

© Springer Fachmedien Wiesbaden 2016   197
A. Hoppenbrock et al. (Hrsg.), *Lehren und Lernen von Mathematik in der Studieneingangsphase*, Konzepte und Studien zur Hochschuldidaktik und Lehrerbildung Mathematik, DOI 10.1007/978-3-658-10261-6_13

sowohl national (Rezat et al. 2014, Kap. 1) als auch international ein besonderes Interesse[1] (z. B. Hoyles et al. 2001; Hourigan und O'Donoghue 2007). Dieser Übergang stellt sich als komplexes Problemfeld von individuellen, sozialen, epistemologischen, kulturellen, didaktischen und institutionellen Einflüssen dar (de Guzmán et al. 1998; Gueudet 2008). Daher kann der problematische Übergang zur Hochschule nicht nur durch die sehr unterschiedlichen Zugänge, wie Mathematik gelehrt werden kann, erklärt werden (Abreu et al. 2002).

Im Studienfach Mathematik ist der Übergang von der Schule zur Hochschule besonders problematisch, Dieter und Törner (2012) ermitteln für die Diplomstudiengänge der Jahre 2005 bis 2008 das Verhältnis der Zahlen von Studienanfängern zu erfolgreich absolvierten Diplomprüfungen mit 21,3 % bei männlichen und 17,4 % bei weiblichen Studierenden.

> Ebenso bestätigt sich die These, dass während des ersten Studienjahres der größte Schwund zu verzeichnen ist; dies betrifft ca. 34 Prozent der männlichen und 45 Prozent der weiblichen Studierenden (Dieter und Törner 2012, S. 2; vgl. a. Dieter 2012).

Auch wenn bisher noch nicht genügend Daten aus den Bachelor- und Masterstudiengängen vorliegen, deuten erste Ergebnisse darauf hin, dass sich die Abbrecherquoten in der gleichen Größenordnung bewegen (Dieter und Törner 2012, S. 2).

Genau an diesem Punkt setzt das Projekt „*richtig einsteigen.*" der Universität Bielefeld an, das Studierenden in den ersten beiden Semestern besondere Unterstützung, nicht nur in Mathematik, anbietet.

Innerhalb des vom *Bundesministerium für Bildung und Forschung* geförderten Programms „*richtig einsteigen.*" unterstützt die Universität Bielefeld Studienanfängerinnen und -anfänger u. a. bei der Behebung von mathematischen Defiziten und dem Aufbau weiterer mathematischer Kompetenzen im ersten Studienjahr. Im Folgenden wird zunächst die Ausgangssituation an der Technischen Fakultät der Universität Bielefeld geschildert und die umgesetzte Idee eines Auffrischungskurses kurz erläutert. Daran schließt sich eine Analyse von 16 Bearbeitungen zweier Aufgaben einer Hauptklausur an. Anhand der identifizierten Fehler erfolgt eine Erläuterung des konkret umgesetzten Konzepts „Auffrischungskurs" und dessen Anbindung an die Theorie des *Cognitive Apprenticeship* (Meister-Lehrling-Prinzip). Im weiteren Verlauf des Artikels werden Ergebnisse in Form einer Analyse von vergleichbaren Aufgaben der Nachklausur berichtet und Evaluationsergebnisse bzw. Rückmeldungen von Studierendenseite diskutiert. Der Text schließt mit einem Fazit und Ideen zur Weiterentwicklung des Kurses.

---

[1] Vergleiche auch die Arbeiten des Survey Teams 4 der ICME-12: Key Mathematical Concepts in the Transition from Secondary to University (Thomas et al. 2015).

13.2 Der Auffrischungskurs der Technischen Fakultät

Die Technische Fakultät der Universität Bielefeld ist im Wesentlichen eine Informatikfakultät. Die Informatikstudierenden belegen im ersten Studienjahr die Pflichtvorlesungen *Mathematik für Informatik I und II* (jeweils 4 h Vorlesung und 2 h Übung pro Woche). Diese Vorlesungen behandeln Standardthemen von Informatik- bzw. Ingenieurstudiengängen aus Analysis und Linearer Algebra, bis hin zu Extrema von Funktionen mit mehreren Veränderlichen, Differentialgleichungen und Jordanscher Normalform. Die Vorlesung ist ein Serviceangebot der Fakultät für Mathematik. Somit sind die Dozenten keine Informatiker, sodass keine speziell auf das Fach Informatik zugeschnittenen Anwendungsbeispiele vermittelt werden. Jeweils am Ende des Semesters findet eine Hauptklausur statt, etwa zwei Monate später, kurz vor Beginn des zweiten Semesters, findet eine Nachklausur statt. Im weiteren Verlauf des Studiums hören die Informatikstudierenden weitere Mathematikvorlesungen.

Viele Studierende haben insbesondere Probleme mit den Vorlesungen *Mathematik I* und *II*. Einige Eigenschaften dieser Mathematikvorlesungen sind hohe Stoffdichte, hoher Abstraktionsgrad, wenige illustrierende Beispiele in der Vorlesung, anspruchsvolle Übungsaufgaben, viele Beweise, keine eingebauten Wiederholungen des Stoffs und kein Bezug zum eigentlichen Studienfach, hier Informatik. Viele Elemente, die zum Verstehen des Stoffs notwendig sind, müssen von den Studierenden eigenständig geleistet werden; etwa das Durchrechnen konkreter Beispiele, die Veranschaulichung abstrakter Konzepte, das Herstellen von Zusammenhängen oder die Herausarbeitung zentraler Punkte der Vorlesung. Die Beobachtungen der letzten Jahre zeigen

- eine uneinheitliche, aber oft hohe Durchfallquote in den Hauptklausuren und Nachklausuren zu *Mathematik I* und *II* (Hauptklausur Mathematik I 2010: 55 %, 2011: 48 %, 2012: 12 %, 2013: 58 %), sowie
- viele Wiederholer, also Studierende aus höheren Semestern, die die Mathematikveranstaltungen mehrfach besuchen (ablesbar an den Matrikelnummern der Teilnehmer).

Beide Effekte bedingen sich gegenseitig: Hohe Durchfallquoten verursachen viele Wiederholer. Viele Wiederholer verursachen offenbar auch höhere Durchfallquoten: Studierende ohne Probleme in Mathematik absolvieren die Klausur im ersten Studienjahr und werden daher nur einmal gezählt. Studierende mit großen mathematischen Defiziten nehmen mehrmals an den Klausuren zu *Mathematik I* und *II* teil, werden also mehrfach gezählt.

Um gezielt Studierende mit mathematischen Defiziten zu erreichen und zu fördern, wird ein Auffrischungskurs angeboten. Dieser findet zwischen Klausur und Nachklausur der jeweiligen Mathematikvorlesung statt, jeweils im März (für *Mathematik I*) und im September (für *Mathematik II*). Dieser Kurs erstreckt sich über die Dauer von zwei Wochen und wird als Blockveranstaltung mit täglich vier Stunden Unterricht abgehalten. Die Teilnahme an dieser Veranstaltung ist freiwillig. Alle Teilnehmer der Vorlesungen *Mathe-*

matik I und *II* werden auf dieses Angebot hingewiesen. Aktuell haben zwei solcher Kurse stattgefunden, wobei jeweils etwa die Hälfte der Studierenden teilnahmen, die die Haupt-klausur nicht bestanden hatten (erster Kurs im September 2012 zu *Mathematik II* mit circa 14 Teilnehmern; zweiter Kurs im März 2013 zu *Mathematik I* mit circa 46 Teilnehmern, verteilt auf zwei Gruppen an verschiedenen Terminen).

Die Entstehung bzw. Entwicklung dieses Kurses ging mit einer Fehleranalyse von Klausurbearbeitungen einher, die im folgenden Abschnitt diskutiert wird.

13.2.1 Untersuchung von Bearbeitungen zweier Aufgaben der Hauptklausur 2013

Dieses Kapitel schildert typische Lösungen und Fehler, die bei zwei Klausuraufgaben in der Hauptklausur zu Mathematik I im Februar 2013 (vor Teilnahme an dem Auffri-schungskurs) auftraten. In einem späteren Kapitel erfolgt die Untersuchung der Bear-beitungen zweier vergleichbarer Aufgaben der Nachklausur, welche von Studierenden bearbeiten wurden, die am Auffrischungskurs teilgenommen hatten. Es wurden jeweils die Klausur- bzw. Nachklausurbearbeitungen von 16 Teilnehmern des Auffrischungskur-ses gesichtet. Sowohl bei der Hauptklausur als auch bei der Nachklausur gab es zwei Varianten A und B, um gegenseitiges Abschreiben zu erschweren.

Aufgabe zur partiellen Integration
Sowohl in der Hauptklausur als auch in der Nachklausur musste eine Aufgabe zur parti-ellen Integration bearbeitet werden. Es sollte die Stammfunktion einer Funktion bestimmt werden, die die Form „lineare Funktion mal transzendente Funktion" besaß. In der Haupt-klausur lautete die Aufgabe:

Berechnen Sie das Integral

$$\int 4(x-1) \cdot \sin(2x+1)dx \qquad (A) \quad \text{bzw.}$$

$$\int 9(x+2) \cdot \cos(3x+1)dx \qquad (B).$$

Es gibt zwei naheliegende Lösungswege zu Aufgabe (B): Substitution mit $u := 3x+1$, dann partiell integrieren. Oder direkt partiell integrieren mit $f(x) = 9(x+2), g'(x) = \cos(3x+1)$. Dieser Weg wurde in der Mehrzahl der untersuchten Klausurbearbeitungen gewählt.

In den 16 untersuchten Bearbeitungen der Hauptklausur wurden bei der obigen Aufga-be (Variante A und B) die folgenden Fehler oder Auslassungen gefunden (in Klammern

jeweils die Anzahl). Die Fehler sind hier nach Kategorien sortiert und – falls sinnvoll –
nach Unterkategorien aufgeschlüsselt.

1.	Gar keine Bearbeitung der Aufgabe	(2)
2.	Kein oder falsches Anwenden der partiellen Integrationsformel	(8)
2.1	Gliedweises Integrieren: $\int f'(x)g'(x)\,dx = f(x)g(x)$	(2)
2.2	Falsche Formel: $\int f'(x)g(x)dx = f(x)g(x) - f(x)g'(x)$	(2)
2.3	Falsche Formel: $\int f(x)g(x)dx = f(x)g(x) - \int f(x)g'(x)d$	(1)
2.4	Keine Anwendung einer solchen Formel	(3)
3.	Fehler beim Klammern	(2)
4.	Fehler beim Interpretieren von $\cos(x)$ bzw. $\sin(x)$	(3)
4.1	Falsches Umformen: $\sin(2x+1) = \sin(2x) + \sin(1)$	(2)
4.2	Ignorieren des Kosinus: $\cos(3x+1) = 3x+1$	(1)
5.	Fehler beim Ableiten	(2)
5.1	Falsche Anwendung der Kettenregel: $(\sin(2x+1))' = \cos(2)$	(1)
5.2	Fehler beim Ableiten von $4(x-1)$: $(4(x-1))' = 4x$	(1)
6.	Fehler beim Integrieren von $\cos(3x+1)$ bzw. $\sin(2x+1)$	(4)
6.1	Falsche Stammfunktion	(2)
6.2	Keine Lösung von $\int \sin(3x+1) \cdot 3dx$	(1)
7.	Ungünstige Wahl von f und g: $f(x) = \sin(2x+1)$, $g'(x) = 4(x-1)$	(1)

Aufgabe zum Konvergenzradius
Sowohl in der Hauptklausur als auch in der Nachklausur gab es eine Aufgabe zur Berechnung des Konvergenzradius einer Potenzreihe. Die beiden Varianten der Aufgabe 3 aus
der Hauptklausur lauteten:

Berechnen Sie den Konvergenzradius R der Potenzreihe

$$\sum_{n=0}^{\infty} \frac{n!}{1 \cdot 3 \cdot 5 \cdot \ldots \cdot (2n+1)} \cdot x^n \qquad \text{(A) bzw.}$$

$$\sum_{k=0}^{\infty} \left(1 + \frac{1}{2} + \frac{1}{3} + \ldots + \frac{1}{k+1}\right) x^k \quad \text{(B)}.$$

Die Lösung erfordert die Anwendung eines Quotientenkriteriums für Potenzreihen und
eine Termumformung, nach der der Grenzwert einfach abzulesen ist. Das Quotientenkriterium kann hier auf zwei Weisen benutzt werden: Entweder in der Form für Potenzreihen

$$\sum_{n=0}^{\infty} a_n x^n, \text{ dann ist } R = \lim_{n\to\infty} \left|\frac{a_n}{a_{n+1}}\right|.$$

Oder es wird das Quotientenkriterium für gewöhnliche unendliche Reihen angewandt, dann konvergiert die Potenzreihe für

$$\lim_{n\to\infty} \left| \frac{a_{n+1}}{a_n} \right| \cdot |x| < 1$$

und es ergibt sich auch ohne explizite Kenntnis der ersten Formel der Konvergenzradius R durch

$$\lim_{n\to\infty} \left| \frac{a_n}{a_{n+1}} \right| = R, \text{ falls } R \notin \{0, \infty\}.$$

Als Lösung ergibt sich für Variante (A): $R = 2$ und Variante (B): $R = 1$.

In den 16 untersuchten Bearbeitungen der Aufgabe aus der Hauptklausur fanden sich die folgenden Problembereiche oder Auslassungen (in Klammern wieder die Anzahl).

1.	Gar keine Bearbeitung der Aufgabe	(2)
2.	Kein oder falsches Anwenden des Kriteriums	(5)
2.1	Kein Anwenden dieses oder eines ähnlichen Kriteriums	(2)
2.2	$R = \lim_{n\to\infty} \frac{a_{n+1}}{a_n}$ $\left(\text{anstatt } R = \lim_{n\to\infty} \frac{a_n}{a_{n+1}}\right)$	(3)
3.	Falsche oder keine Bestimmung der a_n	(7)
3.1	Die a_n nicht bestimmt (nichts in die Formel eingesetzt)	(2)
3.2	$R = \lim_{n\to\infty} \frac{a_{n+1}X^{n+1}}{a_n X^n}$	(1)
3.3	$a_k = \frac{1}{k+1}$ $\left(\text{anstatt } a_k = 1 + \frac{1}{2} + \frac{1}{3} + \ldots + \frac{1}{k+1}\right)$	(3)
3.4	Aus $\frac{n!}{1\cdot 3\cdot\ldots\cdot(2n+1)} x^n$ abgelesener Nenner $= 1 \cdot 3 \cdot \ldots \cdot (2n+1) \cdot x^n$	(1)
4.	Grenzwert nicht oder falsch bestimmt	(5)
4.1	Grenzwert nicht bestimmt (nach Einsetzen in die Formel nicht weitergerechnet)	(2)
4.2	Fakultät falsch gekürzt	(2)
4.3	Fehler beim Rechnen mit Potenzen $(2n+2) \cdot x^{n+1} = (2n+2) \cdot x^n + (2n+2)$	(1)

In beiden Aufgaben zeigt sich, dass vielen Studierenden eine geeignete Methode (hier: partielle Integration, Quotientenkriterium) zum Bearbeiten der Aufgaben nicht oder nur ansatzweise zur Verfügung stand. Aufgabenübergreifend lassen sich die folgenden identifizierten Schwierigkeiten kategorisieren:

- Richtige Auswahl und Anwendung von Werkzeugen (Formel der partiellen Integration, Regel von de l'Hospital, Quotientenkriterium, Formel von Cauchy-Hadamard),
- Übergeneralisierung linearer Denkmuster beim Umgang mit trigonometrischen Funktionen (Sinus, Kosinus),
- Differentiation und Integration von Winkelfunktionen $(\sin(2x + 1)')$, $\int \cos(3x + 1)dx$ und Produkten elementarer Funktionen wie $(4(x - 1)'))$ und
- Identifikations- und Koordinationsschwierigkeiten beim Umgang mit Ausdrücken, die mehrere verschiedene Variable in Form von Funktionsvariablen, Koeffizienten, Kon-

stanten, Indizes und insbesondere Laufindizes enthalten und eine flexible Sicht auf Teile des Ausdrucks (wie der Identifikation von Koeffizienten) und einer Sicht als Ganzes (z. B. als Potenzreihe) erfordern.

13.3   Vorgehen und theoretische Anbindung des Konzepts

Ausgehend von den oben geschilderten Erkenntnissen sieht das Konzept des Auffrischungskurses vor, zentrale Punkte der Vorlesung zu thematisieren und auf die direkt im Anschluss stattfindende Nachklausur vorzubereiten. Es existieren zwei Hauptphasen in diesen Kursen, welche sich durch das Vorführen konkreter Lösungsbeispiele durch den Dozenten und individuelle Arbeitsphasen der Studierenden charakterisieren lassen. Lösungsbeispiele bestehen hier aus einer Problemstellung, den erforderlichen Lösungsschritten und der endgültigen Lösung selbst (Renkl et al. 2003). Diese sind besonders effektiv, wenn die Studie des Lösungsbeispiels einen möglichst langen Zeitraum in Anspruch nimmt (Atkinson et al. 2000). Können darüber hinaus noch Selbsterklärungsprozesse[2] angestoßen werden, trägt dies nach Atkinson et al. (2000) und speziell für die Mathematik der Hochschule nach Rach und Heinze (2013) wesentlich zum Lernerfolg bei. Das zugrundeliegende Konzept des Kurses verknüpft die Ideen der Anwendung von Lösungsbeispielen mit der Initiierung von Selbsterklärungsprozessen auf der Basis des Meister-Lehrling-Prinzips im Sinne des *Cognitive Apprenticeship* (Brown et al. 1989; Collins 2006), wobei sich das Vorgehen hinsichtlich des thematischen Aufbaus, der Aufgabentypen sowie Methoden an Furlan (1995a, 1995b) orientiert.

Das zugrundeliegende Modell des *Cognitive Apprenticeship* baut auf dem traditionellen Meister-Lehrling-Prinzip auf, indem der Lehrling zunächst dem Meister bei der Arbeit zuschaut und nach und nach selbst immer mehr Aufgaben, vorerst noch unter strenger Anleitung, dann selbstständiger ausführt. Die bedeutenden Unterschiede zum aus Handwerksberufen bekannten Meister-Lehrling-Prinzip bestehen in der Umgebung des zu erlernenden Stoffs bzw. der zu erlernenden Tätigkeit.

> First, because traditional apprenticeship is set in the workplace, the problems and tasks that are given to learners arise not from pedagogical concerns, but from the demands of the workplace. Because the job selects the tasks for students to practice, traditional apprenticeship is limited in what it can teach (Collins 2006, S. 48).

Daher zielt zu generierendes Wissen im Sinne des *Cognitive Apprenticeship* darauf ab, in einer sehr breiten Umgebung und vom konkreten Kontext unabhängig einsetzbar zu sein.

---

[2] Einer der Studierendentypen nach Rach und Heinze (2013): Selbsterklärender Typ: „Ich schaue mir die Übungsaufgaben intensiv an und versuche sie zu lösen. Ich erkläre mir die Lösung dann selber, verbessere diese und/oder erkläre sie meinen Kommilitonen, auch wenn ich oft nicht eigenständig auf die Lösung gekommen bin.".

Second, whereas traditional apprenticeship emphasizes teaching skills in the context of their use, cognitive apprenticeship emphasizes generalizing knowledge so that it can be used in many different settings (Collins 2006, S. 49).

Die zugrundeliegende Theorie unterscheidet vier Dimensionen, welche als Prinzipien zur Generierung eines fruchtbaren Lernumfeldes zur Förderung des *Cognitive Apprenticeship* genutzt werden können. Für die Konzeption des konkreten Kurses der Technischen Fakultät innerhalb der Universität Bielefeld ist insbesondere die *Methode (Method)* von Bedeutung, auf welche in der konkreten Darstellung des Kurses Bezug genommen wird.

Für ausführliche Informationen zu den übrigen Dimensionen vgl. Brown et al. (1989) und Collins (2006). Im Bereich der Lehrmethoden sind sechs unterschiedliche Ansätze aufgeführt, welche im Folgenden in Anlehnung an Ableitinger und Herrmann (2011) als „Phasen" bezeichnet und während der konkreten Darstellung des Kurses erläutert werden. Bezüge werden zu den Phasen des *Modeling, Coaching*, der *Articulation, Reflection* und *Exploration* hergestellt (Brown et al. 1989; Collins 2006).

In der konkreten Umsetzung des Auffrischungskurses wurden die Themen der Vorlesung in kompakte Einheiten untergliedert, die sich an konkreten Aufgaben orientieren. Die Themenblöcke wurden bspw. als „Grenzwerte von Funktionen (berechnen)" oder „Inverse einer Matrix (berechnen)" bezeichnet.

Eine zentrale Rolle bei der Umsetzung bilden Beispiellösungen, die dem selbstständigen Lösen der Aufgaben vorausgehen und an welchen der Lehrende die Herangehensweise möglichst gut erläutern und begründen kann und somit ein „echtes Vorbild für einen Aufgabenlösungsprozess gibt." (Ableitinger und Herrmann 2011, S. 10).

Der zeitliche Ablauf des Kurses folgte keinem starren Zeitschema (wie etwa vormittags Vorlesung, nachmittags Übung), sondern richtete sich nach den Themenblöcken und deren Abschnitten. Jeder Themenblock wurde meist in vier bis sechs Abschnitte eingeteilt.

Abschnitt 1 ist eine kurze Einführung in den betrachteten Gegenstand. Das kann eine kurze Wiederholung der Definition sein, eine Visualisierung (Wie wirkt eine 2×2-Matrix auf einen Vektor, auf ein Quadrat, oder einen Kreis?) und/oder ein intuitives Annähern an das aktuelle Thema (was sind die Werte der Summen $1 + 1 + 1 + 1 + \cdots, 1 + \frac{1}{2} + \frac{1}{3} + \frac{1}{4} + \frac{1}{5} + \cdots$ oder $1 + \frac{1}{2} + \frac{1}{4} + \frac{1}{8} + \frac{1}{16} + \cdots$?).

Dieser Abschnitt dient der kurzen Wiederholung und geht den Phasen des *Cognitive Apprenticeship* voraus.

In **Abschnitt 2** erfolgt vom Dozenten eine kompakte Anleitung zur konkreten Berechnung verschiedener Aufgabentypen. Direkt daran schließt sich eine detailliert durchgeführte und kommentierte Beispielrechnung an, eventuell eine zweite. Dieser Abschnitt ist teilweise durchaus algorithmisch geprägt, wobei das eingeübte Vorgehen mehrfach und ausführlich reflektiert wird, sodass das Ziel des Kurses über die Erlangung reiner Rechenfertigkeiten hinausgeht. So wird eine Rechnung im Detail diskutiert und auch hinsichtlich der gewählten Methode analysiert. Hierbei werden Aspekte wie die Reichweite der benutzten Methode und Fragen nach einer bestimmten Festsetzung/Wahl einer Funktion im betrachteten Fall einbezogen und erläutert, warum diese spezielle Wahl tatsächlich Vorteile bringt. Im speziellen Hinblick auf das Fach Informatik werden auch immer wieder „Datentypen" von betrachteten Objekten analysiert: Eine Gleichung wie $Av = \lambda v, A \in R^{n \times n}, v \in R^n, \lambda \in R$ ist sinnvoll, da die „Datentypen" übereinstimmen: Sowohl rechts als auch links steht ein Vektor aus $\mathbb{R}^n$. Insbesondere wird jeweils betont, was gerade ausgerechnet wird, ob sich das Ergebnis etwa durch eine Probe bestätigen lässt, und wenn ja, wie.

Das Material zum Kurs steht online zur Verfügung[3]. Dort finden sich auch Beispiellösungen, welche allerdings weniger ausführlich kommentiert sind im Vergleich zur Darstellung im Kurs.

Dieser Abschnitt entspricht der Phase des *Modeling* im theoretischen Ansatz. Diese besteht in der Beobachtung eines Experten beim Lösen einer auch für ihn nicht routinemäßig abzuarbeitenden Aufgabe, sodass auch Strategien, Ideen und auch das Verwerfen von ersten Zugängen bzw. Entscheidungsprozessen für gewählte Ansätze explizit thematisiert werden.

In **Abschnitt 3** erhalten die Studierenden mehrere konkrete Aufgaben, um die vorgestellten Techniken selbst anzuwenden. Für diese Rechenphase erhalten die Studierenden zwischen 20 und 30 Minuten Zeit, in der sie Lösungsansätze, Rechenwege bzw. Ergebnisse diskutieren sollen. Bisher ist es immer gelungen, die Teilnehmerzahl in den einzelnen Kursen unter 30 zu halten (auch durch Aufteilen des Kurses auf zwei Termine). Der Dozent geht umher und beobachtet die Lösungsversuche der Studierenden. Er gibt individuelle Hilfestellungen oder positive Rückmeldung und beantwortet Fragen. Die Möglichkeit, direkt mit dem Dozenten in Kontakt zu treten und Fragen zu formulieren, wird nach den bisherigen Erfahrungen intensiv genutzt. Die gestellten Aufgaben haben unterschiedliche Schwierigkeitsgrade, sodass der Dozent einzelnen Studierenden auch den Hinweis geben kann, es mit einer einfacheren oder schwierigeren Aufgabe zu versuchen. Dieser Abschnitt entspricht der Phase des *Coaching* innerhalb des theoretischen Ansatzes. Darunter versteht man die Hilfe des Lehrenden beim Bearbeitungsprozess des Einzelnen, der noch die Lösung strukturähnlicher Probleme anstrebt. Der Prozess wird vom Lehrenden durch konkrete Hilfen, Hinweise, Verweise auf ähnliche Aufgaben, usw. begleitet. Das *Coaching* ist sehr breit auf Unterstützungsangebote angelegt, welche das Lernen bzw. die Lösung der Aufgabe begünstigen.

Durch die Aufforderung das jeweilige Vorgehen zu kommentieren, baut der Dozent auch Phasen ein, in der die Studierenden untereinander kommunizieren und bindet somit an den theoretischen Ansatz der *Articulation-Phase* an. Darunter ist die Gesamtheit aller Maßnahmen zu fassen, welche Lernende in die Lage versetzen, ihr Wissen, strategisches Vorgehen oder fertige Lösungen zu verbalisieren bzw. zu artikulieren.

In **Abschnitt 4** werden die Lösungen an der Tafel besprochen, wobei dies soweit möglich im Dialog mit den Studierenden erfolgt. Die Erfahrung zeigt, dass Studierende sehr selten bereit sind, ihre Lösung an der Tafel vorzuführen. Jedoch diktieren Studierende oft bereitwillig ihre Lösungsideen. Dies kann für die weitere Organisation des Lernprozes-

---

[3] http://www.math.uni-bielefeld.de/~frettloe/lehr.html. (Zugegriffen: 05.11.2014).

ses genutzt werden: Erstens ist man als Dozent selbst in der Lage, das Vorgehen bei der diktierten Lösung hilfreich zu kommentieren. Zweitens ist es unproblematischer zu moderieren, wenn sich andere Studierende einschalten, um Alternativen oder Verbesserungen vorzuschlagen. Darüber hinaus erweist sich dieses Vorgehen als zeitsparend.

Hierbei werden im Sinne des theoretischen Ansatzes der *Reflection-Phase* Handlungen initiiert, um eigene Lösungsansätze, Vorgehensweisen oder Prozesse mit Experten oder Mitstudierenden zu vergleichen und unterschiedliche Techniken bzw. Heuristiken wahrzunehmen.

Eventuelle weitere Abschnitte

- Nachdem die Substitutionsregel zur Ermittlung einer Stammfunktion in einem Themenblock besprochen wurde, die partielle Integration im nächsten und die Partialbruchzerlegung im übernächsten, gab es danach weitere 30 Minuten Zeit zur Bearbeitung von Aufgaben zur Bestimmung von Stammfunktionen. Bei diesen Aufgaben musste zunächst eine geeignete Integrationsmethode aus den bisher gelernten ausgewählt und angewandt bzw. verschiedene Methoden miteinander kombiniert werden.
- Nachdem die Berechnung von Determinanten geübt wurde, bestand eine weiterführende Aufgabe in der Berechnung von Eigenwerten. Daher mussten wieder Determinanten berechnet werden. Die Aufgaben waren so gewählt, dass die Beherrschung von möglichst vielen Verfahren zur Determinantenberechnung hilfreich war.

Darüber hinaus gab es in jedem Kurs zwei Probeklausuren. Diese Aufgabensammlungen waren aus allen bislang besprochenen Themengebieten zusammengestellt, wobei möglichst jede Aufgabe eine etwas erhöhte Anforderung als im Kurs besprochen (ein freier Parameter statt keinem, Kombination verschiedener erlernter Methoden) enthielt, sodass die erlernten Verfahren von einer abstrakteren Metaebene reflektiert werden mussten. Diese Abschnitte ordnen sich unter der *Exploration-Phase* ein, einer Vorstufe des eigentlich komplexen Problemlösens, in der zunächst kleinere Teilprobleme fokussiert, aber dennoch eigenständig bearbeitet werden.

13.4   Ergebnisse

Für die weitere Gestaltung des Auffrischungskurses ist eine Auswertung der Ergebnisse und der Rückmeldungen der Teilnehmer von hohem Interesse. Daher wurden verschiedene Daten erhoben und ausgewertet.

13.4.1   Punktvergleich

Den Autoren liegen die Punktzahlen der Teilnehmer des Auffrischungskurses vor, die jeweils in der Hauptklausur und in der Nachklausur erzielt wurden. Auf Grund der Konzeption des Kurses ist klar, dass fast alle Teilnehmer des Kurses bei der Hauptklausur erfolglos waren: Nur drei der insgesamt 46 Teilnehmer des Auffrischungskurses im März 2013 hatten die Hauptklausur bestanden. Betrachtet man das Abschneiden der Kursteilnehmer bei der Nachklausur im Vergleich zur Hauptklausur, so war eine Steigerung der Punktzahl und der Noten zu erwarten. Das hat sich bestätigt. In der Hauptklausur erzielten die Teilnehmer des Auffrischungskurses durchschnittlich rund 32 % der möglichen Punkte, in der Nachklausur rund 48 %. 18 von 46 Teilnehmern bestanden die Nachklausur, 25 bestanden nicht, drei nahmen nicht an der Nachklausur teil.

13.4.2   Typische Fehler in der Nachklausur

Zur Analyse der Nachklausuren wurden die Bearbeitungen der 16 Studierenden herangezogen, welche bereits in der Hauptklausur untersucht wurden, um Entwicklungen feststellen bzw. Vergleiche bei ähnlichen Aufgaben herstellen zu können.

Aufgabe zur partiellen Integration
Die Aufgabe in der Nachklausur zur Bestimmung einer Stammfunktion einer vorgegebenen Funktion der Form „lineare Funktion mal transzendente Funktion" lautete: „Berechnen Sie das Integral $\int x \ln x \, dx$". Diese Funktion ist von einfacherer Gestalt als die entsprechende Funktion in der Hauptklausur: Die lineare Funktion ist einfach $f(x) = x$, im Gegensatz zu $f(x) = 9(x+2)$ bzw. $f(x) = 4(x-1)$. Die direkte partielle Integration erweist sich als zielführender Rechenweg. Mit $f(x) = \ln(x)$ und $g'(x) = x$ ergibt sich

$$\int x \cdot \ln x \cdot dx = \ln x \cdot \frac{1}{2}x^2 - \int \frac{1}{2}x^2 \frac{1}{x} dx$$
$$= \ln x \frac{1}{2}x^2 - \int \frac{1}{2}x \, dx$$
$$= \ln x \frac{1}{2}x^2 - \frac{1}{4}x^2 + c.$$

In den 16 untersuchten Bearbeitungen der Nachklausur wurden bei der obigen Aufgabe die folgenden Fehler oder Auslassungen gefunden:

1.	Falsches Anwenden der partiellen Integrationsformel	(3)
1.1	Falsche Formel: $\int f'(x)g(x) \, dx = f(x)g(x) - \int f'(x)g'(x) \, dx$	(3)
2.	Ungünstige Wahl von f und g, hier: $f(x) = x, g'(x) = \ln(x)$	(2)
3.	Fehler mit konstantem Vorfaktor	(1)
4.	Kein x gekürzt in $\int \frac{1}{x}\frac{1}{2}x^2 \, dx$, sondern nochmalige partielle Integration anstatt der sofortigen Lösung des Integrals	(2)
5.	Korrekte Lösung ohne Angabe der Rechnung	(1)

In sieben von 16 Bearbeitungen waren die Lösungen vollständig korrekt. In der Hauptklausur war demgegenüber keine Bearbeitung auch nur annähernd richtig. Im arithmetischen Mittel wurden in dieser Aufgabe 3,2 Punkte erzielt, dies entspricht einer Steigerung von 2,4 Punkten im Vergleich zur entsprechenden Aufgabe der Hauptklausur.

Aufgabe zum Konvergenzradius
Die Aufgabe zum Konvergenzradius in der Nachklausur lautete:

Berechnen Sie den Konvergenzradius R der Potenzreihe

$$\sum_{k=1}^{\infty} \frac{1}{(\ln k)^2} \cdot x^k \quad \text{(A) bzw.} \quad \sum_{k=1}^{\infty} \frac{\ln k}{k^2} x^k \quad \text{(B)}.$$

Die Lösung erfordert erneut die Anwendung des Quotientenkriteriums sowie entweder eine Termumformung unter Verwendung der Rechenregeln für den Logarithmus, oder die Aufspaltung von $\frac{a_n}{a_{n+1}}$ in zwei Faktoren und Anwendung der Regel von l'Hospital auf einen dieser Faktoren.

In den 16 untersuchten Bearbeitungen der Nachklausur wurden bei dieser Aufgabe die folgenden Fehler oder Auslassungen gefunden:

1.	Kriterium nicht oder falsch angewandt	(3)
1.1	Kein Anwenden dieses oder eines ähnlichen Kriteriums	(1)
1.2	$R = \lim_{n\to\infty} \frac{a_{n+1}}{a_n}$ $\left(\text{anstatt } R = \lim_{n\to\infty} \frac{a_n}{a_{n+1}}\right)$	(1)
1.3	Cauchy-Hadamard angewandt	(1)
2.	Grenzwert nicht bestimmt (nach dem Einsetzen in die Formel nicht weitergerechnet)	(1)
3.	Probleme bei Grenzwerten mit Logarithmen	(7)
3.1	$\lim_{k\to\infty} \frac{\ln(k+1)}{\ln k}$ nicht gefunden, an dieser Stelle nicht weiter gerechnet	(2)
3.2	$\lim_{k\to\infty} \frac{\ln(k+1)}{\ln k} = \infty$ (falsch)	(1)
3.3	$\lim_{k\to\infty} \frac{\ln(k+1)}{\ln k} = 1$ (richtig, aber nicht begründet)	(3)
3.4	$\lim_{k\to\infty} \frac{\ln(k+1)}{\ln k} = \frac{0}{0} = 1$ (richtiger Grenzwert, aber falsch begründet)	(1)
4.	Probleme beim Rechnen mit Logarithmen	(5)
4.1	$\ln(k+1) = \ln(k) + \ln(1)$	(1)
4.2	$\ln(k+1) = \ln(k) \cdot \ln(1)$	(1)
4.3	$\frac{\ln(k+1)}{\ln k} = \frac{e^{\ln(k+1)}}{e^{\ln k}}$	(1)
4.4	Falsch gekürzt: $\frac{\ln k}{\ln(k+1)} = \frac{1}{\ln k}$ bzw. $\frac{\ln k}{k^2} = \frac{\ln \frac{1}{k}}{1}$	(2)
5.	Summe falsch umgeformt: $\sum(a_k)^2 = (\sum a_k)^2$	(1)
6.	Wurzel falsch interpretiert: $\sqrt[k]{x} = \sqrt[2]{x}$	(1)

Niemand erzielte hier die volle Punktzahl von 3 Punkten. Im Durchschnitt wurden in den untersuchten Bearbeitungen 0,9 von 3 Punkten erzielt, das sind 0,3 Punkte mehr als in der vergleichbaren Aufgabe der Hauptklausur.

Sowohl die reinen Punktzahlen, die bei den hier betrachteten Aufgaben erzielt wurden als auch die detaillierte Untersuchung der Fehler in den einzelnen Klausurbearbeitungen zeigen eine Verbesserung zwischen Haupt- und Nachklausur.

Die Durchschnittspunktzahl der betrachteten Aufgaben ist bei der Aufgabe zur partiellen Integration um 2,4 (von 4 Punkten) und der Aufgabe zum Konvergenzradius um 0,3 (von 3 Punkten) höher. Die Zahl der Fälle, in denen die entscheidende Formel nicht oder falsch angewandt wurde, sank deutlich. Die Zahl der elementaren Fehler (umformen, kürzen ...) blieb dagegen hoch. Das zeigt sich gerade im Unterschied in den beiden betrachteten Aufgabentypen: die Aufgaben zur partiellen Integration erfordern sowohl in der Hauptklausur als auch in der Nachklausur – neben dem Anwenden der Formel zur partiellen Integration – nur recht elementare Umformungen, während die Aufgabe zum Konvergenzradius in beiden Fällen noch eine nicht elementare Umformung erfordert (Vereinfachen des Logarithmus bzw. geschicktes Aufspalten eines Bruches). In der Aufgabe zur partiellen Integration verbessern sich die Teilnehmer des Auffrischungskurses deutlich, während sich in der Aufgabe zum Konvergenzradius nur eine leichte Verbesserung zeigt.

Aufgabenübergreifend können neben elementaren Kompetenzen wie bspw. dem Kürzen von Brüchen oder Fakultäten die folgenden Problembereiche identifiziert werden:

- Richtige Auswahl und Anwendung von Werkzeugen (Formel der partiellen Integration, Regel von de l'Hospital, Quotientenkriterium, Formel von Cauchy-Hadamard),
- Übergeneralisierung linearer Denkmuster beim Umgang mit der Logarithmus- und der Quadratfunktion und
- Probleme beim Umgang mit Exponential- und Logarithmusfunktion.

13.4.3 Rückmeldungen der Teilnehmer

Es wurden im Kurs zwei Fragebögen verteilt, einer wurde von den Autoren gestaltet, einer ist Teil der obligatorischen Evaluation einer jeden Lehrveranstaltung. Aus Platzgründen wird hier nur das Ergebnis der Evaluation in Abb. 13.1 dargestellt.

Diese Evaluation ergab eine überdurchschnittliche Bewertung. Die – nicht offiziell erhobene – Durchschnittsbewertung aller Veranstaltungen der Technischen Fakultät liegt bei etwa 2, auf einer Skala von 1 (gut) bis 5 (schlecht). Die Durchschnittsnote des Auffrischungskurses im März 2013 über alle Kategorien liegt bei etwa 1,6. In den Kategorien „Durch Vorlesung viel gelernt", „Arbeitsatmosphäre ermutigt zum Fragen", „Vermittelt Verständnis und Zusammenhänge", „Antworten auf Fragen helfen weiter" und „Übungsaufgaben ergänzen Vorlesungsstoff sinnvoll" gab es viel Zustimmung (jeweils mehr als 60 % „trifft voll zu", jeweils mehr als 90 % „trifft zu" oder „trifft voll zu").

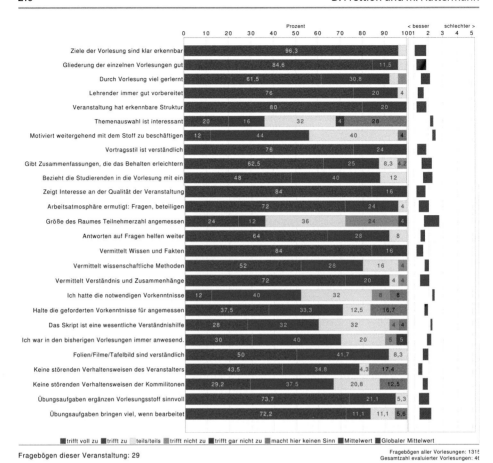

Abb. 13.1 Evaluationsergebnis zum Auffrischungskurs der Technischen Fakultät

13.5   Fazit

Es besteht ein dringender Bedarf an Ideen, um Studierenden von MINT-Fächern, die Probleme in Mathematikvorlesungen haben, gezielt zu helfen. Genau diesem Ziel widmet sich u. a. das Projekt „*richtig einsteigen.*" der Universität Bielefeld. Eine der zahlreichen Maßnahmen ist der hier geschilderte Auffrischungskurs zur Mathematik. Die oben geschilderten Untersuchungen und Überlegungen zeigen, dass ein solcher Kurs diesen Studierenden beim Umgang mit Mathematik im ersten Studienjahr helfen kann. Die Untersuchungen der Klausurbearbeitungen legen nahe, dass das Herausstellen und das Wiederholen zentraler Inhalte der Mathematikvorlesungen sowie das Vorgehen nach dem Konzept des *Cognitive Apprenticeship* den Studierenden das Verständnis des Stoffs erleichtert und bestehende Probleme verringert. Die untersuchten Bearbeitungen – insbesondere der Unterschied in der Verbesserung der Punktzahl Integrationsaufgabe vs. Konvergenzradius –

zeigen unseres Erachtens, dass Methoden der höheren Mathematik (partielle Integration, Konvergenzradien berechnen) von Studierenden schnell erlernt werden können, während das Beheben von elementareren Defiziten (Terme umformen, Brüche kürzen, Potenz- und Logarithmengesetze, Umstellen von Gleichungen und Ungleichungen) in allgemeineren Zusammenhängen vergleichsweise viel Zeit erfordert. Diesen Techniken sollte daher unseres Erachtens in solchen Kursen viel Raum gegeben werden. Als zentrale Problemfelder konnten in den Studierendenbearbeitungen neben den eben genannten Problemen auch Übergeneralisierungen linearer Denkmuster beim Umgang mit trigonometrischen und quadratischen Funktionen sowie der Logarithmusfunktion festgestellt werden. Dies könnte ebenso wie die Probleme beim Umgang mit zentralen Eigenschaften der Logarithmus- und Exponentialfunktion auf die verlagerte Schwerpunktsetzung innerhalb des Schulunterrichts zurückzuführen sein. Daher wird diesem Problembereich in folgenden Kursen mehr Aufmerksamkeit gewidmet und die Linearitätseigenschaft als Besonderheit linearer Funktionen betont und von anderen Zusammenhängen klar abgegrenzt. Hierzu wären vertiefende Interviewstudien sinnvoll, um Details dieser Übergeneralisierungen genauer beschreiben und diesen entgegenwirken zu können.

Einen weiteren Schwerpunkt für zukünftige Konzeptanpassungen soll neben der Anwendung von Werkzeugen im Sinne der korrekten und reflektierten Auswahl von Formeln oder Verfahren und deren richtige Anwendung, der Fokus auf Identifikations- und Koordinationsschwierigkeiten beim Umgang mit komplexen Ausdrücken gelegt werden, die mehrere verschiedene Variable in unterschiedlicher Funktion (Funktionsvariablen, Koeffizienten, Konstanten, Indizes) beinhalten. Eine Anhäufung verschiedener Variabler mit unterschiedlicher Funktion kommt im Schulunterricht nicht vor, sodass diesem Problembereich in zukünftigen Durchführungen dieses Kurses besondere Beachtung geschenkt werden wird.

Literatur

Ableitinger, C., & Herrmann, A. (2011). *Lernen aus Musterlösungen zur Analysis und Linearen Algebra: Ein Arbeits- und Übungsbuch*. Wiesbaden: Vieweg+Teubner.

de Abreu, G., Bishop, A. J., & Presmeg, N. C. (2002). *Transitions Between Contexts of Mathematical Practice*. Dordrecht: Kluwer Academic Publishers.

Artigue, M. (2001). What Can We Learn from Educational Research at the University Level? In D. Holton (Hrsg.), *The Teaching and Learning of Mathematics at the University Level. An ICMI Study* (S. 207–220). Dordrecht: Kluwer Academic Publishers.

Atkinson, R. K., Derry, S. J., Renkl, A., & Wortham, D. (2000). Learning from examples: Instructional principles from the worked examples research. *Review of Educational Research, 70*(2), 181–214. doi:10.3102/00346543070002181.

Brown, J. S., Collins, A., & Duguid, P. (1989). Situated Cognition and the Culture of Learning. *Educational Researcher, 18*(1), 32–42. doi:10.3102/0013189X018001032.

Collins, A. (2006). Cognitive Apprenticeship. In R. K. Sawyer (Hrsg.), *The Cambridge Handbook of the Learning Sciences* (S. 47–60). Cambridge: Cambridge University Press.

Dieter, M. (2012). *Studienabbruch und Studienfachwechsel in der Mathematik: Quantitative Bezifferung und empirische Untersuchung von Bedingungsfaktoren.* Dissertation, Universität Duisburg-Essen, Duisburg/Essen.

Dieter, M., & Törner, G. (2012). Vier von fünf geben auf: Studienabbruch und Fachwechsel in der Mathematik. *Forschung & Lehre, 12*(10), 826–827.

Furlan, P. (1995a). *Das gelbe Rechenbuch 1. Lineare Algebra, Differentialrechnung für Ingenieure, Naturwissenschaftler und Mathematiker.* Dortmund: Furlan.

Furlan, P. (1995b). *Das gelbe Rechenbuch 2. Integralrechnung, Mehrdimensionale Differentialrechnung, Mehrdimensionale Integralrechnung für Ingenieure, Naturwissenschaftler und Mathematiker.* Dortmund: Furlan.

Gueudet, G. (2008). Investigating the secondary–tertiary transition. *Educational Studies in Mathematics, 67*(3), 237–254. doi:10.1007/s10649-007-9100-6.

de Guzmán, M., Hodgson, R., Robert, A., & Villani, V. (1998). Difficulties in the Passage from Secondary to Tertiary Education. In G. Fischer, & U. Rehmann (Hrsg.), *Invited Lectures* Proceedings of the International Congress of Mathematicians Berlin, (Bd. 3, S. 747–762). Bielefeld: Deutsche Mathematiker-Vereinigung.

Hourigan, M., & O'Donoghue, J. (2007). Mathematical under-preparedness: the influence of the pre-tertiary mathematics experience on students' ability to make a successful transition to tertiary level mathematics courses in Ireland. *International Journal of Mathematical Education in Science and Technology, 38*(4), 461–476. doi:10.1080/00207390601129279.

Hoyles, C., Newman, K., & Noss, R. (2001). Changing patterns of transition from school to university mathematics. *International Journal of Mathematical Education in Science and Technology, 32*(6), 829–845. doi:10.1080/00207390110067635.

Rach, S., & Heinze, A. (2013). Welche Studierenden sind im ersten Semester erfolgreich? Zur Rolle von Selbsterklärungen beim Mathematiklernen in der Studieneingangsphase. *Journal für Mathematik-Didaktik, 34*(1), 121–147. doi:10.1007/s13138-012-0049-3.

Renkl, A., Gruber, H., Weber, S., Lerche, T., & Schweizer, K. (2003). Cognitive Load beim Lernen aus Lösungsbeispielen. *Zeitschrift für Pädagogische Psychologie, 17*(2), 93–101. doi:10.1024//1010-0652.17.2.93.

Rezat, S., Hattermann, M., & Peter-Koop, A. (2014). *Transformation – A Fundamental Idea of Mathematics Education.* Berlin: Springer.

Thomas, M. O. J., Druck, I. de F., Huillet, D., Ju, M.-K., Nardi, E., Rasmussen, C. & Xie, J. (2015). Key Mathematical Concepts in the Transition from Secondary to University. In S. J. Cho et al. (Hrsg.), *The Proceedings of the 12th International Congress on Mathematics Education: Intellectual and Attitudinal Challenges* (S. 265–284). Cham: Springer International Publishing.

Wood, L. (2001). The Secondary-Tertiary Interface. In D. Holton (Hrsg.), *The Teaching and Learning of Mathematics at the University Level. An ICMI Study* (S. 87–98). Dordrecht: Kluwer Academic Publishers.

Neue Maßnahmen für eine verbesserte Schulung und Betreuung von Übungsleitern

14

Walter Freyn und Christian H. Weiß

Zusammenfassung

Am Fachbereich Mathematik der TU Darmstadt gibt es seit nunmehr 25 Jahren ein Konzept zur Übungsleiterausbildung, welches seither kontinuierlich optimiert und aktuellen Anforderungen angepasst wurde. Dieses sorgt für einen qualitätsgesicherten Übungsbetrieb, insbesondere für das erste Studienjahr in den MINT-Fächern. An die eigentliche Schulung der neuen Übungsleiter schließt sich deren Betreuung durch die Vorlesungsassistenten an, wobei nun das zu einer Vorlesung gehörige Team aus Übungsleitern typischerweise sehr heterogen ist und Übungsleiter mit sehr unterschiedlichem Erfahrungshorizont umfasst. Wir zeigen aktuelle Entwicklungen auf, mit denen wir das Schulungs- und Betreuungskonzept fit für die Herausforderungen der Zukunft machen. Ein Schwerpunkt liegt hier auf einer verbesserten und intensivierten „Ausbildung der Ausbilder", sowohl für die Schulung als auch für die anschließende Betreuung; ein neuartiger Baustein ist die Entwicklung einer Schulung „Tutorenführung" für wissenschaftliche Mitarbeiter.

14.1 Einleitung

Das erste Jahr des Mathematikstudiums bzw. die mathematischen Einführungsvorlesungen in den INT-Fächern stellen oft auch gute Schüler vor Überraschungen. Zuerst ist das Tempo deutlich höher als aus der Schule gewohnt, dann ist der Stoff meist viel abstrakter;

Walter Freyn
Technische Universität Darmstadt, Fachbereich Mathematik, Darmstadt, Deutschland
e-mail: freyn@math.tu-darmstadt.de

Christian H. Weiß ✉
Helmut-Schmidt-Universität Hamburg, Fächergruppe Mathematik/Statistik,
Hamburg, Deutschland
e-mail: weissc@hsu-hh.de

© Springer Fachmedien Wiesbaden 2016
A. Hoppenbrock et al. (Hrsg.), *Lehren und Lernen von Mathematik in der Studieneingangsphase*, Konzepte und Studien zur Hochschuldidaktik und Lehrerbildung Mathematik, DOI 10.1007/978-3-658-10261-6_14

schließlich müssen neue Arbeitshaltungen und Arbeitsweisen erworben werden (Cramer und Walcher 2010). Bei all diesen Herausforderungen können studentische Übungsleiter eine wichtige Hilfestellung leisten. Insbesondere durch ihr ähnliches Alter und die Tatsache, dass sie einen ähnlichen Lernprozess noch kurz zuvor selbst durchlaufen haben, können sie Studierende oft praxisnäher und mit geringerer Distanz beraten als das wissenschaftliche Mitarbeiter oder Dozenten könnten (Cremer-Renz und Jansen-Schulz 2010; General 2011). Zudem ist für Studierende die Hemmschwelle, einen Übungsleiter zu einem Problem anzusprechen, erfahrungsgemäß niedriger als sie dies bei einem Dozenten ist.

Eine Herausforderung für viele neue Übungsleiter ist oft das Leben eines neuen Rollenbildes als Lehrender, Mentor und Verantwortungsträger. Für viele Studierende ist es das erste Mal, dass sie in eine Rolle schlüpfen, in der sie die „Ranghöheren" bzw. die Verantwortungsträger sind. Diese Situation wurde in den letzten Jahren zusätzlich durch politische Entscheidungen wie die Umstellung auf das G8 (achtstufiges Gymnasium) oder die Abschaffung der Wehrpflicht verschärft, da in Folge dieser Reformen immer jüngere Studierende ihr Studium aufnehmen, die dementsprechend über weniger Lebenserfahrung und persönliche Reife verfügen. Um den eben beschriebenen Rollenwechsel vom Studierenden zum verantwortungsbewussten Übungsleiter zu erleichtern, ist eine umfangreiche Schulung und Betreuung der neuen Übungsleiter wichtig.

In den folgenden Abschnitten werden wir zuerst kurz den durch den Fachbereich Mathematik gehaltenen Übungsbetrieb vorstellen und dabei auch auf quantitative Herausforderungen eingehen. Um trotz dieser Anforderungen einen qualitätsgesicherten Übungsbetrieb aufrechtzuerhalten, setzt der Fachbereich seit nunmehr 25 Jahren auf eine flächendeckende Übungsleiterausbildung, welche im Anschluss thematisiert wird. Auch für diese Ausbildung selbst werden im großen Umfang studentische Hilfskräfte eingesetzt, so dass eine solide „Ausbildung der Ausbilder" nötig ist; erste bereits eingeleitete Schritte sowie Pläne für die Zukunft werden geschildert. Im Anschluss an die Schulung werden die frisch ausgebildeten Übungsleiter (zusammen mit schon erfahrenen) durch die jeweiligen Vorlesungsassistenten betreut, wobei die Zahl der zu betreuenden Übungsleiter oftmals im deutlich zweistelligen Bereich liegt, insbesondere bei den Vorlesungen für das erste Studienjahr in den MINT-Fächern. Für eine professionelle Betreuung dieser großen Zahl von Übungsleitern sind Kompetenzen zur Personalführung unabdingbar. Diese zu vermitteln ist das Ziel eines neugeschaffenen Konzeptes zur „Tutorenführung", welches wir abschließend vorstellen.

14.2 Übungsgruppen in der Mathematikausbildung

Übungsgruppen stellen ein zentrales Element der Mathematikausbildung durch den Fachbereich Mathematik der TU Darmstadt dar. Typisch für den dabei praktizierten Übungsbetrieb sind Kleingruppen mit 15–30 Teilnehmern, in denen vorwiegend Gruppenarbeit anstelle des traditionell üblichen Frontalunterrichts durchgeführt wird. Während der

Tab. 14.1 Neu geschulte Übungsleiter pro Semester

	WiSe 2010/11	SoSe 2011	WiSe 2011/12	SoSe 2012	WiSe 2012/13	SoSe 2013
Gesamt	107	41	76	26	73	27
Davon Mathematikstud.	51	17	41	16	25	14
Zahl Schulungsgruppen	8	4	5	2	5	2

Übungsstunde werden die Aufgaben des Gruppenübungsblatts bearbeitet, die schriftlichen Aufgaben der letzten Hausübung werden vom Übungsleiter korrigiert zurückgegeben. Letztere werden aber gewöhnlich nicht besprochen, da eine Musterlösung online publiziert wird. Für Fragen steht die Sprechstunde des Übungsleiters zur Verfügung. Zentrales Prinzip bei der Betreuung der Gruppenarbeit ist das „Prinzip der minimalen Hilfe" (s. Görts 2011), worauf die Übungsleiter im Rahmen der Übungsleiterausbildung (s. u.) intensiv vorbereitet werden. Die Durchführung des Übungsbetriebs wird wesentlich durch einen Assistenten geprägt, der die studentischen Übungsleiter betreut (s. u.), gemäß der (methodischen) Vorgaben des Dozenten die Übungsblätter gestaltet, und oft auch selbst einzelne Übungsgruppen hält.

Um das Ausmaß des Übungsbetriebs zu verdeutlichen, seien exemplarisch einige Zahlen aus dem Wintersemester 2012/13 angeführt. Insgesamt lagen im genannten Semester 10.684 Anmeldungen zu Lehrveranstaltungen des Fachbereichs Mathematik vor, davon 7132 im „Service" (Mathematikausbildung für andere Fachbereiche). Vergleicht man dies mit den oben genannten Größen der Kleingruppen, so wird klar, dass eine sehr hohe Zahl von Übungsgruppen zu betreuen ist (bei den zentralen Service-Vorlesungen jeweils eine große zweistellige Zahl), was nicht allein durch wissenschaftliche Mitarbeiter gestemmt werden kann. Entsprechend kommen in erheblichem Maße studentische Hilfskräfte zum Einsatz. Im WiSe 12/13 waren dies 222 Übungsleiter, wobei einige davon mehrere Gruppen betreut haben. Insgesamt zeigt sich über die Jahre hinweg, dass die nötigen jährlichen Ausgaben für studentische Hilfskräfte bei über 1 Million Euro liegen.

Da es bei dem eben genannten Ausmaß nicht möglich ist, auch noch den Service-Übungsbetrieb nur mit Mathematik-Studierenden als Übungsleitern zu bestreiten, kommen hier auch viele Übungsleiter aus anderen Fachbereichen zum Einsatz (bei entsprechend guten fachlichen Leistungen). Unabhängig von der „Studienherkunft" gilt jedoch stets und ausnahmslos: Alle vom Fachbereich Mathematik eingesetzten Übungsleiter müssen „geschult" sein. Den somit resultierenden Umfang an neu zu schulenden Übungsleitern fasst Tab. 14.1 zusammen.

14.3 Die Übungsleiterausbildung am Fachbereich Mathematik

Um einen qualitätsgesicherten Übungsbetrieb zu gewährleisten, werden die am Fachbereich Mathematik der TU Darmstadt eingesetzten Übungsleiter seit über 25 Jahren ausgebildet (Liese 1994). Elemente des damals entwickelten (und seither kontinuierlich optimierten) Konzepts, welches wir gleich kurz vorstellen werden, finden sich auch in den bei anderen Fachbereichen und Universitäten etablierten Schulungskonzepten wieder (Biehler et al. 2012; Görts 2011; Schlömerkemper 2005; Siburg und Hellermann 2009). Dies trifft auch auf das aktuelle, TU-interne BMBF-Projekt „KIVA"[1] zu, in dessen Rahmen jeweils eine Übungsleiterschulung für die Fachbereiche Architektur, Informatik und Physik aufgebaut wird. Je nach Schulungsschwerpunkt erkennen wir diese Schulungen gegenseitig an. Hierbei ist anzumerken, dass die Schwerpunkte der Ausbildung von den jeweiligen fachspezifischen Anforderungen geprägt werden; während beispielsweise in der Physik die Betreuung von Praktika wesentlich ist, ist mathematisches Arbeiten durch logisches Argumentieren und Beweisen, durch Abstraktion und Formelsprache charakterisiert (Jaworski 2002; Reiss und Ufer 2009).

Das Schulungskonzept des Fachbereichs Mathematik sieht vor, die Ausbildung so praxisnah wie möglich zu gestalten (Liese 1994; Weiß 2011). Am Beginn dieser Ausbildung steht ein zweitägiger Blockkurs mit zumeist 12–15 Teilnehmern und 2–3 Schulungsleitern (von nun an kurz „Ausbilder"), dessen Programm sich durch eine Mischung aus Simulationen (Videoaufzeichnung plus anschließende Diskussion) und Gruppenarbeitsphasen (z. B. „Wandzeitung" erstellen) auszeichnet. Die im Hinblick auf die Tätigkeit als Übungsleiter zentralen Themen sind

- der erste Übungstermin im Semester (diverse organisatorische Aspekte),
- der „normale" Übungsbeginn mitten im Semester (Anmoderation der Übung, Rückgabe der Hausübungen, etc.),
- die Moderation von Gruppenarbeit (Hauptanteil einer Übungsstunde; hierbei ist das Prinzip der minimalen Hilfe von besonderer Bedeutung),
- das Vorrechnen von Aufgaben (ggf. unter Einbeziehung der Studierenden),
- die Hausaufgabenkorrektur (z. B. Ausführlichkeit, Bewertungsschema) und
- die regelmäßigen Sprechstunden (u. a. Fragen zu aktuellen Übungsaufgaben).

Weitere Themen werden bei Interesse der Schulungsteilnehmer behandelt. Einen typischen Zeitplan für den zweitägigen Blockkurs zeigt Abb. 14.1.

Prinzipiell erfolgt die Einteilung der Simulationen nach Wunsch der Studierenden. Jeder Teilnehmer soll sich aber in mindestens einer Situation als handelnder Übungsleiter auf der Videoaufzeichnung selbst beobachten können (siehe die Namen in der jeweils zweiten Spalte eines Tages in Abb. 14.1). Jeweils ein Studierender mimt den Übungsleiter, die übrigen spielen die Gruppe, die den Übungsleiter mit „situationstypischen" Herausforderungen konfrontiert. Beispielsweise würde in einer Simulation der ersten Übungsstunde thematisch im Vordergrund stehen, den Ablauf des jeweiligen Übungsbetriebs (Anforderungen hinsichtlich Übungsblättern, Bonus-Punkten, etc.) zu erläutern, und handelt es sich gar um eine Übung zu einer Erstsemester-Vorlesung, so könnte ein Teilnehmer einen Studierenden mimen, dem selbst die grundlegendsten Vorstellungen rund um den Vorlesungs-

---

[1] **K**ompetenzentwicklung und **i**nterdisziplinare **V**ernetzung von **A**nfang an, www.kiva.tu-darmstadt. de (Zugegriffen: 13.12.2014)

	Tag 1		Tag 2	
9:00	Kennenlernen Erwartungen Planung		Hausaufgabenkorrektur Gruppenberatung	Nicolas
10:45	Pause		Pause	
11:00	*Erster Kontakt mit Übungsgruppe*	Bruno Daniela	*Sprechstunde (Einzelberatung)*	Nicole Peter
12:30	Mittagessen		Mittagessen	
13:30	*Normaler Beginn einer Übungsgruppe*	Maria Stephan	*Vorrechnen*	Andreas Oliver
15:00	Pause		Pause	
15:15	*Gruppenberatung*	Dirk Michael	*Vorbereitung einer Übungsstunde*	Einzelarbeit Diskussion
16:45	Rückblick, Rückmeldung, Absprachen		Rückblick, Rückmeldung, Absprachen	

Abb. 14.1 Typischer Zeitplan des zweitägigen Blockkurses

und Übungsbetrieb fehlen (die mögliche inhaltliche Ausgestaltung einzelner Szenarien wird detailliert bei Weiß (2011) besprochen). Für eine Gruppenarbeitsphase werden dagegen z. B. Stresssituationen (Vielzahl von Fragen, Störungen) und „bohrende Fragen" (→ Prinzip der minimalen Hilfe) simuliert. Allein die Selbstreflexion, die durch die Beobachtung der Wirkung des eigenen Verhaltens auf einem Video entsteht, ist bereits sehr hilfreich für die werdenden Übungsleiter. Zudem können durch die Ausbilder konkrete Tipps z. B. für ein alternatives Verhalten gegeben werden. Bei der Bewertung der Simulationen wie auch der späteren Hospitationen (s. u.) wird letztlich auf alle drei Aspekte geachtet, wie sie durch die „Lehr-Triade" von Jaworski (2002) formuliert werden, also die Gestaltung des Lernprozesses, das Einfühlungsvermögen gegenüber den Studierenden und die mathematischen Herausforderungen.

Am Ende jedes Blockkurses werden die Teilnehmer mit einem zweiseitigen Fragebogen zu ihrem Eindruck von der Veranstaltung und vor allem zu ihrem persönlichen Gewinn befragt. Exemplarisch seien im Folgenden einige Bewertungen aus den sieben Kursen im Studienjahr 2012/13 wiedergegeben (insgesamt 98 Fragebögen; Bewertungen jeweils gemittelt über die Gruppen). Als Gesamtnote (Notenstufen 1–5) ergab sich hierbei eine 1,6. Ferner gaben 92,6 % an, viel für ihre Übungsleitertätigkeit gelernt zu haben, 75,3 % fühlen sich in der Lage, besser die Lernmotivation von Studierenden zu stärken, 85,9 % besser Feedback zu geben, 79,9 % Lernstand und nötige Hilfestellung besser einschätzen zu können, 94,9 % effektiver kommunizieren zu können, 91,9 % besser mit problematischem Verhalten umgehen zu können, und 94,5 % fühlen sich sicherer bei der Führung der Übungsgruppe (Antwortmöglichkeiten jeweils auf fünfstufiger Likert-Skala, Anteile beziehen sich auf die Stufen 1 & 2).

Den zweiten zentralen Baustein der Übungsleiterausbildung stellen die Unterrichtshospitationen mit anschließender Auswertung dar. Zur Semestermitte, wenn der Übungsbetrieb im vollen Gange ist, werden alle neuen Übungsleiter (nach vorheriger Absprache) während einer Übungsstunde durch einen Ausbilder besucht, dabei wird eine Videoaufzeichnung (ca. 20–30 min) angefertigt. Möglichst zeitnah nach der Unterrichtsstunde erfolgt die Auswertung des Videos, zusammen mit einer Diskussion weiterer relevanter Aspekte des Übungsbetriebs (die nicht von der Videoaufzeichnung erfasst wurden). Zur Unterstützung der Ausbilder wurde hierfür ein Auswertungsleitfaden entwickelt (s. u.), welcher diverse Aspekte im Spannungsfeld der o. g. „Lehr-Triade" (Jaworski 2002) berücksichtigt.

Konkrete Modelle für die Durchführung der Hospitationen sind:

- „Einfach": 1 Ausbilder hospitiert 1 Übungsleiter.
- „Doppel": 1 Ausbilder hospitiert 2 Übungsleiter, gemeinsame Auswertung beider Aufzeichnungen.
- „Gemischtes Doppel": 2 Ausbilder hospitieren 2 Übungsleiter (je einer pro Ausbilder), gemeinsame Auswertung mit allen Beteiligten.

Das am häufigsten praktizierte Modell ist hierbei das „Doppel", zum einen wegen des umfassenderen Feedbacks an die Übungsleiter, zum anderen aus Gründen der Effizienz. Zusätzlich zum Feedback an die Übungsleiter ermöglicht die Hospitation natürlich auch zu kontrollieren, inwiefern die Empfehlungen des Blockkurses in der Praxis umgesetzt werden. Im Zusammenhang mit dem oben genannten KIVA-Projekt wurde über weitergehende Maßnahmen zur Beurteilung der Wirksamkeit der Schulungen diskutiert, neben mehrfachen Hospitationen ist insbesondere eine mögliche Einführung von Lerntagebüchern angedacht.

14.4   Neue Herausforderungen

Die beschriebene Form der Übungsleiterschulung hat sich seit rund 25 Jahren bewährt und wurde kontinuierlich optimiert. Durch die eingangs geschilderten neuen Herausforderungen sind die durch die Übungsleiter zu erbringenden Betreuungsleistungen jedoch deutlich intensiver geworden (viele Studierende sind unselbstständiger, das Vorwissen heterogener). Ferner führt die geminderte Lebenserfahrung der Studierenden aber auch zur Notwendigkeit für mehr Hilfestellung, wenn sie später selbst als Übungsleiter ihre ersten Übungsgruppen übernehmen sollen. Hierauf adäquat zu reagieren und zugleich das Niveau des Übungsbetriebes zu erhalten ist die große Herausforderung der nächsten Dekade.

Der einfachste Weg wäre es sicherlich, als Übungsleiter ausschließlich solche Studierende auszuwählen, die sich durch ihre Persönlichkeit und frühere Gruppenleitungs- oder Unterrichtserfahrungen (Klassensprecher, Nachhilfelehrer, Jugendtrainer in einem Sportverein) auszeichnen. Dieser Weg ist für den Fachbereich Mathematik aber aus rein zahlenmäßigen Gründen (s. o.) nicht gangbar.

Ziel muss es deswegen sein, die Übungsleiter besser in ihrer Tätigkeit zu unterstützen. Dazu haben wir zwei Ansatzpunkte: einerseits in der Schulung, andererseits bei der Betreuung der Übungsleiter durch die Assistenten. Diese Ansatzpunkte aufgreifend setzen wir insbesondere auf folgende Maßnahmen:

- eine „Ausbildung der Ausbilder" für die Übungsleiterschulung, und
- eine Ausbildung der betreuenden Assistenten.

14.5 „Ausbildung der Ausbilder" für die Übungsleiterschulung

Auf Grund der großen Zahl an neu zu schulenden Übungsleitern pro Semester (vgl. Tab. 14.1) kann die Übungsleiterausbildung nur zu einem kleinen Teil durch „hauptamtliche" Ausbilder gestemmt werden. Stattdessen werden auch hierfür in wachsendem Maße studentische Hilfskräfte eingesetzt (s. o.), sowohl für Schulungen wie auch für Hospitationen. Als Ausbilder kommen nur solche Studierende zum Einsatz, die sich einerseits durch gute fachliche Leistungen auszeichnen, andererseits aber auch bei ihrer eigenen Lehrtätigkeit positiv aufgefallen sind (während Schulungen und Hospitationen, aber auch durch Empfehlung von Assistenten). Entsprechende Kandidaten werden von uns auf eine mögliche zukünftige Mitwirkung an der Übungsleiterschulung angesprochen. Da sowohl der Blockkurs als auch die Hospitationen samt Auswertung von sehr komplexer Struktur sind (Weiß 2011), ist eine gute „Ausbildung der Ausbilder" nötig.

Genau wie bei der Übungsleiterschulung selbst verfolgen wir auch hierbei eine Form des situierten Lernens (Brown et al. 1989; Reich 2014). Ganz im Sinne des „Cognitive Apprenticeship" (Collins et al. 1991; Reich 2014) erfolgt die Vorbereitung auf die Blockkurse und Hospitationen bislang vor allem indirekt in einer Art Meister-Lehrling-Verhältnis. Die werdenden Ausbilder nehmen zuerst als Co-Ausbilder an 1–2 Blockkursen teil, jeweils zusammen mit einem erfahrenen Ausbilder. Bei Bewährung übernehmen sie anschließend auch „leitend" derartige Blockkurse. Ähnlich werden die neuen Ausbilder durch erfahrene Ausbilder in die Durchführung und Auswertung von Hospitationen eingelernt. Dieses Einlernen erfolgt dabei im Wesentlichen durch wechselseitige Beobachtung, d. h.: Zu Beginn schauen „die Neuen" dem erfahrenen Ausbilder bei einer Hospitation samt Auswertung zu, anschließend führen sie eigenständig eine solche durch, jedoch noch unter Begleitung des erfahrenen Ausbilders.

Um diesen Prozess des Einlernens zu unterstützen und die konkrete Durchführung von Schulung und Hospitation zu erleichtern, wurden seit 2010 umfangreiche Materialien erstellt, welche auf Nachfrage bei den Autoren in elektronischer Form erhältlich sind. Dazu gehören u. a.

- das „Drehbuch" (Weiß 2011) mit einer sehr detaillierten Anleitung zur Durchführung von Blockkurs und Hospitation (bezogen speziell auf mathematische Übungsgruppen mit den für diese typischen Situationen, Herausforderungen, Themen und Problemen);

- ein kurzer Foliensatz für die Moderation des Blockkurses;
- ein aus verschiedenen Literaturquellen zusammengestelltes Handbuch mit allgemeinen didaktischen und unterrichtspraktischen Aspekten, welches zum Ende des Blockkurses auch an die Schulungsteilnehmer ausgeteilt wird;
- ein Beobachtungs- und Auswertungsleitfaden für die Hospitationen (spezifisch ausgerichtet auf die an der TU Darmstadt praktizierten Mathematik-Übungen).

Der letztgenannte Auswertungsleitfaden umfasst die Abschnitte „Die Übungsstunde" (beginnend mit der Vorbereitung von Raum und Unterrichtsmaterialien hin zum Einstieg in den Unterricht, dem Aufbau und das Ende der Übungsstunde), „Der Übungsleiter" (Vermittlung der Lehrinhalte, Kommunikationsstil, Gruppenleitung, etc.) und „Weitere Aspekte" (wie etwa Vor- und Nachbereitung der Übung, Sprechstunde, Korrektur der Übungsblätter). Um die „Ausbildung der Ausbilder" weiter zu optimieren, haben wir als zweiten Schritt für die nähere Zukunft geplant, zusätzlich auch einen kurzen Blockkurs für die Ausbilder zu entwickeln, der dann dem oben beschriebenen Vorgang vorangestellt werden soll (ergänzend, nicht ersetzend).

14.6 Tutorenführung

Die Durchführung der mathematischen Eingangsvorlesungen teilen sich üblicherweise ein Dozent und ein bis zwei Assistenten. Der Dozent ist dabei insbesondere für die Vorlesung verantwortlich und gibt die Richtlinien für den Übungsbetrieb vor. Der Übungsbetrieb selbst und damit die Betreuung der Übungsleiter wird dann vornehmlich von den Assistenten verantwortet und durchgeführt; diese sind zumeist (Post-)Doktoranden am Fachbereich Mathematik. Je nach Vorstellung und Engagement des Dozenten erhält der betreuende Assistent sehr präzise Vorgaben, wie der Übungsbetrieb organisiert werden soll, oder aber hat sehr viele Freiheiten und ist im Wesentlichen auf sich alleine gestellt. Im ersten Fall ist seine Rolle sehr stark auf die Kommunikation mit den Übungsleitern (Toman 1954) und die Zuarbeit an den Dozenten zugeschnitten, so dass er im Extremfall keine Führungsverantwortung wahrnimmt. Im zweiten Fall ist er dagegen eine weitgehend selbstverantwortliche Führungsperson, die sich neben der Personenführung auch mit strategischen und organisatorischen Fragen der Leitung von Übungsgruppen auseinandersetzen muss (Wellhöfer 2004, 2012). Teilweise hat ein Assistent bereits erste Erfahrungen in der Organisation von Gruppen, in der Regel verfügt er allerdings über keine ausgeprägte Führungserfahrung. Der Ansatz zur Betreuung der Vorlesung erfolgt deswegen meist nach dem Prinzip „Trial-and-Error". Auf der anderen Seite haben die meisten Assistenten während ihres Studiums bereits Lehrerfahrungen als Übungsleiter gesammelt; didaktische Grundprinzipien haben Assistenten an der TU Darmstadt üblicherweise entsprechend durch die Übungsleiterschulung kennen und anwenden gelernt.

Wir haben deswegen für neue Assistenten eine „Einführung zur Tutorenführung" entwickelt. Kern ist das umfangreiche Handbuch „Motivierende Führung von Übungsgruppenleitern/Tutoren – Leitfaden zur didaktischen Orientierung" (Freyn 2013). Unter dem Motto „Führen heißt, die Verantwortung zu übernehmen, damit eine Gruppe von Menschen ihre Ziele erreicht" beschreiben wir Prinzipien der Führungspsychologie und Gesprächstechnik, und geben umfangreiche Fallbeispiele aus dem Übungsleiteralltag. Es hat sich über viele Jahre herausgestellt, dass Probleme oder Missverständnisse im Übungsbetrieb oft auf sehr elementare und leicht abstellbare Ursachen zurückgehen. Wir beschreiben im nächsten Abschnitt einige dieser Bereiche. Neben dem Handbuch haben wir zudem weitere umfangreiche Materialien entwickelt, so

- eine Sammlung von Fallbeispielen zur Tutorenführung;
- einen Überblick über die Theorie der Führungsstile;
- Materialien für Seminare „Tutorenführung für wissenschaftliche Mitarbeiter";
- den Reminder „Essentials zur Übungsleitung".

Zusätzlich bieten wir in Kooperation mit der HDA (Hochschuldidaktische Arbeitsstelle) auch Kurse zur Tutorenführung an, die universitätsweit offen sind. Diese werden dann von einem erfahrenen Mitarbeiter des Fachbereichs Mathematik sowie einem Mitarbeiter der HDA durchgeführt.

In einem 1-tägigen Workshop bearbeiten wir mit ca. 12 Teilnehmern verschiedene Themen, so zum Beispiel Führungsstile und Kommunikationsstrukturen im Übungsbetrieb, aber auch praktische Details der Organisation des Übungsbetriebs in größeren Veranstaltungen. Die Stoffauswahl ist auf Praxisnähe ausgerichtet. Da über die Hälfte der Teilnehmer Führungsverantwortung für Übungsleiter wahrnimmt, muss das Gelernte von den Teilnehmern sofort im Alltag angewendet werden können. Wichtig ist uns deswegen eine aktive Erarbeitung des Stoffes durch Rollenspiele der Teilnehmer, die Diskussion von Fallbeispielen (die, wenn möglich, aus erlebten Situationen der Teilnehmer stammen) und kurzen Impulsreferaten der Dozenten als Diskussionsgrundlage. Erste Evaluationsergebnisse sind sehr positiv, wobei teilweise ein größerer zeitlicher Umfang gewünscht wird. Im Folgenden wollen wir einige Kerngedanken aus diesem Material vorstellen.

14.7 Neun konkrete Empfehlungen zur Führung von Übungsleitern

14.7.1 Gesprächsmöglichkeiten bieten

In der (meist) wöchentlichen Gruppenbesprechung werden weitgehend vorgeplante Abläufe der Übungsstunden im Vordergrund stehen. Natürlich wird der Assistent von Zeit zu Zeit fragen, ob es bei den Übungsleitern Gesprächsbedarf oder Probleme gibt. Doch erfahrungsgemäß breiten viele Übungsleiter ihre Schwierigkeiten nicht gern vor der Gruppe aus, scheuen sich, gegenüber einer ranghöheren Person Probleme anzusprechen, oder haben ganz allgemein den Eindruck, dass das „Problem" zu unbedeutend ist, um einen Assistenten damit zu belästigen.

In unseren Empfehlungen an die zu schulenden Assistenten raten wir dazu, gezielt informelle Gesprächsmöglichkeiten und vor allem Gesprächsroutinen zu schaffen. Den Übungsleitern sollte die Möglichkeit zu Einzelgesprächen gegeben werden, ohne dass ein „Grund" vorhanden sein muss. Wichtig ist dabei, dass sich der Übungsleiter stets ernst genommen fühlt, und dass der Assistent auf durch den Übungsleiter signalisierten Redebedarf reagiert. Gut ist es auch, nach der Gruppensitzung noch ein paar Minuten Zeit für eventuelle Fragesteller einzuplanen.

Feste Gesprächsroutinen senken naturgemäß die Hemmschwelle, problematische Themen anzusprechen. Diese Erkenntnis wurde beispielsweise in der Luftfahrt ganz massiv formalisiert. Die (aus Filmen bekannten) routinemäßigen Abläufe, bei denen jede einzelne Funktion angesprochen wird, dienen genau diesem Zweck. Ähnliche Verfahren wurden dann unter dem Stichwort „Pilotentraining" auch in der Medizin erfolgreich eingeführt (Friemel 2007).

14.7.2 Die richtige Gesprächsführung

Bei erfolgreichen Gesprächen im Rahmen der Personalführung geht es nicht nur um die rein sachlichen Aspekte der Informationsübermittlung, wie wir sie im ersten Abschnitt beleuchtet haben, sondern insbesondere auch um emotionale Aspekte[2]. Eine hinsichtlich Leistung und Kooperation motivierende Wirkung erreicht man als Führungskraft kaum ausschließlich mit rational steuernden Argumenten, stattdessen sollte man immer auch berücksichtigen, welche Gefühlsreaktionen man mit dem eigenen Verhalten bei den anderen auslösen kann; Ziel ist also eine Sensibilisierung für emotionale Aspekte der Kommunikation. Letztere hängen auch immer vom Werte- und Selbstbild der angesprochenen Person ab. Studierende, die in einer anderen Kultur oder sozialen Umgebung aufgewachsen sind, können in bestimmten Gesprächssituationen deutlich stärkere oder schwächere Reaktionen zeigen, als der Assistent vielleicht selbst erwarten würde.

14.7.3 Information der Übungsleiter über Inhalt und Ablauf

Eine oft unterschätze Kernaufgabe der Assistenten ist es, dass sich diese insbesondere bei größeren Vorlesungen die wesentlichen Details der Veranstaltung vergegenwärtigen und den Übungsleitern kommunizieren. Die teilweise eingenommene Position „es wisse ja sowieso jeder, wie der Übungsbetrieb abläuft" führt immer wieder zu Missverständnissen. Assistenten müssen die Übungsleiter über den Ablauf der Übungen unterrichten (Arbeitsprinzipien, Verteilung der Musterlösungen etc.). Insbesondere muss entschieden und

---

[2] Dies ist übrigens auch ein Thema der Übungsleiterschulung und des dort eingesetzten Handbuchs (s. o., Abschnitte zu Kommunikation und Feedback), auf das wir die Assistenten an dieser Stelle gerne verweisen.

klar kommuniziert werden, wo und in welchem Rahmen Übungsleiter selbstverantwortlich entscheiden dürfen, und wo sie sich an konkrete Vorgaben halten müssen (verspätete Blattabgabe, Verschiebung der Übungsgruppe, Krankheit, Verhalten gegenüber Plagiatoren, gegenseitiges Vertreten, etc.). Es empfiehlt sich stets, Begründungen zu geben, damit die Übungsleiter die Hintergründe der Regelungen verstehen und in Grenzfällen der Intention des Assistenten folgen können.

Übungsleiter sollten genau wissen, welcher Stoff in der Vorlesung behandelt wurde. Darauf abgestimmte Aufgabenstellungen und Musterlösungen sollten den Übungsleitern so rechtzeitig übergeben werden, dass sie sich vorbereiten und gegebenenfalls Rückmeldung (z. B. über Fehler in Aufgaben/Musterlösungen) geben können. Der Zeitplan sollte mit den Übungsleitern abgesprochen werden, damit die Vorbereitung sinnvoll in deren Wochenplan passt (vgl. Punkt 8).

14.7.4 Kompetenzentwicklung zur Korrektur der Übungsaufgaben

Ein häufiger Anlass zu Beschwerden von Seiten der Studierenden ist ein unterschiedliches Korrekturverhalten der Übungsleiter (siehe auch den entsprechenden Punkt bei der Übungsleiterschulung). Deshalb sollte zu Beginn der Veranstaltung gemeinsam besprochen werden, wie jeweils richtige Ansätze, einfache „Rechenfehler" und „Denkfehler" zu bewerten sind. Darüber hinaus sollten die Assistenten ihre Übungsleiter anregen, ab und zu Aufgaben der Kollegen vergleichsweise nachzukorrigieren. Hin und wieder sollten aber auch die Assistenten selbst stichprobenartig prüfen, inwiefern sie mit der Bewertung einverstanden sind.

Zentrale Aspekte unserer Empfehlungen an die Assistenten (die natürlich ebenso für die Klausurkorrektur relevant sein können, falls dort die Übungsleiter unterstützend bei der Korrektur mitwirken) umfassen die Entwicklung gemeinsamer Bewertungsmaßstäbe sowie eines groben Schemas zur Vergabe der Punkte. Für Aufgaben mit freier Lösung, beispielsweise Beweisaufgaben, stößt ein solches Schema oft aufgrund der Vielgestalt an möglichen Lösungen bzw. Problemen an seine Grenzen. Insbesondere in diesen Fällen hilft die Formulierung von abstrakten (operativen) Bewertungskriterien.

14.7.5 Probleme zwischen Übungsleiter und Arbeitsgruppe

Wenn sich Studierende beim Assistenten über ihren Übungsleiter beklagen, sollte dieser sie zunächst ausreden lassen, ihnen zuhören und sie ernst nehmen. Insbesondere raten wir den Assistenten, sich in einer solchen Situation Notizen zu machen. Dies zeigt einerseits dem Studierenden, dass seine Anmerkungen ernst genommen werden. Es macht ihm aber auch klar, dass die Vorwürfe nachvollziehbar dokumentiert sind und verhindert somit spätere Diskussionen darüber, was eigentlich wann gesagt wurde. Dringend raten wir den

Assistenten, zu der vorgebrachten Anschuldigung nicht eher Stellung zu beziehen als auch die andere Seite gehört wurde.

Unabdingbar für eine vertrauliche Übungsleiterbetreuung ist es, dass der Assistent im Zweifelsfall hinter seinen Mitarbeitern steht: Der Übungsleiter muss wissen, dass ihn der Assistent unter allen Umständen unterstützt, so lange er keinen konkreten Anlass zu der Vermutung hat, dass er seine Übungsleiteraufgaben nicht (mehr) nach bestem Wissen und Gewissen zu erfüllen bereit ist.

14.7.6   Organisation spezieller Arbeitsgruppen

Kontrovers wird die Einrichtung von speziellen Übungsgruppen (bspw. für Frauen oder fremdsprachige Studierende) diskutiert; wir raten hiervon im Allgemeinen ab. Gemischte Gruppen mit deutsch- und fremdsprachigen Studierenden zusammen sind sowohl für den Spracherwerb als auch für die Integration wesentlich geeigneter. In diesem Sinne sollten Assistenten ihre Übungsleiter dazu anregen, die Gaststudierenden zu ermutigen, mit einheimischen Studierenden zusammenzuarbeiten und die im Gastland funktionierenden Normen und Verhaltensweisen kennenzulernen und zu respektieren.

Bei fremdsprachigen Übungsleitern kann es auf beiden Seiten zu Sprachproblemen kommen. Abhilfe könnte (neben Sprachentrainings) die Einrichtung von englischsprachigen Übungsgruppen nach Bedarf und Fähigkeit der Übungsleiter schaffen. Dies kann nur gemeinsam mit den betroffenen Studierenden beschlossen werden, obwohl es natürlich wünschenswert wäre, dass alle Studierenden in der Lage sind, Mathematik auf Englisch zu erlernen und zu kommunizieren.[3] Von der Abhaltung von speziellen Übungsgruppen in weiteren Sprachen (z. B. Chinesisch) raten wir den Assistenten dagegen ab (auch wenn genügend Gaststudierende daran interessiert wären), da damit die eigentlich angestrebte Inklusion verhindert wird.

Von Studentinnen hört man manchmal den Wunsch nach einer ausschließlich weiblichen Übungsgruppe. Für Schülerinnen gibt es (nicht unumstrittene) Untersuchungen (Budde 2009), dass sie in Mathematik ohne männliche Konkurrenz entspannter und besser arbeiten. Vor einer Einführung einer solchen Geschlechtertrennung sollten aber unbedingt auch mögliche Nachteile (etwa Stigmatisierung, Bestätigung von Stereotypen, im Hinblick auf das spätere Arbeitsleben künstliche Situation) bedacht werden.

14.7.7   Philosophie und Klima der Veranstaltung

Der Assistent muss sich (in Abstimmung mit dem verantwortlichen Dozenten) Gedanken über die Grundphilosophie einer Veranstaltung machen. Diese Philosophie gilt uneinge-

---

[3] Derartige englischsprachige Vorlesungen und Übungen sind übrigens sogar obligatorisch für all jene unserer Bachelor-Mathematik-Studierenden, die ein bilinguales Zertifikat anstreben.

schränkt als Leitschnur für jeden, unabhängig von der jeweils eingenommenen Rolle. Aspekte, die für die Übungsleiter als besonders wichtig herausgestellt werden, muss der Assistent auch für sich einhalten. So verdeutlichen wir den zu schulenden Assistenten, dass z. B. die Forderung an die Übungsleiter, sie müssten immer für Fragen der Studierenden ansprechbar sein, umgekehrt auch impliziert, dass der betreuende Assistent immer für seine Übungsleiter da sein muss. Die Einhaltung jener Werte, die der Assistent als Grundpfeiler angegeben hat, sollte er dann auch konsequent durchsetzen.

14.7.8   Verantwortungsteilung zwischen Übungsleiter und Assistent

Für manche Probleme, die in Übungen entstehen, ist nicht der Übungsleiter verantwortlich, sondern beispielsweise der Assistent oder Dozent. Diese Art von geteilter Verantwortung verdeutlichen wir den Assistenten am Beispiel der Übungsblattgestaltung. Die gestellten Übungsaufgaben müssen dem Ablauf der Übungen angepasst werden. Bei Übungen, die präsent bearbeitet werden sollen, sollte der Aufgabensteller immer auch die schwächsten Studierenden im Blick haben. Es kann sich etwa als notwendig erweisen, am Beginn des Blattes „Wiederholungsfragen" zu stellen oder Aufgaben in sehr viele Teilschritte zu zerlegen. Insbesondere sollten die Assistenten bei der Gestaltung der Übungsblätter immer auch die Rückmeldungen der Übungsleiter ernst nehmen – denn diese arbeiten mit den zur Verfügung gestellten Blättern.

Andere alltägliche Beispiele, in denen verantwortungsvolles Handeln der Assistenten gefordert ist, sind eine ungünstige zeitliche oder räumliche Lage einzelner Übungsgruppen, eine inadäquate Raumausstattung (etwa festmontierte Bankreihen, welche die Gruppenarbeit erschweren) oder Unklarheiten in der Vorlesung bzw. Organisation, die zu klären den Übungsleitern viel Zeit kostet.

14.7.9   Feedback organisieren

Der Dozent sieht seine Studierenden zu den wöchentlichen Vorlesungsstunden (und erlebt sie dabei als eher passive Zuhörerschaft), der betreuende Assistent sieht sie u. U. überhaupt nicht. Wenn es dagegen 20 Übungsleiter zu der Vorlesung gibt, sehen diese die Studierenden zu 40 Wochenstunden. Außerdem arbeiten sie mit den Studierenden und korrigieren deren Übungsblätter, d. h. sie sehen direkt, welche Leistungen die Studierenden erbringen. Der Großteil des Wissens über den Kenntnisstand, eventuelle Schwierigkeiten und die Zufriedenheit der Studierenden ist also bei den Übungsleitern vorhanden und muss von dort seinen Weg zum betreuenden Assistenten finden. Der Assistent muss also überlegen, wie er den Informationsfluss gestalten kann, um diese Rückmeldungen zuverlässig zu erhalten. Neben einer wöchentlichen Rückmeldung der von den Teilnehmern in Hausübungen erreichten Übungspunkte empfehlen wir hier, regelmäßige Rückmeldungen einzuplanen, auch wenn (aus Sicht der Übungsleiter) keine Probleme auftreten; Vorbild kann hier das

Pilotentraining sein (Friemel 2007). Außerdem raten wir den Assistenten zu überlegen, ob sie selbst eine Übungsgruppe übernehmen können, was den direkten Kontakt zu den Studierenden ermöglichen würde.

14.8 Fazit

Die letzten Jahre waren geprägt durch verschiedene neue bzw. verschärfte Anforderungen, die sich aus hochschulpolitischen Weichenstellungen ergeben haben. In Reaktion auf diese Weichenstellungen haben wir begonnen, die Betreuungskonzepte für Studierende und Übungsleiter auszubauen, und ferner neue Formate wie die Ausbildung von Assistenten und wissenschaftlichen Mitarbeitern entwickelt. Um eine weiter optimierte Vermittlung der „Schlüsselkompetenz Mathematik" ermöglichen, werden wir die Bausteine unserer Ausbildungs- und Betreuungssysteme in den kommenden Jahren nicht nur verstärkt evaluieren und ggf. feinjustieren, sondern auch an weiteren neuartigen Elementen arbeiten, wie etwa dem oben angesprochenen Blockkurs zur „Ausbildung der Ausbilder".

Danksagung Die Autoren danken den zwei anonymen Gutachtern für hilfreiche Kommentare und wertvolle Anregungen zur Verbesserung des Artikels.

Literatur

Biehler, R., Hochmuth, R., Klemm, J., Schreiber, S., & Hänze, M. (2012). Fachbezogene Qualifizierung von MathematiktutorInnen – Konzeption und erste Erfahrungen im LIMA-Projekt. In M. Zimmermann, C. Bescherer, & C. Spannagel (Hrsg.), *Mathematik lehren in der Hochschule – Didaktische Innovationen für Vorkurse, Übungen und Vorlesungen* (S. 45–56). Hildesheim: Franzbecker.

Brown, J. S., Collins, A., & Duguid, P. (1989). Situated Cognition and the Culture of Learning. *Educational Researcher, 18*(1), 32–42. doi:10.3102/0013189X018001032.

Budde, J. (2009). *Mathematikunterricht und Geschlecht – Empirische Ergebnisse und pädagogische Ansätze.* Bildungsforschung, Bd. 30. Berlin: Bundesministerium für Bildung und Forschung (BMBF).

Collins, A., Brown, J. S., & Holum, A. (1991). Cognitive apprenticeship: Making thinking visible. *American Educator, 15*(3), 6–11, 38–46.

Cramer, E., & Walcher, S. (2010). Schulmathematik und Studierfähigkeit. *Mitteilungen der DMV, 18*(2), 110–114.

Cremer-Renz, C., & Jansen-Schulz, B. (2010). *Tutorenhandbuch 2010.* Lüneburg: Leuphana Universität Lüneburg, Team Hochschuldidaktik.

Freyn, W. (2013). *Motivierende Führung von Übungsgruppenleitern/Tutoren – Leitfaden zur didaktischen Orientierung für Assistenten bei der Führung von Übungsgruppenleitern/Tutoren.* Darmstadt: TU Darmstadt, Fachbereich Mathematik.

Friemel, K. (2007). *Pilot-Projekt. McK Wissen, 20, 98–103.* http://www.brandeins.de/uploads/tx_b4/mck_20_15_Pilot_Projekt.pdf. Zugegriffen: 18. Januar 2015

General, S. (2011). Ausbildung von studentischen Mentoren zur Unterstützung von Studienanfängerns. In W. Görts (Hrsg.), *Tutoreneinsatz und Tutorenausbildung* (S. 94–110). Bielefeld: Universitätsverlag Webler.

Görts, W. (2011). Schulung von Übungsleitern in der Informatik: Ausbilden unter der Bedingung geringer Ressourcen. In W. Görts (Hrsg.), *Tutoreneinsatz und Tutorenausbildung* (S. 40–62). Bielefeld: Universitätsverlag Webler.

Jaworski, B. (2002). Sensitivity and Challenge in University Mathematics Tutorial Teaching. *Educational Studies in Mathematics, 51*(1/2), 71–94.

Liese, R. (1994). *Unterrichtspraktische Übungen für Übungsgruppenleiter in Mathematik. Ein Beitrag zur Verbesserung der Lehre durch Ausbildung und Training von Fachtutoren. (Preprint Nr. 1674).* Darmstadt: TU Darmstadt, Fachbereich Mathematik.

Reich, K. (Hrsg.) (2014). *Methodenpool.* http://methodenpool.uni-koeln.de. Zugegriffen: 18. Januar 2015

Reiss, K., & Ufer, S. (2009). Was macht mathematisches Arbeiten aus? Empirische Ergebnisse zum Argumentieren, Begründen und Beweisen. *Jahresbericht der Deutschen Mathematiker-Vereinigung, 111*(4), 155–177.

Schlömerkemper, A. (2005). Didaktische Fortbildung von Tutorinnen und Tutoren in der Mathematik. *Das Hochschulwesen, 53*(5), 198–203.

Siburg, K. F., & Hellermann, K. (2009). Mathematik lehren lernen. *Mitteilungen der DMV, 17*(3), 174–176.

Toman, W. (1954). *Dynamik der Motive.* Frankfurt am Main: Humboldt.

Weiß, C. H. (2011). *Durchführung der Übungsleiterschulung am Fachbereich Mathematik.* Darmstadt: TU Darmstadt, Fachbereich Mathematik.

Wellhöfer, P. R. (2004). *Schlüsselqualifikation Sozialkompetenz.* Stuttgart: Lucius & Lucius.

Wellhöfer, P. R. (2012). *Gruppendynamik und soziales Lernen: Theorie und Praxis der Arbeit mit Gruppen* (4. Aufl.). Stuttgart: utb.

Schwierigkeiten von Studienanfängern bei der Bearbeitung mathematischer Übungsaufgaben

15

Daniel Frischemeier, Anja Panse und Tobias Pecher

Zusammenfassung

In diesem Bericht werden Schwierigkeiten von Mathematik-Studierenden vorgestellt, die sich häufig in der alltäglichen Arbeit der mathematischen Lernzentren der Universität Paderborn beobachten lassen. Dabei werden Unterstützungsmaßnahmen diskutiert und ein Workshop im Sinne eines „Best-Practice"-Beispiels vorgestellt, der speziell Studienanfänger im Umgang und Bearbeitung mathematischer Übungsaufgaben unterstützen soll.

15.1 Einleitung

Innerhalb des Programms „Heterogenität als Chance" werden an der Universität Paderborn verschiedene Maßnahmen gebündelt, mit denen auf die aktuellen Anforderungen in der Lehre reagiert werden soll. Hierzu gehört auch die Einführung der Lernzentren am Institut für Mathematik, mit denen speziell den Herausforderungen im Fach Mathematik (hohe Abbruchquoten im ersten Studienjahr und eine gesteigerte Heterogenität hinsichtlich schulischer Vorkenntnisse) begegnet werden soll. In diesem Artikel stellen wir zunächst deren Konzeption und Arbeitsweisen vor, um dann auf Schwierigkeiten von Studierenden einzugehen, die sich in den Lernzentren beobachten lassen. Aufbauend auf den Erfahrungen aus der täglichen Arbeit mit den Studierenden sowie Lösungsansätzen aus der Literatur beschreiben wir dann ein Schema im Sinne eines „best-practice" Beispiels, welches bei der Bearbeitung mathematischer Übungsaufgaben hilfreiche Werkzeuge liefert und dessen Anwendung wir an einer konkreten Aufgabe illustrieren. Diese Ideen werden in einem Workshop „Wie bearbeitet man ein Übungsblatt?" aufgegriffen, der

Daniel Frischemeier ✉ · Anja Panse · Tobias Pecher
Universität Paderborn, Institut für Mathematik, Paderborn, Deutschland
e-mail: dafr@math.upb.de, apanse@math.upb.de, tpecher@math.upb.de

© Springer Fachmedien Wiesbaden 2016   229
A. Hoppenbrock et al. (Hrsg.), *Lehren und Lernen von Mathematik in der Studieneingangsphase*, Konzepte und Studien zur Hochschuldidaktik und Lehrerbildung Mathematik, DOI 10.1007/978-3-658-10261-6_15

als eine Intervention im Rahmen der Lernzentren entwickelt worden ist. Seine Konzeption sowie eine Reflektion des Durchlaufs im Wintersemester 2012/13 werden im letzten Abschnitt beschrieben.

15.2   Die Lernzentren

Mathematik kann an der Universität Paderborn in den Studiengängen Lehramt an Grund-, Haupt-, Real- und Gesamtschulen; Lehramt Gymnasium und Gesamtschule sowie Mathematik/Technomathematik mit Bachelor/Master-Abschluss studiert werden. Um eine adressatengerechte Unterstützung für alle diese drei Studiengänge zu gewährleisten, wurden dementsprechend drei verschiedene Lernzentren eingerichtet, die programmatisch auf ihre jeweilige Klientel ausgerichtet sind. Allen drei Zentren gemein ist, dass sie den Studierenden betreute Gruppenarbeit, ungestörte Stillarbeit und Beratung hinsichtlich inhaltlicher und fachmethodischer Fragen bieten. Um eine ganztägige Betreuung anbieten zu können, wird auf ein Multiplikatorenkonzept zurückgegriffen. Somit werden neben allgemeinen Sprechstunden seitens der Leiter der Lernzentren veranstaltungsspezifische Sprechstunden angeboten, in denen ausgewählte studentische Hilfskräfte den Studierenden bei Fragen und Problemen der Veranstaltung Unterstützung bieten. In der Diskussion mit Studierenden wird dabei stets auf das Prinzip der minimalen Hilfe (Aebli 1994) zurückgegriffen und versucht, sie zu adäquaten Herangehensweisen anzuleiten. Konkrete Arbeitsweisen, die ihnen dabei auf den Weg gegeben werden sollen, werden im Folgenden näher beschrieben.

15.2.1   Beobachtungen aus den Lernzentren

Um die Betreuung in den jeweiligen Lernzentren noch zielgerichteter und bedarfsorientierter zu gestalten, sind im Wintersemester 2011/2012 und im Sommersemester 2012 indirekte nicht-teilnehmende Beobachtungen (Flick 2010) in ausgewählten Sprechstunden durchgeführt und protokolliert worden. Die Fragestellungen für die Beobachtungen waren: Mit welchen Anliegen kommen die Studierenden ins Lernzentrum? Welchen Umgang zeigen sie gegenüber mathematischen Übungsaufgaben? Welche Schwierigkeiten haben sie (vor allem zu Beginn ihres Studiums) beim Bearbeiten dieser Aufgaben, insbesondere wenn es darum geht, einen ersten Zugang zu diesen zu finden? Das vorrangige Anliegen der Studierenden, das sich aus unseren Beobachtungen herauskristallisiert, sind das Erhalten von Anregungen und Hilfen zu den Aufgaben der Übungszettel und zu den Inhalten der Vorlesungen. Zur Einstellung und zum Umgang der Studierenden mit Übungsaufgaben ist festzustellen, dass viele von ihnen diese im Sinne von schulischen Hausaufgaben betrachten, in denen häufig bereits bekannte Dinge eingeübt werden. Viele erwarten (wahrscheinlich aufgrund dieser Vorerfahrungen), in wenigen Schritten auf eine Lösung kommen zu können. Darüber hinaus ist bei einigen Studierenden (nachdem sie die unterschiedlichen Ansprüche von schulischen und universitären Übungsaufgaben festgestellt haben) die Meinung verbreitet, man bräuchte für die meisten Aufgaben eine geniale Idee. Hinsichtlich des Vorgehens und der Schwierigkeiten von Studienanfängern bei der Bearbeitung von Übungsaufgaben ist festzustellen, dass sie die Übungsaufgaben „auf schnellsten Wege" (ohne vorherigen Plan) angehen möchten, die Notwendigkeit von vorbereitenden Skizzen, Betrachtung von einfachen Spezialfällen oder (Gegen-)Beispielen ziehen sie dabei eher weniger in Erwägung. Betrachten wir die Schwierigkeiten bei der Bearbeitung der Übungsaufgaben, so lässt sich bemerken, dass diese schon beim Erfassen der Aufgabenstellung auftreten. In den Beobachtungsprotokollen tauchen oft Sätze wie „ich verstehe die Aufgabe nicht", „was soll ich hier zeigen?" auf. Häufig sind den Studierenden die in der Aufgabe vorkommenden Definitionen der Begriffe, deren Eigenschaften und Zusammenhänge zwischen ihnen nicht hinreichend präsent (ein typisches Beispiel dafür ist, dass die Stetigkeit einer Funktion ausschließlich damit in Verbindung gebracht wird, dass sich deren Graph als durchziehbare Linie zeichnen lässt, obwohl das ε-δ-Kriterium bereits behandelt worden ist). Auch wenn sie die Aufgabenstellung verstanden haben, finden sie in vielen Fällen keinen Zugriff zur Bearbeitung. „Wie soll ich hier überhaupt anfangen?" ist eine typische Aussage in diesem Zusammenhang. Zudem ist häufig ein unstrukturiertes Herangehen an die Aufgaben zu beobachten. Insgesamt ergeben sich zwei Hauptprobleme, denen wir entgegenwirken möchten: zum einen die weit verbreitete Auffassung, dass mathematische Übungsaufgaben den gleichen Zweck verfolgen wie Hausaufgaben in der Schule, zum anderen die Schwierigkeiten, bei deren Bearbeitung einen Ansatz zu finden.

15.3   Problemdiagnose und Lösungsansätze

Die oben beschriebenen Beobachtungen finden sich auch in einschlägiger Literatur aus verschiedenen Disziplinen der Hochschulmathematik wieder, wie z. B. bei Senk (1985), Moore (1994), Bills und Tall (1998) und Weber (2001). So verweisen u. a. Moore (1994) und Weber (2001) auf ähnliche Probleme bei der Bearbeitung mathematischer Übungsaufgaben. Insbesondere Beweisaufgaben stellen die Studierenden vor Herausforderungen. Moore (1994, S. 251) bemerkt zum Beispiel Schwierigkeiten hinsichtlich der Herangehensweise an einen Beweis: „the students did not know how to begin proofs" und weiter „the students did not know to use definitions to obtain the overall structure of proofs". Weber (2001, S. 101–102) konstatiert, dass die Studierenden häufig nicht wissen, was einen Beweis ausmacht und ob die von ihnen erstellten Lösungen für einen Beweis ausreichen. Ableitinger (2013, S. 18) macht u. a. folgende Probleme bei der Bearbeitung „typischer" mathematischer Übungsaufgaben aus: „Sie haben Schwierigkeiten, die Aufgabenstellung in eine Form zu bringen, in der sie den zur Verfügung stehenden Bearbeitungsmitteln zugänglich wird" und „es gelingt ihnen häufig nicht, unterschiedliche Handlungsoptionen zu identifizieren, eine geeignete davon auszuwählen und ggf. flexibel auf eine umzuschwenken". Die obige Zusammenstellung von Problemen macht zumindest deutlich, dass zur Bearbeitung universitärer Übungsaufgaben meist viele unterschiedliche Kompetenzen benötigt werden (im Gegensatz zu einer typischen Schulhausaufgabe, wo im Extremfall die Anwendung einer einzigen Rechenregel genügen kann). Dementsprechend erfordert deren Lösungsprozess viele verschiedene Schritte. Bereits bei Pólya (1949) ist hierzu eine Art „Vorgehen" zu finden, in dem er vier wesentliche Schritte zur Lösung einer mathematischen Aufgabe formuliert: Verstehen der Aufgabe/Analyse; Ausdenken eines Plans/Erarbeiten einer Lösungsstrategie; Ausführen des Plans (Synthese); Rückschau/Prüfung/Vertiefung. In jedem dieser vier Schritte gibt er konkrete Fragestellungen bzw., Handlungsoptionen an (z. B. „Was ist unbekannt?", „Was ist gesucht?" oder „Mache eine Skizze!"). Ableitinger und Herrmann (2011, S. 14–17) stellen ein Phasenmodell vor, welches auf dem Prinzip des Example-Based Learning (Renkl 1997) fußt, und setzen sich dabei u. a. zum Ziel, Studierenden anhand von Musterlösungen eine Herangehensweise an mathematische Übungsaufgaben an die Hand zu geben. Ein unter Mathematik-Dozenten sehr populärer Essay „Wie bearbeitet man ein Übungsblatt?" von Manfred Lehn (Lehn o. J.), den viele Dozenten ihren Studenten zur Lektüre empfehlen, thematisiert den Sinn sowie das Wesen mathematischer Übungsaufgaben an sich. Dort wird auch die Tatsache betont, dass mathematische Aufgaben nicht ad-hoc lösbar sind, wie es viele Studierende noch aus ihrer Schulzeit kennen: „nur wenige Aufgaben sind so angelegt, dass sie einfach abgearbeitet werden können". So müsse für die Studienanfänger ein Bewusstsein geschaffen werden, dass das Lösen mathematischer Aufgaben ein Prozess ist, der unter Umständen mehrere Tage (oder sogar noch länger) andauern kann. Neben einer Diskussion darüber, welche Einstellung man generell gegenüber den Übungsaufgaben einnehmen sollte („Sie müssen auch [. . .] unter der Dusche oder in der Straßenbahn oder beim Anstehen beim Bäcker über die Aufgaben nachdenken . . . "), befasst er sich mit grundlegenden Strategien, die bei der Aufgabenbearbeitung helfen sollen. Auch er geht dabei auf das Prozesshafte der Bearbeitung ein und nimmt dabei Anklang zu Pólyas Gedanken.

15.4 Interventionen

Zu einem gewissen Grad können sich die falsche Einstellung vieler Studierenden gegenüber den Übungsaufgaben und die Probleme bei deren Bearbeitung einander gegenseitig bedingen. Betrachten sie die Aufgaben vorwiegend als Mittel zur Einübung von (Rechen-) Routinen, so mangelt es ihnen möglicherweise auch an Motivation, diese mit dem dafür nötigen Einsatz zu bearbeiten. Andererseits begreifen sie deren Sinn und Zweck (nämlich einen mathematischen Erkenntnisgewinn, der im besten Fall über die eigentliche Aufgabe hinausgeht) auch dann erst richtig, wenn sie sich bereits mit mehreren Aufgaben eingehend auseinander gesetzt haben. Wir erachten deshalb Interventionen gegen beide Probleme gemeinsam für sinnvoll. Konkret verfolgen wir folgende zwei Ziele:

Ziel 1 Die Studienanfänger sollen ihre Einstellung gegenüber mathematischen Übungsaufgaben aktiv reflektieren, wodurch diese positiv beeinflusst werden soll.

Ziel 2 Ihnen sollen konkrete Arbeitstechniken zur Verfügung stehen, mit denen sie strukturierter an die Übungsaufgaben herangehen können, aber auch den Lernstoff besser verstehen können.

Ausgehend von den Ideen aus der Literatur stellen wir zwei verschiedene Interventionen vor, mit denen wir diese Ziele erreichen möchten. Diese beiden Maßnahmen bilden außerdem die praktische Grundlage des Workshops (dessen genauerer Aufbau weiter unten erläutert wird): Erstens soll der Sinn und Zweck mathematischer Übungsaufgaben (noch vor deren Bearbeitung) explizit thematisiert werden. Als Basis einer solchen Reflexion können beispielsweise die von Manfred Lehn formulierten Gedanken dienen, die wir in einer Präsentation vorstellen.

Zweitens sollen den Studierenden grundlegende Arbeitstechniken vermittelt werden, die ihnen die Bearbeitung von Aufgaben helfen. Das von Ableitinger und Herrmann (2011) beschriebene Phasenmodell eignet sich für Studierende teilweise auch dafür, allgemein einen Zugang zum Lösen von Übungsaufgaben zu finden. Das Durchlaufen von Phasen wie „Klärung der Handlungsoptionen", „Zugriff herstellen" lässt einerseits die Prozesshaftigkeit von Übungsaufgaben deutlich werden. Durch Arbeit an den zahlreichen Beispielaufgaben können die Studierenden sich andererseits einen reichhaltigen Fundus an Werkzeugen aneignen, mit denen sie an eine Aufgabe heran gehen können. Die Situation der Studierenden, die das Lernzentrum wegen Unterstützung bei ihren Übungsaufgaben aufsuchen, ist in der Regel eine andere. Üblicherweise besitzen sie keine Musterlösungen zu analogen Aufgaben (noch dazu in der von Ableitinger & Herrmann propagierten Form). Um dem Phänomen, dass sie an diese Aufgaben zum großen Teil unstrukturiert herangehen, entgegen zu wirken, bietet es sich deswegen an, ihnen direkt eine Reihe mathematischer Werkzeuge (Werkzeugkasten) vorzustellen, die sie beim Lösen einer Übungsaufgabe immer wieder einsetzen können. Wir schlagen dabei folgende Werkzeuge vor, die stark von Lehns pragmatischem Ansatz geprägt sind und teilweise in ähnlicher Form auch in Pólyas vier Schritten genannt werden. Sie erheben keinen Anspruch auf Vollständigkeit, sind aber dennoch unserer Meinung nach geeignet, sich Zugang zu einer Aufgabe zu verschaffen, tiefer in das jeweilige mathematische Problem einzudringen und Lösungsansätze zu finden (und spiegeln auch teilweise wider, wie Mathematiker in der Forschung arbeiten). Dabei ist zu bemerken, dass dieses Schema in erster Linie für Aufgaben gedacht ist bei denen ein Beweis erbracht werden muss, dessen Argumentation nicht offensichtlich ist. Für Übungsaufgaben die als „rein rechnerisch" anzusehen sind bzw. bei denen der Beweis auf einer „rein technischen" Ebene (z. B. Beweis durch vollständige Induktion) vollzogen wird, ist dieses Schema weniger gedacht.

- (W1) Benennen der exakten Definition der auftretenden Begriffe/Objekte
- (W2) Klärung von Beziehungen einzelner Begriffe/Objekte untereinander
- (W3) Prüfen von Sachverhalten anhand von Beispielen/Spezialfällen
- (W4) Visualisieren eines Objekts oder einer Aussage
- (W5) Überlegen von Gegenbeispielen

- (W6) Suche nach Zusammenhängen zu Sätzen/Informationen aus der Vorlesung
- (W7) Vergleich mit Beweismethoden aus der Vorlesung

15.4.1 Beispielaufgabe

Anhand einer Aufgabe, die bei einem Durchlauf des Workshops im Wintersemester 2012/13 behandelt worden ist, soll exemplarisch illustriert werden, auf welche Art und Weise die Werkzeuge bei der Bearbeitung einer Aufgabe angewendet werden können.

Aufgabe

Sind X und Y nichtleere Teilmengen von $\mathbb{R}$, so setzen wir: $X \cdot Y := \{x \cdot y \colon x \in X, y \in Y\}$. Zeigen Sie: Sind X und Y nach oben beschränkt und nichtnegativ, so ist $\sup (X \cdot Y) = \sup (X) \cdot \sup (Y)$.

Zum Zeitpunkt des Workshops waren aus der Vorlesung die Körper- und Anordnungsaxiome bekannt. Des Weiteren wurde die Definition des Supremums einer Teilmenge eines angeordneten Körpers in der Vorlesung wie folgt gegeben:

Sei K ein angeordneter Körper und M eine nichtleere Teilmenge. Ein Element S aus K heißt Supremum von M, falls zum einen gilt: S ist obere Schranke (o.S.) von M, d. h. für alle x aus M gilt $x \leq S$ und zum anderen gilt: S ist minimale obere Schranke, d. h. für jede weitere obere Schranke S' von M gilt $S \leq S'$.

Wir führen nun exemplarisch vor, wie man mit Hilfe der Werkzeuge (W1)–(W7) an die oben genannte Aufgabe heran gehen kann. Dabei gehen wir davon aus, dass die Begriffe „Teilmenge", „nach oben beschränkt" bekannt sind. Die Definition der Objekte $X \cdot Y$ und *sup* ist direkt in der Aufgabenstellung gegeben, beziehungsweise kann mit Rückgriff auf das Skript nachgeschlagen werden (W1). Da dies im Allgemeinen nicht ausreicht, um zu einem tieferen Verständnis dieser Objekte zu gelangen, bieten sich als weitere Schritte in diese Richtung an, Suprema in verschiedenen Beispielen zu betrachten (endliche Mengen, reelle (halb-) offene/geschlossene Intervalle, $\mathbb{R}$, Punktefolge von $(1/n)$, ...) und auch diese Mengen mit ihren Suprema zu skizzieren (W3), (W4).

Auch zum Verständnis des Ausdrucks $X \cdot Y$ ist dieses Vorgehen dienlich. So können für X und Y zum Beispiel beliebige Kombinationen der oben genannten Mengen gewählt und zusammen mit der resultierenden Menge $X \cdot Y$ jeweils auf einem separaten Zahlenstrahl skizziert werden (vgl. Abb. 15.1). Sobald ein erstes Grundverständnis der beiden Objekte vorhanden ist, macht es Sinn, sich mit der Aussage $\sup (X \cdot Y) = \sup (X) \cdot \sup (Y)$ auseinander zu setzen (W2). Sie beinhaltet sowohl eine qualitative Komponente (nämlich die Existenz des Supremums von $X \cdot Y$ unter den gegebenen Voraussetzungen) als auch eine quantitative Komponente (in der Hinsicht, dass dieses Supremum sich als Produkt

Abb. 15.1 Visualisierung der
Mengen X, Y, und XY

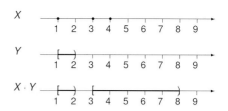

der Suprema der Ausgangsmengen berechnet). Dabei ist ebenfalls wieder ein Rückgriff
auf Beispiele sinnvoll. Hatte man in den Skizzen für X und Y schon bereits beschränkte
Mengen betrachtet (z. B. $X = \{1, 3, 4\}$ und $Y = [1, 2)$), so kann man ihre Suprema (4,
bzw. 2) mit dem der Menge $X \cdot Y$ vergleichen (W3), (W4). Hat man hingegen ein Beispiel
gewählt, in dem X oder Y unbeschränkt sind, so sieht man die Bedeutung der Voraussetzung: Da dann auch $X \cdot Y$ unbeschränkt ist, existiert deren Supremum nicht (W5).
Entsprechend der Eigenschaft des Supremums, eine obere Schranke zu sein, liegen bei
beschränkten X und Y alle Elemente von X, Y und $X \cdot Y$ jeweils links vom eingezeichneten Supremum (W4). Dieser bildliche Sachverhalt hat eine unmittelbare mathematische
Bedeutung. Bezeichnet man mit s_X, s_Y und $s_{X \cdot Y}$ die jeweiligen Suprema, dann heißt es,
dass $x \leq s_X$ für beliebige Elemente von X (und analoges für Y, $X \cdot Y$) gilt. Man hat also
drei verschiedene Ungleichungen, von denen vor allem die dritte, also $x \cdot y \leq s_{X \cdot Y}$ für alle
Elemente $x \cdot y$ aus $X \cdot Y$ interessant ist. Diese dritte Gleichung ähnelt einem „Produkt"
aus den ersten beiden. Sucht man hier nach Zusammenhängen zur Vorlesung, so stößt man
auf das Monotoniegesetz der Multiplikation, welches auch tatsächlich einen Schlüssel zur
Bearbeitung dieser Aufgabe darstellt (W6).

15.5 Der Workshop „Wie bearbeite ich ein Übungsblatt?"

Die Idee dieses Workshops ist es, einen Rahmen zu bieten, in dem oben beschriebenen
Interventionen sowie der Werkzeuge explizit durchgeführt werden. Dessen Einbindung in
die Studieneingangsphase erscheint uns dabei besonders sinnvoll, weshalb bei der Konzeption auch die spezielle Situation von Studienanfängern berücksichtigt wird.

15.5.1 Ziele

Die wesentlichen beiden Ziele des Workshops sind es, einerseits bei den Studierenden
nochmals (oder auch erstmalig) ein Bewusstsein für den Unterschied zwischen schulischen und universitären Übungsaufgaben zu schaffen und ihnen diesen deutlich vor Augen
zu führen. Andererseits sollen ihnen die oben genannten Werkzeuge vorgestellt und deren
Nützlichkeit bei der Aufgabenbearbeitung klargemacht werden.

Im Sinne der kompetenzorientierten Lehre besteht ein weiteres Ziel darin, das Diskutieren mathematischer Inhalte und deren Präsentation zu fördern.

15.5.2   Inhalt

Der Inhalt des Workshops umfasst im Wesentlichen vier Programmpunkte, die im Folgenden näher ausgeführt werden.

Begrüßung/Kennenlernen

Vor dem Hintergrund, dass es sich bei den Teilnehmern vorwiegend um Studienanfänger handelt, die sich untereinander womöglich noch nicht gut kennen, ist es besonders wichtig, eine produktive und angenehme Arbeitsatmosphäre zu schaffen. Eine kurze Kennenlernphase mit sozialen Interaktionen, die dazu gedacht ist, etwaige Berührungsängste untereinander oder zu den Betreuern zu nehmen, soll dazu beitragen, gewünschte Diskussionen zu begünstigen und zu fördern.

Theoriephase (Präsentation)

In einer Präsentation werden zunächst die Rolle von Übungsaufgaben und der Umgang mit ihnen thematisiert (Übungsaufgaben sind integraler Bestandteil der Vorlesung und nur dadurch erfolgt eine aktive Auseinandersetzung mit der Mathematik).

Zweiter wichtiger Punkt ist der Hinweis auf den Unterschied zwischen schulischen und universitären Übungsaufgaben. Bei letzteren ist die Bearbeitung ein längerer Prozess, der sich grob in die Phasen „Aufgabenanalyse", „Lösungsstrategien" und „Aufschreiben der Lösung" gliedern lässt. Diese Phasen werden in der Präsentation diskutiert und betont, dass für alle diese drei genug Zeit eingeplant werden muss. Die ersten beiden Phasen werden besonders in den Mittelpunkt gerückt, da an dieser Stelle die oben beschriebenen Werkzeuge besonderen Einsatz finden. Sie werden ebenfalls vorgestellt und anhand von kleinen Beispielen wird erläutert und illustriert, in welchen Situationen sie eingesetzt werden können.

Praxisphase (Gruppenpuzzle)

Hier sollen die in der Präsentation vorgestellten Werkzeuge erprobt werden. Aus Gründen der Authentizität und Übertragbarkeit verwenden wir die aktuellen Aufgaben aus den jeweiligen Veranstaltungen. Durch die Methode des Gruppenpuzzles wird die kompetenzorientierte Lehre unterstützt, da die Teilnehmer bei dieser Methode in beide Rollen – die des Lehrenden und die des Lernenden – versetzt werden und so die Möglichkeit zu vielschichtiger Reflexion bekommen. Weitere Vorteile des Gruppenpuzzles sind, dass eine hohe Arbeitsintensität seitens der Studierenden gewährleistet ist und sich das gesamte Übungsblatt betrachten lässt.

Die Praxisphase gliedert sich in zwei Teile. Im ersten Teil werden die vier Übungsaufgaben auf je eine 4er-Gruppe verteilt. Diese sollen die Aufgabe bearbeiten und werden dabei von den Betreuern begleitet, die – je nach Bedarf – an die erwähnten Werkzeuge erinnern, ihre konkrete Anwendung vorschlagen oder sie im Einzelfall exemplarisch selbst vorführen. Zum Ende dieses Teils erstellen die 4er-Gruppen dann Posterpräsentationen zum State-of-the-Art der Bearbeitung der jeweiligen Aufgabe, um sie im zweiten

Teil der Praxisphase den anderen Gruppen vorzustellen und dabei nochmals den Einsatz der verwendeten Werkzeuge zu rekapitulieren.

Feedback
Zum Schluss werden die Teilnehmer einzeln gebeten, ein Feedback in Form von freien Kommentaren zum Workshop zu geben.

15.5.3 Reflexion des Workshops

Zu Beginn des Wintersemesters 2012/13 gab es je einen Durchlauf zur Analysis I und zur Linearen Algebra I, woran jeweils 16 Hörer der Veranstaltung teilnahmen. Das Zeitbudget betrug in beiden Fällen 3 Stunden, wobei zirka 2 Stunden auf die Praxisphase entfielen. Während des Workshops standen zwei Betreuer zur Verfügung.

Beobachtungen zur Praxisphase
Wir wollen an dieser Stelle näher beleuchten, wie während der Gruppenarbeit die Teilnehmer in Zusammenarbeit mit den Betreuern die Werkzeuge eingeübt haben. Exemplarisch soll dies anhand der Gruppe geschehen, die die weiter oben vorgestellte Aufgabe zu bearbeiten hatte.

Zunächst wurde die Rekapitulation der nötigen Definitionen beachtet, nachdem dies ein Gruppenmitglied („Wir müssen jetzt erstmal alle Begriffe sammeln") erwähnt hatte. Obwohl ihnen unmittelbar zuvor in der Präsentation diverse Grundstrategien vorgestellt worden waren, zeigte sich, dass die Teilnehmer trotzdem den Einsatz weiterer Werkzeuge zunächst kaum in Betracht gezogen haben. Nachdem sie die Definition des Supremums im Skript nachgeschlagen hatten, hatte die Gruppe zunächst keine Idee über ein weiteres Vorgehen. Durch manche Äußerungen („und was heißt jetzt eigentlich $\sup(X \cdot Y) = \sup(X) \cdot \sup(Y)$?") wurde auch klar, dass die Aufgabenstellung noch nicht verstanden war. Die Leiter fragten die Mitglieder deshalb, ob sie sich unter einem Supremum einer Menge etwas vorstellen konnten und wiesen in diesem Zusammenhang auf die Werkzeuge hin. Sie schlugen den Studierenden vor, sich Beispiele von Mengen zu überlegen, deren Suprema (falls existent) zu bestimmen und dabei Skizzen anzufertigen. Währenddessen hatte ein anderer Teilnehmer die Definition des Supremums im Buch von Heuser (2009, S. 72) entdeckt, wo das Supremum S einer Menge M als obere Schranke definiert wird, deren Minimalität durch ein ε-Kriterium ausgedrückt wird: Zu jedem $\varepsilon > 0$ existiert ein x in M, sodass $x > s - \varepsilon$.

Aufgrund dieser zwei scheinbar verschiedenen Definitionen kam es zu Diskussionsbedarf innerhalb der Gruppe, welche Definition nun die „richtige" sei.

Die Leiter hakten hier ein, dass es in diesem Zusammenhang sinnvoll sei, zunächst den Zusammenhang beider Versionen zu klären und hierfür auch die Heuser-Version mit Hilfe von Beispielen und Skizzen zu analysieren. Es gelang den Studierenden, sich anhand von Bildern selbstständig davon zu überzeugen, dass das ε-Kriterium einer oberen Schranke nur eine Umformulierung deren Minimalität bedeutet. Um diese Tatsache noch weiter zu verdeutlichen, empfahlen die Betreuer, eine obere Schranke zu betrachten, welche gerade nicht minimal ist, und zu untersuchen, was das für das ε-Kriterium bedeutet. Anhand dieser Fragestellungen entstand unter den Teilnehmern eine lebhafte Diskussionen über (obere) Schranken von Mengen, aber auch über die ε-Philosophie der Analysis an sich, weshalb sie die entsprechenden Bilder auch in die Poster-Präsentation mit Aufnahmen (vgl. Abb. 15.2, ganz unten). Das zweite große Problem bei der Analyse der Aufgabe lag im Verständnis der Produktmenge $X \cdot Y$: Ad-hoc dachten die Gruppenteilnehmer hauptsächlich an ein kartesisches Produkt („das sieht doch so aus wie die Definition von $X \times Y$") oder eine Variante davon. Der Wert der Betrachtung von Beispielen konnte gerade dank

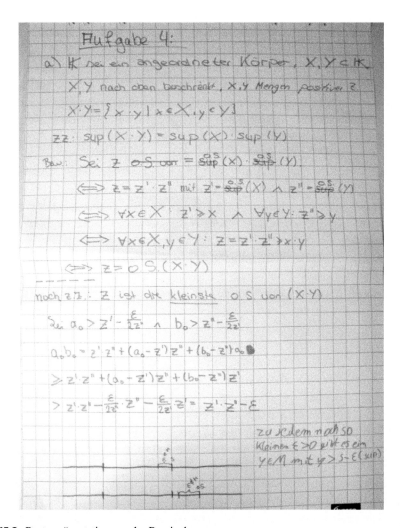

Abb. 15.2 Posterpräsentation aus der Praxisphase

dieser Fehlinterpretation deutlich gemacht werden. Die Studierenden sollten bei gegebenem X und Y (die Betreuer schlugen als Beispiele $X = \{1, 3, 4\}$ und $Y = [1, 2]$ vor)
nach einer genauen Rekapitulation der Definition – die Elemente von $X \cdot Y$ bestehen aus
Produkten $x \cdot y$, wobei x in X und y in Y liegen – die Produktmenge einzeichnen (vgl.
Abb. 15.1), was sie auch schließlich umsetzten.

In wie weit Beispiele auch dazu dienen können, den Sinn einer Aufgabenstellung zu
erkennen, konnten die Betreuer dann deutlich machen, indem sie die Teilnehmer darauf
aufmerksam machten, die Suprema von X, Y und $X \cdot Y$ miteinander zu vergleichen. Die
Teilnehmer äußerten nicht nur „jetzt verstanden [zu haben], was mit der Aufgabe gemeint
ist", sondern konnten nun auch aus eigener Leistung zeigen, dass $\sup{(X)} \sup{(Y)}$ eine
obere Schranke von XY ist (vgl Abb. 15.2, obere Hälfte) ist.

Den Beweis, dass $\sup{(X)} \sup{(Y)}$ auch die minimale obere Schranke ist, gelang ihnen
zunächst nicht, dafür fanden sie diesen bei weiterer Recherche in Heuser (2009, S. 75). Im
Zuge der fortgeschrittenen Zeit verwendeten sie diese Lösung direkt für die Präsentation
ohne weitere Reflexion (Abb. 15.2, Mitte und unten).

Feedback der Teilnehmer

Neben allgemeiner Kritik und Lob („Ich fand's super", „sollte es öfter geben", „am liebs-
ten jede Woche") förderte die Feedbackrunde vor allem drei Kernaussagen zu Tage:

Zum einen zeigte sich, dass einige Studierende sich bisher noch nicht über den (hohen)
Anspruch der universitären Übungsaufgaben im Klaren waren und die vorgesehene Bearbeitungszeit unterschätzten. Exemplarisch war die Äußerung „gut, dass gesagt wurde,
dass es ein Prozess ist; dass es normal ist, wenn man länger braucht. Man ist aus der Schule gewohnt, man rechnet einfach los", die sich inhaltlich mit vielen anderen Teilnehmer-
Statements deckte.

Andererseits waren vielen Studierenden grundlegende Arbeitsweisen, wie sie in den
Werkzeugen beschrieben sind, noch fremd. Äußerungen wie die eines Teilnehmers, dass
[der Workshop] „zeigt, dass man strukturiert an Blatt rangehen kann." zeigten eine gewisse Überraschung, dass – trotz des hohen Anspruchs – viele Aufgaben weniger einer
genialen Idee, sondern vieler kleiner Schritte bedürfen.

Schließlich gaben viele an, die Arbeitsatmosphäre im Gruppenpuzzle als sehr ange-
nehm empfunden zu haben und zum Teil auch erst durch den Workshop dazu motiviert
wurden, Aufgaben gemeinschaftlich zu bearbeiten und dabei den Vorlesungsstoff nachzuarbeiten. Dies spiegelt sich in Aussagen wie „Mir wurde bewusst, dass man sich austauschen sollte" oder „War positiv: Haben uns Aufgaben selbst erklärt und selbst die Struktur
erarbeitet" wider.

Kritik

Eine große Herausforderung liegt in einer sinnvollen Aufteilung der Aufgaben auf die
einzelnen Gruppen. Zunächst sollte darauf geachtet werden, dass sich jede Aufgabe (bzw.
jedes Aufgabenpaket) dazu geeignet ist, verschiedene Werkzeuge zu besprechen. (Dies

ist für „Routineaufgaben", bei denen gewisse Rechentechniken, o. ä. eingeübt werden
sollen eher weniger der Fall.) Gleichzeitig gilt es, unterschiedliche Schwierigkeitsgrade zu berücksichtigen um Langeweile bzw. Überforderung einzelner Gruppen zu vermeiden.

Zum Werkzeugkasten lässt sich festhalten, dass dieser vornehmlich als „Good Practice" – wie sich Mathematik-Studierende in ihrem Studium mit dem Lernstoff auseinandersetzen sollten, bzw. sie von forschenden Mathematikern betrieben wird – gesehen werden
sollte, wenngleich bei der Ausdifferenzierung der einzelnen Werkzeuge Bezug auf Pólyas
Gedanken genommen wurde. Da der Workshop von Anfang an vor allem als praktische
Hilfe dienen sollte, wurden die vorhandenen Ressourcen vor allem für dessen Konzeption
und Durchführung verwendet. Darum fand auch die Evaluation lediglich in Form eines offenen Feedbacks statt, weshalb einige wichtige Fragen in Bezug auf den Workshop nicht
beantwortet werden konnten (s. u.).

15.6   Fazit

Der entwickelte Workshop bietet Studierenden eine Möglichkeit, im Wechselspiel von
Theorie und Praxis, sich mit dem Wesen universitärer Übungsaufgaben auseinander zu setzen. Es zeigt sich, dass unter Studierenden ein großer Bedarf an Bearbeitungskompetenzen
herrscht, die durch die angebotenen Werkzeuge erworben werden können. Dennoch bestehen in diesem Zusammenhang wichtige Fragen, vor allem darüber, ob der Workshop
seine an ihn gesteckten Ziele (eine Änderung der Einstellung der Studierenden zu den
Übungsaufgaben, bzw. zum Studium allgemein, sowie eine (dauerhafte) Beeinflussung
ihrer Arbeits- und Lerntechniken) erreicht. Hinsichtlich seiner (nachhaltigen) Wirksamkeit wäre es auch interessant, in wie weit die Teilnehmer in ihrem weiteren Studienverlauf
davon profitieren. Zumindest die Wirksamkeit der Werkzeuge kann in der Gruppenpha-
se an vielen unterschiedlichen Stellen aufgezeigt werden. Allerdings zeigt sich auch,
dass die Studierenden zunächst wiederholt auf deren Verwendung aufmerksam gemacht
werden müssen und sie den richtigen Umgang mit ihnen erst erlernen müssen. Trotz al-
ledem wurde den Studierenden im Workshop eine Möglichkeit gegeben, ihre Einstellung
zum Studium zu reflektieren und neue Arbeitstechniken kennenzulernen. Zudem bietet
er einen Rahmen, in dem diese Techniken gleichzeitig eingeübt werden können. Dieser
Aspekt kam auch in zahlreichen der Studierenden-Feedbacks zum Ausdruck. Hinsichtlich
einer möglichen Weiterentwicklung der Innovation erscheinen vor allem zwei Dinge sinnvoll: Erstens wäre es lohnenswert, den Werkzeugkasten hinsichtlich seiner theoretischen
Unterfütterung zu bearbeiten und zu verfeinern. Zweitens dürfte eine konsequente Einbindung von Lerntheorie der Vermittlung der Arbeitstechniken innerhalb des Workshops
zu Gute kommen. Ferner sollte (zur Klärung der oben formulierten Fragen bezüglich
Nachhaltigkeit der Innovation) über eine systematischere Evaluation nachgedacht werden.

Literatur

Ableitinger, C. (2013). Demonstrationsaufgaben im Projekt „Mathematik besser verstehen". In C. Ableitinger, J. Kramer, & S. Prediger (Hrsg.), *Zur doppelten Diskontinuität in der Gymnasiallehrerbildung* (S. 17–38). Wiesbaden: Springer Spektrum.

Ableitinger, C., & Herrmann, A. (2011). *Lernen aus Musterlösungen zur Analysis und Linearen Algebra: Ein Arbeits- und Übungsbuch.* Wiesbaden: Vieweg+Teubner.

Aebli, H. (1994). *Zwölf Grundformen des Lehrens: Eine Allgemeine Didaktik auf psychologischer Grundlage. Medien und Inhalte didaktischer Kommunikation, der Lernzyklus* (8. Aufl.). Stuttgart: Klett-Cotta.

Bills, L., & Tall, D. (1998). Operable Definitions in Advanced Mathematics: The Case of the Least Upper Bound. In A. Olivier, & K. Newstead (Hrsg.), *Proceedings of the 22ⁿᵈ conference of the International Group for the Psychology of Mathematics Education* (Bd. 2, S. 104–111). Stellenbosch, South Africa: University of Stellenbosch.

Flick, U. (2010). *Qualitative Sozialforschung. Eine Einführung* (3. Aufl.). Reinbek: Rowohlt.

Heuser, H. (2009). *Lehrbuch der Analysis Teil 1* (17. Aufl.). Wiesbaden: Vieweg+Teubner.

Lehn, M. (o. D.). Wie bearbeitet man ein Übungsblatt? http://www.mathematik.uni-mainz.de/Members/lehn/le/uebungsblatt. Zugegriffen: 18.12.2014.

Moore, R. C. (1994). Making the transition to formal proof. *Educational Studies in Mathematics, 27*(3), 249–266.

Pólya, G. (1949). *Schule des Denkens: Vom Lösen mathematischer Probleme.* Bern: Francke.

Renkl, A. (1997). Learning from Worked-Out Examples: A Study on Individual Differences. *Cognitive Science, 21*(1), 1–29.

Senk, S. L. (1985). How Well Do Students Write Geometry Proofs? *The Mathematics Teacher, 78*(6), 448–456.

Weber, K. (2001). Student difficulty in constructing proof: The need for strategic knowledge. *Educational Studies in Mathematics, 48*(1), 101–119.

Mathe-MAX – Ein Projekt an der htw saar

16

Bertram Heimes, Anke Leiser, Frank Kneip und Susan Pulham

Zusammenfassung

In zahlreichen Studien und Befragungen hat es sich gezeigt, dass ein Scheitern im Studium in vielen Studiengängen an die mathematischen Herausforderungen an die Studierenden geknüpft ist. Das Projekt Mathe-MAX hat vor diesem Hintergrund zum Ziel, die mathematische Ausbildung an der Hochschule für Technik und Wirtschaft des Saarlandes (htw saar) nachhaltig zu verbessern. Hierzu werden im Rahmen eines ganzheitlichen Konzepts Maßnahmen durchgeführt, die bereits in der Schulzeit beginnen und so frühzeitig ein erfolgreiches Studium ermöglichen. Parallel setzen Maßnahmen an, die den Dialog zwischen Mathematik-(Schul-)Lehrern[1] und Mathematik-(Hochschul-)Dozenten institutionalisieren und eine gemeinsame Arbeit an der Problematik ermöglichen. Das zweite Aufgabenfeld des Konzepts besteht in der Verbesserung der eigentlichen Hochschullehre. Aktuell sind die Maßnahmen auf die Fakultät für Wirtschaftswissenschaften beschränkt und haben Schüler der Fachoberschule Wirtschaft als Zielgruppe im Blick. Das Konzept soll aber auf die übrigen Fakultäten der htw saar ausgeweitet werden und auch Schüler der anderen Schulformen berücksichtigen.

---

[1] Aus Gründen der Lesbarkeit wird im gesamten Text auf die gleichzeitige Darstellung von weiblicher und männlicher Form verzichtet; gemeint bleiben dennoch alle Schülerinnen und Schüler, Hochschuldozentinnen und Hochschuldozenten, Lehrerinnen und Lehrer, …

Bertram Heimes ✉ · Anke Leiser · Frank Kneip · Susan Pulham
Hochschule für Technik und Wirtschaft des Saarlandes, Saarbrücken, Deutschland
e-mail: bertram.heimes@htwsaar.de, anke.leiser@htwsaar.de, frank.kneip@htwsaar.de, susan.pulham@htwsaar.de

© Springer Fachmedien Wiesbaden 2016
A. Hoppenbrock et al. (Hrsg.), *Lehren und Lernen von Mathematik in der Studieneingangsphase*, Konzepte und Studien zur Hochschuldidaktik und Lehrerbildung Mathematik, DOI 10.1007/978-3-658-10261-6_16

16.1 Einführung

Beim Übergang von der Schule zur Hochschule müssen sich Studienanfänger vielen Herausforderungen, insb. auch mathematischen, stellen. Mit der Beschreibung der Bruchstelle zwischen Schul- und (Fach-)Hochschulmathematik (vgl. auch Hefendehl-Hebeker 2013, S. 4 und 8) lassen sich sofort allgemeine und mathematik-spezifische Faktoren für ein Scheitern in der Studieneingangsphase identifizieren (vgl. z. B. auch die Beiträge von Blömeke 2013; Griese et al. 2013; Hilgert 2013; Weinhold 2013), z. B. Konzentrationsfähigkeit, Selbstorganisation beim Lernen, Selbstwirksamkeit (vgl. z. B. Bandura 1977; Schwarzer und Jerusalem 2002), Motivation, mathematische Kenntnisse und Fähigkeiten (vgl. z. B. Fischer et al. 2009). Beobachtungen und eine 2009 an der htw saar durchgeführte empirische Untersuchung zeigen v. a. bei Fachoberschülern und hier besonders der Fachrichtungen „Wirtschaft" und „Soziales und Design" erhebliche Einstiegsprobleme und anhaltende Nachteile im Studium (vgl. auch Auswertungen des Eingangstests an der DHBW Mannheim; Hoppenbrock et al. 2013, S. 35 f.). Da an der htw saar z. Zt. über 50 % der Studienanfänger ihr wirtschaftswissenschaftliches Studium mit Fachhochschulreife[2] aufnehmen (Tendenz steigend), besteht hier ein besonderer Handlungsbedarf bei der Verbesserung an der Schnittstelle zwischen Schule und Hochschule.

Auch den besonderen Herausforderungen für die Dozenten durch stärker werdende Heterogenität (höhere Abiturientenquote, größere Vielfalt an Erwerbsmöglichkeiten der Fachhochschulzugangsberechtigung), einem Absinken der mathematischen Leistungsfähigkeit (häufig mangelnde Kenntnisse aus Sek I) und einer stärker kompetenzorientierten Vorbildung versucht das Projekt Mathe-MAX Rechnung zu tragen (vgl. z. B. Blömeke 2013; Henn et al. 2010, dort insb. Pinkernell und Kramer; Fischer und Biehler 2011; Knospe 2012).

Mathe-MAX steht für das Vermitteln mathematischer Methoden und Modelle, Arbeitsmotivation durch Anwendungsbezug und den X-Faktor: Gemeinschaftserleben, Spaß, Erfolg u. v. m. Das Projekt stellt einen integrierten Ansatz zur Mathematik-Didaktik an der htw saar für Studiengänge dar, in denen Mathematik als Instrument eingesetzt wird und in denen die Notwendigkeit von Mathematik von Studienanfängern gerne unterschätzt wird[3]. Das Projekt basiert aufbauend auf Erfahrungen der htw saar und auf Erfahrungen anderer Hochschulen (Beispielhaft seien auf die Projekte MP[2]-Mathe/Plus/Praxis (Ruhr Universität Bochum), vgl. auch Dehling et al. (2010), und Math-Bridge (Universitäten Kassel und Paderborn), vgl. auch Online, Zugriffsdatum 19.04.2014 mathbridge.math. uni-paderborn.de/publ.html, die MUMIE (TU Berlin), vgl. auch Roegner et al. (2013), und die dort durchgeführten empirischen Studien verwiesen.) auf zwei strategischen Stoß-

---

[2] Im Jahr 2012 starteten im Studiengang Betriebswirtschaft (Bachelor) 69 %, im Studiengang Wirtschaftsingenieurwesen (Bachelor) 52 % der Studierenden mit Fachoberschul-Abschluss.
[3] Das Projekt wurde im Sommersemester 2012 etabliert. Es wird vom Bundesministerium für Bildung und Forschung (BMBF) im Rahmen des Qualitätspakts Lehre gefördert. Die enge Kooperation mit den beruflichen Schulen konnte im August 2012 aufgenommen werden; sie wird auch von der saarländischen Landesregierung unterstützt.

Grundpfeiler des Konzepts Mathe-MAX		
Langfristigen Lernprozess durch Verzahnung von Schule und Hochschule verbessern	Aktuellen Lernprozess an der Hochschule verbessern	Flankierende Maßnahmen
Begleitung der Schüler im Abschlussjahr	Verzahnung der mathematischen Lerninhalte mit anderen Modulen	Kontinuierliche Evaluation
Befragung von Schülern und Studenten	Neue Unterrichtsformen entwickeln	Ausweitung des Projekts
Dialogtag von Lehrern und Dozenten	Abbau von Hemmungen	Informieren und Begeisterung bei Lehrern wecken
Entwicklung von Mindestanforderungen der Kompetenzen in Mathematik	Fordern und Fördern	
Gemeinsame Fortbildungen von Lehrern und Dozenten	Analyse der Fehler in Mathematik von Studenten	
Analyse der Fehler in Mathematik von Schülern		

Abb. 16.1 Grundpfeiler des Konzepts Mathe-MAX

richtungen: Einerseits wird der langfristige Lernprozess der Schüler durch Verbesserung der Verzahnung von Schulen und Hochschulen gefördert, andererseits wird der aktuelle Lernprozess der Studierenden im mathematischen Bereich an der Hochschule verbessert. Ausgerichtet an diesen beiden Stoßrichtungen hat die htw saar viele Einzelmaßnahmen etabliert, deren Wirksamkeit durch flankierende Maßnahmen unterstützt wird. Die Abb. 16.1 zeigt die einzelnen Maßnahmen, die im folgenden Artikel detaillierter vorgestellt werden.

Die beiden strategischen Stoßrichtungen des Projekts basieren auf lerntheoretischen Erkenntnissen, die einerseits besagen, dass Lernen (insb. im mathematischen Bereich) langfristig und durch Wiederholung und Anwendung und Praxisbezug erfolgt (vgl. z. B. Blum und Wiegand 2000; Bruder 2012; Wild und Möller 2009, S. 56 ff.). Zudem werden Motivation und Interesse wecken als essentielle Konstrukte aufgegriffen, die mathematisches Lernen ermöglichen und durch Aufzeigen von Perspektiven und innovative Lernformen gesteigert werden (vgl. z. B. Gerrig und Zimbardo 2008, S. 414 f. und S. 442 ff.; Krapp 1992, 1997; Schiefele und Urhahne 2000; Wild und Möller 2009, S. 164 ff.).

16.2 Verbesserung der mathematischen Hochschullehre in der Studieneingangsphase und Erleichterung des Übergangs von der Schule zur Hochschule

Teilweise konnten die folgenden Maßnahmen und Ideen bereits umgesetzt bzw. ihre Umsetzung vorbereitet werden. Die htw saar bietet zur Förderung der Studierenden schon lange standardmäßig entsprechende Maßnahmen gerade auch in Mathematik an. Viele sinnvolle Mathematik-Angebote konnten bisher aber nur auf freiwilliger Basis, d. h. über das Deputat der beteiligten Hochschuldozenten hinausgehend und immer nur modellhaft finanziert durchgeführt werden: die Langen Nächte der Mathematik, der Erste-Hilfe-Kurs, die stichprobenhafte Korrektur von Hausübungen. So konnte der Bedarf nicht annähernd gedeckt, konnten sinnvolle Ansätze wie z. B. rechnergestützte Mathematik nicht umgesetzt werden. Die Mittel des BMBF ermöglichen zeitlich begrenzt eine weitergehende Bearbeitung und Umsetzung des Mathe-MAX-Konzeptes, erlauben aber bei Weitem noch nicht die vollständige Umsetzung der bereits entwickelten Konzepte bzw. Ideen.

Aufgrund des finanziellen Rahmens, aber auch im Hinblick auf Handlungsfähigkeit und Überschaubarkeit und unter Berücksichtigung der identifizierten Problemfelder sind in das Projekt die Hochschuldozenten der Studiengänge Betriebswirtschaft (BW), Wirtschaftsingenieurwesen (WI) und Aviation Business (AB) sowie die Mathematik unterrichtenden Lehrer der Fachoberschulen des Saarlandes eingebunden. Eine Ausweitung auf die anderen Fakultäten und auf alle zur Fachhochschulzugangsberechtigung führenden im Saarland vertretenen Schulformen ist aber integraler Bestandteil des Projekts.

16.2.1 Verbesserung der mathematischen Hochschullehre in der Studieneingangsphase

Abstimmen von mathematischen Inhalten
Mathematische Module und Module mit Mathematikbezug: Nach einer ersten Bedarfsanalyse 2011/2012 wurden die mathematischen Module der Studiengänge WI und BW bereits an den Bedarf der Module mit Mathematikbezug angepasst. Diese Anpassung führte im Wintersemester 2012/2013 (WS 2012/2013) im Studiengang WI zu einer neuen Vorlesungsgliederung mit veränderten Schwerpunkten. Für die Studiengänge WI, BW und AB sind aus den Beschreibungen weiterer Module mit Mathematikbezug und den zugehörigen Vorlesungsskripten die Anknüpfungspunkte an die mathematischen Module noch herauszuarbeiten. In diesen wie für die bereits aus Physik und Operations Research extrahierten Mathematik-Bezüge sollen neben den Inhaltskatalogen entsprechend den Bildungsstandards auch die in den Modulen mit Mathematikbezug erwarteten

Kompetenzen[4] herausgearbeitet und ggf. nach Rücksprache mit den Hochschuldozenten die jeweils geforderten Stufen der Anforderungsbereiche[5] zugeordnet werden (vgl. die in Hoppenbrock et al. (2013) dargestellten Konzepte von Alpers. B. (kompetenzorientiertes Mathematik-Curriculum für einen Maschinenbaustudiengang); Embacher, F., Prendinger, C. (Stoffanpassung/Anpassung Inhalte und Kompetenzkatalog) und Weinhold, C. (Abstimmung Inhalte)).

Mathematik-Brückenkurs und mathematische Module: Der Mathematik-Brückenkurs ist auf die Voraussetzungen zugeschnitten, die in allen mathematischen Modulen an der htw saar erwartet werden. Studiengangspezifische mathematische Schwerpunkte werden in den jeweiligen Brückenkursgruppen berücksichtigt. Der Brückenkurs ist als Teil von Ready-Steady-Study an der Arbeitsstelle für Hochschuldidaktik an der htw saar verankert. Das Mathe-MAX-Projekt arbeitet eng mit der Arbeitsstelle für Hochschuldidaktik zusammen.

Die Inhalte des Brückenkurses Mathematik wurden letztmalig auf der Grundlage der 2009 durchgeführten Bedarfsanalyse an die mathematischen Module angepasst. Die Bedarfsanalyse erfolgte in Form einer schriftlichen Befragung: Anhand eines vorbereiteten Inhaltskataloges bewerteten die Mathematik-Hochschuldozenten die im Brückenkurs zu behandelnden Themen bezüglich der Relevanz für ihre eigenen Veranstaltungen. Für die Aktualisierung der Befragung wird wieder eine hohe und für das Studienangebot der htw saar repräsentative Dozenten-Beteiligung angestrebt; die Hochschul-Dozenten, deren Vorlesungen im Bedarfsprofil für den Brückenkurs bisher nicht berücksichtigt werden konnten, sollen in besonderem Maße angesprochen werden.

Neue Unterrichtsformen umsetzen – Virtuelle Klassenräume
Schon seit längerem werden Vorlesungen aufgezeichnet und den Studierenden über das an der htw saar eingesetzte System CLIX zur Verfügung gestellt. Im Rahmen des Projektes werden bisher virtuelle Klassenräume für den Mathematik-Brückenkurs (berufsbegleitend Studierende Maschinenbau, berufsbegleitend Studierende Betriebswirtschaft) und für die Module Mathematik und Statistik dreier berufsbegleitender Studiengänge aus dem Bereich BW, WI und AB angeboten. Die Studierenden haben sowohl die Möglichkeit persönlich bei der Vorlesung präsent zu sein als auch live über den über CLIX angebotenen virtuellen Klassenraum teilzuhaben. Hochschuldozent und Tafel können gesehen werden; eine direkte Kommunikation mit dem Hochschuldozenten ist ebenfalls möglich. Darüber hinaus kann jederzeit nachträglich auf die Aufzeichnung der Veranstaltung zugegriffen und Berufstätigkeit und individuelles Lerntempo berücksichtigt werden (vgl. z. B. das virtuelle Mathematik-Training an der Hochschule Fresenius, Idstein, und dazu Zenker et al. 2013).

---

[4] Mathematische Kompetenzen (gem. Kultusministerkonferenz-Bildungsstandards): mathematisch argumentieren – Probleme mathematisch lösen – mathematisch modellieren – mathematische Darstellungen verwenden – mit symbolischen, formalen und technischen Elementen der Mathematik umgehen – kommunizieren.
[5] Mathematische Anforderungsbereiche (gem. Bildungsstandards): Reproduzieren – Zusammenhänge herstellen – Verallgemeinern und Reflektieren.

Abbau von Hemmungen im Zusammenhang mit mathematischen Problemlösungen
Der unter den Studierenden verbreiteten Frustration hinsichtlich ihres persönlichen mathematischen Leistungsvermögens wird durch Maßnahmen entgegen gewirkt, bei denen der
Spaß an der Mathematik und das Gemeinschaftserleben im Vordergrund stehen und die
mathematikbezogene Selbstwirksamkeitserwartung und soziale Einbeziehung gefördert
werden. Hierzu gehören die jedes Semester stattfindende Lange Nacht der Mathematik
(LaNadeMa), der Versand eines wöchentlichen Mathe-Newsletters und das neu eingerichtete Mathe-Café. Die Mathe-Repetitorien fokussieren stärker auf den Abbau von Prü-
fungsangst durch verständnisfördernde Prüfungsvorbereitung.

Lange Nacht der Mathematik: Bei der Langen Nacht der Mathematik (LaNadeMa)
sind die Studierenden an einem Freitagabend im Semester eingeladen, an der htw saar
alleine oder in Gruppen vorbereitete Aufgaben zu rechnen. Hochschuldozenten und Tutoren stehen bis in die Nacht hinein für Rückfragen zur Verfügung. Das Mensa-Team des
Campus Rotenbühl sorgt über die allgemeine Öffnungszeit hinaus für ausreichende Stär-
kungsmöglichkeiten.

Die LaNadeMa bewährt sich bereits seit 2009 mit starkem bis sehr starkem Zuspruch
und weit nach Mitternacht reichendem Durchhaltevermögen der Studierenden, auch persönlich unlösbar scheinende Aufgaben selbst oder innerhalb der Gruppe doch noch zu
lösen. Die letzte LaNadeMa fand am 24.01.2014 zum sechsten Mal statt. Ein Bericht hierzu ist unter htw-online verfügbar.

Mathe-Newsletter: Der Mathe-Newsletter wird an jedem Freitag im Semester interessierten Studierenden aus den Studiengängen WI und AB über CLIX zugestellt. In ihm
finden sich sowohl einfache als auch über das Niveau der Übungsaufgaben der Vorlesung
hinausgehende kompliziertere Aufgaben mit Endergebnissen sowie Skurriles und Nützliches aus der mathematischen Welt. Der Newsletter wird von ca. 160 Studierenden pro
Semester gelesen. Fragen zu den Aufgaben können u. a. im Mathe-Café geklärt werden.

Statistik-Newsletter: Auch für das Statistik-Modul wird in den Studiengängen WI
und AB seit dem SoS 2013 ein Newsletter angeboten. Der Statistik-Newsletter beinhaltet
vergleichbar dem Mathe-Newsletter zusätzliche motivierende Übungsaufgaben, aber auch
Skurriles und Nützliches aus der Welt der Statistik.

Mathe-Café: Das neu eingerichtete und an den Erste-Hilfe-Kurs für Mathematik an-
knüpfende Mathe-Café bietet Studierenden der Studiengänge BW und WI zwei Mal wöchentlich für jeweils vier Stunden die Möglichkeit, in entspannter Atmosphäre Hilfe bei
der Lösung individueller Mathematik-Probleme zu finden. Studentische Tutoren meist
fortgeschrittener Semester, stets aber auch mindestens ein Hochschuldozent (Professoren
und Lehrkräfte für besondere Aufgaben) stehen für Fragen zu Mathematik-Problemen zur
Verfügung. Auch ohne Fragen kann man kommen und einfach zuhören – eine Vorlesung
oder Übung im klassisch-vortragenden Stil wird man hier allerdings vergeblich suchen.
Man sitzt zusammen und kümmert sich in Ruhe um den Einzelnen. Das Mathe-Café ist
auch in der vorlesungsfreien Zeit in die Prüfungsphase hineinreichend mit Zusatzterminen
geöffnet.

Der Einsatz von studentischen Tutoren ist gut geeignet, weil den Hilfe-Suchenden eine „Kommunikation auf Augenhöhe" angeboten werden kann und die Tutoren ebenfalls davon profitieren, anderen beim Mathematik-Verständnis zu helfen. Seit dem SoS 2013 werden die eingesetzten Tutoren von einer entsprechend geschulten Doktorandin mit Schwerpunkt Mathematikdidaktik betreut. Dies ermöglicht den Tutoren, zunehmend Mathematik-didaktische Ansätze bei ihrem Mathe-Café-Einsatz zu berücksichtigen und versetzt sie in die Lage, z. B. das Lern- und Erfahrungspotenzial, das in der Frage eines Studierenden steckt, weiter ausschöpfen zu können (vgl. z. B. die Tutorenschulung im LIMA-Projekt an der Universität Paderborn und der Leuphana Universität Lüneburg; vgl. Püschl et al. 2013; Biehler et al. 2012; an der TU Berlin im Rahmen von MUMIE; vgl. Roegner et al. 2013; die Mathe-Sprechstunde i. R. des Modells Mathe@OVGU, Magdeburg; vgl. Wendt 2013; vgl. Winkler 2013).

Selbstverständlich stehen den Studierenden auch die Hochschuldozenten für Rückfragen zur Vorlesung und Übung bzw. den Tutoren für Rückfragen zum Umgang mit im Mathe-Café auftauchenden Problemen gerne und unermüdlich zur Verfügung. Aber es sind eben Hochschuldozenten, vor denen der Studierende dann „zugeben muss, dass er da etwas nicht versteht"; diese Hürde findet sich erfahrungsgemäß beim Mathe-Café nicht.

Die Studierenden bewerten das Mathe-Café im Rahmen der QM-basierten Evaluation sehr positiv.

Da gerade Studierende mit großen bzw. sehr großen Problemen in Mathematik, die zum ersten Mal die Mathematik-Veranstaltungen besuchen, das Angebot des Mathe-Cafés noch unterproportional häufig wahrnehmen, wird an Möglichkeiten gearbeitet, diese Studierenden zu motivieren, mit Durchhaltevermögen Mathematik-Probleme selbständig anzugehen und dann ggf. mit Hilfestellung u. a. über das Mathe-Café zu lösen.

Mathe-Repetitorium: Zu jeder Veranstaltung (Mathematik I und II (WI), Wirtschaftsmathematik (BW) und Statistik (BW und WI)) wird im folgenden Semester ein i. d. R. 2-stündiges Repetitorium angeboten. Der Besuch des Repetitoriums ist freiwillig; das Tempo wird an den Wissensstand der Wiederholer angepasst. Je nach Lernfortschritt wird die Wochenstundenzahl in den letzten Semesterwochen erhöht.

Im Repetitorium wird mit einer eigens dafür erstellten Aufgabensammlung gearbeitet. Im Anschluss an die Besprechung der Aufgaben werden Lösungshinweise auch nochmals schriftlich zur Verfügung gestellt. Diese Lösungshinweise werden von den Studierenden sehr gerne zur Nachbearbeitung der besprochenen Aufgaben genutzt. Eine spezielle Prüfungsvorbereitung erfolgt durch Lösen von Klausuraufgaben aus vergangenen Prüfungen (vgl. z. B. auch Projekt „Einstieg in die Mathematik" an der Uni und FH Lübeck, vgl. Voll und Schäfer 2013).

Fördern und Fordern: CAS-Kurs, semesterbegleitende Probeklausuren, semesterbegleitende Aufgaben mit Lösungskorrektur, Englisch und Excel als besondere Herausforderung
CAS-Kurs: Im Studiengang WI ist ein Computer-Algebra-System-Kurs bereits seit langem als Wahlpflichtfach implementiert. Die Teilnahme am CAS-Kurs ist auch zusätzlich

zu den eigentlichen Studien-Modulen, sozusagen „freiwillig", möglich. In Mathematik-
und Statistik-Modulen sollen verstärkt CAS eingesetzt werden. Es stehen u. a. Open-
Source-Systeme zur Verfügung. Die Auswahl ist zu sichten und zwischen den Modulen
abzustimmen.

Im berufsbegleitenden Studiengang Energie-Management/Service-Center-Manage-
ment (EM/SCM) wird CAS-nah Wolfram Alpha eingesetzt.

Semesterbegleitende Probeklausuren: Einerseits um die Studierenden beim kontinuierlichen Auseinandersetzen mit dem Mathematik-Stoff zu unterstützen, andererseits
um ihnen die Möglichkeit zu geben, ihre individuellen Fehler und Verständnisprobleme
zu erkennen und natürlich auch, um den Studierenden ein Gefühl dafür zu geben, „wie
schlimm der unterlaufene Fehler wirklich ist", werden semesterbegleitende Probeklausuren in Mathematik und Statistik angeboten; die Teilnahme daran ist freiwillig. Die Lösung
der Probeklausuren wird mit den Studierenden besprochen und die Korrektur der Probeklausuren den Studierenden ausgehändigt (vgl. z. B. Schulung von Mathe-Übungsleitern
an der Helmut-Schmidt-Universität Hamburg, vgl. Freyn und Weiß 2013). Das gezielte
Feedback unterstützt das selbstregulierte Lernen (vgl. z. B. Perels 2011) und fördert die
soziale Einbindung der Studienanfänger.

Semesterbegleitende Aufgaben: Mit derselben Intention werden Bearbeitung und
Kontrolle semesterbegleitender Aufgaben angestrebt. Es wird nach einem Weg gesucht,
eine möglichst hohe Verbindlichkeit dafür herzustellen. Bisher ist nur stichprobenhaft im
mathematischen Modul (WI) eine Lösungskorrektur möglich.

Angebote an Leistungsstarke: An die in Mathematik leistungsstarken Studierenden
richten sich folgende Angebote: Im Studiengang WI werden die Vorlesungen Mathematik I und II auch in Englisch gehalten. Weiterhin wird das Statistik-Modul (WI) auch als
Veranstaltung mit integrierter Excel-Anwendung angeboten. Die Zuteilung der Studierenden zu diesen besonders herausfordernden Veranstaltungsformen erfolgt selbstselektiv.

Darüber hinausgehend werden die Vorlesungen Mathematik I und II (WI) seit dem
SoS 2013 auf drei verschiedenen Niveaustufen angeboten; die Zuteilung der Studierenden
erfolgt ebenfalls in Selbstselektion. Der Umfang der für alle Niveaustufen einheitlichen
Klausur orientiert sich an Niveaustufe 1 der Vorlesung.

Analyse der häufigsten Fehler

Der Dialog mit den Schulen, das Angebot im Mathe-Café, die Ausrichtung und Schwerpunktsetzung der Brückenkurse und nicht zuletzt die mathematischen Module selbst können enorm von einer breit angelegten Analyse der „beliebtesten" Fehler von Schülern
und Studierenden profitieren (vgl. z. B. Ergebnisse der Trendstudie zu mathematischen
Fähigkeiten und Fertigkeiten ingenieurwissenschaftlicher Studiengänge an der TU Braunschweig. vgl. Weinhold 2013).

Fehleranalyse Mathe-Modul und Probeklausuren: Für eine Probeklausur in Mathematik I (WI) erfolgte im WS 2012/13 ein Einstieg in die Fehleranalyse, indem erfasst
wurde, welcher Teilnehmeranteil einzelne Aufgabenteile korrekt bearbeitet hat. Weiterhin wird auf der Grundlage dieser Klausur ein Fehlerkatalog erarbeitet, mit dessen Hil-

fe die Fehler in den Bereichen semesterbegleitende Aufgaben, Probeklausuren und Mathematik-Klausuren erfasst und ausgewertet werden können. Aufwand und Ertrag einer
entsprechenden Erfassung der im Mathe-Café auftretenden Fragestellungen sind abzu-
wägen.

Fehleranalyse Fachoberschule: In Kooperation mit den Fachoberschulen an den
Standorten Dillingen, Hochwald, Lebach und St. Wendel und dem Landesfachberater
wurden die in der Abschlussprüfung 2013, FOS Mathematik, kaufmännischer Bereich,
gemachten Fehler stichprobenartig untersucht. Als Ergebnis wurden – wie erwartet –
Mängel in den elementaren Grundkenntnissen festgestellt. Mittelmäßige und schwache
Schüler suchen nach Schemata, nach denen sie Aufgaben lösen können. Eine Ausweitung
der Fehleranalyse für weitere FOS-Abschlussprüfungen wird diskutiert.

Befragung von Fachoberschülern und Studierenden
Befragung von Studierenden: Eine Befragung der Studierenden hinsichtlich ihrer Ma-
the-Erfahrungen in Schule, Studium und in der Zeit dazwischen, ihrer Einstellung zur
Mathematik, ihrer Nutzung von zusätzlichen Mathe-Angeboten der Hochschule wie z. B.
des Mathe-Cafés, ihrer Bedürfnisse im Hinblick auf Mathematik, ihres Lernverhaltens etc.
ist im SoS 2013 gestartet. Eine Abfrage der Selbsteinschätzung von Studierenden im Hinblick auf individuelle mathematische Problemzonen ist in kleinem Umfang im Fragebogen
enthalten.

Befragung von Fachoberschülern: Die Befragung von Fachoberschülern wird ebenfalls vorbereitet. Hier steht die datenschutzrechtliche Prüfung des geplanten Fragebogens
durch das Ministerium für Bildung und Kultur noch aus. Anschließend soll die Befragung
möglichst an allen saarländischen Fachoberschulen durchgeführt werden.

Evaluation der Projekt-Maßnahmen
Diese ist im WS 2013/14 angedacht. Als erste Projekt-Maßnahme wird das Mathe-Café
über die Erfassung im allgemeinen Veranstaltungs-Evaluationsbogen der htw saar hinaus als Einzelmaßnahme – unterstützt durch Projektarbeiten von Master- und Bachelor-
Studierenden – evaluiert. Es wird vermutet, dass gerade die Studierenden mit besonders
großen Lücken die Hilfsangebote relativ wenig nutzen und dass es aufgrund der Heterogenität der Zielgruppe und der Breite des Angebots schwierig sein kann, aus der Evaluation
eindeutige Optimierungsmaßnahmen des Angebotsfächers abzuleiten (vgl. Ergebnisse der
empirischen Untersuchung zur Nutzung fakultativer Lehr-Lern-Angebote an der Uni Kassel; Laging und Voßkamp 2013; Voßkamp und Laging 2014).

16.2.2   Erleichterung des Übergangs von der Schule zur Hochschule

Tagung von Schul- und Hochschullehrern
Dialogtag: Am 31. Januar 2013 fand der erste Dialogtag zum Thema „Mathematik an der
Schnittstelle zwischen Schule und Hochschule" mit großem Erfolg statt. Das an den saar-

ländischen (nicht nur) beruflichen Schulen vorhandene große Interesse an der Thematik konnte aktiviert werden, so dass trotz laufenden Unterrichtsbetriebs landesweit flächendeckend in der Fachoberschule Mathematik-Unterrichtenden die Teilnahme am Dialogtag möglich war. Ebenso konnten bis auf einen erkrankten Kollegen alle in den Studiengängen BW und WI mit mathematischen Schwerpunkten eingesetzten Lehrenden trotz laufenden Vorlesungsbetriebs ihre Teilnahme ermöglichen. In drei Arbeitsgruppen zu den Bereichen „Schule", „zwischen Studium und Schule" und „erste Studienzeit" fand ein intensiver, offener und informativer Austausch zwischen Schul- und Hochschullehrenden statt, der einen wesentlichen Beitrag zum gegenseitigen Verständnis geleistet hat.

Die Teilnehmer begrüßen ausdrücklich den Anstoß einer unterjährigen Zusammenarbeit in Form von Kooperationsmodellen und Arbeitsgruppen. Einige Themen für die Zusammenarbeit wurden bereits konkretisiert und einige Interessierte haben sich bereits zu zusätzlichem Engagement bereit erklärt. Weitere Interessierte an den Schulen sollen für die Mitarbeit begeistert werden; Zielgruppe sind hierbei die in nicht-technischen Fachoberschulklassen Mathematik Unterrichtenden.

Der Dialogtag soll im einjährigen Rhythmus mit folgenden Zielen wiederholt werden: Persönlicher Austausch zwischen Schul- und Hochschul-Lehrenden, Informationen zu den Arbeitsgruppen und Kooperationsmodellen, Blick „über den Tellerrand" auf andere Projekte und aktuelle wissenschaftliche Erkenntnisse mit Relevanz für die Verbesserung der Schnittstellenarbeit. Durch den Dialog werden eine Erhöhung des Schulbezugs und eine stärkere Berücksichtigung der Studierendenvoraussetzungen in den mathematischen Eingangsvorlesungen unterstützt (vgl. für Lehramtsstudiengänge z. B. Filler 2013).

Informieren und Begeisterung wecken
Landesfachkonferenz Mathematik: Auf den Ende August bzw. Anfang September 2013 stattfindenden Landesfachkonferenzen Mathematik werden die aus dem Dialogtag und der anschließenden Diskussion hervorgegangenen Kooperations- und Aufgabenfelder präsentiert und diskutiert. Für die weitere und weitergehende Unterstützung durch die Schulen, v. a. durch die an den Fachoberschulen eingesetzten Lehrkräfte, soll geworben und begeistert werden. Auch über die hochschulspezifische Umsetzung der Schnittstellenarbeit im SoS 2013 wie z. B. das in Niveaustufen gegliederte Vorlesungsangebot und die Studierendenbefragung und deren Ergebnisse wird berichtet. Weitergehend können Projektvertreter auch auf den jeweiligen schulbezogenen Fachkonferenzen Mathematik die Kooperations- und Aufgabenfelder vorstellen.

Begleitung der Schüler im Abschlussjahr durch Hochschullehrer
Zusatzmaßnahmen in der Schulzeit: Über das Projekt Mathe-MAX können in enger Kooperation mit den Schulen Maßnahmen etabliert werden, die bereits während der (Fachober-)Schulzeit von den potenziell Studierenden (und damit von allen Schülern) genutzt werden können, um mangelndes Grundwissen (insbesondere das, das die Schüler aus der Sekundarstufe I (Sek I) mitbringen sollten) auszugleichen, um unterrichtsver-

laufsbedingte Lücken und die systematische Lücke[6] zwischen dem als Vorwissen in den einzelnen Studiengängen z. B. der htw saar erwarteten und den nach Lehrplan behandelten und im Rahmen des Schulunterrichts intensiv behandelbaren Inhalten zu schließen und um das Interesse am Einsatz von Mathematik (inkl. Statistik) zu verstärken.

Ein Beginn der Maßnahmen erst kurz vor Aufnahme des Studiums (dann z. B. in Form von Brückenkursen) ist zu knapp, um ein Gefühl für mathematische Inhalte und in defizitären Bereichen des Grundwissens ein tiefgehendes Verständnis nachentwickeln zu können. Außerdem profitieren von Maßnahmen, die während der Schulzeit stattfinden, auch die Schüler, die später doch nicht bzw. zunächst nicht an der htw saar studieren und sich dem Ausbildungs- und Arbeitsmarkt zur Verfügung stellen.

Unterrichts- und Vorlesungsbesuche: Junge Studierende sollen ihren „guten Draht" zu den Mathe-unlustigen Schülern nutzen und in Unterrichtsbesuchen über ihre Mathematik-Erfahrungen im Studium reflektieren. Schülern erhalten auch außerhalb des Tages der offenen Hörsäle einen thematisch begleiteten Einblick in die Mathematik der Studieneingangsphase. Hochschuldozenten werden Unterrichtsbesuche ebenso wie Lehrern Vorlesungsbesuche zur Förderung des besseren Verständnisses der jeweiligen Problemfelder ermöglicht.

Mathe-Café-Teilnahme: Das Angebot des Mathe-Cafés wurde auch für Fachoberschüler geöffnet. In Abhängigkeit vom Zuspruch der Fachoberschüler muss ggf. über eine Aufstockung der Betreuerzahl bzw. über eine Modifizierung der Besuchszeiten nachgedacht werden.

Schüler-Newsletter: Die Idee, für am Studium interessierte Schüler einen Mathe- und Statistik-Newsletter mit studieneingangsrelevanten, aber auch mit Studiengang-bezogenen Aufgaben einzurichten, wird geprüft. Beispielsweise kann während der Schulzeit alle zwei Wochen ein Newsletter mit Aufgaben erscheinen, die von Studierenden der htw saar konzipiert und rollierend innerhalb eines Hochschuldozenten- und Lehrer-Teams vor Einstellen in den Newsletter geprüft werden.

Gemeinsame Fortbildungen von Schul- und Hochschullehrern
Teilnahme von Lehrern an htw saar-Fortbildungen: Den im Mathe-MAX-Projekt mitarbeitenden Lehrern wird die Teilnahme an entsprechenden Veranstaltungen an der htw saar aus der Reihe hochschuldidaktische Weiterbildung ermöglicht. Zum Beispiel an der *hochschuldidaktischen Fortbildung „Mathematik lernen durch vielfältigen Wissensumgang":* Unter diesem Titel startet in Kooperation mit dem Lehrstuhl für Mathematikdidaktik an der Universität des Saarlandes (UdS), Prof. Dr. Anselm Lambert, und der Arbeitsstelle für Hochschuldidaktik der htw saar ab September 2013 eine Fortbildungsreihe zu verschiedenen Mathematik-didaktischen Themen.

---

[6] Unter „systematische Lücke" werden hier Stoffgebiete subsumiert, die nicht Gegenstand aller FOS-Lehrpläne sind, gleichzeitig aber seitens der Hochschuldozenten als so grundlegend angesehen werden, dass darauf nicht verzichtet werden kann. Im Vorgriff: Die Grundlage für die Ermittlung der systematischen Lücke soll ein Mindestanforderungskatalog darstellen.

Teilnahme von htw saar-Hochschuldozenten an LPM-Veranstaltungen: Ebenso können htw saar-Hochschuldozenten an LPM-Veranstaltungen mit projektnahen Themen wie z. B. Umsetzung der Bildungsstandards teilnehmen.

Zur Verbesserung der Schnittstellenarbeit Schule – Hochschule findet über die Vertretung des Mathe-MAX-Projektes bei zugehörigen LPM-Fortbildungen auch eine Vernetzung mit der Schnittstelle Mittlerer Bildungsabschluss – Fachoberschule statt: An der Auftaktveranstaltung des LPM zur *Verbesserung der Schnittstelle Mittlerer Bildungsabschluss – Fachoberschule* im September 2012 nahm auch ein Mathe-MAX-Vertreter teil.

Der oben angesprochene *Dialogtag zur „Mathematik an der Schnittstelle zwischen Schule und Hochschule"* konnte bereits als gemeinsame Fortbildungs-Veranstaltung von LPM und htw saar durchgeführt werden.

Fortbildungen zur Fachdidaktik Algebra bzw. Analysis: Das LPM bietet hervorgehend aus der LPM-Veranstaltung zur Schnittstelle MBA – FOS für das Schuljahr 2013/14 zwei auf den Fachoberschulbereich zugeschnittene Veranstaltungen an: Arithmetische Probleme erkennen und geeignete Übungsformen anwenden (16.09.13) und Algebraische Probleme erkennen und geeignete Übungsformen anwenden (14.10.13).

Weitere Fortbildungen: Insbesondere soll auch über die Dialogtage hinaus aus Arbeitsgruppen bzw. Kooperationen hervorgehender gemeinsamer Fortbildungsbedarf von Hochschuldozenten und Lehrern durch die Organisation weiterer gemeinsamer Veranstaltungen gedeckt werden.

16.3 Wie geht's weiter?

16.3.1 Mindestanforderungen für den erfolgreichen Studienbeginn formulieren

Mindestanforderungskatalog: Vergleichbar dem in Baden-Württemberg bereits erarbeiteten Mindestanforderungskatalog[7] sollen schulform- und studiengangübergreifend Anforderungen an die Mathematik-Kenntnisse und -Fähigkeiten der Hochschulzugangsberechtigten formuliert und (evtl. durch Beispielaufgaben) erläutert werden, die von einem Studienanfänger mindestens erwartet werden und erwartet werden dürfen.

Diese Mindestanforderungen werden allein schon aufgrund der unterschiedlichen (fachrichtungsbezogenen) Lehrpläne der (Fachober-)Schulen, u. a. aber auch wegen der aufzugreifenden Inhalte und Kompetenzen, die i. A. bereits im Sekundarbereich I erworben werden sollten, keine Abschrift eines Lehrplans bzw. der Beschreibung eines Vorlesungs-Moduls darstellen.

---

[7] Der Mindestanforderungskatalog der cosh-Arbeitsgruppe steht online unter http://www.mathematik-schule-hochschule.de/images/Stellungnahmen/pdf/mak20130201.pdf zur Verfügung. (Zugegriffen: 19.04.2014).

Es geht bei der Formulierung von Mindestanforderungen darum, dass sich alle Beteiligten, also Lehrer und Hochschuldozenten zunächst einmal gemeinsam auf die absolut notwendig erscheinenden Kenntnisse und Fähigkeiten der Hochschulzugangsberechtigten verständigen. Das bedeutet einerseits, dass evtl. Kenntnisse und Fähigkeiten Berücksichtigung finden, die sich so nicht in allen Lehrplänen wiederfinden; andererseits, dass evtl. Kenntnisse und Fähigkeiten, die z. Zt. von den mathematischen Modulen als schulische Voraussetzung betrachtet werden, keine Berücksichtigung finden können.

Da viele der Studierenden an der htw saar ihre Hochschulzugangsberechtigung im Saarland erworben haben, wird die Abstimmung zwischen Schulunterricht und den mathematischen Vorlesungen zu Studienbeginn dadurch wesentlich vereinfacht.

Rückwirkung auf den Studiengang: Für die Vermittlung von Kenntnissen und Fähigkeiten, die im Mindestanforderungskatalog nicht mehr berücksichtigt werden können, aber weiterhin von den mathematischen Modulen gebraucht werden, muss eine geeignete Lösung gefunden werden. Die evtl. auf die Module mit Mathematikbezug durchschlagenden Auswirkungen sind ebenfalls im Auge zu behalten.

Systematische Lücke: Durch den Mindestanforderungskatalog wird eine systematische Lücke erkennbar, da nicht alle in ihm aufgenommenen Kenntnisse und Fähigkeiten in den Schulen zu vermitteln sind. Hier sind geeignete Maßnahmen, z. B. Zusatzmodule, zu finden und in die Schul- bzw. Studienzeit einzupassen (vgl. Untersuchungen und Maßnahmen i. R. der Mathematikausbildung in der Ingenieurfachrichtung an der Hochschule Lausitz, vgl. Wälder und Wälder 2013).

16.3.2 Übergreifende Projekt-Maßnahmen

Ausweitung der Kooperation auf weitere Fakultäten der htw saar
Das Projekt Mathe-MAX soll auf die Fakultäten Architektur und Bauingenieurwesen, Ingenieurwissenschaften und Sozialwissenschaften ausgeweitet werden. Die konkrete Ausgestaltung muss mit den Fachkollegen besprochen werden. Hierzu sind zusätzliche personelle Ressourcen notwendig.

Kooperation mit umliegenden Hochschulen und Schulen
Seitens der FH Trier – Umwelt-Campus Trier wurde eine Anfrage zur Kooperation gestellt. Aufgrund der räumlichen Nähe ist eine Zusammenarbeit prinzipiell sinnvoll, kann aber in der jetzigen Projektphase noch nicht intensiviert werden.

Über die am LPM für die Mathematik in Sek I und II zuständigen Ansprechpartner besteht ein Kontakt zu allgemeinbildenden Schulen; der Kontakt zu den beruflichen Gymnasien wird über Lehrer gepflegt, die sowohl im Unterricht eines beruflichen Gymnasiums als auch im Unterricht einer FOS eingesetzt sind und am Dialogtag teilgenommen haben oder zukünftig im Projekt mitarbeiten.

Literatur

Bandura, A. (1977). Self-Efficacy: Toward a Unifying Theory of Behavioral Change. *Psychological Review, 84*(2), 191–121.

Biehler, R., Hochmuth, R., Klemm, J., Schreiber, S., & Hänze, M. (2012). Fachbezogene Qualifizierung von MathematiktutorInnen – Konzeption und erste Erfahrungen im LIMA-Projekt. In M. Zimmermann, C. Bescherer, & C. Spannage (Hrsg.), *Mathematik lehren in der Hochschule – Didaktische Innovationen für Vorkurse, Übungen und Vorlesungen* (S. 45–56). Hildesheim: Franzbecker.

Blömeke, S. (2013). Der Übergang von der Schule in die Hochschule: Empirische Erkenntnisse zu Problemen und Lösungen für das Fach Mathematik. In A. Hoppenbrock, S. Schreiber, R. Göller, R. Biehler, B. Büchler, R. Hochmuth, et al. (Hrsg.), Mathematik im Übergang Schule/Hochschule und im ersten Studienjahr, Extended Abstracts zur 2. khdm-Arbeitstagung (S. 25–26). http://kobra.bibliothek.uni-kassel.de/handle/urn:nbn:de:hebis:34-2013081343293. Zugegriffen: 19. April 2014

Blum, W., & Wiegand, B. (2000). Vertiefen und Vernetzen – Intelligentes Üben im Mathematikunterricht. In R. Meier (Hrsg.), *Üben & Wiederholen* (S. 106–108). Seelze: Friedrich.

Bruder, R. (2012). Konsequenzen aus den Kompetenzen. In M. Ludwig, & M. Kleine (Hrsg.), *Beiträge zum Mathematikunterricht 2012* (Bd. 1, S. 157–160). Münster: WTM-Verlag.

Dehling, H., Glasmachers, E., Härterich, J., & Hellermann, K. (2010). MP2-Mathe/Plus/Praxis: Neue Ideen für die Servicelehre. MDMV, 18, 252. http://page.math.tu-berlin.de/~mdmv/archive/18/mdmv-18-4-252.pdf. Zugegriffen: 19. April 2014

Eilerts, K., Bescherer, C., & Niederdrenk-Felgner, C. (2011). Arbeitskreis ,HochschulMathematik-Didaktik'. In R. Haug, & L. Holzäpfel (Hrsg.), *Beiträge zum Mathematikunterricht 2011* (Bd. 2, S. 939–942). Münster: WTM-Verlag.

Filler, A., & Hoffkamp, A. (2013). Fachwissenschaft trifft Didaktik – Mathematische Fachausbildung von Lehramtsstudierenden in den ersten Semestern gemeinsam gestalten. In A. Hoppenbrock, S. Schreiber, R. Göller, R. Biehler, B. Büchler, R. Hochmuth, et al. (Hrsg.), Mathematik im Übergang Schule/Hochschule und im ersten Studienjahr, Extended Abstracts zur 2. khdm-Arbeitstagung (S. 47–48). http://kobra.bibliothek.uni-kassel.de/handle/urn:nbn:de:hebis:34-2013081343293. Zugegriffen: 19. April 2014

Fischer, A., Heinze, A., & Wagner, D. (2009). Mathematiklernen in der Schule – Mathematiklernen an der Hochschule: die Schwierigkeiten von Lernenden beim Übergang ins Studium. In A. Heinze, & M. Grüßing (Hrsg.), *Mathematiklernen vom Kindergarten bis zum Studium* (S. 245–264). Münster: Waxmann.

Fischer, P. R., & Biehler, R. (2011). Über die Heterogenität unserer Studienanfänger. Ergebnisse einer empirischen Untersuchung von Teilnehmern mathematischer Vorkurse. In R. Haug, & L. Holzäpfel (Hrsg.), *Beiträge zum Mathematikunterricht 2011* (Bd. 1, S. 255–258). Münster: WTM-Verlag.

Freyn, W., & Weiß, C. (2013). Schulung und Betreuung von Übungsleitern in der mathematischen Grundausbildung. In A. Hoppenbrock, S. Schreiber, R. Göller, R. Biehler, B. Büchler, R. Hochmuth, et al. (Hrsg.), Mathematik im Übergang Schule/Hochschule und im ersten Studienjahr, Extended Abstracts zur 2. khdm-Arbeitstagung (S. 55–56). http://kobra.bibliothek.uni-kassel.de/handle/urn:nbn:de:hebis:34-2013081343293. Zugegriffen: 19. April 2014

Gerrig, R. J., & Zimbardo, P. G. (2008). *Psychologie* (18. Aufl.). S. 414 f.–442 ff.). Hallbergmoos: Verlag Pearson Studium.

Griese, B., & Kallweit, M. (2013). Lernunterstützung in Mathematik – Erfahrung aus der Service-lehre. In A. Hoppenbrock, S. Schreiber, R. Göller, R. Biehler, B. Büchler, R. Hochmuth, et al. (Hrsg.), Mathematik im Übergang Schule/Hochschule und im ersten Studienjahr, Extended Abstracts zur 2. khdm-Arbeitstagung (S. 67–68). http://kobra.bibliothek.uni-kassel.de/handle/urn: nbn:de:hebis:34-2013081343293. Zugegriffen: 19. April 2014

Griese, B., Kallweit, M., & Rösken, B. (2011). Mathematik als Eingangshürde in den Ingenieurwissenschaften. In R. Haug, & L. Holzäpfel (Hrsg.), Beiträge zum Mathematikunterricht 2011 (Bd. 1, S. 319–322). Münster: WTM-Verlag.

Hefendehl-Hebeker, L. (2013). Doppelte Diskontinuität oder die Chance der Brückenschläge. In C. Ableitinger, J. Kramer, & S. Prediger (Hrsg.), Zur doppelten Diskontinuität in der Gymnasiallehrerbildung (S. 1–16). Wiesbaden: Springer-Spektrum.

Henn, H.-W., Bruder, R., Elschenbroich, J., Greefrath, G., Kramer, J., & Pinkernell, G. (2010). Schnittstelle Schule – Hochschule. In A. Lindmeier, & S. Ufer (Hrsg.), Beiträge zum Mathematikunterricht 2010 (Bd. 1, S. 75–82). Münster: WTM-Verlag.

Hilgert, J. (2013). Schwierigkeiten beim Übergang von Schule zu Hochschule im zeitlichen Vergleich. In A. Hoppenbrock, S. Schreiber, R. Göller, R. Biehler, B. Büchler, R. Hochmuth, et al. (Hrsg.), Mathematik im Übergang Schule/Hochschule und im ersten Studienjahr, Extended Abstracts zur 2. khdm-Arbeitstagung (S. 87–88). http://kobra.bibliothek.uni-kassel.de/handle/urn: nbn:de:hebis:34-2013081343293. Zugegriffen: 19. April 2014

Hoppenbrock, A., Schreiber, S., Göller, R., Biehler, R., Büchler, B., Hochmuth, R., et al. (Hrsg.) (2013). Mathematik im Übergang Schule/Hochschule und im ersten Studienjahr, Extended Abstracts zur 2. khdm-Arbeitstagung. http://kobra.bibliothek.uni-kassel.de/handle/urn:nbn:de: hebis:34-2013081343293. Zugriffen: 19. April 2014.

Hußmann, S., Leuders, T., Barzel, B., & Prediger, S. (2011). Kontexte für sinnstiftendes Mathematiklernen (KOSIMA) – ein fachdidaktisches Forschungs-und Entwicklungsprojekt. In R. Haug, & L. Holzäpfel (Hrsg.), Beiträge zum Mathematikunterricht 2011 (Bd. 1, S. 419–422). Münster: WTM-Verlag.

Knospe, H. (2012). Zehn Jahre Eingangstest Mathematik an Fachhochschulen in Nordrhein-Westfalen. Mülheim an der Ruhr: Hochschule Ruhr-West, 10. Workshop Mathematik für Ingenieurwissenschaftliche Studiengänge. http://www.nt.fh-koeln.de/fachgebiete/mathe/knospe/ 10jeingangstest_knospe.pdf. Zugegriffen: 19. April 2014

Krapp, A. (1992). Das Interessenkonstrukt. In A. Krapp, & M. Prenzel (Hrsg.), Interesse, Lernen, Leistung: neuer Ansätze der pädagogisch-psychologischen Interessenforschung (S. 297–329). Münster: Aschendorff.

Krapp, A. (1997). Interesse und intrinsische Lernmotivation. Ein Überblick über neuere Foschungsansätze in der Pädagogischen Psychologie. In H. Mandl (Hrsg.), Wissen und Handeln: Bericht über den 40. Kongress der DGfP (S. 270–277). Göttingen: Hogrefe.

Kultusministerkonferenz (2012). Bildungsstandards im Fach Mathematik für die Allgemeine Hochschulreife (Beschluss der Kultusministerkonferenz vom 18.10.2012). http://www.kmk. org/fileadmin/veroeffentlichungen_beschluesse/2012/2012_10_18-Bildungsstandards-Mathe-Abi.pdf. Zugegriffen: 19. April 2014

Laging, A., & Voßkamp, R. (2013). Wen erreichen Lehr-Lern-Innovationen? Eine empirische Untersuchung zur Nutzung fakultativer Angebote im Bereich der Wirtschaftswissenschaften. In A. Hoppenbrock, S. Schreiber, R. Göller, R. Biehler, B. Büchler, R. Hochmuth, et al. (Hrsg.), Mathematik im Übergang Schule/Hochschule und im ersten Studienjahr, Extended Abstracts

zur 2. khdm-Arbeitstagung (S. 99–100). http://kobra.bibliothek.uni-kassel.de/handle/urn:nbn:
de:hebis:34-2013081343293. Zugegriffen: 19. April 2014

Perels, F. (2011). Selbstreguliertes Lernen (2. Aufl., S. 16 f.). http://www.bildung-und-begabung.de/
download/selbstreguliertes-lernen-broschuere-dez.-2011-hessen. Zugegriffen: 19. April 2014

Püschl, J., Schreiber, S., Biehler, R., & Hochmuth, R. (2013). Wie geben Tutoren Feedback? –
Anforderungen an studentische Korrekturen und Weiterbildungsmaßnahmen im LIMA-Projekt.
In A. Hoppenbrock, S. Schreiber, R. Göller, R. Biehler, B. Büchler, R. Hochmuth, et al. (Hrsg.),
Mathematik im Übergang Schule/Hochschule und im ersten Studienjahr, Extended Abstracts
zur 2. khdm-Arbeitstagung (S. 121–122). http://kobra.bibliothek.uni-kassel.de/handle/urn:nbn:
de:hebis:34-2013081343293. Zugegriffen: 19. April 2014

Roegner, K., Seiler, R., & Heimann, M. (2013). Die MUMIE im Einsatz. In A. Hoppenbrock,
S. Schreiber, R. Göller, R. Biehler, B. Büchler, R. Hochmuth, et al. (Hrsg.), Mathematik im
Übergang Schule/Hochschule und im ersten Studienjahr, Extended Abstracts zur 2. khdm-
Arbeitstagung (S. 134–135). http://kobra.bibliothek.uni-kassel.de/handle/urn:nbn:de:hebis:34-
2013081343293. Zugegriffen: 19. April 2014

Schiefele, U., & Urhahne, D. (2000). Motivationale und volitionale Bedingungen der Studienleistung. In U. Schiefele, & K.-P. Wild (Hrsg.), *Interesse und Lernmotivation. Untersuchungen zu
Entwicklung, Förderung und Wirkung* (S. 183–205). Münster: Waxmann.

Schneider, R., Szczyrba, B., Welbers, U., & Wildt, J. (Hrsg.). (2009). *Wandel der Lehr- und Lernkulturen.* Bielefeld: Bertelsmann.

Schwarzer, R., & Jerusalem, M. (2002). Das Konzept der Selbstwirksamkeit. *Zeitschrift für Pädagogik, 48*(44), 28–53.

Voll, O., & Schäfer, A. (2013). Einstiege in die Mathematik in Lübeck. In A. Hoppenbrock, S.
Schreiber, R. Göller, R. Biehler, B. Büchler, R. Hochmuth, et al. (Hrsg.), Mathematik im
Übergang Schule/Hochschule und im ersten Studienjahr, Extended Abstracts zur 2. khdm-
Arbeitstagung (S. 158–159). http://kobra.bibliothek.uni-kassel.de/handle/urn:nbn:de:hebis:34-
2013081343293. Zugegriffen: 19. April 2014

Voßkamp, R., & Laging, A. (2014). Teilnahmeentscheidungen und Erfolg. Eine Fallstudie zu einem
Vorkurs aus dem Bereich der Wirtschaftswissenschaften. In I. Bausch, R. Biehler, R. Bruder,
P. R. Fischer, R. Hochmuth, & W. Koepf et al. (Hrsg.), *Mathematische Vor- und Brückenkurse:
Konzepte, Probleme und Perspektiven* (S. 67–83). Wiesbaden: Springer Spektrum.

Wälder, O., & Wälder, K. (2013). Wie viel und welche Mathematik braucht ein Ingenieur? In A.
Hoppenbrock, S. Schreiber, R. Göller, R. Biehler, B. Büchler, R. Hochmuth, et al. (Hrsg.), Mathematik im Übergang Schule/Hochschule und im ersten Studienjahr, Extended Abstracts zur
2. khdm-Arbeitstagung (S. 160–161). http://kobra.bibliothek.uni-kassel.de/handle/urn:nbn:de:
hebis:34-2013081343293. Zugegriffen: 19. April 2014

Weber, H. (2012). Mathematikunterricht und Hochschule: Wie hängen sie zusammen? *Mitteilungen
der DMV, 20*(3), 181–185.

Weinhold, C. (2013). Schwierigkeiten von Lernenden beim Übergang ins Studium. In A. Hoppenbrock, S. Schreiber, R. Göller, R. Biehler, B. Büchler, R. Hochmuth, et al. (Hrsg.), Mathematik
im Übergang Schule/Hochschule und im ersten Studienjahr, Extended Abstracts zur 2. khdm-
Arbeitstagung (S. 164–165). http://kobra.bibliothek.uni-kassel.de/handle/urn:nbn:de:hebis:34-
2013081343293. Zugegriffen: 19. April 2014

Wendt, C. (2013). Zentrales Vorkursmodell „MATHE@OVGU". In A. Hoppenbrock, S. Schreiber, R. Göller, R. Biehler, B. Büchler, R. Hochmuth, et al. (Hrsg.), Mathematik im
Übergang Schule/Hochschule und im ersten Studienjahr, Extended Abstracts zur 2. khdm-

Arbeitstagung (S. 166–167). http://kobra.bibliothek.uni-kassel.de/handle/urn:nbn:de:hebis:34-2013081343293. Zugegriffen: 19. April 2014

Wild, E., & Möller, J. (2009). *Pädagogische Psychologie*. Berlin: Springer.

Winkler, K.-H. (2013). Bedingungen und Arrangements für erfolgreiches Lernen im Tutorium. In A. Hoppenbrock, S. Schreiber, R. Göller, R. Biehler, B. Büchler, R. Hochmuth, et al. (Hrsg.), Mathematik im Übergang Schule/Hochschule und im ersten Studienjahr, Extended Abstracts zur 2. khdm-Arbeitstagung (S. 168–169). http://kobra.bibliothek.uni-kassel.de/handle/urn:nbn:de:hebis:34-2013081343293. Zugegriffen: 19. April 2014

Zenker, D., Simon, K., Gros, L., & Daubenfeld, T. (2013). Mehrstufiges virtuelles Mathematik-Training zur Erleichterung des Übergangs Beruf/Schule – Hochschule. In A. Hoppenbrock, S. Schreiber, R. Göller, R. Biehler, B. Büchler, R. Hochmuth, et al. (Hrsg.), Mathematik im Übergang Schule/Hochschule und im ersten Studienjahr, Extended Abstracts zur 2. khdm-Arbeitstagung (S. 174–175). http://kobra.bibliothek.uni-kassel.de/handle/urn:nbn:de:hebis:34-2013081343293. Zugegriffen: 19. April 2014

Zimmermann, M., Bescherer, C., & Spannagel, C. (Hrsg.). (2012). *Mathematik lehren in der Hochschule: Didaktische Innovationen für Vorkurse, Übungen und Vorlesungen*. Hildesheim: Franzbecker.

Outcome-orientierte Neuausrichtung der Hochschullehre für das Fach Mathematik

17

Isabelle Heinisch, Ralf Romeike und Klaus-Peter Eichler

Zusammenfassung

Im vorgestellten Projekt wurde der outcome-orientierte Ansatz des Constructive Alignment für das Fach Mathematik der Lehramtsstudiengänge der Primar- und Sekundarstufe adaptiert. Es werden mögliche Auswirkungen auf die Abbrecherquoten im Fach Mathematik und die Studienzufriedenheit beschrieben. Des Weiteren werden Erfahrungen bei der Umsetzung diskutiert.

17.1 Problemlage und Ziele des Projektes

In der schulischen Bildung hat sich die Verlagerung des Fokus vom Input in Richtung Outcome bereits als eine nachhaltige Methode zur Förderung von Kompetenzen etabliert. Gemäß der aktuellen PISA-Studie haben sich seit 2003 die Leistungen der Schülerinnen und Schüler in allen drei getesteten Bereichen kontinuierlich verbessert (OECD 2013). Für deutsche Hochschulen gilt es, im Zuge des Bologna-Prozesses und nach dem Beschluss des Qualifikationsrahmens für deutsche Hochschulabschlüsse (Kultusministerkonferenz 2005), eine ähnliche Umstrukturierung hin zur Outcome-Orientierung zu vollziehen. In den ländergemeinsamen Strukturvorgaben für Bachelor- und Masterstudiengänge (Kultusministerkonferenz 2010) wird aufgeführt, wie dies zu erreichen ist. Die Modulbeschreibungen sollen neben Inhalten, die zu erreichenden Lernergebnisse und Kompetenzen ausweisen. Des Weiteren sollen unterschiedliche Lehr- und Lernformen zur Anwendung

Isabelle Heinisch ✉ · Klaus-Peter Eichler
Pädagogische Hochschule Schwäbisch Gmünd, Institut für Mathematik und Informatik, Schwäbisch Gmünd, Deutschland
e-mail: I.heinisch@fsmail.net, klaus-peter.eichler@ph-gmuend.de

Ralf Romeike
Universität Erlangen-Nürnberg, Institut für Informatik, Erlangen, Deutschland
e-mail: ralf.romeike@fau.de

© Springer Fachmedien Wiesbaden 2016   261
A. Hoppenbrock et al. (Hrsg.), *Lehren und Lernen von Mathematik in der Studieneingangsphase*, Konzepte und Studien zur Hochschuldidaktik und Lehrerbildung Mathematik, DOI 10.1007/978-3-658-10261-6_17

kommen. Trotz dieser Vorgaben und Empfehlungen existieren in Deutschland gemäß Schaper et al. (2012, S. 50) bisher „keine durchgängigen universitätsweit realisierten Umsetzungsmodelle" zur Kompetenzorientierung an deutschen Hochschulen. Viele Hochschullehrveranstaltungen gliedern sich nach wie vor in erster Linie anhand ihrer Inhalte und mit nur geringer Transparenz dessen, welche Kompetenzen von den Studierenden tatsächlich gefordert werden. Stattdessen wird in der Regel dargestellt, welche Inhalte in der Lehrveranstaltung „behandelt" werden. Ursachen dafür liegen zum einen in Unsicherheiten beim Formulieren von Lernergebnissen und Kompetenzen aufgrund vielfältiger Verwendung des Kompetenzbegriffes (ECVET 2011; Lind 2013). Hinzu kommt, dass es nur wenige hochschultaugliche Modelle, wie z. B. Constructive Alignment (Biggs und Tang 2011), zur praktischen Umsetzung einer kompetenzorientierten Hochschullehre gibt. Das nach wie vor häufig bestehende, inhaltsorientierte Lehren steht nicht nur im Widerspruch zu den Forderungen moderner Bildungspolitik, es erschwert vor allem auch den Übergang von Schule zu Hochschule beträchtlich.

Für zukünftige Lehrerinnen und Lehrer bedeutet dies eine doppelte Paradoxie. Nach der oben erwähnten Umstellung vom schulischen auf hochschulisches Lernen sollen sie dann in ihrer späteren Tätigkeit eben nicht wieder einseitig erlernte Unterrichtsinhalte verplanen, sondern outcome-orientiert die zu erwerbenden Kompetenzen kennzeichnen und auf dieser Grundlage Lernprozesse gestalten. Die Chance, anhand eigener Lernerfahrungen im Studium ein Verständnis für die Outcome-Orientierung zu erwerben, wird dabei nicht genutzt. Brabrand und Dahl (2009) verdeutlichen das Problem prägnant:

> Course descriptions are often lists of topic areas the students have to „learn about", but is „to learn (to do)" the same as „to learn about"? Take for instance cooking. To „learn to cook" is rather different than to „learn about cooking" (S. 532).

Unsere Erfahrungen aus Unterrichtspraktika und aus didaktischen Lehrveranstaltungen zeigen, dass viele Studierende bei der Entscheidung dieser Frage für ihren eigenen Unterricht Defizite besitzen. Bei der Kennzeichnung der intendierten Kompetenzen wird Outcome-Orientierung regelmäßig als Angabe „anders formulierter Lernziele" missverstanden. Wir erwarten, dass die Fähigkeit von Lehramtsstudierenden zur Outcome-Orientierung ihres eigenen Unterrichtes deutlich verbessert wird, wenn sie bereits in eigenen Lernprozessen erleben, wie das Outcome ins Zentrum gestellt wird und wie die zu erwerbenden Kompetenzen transparent gemacht werden.

Ausgehend von dieser Problemlage wurde an der Pädagogischen Hochschule Schwäbisch Gmünd für Lehramtsstudierende der Primar- und Sekundarstufe I das Projekt KOALA (Kompetenz- und Outcome-orientierte Anlage der LehramtsAusbildung) etabliert, mit dem derzeit eine outcome-orientierte Lehre konzipiert, umgesetzt und evaluiert wird. Dieses Projekt hat folgende Ziele:

Erarbeiten von praktikablen Möglichkeiten zur Gestaltung einer kompetenzorientierten Hochschullehre.

Erkunden von Möglichkeiten, mit der Kompetenzorientierung der Hochschullehre zugleich den Übergang von der Schule zur Hochschule zu erleichtern.

Verbesserung der Transparenz der zu erwerbenden Lernergebnisse und Kompetenzen, sodass die Studierenden zu jedem Zeitpunkt ihres Studiums die von ihnen erwarteten Lernergebnisse erfassen und permanent selbst prüfen können, inwieweit sie diese Lernergebnisse erreicht haben.

Schließlich soll mit qualitativen und quantitativen Methoden evaluiert werden, ob die Theorie des Constructive Alignment (Biggs und Tang 2011) in der Praxis tatsächlich eine Verbesserung von Studienqualität und Studienzufriedenheit mit sich bringt.

17.2 Projektgliederung und Vorgehensweise

Das Projekt gliedert sich in drei Phasen (Abb. 17.1). In der bereits abgeschlossenen Phase 1 wurden die Rahmenbedingungen festgelegt, Messparameter bestimmt und Anforderungen an Lernergebnis- und Kompetenzformulierungen erarbeitet. In der laufenden Phase 2 wurden und werden Lehrveranstaltungen am Institut für Mathematik nach dem Prinzip des Constructive Alignment (Biggs und Tang 2011) optimiert und die definierten Messparameter jeweils am Semesterende erhoben. Die Optimierung findet in einem iterativen Prozess statt. Im ersten Projektjahr (WS 11/12 und SoSe 12) wurden alle Veranstaltungen der Module 1, im zweiten Projektjahr (WS 12/13 und SoSe 13) alle Veranstaltungen der Module 2 umgestellt. Die Umstellung der Veranstaltungen der Module 3 (ab

Abb. 17.1 Vorgehensmodell für das Projekt KOALA

WS 13/14) und ein Transfer der Ergebnisse auf andere Fächer in der letzten Phase stehen noch aus.

Die Theorie des Constructive Alignment (Biggs und Tang 2011) ist dabei eine aus unserer Sicht für die Hochschullehre geeignete theoretische Basis für die erfolgreiche Umstellung der Lehrveranstaltungen. Im Gegensatz zur internationalen Hochschullehre wird dieses Modell bisher in Deutschland kaum eingesetzt (vgl. Schaper et al. 2012). Biggs stellt jedoch dar, wie zentrale Elemente der Lehre und Prüfungen konsequent auf die Lernergebnisse abgestimmt werden können, um damit eine Outcome-Orientierung zu erreichen.

Um die Lehrveranstaltungen gemäß Constructive Alignment zu gestalten, wurden zunächst sogenannte „beobachtbare Lernergebnisse" (Heinisch und Romeike 2012) sowohl für die einzelnen Lehrveranstaltungen als auch für die Modulbeschreibungen formuliert und transparent zur Verfügung gestellt. Die Lerntiefe wird dabei mithilfe der SOLO-Taxonomie (structure of observed learning outcome) (Biggs und Tang 2011) festgelegt. In einem nächsten Schritt wurden verschiedene, auf die beobachtbaren Lernergebnisse ausgerichteten, lernerzentrierten Lernaktivitäten implementiert, die den Lernprozess hin zum erwartenden Lernergebnis initiieren und verfestigen. Bei den Lernaktivitäten, die am Institut für Mathematik stattfinden bzw. geplant sind, handelt es sich um tutorengeleitete Übungen, MatBoj (Klimova 2012), „Inverted Classroom" (Spannagel 2012) und „Peer Instruction" (Crouch und Mazur 2001). Passend dazu wurden die Prüfungen der Module auf die beobachtbaren Lernergebnisse ausgerichtet. Dabei spiegeln die Prüfungsaufgaben die in den Lernergebnissen ausgewiesenen Lerntiefen wider. Eine kontinuierliche Reflexion und Optimierung der Lernergebnisse und Lernaktivitäten erfolgt durch regelmäßige interne Workshops, Leitfäden und Rücksprache mit der Projektleitung.

17.3 Qualitätsmessung

Zur Qualitätsmessung wurden nachstehende Daten erhoben. Eine Veränderung der angegebenen Parameter mit Beginn des Projekts im WS 11/12 gegenüber den Werten vor Projektbeginn soll Aufschluss über einen möglichen Zusammenhang zwischen einer outcome-orientierten Lehre und den Studienleistungen geben.

- Die beobachtbaren Lernergebnisse wurden von den Lehrenden vor Semesterbeginn formuliert und von der Projektleitung überprüft. Jede Lernergebnisformulierung beginnt mit einem aktiven Verb, welches eine beobachtbare Tätigkeit ausweist. Die Verben werden gemäß der SOLO-Taxonomie geprüft und das entsprechende SOLO-Niveau entsprechend bestimmt. Es folgen das Objekt des Verbs und der Kontext. Mehrere Inhalte können hierbei oft zu einem übergeordneten Kontext zusammengefasst werden. Die Lernergebnisse wurden entweder zu Beginn des Semesters auf der Lernplattform StudIP unter der jeweiligen Veranstaltung gelistet, auf den wöchentlichen Übungsblättern ausgewiesen oder waren Bestandteil von Präsentationsfolien.

- Die lernerzentrierten Lernaktivitäten wurden von den Lehrenden jedes Semester individuell ausgewählt und auf die beobachtbaren Lernergebnisse abgestimmt. Sie kamen entweder wöchentlich (tutorengeleitete Übungen, Inverted Classroom) oder nur punktuell zum Einsatz (Matboj, Peer Instruction). Die Aktivitäten sind detailliert im Ergebnisteil beschrieben. Die Lernaktivitäten wurden durch die Projektleitung in Einzelschulungen etabliert oder von den Lehrenden selbst erarbeitet.

- Die Quote der Studierenden, die Mathematik als Fach (alle Fachkombinationen, also Haupt- Neben- oder affines Fach) abgewählt oder das Studium gänzlich abgebrochen hatten, wurde bis zum WS 08/09 zurückverfolgt. Dabei wurden zunächst die absoluten Studierendenzahlen im ersten Fachsemester der Mathematik nach Primar- und Sekundarstufe getrennt erfasst. Eine Ermittlung der immatrikulierten Studierenden im Fach Mathematik erfolgte jeweils nach dem ersten, dritten und fünften Fachsemester. Die daraus resultierende Differenz wurde in Prozent der immatrikulierten Erstsemester dargestellt, um ein Schwanken der Studierendenzahl auszugleichen. Warum der Studiengang aufgegeben wurde oder ob gleichzeitig ein Studiengangwechsel stattfand, konnte dabei nicht ermittelt werden. Die durchschnittliche Studiendauer betrug ungefähr sieben Semester.

- Im Fach Mathematik wurden seit dem WS 10/11 der Mittelwerte der Noten bestandener Prüfungen einzelner Module und der Anteil der nicht bestandenen Prüfungen je Modul in Prozent ermittelt und über die Dauer des Projekts analysiert. Um eine etwaige signifikante Veränderung der Notendurchschnitte über die Zeit festzustellen, wurden die Mittelwerte mit einem zweiseitigen T-Test für unverbundene Stichproben verglichen. Das Signifikanzniveau betrug dabei 0,5 %.

- Es wurde ein Fragebogen zur Qualitätsmessung des durchgeführten Constructive Alignment in Mathematik erstellt. Der Fragebogen wurde mithilfe einer explorativen Faktorenanalyse auf zwei Faktoren reduziert. Dabei wurden insgesamt 630 Bögen mit 29 Items in die Berechnung einbezogen. Der Kaiser-Meyer-Olkin Wert betrug $> 0{,}9$. Bei einem anti-Image Kovarianz-Wert $< 0{,}6$ erfolgte ein Ausschluss des Items. Es folgte eine Hauptkomponentenanalyse mit Oblimin-Rotation. Werte $< 0{,}3$ wurden ausgeschlossen. Anhand des Scree-blots wurden danach zwei Faktoren identifiziert. Die Cronbach-α Werte beider Faktoren betrugen $> 0{,}7$ weswegen eine interne Konsistenz der Items angenommen wurde. Entsprechend der Ergebnisse wurden die Konstrukte „Zufriedenheit mit den Lehrveranstaltungen" (14 Items) und „Selbsteinschätzung zu intendierten Lernergebnissen" (7 Items) gebildet. Die Items wurden auf das Vorliegen einer Normalverteilung überprüft. Alle Items eines Konstrukts wurden zusammengefasst und anschließend zur Bestimmung von signifikanten Veränderungen über den Verlauf des Projektes mit dem T-Test für unverbundene Stichproben untersucht. Die Fragebögen wurden seit dem WS 11/12 jedes Semester zwei bis drei Wochen vor Vorlesungsende in den Veranstaltungen ausgeteilt und von der Projektleitung direkt vor Ort eingesammelt. Die Rücklaufquote betrug deswegen über 95 %. Tabelle 17.1 gibt die Anzahl der evaluierten Bögen pro Semester wieder.

Tab. 17.1 Anzahl der evaluierten Bögen pro Semester

Semester	WS 11/12	SoSe 12	WS 12/13	SoSe 13	WS 13/14
Evaluierte Bögen	296	333	447	373	301

17.4 Ergebnisse

17.4.1 Lernerzentrierte Formulierungen von beobachtbaren Tätigkeiten

Die Anforderungen an Lernergebnisformulierungen und ihre Abgrenzung zu Kompetenz-formulierungen und Lernzielen haben wir kürzlich ausführlich dargestellt (Heinisch und Romeike 2012). Es sollen deswegen hier nur einige „gute Beispiele" von Formulierungen für beobachtbare Tätigkeiten für das Fach Mathematik, welche im Zuge des Projekts entstanden sind, aufgeführt werden.

Die Studierenden

- setzen die algebraischen Fachtermini (algebraische Struktur, Gruppe, Ring, Integritätsbereiche, Körper, Vektorraum) adäquat ein, um mathematische Sachverhalte zu beschreiben und zu erklären.
- stellen fachmathematische Wege zur Gewinnung der Zahlbereiche (N, Z, Q und R) dar und leiten daraus didaktische Konsequenzen ab.
- vernetzen mathematische Teilgebiete wie etwa lineare Algebra und Geometrie.
- identifizieren typische Schülerschwierigkeiten im Umgang mit arithmetischen bzw. algebraischen Inhalten und entwickeln präventive Maßnahmen zur Fehlervermeidung.
- konzipieren Unterrichtsskizzen zur Einführung eines neuen mathematischen Inhalts (Multiplikation negativer Zahlen, Lösen von Gleichungen, Potenzgesetze, Funktionen, Quadratwurzel,...) und bewerten dazu vorliegende Schulbuchseiten nach didaktischen Kriterien.

Den Lernergebnisformulierungen kommt bei einer outcome-orientierten Lehre eine zentrale Bedeutung zu. Sie ermöglichen eine erhöhte Transparenz für die Studierenden als auch für die Dozenten. Den Studierenden werden diese Formulierungen zu Beginn der Veranstaltung zur Verfügung gestellt und es wird in den Veranstaltungen darauf Bezug genommen. Jeder Studierende hat somit die Möglichkeit, selbstverantwortlich während des Semesters zu überprüfen, ob er die beobachtbaren Tätigkeiten ausführen kann, bzw. ob Nachholbedarf besteht. Für die Lehrenden stellen sie ein effektives Mittel zur Reflexion dar. Wozu werden manche Inhalte gelehrt? Welches Niveau soll erreicht werden?

17.4.2 Lernaktivitäten

In einem nächsten Schritt wurden auf die Lernergebnisformulierungen ausgerichtete lernerzentrierte Lehr-/Lernaktivitäten ausgewählt. Diese sollen den „Shift from teaching to learning" (vgl. CRE/UNESCO-CEPES 1997) bewirken. Konkret bedeutet dies, dass die Studierenden mehr Zeit im Unterricht oder zu Hause damit verbringen sollen, sich aktiv mit der Mathematik zu beschäftigen. Gemäß Constructive Alignment führt die aktive Auseinandersetzung mit einer Thematik zu einem tieferen Verständnis gegenüber rein reproduziertem Wissen. Die erwünschte Verständnistiefe wird dabei mit der SOLO-Taxonomie angegeben. Dabei war es uns im Projekt wichtig, dass dieser Prozess nicht zulasten der Inhalte geschieht. Im Fach wurden verschiedene Ansatzpunkte diskutiert und auf Praktikabilität bzgl. der Lehrveranstaltungsformate und der Vereinbarkeit mit der Spezifik des Faches Mathematik gewählt. Folgende Lernaktivitäten kamen und kommen zum Einsatz:

- Tutorengeleitete Übungen fanden wöchentlich statt. Die Tutoren wurden in der Verwendung der SOLO-Taxonomie geschult und vor jeder Übung wurde ihnen der Bezug zu den ausgewiesenen Lernergebnissen erläutert. Die Tutoren hatten eine moderierende Funktion. Die Übungsaufgaben wurden generell von den Studierenden *präsentiert* und *erklärt*. Hierbei kamen vor allem die SOLO-Stufen 2 und 3 zur Anwendung. Die Studierenden *wiederholten* hierbei das Lösen einer Klasse von Aufgaben und *erklärten* diese ihren Kommilitonen.
- MatBoj (Klimova 2012) ist ein Teamwettbewerb zur Lösung von mathematisch anspruchsvollen Aufgaben, bei dem zwei Mannschaften gegeneinander antreten. Beide Teams bearbeiten innerhalb einer vorgegebenen Zeit die gleichen Aufgaben. Eingesetzt werden nur solche Aufgaben, deren Lösungen nicht im Internet zu finden sind. In der Präsentationsphase trafen die Mannschaften im Wettbewerb aufeinander. Abwechselnd präsentieren Vertreter beider Mannschaften Lösungsweg und Lösung einer Aufgabe. Vertreter der gegnerischen Mannschaft fungieren als Kritiker, welche die präsentierte Lösung und den Lösungsweg auf Richtigkeit und Vollständigkeit analysieren, bewerten und gegebenenfalls korrigieren. In der abschließenden Bewertungsphase werden die Leistungen beider Teams für jede Aufgabe von dem Lehrenden bewertet. Punkte gibt es sowohl für den formal korrekten Lösungsweg als auch für die Qualität der Kritik der gegnerischen Mannschaft. Bei der Durchführung von Matboj wurden zahlreiche beobachtbare Tätigkeiten zugleich ausgeführt. Die Studierenden *lösten komplexe mathematische Aufgaben*, welche mehrere *Teilgebiete der Mathematik vernetzten*. Anschließend wurden die Aufgaben in einer mathematisch *formal korrekten Sprache mit unterschiedlichen Beweistechniken präsentiert*. Punkte wurden dabei hauptsächlich für die Lösungswege vergeben und nicht nur für das Endergebnis. Die Studierenden mussten *Teamfähigkeit demonstrieren*. Dabei muss jedes Mitglied des Teams eine Aufgabe *präsentieren* und eine Aufgabe der generischen Mannschaft *kritisieren*. Schließlich mussten die *Lösungswege und damit auch Denkweisen nachvollzogen werden* und dies in einem konstruktiven *Feedback erläutert* werden. Es handelte sich hierbei vor allem um die SOLO-Stufen 3–5. Matboj findet aufgrund der Komplexität nur ein- bis zweimal innerhalb eines Semesters statt und wird außerdem im Zuge von Projekten angeboten.
- Inverted Classroom (Spannagel 2012) bezeichnet eine Lehrmethode, bei der die Lerninhalte eines Semesters von den Studierenden zu Hause anhand eines zuvor erstellten

Lehrveranstaltungsvideos *selbstständig erarbeitet* werden. Der Übungsteil wird dagegen in die Präsenszeit verlagert. Den Lehrenden kommt die Aufgabe eines Moderators zu. Sie weisen auf Schwierigkeiten der Aufgaben hin und erklären weiterführende Sachverhalte. Dies entspricht den SOLO-Niveaus 3–5.

- Beim Peer Instruction (Crouch und Mazur 2001) wird ein Themengebiet in 10–15-minütigem Vorlesungsstil vom Lehrenden präsentiert. Anschließend wird unter Verwendung eines Hochschulabstimmungssystems eine Verständnisfrage gestellt, welche die Studierenden nach kurzer Diskussionszeit beantworten. Die Auswertung der Abstimmung wird anschließend als Folie gezeigt. Bei einer Fehlerquote von über 30 % kommt es zu einer erneuten Diskussionsrunde unter den Studierenden, bei der sie sich in einer erweiterten Runde die Lösungen erklären sollen. Diese Art der beobachtbaren Tätigkeit kommt vor allem in Lehrveranstaltungen mit mehr als 100 Studierenden zum Einsatz.

17.4.3 Abbrecherquote im Fach Mathematik

Das Studienfach Mathematik ist durch eine hohe Studienabbrecherquote gekennzeichnet (Heublein et al. 2012). Dasselbe Phänomen ist auch beim Lehramtsstudiengang der Primarstufe im Fach Mathematik an der Pädagogischen Hochschule Schwäbisch Gmünd zu beobachten. Wir gehen davon aus, dass sowohl eine Verbesserung der Lehre durch outcome-orientierte lernerzentrierte Lehransätze als auch eine Verbesserung der Transparenz der zu erreichenden Lernergebnisse zu einem tieferen Verständnis der Thematik bei den Studierenden führen. Dies wiederum sollte einen Effekt auf die Abbrecherquote im Fach haben, da weniger Studierende ihr Studium wegen nicht bestandener Prüfungen aufgeben müssen. Tatsächlich sank die Abbrecherquote in Mathematik im Studium der Primarstufe deutlich. Betrug die Abbrecherquote nach dem ersten Semester vor Projekteinführung im Mittel 25 %, sank diese seit Projektbeginn zum WS 11/12 auf durchschnittlich 18 % (Abb. 17.2). Nach dem dritten Semester betrug die Abbrecherquote vor Projektbeginn 41 % und nach Projektbeginn im Mittel 19 %, wobei zu berücksichtigen ist, dass der letzte Wert sich bisher aus nur zwei Datenpunkten zusammensetzt. Die Anzahl der ersten Fachsemester in Mathematik sind in Klammern angegeben.

Mit der Änderung der Prüfungsordnung zum WS 11/12 änderte sich die Einteilung in der Sekundarstufe. Vor Projektbeginn wurde in Lehramt für Hauptschule und Realschule unterschieden. Zum WS 11/12 werden die Studierendenzahlen nur noch für die Sekundarstufe als solche erfasst. Ein direkter Vergleich der Abbrecherquote im Fach Mathematik der Sekundarstufe ist somit nicht möglich. Die dargestellten Werte WS 08/09 bis WS 10/11 sollen in der Abbildung nur als Richtwerte dienen, die den Stand vor Projektbeginn anzeigen. Bei den Lehramtsstudierenden für Realschule war im Fach Mathematik vor Projektbeginn ein Zulauf von Studierenden zu verzeichnen (bis zu 4 Studierende pro Semester bei bis zu 70 Studierenden). Hier gab es nach dem ersten und teilweise nach dem fünften Semester mehr Studierende als im ersten Fachsemester (Abb. 17.3). Im Diagramm

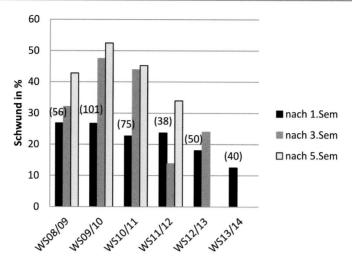

Abb. 17.2 Abbrecherquote in Mathematik der Lehramtsstudierenden der Primarstufe nach dem 1., 3. und 5. Semester. Dargestellt ist der Schwund der Studierenden in Prozent bezogen auf die Anzahl der im jeweiligen WS als erstes Fachsemester immatrikulierten Studierenden. Die mittlere Studiendauer betrug 7 Semester. Angaben der immatrikulierten Erstsemester als absolute Zahlen in Klammern

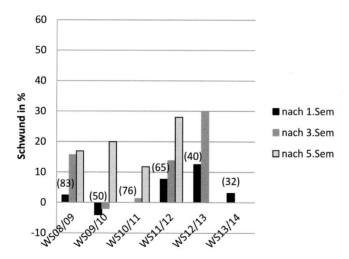

Abb. 17.3 Abbrecherquote im Fach Mathematik der Lehramtsstudierenden für Sekundarstufe nach dem 1., 3. und 5. Semester. Dargestellt ist der Schwund der Studierenden in Prozent bezogen auf die Anzahl der im jeweiligen WS als erstes Fachsemester immatrikulierten Studierenden. Die mittlere Studiendauer betrug 7 Semester. Angaben der immatrikulierten Erstsemester als absolute Zahlen in Klammern

als negativer Schwund zu sehen. Eine Durchsicht der Zahlen der Studiengangwechsler zeigte, dass einige der Studierenden von Lehramt für Hauptschule auf Lehramt für Realschule wechselten und somit den negativen Schwund im Lehramt für Realschule erklärt. Nach Projektbeginn beträgt die Abbrecherquote für die Lehramtsstudierenden der Sekundarstufe nach dem ersten Semester im Mittel 8 % und ist damit deutlich niedriger als die Abbrecherquote der Primarstufe (Abb. 17.2). Nach dem 3. Semester beträgt sie momentan bei zwei Datenpunkten 22 %. Die Anzahl der ersten Fachsemester ist in Klammern angegeben.

17.4.4 Notendurchschnitt und Quote der nichtbestandenen Modulprüfungen

Zur Berechnung der Notendurchschnitte wurden nur die Noten der bestandenen Prüfungen herangezogen und eine separate Berechnung der Durchfallquote durchgeführt (Abb. 17.4 und 17.5). Seit dem WS 11/12 gibt es für die Lehramtsstudiengänge eine neue Prüfungsordnung, sodass ein direkter Vergleich der Noten vor und nach Projektbeginn nicht möglich ist. Zudem wurden bis einschließlich des WS 13/14 durch die Umstellung der Lehrveranstaltungen auf Constructive Alignment keine signifikanten Veränderungen der Modulnotendurchschnitte erzielt, weswegen die Ergebnisse hier nicht dargestellt werden.

Bei der Berechnung der Durchfallquoten der Modulprüfungen zeigte sich, dass diese bei drei von vier Modulprüfungen (M1, M2 Primarstufe und M2 Sekundarstufe) teilweise deutlich geringere Werte aufwiesen als vor Projekteinführung (AZ und TP2) (Abb. 17.4 und 17.5). Die jeweiligen Teilnehmerzahlen der einzelnen Prüfungen sind in Klammern angegeben. Es ist jedoch auch hier zu berücksichtigen, dass sich die Prüfungsordnung mit dem WS 11/12 geändert hat. Dies betrifft einerseits den Studiengang Lehramt für Hauptschule, welcher vor Projektbeginn mit dem Lehramt für Grundschule zusammengefasst wurde, nach Projektbeginn jedoch zum Lehramt für Sekundarstufe zugeordnet wurde. Entsprechend erfolgte die Einteilung der Prüfungen. Der inhaltliche Umfang der AZ- und M1-Prüfungen ist vergleichbar, der inhaltliche Umfang der TP2- und M2-Prüfungen hin-

Abb. 17.4 Durchfallquote der Lehramtsstudierenden für Grund- und Hauptschule (WS 08/09–WS 10/11; AZ, TP2) bzw. Primarstufe (ab dem WS 11/12, M1, M2). Angabe der Teilnehmerzahlen der einzelnen Prüfungen jeweils in Klammern

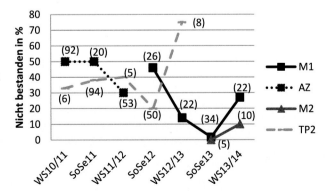

Abb. 17.5 Durchfallquote der Lehramtsstudierenden für Sekundarstufe. Angabe der Teilnehmerzahlen der einzelnen Prüfungen jeweils in Klammern

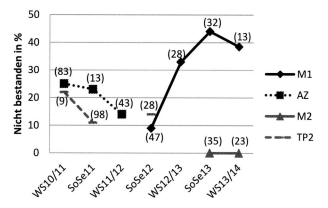

Tab. 17.2 Anzahl der evaluierten Bögen der in Tab. 17.3 dargestellten Veranstaltungen

Vorher	10	5	82	134	77	56	33
Nachher	15	5	46	75	66	16	18

gegen nicht. Die dargestellten Werte der AZ- und TP2-Prüfungen sollen deshalb hier nur als Richtwerte dienen, die den Stand der Durchfallquote vor Projektbeginn angeben.

Die deutliche Verschlechterung der Durchfallquote der Modul-1-Prüfungen (M1 neue PO) beim Lehramtsstudiengang für Sekundarstufe kann bisher nicht erklärt werden. Die Gründe hierfür werden momentan noch untersucht. Auffällig ist, dass bei den M2-Prüfungen von Primar- und Sekundarstufe die Quote der nicht bestandenen Prüfungen in drei von vier Fällen auf null sinkt.

17.4.5 Studienzufriedenheit und Selbsteinschätzung

Um den Effekt einer outcome-orientierten Lehre auf die Studienzufriedenheit zu messen, wurden Veranstaltungen mit gleichen Dozenten vor der Umstellung und nach der Umstellung auf Lernergebnistransparenz und lernerzentrierte Lernaktivitäten evaluiert. Bei fünf von sieben Lehrveranstaltungen diesen Typus verbesserte sich die Zufriedenheit mit der Veranstaltung signifikant (Tab. 17.3). Bei den Lehrveranstaltungen, die sich verbesserten, wurden die Lernaktivitäten wöchentlich ausgeübt. Tabelle 17.2 zeigt die Anzahl der evaluierten Bögen. Die Selbsteinschätzung bezüglich vordefinierter Lernergebnisse veränderte sich dagegen nicht (nicht dargestellt).

17.5 Diskussion

Zur Qualitätsmessung der durchgeführten Outcome-Orientierung wurden oben angegebene Parameter ermittelt. Leider wurde mit dem Start des Projekts im WS 11/12 gleichzeitig auch die neue Prüfungsordnung eingeführt. Damit wurden die Prüfungsmodalitäten

Tab. 17.3 Mittelwerte und Standardabweichung der Zufriedenheit der Studieren den mit einzelnen Lehrveranstaltungen vor und nach Umstellung auf Constructive Alignment. Ein Signifikanzniveau von 0,5 % wird mit *, ein Niveau von 0,1 % mit *** gekennzeichnet

Veranstaltungs-Nr.	MW vorher	MW nachher	Standardabw. vorher	Standardabw. nachher	Signifikant besser
1	2,1	1,9	1	0,9	***
2	2,2	2,1	1	0,73	*
3	2,7	2,5	1,1	0,9	***
4	2,25	2,1	0,9	1	*
5	1,8	1,7	0,8	0,8	*
6	1,8	2,2	0,8	0,9	
7	2,4	2,5	0,9	0,9	

und -anforderungen verändert und es erfolgte eine modifizierte Aufteilung der Lehramtsstudiengänge in Lehramt für Primarstufe und Sekundarstufe. Die erhobenen Daten vor Projektstart können somit nur als Richtwerte dienen, die den Stand vor Projektbeginn wiedergeben. Ob die gezeigten Verbesserungen der Durchfallquoten bei drei von vier Modulprüfungen und der Abbrecherquote in Mathematik in der Primarstufe tatsächlich auf die Outcome-Orientierung zurückzuführen sind, kann damit nicht behauptet werden. Auch ist die wissenschaftliche Begleitung des vorgestellten Projekts auf drei Jahre begrenzt, sodass keine Langzeitstudie daraus entwickelt werden kann.

Wie auch in der Literatur (Dörge 2010; Schermutzki 2007) wurde im Zuge des Projekts viel Zeit in eine Diskussion der theoretischen Begriffsklärung der Lernergebnisse investiert. Dies lenkt jedoch von der praktischen Umsetzung ab, bei der die eigentlichen Schwierigkeiten erst auftreten. Für das Fach Mathematik hat sich gezeigt, dass jedes einzelne Lernergebnis auf sein intendiertes Niveau überprüft werden muss. „Lösen von Gleichungen" oder „beweisen von mathematischen Sätzen" kann sowohl auf SOLO 2- als auch auf SOLO 5-Niveau durchgeführt werden. Deswegen ist von einer starren Klassifizierung der Verben abzuraten. Vielmehr wurden bei KOALA die einzelnen Lernergebnisformulierungen auf ihr intendiertes Niveau überprüft und dieses separat angegeben.

Die Ergebnisse weisen darauf hin, dass eine erhöhte Transparenz in Form von ausgewiesenen Lernergebnisformulierungen die Fächer- bzw. Studiengangswahl beim Übergang von Schule zu Hochschule erleichtern könnte. Denn obwohl sich die Ergebnisse der Modulnoten seit Beginn der Projektdurchführung nicht signifikant verändert haben, verbesserte sich die Durchfallquote bei drei von vier Modulprüfungen. Gleichzeitig sank die Abbrecherquote in Mathematik im Lehramt für Primarstufe. Hier müssen die Studierenden zwischen Mathematik und Deutsch als Pflicht-Hauptfach wählen. Studierende des Lehramts für Sekundarstufe haben dagegen freie Hauptfachwahl. Dieser Unterschied bei der Fachwahl, ob Wahl- oder Pflicht-Fach, wirkt sich anscheinend sowohl auf die Abbrecher- als auch auf die Durchfallquote aus. Vermutlich haben bisher viele Studierende des Lehramts Primarstufe das Fach Mathematik leichtfertig in dem Glauben gewählt, dass sie die für die Grundschule notwendige Mathematik sicher beherrschen. Die konsequente

Transparenz der erwarteten Lernergebnisse von der Vorbereitungswoche an und in den Beschreibungen der konkreten Veranstaltungen auf der Lernplattform führte vermutlich zu einem Umdenken bei den Studierenden und zu einer realistischeren Einschätzung bzgl. der Erwartungen des Faches Mathematik. Die Transparenz der intendierten Lernergebnisse eines Studienfaches hilft den Studierenden damit eventuell Zeit zu sparen, da sie gleich zu Beginn des Studiums die richtige Fachwahl treffen können und nicht nach einem Jahr wegen nicht bestandener Prüfungen entmutigt aufgeben müssen.

Diese Vermutung wird auch durch die Quote der nicht bestandenen Prüfungen in den Modul-2-Prüfungen beider Lehramtsstudiengänge unterstützt. Bei drei der vier bisher stattgefundenen Modul-2-Prüfungen haben alle teilnehmenden Studierenden bestanden. Es könnte sein, dass die erhöhte Transparenz mittlerweile dazu geführt hat, dass die Studierenden Mathematik hauptsächlich dann wählen, wenn ein Interesse dafür besteht. Ist die Hürde der Modul-1-Prüfung genommen, werden in der Regel auch die nachfolgenden Modulprüfungen bestanden. Einen weiteren positiven Effekt auf die Durchfallquote dürften die eingeführten Lernaktivitäten haben. Durch die Ausführung der beobachtbaren Tätigkeiten und die Einführung des Pflicht-Übungsscheins der tutorengeleiteten Übungen verbringen die Studierenden mehr Zeit, sich aktiv mit der Mathematik zu beschäftigen.

Der Anstieg der Abbrecherquote für Sekundarstufe ist durch die Umstellung der Prüfungsordnung zu erklären. Vor dem WS 11/12 konnten die Studierenden von Lehramt für Hauptschule auf Lehramt für Realschule wechseln. Damit waren im dritten und fünften Semester teilweise mehr Studierende immatrikuliert als zum ersten Fachsemester. Dieser Wechsel ist mit der neuen Prüfungsordnung nicht mehr möglich, da die Sekundarstufe zusammengefasst wurde.

Um den Effekt einer outcome-orientierten Lehre auf die Zufriedenheit mit den Veranstaltungen in Mathematik zu erfassen, wurde ein faktorenanalytisch geprüfter Fragebogen entwickelt. Er wurde erst seit Projektbeginn erhoben und ist damit von der Umstellung der Prüfungsordnung nicht betroffen. Bisher konnte eine signifikante Verbesserung der Zufriedenheit nur bei den Veranstaltungen festgestellt werden, in denen sowohl die Lernergebnisse transparent zur Verfügung gestellt wurden, als auch wöchentlich darauf ausgerichtete Lernaktivitäten durchgeführt wurden. Eine generelle Verbesserung der Zufriedenheit im Fach Mathematik konnte bisher nicht verzeichnet werden. Die Auswertung der entsprechenden Fragebögen erwies sich als schwierig, da einzelne Veranstaltungen in den einzelnen Semestern nicht immer von den gleichen Dozenten durchgeführt wurden. Die Auswertung in Tab. 17.3 zeigt deswegen nur Veranstaltungen mit gleichen Dozenten. Der Effekt des Dozenten auf die Zufriedenheit sollte damit neutralisiert sein. Jedoch ist zu bedenken, dass alle Dozenten dazu angehalten sind, ihre Lehrveranstaltungen gemäß Constructive Alignment umzugestalten. In welchem Ausmaß dies in der Praxis stattfindet, kann nur schwer überprüft werden.

Zusammenfassend weisen die Ergebnisse darauf hin, dass eine konsequente Ausweisung intendierter Lernergebnisse den Übergang von Schule nach Hochschule erleichtern kann. Gerade im Lehramtsstudiengang für Primarstufe hat es sich gezeigt, dass seit Projektbeginn sowohl die Abbrecherquoten als auch die Durchfallquoten des ersten Moduls rückläufig sind. Außerdem konnten wir zeigen, dass die Umsetzung von Constructive Alignment in den meisten Fällen zu einer Verbesserung der Zufriedenheit der Studierenden mit den Lehrveranstaltungen führt. Ein direkter Zusammenhang von outcome-orientierter Lehre und Studienleistung konnte nicht hergestellt werden. Um dies zu zeigen, müsste eine Kontrollgruppe mit exakt gleichen Bedingungen und Lehrenden, jedoch ohne Outcome-Orientierung, geführt werden, was vor allem aus ethischen und prüfungstechnischen Gründen nicht möglich ist.

Literatur

Biggs, J., & Tang, C. (2011). *Teaching for quality learning at university* (4. Aufl.). Berkshire: Open University Press.

Brabrand, C., & Dahl, B. (2009). Using the SOLO Taxonomy to Analyze Competence Progression of University Science Curricula. *Higher Education, 58*(4), 531–549.

CRE/UNESCO-CEPES (1997). European Regional Forum. Palermo. A European Agenda for Change for Higher Education in the XXIst Century. http://unesdoc.unesco.org/images/0011/001133/113346eo.pdf. Zugegriffen: 11. März 2014

Crouch, C. H., & Mazur, E. (2001). Peer Instruction: Ten years of experience and results. *American Journal of Physics, 69*(9), 970–977.

Dörge, C. (2010). Competencies and Skills: Filling Old Skins with New Wine. In N. Reynolds, & M. Turcsányi-Szabó (Hrsg.), *Key Competencies in the Knowledge Society* IFIP Advances in Information and Communication Technology, (Bd. 324, S. 78–89). Berlin: Springer.

ECVET (2011). Vergleich EQF-DQR-Systematik und Terminologie. http://www.ecvet-info.de/_media/Vergleich_EQF-DQR-Systematik_und_Terminologie.pdf. Zugegriffen: 28. August 2013

Heinisch, I., & Romeike, R. (2012). Outcome-orientierte Neuausrichtung in der Hochschullehre Informatik – Konzeption, Umsetzung und Erfahrungen. In P. Forbrig, D. Rick, & A. Schmolitzky (Hrsg.), *HDI 2012 – Informatik für eine nachhaltige Zukunft* Commentarii informaticae didacticae, (Bd. 5, S. 9–20). Potsdam: Universitätsverlag Potsdam.

Heublein, U., Richter, J., Schmelzer, R., & Sommer, D. (2012). *Die Entwicklung der Schwund- und Studienabbruchquoten an den deutschen Hochschulen – Statistische Berechnungen auf der Basis des Absolventenjahrgangs 2010.* Hannover: HIS.

Klimova, E. (2012). MatBoj-Wettbewerb als ein neuer fachspezifischer Wettbewerb in Mathematik zur Förderung begabter Schüler. In M. Ludwig, & M. Kleine (Hrsg.), *Beiträge zum Mathematikunterricht 2012* (Bd. 1, S. 449–452). Münster: WTM-Verlag.

Kultusministerkonferenz (2005). Qualifikationsrahmen für Deutsche Hochschulabschlüsse. http://www.kmk.org/fileadmin/veroeffentlichungen_beschluesse/2005/2005_04_21-Qualifikationsrahmen-HS-Abschluesse.pdf. Zugegriffen: 19. März 2014

Kultusministerkonferenz (2010). Ländergemeinsame Strukturvorgaben für die Akkreditierung von Bachelor und Masterstudiengängen (Beschluss der Kultusministerkonferenz vom 10.10.2003 i.d.F. vom 04.02.2010). http://www.kmk.org/fileadmin/veroeffentlichungen_beschluesse/2003/2003_10_10-Laendergemeinsame-Strukturvorgaben.pdf. Zugegriffen: 19. März 2014

Lind, G. (2013). Theorie und Praxis des Begriffs „Kompetenz". *b:sl Beruf Schulleitung, 7*(3), 31–33.

OECD (2013). OECD Web page. http://www.oecd.org/berlin/presse/pisa-2012-deutschland.htm. Zugegriffen: 19. März 2014

Schaper, N., Reis, O., Wildt, J., Horvath, E., & Bender, E. (2012). Fachgutachten zur Kompetenzorientierung in Studium und Lehre. Hochschulrektorenkonferenz, Projekt nexus. http://www.hrk-nexus.de/fileadmin/redaktion/hrk-nexus/07-Downloads/07-02-Publikationen/fachgutachten_kompetenzorientierung.pdf. Zugegriffen: 19. März 2014

Schermutzki, M. (2007). Lernergebnisse – Begriffe, Zusammenhänge, Umsetzung und Erfolgsermittlung. Lernergebnisse und Kompetenzvermittlung als elementare Orientierungen des Bologna-Prozesses. http://opus.bibliothek.fh-aachen.de/opus4/frontdoor/deliver/index/docId/195/file/schermutzki_bologna_6_a5_sw.pdf. Zugegriffen: 28. August 2013

Spannagel, C. (2012). Selbstverantwortliches Lernen in der umgedrehten Mathematikvorlesung. In J. Handke, & A. Sperl (Hrsg.), *Das Inverted Classroom Model. Begleitband zur ersten deutschen ICM Konferenz* (S. 73–81). München: Oldenbourg.

Effizienz von Mathematik-Vorkursen an der Fachhochschule Technikum Wien – ein datengestützter Reflexionsprozess

18

Carina Heiss und Franz Embacher

Zusammenfassung

An der Fachhochschule Technikum Wien werden seit einigen Jahren Vorkurse in Mathematik, Physik und Informatik angeboten. Um eine kontinuierliche Optimierung dieser Kurse zu gewährleisten, wird seit Sommer 2012 ein Instrumentarium zur Generierung einer Feedbackschleife entwickelt, zunächst für das Fach Mathematik, in Perspektive auch für die anderen Vorkurs-Fächer. Das Procedere sieht vor, zunächst im Rahmen der Vorkurse zwei Tests zur Erhebung des Leistungszuwachses durchzuführen und die Ergebnisse im Zuge einer Feedbackschleife an die Institution zurückzugeben. Diese leitet einen Reflexionsprozess gemeinsam mit den Lehrenden mit dem Ziel ein, Änderungen hinsichtlich der Inhalte und Durchführungsformen der Kurse des darauffolgenden Studienjahres zu definieren.

18.1 Die Vorkurse der Fachhochschule Technikum Wien

Die Fachhochschule Technikum Wien (s. FH 2013) bietet 14 Bachelorstudiengänge und 19 Masterstudiengänge (davon zwei Bachelorstudien und ein Masterstudium als Fernstudium) an (s. Studiengänge 2013). Von den StudienanfängerInnen in den Bachelor-Studiengängen wird ein gewisses Maß an mathematischen, physikalischen und informatischen Vorkenntnissen erwartet. Wie auch von zahlreichen anderen Institutionen dokumentiert, fällt den Studierenden der Fachhochschule Technikum Wien der Übergang von der Schule in der Regel nicht leicht. Für die Problematik im deutschsprachigen Raum s. Hoppenbrock et al. (2013) und Bausch et al. (2014). Einige überzeugende Beispiele

Carina Heiss ✉ · Franz Embacher
Universität Wien, Fakultät für Mathematik, Wien, Österreich
e-mail: carina.heiss@finite.at, franz.embacher@univie.ac.at

© Springer Fachmedien Wiesbaden 2016
A. Hoppenbrock et al. (Hrsg.), *Lehren und Lernen von Mathematik in der Studieneingangsphase*, Konzepte und Studien zur Hochschuldidaktik und Lehrerbildung Mathematik, DOI 10.1007/978-3-658-10261-6_18

„erschreckender Schwächen" von StudienanfängerInnen in der elementaren Mathematik sind in Abel und Weber (2014) angeführt. Einen Überblick über die Lage in 21 Ländern gibt Thomas et al. (2015). Um den StudienanfängerInnen die Gelegenheit zu geben, ihre Kenntnisse und Kompetenzen bei Bedarf bereits vor Studienbeginn aufzufrischen, und um eine gemeinsame Basis herzustellen, an der in den Studiengängen angesetzt werden kann, werden seit dem Jahr 2008 Vorkurse in Mathematik, Physik und Informatik im Umfang von jeweils 60 Stunden (vier Wochen) angeboten. Das Angebot der Fachhochschule richtet sich sowohl an Vollzeitstudierende als auch an berufstätige Studierende, da vier Mathematik-Kurse am Vormittag und drei am Abend jeweils parallel abgehalten werden. Die Teilnahme an den Kursen ist den Studierenden freigestellt. Im Jahr 2011 besuchten etwa 34 % der StudienanfängerInnen die Vorkurse in Mathematik.

Das Ziel der Vorkurse ist eine Senkung der Drop-out-Rate in den ersten Semestern durch den Versuch, einen Mindestlevel für Mathematikleistungen zu erzielen und den Studierenden so einen effektiveren Einstieg in ihr Studium zu ermöglichen. Die Vorkurse im Sommer 2013 werden erstmals durch den Einsatz einer Blended-Learning-Plattform unterstützt.

Bezüglich der Lerninhalte der Vorkurse gibt die Fachhochschule Technikum Wien den Lehrenden eine Empfehlung, die folgende Themenbereiche umfasst:

- Logik, Mengen, Zahlen,
- Umformen von Termen (Ausmultiplizieren, Faktorisieren, Rechnen mit Brüchen, Potenzen, Logarithmen, . . .),
- Gleichungen (lineare Gleichungen, Betrags-, Bruch-, quadratische, logarithmische Gleichungen und Exponentialgleichungen, inklusive Fallunterscheidungen falls nötig),
- Prozentrechnung,
- Lineare Gleichungssysteme,
- Ungleichungen (inklusive Fallunterscheidungen falls nötig),
- Elementare Funktionen (lineare Funktionen, Exponential- und Logarithmusfunktionen, Potenzfunktionen, Winkelfunktionen) und
- Differentialrechnung.

Dabei handelt es sich aber weder um einen detaillierten Lehrplan noch um eine verbindliche Anweisung. In allen Kursen tragen die Lehrenden den Stoff zunächst frontal vor, lassen die Studierenden im Anschluss Übungsaufgaben rechnen und stehen dabei beratend zur Seite. Teilweise entwickeln sich in den Kursen auch spontan peer groups, sodass jene Studierenden, die den neuen Stoff schon gut verstanden haben, den schwächeren Studierenden während dieser Übungsphasen helfen.

Wie aus der Liste der Lehrinhalte ersichtlich ist, handelt es sich dabei zu einem erheblichen Teil um Inhalte der Sekundarstufe I. Auch in Gesprächen mit Lehrenden ergab sich, dass etwa die Hälfte der zur Verfügung stehenden Zeit auf diese Themenbereiche aufgewendet wurde. Dies ist keine Überraschung, denn wie etwa Wunderl (1999) herausstrich, wird etwa die Hälfte der Fehler in Abiturarbeiten im Bereich der Kompetenzen der

Sekundarstufe I gemacht. Auch die neuere, in Weinhold (2014) berichtete Klassifikation typischer Fehler von FH-StudienanfängerInnen zeigt viele Kompetenzlücken im Bereich der mathematischen Grundfertigkeiten auf. Daher legt die Fachhochschule Wert darauf, auch diese elementaren Grundlagen in den Vorkursen zu wiederholen.

Um die Qualität und Effektivität der Vorkurse zu optimieren, hat die Fachhochschule Technikum Wien im Sommer 2012 einen Ansatz gewählt, der die Identifizierung vorhandener Mängel und die Erarbeitung von Lösungsansätzen nicht allein auf der Verwaltungsebene regelt, sondern die Lehrenden in substanzieller Weise einbindet. Bereits im Vorfeld dieses (im Folgenden genauer beschriebenen) Qualitätsmanagementprozesses wurden in den 2008–2011 durchgeführten Vorkursen einige Herausforderungen erkannt: Viele Studierende üben ihr Studium an der Fachhochschule berufsbegleitend (d. h. im zweiten Bildungsweg) aus und haben sich während der letzten Jahre kaum mit Mathematik beschäftigt. Weiterhin zeigte sich, dass einige der Inhalte der Vorkurse, die lediglich eine Wiederholung des Schulstoffes sein sollen, den Studierenden völlig fremd waren, wie z. B. die Mengenlehre und die Methode der Fallunterscheidungen (die beide im österreichischen Lehrplan der Allgemeinbildenden höheren Schulen zu finden sind). Dies setzt sowohl die Lehrenden als auch die Studierenden der Vorkurse unter einen extremen Zeitdruck, da vier Wochen (60 Einheiten zu je 45 min) angesichts des Stoffs der Sekundarstufen I und II eine sehr knapp bemessene Zeit sind.

18.2 Das Jahr 2012 – ein datengestützter Reflexionsprozess

Um eine kontinuierliche Optimierung der Vorkurse zu gewährleisten, wird seit Sommer 2012 unter Mitwirkung der Universität Wien (s. Didaktik 2013) ein Instrumentarium zur Generierung einer Feedbackschleife entwickelt, zunächst für das Fach Mathematik, in Perspektive auch für die anderen Vorkurs-Fächer Physik und Informatik:

Die Maßnahmen beinhalten je einen Wissenstest vor und nach Abhaltung der Vorkurse zur Feststellung des Wissens- und Kompetenzzuwachses. (Die Tests des Sommers 2012 wurden im Rahmen eines Diplomarbeitsprojekts ausgewertet). Im Zuge der Endtests wurden mittels Fragebogen einige persönliche Daten der Studierenden erhoben und in die Auswertung und die Reflexion mit einbezogen. Schließlich wurden die Studierenden nach ihrer subjektiven Zufriedenheit mit den Kursen befragt. Im Gegensatz zu herkömmlichen Evaluierungen wurden die Ergebnisse der beiden Tests den Lehrenden nicht anonym zugespielt, sondern jeder erhielt neben den Ergebnissen „seines" Kurses zum Vergleich auch die Gesamtauswertung. Dabei ging es keineswegs darum, ein Ranking zu erstellen, sondern den Lehrenden die Möglichkeit zu geben, ihre subjektiven Erwartungen in Relation zu den realen Ergebnissen des „eigenen" Kurses und auch zum Gesamtergebnis zu setzen. Die Lehrenden erhielten hierzu ein kleines Portfolio mit den zugehörigen Grafiken und Berechnungen, hatten Zeit, diese in Ruhe zu studieren, ihre Erwartungen zu überdenken und sich Möglichkeiten zur Verbesserung der Kurse zu überlegen. In einer gemeinsamen Reflexionssitzung aller Lehrenden wurde über die Erwartungen und die Ergebnisse (über die manche der Lehrenden enttäuscht waren) diskutiert. Im Anschluss daran wurden Vorschläge zur Verbesserung der Vorkurse ausgetauscht, zusammengestellt und der Fachhochschule unterbreitet.

18.2.1 Gestaltung der Tests und die Datenbasis

Die Wissenstests (Anfangs- und Endtest) wurden anonym durchgeführt. Durch eine geeignete, aus den Namen und Geburtsdaten der Studierenden generierte Codierung konnte aber eine Zuordnung der Anfangs- zu den Endtests sowie zu den persönlichen Angaben hergestellt werden.

Die so gewonnene Datenbasis der Kurse des Sommers 2012 umfasst die paarweisen Testergebnisse (Anfangs- und Endtest) und persönlichen Angaben von 96 Studierenden, davon 49 Studierende in den Vormittagskursen und 47 Studierende in den Abendkursen. Eine nicht vermeidbare methodische Schwierigkeit erwuchs aus der Tatsache, dass die Zahl der an den Kursen teilnehmenden Studierenden fluktuierte und gegen Ende hin abnahm. Letzteres ist vor allem darauf zurückzuführen, dass die Studiengänge der Fachhochschule zu unterschiedlichen Zeiten beginnen, teilweise bereits vor Ende der Vorkurse. Daher repräsentieren die erhobenen Daten lediglich jene Studierenden, die ihren Kurs bis zum Ende besucht haben.

Die Aufgaben des Endtests waren von der Struktur her ähnlich zu jenen des Anfangstest gestaltet, allerdings geringfügig schwieriger bzw. komplexer. Als Beispiel mögen folgende Aufgaben aus dem Themenbereich Betragsgleichungen dienen:

Aufgabe 3a (Anfangstest):
Lösen Sie die folgende Gleichung: $|2x + 1| = 7$.

Aufgabe 3a (Endtest):
Lösen Sie die folgende Gleichung: $2x - |3 - x| = 18$.

Insgesamt umfassten die Testaufgaben 11 Themengebiete, darunter Mengenlehre, Prozentrechnung, Termumformungen, quadratische Gleichungen und Gleichungssysteme, Ungleichungen und Betragsgleichungen, Trigonometrie, Funktionen und Differentialrechnung.

Sofern Studierende es wünschten, wurden sie über ihr persönliches Abschneiden in den Tests informiert.

18.2.2 Persönliche Studierendendaten und Zufriedenheit

Im Zuge der Endtests wurden persönliche Daten der Studierenden erhoben, die für die Reflexion relevant erschienen, wie auch die Zufriedenheit mit den Vorkursen.

Verteilung der Geschlechter: Da es sich um eine technische Fachhochschule handelt, liegt in fast allen Studiengängen die Zahl der männlichen deutlich über der Zahl der weiblichen Studierenden. Unter den 96 Studierenden, die sowohl Anfangs- als auch Endtest absolvierten, waren 60 männliche Studenten, 32 weibliche Studentinnen und vier Studierende machten keine Angabe.

Bildungsverläufe vor Beginn des Studiums: Um zu erheben, wie lange die Studierenden nicht mehr mit Inhalten der Schulmathematik in Berührung kamen, wurde gefragt, wann *die Zugangsvoraussetzung* für ein Studium an der Fachhochschule Technikum Wien erworben wurde. Als Zugangsvoraussetzung gilt ein Abitur, eine Studienberechtigungsprüfung oder eine Berufsreifeprüfung, letztere verbunden mit einer einschlägigen Berufsausbildung. Wie aus Abb. 18.1 ersichtlich ist, hat ziemlich genau die Hälfte der erfassten Studierenden die Zugangsvoraussetzung in den beiden vorangegangen Jahren erworben, die andere Hälfte jedoch vor drei Jahren oder mehr.

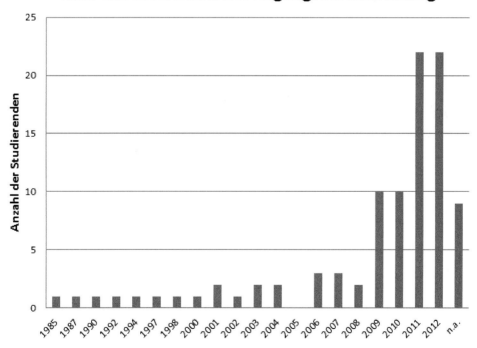

Abb. 18.1 Etwa die Hälfte der Vorkurs-TeilnehmerInnen erwarb die Zugangsvoraussetzungen für ein Studium an der Fachhochschule Technikum Wien drei Jahre oder länger vor Beginn des Studiums

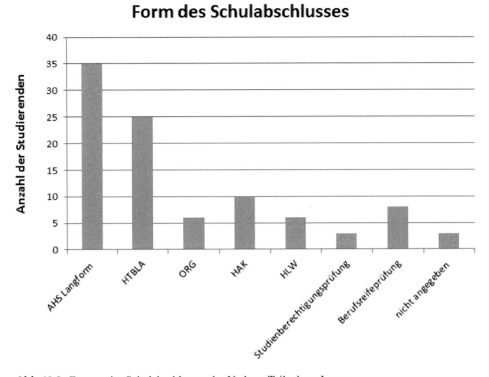

Abb. 18.2 Formen des Schulabschlusses der Vorkurs-TeilnehmerInnen

Abbildung 18.2 zeigt die erhobenen Daten über die *Form des Schulabschlusses*. Ein Großteil der Studierenden hat ihr Abitur entweder an einer Allgemeinbildenden Höheren Schule (AHS) oder an einer Höheren Technischen Bundeslehranstalt (HTBLA) absolviert. Da es mit dem Abschluss einer HTBLA möglich ist, das erste Studienjahr des Bachelorstudiums zu überspringen und bereits im dritten Semester einzusteigen, stehen gerade diese Studierenden vor der Notwendigkeit, nicht nur den Stoff des Abiturs zu wiederholen, sondern sich auch die mathematischen (und alle anderen) Inhalte der ersten beiden Semester im Selbststudium zu erarbeiten.

Ebenfalls wurde die *persönliche Zufriedenheit der Studierenden* mit den Vorkursen erhoben. Trotz des bestehenden Verbesserungspotentials für die Kurse gaben 80 % der Studierenden an, sehr zufrieden oder zufrieden zu sein. Keiner zeigte sich gänzlich unzufrieden. Methodisch ist hier allerdings anzumerken, dass es möglicherweise Studierende gab, die ihren Kurs aufgrund persönlicher Unzufriedenheit nicht bis zum Ende besucht haben. Diese konnten klarerweise nicht befragt werden.

Alle Vorkurse werden von Studierenden verschiedener Studiengänge besucht, die jeweils unterschiedliche mathematische Anforderungen an ihre StudienanfängerInnen stellen. Einer homogenen Zusammenfassung von Studierenden in den einzelnen Vorkursen steht eine Reihe organisatorischer und terminlicher Schwierigkeiten entgegen. Da die Stu-

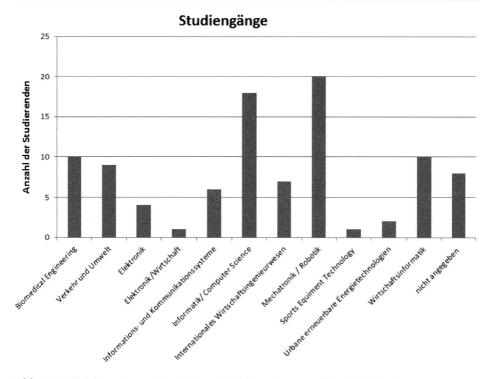

Abb. 18.3 Verteilung der von den Vorkurs-TeilnehmerInnen gewählten Studiengänge

diengänge, denen auch die Information der Studierenden obliegt, die Mathematik-Vorkurse unterschiedlich stark propagieren, kann die erfasste Population nicht als repräsentativ für die Gesamtheit der StudienanfängerInnen angesehen werden. Die Heterogenität der Studierenden hinsichtlich ihrer Studiengänge (und daher auch hinsichtlich ihrer fachlichen Interessen) stellt eine weitere Herausforderung an die Kurse dar. Die Gesamtstatistik der Wahl des Studiengangs durch die erfassten Vorkurs-TeilnehmerInnen ist in Abb. 18.3 wiedergegeben.

18.2.3 Testergebnisse und Reflexion

Im Anschluss an die Vorkurse im Sommer 2012 wurden die Tests ausgewertet. Die Ergebnisse wurden aufbereitet und, wie beschrieben, zunächst den Lehrenden zur Selbstreflexion übermittelt. Danach fand die erwähnte Reflexionssitzung der Lehrenden statt. Jede/r Lehrende erhielt seine eigenen Ergebnisse und die Gesamtauswertung. Da ein offener Umgang mit Testergebnissen unter Lehrenden oft angstbesetzt ist, wurde behutsam vorgegangen und im Vorfeld die Zustimmung aller Betroffenen mit der Vorgangsweise eingeholt. In der Sitzung selbst galt es, einerseits zu verhindern, dass das Abschneiden

Tab. 18.1 Themen und Abkürzungen der Aufgaben in Anfangs- und Endtest

1	Mengenlehre	8a1	Pythagoras
2	Prozentrechnung	8a2	Sinus, Cosinus und Tangens
3a	Betragsgleichung	8b1	Winkelsumme im Dreieck
3b	Bruchgleichung/quadratische Gleichung	8b2	Bogenmaß
3c	Exponentialgleichung	9	Funktionen und ihre Graphen
4	Bruchungleichung	10a	Differenzieren von Polynomen
5	Gleichungssystem	10b	Differenzieren mit Produktregel
6a	Rechnen mit Potenzen	10c	Differenzieren mit Produktregel
6b	Rechnen mit Potenzen	11a	Differenzieren mit Kettenregel
7	Termumformung	11b	Differenzieren mit Kettenregel

einzelner Kurse in vereinfachender Weise den KursleiterInnen „persönlich" zugeschrieben wurde, andererseits aber einen konstruktiven Austausch über die unterschiedlichen didaktischen und methodischen Vorgangsweisen zu fördern. Aus unserer Sicht ist das gut gelungen. Die Lehrenden standen der Reflexionssitzung großteils offen gegenüber und nahmen diese Form des Feedbacks dankbar an. Insbesondere wurden im Zuge der Diskussion die Ergebnisse der jeweils „eigenen" Kurse von den meisten Teilnehmenden freimütig ausgetauscht. Geholfen hat dabei sicher auch der Vorschlag, die Diskussion der Ergebnisse nicht unter dem Motto „welcher Kurs hat wie gut abgeschnitten?" zu führen, sondern als wichtigsten Maßstab für „Erfolg" oder „Änderungsbedarf" das Verhältnis zwischen den subjektiven Erwartungen der Lehrenden an die Leistungen „ihrer" Studierenden und den tatsächlich in den Tests gemessenen Leistungszuwächsen anzusehen. Insbesondere die Enttäuschung einiger der Lehrenden über die Ergebnisse „ihres" Kurses wurde in der Gruppe als Anlass für die Erarbeitung und Formulierung von Veränderungsvorschlägen wahrgenommen.

Im Folgenden werden die wichtigsten Ergebnisse der Tests vorgestellt und diskutiert, wobei wir Überlegungen, die in der Reflexionsrunde vorgebracht wurden, einfließen lassen.

Tabelle 18.1 zeigt eine Übersicht über die Aufgaben der Tests, deren Nummern auch im nachfolgenden Text und in den Grafiken verwendet werden.

Abbildung 18.4 zeigt die durchschnittlichen Leistungen der Studierenden aller 7 Kurse in beiden Tests, getrennt nach den gestellten Aufgaben. Die maximale Punktezahl für jede Aufgabe beträgt 1. Bei zwei Aufgaben waren Verschlechterungen zu verzeichnen, bei weiteren zwei Aufgaben ist praktisch keine Veränderung zu erkennen, bei allen anderen sind die Leistungen angestiegen. Im Fall von Aufgabe 2 (Prozentrechnung) ist die Verschlechterung darauf zurückzuführen, dass die Aufgabe im Endtest wesentlich komplexer war als im Anfangstest:

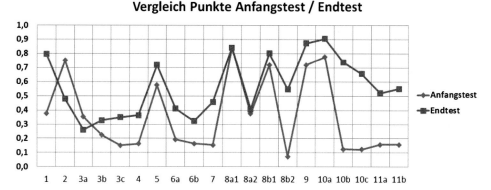

Abb. 18.4 Gesamtergebnisse (mittlere Punktezahlen) aller 7 Kurse, getrennt nach den einzelnen Themenbereichen

Aufgabe 2 (Anfangstest):
In einer Firma arbeiten 54 Frauen und 126 Männer. Wie groß ist der prozentuelle Anteil der Mitarbeiterinnen unter allen Beschäftigten?

Aufgabe 2 (Endtest):
Bei einer Wahl gingen von 60.000 Wahlberechtigten 20 % nicht zur Wahl. Von den abgegeben Stimmen waren 95 % gültig. Von den drei KandidatInnen A, B und C erhielt A 42 % der Stimmen und B erhält halb so viele Stimmen wie C. Wie viele Stimmen entfielen auf jede der drei KandidatInnen?

Dieser allzu große Unterschied wird in zukünftigen Anwendungen der Tests abgemildert werden. Die andere Ausnahme, Aufgabe 3a (Betragsgleichung), wurde bereits oben erwähnt.

Weiterhin ist auffallend, dass bei den Aufgaben zur Differentialrechnung (10b und c sowie 11a und b) besonders deutliche Verbesserungen stattfanden. Ein Grund dafür könnte darin liegen, dass die Differentialrechnung in allen Kursen unmittelbar vor dem Endtest durchgenommen wurde, daher den Studierenden noch gut im Gedächtnis war. Zumindest ein Teil des Effekts erklärt sich aber wohl auch dadurch, dass in diesem Bereich nur die korrekte Anwendung der Ableitungsregeln überprüft wurde. In jenen Themenbereichen, in denen die Studierenden beim Anfangstest eher schlecht abgeschnitten hatten (Aufgaben 3, 4, 6 und 7) sind zwar mit Ausnahme von Aufgabe 3a Verbesserungen zu verzeichnen, die Leistungen sind nach dem Ermessen der Lehrenden jedoch immer noch als nicht ausreichend einzustufen.

Abbildung 18.5 zeigt die Leistungszuwächse (Punktedifferenz von Anfangs- zu Endtest), zusammengefasst für alle Kurse. Besonders im Bereich der Geometrie (Aufga-

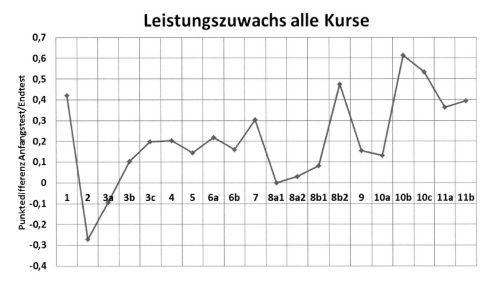

Abb. 18.5 Mittlere Leistungszuwächse von Anfangs- zu Endtest, getrennt nach Themenbereichen

ben 8a1, 8a2 und 8b1) waren die Verbesserungen marginal – ein weiterer Bereich, in dem die Lehrenden bessere Ergebnisse erwartet hätten.

Eine wichtige Frage für die Fachhochschule ist, wie die Berufstätigkeit der Studierenden mit ihren Leistungen und Leistungszuwächse in den Vorkursen zusammenhängt. Berufstätige Studierende besuchen vor allem die Abendkurse, während die Vollzeitstudierenden, bei denen zudem das Abitur nicht lange zurück liegt, in ihrer Mehrzahl die Vormittagskurse wählen. Die Unterscheidung dieser beiden Gruppen von Kursen gibt daher einen groben Aufschluss über den Einfluss der Berufstätigkeit. Obwohl die Studierenden der Vormittagskurse beim Anfangstest besser abschnitten (Abb. 18.6 und 18.7), liegen sie beim Endtest in vielen Bereichen hinter den Abendkursen. Ein Vergleich der Leistungszuwächse ist in Abb. 18.8 dargestellt. Sie sind in den meisten Themenbereichen für die Abendkurse größer. Das entspricht auch der subjektiven Wahrnehmung der Lehrenden, die sehr oft von der höheren Bereitschaft der Abendkurs-Studierenden berichteten, sich einzubringen, Verständnisfragen zu stellen und die Übungsphasen für tatsächlichen Wissens- und Kompetenzerwerb zu nutzen, wohingegen die Studierenden der Vormittagskurse schwieriger zum selbstständigen Arbeiten zu animieren waren und dazu tendierten, Wissenslücken und Fehler vor der Gruppe nicht einzugestehen. Der Grund dafür, dass ältere und berufstätige Studierende die Übungsphasen ernster nahmen als jüngere, die direkt aus der Schule kamen, könnte in einer unterschiedlichen Einstellung zur persönlichen Lebensplanung liegen, vielleicht ergänzt durch eine aus der (längeren) Erfahrung resultierende größere Wertschätzung von Hilfestellungen durch Lehrende.

Abbildung 18.9 zeigt die Leistungszuwächse bei den einzelnen Aufgaben nach den sieben Kursen aufgeschlüsselt. Diese Statistik spielte im Reflexionsprozess eine wichtige

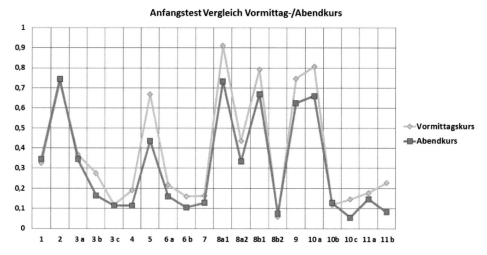

Abb. 18.6 Vergleich der mittleren Punktezahlen beim Anfangstest in Vormittags- und Abendkursen

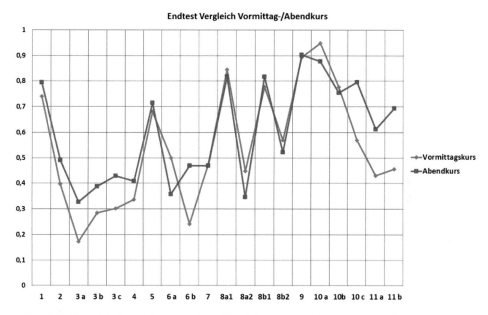

Abb. 18.7 Vergleich der mittleren Punktezahlen beim Endtest in Vormittags- und Abendkursen

Rolle, da in sie auch die unterschiedlichen inhaltlichen Schwerpunktsetzungen der Lehrenden und die Durchführungsformen einfließen. Die Kurse 4, 5, und 6 waren Abendkurse. Im Folgenden wollen wir auf einige Aspekte, die sich daraus ergeben, eingehen.

Hinsichtlich der Differentialrechnung ergab sich der interessante Effekt, dass deutliche Zuwächse in *allen* Kursen zu verzeichnen waren, die Lehrenden ihr jedoch ganz unterschiedlich viel Zeit widmeten (zwischen 3 und 15 Stunden)! Daraus lässt sich schließen,

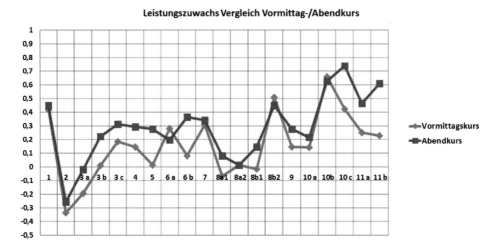

Abb. 18.8 Vergleich der Leistungszuwächse in Vormittags- und Abendkursen

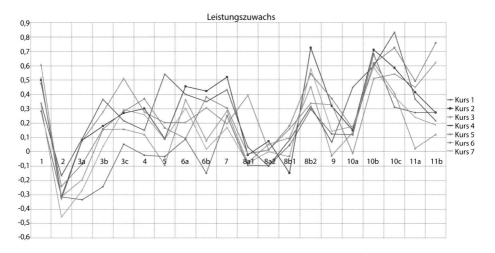

Abb. 18.9 Mittlere Leistungszuwächse, aufgeschlüsselt nach den einzelnen Kursen

dass es für den Leistungszuwachs in diesem speziellen Themenbereich keine wesentliche Rolle spielt, wie intensiv er behandelt wurde. Die wahrscheinlichste Erklärung dafür ist, dass sich die meisten Studierenden nach kurzer Anleitung wieder schnell an die Regeln des Differenzierens erinnern und diese automatisiert anwenden. Die Frage, wie viel davon auch verstanden wurde, können die vorliegenden Daten nicht beantworten.

Anders verhält es sich mit den Themenbereichen Bruchgleichungen, Betragsgleichungen und Bruchungleichungen. Die Studierenden hatten mit der Methode der Fallunterscheidungen große Probleme. Da dies bereits im Vorfeld bekannt war, wandten die meisten Lehrenden sehr viel Zeit für diese Methode (anhand der Themenbereiche Betragsgleichungen, Bruchungleichungen und Betragsungleichungen) auf. Trotzdem waren die Ergebnisse in diesem Bereich überraschend niedrig. In der Reflexionssitzung gaben einige der Lehrenden an, ein wesentlich besseres Ergebnis erwartet zu haben. Daraus leitet sich als didaktische Aufgabenstellung für die Zukunft ab, die Stellung der Methode der Fallunterscheidungen sowohl in den Vorkursen als auch im Mathematikstoff der Schulen allgemein zu hinterfragen. Da die Logik hinter dieser Argumentationsmethode zumindest für etliche der technischen Ingenieursstudien (wie etwa der Informatik) unmittelbar wichtig ist, wäre es wünschenswert, auch andere Zugänge zu ihr (vielleicht weniger ausschließlich an die Behandlung von Gleichungen und Ungleichungen gebunden) zur Verfügung zu haben (s. auch Embacher 2014).

Interessant ist auch der Verlauf von Kurs 4. Aus der Grafik ist ersichtlich, dass die Leistungszuwächse bis Aufgabe 7 etwas über dem Durchschnitt lagen, danach jedoch ein Abfall zu verzeichnen ist. In der Reflexionsrunde ergab sich, dass die Lehrende zu Beginn sehr langsam vorging und entsprechende Aufgaben viel geübt und wiederholt wurden. Gegen Mitte des Kurses wurde das Tempo rascher, was offenbar (zumal es sich um einen Abendkurs handelte) zu vergleichsweise geringeren Zuwächsen in den Bereichen Geometrie und Funktionen (Aufgaben 8–9) führte.

Die Leistungszuwächse in den verschiedenen Themenbereichen und Kursen spiegeln natürlich auch die Gestaltung der Kurse im Einzelnen durch die verschiedenen Lehrpersonen wider. Die diesbezüglichen Einflussfaktoren wurden nicht formal erhoben, spielten aber in der Reflexionsrunde eine gewisse Rolle. Im Hinblick auf die Kurse des darauffolgenden Jahres (die zum Teil von den gleichen Lehrenden abgehalten werden) fand auch ein Austausch über das zeitliche Ausmaß der Übungsphasen, die Formen der Aktivierung von Studierenden und die Auswahl der Lehr- und Übungsmaterialien statt.

18.3 Vorschläge zur Verbesserung der Qualität der Vorkurse

Im Zuge der Reflexionsphase wurden von den Lehrenden auf der Basis der Testergebnisse Vorschläge ausgearbeitet, die maßgeblich zur Verbesserung der Vorkurse beitragen sollen, und der Fachhochschule unterbreitet. Sie beziehen sich sowohl auf inhaltliche Aspekte wie auch auf die Rahmenbedingungen und Organisation der Kurse. Als Ergebnis eines partizipativen Prozesses stellen sie nicht *ein* durchgängig konsistentes Konzept dar, sondern sind als Liste möglicher Maßnahmen auf unterschiedlichen Ebenen zu verstehen, die im Zuge der Optimierungsbemühungen der Fachhochschule alle ihre Berechtigung haben. Wir fassen sie entsprechend ihrer Umsetzbarkeit in drei Gruppen zusammen.

18.3.1 Leicht umzusetzende Vorschläge

Auch wenn die oben angegebenen Lerninhalte nur eine unverbindliche Empfehlung der Fachhochschule war, waren die Lehrenden dennoch bestrebt, alle diese Inhalte zu bear-

Tab. 18.2 Leicht umzusetzende Vorschläge

	Vorschlag
a.)	Stoffreduktion
b.)	Bekanntgabe eines detaillierten Zeitplans durch die Lehrenden
c.)	Belohnung der Teilnahme (Anwesenheit)
d.)	Wöchentliche E-Mail-Benachrichtigungen beibehalten
e.)	Wöchentliche Selbstkontrolle der Studierenden
f.)	Anfangs- und Endtests beibehalten

beiten. Eine Stoffreduktion hätte den Vorteil, dass für die Inhalte, die für ein technisches Studium besonders relevant sind, mehr Zeit zur Verfügung stünde. Eine Fokussierung der Inhalte in Abstimmung mit konkreten Studiengängen und damit verbundenen Stoffreduktion in der Ingenieursausbildung (wie etwa auch von Varsavsky (1995) beschrieben) könnte die Effektivität der Vorkurse erhöhen.

Die Bekanntgabe eines detaillierten Zeitplans durch die Lehrenden soll der besseren Orientierung der Studierenden über die anfallenden Inhalte dienen, denn sehr oft fühlen sich diese im Kurs unterfordert, da sie das eben behandelte Thema bereits beherrschen und erscheinen an den Folgetagen nicht zum Kurs. Wenn sie wieder teilnehmen, ist der Stoff teilweise schon weit vorangeschritten und sie können nicht mehr folgen. Ein detaillierter Zeitplan würde einen Überblick geben, an welchem Tag welches Thema behandelt wird.

Das eben angesprochene Problem führt dazu, dass es denkbar wäre, die durchgehende Teilnahme der Studierenden zu belohnen und damit ihre Motivation zu erhöhen. Da es aus verwaltungstechnischen Gründen nicht möglich ist, sie mit ECTS-Punkten oder Noten für die Teilnahme an den Vorkursen zu belohnen, wären materielle „Goodies" wie z. B. Kaffeegutscheine für die Mensa, Guthaben für Drucker und Kopierer o. ä. möglich.

Bereits im Sommer 2012 schickten die Lehrenden auf Ersuchen der Fachhochschule regelmäßige Erinnerungen per E-Mail an die Studierenden, um einerseits jene Studierende anzusprechen, die vielleicht in den ersten Tagen aus verschiedenen Gründen nicht anwesend sein konnten und glaubten, nun nicht mehr teilnehmen zu dürfen. Andererseits soll es auch Studierende, die während des Kurses ausgestiegen sind, dazu animieren, die Teilnahme wieder aufzunehmen.

Um ihren eigenen Lernfortschritt zu verfolgen, können die Studierenden über die Blended-Learning-Plattform (die allerdings erst im Sommer 2013 in Betrieb geht) wöchentliche Selbsttests durchführen.

Die Anfangs- und Endtests sollen, abgesehen von kleinen Änderungen, auch in den kommenden Jahren beibehalten werden, um Basisdaten für eine weiterführende kontinuierliche Optimierung der Vorkurse zu liefern. Die leicht umzusetzenden Vorschläge sind in Tab. 18.2 zusammengefasst.

18.3.2 Schwieriger umzusetzende Vorschläge

Da die Liste der Themengebiete nicht verbindlich ist, wünschen sich viele der Lehrenden, die Kursinhalte zu standardisieren und die Vorkurse auf einen Lehrziel- und Kompetenzenkatalog (ähnlich dem SEFI-Katalog; vgl. Barry und Steele 1993) zu gründen. Zur Erleichterung (sowohl für die Lehrenden in der Vorbereitung als auch als Leitfaden für Studierende) sollte der Katalog durch Beispielaufgaben illustriert sein. Die Umsetzbarkeit ist insofern problematisch, als die Erstellung eines derartigen Katalogs (insbesondere auch in Abstimmung mit den einzelnen Studiengängen) organisatorisch und zeitlich aufwendig wäre.

Die Abstimmung der Mathematik- und Physik-Vorkurse aufeinander ist eine Forderung von Studierenden, die an die Lehrenden der Vorkurse kommuniziert wurde. Die Physik-Vorkurse und Mathematik-Vorkurse finden parallel statt, allerdings wird in den Physik-Kursen sehr bald Differentialrechnung im Bereich der Klassischen Mechanik eingesetzt, während sich die Mathematik-Kurse noch mit Stoff der Sekundarstufe I beschäftigen. (Ob das eine weitere Erklärung für das relativ gute Abschneiden in der Differentialrechnung sein könnte, ist unklar, zumal in den Physik-Vorkursen der Fokus eher auf dem grundlegenden Verständnis der Ableitung als Änderungsrate liegt). Eine Verlagerung von Mathematik-Inhalten in Physik-Vorkurse ist aber nicht sinnvoll, da letztere nicht von allen Studierenden besucht werden. Es ist auch unklar, ob bei einer Synchronisierung der Vorkurse, also einer Umstellung der zeitlichen Reihenfolge, in der die Inhalte durchgenommen werden, weniger mathematische Schwierigkeiten in den Physik-Kursen zu erwarten wären. Ein früherer Beginn der Mathematik-Kurse (sodass die Physik-Kurse erst nach danach starten) ist aufgrund der zeitlichen Belastung der Studierenden schwierig umzusetzen – die Vorkursphase würde dann in den Juli hineinreichen.

Um berufstätigen Studierenden die Teilnahme an den Vorkursen zu erleichtern, wäre eine Verlegung der Kurse an die Wochenenden denkbar. In den Abendkursen berichteten die Studierenden oft von einem anstrengenden 8-Stunden-Arbeitstag, nach dem sie bis zu 8 Stunden (!) in Vorkursen auf der Fachhochschule verbringen. Eine Blocklehrveranstaltung an Samstagen könnte sich förderlich auf ihre Konzentration und mildernd auf Terminschwierigkeiten auswirken. Allerdings muss die Nachfrage zunächst festgestellt werden. Die schwieriger umzusetzenden Vorschläge sind in Tab. 18.3 zusammengefasst.

Tab. 18.3 Schwieriger umzusetzende Vorschläge

	Vorschlag
g.)	Standardisierung der Kursinhalte, Lehrziel- und Kompetenzkatalog
h.)	Abstimmung der Mathematik- und Physik-Vorkurse
i.)	Blocklehrveranstaltungen an Samstagen

18.3.3   Schwierig umzusetzende Vorschläge

Die einzelnen Kurse sind (bis dato) sehr leistungsheterogen. Daher wäre eine Maßnahme zur Verbesserung der Kursqualität die Einteilung der Studierenden nach ihren Leistungen. Eine Möglichkeit bestünde darin, die Studierenden entsprechend der Ergebnisse des Anfangstests verschiedenen Vorkurs-Gruppen zuzuordnen. Dies wäre aber mit einem erheblichen verwaltungstechnischen Aufwand verbunden und würde in vielen Fällen zu Terminschwierigkeiten führen. Weiterhin könnten die Tests dann nicht mehr anonym durchgeführt werden, wodurch die Studierenden noch vor Beginn ihres Studiums (zumindest in ihrer subjektiven Wahrnehmung) vor eine Prüfungssituation gestellt wären.

Um eine intensivere Auseinandersetzung mit den Kursinhalten herbeizuführen, werden verbindliche Hausübungen in Betracht gezogen. Die Studierenden wurden bisher in den Vorkursen zwar aufgefordert, Aufgaben zu Hause zu erledigen, jedoch wurde diese Übungsmöglichkeit selten in Anspruch genommen. Da die Studierenden neben bis zu drei Vorkursen und weiteren Veranstaltungen zu Studienbeginn über ein sehr geringes freies Zeitbudget verfügen, und da der Besuch der Vorkurse freiwillig ist, ist fraglich, ob eine solche Maßnahme in der Praxis umgesetzt werden könnte. Dieschwierig umzusetzenden Vorschläge sind in Tab. 18.4 zusammengefasst.

Tab. 18.4   Schwierig umzusetzende Vorschläge

	Vorschlag
j.)	Einteilung der Studierenden nach Leistung in einem Anfangstest
k.)	Verbindliche Hausübungen (zumindest für Vollzeitstudierende)

18.3.4   Reaktion der Fachhochschule

Von Seiten der Fachhochschule wurde der extern unterstützte Reflexionsprozess als eine sinnvolle Erweiterung des internen Qualitätsmanagements wahrgenommen. Der erweiterte Reflexionsprozess, wie er im Jahr 2012 stattfand, soll auch in Zukunft beibehalten werden.

Literatur

Abel, H., & Weber, B. (2014). 28 Jahre Esslinger Modell – Studienanfänger und Mathematik. In I. Bausch, R. Biehler, R. Bruder, P. R. Fischer, R. Hochmuth, & W. Koepf et al. (Hrsg.), *Mathematische Vor- und Brückenkurse: Konzepte, Probleme und Perspektiven* (S. 9–19). Wiesbaden: Springer Spektrum.

Barry, M. D. J., & Steele, N. C. (1993). A core curriculum in mathematics for the European engineer: an overview. *International Journal of Mathematical Education in Science and Technology, 24*(2), 223–229.

Bausch, I., Biehler, R., Bruder, R., Fischer, P. R., Hochmuth, R., & Koepf et al. (2014). *Mathematische Vor- und Brückenkurse: Konzepte, Probleme und Perspektiven.* Wiesbaden: Springer Spektrum.

Didaktik (2013). Arbeitsgruppe Didaktik der Mathematik an der Fakultät für Mathematik der Universität Wien. http://www.univie.ac.at/mathematik_didaktik. Zugegriffen: 16. Mai 2014

Embacher, F. (2014). Kompetenzen hinsichtlich der Methode der Fallunterscheidungen. In J. Roth, & J. Ames (Hrsg.), *Beiträge zum Mathematikunterricht 2014* (Bd. 1, S. 341–344). Münster: WTM-Verlag.

FH (2013). Fachhochschule Technikum Wien. http://www.technikum-wien.at/. Zugegriffen: 16. Mai 2014

Hoppenbrock, A., Schreiber, S., Göller, R., Biehler, R., Büchler, B., & Hochmuth, R. et al. (2013). Mathematik im Übergang Schule/Hochschule und im ersten Studienjahr, Extended Abstracts zur 2. khdm-Arbeitstagung. http://kobra.bibliothek.uni-kassel.de/handle/urn:nbn:de:hebis:34-2013081343293. Zugegriffen: 16. Mai 2014

Studiengänge (2013). Studiengänge an der Fachhochschule Technikum Wien. http://www.technikum-wien.at/studium/. Zugegriffen: 16. Mai 2014

Thomas, M. O. J., Druck, I. de F., Huillet, D., Ju, M.-K., Nardi, E., Rasmussen, C. & Xie, J. (2015). Key Mathematical Concepts in the Transition from Secondary to University. In S. J. Cho et al. (Hrsg.), *The Proceedings of the 12th International Congress on Mathematics Education: Intellectual and Attitudinal Challenges* (S. 265–284). Cham: Springer International Publishing.

Varsavsky, C. (1995). The Design of the Mathematics Curriculum for Engineers: A Joint Venture of the Mathematics Department and the Engineering Faculty. *European Journal of Engineering Education, 20*(3), 341–345.

Weinhold, C. (2014). Wiederholungs- und Unterstützungskurse in Mathematik für Ingenieurwissenschaften an der TU Braunschweig. In I. Bausch, R. Biehler, R. Bruder, P. R. Fischer, R. Hochmuth, & W. Koepf et al. (Hrsg.), *Mathematische Vor- und Brückenkurse: Konzepte, Probleme und Perspektiven* (S. 243–257). Wiesbaden: Springer Spektrum.

Wunderl, M. (1999). SchülerInnenfehler in Mathematikaufgaben der schriftlichen AHS-Matura. Empirische Untersuchung der Art und Häufigkeit dieser Fehler unter besonderer Berücksichtigung von Fehlern, die dem Lehrstoff der 5.–8. Schulstufe zuzurechnen sind. Diplomarbeit (frühere Bezeichnung: „Hausarbeit"), Universität Wien, Wien, Österreich. http://www.mathe-online.at/dres/WUNDERL.pdf. Zugegriffen: 16. Mai 2014

Denk- und Arbeitsstrategien für das Lernen von Mathematik am Übergang Schule–Hochschule

19

Andrea Hoffkamp, Walther Paravicini und Jörn Schnieder

Zusammenfassung

Einer der wichtigsten Gründe für das Scheitern vieler Studierender an mathematischen Vorlesungen liegt darin, dass Studierende auch nach dem ersten Studienjahr nicht wissen, wie man Mathematik richtig lernt. Vielen unter ihnen gelingt es nicht, sich typische mathematische Denk- und Arbeitsweisen anzueignen, die sie benötigen, um mathematische Begriffe, Definitionen, Sätze oder Beweise zu erarbeiten und systematisch anzuwenden. In unserem Beitrag stellen wir deswegen Lernszenarien vor, die es ermöglichen ein strukturelles Verständnis von Mathematik explizit vorzubereiten, indem mit Studierenden erörtert wird, wie „Mathematik im Prinzip funktioniert", um so den Übergang zwischen den „mathematischen Kulturen" an Schule und Hochschule zu bewältigen.

19.1 Einleitung

Die Übergangsproblematik Schule-Hochschule ist in der didaktischen Literatur vielfältig beschrieben worden. Einen Überblick über einige Arbeiten bietet Gueudet (2008). Der Übergang betrifft dabei verschiedene Phänomene: Übergang zu einer anderen/neuen Denkweise, Übergang zu formalem Beweisen, Übergang zu einem neuen didaktischen

Andrea Hoffkamp ✉
Humboldt-Universität zu Berlin, Institut für Mathematik, Berlin, Deutschland
e-mail: hoffkamp@math.hu-berlin.de

Walther Paravicini
Westfälische Wilhelms-Universität Münster, Mathematisches Institut, Münster, Deutschland
e-mail: w.paravicini@uni-muenster.de

Jörn Schnieder
Universität zu Lübeck, Institut für Mathematik, Lübeck, Deutschland
e-mail: schniede@math.uni-luebeck.de

© Springer Fachmedien Wiesbaden 2016
A. Hoppenbrock et al. (Hrsg.), *Lehren und Lernen von Mathematik in der Studieneingangsphase*, Konzepte und Studien zur Hochschuldidaktik und Lehrerbildung Mathematik, DOI 10.1007/978-3-658-10261-6_19

Vertrag an der Hochschule u. a. Diese Problematik lässt sich aus verschiedenen Perspektiven betrachten. In unserer Arbeit nehmen wir eine epistemologische und didaktische Perspektive ein. Aus diesen Perspektiven lässt sich sagen, dass Studierende das Wissen, wie man Mathematik richtig lernt, nicht gleichsam implizit während des Besuchs der Vorlesungen erwerben. Im Speziellen fehlen ihnen mathematikspezifische Lern- und Arbeitstechniken zur Erarbeitung und souveränen Anwendung mathematischer Begriffe, Definitionen, Sätze und Beweise, sowie mathematischer Theorien insgesamt.

Die aktuelle (Hochschul-)Mathematikdidaktik setzt zwar ein bestimmtes wissenschaftstheoretisches Verständnis von Mathematik (implizit) voraus und bietet eine Vielfalt didaktischer Anregungen und Aufgabenmaterialien zum Lernen und Finden von Begriffen, zum Argumentieren und Beweisen etc. an. Es gibt aber kaum Vorschläge für Unterrichtsszenarien, in denen die (methodologischen) Grundlagen des (mathematischen) Definierens, Argumentierens und Beweisens und der Theoriebildung allgemein aufgedeckt, problematisiert oder gezielt eingeübt werden können.

In unserem Beitrag skizzieren wir daher einen Ansatz, wie mathematikspezifische Denk-, Lern- und Arbeitstechniken gerade am Studienanfang vermittelt werden können.

Hierfür entwickeln wir inhaltsbezogene theoretische Konzepte in Wechselbeziehung zu praktischen Lehrentwürfen. Das theoriebasierte Design von Lernszenarien steht dabei im Mittelpunkt. Unsere Arbeit orientiert sich dementsprechend an Wittmanns Charakterisierung der Mathematikdidaktik als „Design Science" (Wittmann 1995).

Der vorliegende Artikel beschreibt exemplarisch zwei Lernszenarien. Eines davon wurde in einem Vorkurs an der Pädagogischen Hochschule Ludwigsburg zum WS 2012 eingesetzt und anschließend einem Reflexionsprozess im Forscherteam unterzogen. Dies führte zur Weiterentwicklung unserer theoretischen Annahmen und mündete in dem Entwurf des zweiten hier dargestellten Szenarios.

19.2 Allgemeiner Ansatz und theoretischer Hintergrund

Viele Vor- oder Brückenkurse zielen vor allem auf die Vermittlung bzw. Wiederholung mathematischen Grundwissens und mathematischer Grundfertigkeiten. Übergeordnete Konzepte und mathematische Strategien werden zumeist nur durch mehr oder weniger explizite Hinweise miteinbezogen. Im Zentrum unseres Ansatzes stehen hingegen die Aufdeckung und die Diskussion der methodologischen Grundlagen mathematischer Tätigkeiten wie Argumentieren und Beweisen, Definieren und das Entwickeln von Theorien.

Hierzu nehmen wir eine argumentationstheoretische Perspektive ein. Das bedeutet, dass wir davon ausgehen, dass mathematische Theorien in besonderer Weise sprachlich verfasst sind: Sie können nämlich als Ergebnis eines nach strengen Regeln verlaufenden (und unter Umständen als bloß gedacht zu unterstellenden) wahrheitsorientierten Dialogs verstanden werden. Formalistische Mathematik erachten wir als Hochstilisierung argumentativer Alltagspraxis. Somit entwickelt sich die Ausgangsbasis für Mathematik aus dem Alltäglichen und dem Konkreten. Das Alltägliche und Konkrete nimmt also für formale Beweise eine Orientierungsfunktion ein.

Entsprechend obiger Überlegungen stellen wir das Leitbild *Mathematik im Dialog* ins Zentrum unseres Ansatzes und gliedern die entsprechenden Übungsszenarien nach vier Kompetenzbereichen: *Begriffe (Definitionen), mathematische Aussagen, Argumentation* und *mathematische Theorien*.

Wir behaupten, dass Studierende durch unseren Zugang in die Lage versetzt werden, einige grundlegende Voraussetzungen und Aspekte der *Mathematik als Wissenschaft* aufzudecken, zu problematisieren und zu diskutieren. Mit anderen Worten: Wir denken, dass die hier vorgestellten Methoden zu einem verstehensorientierten Lehrkonzept führen können, welches die Kernprinzipien der Wissenschaft Mathematik und mathematischen Arbeitens (an der Hochschule) explizit macht und zu einem *Verstehen wie Mathematik im Prinzip funktioniert* (Hentig 2003) führen können. Dies erachten wir als eine Grundvoraussetzung, wenn man den Wechsel zwischen den „mathematischen Kulturen" Schule und Hochschule, die sich in ihren impliziten (und expliziten) Grundannahmen und Regeln unterscheiden, vollziehen möchte. Verständiges mathematisches Arbeiten und Üben setzt unseres Erachtens ein gewisses wissenschaftstheoretisches Verständnis voraus, welches frühzeitig in expliziter Weise entwickelt werden sollte.

Im weiteren Verlauf stellen wir zwei Szenarien zu den Bereichen *Argumentation* und *Definieren* dar. Ausgehend von der Erläuterung des theoretischen Hintergrundes werden normative Folgerungen für die Ausgestaltung der Lernszenarien getroffen. Lernpsychologische Perspektiven (z. B. Beliefs-Forschung) spielen hierbei zunächst keine Rolle. Unseren Bezugsrahmen bilden vielmehr die allgemeine Wissenschaftstheorie, Argumentationstheorie (Tetens 2010) und Epistemologie. Anschließend werden die Szenarien einer Analyse hinsichtlich ihres didaktischen Potenzials zur Erreichung der formulierten Lernziele unterzogen.

19.3 Zwei Lernszenarien

19.3.1 Zielgruppe und Lehrkontext

Die hier beschriebenen Lernszenarien wurden zunächst für Lehramtsstudierende des ersten Semesters mit Mathematik konzipiert. Sie sind aber durchaus auch für Studierende mit Hauptfach Mathematik im Rahmen eines Bachelorstudiengangs geeignet. In einem ersten Durchlauf wurde ein unserer Konzeption folgender mathematischer Vorkurs an der PH Ludwigsburg vor Beginn des Wintersemesters im Oktober 2012 durchgeführt. Daran nahmen ca. 200 Studierende der Studiengänge Grundschullehramt, Werkrealschullehramt und Sonderschullehramt teil. Dementsprechend war die Zielgruppe bezüglich ihrer Voraussetzungen äußerst heterogen, was ihre mathematischen Kompetenzen, Lernmotivation und ihre akademischen Fähigkeiten anbelangte. Der Vorkurs erstreckte sich über 4 volle Tage mit je zwei (aktivierenden) Vorlesungen (90 min + 60 min) und je einer Übungsphase am

Nachmittag (210 min), in der die Studierenden in von Tutorinnen und Tutoren betreuten Kleingruppen arbeiteten. Die Vorlesung wurde parallel von der Autorin des Artikels und einem Dozenten aus Ludwigsburg gehalten, so dass die Studierenden sich zur Vorlesung in zwei Gruppen à ca. 100 Personen aufteilten.

Das im Folgenden beschriebene Szenario I zur *Argumentation* war dabei ein integraler Bestandteil des Vorkurses. Aus der Reflexion und den vorläufigen Rückmeldungen der Studierenden zum Vorkurs wurde unser Ansatz weiterentwickelt; im Zuge dessen wurde unter anderem ein Szenario zum Bereich *Definieren* erarbeitet, welches wir ebenfalls in diesem Beitrag vorstellen. Die argumentationstheoretische Perspektive spiegelt sich in den Lernszenarien darin wider, dass sie allesamt dialogisch orientiert sind und mathematisches Wissen bzw. Regeln eben nicht nur aus rein symbolischem Operieren heraus entwickelt werden, sondern der Aspekt der Idealisierung und Hochstilisierung in der formalistischen Mathematik ins Zentrum rückt.

19.3.2 Lernszenario I: Argumentation, Beweis und Rechtfertigung

Die folgenden Ausführungen werden relativ knapp gehalten und können in ausführlicher Form in unserem Artikel zur CERME 2013 (Hoffkamp et al. 2013) nachgelesen werden. Sie werden hier allerdings um einige Aspekte ergänzt und im Hinblick auf den Übergang zum zweiten hier dargestellten Lernszenario erweitert.

Theoretischer Rahmen

Mathematische Beweise werden in der Schule zumeist nur exemplarisch gelehrt. Ein streng axiomatisch-deduktives Vorgehen taucht vernünftigerweise in der Schule nicht auf. Dennoch sollten gerade zukünftige Lehrerinnen und Lehrer sich eines solchen Vorgehens bewusst sein und dieses auch eingeübt haben, um später in der Lage zu sein mit den Schülerinnen und Schülern *lokales Ordnen* als „deduktives Vorgehen im Kleinen" durchzuführen. Das „lokale Ordnen" beschreibt Freudenthal (1963) folgendermaßen:

> Es blieb eben nichts anderes übrig, als die Wirklichkeit zu ordnen, Beziehungsgefüge herzustellen und sie bis zu einem Horizont der Evidenz zu führen, der nicht genau festgelegt und recht variabel war. Ich habe diese Tätigkeit die des lokalen Ordnens genannt (S. 7).

Dadurch, dass der „Horizont der Evidenz" nicht genau festgelegt bzw. variabel ist, trifft man schon im schulischen Kontext auf das Problem der Legitimation mathematischer Argumentation und häufig auf die Frage, wovon man nun ausgehen darf und wovon nicht.

In der Hochschule spielen mathematische Beweise i.a. eine andere Rolle als in der Schule: „[...] they are central in the building of the university mathematical culture, because they indicate methods, and also what requires justification or what does not" (Gueudet 2008, S. 247).

Normalerweise werden an der Hochschule aber die metatheoretischen Aspekte mathematischer Beweise, welche die verwendeten methodischen Mittel legitimieren, nicht explizit angesprochen oder gar diskutiert. Wir denken, dass dies jedoch ein Schlüsselfaktor im Übergang Schule-Hochschule bzgl. mathematischem Argumentieren und Beweisen ist und dass sich diese Aspekte letztlich auch auf die Tätigkeit des lokalen Ordnens in der Schule übertragen lassen.

Mathematische Argumente oder Beweise dienen dazu, andere bzw. sich selbst von der Wahrheit mathematischer Aussagen zu überzeugen (Thiel 1973). In diesem Sinne sind mathematische Beweise Werkzeuge oder eine Richtlinie für die Entwicklung mathematischer Argumentationen, welche transsubjektive Verständlichkeit ermöglichen sollen (Lorenzen 1968). Für die Konzeption eines Lernszenarios folgen wir dieser eben skizzierten epistemologischen und normativen Perspektive. Hierbei verfolgen wir das Ziel die *minimalen* Bedingungen und Voraussetzungen effektiver mathematischer Argumentation explizit zu erörtern und zu reflektieren.

Was verstehen wir unter mathematischer Argumentation? Mathematische Argumentationen können als Muster bestehend aus *Voraussetzung – Schlussregel – Schluss* strukturiert werden, welche in linearer Form geschrieben werden können (Tetens 2010). Die Verifizierung des Schlusses wird aus bestimmten Voraussetzungen abgeleitet. Diese Voraussetzungen benötigen keine weitere Rechtfertigung oder wurden schon verifiziert. Insbesondere werden aber die Schlussregeln explizit festgelegt und gerechtfertigt. Mathematische Argumentation, die nach diesem Muster aufgebaut ist, läuft nicht Gefahr in einen Zirkelschluss zu münden, oder in einen infiniten Regress zu laufen bzw. mit Hilfe eines „Dogmas" abgebrochen zu werden. Mit anderen Worten sie läuft nicht auf das berüchtigte „Münchhausen-Trilemma" hinaus (Albert 1991).

Wir betonen in unserem Zugang den dialogischen Charakter der Logik, durch die uns die Mittel an die Hand gegeben werden, neues Wissen aus schon bestehendem Wissen zu erschaffen. Deswegen sollen Studierende das Ideal transsubjektiver Verständlichkeit als minimale Bedingung für wissenschaftliches Arbeiten in der Mathematik kritisch diskutieren. Das Muster *Voraussetzung – Schlussregel – Schluss* soll als Werkzeug zur Erreichung dieses Ideals erkannt werden.

Ziel soll es sein, dass Studierende nicht nur theoretisches Wissen zu mathematischer Argumentation besitzen oder in Beweisführung trainiert werden. Vielmehr sollen sie auch die verwendeten Werkzeuge auf einer normativen Basis bezüglich der Erreichbarkeit der Ziele diskutieren. Wir denken, dass solch eine normative Diskussion zu einer kritischen Auseinandersetzung mit und Reflexion von Mathematik als Wissenschaft und ihrer methodologischen Entscheidungen führen kann.

„Mathematische Argumentation und Rechtfertigung" – Lernziele, Grobverlauf und didaktischer Kommentar
Mit dem Lernszenario werden zwei Lernziele verfolgt: Die Studierenden sollen

- mathematische Beweise anhand des Beispiels des Beweises durch Widerspruch analysieren und deren deduktive Struktur erkennen und beschreiben.

- erkennen, dass Vollständigkeit und deduktive Ableitung notwendige Kriterien für mathematische Beweise sind, und das Ideal des Musters *Voraussetzung – Schlussregel – Schluss* als vernünftiges Mittel für mathematische Argumentation anerkennen und sich bewusst aneignen.

Das Szenario ist in drei Phasen gegliedert, die im Folgenden kurz umrissen werden.

Phase 1 (Informationsphase) In der Vorlesung werden die Grundzüge naiver Logik und die Methode des Beweises durch Widerspruch vorgestellt. Als weiteres Beispiel für einen Beweis durch Widerspruch wird die Unendlichkeit der Menge der Primzahlen herangezogen. Hierzu wurde ein Beweis in Zeilen „auseinandergeschnitten" und in eine falsche Reihenfolge gebracht (*Beweispuzzle*). Gemeinsam mit den Hörerinnen und Hörern wird die richtige Anordnung der Deduktionskette hergestellt (Projektion mit Beamer oder Overhead).

Phase 2 (Kognition) Das *Beweispuzzle* wird in der Übung in Kleingruppen wieder aufgegriffen. Den Studierenden werden zwei weitere Beweispuzzles in Form von unsortierten Beweiszeilen, welche auseinandergeschnitten wurden, gegeben.

Dabei handelt es sich nicht etwa um zwei verschiedene Beweise des Satzes zur Unendlichkeit der Menge der Primzahlen, sondern um denselben Beweis (bzw. dieselbe Beweisidee) wie schon in der Informationsphase. Die Beweise unterscheiden sich aber erheblich in der Art, wie sie notiert sind. Ein Beweis ist sehr viel kürzer als der Beweis aus der Vorlesung. Dabei wurden Deduktionsschritte zusammengefasst bzw. ausgelassen, so dass der Leserin bzw. dem Leser mehr an Vorwissen abverlangt wird. Der andere Beweis ist halbformalisiert und dadurch sehr lang und detailreich. Die Studierenden sortieren die Beweisschritte und diskutieren die Beweise. Dadurch entsteht eine Irritation oder Provokation, denn oftmals sind Studierende aus der Schule ein kochrezeptartiges Arbeiten gewohnt, bei dem es genau einen richtigen Weg gibt. Dies führt zu einer Diskussion, in deren Verlauf die Struktur mathematischer Beweise als Deduktionskette aufgedeckt und reflektiert wird. Diese Struktur lässt sich als Gemeinsamkeit aller drei Beweise herausarbeiten. Aber auch der dialogische Charakter wird offenbar: Beweise dienen dazu sich selbst oder andere von der Gültigkeit einer Aussage zu überzeugen (transsubjektive Verständlichkeit). Ob dies gelingt, hängt dabei vom mathematischen Vorwissen bzw. Hintergrund ab, aber auch von (persönlichen oder sozio-kulturellen) normativen Vorstellungen. Letztlich provoziert diese Phase gerade durch die unterschiedlich langen bzw. unterschiedlich detailreichen Beweise aber auch Fragen wie „Was wäre, wenn ein mathematischer Beweis niemals zu Ende formuliert werden könnte?" oder „Was sind die Grundregeln mathematischen Beweisens, wenn ein Beweis überzeugen soll?" Diese Fragen nach Rechtfertigung und Gültigkeit leiten in Phase 3 über.

Phase 3 (Metakognition) Diese Phase beschäftigt sich mit den Fragen „Woher weiß ich, dass eine mathematische Argumentation gültig ist?" bzw. „Was ist ein perfekter Beweis?"

Um sich diesen Fragen zu widmen, erhalten die Studierenden weiteres Material in Form des Münchhausen-Trilemmas:

> Hans Albert (1991) behauptet, dass jegliche Versuche für eine Letztbegründung scheitern müssen bzw. ins Münchhausen-Trilemma führen. Das Münchhausen-Trilemma bedeutet, dass jeder Versuch des Beweises eines letzten Grundes zu einem von drei möglichen Ergebnissen führt: zu einem Zirkelschluss, (die Conclusio soll die Prämisse beweisen, benötigt diese aber, um die Conclusio zu formulieren) oder zu einem Infiniten Regress (es wird immer wieder eine neue Hypothese über die Begründbarkeit eines letzten Grundes formuliert, die sich jedoch wiederum als unzureichend erweist oder wieder in einen Zirkel führt) oder zum Abbruch des Verfahrens.[1]

Die Studierenden erhalten eine Textfassung des Münchhausen-Trilemmas und bearbeiten folgende Aufgaben:

> Stellen Sie Zusammenhänge zwischen den Beweis-Puzzles und dem Münchhausen-Trilemma her. Nennen Sie Eigenschaften eines „perfekten" Beweises!

Hierdurch sollen gemeinsam mit den Studierenden sozio-mathematische Normen aufgestellt und diskutiert werden: „which means in this context, criteria shared by students and teachers to decide whether a proof is valid or not, what is a satisfactory explanation, etc." (Gueudet 2008, S. 243).

Die Normen mathematischer Argumentation werden also im Gegensatz zur üblichen Lehrpraxis nicht vorgegeben und an Beispielen vertieft, sondern von Anfang an zur Diskussion gestellt und dadurch explizit gemacht.

Es ist davon auszugehen, dass sich die meisten Studierenden noch keine Gedanken um Rechtfertigungsaspekte mathematischer Beweise gemacht haben. Mit dieser Lernumgebung sollen sie sich solcher Aspekte und Probleme bewusst werden. Deswegen erhalten sie mehrere Beweise desselben Satzes, die in ihrer Länge und Argumentationstiefe weit differieren. Dies ist als Analogon des „infiniten Regresses" beim Münchhausen-Trilemma zu sehen, denn selbst bei der langen und sehr detailreichen Version des Beweises, könnte man jeden einzelnen Beweisschritt weiter hinterfragen, so dass man letztlich auf die Frage der „letzten Begründungen" kommt. Die Studierenden werden durch die Lernumgebung angeregt ihre impliziten Überzeugungen zu mathematischen Beweisen zu reflektieren und in Überlegungen zu der Frage „Was ist ein perfekter Beweis?" münden zu lassen. Die Reflexion der drei Optionen des Trilemmas kann dann zur Überzeugung führen, dass das Muster *Voraussetzung – Schlussregel – Schluss* ein vernünftiges und angemessenes Mittel für mathematische Argumentation ist. Aber es erlaubt auch das Erkennen mathematischer Arbeitsweise: Definierte Eigenschaften dürfen ohne Beweis benutzt werden, wohingegen alle anderen Eigenschaften unter Ausnutzung bestehender Definitionen bewiesen werden müssen.

---

[1] Formulierung aus http://de.wikipedia.org/wiki/Münchhausen-Trilemma (Zugegriffen: 25.9.2013).

Der erste Durchlauf dieses Lernszenarios an der PH Ludwigsburg scheint unseren Ansatz zu bestätigen. Die Studierenden diskutierten, dass Beweise einen gewissen Zweck verfolgen, nämlich andere von der Wahrheit einer Aussage zu überzeugen. Hierfür muss ein Beweis an die Adressaten angepasst sein. Auf dieser Basis wurden Normen für gute Beweise erarbeitet und mit den Normen an der Schule verglichen. Aus den Gesprächen und Diskussionen in der Übung entstand aber auch die Frage nach den „Atomen der Argumentation" („Wann muss man nicht mehr weiterfragen?") bzw. nach den Grundbegriffen – letztlich also die Frage nach einem axiomatischen Zugang. Insbesondere wurde diese Frage aufgegriffen, als in der Vorlesung die elementare Wahrscheinlichkeitstheorie als ein Beispiel solch eines axiomatischen Zugangs und als Beispiel einer mathematischen Theorie in ihren (elementarsten) Grundzügen behandelt wurde. Dies war aber noch unzureichend, so dass das Forscherteam ein Lernszenario zum Thema „mathematische Definitionen" entwickelt hat, das im weiteren Verlauf beschrieben wird.

19.3.3   Lernszenario II: Mathematische Definitionen

Theoretischer Rahmen
Im Folgenden skizzieren wir ein weiteres Lernszenario, das die Studierenden auf einen Perspektiv- und einen damit verbundenen Haltungswechsel im Übergang Schule-Hochschule vorbereiten soll. Diese finden im Übergang von einer bloß wissenschaftspropädeutischen hin zu einer wissenschaftlichen, d. h. dem Ideal lückenloser und insbesondere zirkelfreier Begründung verpflichteten, Sichtweise von Mathematik – hier am Beispiel „Mathematisches Definieren" – statt.

„Begriffe bilden die Grundbausteine der Mathematik" (Vollrath und Roth 2012). Für eine wissenschaftlich betriebene Mathematik (wie für jede Wissenschaft) ist der systematische und intersubjektiv nachvollziehbare Aufbau ihrer Terminologie von zentraler Bedeutung. In unserem Lernszenario geht es dabei aber nicht nur darum, das Definieren als sinnvolles und notwendiges Verfahren terminologischer Sprachnormierung in der Mathematik kennen zu lernen, sondern – im Sinne eines Orientierungswissens – auch die mathematikübergreifende Bedeutung des Methodeninstruments „Definition" für eine gelingende Kommunikation in Alltag und Wissenschaft überhaupt erfahrbar zu machen. Insofern steht auch hier der dialogische Charakter im Vordergrund.

Zu den selbstverständlichen, schon in der Schule praktisch und implizit vermittelten Forderungen an gute Definitionen gehört es, „von Definitionsverfahren Eindeutigkeit und Explizitheit zu verlangen" (Janich 2001, S. 124). Fehlerhaft sind Definitionen immer dann, wenn sie zirkulär sind und sich – bildlich gesprochen – im Kreis drehen, d. h. wenn im Definiens das Definiendum bereits vorkommt und sie dadurch das, was erst definiert werden soll, bereits als definiert in Anspruch nehmen.

Wird diese Forderung aber ohne weitere Ergänzungen und Einschränkungen unterschiedslos auf alle Begriffe einer Theorie ausgedehnt, so führt sie in tiefe, die Bedingungen der Möglichkeit von Wissenschaft allgemein und Mathematik insbesondere betreffende, Grundlagenprobleme[2]. Wird nämlich an der Forderung festgehalten, dass die erklärenden Begriffe einer Definition selber nicht definitionsbedürftig sein dürfen bzw. dass letztlich alle Begriffe ausschließlich mit Hilfe sprachlicher Mittel einzuführen sind, so wird man in ein Münchhausen-Trilemma für Begriffe, kurz ein Begriffs-Trilemma geführt: Entweder man akzeptiert zirkuläre Begriffsbildungen oder aber einen infiniten Regress beim Definieren oder man nimmt einen bewusst vollzogenen Abbruch und damit einhergehend die Verpflichtung in Kauf, gewisse Begriffe als nicht definitionsbedürftige Grundbegriffe auszuzeichnen.

Letzteres führt zum Konzept der Axiomatik, denn in der Mathematik besteht der wesentliche Ansatz[3] darin, eine Variante der letztgenannten Alternative aufzugreifen: Hierbei werden gewisse Begriffe als Grundbegriffe gleichsam als rationale Basis ausgezeichnet und alle anderen Begriffe als abgeleitet betrachtet. Diesem Verständnis zufolge werden diese Grundbegriffe so betrachtet, dass sie ausschließlich über ihre wechselseitigen Beziehungen zueinander (Kohärenz) definiert sind. Formal ausgedrückt handelt es sich dabei darum, mehrere Begriffe gleichzeitig dadurch definitorisch zu bestimmen, bzw. „implizit" im Rahmen einer mathematischen Strukturbeschreibung zu definieren, dass man eine Liste von satzartigen Ausdrücken, die so genannten (formalen) Axiome, schlicht hintereinander schreibt und als (fast ausschließlichen) Maßstab für die wissenschaftliche Korrektheit dieses so gesetzten Axiomensystems seine logische Widerspruchsfreiheit (Konsistenz) setzt. Das sich in diesem Ansatz ausdrückende Selbstverständnis der Mathematiker liegt noch diesseits spezifischer Unterschiede in den philosophisch-wissenschafts-theoretischen Deutungen einer mit wissenschaftlichem Anspruch auftretenden Mathematik. Eine besonders pointierte Form (Janich 1992) dieser weit über die Mathematik hinaus verbreiteten arbeitspraktischen Sichtweise zur Methodologie des Definierens bieten David Hilberts (1903) berühmte *Grundlagen der Geometrie*. Selbstverständlich unterstreicht diese Position den hypothetischen Charakter mathematischer Theorien; ihr geht es nicht um inhaltliche Geometrie als Theorie des praxisleitenden Anschauungsraums, ihr geht es um Implikationszusammenhänge zwischen bereits als bewiesen unterstellten oder als Axiom gesetzten Behauptungen; die inhaltliche, empirisch kontrollierbare Richtigkeit ihrer Ausgangssätze, aufgefasst als Interpretation in der Wirklichkeit, bleibt unerheblich.

„Mathematische Definitionen" – Lernziele, Grobverlauf und didaktischer Kommentar
Mit diesem Lernszenario werden drei Ziele verfolgt: Die Studierenden sollen

- am Beispiel des Begriffs „Quadrat" die Definitions-Zirkularität bzw. den Definitionsabbruch in einem mathematischen Fachlexikon erfahren;
- Definitionszirkel als Problem für eine wissenschaftlichen Ansprüchen genügende Mathematik erkennen;

---

[2] Vgl. dazu und für einen ersten Überblick insgesamt Thiel (1995) insbesondere S. 273–302.
[3] Für einen ausführlichen Überblick über die formalistische Sichtweise vgl. Thiel (1995, S. 20 ff.).

- wissen, wie der *working mathematician* das Problem der Definitionszirkel umgeht bzw. den Definitionsabbruch methodisch löst.

Phase 1 (Problematisierung) In diesem Lernszenario wird die Lerngruppe zunächst in Kleingruppen eingeteilt. Diese erhalten in einer *ersten Phase* den folgenden Arbeitsauftrag:

Aufgabe 1
Erklären Sie mit möglichst einfachen Worten den Begriff „Quadrat" (stellen Sie sich etwa vor, dass der Adressat Ihrer Erklärung ein geometrisch vollkommen Unwissender ist). Dazu recherchieren Sie in einem Lexikon erste definierende Begriffe sowie die sie erklärenden grundlegenderen/einfacheren Begriffe. Entwickeln Sie dazu ein Pfeildiagramm, das Ihre gefundenen Begriffe hierarchisch ordnet. Stellen Sie das Pfeildiagramm auf einem Plakat dar und bereiten Sie eine Präsentation Ihrer Ergebnisse vor.

Zunächst wird mit Aufgabe 1 auf enaktive Weise und textfrei ein kognitiver Konflikt erzeugt: Im Umgang mit einem anerkannten Fachlexikon erfahren und erkennen die Studierenden, dass schon die Definitionsversuche für besonders einfache und vertraut erscheinende Begriffe wie beispielsweise den des Quadrats zirkulär verlaufen oder in einen unendlichen Regress führen – im Widerspruch zum gängigen Verständnis von Mathematik als einer Wissenschaft, deren Erkenntnisse als unbezweifelbar gewiss und letztlich objektiv nachvollziehbar gelten. Die Studierenden erfahren auf diese Weise, wie sie von Lexikoneintrag zu Lexikoneintrag durchgereicht werden, ohne auf ein absehbares Fundament geometrischer (Grund-)Begriffe zu stoßen. Im Gegenteil: Die Zahl der klärungsbedürftigen geometrischen Fachwörter nimmt rasch zu, obwohl doch die auftauchenden Begriffe geometrisch immer „einfacher" zu werden scheinen. Schließlich werden die Definitionszirkel immer offensichtlicher, wenn die Erklärung auch der „einfachsten" Begriffe Punkt, Gerade, Ebene nicht unabhängig voneinander und ohne zusätzliche Relationen angegeben werden kann.

Gerade das „Quadrat" lässt verschiedene Recherchewege offen, die aber alle schnell in die gebetsmühlenartigen Begriffskreisläufe einmünden und so den Studierenden die Unlösbarkeit der gestellten Aufgabe gleichsam einhämmern. Spätestens das Suchprotokoll, das die recherchierten Begriffe in der jeweiligen Suchreihenfolge enthält, wird durch die sich wiederholenden Begriffseinträge zur augenöffnenden Visualisierung eines Begriffszirkels. Dass diese Zirkel in einem Fachbuch für Mathematik enthalten sind, unterstreicht dabei nur die Problematik zirkulärer Definitionen in der Mathematik. Nur die Erklärungen der Grundbegriffe Punkt, Gerade und Ebene sind als axiomatische Bausteine gegeben und etwas schwieriger nachzuvollziehen.

Erwartungsgemäß wird sich ein gewisses Unbehagen bei den Teilnehmerinnen und Teilnehmern einstellen: Ist sich selbst die Geometrie ihrer (Grund-)Begriffe nicht sicher? Dieses Unbehagen mag zunächst konstruiert erscheinen, ist es aber nicht. Denn wissenschaftstheoretisch führte es zur axiomatischen Methode, welche die „Auflösung dieses Unbehagens" für die Mathematik darstellte. Diese Lösung war aber in der Geschichte der Mathematik keineswegs offensichtlich und sollte deswegen in der Lehrpraxis auch nicht so dargestellt werden.

Deswegen soll im weiteren Verlauf der Lernumgebung explizit werden, über welche Arbeits- und Denkstrategien der *working mathematician* hier verfügt. Dass dies vor allem für Lehramtsstudierende wichtig ist, wird klar, wenn man sich die Tätigkeit des *lokalen Ordnens* als Theoriebildung im Kleinen vorstellt. Hier ist gerade für Schülerinnen und Schüler eine klare Auszeichnung der „Basisbegriffe" wichtig, um fachlich aufbauend und intellektuell ehrlich vorzugehen.

Die Sichtung der Ergebnisse von Aufgabe 1 im Plenum beginnt deshalb zunächst ggf. mit einer ersten Thematisierung dieser vielleicht von einigen mathematikbegeisterten Studierenden auch als erschreckend und frustrierend erlebten Lexikonarbeit und der dabei möglicherweise auch aufgetretenen Affekte.

Um bei den Studierenden den Eindruck einer im Prinzip vollständigen und repräsentativen Bilanzierung mathematischer Definitionsverfahren zu erzeugen, werden am Ende der Gruppenarbeitsphase nicht weiter lexikalisch zurückverfolgte Begriffe gemeinsam im Plenum analysiert (auch im Sinne einer zusätzlichen Sicherung und Festigung). Eine auch nur ansatzweise gründliche Begriffsrecherche wird auf die Begriffe Punkt, Gerade und Ebene zurückführen, die als Grundbegriffe der Geometrie allen anderen Figuren und Beziehungsbegriffen zugrunde liegen.

Schließlich werden die entdeckten Begriffszirkel von unterschiedlichen Studierenden auf je verschiedenem Kompetenzniveau benannt. An dieser Stelle ist zu erwarten, dass sich verschiedene oder alle Denkfiguren aus dem Münchhausen-Trilemma in den Diagrammen wiederfinden (z. B. Zirkeldefinitionen). Als möglichen Impuls zur Bündelung und Fokussierung der Ergebnisse bietet sich an:

Stellen Sie einen Zusammenhang zwischen den präsentierten Ergebnissen und dem Münchhausen-Trilemma her.

Die erste Phase soll mit einem Fazit oder einer Frage von den Studierenden abgeschlossen werden. Erwartbare und in hohem Maße wünschenswerte Formulierungen der Studierenden könnten sein:

- „Mathematik scheint zu funktionieren, obwohl sie zirkuläre oder undefinierte Begriffe enthält."
- „Gibt es in der Mathematik perfekte Definitionen?"
- „Wenn in der Mathematik Begriffszirkel unauflösbar wären, wie könnte sie denn dann überhaupt gelernt werden, einen Anfang nehmen und gelehrt werden?"
- „Würde es denn Mathematik überhaupt geben, wenn Definitionen Zirkel enthielten?"

Phase 2 (Metaperspektive) Die Diskussion wird sich erwartungsgemäß zur Frage nach den methodologischen Grundsätzen eines wissenschaftlich arbeitenden Mathematikers öffnen und damit zur *zweiten Phase* des Lernszenarios überleiten.

Aufgabe 2.1

Diskutieren Sie in der Gruppe, ob zirkuläre Begriffsbildungen in der Mathematik vermeidbar sind. Wenn ja, entwickeln Sie entsprechende Vorschläge und erläutern Sie diese am Beispiel des Quadrats. Wenn nein, formulieren Sie eine Begründung in Form eines Thesenpapiers.

Aufgabe 2.2

Vergleichen Sie Ihren Lösungsvorschlag mit dem für das Selbstverständnis der meisten Mathematiker und Mathematikerinnen auch heute noch symptomatischen Ansatz von David Hilbert[4].

> Die Geometrie bedarf zu ihrem folgerichtigen Aufbau nur weniger und einfacher Grundsätze, genannt Axiome der Geometrie. Diese Sätze werden ohne Beweis und ohne weiteren Erklärungsbedarf als gegeben angenommen, alle anderen Sätze der Geometrie müssen und können aus ihnen durch logisches Schließen und ohne Zuhilfenahme weiterer Annahmen gewonnen werden.
>
> Wir denken uns dazu drei verschiedene Systeme von Dingen: Die Dinge des ersten Systems nennen wir Punkte, die des zweiten Geraden und die des dritten Ebenen. Wir denken die Punkte, Geraden und Ebenen in gewissen gegenseitigen Beziehungen und bezeichnen diese Beziehungen durch Worte wie „liegen auf", „bestimmen", „zwischen" oder „parallel"; die genaue und für mathematische Zwecke vollständige Beschreibung dieser Beziehungen erfolgt durch 20 Axiome der Geometrie. Diese lauten beispielsweise „Zwei voneinander verschiedene Punkte bestimmen stets eine Gerade." oder „Wenn zwei Ebenen einen Punkt gemeinsam haben, so haben sie wenigstens noch einen weiteren Punkt gemeinsam."
>
> Man kann dabei statt „Punkte, Geraden und Ebenen" jederzeit auch „Tische, Stühle und Bierseidel" sagen; es kommt nur darauf an, dass die Axiome erfüllt sind.

Die Studierenden sollen nun in der folgenden Aufgabe herausarbeiten, was die gewonnenen Erkenntnisse für ihre eigene Arbeitspraxis bedeuten können: etwa, besonders darauf zu achten, Voraussetzungen und Behauptungen gedanklich zu trennen, und in der mathematischen Arbeit von einem Begriff nur noch diejenigen Eigenschaften zu nutzen, welche tatsächlich in der Definition angelegt sind.

---

[4] Frei nach Hilbert (1903, S. 1 f.), angereichert um die populäre Bierseidel-Anekdote (Blumenthal 1935, S. 409 f.).

Aufgabe 2.3

Haben die methodologischen Überlegungen, welche Sie zur Begriffsbildung in der Mathematik angestellt haben, Konsequenzen dafür, wie Sie Mathematik verstehen und lernen wollen?

In der Auseinandersetzung mit dieser Aufgabe können die Schwierigkeiten in der Überwindung solcher (Definitions-)Probleme offensichtlich werden: Es bedarf nämlich gewisser Normen, auf die man sich einigen muss und die als wissenschaftliche Praxis Akzeptanz finden müssen. Insbesondere schließt sich hier auch der Kreis mit der ersten Lernumgebung: Dadurch, dass gewisse Begriffe als Grundbegriffe ausgezeichnet sind und nur deren erfahrungsunabhängige Relationen zueinander betrachtet werden, löst man sich von der Erfahrungswelt und legt sich auf eine formal-logische Behandlung fest. Nun wird auch die Beweisbedürftigkeit von scheinbar offensichtlichen gleichwohl beweisbedürftigen (z. B. geometrischen) Sätzen einsehbar.

In einer abschließenden Diskussion werden die Ergebnisse schließlich gebündelt. Um die Studierenden nicht in der aufgemachten Aporie stehen zu lassen und den Mathematikunterricht schlimmstenfalls dem Verdacht der Sinnlosigkeit auszusetzen, aber auch um bestimmte Aspekte der erarbeiteten Definitionslehre mit Blick auf die innermathematischen Anwendungen (strenge Unterscheidung zwischen Voraussetzung und Behauptung, Beweisverpflichtung für mathematische Behauptungen) zu betonen, werden die Studierenden mit der modernen Variante eines euklidischen Mathematikverständnisses vertraut gemacht; es handelt sich um die Position des Formalismus, wie sie von David Hilbert paradigmatisch vertreten wurde. Die Kernthesen seiner Position lassen sich so reduzieren, dass sie vor dem neuerworbenen Problemverständnis der Studierenden nachvollziehbar sind und im Sinne einer Faustregel zum guten Umgang mit mathematischen Definitionen am Anfang des Mathematikstudiums vereinfacht werden können.

19.4 Fazit und Ausblick

In diesem Artikel wurden Lernszenarien vorgestellt, welche den Übergang Schule – Hochschule erleichtern sollen. Dabei sehen wir den Übergang vor allem in einem „kulturellen" Unterschied – von einer wissenschaftspropädeutischen zu einer wissenschaftlichen Sichtweise. Durch die theoretische Erörterung einiger Grundprinzipien der Wissenschaft Mathematik, wurde auf dieser normativen Basis das Design für die Lernumgebungen begründet. Das Design zeichnet sich vor allem durch seinen dialogischen Charakter aus und ist argumentationstheoretisch verankert.

Wir behaupten, dass die Diskussion und explizite Offenlegung der methodologischen Grundlagen der Mathematik als Wissenschaft eine Grundvoraussetzung ist, um den Übergang zu meistern, denn um mathematisch zu arbeiten, ist das bewusste Assimilieren der

Methoden vonnöten. Dabei müssen die Studierenden angeleitet werden, den methodologischen Status ihrer Strategien als Normen bzw. als Ideal anzuerkennen, welche erlauben, Wissen als wissenschaftlich objektiv zu rechtfertigen. Insofern kann solch ein Ansatz auch das Lernen von Mathematik selbst lernbar machen.

Deswegen sollte ein mathematischer Vorkurs stets zwei Ziele verfolgen, nämlich zum einen die (Weiter-)Entwicklung und das Trainieren mathematischer Fertigkeiten und mathematischen Grundwissens und zum anderen ein explizites Training zum Lernen von Mathematik von einem wissenschaftlichen Standpunkt aus.

Unsere ersten Erfahrungen in Ludwigsburg (im Oktober 2012) ermutigen uns, diesen Ansatz weiter zu verfolgen. Die Rückmeldungen der Studierenden geben Hinweise darauf, dass das vorgestellte Konzept die Haltung der Studierenden in Richtung eines wissenschaftlichen Arbeitens beeinflusst:

Ich habe eine andere Sicht zu Mathe bekommen, in dem Sinn, dass die Sachen nicht einfach *so sind*, sondern man bei allem fragen kann und darf und die Kinder das ja auch tun werden.

gut finde ich, dass man motiviert wurde und man einen anderen Blickwinkel auf die Mathematik bekommen hat (Rechenregeln hinterfragen: Warum ist das so?)

Die Sichtweise auf Mathematik wurde geändert (vgl. Schule)

Perspektivwechsel von Schüler zu Lehrer (inwiefern ich das Angewandte später als Lehrer brauche)

Diese Kommentare zeigen exemplarisch, wie wichtig unsere Ansätze gerade für Lehramtsstudierende sind. Diese sollten später ihren Schülerinnen und Schülern Lernumgebungen ermöglichen, die die Diskussion von Fragen nach Rechtfertigung und der Adäquatheit der Mittel auf elementarem Niveau zulassen und insofern zu einem mündigen Umgang mit Mathematik und deren Mitteln führen.

Derzeit entwickelt das Forscherteam weitere Lernumgebungen, die in einem nächsten Durchlauf eingesetzt und reflektiert werden sollen. Unsere Arbeit wird dabei von folgenden Forschungsfragen geleitet: Führen die metakognitiven Betrachtungen tatsächlich zu einem verständigeren Umgang mit mathematischen Methoden und Strategien? Werden die Studierenden durch solch einen Zugang in die Lage versetzt, das Beweisen oder Definieren nicht nur auf normativer Basis zu verstehen und zu assimilieren, sondern selbst zu beweisen bzw. zu definieren (Produkt versus Prozess)? Wie lässt sich die Haltungsänderung im Übergang der „Kulturen" in der Lehrpraxis charakterisieren?

Literatur

Albert, H. (1991). *Traktat über kritische Vernunft*. Tübingen: J.C.B. Mohr.

Blumenthal, O. (1935). Lebensgeschichte. In D. Hilbert (Hrsg.), *Gesammelte Abhandlungen* (Bd. 3, S. 388–429). Berlin: Springer.

Freudenthal, H. (1963). Was ist Axiomatik, und welchen Bildungswert kann sie haben? *Der Mathematikunterricht, 9*(4), 5–29.

Gueudet, G. (2008). Investigating the secondary-tertiary transition. *Educational Studies in Mathematics, 67*, 237–254.

von Hentig, H. (2003). *Wissenschaft: Eine Kritik*. Weinheim: Beltz.

Hilbert, D. (1903). *Grundlagen der Geometrie. Zweite, durch Zusätze vermehrte und mit fünf Anhängen versehene Auflage*. Leipzig: Teubner.

Hoffkamp, A., Schnieder, J., & Paravicini, W. (2013). Mathematical enculturation – Argumentation and proof at the transition from school to university. In B. Ubuz, Ç. Haser, & M. A. Mariotti (Hrsg.), *Proceeding of the Eighth Congress of the European Society for Research in Mathematics Education* (S. 2356–2365). Ankara: Middle East Technical University.

Janich, P. (1992). *Grenzen der Naturwissenschaft: Erkennen als Handeln*. München: Beck.

Janich, P. (2001). *Logisch-pragmatische Propädeutik: Ein Grundkurs im philosophischen Reflektieren*. Weilerswist: Velbrück Wissenschaft.

Lorenzen, P. (1968). *Normative Logic and Ethics*. Mannheim: Bibliographisches Institut.

Tetens, H. (2010). Argumentieren lehren. Eine kleine Fallstudie. In K. Meyer (Hrsg.), *Texte zur Didaktik der Philosophie* (S. 198–214). Stuttgart: Reclam.

Thiel, C. (1973). Das Begründungsproblem der Mathematik und die Philosophie. In F. Kambartel, & J. Mittelstraß (Hrsg.), *Zum normativen Fundament der Wissenschaft* (S. 90–114). Frankfurt am Main: Athenäum.

Thiel, C. (1995). *Philosophie und Mathematik. Eine Einführung in ihre Wechselwirkungen und in die Philosophie der Mathematik*. Darmstadt: Wissenschaftliche Buchgesellschaft.

Vollrath, H.-J., & Roth, J. (2012). *Grundlagen des Mathematikunterrichts in der Sekundarstufe*. Heidelberg: Spektrum Akademischer Verlag.

Wittmann, E. (1995). Mathematics education as a ‚design science'. *Educational Studies in Mathematics, 29*(4), 355–374.

Das soziale Netzwerk Facebook als unterstützende Maßnahme für Studierende im Übergang Schule/Hochschule

20

Leander Kempen

Zusammenfassung

Das soziale Netzwerk „Facebook" ist immer häufiger zentraler Gegenstand didaktischer Forschung. In diesem Artikel wird über die Ergebnisse des Einsatzes von Facebookgruppen in den Paderborner Vorkursen 2012 und in der Erstsemesterveranstaltung „Einführung in die Kultur der Mathematik" für Bachelorstudierende des Lehramts für Haupt-, Real- und Gesamtschule (WS 2012/13) berichtet. Es zeigt sich, dass die Studierenden die Kommunikationsstrukturen der Facebookgruppen konstruktiv nutzen, um häufig auftretende Probleme im Übergang Schule/Hochschule gemeinsam zu bewältigen. Das freiwillige Zusatzangebot „Facebook" wurde von der Mehrzahl der Studierenden genutzt und als positiv bewertet.

20.1 Allgemeine Daten zu Facebook

Facebook wurde 2004 von Mark Zuckerberg, Eduardo Saverin, Dustin Moskovitz und Chris Hughes entwickelt. Heute ist Facebook nach Google die weltweit am meisten genutzte Internetseite und mit über 840 Millionen aktiven Nutzern das derzeit wichtigste soziale Netzwerk der westlichen Welt. Deutschland liegt im internationalen Ländervergleich mit 22,1 Millionen Mitgliedern auf Rang sieben (Stand April 2013).

Verschiedene Studien verdeutlichen die Bedeutung sozialer Netzwerke: So verfügten im Jahr 2010 39 % aller Internetnutzer ab 14 Jahren über mindestens ein Profil in einem Netzwerk (vgl. Neuberger 2011). Im Jahr 2011 gingen zwei Drittel der Jugendlichen im Alter zwischen 12 bis 19 Jahren täglich ins Internet, die durchschnittliche Zeit, die sie täglich online verbrachten, betrug 134 Minuten, wobei etwa die Hälfte dieser Zeit für Kommunikation (Communities, Messenger, Chat und E-Mail) genutzt wurde (JIM-

Leander Kempen ✉
Universität Paderborn, Institut für Mathematik, Paderborn, Deutschland
e-mail: kempen@khdm.de

© Springer Fachmedien Wiesbaden 2016   311
A. Hoppenbrock et al. (Hrsg.), *Lehren und Lernen von Mathematik in der Studieneingangsphase*, Konzepte und Studien zur Hochschuldidaktik und Lehrerbildung Mathematik, DOI 10.1007/978-3-658-10261-6_20

Studie 2011). 84 % der Jugendlichen im Alter zwischen 18 bis 19 Jahren gaben an „täglich/mehrmals pro Woche" in einem Online-Netzwerk zu sein.

20.2 Bisherige Forschung

Nach den Untersuchungen von Ellison et al. (2007) und Hoover (2008) ist Facebook eines der beliebtesten sozialen Netzwerke bei amerikanischen Studierenden, ca. 90 % der Studierenden verfügen bereits vor Studienbeginn über einen Account. Roblyer et al. (2010) berichten darüber, dass im Kontext der Hochschulen Studierende viel eher dazu geneigt sind, Facebook in die universitäre Lehre zu integrieren, als Dozenten. Verschiedene Studien (Junco und Cole-Avent 2008; Manzo 2009; Schaffhauser 2009) beschreiben die positiven Effekte, die der Einsatz von Facebook auf die Lehre haben kann: Facebook befördert die Kommunikation zwischen den Beteiligten, begünstigt die Integration aller Personen in einem öffentlichen Diskurs und verbessert allgemein die Atmosphäre im Lernkontext. Aydin (2012) resümiert hierzu:

> [...] the recent findings that Facebook increases learners' self-efficacy, motivation, self-esteem, positively changes perception and attitudes, reduces anxiety in the teaching and learning processes presents an opportunity to solve problems in relation to students' affective states in academic contexts (S. 1101).

Pempek et al. (2009) gehen in ihrer Studie den Fragen nach, wie viel Zeit Studierende in Facebook verbringen, welche Gründe Studierende angeben warum sie Facebook nutzen, und was sie effektiv tun, wenn sie in Facebook sind. Nach ihren Ergebnissen verbringt ein Studierender im Durchschnitt ca. 30 Minuten täglich in Facebook (vgl. auch Ellison et al. 2007). Der Besuch von Facebook ist dabei ein Teil der täglichen Routine und geschieht unabhängig davon, wie sehr ein Studierender beschäftigt ist. Bei der Frage, warum sie Facebook nutzen, geben 84,78 % der Befragten Kommunikation mit Freunden als Grund an. Das Ansehen oder Posten von Fotos (35,87 %), Unterhaltung (25 %) und Freizeitplanung (25 %) sind hierbei die nächsthäufigen Antworten. Kontrastierende Ergebnisse bringt die Untersuchung der dritten Frage, was die Studierenden wirklich tun, wenn Sie in Facebook sind (Prozentzahlen beziehen sich im Folgenden auf die Kategorie „activities performed often"): Die mit Abstand am Häufigsten auftretenden Aktivitäten sind hierbei das Anschauen oder Lesen der Profile von Freunden (69,57 %), das Betrachten von Fotos (58,70 %), das Lesen von neuen Nachrichten [„feeds"] (54,35 %), das Lesen von Posts an der eigenen Pinnwand (44,57 %), das Lesen von Posts an den Pinnwänden von anderen Facebooknutzern (32,61 %), das Schreiben an Pinnwände (25 %) und das Lesen der Kurzbenachrichtigungen [„mini-feeds"] (23,91 %). Die Autoren übernehmen für dieses ziellose Herumstöbern nach Neuigkeiten den Begriff *Online Lurking* von Suziki und Calzo (2004) und kommen zu dem Ergebnis, dass 64,14 % der Teilnehmer ihrer Studie dies „häufig" bis „sehr häufig" [„quite a bit" und „ a wholelot"] praktizieren.

Als Ergebnisse dieser Literaturbetrachtung kann festgehalten werden, dass die Mehrheit der Studierenden bereits vor Studienbeginn einen Facebookaccount besitzt und mit den Möglichkeiten des sozialen Netzwerks vertraut ist. Die Integration von Facebook in den universitären Kontext kann positive Effekte auf die Lehre und die Kommunikation aller Beteiligten haben.

20.3   Rahmenrichtlinien für die Nutzung sozialer Netzwerke an deutschen Universitäten

Das Datenschutzgesetz eines Bundeslandes legt verbindlich fest, wie verantwortliche Stellen Daten erheben und wie diese mit ihnen verfahren dürfen. Somit muss eine Universität allgemeine Bestimmungen, wie etwa Zulässigkeit der Datenverarbeitung, Rechte der betroffenen Person, Zweckbindung bei Speicherung etc. (vgl. Ministerium für Inneres und Kommunales NRW 2013), erfüllen. Bei einem wie auch immer gearteten Zwang zur Nutzung eines sozialen Netzwerkes, muss die Universität auch innerhalb dieses Netzwerkes für geltende Grundsätze garantieren können. Da dies aber innerhalb von Facebook nicht möglich ist, darf eine Nutzung nur auf freiwilliger Basis geschehen. Die zentrale Datenschutzstelle der baden-württembergischen Universitäten (ZENDAS 2013) gelangt somit zu dem Fazit:

Unter folgenden Bedingungen bestehen gegen die „Gründung" einer Gruppe in einem sozialen Netzwerk durch eine Universität keine Bedenken:

- Es soll lediglich ein zusätzliches, freiwilliges Angebot sein – alle relevante Information wird immer auch auf anderem Weg (per E-Mail, Webseite, etc.) kommuniziert.
- Die Universität macht in der Ankündigung entsprechende Hinweise, dass die Nutzung freiwillig ist und dass die Betroffenen alle Informationen auch auf anderem Weg erhalten. Die Gruppe ist damit quasi ein „virtueller Treffpunkt".[1]

20.4   Möglichkeiten der Gruppennutzung in Facebook

Jeder Benutzer hat in Facebook die Möglichkeit eine *Gruppe* zu gründen, in der sich ihre Mitglieder austauschen können. Jeder Gruppe muss bei der Erstellung ein Status zugeordnet werden: Offen (die Gruppe, ihre Mitglieder und Inhalte sind öffentlich in Facebook zugänglich), Geschlossen (die Gruppe und ihre Mitglieder sind öffentlich einsehbar, die Inhalte sind aber nur für Mitglieder sichtbar) oder Geheim (die Gruppe, ihre Mitglieder und Inhalte können nur von den Gruppenmitgliedern gesehen werden)[2]. Darüber hinaus

---

[1] Zitiert aus: https://www.zendas.de/themen/GruppenSozNW.html (Zugegriffen: 12.09.2013).
[2] Vgl. hierzu ausführlich: https://www.facebook.com/help/220336891328465-#What-are-the-privacy-options-for-groups (Zugegriffen: 12.09.2013).

können weitere Einstellungen getroffen werden: Wer entscheiden kann, welche neuen Mitglieder in die Gruppe aufgenommen werden, wer in der Gruppe Beiträge schreiben („posten") darf und welchen Status die einzelnen Mitglieder haben (Administrator [darf Einstellungen der Gruppe ändern] oder Mitglied).

Die Mitglieder einer Gruppe haben i. A. die Möglichkeiten, Beiträge für alle Mitglieder sichtbar in die Gruppe zu schreiben, Dateien (Texte, Fotos und Videos) hochzuladen, Umfragen zu erstellen und persönliche Nachrichten zu verschicken.

Hat ein Mitglied einen Beitrag für alle sichtbar in die Gruppe geschrieben (im Folgenden *Initialpost* genannt), kann dieser von den anderen Teilnehmern kommentiert werden (im Folgenden *Kommentar* genannt).

20.5 Die Einsatzszenarien

An der Universität Paderborn werden die mathematischen Vorkurse im Rahmen des Projekts VEMINT (www.vemint.de) durchgeführt. In diesem Zusammenhang werden die Teilnehmenden, je nach angestrebtem Studiengang, in unterschiedliche Gruppen eingeteilt, bei denen zwischen einer Präsenz- (P) und einer E-Learning-Variante (E) gewählt werden kann. Hieraus ergaben sich 2012 die folgenden Untergruppen: P1/E1 ($N = 561$): Ingenieurswissenschaften, Chemie und Informatik; P2/E2 ($N = 178$): Bachelor Mathematik, Informatik mit Nebenfach Mathematik und Lehramt Mathematik Gymnasium/Gesamtschule und Berufskolleg; P3/E3 ($N = 93$): Lehramt Mathematik Grund-, Haupt-, Real- und Gesamtschule. Jeder Gruppe werden die Lernmodule über die Lernplattform *Moodle* zur Verfügung gestellt. Da im Jahr 2011 die dort eingerichteten Online-Foren von den Teilnehmenden nur wenig genutzt wurden (53 Beiträge insgesamt), wurden in den Vorkursen 2012 (geschlossene) Facebookgruppen als Ersatz für das herkömmliche Online-Forum als freiwilliges Angebot zur Verfügung gestellt. Dieser experimentelle Facebookeinsatz gründete sich zunächst darauf, dass die Teilnehmenden die Kommunikationsstrukturen von Moodle augenscheinlich nicht wahrnahmen. Positive Ergebnisse aus der Literatur und die große Bedeutung von Facebook bei Jugendlichen motivierten die Auswahl dieses Netzwerkes.

Auf Grund der positiven Erfahrungen mit dem Einsatz von Facebook (s. u.), wurde daraufhin auch in der Erstsemesterveranstaltung „Einführung in die Kultur der Mathematik" (EKdM) für Bachelorstudierende des Lehramts für Haupt-, Real- und Gesamtschule (WS 2012/13, $N = 146$) eine entsprechende Gruppe eingerichtet. Das zusätzliche Angebot einer Facebookgruppe wurde den Teilnehmenden in der ersten Vorlesung der jeweiligen Veranstaltung vorgestellt und der entsprechende Zugangslink über *Moodle* versendet. Nach der Erstellung und Bekanntgabe der Facebookgruppen haben die Dozenten keine weiteren Aktivitäten in dem sozialen Netzwerk mehr übernommen.

20.6   Das Forschungsdesign

In den verschiedenen Kursen wurden die Facebookgruppen von den jeweiligen Dozenten für die Studierenden eingerichtet und zur Verfügung gestellt. Alle Materialien und Informationen wurden weiterhin über die Lernplattform *Moodle* bereitgestellt, so dass Facebook als freiwilliges Zusatzangebot genutzt werden konnte.

Die öffentlichen Posts der Studierenden in den Facebookgruppen wurden aufgrund ihrer Inhalte in Kategorien eingeteilt und ausgezählt. Die Kategorienbildung geschah hierbei induktiv und spiegelt bekannte Problembereiche des Übergangs Schule/Hochschule. Die Kategorien sind wie folgt: (1) mathematische Inhalte, (2) Organisation (Räume, Umgang mit Moodle, ...), (3) Kennenlernen von Kommilitonen, (4) Wohnungssuche, (5) Kennenlernen der Stadt, (6) Kennenlernen der Universität und (7) andere Lehrveranstaltungen. Bei der Auszählung wurden die Beiträge nach *Initialposts* (Startmitteilungen) und *Kommentaren* (Unterkommentare zu den Initialposts) unterschieden (vgl. Abb. 20.1). Ein Eintrag der Form „4 (+50)" bedeutet hierbei, dass zu einer bestimmten Thematik 4 Initialposts geschrieben wurden und diese insgesamt 50-Mal kommentiert wurden. Die Kommentare wurden hierbei nicht neu thematisch geordnet, sondern unter der Kategorie des entsprechenden Initialposts summiert.

Am Ende der Erstsemesterveranstaltung wurde der Facebookeinsatz mit einem Fragebogen evaluiert.

Abb. 20.1 Ein Beispiel für einen Initialpost mit insgesamt 7 Kommentaren der Kategorie 1

20.7   Ergebnisse

Insgesamt wurde das Zusatzangebot Facebook von etwa der Hälfte der Vorkursteilnehmer genutzt, wobei der jeweilige Anteil in den Präsenzkursen höher lag als in den E-Learning-Kursen. In der Lehrveranstaltung „Einführung in die Kultur der Mathematik" lag der Anteil der Facebookgruppenmitglieder sogar bei 74 % (vgl. Tab. 20.1).

Die Anzahl der Gesamtbeiträge in den einzelnen Kursen (P1/E1: 1323 Beiträge, P2/E2: 218 Beiträge, P3/E3: 108 Beiträge und EKdM: 257 Beiträge) zeugt von der aktiven Nutzung der öffentlichen Kommunikation in den Gruppen. Hierbei sind die thematischen Schwerpunkte allerdings unterschiedlich gewichtet: Während in der Gruppe der Ingenieurswissenschaften etc. (P1/E1) organisatorische Probleme, das Kennenlernen von Kommilitonen und der Stadt und mathematische Inhalte im Vordergrund stehen, behandeln die Beiträge der Gruppe der Bachelorstudierenden und der Lehramtsstudierenden (GyGe) primär das Kennenlernen der Kommilitonen und mathematische Fragestellungen. Kontrastierend dazu schrieben die Teilnehmer der Vorkursgruppe Lehramt GHR (P3/E3) fast ausschließlich aus organisatorischen Gründen Beiträge, im Kontext des ersten Semesters wurden besonders mathematisch-inhaltliche und organisatorische Beiträge geliefert (s. Tab. 20.2).

Im Folgenden werden die Ergebnisse der Evaluation in der Lehrveranstaltung „Einführung in die Kultur der Mathematik" ($n = 95$) beschrieben. 89,47 % der Studierenden gaben an, bereits vor der Erstsemesterveranstaltung einen Facebookaccount besessen zu

Tab. 20.1 Anzahl der Vorkursteilnehmer und der Teilnehmer in den Facebookgruppen

	P-Kurs	E-Kurs	P + E	# der FB-Mitglieder (ohne Mitarbeiter)
(1) Ingenieurwissenschaften etc.				
# Teilnehmer	369	192	561	
# Teilnehmer in Facebook	196 (53,12 %)	72 (37,50 %)	268 (47,77 %)	345
(2) Bachelor Mathematik, Lehramt GyGe				
# Teilnehmer	120	58	178	
# Teilnehmer in Facebook	62 (51,67 %)	14 (24,14 %)	76 (42,70 %)	86
(3) Lehramt GHRGe				
# Teilnehmer	70	23	113	
# Teilnehmer in Facebook	40 (57,14 %)	12 (52,17 %)	52 (55,91 %)	64
(4) EKdM				
# Teilnehmer	146			
# Teilnehmer in Facebook	108 (73,97 %)			108

Tab. 20.2 Auszählung und Kategorisierung der Gruppenbeiträge

Kurs (# Personen in FB)	Thematische Kategorie der Beiträge							Σ
	Inhaltl./ mathem.	Organ.	Kommilitonen	Wohnungssuche	Stadt	Univ.	Andere LV	
P1/E1 (345)	17 (+196)	27 (+215)	33 (+548)	5 (+40)	13 (+212)	4 (+13)	–	1323
P2/E2 (86)	5 (+43)	4 (+10)	10 (+115)	2 (+22)	2 (+5)	–	–	218
P3/E3 (64)	7 (+8)	9 (+81)	–	–	1 (+2)	–	–	108
EKdM (108)	21 (+80)	15 (+76)	4 (+11)	1 (+0)	–	–	8 (+41)	257

haben, nur ein Studierender (1,05 %) hat sich einen Account aufgrund der Lehrveranstaltung erstellt. Auf die Frage, warum der Einsatz von Facebook als sinnvoll erachtet wurde, waren die häufigsten Antworten: „Weil ich leicht mit Kommilitonen kommunizieren konnte" (52,58 %), „Weil der Austausch relevanter Materialien ermöglicht wurde" (28,42 %) und „Weil dort meine Fragen schnell und unkompliziert beantwortet wurden" (23,16 %). Die weiteren Ergebnisse werden in Tab. 20.3 dargestellt. Hier stellt sich heraus, dass nur wenige Studierende ihre Aktivität in der Facebookgruppe als ‚aktiv' bezeichnen („trifft eher zu" und „trifft zu": 12,34 %). Auch die weiteren Ergebnisse machen deutlich, dass eher eine passive, rezipierende Nutzung der Facebookgruppe vorzuherrschen scheint. Dementsprechend werden die gegebenen Antworten auch nur eingeschränkt als ‚hilfreich' beschrieben. Insgesamt bewerten allerdings 63,64 % der Teilnehmenden den Facebookeinsatz als positiv („trifft eher zu" und „trifft zu").

20.8   Diskussion der Ergebnisse

Durch den Einbezug von Facebook in die mathematischen Vorkurse und in die Erstsemesterveranstaltung wurde den Studierenden ein Forum zur Verfügung gestellt, welches von den Teilnehmern konstruktiv genutzt wurde. Hiervon zeugt die Anzahl der Beiträge, die thematisch die Problemfelder des Übergangs Schule/Hochschule beschreiben. Diskussionswürdig scheint zunächst der genannte Nutzen zu sein, dass durch Facebook „der Austausch relevanter Materialien ermöglicht wurde" (s. o.), da alle Materialien der Lehrveranstaltung durch die Dozenten online in *Moodle* zur Verfügung gestellt wurden. Zunächst kann festgehalten werden, dass einige dieser Materialien (Aufgabenzettel) von den Studierenden auch in Facebook hochgeladen wurden und somit der Besuch von *Moodle* für viele Studierende seltener nötig war. Da von den Dozenten keine Materialien in Facebook öffentlich hochgeladen wurden, kann diese vermeintliche Diskrepanz hier nicht weiter aufgeklärt werden.

Tab. 20.3 Ergebnisse der Facebookevaluation in der Veranstaltung EKdM

	Trifft nicht zu	Trifft eher nicht zu	Trifft eher zu	Trifft zu
Ich habe mich aktiv in der FB Gruppe beteiligt ($n = 81$)	38 (46,91 %)	33 (40,47 %)	9 (11,11 %)	1 (1,23 %)
Ich habe die Posts und die Kommentare regelmäßig gelesen ($n = 80$)	7 (8,75 %)	21 (26,25 %)	34 (42,50 %)	18 (22,50 %)
Ich habe fachliche Fragen in der Gruppe gestellt ($n = 79$)	48 (60,76 %)	25 (31,65 %)	3 (3,80 %)	3 (3,80 %)
Ich habe organisatorische Fragen in der Gruppe gestellt ($n = 80$)	53 (66,25 %)	18 (22,50 %)	7 (8,75 %)	2 (2,50 %)
Ich habe fachliche Fragen beantwortet ($n = 80$)	52 (65,00 %)	23 (28,75 %)	4 (5,00 %)	1 (1,25 %)
Ich habe organisatorische Fragen beantwortet ($n = 80$)	51 (63,75 %)	20 (25,00 %)	7 (8,75 %)	2 (2,50 %)
Ich habe Fragen gestellt, die ich mich in der Übung nicht getraut habe zu stellen ($n = 80$)	67 (83,75 %)	12 (15,00 %)	1 (1,25 %)	0 (0 %)
Auf meine Fragen wurde in der FB-Gruppe schnell reagiert ($n = 72$)	41 (56,94 %)	8 (11,11 %)	20 (27,78 %)	3 (4,17 %)
Die Antworten auf meine Fragen in der FB-Gruppe waren für mich hilfreich ($n = 70$)	30 (42,86 %)	13 (18,57 %)	21 (30,00 %)	6 (8,57 %)
Insgesamt bewerte ich den Einsatz von FB als positiv ($n = 88$)	14 (15,91 %)	18 (20,45 %)	30 (34,09 %)	26 (29,55 %)

Die Studierenden beschreiben ihr Verhalten in der Facebookgruppe nicht als aktiv (s. o.). Dies deckt sich mit den weiteren Antworten bzgl. des Stellens und Beantwortens von organisatorischen und fachlichen Fragen. Auch in dieser Variante der Facebooknutzung scheint bei den Teilnehmenden die passive Haltung des Online Lurking zu überwiegen.

Diese Erkenntnisse decken sich mit den Ergebnissen von Madge et al. (2009), die ebenfalls resümieren, dass Facebook von der Mehrheit der Studierenden (in Großbritannien) täglich genutzt wird und dass das soziale Netzwerk ihnen dabei hilft, sich in das universitäre Leben einzufinden. Allerdings wird auch in ihrer Studie Facebook von den Lernenden eher als informelles Medium rund um den Studienalltag genutzt, als für Austausch über und die Diskussion von konkreten Lerninhalten.

Rückschlüsse auf positive Lernergebnisse bei den Teilnehmenden aufgrund des Facebookeinsatzes können hier aufgrund des Forschungsdesigns nicht gezogen werden. Entsprechende Untersuchungen verbleiben für zukünftige Forschungen. Schließlich sei noch angemerkt, dass in der Studie von Tsovaltzi et al. (2012) die Diskussionen in Facebook durch die teilnehmenden Studierenden konstruktiv genutzt werden konnten.

Insgesamt kann festgehalten werden, dass der Einsatz von Facebook die Interaktion zwischen den Studierenden unterstützte und ihnen bei der Bewältigung des Übergangs Schule/Hochschule behilflich war. Die Kommunikation in den Gruppen thematisierte verschiedene (soziale) Problembereiche, aber auch fachmathematische Themen wurden diskutiert. Des Weiteren kann angemerkt werden, dass durch das gegenseitige Beantworten von (organisatorischen) Fragen durch die Teilnehmenden die jeweiligen Dozenten entlastet wurden. Aufgrund dieser Erfahrungen und Ergebnissen soll Facebook in den angesprochenen Lehrveranstaltungen weiter eingesetzt werden.

20.9 Kritische Betrachtung

Facebook speichert von jedem Nutzer die persönlichen Daten, ohne deren Angabe ein Beitritt gar nicht erst möglich ist. Darüber hinaus werden (u. a.) weitere Informationen über das Zugangsgerät, die verwendeten Browser, Daten bzgl. der Nutzung von Applikationen und das Verhalten des Benutzers innerhalb von Facebook gespeichert. Fuchs (2010) spricht in diesem Zusammenhang von „ökonomischer Überwachung" (Ebd., S. 454). An dieser Stelle muss kritisch hinterfragt werden, ob man durch die Integration von Facebook in die Hochschullehre ein System, das große datenschutzrechtliche Probleme aufweist, aktiv unterstützen möchte. Es bleibt zu entgegnen, dass die große Mehrheit der Studierenden bereits vor Antritt des Studiums einen Account bei Facebook besitzt (s. u.) und es zudem jedem Benutzer selbst überlassen bleibt, welche Informationen er dem Netzwerk Facebook preisgibt und wie aktiv er auf dieser Seite ist.

Ein weiteres Problem, das es hier zu nennen gilt, ist das Mobbing im Internet, das sogenannte *Cybermobbing*. Nach einer repräsentativen Forsa-Umfrage der Techniker Krankenkasse in NRW waren im Jahr 2011 32 % der befragten Jugendlichen im Alter zwischen 14 und 18 Jahren schon einmal Opfer von Cybermobbing. 8 % der Befragten gaben zu, selbst Täter gewesen zu sein und 21 % konnten sich vorstellen, selbst Täter zu werden (Van Aalst 2011; vgl. zur Thematik auch Kuphal 2010). Einstellungsmöglichkeiten in Facebook erlauben allerdings eine Kontrolle aller geschriebenen Beiträge durch den Administrator einer Gruppe vor dessen Veröffentlichung. Weiter empfiehlt es sich einen Leitfaden für das Verhalten in der Facebookgruppe zu formulieren und diesen den Gruppenmitgliedern zur Verfügung zu stellen (vgl. Couros 2008).

Literatur

Aydin, S. (2012). A review of research on Facebook as an educational environment. *Educational Technology Research and Development*, *60*(6), 1093–1106.

Couros, A. (2008). Safety and social networking: How can we maximize the learning power of participatory web sites while ensuring students are protected and behave responsibly? *Technology & Learning*, *28*(7), 20.

Ellison, N. B., Steinfield, C., & Lampe, C. (2007). The benefits of Facebook „Friends": Social capital and college students' use of online social network Sites. *Journal of Computer-Mediated Communication, 12*(4), 1143–1168.

Fuchs, C. (2010). Facebook, Web 2.0 und ökonomische Überwachung. *Datenschutz und Datensicherheit-DuD, 34*(7), 453–458.

Hoover, E. (2008). Colleges face tough sell to freshmen, survey find. *Chronicle of Higher Education, 54*(21), 1.

Junco, R., & Cole-Avent, G. A. (2008). An introduction to technologies commonly used. *New Directions for Student Services, 124*, 3–17.

Kuphal, A. (2010). *Cybermobbing. Soziale Netzwerke und ihre Vor- und Nachteile.* München: GRIN.

Madge, C., Meek, J., Wellens, J., & Hooley, T. (2009). Facebook, social integration and informal learning at university: ‚It is more for socialising and talking to friends about work than for actually doing work. *Learning Media and Technology, 34*(2), 141–155.

Manzo, K. K. (2009). Filtering fixes. *Education Week, 29*(2), 23–25.

Maranto, G., & Barton, M. (2010). Paradox and promise: MySpace, Facebook, and the sociopolitics of social networking in the writing classroom. *Computers and Composition, 27*(1), 36–47.

Ministerium für Inneres und Kommunales NRW (2013). Datenschutzgesetz von Nordrhein-Westfalen. https://recht.nrw.de/lmi/owa/br_bes_text?anw_nr=2&gld_nr=2&ugl_nr=20061&bes_id=4908&menu=1&sg=0&aufgehoben=N&keyword=Datenschutzgesetz#det0. Zugegriffen: 15. Juli 2013

Neuberger, C. (2011). Soziale Netzwerke im Internet. In C. Neuberger, & V. Gehrau (Hrsg.), *Studivz: Diffusion, Nutzung und Wirkung eines sozialen Netzwerks im Internet* (S. 33–96). Wiesbaden: VS Verlag für Sozialwissenschaften.

Pempek, T. A., Yermolayeva, Y. A., & Calvert, S. L. (2009). College students' social networking experiences on Facebook. *Journal of Applied Developmental Psychology, 30*(3), 227–238.

Roblyer, M. D., McDaniel, M., Webb, M., Herman, J., & Witty, J. V. (2010). Findings on Facebook in higher education: A comparison of college faculty and student uses and perceptions of social networking sites. *Internet and Higher Education, 13*(3), 134–140.

Schaffhauser, D. (2009). Boundless opportunity. *T.H.E. Journal, 36*(9), 13–18.

Suziki, L., & Calzo, J. (2004). The search for peer advice in cyberspace: An examination of online teen bulletin boards about health and sexuality. *Journal of Applied Developmental Psychology, 25*, 685–698.

Tsovaltzi, D., Weinberger, A., Scheuer, O., Dragon, T., & McLaren, B. M. (2012). Argument diagrams in Facebook: Facilitating the formation of scientifically sound opinions. In A. Ravenscroft, S. Lindenstaedt, C. D. Kloos, & D. Hernández-Leo (Hrsg.), *21st Century Learning for 21st Century Skills* Proceedings of the 7th European Conference on Technology Enhanced Learning. (S. 540). Berlin: Springer.

Van Aalst, G. (2011). Cybermobbing – Gewalt unter Jugendlichen. Ergebnisse einer repräsentativen Forsa-Umfrage in NRW. http://www.tk.de/centaurus/servlet/contentblob/343734/Datei/3127/Forsaumfrage%20Cybermobbing%20NRW.pdf. Zugegriffen: 18. Juli 2013

ZENDAS (2013). Gruppen von Universitäten in sozialen Netzwerken, z. B. Facebook. https://www.zendas.de/themen/GruppenSozNW.html. Zugegriffen: 18. Juli 2013

Kompetenzbrücken zwischen Schule und Hochschule

Friedhelm Mündemann, Sylvia Fröhlich, Oleg Boruch Ioffe und Franziska Krebs

Zusammenfassung

In diesem Beitrag wird anhand einer Analyse kritischer Studienverläufe, mitgebrachten Vorwissens und semesterbegleitenden Mathematikkenntnis-Checks im 1. Studiensemester die Problematik verringerten Vorwissens für ein Informatik-Studium an der FH Brandenburg beschrieben und versucht, Ursachen hierfür zu finden.

21.1 Einleitung

Der Beitrag gliedert sich in fünf Abschnitte. Nach einer sehr kurzen Skizze der Problemsituation im Abschnitt „Probleme beim Übergang Schule – Hochschule" beschreiben wir den im Projekt „Kompetenzbrücken mit e-Learning" gewählten Ansatz, zuerst durch eine Analyse von problematischen Studienverläufen über sechs Jahrgänge hinweg nach den „Schweren Fächern" im Informatik-Studium zu suchen (im Abschnitt „Analyse ‚schwerer' Fächer"). Dabei war Mathematik das Fach, mit dem die meisten Studierenden Probleme hatten. Aus diesem Wissen heraus und der Hypothese folgend, dass Probleme im 1. Studiensemester möglicherweise durch nicht vorhandene oder nicht verfügbare Vorkenntnisse resultieren, haben wir einen Mathe-Eingangs-Check entwickelt und im WS 12/13 im Fachbereich Informatik und Medien der Fachhochschule Brandenburg getestet (siehe Abschnitt „Entwicklung und Durchführung des Mathe-Eingangs-Checks"). Um auch die Lernhistorie unserer Studierenden nachzeichnen zu können, haben wir im Anschluss drei weitere semesterbegleitende Tests entwickelt und angeboten. Im Abschnitt „Ergebnisvergleich von Mathe-Eingangs-Check und Klausur" werten wir die Mathe-Ein-

Friedhelm Mündemann ✉ · Sylvia Fröhlich · Oleg Boruch Ioffe · Franziska Krebs
Fachhochschule Brandenburg, Fachbereich Informatik und Medien,
Brandenburg an der Havel, Deutschland
e-mail: friedhelm.muendemann@fh-brandenburg.de, sylvia.froelich@fh-brandenburg.de,
ioffe@fh-brandenburg.de, krebsf@fh-brandenburg.de

© Springer Fachmedien Wiesbaden 2016
A. Hoppenbrock et al. (Hrsg.), *Lehren und Lernen von Mathematik in der Studieneingangsphase*, Konzepte und Studien zur Hochschuldidaktik und Lehrerbildung Mathematik, DOI 10.1007/978-3-658-10261-6_21

gangs-Checks aus und stellen einen Zusammenhang her mit den Klausurergebnissen am Semesterende. Der Abschnitt „Diskussion und Ursachenforschung" diskutiert verschiedene vermutete Einflussgrößen (gewählter Studiengang, bisheriger Bildungsweg, Auswertung schulischer Rahmenlehrpläne) auf die gefundenen Ergebnisse und zieht ein Fazit aus den bisherigen Arbeiten. Das Projekt wird unterstützt durch EFRE-Mittel.

21.2   Probleme beim Übergang Schule – Hochschule

Der Übergang von der Schule zur Hochschule bereitet für junge Erwachsene viele Probleme – vieles ändert sich. Die Zeittaktung und die Selbstbestimmtheit des Lebens sind bspw. einige Faktoren, die von den ehemaligen Schülerinnen und Schülern zum Teil als schwierig empfunden werden (Asdonk et al. 2009, S. 5; Autorengruppe Bildungsberichterstattung 2008, S. 175; Eglin-Chappuis 2008, S. 30; Buschor et al. 2008 S. 2–3).

Ein Studium braucht einen großen Zeitaufwand und ist heutzutage mehr als ein „Vollzeitjob". Ein „bundesdurchschnittlicher" Studierender verwendet 43,7 Wochenstunden für sein Studium, davon 36 Wochenstunden für das „reine" Studium und 7,7 Wochenstunden für die Erwerbstätigkeit (Centrum für Hochschulentwicklung 2011). Damit kann ein(e) durchschnittliche(r) Studierende(r) pro Woche 1,2 cp erwerben (1 credit point (cp) = 30 Stunden studentische workload). Für einen ersten erfolgreichen Bachelorabschluss sind 180 cp nachzuweisen.

Die Dichte und die Abstraktheit des vermittelten Stoffs im Studium sind für viele Lernende zuerst neu, komplex und auch unverständlich (vgl. Rach und Heinze 2011, S. 647). StudienanfängerInnen haben bei Aufnahme eines Studiums oft keine verlässliche Rückmeldung darüber, wie ihr eigener Stand in Bezug auf die Anforderungen eines Studiums ist (Asdonk et al. 2009, S. 24 ff.), – insbesondere im Bereich der studiengangspezifischen mathematischen Vorkenntnisse. In der Folge verzeichnen Hochschulen eine große Zahl von StudienabbrecherInnen bereits im/nach dem ersten Semester (Autorengruppe Bildungsberichterstattung 2012, S. 133). Das Projekt „Kompetenzbrücken mit e-Learning" (Fröhlich 2012) arbeitet in Kooperation mit dem Projekt „Vielfalt in Studium und Lehre" (BMBF 2011) daran, StudienanfängerInnen ein erfolgreiches Studium zu ermöglichen.

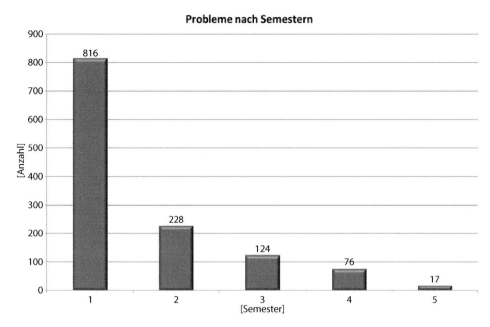

Abb. 21.1 Probleme Studierender nach Semestern

21.3 Analyse „schwerer" Fächer

Vor Beginn des Projektes „Kompetenzbrücken" wurde im WS 2011/12 eine Analyse „schwerer" Fächer in den Informatik-Studiengängen für die Jahrgänge 2006–2011 durchgeführt, um zu ermitteln, in welchen Modulen Studierende seit Einführung der gestuften Studienstruktur am häufigsten in Schwierigkeiten kamen. Analysiert wurden dafür 6432 Prüfungsereignisse von Studierenden des Fachbereiches Informatik und Medien der FH Brandenburg aller Kohorten von 2006–2011. Untersucht wurden 1268 problematische Studienverläufe, davon: Prüfung endgültig nicht bestanden (834), nach 2. Prüfungsversuch selbst exmatrikuliert (61), 3. Prüfungsversuch notwendig, aber bestanden (373), 7 Fälle konnten wegen doppelt vergebener Prüfungsnummern nicht zugeordnet werden. Die Analyse „schwerer" Fächer ergab, dass die meisten Probleme im ersten Semester auftauchen und im Verlauf der ersten fünf Semester exponentiell abnehmen (Abb. 21.1).

Besonders große Schwierigkeiten haben die Studienanfänger in den Grundlagen der Informatik und der Mathematik sowie im Programmieren. Dabei traten im ersten Semester die meisten Probleme in den Fächern Mathematik 1 (180 problematische Studienverläufe), Algorithmen und Datenstrukturen (172), Programmierung 1 (158), Informatik und Logik (141), Technische Informatik/Medientechnik (111) sowie Grundlagen der Medizin (44), Englisch (8) und Projektstudium in der Eingangsphase (2) auf, wobei die Mathematik an der Spitze dieser Liste steht.

21.4   Entwicklung und Durchführung des Mathe-Eingangs-Checks

Im Projekt entschieden wir uns dafür, zuerst die vor Studienbeginn erworbenen Mathematik-Kompetenzen in einem Mathe-Eingangs-Check zu Semesterbeginn zu untersuchen. Anschließend sollten semesterbegleitende Tests im Rahmen einer Längsschnittstudie den individuellen Lernfortschritt im ersten Semester an die Studierenden rückmelden.

In der ersten Phase des Projekts wurde der Stoff der Vorlesung „Mathematik 1" analysiert, der im Fachbereich Informatik und Medien der Fachhochschule Brandenburg laut Modulkatalog für die Bachelor-Studiengänge Informatik, Applied Computer Science und Medizininformatik im ersten Semester gelehrt wird. Die Untersuchung ergab, dass in der Vorlesung „Mathematik 1" nur die Themen der Diskreten Mathematik behandelt werden müssten. Für den Besuch dieser Vorlesung sind keinerlei Voraussetzungen im Bachelor-Modulhandbuch benannt. Dies war für uns der Ansatzpunkt, nach den notwendigen Grundkenntnissen in der Mathematik zu suchen, welche die Studienanfänger bereits *vor* Beginn eines Studiums im Fachbereich Informatik und Medien erworben haben sollten. Daher wurde das Eingangskompetenzprofil aus einer fachbereichsspezifischen Mathematikaufgaben-Sammlung abgeleitet, dessen sichere Beherrschung aus Sicht der Hochschule Studienvoraussetzung ist und in früheren Jahren in Eignungsfeststellungsprüfungen verwendet wurde.

Der erste und zweite Mathematik-Test soll als Mathe-Eingangs-Check die aus der Vorbildung mitgebrachten Mathematik-Kompetenzen prüfen. Diese stammen vorwiegend aus der Sekundarstufe 1 der Mathematik-Schulbildung. Der Test (siehe Anhang: Mathe-Eingangs-Check) umfasst die folgenden Themen:

- Umgang mit verschiedenen Rechenoperationen (Addition, Subtraktion, Multiplikation und Division) für natürliche Zahlen und für rationale Zahlen (als Brüche);
- Teilbarkeitslehre: Anwendung der Divisionsregeln durch 2, 3, 5, 9 und 10, Primzahlen, Primfaktoren und Primfaktorzerlegung, ggT (größter gemeinsamer Teiler) und kgV (kleinstes gemeinsames Vielfaches) sowie Division der natürlichen Zahlen mit Rest;
- Terme: Polynomdivision ohne und mit Rest, Lösen von linearen Gleichungen und Ungleichungen;
- Suche nach einer Umkehrfunktion zu einer vorgegebenen linearen Funktion;
- Umrechnungen von Zeiteinheiten (Stunden/Minuten/Sekunden) und von allgemeinen Einheitsgrößen;
- Ablesen von Koordinaten des jeweiligen Punktes aus einem kartesischen x-y-Koordinatensystem;
- mathematisches Verständnis und Umgang mit den Begriffen „mindestens" und „höchstens";
- Berechnung von geeigneten Quadratzahlen mit Hilfe von binomischen Formeln.

21.4.1   Mathe-Eingangs-Check: Testdurchführung und Testauswertung

Jeder Test bestand aus drei Bestandteilen:

- Fragen zum bisherigen Bildungsweg (Schulart und Bundesland, in denen die Studierenden Ihre Schulabschlüsse in der Sekundarstufe I und II ablegten),
- Fachlicher Test und
- Feedback-Bogen zur Testsituation.

Der Mathe-Eingangs-Check (Test 1) wurde zu Beginn des WS 12/13 als online-Test angeboten, der über die Plattform Math-Bridge lief und in Kooperation mit dem Projekt-Partner DFKI (Deutsches Forschungszentrum für Künstliche Intelligenz) in Saarbrücken entstand (Andrès et al. 2011). Der zweite Mathematik-Test (ein Monat später) war als Papier-Test ausgelegt und umfasste zur Ergebnissicherung dieselben Fragen wie der online-Test. Alle Tests fanden ohne Hilfsmittel statt.

Bei diesem 2. Eingangstest bereiteten den 85 teilnehmenden Studierenden die Gebiete Polynomdivision, Ungleichungen, Terme und Umstellungen, binomische Formeln, Quadratzahlen und Umkehrfunktionen deutlich Probleme.

Solide und stabile mathematische Vorkenntnisse sind unserer Meinung nach eine wichtige Voraussetzung für einen erfolgreichen Studienstart. Daher wurde für die Auswertung des ersten Mathematik-Tests (Grundkenntnisse und notwendige mathematische Voraussetzungen für ein Studium im Fachbereich Informatik und Medien) die „Bestehensgrenze" bei 75 % richtig gelöster Aufgaben angesetzt. Eine Empfehlung für den Besuch des Tutoriums „Grundlagen der Mathematik" wurde noch bis 90 % richtig gelöster Fragen ausgesprochen.

Etwas über 50 % aller Teilnehmer beantworteten mindestens 75 % der gestellten Aufgaben im Test Nr. 1 richtig. Etwa 65 % aller Abiturienten erreichten dieselben Resultate. Fachabiturienten schnitten im Test deutlich schlechter ab: 70 % aller Fachabiturienten kamen unter die 75 %-Grenze. Alle fachgebundenen Abiturienten bestanden den ersten Test. Sehr erfreulich war für uns das Ergebnis, dass etwa 65 % aller Studierenden ohne Abitur angemessene Resultate im ersten Test erzielten und bestanden.

21.4.2   Vorlesungsbegleitende Mathe-Tests

In der zweiten Phase des Projekts wurden den Studierenden vorlesungsbegleitend in monatlichem Abstand drei weitere Mathematik-Tests angeboten. Sie fanden unmittelbar nach dem jeweils den Stoff behandelnden Vorlesungsabschnitt statt.

Test 3 umfasste die Gebiete Mengenlehre, Relationen, Funktionen (Begriff-bezogen) und Abzählbarkeit; im vierten Mathematik-Test wurden Analysis-Themen (von Grundlagen bis zur Differential- und Integralrechnung) geprüft und im fünften Test wurden Fragen zu den Themen aus der Teilbarkeitslehre, der modularen Arithmetik und Kombinatorik gestellt.

Die Fragen zu Modul-Arithmetik, Kombinatorik, Differenzierbarkeit und Relationen machten den Studierenden bei den Tests 3, 4 und 5 Probleme. In den Tests 3, 4 und 5 sowie bei der Abschlussklausur lag die Bestehensgrenze bei 50 %.

21.4.3 Teilnahmeverhalten und Diskussion des Teilnahmeverhaltens

Der Jahrgang 2012 bestand aus 193 Studierenden, davon 109 im ersten Fachsemester. In den Präsenzstudiengängen waren 168 Studierende immatrikuliert, weitere 25 Studierende studierten in online-Studiengängen und haben an den Mathe-Eingangs-Checks nicht teilgenommen.

Insgesamt fünf Mathematik-Tests wurden mit folgenden Teilnehmerzahlen durchgeführt (TN = Teilnehmer):

Test Nr. 1	Obligatorisch	88 TN, Mathe-Eingangs-Check online
Test Nr. 2	Obligatorisch	85 TN, Mathe-Eingangs-Check papierbasiert
Test Nr. 3	Obligatorisch	84 TN, vorlesungsbegleitend
Test Nr. 4	Fakultativ	51 TN, vorlesungsbegleitend
Test Nr. 5	Fakultativ	32 TN, vorlesungsbegleitend
Klausur		91 TN, davon 79 aus dem ersten Fachsemester

In Summe nahmen 101 Studierende von 168 möglichen TeilnehmerInnen an mindestens einem Test oder der Klausur teil. Die Klausurteilnahme war laut Modulhandbuch auch ohne Testteilnahme möglich.

Da die ersten drei von durchgeführten fünf Mathematik-Tests obligatorisch waren, sehen wir anhand der Teilnehmerzahl, dass anscheinend etwas weniger als zwei Drittel aller für das erste Semester immatrikulierten Studierenden tatsächlich studieren. Wir sahen im Projekt als realistische Zahl der tatsächlich Studierenden die Anzahl derjenigen Studierenden an, die an mindestens einem Mathematik-Test oder der abschließenden Mathematik-Klausur teilnahmen (101 Studierende von 193 im 1. Semester Immatrikulierten, 91 davon Klausur-TeilnehmerInnen). Deshalb müssen wir den Schwund klären (102 Studierende). Nicht an der Klausur teilgenommen haben

- 10 Studierende, die am Mathe-Eingangs-Check erfolgreich teilnahmen.
- 9 Studierende, die am Mathe-Eingangs-Check nicht erfolgreich teilnahmen.
- 83 Studierende, die am Mathe-Eingangs-Check nicht teilnahmen, davon
  - 25 in online-Studiengängen Studierende, – dort wurde der Test nicht angeboten,
  - 43 Studierende mit einem Hochschulsemester >1 und
  - 15 Studierende mit einem Hochschulsemester = 1.

Bei Studierenden mit einem Hochschulsemester >1 ist davon auszugehen, dass es sich um Wiederholer bzw. Studiengangwechsler handelt, bei denen die Mathematik-Leistung anerkannt wurde. Somit verbleiben „nur" 15 Studierende des 1. Hochschulsemesters, denen wir nicht zuordnen können, warum sie nicht an der Klausur teilnahmen. Möglicherweise haben diese Studierenden wegen des für sie noch ungewohnten Prüfungsdrucks im 1. Semester (7 Modulprüfungen) die Mathematik-Klausur einfach „geschoben", um im Nachprüfungszeitraum oder im Folgesemester daran teilzunehmen.

Anhand weiterer Ergebnisse (Feedback-Bögen) vermuten wir, dass sich die Teilnehmerzahl an den Mathematik-Tests Nr. 4 und Nr. 5 aus diversen Gründen reduzierte. Die Freiwilligkeit der Teilnahme ist einer dieser Faktoren. An dem letzten Mathematik-Test nahmen überwiegend diejenigen Studierenden teil, die fast keine Mathematik-Probleme besaßen und nur eine „Bestätigung" für sich haben wollten, dass sie vieles beziehungsweise alles können. Die Studierenden mit Problemen in Mathematik sehen die Tests zum Teil eher als Belastung statt als Hilfe an und gehen unter anderem aus Versagensangst nicht hin.

21.5 Ergebnisvergleich von Mathe-Eingangs-Check und Klausur

Auf der Suche nach Parametern, die auf erfolgreiches und weniger erfolgreiches Studieren hindeuten, haben wir drei Parameter näher betrachtet: die Erfolgsquote nach Studiengängen geordnet, die Erfolgsquote bei Neuimmatrikulierten und Wiederholern und die in der Klausur durch geringe erreichte Punktzahl betroffenen Fachgebiete.

Ordnet man die Mathe-Check-Ergebnisse und die Klausurergebnisse nach Studiengängen, so zeigt sich ein deutlicher Unterschied in den Erfolgsquoten.

- Studiengang Applied Computer Science (ACS, 12 Immatrikulierte):
  Anzahl TN am Mathe-Check: 11, davon: 55 % haben nicht bestanden.
  Anzahl TN an der Klausur: 10, davon: 60 % haben nicht bestanden.
- Studiengang Informatik (INF, 96 Immatrikulierte):
  Anzahl TN am Mathe-Check: 52, davon: 15 % haben nicht bestanden.
  Anzahl TN an der Klausur: 44, davon: 41 % haben nicht bestanden.
- Studiengang Medizininformatik (MZI, 49 Immatrikulierte):
  Anzahl TN am Mathe-Check: 33, davon: 46 % haben nicht bestanden.
  Anzahl TN an der Klausur: 28, davon: 82 % haben nicht bestanden.

Einzelfallbetrachtungen zeigen Folgendes: Im Studiengang ACS korreliert das Klausurergebnis mit den Vorkenntnissen. In den Studiengängen INF und MZI korreliert das Klausurergebnis nicht mit den Vorkenntnissen.

Der Mathe-Eingangs-Check scheint bei MZI eine gewisse Filterwirkung gezeigt zu haben, denn 6 Studierende, welche den Mathe-Eingangs-Check nicht bestanden haben, haben auch an der Klausur nicht teilgenommen und nur 1 Studierender, der den Mathe-

Eingangs-Check bestanden hatte, nahm an der Klausur nicht teil. Bei INF trat der umgekehrte Effekt ein. 6 Studierende, welche den Mathe-Eingangs-Check bestanden haben, haben an der Klausur nicht teilgenommen und 3 Studierende, welche den Mathe-Eingangs-Check nicht bestanden haben, haben auch an der Klausur nicht teilgenommen. In beiden Studiengängen (INF, MZI) haben also ca. 40 % der Studierenden, welche den Mathe-Eingangs-Check nicht bestanden hatten, auch an der Klausur nicht teilgenommen.

Im weiteren Verlauf untersuchten wir die Ergebnisse von neuimmatrikulierten Studierenden (Jahrgang 2012) und Wiederholern bzw. Studiengangwechslern, also Studierende mit einer Immatrikulation vor dem Wintersemester 2012/13.

Immatrikulation 2012:

Von 82 TN bestanden Test 1:   57 %, 43 % nicht.
Von 79 TN bestanden Test 2:   66 %, 34 % nicht.
Von 80 TN bestanden Test 3:   43 %, 57 % nicht.
Von 50 TN bestanden Test 4:   34 %, 66 % nicht.
Von 32 TN bestanden Test 5:   84 %, 16 % nicht.
Von 79 TN bestanden die Klausur 43 %, 57 % nicht.

Durch Anrechnung von Zusatzpunkten verschob sich das End-Ergebnis: Von 79 TN bestanden die Klausur 66 %, 34 % nicht.

Immatrikulation vor 2012:

Von 6 TN bestanden Test 1:   50 %, 50 % nicht.
Von 6 TN bestanden Test 2:   50 %, 50 % nicht.
Von 4 TN bestanden Test 3:   50 %, 50 % nicht.
Von 1 TN bestanden Test 4:   0 %, 100 % nicht.
Von 0 TN bestanden Test 5:   0 %, 0 % nicht.
Von 12 TN bestanden die Klausur 42 %, 58 % nicht.

Auch durch Anrechnung von Zusatzpunkten verschob sich hier das End-Ergebnis nicht: Von 12 TN b standen die Klausur 42 %, 58 % nicht.

Im nächsten Schritt betrachteten wir die Probleme, die in der Abschlussklausur bei Studierenden entstanden waren. Die größten Probleme hatten unsere Studierenden bei den folgenden Themen: Relationen (Klausuraufgabe 3), Konvergenz von Folgen (Klausuraufgabe 4), Differenzierbarkeit von Funktionen (Klausuraufgabe 5, 6) und Kombinatorik (Klausuraufgabe 9, 10). Die Themen Mengenlehre (Klausuraufgabe 1, 2) und Modul-Arithmetik (Klausuraufgabe 7) waren zwar für ein Drittel der Klausur-Teilnehmer schwer, jedoch erzielten die Studierenden insgesamt hier durchschnittliche Resultate.

Zu den regulären Mathematik-Lehrveranstaltungen – Vorlesungen, Übungen und Tutorien zur Vorlesung – gab es weitere acht Termine für das Tutorium „Grundlagen der Mathematik", in dem die Fragen zu den bisherigen Tests gelöst wurden. Im Mittel erschienen 5 Studierende zu den einzelnen Tutorien-Terminen, von den Erschienenen hat

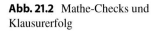

Abb. 21.2 Mathe-Checks und
Klausurerfolg

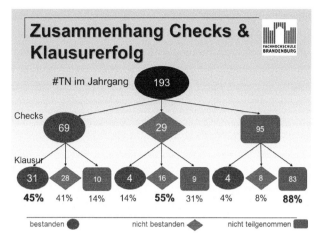

im Mittel nur eine(r) später die Klausur bestanden. Das Tutorien-Angebot scheint also als
„Quick-Fix" keinen Erfolg zu versprechen.

Interessant war für uns der Zusammenhang zwischen der Teilnahme an den Mathe-
Eingangs-Checks, dem Bestehen der Mathe-Eingangs-Checks, der Teilnahme an der Mathematik-Klausur und dem Bestehen der Mathematik-Klausur (Abb. 21.2).

45 % der Studierenden, die den Mathematik-Tests bestanden hatten, bestanden zum
Schluss auch die Mathematik-Klausur. Dagegen bestanden zum Schluss 55 % der Studierenden, die den Mathematik-Tests nicht bestanden hatten, auch die Mathematik-Klausur
nicht. Ein Chi^2-Test auf der Basis der Teilnahme am Mathe-Eingangs-Check zeigt, dass
das Bestehen des Mathe-Eingangs-Checks sehr signifikant förderlich ist für das Bestehen
der Klausur (χ^2 (1, $N = 98$) $= 8{,}62$, $p = 0{,}003$). Ein Chi^2-Test auf der Basis der Teilnahme
an den semesterbegleitenden Mathe-Tests zeigt, dass das Bestehen der semesterbegleitenden Mathe-Tests hoch signifikant förderlich ist für das Bestehen der Klausur (χ^2 (1,
$N = 89$) $= 17{,}51$, $p = 0{,}00003$). Dies Ergebnis lässt sich auch so deuten, dass an den semesterbegleitenden Mathe-Tests nur noch diejenigen teilnahmen, die ihr vorhandenes
Mathematik-Wissen bestätigt sehen wollten. In beiden Chi^2-Tests wurden diejenigen, die
nicht angetreten waren, der Gruppe „Nicht bestanden" zugerechnet.

21.6 Diskussion und Ursachenforschung

Es zeigt sich, dass heute nicht mehr alle BewerberInnen um einen Studienplatz auch fähig
sind, ein Studium erfolgreich zu starten und abzuschließen, weil ihnen geeignete Vorkenntnisse fehlen, selbst wenn die BewerberInnen studierwillig sind (die Studierwilligkeit
unterstellen wir, prüfen sie aber nicht).

Die Testergebnisse der Eingangstests lassen klare Wissens- und Fertigkeitseinschrän-
kungen bei den StudienanfängerInnen erkennen. Hier ist zu klären, ob und inwieweit diese

Lücken auf geänderte Lehrpläne von Schulen zurückzuführen sind. Sollte diese Vermutung zutreffen, so kann dies die Konsequenz haben, dass in naher Zukunft Hochschulen ein Abitur nicht mehr als uneingeschränkten Hochschulzugang anerkennen können, da in der (zeitlich und inhaltlich eng) gestuften Studienstruktur für die Hochschulen kein Raum bleibt, Kenntnis- und Fertigkeitslücken ohne Überschreitung der „vorgeschriebenen" zulässigen studentischen „workload" auszubessern. Deshalb haben wir im nächsten Schritt die Lehrpläne der Schulen aus den Bundesländern untersucht, aus denen die meisten unserer 85 StudienanfängerInnen stammen, welche am papierbasierten Mathe-Eingangstest 2 teilnahmen (Brandenburg: 51 Studierende; Berlin: 13, ferner Sachsen-Anhalt: 6, Bayern: 3, restliche Bundesländer: 6, keine Angabe: 6).

21.6.1 Auswertung der Lehrpläne

Im Land Brandenburg (ähnlich wie in Berlin) wurden in den letzten 20 Jahren Rahmenlehrpläne zweimal erneuert (im Jahr 2002 (Becker et al. 2002) und im Jahr 2008 (Landesinstitut für Schule und Medien Berlin-Brandenburg 2008)); allerdings sind die Veränderungen minimal, so dass man auch den letzten Rahmenplan für die Sekundarstufe I (Landesinstitut für Schule und Medien Berlin-Brandenburg 2008) betrachten kann. Im aktuellen Rahmenlehrplan für das Land Brandenburg (2008 Sek I) (Landesinstitut für Schule und Medien Berlin-Brandenburg 2008, S. 16) wird zwischen drei Standards unterschieden:

- * grundlegende allgemeine Bildung (etwa Hauptschule, 9. Klasse),
- + ** erweiterte allgemeine Bildung, als Erweiterung zu * (Sekundarstufe 1, Realschule) und
- + ** + *** vertiefte allgemeine Bildung, als Erweiterung zu ** (Sekundarstufe 2, Abitur).

Untersucht wurde der Zeitpunkt der schulischen Vermittlung des Vorwissens (geprüft in unseren Mathe-Eingangs-Checks: online-Test 1 und papier-basiertem Test 2). Die Aufgaben 1 bis 4 des Mathe-Eingangs-Checks werden in der Grundschule behandelt (Blaschka et al. 1991; Landesinstitut für Schule und Medien Brandenburg et al. 2004) (besonders Teilbarkeitslehre: Jahrgangsstufe 5/6). Die Aufgaben 5 bis 15 werden an der Schulen mit der Sekundarstufe I (Landesinstitut für Schule und Medien Berlin-Brandenburg 2008; Becker et al. 2002; Berliner Landesinstitut für Schule und Medien 2006; Bruder et al. 1991) (Jahrgangsstufe 7/8 und 9/10) gelehrt.

Die folgenden Themen (s. Aufgaben-Nummer im Test 2, im Anhang) werden laut Rahmenlehrplan an allen Schulen behandelt:

- Aufgabe 1: Anwendung der diversen Rechenregeln für natürliche/ganze und rationale Zahlen

- Aufgabe 2 und Aufgabe 3, Teil (a) bis (c) sowie Bestimmung von ggT und kgV im Teil (g): Anwendung der Divisionsregeln bei der Teilbarkeit durch 2, 3, 8, 3, 9, 5, 10 sowie Bestimmung des größten gemeinsamen Teilers und des kleinsten gemeinsamen Vielfachen
- Aufgabe 4: Division zweier natürlichen/ganzen Zahlen mit Rest
- Aufgabe 7: Lösen der linearen Gleichungen/Umstellung einer Gleichung nach x (Jahrgangsstufe 7/8)
- Aufgabe 11: Umstellung der Zeiteinheiten (Jahrgangsstufe 7/8)
- Aufgabe 13: Koordinaten Ablesen (Jahrgangsstufe 7/8)
- Aufgabe 15, Teil (a): Quadrieren von rationalen Zahlen (Jahrgangsstufe 7/8)

Die folgenden Themen (Aufgaben-Nummer siehe Test 2) werden an (einigen) Schulen (ggf. vertieft) behandelt:

- Aufgabe 5 (Polynomdivision ohne Rest) und Aufgabe 6 (Polynomdivision mit Rest): Das Thema „Polynomdivision" steht zwar im Rahmenplan als vertiefte allgemeine Bildung (Jahrgangsstufe 9/10) drin, jedoch die Tiefe ist uns unbekannt, vor allem, ob überhaupt die Polynomdivision mit Rest behandelt wird (Landesinstitut für Schule und Medien Berlin-Brandenburg 2008, S. 30). Im Zeitalter von CAS-TR wird Polynomdivision „von Hand" vermutlich gar nicht mehr gelehrt, – Polynomdivision (Auffinden ganzzahliger Nullstellen und das Abspalten der passenden Linearfaktoren) wäre aber durch Anwenden des Horner-Schemas ebenfalls lösbar.
- Aufgabe 8 (Lösen von Ungleichungen) und Aufgabe 9 (Bestimmung der Lösungsmenge einer Ungleichung) sind auch im Rahmenplan als vertiefte allgemeine Bildung (Jahrgangsstufe 9/10) enthalten.
- Vermutlich gehört in diesen Bereich auch die Aufgabe 14 (Begriffe „mindestens" und „höchstens") hinein, – dies ist aber so nicht direkt im Lehrplan festzustellen (Landesinstitut für Schule und Medien Berlin-Brandenburg 2008, S. 22).
- Aufgabe 10 (Untersuchung einer Umkehrfunktion) ist auch im Rahmenplan als vertiefte allgemeine Bildung (Jahrgangsstufe 9/10) vorgesehen (Landesinstitut für Schule und Medien Berlin-Brandenburg 2008, S. 29).

Zu den folgenden Aufgaben wurden in den Lehrplänen für Berlin und Brandenburg nichts Eindeutiges gefunden. Deswegen lässt sich hier nur folgendes vermuten:

- Aufgabe 3, Teil (d) bis (g) (Primzahlen und Primfaktorzerlegung): Diese Themen können gleich nach dem Einführen der Primzahlen und Teilbarkeitsregeln in den Grundschulen (Jahrgangsstufe 5/6) behandelt werden.
- Aufgabe 12 (Umstellung von allgemeinen Einheiten): Dies können die Lehrer bei Bedarf bei der Betrachtung der diversen Umstellungen von bekannten (vor allem physikalischen) Einheiten behandeln. (Jahrgangsstufe 7/8)

- Aufgabe 15, Teil (b) und (c) (Anwendung der Binomischen Formeln auf die Berechnung geeigneten Quadratzahlen): Diese Aufgaben werden ggf. im Thema „Binomische Formeln" betrachtet. (Jahrgangsstufe 9/10).

Somit werden zwar alle Themen unseres Mathe-Eingangs-Checks behandelt, jedoch mit unterschiedlicher Tiefe der Stoffvermittlung, – abhängig von der jeweiligen Schule bzw. dem jeweiligen Lehrer.

Von den nicht in den Rahmenplänen für Berlin und Brandenburg gefundenen Themen werden unter „Teilbarkeitslehre" alle Themen aus den Aufgaben 2 und 3 aus unserem Mathe-Eingangs-Check (also auch Primfaktorzerlegung, größer gemeinsamer Teiler, kleinste gemeinsame Vielfache) an Schulen in der Jahrgangsstufe 5/6 zumindest in Niedersachsen (Rahmenlehrplan 1989 in Battermann et al. 1989, S. 45–47) und Hamburg (Rahmenlehrplan 1990 in Lehrplanrevision Gymnasium: Sekundarstufe I, Lehrplan Mathematik 1990, S. 9), in Thüringen (Lehrplan für das Gymnasium, Mathematik 1999, S. 23) und in Sachsen (Lehrplan Gymnasium, Mathematik, Klassen 5–12 1992, S. 23) behandelt.

21.6.2 Einfluss des gewählten Studiengangs

Die Curricula der Studiengänge Applied Computer Science und Informatik sind identisch bis auf das obligatorische Auslandssemester bei ACS. Deshalb wäre zu erwarten, dass Studierende die gleichen Voraussetzungen mitbringen müssen, um einen der beiden Studiengänge erfolgreich abzuschließen. Diese These wird durch die Ergebnisse der Mathe-Eingangs-Checks nicht bestätigt (ACS: 55 % nicht erfolgreich, INF: 23 % nicht erfolgreich; Klausur ACS: 60 % nicht erfolgreich, INF 42 % nicht erfolgreich).

Auch der Studiengang Medizininformatik enthält starke Mathematik- und Informatikanteile. Diese erfordern gute Vorkenntnisse und werden offenbar von den Studierenden unterschätzt. In MZI waren 52 % in den Mathe-Eingangs-Checks nicht erfolgreich, in der Klausur sogar 82 %.

Es ist denkbar, dass zwei Effekte hier eine Rolle spielen: zum einen ein „Überschätzungseffekt" der eigenen Leistung (ACS), zum anderen eine „Unterschätzungseffekt" bei den Anforderungen (MZI).

21.6.3 Einfluss des bisherigen Bildungswegs

Von den 85 TeilnehmerInnen am Mathe-Eingangs-Check haben 35 die Sekundarstufe 1 an einem Gymnasium besucht, 20 an einer Gesamtschule, 12 an einer Realschule, weitere 7 an Grund-/Hauptschule, (Fach-)Oberschule, Gemeinschaftsschule und 11 gaben darüber keine Auskunft. Die Sekundarstufe 2 haben 45 an einem Gymnasium, 12 an einem Oberstufenzentrum, 8 an einer (Fach-)Oberschule, 7 an einer Gesamtschule, weitere 5 an Abendschule/Abendgymnasium, Berufskolleg/Berufsfachschule, Gemeinschaftsschule besucht und 8 gaben darüber keine Auskunft. Im Ergebnis zeigten Teilnehmer, die in der Sekundarstufe 1 und 2 ein Gymnasium oder eine Gesamtschule besuchten, bessere Leistungen als Teilnehmer, die beispielsweise eine Oberschule, Hauptschule, Realschule oder ähnliches besuchten. Dies legt die Vermutung nahe, dass trotz ähnlicher Lehrpläne die Unterrichtsschwerpunkte und Tiefe der Vermittlung schulartspezifisch variieren.

Auch die Herkunftsländer scheinen eine Rolle zu spielen. Beispielsweise wurde beobachtet, dass Schüler, die in der Sekundarstufe 1 eine Realschule in Berlin besuchten, Probleme in den Bereichen Koordinaten ablesen, Quadratzahlen und binomische Formeln haben. Studierende, welche in der Sekundarstufe 2 eine Fachoberschule, eine Oberschule oder ein Abendgymnasium in Brandenburg durchliefen, zeigten starke Schwierigkeiten im Bereich der binomischen Formeln.

Bei der Durchführung aller fünf Mathematik-Tests wurden sowohl mathematische als auch andere nicht-mathematische Fragen gestellt, die entweder auf die Schulausbildung vor dem Studium zurückgehen oder die im ersten Semester entstandene mathematische Probleme ansprechen. Fragen konnten auch anonym gestellt werden. Uns interessierten die Informationen, die mit der Schulbildung zu tun hatten:

122 Studienanfänger im Wintersemester 2012/13 sind Studierende mit Abitur, 48 mit Fachabitur, 4 mit fachgebundenem Abitur und 8 ohne Abitur, 1 ohne Angabe.

51 Studierende erreichten ihre Schulabschlüsse an Gymnasien und Gesamtschulen im Land Brandenburg, 13 in Berlin, 6 in Sachsen-Anhalt, 9 in anderen Bundesländern, aber 104 gaben hierzu keine Auskunft.

Knapp 60 % aller Brandenburger Studierenden bestanden im Mathe-Eingangs-Check den online-Test 1. Etwa 70 % aller Brandenburger Studierenden mit Abitur waren erfolgreich, jedoch keiner mit Fachabitur. Alle Brandenburger Studierenden, die ohne Abitur an der Fachhochschule Brandenburg in einem Bachelor-Studiengang des Fachbereichs Informatik und Medien immatrikuliert waren, lösten die Aufgaben zu den mathematischen Grundlagen komplett richtig.

Zur Stabilität des Vorwissens: Bei Stellung derselben mathematischen Fragen im zweiten Test (Papierform) einen Monat später bekamen wir fast dieselben Ergebnisse, aber mit einigen interessanten Veränderungen. Die Ergebnisse hatten sich verbessert: bei den Studierenden ohne Abitur in der Gesamtgruppe (67 % bestanden, 33 % nicht bestanden in Test 1) zu 100 % bestanden in Test 2.

Test 1 der Brandenburger Studierenden mit Fachabitur wurde von 67 % nicht bestanden, 33 % nahmen am Test 1 nicht teil. Es gab zwar 56 % der Brandenburger Studierenden mit Fachabitur, die den zweiten Test wieder nicht bestanden hatten, jedoch wuchs die Bestehensquote dieser Gruppe bei Test 2 von 0 % auf 44 %.

21.6.4 Fazit

Um die für den erfolgreichen Beginn eines Informatik-Studiums notwendigen Mathematik-Kompetenzen zu ermitteln, wurde der Stoff der Vorlesung „Mathematik 1" analysiert mit dem Ergebnis, dass zu Studienbeginn Vorkenntnisse nur im Bereich der Diskreten Mathematik genutzt werden. Für das Modul „Mathematik 1" sind keinerlei Voraussetzungen im Bachelor-Modulhandbuch benannt: daher unser Ansatzpunkt, nach den notwendigen Grundkenntnissen in der Mathematik zu suchen und zu testen, welche die Studienanfänger vor Beginn eines Studiums im Fachbereich Informatik und Medien haben sollten.

Bis auf zwei Items sind alle in unserem Eingangstest abgefragten 15 Mathematik-Inhalte in den untersuchten Lehrplänen verankert, davon allerdings fünf mit nicht definierter Tiefe der Kompetenz-Ziel-Erreichung. Somit ist für 47 % des getesteten Vorwissens unklar, ob heutige Studierende dies Wissen in der erforderlichen Tiefe noch mitbringen.

21.6.5 „Lessons learnt"

- Es ist allgemein wenig Vorwissen aus der Sekundarstufe 2 vorhanden.
- Das Vorwissen ist nicht sehr solide.
- Das Vorwissen schwankt studiengangspezifisch.
- Die zusätzlichen Tutorien brachten kaum Verbesserungen.
- Das Klausurergebnis korreliert studiengangspezifisch mit den Vorkenntnissen.
- Studierende „alter" Jahrgänge fallen deutlich eher durch die Klausur durch.

Alles war ein riesiger Aufwand ...

Ziel unserer Untersuchungen ist es, möglichst vielen StudienanfängerInnen ein erfolgreiches Studium zu ermöglichen. Dabei ist es für Fachbereichsleitung und Lehrpersonal wichtig, möglichst wenige, aussagekräftige Parameter zu haben, über die sich der Lehr- und Übungsbetrieb steuern lässt. Bisher haben wir uns auf das mitgebrachte Vorwissen konzentriert. Hier muss noch weiter untersucht werden, ob (und wenn ja, wie) sich der zeitliche Abstand zwischen letztem Bildungsabschluss und Studienaufnahme auswirkt. Darüber hinaus sind sicher noch weitere Parameter von Interesse, wie sie bspw. in der CHE-QUEST-Umfrage (Berthold et al. 2012) erfasst werden, die aber einen deutlich größeren Aufwand bei der Erfassung und Auswertung machen.

Am 28.1.2013 erfolgte die Weitergabe der Mathe-Checks an Gymnasien im Land Brandenburg, um an der Schnittstelle zum Studium Transparenz über die Mathematik-Studienanforderungen zu schaffen. Mindestens an einem Gymnasium wurden die Mathe-Checks in der Folge auch durchgeführt. Eine Rückmeldung der Ergebnisse an das Projektteam erfolgte bisher leider nicht. Wir haben daher das Landesinstitut für Schule und Medien Berlin-Brandenburg (LISUM) in unser Projekt mit einbezogen, um die Kommunikation mit den Schulen zu verbessern. Auch hier stehen noch Ergebnisse aus.

21.7 Anhang: Mathe-Eingangs-Check

Fachhochschule Brandenburg — Fachbereich Informatik und Medien — Dipl. – Math. Oleg Boruch Ioffe

Mathematik-Test *(je Teil-/Ergebnis 1 Punkt)*   **Wintersemester 2012/13**

Name: **Mustermann** Vorname: **Musterfrank-Markus**	Matrikel-Nr.: **1234 5678 90**
Schulart (Sek. I): **Realschule** in Bundesland: **Musterland**	Studiengang: **Informatik**
Schulart (Sek. II): **Gymnasium** in Bundesland: **Musterland**	Punkte im Test: **100** *(von 100)*

Aufgabe 1: Berechnen Sie die folgenden Ausdrücke für natürliche Zahlen.

a) $134 + 46 = \underline{\mathbf{180}}$ b) $359 - 236 = \underline{\mathbf{123}}$ c) $24 \cdot 12 = \underline{\mathbf{288}}$ d) $372 : 12 = \underline{\mathbf{31}}$

Berechnen Sie die folgenden Ausdrücke für rationale Zahlen und führen Sie dabei Zwischenschritte durch.

e) $\frac{1}{2} + \frac{1}{5} = \frac{\mathbf{5+2}}{\mathbf{10}} = \frac{\mathbf{7}}{\mathbf{10}}$ f) $\frac{7}{8} - \frac{5}{6} = \frac{\mathbf{21-20}}{\mathbf{24}} = \frac{\mathbf{1}}{\mathbf{24}}$

g) $\frac{8}{9} \cdot \frac{3}{4} = \frac{\mathbf{8 \cdot 3}}{\mathbf{9 \cdot 4}} = \frac{\mathbf{24}}{\mathbf{36}} = \frac{\mathbf{2}}{\mathbf{3}}$ h) $\frac{5}{7} : \frac{3}{5} = \frac{\mathbf{5}}{\mathbf{7}} \cdot \frac{\mathbf{5}}{\mathbf{3}} \left(= \frac{\mathbf{5 \cdot 5}}{\mathbf{7 \cdot 3}} \right) = \frac{\mathbf{25}}{\mathbf{21}}$

Aufgabe 2: Welche der folgenden vier mathematischen Aussagen über die natürliche Zahl 142 ist richtig?

◯ 142 ist sowohl durch 2 als auch durch 4 und 8 teilbar   ◯ 142 ist durch 2 und 4 teilbar, aber nicht durch 8

⊗ 142 ist durch 2 teilbar, jedoch nicht durch 4 und 8   ◯ 142 ist weder durch 2 noch durch 4 und 8 teilbar

Aufgabe 3:

a) Schreiben Sie alle diejenigen natürlichen Zahlen zwischen 71 und 81 auf, die durch 2 teilbar sind. Diese

     Zahlen sind: **$\underline{72}$**, **$\underline{74}$**, **$\underline{76}$**, **$\underline{78}$** und **$\underline{80}$**.

b) Schreiben Sie alle diejenigen natürlichen Zahlen zwischen 20 und 40 auf, die durch 3, aber nicht durch

     9 teilbar sind. Diese Zahlen sind: **$\underline{21}$**, **$\underline{24}$**, **$\underline{30}$**, **$\underline{33}$** und **$\underline{39}$**.

c) Schreiben Sie alle diejenigen natürlichen Zahlen zwischen 20 und 50 auf, die durch 5, aber nicht durch

     10 teilbar sind. Diese Zahlen sind: **$\underline{25}$**, **$\underline{35}$** und **$\underline{45}$**.

d) Die kleinste natürliche Zahl, die durch alle Zahlen von 1 bis einschließlich 6 teilbar ist, lautet: **$\underline{60}$**.

e) Die natürliche Zahl, deren Primfaktorzerlegung gleich $2 \cdot 11 \cdot 13$ ist, lautet: **$\underline{286}$**.

f) Die Primfaktorzerlegung der natürlichen Zahl 120 ist gleich $\mathbf{2 \cdot 2 \cdot 2 \cdot 3 \cdot 5}$.

g) Die natürlichen Zahlen 21 und 35 besitzen die folgenden Primfaktorzerlegungen: $21 = \mathbf{3 \cdot 7}$ und

     $35 = \mathbf{5 \cdot 7}$. Der größte gemeinsame Teiler der Zahlen 21 und 35 ist $ggT(21; 35) = \mathbf{7}$ und das kleinste

     gemeinsame Vielfache der Zahlen 21 und 35 ist $kgV(21; 35) = \mathbf{105}$.

Aufgabe 4: Schreiben Sie Ihre Ergebnisse auf, die bei der Division mit Rest entstehen.

a) $26 : 7 = \mathbf{3}$ Rest $\mathbf{5}$;   b) $39 : 5 = \mathbf{7}$ Rest $\mathbf{4}$.

Aufgabe 5: Führen Sie die Polynomdivision durch und schreiben Sie Ihre Ergebnisse auf.

a) $(x^2 - 18 \cdot x + 81) : (x - 9) = \mathbf{\underline{x - 9}}$;   b) $(2 \cdot x^3 + x^2 + 6 \cdot x + 3) : (x^2 + 3) = \mathbf{\underline{2 \cdot x + 1}}$.

Aufgabe 6: Führen Sie die Polynomdivision mit Rest durch und schreiben Sie Ihre Ergebnisse auf.

a) $(2 \cdot x^3 + x^2 - 6 \cdot x + 4) : (x^2 + 3)$ $= \mathbf{\underline{2 \cdot x + 1}}$ Rest $\mathbf{\underline{-12 \cdot x + 1}}$;

b) $(x^4 - 8 \cdot x^2 + 4 \cdot x) : (x^3 + 3 \cdot x^2 + x)$ $= \mathbf{\underline{x - 3}}$ Rest $\mathbf{\underline{7 \cdot x}}$.   ↪ Bitte wenden ↪

Aufgabe 7: Lösen Sie die folgenden linearen Gleichungen durch das Umstellen nach x.

a) $2 - 5 \cdot x = 47 \iff x = \underline{\textbf{-9}}$;   b) $38 - 7 \cdot x = 3 \iff x = \underline{\textbf{5}}$.

Aufgabe 8: Lösen Sie die folgenden linearen Ungleichungen durch das Umstellen nach x.

a) $4 \cdot x + 5 > 5 \cdot x - 3 \iff \underline{\textbf{x < 8}}$;   b) $3 \cdot x + 1 < 7 \cdot x + 5 \iff \underline{\textbf{x > -1}}$.

Aufgabe 9: Welche Lösungsmenge L der jeweiligen folgenden linearen Ungleichungen ist richtig?

a) $5 \cdot x - 3 < 7$ ○ $L = (2; \infty)$ ○ $L = [2; \infty)$ ⊗ $\underline{L = (-\infty; 2)}$ ○ $L = (-\infty; 2]$

b) $-2 \cdot x + 8 \geq 28$ ○ $L = (-10; \infty)$ ○ $L = [-10; \infty)$ ○ $L = (-\infty; -10)$ ⊗ $\underline{L = (-\infty; -10]}$

c) $25 - x \leq x$ ○ $L = (12{,}5; \infty)$ ⊗ $\underline{L = [12{,}5; \infty)}$ ○ $L = (-\infty; 12{,}5)$ ○ $L = (-\infty; 12{,}5]$

d) $3 - 4 \cdot x > 29$ ○ $L = (-6{,}5; \infty)$ ○ $L = [-6{,}5; \infty)$ ⊗ $\underline{L = (-\infty; -6{,}5)}$ ○ $L = (-\infty; -6{,}5]$

Aufgabe 10: Finden Sie die Umkehrfunktion f^{-1} zu jeder der folgenden beiden Funktionen f. Stellen Sie die ursprünglichen Funktionen zuerst nach x um.

a) f ist gegeben durch $f(x) = y = 2 \cdot x + 10 \iff x = \underline{\textbf{0,5} \cdot \textbf{y} - \textbf{5}}$, das heißt $f^{-1}(x) = y = \underline{\textbf{0,5} \cdot \textbf{x} - \textbf{5}}$.

b) f ist gegeben durch $f(x) = y = 0{,}5 \cdot x - 3 \iff x = \underline{\textbf{2} \cdot \textbf{y} + \textbf{6}}$, das heißt $f^{-1}(x) = y = \underline{\textbf{2} \cdot \textbf{x} + \textbf{6}}$.

Aufgabe 11: Die Stoppuhr eines Fahrradfahrers zeigt nach einer Radtour genau 7263 Sekunden. Wie viele ganze Minuten und Sekunden beziehungsweise ganze Stunden, Minuten und Sekunden war er unterwegs?

7263 Sekunden $= \underline{\textbf{121}}$ Minuten $\underline{\textbf{3}}$ Sekunden oder auch

7263 Sekunden $= \underline{\textbf{2}}$ Stunden $\underline{\textbf{1}}$ Minute $\underline{\textbf{3}}$ Sekunden.

Aufgabe 12: In dieser Aufgabe sind *Schmidt*, *Meyer*, *Bauer*, *Schwarz* vier vorgegebene Einheiten, für die gilt: 1 *Schmidt* = 0,7 *Bauer* und 1 *Meyer* = 3 *Schwarz*. Rechnen Sie $12 \frac{Schmidt}{Meyer}$ in $\frac{Bauer}{Schwarz}$ um und schreiben Sie Ihr Ergebnis vereinfacht auf. Umgerechnet sind dann $12 \frac{Schmidt}{Meyer} = \underline{\textbf{2,8}} \frac{Bauer}{Schwarz}$.

Aufgabe 13: Im $x - y$-Koordinatensystem (siehe **Extra-Blatt**) sind die Punkte A, B, C, D, E und F abgebildet. Lesen Sie die beiden Koordinaten der jeweiligen Punkte ab und tragen Sie dann diese hier ein:

$A(\underline{\textbf{5}}; \underline{\textbf{1}})$, $B(\underline{\textbf{-2}}; \underline{\textbf{-3}})$, $C(\underline{\textbf{-4}}; \underline{\textbf{2}})$, $D(\underline{\textbf{4}}; \underline{\textbf{-2}})$, $E(\underline{\textbf{2}}; \underline{\textbf{0}})$ und $F(\underline{\textbf{0}}; \underline{\textbf{-5}})$.

Aufgabe 14: Wie wird diese Aussage mathematisch richtig ausgedrückt: "Um eine Busfahrt zu ermöglichen, sollen *mindestens 3* jedoch *höchstens 8* Plätze im Bus besetzt werden"? Die Anzahl der Busplätze ist x.

○ $3 < x < 8$ ⊗ $\underline{3 \leq x \leq 8}$ ○ $3 \leq x < 8$ ○ $3 < x \leq 8$

Aufgabe 15:

a) Berechnen Sie die folgenden Quadratzahlen: $2{,}1^2 = \underline{\textbf{4,41}}$ und $0{,}98^2 = \underline{\textbf{0,9604}}$.

b) Wie kann man mit Hilfe der binomischen Formeln $2{,}1^2$ auch berechnen?

○ $2^2 + 0{,}1^2$ ○ $2 + 2 \cdot 2{,}1 + 0{,}1$ ○ $2^2 + 2 \cdot 0{,}1 + 0{,}1^2$ ⊗ $\underline{2^2 + 2 \cdot 0{,}2 + 0{,}1^2}$

c) Wie kann man mit Hilfe der binomischen Formeln $0{,}98^2$ auch berechnen?

○ $1^2 - 0{,}02 + 0{,}02^2$ ⊗ $\underline{1^2 - 2 \cdot 0{,}02 + 0{,}02^2}$ ○ $1^2 - 0{,}02^2$ ○ $1 - 2 \cdot 0{,}02 + 0{,}02$

Literatur

Andrès, E., Goguadze, G., Sosnovsky, S., Winterstein, S., & Melis, E. (2011, November 03–05). Math-Bridge: Eine webbasierte Plattform für mathematische Brückenkurse. Vortrag der Arbeitstagung „*Mathematische Vor- und Brückenkurse: Konzepte und Perspektiven*" des khdm. Kassel: Universität Kassel.

Asdonk, J., Fiedler-Ebke, W., & Glässing, G. (2009). Zwischen Kontinuität und Krise: Der Übergang Schule-Hochschule. *TriOS - Forum für schulnahe Forschung Schulentwicklung und Evaluation, 4*(1), 5–10.

Autorengruppe Bildungsberichterstattung (2008). *Bildung in Deutschland 2008. Ein indikatorengestützter Bericht mit einer Analyse zu Übergängen im Anschluss an den Sekundarbereich II. Im Auftrag der Ständigen Konferenz der Kultusminister der Länder in der Bundesrepublik Deutschland und des Bundesministeriums für Bildung und Forschung.* Bielefeld: Bertelsmann.

Autorengruppe Bildungsberichterstattung (2012). *Bildung in Deutschland 2012. Ein indikatorengestützter Bericht mit einer Analyse zur kulturellen Bildung im Lebenslauf. Im Auftrag der Ständigen Konferenz der Kultusminister der Länder in der Bundesrepublik Deutschland und des Bundesministeriums für Bildung und Forschung.* Bielefeld: Bertelsmann.

Battermann, H., Kowalik, K., Krewer, R., Kuchenbecker, W., Milde, C., & Oehrl, W. et al. (1989). *Rahmenrichtlinien für die Orientierungsstufe (Land Niedersachsen), Mathematik.* Hannover: Schroedel.

Becker, B., Bieber, G., Blümel, K., Brückner, A., Jahnke, T., & Wende, G. (2002). *Rahmenlehrplan Sekundarstufe I Mathematik (Land Brandenburg).* Berlin: Wissenschaft und Technik Verlag. (Ministerium für Bildung, Jugend und Sport Brandenburg (Hrsg.))

Berliner Landesinstitut für Schule und Medien (2006). *Rahmenlehrplan für die Sekundarstufe I, Jahrgangsstufe 7–10 Hauptschule, Realschule, Gesamtschule & Gymnasium, Mathematik (Land Berlin).* Berlin: Oktoberdruck AG. (Senatsverwaltung für Bildung, Jugend und Sport Berlin (Hrsg.))

Berthold, C., Güttner, A., Leichsenring, H., & Morzick, B. (2012). Studienrelevante Diversität, Kurzbeschreibung einer Methodik und von ermittelten Studierendentypen, CHE-QUEST ein Analysetool für das Hochschulmanagement. Gütersloh: CHE Consult. http://www.che.de/downloads/Consult_Briefing_1_2___QUEST_Studierendentypen.pdf. Zugegriffen: 10. September 2013

Blaschka, I., Conrad, S., Heinz, D., Klewitz, G., Schulz, R., & Schulze, N. et al. (1991). *Vorläufiger Rahmenlehrplan (Land Brandenburg), Grundschule, Mathematik.* Potsdam-Golm: Brandenburgische Universitätsdruckerei und Verlagsgesellschaft Potsdam.

BMBF (2011). Qualitätspakt Lehre. http://www.qualitaetspakt-lehre.de/de/1442.php. Zugegriffen: 10. September 2013

Bruder, R., Conrad, S., Heinz, D., Kaufmann, A., Schulz, R., & Schulze, N. et al. (1991). *Vorläufiger Rahmenlehrplan (Land Brandenburg) für Sekundarstufe I, Mathematik.* Potsdam-Golm: Brandenburgische Universitätsdruckerei und Verlagsgesellschaft Potsdam.

Buschor, C. B., Denzler, S., & Keck, A. (2008). *Berufs- und Studienwahl von Maturanden und Maturandinnen.* Zürich: Pädagogische Hochschule Zürich, Departement Forschung und Entwicklung.

Centrum für Hochschulentwicklung (2011). Sonderauswertung der Sozialerhebung für NRW: 44,5 Stundenwoche für Studium und Nebenjob, *CHEckpoint, 135 (1)*. http://www.che.de/cms/? getObject=5&getMeta=277&CB=5&getLang=de&checkpoint=135#8. Zugegriffen: 04. Juni 2013

Eglin-Chappuis, N. (2008). Wie die Studienwahl zustande kommt, CEST-Studie zu Studienfachwahl und Fächerwechsel. *Panorama, 6*, 29–30.

Fröhlich, S. (2012). *Projekt: , Kompetenzbrücken mit e-learning"*. https://www.fh-brandenburg.de/ kompetenzbruecken.html. Zugegriffen: 10. September 2013

Landesinstitut für Schule und Medien Berlin-Brandenburg (2008). *Rahmenlehrplan für die Sekundarstufe I, Jahrgangsstufe 7–10, Mathematik* (Land Berlin). Ministerium für Bildung, Jugend und Sport des Landes Brandenburg (Hrsg.). Bielefeld: Gieselmann Druck & Medienhaus.

Landesinstitut für Schule und Medien Brandenburg, Berliner Landesinstitut für Schule und Medien, Landesinstitut für Schule Bremen & Landesinstitut für Schule und Ausbildung Mecklenburg-Vorpommern (2004). *Rahmenlehrplan Mathematik Primarstufe (Länder: Berlin & Brandenburg)*. Ministerium für Bildung, Jugend und Sport Brandenburg, Senatsverwaltung für Bildung, Jugend und Sport Berlin, Senator für Bildung und Wissenschaft Bremen & Ministerium für Bildung, Wissenschaft und Kultur Mecklenburg-Vorpommern (Hrsg.). Berlin: Wissenschaft und Technik Verlag.

Thüringer Kultusministerium (Hrsg.). (1999). *Lehrplan für das Gymnasium, Mathematik*. Saalfeld/Saale: SDC Satz+Druck Centrum Saalfeld.

Sächsisches Staatsministerium für Kultus (Hrsg.). (1992). *Lehrplan Gymnasium, Mathematik, Klassen 5–12*. Sächsisches Druck- und Verlagshaus: Dresden.

Freie und Hansestadt Hamburg, Behörde für Schule, Jugend und Berufsbildung, Amt für Schule (Hrsg.). (1990). *Lehrplanrevision Gymnasium: Sekundarstufe I, Lehrplan Mathematik*. Hamburg: Drei-Mohren-Verlag Kurt Weltzien.

Rach, S., & Heinze, A. (2011). Der Übergang von der Schule zur Hochschule: Mathematisches Lehren und Lernen in der Studieneingangsphase. In R. Haug, & L. Holzäpfel (Hrsg.), *Beiträge zum Mathematikunterricht 2011* (Bd. 2, S. 647–650). Münster: WTM-Verlag.

Ergänzungen zu den mathematischen Grundvorlesungen für Lehramtsstudierende im Fach Mathematik – ein Praxisbericht

22

Kathrin Nagel, Florian Quiring, Oliver Deiser und Kristina Reiss

Zusammenfassung

Für viele Lehramtsstudierende der Mathematik ist der Übergang von der Schule an die Universität eine Herausforderung. Um Studierende beim Erlernen des universitären Lehrstoffs und beim Erkennen von Zusammenhängen von Schul- und Hochschulmathematik zu unterstützen, bietet die TUM School of Education an der Technischen Universität München seit dem Wintersemester 2010/11 so genannte Ergänzungen an. Diese richten sich gezielt an Studierende des Lehramts an Gymnasien mit dem Fach Mathematik und sind in die Module Analysis und Lineare Algebra integriert. Ziele der Ergänzungen sind mathematisches Basiswissens zu wiederholen, Verknüpfungen von Anschauung und Definition herzustellen, Verbindungen zur Schulmathematik auf- zuzeigen sowie mathematische Kommunikation zu fördern. Der vorliegende Artikel erläutert das Konzept der Ergänzungen. Darüber hinaus wird untersucht, ob die ge- setzten Ziele mit den Erwartungen der Studierenden übereinstimmen und in geeigneter Weise implementiert wurden. Zu diesem Zweck wurde eine Evaluation in Form eines Fragebogens durchgeführt, deren Ergebnisse zeigen, dass die formulierten Ziele mit den Erwartungen seitens der Studierenden konform gehen und vor allem die Verknüp- fung von Anschauung und Definition sehr erfolgreich umgesetzt wurde.

22.1 Einleitung

Der Übergang von der Schule an die Hochschule im Fach Mathematik ist für viele Stu- dierende eine große Herausforderung. Besonders die Unterschiede zwischen Schul- und Hochschulmathematik sind mögliche Gründe für Einstiegsschwierigkeiten. In Brücken- kursen wird daher an vielen Universitäten versucht, Studierende beim Übergang an die

Kathrin Nagel ✉ · Florian Quiring · Oliver Deiser · Kristina Reiss
Technische Universität München, TUM School of Education, München, Deutschland
e-mail: kathrin.nagel@tum.de, quiring@tum.de, deiser@tum.de, kristina.reiss@tum.de

© Springer Fachmedien Wiesbaden 2016
A. Hoppenbrock et al. (Hrsg.), *Lehren und Lernen von Mathematik in der Studieneingangsphase*, Konzepte und Studien zur Hochschuldidaktik und Lehrerbildung Mathematik, DOI 10.1007/978-3-658-10261-6_22

Universität zu unterstützen und sie für das Lernen der akademischen Mathematik zu motivieren. Die Problematik des Übergangs von der Schule zur Hochschule erstreckt sich allerdings nicht nur auf das erste Semester, sondern auf das gesamte erste Studienjahr (Gueudet 2008). Daher ist es sinnvoll, die Mathematikstudierenden nicht nur in den ersten Wochen ihres Studiums, sondern auch während der ersten beiden Semester zu unterstützen.

Vor diesem Hintergrund wurden an der TUM School of Education (Technische Universität München) Veranstaltungen für Studierende des Lehramts an Gymnasien mit dem Fach Mathematik entwickelt, welche die Studierenden im ersten Studienjahr unterstützen sowie lehramtsspezifische Inhalte und Methoden vermitteln sollen.

22.2 Theoretischer Hintergrund

22.2.1 Übergangsproblematik

Ein wesentlicher Grund für die Schwierigkeiten an der Schnittstelle Schule-Hochschule sind die Unterschiede zwischen der Schul- und der Hochschulmathematik. Sie gibt es sowohl in methodischer als auch in inhaltlicher Hinsicht (Reichersdorfer et al. 2014).

Die Sichtweise auf das Fach Mathematik ist einer dieser Unterschiede. Sie ist bei Studienanfängern stark vom Schulfach Mathematik geprägt (Freudenthal 1973). Die in der Schule oft gebräuchliche inhaltlich-anschauliche Arbeitsweise unterscheidet sich stark von der formal-axiomatischen an der Hochschule (Heintz 2000), weswegen dieser Kontrast oft zur Überforderung führt (Hoyles et al. 2001; Fischer et al. 2009). So unterscheidet sich vor allem das mathematische Argumentieren und Beweisen an Universitäten stark von der in der Schule gebräuchlichen Weise (Beutelspacher et al. 2011). Auch wenn die Bedeutung des Argumentierens in den Bildungsstandards für die Sekundarstufe II betont wird (Kultusministerkonferenz 2012), hat die Mathematik in der Schule für viele Schülerinnen und Schüler einen doch eher instrumentellen Charakter. Die Notwendigkeit formaler Beweise wird entsprechend von vielen Studierenden nicht erkannt (Rach und Heinze 2013).

Eine Folge der abstrakten Darstellungsweisen an der Universität ist die Schwierigkeit, mathematische Definitionen mit adäquaten Anschauungen zu verknüpfen (Tall und Vinner 1981). Alle non-verbalen Assoziationen mit einem bestimmten Begriff, seien es mentale Vorstellungen oder auch Erfahrungen, definiert Vinner als *concept image*, formale Definitionen werden als *concept definition* (Vinner 1991, S. 68) bezeichnet. Vielen Studierenden fehlen geeignete Assoziationen mit mathematischen Begriffen. Besonders problematisch sind dabei mathematische Objekte, die bereits aus der Schule bekannt sind, wie zum Beispiel der Funktionsbegriff. Im Gymnasium werden lediglich einige ausgewählte Funktionentypen besprochen, sodass das mentale Bild von Funktionen sich oft auf diese konkreten Beispiele beschränkt. Wird der Funktionsbegriff dann in einer Vorlesung an der Universität verwendet, können Konflikte entstehen, wenn dieser Begriff nicht mehr mit dem Begriff aus der Schule übereinstimmt. Solche Probleme sollten explizit thematisiert werden, um das bestehende *concept image* aus der Schule in geeigneter Form zu adaptieren. In den konventionellen Vorlesungen ist eine solche Diskussion oft aus zeitlichen Gründen nur begrenzt realisierbar. Auch in Übungen können solche Überlegungen oft nicht ganz detailliert ausgeführt werden, obwohl genau diese kognitiven Konflikte eine wichtige Rolle im Lernprozess spielen (Neber 2006).

Ein weiterer Unterschied zwischen Schul- und Hochschulmathematik besteht in der unterschiedlichen Lernkultur. Während in der Schule die aktive, prozessorientierte Entwicklung mathematischer Themen angestrebt wird, liegt der Fokus einer Mathematikvorlesung meist auf dem Nachvollziehen fertiger Theorien und Beweise, obwohl die Entwicklung einer Theorie oder eines Beweises für das Lernen hilfreich ist (Mejia-Ramos et al. 2012). Es bereitet Studienanfängern oft Probleme, das eigene Lernverhalten und die eigenen Lernstrategien an die neuen Umstände der Hochschule anzupassen (Hefendehl-Hebeker und Schuster 2007; Rach und Heinze 2013).

Auch der Umgang mit falschen mathematischen Aussagen, der das Entwickeln von Beispielen und Gegenbeispielen erfordert und ein umfassendes Verständnis von Begriffen fördert, spielt in der Schule praktisch keine Rolle (Lin und Wu Yu 2005). An der Universität hingegen ist das Konstruieren von Beispielen und Gegenbeispielen ein wichtiger Schritt zum Erlernen mathematischer Inhalte oder Methoden, wie auch beim Beweisen (Boero 1999; Reiss und Ufer 2009).

Bereits Felix Klein thematisiert die Übergangsproblematik in seinem Werk *Elementarmathematik vom höheren Standpunkte* (Klein 1908). Er stellt dort nicht nur die Schwierigkeit beim Eintritt in ein Mathematikstudium, sondern auch die beim Einstieg in den Lehrberuf nach Beendigung des Studiums dar. Beide fasst er unter dem Begriff der doppelten Diskontinuität zusammen. Auch wenn Felix Klein immer noch gerne zitiert wird, darf nicht übersehen werden, dass die Ausgangslage zu Beginn des 20. Jahrhunderts sich deutlich von den derzeitigen Bedingungen unterscheidet. Zu Recht wird heute eine stärkere Professionsorientierung als zentrales Element der Lehramtsausbildung gesehen. Studierende entscheiden sich zwar für ein Studienfach, aber mehr noch für den Beruf des Lehrers oder der Lehrerin. Damit kann man ihre Motivation in der Regel nicht per se durch die neue universitäre Mathematik als gegeben ansehen. Vielmehr ist darauf zu achten, dass Motivation nicht abnimmt, wenn Erfolgserlebnisse ausbleiben, der Lehrstoff nicht verstanden wird oder sein Bezug zur Schulmathematik nicht erkennbar ist (Beutelspacher et al. 2011; Daskalogianni und Simpson 2002). Daher ist es wichtig, explizit Verknüpfungen zu schulischen Inhalten herzustellen, sodass die Bedeutung der mathematischen Inhalte für den späteren Lehrberuf verdeutlicht wird.

Als Reaktion auf diese Problematik wurden an einigen Universitäten und Hochschulen Brückenkurse für verschiedene mathematische Studienfächer eingeführt, die meist vor dem ersten Semester stattfinden und einen leichteren Einstieg in das Mathematikstudium ermöglichen (s. dazu Reichersdorfer et al. 2014). Neben solchen Kursen gibt es Projekte, die Studierende am Übergang an die Hochschule unterstützen sollen. Ein Beispiel ist das Projekt „Mathematik Neu Denken" an den Universitäten Gießen und Siegen (Beutelspacher et al. 2011). Im Rahmen dieses Projekts wurden die Grundvorlesungen im mathematischen Lehramtsstudium inhaltlich ergänzt und methodisch aufbereitet. Es wurden historische und philosophische Betrachtungen sowie Bezüge zur Schulmathematik in die Vorlesungen integriert und eine aktive Wissenskonstruktion durch kooperative Übungsformen ermöglicht. Eine Evaluation dieses Projekts erfolgte durch die TEDS-M-Studie und fiel durchweg positiv aus (Blömeke et al. 2010). Auch das Projekt „LIMA" ist ein Beispiel für eine erfolgreiche Unterstützungsmaßnahme an der Schnittstelle Schule-Hochschule. Es wurde an den Universitäten Paderborn und Kassel konzipiert und realisiert (Biehler et al. 2010). Im Rahmen dieses Projekts wurden Lehrveranstaltungen inhaltlich und methodisch an das Lehramtsstudium angepasst und didaktisch aufbereitet. Eine begleitende Evaluationsstudie und Tutorenschulungen dienten der Optimierung des Projekts. Ein weiteres Projekt „Mathematik besser verstehen" wurde an der Universität Duisburg-Essen konzipiert (Ableitinger und Herrmann 2014). Begleitend zum regulären Vorlesungs- und Übungsbetrieb werden hier verschiedene Materialien, insbesondere E-Learning-Angebote, zur Verfügung gestellt und helfen etwa beim Veranschaulichen von Begriffen oder beim Nachbereiten des Vorlesungsstoffs. An der Philipps-Universität Marburg wurden spezielle Veranstaltungen eingeführt, so genannte Schnittstellenmodule, die fachwissenschaftliche und fachdidaktische Studieninhalte zusammenführen (Bauer und Partheil 2009). Dort werden explizit Verbindungen von schul- und hochschulmathematischen Inhalten aufgezeigt und schulische Inhalte in die akademische Mathematik eingebettet. Die Einführung der Schnittstellenmodule wurde von den meisten Studierenden als sinnvoll erachtet und wird dementsprechend weiter ausgebaut.

22.2.2 Konzept der Ergänzungen

Um den Übergang von der Schule an die Hochschule zu erleichtern, wurden auch an der TUM School of Education der Technischen Universität München spezielle Veranstaltungen entwickelt, die Lehramtsstudierende mit dem Fach Mathematik im ersten Studienjahr unterstützen sollen. Diese Veranstaltungen werden Ergänzungen genannt und sind in die Basismodule der ersten beiden Semester integriert. Es existieren derzeit also Ergänzungen zur Analysis und zur Linearen Algebra, die den regulären Vorlesungs- und Übungsbetrieb begleiten. Im Gegensatz zu verschiedenen anderen Projekten handelt es sich bei den Ergänzungen um eigenständige Veranstaltungen, die dauerhaft in die Studienpläne für das gymnasiale Lehramt aufgenommen wurden, wie etwa auch die Schnittstellenmodule an der Philipps-Universität Marburg. Außerdem unterstützen sie die Studierenden im gesamten ersten Studienjahr und nicht nur zu Beginn des Mathematikstudiums.

Die Ergänzungen finden einmal in der Woche mit je zwei Semesterwochenstunden statt. Mathematikstudierende, die sich nicht im Lehramtsstudiengang befinden, belegen stattdessen eine zweistündige Zentralübung, sodass die Anzahl der Semesterwochenstunden für alle Studierenden gleich ist. Erstmals eingeführt wurden sie vom Zentrum Mathematik der TU München im Jahre 2009. Die TUM School of Education entwickelte die Kurse weiter, sodass ab dem Wintersemester 2010/11 ein überarbeitetes Konzept eingeführt werden konnte (Deiser 2011). In den Ergänzungen werden vorrangig vier Ziele angestrebt, die im Folgenden erläutert werden.

(1) Wiederholen mathematischen Basiswissens
Das Wiederholen mathematischen Basiswissens beinhaltet nicht nur das Repetitorium von Fachwissen, sondern auch das Vertiefen universitärer Methoden wie mathematisches Argumentieren und Beweisen, das für Studierende oft eine besondere Schwierigkeit darstellt. Auch der korrekte Umgang mit mathematischen Elementen wie Quantoren ist für Studienanfängerinnen und -anfänger eine wichtige Basis für das Fortschreiten im Mathematikstudium.

In den Ergänzungen werden daher typische mathematische Probleme, die thematisch an die Vorlesungsinhalte angebunden sind und im Schwierigkeitsgrad variieren, in Kleingruppen bearbeitet und anschließend ausführlich besprochen. Das praktische Einüben mathematischer Beweise und das Kennenlernen verschiedener Techniken (Induktionsbeweis, Beweis durch Widerspruch etc.) soll die Fähigkeit fördern, Argumente zu finden und deduktiv anzuordnen. Außerdem verdeutlicht es, wie wichtig das exakte Lernen mathematischer Definitionen und Sätze ist.

Als Orientierung für die Entwicklung eines Beweises dient das Beweisschema von Boero (1999), das von Heinze und Reiss (2004) modifiziert wurde:

1. Finden einer Vermutung aus einem mathematischen Problemfeld heraus.
2. Formulierung der Vermutung nach üblichen Standards.
3. Exploration der Vermutung mit den Grenzen ihrer Gültigkeit; Herstellen von Bezügen zur mathematischen Rahmentheorie; Identifizieren geeigneter Argumente zur Stützung der Vermutung.
4. Auswahl von Argumenten, die sich in einer deduktiven Kette zu einem Beweis organisieren lassen.
5. Fixierung der Argumentationskette nach aktuellen mathematischen Standards.
6. Annäherung an einen formalen Beweis.
7. Akzeptanz durch die mathematische Community (Reiss und Ufer 2009, S. 162).

Ein Beispiel aus den Ergänzungen zur Linearen Algebra ist die Bearbeitung der folgenden Aufgabe:

Es seien V und W Vektorräume über einem Körper K und $F: V \to W$ linear. Zeigen Sie für alle $v_1, \ldots, v_n$ in V und $\lambda_1, \ldots, \lambda_n$ in K:

a) $V = \operatorname{span}_K(v_1, \ldots, v_n) \Rightarrow F[V] = \operatorname{span}_K(F(v_1), \ldots, F(v_n))$.
b) $(v_1, \ldots, v_n)$ linear abhängig $\Rightarrow (F(v_1), \ldots, F(v_n))$ linear abhängig.

Der Beweis dieser Aussage ist relativ einfach: Man betrachtet ein beliebiges Element w aus $F[V]$. Es gibt dann ein v aus V, sodass $F(v) = w$. Da nach Voraussetzung $V = \text{span}_K(v_1, \ldots, v_n)$ ist, existieren $\lambda_1, \ldots, \lambda_n$ aus K, sodass jedes Element v aus V sich darstellen lässt als: $v = \lambda_1 v_1 + \ldots + \lambda_n v_n$. Nun kann man diese Darstellung für v einsetzen: $F(v) = F(\lambda_1 v_1 + \ldots + \lambda_n v_n) = w$. Da die Abbildung F linear ist, gilt: $F(\lambda_1 v_1 + \ldots + \lambda_n v_n) = \lambda_1 F(v_1) + \ldots + \lambda_n F(v_n) = w$. Da w ja ein Element aus $F[V]$ ist, muss also $\lambda_1 F(v_1) + \ldots + \lambda_n F(v_n)$ auch ein Element aus $F[V]$ sein. Daraus folgt dann die Behauptung.

Dieser kurze Beweis eignet sich, um das oben beschriebene Beweisschema anzuwenden. Außerdem kann hier Fachwissen, das für den Beweis benötigt wird, wiederholt und die Fähigkeit, eine deduktive Argumentationskette aufzubauen und mathematisch korrekt zu formulieren, eingeübt werden.

(2) Verknüpfung von Anschauung und Definition

Aufgrund der eher abstrakten Darstellungsweise der akademischen Mathematik ist es möglich, dass Studierende Probleme haben, bildliche Vorstellungen oder Beispiele für mathematische Begriffe zu konstruieren. Diese Anschauungen sind Voraussetzung für einen sachgemäßen und effektiven Umgang mit formalen Definitionen. Außerdem können sie das Verständnis der Vorlesungsinhalte fördern, den Lernprozess unterstützen und daher zu besseren Lernergebnissen führen (Crawford et al. 1998). Eine gründliche Auseinandersetzung mit wichtigen Definitionen und Sätzen ist darum nötig, um mentale Vorstellungen zu entwickeln oder zu adaptieren.

In den Ergänzungen werden abstrakt wirkende Begriffe näher beleuchtet und deren Definitionen diskutiert. Sie werden mit Hilfe von Beispielen, Gegenbeispielen oder visuellen Darstellungen veranschaulicht. Abbildung 22.1 zeigt ein Beispiel aus den Ergänzungen zur Linearen Algebra zur Verknüpfung von Anschauung und Definition.

In diesem Beispiel wird illustriert, welchen Einfluss der Rang einer Abbildungsmatrix auf den Kern und das Bild der Abbildung hat. Die linke Spalte zeigt beispielsweise den Fall, dass der Rang der Abbildungsmatrix gleich zwei ist. Die Dimension des Bildes ist somit auch gleich zwei und nach dem Dimensionssatz besteht der Kern nur aus dem neutralen Element. Besitzt die Matrix jedoch einen kleineren Rang, so hat dies auch Auswirkungen auf das Bild und den Kern der Matrix, was in den beiden übrigen Spalten dargestellt ist. Veranschaulicht man diesen Sachverhalt wie in Abb. 22.1, so wird auf einen Blick klar, wie der Rang der Abbildungsmatrix mit dem Kern und dem Bild der Abbildung zusammenhängt. Mithilfe solcher Veranschaulichungen kann das Verständnis mathematischer Begriffe gefördert werden.

(3) Aufzeigen von Verbindungen zur Schulmathematik

Ein weiteres Ziel der Ergänzungen ist die Verknüpfung von Schul- und Hochschulmathematik. Die Vorlesungsinhalte der ersten Semester bieten viele Möglichkeiten, Schulbezüge herzustellen, da einige mathematische Begriffe bereits aus der Schule bekannt sind (z. B. Differenzierbarkeit, Vektoren). Durch die Verbindung von Wissen aus der Schu-

Beispiel:

Der Rang einer Matrix ist die Dimension des Bildes der Abbildung, die durch die Matrix definiert wird. Betrachtet wird der Vektorraum $\mathbb{R}^2$ und die lineare Abbildung $\varphi_A : V \to V, \; v \mapsto Av$ mit Matrix A:

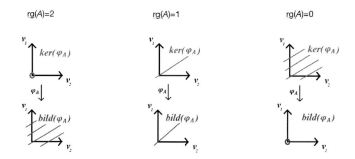

Abb. 22.1 Beispiel zur Verknüpfung von Anschauung und Definition

le und der Universität können die Studierenden neue Begriffe besser einordnen und ihr mathematisches Wissen schrittweise ausbauen (vgl. Bauer und Partheil 2009). Das mathematische Schulwissen ist eine wichtige Grundlage für die universitäre Mathematik. Insbesondere geht es nicht darum, eine neue Wissenschaft zu erlernen, die von der Schulmathematik losgelöst ist (Klein 1908). In Abb. 22.2 wird die Einführung der natürlichen Zahlen in der Schule gezeigt.

Im Schulbuchauszug werden zunächst Elemente der natürlichen Zahlen exemplarisch vorgestellt und dadurch an das Vorwissen der Schülerinnen und Schüler angeknüpft. Die Eigenschaften natürlicher Zahlen, die für die Schulmathematik relevant sind, werden im Anschluss durch einfache Formulierungen vorgestellt. Im Gegensatz dazu erfolgt die Einführung der natürlichen Zahlen an der Universität in der Regel durch die Peano-Axiome:

(P1) Es ist $0 \in \mathbb{N}$, d. h. 0 ist eine natürliche Zahl.

(P2) Für jedes $n \in \mathbb{N}$ gibt es ein $n' \in \mathbb{N}$, das der Nachfolger von n ist.

(P3) Es gibt kein $n \in \mathbb{N}$, sodass 0 der Nachfolger von n ist.

Die Zahlen 1, 2, 3, 4, … nennt man **natürliche Zahlen**. Um sie zusammenzufassen, benutzt man die Mengenschreibweise mit geschweiften Klammern.
Die Menge **N = {1; 2; 3; 4; … }** heißt **Menge der natürlichen Zahlen**.
Zu jeder natürlichen Zahl gibt es eine um 1 größere natürliche Zahl, ihren **Nachfolger**, und (außer zur Zahl 1) auch eine um 1 kleinere natürliche Zahl, ihren **Vorgänger**.

Abb. 22.2 Einführung der natürlichen Zahlen in Klasse 5 (Schätz und Eisentraut 2009, S. 10)

(P4) Sind n, $m \in$ IN verschieden, so sind es auch ihre Nachfolger n' und m'. Aus $n \neq m$ folgt also $n' \neq m'$.

(P5) Ist M eine Teilmenge von IN mit $0 \in M$ und ist für jedes $m \in M$ auch der Nachfolger $m' \in M$, so ist $M =$ IN.

Die formal-axiomatische Darstellung ist besonders für Studienanfänger gewöhnungs-bedürftig. Der Vergleich der Einführung der natürlichen Zahlen in der Schule und an der Universität verdeutlicht hier, dass Schul- und Hochschulmathematik keine völlig verschie-denen Bereiche sind. In obigem Beispiel unterscheiden sich die Inhalte (fast) nur in der Darstellungsform. Es gibt zahlreiche weitere Aufgaben, die die Verknüpfung von Schul- und Hochschulmathematik fokussieren. Beispiele lassen sich etwa bei Bauer (2013) oder Ableitinger et al. (2013) finden.

(4) Fördern mathematischer Kommunikation

Ein weiterer zentraler Aspekt der Ergänzungen ist die Förderung des mathematischen Kommunizierens (Kultusministerkonferenz 2012), die auch in den Schnittstellenmodulen der Universität Marburg (Bauer und Partheil 2009) berücksichtigt wird. Andere Unterstüt-zungsmaßnahmen legen darauf bisher eher selten einen Schwerpunkt.

Konkret geht es dabei um den korrekten Gebrauch der mathematischen Fachsprache, um die Fähigkeit, mathematische Inhalte zu erklären, aber auch um Sinnentnahme bei mathematikbezogenen Äußerungen von anderen und die Beurteilung ihrer Korrektheit. Bei der Konzeption der Ergänzungen orientierte man sich ferner an den Lehrerkompeten-zen (Krauss et al. 2008; Shulman 1986), insbesondere am *pedagogical content knowledge* (dem fachdidaktischen Wissen), das in traditionellen Lehrveranstaltungen eine eher unter-geordnete Rolle spielt.

Dazu sollen mathematische Inhalte in etwa 30-minütigen studentischen Kurzvorträgen didaktisch aufbereitet und in der Veranstaltung präsentiert werden. Thematisch sind die Kurzvorträge am Vorlesungsstoff angepasst. Die für die Vorträge relevante Literatur wird zur Verfügung gestellt.

Durch konstruktives Feedback von Lehrenden und Kommilitonen soll erfahren wer-den, wie eine interaktive und ansprechende Präsentation gestaltet werden kann. Dabei ist ein motivierender, interessanter oder problemorientierter Einstieg in das jeweilige Thema wichtig. Es sollten ferner auch Arbeitsphasen für die Zuhörer oder andere Elemente, die die Zuhörer aktivieren, in den Vortrag integriert werden. Auch eine Zusammenfassung, die Lösung einer Problemstellung oder ein Ausblick am Ende des Vortrags sind Kriterien eines guten Vortrags. Neben der Gestaltung des Vortrags werden der Präsentationsstil, die korrekte Verwendung der mathematischen Fachsprache sowie der Umgang mit Fragen aus dem Publikum beim anschließenden Feedbackgespräch berücksichtigt.

Die Ergänzungen zur Analysis bzw. zur Linearen Algebra betonen nicht alle Ziele glei-chermaßen. Abhängig vom Vorlesungsstoff und den Studierenden kann der Schwerpunkt der Veranstaltungen auch im Laufe eines Semesters variieren.

Während in den Ergänzungen zur Linearen Algebra in der Regel studentische Kurzvorträge, Diskussion von Schulbezügen und die Veranschaulichung des Vorlesungsstoffes im Vordergrund stehen, werden in den Ergänzungen zur Analysis Präsenzübungen mit anschließender Besprechung und Diskussionen über den aktuellen Vorlesungsstoff fokussiert, die die Verknüpfung von Anschauung und Definition sowie das mathematische Kommunizieren fördern sollen. Kurzvorträge und das Arbeiten mit Schulbüchern erfolgten bisher nur in den Ergänzungen zur Linearen Algebra.

Um die Vor- und Nachteile dieser beiden Varianten aus studentischer Sicht herauszuarbeiten und auch miteinander zu vergleichen, wurde am Ende des Wintersemesters 2012/13 in beiden Ergänzungen eine identische Evaluation mittels eines Fragebogens durchgeführt.

22.2.3   Forschungsfragen

Im Fragebogen sollten die Studierenden die verwendeten Methoden (Kurzvorträge, Präsenzaufgaben und Diskussionen) bewerten, woraus ein Vergleich der Ergänzungen beider Vorlesungen möglich ist. Außerdem sollten neben einer inhaltlichen Beurteilung zusätzlich die Erwartungen der Studierenden an die Ergänzungen abgefragt werden. Daher war die erste Forschungsfrage, ob die studentischen Erwartungen mit den gesetzten Zielen übereinstimmen. Die zweite Forschungsfrage war, ob die Studierenden die implementierten Ziele als sinnvoll erachten.

Auf Grund der theoretischen Fundierung erwarteten wir eine positive Einschätzung der eingesetzten Methoden, da diese geeignet sein sollten, die Studierenden in ihrem Lernprozess und bei der Begriffsbildung zu unterstützen.

22.3   Evaluation

22.3.1   Teilnehmerinnen und Teilnehmer

In den Ergänzungen zur Linearen Algebra nahmen von 35 Lehramtsstudierenden 31 an der Evaluation am Ende des Wintersemesters 2012/13 teil, von denen sich 28 im ersten Semester ihres Studiums befanden. Drei Studierende befanden sich zu diesem Zeitpunkt im dritten bzw. im siebten Semester. An der Evaluierung der Ergänzungen zur Analysis nahmen von 43 Studierenden 36 teil. Davon waren eine Hälfte Studierende des ersten und die andere Hälfte Studierende des dritten Semesters. Die Zusammensetzung der Studierenden aus unterschiedlichen Semestern in den Ergänzungen lässt sich mithilfe der Studienpläne erklären, die je nach Fächerkombination variieren. So stehen für die Kombinationen Mathematik-Physik und Mathematik-Chemie die Vorlesungen Analysis I und II im ersten und zweiten Semester im Studienplan, in den beiden anderen Kombinationen Mathematik-Informatik und Mathematik-Sport werden diese Vorlesungen erst im dritten und vierten Semester belegt. Die Vorlesungen zur Linearen Algebra I und II sind hingegen für alle Studierenden im ersten und zweiten Semester verpflichtend. Es kann also davon ausgegangen werden, dass die Mehrheit der befragten Studierenden die beiden Vorlesungen zum ersten Mal hörte.

22.3.2 Evaluationsitems

Die Evaluation der Veranstaltung wurde mithilfe eines Fragebogens durchgeführt, der die Zustimmung der Studierenden zu gegebenen Aussagen erfassen sollte. Das Antwortformat entsprach einer vierstufigen Likert-Skala, mit 0 = „trifft nicht zu" bis hin zu 3 = „trifft zu". Kreuzte ein Studierender also die 2 oder die 3 an, so drückte er seine Zustimmung zu der gegebenen Aussage aus.

Der eingesetzte Fragebogen gliederte sich in drei Teile. Im ersten Teil wurden die Erwartungen der Studierenden an die Veranstaltung abgefragt, der zweite Teil befasste sich mit den in den Ergänzungen praktisch umgesetzten Inhalten und Methoden und im dritten Teil wurde schließlich die Zustimmung zum jeweiligen Aufbau der beiden Ergänzungen abgefragt.

Zu den Erwartungen an die Ergänzungen existierten vier Items. Die Erwartungen, ob die Veranstaltung das Verständnis der Vorlesungsinhalte fördern sollte, ob sie Anschauungen mit formalen Definitionen verknüpfen sollte, ob Bezüge zur Schulmathematik hergestellt werden sollten und ob mathematische Grundkenntnisse wiederholt werden sollen, sollten von den Studierenden evaluiert werden.

Analog zu den Fragen der Erwartungen der Studierenden wurden fünf Items zum Inhalt der Ergänzungen gestellt, in denen die tatsächlich behandelten Themen und Methoden evaluiert werden sollten. Abgefragt wurden die vier Ziele der Ergänzungen und die *Förderung des Verständnisses der Vorlesungsinhalte*, um zu beobachten, ob der direkte inhaltliche Bezug zum Vorlesungsstoff in den Ergänzungen einen positiven Einfluss hat.

Abschließend sollten die Studierenden den methodischen Ablauf der Ergänzungen evaluieren. Da beide Ergänzungen unterschiedliche Schwerpunkte setzten, war es von Interesse, welche der verwendeten Methoden bei den Studierenden beliebter waren.

22.4 Ergebnisse

Die Ergebnisse der Erwartungen der Studierenden zeigt Abb. 22.3.

Die Studierenden erachteten die *Förderung des Verständnisses* und die *Verknüpfung von Anschauungen mit formalen Definitionen* als besonders wünschenswert. Das *Herstellen von Schulbezug* wurde ebenfalls in einer solchen Veranstaltung erwartet, wobei die Zustimmung hier etwas geringer ausfiel als für die beiden anderen Aspekte. Die *Wieder-*

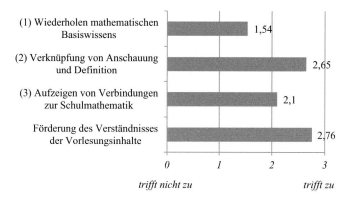

Abb. 22.3 Erwartungen der Studierenden an die Ergänzungen

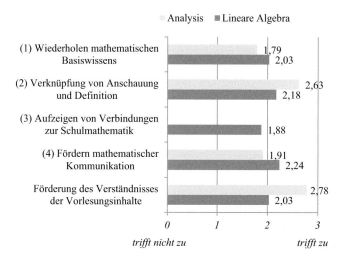

Abb. 22.4 Ergebnisse zur erfolgreichen Implementierung der Ziele

holung von mathematischem Grundwissen hingegen spielte für die Studierenden lediglich eine untergeordnete Rolle.

Im zweiten Teil des Fragebogens sollten die Studierenden die praktische Umsetzung der Ziele beurteilen. Die Mittelwerte der Ergebnisse sind in Abb. 22.4 dargestellt.

Die Ergebnisse der praktischen Umsetzung des zweiten Ziels *Verknüpfung von Anschauung und Definition* fielen äußerst positiv aus. Fast alle Studierenden der beiden Veranstaltungen waren mit der Umsetzung in den Ergänzungen sehr zufrieden. Auch das *Wiederholen mathematischen Basiswissens* und die *Förderung von mathematischer Kommunikation* wurden durchaus gut realisiert. Die Beurteilung der Umsetzung des Ziels *Aufzeigen von Verbindungen zur Schulmathematik* erfolgte mit dem Item „Die verwendeten Schulbuchauszüge waren geeignet, um aufzuzeigen, wie schulrelevante Vorlesungsinhalte in der Schule aufbereitet werden können.". Da dies recht eng gefasst war, wurden ledig-

Abb. 22.5 Ergebnisse der Zustimmung zu den Methoden
Kurzvorträge und Präsenzaufgaben

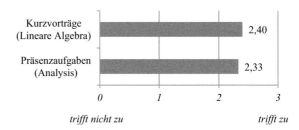

lich die Evaluationsergebnisse der Ergänzungen zur Linearen Algebra ausgewertet, da nur
in dieser Veranstaltung mit konkreten Schulbuchauszügen gearbeitet wurde. Die *Förderung des Verständnisses der Vorlesungsinhalte* wurde von den Studierenden als sehr gut
bewertet, wobei hier der Unterschied der beiden Ergänzungen deutlich wird.

Die Ergebnisse des dritten Teils des Fragebogens beziehen sich auf die Evaluierung des Aufbaus und damit der unterschiedlich starken Betonung der einzelnen Ziele
(vgl. Abb. 22.5). Das Halten von Kurzvorträgen als Vorbereitung auf den späteren Lehrberuf, das wesentlicher Bestandteil der Ergänzungen zur Linearen Algebra war, wurde von
den Studierenden als sinnvoll eingestuft. Aber auch die Bearbeitung von Präsenzaufgaben
mit anschließender Diskussion, die in den Ergänzungen zur Analysis fokussiert wurde,
wurde als nützliche Methode in den Ergänzungen angesehen.

22.5 Diskussion

Die Ergebnisse zeigen, dass die formulierten Ziele der Ergänzungen auch von Seiten der
Studierenden als sinnvoll erachtet werden. Eine breite Zustimmung erfolgte bei der Förderung des Verständnisses der Vorlesungsinhalte, der Verknüpfung von *concept image*
und *concept definition* sowie beim Herstellen von Schulbezügen. Diese Rückmeldungen
machen deutlich, dass genau diese Bereiche in konventionellen Veranstaltungen oft eine
untergeordnete Rolle spielen und daher in den Ergänzungen behandelt werden sollten.
Außerdem kann dies die Vermutung stützen, dass die Studierenden hier die meisten Probleme haben und Unterstützung benötigen. Eine eher geringe Zustimmung fand das Ziel
Wiederholen mathematischen Basiswissens. Eine mögliche Erklärung dafür könnte sein,
dass in diesem Item der Begriff „Grundkenntnisse" verwendet wurde und Studierende das
evtl. mit Schulmathematik gleichsetzten, was nach deren Meinung nicht unbedingt Inhalt
der Ergänzung sein sollte.

Bei den Fragen zur Implementierung der Ziele in den Ergänzungen wurde die Förderung des Verständnisses der Vorlesungsinhalte sowie die Verknüpfung von Anschauung
und Definition sehr gut bewertet, d. h. das zweite Ziel wurde zur vollen Zufriedenheit der
Lehramtsstudierenden realisiert. Das bessere Ergebnis der Ergänzungen zur Analysis bei
der Förderung des Verständnisses der Vorlesungsinhalte könnte auf die unterschiedliche
Gewichtung der Ziele und verwendeten Methoden zurückzuführen sein. Beim Bearbeiten

von Präsenzaufgaben haben die Studierenden also eher das Gefühl, ein besseres Verständnis der Vorlesungsinhalte zu erlangen, als beim Präsentieren mathematischer Inhalte. Das Aufzeigen von Bezügen zur Schulmathematik kann in künftigen Veranstaltungen noch weiter ausgebaut werden. Bei diesem Ergebnis lässt sich jedoch vermuten, dass eine eher indirekte Verknüpfung mit Schulmathematik von den Studierenden nicht immer als eine solche erkannt wird. Die teilweise unterschiedlichen Evaluationsergebnisse zwischen den Ergänzungen zur Linearen Algebra und zur Analysis lassen sich durch die unterschiedliche Gewichtung der vier Ziele in den beiden Veranstaltungen erklären.

Die Ergebnisse der Items, die sich auf die Evaluation des methodischen Aufbaus der beiden Ergänzungen beziehen, sind für die Weiterentwicklung der Ergänzungen von besonderem Interesse. Das Halten der Kurzvorträge in den Ergänzungen zur Linearen Algebra wurde mit einem Mittelwert von 2,40 als sehr sinnvoll für den späteren Lehrerberuf eingestuft. Die Studierenden werden ihrer Meinung nach daher auch langfristig von den Ergänzungen profitieren. Der Aufbau der Ergänzungen zur Analysis wurde mit $M = 2,33$ als sehr sinnvoll erachtet und half Studierenden besonders bei der Förderung des Verständnisses der Vorlesungsinhalte.

Anhand der Ergebnisse lässt sich kein klarer Vorteil für einen der beiden Ergänzungstypen feststellen, da sowohl eine Betonung der Kurzvorträge als auch der Präsenzaufgaben als sinnvoll eingeschätzt wurde. Dennoch zeigen die Ergebnisse, dass das Bearbeiten von Präsenzaufgaben aus Sicht der Studierenden eher das Verständnis der Vorlesungsinhalte fördert als das Präsentieren mathematischer Inhalte.

Mögliche Konsequenzen für die Weiterentwicklung der Ergänzungen wären, die Vortragszeit der studentischen Präsentationen etwas zu reduzieren (bspw. auf 20 Minuten), damit noch mehr Zeit für Präsenzaufgaben bleibt, aber auch, die Kurzvorträge auch in den Ergänzungen zur Analysis einzuführen.

22.6 Zusammenfassung

In diesem Artikel wurde ein neues Konzept vorgestellt, Studierende des gymnasialen Lehramts im Fach Mathematik im ersten Studienjahr zu unterstützen. Viele Studienanfänger haben Schwierigkeiten, ihr Studium erfolgreich zu beginnen. Aufgrund dessen wurden vier Ziele formuliert, um den Lernprozess der Studierenden zu optimieren. In einem zweistündigen, wöchentlichen Ergänzungskurs, der an die Vorlesungen zur Analysis und zur Linearen Algebra geknüpft ist, wurden (1) mathematisches Basiswissen wiederholt, (2) Anschauung und formale Definition miteinander verknüpft, (3) Verbindungen zur Schulmathematik hergestellt sowie (4) mathematische Kommunikation gefördert. Eine erste Evaluation der Studierenden am Ende des Semesters zeigte eine breite Zustimmung zu den formulierten Zielen. Auch die praktische Umsetzung dieser Ziele in der Veranstaltung wurde positiv bewertet. Die drei Hauptbestandteile der Ergänzungen, nämlich Kurzvorträge, Präsenzaufgaben und Diskussionen, wurden im Wesentlichen befürwortet. Aufgrund dieser Ergebnisse der Evaluation soll das Konzept der Ergänzungen weiter ausgebaut und auch an andere mathematische Lehramtsveranstaltungen geknüpft werden.

Literatur

Ableitinger, C., & Herrmann, A. (2014). Das Projekt „Mathematik besser verstehen". In I. Bausch, R. Biehler, R. Bruder, P. R. Fischer, R. Hochmuth, & W. Koepf et al. (Hrsg.), *Mathematische Vor- und Brückenkurse: Konzepte, Probleme und Perspektiven* (S. 327–342). Wiesbaden: Springer Spektrum.

Ableitinger, C., Hefendehl-Hebeker, L., & Herrmann, A. (2013). Aufgaben zur Vernetzung von Schul-und Hochschulmathematik. In H. Allmendinger, K. Lengnink, A. Vohns, & G. Wickel (Hrsg.), *Mathematik verständlich unterrichten* (S. 217–233). Wiesbaden: Springer Spektrum.

Bauer, T. (2013). Schnittstellen bearbeiten in Schnittstellenaufgaben. In C. Ableitinger, J. Kramer, & S. Prediger (Hrsg.), *Zur doppelten Diskontinuität in der Gymnasiallehrerbildung* (S. 39–56). Wiesbaden: Springer Spektrum.

Bauer, T., & Partheil, U. (2009). Schnittstellenmodule in der Lehramtsausbildung im Fach Mathematik. *Mathematische Semesterberichte, 56*(1), 85–103.

Beutelspacher, A., Danckwerts, R., Nickel, G., Spies, S., & Wickel, G. (2011). *Mathematik Neu Denken: Impulse für die Gymnasiallehrerbildung an Universitäten.* Wiesbaden: Vieweg+Teubner.

Biehler, R., Eilerts, K., Hänze, M., & Hochmuth, R. (2010). Mathematiklehrerausbildung zum Studienbeginn: Eine empirische Studie zu Studienmotivation, Vorwissen und Einstellungen zur Mathematik (BMBF-Projekt LIMA). In A. Lindmeier, & S. Ufer (Hrsg.), *Beiträge zum Mathematikunterricht 2010* (Bd. 1, S. 269–272). Münster: WTM-Verlag.

Blömeke, S., Kaiser, G., & Lehmann, R. (Hrsg.). (2010). *TEDS-M 2008. Professionelle Kompetenz und Lerngelegenheiten angehender Mathematiklehrkräfte für die Sekundarstufe I im internationalen Vergleich.* Münster: Waxmann.

Boero, P. (1999). Argumentation and mathematical proof: A complex, productive, unavoidable relationship in mathematics and mathematics education. *International Newsletter on the Teaching and Learning of Mathematical Proof, 7*(8). http://www.lettredelapreuve.org/OldPreuve/Newsletter/990708Theme/990708ThemeUK.html. Zugegriffen: 8. Oktober 2015

Crawford, K., Gordon, S., Nicholas, J., & Prosser, M. (1998). Qualitatively different experiences of learning mathematics at university. *Learning and Instruction, 8*(5), 455–468.

Daskalogianni, K., & Simpson, A. (2002). „Cooling-off": The phenomenon of a problematic transition from school to university. In *Proceedings of the 2nd international conference on teaching mathematics at the undergraduate level* (S. 103–110). Rethymnon/Heraklion, Griechenland: University of Crete.

Deiser, O. (2011). *Analysis 1.* Berlin: Springer.

Fischer, A., Heinze, A., & Wagner, D. (2009). Mathematiklernen in der Schule – Mathematiklernen an der Hochschule: die Schwierigkeiten von Lernenden beim Übergang ins Studium. In A. Heinze, & M. Grüßing (Hrsg.), *Mathematiklernen vom Kindergarten bis zum Studium* (S. 245–264). Münster: Waxmann.

Freudenthal, H. (1973). *Mathematik als pädagogische Aufgabe.* Stuttgart: Klett.

Gueudet, G. (2008). Investigating the secondary-tertiary transition. *Educational Studies in Mathematics, 67*, 237–254.

Hefendehl-Hebeker, L., & Schuster, A. (2007). *Probleme und Perspektiven der Lehramtsausbildung im Fach Mathematik. Ergebnisse eines Symposiums der Deutsche Telekom Stiftung auf der Jahrestagung der Deutschen Mathematiker-Vereinigung im September 2006 in Bonn*. Bonn: Deutsche Telekom Stiftung.

Heintz, B. (2000). *Die Innenwelt der Mathematik: Zur Kultur und Praxis einer beweisenden Disziplin*. Wien: Springer.

Heinze, A., & Reiss, K. (2004). The teaching of proof at the lower secondary level – a video study. *ZDM, 36*(3), 98–104.

Hoyles, C., Newman, K., & Noss, R. (2001). Changing patterns of transition from school to university mathematics. *International Journal of Mathematical Education in Science and Technology, 32*(6), 829–845.

Klein, F. (1908). *Elementarmathematik vom höheren Standpunkte aus. Teil I: Arithmetik, Algebra, Analysis*. Grundlehren der mathematischen Wissenschaften, Bd. 14. Leipzig: Teubner.

Krauss, S., Neubrand, M., Blum, W., Baumert, J., Brunner, M., Kunter, M., et al. (2008). Die Untersuchung des professionellen Wissens deutscher Mathematik-Lehrerinnen und-Lehrer im Rahmen der COACTIV-Studie. *Journal für Mathematik-Didaktik, 29*(3/4), 223–258.

Kultusministerkonferenz (2012). Bildungsstandards im Fach Mathematik für die Allgemeine Hochschulreife (Beschluss der Kultusministerkonferenz vom 18.10.2012). http://www.kmk.org/fileadmin/veroeffentlichungen_beschluesse/2012/2012_10_18-Bildungsstandards-Mathe-Abi.pdf. Zugegriffen: 25. Mai 2014

Lin, F. L., & Wu Yu, J. Y. (2005, Juli 20–23). *False Proposition – As a means for making conjectures in mathematics classrooms*. Vortrag auf der Asian Mathematical Conference (AMC). Singapur: National University of Singapore.

Mejia-Ramos, J. P., Fuller, E., Weber, K., Rhoads, K., & Samkoff, A. (2012). An assessment model for proof comprehension in undergraduate mathematics. *Educational Studies in Mathematics, 79*(1), 3–18.

Neber, H. (2006). Fragenstellen. In H. Mandl, & H. F. Friedrich (Hrsg.), *Handbuch Lernstrategien* (S. 50–58). Göttingen: Hogrefe.

Rach, S., & Heinze, A. (2013). Welche Studierenden sind im ersten Semester erfolgreich? Zur Rolle von Selbsterklärungen beim Mathematiklernen in der Studieneingangsphase. *Journal für Mathematik-Didaktik, 34*(1), 121–147.

Reichersdorfer, E., Ufer, S., Lindmeier, A., & Reiss, K. (2014). Der Übergang von der Schule zur Universität: Theoretische Fundierung und praktische Umsetzung einer Unterstützungsmaßnahme am Beginn des Mathematikstudiums. In I. Bausch, R. Biehler, R. Bruder, P. R. Fischer, R. Hochmuth, & W. Koepf et al. (Hrsg.), *Mathematische Vor- und Brückenkurse: Konzepte, Probleme und Perspektiven* (S. 37–53). Wiesbaden: Springer Spektrum.

Reiss, K., & Ufer, S. (2009). Was macht mathematisches Arbeiten aus? Empirische Ergebnisse zum Argumentieren, Begründen und Beweisen. *Jahresbericht der Deutschen Mathematiker-Vereinigung, 111*(4), 155–177.

Schätz, U., & Eisentraut, F. (2009). *delta 5*. Bamberg: C. C. Buchner.

Shulman, L. S. (1986). Those Who Understand: Knowledge Growth in Teaching. *Educational Researcher, 15*(2), 4–14.

Tall, D., & Vinner, S. (1981). Concept image and concept definition in mathematics with particular reference to limits and continuity. *Educational Studies in Mathematics, 12*(2), 151–169.

Vinner, S. (1991). The Role of Definitions in the Teaching and Learning of Mathematics. In D. Tall (Hrsg.), *Advanced mathematical thinking* (S. 65–81). Dordrecht: Kluwer Academic Publishers.

Einsatzmöglichkeiten und Grenzen von Computeralgebrasystemen zur Förderung der Konzeptentwicklung

23

Reinhard Oldenburg und Benedikt Weygandt

Zusammenfassung

Im Rahmen einer neu geschaffenen Lehrveranstaltung „Entstehungsprozesse von Mathematik" für das gymnasiale Lehramt sollen unter anderem die genetische Entwicklung von Begriffen genauer beleuchtet und Bezüge zwischen Schul- und Hochschulmathematik sichtbar gemacht werden.

Im Beitrag werden sowohl die Möglichkeiten dargelegt, welche sich durch den Einsatz von Computeralgebrasystemen ergeben, als auch Schwierigkeiten, die aus diesem Einsatz resultieren. Eine Vorstudie evaluiert erste Verbindungen zwischen CAS-gestütztem Entdecken und genetisch entwickelten Begriffen. Beispiele wie die Definitionsvariation der Ableitung zeigen dabei die Dualität zwischen mentalen und softwaretechnischen Konstruktionen auf und machen deren Macht und Beschränkung für die Entwicklung des Begriffsverständnisses deutlich.

23.1 Einleitung

Um künftigen Mathematiklehrerinnen und Mathematiklehrern in ihrem Studium ein angemessenes Bild der Mathematik zu vermitteln, wird in Frankfurt derzeit die Vorlesung „Entstehungsprozesse von Mathematik" entworfen. Diese Veranstaltung ist maßgeblich der genetischen Idee des Lernens verpflichtet (Beutelspacher et al. 2011; Toeplitz 1949). Zeitlich liegt die Veranstaltung zu Beginn des Studiums und soll parallel mit der Analysis I

Reinhard Oldenburg ✉
Universität Augsburg, Institut für Mathematik, Augsburg, Deutschland
e-mail: reinhard.oldenburg@math.uni-augsburg.de

Benedikt Weygandt
Goethe-Universität, Institut für Didaktik der Mathematik und der Informatik,
Frankfurt am Main, Deutschland
e-mail: weygandt@math.uni-frankfurt.de

© Springer Fachmedien Wiesbaden 2016
A. Hoppenbrock et al. (Hrsg.), *Lehren und Lernen von Mathematik in der Studieneingangsphase*, Konzepte und Studien zur Hochschuldidaktik und Lehrerbildung Mathematik, DOI 10.1007/978-3-658-10261-6_23

355

belegt werden. Ein Schwerpunkt der Veranstaltung liegt dabei in der eigenständigen und aktiven Konstruktion mathematischer Begriffe, um einem Bild von Mathematik als fertigem Produkt entgegenzuwirken. Dabei kann die Methode der Begriffsreduktion eingesetzt werden; wobei neu eingeführte bzw. neu definierte Begriffe auf bereits Bekanntes zurückgeführt werden. Fachwissenschaftliche Darstellungen der Analysis geben häufig zu einem Begriff oder Konzept lediglich eine Definition. In der Didaktik hat es Tradition, mehrere äquivalente und auch nicht-äquivalente Definitionen unterschiedlicher Begriffe zu betrachten (z. B. Blum und Törner 1983). Für den Differential- und Integralbegriff findet sich dies u. a. auch im „Analysis Arbeitsbuch" (Bauer 2012) ausführlicher behandelt. Da die händische Untersuchung von Begriffsdefinitionen schnell einen für Anfänger handhabbaren Rahmen verlassen kann, entstand die Idee, zur Ergänzung das Computeralgebrasystem Maxima zu nutzen. Eine von uns angestrebte Synthese zwischen den Bereichen Computeralgebra und Begriffsreduktion sieht beispielsweise vor, dass sowohl neue als auch dem CAS bereits bekannte Befehle aus anderen, grundlegenderen Befehlen aufgebaut werden. So kann Differenzierbarkeit aus dem Grenzwert des Differenzenquotienten erlangt werden und Integrale können auf Grenzwerte von Rechteckssummen zurückgeführt werden. Die zugrundeliegenden CAS-Befehle dürfen dabei – zumindest auf technischer Ebene – als Blackbox vorliegen.

Bezüglich der Frage der studentischen Computernutzung erreichten uns während der Projektplanungsphase auch kritischere Stimmen, welche in der Computernutzung beispielsweise keinen bedeutenden Nutzen jenseits der dynamischen Visualisierung sehen. Daher lautet eine für uns in diesem Bereich entstandene, zentrale Forschungsfrage, ob der Einsatz von Computeralgebrasystemen einen ebensolchen nennenswerten Beitrag in der Begriffsentwicklung leisten kann, der über den bekannten Nutzen der dynamischen Visualisierung hinausgeht.

Zur Beantwortung der Frage und Vorbereitung des Projekts „Entstehungsprozesse von Mathematik" evaluierten wir den studentisch-eigentätigen Computereinsatz im Rahmen der Begriffsbildung. Dazu nutzten wir zunächst die Gelegenheit, Studentinnen und Studenten des fünften Fachsemesters in der Vorlesung „PC-Einsatz im Mathematikunterricht" die nachfolgend betrachtete Aufgabe zur Begriffsreduktion vorzulegen. Anhand der bearbeiteten Dateien untersuchten wir, ob und inwiefern ein Computeralgebrasystem sinnvoll für diese Ziele eingesetzt werden kann.

23.2   Die Aufgabenstellung

Für die betrachtete Vorstudie stellten wir in der zweiten Woche des CAS-Themenblocks der PC-Einsatz-Veranstaltung eine Übungsaufgabe zur Begriffsreduktion. In der Aufgabe wird die symmetrische Ableitung als Grenzwert des zugehörigen Differenzenquotienten $\frac{f(a+h)-f(a-h)}{2 \cdot h}$ im Computeralgebrasystem Maxima implementiert. Damit lässt sich das Verhalten dieser Ableitung in Bezug auf unterschiedliche Funktionen untersuchen, wobei insbesondere die Betragsfunktion an der Stelle $x = 0$ eine Rolle spielt.

Aufgabe

Begriffe hätten oft auch ganz anders gefasst werden können. Hier sollen Sie Maxima benutzen, um das an einem Beispiel zu erkunden. Das Folgende definiert eine Art Ableitung

$$f^!(a) = \lim_{h \to 0} \frac{f(a+h) - f(a-h)}{2 \cdot h}.$$

a) Benutzen Sie die limit-Funktion von Maxima, um diese Ableitungen der Terme x^2, x^3, sin(x), abs(x) zunächst an den Stellen 0 und 2, und dann auch für allgemeines x zu bestimmen.
b) Definieren Sie eine Funktion diff2(g,a) in Maxima, die diese 2h-Ableitung des Terms g an der Stelle a berechnet.
c) Finden Sie drei Funktionsterme, die korrekt abgeleitet werden und einen, der nicht das erwartete Resultat liefert.
d) Stimmt der Ableitungsbegriff mit dem üblichen überein? Hat er Vor- oder Nachteile?
e) Begründen Sie kurz, z. B. mit einem Beispiel:
    Eine weitere Art Ableitung ergibt sich auch durch

$$f^q(x) \lim_{q \to 1} := \frac{f(qx) - f(x)}{qx - x}.$$

Erkunden Sie auch für diese Ableitung die Beziehung zum gewöhnlichen Begriff, indem sie ihn mittels limit-Befehl realisieren und an einigen Funktionen ausprobieren.

Auszüge aus von uns erhofften idealen Lösungen der CAS-Aufgabe sind in Tab. 23.1 und 23.2 aufgeführt.

Tab. 23.1 Lösungsauszug zum Aufgabenteil a) der CAS-Aufgabe

Ableitung von …	CAS-Eingabe	CAS-Ausgabe
x^2 bei $x = 0$	limit(((0+h)^2-(0-h)^2)/(2·h),h,0)	0
$\sin(x)$ bei $x = 0$	limit((sin(0+h)-sin(0-h))/(2·h),h,0)	1
abs(x) bei $x = 2$	limit((abs(2+h)-abs(2-h))/(2·h),h,0)	1
abs(x) bei $x = 0$	limit((abs(0+h)-abs(0-h))/(2·h),h,0)	0

Tab. 23.2 Lösungsauszug zu Aufgabenteilen b) und c) der CAS-Aufgabe

Ableitung von …	CAS-Eingabe	CAS-Ausgabe
	`diff2(g,a):=` `limit((g(a+h)−g(a−h))/(2·h),h,0)`	
x^2 bei $x=0$	`f(x):=x^2; diff2(f,0);`	0
x^2	`f(x):=x^2; diff2(f,x);`	$2x$
$\sin(x)$	`diff2(sin,x)`	$\cos(x)$
$abs(x)$ bei $x=2$	`diff2(abs,2)`	1
$abs(x)$ bei $x=0$	`diff2(abs,0)`	0
$abs(x)$	`diff2(abs,x)`	$x/|x|$

23.2.1 Methodisches Vorgehen

Die Bearbeitung der Übungsaufgaben von Studierenden des gymnasialen Lehramts geschah auf freiwilliger Basis. Dabei kamen – ohne Duplikate – insgesamt $n_B = 21$ Bearbeitungen zustande. Zusätzlich zu den abgegebenen Aufgaben teilten wir drei Wochen später einen Fragebogen aus, welcher die Zustimmung zu unterschiedlichen Aussagen auf einer vierstufigen Likert-Skala erfasste. Eine Zuordnung zwischen den erhobenen Fragebogendaten und den abgegebenen Bearbeitungen war bei insgesamt $n_F = 18$ Fällen möglich. Zur Auswertung wurden die Fragebogenitems in einer Clusteranalyse auf ähnliche Bearbeitungsgruppen hin untersucht. Parallel dazu wurden die 21 Maxima-Dateien im Sinne einer gegenstandsverankerten Theoriebildung analysiert und kodiert. Die Auswertung der studentischen Abgaben findet im folgenden Abschnitt statt; die Umfrage samt Clusteranalyse sind im Abschnitt *Auswertung des Fragebogens* zu finden.

23.3 Evaluation: Beispiele studentischer Bearbeitungen

Nachfolgend gehen wir anhand dreier exemplarischer Bearbeitungen sowohl auf erfolgreich umgesetzte Aufgabenteile als auch auf dabei aufgetretene Schwierigkeiten ein. Aus den Abgaben der Studierenden wählten wir hierfür eine mittelstarke Bearbeitung (Beispiel S1) sowie je zwei starke (Beispiele S2, S3) und schwache Bearbeitungen (Beispiele S4, S5) aus. Die Hervorhebungen (kursiv) wurden von uns hinzugefügt.

Auszüge aus den Bearbeitungen, Beispiel S1

a) Eingabe: `f(a):=limit((g(a+h)−g(a−h))/(2·h),h,0);`
   Kommentar: ich nenne $f(a)$ in der Formel g, da ich nicht f' schreiben will.
   Eingabe: `g(x):=x^2; a:0; f(2);`
   Ausgabe: 4

> Eingabe: `f(x);`
> Ausgabe: 2x
> Eingabe: `g(x):=abs(x); f(0);`
> Ausgabe: 0
>
> d) Stimmt der Ableitungsbegriff mit dem üblichen überein?
>
> Ja. dieser Ableitungsbegriff stimmt mit den üblichen Ableitungsbegriffen (dem aus der Schule z. B.) überein. Die Idee ist die Steigung. Die erhält man, indem man Höhe/Breite teilt. Auch der Begriff, „Ableitung an der Stelle x", heißt ja, das man an dieser Stelle, aus einer Sekante eine Tangente legen will (daher h gegen 0) um so eine Steigung zu berechnen. $f(x+h)$ bleibt für kleines h $f(x)$, die gewünschte Höhe der Stelle x. Ein Beispiel wäre das Steigungsdreieck an einer Tangente zu zeichnen. Die Tangente gewinnt man aus einer Sekante, deren beiden Schnittpunkte, sehr nah an der Stelle x sind.

Dass eine Bearbeitung im von uns erwünschten Sinne stattfindet, zeigt sich in den Ausführungen dieses und auch des folgenden Beispiels. Dabei lassen die Kommentare im folgenden Beispiel S2 darauf schließen, dass auch über die von uns angedachten Punkte hinaus Reflexionen stattfinden. Weitere, von Studierenden genannte Beispiele neben dem Verhalten der symmetrischen Ableitung an Definitionslücken waren Überlegungen zur Schultauglichkeit, Bezüge zum Steigungsdreieck oder Argumente zum Rechenaufwand im Vergleich mit dem üblichen Differenzenquotienten.

> **Auszüge aus den Bearbeitungen, Beispiel S2**
>
> a) Die Ableitungen der 2 Polynome x^2, x^3 und der Sinusfunktion wurden korrekt ermittelt.
> Die 2h-Ableitung der Betragsfunktion an der Stelle 0 ergibt *laut Programm* 0. Dies ist falsch. Die Betragsfunktion ist tatsächlich an der Stelle 0 nicht differenzierbar, d. h. *der Programmierer muss* bei dem Thema Differenzierbarkeit *aufpassen*.
> d) Die 2h-Ableitung nähert sich bildlich gesprochen der zu differenzierenden Stelle a sowohl von rechter als auch von linker Seite (im 1-Dimensionalen Definitionsbereich).
> Der normale übliche Differentialquotient nähert sich der Stelle a allerdings nur von einer einzigen Seite. Der normale Differentialquotient enthält in seiner Formel $f(a+h)$ und $f(a)$, während in der 2h-Formel niemals $f(a)$ auftritt, sondern immer $f(a+h)$ und $f(a-h)$! *Sollte es in der Funktion f also eine Definitionslücke geben, so stört dies die 2 h-Methode nicht [...]*

Auszüge aus den Bearbeitungen, Beispiel S3

d) Der Ableitungsbegriff stimmt nicht immer mit Üblichen überein. *Maxima beachtet nicht*, dass man bei der Ableitung des Betrags an der Stelle 0 keine Ableitung findet, da die Funktion hier nicht stetig ist. In der Rechnung teilt Maxima durch Null und erhält trotzdem ein Ergebnis.

Ein weiterer beim CAS zu beachtender Aspekt ist die Unterscheidung zwischen Funktionsterm und Funktion. Dies lässt sich am Beispiel der gewöhnlichen Ableitung verdeutlichen. In Maxima lassen sich Ableitungsoperatoren sowohl für Funktionen als auch für Terme implementieren:

```
Df_Term(term,x,x0):=
limit( (subst(x=x0+h,term)−subst(x=x0,term))/h ,h,0)
Df_Function(f,x0):=limit((f(x0+h)−f(x))/h,h,0)
```

Während sich diese Unterscheidung bei Papier-Bleistift-Mathematik relativ dynamisch handhaben lässt, werden die Studentinnen und Studenten durch die Bearbeitung mit dem CAS zwangsläufig für diese Unterscheidung sensibilisiert. Die „unerwartet mögliche" Ableitung der Betragsfunktion an der Stelle $x = 0$ hatte schließlich in mehreren Fällen eine problematische Attribuierung zur Folge. Die der mathematischen Definition entsprungene Änderung im Ableitungsverhalten wird von mehreren Studierenden dem CAS zugewiesen.

Auszüge aus den Bearbeitungen, Beispiel S4

a) Eingabe: `limit( (2^2+h)−(2^2−h) )/(2·h),h,0);`
   Ausgabe: 1

Auszüge aus den Bearbeitungen, Beispiel S5

c) Die ersten drei Terme (`a^2`, `cos(a)`, `exp(a)`) werden korrekt abgeleitet, aber der Logarithmus liefert nicht das erwartete Ergebnis.
   Eingabe: `limit(((a+h)^2−(a−h)^2)/(2·h),h,a);`
   Ausgabe: $2a$
   Eingabe: `limit((cos(a+h)−cos(a−h))/(2·h),h,a);`
   Ausgabe: $\frac{\cos(2a)}{2a} - \frac{1}{2a}$
   Eingabe: `limit((exp(a+h)−exp(a−h))/(2·h),h,a);`
   Ausgabe: $\frac{e^{2a}−1}{2a}$

Bei diesen Auszügen finden sich im Beispiel S4 offenkundige Schwierigkeiten im Verständnis der zu verwendenden Termstruktur und Klammersetzung. Ungleich schwerwiegender ist in unseren Augen jedoch der Ausschnitt aus Beispiel S5, wo die Doppelrolle der Variablen x Schwierigkeiten verursacht. Anstatt der erwarteten Grenzwertbildung an der Stelle $x = a$

$$\lim_{h \to 0} \frac{f(a + h) - f(a - h)}{2 \cdot h},$$

wird sinngemäß folgender Ausdruck in das CAS-Eingabefenster geschrieben:

$$\lim_{h \to a} \frac{f(x + h) - f(x - h)}{2 \cdot h},$$

d. h. die verwendeten Parameter wurden verwechselt. Die Ursache wird ersichtlich, wenn die beiden Grenzwerte in der Syntax des verwendeten CAS betrachtet werden:

```
limit( (f(0+h)-f(0-h) )/(2·h),h,0);
```

Da im Verlauf der Aufgabe zunächst die Stelle $x = 0$ und anschließend die Stelle $x = 2$ betrachtet werden soll, können mathematisch unsichere Studierende dazu verleitet werden, beim Übergang zur nächsten Teilaufgabe alle in der Zeile vorkommenden Nullen durch die Zahl 2 zu ersetzen:

```
limit( (f(2+h)-f(2-h) )/(2·h),h,2);
```

Dies bedeutet, dass an diesen Stellen die 0 als Quasi-Variable im Sinne von Fujii und Stephens (2001) gesehen und zur fehlerhaften Generalisierung genutzt wird. Wie trotz falscher Ergebnisse der zugehörige Kommentar, dass die Funktionen $\cos(x)$ und $\exp(x)$ korrekt abgeleitet würden, zustande kam, ist nicht nachvollziehbar. Ein Versuch, der Ursache dieses Verhaltens auf den Grund zu gehen: Die Bearbeiten der Übungsaufgaben einer Pflichtveranstaltung erfolgt manchmal nur mit minimalem Aufwand. So sind schwächere Studierende unter Umständen froh, wenn sie die Aufgabenteile der Reihe nach abarbeiten. Da kann es aus studentischer Sicht ausreichend sein, ein hinreichend schönes Ergebnis zu erlangen, also mit anderen Worten eine CAS-Rückmeldung erhalten, welche erlaubt, ohne Komplikationen zum nächsten Aufgabenteil fortzufahren. Sofern kein „Error" erscheint, kann darauf vertraut werden, dass der Computer die Rechnung korrekt durchführen konnte und dies auch tat.

Die bisher gezeigten Beispiele zeigen bereits einige der im nächsten Abschnitt ausführlicher beschriebenen Codes auf. Das Spektrum der Bearbeitungen wurde dadurch insofern gut abgebildet, als sowohl über die Aufgabenstellung hinausgehende Reflexionen enthalten waren als auch vorhandene Schwierigkeiten beim Umgang mit Computeralgebrasystemen offenbart wurden, wenngleich diese vielleicht auch nicht neu sein mögen.

23.4   Auswertung der Maxima-Bearbeitungen

Um der Vielfalt und Offenheit in der Bearbeitung der Aufgaben und dem für uns interessanten Kern der Übungsaufgabe gleichermaßen gerecht zu werden, nutzen wir die
gegenstandsverankerte Theoriebildung nach Glaser und Strauss (2010). Hierbei durch-
suchten wir im Prozess des offenen Kodierens die abgegebenen Lösungen nach auftretenden Bearbeitungsmerkmalen, welche die ursprünglichen Codes darstellten. Im Prozess des
Validierens dieser Codes an den ursprünglichen Daten fand eine Reduktion bzw. Verfeinerung derselben statt, um die aufgetretenen Elemente in Kategorien zu fassen. Die Codes
wurden, sofern dies sinnvoll und möglich war, angeordnet, da an manchen Stellen Abhängigkeiten zwischen den Kategorien vorkamen. Die hierarchisch geordneten Codes sind in
Tab. 23.3 aufgelistet und in Tab. 23.5 bis 23.10 mitsamt den entsprechenden Untercode
erläutert.

23.4.1   Übersicht der Codes

In den nun folgenden Tabellen geben wir einen Einblick in die Vielfalt unserer ermittelten
Codes, welche aus einer Vielfalt studentischer Bearbeitungen entstand. So enthielt beispielsweise die umfangreichste Abgabe über 300 CAS-Eingaben. In Tab. 23.3 finden sich
Codes allgemeiner und nichthierarchischer Bearbeitungsmerkmale, Tab. 23.4 indes zeigt
jene hierarchisch angeordneten und aufeinander aufbauenden Codes, welche für die Analyse der einzelnen Aufgabenteile nötig sind. Tabelle 23.5 bis 23.10 führen die zu Tab. 23.4
gehörigen Subcodes weiter aus.

Dass eine durchaus vielschichtige und auch eigenständige Reflexion im von uns erhofften Sinne stattgefunden hat, zeigt sich unter anderem in den Codes *RS*, *AS* und *AG*. Die
erwähnten Probleme bei der Eingabe von Termen beziehen sich in der Regel auf nicht in
der Dokumentation nachgeschlagene Funktionsnamen. Somit konnte in diesen Fällen keine vernünftige CAS-Ausgabe zustande kommen, da Studierende beispielsweise `ln(x)`
oder `arctan(x)` ableiteten.[1]

Um die Stolpersteine und Erkenntnisse der Studentinnen und Studenten im Verlauf der
Aufgabe analysieren zu können, betrachten wir die in Tab. 23.4 beschriebenen Codes.
Diese bauen wie in Abb. 23.1 dargestellt aufeinander auf. Zunächst kommen für Code *2*
überhaupt nur jene Fälle in Betracht, bei denen der betrachtete Grenzwert „aufbaufähig"
in Maxima umgesetzt wurde (Code 1a oder 1b).

Weiterhin kommen für Code *3* nur Studierende in Frage, deren Eingabe soweit funk-
tionierte, dass die 2*h*-Ableitung den Wert 0 für die Ableitung der Betragsfunktion an der
Stelle $x = 0$ rückmeldete. Falls durch fehlerhafte Eingabe oder Eigenschaften des Com-
puteralgebrasystems ein anderer Wert als 0 herauskam, konnte die Diskrepanz zwischen
klassischer und symmetrischer Ableitung kaum bemerkt werden. Aus diesem Grund sinkt

---

[1] Die in Maxima implementierten Funktionsnamen sind `log(x)` bzw. `atan(x)`.

Tab. 23.3 Nichthierarchisch geordnete Codes

Code	Beschreibung	Anzahl	Anteil
RS	Reflexion der Schulrelevanz	5	24 %
KD	Präferenz für den klassischen Differenzenquotienten	4	19 %
AS	Assoziation zum Steigungsdreieck	2	10 %
AG	Assoziation zu links- und rechtsseitigen Grenzwerten	4	19 %
PG	Probleme mit dem Grenzprozess	4	19 %
PM	Probleme mit der Eingabe in Maxima	7	33 %
PT	Probleme beim Erkennen oder Aufstellen von Termäquivalenzen bzw. Termstrukturen	7	33 %
DL	Diskussion bzw. Erkundung des Verhaltens bei Definitionslücken	3	14 %
DR	Diskussion der erhaltenen Maxima-Rückgabewerte	5	24 %

Tab. 23.4 Übersicht über die aufeinander aufbauenden Codes

Code	Beschreibung	Anzahl	Anteil
ÄQ	Beantwortung von Aufgabenteil d) zur Äquivalenz der Ableitungsbegriffe	21	100 %
FV	Umfang des verwendeten Funktionsvorrates	21	100 %
1	Umsetzung mittels des `limit`-Befehls	21	100 %
2	Maxima-Rückmeldung der symmetrischen Ableitung von $|x|$ an der Stelle 0	20	95 %
3	Diskrepanz zwischen Maxima-Rückgabe und Nichtdifferenzierbarkeit gemerkt	17	81 %
4	Attribuierung der in Code 3 bemerkten Diskrepanz	9	43 %

Tab. 23.5 Subcodes zu Code 1: Umsetzung mittels des limit-Befehls

Code	Beschreibung	Anzahl	Anteil
1a	limit-Befehl korrekt umgesetzt	18	86 %
1b	Vertauschung beim Grenzwertprozess/Quasi-Variablen	2	9 %
1c	Sonstige Fehler bei limit()-Umsetzung	1	5 %

Tab. 23.6 Subcodes zu Code 2: Maxima-Rückmeldung der symmetrischen Ableitung von $|x|$ an der Stelle 0 (aufbauend auf Code 1a und 1b)

Code	Beschreibung	Anzahl	Anteil
2a	Ableitung korrekt bestimmt	17	85 %
2b	Ableitung nicht oder fehlerhaft bestimmt	3	15 %

Tab. 23.7 Subcodes zu Code 3: Diskrepanz zwischen Maxima-Rückgabe und Nichtdifferenzierbarkeit gemerkt (aufbauend auf Code 2a)

Code	Beschreibung	Anzahl	Anteil
3a	Diskrepanz bemerkt	9	53 %
3b	Diskrepanz nicht bemerkt	8	47 %

Tab. 23.8 Subcodes zu Code 4: Attribuierung der in Code 3a bemerkten Diskrepanz

Code	Beschreibung	Anzahl	Anteil
4a	Zuweisung der Diskrepanz zum CAS	6	67 %
4b	Zuweisung der Diskrepanz zur mathematischen Definition	2	22 %
4c	Zuweisung der Diskrepanz zum Benutzer	1	11 %

Tab. 23.9 Subcodes zu Code ÄQ: Aufgabenteil d) zur Äquivalenz der Ableitungsbegriffe

Code	Beschreibung	Anzahl	Anteil
ÄQ-a	Begriffe stimmen überein (ohne Begründung) oder Aufgabe nicht beantwortet	8	38 %
ÄQ-b	Begriffe stimmen (auf Termebene) nicht überein	5	24 %
ÄQ-c	Begriffsunterschiede benannt, aber Frage nicht explizit beantwortet	3	14 %
ÄQ-d	Begriffe stimmen nicht überein (mit korrekter Begründung)	2	10 %
ÄQ-e	Frage ignoriert, aber die Anschlussfrage (zu Vor-/Nachteilen) diskutiert	3	14 %

Tab. 23.10 Subcodes zu Code FV: Umfang des verwendeten Funktionsvorrates

Code	Beschreibung	Anzahl	Anteil
FV-a	Nur vorgegebener Umfang $\left(x^2, \sin(x), \exp(x), \mathrm{abs}(x)\right)$	4	19 %
FV-b	Leicht erweiterter Vorrat (z. B. weitere Funktion oder einfachere Variation)	9	43 %
FV-c	Reichhaltiger Vorrat (z. B. durch Diversität oder Verkettung)	8	38 %

Abb. 23.1 Abhängigkeit der Subcodes

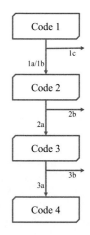

die Stichprobengröße von zunächst 21 Datensätzen in Tab. 23.5 auf bis zu 9 Bearbeitungen in Tab. 23.8.

Die nun folgende Tab. 23.9 zeigt die Bearbeitung von Teilaufgabe d). Diese den Kern der Aufgabe subsummierende Frage zielte auf die Bewertung des zuvor kennengelernten Ableitungsbegriffes in Bezug auf den klassischen Differenzenquotienten. Dabei stellte sich heraus, dass zwar insgesamt 5 Bearbeitungen Unterschiede bemerkten, jedoch nur 2 davon mit Code *ÄQ-d* eine korrekte Begründung für die Unterscheidung lieferten. Durch das zuvor angeregte Beispiel der Betragsfunktion hätten alle 17 Studierenden mit Code *2a* diese Frage beantworten können. Überraschenderweise häufig kamen Argumente auf Ebene des Codes *ÄQ-b*, die Ableitungsbegriffe stimmten nicht überein, da „sich die Zähler unterschieden". Die Tatsache, dass verschiedene Terme dennoch gleichen Grenzwert haben können, wurde hierbei ignoriert bzw. nicht hinreichend reflektiert.

Den verwendeten Funktionsumfang haben wir erhoben, da wir bei der Kodierung der Abgaben die Hypothese aufstellten, Studierende mit einem größeren Repertoire an Beispielfunktionen könnten die Aufgabe unter Umständen schlechter bearbeiten. Dies ließe sich zumindest darin begründen, dass unser verwendetes CAS naturgemäß technischen Grenzen unterliegt und die Umsetzung mancher Befehle auf rein technischer Ebene scheitert. Die Ursache hierfür in der tieferen Struktur des Programms zu erkennen, benötigt eine CAS-Expertise, die auch mathematisch versierte Studierende zunächst nicht besitzen.

Aufgrund der Struktur der erhobenen Daten konnten wir dieser Fragestellung bisher noch nicht nachgehen. Im Rahmen der Übungsaufgaben zu Vorlesung denken wir über Möglichkeiten einer entsprechend weiterführenden Erhebung nach.

23.4.2 Implikationen aus den hierarchischen Codes

Die Analyse der Abgaben und die Häufigkeiten der hierarchisch geordneten Codes 2-3-4 offenbaren die im folgenden Modell präzisierte Problematik: Die Studentinnen und Studenten bearbeiten die CAS-Aufgabe, indem beim CAS Eingaben gemacht werden und entsprechende Antworten bzw. CAS-Ausgaben zurückkommen. Anschließend fahren sie mit den Rückgabewerten fort, wobei sich dies auf die nächste Teilaufgabe beziehen kann, aber gleichermaßen auch eine Variation, Verfeinerung oder Wiederholung der letzten Eingabe darstellen kann. Innerhalb dieses Prozesses *kann* nun eine Reflexion des Rückgabewertes auftreten, insbesondere für den Fall, dass dieser nicht zu etwaigen Erwartungen passt. Wie sich gezeigt hat, ist eine passende Attribuierung dieser Diskrepanz im Spannungsfeld zwischen *Mathematik*, *Computermathematik* und *Mensch* nicht einfach. Die in der Aufgabe behandelte Differenzierbarkeit der Betragsfunktion hat ihre Ursache in der mathematischen Definition:

$$\lim_{h \to 0} \frac{|0 + h| - |0 - h|}{2 \cdot h} = 0.$$

Die Häufigkeiten der Codes 4a, 4b und 4c in Tab. 23.8 legen nahe, dass diese Attribuierung zur mathematischen Definition in nur zwei Fällen erfolgreich abgelaufen ist.
Das nicht der Erwartung Entsprechende wurde in den meisten Fällen dem Computer
zugewiesen. Dies zeigt uns zwei Dinge: Zum einen ist die Vertrautheit mit dem Computeralgebrasystem an dieser Stelle noch zu gering, um begründet zu entscheiden, wo
die Grenzen des Systems liegen. Zum anderen haben die Studierenden bisher nur wenig
oder keine Erfahrung damit, mathematische Definitionen zu hinterfragen. Die Attribuierung weg von Mathematik und hin zum CAS ist an dieser Stelle auch vom studentischen
Selbstkonzept her bequemer. Darauf hinzuweisen, dass Maxima eine Schwachstelle hat
und die Ableitung nicht korrekt bestimmen könne ist einfacher als ein Zugeständnis, dass
die CAS-Ausgabe korrekt sei und die Ursache hingegen in der Mathematik und damit
zuletzt auch im eigenen Unverständnis derselben liege. Aus den Kommentaren der Bearbeitung zu Aufgabenteil d) wurde auch ersichtlich, dass durch die sprachliche Nähe zum
Begriff der Differenzierbarkeit deren Eigenschaften implizit übernommen wurden. Dazu
verweisen wir beispielhaft auf die Bearbeitung S2 aus dem dritten Abschnitt:

> Die $2h$-Ableitung der Betragsfunktion an der Stelle 0 ergibt laut Programm 0. Dies ist falsch.
> Die Betragsfunktion ist tatsächlich an der Stelle 0 nicht differenzierbar.

Diese Aussage deutet darauf hin, für diese Person könne keine wie auch immer geartete
Variation des Ableitungsbegriffs an besagter Stelle richtig sein, da dies im Rahmen des
Begriffs der Differenzierbarkeit eben falsch sei.

Für die Thematik der Attribuierung interessant und weiterhin zu untersuchen sind
also zunächst vier Dinge. Aufgrund der hohen Zahl an unbeachtet gebliebenen CAS-
Rückmeldungen (Code *3b*) suchen wir nach etwaigen Faktoren, die eine Beachtung der
Rückgabewerte fördern. Zweitens suchen wir nach Aufgaben, deren Rückgabewert von
der Erwartung abweicht. Um tiefere Einblicke hinsichtlich der passenden Attribuierung
zu gewinnen, könnte es sich lohnen, die von Studierenden a-priori aufgestellten Erwartungen an jene CAS-Rückgabewerte zu sammeln. Dass die Attribuierung von studentischer
Erwartung und CAS-Ausgabe abhängt, zeigt der an dieser Stelle nützliche Begriff der
„algebraischen Erwartung" (Ball et al. 2001): „Students need algebraic expectation to
monitor the succession of expressions appearing on a CAS screen." (S. 70)

Insgesamt zielt all dies auf eine Untersuchung der a-posteriori gegebene Begründung
der entstandenen Diskrepanz zwischen erwartetem und tatsächlichem Rückgabewert.

23.5 Auswertung des Fragebogens

Zusätzlich zur Auswertung ihrer CAS-Abgaben baten wir die Gymnasialstudierenden,
einen zugehörigen Fragebogen auszufüllen. Dieser enthielt Aussagen speziell zur Aufgabenstellung sowie Items, die eine Reflexion des Einsatzes von Maxima anregten. Die
Zustimmung wurde dabei jeweils auf einer vierstufigen Likert-Skala gemessen (1: „Ich
stimme überhaupt nicht zu" bis 4: „Ich stimme voll zu"). In einem dritten Teil fragten wir

über Freiformfeldern nach Anregungen zur Aufgabe, aufgetretenen CAS-Bedienproblemen und Schwierigkeiten bei der Interpretation von CAS-Ausgaben.

23.5.1 Itemkategorien

Beispielitems aus dem Fragebogen
- Die Fragestellung ist für mich interessant gewesen.
- Die Variation von Begriffen ist für die Schule relevant.
- Ich habe für mich etwas Neues gelernt.
- Ich fände es sinnvoll, wenn es allgemein mehr Fragestellungen zu alternativen Begriffsdefinitionen im Studium gäbe.
- Ich würde mir wünschen, dass solche Fragestellungen auch in oder parallel zur Analysis I betrachtet werden.
- Maxima ist ein gutes Werkzeug zum Erkunden von Begriffen.
- Ich habe beim Bearbeiten dieser Aufgabe von Maxima profitiert.
- Ich werde Maxima in Zukunft verwenden, um neue Begriffe zu überprüfen oder kennenzulernen.
- Ich würde mir wünschen, dass im Studium mehr neue Begriffe so eingeführt werden, dass diese mit Hilfe von Computeralgebra auf bereits bekannte Konzepte zurückgeführt werden können.
- Ich hätte die gleiche Fragestellung lieber nur mit Papier und Bleistift untersucht.

Die Antworten der insgesamt 18 vollständig ausgefüllten Fragebögen wurden mittels einer Clusteranalyse auf Ähnlichkeiten in den Antwortstrukturen hin untersucht. Als Ergebnis kamen die drei in Abb. 23.2 gezeigten Cluster hervor.

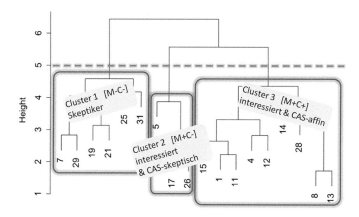

Abb. 23.2 Ergebnis der Item-Clusteranalyse des Fragebogens

23.5.2 Ergebnisse der Clusteranalyse

Ein mittelgroßes Cluster ($n_{C1} = 6$) enthielt generell skeptisch eingestellte Studierende, die in beiden Itemblöcken eher ablehnend antworteten. Dann gab es ein kleineres Cluster ($n_{C2} = 3$) mathematisch interessierter Befragter, die jedoch zugleich dem CAS-Einsatz gegenüber sehr kritisch waren. Zuletzt besteht das größte Cluster ($n_{C3} = 9$) mit jenen mathematisch interessierten Studierenden, welche zudem den CAS-Einsatz positiv bewerten.

Die Ergebnisse des Fragebogens aufgeteilt nach Clustern finden sich in Abb. 23.3. Wie sich zeigt, findet die PC-Nutzung ihre Zustimmung primär beim dritten Cluster, wohingegen das mangelnde Interesse von Cluster 1 nicht zwangsläufig in Verbindung mit dem CAS steht. Kohärent ist dabei, dass jene Studentinnen und Studenten, die Maxima gewinnbringend eingesetzt haben, die Fragestellung nur ungern mit Bleistift und Papier untersucht hätten.

Um die Stärke der Mittelwertunterschiede fassbarer zu bekommen, untersuchten wir die Effektstärken zwischen den Clustermittelwerten. Dabei ergaben sich u. a. folgende nach Cohen mittlere ($|d| > 0{,}5$) und starke ($|d| > 0{,}8$) Effekte:

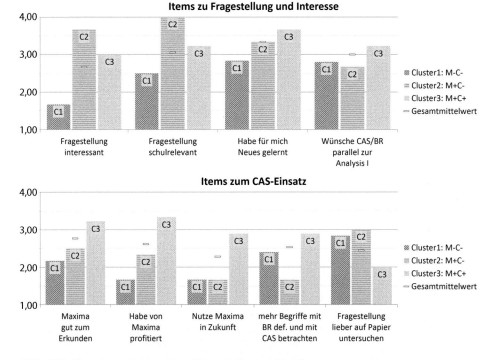

Abb. 23.3 Fragebogen-Items aufgeteilt nach Clustern C1-C3

- Cluster 1 [M-C-], starke Effekte bei den Items
    - Fragestellung für mich nicht interessant
    - Konzept der Begriffsreduktion nicht einleuchtend
    - Habe bei der Bearbeitung nicht von Maxima profitiert
- Cluster 2 [M + C-], starke Effekte bei den Items
    - Fragestellung für mich interessant
    - Variation von Begriffen ist schulrelevant
    - neue Begriffe im Studium weniger bzw. nicht durch Begriffsreduktion mit CAS einführen
- Cluster 3 [M + C+], mittlere Effekte bei den Items
    - Habe bei der Bearbeitung von Maxima profitiert
    - Werde Maxima in Zukunft nutzen
    - Ich habe neues gelernt
    - Mehr neue Begriffe im Studium durch Begriffsreduktion mit CAS einführen

23.6   Fazit

Dass die zu Beginn genannte Forschungsfrage zunächst weder eindeutig bejaht noch verneint werden kann, liegt auf der Hand: Einerseits erhöht die Nutzung des CAS die Komplexität der Aufgabenbearbeitung, andererseits kann das CAS das Arbeitsgedächtnis auch von niederen Tätigkeiten entlasten. Letztere Sichtweise wurde in der didaktischen Literatur mehrfach vertreten, etwa im Sinne einer Gerüstdidaktik (Kutzler 2000) oder im Sinne des Computers als *cognitive tool* (Jonassen und Carr 2000). Die Beantwortung der Frage ist folglich komplex – dennoch konnten exemplarisch anhand der Betrachtung studentischer Bearbeitungen erste Erkenntnisse gewonnen und Schlüsse gezogen werden. Die Fragebögen in Verbindung mit der Analyse der abgegebenen Übungsaufgaben zeigten uns, dass Studierende mit Begriffsreduktion arbeiten können und dass dabei vielfältige und eigenständige Überlegungen entstehen. Dass zugleich auch Probleme wie die gezeigte fehlerhafte Attribuierung von unerwarteten CAS-Rückmeldungen auftreten, ist unvermeidlich. Dennoch sehen wir beim Einsatz von CAS ein nicht zu unterschätzendes Potenzial, welches im Rahmen der „Entstehungsprozesse von Mathematik" zukünftig weiter evaluiert werden soll.

Literatur

Ball, L., Stacey, K., & Pierce, R. (2001). Assessing Algebraic Expectation. In J. Bobis, B. Perry & M. Mitchelmore (Hrsg.), *Numeracy and Beyond. Proceedings of the Twenty-Fourth Annual Conference of the Mathematics Education Research Group of Australasia Incorporated* (S. 69–78). Sydney: Mathematics Education Research Group of Australasia. http://www.merga.net.au/documents/RR_BallEtAl.pdf. Zugegriffen: 21. Oktober 2014

Bauer, T. (2012). *Analysis – Arbeitsbuch: Bezüge zwischen Schul- und Hochschulmathematik – sichtbar gemacht in Aufgaben mit kommentierten Lösungen.* Wiesbaden: Springer Spektrum.

Beutelspacher, A., Danckwerts, R., Nickel, G., Spies, S., & Wickel, G. (2011). *Mathematik Neu Denken: Impulse für die Gymnasiallehrerbildung an Universitäten.* Wiesbaden: Vieweg+Teubner.

Blum, W., & Törner, G. (1983). *Didaktik der Analysis.* Göttingen: Vandenhoeck & Ruprecht.

Fujii, T., & Stephens, M. (2001). Fostering understanding of algebraic generalisation through numerical expressions: The role of the quasi-variables. In H. Chick, K. Stacey, J. Vincent, & J. Vincent (Hrsg.), *Proceedings of the 12th ICMI study Conference. The Future of the Teaching and Learning of Algebra* (Bd. 1, S. 258–264). Melbourne: The University of Melbourne.

Glaser, B. G., & Strauss, A. L. (2010). *Grounded theory: Strategien qualitativer Forschung* (3. Aufl.). Bern: Hans Huber.

Jonassen, D. H., & Carr, C. (2000). Mind tools: Affording Multiple Knowledge Representations in Learning. In S. P. Lajoie (Hrsg.), *Computers as Cognitive Tools: No More Walls* (Bd. 2, S. 165–196). Mahwah: Lawrence Erlbaum Associates.

Kutzler, B. (2000). The Algebraic Calculator as a Pedagogical Tool for Teaching Mathematics. *International Journal of Computeralgebra in Mathematics Education, 7*(1), 5–23.

Toeplitz, O. (1949). *Die Entwicklung der Infinitesimalrechnung – eine Einleitung in die Infinitesimalrechnung nach der genetischen Methode.* Die Grundlehren der Mathematischen Wissenschaften, Bd. 56, Bd. 1. Berlin: Springer.

Förderung des Begriffsverständnisses zentraler mathematischer Begriffe des ersten Semesters durch Workshopangebote – am Beispiel der Konvergenz von Folgen

24

Laura Ostsieker

Zusammenfassung

Der Begriff der Konvergenz bereitet vielen Studierenden enorme Schwierigkeiten. Es gibt einige Fehlvorstellungen, die bereits aus Untersuchungen mit Schülerinnen und Schülern und zum Teil auch Studierenden bekannt sind. Um diesen Fehlvorstellungen entgegen zu wirken, wurde an der Universität Paderborn ein zweiteiliger Workshop als freiwilliges Zusatzangebot für Studierende der Veranstaltung „Analysis I" erprobt. Im ersten Teil des Workshops haben die Teilnehmerinnen und Teilnehmer die Definition der Konvergenz einer Zahlenfolge selbst entwickelt, bevor diese in der Vorlesung behandelt wurde. Im zweiten Teil des Workshops wurde der Begriff noch einmal reflektiert betrachtet, nachdem das Thema in der Vorlesung abgeschlossen war. In diesem Beitrag sollen vor allem das Konzept und erste Ergebnisse des ersten Workshop-Teils präsentiert werden.

24.1 Einleitung

Im Rahmen des Kompetenzzentrums Hochschuldidaktik der Mathematik (khdm) wird in verschiedenen Teilprojekten der Übergang von der Schule zur Hochschule untersucht. Ein wichtiger Aspekt sind dabei Begriffe, zu denen die Studienanfänger und Studienanfängerinnen bereits während der Schulzeit erste Vorstellungen entwickelt haben, die aber erst an der Hochschule formal definiert werden (vgl. Engelbrecht 2010). Bei dem Begriff der Konvergenz einer Folge handelt es sich um genau so einen Begriff.

Laura Ostsieker ✉
Universität Paderborn, Institut für Mathematik, Paderborn, Deutschland
e-mail: lostsiek@math.uni-paderborn.de

© Springer Fachmedien Wiesbaden 2016
A. Hoppenbrock et al. (Hrsg.), *Lehren und Lernen von Mathematik in der Studieneingangsphase*, Konzepte und Studien zur Hochschuldidaktik und Lehrerbildung Mathematik, DOI 10.1007/978-3-658-10261-6_24

Im Folgenden wird zunächst beschrieben, welche Schwierigkeiten und Fehlvorstellungen im Zusammenhang mit dem Konvergenzbegriff bekannt sind. Anschließend wird der Workshop, der in diesem Beitrag vorgestellt wird, in mein Promotionsvorhaben eingeordnet.

24.1.1 Problemlage

Aus zahlreichen Studien ist bekannt, dass der Konvergenzbegriff Lernenden große Schwierigkeiten bereitet und es häufig zu Fehlvorstellungen kommt. Diese Schwierigkeiten und Fehlvorstellungen sollen hier kurz zusammengefasst werden. Zunächst einmal ist eine wesentliche Voraussetzung das Verständnis des Folgenbegriffs. Weigand (1993) berichtet, dass mit diesem Begriff jedoch bereits viele Schwierigkeiten auftreten. Auch Tall und Vinner (1981) berichten dies, insbesondere komme es zu Problemen, wenn eine Folge nicht durch einen Term gegeben sei. Die formale Definition der Konvergenz einer Folge ist meist die erste Definition dieser Art, die Studierende kennenlernen. Probleme bereiten können zum einen die Quantoren (Dubinsky et al. 1988) und zum anderen die Ungleichung und der Betrag (Cottrill et al. 1996). Als weitere Schwierigkeit haben Davis und Vinner (1986) beobachtet, dass Lernende intuitiv oft zunächst glauben, zu einem vorgegebenen Index N müsse der „Fehler" ε bestimmt werden, anstatt zu einem vorgegebenen ε ein Index N, von dem an der Abstand aller weiterer Folgenglieder zum Grenzwert kleiner als ε ist. Roh (2005) spricht in diesem Zusammenhang von einer Art umgekehrten Beziehung zwischen N und ε, beziehungsweise einem umgekehrten Denken, das nötig sei. Weitere Schwierigkeiten und Fehlvorstellungen sieht Monaghan (1991) in der Diskrepanz zwischen der Alltagssprache und der mathematischen Sprache begründet. Einige Wörter, die oft im Zusammenhang mit dem Konvergenzbegriff verwendet werden, haben in der Alltagssprache eine andere Bedeutung als in der Mathematik. Dies betrifft in der deutschen Sprache beispielsweise die Wörter „gegen etwas streben", „sich etwas annähern" und der Begriff „Grenzwert" selbst. In der Alltagssprache sind mit ersteren eher dynamische Sichtweisen verbunden, was Bender (1991) gerade zu Beginn des Lernprozesses eher kritisch sieht. Auch Marx (2013) ist dieser Ansicht und berichtet, wie auch Schwarzenberger und Tall (1978), von der Fehlvorstellung, der Grenzwert werde als unendlicher Prozess angesehen anstatt als Ergebnis eines unendlichen Prozesses. Weitere Fehlvorstellungen, die Davis und Vinner (1986) beobachtet haben, sind, dass konvergente Folgen monoton seien, dass der Grenzwert eine obere oder untere Schranke sei, die nicht über- oder unterschritten werden dürfe, und, dass der Grenzwert nie erreicht werde. Roh (2005) ergänzt noch die Fehlvorstellung, eine Folge könne mehrere Grenzwerte haben, und das fehlende Erkennen des Unterschieds der Begriffe Grenzwert und Häufungspunkt. Es bleibt zu erwähnen, dass die meisten der erwähnten Untersuchungen jedoch mit Schülerinnen und Schülern oder Ingenieurstudierenden durchgeführt wurden. Insgesamt wird deutlich, dass es sich bei dem Konvergenzbegriff um einen Begriff handelt, mit dem viele Lernende Schwierigkeiten haben und der daher Unterstützung bedarf.

24.1.2   Kontext

Die Entwicklung und Erprobung des Workshop-Konzepts bildet einen Teil meines Promotionsvorhabens. Dieses beschäftigt sich mit den folgenden Forschungsfragen:

- Welche Schwierigkeiten haben Studienanfänger(innen) der Studiengänge Bachelor (Techno-)Mathematik und Gymnasiales Lehramt mit dem Begriff der Konvergenz einer Zahlenfolge?
- Wie kann das Verständnis des Begriffs der Konvergenz einer Zahlenfolge durch einen Workshop, in dem die Begriffsentwicklung exemplarisch behandelt wird, gefördert werden?
- Wirkt sich die exemplarische Begriffsentwicklung förderlich auf die Lernergebnisse der Studierenden aus?

Um die erste dieser Forschungsfragen beantworten zu können, wurden bereits im Wintersemester 2011/12 in einer Vorstudie Kleingruppen von Studierenden beim kooperativen Bearbeiten von Aufgaben zur Konvergenz von Folgen beobachtet. Die Aufgabenbearbeitung lief dabei in drei Phasen ab: eine Phase der Ideenfindung, eine Phase der Erstellung einer Reinschrift und zuletzt eine Präsentationsphase. Es konnten somit nicht nur die Ergebnisse, die Reinschriften, untersucht werden, sondern auch Einblicke in die Lösungsprozesse gewonnen werden, was zentral ist, um Fehlvorstellungen identifizieren zu können. Dort hat sich bereits gezeigt, dass die Studierenden enorme Schwierigkeiten mit dem Konvergenzbegriff haben und einige der aus Untersuchungen mit Schülerinnen und Schülern bekannten Fehlvorstellungen ebenfalls auftreten.

Des Weiteren wurde im Wintersemester 2012/13 ein Vor- und ein Nachtest zum Themenbereich Folgen und Konvergenz in der Veranstaltung „Analysis I" in Paderborn eingesetzt. Im Vortest wurde das Vorwissen aus der Schule abgefragt, das in Bezug auf den untersuchten Themenbereich relevant ist. Im Nachtest hingegen wurde das Verständnis des Konvergenzbegriffs geprüft. Insbesondere wurden auch Items eingesetzt, die auf die erwähnten bekannten Fehlvorstellungen abzielen. Beide Tests wurden nach der probabilistischen Testtheorie (s. z. B. Rost 2004) ausgewertet. Auch hier lässt sich als ein Ergebnis festhalten, dass auch nach der Behandlung des Themas Konvergenz in der Vorlesung bei einigen Studierenden Fehlvorstellungen vorhanden sind, die aus Untersuchungen mit Schülerinnen und Schülern bekannt sind. Geplant ist, ein Kompetenzmodell zum Konvergenzbegriff zu entwickeln.

In Bezug auf die zweite Forschungsfrage wurde ein Konzept für einen zweiteiligen Workshop entwickelt und erprobt, auf das im nächsten Abschnitt genauer eingegangen wird. Die schriftlichen Aufgabenbearbeitungen und Transkripte der Diskussionen aus dem Workshop sollen noch systematisch analysiert werden, um Aussagen über die Lernprozesse innerhalb des Workshops treffen zu können.

Zur Untersuchung der dritten Forschungsfrage wird ebenfalls der bereits erwähnte Nachtest zum Themenbereich Folgen und Konvergenz genutzt. Diese wurde nicht nur von den Studierenden bearbeitet, die am Workshop teilgenommen haben, sondern auch von allen anderen Teilnehmerinnen und Teilnehmern der Veranstaltung „Analysis I". Somit kann die Experimentalgruppe bestehend aus den Teilnehmerinnen und Teilnehmern des Workshops mit einer Kontrollgruppe bestehend aus den übrigen Studierenden der Veranstaltung in Bezug auf ihr Verständnis des Konvergenzbegriffs und das Vorhandensein von Fehlvorstellungen verglichen werden. Um dabei mögliche Unterschiede in Bezug auf die Vorkenntnisse zu berücksichtigen, wird der Vortest genutzt.

24.2   Design des Workshops

Im Wintersemester 2012/13 wurde den Studierenden der Veranstaltung „Analysis I" in Paderborn ein zweiteiliger Workshop angeboten. Die Teilnehmerzahl war auf 16 begrenzt. Im ersten Teil des Workshops wurde der Begriff der Folge vertieft und die formale Definition der Konvergenz einer Folge wurde von den Teilnehmer(innen) selbst erarbeitet, bevor dies in Form der ε-N-Definition in der Vorlesung behandelt wurde. Im zweiten Teil des Workshops wurde der Begriff der Konvergenz, nachdem er in der Vorlesung behandelt wurde, vertieft, indem durch ein Spektrum von Beispielen und Aktivitäten ein breites und nachhaltiges „concept image" (Tall und Vinner 1981) vermittelt wurde. Auf die Ziele und das Konzept der beiden Workshop-Teile soll nun im Einzelnen eingegangen werden.

24.2.1   Ziele des Workshops

Wie bereits erwähnt sind zum Konvergenzbegriff zahlreiche Fehlvorstellungen bekannt, die teilweise selbst bei Mathematik-Studierenden nach der Behandlung des Themas in Vorlesung und Übungen noch auftreten. Ein Ziel des Workshops ist es daher, dass diese Fehlvorstellungen seltener beziehungsweise nach Möglichkeit gar nicht vorkommen. Des Weiteren sollen die Studierenden den vollen Begriffsumfang des Konvergenzbegriffs kennenlernen und anschließend zahlreiche verschiedenartige Beispiele konvergenter Folgen nennen können. Auch sollen sie die Definition der Konvergenz nicht nur wiedergeben können, sondern auch erklären können, warum der Begriff so präzise definiert ist. Außerdem sollen sie in der Lage sein, Folgen auf verschiedene Arten auf ihr Konvergenzverhalten zu untersuchen.

24.2.2   Konzept des Vorbereitungsworkshops

Przenioslo (2005) hat eine Unterrichtsreihe zur Erarbeitung der Definition der Konvergenz vorgeschlagen, die sie mehrfach mit Schülerinnen und Schülern erprobt, jedoch nicht durch eine wissenschaftliche Studie begleitet hat. Dieses Konzept, das in veränderter Form Grundlage für den Vorbereitungsworkshop war, wird zunächst kurz vorgestellt. Die Lernenden beschäftigen sich mit elf verschiedenen Folgen, die alle gegen 1 konvergieren, und einer Folge, die die beiden Häufungspunkte 1 und 2 besitzt. Zunächst fertigen die Schülerinnen und Schüler zu jeder der Folgen eine Grafik an. Später soll in Gruppenarbeit erarbeitet werden, welche gemeinsame Eigenschaft die ersten elf Folgen im Gegensatz zu der anderen Folge haben. Unter den elf konvergenten Folgen befinden sich sowohl monotone als auch nicht monotone Folgen; Folgen, die ihren Grenzwert erreichen, und solche, die ihn nicht erreichen; konstante Folgen; Folgen, die den Grenzwert sowohl über- als auch unterschreiten; und solche, die durch eine Änderung endlich vieler Folgenglieder aus einer anderen Folge entstehen. Dadurch soll den typischen Fehlvorstellungen entgegengewirkt werden. Aus verschiedenen Studien geht hervor, dass Lernende durch die ersten Beispiele, die sie zu einem Begriff kennenlernen, stark beeinflusst werden (vgl. Bruner 1974; Sierpinska 2000; Tall und Vinner 1981). Diese ersten Beispiele würden als prototypische Beispiele dienen. Damit ein adäquates „concept image" aufgebaut werden kann, sollten die ersten Beispiele möglichst vielfältig sein und den gesamten Begriffsumfang abdecken. Ergänzend erhalten die Lernenden bei Bedarf fiktive Diskussionen, die ihre Aufmerksamkeit auf bestimmte Aspekte lenken. Außerdem stehen ihnen sogenannte ε-Streifen zur Verfügung: transparente Streifen unterschiedlicher Breite, die in der Mitte eine waagerechte Linie besitzen. Diese können die Schülerinnen und Schüler auf ihre zuvor erstellten Grafiken der einzelnen Folgen legen um sich der Definition der Konvergenz zu nähern. Im Sinne der Definition würde man die Streifen derart auf die Grafiken legen, dass die waagerechte Mittellinie auf Höhe des potenziellen Grenzwertes liegt. Dass ein in der Grafik abgebildetes Folgenglied innerhalb dieses ε-Streifens liegt, bedeutet, dass sein Abstand zum Grenzwert betragsmäßig kleiner als ε ist. Przenioslo ist der Meinung, dass visuelle Darstellungen eine zentrale Rolle beim Lernen von Mathematik spielen, sie stützt sich dabei auf Arcavi (2003) und Tall (1991).

Ich habe die Aufgabenstellung in veränderter Form eingesetzt, angepasst an die Situation. Bei meinem vorbereitenden Workshop-Teil handelt es sich nicht um eine Unterrichtssequenz über mehrere Sitzungen, sondern um eine längere Sitzung. Die Anzahl der konvergenten Folgen wurde daher auf sechs reduziert, damit die Studierenden nicht durch die gleichzeitige Betrachtung zu vieler Folgen überfordert werden. Dennoch wurde ein breites Spektrum abgedeckt:

- streng monotone Folgen:

$$(a_n)_{n \in N} = \left(\frac{n+1}{n} \right)_{n \in N}$$

$$(e_n)_{n \in N} \text{ mit } e_n = 0, \underbrace{9...9}_{n},$$

- nicht monotone Folgen:

$$(c_n)_{n \in N} \quad \text{mit} \quad c_n = \begin{cases} -3, & 200.000 \leq n \leq 500.000 \\ 1, & \text{sonst} \end{cases}$$

$$(d_n)_{n \in N} \quad \text{mit} \quad d_n = \begin{cases} 1, & n \text{ Vielfaches von } 10 \\ 1 + \frac{1}{n}, & \text{sonst} \end{cases},$$

$$(f_n)_{n \in N} \quad \text{mit} \quad f_n = \begin{cases} 2, & n = 10 \\ 1 + \left(-\frac{1}{2}\right)^n, & \text{sonst} \end{cases}$$

- Folgen, die den Grenzwert annehmen:

$$(b_n)_{n \in N} \quad \text{mit} \quad b_n = \begin{cases} 1 - \frac{1}{n}, & n \leq 125 \\ 1, & n > 125 \end{cases},$$

außerdem $(c_n)_{n \in N}$ und $(d_n)_{n \in N}$,

- Folgen, die den Grenzwert nicht annehmen:

$$(a_n)_{n \in N}, (e_n)_{n \in N} \quad \text{und} \quad (f_n)_{n \in N},$$

- Folge, die den Grenzwert sowohl über- als auch unterschreitet:

$$(f_n)_{n \in N} \text{ und}$$

- Folgen, die durch eine Abänderung endlich vieler Folgenglieder aus anderen Folgen entstanden sind:

$$(c_n)_{n \in N} \quad \text{und} \quad (f_n)_{n \in N}.$$

Als Folge mit zwei Häufungspunkten wurde das folgende Beispiel verwendet:

$$(x_n)_{n \in N} \quad \text{mit} \quad x_n = \begin{cases} 2, & n \text{ Vielfaches von } 10 \\ 1 + \frac{1}{n}, & \text{sonst} \end{cases}$$

Zur Folge $(e_n)_{n \in \mathbb{N}}$ ist anzumerken, dass sie in dieser Form angegeben wurde, um zusätzliche Schwierigkeiten zu vermeiden, da die Studierenden mit dem Summenzeichen noch nicht vertraut waren. Vorbereitend haben die Studierenden zunächst Graphen aller Folgen erhalten, mussten diese jedoch selbst den Folgen zuordnen. Anschließend hatten sie die Aufgabe, die Eigenschaften der einzelnen Folgen möglichst gut zu beschreiben. Es wurden hier keine mathematisch präzisen Beschreibungen erwartet, da den Studierenden die nötigen Fachbegriffe noch nicht bekannt waren. Ziel der Aufgabe war lediglich, dass sie sich mit den verschiedenen Folgen schon einmal vertraut machen, bevor ihnen dann die eigentliche Hauptaufgabe gestellt wurde:

Aufgabe

Die Folgen $(a_n)_{n \in \mathbb{N}}, \ldots, (f_n)_{n \in \mathbb{N}}$ werden als konvergent gegen den Grenzwert 1 bezeichnet, die Folge $(x_n)_{n \in \mathbb{N}}$ hingegen ist nicht konvergent. Versuche die gemeinsame Eigenschaft der Folgen $(a_n)_{n \in \mathbb{N}}, \ldots, (f_n)_{n \in \mathbb{N}}$, die die Folge $(x_n)_{n \in \mathbb{N}}$ nicht hat, möglichst gut zu beschreiben.

Die Bearbeitung dieser Aufgabe sollte den größten Teil des Workshops einnehmen. Die Studierenden sollten in Gruppen von je vier Personen gemeinsam darüber diskutieren. Erwartet wurde, dass sie zu Beginn eher umgangssprachliche, unpräzise Formulierungen wählen und diese an den einzelnen Folgen überprüfen. Sie sollten dann nach Möglichkeit selbst erkennen, warum ihre erste Version der Beschreibung nicht geeignet ist. Sie sollten diese dann Schritt für Schritt weiterentwickeln und am Ende zur formalen Definition der Konvergenz gelangen. Für den Fall, dass eine Gruppe nicht erkennt, dass eine Beschreibung ungeeignet ist, händigte die Lehrperson eine geeignete fiktive Diskussion aus, durch die die Aufmerksamkeit der Studierenden auf genau den Aspekt gelenkt wird, den sie bei ihrer Beschreibung nicht bedacht haben. Diese fiktiven Diskussionen stammen ebenfalls von Przenioslo (2005), wurden jedoch übersetzt und überarbeitet. Zum Abschluss soll eine Ergebnissicherung in der gesamten Gruppe stattfinden, um zu überprüfen, ob die von den einzelnen Gruppen erarbeiteten Definition alle äquivalent zueinander sind. Außerdem soll die Definition der Konvergenz gegen 1 zur Definition der Konvergenz gegen einen beliebigen Grenzwert verallgemeinert werden.

Insgesamt unterscheidet sich das Konzept des Vorbereitungsworkshops stark von der üblichen Begriffseinführung in der universitären Lehre. Die Studierenden sollen selbst aktiv sein und die Definition selbst entdecken. Winter sagt über entdeckendes Lernen in Bezug auf Mathematik:

> Das Lernen von Mathematik ist umso wirkungsvoller [...], je mehr es im Sinne eigener aktiver Erfahrungen betrieben wird, je mehr der Fortschritt im Wissen, Können und Urteilen des Lernenden auf selbständigen entdeckerischen Unternehmungen beruht. (Winter 1989, S. 1)

Dadurch, dass die Studierenden zunächst ungeeignete Beschreibungen formulieren und dann selbst bemerken, warum diese ungeeignet sind, sollen sie die Definition nicht nur besser behalten, sondern auch verstehen, warum die Definition genau so formuliert ist. Es wird erwartet, dass sie erkennen, welche Konsequenzen unpräzise Formulierungen haben. Außerdem sollen sie dadurch, dass sie von Beginn an mit vielfältigen Beispielen konfrontiert sind, ein adäquates breites „concept image" zum Konvergenzbegriff aufbauen. Des Weiteren kann in einem Workshop – im Gegensatz zu einer klassischen Vorlesung – die Heterogenität der Studierenden besser berücksichtigt werden. Dies wurde durch die fiktiven Diskussionen als Hilfestellung für einzelne Studierendengruppen und das Bereithalten zusätzlicher Aufgaben für Gruppen, die die eigentliche Aufgabe schneller gelöst haben als andere Gruppen, umgesetzt.

24.2.3   Konzept des Nachbereitungsworkshops

Auf den nachbereitenden Teil des Workshops wird hier nur kurz eingegangen. Er fand
statt, nachdem der Themenbereich Folgen und Konvergenz in der Vorlesung abgeschlossen war und die Studierenden sich auch in den Übungen bereits umfangreich damit beschäftigt hatten. Im Workshop wurde nun der gesamte Themenbereich noch einmal reflektiert betrachtet. Als erstes wurde dazu die Definition der Konvergenz einer Folge in
der ε-N-Variante, wie sie in der Vorlesung behandelt wurde, wiederholt und mithilfe einer
GeoGebra-Umgebung visualisiert. Dadurch, dass in dieser Visualisierung eine variable ε-Umgebung enthalten war, wurde eine Verknüpfung der im vorbereitenden Workshop betrachteten ε-Streifen mit der formalen ε-N-Definition ermöglicht. Anschließend sollten
die verschiedenen Möglichkeiten, Folgen auf Konvergenz zu untersuchen, auf einer Meta-Ebene besprochen werden und zu jeder dieser Möglichkeiten mussten die Studierenden
in Form eines Gruppenpuzzles mindestens ein Beispiel bearbeiten. Die einzelnen Folgen
wurden nach ähnlichen Kriterien ausgewählt wie die Beispiele und das Gegenbeispiel
aus der Hauptaufgabe des Vorbereitungsworkshops. Zum einen waren die Folgen in verschiedenen Darstellungen angegeben. Zum anderen waren unter den konvergenten Folgen
sowohl monotone als auch nicht-monotone Folgen; solche, die ihren Grenzwert annehmen
und solche, die ihn nicht annehmen und eine Folge, die ihren Grenzwert sowohl über- als
auch unterschreitet. Unter den divergenten Folgen hingegen waren sowohl uneigentlich
konvergente Folgen als auch Folgen mit mehreren Häufungspunkten vertreten. Auch diese Aktivität sollte dazu beitragen, den typischen Fehlvorstellungen entgegen zu wirken
und ein breites „concept image" zu den Begriffen Folgen und Konvergenz aufzubauen.
Außerdem wurden Zusammenhänge zwischen dem Konvergenzbegriff und weiteren Begriffen aus der Vorlesung behandelt. Dazu wurde ebenfalls eine offene Aufgabenstellung
gewählt, um ein entdeckendes Lernen zu fördern. Wie schon im Vorbereitungsworkshop
sollten die Studierenden viel selbst aktiv sein, in Einzel- oder Gruppenarbeit. Die Heterogenität der Studierenden wurde wieder durch das Bereithalten von Hilfestellungen und
zusätzlichen Aufgaben berücksichtigt.

24.3   Ergebnisse

Die Ergebnisse beschränken sich zunächst auf die Hauptaufgabe des Vorbereitungsworkshops, in der die Studierenden in Kleingruppen die Definition der Konvergenz einer Folge selbst erarbeiten sollten. Nachfolgend wird zunächst der Verlauf der Diskussionen
der einzelnen Gruppen kurz skizziert und anschließend werden die Ergebnisse über alle Kleingruppen zusammengefasst. Außerdem werden die Ergebnisse der Evaluation des
Workshops durch einen Vor- und einen Nachtest kurz skizziert.

24.3.1 Gruppe 1

Die Studierenden bemerken zunächst, dass es bei der Folge $(x_n)_{n \in \mathbb{N}}$ immer wieder Sprünge gibt. Ihre erste Formulierung der gemeinsamen Eigenschaft lautet:

> Die haben alle gemeinsam, dass sie sich irgendeinem Wert annähern.

Mit dieser Formulierung sind sie zunächst zufrieden. Erst auf Nachfrage der Lehrperson, was genau denn „annähern" bedeute, versuchen sie, ihre Formulierung der Eigenschaft zu präzisieren. Sie bemerken zunächst, dass der Wert auch erreicht werden darf und, dass die Annäherung nicht unbedingt von einer Seite aus sein muss. Ihre nächste Formulierung der gemeinsamen Eigenschaft ist die folgende:

> Ja, aber, was ist denn, wenn man sagt, dass es für große n der Abstand von aufeinander folgenden Folgegliedern zu dem Grenzwert immer kleiner wird.

Sie fragen sich selbst, wie groß ein n denn sein müsse, damit es ein großes n sei. Außerdem bemerken sie, dass ihre Formulierung auf die Folge $(d_n)_{n \in \mathbb{N}}$ nicht zutrifft, da es Folgenglieder gibt, deren Abstand zum Grenzwert größer ist als der Abstand des vorherigen Folgenglieds zum Grenzwert. Sie haben eine erste Idee, wie sie dieses Problem beheben können:

> Kann man nicht sagen, dass das über einen größeren Zeitraum von Zahlen insgesamt kleiner wird und nicht anhand von zwei Zahlen die hintereinander sind? [...] Insgesamt, dass-... ich weiß zwar nicht, wie man das dann formuliert, aber dass die Zahlen insgesamt immer näher werden.

Da sie an dieser Stelle alleine zunächst nicht weiterkommen, händigt die Lehrperson ihnen ε-Streifen aus. Dadurch kommen sie auf die Idee, eine Umgebung um die Gerade $y = 1$ zu betrachten:

> Also, dass du eben für Epsilon im Grunde jeden Wert einsetzen kannst, nur eben nicht Null, aber so nah wie möglich. Und irgendwann wird eben dieses Intervall-... liegen alle Punkte halt in dem Epsilon-Intervall.

Es gelingt ihnen anschließend ohne weitere Intervention der Lehrperson die übliche formale Definition der Konvergenz einer Folge zu entwickeln.

24.3.2 Gruppe 2

Die Studierenden formulieren die gemeinsame Eigenschaft zunächst folgendermaßen:

> Konvergenz heißt im Prinzip: Es gibt einen Punkt, ähm ... bei einer bestimmten Stelle nähern-, äh, wird diese Funktion-, geht die immer näher an diesen Wert ran, in diesem Fall eins,

und er geht nie wieder weiter weg, aber er geht höchstens noch näher ran oder hat sie schon erreicht.

Sie betrachten dann noch einmal die Folge $(x_n)_{n\in\mathbb{N}}$, um den Unterschied zu erkennen:

Egal wie weit du gehst, du wirst immer noch Punkte finden, wo es zwei ist.

Durch die Betrachtung der Folge $(d_n)_{n\in\mathbb{N}}$ fällt den Studierenden selbst auf, dass ihre erste Formulierung „er geht nie wieder weiter weg" nicht stimmen kann. Ohne Intervention der Lehrperson gelangen sie zu der folgenden Formulierung:

Wenn wir jetzt sagen, äh, wir finden jetzt zum Beispiel einen Punkt, ab dem es null Komma-, nur noch um null Komma null eins in die falsche Richtung springt und egal wie klein wir dieses null Komma null eins oder sonst was machen, wir finden immer einen Punkt ab der Folge, ab dem das auf jeden Fall gilt. Das schafft man hier [zeigt auf die Folge $(x_n)_{n\in\mathbb{N}}$] nicht, weil man jetzt sagt: Den Punkt, ab dem es nicht mehr um null Komma fünf springt, findet man nicht, weil es wird immer noch um eins springen.

Auch diese Gruppe schreibt als Endergebnis die übliche formale Definition auf.

24.3.3   Gruppe 3

Diese Gruppe formuliert zunächst Folgendes:

Eine Folge heißt konvergent [...] gegen den Wert x, wenn es im Unendlichen gegen x läuft.

Sie bemerken, dass es „am Anfang" auch „Ausnahmen" geben kann. Anschließend diskutieren sie darüber, ob der Grenzwert erreicht werden darf oder nicht. Sie verändern ihre Formulierung der gemeinsamen Eigenschaft noch einmal:

Eine Folge heißt konvergent gegen einen Wert x, wenn für n gegen Unendlich die Folge x annimmt oder sich x annähert.

Sie erkennen selbst, dass „annähern" unpräzise ist, doch sie haben keine Idee, wie sie ihre Formulierung präzisieren können. Daher händigt die Lehrperson ihnen eine fiktive Diskussion aus, die die Idee der ε-Umgebung enthält und ihre Diskussion voranbringt. Als Endergebnis schreiben sie die folgende Definition auf:

Für jedes $\varepsilon\in\mathbb{R}^+\backslash\{0\}$ existiert ein n_0, für das alle Nachfolger im ε-Schlauch sind.

24.3.4 Gruppe 4

Die Studierenden formulieren als ersten Vorschlag der gemeinsamen Eigenschaft Folgendes:

> Das hat irgendwas damit zu tun ... für großes n [...] geht die Folge gegen einen Wert oder ist ein Wert.

Nachdem sie eine Zeitlang bei dieser Formulierung stehenbleiben, fragt die Lehrperson nach, ob sie die Eigenschaft durch eine einzige Bedingung ausdrücken können. Sie kommen auf die folgende Idee:

> Wir können mit ner Differenz irgendwie arbeiten. Dass die Differenz von - , von der eins zu denen, die davor kommen, immer kleiner wird. Dann ist es nämlich-, dann kann's ja auch null sein.

Ein Gruppenmitglied weist darauf hin, dass bei der Folge $(f_n)_{n \in \mathbb{N}}$ die Differenz der Folgenglieder zu eins an einer Stelle nicht kleiner wird. Ein anderes Gruppenmitglied antwortet, es seien nur „große n" entscheidend. Sie fragen sich selbst, was genau „große n" sind. Für dieses Problem haben sie zunächst keine Lösung, doch sie beheben den zuvor bemerkten Fehler in ihrer Formulierung:

> Der Betrag von a_n minus dem Grenzwert wird beliebig klein.

Da sie an dieser Stelle zunächst nicht weiterkommen, händigt die Lehrperson ihnen ε-Streifen aus. Mündlich gelangen sie schließlich bis zu folgendem Ergebnis:

> Für alle Epsilon größer null muss der Abstand a_n minus x kleiner als Epsilon sein.
> Ja, aber uns fehlt nur noch, dass das ab einem bestimmten n ist.

24.3.5 Zusammenfassung

Mit Unterstützung durch die Lehrperson haben alle Gruppen es geschafft, die Definition der Konvergenz einer Folge im Wesentlichen zu erarbeiten. Dabei ließen sich einige Hürden identifizieren, die teilweise bei mehreren Gruppen zu beobachten waren. Eine Schwierigkeit bestand darin, dass viele Studierende zunächst jeweils mehrere Gruppen von konvergenten Folgen betrachtet haben, beispielsweise die Folgen, die den Grenzwert erreichen und die, die ihn nicht erreichen. Diese Eigenschaften mussten nun zu einer Eigenschaft zusammengefasst werden. Weitere Hürden waren, den Abstand der Folgenglieder zum Grenzwert zu betrachten und zu erkennen, dass dieser nicht immer kleiner werden muss. Andere Schritte waren, von den unpräzisen Formulierungen „für große n" beziehungsweise „klein" zu präzisieren Formulierungen wie „ab einem n_0" beziehungsweise „kleiner als jedes $\varepsilon > 0$" zu gelangen. Eine allgemeinere Hürde bestand in der Formalisierung der verbalen Formulierung.

Einige der bekannten Fehlvorstellungen wurden von den Studierenden explizit diskutiert, durch die geeignete Auswahl der Folgen konnten diese Fehlvorstellungen in allen Fällen abgelegt werden. Dies betrifft insbesondere die Fehlvorstellung, der Grenzwert dürfe nicht erreicht werden, die von allen vier Gruppen thematisiert wurde.

Untersucht man, welche der gegebenen Folgen $(a_n)_{n\in\mathbb{N}}, \ldots, (f_n)_{n\in\mathbb{N}}$ von den einzelnen Gruppen in den Diskussionen explizit angesprochen wurden, so fällt auf, dass die Folgen $(c_n)_{n\in\mathbb{N}}$, $(d_n)_{n\in\mathbb{N}}$ und $(f_n)_{n\in\mathbb{N}}$ von den Studierenden am meisten betrachtet wurden, gefolgt von der Folge $(b_n)_{n\in\mathbb{N}}$. Die beiden Folgen $(a_n)_{n\in\mathbb{N}}$ und $(e_n)_{n\in\mathbb{N}}$ hingegen wurden kaum benutzt. Dies lässt sich dadurch erklären, dass es sich bei diesen beiden Folgen um eher prototypische Beispiele konvergenter Folgen handelt, da sie monoton sind und den Grenzwert nicht erreichen. Um die Anzahl der Folgen noch zu reduzieren, könnte man daher auf eine dieser beiden Folgen verzichten.

Innerhalb der einzelnen Gruppen gab es jeweils Studierende, die sich viel an der Diskussion beteiligt haben, und andere, die sich wenig beteiligt haben. Dennoch haben oft auch diejenigen, die keine eigenen Vorschläge für die Formulierung der gemeinsamen Eigenschaft eingebracht haben, die Diskussion vorangebracht, indem sie die Vorschläge der anderen hinterfragt haben. An vielen Stellen haben die Studierenden selbst bemerkt, wenn ihre Formulierungen falsche Aspekte beinhalteten oder unpräzise waren, so dass ein Intervenieren durch die Lehrperson oft nicht notwendig war.

Als Fazit aus der ersten Erprobung lässt sich ziehen, dass das Erarbeiten der Definition des Konvergenzbegriffs durch die Studierenden durchaus machbar ist. Es bedarf jedoch einer gründlichen Vorbereitung durch die Lehrperson. Auch muss genügend Zeit vorhanden sein. Alleine die Bearbeitung der Hauptaufgabe hat etwa 90 Minuten in Anspruch genommen, die vorbereitenden Aufgaben und die anschließende Ergebnissicherung benötigen noch zusätzlich Zeit. Außerdem sollte die Anzahl der Studierenden nicht zu groß sein, damit die Lehrperson noch in der Lage ist, den Stand der einzelnen Gruppen zu beobachten und an geeigneten Stellen zu intervenieren.

24.3.6 Evaluation des Workshops

Wie anfangs bereits erwähnt, haben sowohl die Workshop-Teilnehmer als auch die übrigen Studierenden der Vorlesung „Analysis I" einen Vortest und einen Nachtest zu den Begriffen Folgen und Konvergenz bearbeitet. Die Studierenden, die nicht am Workshop teilgenommen haben, dienen als Kontrollgruppe. Mögliche Unterschiede in Bezug auf das Vorwissen werden in Form der Ergebnisse im Vortest berücksichtigt. Die Stichprobengröße der Experimentalgruppe beträgt zehn, die der Kontrollgruppe 77. Für die Skalierung der Tests im Sinne der probabilistischen Testtheorie betrug die Stichprobengröße $N = 164$ für den Vortest und $N = 124$ für den Nachtest. Die Tests wurden einzeln skaliert, als Modell wurde jeweils ein eindimensionales Partial-Credit-Modell gewählt. Wenn im Folgenden von Ergebnissen einer Person in einem der Tests gesprochen wird, so ist stets der WLE-Score gemeint, bei dem es sich laut Rost (2004) um den besten Schätzer der Fähigkeiten einer Person handelt. Auf die einzelnen Testitems und die Güte des Tests kann hier nur knapp eingegangen werden. Der Vortest hatte das Ziel, zum einen für den Folgen- und Konvergenzbegriff notwendige Voraussetzungen abzufragen und zum anderen zu überprüfen, inwieweit bereits Präkonzepte zu den Begriffen vorhanden sind. Er enthält unter anderem Items zu Termumformungen und (Un-)Gleichungen mit Brüchen und Beträgen, Items zum Funktionsbegriff, zu unendlichen Mengen und es sollte das Verhalten einiger Folgen für große n beschrieben werden. Die endgültige Version des Vortests bestand aus 16 Items und die Reliabilität (*EAP/PV*) beträgt 0,838. Die Parameter, die die Güte des Modells angeben, sind allesamt akzeptabel bis gut. Im Nachtest mussten unter anderem Folgen in verschiedenen Darstellungen als solche erkannt werden und auf ihr Konvergenzverhalten untersucht werden, es wurde nach Zusammenhängen zwischen dem Konvergenzbegriff und anderen Begriffen gefragt und es mussten Verbalisierungen, die typische Fehlvorstellungen enthielten, auf ihre Richtigkeit überprüft werden und durch die Angabe eines Gegenbeispiels widerlegt werden. Zunächst wurde untersucht, ob sich bei den Ergebnissen des gesamten Nachtests ein signifikanter Effekt der Workshop-Teilnahme nachweisen lässt. Das ist nicht der Fall. Betrachtet man jedoch die Ergebnisse eines Subtests, der aus Items besteht, die explizit die Ziele des Workshops testen, so lässt sich ein signifikanter Effekt zeigen. Dieser Subtest besteht aus elf Items und die Reliabilität (*EAP/PV*) beträgt 0,781. Auch hier bestätigen die entsprechenden Parameter die Passung des eindimensionalen Partial-Credit-Modells. Um den Effekt der Workshop-Teilnahme zu überprüfen, wurde zunächst durch eine lineare Regression analysiert, inwiefern die Ergebnisse im Vortest die Ergebnisse im Subtest des Nachtests beeinflussen. Es ergibt sich ein Regressionskoeffizient von $R = 0,485$ und 22,5 % erklärte Varianz. Diese Regression ist signifikant ($p < 0,001$). Die Leistung im Vortest beeinflusst also die Leistung im Subtest des Nachtests. Anschließend wurde ein allgemeines lineares Modell mit zwei Kovariaten berechnet: das Vortest-Ergebnis und die Workshop-Teilnahme. Für erstere ergibt sich $\eta^2 = 0,235$ und mit $p < 0,001$ handelt es sich um einen signifikanten Effekt. Mit $\eta^2 = 0,083$ und $p = 0,012$ hat die Workshop-Teilnahme ebenfalls einen signifikanten Effekt auf die Leistung im Subtest des Nachtests, auch wenn dieser deutlich geringer ist als der Effekt der Leistung im Vortest. Die erklärte Varianz beträgt nun 28,0 %.

Dass der Effekt der Workshop-Teilnahme verhältnismäßig gering ausfällt, kann zum einen an der kleinen Stichprobengröße liegen, die unter anderem dadurch bedingt ist, dass zwischen den beiden Tests die Teilnehmerzahl der Vorlesung deutlich gesunken ist. Zum anderen sind zwischen Vor- und Nachtest mehrere Wochen vergangen, in denen viele andere Faktoren die Leistung der Studierenden beeinflussen. Kritisch anzumerken ist, dass die Experimentalgruppe durch den Workshop mehr Lernzeit zu dem Thema Folgen und Konvergenz besitzt als die übrigen Studierenden.

24.4 Ausblick

Nach der ersten Erprobung des Workshop-Konzepts soll dieses auf Grundlage der Ergebnisse der beiden Tests und der Analyse der Diskussionen und schriftlichen Aufgabenbearbeitungen aus den Workshops weiter überarbeitet werden. In Bezug auf den Vorbereitungsworkshop sollen insbesondere die fiktiven Diskussionen verändert werden und weitere gestufte Hilfen entwickelt werden. Im ersten Durchlauf des Workshops hat sich gezeigt, dass bei der Erarbeitung der Definition der Konvergenz einige Hürden zu überwinden sind, die sich bei mehreren der Studierendengruppen beobachten ließen. Es soll nun für jede dieser Hürden gezielt eine fiktive Diskussion oder andere gestufte Hilfe entwickelt werden.

Im Wintersemester 2013/14 soll der Workshop dann an der Universität Kassel erneut durchgeführt werden. Auch sollen der Vor- und der Nachtest zum Themenbereich Folgen und Konvergenz dort eingesetzt werden, um eine quantitative Evaluation des Workshops zu ermöglichen. Zusätzlich sollen auch wieder alle Diskussionen und schriftlichen Aufgabenbearbeitungen in den Workshops erhoben und analysiert werden.

Literatur

Arcavi, A. (2003). The role of visual representations in the learning of mathematics. *Educational Studies In Mathematics, 52*(3), 215–241.

Bender, P. (1991). Fehlvorstellungen und Fehlverständnisse bei Folgen und Grenzwerten. *Der mathematische und naturwissenschaftliche Unterricht, 44*, 238–243.

Bruner, J. S. (1974). *Beyond the Information Given: Studies in the Psychology of Knowing.* London: Allen & Unwin.

Cottrill, J., Dubinsky, E., Nichols, D., Schwingendorf, K., Thomas, K., & Vidakovic, D. (1996). Understanding the limit concept: Beginning with a coordinated process schema. *Journal Of Mathematical Behavior, 15*(2), 167–192.

Davis, R. B., & Vinner, S. (1986). The notion of limit: Some seemingly unavoidable misconception stages. *Journal Of Mathematical Behavior, 5*(1), 281–303.

Dubinsky, E., Elterman, F., & Gong, C. (1988). The students' construction of quantification. *For The Learning Of Mathematics, 8*, 44–51.

Engelbrecht, J. (2010). Adding structure to the transition process to advanced mathematical activity. *International Journal of Mathematical Education in Science and Technology, 41*(2), 143–154.

Marx, A. (2013). Schülervorstellungen zu unendlichen Prozessen – Die metaphorische Deutung des Grenzwerts als Ergebnis eines unendlichen Prozesses. *Journal für Mathematik-Didaktik, 34*(1), 73–97.

Monaghan, J. (1991). Problems with the language of limits. *For The Learning Of Mathematics, 11*(3), 20–24.

Przenioslo, M. (2005). Introducing the concept of convergence of a sequence in secondary school. *Educational Studies In Mathematics, 60*(1), 71–93.

Roh, K. H. (2005). *College students' intuitive understanding of the concept of limit and their level of reverse thinking.* Unpublished doctoral dissertation, The Ohio State University, Columbus, Ohio, USA.

Rost, J. (2004). *Lehrbuch Testtheorie – Testkonstruktion.* Bern: Huber.

Schwarzenberger, R. L. E., & Tall, D. (1978). Conflicts in the learning of real numbers and limits. *Mathematics Teaching, 82,* 44–49.

Sierpinska, A. (2000). On some aspects of students' thinking in linear algebra. In J.-L. Dorier (Hrsg.), *On The Teaching Of Linear Algebra* (S. 209–246). Dordrecht: Kluwer Academic Publishers.

Tall, D. (1991). Intuition and rigour: The role of visualizations in calculus. In W. Zimmermann, & S. Cunningham (Hrsg.), *Visualization In Teaching And Learning Mathematics* (S. 105–119). Washington: Mathematical Association of America.

Tall, D., & Vinner, S. (1981). Concept image and concept definition in mathematics, with particular reference to limits and continuity. *Educational Studies In Mathematics, 12*(2), 151–169.

Weigand, H.-G. (1993). *Zur Didaktik des Folgenbegriffs.* Mannheim: BI Wissenschaftsverlag.

Winter, H. (1989). *Entdeckendes Lernen im Mathematikunterricht: Einblicke in die Ideengeschichte und ihre Bedeutung für die Pädagogik.* Wiesbaden: Vieweg.

Wie geben Tutoren Feedback? Anforderungen an studentische Korrekturen und Weiterbildungsmaßnahmen im LIMA-Projekt

25

Juliane Püschl, Rolf Biehler, Reinhard Hochmuth und Stephan Schreiber

Zusammenfassung

Die Bearbeitung von Hausaufgaben und die mit der Korrektur durch Tutoren verbundene Rückmeldung stellen für die Teilnehmer einer Lehrveranstaltung einen wichtigen Teil ihres Selbststudiums dar. Dabei sollten Korrekturen, die das Ziel haben, Studierende in ihrem Lernprozess zu unterstützen, über die reine Feststellung der Richtigkeit einer Bearbeitung hinausgehen. Im Rahmen der Entwicklung und Durchführung einer umfangreichen Tutorenschulung im Projekt LIMA sind die Korrekturen von studentischen Tutoren genauer analysiert worden. Aufgrund dieser Erkenntnisse und aufbauend auf Literatur zum Feedback wurden Anforderungen an ein feedbackorientiertes Korrigieren entwickelt. In dem Beitrag werden diese Anforderungen und die damit verbundenen Schwierigkeiten der Tutoren anhand typischer Beispiele exemplarisch und praxisnah erläutert. Zudem werden darauf bezogene Unterstützungsmaßnahmen vorgestellt.

25.1 Über das Projekt

Das Projekt LIMA (Lehrinnovation in der Studieneingangsphase „Mathematik im Lehramtsstudium" – Hochschuldidaktische Grundlagen, Implementierung und Evaluation) ist ein Gemeinschaftsprojekt der Universitäten Paderborn (Projektleiter: Rolf Biehler) und

Juliane Püschl ✉ · Rolf Biehler
Universität Paderborn, Institut für Mathematik, Paderborn, Deutschland
e-mail: pueschl@math.upb.de, biehler@math.upb.de

Reinhard Hochmuth · Stephan Schreiber
Leibniz Universität Hannover, Institut für Didaktik der Mathematik und Physik,
Hannover, Deutschland
Leuphana Universität Lüneburg, Lüneburg, Deutschland
e-mail: hochmuth@idmp.uni-hannover.de, schreiber@khdm.de

© Springer Fachmedien Wiesbaden 2016   387
A. Hoppenbrock et al. (Hrsg.), *Lehren und Lernen von Mathematik in der
Studieneingangsphase*, Konzepte und Studien zur Hochschuldidaktik und Lehrerbildung
Mathematik, DOI 10.1007/978-3-658-10261-6_25

Kassel (Projektleiter: Reinhard Hochmuth (seit Ende 2011 Leuphana Lüneburg) und Martin Hänze). Es wurde von Februar 2009 bis August 2012 im Rahmen der Hochschulforschung als Beitrag zur Professionalisierung der Hochschullehre („Zukunftswerkstatt Hochschullehre") vom BMBF[1] gefördert (vgl. Biehler et al. 2013; Hänze et al. 2013).

Lokaler Ausgangspunkt für das Projekt LIMA war zunächst die Beobachtung, dass trotz vergleichsweise günstiger Studienbedingungen für Studierende des Lehramts Mathematik für Haupt- und Realschulen an der Universität Kassel (weitgehend eigene Fachveranstaltungen, gute Abstimmung zwischen Fach- und Fachdidaktikausbildung, auf den Studiengang abgestimmter Vorkurs etc.) die Studienerfolge und die zu beobachtenden Einstellungen und Lernstrategien der Studierenden sowohl hinsichtlich fachlicher als auch fachdidaktischer Dimensionen keineswegs zufriedenstellend war.

Angesichts dieser Situation sollte das Projekt LIMA u. a. dazu dienen, die am Beginn des Lehramtsstudiums für Haupt-/Realschule an der Universität Kassel stehende zentrale fachliche Lehrveranstaltung („Grundzüge der Mathematik") zu verbessern. Zudem sollten Erkenntnisse über die fachlichen und personenbezogenen Voraussetzungen und über Zusammenhänge etwa zwischen Einstellungen, deren Entwicklung und der fachlichen Leistung von Studierenden dieses Studiengangs gewonnen werden. Auf der Grundlage von Kenntnissen über das Studierverhalten sollte eine Lehrinnovation entwickelt und diese im Hinblick auf ihre Effekte evaluiert und so einen Beitrag zu den wissenschaftlichen Grundlagen für die Hochschullehre zur Ausbildung von Mathematiklehrern geleistet werden.

Zusammenfassend lassen sich die genannten Ziele des Projekts in die folgenden drei Arbeitsschritte übersetzen:

- Erforschung der Entwicklung der fachlichen Kompetenzen und der Lernvoraussetzungen in motivationaler und volitionaler Hinsicht in einer Längsschnittstudie zum ersten Studienjahr.
- Implementierung einer innovativen Fachausbildung im ersten Studienjahr mit den Komponenten
  - Lehrveranstaltungsoptimierung (Kassel),
  - Unterstützung durch Tutorien (Kassel und Paderborn) und
  - Lern- und Studienberatungssysteme (Kassel und Paderborn),
- Evaluation eines Teils der Lehrinnovationen (Kassel und Paderborn).

Um die Wirkung eines Teils der Lehrinnovationen zu untersuchen, wurde ein quasi-experimentelles Design gewählt. Dabei bildeten Studienanfänger des Wintersemesters 2009/10 unsere Kontrollbedingung und die ein Jahr später beginnende Kohorte 2010/11 bildete die Experimentalbedingung. Durch diese zeitliche Staffelung war

---

[1] Förderkennzeichen 01PH08028A und 01PH08028B.

es möglich, Erkenntnisse aus Kohorte 1 in die Gestaltung entsprechender Lehrinnovationen für die Experimentalbedingung (Kohorte 2) einfließen zu lassen. Die Untersuchung im WS 2009/10 bezog sich auf die Lehrveranstaltung „Grundzüge der Mathematik I" (4 SWS Vorlesung und 2 SWS Übung) für Erstsemester im Lehramtsstudiengang Mathematik für Haupt- und Realschulen an der Universität Kassel. Zeitlich um ein Semester versetzt wurden zwei Kohorten von Studierenden des Lehramtes für Grund-, Haupt- und Realschulen an der Universität Paderborn untersucht, und zwar die Teilnehmer der Vorlesung „Arithmetik und Zahlentheorie". Diese Ausweitung des ursprünglichen Designs wurde durch den Wechsel von Rolf Biehler an die Universität Paderborn im März 2009 ermöglicht.

Um feststellen zu können, in welchen Bereichen Unterstützungsmaßnahmen sinnvoll sein könnten, wurden neben einer empirischen Evaluationsstudie bezüglich des Lehr-Lernverhaltens der Studierenden auch Untersuchungen zum Lehrverhalten von Tutoren durchgeführt. Ein wichtiger Bestandteil des Lernprozesses von Mathematikstudierenden ist bekanntermaßen die Auseinandersetzung mit wöchentlich zu bearbeitenden Übungsaufgaben. In den Übungsgruppen und in den korrigierten Übungsaufgaben erhalten die Studierenden ein Feedback. Eine Verbesserung des Übungsbetriebes ist somit ein naheliegender Ansatzpunkt für Lehrinnovationen. Die Beobachtungen der Übungsgruppen und des Tutorenverhaltens in der ersten Kohorte bestärkte diese Auffassung. So lassen sich manche Schwächen in den Studierendenleistungen in den Klausuren kaum anders als dadurch erklären, dass das Feedback zu den Übungsaufgaben entweder nicht adäquat erfolgt ist oder nicht adäquat von den Studierenden verarbeitet wurde. Doch genau dazu sollten u. a. die Korrekturen der Tutoren einen Beitrag leisten, was sie aber nur unzureichend konnten. In Anlehnung an Gibbs und Simpson (2004), die Untersuchungen mit Schülern durchgeführt haben, gingen wir davon aus, dass auch unsere Studierenden durch eine Optimierung des regelmäßigen Feedbacks ihren Lernprozess besser überwachen und steuern lernen und effektiver aus ihren Fehlern lernen können.

Aus diesen Gründen wurde eine Reihe von Innovationen entwickelt, die die Tutoren in ihrer Arbeit unterstützen sollten, u. a. auch ein fachspezifisches Tutorenschulungskonzept (vgl. Biehler et al. 2012a, 2012b). Die nachfolgenden Ausführungen fokussieren auf die Optimierung des Feedbacks auf korrigierte Hausaufgabenbearbeitungen. Andere Formen des Feedbacks, etwa durch Tutoren im Rahmen von Präsenzübungen, werden hier nicht thematisiert.

25.2   Schwierigkeiten bei und Anforderungen an die Korrekturen

Die Entwicklung von Anforderungen an Korrekturen ist eine notwendige Voraussetzung für deren Analyse und die Entwicklung von Interventionen zu deren Optimierung. Die im Projekt entwickelten Anforderungen werden im Folgenden beispielhaft und praxisnah beschrieben. Anschließend werden anhand von Beispielen korrigierter Übungsaufgaben Schwierigkeiten von Tutoren diskutiert, diesen Anforderungen zu genügen.

25.2.1 Anforderungen an die Korrekturen

Die Korrektur von Studierendenbearbeitungen in Mathematikveranstaltungen verfolgt im Wesentlichen zwei Ziele: zum einen dient sie der Leistungsbewertung (z. B. durch die Bepunktung der Abgaben), zum anderen soll sie den Lernprozess der Studierenden unterstützen. Dass diese Ziele in Konflikt geraten, zeigte u. a. Weinert (1999, S. 105). In den untersuchten Lehrveranstaltungen in Kassel ist es aber Standard, dass Übungsaufgaben diese Doppelfunktion haben, da eine Mindestpunktzahl bei den Aufgabenbearbeitungen Voraussetzung für die Zulassung zur Klausur ist. Die Anforderungen und die Unterstützungsmaßnahmen müssen folglich beiden Zielen gerecht werden.

25.3 Anforderungen für die Leistungsbewertung

Die entwickelten Anforderungen dienen vor allem einer einheitlichen Korrektur und sollen sicherstellen, dass die Leistung der Studierenden möglichst unvoreingenommen beurteilt wird.

- Die Tutoren sollen zunächst alle Fehler und Mängel anstreichen, auch diejenigen, aus denen nicht notwendigerweise ein Punktabzug resultiert. Was dabei als Fehler oder Mangel angesehen werden soll, ist durch die Vorlesung nicht immer eindeutig bestimmt. Deshalb muss dies in der Tutorenbesprechung und durch die Korrekturhinweise möglichst gut festgelegt werden. Die Markierung von Mängeln, die nicht zum Punktabzug führen dient dabei bereits als Grundlage für ein verbessertes inhaltliches Feedback.
- Die Tutoren sollen sich an das vorgegebene Korrekturschema halten und bei abweichenden Studierendenbearbeitungen ggf. einen Mitarbeiter kontaktieren.
- Die Tutoren sollen sich bei den Korrekturen möglichst wenig durch äußere Faktoren beeinflussen lassen (z. B. durch persönliche Stimmung, Sympathie, sonstige Leistungen der Studierenden, vorherige Studierendenbearbeitungen). Natürlich ist dies in der Realität nicht immer leicht umzusetzen. Die Tutoren sind jedoch dazu angehalten, diese Faktoren zu reflektieren und ggfs. Gegenmaßnahmen zu treffen (beispielsweise durch aufgabenweises Korrigieren mit anschließendem Mischen des Stapels nach jeder Aufgabe können Reiheneffekte bis zu einem gewissen Grad reduziert werden).

Die letzte Anforderung bezieht sich auf Maßnahmen zur Vermeidung von typischen Fehlerquellen bei der Leistungsbeurteilung, z. B. im Kontext des Halo-Effekts oder Kontrast- und Reihungsfehler (vgl. dazu Bohl 2009, S. 66 ff.).

25.4   Anforderungen für die Unterstützung im Lernprozess

Neben der Leistungskontrolle haben die Übungsaufgaben vor allem das Ziel, den Studierenden individuelle Rückmeldung zu ihren Aufgabenbearbeitungen und zu ihrem Leistungsstand zu geben. Dass Feedback einen hohen Einfluss auf die Leistungen von Lernenden haben kann, zeigt die Meta-Analyse von über 196 Studien von John Hattie aus dem Jahr 2009, bei der Feedback mit einer Effektstärke von 0,79 zu den einflussreichsten Faktoren auf die Leistung gehört (Hattie 2009). Bereits vorher stellten Hattie und Timperley fest, dass dabei die Art des Feedbacks entscheidend ist:

> Those studies showing the highest effect sizes involved students receiving information feedback about a task and how to do it more effectively. Lower effect sizes were related to praise, reward, and punishment. (Hattie und Timperley 2007, S. 84)

Dies spricht dafür, dass ein Korrigieren durch „richtig" und „falsch", in der Regel nicht optimal ist, um Leistungen der Studierenden zu verbessern. In der oben genannten Arbeit von Hattie finden sich einige Hinweise darauf, was gutes, und damit effektives, Feedback ausmacht. Auf Grundlage dessen und den Korrekturanmerkungen von Mason (2002), welche auch im Maths, Stats & OR Networks (MSOR) der Britischen Higher Education Academy (Bell 2003) eingesetzt werden, wurden die folgende Kriterien für das Korrigieren der Tutoren im LIMA-Projekt entwickelt.

Auf inhaltlicher Ebene soll das Feedback der Tutoren über die Feststellung der Richtigkeit einer Bearbeitung hinausgehen und den Studierenden durch gezielte Fragen oder exemplarische Lösungsstücke Ansätze zur Weiterarbeit geben. Das Feedback soll jedoch nicht so ausführlich ausfallen, dass die Studierenden den Überblick verlieren. Daher sollten bei sehr vielen Fehlern nur diejenigen kommentiert werden, die am meisten weiterhelfen und den größten Bezug zum Lernziel der Aufgabe haben. Am Ende der Abgabe wurden die Tutoren deshalb dazu angehalten ein zusammenfassendes Statement zu geben, welches den Studierenden den zentralen Ansatz zur Weiterarbeit geben soll (z. B. Wiederholung eines bestimmten Inhalts, Verwendung einer festgelegten Darstellungsform, etc.). Dafür ist es entscheidend, dass die Tutoren die gesamte Bearbeitung nochmal im Ganzen betrachten und einschätzen, welche Rückmeldung für den Lernprozess am hilfreichsten sein könnte.

Orientiert an den Feedbackregeln (vgl. dazu Fengler 2004), sollen die Rückmeldungen der Tutoren spezifisch sein, d. h. sich auf die vorliegende Bearbeitung beziehen und nicht allgemein gehalten sein. Feedback, dass sich auf fachliche Inhalte bezieht und konkrete Anregungen zur Weiterarbeit gibt, ist für Studierende leichter annehmbar, da die Kritik nicht auf persönlicher Ebene erfolgt (vgl. Gibbs und Simpson 2004).

Neben diesen Kriterien zum inhaltlichen Feedback wurde von den Tutoren auch verlangt, dass sie eine formal korrekte und nachvollziehbare Darstellung einfordern. Sie sollten den Studierenden auch Rückmeldung geben, wenn sie keine ganzen Sätze benutzen oder mathematische Schreibweisen falsch verwenden. Zusätzlich sollten sie auch auf eine mathematisch korrekte und in sich schlüssige Argumentation achten und diese ggfs. einfordern. Was als formal korrekt gelten soll, wurde in den Tutorenbesprechungen diskutiert und erläutert. Der Grund hier eine eigene Feedbackebene einzuziehen ist aus der Analyse der Studierendenschwierigkeiten motiviert, die sowohl in inhaltlicher wie darstellungstechnischer Seite zu verbessern sind. Die Einführung in die „mathematische Ausdrucksweise" ist ein eigenständiges Ziel der Lehrveranstaltung.

Insgesamt wurde darauf Wert gelegt, dass die Kommentare der Tutoren freundlich sind, was u. a. auch verlangt, dass sie neben kritischen Anmerkungen auch positives Feedback geben, das die Studierenden ermutigen soll, sich mit den Inhalten und Kommentaren weiter auseinander zu setzen. Auch wenn Hattie und Timperley (2007, S. 85 f.) dafür plädieren, Lob und Feedback voneinander zu trennen, erscheint es wichtig, gelegentlich die affektive Ebene der Studierenden anzusprechen, denn „if a student is looking for encouragement and only receives corrections of errors this may not support their learning in the most effective way" (Gibbs und Simpson 2004, S. 20).

Wie aus den Anforderungen hervorgeht, ist das Geben von adäquaten Rückmeldungen ein sehr komplexer Vorgang, dem eine Diagnose der Bearbeitungsschwierigkeiten und des Lernstandes vorangehen muss. Es ist jedoch auch klar, dass Diagnose von Leistungsständen ein bereits für ausgebildete Lehrkräfte schwieriger Aufgabenbereich ist (vgl. Helmke 2012, S. 126 ff.), weswegen dieser nur bedingt als Anforderung an studentische Tutoren gestellt werden kann. Hier kommt der Tutorenschulung und der Begleitung der Tutoren eine entscheidende Rolle zu.

25.4.1 Schwierigkeiten der Tutoren

Bei regelmäßig stattfindenden stichprobenartigen Überprüfungen der Korrekturen (Kohorte 1) wurden einige Punkte identifiziert, die häufig nicht genug Beachtung fanden und folglich einer Verbesserung bedurften.

Beispielsweise fielen die Bewertungen gleichartiger Bearbeitungen bei verschiedenen Tutoren sehr unterschiedlich aus, was u. a. durch verschiedene Interpretationen der Korrekturanweisungen und unterschiedliche Sichtweisen, was korrekte Lösungen in der Mathematik sind, zustande gekommen sein könnte. Um dies zu vermeiden, ist eine Diskussion über unterschiedliche Lösungswege und Bearbeitungen innerhalb der Tutorengruppe zwingend erforderlich.

Darüber hinaus fiel bei der Durchsicht der eingescannten Korrekturen auf, dass fachlich korrekte Lösungen, welche nicht der Musterlösung entsprachen, häufig von den Tutoren nicht als gleichwertig anerkannt wurden. Die unzureichende fachliche Flexibilität einiger Tutoren könnte ein Grund für diese Beobachtung sein. Abgesehen davon, dass gelegentlich fachliche Fehler nicht erkannt wurden, ist besonders aufgefallen, dass die Tutoren wenig auf eine korrekte formale mathematische Darstellung der Inhalte geachtet haben. Dies verdeutlicht das Beispiel einer Korrektur der Aufgabe, die Relation $R \subset \mathbb{Z} \times \mathbb{Z}$, de-

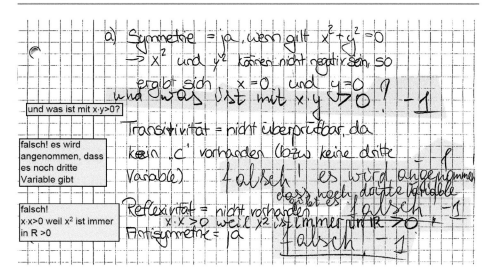

Abb. 25.1 Bei der Korrektur wird insbesondere nicht auf die korrekte mathematische Darstellung in der Studierendenlösung geachtet (Korrektur zur besseren Lesbarkeit wiederholt)

finiert durch $(x, y) \in R \Leftrightarrow x \cdot y > 0$ oder $x^2 + y^2 = 0$ auf die Eigenschaften Reflexivität, Symmetrie, Transitivität und Antisymmetrie zu prüfen (vgl. Abb. 25.1).

In der Studierendenlösung wurde bei keiner der vier Eigenschaften spezifiziert, wie die Behauptung aussieht, die gezeigt werden soll (etwa dass beispielsweise bei der Reflexivität für alle $x, y \in \mathbb{Z}$ gelten muss: $xRy \Rightarrow yRx$). Insbesondere in diesem Zusammenhang wäre die Verwendung von Quantoren hilfreich gewesen, deren Verwendung aber bekanntermaßen zu Problembereichen Studierender zählt. Das Fehlen strukturierender Elemente des Beweises (etwa Behauptung, Beginn und Ende) wird in der Korrektur nicht thematisiert. Zudem wird nicht auf die unzulässige Verwendung mathematischer Operatoren als Abkürzungen für sprachliche Formulierungen hingewiesen („Symmetrie = ja"). Auch die unklare Bedeutung des verwendeten, nicht standardisierten Pfeilsymbols ($\rightarrow$) wird nicht angesprochen. Eine Deutung als „Implikationspfeil" wäre in Zusammenhang mit der ersten Zeile, die in der Gesamtheit keine Aussage darstellt, darüber hinaus nicht zulässig. Vermutlich sollte ausgesagt werden, dass hier $x^2 + y^2 = 0$ impliziert, dass $x = 0$ und $y = 0$ sein muss. Ebenfalls wird in der Korrektur nicht angesprochen, dass ohne Formulierung einer entsprechenden Behauptung nicht klar ist, was „kein ‚c‘ vorhanden (bzw. keine dritte Variable)" bedeutet bzw. in welchem Zusammenhang hier eine dritte Variable verwendet werden soll. Die Darstellungsfehler beschränken sich nicht nur auf die Studierendenlösung. Auch in der Korrektur ist die mathematische Darstellung nicht korrekt („weil x^2 ist immer in $\mathbb{R} > 0$"). Inhaltliche Fehler, auf die man durch entsprechende Interpretation des Textes schließen kann, wurden in der Korrektur zumindest angesprochen.

Diese Studierendenbearbeitung ist aufgrund dieser zahlreichen Mängel schwer zu korrigieren, natürlich kann ein Tutor nicht auf alle oben aufgeführten Aspekte im Detail eingehen. Es wird jedoch deutlich, dass der Tutor nicht erkannt hat, dass das Problem des Studierenden bereits in der Ansatzfindung liegt. Ein Hinweis auf dieser Ebene (z. B. von der Art „Mach dir klar, was du für jede Eigenschaft zeigen möchtest und formuliere die Behauptung. Du kannst dazu das Beispiel aus dem Skript zur Hilfe nehmen.") könnte dem Studierenden eher weiterhelfen als die Kommentare des Tutors, welche auf Ebene der Beweisdurchführung liegen.

Zudem wäre es natürlich wichtig, dass der Tutor die falsche Nutzung der Operatoren korrigiert. Die richtige Verwendung des mathematischen Formalismus ist in zweierlei Hinsicht wichtig: zum einen soll er dem Studierenden beim Verstehen des eigentlichen Inhalts helfen, zum anderen werden die Studierenden später als Mathematiklehrende arbeiten und sollen ihren Schülern eine korrekte mathematische Symbolsprache vermitteln können.

Neben der oben aufgeführten Beobachtung, in welcher die Rückmeldung auf falscher Ebene erfolgt, waren auch häufig Korrekturen zu finden, bei denen sich das Feedback lediglich auf die Richtigkeit der Bearbeitung bezog. Die Korrektur gab den Studierenden damit keinen konkreten Anhaltspunkt, wie eine Weiterentwicklung der Bearbeitung der Aufgabe möglich wäre. Deutlich wird dies am Beispiel einer Korrektur einer Studierendenlösung (vgl. Abb. 25.2).

> **Aufgabe**
> A sei eine Menge mit 10 Elementen. Auf $\mathcal{P}(A) := \{X \,|\, X \subseteq A\}$, d. h. der Menge aller Teilmengen von A, sei die Relation R definiert durch $BRC \Leftrightarrow B \cap C \neq \emptyset$. Überprüfen Sie R auf Reflexivität.

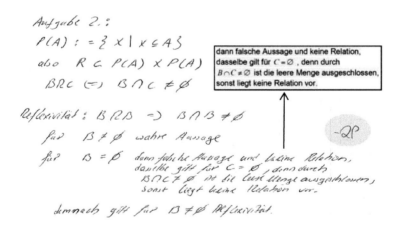

Abb. 25.2 Korrektur des Tutors beschränkt sich auf Punktabzug (Teile der Studierendenlösung zur besseren Lesbarkeit wiederholt)

Bis auf den Punktabzug, der einem vollständigen Punktabzug für diesen Aufgabeteil entspricht und damit eine komplett falsche Lösung impliziert, hat der Tutor nichts vermerkt. In der Lösung des Studierenden sind aber durchaus richtige Elemente enthalten. Es wird insbesondere nicht ersichtlich, wofür die beiden Punkte abgezogen wurden und wie eine korrekte Lösung aussehen könnte.

In der Studierendenlösung sind bereits die wesentlichen Elemente des Nachweises, dass die Relation nicht reflexiv ist, enthalten. Es wird aber dann ein entscheidendes Fehlverständnis des Studierenden ersichtlich. Er scheint davon auszugehen, dass die Eigenschaft der Reflexivität einer Relation auf einer Teilmenge der Grundmenge definiert werden kann. In der letzten Zeile der Bearbeitung stellt der Studierende im Wesentlichen fest, dass die Relation „auf $\mathcal{P}(A)\setminus\{\emptyset\}$ reflexiv" ist. Zum Nachweis der Reflexivität wäre allerdings die Gültigkeit der angegebenen Eigenschaft *für alle* $B \in \mathcal{P}(A)$ (inkl. der leeren Menge) nachzuweisen gewesen. Hier hätte eine Korrektur ansetzen können und insbesondere die Brücke zur in der Studierendenbearbeitung fehlenden Formulierung „*für alle* $B \in \mathcal{P}(A)$" (o. Ä.) und zum vorhandenen korrekten Teil der Argumentation schlagen können (etwa durch Kenntlichmachen der entsprechenden Stelle und durch den Hinweis, dass zum Nachweis der Reflexivität die Beziehung *für alle* Elemente der Grundmenge $\mathcal{P}(A)$ gelten muss (ggf. legitimiert durch entsprechenden Verweis auf die Definition im Vorlesungsskript), was durch Betrachten des Falls $B = \emptyset$ in der Bearbeitung ja bereits i. W. korrekt widerlegt wurde). Weiterhin wäre die im abgesetzten Teil bei „für $B = \emptyset$" zweimal auftretende Schreibweise, dass es sich im Fall von nicht in Relation stehenden leeren Mengen um „keine Relation" handelt, zu korrigieren gewesen, da eine Relation als definierte Teilmenge von $\mathcal{P}(A) \times \mathcal{P}(A)$ natürlich vorliegt (es steht lediglich kein Element der Grundmenge in dieser Relation zur leeren Menge und umgekehrt). In diesem Zusammenhang hätte auch der Teil „dasselbe gilt für $C = \emptyset$" entsprechend kenntlich gemacht werden sollen, da der Bezug zum Nachweis der Reflexivität nicht ersichtlich ist (eine Menge „C" ist in diesem Fall nicht erklärt).

Formale Mängel in der Bearbeitung werden vom Tutor auch hier nicht moniert (z. B. in den ersten beiden Zeilen beginnend mit „Reflexivität", etwa dass nicht ersichtlich ist, dass „BRB" zu begründen ist und nicht die Voraussetzung der Argumentation bildet.).

Aufbauend auf solchen Erfahrungen und den im nächsten Abschnitt dargestellten Konzepten ist das LIMA-Konzept zur Verbesserung der Korrektur entstanden.

25.5 Maßnahmen zur Unterstützung der Tutoren

Der zentrale Punkt war, die Korrekturen von einer Bewertungskultur zu einer „Feedback-Kultur" weiterzuentwickeln. Die Korrekturen sollten ein ausführliches und nachvollziehbares Feedback enthalten, welches die Studierenden zur Reflexion ihrer Lösung anregen kann und eine individuelle Rückmeldung zum Leistungsstand und spezifischen Verständnisschwierigkeiten gibt. Ein solches Feedback zu geben ist zeitlich aufwändig und man muss die Tutoren besser ausbilden, so dass sie die mathematischen Inhalte der Veranstaltung auch auf einer Metaebene reflektieren können. Ohne Unterstützung durch differenzierte Korrektur- und Feedbackhinweise und Diskussion in den Tutorenbesprechungen können die Tutoren dies jedoch selber i. d. R. nicht leisten. Daher wurden im Rahmen des Projekts einige Unterstützungsmaßnahmen entwickelt, die im Folgenden vorgestellt und diskutiert werden.

Wir haben vier Maßnahmen eingeführt, die wir im Folgenden beispielhaft und praxisnah erläutern: Korrekturworkshop, Entwicklung von optimierten Korrekturhinweisen für alle Aufgaben, exemplarische Nachkorrektur als individuelles Feedback für die Korrekturtätigkeit der Tutoren und Einrichten eines „Korrekturforums".

25.6 Workshop zur Korrektur vor Beginn der Lehrveranstaltung

Der Korrekturworkshop wurde im Rahmen des im LIMA-Projekt entwickelten Tutorenschulungsprogramms konzipiert (vgl. dazu Biehler et al. 2012b). Wird der unten beschriebene Ablauf befolgt, dauert dieser Workshop etwa einen halben Tag (s. Tab. 25.1).

Folgende Rahmenbedingungen sollten u. E. für die Durchführung des Workshops vorliegen:

- Der Korrekturworkshop findet vor der ersten Korrektur statt, um eine gemeinsame Grundlage zu schaffen und eine möglichst einheitliche Korrektur zu gewährleisten.
- Die Teilnehmerzahl liegt zwischen 6 und 15 Personen. Diese Gruppengröße ermöglicht jedem Teilnehmer, seine Ideen und Vorstellungen einzubringen.
- Der Dozent der Veranstaltung legt dem Schulungsleiter vorab deutlich dar, welche Anforderungen er an die Korrektur stellt. Diese Anforderungen müssen mit den erarbeiteten Kriterien abgeglichen bzw. in diese integriert werden.
- Es liegen Studierendenbearbeitungen zu Aufgaben aus der Veranstaltung vor (z. B. Bearbeitungen alter Übungszettel oder Klausuren).

Tab. 25.1 Ablauf des Korrekturworkshops

Zeit	Thema	Methoden
9.00–9.10	Einstieg: Zweck von Hausaufgaben	
9.10–10.00	Besprechung und Nachkorrektur der zu Hause korrigierten Studierendenlösungen	Gruppenarbeit
10.00–11.00	„Musterkorrektur" einer Studierendenlösung	Gruppenarbeit, Vortrag, Lehrgespräch
11.00–11.30	Grundregeln zur Korrektur von Hausaufgaben	Lehrgespräch
11.30–12.15	Korrektur anhand der Grundregeln	Einzelarbeit
12.15–12.45	Musterkorrektur anhand der Grundregeln	Lehrgespräch
12.45–13.00	Puffer	

Eine gute Einleitung in die Thematik bietet ein kurzes Lehrgespräch über den Nutzen und die Relevanz der Übungsaufgaben für die Studierenden. Den Tutoren soll dadurch bewusst werden, warum von ihnen eine gute Leistung in diesem Tätigkeitsfeld gefordert wird. Zusätzlich bietet dieses Gespräch auch eine Gelegenheit für die Tutoren, eigene Erfahrungen in diesem Bereich mit der Gruppe zu teilen.

Als Vorbereitung auf den Workshop bekommen die Teilnehmer den Auftrag, echte Studierendenlösungen zu korrigieren. Im Workshop wird dann ein Feedback zur Qualität der Korrekturen gegeben. Bei der Korrektur steht ihnen nur ein Bewertungsleitfaden des Dozenten zur Verfügung, welcher in der Form vorliegt, wie sie ihn auch im Semester erhalten. Die Teilnehmer haben bei der Korrektur zu Hause keinen Zeitdruck und können beliebige Hilfsmittel zu Rate ziehen. Um den Transfer der Schulungsinhalte auf den Betrieb im Semester zu erleichtern, müssen die Aufgaben und die Lösungsvorschläge so gestaltet sein, wie sie auch im Semester verwendet werden könnten. Auch bei den Studierendenbearbeitungen sind reale Bearbeitungen authentischer und werden von den Workshopteilnehmern erfahrungsgemäß besser aufgenommen als selbst konstruierte Lösungen. Die Aufgaben sollten komplex genug sein, um eine große Bandbreite unterschiedlicher Lösungswege zu ermöglichen. Die Studierendenlösungen sollten ebenfalls unterschiedliche Herangehensweisen und Fehler aufweisen, um ausreichend Diskussionsmaterial im Workshop zu haben. Diese Ausgliederung der ersten Korrektur aus dem eigentlichen Workshop bringt neben dem Realitätsbezug zudem eine wichtige Zeitersparnis.

Die zu Hause korrigierten Aufgaben werden dann im Workshop diskutiert. Da die Tutoren an dieser Stelle offen mit eigenen Fehlern umgehen müssen, ist es wichtig, einen geschützten Rahmen zu schaffen. Die Arbeit in Kleingruppen bietet sich diesbezüglich an. An dieser Stelle können die Teilnehmer ihre verschiedenen Korrekturansätze diskutieren und gegebenenfalls voneinander lernen. Auf diese Art und Weise erhalten sie einen Einblick in verschiedene Korrekturen derselben Aufgabe, die sich i. d. R. sowohl in ihrer Quantität als auch in ihrer Qualität unterscheiden. Da die Feststellung der Unterschiede allein nicht ausreicht, enthält diese Arbeitsphase auch eine Sicherung der Gruppenergebnisse. Dazu fertigen die Gruppenmitglieder eine „Musterkorrektur" einer Studierendenlösung an, die sie am Ende vorstellen und mit den anderen Gruppen und den Schulungsleitern diskutieren. Somit einigt sich jede Gruppe schon implizit auf Regeln zur Korrektur, gleichzeitig findet ein Austausch über die unterschiedlichen Gruppenergebnisse statt und das Einbeziehen der Schulungsleiter stellt sicher, dass die Korrektur den gewünschten Normen entspricht.

Anknüpfend an die Vorstellung und Sicherung der Gruppenergebnisse bietet es sich an, in einem Lehrgespräch mit allen Tutoren Grundregeln für die Korrektur zu erstellen und diese für die weitere Arbeit im Semester festzuhalten. Entscheidend ist dabei, dass die Regeln gemeinsam entwickelt werden und von allen Teilnehmern Zustimmung erhalten. Bei Uneinigkeit sollten die Vor- und Nachteile bestimmter Regeln eingehend diskutiert werden. Natürlich sollten auch die Vorgaben des Dozenten an dieser Stelle Beachtung finden, aber auch hier sollten den Teilnehmern Hintergründe dargelegt werden und eine Zustimmung angestrebt werden.

Diese Grundregeln zur Korrektur betreffen einerseits das eigene Vorgehen beim Korrigieren, etwa aufgabenweise vorzugehen, sich vorab einen Überblick über die Bearbeitungen zu verschaffen, sich nicht beeinflussen zu lassen, zwischen den Aufgaben die Stapel der zu korrigierenden Studierendenlösungen zu mischen, etc. Andererseits beziehen sich die Regeln auf das Feedback selbst: So sollte freundlich und ausführlich kommentiert werden, Feedback sollte beschreibend und spezifisch statt wertend sein, eine Balance zwischen positivem und kritischem Feedback sollte eingehalten werden. Die Korrektur sollte natürlich fachlich korrekt sein, Lösungsansätze geben oder gezielt Probleme ansprechen. Ebenso sollte eine formal korrekte und nachvollziehbare Darstellung und eine saubere Argumentation eingefordert werden. Weitere Regeln betreffen die Punktevergabebe: Diese sollte transparent sein, alternative Lösungswege anerkennen, einheitlich sein und sich an das vorgegebene Bewertungsschema halten. Auftretende Grenzfälle sollten nach Abschluss der Korrekturen nochmals überprüft und im Zweifel mit den Dozenten besprochen werden. Daneben sollten häufige Fehler und Schwierigkeiten sowie Missverständnisse dokumentiert und an die Tutorengruppe und den Dozenten zurückgemeldet werden. Voraussetzung für das Einhalten der Korrekturregeln ist, dass den Tutoren fachdidaktisch aufgearbeitete Materialien zu den jeweiligen Aufgaben zur Verfügung gestellt werden, die inhaltsbezogen die Korrektur unterstützen.

Zusätzlich zu allgemeinen Grundregeln zum Geben von Feedback oder zum Vorgehen bei der Korrektur, sollte im Workshop durch die Leiter eine einheitliche Korrektursymbolik vorgegeben werden. Für die Studierenden ist es wichtig, dass die Rückmeldungen zu ihren Bearbeitungen einheitlich sind und sie die Anmerkungen der Tutoren auch Wochen später nachvollziehen können. Korrektursymbole, wie das Unterstreichen oder „Unterschlängeln" von Problemstellen, werden erfahrungsgemäß jedoch oft gar nicht oder sehr uneinheitlich verwendet.

Zu diesem Zeitpunkt des Workshops haben die Teilnehmer viele neue Inhalte erfahren und teilweise langfristig eingespielten Routinen bei der Korrektur sollen nun von ihnen geändert werden. Eine Verinnerlichung der Regeln und der Symbolik kann in dieser kurzen Zeit i. d. R. nicht erreicht werden und sollte im Laufe des Semesters – idealerweise durch eine semesterbegleitende Betreuung – geschehen. Trotz dessen ist es wichtig, dass die neuen Regeln und Prinzipien auch hier schon geübt werden. Daher erhalten die Teilnehmer an dieser Stelle eine neue Aufgabe mit Lösungsvorschlag, Bewertungsschema und Studierendenbearbeitung, welche unter Berücksichtigung der vorher diskutieren Regeln und Prinzipien in Einzelarbeit korrigiert werden soll. Im Anschluss an die Korrekturphase können die Ergebnisse durch eine Plenumsdiskussion gesichert werden. Dabei sollte sich der Schulungsleiter zunächst im Hintergrund halten.

Diese Übungsphase bildet den Abschluss des Korrekturworkshops. Wichtig ist jedoch, dass die Tutoren auch im Semester Unterstützung erhalten, um die Inhalte verinnerlichen zu können und um Hinweise zur Korrektur von „schwierigen" Studierendenbearbeitungen zu erhalten. Gegenstandsabhängige Sonderfälle, die nicht im Workshop angesprochen wurden und auf welche die Tutoren oft keine Rückmeldung wissen, treten erfahrungsgemäß erst im Semester auf. Ein Ansprechpartner für inhaltliche Fragen und eine regelmäßige Erinnerung an die Regeln und Prinzipien lassen das Feedback in den Korrekturen meist innerhalb weniger Wochen gezielter und genauer werden, was durch Nachkorrekturen belegt werden konnte, die während des Semesters in den untersuchten Experimentalkohorten stichprobenartig durch einen wissenschaftlichen Mitarbeiter durchgeführt wurden.

25.6.1 Korrekturhinweise für Übungsaufgaben während des Semesters

Die Übungsaufgaben der Lehrveranstaltung wurden größtenteils bereits im Durchgang im Jahr zuvor, der als Kontrollbedingung im Projekt untersucht wurde, eingesetzt. Durch Analyse der eingescannten Studierendenbearbeitungen der ersten Kohorte konnten Erkenntnisse zu typischen Schwierigkeiten oder alternativen Lösungswegen zu den unterschiedlichen Aufgaben erlangt werden. Dieses Wissen wurde aufbereitet und u. a. in Korrekturhinweisen an die Tutoren der zweiten Kohorte weitergegeben. In der Kohorte Kassel wurden diese dann in Gestalt angereicherter Bewertungsschemata, die auch auf Lernziele der Aufgaben eingingen, an die Tutoren gegeben. In Kassel zusätzlich in den Tutorenbesprechungen kommunizierte mündliche Hinweise zu Korrekturen erfolgten in der Paderborner Kohorte schriftlich und ergänzten dort die ebenfalls ausgearbeiteten Bewertungsschemata und Lernzielfestlegungen. Im Folgenden wird ein Beispiel für diesen Prozess beschrieben:

Aufgabe
Gegeben seien zwei voneinander verschiedene n-stellige natürliche Zahlen a_1 und a_2, wobei die beiden Zahlen aus denselben n von Null verschiedenen Ziffern bestehen. Zeigen Sie, dass die Differenz $a_1 - a_2$ stets durch 9 teilbar ist (Die Teilbarkeit wurde in $\mathbb{Z}$ eingeführt).

Lösungsvorschlag
Die Darstellung von a_1 und a_2 mit Neunerrest liefert $a_1 = q_1 \cdot 9 + r_1$ und $a_2 = q_2 \cdot 9 + r_2$, mit $q_1, r_1, q_2, r_2 \in \mathbb{N}_0$ und $0 \leq r_1, r_2 \leq 9$. Da die Quersummen der beiden Zahlen aufgrund gleicher Ziffern identisch sind, ergibt sich aus der Quersummenregel $r_1 = r_2$. Für die Differenz gilt somit $a_1 - a_2 = (q_1 - q_2) \cdot 9$, womit die Behauptung gezeigt ist.

Neben dem Lösungsvorschlag wurde den Tutoren der ersten Kohorte ein Bewertungsschema zur Verfügung gestellt, dass die Punktevergabe vereinheitlichen sollte.

In den Studierendenbearbeitungen der ersten Kohorte wurden häufige Schwierigkeiten identifiziert: Trotz des Bezugs zur Division mit Rest, die zeitlich naheliegend in der Vorlesung thematisiert wurde, ebenso wie die Teilbarkeitsregeln, traten sehr häufig Probleme mit der Ansatzfindung auf. Konnte diese Hürde genommen werden, so traten vermehrt Probleme bei der formalen Darstellung der Zahlen mit Neunerrest auf. So wurden z. B. Variablennamen doppelt vergeben (Dies wäre zumindest in Bezug auf die Reste r_1 und r_2 grundsätzlich möglich, wenn dies bei der Bezeichnungseinführung begründet würde. So wäre Folgendes beispielsweise korrekt: Gegeben seien die beiden natürlichen Zahlen a_1 und a_2. Aus der Gleichheit der Quersummen ergibt sich, dass die sich bei Division beider Zahlen durch 9 ergebenden Reste gleich sind. Für die Darstellung mit Neunerrest erhält man deshalb $a_1 = q_1 \cdot 9 + r$ und $a_2 = q_2 \cdot 9 + r$, mit $q_1, q_2, r \in \mathbb{N}_0$ und $0 \leq r \leq 9$ usw.) oder die eingeführten Variablen wurden nicht adäquat spezifiziert (Zahlbereiche, Reste größer als 9). Auch die Feststellung und Begründung der Gleichheit der Reste konnte in vielen Fällen nicht oder nur unzureichend geleistet werden. Ein sehr häufig verwendeter Ansatz zur Lösung der Aufgabe verwendete zudem Argumentationen im Dezimalsystem (Stellenwertsysteme waren etwa zeitgleich auch Thema der Vorlesung), was möglich, aber notationstechnisch aufwändig ist. So können unter den gegebenen Voraussetzungen die beiden Zahlen mit den Dezimalziffern $z_1, \ldots, z_n$ etwa durch

$$a_1 = z_1 \cdot 10^{k_1} + \cdots + z_n \cdot 10^{k_n}, a_2 = z_1 \cdot 10^{l_1} + \cdots + z_n \cdot 10^{l_n}, k_i, l_i \in \{0, \ldots, n-1\},$$

dargestellt werden. Für die Differenz erhält man so

$$a_1 - a_2 = z_1 \cdot \left(10^{k_1} - 10^{l_1}\right) + \cdots + z_n \cdot \left(10^{k_n} - 10^{l_n}\right).$$

Hier wäre nun der Nachweis erforderlich, dass die Differenz von Zehnerpotenzen immer durch 9 teilbar ist. Das stellte sich als große Hürde für Studierende heraus, da das Einführen „produktiver Nullen", etwa durch

$$10^k - 10^l = (10^k - 1) + 1 - \left((10^l - 1) + 1\right) = (10^k - 1) - (10^l - 1),$$

nicht zum verfügbaren Repertoire der Studierenden gehört. Dass Ausdrücke der Gestalt $10^k - 1$ durch 9 teilbar sind, war einerseits aus der Vorlesung bekannt, ergibt sich aber auch unmittelbar mittels der Quersummenregel oder noch einfacher dadurch, dass man sich überlegt, dass außer im Fall $k = 0$ die Zifferndarstellung ausschließlich aus 9ern besteht. Daneben konnten beim studentischen Verfolgen dieses Ansatzes eine Reihe weiterer typischer Schwierigkeiten identifiziert werden, etwa fehlende oder unvollständige Begründungen für Zwischenschritte. Als ebenfalls schwierig erwies sich bereits die formal korrekte Darstellung der gegebenen Zahlen, deren Ziffern ja nach Voraussetzung gleich sein sollten. Die Argumentation hätte im Rahmen der Lehrveranstaltung auch zunächst an exemplarischen Stellenwerttafeln für drei- oder vierstellige Zahlen durchgeführt werden können, was auch von einigen Studierenden gemacht wurde. Teilweise fehlten dann aber Begründungen für die Verallgemeinerbarkeit der Begründungen auf beliebige Zahlen mit gleichvielen Stellen. Insbesondere fehlte in der Regel der Begründungsschritt von der konkret betrachteten Stellenanzahl auf n-stellige Zahlen. Im Hinblick auf die Tuto-

ren erwies sich die adäquate Anerkennung solcher alternativer Zugänge zur Lösung als
sehr schwierig. Teilweise wurden alternative Lösungen von vornherein als falsch oder
„nicht zielführend" markiert. Darüber hinaus war die Bewertung uneinheitlich, auch richtige Ansätze oder korrekte Stellen in den Lösungen wurden teils nicht erkannt oder nicht
honoriert. Das Feedback bezog sich zu stark auf die Musterlösung und war nicht an die
jeweiligen studentischen Lösungswege angepasst.

Als Konsequenz wurden die in Kohorte 1 auftretenden alternativen Lösungsansätze
in der Experimentalgruppe in die Lösungsvorschläge aufgenommen und das Bewertungsschema entsprechend erweitert. Vor- und Nachteile der Lösungswege und häufig
auftretenden Schwierigkeiten der ersten Kohorte wurden analysiert und in der Tutorenbesprechung, die der entsprechenden Übungsserie in der zweiten Kohorte vorausging,
thematisiert. Dabei wurden zu den verschiedenen Schwierigkeiten der Lösungswege gestufte Korrekturhinweise bereitgestellt, etwa Vorschläge für hilfreiches Feedback, das
Studierenden die Identifikation des eigentlichen Problems erleichtern sollte oder Tipps
zur Ansatzfindung, zur Überbrückung formaler Schwierigkeiten, hilfreiche Tricks (etwa
Einführung einer produktiven Null in Bezug auf die Zehnerpotenzdifferenzen) oder passende Verweise auf entsprechende Regeln der Vorlesung, die den jeweiligen Qualitäten
der Studierendenlösungen angepasst waren und somit den Studierenden Möglichkeiten
zur Weiterarbeit bieten sollten. Die zahlreichen und teilweise mathematisch anspruchs-
volleren Ergebnisse der Tutorenbesprechungen wurden nur mündlich gegeben. Für einige
der Kasseler Tutoren, insbesondere für die mit eigenen fachlichen Defiziten, stellte sich
das nicht als ausreichend heraus. Dadurch wurden die erarbeiteten Korrekturvorschläge
teilweise nicht genau erinnert und deshalb nur mangelhaft umgesetzt. Deshalb wurden
diese im zeitlich um ein Semester versetzten Durchgang in Paderborn als sogenannte
„Korrekturhinweise" in schriftlicher Form an die Tutoren ausgehändigt.

Für das Erarbeiten von Korrekturhinweisen ist es hilfreich, Vorwissen zu den gestellten Aufgaben zu haben und idealerweise auch über Studierendenbearbeitungen und ggf.
Korrekturen zu diesen Aufgaben zu verfügen, um auf typische Fehler in den Bearbeitungen und den Korrekturen exemplarisch hinweisen zu können. Die Analyse von derartigem
Material sowie das Erarbeiten von Hinweisen ist zeitaufwändig, muss aber nur einmal
durchgeführt werden.

25.6.2   Kontinuierliche exemplarische Nachkorrektur als individuelles
Feedback für die Korrekturtätigkeit der Tutoren

Um die Qualität des Feedbacks zu überprüfen und den Tutoren individuelles Feedback
zu ihren Korrekturen zu geben, wurden die korrigierten Übungsblätter jede Woche stichprobenartig eingescannt und von einem wissenschaftlichen Mitarbeiter „nachkorrigiert".
Die Nachkorrekturen wurden im vertraulichen Rahmen mit dem betreffenden Tutor besprochen. Im zweiten Durchgang der Nachkorrekturen im Rahmen des LIMA-Projekts
in Paderborn wurden die Nachkorrekturen intensiviert. So erhielt jeder Tutor jede Wo-

che zwei nachkorrigierte Übungszettel und zusätzlich eine E-Mail mit einer individuellen Rückmeldung über seine Korrektur.

25.6.3 Korrekturforum

Auf der Online-Plattform Moodle wurde ein Online-Korrekturforum für die Lehrenden und studentischen Tutoren der Veranstaltung eingerichtet. Dieses sollte dazu dienen, schwer verständliche oder stark von dem Lösungsvorschlag abweichende Studierendenbearbeitungen auch außerhalb der wöchentlichen Treffen diskutieren zu können.

Das Korrekturforum konnte sich jedoch nicht wie die anderen Maßnahmen bewähren, da es nur von wenigen Tutoren aktiv genutzt wurde, daher wurde es nur in Kassel, jedoch nicht im darauffolgenden Semester in Paderborn eingesetzt. Das Problem dabei war hauptsächlich, dass die Diskussion über Studierendenbearbeitungen sich über die Plattform als schwierig erwies. Es gab keine Formelsyntax, den die Tutoren im Forum nutzen konnten. Daher mussten sie alternativ die Bearbeitungen einscannen oder fotografieren, um sich darüber austauschen zu können. Dies war jedoch so zeitaufwändig, dass die Tutoren nach einiger Zeit dazu übergingen, interessante Fälle in persönlichen Treffen untereinander oder mit dem Mitarbeiter zu besprechen. Dann jedoch konnten die Ergebnisse der Gespräche gut über das Forum an die anderen Tutoren kommuniziert und ggf. vom Mitarbeiter kommentiert werden.

25.7 Fazit und Ausblick

Die Korrektur von Studierendenbearbeitungen durch studentische Tutoren ist ein komplexes Thema, das unbedingt mehr Beachtung finden sollte. Die im Projekt entwickelten und angewandten Grundregeln und Maßnahmen bieten einen ersten Ansatz zur Unterstützung der Tutoren und wurden in den letzten Jahren schon in dieser oder ähnlicher Form in verschiedenen Veranstaltungen eingesetzt.

Dabei haben wir mit den vorgestellten Maßnahmen zur Korrekturverbesserung folgende Erfahrungen gemacht: Die Grundregeln der Korrektur müssen erst eingeübt und gezielt eingefordert werden (ein Korrekturworkshop und eine Nachkorrektur in den ersten Wochen ist somit notwendig). Die Qualität des Feedbacks und die Lesegenauigkeit der Korrektoren nehmen im Laufe des Semesters deutlich zu. Nach einer Anlaufzeit von einigen Wochen hätten die Tutoren hinsichtlich ihres Korrekturstils und der Einhaltung der allgemeinen Korrekturkriterien nicht weiter betreut werden müssen. Hohe fachliche Kompetenz des Tutors bleibt weiterhin eine notwendige Voraussetzung für gute Korrekturen. Das verbesserte Feedback kommt auch bei den Studierenden an: In einer Nacherhebung zum Umgang mit korrigierten Übungsblättern schätzten mehr als 90 % der Studierenden die Kommentare (der Korrekteure) als hilfreich, freundlich und fachlich kompetent ein (Sonntag et al. 2012). Mit zunehmender Erfahrung verringerte sich der anfängliche große zusätzliche Zeitaufwand. Auch lassen sich die Maßnahmen im universitären Alltag umsetzten: nach einmaliger Konzeption lassen sich sowohl die Materialien für den Korrekturworkshop als auch die Korrekturhinweise gut wiederverwenden. Die Nachkorrektur, die vergleichsweise aufwendig ist, könnte von einem erfahrenen und fachlich sehr guten Tutor durchgeführt werden oder alternativ durch kollegiales Korrigieren (exemplarische Nachkorrektur durch einen zweiten Tutor) ersetzt werden.

Die Erfahrungen aus dem LIMA-Projekt zur Verbesserung der Korrekturen werden in Tutorenschulungen im Rahmen des Kompetenzzentrums Hochschuldidaktik Mathematik (www.khdm.de) genutzt und weiterentwickelt.

Literatur

Bell, J. (2003). Supporting Postgraduates Who Teach Mathematics and Statistics – Assessing Student Work and Providing Feedback. http://www.ukcle.ac.uk/resources/assessment-and-feedback/bell/. Zugegriffen: 5. September 2013

Biehler, R., Hochmuth, R., Klemm, J., Schreiber, S., & Hänze, M. (2012a). Fachbezogene Qualifizierung von MathematiktutorInnen – Konzeption und erste Erfahrungen im LIMA-Projekt. In M. Zimmermann, C. Bescherer, & C. Spannagel (Hrsg.), *Mathematik lehren in der Hochschule – Didaktische Innovationen für Vorkurse, Übungen und Vorlesungen* (S. 45–56). Hildesheim: Franzbecker.

Biehler, R., Hochmuth, R., Klemm, J., Schreiber, S., & Hänze, M. (2012b). Tutorenschulung als Teil der Lehrinnovation in der Studieneingangsphase „Mathematik im Lehramtsstudium" (LIMA-Projekt). In M. Zimmermann, C. Bescherer, & C. Spannagel (Hrsg.), *Mathematik lehren in der Hochschule – Didaktische Innovationen für Vorkurse, Übungen und Vorlesungen* (S. 33–44). Hildesheim: Franzbecker.

Biehler, R., Hänze, M., Hochmuth, R., Becher, S., Fischer, E., & Püschl, J. et al. (2013). *Lehrinnovation in der Studieneingangsphase „Mathematik im Lehramtsstudium" – Hochschuldidaktische Grundlagen, Implementierung und Evaluation – Gesamtabschlussbericht des BMBF-Projekts LIMA.* Hannover: TIB.

Bohl, T. (2009). *Prüfen und Bewerten im Offenen Unterricht* (4. Aufl.). Weinheim: Beltz.

Fengler, J. (2004). *Feedback geben: Strategien und Übungen* (3. Aufl.). Weinheim: Beltz.

Gibbs, G., & Simpson, C. (2004). Conditions Under Which Assessment Supports Students' Learning. *Learning and Teaching in Higher Education, 1*, 3–31.

Hänze, M., Fischer, E., Schreiber, S., Biehler, R., & Hochmuth, R. (2013). Innovationen in der Hochschullehre: empirische Überprüfung eines Studienprogramms zur Verbesserung von vorlesungsbegleitenden Übungsgruppen in der Mathematik. *Zeitschrift für Hochschulentwicklung, 8*(4), 89–103.

Hattie, J. (2009). *Visible learning: A synthesis of over 800 meta-analyses relating to achievement.* London: Routledge.

Hattie, J., & Timperley, H. (2007). The Power of Feedback. *Review of Educational Research, 77*(1), 81–112.

Helmke, A. (2012). *Unterrichtsqualität und Lehrerprofessionalität. Diagnose, Evaluation und Verbesserung des Unterrichts* (4. Aufl.). Seelze: Klett-Kallmeyer.

Mason, J. H. (2002). *Mathematics Teaching Practice: Guide for University and College Lecturers.* Cambridge: Woodhead Publishing.

Sonntag, J., Biehler, R., Hänze, M., & Hochmuth, R. (2012). Semesterbegleitende Unterstützung von Tutoren zum feedbackorientierten Korrigieren von Übungsaufgaben in einer Erstsemestervorlesung. In M. Ludwig, & M. Kleine (Hrsg.), *Beiträge zum Mathematikunterricht 2012* (Bd. 2, S. 817–820). Münster: WTM-Verlag.

Weinert, F. E. (1999). Aus Fehlern lernen und Fehler vermeiden lernen. In W. Althof (Hrsg.), *Fehlerwelten. Vom Fehlermachen und Lernen aus Fehlern* (S. 101–110). Opladen: Leske + Budrich.

Die Mumie im Einsatz: Tutorien lernerzentriert gestalten

26

Katherine Roegner, Michael Heimann und Ruedi Seiler

Zusammenfassung

Die Mumie (multimediale mathematische Ausbildung für Ingenieure) ist eine Open-Source Lern- und Lehrplattform, welche eine Vielfalt an Gestaltungsmöglichkeiten für Kurse in MINT-Fächern anbietet. Seit dem Wintersemester 06/07 wird diese unter anderem im Pflichtkurs „Lineare Algebra für Ingenieure" an der Technischen Universität Berlin mit rund 3800 Teilnehmern pro Jahr in Verbindung mit dem eigens dafür entwickelten Blended-Learning-Verfahren TuMult (Tutorien Multimedial) eingesetzt. Das grundlegende Ziel dieses Verfahrens ist es, nicht nur die Studierenden beim Erlernen der Mathematik, sondern auch beim Übergang von der Schule zur Hochschule zu unterstützen, da dieser Kurs in der Regel von Studierenden im ersten Semester belegt wird. Im TuMult-Modell wird der Fokus im Tutorium auf die eigentlichen Probleme der Studierenden gelegt, um die Effizienz der Tutorien zu erhöhen und gleichzeitig das selbstständige Lernen sowohl innerhalb als auch außerhalb der Tutorien zu fördern und zu unterstützen. Der für viele Studierende besonders im Selbststudium schwierige und zeitaufwändige Zugang zu den mathematischen Konzepten wird zum Schwerpunkt im Tutorium, während Rechenübungen (Anwendung von Algorithmen usw.), bei denen die Betreuung durch einen Tutor i. A. weniger erforderlich ist, mit ver-

Katherine Roegner ✉
Hochschule Ostwestfalen-Lippe, Höxter, Deutschland
e-mail: katherine.roegner@hs-owl.de

Michael Heimann
Technische Universität Berlin, Institut für Mathematik, Berlin, Deutschland
e-mail: heimann@math.tu-berlin.de

Ruedi Seiler
integral-learning GmbH, Berlin, Deutschland
e-mail: ruedi.seiler@integral-learning.de

© Springer Fachmedien Wiesbaden 2016
A. Hoppenbrock et al. (Hrsg.), *Lehren und Lernen von Mathematik in der Studieneingangsphase*, Konzepte und Studien zur Hochschuldidaktik und Lehrerbildung Mathematik, DOI 10.1007/978-3-658-10261-6_26

gleichsweise geringem Zeitaufwand in Selbstarbeit mithilfe der interaktiven Mumie-Onlinetrainingsmodule auch außerhalb des Tutoriums erledigt werden können. Das TuMult-Modell sowie die dafür entwickelten Lehr- und Lernmaterialien werden hier dargestellt.

26.1 Einführung

Die traditionell niedrigen Erfolgsquoten (Anteil der zum Kurs angemeldeten Studierenden, die am Semesterende eine Abschlussprüfung bestanden haben) von 34 bzw. 30 % in den Erstsemestermodulen „Lineare Algebra für Ingenieure" (LinA) bzw. „Analysis I für Ingenieure" in den Jahren 2004–2006 an der Technischen Universität (TU) Berlin deuten auf erhebliche Schwierigkeiten der Studierenden beim Übergang von der Schul- zur Hochschulmathematik hin. Um die Probleme der traditionellen Veranstaltungsform sowie die Möglichkeiten, die mit der Mumie als Lernplattform realisiert werden könnten, zu identifizieren, wurden mit unterschiedlichen lernerzentrierten Methoden experimentiert. Dazu gehörten eigenständiges jedoch betreutes Lernen, kooperatives Lernen (Hagelgans et al. 1995) und kooperatives Lernen kombiniert mit Interventionen. Die damit gewonnen Erfahrungen wurden mit denen aus den Tutorien klassischer Art, mit Resultaten aus Befragungen von Lehrenden und Studierenden und mit Resultaten aus der Literatur kombiniert. Im Sinne von „Research-based Design" (Brown 1992; Collins 1992) entstand so das Konzept TuMult und dazu passendes Lehr- und Lernmaterial für Tutoren und Studierende.

Die wesentlichen für die Entwicklung des Modells relevanten Schwierigkeiten der Studierenden in der Mathematikausbildung werden besprochen. Ferner werden die Herausforderungen seitens der Tutoren in Hinblick auf die Änderungen seit der Einführung der Bachelorstudiengänge und der Einsatz der Mumie an der TU Berlin kurz geschildert.

26.1.1 Studentische Fähigkeiten

Fehlende Kenntnisse in der Schulmathematik und Heterogenität
Es wird europaweit bemängelt, dass Studierende mathematische Grundfertigkeiten, besonders aus der Mittelstufe (s. z. B. Berger und Schwenk 2001), nicht beherrschen. In einer Studie (Roegner 2012) mit Studierenden im LinA-Kurs aus dem Wintersemester (WS) 09/10 an der TU Berlin, haben diejenigen, die einen Leistungskurs in der Mathematik absolviert oder an einem Vorbereitungskurs teilgenommen hatten, sich selbst als gut oder sehr gut in der Mathematik einschätzten und Spaß an der Mathematik hatten (19 % der 1333 abgefragten Studierenden), die beste Erfolgsquote von 64 % erzielt. Im Vergleich lag die Erfolgsquote aller anderen Studienteilnehmer bei lediglich 37 %. Diejenigen, die sich als schlecht oder sehr schlecht in der Mathematik eingeschätzt haben, hatten etwas häufiger an dem von der TU Berlin und anderen Universitäten in Deutsch-

land angebotenen Online-Mathematik-Brückenkurs (OMB) (Roegner et al. 2014) oder an dem zum OMB angepassten Präsenzkurs an der TU Berlin im Vergleich zu den restlichen Studierenden (70 bzw. 65 %) teilgenommen. Der Anteil der Studierenden, die einen dieser Vorkurse abgeschlossen hatten, war jedoch im Durchschnitt deutlich geringer (47 bzw. 62 %). Solche freiwilligen Vorkurse scheinen bislang die Probleme, die mit Heterogenität verbunden sind, nicht zu lösen.

Schwierigkeiten beim Lesen der Mathematik
Viele Studierenden haben erhebliche Probleme beim Verstehen von Definitionen. Dogan-Dunlap (2006) führt dies auf mangelnde Kenntnisse in der Mengenlehre sowie in der Logik zurück. Auch an der TU Berlin wurde beobachtet, dass einige der Studierenden bei ihrer Vorbereitung auf eine mündliche Prüfung allzu leicht aufgaben, wenn sie ein Beispiel nicht verstanden haben.

26.1.2   Soziale Aspekte

Anonymität
In einem Hörsaal mit mehreren Hundert Personen entsteht leicht der Eindruck in der Anonymität „unsichtbar" zu sein (Dogan-Dunlap 2006). Auch in den traditionellen Tutorien an der TU Berlin wurde beobachtet, dass einige Studierende versuchten sich „in der Masse" zu verstecken.

Fehlende Anbindung
Die Abgabe von Hausaufgaben in Gruppen von zwei Studierenden kann als Möglichkeit dienen Lernnetzwerke aufzubauen. Allerdings zeigt die Erfahrung im traditionellen System an der TU Berlin, dass schätzungsweise nur 50 % der Studierenden zu Beginn der zweiten Hälfte noch aktiv im Kurs waren. Neubildungen von Hausaufgabengruppen erfolgten in der Regel nicht, sodass Einzelabgaben am Ende des Semesters nicht selten waren.

26.1.3   Studentische Einstellungen

Fehlende Aktivität
Eine der vier Einstellungen von Studierenden zum Mathematikunterricht ist nach Dubinsky (Hagelgans et al. 1995, S. 12), dass Lernen gleich dem Transfer des Wissens des Dozenten in das Gehirn des Studierenden ist. Mit dieser Einstellung liegt die Verantwortung für das Lernen bei der Lehrperson. Werden die Inhalte der Vorlesung nicht sofort verstanden, so wird der Dozent als „schlecht" bezeichnet und die Vorlesung von den Studierenden nicht weiter besucht. Beispielsweise besuchte nicht einmal ein Drittel der angemeldeten Studierenden die LinA-Vorlesung am Ende des Sommersemesters (SS) 05.

Bei Nachfragen, warum die Studierenden aufgehört haben, in die Vorlesung zu gehen, wurde drei Antworten häufig geäußert: „Die Vorlesung ist zu theoretisch", „Ich konnte den Rechenschritten des Dozenten nicht folgen" und „Mein Tutor kann alles viel besser erklären".

Studierende gehen unvorbereitet in Veranstaltungen

Wenn die Studierenden die Vorlesung nicht besucht haben, sehen sie dann in den Tutorien Begriffe aus der Vorlesung zum ersten Mal. Sie sind folglich nicht in der Lage, Aufgaben im Tutorium eigenständig zu bearbeiten. Die Tutoren sind somit „gezwungen", eine Kurzfassung der Vorlesung zu präsentieren und müssen aus zeitlichen Gründen auch die Tutoriumsaufgaben vollständig vorrechnen. Es bleibt kaum Zeit für vertiefende Fragen. Dies ist besonders bedauerlich, weil oftmals Fragen, die einem Großteil der Studierenden besondere Schwierigkeiten machen, erst am Ende des Tutoriums gestellt werden bzw. gestellt werden können. Zum Beispiel verbrachten einige Tutoren im traditionellen System an der TU Berlin die Hälfte der Tutoriumszeit mit Matrixmultiplikation, obwohl die Begriffe lineare Abbildung, Kern und Bild im selben Tutorium zu behandeln waren. Gerade diese Konzepte bereiten den Studierenden Schwierigkeiten. Die Matrixmultiplikation hingegen ist mit einem guten Beispiel und etwas Training leicht eigenständig zu lernen.

Die Studierenden sind zu abhängig von den Lehrpersonen

Die Studierenden nahmen im traditionellen System auch im Tutorium eine eher passive Rolle ein.

Mangelndes Zeitmanagement

Studierende im traditionellen System wurden im Bereich Zeitmanagement wenig unterstützt. Besonders nach der Prüfung wurde einigen klar, dass sie unterschätzt hatten, wie viel Zeit für die Prüfungsvorbereitung eingeplant werden sollte.

Die Prüfungen werden von Studierenden als „unfair" empfunden

Die Schwierigkeitsgrade von Abschlussprüfungen in der LinA vom WS 04/05 bis zum WS 09/10 wurden in einer Studie untersucht (Roegner 2012) und bis auf wenige Ausreißer als vergleichbar bewertet. Eine realistische Einschätzung über die eigene Prüfungsleistung scheint deshalb bei einigen Studierenden zu fehlen.

26.1.4 Der Lernprozess

Die Studierenden bearbeiten nicht genügend Aufgaben selbstständig. Das traditionelle System erlaubte die Abgabe aller Hausaufgaben in zweier oder sogar dreier Gruppen, damit die Korrekturbelastung der Tutoren vertretbar blieb. Nach Aussagen von einzelnen Studierenden hatte jeweils nur eine Person in der Gruppe die Hausaufgaben für die ganze Gruppe gemacht. Außerdem gab es (und gibt es immer noch) Probleme mit Abschreiben.

Die Rückmeldung kommt zu spät

Im traditionellen System warteten die Studierenden bis zu drei Wochen nach der Einführung eines Konzeptes in der Vorlesung auf eine Rückmeldung in Form von korrigierten Hausaufgaben zu ihren Lernfortschritten.

Studierende verlassen sich auf Auswendiglernen und Nachahmung

In einer Studie, die an der TU Berlin durchgeführt wurde, wurden Studierende untersucht, die die schriftliche Prüfung zweimal nicht bestanden hatten (Roegner 2013). Es stellte sich heraus, dass die Studierenden Denkprozesse höherer Ordnung (insbesondere Verständnis und Analyse) zum großen Teil nicht eingesetzt hatten.

Es fehlte an Beispielen

Nach Kirschner et al. (2006) benötigen Studierende eine Vielzahl von Beispielen, aus denen sie ihr Wissen konstruieren können. Die Kursmaterialien im traditionellen System boten nur wenige Beispiele und diese häufig mit unzureichenden Erklärungen.

Es fehlte an Transparenz bzgl. der Erwartungen in der schriftlichen Prüfung

Fragen wie „Wie schreib ich das denn auf?" gab es von verzweifelten Wiederholern, die Punktabzüge in der Prüfung bekommen hatten, ohne zu verstehen weshalb.

26.1.5   Einige Herausforderungen für Tutoren

Die Tutoren in der Veranstaltung sind häufig neue Tutoren. Sie werden von einer Kommission nach ihren Noten in der Mathematik und auf Basis eines 15-minütigen Vortrages ausgewählt. In einem Wintersemester machen manchmal mehr als die Hälfte aller Tutoren im LinA-Kurs ihre ersten didaktischen Erfahrungen überhaupt. Da neue Tutoren in der Regel im 4. Semester sind, fehlt ihnen häufig ein tiefer gehender Einblick in die Mathematik. Darüber hinaus fehlt insbesondere den Tutoren, welche selbst Mathematik studieren, zu Beginn ihrer Tutorentätigkeit meist das Bewusstsein für die Schwierigkeiten von Studierenden der Ingenieurwissenschaften in Mathematikkursen. Zeitmanagementprobleme wurden im traditionellen System auch bei erfahrenen Tutoren festgestellt, denn der zu behandelnde Stoff ist sehr umfangreich.

26.2   Das TuMult-Modell

Das TuMult-Modell, welches für die Veranstaltung „Lineare Algebra für Ingenieure" (LinA) konzipiert wurde, wird seit WS 06/07 im regulären Kurs durchgeführt, um die geschilderten Probleme anzugehen. Das Modell besteht aus einem Lernzyklus, welcher eine wöchentliche Lerneinheit im LinA-Kurs darstellt. Die sechs Teile des Modells spiegeln die verschiedenen Lernphasen wider.

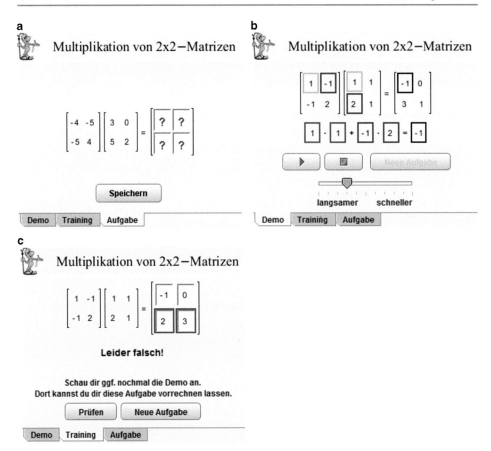

Abb. 26.1 **a** Prelearningaufgabe zur Matrixmultiplikation, **b** zugehörige Demonstration (inkl. Animation), **c** zugehöriges Onlinetraining (mit sofortigem Feedback)

Prelearning

Im ersten Schritt erledigen die Studierenden sogenannten Prelearningaufgaben, die einen Einstieg in der Thematik der Vorlesung bieten. Somit sind die Studierenden für den Lernprozess von vornherein mitverantwortlich. Diese Aufgaben sind relativ leicht zu lösen und wurden überwiegend aus den Hausaufgaben ausgewählt, die Studierende in der experimentellen Phase eigenständig in relativ kurzer Zeit lösen konnten. Die Aufgaben sind personalisiert gestellt: Alle Studierende bekommen zwei Aufgaben (vom WS 06/07 bis WS 09/10) bzw. eine Aufgabe (seit SS 10) wie in Abb. 26.1a vom selben Typ jedoch mit verschiedenen Zahlenwerten, um sie zu motivieren, ihre eigene Aufgabe selbst zu lösen. Der durchschnittliche Studierende sollte nicht mehr als eine Viertelstunde benötigen, um eine Prelearningaufgabe komplett zu bearbeiten.

Als Unterstützung gibt es anschauliche Demonstrationen (Abb. 26.1a), um die Aufgabe mit den Inhalten zu verbinden. Ferner können die Studierenden zu jeder Prelearningaufgabe online trainieren (Abb. 26.1c) und eine sofortige Rückmeldung erhalten, um Sicherheit zu gewinnen, bevor sie die eigentliche Aufgabe bearbeiten. Die Einreichung der studentischen Lösungen erfolgt elektronisch. Die Korrektur wird automatisch durch die Mumie durchgeführt. Tutoren werden deshalb mit keiner weiteren Korrekturarbeit belastet.

Vorlesung

Nachdem die Studierenden die Prelearningaufgabe bearbeitet haben, gehen sie in eine der drei (für circa insgesamt 1200 Studenten im SS) bis fünf (für insgesamt über 2600 Studenten im WS) zweistündigen Vorlesungen. Hierbei sind die Themen der verschiedenen Vorlesungen einer Woche identisch. Die Mumie bietet hierfür alle Inhalte in elektronischer Form. Der Dozent kann Definitionen und Sätze einfach projizieren, um mehr Zeit in der Vorlesung für Schwerpunkte oder erklärende Beispiele, die er selbst festlegen kann, zu gewinnen.

Tutorium

Das Herz des TuMult-Modells ist das Tutorium, denn dieser Teil der Veranstaltung wird von den Studierenden erfahrungsgemäß am meisten besucht. Im Wintersemester (bzw. Sommersemester) werden ungefähr 70 (bzw. 35) Tutorien jeweils mit ungefähr 30 bis 70 Teilnehmern angeboten. Diese werden von rund 30 (bzw. 15) Tutoren betreut.

Die Tutorien finden zum Teil in Räumen statt, die mit Computern für die Tutoren sowie die Studierenden ausgestattet sind. Dem Tutor steht ein Beamer zur Verfügung, sodass die Inhalte der Mumie sowie die E-Kreideaufzeichnungen des Tutors projiziert werden können. Einige Tutorien finden aus Kapazitätsgründen in klassischen Seminarräumen mit Tafel statt. Hierfür werden die Tutoren mit Laptop und Beamer ausgestattet. Die Studierenden sind angehalten, ihren eigenen Laptop mitzubringen.

Die Inhalte der Tutorien wurden über die Jahre hinweg entwickelt. Die Tutoren erhalten Anregungen, wie sie den Stoff vermitteln und wie sie die Mumie dazu sinnvoll einsetzen können, um die Studierenden bei ihren Lernschwierigkeiten zu unterstützen.

Die einzelnen Tutoriumsaufgaben folgen überwiegend einer sogenannten P^4-Herangehensweise, die auf der PPP-Methode aus dem Sprachunterricht basiert und speziell für die TuMult-Tutorien angepasst wurde. P^4 steht für „Preteach", „Practice", „Production" und „Presentation". In der Preteach-Phase leitet der Tutor eine Diskussion mit allen Teilnehmern über die allgemeine Terminologie aus der Vorlesung als kurze Wiederholung. In der Practice-Phase moderiert der Tutor die Diskussion über eine spezielle Tutoriumsaufgabe, um den Teilnehmern zu ermöglichen die für die Lösung der Hausaufgabe notwendigen Terminologien einzuüben. Wenn der Tutor einigermaßen sicher ist, dass die Studierenden dafür bereit sind, bearbeiten die Studierenden in der Production-Phase eine darauf abgestimmte weitere Tutoriumsaufgabe in Kleingruppen. Die Aufgaben für diesen Teil des Tutoriums sind zwar etwas leichter als die, die in traditionellen Zeiten gestellt wurden, aber sie sind so ausgewählt, dass die Studierenden diese (überwiegend) alleine lösen können. Die Lösungen dieser Aufgaben können häufig mit Hilfe der Mumie selbst geprüft werden (s. Abb. 26.1c). Für Studierende, die noch keinen Ansatz gefunden haben, gibt es eine leichtere Variante der Aufgabe in der Mumie, die sie selbst auswählen können. Für diejenigen, die schon die Aufgabe lösen konnten, stehen Schwierigere zur Verfügung. So können die Studierenden in dieser Phase des Tutoriums im eigenen Tempo und auf dem eigenen Lernniveau arbeiten. Im Vergleich zum traditionellen Modell, in dem der Tutor alle Aufgaben an der Tafel gelöst hat, erhöht das differenzierte Angebot die studentische Autonomie und die Chancen auf Erfolgserlebnisse, wichtige Faktoren für Motivation (Deci et al. 1991; Schunk 1985) im Tutorium.

Während die Studierenden arbeiten, kann der Tutor die Kleingruppen oder einzelne Personen individuell betreuen. Bei dieser Betreuung kann alles Mögliche besprochen werden, je nach den Bedürfnissen der individuellen Teilnehmer: relevante Fragen aus der Schulmathematik, Schwierigkeiten mit den Haus- oder Prelearningaufgaben, Ansätze bei der aktuellen Tutoriumsaufgabe oder eben Fragestellungen, die außerhalb der Reichweite des Tutoriums liegen. Falls Zeit übrig bleibt, präsentieren einige Studierende ihre Lösung. Hierbei können die Vor- und Nachteile der präsentierten Lösungswege betont werden.

Um Tutoren bei ihrer Vorbereitung auf das Tutorium zu unterstützen, wurden detaillierte Tutorblätter erstellt. Als Erstes werden die Vorarbeit der Studierenden erläutert und die Themen auch in Zusammenhang mit früheren und späteren Kapiteln eingeordnet. Für jede Aufgabe werden die Ziele und der Hintergrund festgelegt. Eine Zeitangabe dient als Richtlinie, um das Zeitmanagement im Tutorium zu unterstützen. Für jede Teilaufgabe werden nicht nur Lösungen angeboten. Fragen für die Diskussion und Aktivitäten mit der Mumie werden vorgeschlagen. Darin ebenfalls enthalten sind erfahrungsgemäß typische Fehler und Fehlvorstellungen der Studierenden, sodass die Tutoren im Voraus für die Schwierigkeiten der Studierenden sensibilisiert werden.

Hausaufgaben

Die Hausaufgaben sind teilweise elektronisch und teilweise schriftlich einzureichen. Die elektronischen Hausaufgaben sind individuell gestellt und haben denselben Charakter wie die Prelearningaufgaben. Das Niveau ist jedoch im Vergleich deutlich höher. Jede einzelne der drei (WS 06 bis WS 09) bzw. zwei (seit SS 10) Aufgaben ist auch hier mit einer Demonstration und einem Onlinetrainingsmodul ausgestattet. In den meisten Fällen kann ein durchschnittlicher Studierender, der in der Vorlesung und im Tutorium war, eine dieser Aufgaben innerhalb von etwa 30 Minuten komplett lösen.

Für die Vorbereitung auf die schriftliche Abschlussprüfung bearbeiten die Studierenden einzeln (WS 06/07 bis WS 09/10) bzw. zu zweit (SS 10) eine schriftliche Hausaufgabe pro Woche. Die Bewertung dieser Arbeit basiert auf vier wesentlichen Teilen, die Pólyas (1945) Ideen zusammenfassen: Wurde die Aufgabestellung verstanden? Wurde eine passende Lösungsstrategie geschildert? Sind die Details richtig? Wurde die Frage beantwortet? Dieses Schema wird den Studierenden in den Tutorien vermittelt, um die Erwartungen transparent zu machen. Die eingereichten Lösungen werden von den Tutoren formativ korrigiert. Neben einer bepunkteten Lösungsskizze zu jeder Aufgabe, erhalten die Tutoren zum Beginn des Semesters eine ausführliche, bepunktete Lösungsskizze zu einer Abschlussprüfung, um das Schema noch weiter zu verdeutlichen.

Mathelabor

Die Tutoren halten ihre Sprechstunden in einem Computerlabor, dem sogenannte Mathelabor. Hier können die Studierenden ihre Hausaufgaben bearbeiten. Tutoren sind anwesend, falls Fragen auftauchen. Die Tutoren sind angewiesen, keine kompletten Lösungen bzw. Lösungswege zu geben. Stattdessen können sie kleinere Hinweise geben, oder versuchen, Studierenden, die nebeneinander arbeiten, zusammenzubringen, um Lösungsstrategien gemeinsam zu erarbeiten.

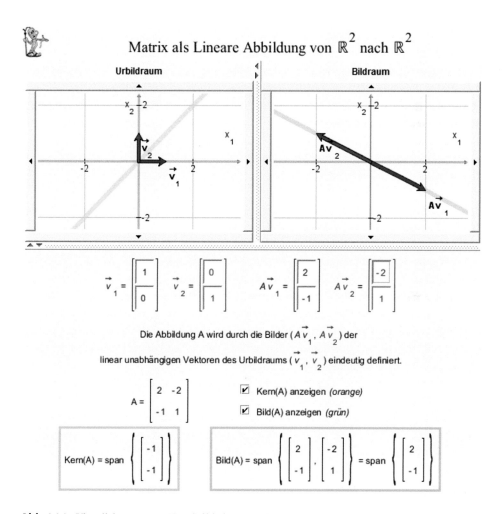

Abb. 26.2 Visualisierung zum Kern/Bild einer Matrixabbildung

Selbststudium

Die Mumie bietet ein breites Spektrum an Visualisierungen (Abb. 26.2) sowie an Online-trainingsmodulen mit sofortiger Rückmeldung, um die Studierenden bei ihrem Lernprozess zu unterstützen.

Für diejenigen, die immer noch keinen Anschluss gefunden haben, wurde Begleitmaterial entwickelt. Dort werden Farbschemen eingesetzt, um beispielsweise die Schritte in einem ausführlich erklärten Beispiel mit dem verwendeten Algorithmus zu verbinden. Die ausgewählten Beispiele zeigen die Grundtechniken auf, die als Basis für die Beispiele im Skript dienen, bei denen erwartet wird, dass Studierende die Details sich selber erarbeiten.

Abschlussprüfung

Zusätzlich zu den sechs Phasen im Lernzyklus werden die Studierenden bei ihrer Vorbereitung auf die Semesterabschlussprüfung unterstützt. Um die Studierenden zu motivieren, frühzeitig mit ihrer Vorbereitung auf die Abschlussprüfung anzufangen, wird in den letzten drei Wochen davor wöchentlich ein Wiederholungsabend angeboten. Es wird erwartet, dass die Studierenden die vorgesehenen Aufgaben selber bearbeiten. Diese Aufgaben vernetzen die Themen aus unterschiedlichen Kapiteln des Skripts. Die Wiederholungsabende finden in einem großen Hörsaal statt. Die Studierenden sitzen in jeder zweiten Reihe. Tutoren sind anwesend, um bei Bedarf Fragen beantworten zu können. Lösungsvorschläge werden zeitversetzt ins Netz gestellt, um den Studierenden Zeit zu geben, auch eigenständig die Aufgaben zu bearbeiten.

26.3 Evaluation und Diskussion

Die Leistungen der Studierenden mit dem TuMult-Modell sind im Vergleich zu den Leistungen der Studierenden im Diplomsystem bezogen auf die Erfolgsquoten von durchschnittlich 34 % (2004–2006) auf 45 % (2007–2013) gestiegen. Institutionelle Bedingungen haben den Leistungsteil der Evaluation erschwert. Beispielsweise konnten Eingangstests nicht durchgeführt werden. Auch die Einführung der Bachelorstudiengänge zum selben Zeitpunkt wie die Einführung des TuMult-Modells wirft Fragen bezüglich der Motivation der Studierenden auf.

Hauptziel der Evaluation des TuMult-Modells war es, Kenntnisse über die Akzeptanz des Modells seitens der Studierenden und der Tutoren sowie über die studentische Verwendung der Lernressourcen zu gewinnen. Auch die studentische Leistung wurde bei den einzelnen elektronisch gestellten Hausaufgaben über mehrere Semester kontrolliert, um Verbesserungsmöglichkeiten zu identifizieren. Im SS 13 wurde zum ersten Mal die BEvaKomp (Braun 2007) Umfrage durchgeführt, um ein Bild über den selbsteingeschätzten Kompetenzerwerb zu erhalten.

Fragebögen wurden von Studierenden am Ende jedes Semesters zwischen WS 06/07 und WS 10/11 im Tutorium ausgefüllt. Das hat den Nachteil, dass nur Studierende, die noch im Kurs aktiv waren, ihre Meinungen zur Veranstaltung äußern konnten. Durch die

Tab. 26.1 Prelearningergebnisse. „A" Anfangsphase (WS 06/07 bis SS 07), „M" mittlere Phase (WS 07/08 bis WS 09/10) sowie „R" reduziertes Angebot der Prelearningaufgaben (SS 10 bis WS 10/11). Die Angaben sind in Prozent

Frage/Aussage	Zeitraum	A	M	R
	Anzahl der ausgefüllten Bögen	1163	2835	1175
Welche nebenstehenden Tätigkeiten haben Sie regelmäßig vor der Bearbeitung der Prelearningaufgaben gemacht? (Bitte alle passenden Antworten ankreuzen.)				
Demos in der Mumie angeschaut		85	81	80
Training in der Mumie gemacht		77	70	72
Welche Aussagen treffen Ihrer Meinung nach zu? (Bitte alle passenden Antworten ankreuzen.)				
Durch Prelearning habe ich mehr in der Vorlesung verstanden		45		
Ich fühlte mich durch Prelearning für die Vorlesung gut vorbereitet			39	
Die Prelearningaufgaben haben einen guten Einstieg in die Vorlesungsthematik ermöglicht			53	46
Die Prelearningaufgaben fand ich nicht besonders nützlich		41	40	41
Die Prelearningaufgaben waren in der Regel zu einfach		24	23	20
Die Prelearningaufgaben waren in der Regel zu schwer		7	5	2

elektronisch einzureichenden Prelearning- und Hausaufgaben konnte festgestellt werden, dass beispielsweise 1555 (oder 76 %) der 2033 Studierenden, die in der dritten Woche des WS 09/10 aktiv waren, in der 12. Woche immer noch aktiv waren. Ausgefüllte Fragebögen haben 871 Studierende eingereicht. Insofern wurde ein großer Anteil der Studierenden abgefragt. Durch eine Onlineumfrage hätte man auch die Kursteilnehmer erreichen können, die nicht weiter im Kurs aktiv waren. Die Erfahrungen, die an der TU Berlin mit Onlineumfragen gemacht wurden, deuten jedoch auf eine sehr geringe Teilnahme (manchmal weniger als 10 %) hin.

Der Fragebogen besteht aus vier Kategorien: Prelearning, Tutorium, Hausaufgaben, Gesamtveranstaltung. Die meisten Fragestellungen haben sich dabei über die Semester nicht geändert, sodass ein Vergleich möglich ist. Hierbei können die Teilnehmer Aussagen ankreuzen oder nicht. Es gibt zu jeder Kategorie Platz für Kommentare. Der Fragebogen wurde sehr kurz gehalten, sodass die Studierenden diesen in wenigen Minuten am Ende des 11. oder 12. Tutoriums ausfüllen können. Die Hauptergebnisse des Fragebogens im Bereich Prelearning sind in Tab. 26.1 geschildert.

Am schwierigsten war die Fragestellung, ob die Prelearningaufgaben als hilfreich empfunden wurden. Ursprünglich im WS 06/07 konnten die Studierenden der Aussage „Durch Prelearning habe ich mehr in der Vorlesung verstanden" zustimmen oder nicht. Im Nachhinein stellte sich die Frage, womit sie ihren Vergleich gemacht hatten. Die Aussage wurde von SS 07 bis SS 08 durch folgende ersetzt: „Ich fühlte mich durch Prelearning für die Vorlesung gut vorbereitet". Der Punkt von den Prelearningaufgaben war jedoch, den Stoff zugänglich zu machen, sodass die Vorlesung weniger theoretisch bei den Studierenden ankommt. Ab WS 08/09 wurde die Aussage darum wieder geändert, „Die Prelearningaufgaben haben einen guten Einstieg in die Vorlesungsthematik ermöglicht".

Tab. 26.2 Tutoriumsergebnisse. „A" Anfangsphase (WS 06/07 bis SS 07), „M" mittlere Phase (WS 07/08 bis WS 09/10) sowie „R" reduziertes Angebot der Prelearningaufgaben (SS 10 bis WS 10/11). Die Angaben sind in Prozent

Frage/Aussage	Semester	A	M	R
	Anzahl der ausgefüllten Bögen	1163	2835	1175
Welche Aspekte des Tutoriums haben Ihnen geholfen, die Inhalte zu verstehen? (Bitte alle passenden Antworten ankreuzen.)				
	Erklärung des Tutors/der Tutorin	87	88	89
	Demos in der Mumie	39	44	50
	Trainingsmöglichkeiten	50	49	54
	Gruppenarbeit	28	22	
	Gruppenarbeit bzw. Selberrechnen		57	62
Welche Aussagen treffen Ihrer Meinung nach zu? (Bitte alle passenden Antworten ankreuzen.)				
	Die Aufgaben im Tutorium waren gut ausgewählt	68	74	74
	Ich musste zu viel allein machen	17	12	13
	Das Tutorium war eher überflüssig	4	3	2
	Ich bevorzuge Frontalunterricht	12	10	9
	Das Lernklima im Tutorium war gut	67	71	73

Das unterschiedliche Ergebnis in Spalte M (53 %) und Spalte R (46 %) für diese Aussage könnte mit der Tatsache zusammenhängen, dass die Anzahl der Prelearningaufgaben von wöchentlich zwei auf eine ab SS 10 reduziert wurde. Anstelle von zwei Konzepten, wurde so nur eines vor der Vorlesung thematisiert.

Im Fragebogen konnten die Studierenden auch Kommentare abgeben. Ein Vergleich, welcher aus Kapazitätsgründen nur in Sommersemestern systematisch durchgeführt wurde, von SS 07 mit dem SS 10 deutet darauf hin, dass die studentische Meinung zum Prelearning sich positiv geändert hat. In SS 07 haben 12 bzw. 59 % der kommentierenden Studierenden etwas Positives bzw. Negatives zu Prelearning geäußert. Im SS 10 war der Anteil 42 bzw. 31 %. Die häufigsten Anregungen waren: fehlende oder unklare Beispiele in der Mumie (34 % SS 07, 24 % SS 10), Zeitbelastung (22 % SS 07, 5 % SS 10), wobei die Anzahl der Aufgaben von zwei auf eine im SS 10 reduziert wurde, andere Änderungen in der Mumie notwendig (18 % SS 07, 4 % SS 10) sowie bessere Auswahl der Aufgaben (18 % SS 07, 22 % SS 10), wobei letzteres wiederum mit der reduzierten Anzahl von Aufgaben zusammenhängen könnte.

Die Ergebnisse des Fragebogens im Bereich „Tutorium" sind in Tab. 26.2 zusammengefasst.

Vom WS 06/07 bis SS 08 haben durchschnittlich nur 25 % der 2179 abgefragten Studierenden die Möglichkeit „Gruppenarbeit" als hilfreich im Tutorium angegeben. Ab dem WS 08/09 wurde stattdessen die Möglichkeit „Gruppenarbeit bzw. Selberrechnen" angeboten, die von 57 % der 2994 Studierenden gewählt wurde. Ob dieser Unterschied an der Präferenz der Studierenden alleine oder in Gruppen zu arbeiten liegt oder ob die Gruppenarbeit im Tutorium nicht gefördert wurde, ist unklar.

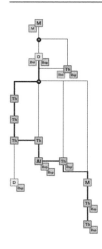

2. Aufgabe (eHA 2, eHA 3)

Sei $A = \begin{bmatrix} 1 & 2 & 3 \\ 4 & -5 & -1 \end{bmatrix} \in \mathbb{R}^{2,3}$.

a) A definiert eine Matrixabbildung $A : \mathbb{R}^p \to \mathbb{R}^q ; \vec{x} \mapsto A\vec{x}$.
   Bestimmen Sie p und q.

b) Bestimmen Sie $A\vec{e}_i$ für die Standardbasisvektoren $\vec{e}_1, \ldots, \vec{e}_p$ des $\mathbb{R}^p$ sowie

$$A \begin{bmatrix} a \\ b \\ c \end{bmatrix}.$$

(Applet zur Aufgabe 2a, 2b)
Visualisierung: Matrixabbildungen sind linear

c) Bestimmen Sie Bild (A) sowie eine Basis des Bildes von A.

d) Bestimmen Sie zwei verschiedenen Elemente in Kern (A).
   Training: Kern und Bild von Matrixabbildungen

Abb. 26.3 *Links* Wissensbaum im Mumiekurs, *rechts* Ausschnitt aus einem elektronischen Tutoriumsblatt mit Links zu Definitionen und Onlinetrainingsmodulen

Regelmäßig hospitierten Assistenten die Tutorien, vor allem die, die von neuen Tutoren gehalten wurden. Erfahrungen daraus und die Anregungen aus der wöchentlichen Besprechung mit den Tutoren über die Durchführung des Tutoriums und über das Tutoriumsblatt führten zu vielen Verbesserungen des Lehrmaterials. Daraus ergab sich unter anderem, dass im WS 06/07 nur die Hälfte der Tutoren die Mumie eingesetzt haben. Bis zum SS 08 stieg der Anteil auf circa 70 % und blieb bis SS 10 ziemlich konstant. Die Bedienung der Mumie mit dem Wissensbaum (Abb. 26.3 links) war im Tutorium nicht praktikabel. Zwar zeigt diese Darstellung die verschiedenen Inhalte des Kurses in ihrer logischen Abhängigkeit und bietet damit grundsätzlich einen Mehrwert gegenüber einer klassischen Darstellung. Der entscheidende Nachteil jedoch ist, dass die Studierenden die einzelnen Elemente nicht einfach finden konnten und Mühe hatten, dem Tutor zu folgen, wenn er zu einem Dokument navigierte. Seit der Einführung der elektronischen Tutoriumsblätter (Abb. 26.3 rechts) wird die Mumie von circa 90 % der Tutoren verwendet.

Tabelle 26.3 stellt die Ergebnisse im Bereich „Hausaufgaben" dar. Einerseits ist die Nutzung des Mathelabors leider gesunken, was z. T. auf die reduzierte Anzahl der Betreuungspersonen zurückzuführen ist und z. T. darauf, dass es häufig überfüllt ist. Andererseits scheinen die Studierenden selbständiger und mehr gemeinsam mit ihren Kommilitonen zu arbeiten, um sich Lösungswege mithilfe der Kursmaterialien zu erarbeiten.

Der studentische Erfolg bei den elektronischen Hausaufgaben wurde stets untersucht. Tabelle 26.4 zeigt den Anteil von Studierenden, die die unterschiedlichen Kriterien für die Zulassung zur Abschlussprüfung in dem jeweiligen Semester erhalten haben, bezogen auf alle Teilnehmer im Kurs, die mindestens einmal in dem Semester in der Mumie aktiv waren. Ein Studierender wurde zugelassen, wenn er 60 % der möglichen Punkte im Prelearning, 60 % in den elektronischen Hausaufgaben in der ersten Hälfte des Semesters, 60 % in der zweiten Hälfte sowie 60 % in den schriftlichen Hausaufgaben gesammelt

Tab. 26.3 Hausaufgabenergebnisse. „A" Anfangsphase (WS 06/07 bis SS 07), „M" mittlere Phase (WS 07/08 bis WS 09/10) sowie „R" reduziertes Angebot der Hausaufgaben (SS 10 bis WS 10/11). Die Angaben sind in Prozent

Frage/Aussage	Semester	A	M	R
	Anzahl der ausgefüllten Bögen	1107	2631	1121
Welche nebenstehenden Tätigkeiten haben Sie regelmäßig vor der Bearbeitung der Prelearning-aufgaben gemacht? (Bitte alle passenden Antworten ankreuzen.)				
Mathelabor besucht		23	14	15
Lösungswege mit meiner Gruppe diskutiert		48	53	59
Training in der Mumie gemacht		77	72	71
Sprechstunden der Dozenten besucht		4	5	7
Beispiele auf der Kurswebseite gelesen			43	66
Welche Aussagen treffen Ihrer Meinung nach zu? (Bitte alle passenden Antworten ankreuzen.)				
Die schriftlichen Hausaufgaben fand ich nützlich		84	81	82
Die elektronische Korrektur für die elektronischen Aufgaben reichte aus		15	22	21

Tab. 26.4 Erfüllung der Hausaufgabenkriterien. Die Angaben sind in Prozent

Semester	Anzahl der aktiven Teilnehmer	Prelearning	Elekt. Hausaufgaben (HA) 1	Elekt. HA 2	Schriftl. HA	Alle Kriterien erfüllt
SS 07	1011	49	55	32	40	32
SS 08	1052	43	56	41	36	36
SS 10	1016	54	58	44	51	44
SS 13	889	52	57	47	53	47
WS 05	143					43
WS 07	2113	63	65	57	59	57
WS 08	1928	68	70	60	58	58
WS 10	2079	66	58	59	68	58
WS 12	2177	69	75	64	71	64
WS 13	2011	69	75	65	74	65

hat. Die Ausnahme in der Tabelle ist das WS 05/06 während der experimentellen Zeit. Hier mussten die Studierenden lediglich 40 % der gesamten Punkte sammeln, um zu der Abschlussprüfung zugelassen zu werden. Damals hat die elektronische Korrektur wenige Teilpunkte zugewiesen und Folgefehler nicht berücksichtigt. Die vergleichsweise schlechteren Ergebnisse in den Sommersemestern könnten von dem hohen Anteil von Wiederholern (20–30 % in einem Sommersemester verglichen mit 5–10 % in einem Wintersemester) abhängen.

Insgesamt haben 64 % der 1107 abgefragten Studierenden in der Anfangsphase und durchschnittlich 75 % (aus 3752) seit dem das Gefühl gehabt, dass ihre Fähigkeiten, Mathematik zu verstehen, über das Semester hinweg gewachsen sind. Auf die Frage, ob sie das Gefühl haben, Lineare Algebra gut zu verstehen, wird die Antwort „Nein" in beiden Zeiträumen von 6 % der Studierenden angekreuzt. Die Antwort „Ja" wurde in der Anfangsphase von 35 % und seitdem von durchschnittlich 39 % der Studierenden angekreuzt. Selbst wenn die Prüfungsergebnisse über die Semester hinweg sehr ähnlich sind, ist der Anteil der Studierenden, die den Kurs durch das Bestehen einer der beiden am Ende des Semesters angebotenen Prüfungen erfolgreich abschließen, von 34 % (2004–2006) auf 45 % (bezogen auf alle angemeldeten Teilnehmer) nach der Anfangsphase gestiegen.

Das TuMult-Modell beachtet die sieben Prinzipien zum guten Unterricht (Chickering und Gamson 1987).

1. Kontakt zwischen Lehrpersonen und Studierenden soll ermöglicht und gefördert werden [P^4; Mathelabor].
2. Kooperation zwischen Studierenden soll ermöglicht, gefördert und unterstützt werden [P^4; Mathelabor].
3. Aktives Lernen soll eingebunden werden [Onlinetraining; P^4; Mathelabor].
4. Feedback soll zeitnah (z) und korrektiv (k) sein [Onlinetraining (z); P^4 ($z+k$); Mathelabor ($z+k$); Pólya (k)].
5. Zeit für aufgabenorientierte Arbeit soll im Unterricht eingeräumt werden [Mumie in Tutorium; P^4].
6. Ansprüche sollen hoch aber möglich sein [Skripte; P^4].
7. Unterschiedliche Fähigkeiten und Lernwege sollen beachtet werden [unterschiedliche Schwierigkeitsgrade der Tutoriumsaufgaben; P^4; Mathelabor].

Nach Wintelers (2011) Erweiterung der sieben Prinzipien soll auch außerhalb des Fachs Kompetenzerwerb ermöglicht und gefördert werden. Im SS 13 wurde die BEvaKomp (Braun 2007) am Ende des Semesters ($N = 57$ Studierende) versuchsweise in einzelnen LinA-Tutorien und im WS 13/14 in größerem Umfang ($N = 722$ Studierende) durchgeführt. Die Ergebnisse zeigen einen deutlichen Zusammenhang zwischen der Lehrveranstaltung und dem Erwerb von allen Kompetenzen in den Bereichen Methoden, Kommunikation und Kooperation. Im Bereich Personalkompetenz waren die studentischen Mittelwerte überwiegend niedriger als die studentischen Mittelwerte in der BEvaKomp Studie. Die Mittelwerte zu den Fragen bezüglich Fachkompetenz sind ähnlich zu denen, die durch BEvaKomp auf der studentischen Ebene ermittelt wurden. Es lässt fragen, ob die Studierenden durch die LinA-Veranstaltung eine realistische Selbsteinschätzung ihrer Fachkompetenzen haben und inwiefern die Ergebnisse der BEvaKomp für Veranstaltungen außerhalb des eigenen Faches aussagekräftig sind.

26.4   Fazit

Das TuMult-Modell wurde als ein Lernzyklus konzipiert, in dem die multimediale Plattform Mumie in den verschiedenen Phasen eingesetzt wird. Die entsprechenden E-Learning- und Blended-Learning-Szenarien wurden speziell für den Kurs „Lineare Algebra für Ingenieure" an der TU Berlin realisiert und mit angepassten Lehr- und Lernmaterialien für Tutoren und Studierende erweitert. Die Tutorien wurden mit lernerzentrierten Methoden gestaltet, wobei die eigentlichen Schwierigkeiten der Studierenden, die durch Erfahrung und statistische Analysen von Prüfungen ermittelt wurden, stets eingebunden wurden. Weitere Informationen für Tutoren und Studierende dienen der Transparenz bezüglich der Anforderungen im Kurs.

Die Akzeptanz des Modells seitens der Studierenden und der Lehrenden ist auf verschiedenen Ebenen über die Jahre hinweg gewachsen. Der studentische Erfolg in den elektronischen Hausaufgaben ist gestiegen. In der Selbsteinschätzung der Studierenden sind ihre Methoden-, Kommunikations- und Kooperationskompetenzen deutlich gewachsen.

Literatur

Berger, M., & Schwenk, A. (2001). Mathematische Grundfertigkeiten der Studienanfänger der Technischen Fachhochschule Berlin und der Schüler der Bertha-von-Suttner-OG Berlin. *Global Journal of Engineering Education*, 5(3), 251–258.

Braun, E. (2007). *Das Berliner Evaluationsinstrument für selbsteingeschätzte studentische Kompetenzen (BEvaKomp)*. Göttingen: V&R unipress.

Brown, A. (1992). Design experiments: Theoretical and methodological challenges in creating complex interventions in classroom settings. *The Journal of the Learning Sciences*, 2(2), 141–178.

Chickering, A., & Gamson, Z. (1987). Seven principles for good teaching in undergraduate education. *AAHE Bulletin*, 39, 3–7.

Collins, A. (1992). Toward a design science of education. In E. Scanlon, & T. O'Shea (Hrsg.), *New directions in educational technology* (S. 15–22). Berlin: Springer.

Deci, E., Vallerand, R., Pelletier, L., & Ryan, R. (1991). Motivation and education: the self-determination perspective. *Educational Psychologist*, 26(3/4), 325–346.

Dogan-Dunlap, H. (2006). Lack of set theory relevant prerequisite knowledge. *International Journal of Mathematical Education in Science*, 37(4), 410–410.

Hagelgans, N. L., Reynolds, B. E., Schwingendorf, K. E., Vidakovic, D., Dubinsky, E., & Shahin, M. et al. (1995). *A practical guide to cooperative learning in collegiate mathematics*. Washington, DC: Mathematical Association of America.

Kirschner, P., Sweller, J., & Clark, R. (2006). Why minimal guidance during instruction does not work: An analysis of the failure of constructivist, discovery, problem-based, experimental, and inquiry-based teaching. *Educational Psychologist*, 41(2), 75–86.

Pólya, G. (1945). *How to Solve It: A New Aspect of Mathematical Method*. Princeton: Princeton University Press.

Roegner, K. (2012). *TuMult: A comprehensive blended learning model utilizing the Mumie platform for improving success rates in mathematics courses for engineers*. Habilitationsschrift, Technische Universität Berlin.

Roegner, K. (2013). Cognitive levels and approaches taken by students failing written examinations in mathematics. *Teaching Mathematics and its Applications*, 32, 81–87.

Roegner, K., Seiler, R., & Timmreck, D. (2014). E-xploratives Lernen an der Schnittstelle Schule/Hochschule. In I. Bausch, R. Biehler, R. Bruder, P. R. Fischer, R. Hochmuth, & W. Koepf et al. (Hrsg.), *Mathematische Vor- und Brückenkurse: Konzepte, Probleme und Perspektiven* (S. 181–196). Wiesbaden: Springer Spektrum.

Schunk, D. (1985). Self-efficacy and classroom learning. *Psychology in the Schools, 22*(2), 208–233.

Winteler, A. (2011). Lern-Engagement der Studierenden. [Präsentationsfolien: Forum ProLehre 2011]. http://www.unikassel.de/einrichtungen/fileadmin/datas/einrichtungen/scl/Veranstaltungen/Präsentation_Winteler.pdf. Zugegriffen: 12. Februar 2013

Das ePortfolio und flankierende Maßnahmen des Verbundprojektes optes zur Unterstützung INT-Studierender in mathematischen Grundlagenveranstaltungen

27

Oliver Samoila, Melike Heubach, André Mersch und Burkhard Wrenger

Zusammenfassung

Nach einer knappen Darstellung des Gesamtzusammenhangs, in dem die geschilderten Maßnahmen stehen, werden im Folgenden zunächst die einzelnen Bestandteile des in optes entwickelten ePortfolios vorgestellt. Anschließend wird der Einsatz des ePortfolios bei der Ausbildung von eMentorinnen und eMentoren und der Betreuung von Studienanfängerinnen und -anfängern durch eMentoren beschrieben[1].

27.1 Einleitung

Übergeordnetes Ziel des von April 2012 bis September 2016 geförderten BMBF-Verbundprojektes optes ist es, die Studierfähigkeit der Studienanfänger der INT-Fächern zu erhöhen und ihre mathematischen Kenntnisse auf Studieneingangsniveau zu erweitern, um den hohen Abbrecherquoten in diesen Studiengängen gezielt entgegen zu wirken. Im Fokus steht das begleitete Selbststudium in der Studieneingangsphase, d. h. die Zeit vor Studienbeginn, in der sich die zukünftigen Studierenden in Vorkursen auf das Studium vorbereiten, und das erste Studienjahr des regulären Studiums, in dem die Maßnahmen parallel zu Mathematik-Grundlagenveranstaltungen unterstützen. Dazu entwickeln die Verbundpartner Duale Hochschule Baden-Württemberg, Hochschule Ostwestfalen-Lippe (OWL) sowie ILIAS open source e-Learning e. V. in Zusammenarbeit mit der Helmut-Schmidt-Universität/Universität der Bundeswehr Hamburg (HSU/UniBw H) und der

---

[1] Im Folgenden wird, wo keine genderneutrale Formulierung möglich war, ausschließlich aus Gründen der besseren Lesbarkeit auf die explizite Nennung von weiblicher und männlicher Form verzichtet. Gemeint sind aber ausdrücklich Personen aller Geschlechter.

Oliver Samoila ✉ · Melike Heubach · André Mersch · Burkhard Wrenger
Hochschule Ostwestfalen-Lippe, Institut für Kompetenzentwicklung, Lemgo, Deutschland
e-mail: oliver.samoila@hs-owl.de, melike.heubach@hs-owl.de, andre.mersch@hs-owl.de, burkhard.wrenger@hs-owl.de

© Springer Fachmedien Wiesbaden 2016
A. Hoppenbrock et al. (Hrsg.), *Lehren und Lernen von Mathematik in der Studieneingangsphase*, Konzepte und Studien zur Hochschuldidaktik und Lehrerbildung Mathematik, DOI 10.1007/978-3-658-10261-6_27

Zeppelin Universität geeignete Methoden, Konzepte und Werkzeuge. Die Arbeitsschwerpunkte und Teilprojekte des Verbundprojektes sind Propädeutika, ePortfolio, Formatives eAssessment, Summatives eAssessment und eTutoring & eMentoring.

Angehende Studierende sollen sich das für ihr Studium notwendige mathematische Grundlagenwissen in einem webbasierten Vorkurs erarbeiten. Ausgehend von individuellen Ergebnissen der Einstufungstests bekommt jeder Studierende passende Arbeits- und Übungsmaterialien in der ILIAS-Plattform von optes angeboten. ePortfolios sollen von den Studierenden begleitend zu den Mathematik-Vorkursen und -Grundlagenveranstaltungen eingesetzt werden, um ihr Lernen zu reflektieren und ihren Kompetenzzuwachs zu dokumentieren. Beim Umgang mit den Online-Lernmaterialien, der Auswertung der Testergebnisse und der Arbeit mit dem ePortfolio werden die Studienanfänger von eMentoren, Studierenden höherer Semester, unterstützt (optes.de 2013; Samoila et. al. 2013).

Die Maßnahmen im Rahmen der Teilprojekte ePortfolio sowie eTutoring & eMentoring fokussieren dabei weniger die Vermittlung mathematischer Inhalte als vielmehr die Begleitung und Unterstützung der Studierenden bei der Entwicklung überfachlicher Fähigkeiten wie Selbstreflexion, Lernmanagement und -planung, Motivation und Studierfähigkeit. Das Teilprojekt ePortfolio entwickelt zu diesem Zweck die ePortfolio-Komponente der Lernplattform ILIAS weiter. Die beschriebenen Features sind derzeit noch nicht in vollem Umfang verfügbar; sie werden in den kommenden Projektphasen schrittweise implementiert – an der HSU/UniBw H im Herbsttrimester 2014 und an der Hochschule OWL ab dem Sommersemester 2015. Schon vorhandene Bestandteile wie das *Lernjournal* und die Selbsteinschätzungen zu überfachlichen Fähigkeiten werden bereits seit dem Sommersemester 2013 in den Maßnahmen von eMentoring an der Hochschule OWL eingesetzt.

27.2 ePortfolio

Der Einsatz von ePortfolios im Rahmen des begleiteten Selbststudiums in der Mathematik soll Lernende bei ihrem Einstieg in das Studium und bei einem erfolgreichen Studienverlauf unterstützen. Entscheidend für eine lernförderliche Nutzung ist die Integration der ePortfolio-Arbeit in didaktische Settings von Lehr-Lernangeboten und eine zielgerichtete sowie adressatengerechte Betreuung der ePortfolio-Arbeit.

27.2.1 Ziele von ePortfolios

Kernidee der Portfolio-Arbeit ist das Festhalten von individuellen Lernprozessen zum Nachvollzug von Lernentwicklungen. Wintersteiner definiert in diesem Sinne Portfolio folgendermaßen:

Portfolios halten den Lernprozess fest und erlauben damit nicht nur dem/der Lehrenden ein differenzierteres Eingehen auf individuelle Lernfortschritte und eine präzisere Beurteilung. Sie helfen vor allem dem/der Lernenden selbst, mehr Souveränität über den eigenen Lernprozess zu gewinnen. Sie sind damit nicht bloß Grundlage einer alternativen Leistungsbewertung, sondern vor allem ein Medium des Lernens, eine Hilfe für die Reflexion der eigenen Entwicklung (Wintersteiner 2002, S. 38).

Bei der Einbindung von Portfolios in ein Online- oder ein Blended Learning-Konzept werden diese in eine digitale Form überführt, die ePortfolios. Dadurch wird die digitale Sammlung und multimediale Präsentation von Artefakten, die Reflexion und der Transfer erleichtert. Ferner ist auch die administrative Funktion zur Erstellung und Verwaltung von digitalen Materialien gegeben (Hornung-Prähauser et al. 2007, S. 27).

Unabhängig davon, ob mit analogen Portfolios oder dem digitalen ePortfolio gearbeitet wird, steht der hohe Wert prozessorientierter Explikationen im Vordergrund.

27.2.2   ePortfolios in optes

Lernenden soll mit dem ePortfolio ein Instrument zur (selbst- und fremdgesteuerten) Verortung ihrer Lernprozesse und -leistungen angeboten werden: ihr individueller Kenntnisstand und die Entwicklung ihrer fachlichen sowie überfachlichen Fähigkeiten werden hier dargestellt und sollen so bewusst werden.[2] Die Lernenden erhalten die Möglichkeit, sich aufgrund ihres Lernstandes und gegebenenfalls damit verbundenen Defiziten und aktuellen Misserfolgen im Lernprozess an Unterstützende (eMentoren, Fachtutoren, Lehrende) zu wenden. Das individuelle ePortfolio stellt dabei eine detaillierte Informationsbasis für die Lernenden und die Unterstützenden dar.

Lernenden wird, ohne Einschränkung von eigenen Gestaltungsmöglichkeiten, ein Basissetting für ihr ePortfolio zur Verfügung gestellt, welches aus folgenden Bestandteilen zusammengesetzt ist:

- *Persönliches Profil,*
- *Lernzielübersicht,*
- *Mathematische Fähigkeiten,*
- *Überfachliche Fähigkeiten und*
- *Lernjournal.*

In den folgenden Abschnitten werden die Ziele und Potenziale der jeweiligen Bestandteile beschrieben.

Persönliches Profil
Das *Persönliche Profil* im ePortfolio eines jeden Lernenden dient zum einen der Identifikation mit dem eigenen ePortfolio. Dafür werden die in ILIAS ohnehin abgelegten

---

[2] Im weiteren Sinne kann diesbezüglich von einer Monitoring-Funktion gesprochen werden.

persönlichen Daten in das ePortfolio migriert und entsprechend abgebildet. Ferner haben Lernende die Möglichkeit, über ihr Profil Angaben zu Unterstützungsleistungen und -bedarfen über das Feature *Need for Support & Support Offer Notification* anderen ILIAS-Nutzern kenntlich zu machen. Lernende, die bestimmte Inhalte besonders gut beherrschen, sollen anderen Lernenden (Peers) dazu Unterstützungsangebote machen können. Umgekehrt können auch Unterstützungsbedarfe dargestellt und Lernpartnergesuche aufgegeben werden; mittels der Suchfunktion des Features *Need for Support & Support Offer Notification* kann nach Unterstützungsangeboten gesucht werden. So sollen selbständige Gruppenbildungsprozesse unterstützt werden.

27.3 Lernzielübersicht – Inhaltliche Verortung

Lernende sollen sich und ihren Leistungsstand auf der inhaltlichen Ebene der Lernangebote selbst verorten können. Um dies zu erreichen, werden alle Lernziele der Online-Kurse in ILIAS, den s.g. *Lernzielorientierten Kursen (LoK)*[3], an denen der Lernende arbeitet, in der *Lernzielübersicht* aufgelistet. Eine derartige Übersicht ist darüber hinaus notwendig, um den Studierenden einen Überblick ihrer Leistungen und weitere Lernschritte zu geben, da der Vorkurs Mathematik ein breites inhaltliches Spektrum in einer Fülle von *LoKs* enthält.

Der individuelle Bearbeitungsstand und aktuelle Lernstand je *LoK* wird in Form von Fortschrittsbalken dargestellt, die den Lernenden zudem einen schnellen Überblick darüber bieten, zu welchen Themen sie vordringlich arbeiten sollten.

27.4 Darstellung mathematischer Fähigkeiten

Um Lernenden möglichst valide und hilfreiche Informationen zur Entwicklung ihrer mathematischen Fähigkeiten zu geben, wird im Rahmen von optes zudem eine *Fähigkeitsmatrix* in ILIAS implementiert. Über diese erhält der Lernende, auf Basis von Informationen aus formativen Assessments aller bearbeiteter *LoKs*, eine kursübergreifende Beurteilung der eigenen mathematischen Fähigkeiten. Dazu werden allen mathematischen (Teil-)Aufgaben, die der Lernende bearbeiten kann, eine oder mehrere mathematische Fähigkeiten in verschiedenen Ausprägungsniveaus zugeordnet.[4]

---

[3] Bei *LoKs* handelt es sich um ein adaptives Kursformat in ILIAS, d. h. Lernende bekommen in Abhängigkeit von erbrachten Leistungen Empfehlungen zu weiteren Lernhandlungen (Kunkel 2011, S. 330 ff.).

[4] Die projektspezifischen mathematischen Fähigkeiten wurden, angelehnt an die Bildungsstandards im Fach Mathematik der Kultusministerkonferenz 2012, folgendermaßen definiert: Rechnen, Symbolisches Rechnen, Abhängigkeiten und Veränderungen beschreiben, Einen bekannten Algorithmus ausführen und dessen Ergebnisse kontrollieren können, Mathematische Sprache richtig anwenden und Modellieren.

Abb. 27.1 Korrelation von
Fähigkeitsmatrix, Lernprozess
und Lernangebot

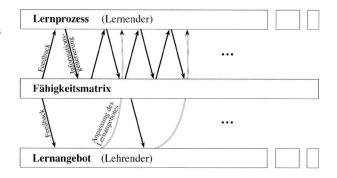

Durch die sehr kleinteilige Erhebung von mathematischen Fähigkeiten an einzelnen
Aufgaben soll die Lücke zwischen dem, was zwischen struktureller Gestaltung des Angebots durch die Lehrenden und dem subjektiven Verständnis dessen, was bei den Lernenden
ankommt, möglichst klein gehalten werden. Lernende erhalten über einzelne mathematische Fähigkeiten und deren Ausprägung über alle inhaltlichen Gliederungen hinweg einen
Gesamtüberblick. Lehrenden wird es darüber ermöglicht, Rückschlüsse auf ihr Lernangebot zu ziehen und dieses anzupassen (s. Abb. 27.1).

Lernerbeispiel: Tina löst 25 Aufgaben innerhalb eines Tests im *Lernzielorientierten
Kurs* „quadratische Gleichungen". Dabei verteilen sich die adressierten Fähigkeiten exemplarisch wie in Tab. 27.1 dargestellt.

Im Nachgang des absolvierten Tests erhält Tina in der *Fähigkeitsmatrix Mathematik*
eine Auswertung der von ihr erreichten Ergebnisse hinsichtlich der hinterlegten Fähigkeiten.

Tab. 27.1 Beispielhafte Verteilung mathematischer Fähigkeiten und Ausprägungsniveaus in einem
formativen Assessment

Mathematische Fähigkeit	Anzahl der Aufgaben, welche die jeweilige Fähigkeit auf einem der folgenden Niveaus adressieren[a]		
	Regel-/ Basiswissen	Zusammenhangs-wissen	Problemorientiertes Wissen
Rechnen	4	7	4
Symbolisches Rechnen	3	8	4
Mathematische Sprache richtig an-wenden	7	5	1

[a] Eine Aufgabe kann mehrere Fähigkeiten adressieren

In die Entwicklung des Instruments *Fähigkeitsmatrix Mathematik* fanden unter anderem Ergebnisse der Zwischenbilanz des DFG-Schwerpunktprogramms und Perspektiven des Forschungsansatzes
zur Kompetenzmodellierung Eingang. Näheres dazu in Klieme et al. (2010). *Kompetenzmodellierung. Zwischenbilanz des DFG-Schwerpunktprogramms und Perspektiven des Forschungsansatzes.*

Kurs: Quadratische Gleichungen

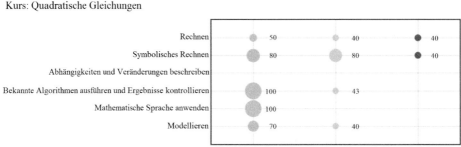

Abb. 27.2 Fähigkeitsmatrix (mathematische Fähigkeiten, Niveaus, Erfüllungsgrad durch mehrstufige expandierende Punkte)

Abbildung 27.2 zeigt dabei die im ePortfolio hinterlegten aggregierten Ergebnisse für einen mathematischen *Lernzielorientierten Kurs.*

27.5 Darstellung überfachlicher Fähigkeiten

Ebenso wie die *Fähigkeitsmatrix Mathematik,* soll im Rahmen des Verbundprojektes eine *Fähigkeitsmatrix* für überfachliche Fähigkeiten entwickelt werden, die Studierenden und ihren Betreuern einen Überblick über aktuelle Ausprägungen ihrer einzelnen Fähigkeiten und mögliche Nachholbedarfe gibt. Informationsbasis für diese *Fähigkeitsmatrix* sind die Ergebnisse von Aufgaben und Tests zu überfachlichen Fähigkeiten, sowie die Selbst- und Fremdeinschätzung (durch Lehrende, eMentoren, Peers) der überfachlichen Fähigkeiten des Lernenden.[5]

27.6 Das Lernjournal

Das Anfertigen eines Lernjournals als zentrales Element des ePortfolios soll zu einem vertieften Verständnis des behandelten Stoffes führen und mittels regelmäßiger Bearbeitung und damit verbundener Reflexion den Lernprozess positiv beeinflussen. Die Anregung metakognitiver Prozesse soll zur Entwicklung individueller Lern- und Arbeitsstrategien beitragen (Rambow 2005, S. 1; Rambow und Nückles 2002, S. 113 ff.; sowie auch Hübner et al. 2007, S. 119 ff.).

In regelmäßigen Lernjournaleinträgen werden insbesondere diejenigen Aspekte des bearbeiteten Lernmaterials und des Lernprozesses reflektiert, die als interessant, (subjektiv) bedeutsam, neuartig oder besonders schwierig empfunden wurden.

---

[5] Eine besondere Herausforderung bei der Entwicklung stellt die Konzeption von Online-Tests zur Überprüfung überfachlicher Fähigkeiten dar.

Gerade um die Lernenden, die mit dieser Methodik nicht vertraut sind, mit der Reflexion ihrer Lernprozesse nicht zu überfordern, müssen sie bei ihrer Arbeit mit dem *Lernjournal* unterstützt werden. Dies wird durch Informationen zu Form und Umfang der zu erstellenden Einträge, eine Handreichung zur technischen Bedienung und – von besonderer Bedeutung – durch Leitfragen realisiert.[6] Letztere bieten Reflexionsanlässe und geben Orientierung sowie Struktur für die Reflexion des Lernprozesses.

Neben dem Nutzen von *Lernzielübersicht*, *Fähigkeitsmatrizen* und *Lernjournal* für den Lernenden sollen die gesammelten Informationen auch Betreuungsprozesse unterstützen. So erhalten neben Lernendem und Lehrendem auch eMentoren und Fachtutoren Einsicht in die ePortfolios, um adäquates Feedback geben und entsprechende Unterstützungsmaßnahmen anbieten zu können.

27.7 eMentoring

Ziel von eMentoring im Verbundprojekte optes ist es, INT-Studierende in der Studieneingangsphase beim Ausbau ihrer überfachlichen und mathematischen Fähigkeiten zu unterstützen.

Dafür werden Studierende höherer Semester in einer Lehrveranstaltung zu eMentoren ausgebildet, die Studierende in der Studieneingangsphase (eMentees) in Lerngruppen, sowie in Präsenz- und Onlinephasen während der Vorkurse bzw. im ersten und zweiten Semester betreuen. Dabei organisieren sie Lernräume und -zeiten, strukturieren und moderieren das fachbezogene Lernen für die begleitete Lehrveranstaltung[7] und Schulen zu überfachlichen Themen. Sowohl bei der Ausbildung der eMentoren als auch bei der Betreuung der Studienanfänger liegt der Fokus auf der Arbeit mit Online-Lernmaterialien und -medien sowie der Lernplattform ILIAS. Mit der Weiterentwicklung der ePortfolio-Komponente soll ein neuer wichtiger Baustein geschaffen werden, der sowohl bei der Ausbildung der eMentoren als auch bei der Betreuung der Studienanfänger eine zentrale Rolle spielen wird.

Obwohl sich die ePortfolio-Komponente in ILIAS derzeit noch in der Weiterentwicklung befindet, kamen im Piloten der Maßnahmen von eMentoring im Sommersemester 2013 an der Hochschule OWL bereits erste Features zum Einsatz.

Im Folgenden werden die Szenarien des (zukünftigen) Einsatzes der ePortfolio-Features in den Maßnahmen von eMentoring an der Hochschule OWL beschrieben.

---

[6] Leitfragen sollen dabei die kognitive wie auch die metakognitive Ebene adressieren. Diese Kombination führt nach Hübner et al. zu einem signifikant höherem Lernerfolg, als die Anwendung von Leitfragen nur einzelner Ausrichtungen oder dem Führen eines Lernjournals ohne Instruktionen (Hübner et al. 2007, S. 119 ff.).
[7] Die Lerngruppen sind jeweils an eine Lehrveranstaltung geknüpft und begleiten auf Grund der Ausrichtung des Projektes überwiegend Mathematik-Grundlagenveranstaltungen und -Vorkurse.

27.7.1 ePortfolios in der eMentoring-Ausbildung der HS OWL

Zur Vorbereitung der Arbeit mit einem ePortfolio in ihrer Ausbildung und bei ihrem Einsatz als Betreuende von Lerngruppen werden die zukünftigen eMentoren zunächst in den Funktionen des ePortfolios und deren Einsatz geschult; im Rahmen ihrer Ausbildung arbeiten sie verstärkt mit den Features *Lernzielübersicht*, der Darstellung überfachlicher Fähigkeiten in der *Fähigkeitsmatrix* und dem *Lernjournal*.

In der *Lernzielübersicht* wird ein Abgleich der Lernziele der eMentoring-Ausbildung mit dem aktuellen Lernstand in Bezug auf diese Lernziele und ein Überblick über den persönlichen Lernfortschritt ermöglicht. Hier sind die Lernziele der Ausbildung aufgelistet, und Fortschrittsbalken zeigen, inwieweit und mit welchem Erfolg die Aufgaben zur Erreichung dieses Lernziels bearbeitet wurden.

In der *Fähigkeitsmatrix* bekommen die eMentoren entlang vordefinierter überfachlicher Fähigkeiten ebenfalls einen Überblick über die aktuelle Ausprägung ebendieser. Die Ausprägung der einzelnen Fähigkeiten in der Darstellung bestimmen vier Faktoren: die Qualität der Bearbeitung der Aufgaben in ILIAS-Kursen, welchen überfachliche Fähigkeiten zugeordnet wurden, die Selbsteinschätzung der eMentoren zu dieser überfachlichen Fähigkeit und die Fremdeinschätzung der Fähigkeit der eMentoren durch ihre Kommilitonen (im Rahmen einer Peer Review-Aufgabe) und den Lehrenden der eMentoring-Ausbildung. So sollen die eMentoren einen Überblick darüber bekommen, in welchen Bereichen ihre Expertise, wo ggf. Nachholbedarfe liegen und (gemeinsam mit den Lehrenden) individuelle Lernempfehlungen ableiten.

In Anschluss an die Identifikation eigener Expertise und Nachholbedarfe regt der Lehrende der eMentoring-Ausbildung dazu an, über das Feature *Need for Support & Support Offer Notification* Lernpartner mit denselben Nachholbedarfen zu suchen oder Unterstützung in den Bereichen der eigenen Expertise anzubieten.

Da sich diese Features derzeit noch in Entwicklung befinden, wurde im Piloten der HS OWL ein anderer Weg gewählt, den Reflexionsprozess über Nachholbedarfe in Bezug auf die zu erreichenden Lernziele und Fähigkeiten der Ausbildung anzuregen: die Lernziele wurden im dazugehörigen ILIAS-Kurs erläutert; zu Beginn der Lehrveranstaltung füllten die Studierenden Fragebögen zu ihren Erwartungen und persönlichen Lernzielen für die Ausbildung und zur Selbsteinschätzung ihrer überfachlichen Fähigkeiten aus. Diese Lernziele und die bisherige Ausprägung ihrer überfachlichen Fähigkeiten glichen die Teilnehmenden mit den Lernzielen der Ausbildung ab und identifizierten mögliche Nachholbedarfe und nächste Lernschritte.

Am Ende des Semesters wurde die Selbsteinschätzung der überfachlichen Fähigkeiten wiederholt. Aufgabe der eMentoren war es dann, im Rahmen einer schriftlichen Ausarbeitung die Ergebnisse der Selbsteinschätzungen zu Beginn und am Ende des Semesters anhand von Leitfragen miteinander zu vergleichen, das Erreichen der (eigenen) Lernziele zu prüfen und Lernfortschritte und -defizite zu identifizieren und zu erklären.

Das *Lernjournal* konnte bereits seit Beginn des Piloten zur Reflexion der eigenen Lernprozesse in der Ausbildung eingesetzt werden; entlang von Leitfragen zu Vorbereitung und Ablauf der Lerngruppenbetreuung und ihrer Rolle als eMentoren in der Lerngruppe dokumentieren die eMentoren regelmäßig ihre Arbeit, und sollen dadurch Verbesserungsmöglichkeiten bezüglich ihrer Arbeitsprozesse sowie inhaltliche Nachholbedarfe in Bezug auf ihre didaktische und theoretische Qualifikation erkennen und formulieren. Der Lehrende der Ausbildung kommentiert die Einträge der eMentoren und spricht ggf. Lernempfehlungen aus. Zukünftig regt er zudem sobald verfügbar die Nutzung des Features *Need for Support & Support Offer Notification* an, um Lernpartner in Bereichen der eigenen Expertise oder eigener Nachholbedarfe zu finden.

27.7.2 ePortfolios in der Betreuung der Studienanfänger an der HS OWL

In den ersten Lerngruppentreffen führen die eMentoren in die Features und Nutzungsmöglichkeiten des ePortfolios ein und erläutern die Arbeitsweise, in der während der Vorkurse bzw. über das Semester hinweg damit gearbeitet werden soll.

Durch die Arbeit mit dem ePortfolio, angeleitet von eMentoren, sollen die eMentees eigene Unterstützungsbedarfen für die begleitete Mathematik-Lehrveranstaltung erkennen, Lernempfehlungen bekommen und zur Suche nach und Bildung von Lernpartnerschaften angeregt werden.

Über das Feature *Need for Support/Support Offer Notification* haben die eMentees in Zukunft die Möglichkeit, anzugeben, in welchen Bereichen der begleiteten Lehrveranstaltung sie Hilfe benötigen und wo sie ihren Kommilitonen Hilfe anbieten können. Bei der Identifikation dieser Bereiche beraten die eMentoren: gemeinsam mit dem eMentee analysieren sie dessen aktuellen Lernstand, dargestellt in den *Fähigkeitsmatrizen* bzw. der *Lernzielübersicht* (und ggf. vom eMentee im Lernjournal schon dokumentiert).

Das Führen des *Lernjournals* der eMentees, das zum Pilotstart schon verfügbar war, wird angeleitet durch die Fragen, die die eMentoren vorgeben. In den Einträgen sollen die eMentees interessante Inhalte der Mathematik-Lehrveranstaltung und individuelle Schwierigkeiten benennen und in Zukunft die Analyse von *Lernzielübersicht* und *Fähigkeitsmatrizen* dokumentieren. Aufgabe der betreuenden eMentoren ist es dann, die Lernjournaleinträge der eMentees zu kommentieren, die Analyse ihrer Fähigkeiten und Nachholbedarfe unter Berücksichtigung von *Lernzielübersicht* und *Fähigkeitsmatrizen* zu unterstützen und ausgehend von den Analyseergebnissen (gemeinsam mit dem eMentee) Lernempfehlungen abzuleiten und das Bilden von Lernpartnerschaften über das Feature *Need for Support & Support Offer Notification* anzuregen.

Lernerbeispiel: Tim ist Studienanfänger und besucht eine Mathematik-Lehrveranstaltung mit *LoKs*; er stellt schnell fest, und findet dies in der *Lernzielübersicht* und seiner *Fähigkeitsmatrix Mathematik* bestätigt, dass er Nachholbedarf in Algebra hat. Daraufhin bespricht er mit seinem eMentor Cem seine nächsten Schritte; dieser empfiehlt ihm, das Feature *Need for Support & Support Offer Notification* zu nutzen, um Lernpartner für Algebra zu suchen. Hier wird er schnell fündig: Tina, ebenfalls Studienanfängerin, kennt sich gut aus mit Algebra und bietet ihre Hilfe dazu an, im Austausch zu Lernunterstützung in Geometrie. Tim kontaktiert Tina über ILIAS und sie beschließen, gemeinsam für die Mathematik-Lehrveranstaltung zu lernen; um dabei nicht nur zu zweit zu sein, schließen sie sich einer Lerngruppe an, die sie auch über das Feature *Need for Support & Support Offer Notification* gefunden haben, die von Petra als eMentorin betreut wird. Sie kümmert sich um Räume und passende Zeiten zum Lernen, gibt Tipps zur Lernprozessgestaltung sowie den Möglichkeiten des Online-Lernens, und strukturiert das gemeinsame fachliche Lernen. Manche Sitzungen finden auch in Webkonferenzräumen statt, damit nicht alle extra in die Hochschule kommen müssen.

Vor allem aber zeigt Petra, wie Tim und Tina ihre ePortfolios gestalten und freigeben können, wie sie selbstständig mit den *LoKs* arbeiten, weist sie auf die *Lernzielübersicht* hin und bespricht die *Fähigkeitsmatrizen* mit ihnen, um weitere Lernschritte festzulegen.

27.7.3 Erste Erkenntnisse und geplante Weiterentwicklungen der ePortfolio-Arbeit an der HS OWL

Um die Arbeit mit dem ePortfolio in der eMentoring-Ausbildung zu evaluieren, werden bisher die Qualität der Lernjournaleinträge der eMentoren und Umfang sowie Qualität der Arbeit der eMentoren mit den Selbsteinschätzungen und deren Reflexion (in Form einer schriftlichen Ausarbeitung) analysiert. Bei der ePortfolio-Arbeit der eMentees werden Häufigkeit und Umfang der Nutzung des ePortfolio-Features *Lernjournal* und der Selbsteinschätzung der überfachlichen Fähigkeiten für die Evaluation ausgewertet.

Zudem werden beide Nutzergruppen zu Akzeptanz der Methode ePortfolio, empfundenem Nutzen-Aufwandverhältnis und Lernerfolg durch die ePortfolio-Arbeit befragt.

Die Evaluationen des WS 2013/14 werden derzeit noch ausgewertet; einige grundsätzliche Tendenzen lassen sich dennoch bereits erkennen:

Die eMentoren bestätigten zum Großteil, dass die Lernjournaleinträge für ihr Lernen hilfreich waren. Wichtig für die Akzeptanz und die Qualität der Reflexion des eigenen Lernens und Arbeitens im *Lernjournal* erwiesen sich die im Vergleich zum vorhergehenden Semester konkret formulierten und auf die jeweilige Situation angepassten Leitfragen.

Die Möglichkeiten zur Selbsteinschätzung zu Beginn und am Ende der Ausbildung wurde von den Teilnehmenden positiv aufgenommen; der Vergleich der Ergebnisse zeigte bei einem Großteil der Teilnehmenden eine Verbesserung bei den meisten Fähigkeiten am Ende der eMentoring-Ausbildung; die schriftliche Reflexion über die eigenen Verbesserungen erfolgte größtenteils sehr selbstkritisch.

Für die Zukunft soll die Arbeit mit dem *Lernjournal* wie gehabt beibehalten werden; die regelmäßige Selbsteinschätzung wird mit der Weiterentwicklung der ePortfolio-Features um die Fremdeinschätzung durch Lehrende und anderen eMentoren für die *Fähigkeitsmatrix überfachlicher Fähigkeiten* und die *Lernzielübersicht* erweitert. Ebenso wird das Feature *Need for Support & Support Offer Notification* genutzt, sobald es zur Verfügung steht.

Von den in Lerngruppen betreuten Studienanfängern wurden die eingesetzten ePortfolio-Features *Lernjournal* und die Selbsteinschätzung überfachlicher Fähigkeiten dagegen nur wenig genutzt – vermutlich auf Grund der Freiwilligkeit der Nutzung und der bisherigen Beschränktheit der Features auf überfachliche Inhalte.

In Zukunft soll der Nutzen der ePortfolio-Arbeit für den Einzelnen stärker verdeutlicht und das ePortfolio aktiver in die Lerngruppentreffen integriert werden. Eine Verbesserung bei der Akzeptanz der ePortfolio-Arbeit bei den Studienanfängern ist außerdem mit der Implementation der neuen ePortfolio-Features, die sich auf das mathematische Lernen beziehen, zu erwarten. Schließlich steht der Erwerb mathematischer Fähigkeiten und die Unterstützung dabei für die Studienanfänger eindeutig im Vordergrund. Konkret bedeutet das für die zukünftige Arbeit mit dem ePortfolio einen stärkeren Fokus auf die Unterstützung des fachlichen Lernens der eMentees: mittels der Arbeit mit der *Fähigkeitsmatrix Mathematik*, der *Lernzielübersicht* der Mathematik-Lehrveranstaltung und dem Feature *Need for Support & Support Offer Notification* zum Bilden von Lernpartnerschaften.

27.8   Zusammenfassung und Ausblick

Die in dem optes-Teilprojekt ePortfolio entwickelten Features ermöglichen eine strukturierte Visualisierung und Dokumentation individueller Lernleistungen im Bereich mathematischen Grundlagenwissens und überfachlicher Fähigkeiten. Neben einem Überblick des aktuellen Lernstandes in der Lernzielübersicht erhalten Studierende durch die Fähigkeitsmatrizen einen Überblick ihrer Fähigkeiten und mit dem Feature Need for Support & Support Offer Notification die Möglichkeit, ihren Fähigkeiten entsprechend Lernpartnerschaften zu bilden.

Mit der Unterstützung der eMentoren sollen diese Features die Fähigkeit der Lernenden, den eigenen Lernstand zu reflektieren und das eigene Lernen selbständig und selbstgesteuert zu planen und durchzuführen, fördern und die Bildung von Lerngruppen erleichtern, in denen wiederum Sozialkompetenzen aufgebaut werden.

Außerdem entwickeln die Lernenden durch die ePortfolio-Arbeit ihre Fähigkeiten zur Arbeit mit Online-Medien und -Materialien, mit Lernmanagement- und Webkonferenz-Software (für Online-Sprechstunden und Online-Lerngruppentreffen) weiter.

Die weiteren Teilprojekte des optes-Verbundes sind ebenfalls miteinander und mit den hier vorgestellten Teilprojekten verzahnt. So trägt z. B. das eTutoring durch die Begleitung Lehrender bei der Erstellung von Online-Lehrmaterial, dessen Bearbeitung durch die Studierenden im ePortfolio ausgewertet wird, dazu bei, die hier geschilderten Maßnahmen in die Lehre zu integrieren. Dadurch wird in der weiteren Projektlaufzeit ein immer umfassenderes und aufeinander abgestimmtes Maßnahmenpaket rund um das online-gestützte Selbststudium in mathematischen Grundlagenfächern entstehen.

Weitere Informationen zum Projekt erhalten Sie unter www.optes.de und blog.optes.de.

Literatur

Hornung-Prähauser, V., Geser, G., Hilzensauer, W., & Schaffert, S. (2007). *Didaktische, organisatorische und technologische Grundlagen von E-Portfolios und Analyse internationaler Beispiele und Erfahrungen mit E-Portfolio-Implementierungen an Hochschulen.* Salzburg: Salzburg Research Forschungsgesellschaft.

Hübner, S., Nückles, M., & Renkl, A. (2007). Lerntagebücher als Medium des selbstgesteuerten Lernens – Wie viel instruktionale Unterstützung ist sinnvoll? In M. Gläser-Ziduka (Hrsg.), *Empirische Pädagogik – Lerntagebücher und Portfolio auf dem Prüfstand* (S. 119–137). Landau: Verlag Empirische Pädagogik.

Klieme, E., Leutner, D., & Kenk, M. (2010). Kompetenzmodellierung. Zwischenbilanz des DFG-Schwerpunktprogramms und Perspektiven des Forschungsansatzes. *Zeitschrift für Pädagogik, 56*(Beiheft).

Kultusministerkonferenz (2012). Bildungsstandards im Fach Mathematik für die Allgemeine Hochschulreife (Beschluss der Kultusministerkonferenz vom 18.10.2012). http://www.kmk.org/fileadmin/veroeffentlichungen_beschluesse/2012/2012_10_18-Bildungsstandards-Mathe-Abi.pdf. Zugegriffen: 07. Januar 2013

Kunkel, M. (2011). *Das offizielle ILIAS 4-Praxisbuch. Gemeinsam online lernen, arbeiten und kommunizieren.* München: Addison-Wesley.

optes.de (2013). optes. Optimierung der Selbststudiumsphase. http://www.optes.de. Zugegriffen: 07. August 2013

Rambow, R. (2005). Hinweise zur Erstellung des Lerntagebuchs. http://www.tu-cottbus.de/theoriederarchitektur/Lehrstuhl/deu/rambow/LTB.pdf. Zugegriffen: 25. März 2014

Rambow, R., & Nückles, M. (2002). Der Einsatz des Lerntagebuchs in der Hochschullehre. *Das Hochschulwesen, 50*(3), 113–120.

Samoila, O., Heubach, M., Mersch, A., & Wrenger, B. (2013). Das ePortfolio und flankierende Maßnahmen des Verbundprojektes optes zur Unterstützung INT-Studierender in mathematischen Grundlagenveranstaltungen. In A. Hoppenbrock, S. Schreiber, R. Göller, R. Biehler, B. Büchler, R. Hochmuth, et al. (Hrsg.), Mathematik im Übergang Schule/Hochschule und im ersten Studienjahr, Extended Abstracts zur 2. khdm-Arbeitstagung (S. 142–143). http://kobra.bibliothek.uni-kassel.de/handle/urn:nbn:de:hebis:34-2013081343293. Zugegriffen: 25. März 2014

Wintersteiner, W. (2002). Portfolios als Medium der Selbstreflexion. *Informationen zur Deutschdidaktik, 26*(1), 35–43.

Workshop zur Förderung der Begriffsbildung in der Linearen Algebra   28

Kathrin Schlarmann

Zusammenfassung

Im Folgenden wird das Konzept eines Workshops zur Förderung des Begriffsverständnisses zum Thema Basis in der Linearen Algebra vorgestellt. Der Workshop umfasste vier Treffen à zwei Stunden und wurde von den teilnehmenden Studierenden freiwillig und regelmäßig als Ergänzung zu den regulären Vorlesungen und Übungen besucht. Reichhaltige Aufgaben, die zu konzeptuellem Denken anregen, sollen die Studierenden unterstützen, ein flexibles Begriffsverständnis zu Inhalten rund um den Basisbegriff zu konstruieren. Dabei steht das kontextflexible Anwenden und Vernetzen von Inhalten im Vordergrund. Eine Untersuchung zum Begriffsverständnis der Teilnehmerinnen und Teilnehmer unter Verwendung von klinischen Interviews, bestärkt an den Hilfen zur Bedeutungskonstellation konzeptueller Zusammenhänge festzuhalten und am Workshop weiterzuarbeiten.

28.1 Probleme von Studierenden mit der Linearen Algebra

Carlson spricht 1993 wie folgt über die Probleme, die Studierende mit der Linearen Algebra haben: „It is as if a heavy fog has rolled in over them, and they cannot see where they are or where they are going" (Carlson 1993, S. 29). Dorier et al. (2000) bestätigen diesen Eindruck mit der Aussage „many students have the feeling of landing on a new planet and are not able to find their way in this new world" (Dorier et al. 2000, S. 28).

Es gibt zahlreiche Autoren, die sich in der Vergangenheit mit Schwierigkeiten von Studierenden in den ersten Semestern ihres Mathematikstudiums beschäftigten. Im Folgenden wird auf diejenigen Studien eingegangen, die zur Begründung für die Gestaltung des Workshops beitragen. Britton und Henderson (2009) untersuchen die Abgeschlos-

Kathrin Schlarmann ✉
Universität Oldenburg, Institut für Mathematik, Oldenburg, Deutschland
e-mail: kathrin.schlarmann@uni-oldenburg.de

© Springer Fachmedien Wiesbaden 2016   435
A. Hoppenbrock et al. (Hrsg.), *Lehren und Lernen von Mathematik in der Studieneingangsphase*, Konzepte und Studien zur Hochschuldidaktik und Lehrerbildung Mathematik, DOI 10.1007/978-3-658-10261-6_28

senheit von Vektorräumen sowie Funktionen als Elemente von Vektorräumen, indem sie Studierende Aufgaben schriftlich bearbeiten lassen. Sie betonen „many responses were woeful" (ebd., S. 966), obwohl sie die Aufgaben als einfach und unkompliziert bewerten und die Studierenden sich bereits zuvor mit Aufgaben gleichen Typs beschäftigt hatten. Britton und Henderson machen deutlich: „There is still much work to be done" (ebd., S. 972), denn „still the fog rolls in, and students feel as though they have been taken to a new world" (ebd., S. 963).

Stewart und Thomas (2009, 2010) knüpfen an die häufig festgestellte (vgl. Britton und Henderson 2009; Stewart und Thomas 2010) Beobachtung an, dass Studierende mit prozeduralen Aspekten, wie dem Lösen von linearen Gleichungssystemen und Matrizenmanipulationen, umgehen können, aber mit dem Verstehen der wichtigen konzeptuellen Ideen, die den Prozeduren zu Grunde liegen, kämpfen. In Übereinstimmung mit dem Standpunkt „linear algebra, with its axiomatic definitions of vector space and linear transformation, is a highly theoretical knowledge, and its learning cannot be reduced to practicing and mastering a set of computational procedures" (Sierpinska et al. 2002, S. 1), entwickeln und erproben Stewart und Thomas ein Lehrkonzept zu Themen der Vektorraumtheorie. Eine zentrale Rolle spielt dabei die geometrische Deutung von Begriffen. Stewart und Thomas (2009) resümieren, dass viele Studierende trotz der Neugestaltung Schwierigkeiten hatten, Begriffe mit anderen zu vernetzen. Als Beispiel nennen sie, dass Studierende nicht in der Lage waren, den Begriff Basis mit dem der linearen Unabhängigkeit und des Spanns in Beziehung zu setzen. Weiterhin beobachteten die Autoren, dass Studierende prozedurale Herangehensweisen bei der Aufgabenbearbeitung präferierten. Dies könnte die Auswirkung von und zugleich die Ursache für fehlende begriffliche Vernetzungen sein.

Fischer (2006) und Chandler und Taylor (2008) plädieren für ein bewusstes, aktives und reflektiertes Auseinandersetzen mit Konzepten der Linearen Algebra. Fischer (2006) stellt fest, dass Lernende großes Potential haben Begriffe sinnhaft zu verarbeiten, aber sie müssen in geeigneter Weise dazu angeregt werden, ihre Vorstellungen zu konstruieren, zu hinterfragen, zu korrigieren und auszubauen.

Harel (1997) betont, dass Studierende ihr Begriffsverständnis in konkreten mathematischen Kontexten bilden. So könne in der Lehre oft beobachtet werden, wie Lernende zum Beispiel die Definition der linearen Unabhängigkeit in dem speziellen Kontext von n-Tupeln anwenden können, um die lineare Unabhängigkeit einer Menge nachzuweisen. Schwierigkeiten bereite hingegen die Bearbeitung des analogen Problems in einem anderen Kontext, wie den eines reellen Polynomraums.

Die hier beschriebenen Probleme von Studierenden mit der Linearen Algebra und ihre Folgen, wie fehlende oder unausgereifte begriffliche Vernetzungen, für den jeweiligen Sachverhalt unvorteilhaftes kalkülhaftes Vorgehen oder bereichsspezifische Vorstellungen korrespondieren ebenso wie ein mangelndes Hinterfragen und Reflektieren von begrifflichen Strukturen seitens der Lernenden mit den Erfahrungen der Autorin. Ein Vorschlag zur Unterstützung des Begriffsbildungsprozesses und zur Förderung der Begriffsbildung ist Gegenstand dieses Artikels.

28.2 Didaktische Aspekte der Begriffsbildung

Der Prozess der Begriffsbildung wird oftmals als ein vielstufiger Prozess beschrieben, zu dem das Erkunden von Phänomenen, das Entdecken und begriffliche Erfassen von Beziehungen, das systematische Einordnen dieser, das Ausschärfen und Abgrenzen eines konkreten Begriffs sowie das Anwenden und Vernetzen gehören (Winter 1983). Es wird deutlich, dass Begriffsbildung nicht als ein bloßes Nachahmen oder Wiedergeben von Inhalten verstanden wird, sondern ein „aktiver Aneignungsvorgang [ist], der das Angeeignete immer aus der Sicht des Lerners modifiziert, bricht und verändert" (Reich 2002, S. 165). Das Erfassen von Beziehungen und das Einbinden von Begriffen in ein Begriffsnetz sind essentielle Bestandteile eines solchen Aneignungsvorgangs (vgl. Harel 1997; Vollrath 1984; Winter 1983). Insbesondere beim Lernen der Linearen Algebra spielen diese Aspekte eine zentrale Rolle, da der Theorie selbst eine starke begriffliche Vernetzung innewohnt. „Ein punktuelles Verständnis wäre ein Widerspruch in sich." (Winter 1983, S. 180)

Ein Begriffsbildungsprozess, dessen Auftreten z. B. bei der Bearbeitung einer Aufgabe denkbar wäre, kann geprägt sein durch das Wiedererkennen von relevanten, bereits gebildeten mathematischen (Teil-)Begriffen, durch das zielgerichtete Kombinieren von Wiedererkanntem in Hinblick auf eine Lösung sowie durch ein Zusammenbauen mathematischer Elemente, die durch Strukturieren, Organisieren und Integrieren in andere, meist formalere oder abstraktere Elemente münden (Hershkowitz et al. 2001; Schwarz et al. 2009). In Abstraktionsprozessen, in denen neue mathematische Begriffe konstruiert werden, wird vorhandenes individuelles Begriffsverständnis reorganisiert und generalisiert, sodass es kontextungebunden für neue Situationen bereitsteht. Es resultiert eine mentale Struktur, die als „major instrument (. . .) for solving new problems, and for acquiring new knowledge" (Skemp 1972, S. 43) dient.

28.3 Charakteristika der Linearen Algebra

Die Lineare Algebra stellt eine komplexe Theorie konzeptueller Natur dar. Charakteristisch sind eine Vielzahl von Äquivalenzaussagen, die Zusammenhänge herstellen sowie viele gehaltvolle Begriffe mit weitreichender Bedeutsamkeit. Dies soll am Beispiel des Basisbegriffs verdeutlicht werden. Die folgenden verschiedenen, aber äquivalenten Beschreibungen definieren jeweils den Begriff einer (ungeordneten) Basis.

Sei V ein K-Vektorraum. (i) $\mathcal{B}$ ist genau dann eine Basis von V, wenn gilt, dass jeder Vektor $v \in V$ sich auf genau eine Weise als Linearkombination der Vektoren aus $\mathcal{B}$ darstellen lässt. (ii) $\mathcal{B}$ ist genau dann eine Basis von V, wenn gilt, dass $\mathcal{B}$ ein minimales Erzeugendensystem von V ist. (iii) $\mathcal{B}$ ist genau dann eine Basis von V, wenn gilt, dass $\mathcal{B}$ eine maximal linear unabhängige Teilmenge von V ist. (iv) $\mathcal{B}$ ist genau dann eine Basis von V, wenn gilt, dass $\mathcal{B}$ ein linear unabhängiges Erzeugendensystem von V ist.

Der Begriff Basis tritt hier als zusammengesetzter Begriff auf. Während die Beschreibung in Definition (i) an den Begriff der Linearkombination anknüpft, welche mit einer bestimmten Eigenschaft in Form der Eindeutigkeit versehen wird, steht in Definition (ii) der Begriff des Erzeugendensystems und in Definition (iii) der Begriff der linearen Unabhängigkeit im Vordergrund. In Definition (iv) werden die lineare Unabhängigkeit und das Erzeugendensystem als definierende Eigenschaften genannt. Im Basisbegriff werden Begriffe, wie lineare Unabhängigkeit, Erzeugendensystem, Linearkombination oder Spann miteinander kombiniert. Für Studierende sind diese Begriffe neu und es muss sich für sie erst herausstellen, in welcher Relation die Begriffe zueinander stehen, welche Aspekte von zentraler Bedeutung oder welche nur in einem bestimmten Fall von Gültigkeit sind. Während sich die Begriffe in der Mathematik in einer langen Geschichte herausgebildet haben und oft als Meilensteine galten, werden Studierende in Vorlesungen oftmals mit ausgefeilten Theorien als zeitsparende Instruktionen, die in allgemeiner Form gehalten sind und auf möglichst wenige Grundannahmen aufbauen, konfrontiert.

Studierende müssen die Bedeutung der Begriffe auf Grundlage der sich etablierten Darstellung der Theorie eigenständig rekonstruieren. Eine detaillierte didaktische Analyse des Basisbegriffs vergegenwärtigt exemplarisch, welche Herausforderungen für Studierende im Erschließen eines neuen Inhalts stecken.

28.4 Workshop

Bei dem Workshop handelt es sich um zusätzliche Übungsstunden in Form von Präsenzübungen. Der Workshop umfasste vier Treffen à zwei Stunden und wurde von 20 Studierenden, die im ersten oder dritten Semester studierten, besucht. Die Teilnahme war freiwillig und erfolgte regelmäßig als Ergänzung zu den regulären Vorlesungen und Übungen des Moduls Lineare Algebra. Teilgenommen haben überwiegend Studierende des gymnasialen Lehramts und des Lehramts für berufsbildende Schulen. Aufgrund einer Umgestaltung des Studienverlaufsplans bestand der Workshop zu einem Großteil aus Studierenden, die das Modul Lineare Algebra wiederholten, da sie die Prüfung im Vorjahr nicht erfolgreich abgeschlossen hatten. Den inhaltlichen Schwerpunkt des Workshops bildete der Begriff Basis. Der Workshop startete unmittelbar, nachdem der Basisbegriff in der Vorlesung eingeführt wurde.

28.4.1 Ziel des Workshops

Das Ziel des Workshops besteht darin Hilfen zur Bedeutungskonstellation konzeptueller Zusammenhänge im exemplarischen Umfeld des Begriffs Basis zu geben. Es wird angestrebt, dass die Teilnehmerinnen und Teilnehmer ein flexibles, elaboriertes Begriffsverständnis zum Thema Basis bilden. Dazu gehört, dass sie verschiedene Kontexte für einen Begriff kennen und beziehungsreiche Begriffe bilden, die gegeneinander abgegrenzt und miteinander vernetzt sind, sodass das Begriffsverständnis über isolierte Wissensbrocken hinausgeht (vgl. Hershkowitz et al. 2001; Schwarz et al. 2009).

28.4.2 Konzept des Workshops

„Zur professionsorientierten Lehrerausbildung sind universitäre Lernumgebungen notwendig, die ein Gegengewicht zur reinen Instruktion in Vorlesungen darstellen. Es sind Möglichkeiten für den aktiven, selbstgesteuerten, konstruktiven und kooperativen Umgang mit der Mathematik zu schaffen" (Beutelspacher et al. 2011, S. 150).

Die Grundidee des Workshops besteht darin, dass Studierende sich intensiv in einer Präsenzzeit, in der Unterstützung durch Arbeitsformen und Unterrichtsgespräche gegeben wird, mit einer sorgfältig aufeinander abgestimmten Aufgabenserie auseinandersetzen. Zentral ist somit eine didaktisch und fachlich reflektierte Erarbeitung der Aufgabenserie und von geeigneten Einsatzmöglichkeiten in Lehr-Lern-Situationen.

Zur Beschreibung des Workshops sollen im Folgenden (a) das hinter der zu bearbeitenden Aufgabenserie stehende Konzept beschrieben, sowie (b) Anmerkungen zur Lehr-Lern-Situation geboten werden.

(a) Konzept zur Entwicklung der Aufgabenserie Die Entwicklung der Aufgabenserie fußt auf einem Wechselspiel zwischen dem Anbinden von Begriffsinhalten an spezielle Aufgabenkontexte und dem Loslösen von solchen. Bei der Bearbeitung von Aufgaben, die an einen speziellen Kontext, wie z. B. den $\mathbb{R}^2$ und den $\mathbb{R}^4$, den $\mathbb{R}^{2\times2}$ oder des eines reellen Polynomraums, geknüpft sind, ist es erforderlich, für die Aufgabenbearbeitung relevante Aspekte des Basisbegriffs auf einem strukturellen Level (wieder) zu erkennen, im Zusammenhang der Aufgabe zu deuten und zu adaptieren. Das Anbinden bereits gebildeter Konstrukte an einen neuen Kontext ermöglicht es, eine bekannte Eigenschaft zu verallgemeinern und ihre wesentliche, stabile Struktur herauszubilden. Ein Wechseln der Kontexte soll dazu dienen, Aspekte des Begriffs durch das Übertragen und erneute Deuten zu generalisieren, zu abstrahieren und in ein Begriffsnetz zu integrieren.

Begriffe sind allgemein definiert. Das garantiert jedoch nicht, dass Studierende diese Begriffe auch als allgemein geltend wahrnehmen. Daher wird im Workshop ein breites Anwendungsspektrum mitgeliefert. Ein spezieller Aufgabenkontext dient als Anker, an dem man sich festhalten kann und gleichzeitig als Sprungbett, von dem aus weitere Dinge entdeckt werden können.

Die Aufgaben sind so gestaltet, dass sie neben leichten inhaltlichen Überschneidungen unterschiedliche Aspekte zum Basisbegriff fokussieren. Somit knüpfen die Aufgaben aneinander an, bauen aufeinander auf und geben Gelegenheit, verschiedene Aspekte aus dem Umfeld des Basisbegriffs zu vertiefen und untereinander zu vernetzen. Offene Aufgaben, variierende Aufgabenstellungen sowie sich ändernde Kontexte sollen aufgrund von neuen Problemstellungen und Herausforderungen Anlass dazu geben, immer wieder über Beziehungen zwischen Begriffen nachzudenken und dazu anregen, diese zu modifizieren oder zu stärken.

Die Aufgaben sollen den Lernenden den Blick für die Struktur des Ganzen eröffnen. „Lernen wird damit kein Prozess nach Außen, bei dem die Lehrperson das Stoffgebiet kontinuierlich vergrößert, sondern ein Prozess nach innen, bei dem die Lernenden die

Details und Facetten des Ganzen [...] erkennen" (Hußmann 2002, S. 14). Neue Aspekte eines Begriffs sollen entdeckt und durch das Herstellen von Bezügen in das bisherige Wissensnetz integriert werden.

(b) Anmerkungen zur Lehr-Lern-Situation In Anlehnung an die konstruktivistische Lerntheorie wird „Lernen nicht als eine Folge des Lehrens, sondern als eigenständige Konstruktionsleistung des Lernenden" (Jank und Meyer 2005, S. 286) gesehen. Das Konstruieren von Begriffsverbindungen muss von jedem einzelnen Lernenden selbst ausgeführt werden, Arbeitsformen und Unterrichtsgespräche können jedoch eine unterstützende Funktion einnehmen und die konstruierende Tätigkeit in gewisse Richtungen führen. Insbesondere kann dadurch dem „zu Beginn des Studiums beschriebenen Frustrationserlebnis, allein vor einem scheinbar unlösbaren Problem zu stehen, begegnet werden" (Beutelspacher et al. 2011, S. 158). Daher ist die Bearbeitung der Aufgabenserie in einer Präsenzzeit vorgesehen.

Im Workshop beschäftigen sich die Teilnehmerinnen und Teilnehmer oftmals zuerst allein mit einer Aufgabe, um sich in die Aufgabe hineinzufinden und eigene Ideen kreieren zu können. Das Ziel besteht nicht darin, zu einer vollständigen Lösung der Aufgabe zu gelangen, sondern darin, die Aufgabenstellung zu verinnerlichen, begründete Ansätze und Ideen zu entwickeln und schriftlich festzuhalten. Weiterhin werden die Lernenden aufgefordert mögliche Unklarheiten oder Hürden, vor denen sie stehen, genau zu lokalisieren und zu beschreiben. Daraufhin werden die Ideen in Kleingruppen ausgetauscht und gemeinsam zu einer Lösung weiterentwickelt. Im Anschluss daran erfolgt ein zentraler Schritt. Die Lernenden werden aufgefordert, ihre Ideen aus der Einzelarbeitsphase zu reflektieren und sich bewusst zu machen, welche Aspekte unklar oder fehlerhaft waren und ein Vorankommen im Bearbeitungsprozess erschwert oder gar verhindert haben. Zudem werden die Gruppen aufgefordert, weitere Lösungswege unter Berücksichtigung der Ideen aus den Einzelarbeitsphasen zu finden. Dadurch soll die geistige Beweglichkeit, die Argumentationsfähigkeit und das Vernetzen von Inhalten gefördert werden. Während der Gruppenarbeitsphase werden zu Beginn des Workshops Nachfragen durch den Dozenten gestellt, die zum Denken anregen und dem Bearbeitungsprozess Tiefgründigkeit verleihen sollen. Im späteren Verlauf des Workshops wird zusätzlich ein Gruppenmitglied (jeder mindestens einmal) mit dieser Rolle beauftragt. Diese Person erhält einen Leitfaden mit allgemeinen Fragen bzw. Aufforderungen, wie zum Beispiel „Welche Auswirkungen hätte die Veränderung einzelner Aufgabenbestandteile?", „Begründe, warum die Anwendung der Begriffe legitim ist.", „Inwiefern findet die Definition von Begriffen eine Rolle?", „Führe eine Probe des Ergebnisses durch.". Aufgabenspezifische Fragen, wie im Kapitel zur Diskussion von Beispielaufgaben angesprochen, müssen weiterhin an geeigneter Stelle vom Dozenten eingebracht werden.

Nach jeweils einer Aufgabenbearbeitung wird im Plenum eine Concept Map erarbeitet, in der die Beziehungen zwischen Begriffen aus dem Umfeld des Themas Basis, die in der jeweiligen Aufgabenbearbeitung verwendet wurden, visualisiert werden. Nach jeder Bearbeitung einer Aufgabe wird diese Concept Map um neue Zusammenhänge und

Begriffe erweitert und bestehende Zusammenhänge werden bei Bedarf modifiziert. Die Aufgabenbearbeitung wird an dieser Stelle auf einer Metaebene reflektiert. Beim Erfassen der fachlichen Strukturen in einer Concept Map werden vom Dozenten Anstöße gegeben, Gemeinsamkeiten und Unterschiede der Begriffsanwendung über die Aufgaben hinweg zu erörtern.

Insgesamt werden die Lernenden im Workshop dazu angehalten, ihre Bearbeitungen auf Plausibilität und Konsistenz bezüglich der Fachinhalte zu prüfen, bewusst auf Unstimmigkeiten zu achten und diesen nachzugehen. Dies wird explizit durch Nachfragen in der Gruppenarbeitsphase und beim Reflektieren des eigenen Ansatzes gefordert. Weiterhin spielt die Konsistenz beim Erarbeiten der Concept Map eine Rolle.

Zum einen spielen reichhaltige Aufgaben als „Steilvorlage für gelingendes, variantenreiches Lernen" (Büchter und Leuders 2011, S. 14) und Träger der kognitiven Aktivität der Lernenden im Rahmen des Workshops eine zentrale Rolle. Zum anderen sind Hinterfragen von Zusammenhängen, Überlegen alternativer Lösungswege, reflektierende Rückblicke und strukturelle Überlegungen auf einer Metaebene ebenfalls sehr bedeutsam für das Workshopkonzept. Insgesamt soll den Lernenden im Workshop eine größtmögliche Unterstützung bei der eigenständigen Begriffsbildung geboten werden.

28.4.3   Diskussion von beispielhaften Aufgaben

Im Folgenden werden exemplarisch zwei Aufgaben aus der Aufgabenserie vorgestellt und analysiert und dabei die Umsetzung des hinter den Aufgaben stehenden Konzepts verdeutlicht. Eine der ausgewählten Aufgaben behandelt die Vektorräume $\mathbb{R}^2$ und $\mathbb{R}^4$. Die andere Aufgabe spielt sich im Kontext eines reellen Polynomraums vom Grad ≤ 1 ab. Diese Aufgaben wurden ausgewählt, um aufzuzeigen, welches Potential in Aufgaben steckt, die dem Experten zunächst trivial erscheinen, wenn man ins Detail schaut.

> **Aufgabe: $\mathbb{R}^2$ und $\mathbb{R}^4$**
> $\{(1, 4), (0, 2), (1, 1)\}$ sei ein Erzeugendensystem des $\mathbb{R}$-Vektorraums V. Erkläre, was du über V aussagen kannst und warum.
> $\{(1, 0, 2, 4), (0, 0, 1, 2), (7, 0, 0, 0)\}$ sei ein Erzeugendensystem des $\mathbb{R}$-Vektorraums W. Erkläre, was du über W aussagen kannst und warum.

Weiterhin werden im Laufe der Bearbeitung mündlich Anregungen gegeben, die Bearbeitungen in a) und b) auf Gemeinsamkeiten und Unterschiede hin zu vergleichen. Die Studierenden werden, sofern sie dies nicht bereits von sich aus tun, dazu angeregt, den Begriff Basis in diesem Aufgabenkontext zu deuten.

Im Aufgabenteil a) werden die Lernenden mit einem konkreten Erzeugendensystem konfrontiert, welches sie deuten müssen. Die Aufgabe ist sehr offen bezüglich der Aspekte, auf die bezüglich *V* eingegangen werden kann. Ihre Bearbeitung lässt viele Lösungswege zu, deren Thematisierung die Aufgabe besonders reichhaltig macht und das Vernetzen von Inhalten anregt. Begründungen werden stets erwartet. Einige Lösungsideen werden nun mit Fokus auf den Basisbegriff näher beleuchtet.

In der folgenden Lösungsidee wird eine Basis als minimales Erzeugendensystem und geometrischer Aufspann betrachtet. Ein Zugang könnte daraus bestehen, sich die drei gegebenen Vektoren geometrisch zu verdeutlichen und das Erzeugendensystem als geometrischen Spann dieser drei Vektoren aufzufassen. Über eine geometrische Addition der Vektoren in Kombination mit geometrischer Skalarmultiplikation kann begründet werden, dass jeder Vektor des $\mathbb{R}^2$ erreicht werden kann. Weiterhin kann dabei erkannt werden, dass zwei der drei Vektoren als Information für eine Beschreibung von *V* ausreichen. Bei der Begründung dazu wäre es möglich mit der geometrischen Deutung der linearen Abhängigkeit zu arbeiten. Diese Lösungsidee spricht eine geometrische Deutung von Linearkombination, Erzeugendensystem und linearer Abhängigkeit am konkreten Beispiel an, weiterhin ermöglicht es den Begriff Erzeugendensystem gegen den der Basis abzugrenzen.

Aufbauend auf diesem Lösungsweg bietet sich eine algebraische Behandlung der Lösungsidee an, die auch eigenständig für sich stehen kann. Der Term der Linearkombination $u(1, 4) + v(0, 2) + w(1, 1)$ kann umgeformt werden zu $u(1, 4) + v(0, 2) + w[1(1, 4) - 1, 5(0, 2)]$. Beim Umformen von $(1, 1)$ als Ausdruck, der aus den beiden anderen Vektoren besteht, steht die Betrachtung der einzelnen Komponenten der Vektoren und ihre Kombination im Vordergrund. Die lineare Abhängigkeit wird hier erfahren als „auseinander erzeugbar sein" oder „durch andere Bausteine ersetzbar sein". Letzteres lenkt von der linearen Abhängigkeit als Eigenschaft einer ganzen Menge von Vektoren ab. Der Term kann nun geschrieben werden als $u'(1, 4) + v'(0, 2)$. Die Basiselemente werden als Bausteine in der Linearkombination betont. Das Erzeugendensystem wurde zu einer Basis reduziert.

Der folgende Lösungsansatz baut auf die Definition von Basis als linear unabhängiges Erzeugendensystem auf und verfolgt eine rechenbetonte Herangehensweise. Mit dem Fokus auf die Elemente des Erzeugendensystems wird die lineare Unabhängigkeit mit Hilfe des Gauß-Algorithmus oder der Anwendung der Definition überprüft. Der Gauß-Algorithmus liefert eine Nullzeile, die interpretiert werden muss. Die Definitionsanwendung liefert dabei nicht triviale Werte für die Koeffizienten der Linearkombination.

Die Struktur im Aufgabenteil b) ist analog zu der im vorangehenden Aufgabenteil. Da dies offensichtlich ist, kann der Gedanke, Ideen aus a) zu übertragen, naheliegend sein. Gemeinsamkeiten und Unterschiede müssen sich bewusst gemacht werden. Unterschiede sind lediglich im Erzeugendensystem selbst zu finden: Während sich a) im $\mathbb{R}^2$ abspielt und drei Vektoren gegeben sind, sodass eine Reduzierung des Erzeugendensystems zu einer Basis naheliegt, handelt es sich in b) um drei Vektoren im vierdimensionalen Raum. Der $\mathbb{R}^4$ selbst kann niemals erzeugt werden von den drei Vektoren, so kann *W* lediglich ein Untervektorraum des $\mathbb{R}^4$ sein. Die geometrische Darstellungsform greift zunächst nicht mehr, da die Vektoren aus je vier Komponenten bestehen. Die anderen Lösungswege aus a) könnten übertragen werden.

Die Übertragung der Aspekte des Basisbegriffs, die hier greifen, führt zu einer Reflexion, Vertiefung und Verallgemeinerung desselben. So erfolgt durch die Betrachtung des Übergangs vom $\mathbb{R}^2$ zum $\mathbb{R}^4$ eine Abstraktion. Mathematik entwickelt sich im Kopf eines Lernenden auf zunehmenden Stufen der Abstraktion und der Komplexität. Die Komplexität bezüglich des konzeptuellen Anspruchs in diesem Aufgabenteil steigt im Vergleich zu a). Die Einträge in den Vektoren sind einfach gewählt, sodass langwierige und komplizierte Berechnungen nicht von den konzeptuellen Zusammenhängen ablenken.

Die Aufgabe kann auf sehr unterschiedlichen Niveaus behandelt werden, ihre Lösung geht deutlich über eine Routinehandlung als Standardlösung hinaus und regt stattdessen zum Denken über die Begriffe an. Die Lernenden erfahren eine Basis als minimales oder linear unabhängiges Erzeugendensystem. Basis wird als ein Unterbegriff des Begriffs Erzeugendensystem erfahren und die beiden Begriffe werden gegeneinander abgegrenzt. Die Studierenden sollen die Stärke und den Nutzen von Basen als prägnante, vollkommene Beschreibungen eines Vektorraums erfahren. Da sie einem Vektorraum jeweils eine Struktur verleihen, können die Studierenden Basen als Ordnungselemente erfahren.

Weitere lohnenswerte Aspekte bei der Thematisierung dieser Aufgabe sind die Deutungen von V und W als Ebenen, die Betrachtung ihrer Dimension (wobei explizit gemacht werden sollte, dass W die Dimension zwei hat, aber nicht wie V im zweidimensionalen, sondern im vierdimensionalen Raum liegt), eine Betrachtung von Untervektorräumen von V und W und die Erkundung unterschiedlicher Basen als verschiedene Darstellungen ein und derselben Menge. Bei Letzterem wird deutlich, dass eine Basis einen Vektorraum auf eine bestimmte Weise strukturiert, aber die axiomatische Struktur eines Vektorraums unabhängig von einer Basis ist.

Aufgabe: reeller Polynomraum
Gegeben sei $Q = \{ax - a \mid a \in \mathbb{R}\} \subset P$ mit P als Raum aller Polynome.

a) Was verstehst du unter Q?
b) Gib eine Basis von Q an und begründe, warum es sich um eine Basis handelt.
c) Lisa behauptet: „$\{x, 1\}$ ist eine Basis von Q. Die Basiselemente sind linear unabhängig und per Linearkombination lassen sich mit ihnen alle Elemente aus Q erzeugen." Nimm Stellung dazu und beziehe dich auf die Vorlesungsinhalte.

Im Aufgabenteil a) werden die Lernenden aufgefordert, den gegebenen Untervektorraum Q zunächst zu deuten. Würde a) nicht explizit gefordert, wäre es dennoch der erste Bearbeitungsschritt beim Erarbeiten einer Basis. Die algebraische Darstellung von Q zu deuten und damit die Struktur dieser Menge mathematischer Gegenstände zu entdecken, erfordert es, Bezüge innerhalb dieses Ausdrucks herzustellen (vgl. Rüede 2012). Dies ist für Lernende, die ganz anders strukturieren als Experten, bereits eine herausfordernde Aufgabe, zumal es hier um Polynome als Vektorraumelemente geht, die manch einer mit Funktionen assoziiert, welche typisch für den Bereich der Analysis sind.

In a) müssen Bezüge zwischen den Mengenklammern und den Symbolen $ax - a \,|\, a \in \mathbb{R}$, ebenso wie zwischen $ax - a$ und $a \in \mathbb{R}$ und den Mengenklammern und $\subset P$ sowie innerhalb des Terms $ax - a$ hergestellt werden. Weiterhin ist eine objekthafte Auffassung von $ax - a$ erforderlich. $ax - a$ muss erfasst werden als allgemeiner Repräsentant von Vektorraumelementen, die mit Vektoren im Sinne von n-Tupeln nichts mehr zu tun haben. Denkbar wäre, dass im Rahmen dieser Teilaufgabe auch Beispielelemente aus Q sowie Gegenbeispiele angegeben werden.

In Aufgabenteil b) sind die Angabe einer Basis und einer Begründung gefordert. Mögliche Herangehensweisen wären ein Beispielelement zu einer Basis zu ergänzen, wobei erkannt werden muss, dass alle Elemente Vielfache voneinander und damit linear abhängig sind. Eine Basis, als maximal linear unabhängige Teilmenge von Q, besteht somit aus einem Element. Mit dem Fokus auf die Erzeugenden-Eigenschaft einer Basis lässt sich die den Elementen innewohnende Struktur beschreiben als Vielfache von $(x - 1)$. Der Term $ax - a$ lässt sich umgeformt zu $a(x - 1)$ als Linearkombination auffassen, mit a als Skalar. Weitere Ideen oder Kombinationen der vorgestellten Überlegungen sind denkbar.

In c) steht die Argumentation im Fokus, ob $\{x, 1\}$ als Basis für Q in Frage kommt. Im Vergleich zu Teilaufgabe b) muss keine Basis gefunden, sondern eine gegebene gedeutet werden. Die Denkrichtung ist somit eine andere. Zur Lösung dieser Aufgabe muss eine begrifflich geprägte mathematische Argumentation entwickelt werden. Die Lernenden müssen die Basis $\{x, 1\}$ als Beschreibung für $\{ux + v \,|\, u, v \in \mathbb{R}\}$ deuten und erfassen, dass diese Menge nicht Q entspricht.

Basiseigenschaften, die in dieser Aufgabe erfahren werden, sind folgende: Eine Basis muss alle Elemente eines Vektorraums erzeugen und zwar nur genau diese. In diesem Zusammenhang bietet es sich an, auf die Bedeutung des Gleichheitszeichens in der definierenden Eigenschaft $V = \mathrm{Spann}_K(\mathcal{B})$ einzugehen. Ebenso könnte darauf eingegangen werden, dass die Funktion einer Basis, einen Vektorraum zu beschreiben, verloren ginge, wenn für jeden Untervektorraum die Standardbasis aus Elementarelementen des Vektorraums greifen würde oder, dass es Probleme mit dem Dimensionsbegriff geben würde. Somit ist Anlass gegeben, über die Stärke des Basisbegriffs nachzudenken.

Die Aufgabe zu den Vektorräumen $\mathbb{R}^2$ und $\mathbb{R}^4$ wurde vor der Aufgabe zum reellen Polynomraum von den Lernenden bearbeitet. Begrifflichkeiten, die im Kontext $\mathbb{R}^2$ und $\mathbb{R}^4$ thematisiert wurden (und weitere), werden anschließend im Kontext des reellen Polynomraums gedeutet. Die oben beschriebene methodische Gestaltung der Lehr-Lern-Situation, in der die Lernenden animiert werden, mehrere Lösungswege zu erarbeiten, ruft weitere Aktivitäten der Begriffsdeutung und des Vernetzens von Inhalten hervor.

Weitere, auch abstraktere und komplexere Aufgaben wurden zum Teil im Workshop und in der zu den Vorlesungen gehörenden Übungen bearbeitet.

28.5   Qualitativ-empirische Untersuchung zum Begriffsverständnis

28.5.1   Methodisches Vorgehen

Am Ende des Semesters, ca. vier Wochen nach dem letzten Workshoptreffen, schloss sich eine Untersuchung zum Begriffsverständnis der Teilnehmerinnen und Teilnehmer des Workshops unter Verwendung von halbstrukturierten, klinischen Einzelinterviews an. Die Interviewerin und die Dozentin des Workshops sind nicht dieselbe Person. Die Teilnahme am Interview war freiwillig. Gegenstand des Interviews waren drei Aufgaben. Die Aufgaben behandelten das Thema Basis in unterschiedlichen Kontexten und ihre Bearbeitung erforderte konzeptuelle Herangehensweisen und unterschiedliche Denkrichtungen.

Nachdem die Studierenden sich die Aufgaben zunächst jeweils alleine und ohne Zeitlimit angesehen und erste Bearbeitungen durchgeführt haben, schloss sich das Interview an. Die Studierenden sollten ihre bisherigen Überlegungen wiedergeben und brachten aufbauend auf diese Reflexion weitere Ideen und Ansätze für die jeweilige Problemlösung ein. Der Interviewerin kam die Aufgabe zu, die Studierenden dazu zu animieren, ihre Gedanken zu verbalisieren. Das Ziel bestand nicht darin, möglichst schnell zu einer Lösung zu kommen.

Eine qualitative Analyse der Daten soll Aufschluss über die von den Studierenden gebildeten mentalen Strukturen zum Basisbegriff als Ergebnis aus Workshop, Vorlesung und Übung geben. Da mentale Strukturen nur im Kopfe des Probanden und somit unsichtbar sind, müssen sie aus dem Prozess der Aufgabenbearbeitung rekonstruiert werden. Eine solche Rekonstruktion zeigt „intelligentes Wissen" (Weinert 1998, S. 115) auf, welches zur Problemlösung angewendet werden kann. Für eine detaillierte Beschreibung der Datenauswertung wird auf Schlarmann (2013) verwiesen. Im Folgenden wird eine der Untersuchungsaufgaben dargestellt.

Untersuchungsaufgabe:
Gegeben sei $U = \{(x, y, z) \in \mathbb{R}^3 \| 2x = z\} \subset \mathbb{R}^3$.

a) Gib eine Basis von U an.
b) Beschreibe ausführlich: Wie bist du in a) vorgegangen?
c) Deute U geometrisch.

Diese Aufgabe eignet sich zum Rekonstruieren von mentalen Strukturen, da sie folgende Aspekte erfüllt: Die Aufgabe fordert die Probanden heraus, konzeptuell zu arbeiten. Die Notation des Vektorraums ist typisch und wurde in der Vorlesung, den Übungen und dem Workshop verwendet. Die Aufgabe bietet zahlreiche Lösungswege. Es gibt nicht genau eine spezielle Idee, die erinnert werden muss. Stattdessen kann ein aus U gewählter Vektor zu einer Basis ergänzt werden, indem die lineare Unabhängigkeit unter den Basisvektoren fokussiert wird. Ein anderer Ansatz, in dem $(x, y, 2x)$ gemäß der Variablen separiert wird, stellt die Linearkombination in den Mittelpunkt. In einer anderen Lösungsidee könnte die Dimension von U eine zentrale Rolle spielen, die die Anzahl der Basisvektoren angibt. Die Dimension wiederum kann ermittelt werden aus $2x = z$, welches den $\mathbb{R}^3$ um eine Dimension reduziert oder aus einer geometrischen Deutung des Untervektorraums als Ebene. Diese knapp gehaltenen Beispiele von Ideen, die zur Lösungsfindung auch kombiniert werden können, zeigen, wie reichhaltig die Aufgabe ist und dass sie vielfältige Anlässe geben kann, um über den Begriff Basis zu sprechen.

28.5.2 Überblick über einige Ergebnisse

Im Folgenden soll der Fokus zunächst auf begriffliche Argumentationen gelegt werden und weniger auf das Endergebnis der Aufgabenbearbeitung.

Bei einigen Studierenden fällt positiv auf, dass sie bei der Bearbeitung der Aufgaben und ihren Erläuterungen unterschiedliche Eigenschaften eines Begriffs zielgerichtet anwenden. So werden – als ein Beispiel – folgende verschiedene Facetten der linearen Unabhängigkeit, als definierende Eigenschaft von Basis, in der Bearbeitung eines Studierenden deutlich:

- Die lineare Unabhängigkeit wird als Unmöglichkeit, Elemente eines Systems per Linearkombination auseinander zu erzeugen, verwendet.
- Das Überprüfen eines Systems von Vektoren auf lineare Unabhängigkeit erfolgt per Analyse der Abhängigkeiten unter den Vektoreinträgen und deren Wirkung. Dabei wird auf die besondere Rolle und Auswirkung von Null-Komponenten eingegangen.
- Die Lineare Unabhängigkeit wird als Eigenschaft eines ganzen Systems betont.
- Das Überprüfen eines Systems von Vektoren auf lineare Unabhängigkeit erfolgt gemäß ihrer klassischen Definition mit und ohne Verwendung des Gaußalgorithmus.

Die lineare Unabhängigkeit wird in diesem Beispiel über verschiedene konzeptuelle sowie prozedurale zum Teil äquivalente Aspekte gebildet, sodass ein flexibler Umgang mit dem Begriff möglich ist. Ähnliche Beobachtungen können bei anderen Studierenden gemacht werden, die beim Problemlösen sowohl innerhalb einer Aufgabe als auch über die Aufgaben hinweg vielfältig auf den Begriff des Erzeugendensystems eingegangen sind.

Neben Studierenden, die eine Eigenschaft präferieren und nur wechseln, wenn es die Aufgabenstellung zwingend erfordert, gibt es auch solche, die an jede Aufgabe mit einer anderen zielführenden Idee herangehen. Somit kann man vermuten, dass es diesen Studierenden gelungen ist, ein reichhaltiges Begriffsnetz bezüglich des Begriffs Basis und seinen Teilbegriffen aufzubauen, welches sie zur Problemlösung in verschiedenen Kontexten nutzen können.

Einige Studierende hatten insbesondere bei der vorgestellten Untersuchungsaufgabe Schwierigkeiten. Sie argumentierten beispielsweise, dass eine Basis von U aus drei Vektoren bestehen müsse. Indizien dafür waren die Symbole $\in \mathbb{R}^3$ oder $\subset \mathbb{R}^3$ in der Aufgabenstellung. Die Eigenschaften „im Dreidimensionalen liegen" und „die Dimension drei haben" wurden als gleichwertig angesehen. Auch adäquate Begriffsvorstellungen konnten nicht helfen, diese Hürde zu überwinden, da die Forderung nach drei Basisvektoren stärker war. So wurde die Eigenschaft, dass Basisvektoren aus U stammen müssen, nachträglich verworfen, um eine (falsche) Basis aus drei linear unabhängigen Vektoren angeben zu können.

Insgesamt konnten alle teilnehmenden Studierenden an den Aufgaben arbeiten und haben Inhalte zum Basisbegriff angeführt. Probleme gab es insbesondere bei der vorgestellten Untersuchungsaufgabe. Fünf Studierende lösten die Aufgabe allein, weitere fünf kamen nach eigenem Bearbeiten und Hinweisen seitens der Interviewerin (z. B. „Bist du sicher, dass die Dimension von U drei ist?") zu einer Lösung. Zwei Lernende brauchten deutlichere Hinweise.[1] Die anderen beiden Aufgaben wurden zu 85 % ohne inhaltliche Hinweise seitens der Interviewerin richtig gelöst.

In einem Feedback lobten die Studierenden das Aufgabenkonzept und reflektierten, dass sie eine Grundlage für Verständnis bekommen hätten, welches sie ermutigte, sich mit schwierigen Aufgaben zu beschäftigen und Spaß an der Linearen Algebra vermittelte.

28.6   Fazit

Insgesamt weisen die Erfahrungen mit dem Workshop darauf hin, dass die Anregungen lohnenswerte Hilfen zur Begriffsbildung sein können.

Dies bestärkt an der Grundidee sorgfältig aufeinander abgestimmter offener Aufgaben unter Berücksichtigung verschiedener Kontexte festzuhalten und weitere Aufgaben zu entwickeln, in denen unter anderem gezielt Hürden (z. B. zur Dimension) angesprochen werden. Zudem scheint es vielversprechend zu sein, in regelmäßigen Präsenzzeiten eine Lernumgebung zu schaffen, in der bewusstes Hinterfragen von Zusammenhängen und Nachgehen von Unstimmigkeiten, Reflektieren von verschiedenen Lösungsideen und Strukturieren von Fachinhalten auf einer Metaebene typisch sind und schließlich als selbstverständlich für die Erarbeitung von neuen Begriffen angesehen werden. Dies stellt, wie sich im Workshop zeigte, eine nicht zu unterschätzende Herausforderung an die Lehrperson dar. Unter Berücksichtigung des Aspekts, dass eine nachhaltige Entwicklung von Denkweisen einen langen kognitiven Anlauf braucht, ist eine zeitliche (und damit auch inhaltliche) Ausdehnung des Workshops sinnvoll. Eine Weiterentwicklung des Workshops im Rahmen eines Forschungsmodells mit dem Ansatz von Design Based Re-

---

[1] Ein Jahr zuvor wurden nahezu alle Studierenden des Jahrgangs, welche das Modul Lineare Algebra bestanden haben, in einer schriftlichen Befragung aufgefordert, eine Basis zum Untervektorraum U anzugeben. Es zeigte sich, dass zwei Drittel aller 57 beteiligten Probanden keine richtige Basis angeben konnte. Auch wenn ein Vergleich nicht möglich ist, wird deutlich, dass diese Aufgabe eine nicht zu unterschätzende Herausforderung für Studierende darstellt.

search erscheint aussichtsreich. Langfristig ist eine Einbindung des Workshopkonzepts in den regulären Übungsbetrieb in Form von Präsenzaufgaben denkbar. Für eine erfolgreiche Umsetzung wäre eine entsprechende Fortbildung von Übungsleiterinnen und -leitern notwendig.

Literatur

Beutelspacher, A., Danckwerts, R., Nickel, G., Spies, S., & Wickel, G. (2011). *Mathematik Neu Denken. Impulse für die Gymnasiallehrerbildung an Universitäten*. Wiesbaden: Vieweg+Teubner.

Büchter, A., & Leuders, T. (2011). *Mathematikaufgaben selbst entwickeln. Lernen fördern – Leistung überprüfen* (5. Aufl.). Berlin: Cornelsen Scriptor.

Britton, S., & Henderson, J. (2009). Linear algebra revisited: An attempt to understand students' conceptual difficulties. *International Journal of Mathematical Education in Science and Technology, 40*(7), 963–974.

Carlson, D. (1993). Teaching Linear Algebra: Must the Fog Always Roll in? *The College Mathematics Journal, 24*(1), 29–40.

Chandler, F., & Taylor, D. (2008). Constructivist learning in undergraduate linear algebra. *PRIMUS: Problems, Resources and Issues in Mathematics Undergraduate Studies, 18*(3), 299–303.

Dorier, J.-L., Robert, A., Robinet, J., & Rogalski, M. (2000). On a research programme concerning the teaching and learning of linear algebra in the first-year of a French science university. *International Journal of Mathematical Education in Science and Technology, 31*(1), 27–35.

Fischer, A. (2006). Vorstellungen zur linearen Algebra: Konstruktionsprozesse und -ergebnisse von Studierenden, Dissertation, Technische Universität Dortmund. https://eldorado.tu-dortmund.de:443/handle/2003/22202. Zugegriffen: 15. Juli 2013

Harel, G. (1997). The Linear Algebra Curriculum Study Group Recommendations: Moving Beyond Concept Definition. In D. Carlson, C. R. Johnson, D. C. Lay, A. D. Porter, A. Watkins, & W. Watkins (Hrsg.), *Resources for Teaching Linear Algebra* MAA Notes, (Bd. 42, S. 107–126). Washington: Mathematical Association of America.

Hershkowitz, R., Schwarz, B. B., & Dreyfus, T. (2001). Abstraction in Context: Epistemic Actions. *Journal for Research in Mathematics Education, 32*(2), 195–222.

Hußmann, S. (2002). *Konstruktivistisches Lernen an Intentionalen Problemen – Mathematik unterrichten in einem offenen Lernarrangement*. Hildesheim: Franzbecker.

Jank, W., & Meyer, H. (2005). *Didaktische Modelle* (7. Aufl.). Berlin: Cornelsen Scriptor.

Reich, K. (2002). *Konstruktivistische Didaktik. Lehren und Lernen aus interaktionistischer Sicht*. München: Luchterhand.

Rüede, C. (2012). Strukturieren eines algebraischen Ausdrucks als Herstellen von Bezügen. *Journal für Mathematikdidaktik, 33*(1), 113–141.

Schlarmann, K. (2013). Conceptual Understanding In Linear Algebra – Reconstruction Of Mathematics Students' Mental Structures Of The Concept ‚Basis' –. In B. Ubuz, Ç. Haser, & M. A. Mariotti (Hrsg.), *Proceeding of the Eighth Congress of the European Society for Research in Mathematics Education* (S. 2426–2435). Ankara: Türkei: Middle East Technical University.

Schwarz, B. B., Dreyfus, T., & Hershkowitz, R. (2009). The nested epistemic actions model for abstraction in context. In B. B. Schwarz, T. Dreyfus, & R. Hershkowitz (Hrsg.), *Transformation of Knowledge through Classroom Interaction* (S. 11–41). London: Routledge.

Sierpinska, A., Nnadozie, A., & Okta, A. (2002). *A study of relationships between theoretical thinking and high achievement in Linear Algebra*. Montréal: Concordia University.

Skemp, R. R. (1972). *The Psychology of Learning Mathematics*. Harmondsworth: Penguin Books.

Stewart, S., & Thomas, M. O. J. (2009). Linear Algebra Snapshots through APOS and Embodied, Symbolic and Formal Worlds of Mathematical Thinking. In R. Hunter, B. Bicknell, & T. Burgess (Hrsg.), *Crossing divides: Proceedings of the 32nd annual conference of the Mathematics Education Research Group of Australasia* (Bd. 2, S. 507–514). Palmerston North: MERGA.

Stewart, S., & Thomas, M. O. J. (2010). Student learning of basis, span and linear independence in linear algebra. *International Journal of Mathematical Education in Science and Technology, 41*(2), 173–188.

Vollrath, H.-J. (1984). *Methodik des Begriffslehrens im Mathematikunterricht*. Stuttgart: Klett.

Weinert, F. E. (1998). Neue Unterrichtskonzepte zwischen gesellschaftlichen Notwendigkeiten, pädagogischen Visionen und psychologischen Möglichkeiten. In Bayerisches Staatsministerium für Unterricht, Kultus, Wissenschaft und Kunst (Hrsg.), *Wissen und Werte für die Welt von morgen* (S. 104–125). München: Eigenverlag.

Winter, H. (1983). Über die Entfaltung begrifflichen Denkens im Mathematikunterricht. *Journal für Mathematik-Didaktik, 4*(3), 175–204.

Erfahrungen aus der „Mathe-Klinik" 29

Mario Schmitz und Kerstin Grünberg

Zusammenfassung

Die Hochschule für nachhaltige Entwicklung Eberswalde (FH) bietet den Ingenieur-studiengang „Holztechnik" seit 2006 als Bachelor (B. Sc.) und als dualen Studiengang an. Der Fachbereich sieht sich mit einer Abbruchquote von mehr als 40 % konfrontiert, welche durch ein Scheitern der Studierenden in den Grundlagenfächern – besonders Mathematik – begründet zu sein scheint. Wir präsentieren in diesem Beitrag Erfahrungen, die wir in dem Konzept „Mathe-Klinik", welches erstmalig im Wintersemester 2012/13 erprobt wurde, gesammelt haben. Dazu gehört neben Hausaufgaben, freiwilliger Projektarbeit und neuen Prüfungskonzepten auch eine neue Form von Tutorien, bei denen auch auf Gruppengröße und Lern-Atmosphäre geachtet wurde. Nachdem die Maßnahmen im ersten Fachsemester messbare Erfolge erzielt hatten, wurden bei der weiteren Erprobung im zweiten Fachsemester allerdings auch Grenzen aufgedeckt.

29.1 Einleitung

Die Hochschule für nachhaltige Entwicklung Eberswalde (FH) bietet den ehemaligen Diplomstudiengang „Holztechnik" seit 2006 als Bachelor (B. Sc.), als dualen Studiengang und weiterführend als wissenschaftlichen Masterstudiengang (M. Sc.) an. Ziel der Ausbildung ist die Befähigung zu beruflichen Tätigkeiten in der Holzindustrie auf der Grundlage naturwissenschaftlicher, technologischer und betriebswirtschaftlicher Erkenntnisse. Der Fachbereich sieht sich mit einer Abbruchquote von mehr als 40 % konfrontiert, welche besonders durch ein Scheitern der Studierenden in den Grundlagenfächern Mathematik,

Mario Schmitz ✉ · Kerstin Grünberg
Hochschule für nachhaltige Entwicklung Eberswalde, Fachbereich Holzingenieurwesen,
Eberswalde, Deutschland
e-mail: mario.schmitz@hnee.de

© Springer Fachmedien Wiesbaden 2016   451
A. Hoppenbrock et al. (Hrsg.), *Lehren und Lernen von Mathematik in der
Studieneingangsphase*, Konzepte und Studien zur Hochschuldidaktik und Lehrerbildung
Mathematik, DOI 10.1007/978-3-658-10261-6_29

Physik und Maschinenkunde begründet zu sein scheint. Bei der Analyse von zurückliegenden Prüfungsergebnissen fällt auf, dass die Probleme in der Mathematik einen Sonderstatus zu haben scheinen. Dieses wurde auch durch erste informelle Umfragen unter den Studierenden bestätigt.

Um diese Situation zu verstehen und zu verbessern, wurden im Rahmen eines vom Europäischen Sozialfond finanzierten Projekts („Mathematik, Physik und Maschinenkunde in den ersten zwei Semestern im Studiengang Holztechnik: Verbesserung der Studienqualität in der Studieneingangsphase zur Verringerung der Abbruchquote") zwei Mathematiker eingestellt, denen über einen Zeitraum von 18 Monaten zusammen 50 Wochenstunden für diese Problematik zur Verfügung stehen.

Mathematik soll in diesem Projekt als Service für den „INT-Studiengang" Holztechnik verstanden werden. In unserem Fall ist das so zu interpretieren, dass Mathematik nicht nur als systematische deduktive, sondern auch als experimentelle induktive Wissenschaft (Pólya 1988) als Werkzeug im Entstehungsprozess bei der Entwicklung von Lösungsstrategien von ingenieurtechnischen Problemen – zu verstehen ist.

Neben dem Aufbau des Curriculums, der Prüfungsordnung und der Synchronisierung von Lehrinhalten soll auch die Art und Qualität der mathematischen Vorbildung analysiert werden und Ideen entwickelt werden, wie eine Hochschule damit aktiv umgehen kann. Konkret bedeutet das, dass Konzepte für studienbegleitendes Lernen erarbeitet werden und das Zusammenspiel von Vorlesungen, Übungen und Tutorien optimiert wird. Ein wichtiger Punkt ist die weitere Synchronisierung der Lehrinhalte, so dass mathematische Inhalte, die für Physik oder Maschinenkunde benötigt werden zuvor oder begleitend vermittelt werden können. Begleitend zu diesen strukturellen Maßnahmen ist auch die didaktische Methodik zu überdenken. Dadurch wird angestrebt, eine positive Entwicklung bezüglich der intrinsischen Motivation (Murayama et al. 2012) bei den Studierenden zu erreichen, welche unserer Meinung nach auch bei Studienanfängern im jungen Erwachsenenalter ein entscheidender Faktor für einen Lernerfolg in der Mathematik sein kann. Einen Zusammenhang zwischen Motivation und Lernerfolg in ingenieur- und naturwissenschaftlichen Studienfächern belegt beispielsweise das Projekt *MathePraxis* von der Ruhr-Universität Bochum (Rooch et al. 2014). Sicherlich können diese Zielvorgaben in der relativ kurzen Projektlaufzeit nur als langfristige Vision interpretiert werden. Die „Mathe-Klinik" und die hier vorgestellten Maßnahmen und Ideen sind daher als erster Schritt von einem längerfristigen Prozess zu verstehen.

Dieser Artikel gliedert sich wie folgt: Nach einer Situationsanalyse, bei der zurückliegende Prüfungsergebnisse in den Fächern Mathematik, Physik und Maschinenkunde verglichen werden, wird der Versuch unternommen, diese zu interpretieren und die eigentliche Problematik zu charakterisieren. Des Weiteren wurden die Biografien der Studierenden – soweit datenschutzrechtlich möglich – ausgewertet, um eventuelle Relationen zwischen Vorbildung und Abschneiden an der Hochschule aufzudecken. Im Anschluss werden die „Mathe-Kliniken" der ersten beiden Fachsemester vorgestellt und anhand einer Befragung von Studierenden des ersten Fachsemesters diskutiert.

29.2 Situationsanalyse

Zum Zeitpunkt der Projektidee ging man von einem generellen Problem bei den Grundlagenfächern Mathematik, Physik und Maschinenkunde aus, denn dort haben über mehrere Jahre weniger als 50 % der immatrikulierten Studierenden die Erstsemesterprüfung bestanden. Bezogen auf die tatsächliche Anzahl der Prüfungsteilnehmer haben diese drei Fächer eine deutlich schlechtere Statistik als die übrigen Fächer des ersten Fachsemesters aufzuweisen. Der Notendurchschnitt der Prüfungen in Physik und Maschinenkunde lag im Wintersemester 2011/2012 bei 3,5 und in Mathematik bei 4,1. Bei einer genaueren Analyse fällt auf, dass Mathematik einen gewissen Sonderstatus hat. Die Teilnehmerzahl an der Prüfung ist geringer als bei allen anderen Fächern. Während erfolgreiche Studierende in Physik und Maschinenkunde auch gute und sehr gute Ergebnisse erzielen, fehlen diese Leistungen in Mathematik. Der Durchschnitt der bestandenen Prüfungen in Mathematik liegt bei 3,5 (Physik: 2,9; Maschinenkunde: 2,5). Ein Abgleich mit den Prüfungsergebnissen von 2008 bis 2012 bestätigt diese Fakten auch über einen längeren Zeitraum.

29.2.1 Problembeschreibung

Wo liegen die Probleme im konkreten Fall? In einem seit acht Jahren angebotenen Brückenkurs, vor Beginn des ersten Fachsemesters, wurde ein anonymisierter Mathematikeinstiegstest durchgeführt, um die Ausgangslage zu erfassen. In diesem Test, an dem vor dem Wintersemester 2012/2013 39 Studierende teilgenommen haben, wurden 12 Aufgaben, die die Schulmathematik der Sekundarstufen I und II betreffen, gestellt. Die Teilnehmer hatten 40 Minuten Zeit, Taschenrechner waren erlaubt. Der Durchschnitt des Ergebnisses lag bei 5,94 von 12 möglichen Punkten. Einzelne Aufgaben, bei denen Formeln ohne konkrete Zahlenbeispiele nach bestimmten Variablen aufzulösen waren, wurden zum Teil nur von 25 % der Teilnehmer gelöst. Nur fünf Teilnehmer haben ein Ergebnis von mehr als 80 % erreicht.

In den Tutorien ist aufgefallen, dass die Studierenden weniger Probleme mit den direkten Lerninhalten aus dem Mathematikcurriculum für Ingenieure haben, sondern vielmehr am grundlegenden „Handwerkszeug" scheitern.

Ein Beispiel aus der Integralrechnung soll dies verdeutlichen:

$$\int \frac{1}{\sqrt{x^3}} dx.$$

In der Vorlesung wurden verschiedene Integrationsregeln vorgestellt, die dann in einer Übung bearbeitet werden sollten. Den meisten Studierenden war nicht bekannt, dass ein Wurzelausdruck als Potenz dargestellt werden kann, um so die relativ einfache Potenzregel zur Bestimmung der Stammfunktion anwenden zu können. Des Weiteren war vielen unbekannt, dass eine negative Potenz benutzt werden muss, da der Wurzelausdruck unter dem Bruchstrich steht. Einige Studierende hatten dann immer noch Probleme mit den symbolischen Ausdrücken, so dass konkrete Zahlenbeispiele benutzt werden mussten.

Der Zeitaufwand, diese Defizite aufzudecken und daran zu arbeiten, ist enorm und in den Vorlesungen und Übungen nicht realisierbar. Außerdem muss hinterfragt werden, ob ein studentischer Tutor in der Lage ist, diese Probleme zu erkennen. Qualifizierungsprogramme für studentische Tutoren, wie sie beispielsweise im LIMA-Projekt erprobt wurden (Biehler et al. 2012a), sind in unserem Fall schwierig umzusetzen, da uns lediglich einige wenige Studierende der Holztechnik aus höheren Fachsemestern zur Verfügung stehen.

Weitere Defizite sind besonders bei der Interpretation von Ergebnissen, dem Verständnis von Funktionen und beim Abstraktionsvermögen zu beobachten. Oft werden Aufgaben schematisch bearbeitet und der Kontext bleibt unbeachtet. So wurden beispielsweise bei Aufgaben, bei denen Messwerte interpoliert werden sollten, in vielen Fällen die Koeffizienten bestimmt, aber es wurde vergessen das gefragte Polynom aufzustellen. Bei Nachfrage hatten viele Studierende dann Probleme zu erklären, wie denn das Ergebnis zu beschreiben sei, beziehungsweise, wie man das Ergebnis überprüfen könnte. Als zu einem späteren Zeitpunkt weitere Interpolationstechniken eingeführt wurden, konnte in den wenigsten Fällen ein Bezug zu vorherigen Erfahrungen mit dem Thema gemacht werden. Um dieses isolierte, bruchstückhafte Wissen in nachhaltige Lernmuster zu übersetzen, müssen Wege gefunden werden, die Reflexion, Wissensvernetzung und Strukturierung ermöglichen (Barzel et al. 2012).

29.2.2 Biografischer Hintergrund

Dass an einer Hochschule ein gewisser Anteil von Studienanfängern eine Fachhochschulreife besitzt, ist allgemein bekannt. Wie hoch deren Anteil tatsächlich ist und ob die Probleme in der mathematischen Grundausbildung für Ingenieure mit der Zugangsvoraussetzung in Relation zu setzen ist, wurde von den Projektmitarbeitern versucht zu analysieren. Außerdem war der Frauenanteil von besonderem Interesse.

Zunächst wurde die prozentuale Verteilung der Zugangsberechtigung der Studienanfänger und der Frauenanteil ermittelt. Der Frauenanteil variiert im Studiengang Holztechnik zwischen 8 und 15 %. Ungefähr die Hälfte der Studierenden haben Abitur und ungefähr 40 % Fachhochschulreife. Bis zu 10 % der Studienanfänger werden ohne formelle Hochschulzugangsberechtigung zugelassen, da sie über Ausbildung, längere Berufserfahrung und eventuelle Zusatzqualifikationen verfügen. Außerdem haben 30 % der Abiturienten eine Ausbildung als Tischler oder Zimmermann absolviert, was bedeutet, dass zwischen Abitur und Studienbeginn mindestens drei Jahre vergangen waren.

Um herauszufinden inwiefern zwischen den Bewerberprofilen und den Leistungen im Studium eine Relation besteht, haben wir die Ergebnisse der Abschlussklausuren in Mathematik von den Matrikeln 2011 und 2012 nach Zugangsberechtigung und Geschlecht analysiert. Es zeigt sich eine Tendenz dahin, dass Abiturienten besser abschneiden als Studierende mit Fachhochschulreife und dass Frauen bessere Leistungen erzielen als Männer. Von den Abiturienten haben 64 % die Erstsemesterklausur in Mathematik bestanden, von den Studierenden mit Fachhochschulreife 35 %. Von den männlichen Studierenden haben 47 % diese Klausur bestanden, von den weiblichen Studierenden 63 %.

Allerdings ist es schwierig aus diesen Fakten allein Handlungsempfehlungen abzuleiten, denn bei weiterführenden Analysen ist aufgefallen, dass beispielsweise:

- Frauen mit Abitur besser abschneiden als Männer mit Abitur,
- aber Frauen mit Fachhochschulreife schlechter abschneiden als Männer mit Fachhochschulreife,
- 63 % der weiblichen Studienanfänger Abitur haben,
- ausgebildete Tischler mit Fachhochschulreife bessere Leistungen als ausgebildete Tischler mit Abitur bringen,
- von denjenigen Studierenden, die besser als „ausreichend" waren, 70 % Abitur haben,
- aber auch 38 % der durchgefallenen Studierenden Abitur haben.

Diese Analysen liefern mehr Fragen als Antworten, zumal sich bei der Arbeit mit den Studierenden keine grundlegenden Feststellungen bezüglich Ihrer Leistung in Mathematik machen lassen konnten. Auch ein Abgleich mit den schulischen Leistungen in Mathematik und Physik brachte keine weiteren Erkenntnisse. Ein Numerus Clausus für den Studiengang Holztechnik besteht derzeit nicht. Eine Erhöhung der Frauenquote ist sicherlich erstrebenswert und wird zurzeit als einzige Handlungsoption hinsichtlich der Bewerberprofile weiterverfolgt.

29.3 Die „Mathe-Klinik"

Aufgrund der in der Situationsanalyse dargestellten mangelhaften Ausgangslage zu Beginn des Studiums, haben wir uns zu strukturellen und methodischen Veränderungen in der Lehre entschieden. Die Lehre in Mathematik erfolgte bisher traditionell mit zwei Semesterwochenstunden Vorlesungen, zwei Semesterwochenstunden Übungen und zusätzlichen, freiwilligen Tutorien.

29.3.1 Erstes Fachsemester

Um die vier ECTS-Credits für das Modul „Mathematik 1" zu bekommen, musste man die abschließende Klausur bestehen, welche zu 100 % die Modulnote bestimmte. In dem Konzept „Mathe-Klinik" wurden im Wechsel vorlesungsähnliche Tutorien im Hörsaal und Tutorien in kleinen Gruppen (4–8 Teilnehmer) angeboten. Die Studierenden mussten sich persönlich zu den angebotenen Terminen anmelden. Der Raum ist mit Computern, einer Tafel und einem Projektor ausgestattet, sowie einem „runden Tisch" mit Platz für maximal zehn Studierende. Die Inhalte aus den Vorlesungen wurden so weit wie möglich mit Beispielaufgaben aus der Praxis geübt. In den kleinen Gruppen konnten dadurch Defizite aufgedeckt werden, die dann durch weitere Beispiele aufgegriffen wurden. Die so entstandenen Aufgaben wurden schließlich in abgeänderter Form als freiwillige Hausaufgaben ausgegeben.

Die Studierenden mussten ihre Ergebnisse zum Teil in Worten oder mit Zeichnungen illustrieren. Zu jedem Tutorium wurden Ausarbeitungen und zu den Hausaufgaben Musterlösungen erstellt. Auf Taschenrechner wurde in den Tutorien zum größten Teil verzichtet, da einige Studierende dazu tendierten, symbolische Ausdrücke unnötig auszurechnen und somit zusätzliche Fehlerquellen generierten.

29.3.2 Ergebnisse

Die Hausaufgaben hatten einen Rücklauf von 74 %, was auch dadurch zu erklären ist, dass damit bis zu 10 % der Prüfungsleistung als „Bonus" zu erlangen war. Die Datengrundlage für die folgende Analyse ist die Erstsemesterklausur für das Modul „Mathematik 1" aus den Wintersemestern. Zur Auswertung wurden jeweils nur die Teilnehmer des ersten Semesters berücksichtigt, die tatsächlich die Klausur mitgeschrieben haben. Ergebnisse von Wiederholungsklausuren, sowie von entschuldigten und nicht-entschuldigten Studierenden, die nicht zur Klausur erschienen, sind nicht in die Auswertung eingeflossen. Die Bonuspunkte der freiwilligen Hausaufgaben, welche im Wintersemester 2012/2013 erstmals ausgegeben wurden, sind *nicht* in der Auswertung erfasst. Es handelt sich nur um das Klausurergebnis, so dass die hier dargestellten Ergebnisse zu den Vorjahren – vor dem Maßnahmenbeginn – vergleichbar bleiben. Der Durchschnitt der bestandenen Prüfungen in Mathematik lag im Wintersemester 2011 bei 3,5. Somit sollte der Zielindikator „Abbruchquote" durch Indikatoren ergänzt werden, die Aussagen über die Verteilung der Noten zulassen. Abbildung 29.1 zeigt nach dem Maßnahmenbeginn einen besonders starken Anstieg der Leistungen, die besser als 3,0 waren und einen mäßigen Anstieg der Leistungen, die besser als 4,0 waren.

77 % der Studierenden, die die Hausaufgaben einreichen, haben die Klausur bestanden. 75 % der Studierenden, die die Hausaufgabe nicht abgegeben haben, sind durch die Klausur durchgefallen. Nur zwei Studierende haben das Modul „Mathematik 1" durch die zusätzlich erworbenen Bonuspunkte bestanden. Die Leistungsverbesserung in den Jahren 2010 bis 2012 könnte darauf zurückzuführen sein, dass es in diesem Zeitraum ein Vorgängerprojekt gab, das sich primär mit dem Übergang Schule/Hochschule befasst hat. Allerdings wurden auch in diesem Zeitraum die Tutorien von ausgebildeten Mathematikern durchgeführt. In den Fächern Physik und Maschinenkunde war in diesem Zeitraum eine ähnliche Leistungsverbesserung zu beobachten. Der steile Anstieg 2013 ließ sich jedoch nur in Mathematik feststellen.

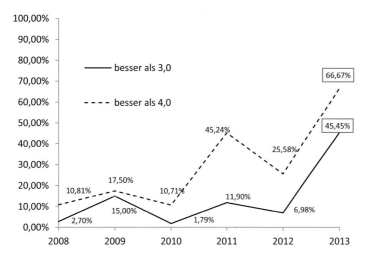

Abb. 29.1 Notenverteilung „Mathematik 1" 2008–2013

29.3.3 Zweites Fachsemester

Im Sommersemester 2013 wurde, basierend auf den Erfahrungen des ersten Fachsemesters, das Konzept weitergeführt. Das Modul „Mathematik 2" war ursprünglich genauso strukturiert wie das Modul „Mathematik 1". Der einzige Unterschied bestand darin, dass statt einer Klausur eine mündliche Prüfung zu bestehen war. Durch den Erfolg der Hausaufgaben im ersten Fachsemester und auch durch die große Akzeptanz derselben führten wir fünf verpflichtende Hausaufgaben in diesem Semester ein.

Diese Hausaufgaben waren alle ähnlich strukturiert. In der ersten Aufgabe wurde das „Handwerkszeug" des jeweiligen Themengebietes trainiert, in der zweiten Aufgabe musste man das Erlernte aus der ersten Aufgabe an einem theoretischen Beispiel anwenden und in der letzten Aufgabe bearbeitete man ein praktisches Beispiel. Neu war in diesem Semester, dass die Lösungen der Hausaufgaben am Computer erarbeitet werden mussten. Wir wollten erzwingen, dass sich die Studierenden mit wichtigen Funktionen wie einem Formeleditor oder Excel auseinandersetzen.

Diese fünf Hausaufgaben flossen mit insgesamt 25 % in die mündliche Prüfung für das Modul „Mathematik 2" ein. Außerdem war von vornherein bekannt, dass eine der Aufgaben in abgewandelter Form Teil der Prüfung sein wird.

Hausaufgabenbegleitend gab es wieder vorlesungsähnliche Tutorien und themenabschließend wurden „Mathe-Klinik"-Termine angeboten. Zu diesen wurde wieder durch persönliche Anmeldung motiviert und die Gruppengröße wurde auf zehn Teilnehmer beschränkt.

Wie im ersten Fachsemester wurden Ausarbeitungen zu jedem Tutorium verteilt, da diese zuvor sehr gut angenommen wurden und ein Großteil der Studierenden damit lernte.

Allerdings gab es diesmal zu den Hausaufgaben keine Musterlösungen. Stattdessen wurden die Aufgaben ausführlich korrigiert und kommentiert, beispielsweise mit Hinweisen für elegantere Lösungsstrategien. Damit sollte den Studierenden ermöglicht werden, spezifische Verständnisschwierigkeiten durch Reflexion ihrer Lösungen zu erkennen (Biehler et al. 2012b). Außerdem sollte die Kommunikation zwischen den Studierenden und den Betreuern weiter ausgebaut werden.

In diesem Semester wurde erstmalig ein Zusatzprojekt in der Blockwoche angeboten. Die Studierenden konnten sich in kleinen Gruppen auf freiwilliger Basis ein Themengebiet auswählen und dieses eine Woche bearbeiten, um ihre Ergebnisse anschließend zu präsentieren. Zur Auswahl standen unter anderem „LaTeX", die Erstellung von Berechnungsalgorithmen für einen Winkel im Holzrahmenbau und die Berechnung der Belastbarkeit eines Trägers in der Baustatik. Es fanden sich sechs Teilnehmer, die sich somit zusätzlich 10 % der Prüfungsnote verdienen konnten.

Abschluss des Moduls „Mathematik 2" war eine mündliche Prüfung. Diese haben wir umstrukturiert. Per Losverfahren zogen die Studierenden zu Beginn eine Aufgabe, die in abgewandelter Form einer Aufgabe der Hausaufgaben entsprach. Diese Aufgabe bearbeitete der Prüfling zunächst in einem separaten Vorbereitungsraum. Erlaubte Hilfsmittel waren: Taschenrechner, Tafelwerk und eine selbst beschriebene DIN A4 Seite. In den ersten zehn Minuten der Prüfung musste das Ergebnis mit Erläuterungen an der Tafel präsentiert werden. Nach Rückfragen zur vorgerechneten Aufgabe folgte noch ein allgemeiner Teil zu anderen Themen des zweiten Fachsemesters. Die Prüfungsnote setzte sich aus den 25 % für die Hausaufgaben und zu gleichen Teilen aus der vorgerechneten Aufgabe und dem allgemeinen Teil der mündlichen Prüfung zusammen.

29.3.4 Ergebnisse

In Abb. 29.2 erkennt man, dass viele Studierende sehr gute und gute Leistungen erzielt haben. In die Auswertung gingen nur diejenigen ein, die zum ersten Mal an dieser Prüfung teilnahmen. Wir können leider keine Vergleiche zu den vorherigen Semestern aufstellen, da wir die Prüfungssituation umstrukturiert haben und die Vorleistungen mit in die Bewertung eingeflossen sind. Es gab in den Semestern davor weder Hausaufgaben, noch die Situation, dass man eine Aufgabe vorbereiten kann. Das Problem hatten wir im ersten Semester nicht, da die Klausur nur unwesentlich verändert wurde und wir die Zusatzpunkte nicht mit in die Statistik aufgenommen haben.

Beim Vergleich von den Ergebnissen der beiden Mathematikmodule im Matrikel 2012 fällt auf, dass die Leistungen im zweiten Modul im Durchschnitt besser waren. Auch Studierende, die „Mathematik I" noch nicht bestanden haben, durften an dieser Prüfung teilnehmen. Die Durchschnittsnote bei „Mathematik 2" lag bei 2,3 und bei „Mathematik 1" bei 3,0. In diese Auswertung wurden jetzt die Zusatzpunkte von „Mathematik 1" mit aufgenommen, da hier die beiden Module verglichen werden und nicht die Jahrgänge untereinander.

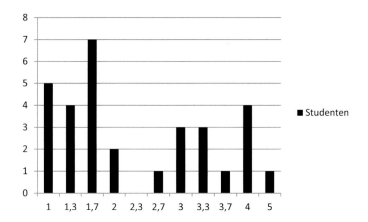

Abb. 29.2 Notenverteilung „Mathematik 2" Matrikel 2012

29.4 Diskussion

Das Konzept „Mathe-Klinik" konnte unter optimalen Bedingungen durchgeführt werden. Die Kohorte war mit ca. 40 Studierenden sehr klein. Räumliche und technische Ausstattungen waren sehr gut. Die Frage, ob die Studierenden durch die Maßnahme tatsächlich ihre Kompetenzen weiterentwickelt haben oder lediglich auf die Klausur „trainiert" wurden, bleibt vorerst ungeklärt und kann auch erst geklärt werden, wenn wir analysiert haben, ob die Klausuren die wesentlichen zu erwerbenden Kompetenzen überhaupt abfragen. Das liegt vor allem daran, dass wir uns noch in der Erprobungsphase befinden und noch kein langfristig durchstrukturiertes Konzept haben, welches die Ausgangslage über eine definierte Methodik mit Lernzielen oder zu erlangenden Kompetenzen verknüpft. Wir haben uns zwar von Aspekten zu kompetenzorientiertem Unterricht an Schulen inspirieren lassen (vgl. Tschekan 2012) und erste Überlegungen angestellt, wie dieser unter veränderten Randbedingungen auf die Lehre an einer Hochschule zu übertragen wäre, haben aber noch keine expliziten Konzepte dazu entwickelt.

Um die Akzeptanz des Projektes zu ermitteln, führten wir zum Ende des Wintersemesters 2012/2013 eine Befragung unter den Studierenden durch.

Der Rücklauf lag bei 44 %. Von den 22 Teilnehmern haben 21 die Mathematik-Klausur mitgeschrieben und 20 haben diese bestanden. Das heißt, die Befragung wurde genau von den Studierenden beantwortet, die auch ernsthaft studieren und höchstwahrscheinlich an unserer Maßnahme teilnehmen. Immerhin gaben 85 % von ihnen an, unsere Tutorien regelmäßig besucht zu haben und regelmäßig an den Vorlesungen und Übungen teilgenommen zu haben. Außerdem gaben 86 % der Befragungsteilnehmer die von uns zum ersten Mal angebotenen Hausaufgaben vollständig ab. 82 % fühlten sich sehr gut auf die Klausur vorbereitet. Das ergab einen Notendurchschnitt von 2,6 bei den Befragten. Hauptsächlich wollten wir erfragen, welche Maßnahmen den Studierenden im Hinblick auf die

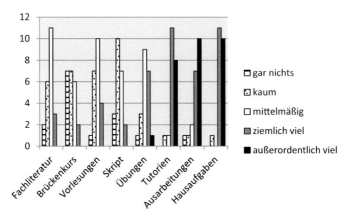

Abb. 29.3 Befragung zu den Maßnahmen

Klausur am hilfreichsten erschienen. Abbildung 29.3 zeigt, dass dabei der Brückenkurs, Fachliteratur und Skripte am schlechtesten abschneiden. Die Hausaufgaben mit den dazugehörigen Vorbereitungen und Materialien wurden am besten bewertet.

Woran könnte das liegen? Ein Erklärungsversuch wäre, dass wir, ohne dass wir es anfänglich explizit beabsichtigt hatten, einige konstruktivistische Ideen in der Praxis etabliert haben. Legt man die von Widodo und Durr (2004) benannten Kategorien für Kennzeichen konstruktivistisch orientierter Lernumgebungen zu Grunde, lassen sich folgende Zuordnungen unserer Maßnahmen vornehmen:

- **Konstruktion des Wissens:** Die Aufgaben waren in der Regel so aufgebaut, dass zuerst ein „handwerklicher Teil" mit Faktenwissen und Regeln bearbeitet werden musste. Dann folgte – aufbauend auf dem ersten Teil – ein Anwendungsbeispiel, bei dem prozedurales Wissen gefordert war. Der dritte Teil bestand aus einer praxis-orientierten Verständnisfrage, bei der das Thema mit vorhandenem Wissen vernetzt und in einem veränderten Kontext exploriert werden musste.
- **Relevanz und Bedeutung der Lernerfahrung:** Soweit wie möglich hatten wir in Bezug auf Relevanz und Bedeutung der Aufgaben versucht, einen Bezug zur Holztechnik oder zumindest zu den Ingenieurwissenschaften im Allgemeinen herzustellen.
- **Soziale Interaktionen:** Es haben sich Lerngruppen gebildet.
- **Unterstützung der Studierenden beim eigenständigen Lernen:** Die Studierenden wurden bei der Lösung der Aufgaben in den „Mathe-Kliniken" unterstützt.

Um diese Behauptung zu stützen, müsste in den Folgejahren allerdings eine explizite Verankerung von konstruktivistischen Ideen in der weiteren Konzeptionierung vollzogen werden. Zu dem jetzigen Zeitpunkt handelt es sich lediglich um einen Erklärungsversuch.

Weiterhin haben wir beobachtet, wie sich Motivation und Lernerfolg durch die Herstellung eines Anwendungsbezugs bei vielen Studierenden positiv entwickelt haben. In einer internationalen Studie (Wood et al. 2012) wurde untersucht, wie Studierende die Wichtigkeit von mathematischen Fähigkeiten für den weiteren Studienverlauf und für das Berufsleben einschätzen. Etwa ein Drittel der Befragten sieht demnach keinen Bezug oder konnte keine Angabe machen und etwas weniger als zwei Drittel sehen Mathematik als ein isoliertes Werkzeug für spezielle Aufgaben oder allgemein als Bestandteil ihres zukünftigen Berufslebens, konnten dies aber nicht konkretisieren. Nur ein kleiner Teil von 6 % beschreibt Mathematik als eine konzeptionelle Idee, mit der logisches Denken und Analysefähigkeiten gestärkt werden. Diese Ergebnisse können wir bestätigen, genauso wie Schlussfolgerung, dass dieses simplifizierte Konzept der Mathematik bei vielen Studierenden eine Hürde bei der Motivation und beim Lernen sein kann (Wood et al. 2012). Möglicherweise haben wir diese Situation durch einen verstärkten Kontextbezug verbessert. Da diese Erkenntnis allerdings erst während der Durchführung der „Mathe-Klinik" sichtbar wurde, bleibt dieser Punkt ebenfalls eine Vermutung.

Natürlich kann man die beiden Module nicht einfach miteinander vergleichen, da es einen Unterschied zwischen einer Klausur und einer mündlichen Prüfung gibt und die behandelten Themenfelder nicht vergleichbar sind. Außerdem gab es im ersten Semester Bonuspunkte und im zweiten Semester wurden die Hausaufgaben in die Prüfung integriert. Die geringe Durchfallquote in dem zweiten Modul ist auf die hohen Punktzahlen durch die Hausaufgaben zurückzuführen. Betrachtet man den großen Anteil an ausreichenden und befriedigenden Leistungen, wären aus diesem Bereich einige ohne die erbrachten Hausaufgaben durchgefallen. Daher wird wahrscheinlich zum nächsten Sommersemester der Hausaufgabenanteil auf 10–15 % reduziert. Dieses Problem hatten wir im ersten Fachsemester nicht, denn da war es wirklich nur zwei Studierenden gelungen, sich durch die erworbenen Hausaufgabenpunkte die ETCS-Credits zu sichern.

Hausaufgaben erscheinen für die Klausurvorbereitung sinnvoll und werden von den Studierenden positiv bewertet. Das richtige Maß für Umfang und anteilige Prüfungsleistung zu finden, gestaltet sich allerdings schwieriger als erwartet. Tutorien in kleinen Gruppen, die zum einen Defizite bei den vorhandenen Kompetenzen aufgreifen und zum anderen Praxis mit dem Umgang von mathematischen Problemstellungen liefern, sollten Vorlesungen und Übungen ergänzen. Um das Zeitbudget der Studierenden nicht weiter zu belasten, könnte man die Erfahrungen aus den Tutorien nutzen und die Übungen dementsprechend umgestalten. In diesen müsste dann die Hausaufgabenvorbereitung stattfinden, das heißt, den Kontextbezug herstellen, sowie Aufgaben vorstellen, erklären und vorrechnen. Auf wöchentlich stattfindende Tutorien könnte dann zu Gunsten von monatlich stattfindenden „Mathe-Kliniken" in kleinen Gruppen verzichtet werden.

Die bisher durchgeführten Maßnahmen wurden nur in Bezug auf die strukturellen Veränderungen systematisch durchgeführt. Man kann festhalten, dass diese Maßnahmen prinzipiell dazu geeignet sind, um eine geringere Durchfallquote zu erzielen, ohne grundlegend die Inhalte zu ändern. Das kann allerdings nur befriedigende Ergebnisse in Bezug auf den Zielindikator „Abbruchquote" erzielen, ausgehend davon, dass die Abbruchquote und das Scheitern in Mathematik eindeutig in Relation zu setzen sind.

29.5 Fazit und Ausblick

Die intensive Betreuung der Studierenden durch zwei Mathematiker lohnt sich, ist aber in Zukunft wohl kaum umsetzbar. Ein kleiner Rahmen zum „dumme Fragen stellen" und um Verständnislücken zu beseitigen ist der ideale Raum um Hemmungen und Barrieren abzubauen. Außerdem wird der Hochschule dadurch die Möglichkeit gegeben, Wissens- und Verständnisdefizite zu entdecken und einzuordnen.

Gerade nach einer längeren Pause nach der Schule, bedingt durch Berufsausbildung und Arbeitsalltag, fällt es schwer, sich schnell wieder in das Thema Mathematik ein zu denken. Fortlaufende Motivation und Betreuung, um der Mathematik in den Ingenieurstudiengängen einen „Sinn zu geben", scheinen sich positiv auf die Leistung der Studierenden auszuwirken. Dies gilt allerdings nur für prozedurale Fähigkeiten und nicht für konzeptionelle Ideen der Mathematik. Um logisches Denken und analytische Fähigkeiten zu fördern, sind weitere oder im Idealfall ergänzende Maßnahmen notwendig.

Hausaufgaben dienen dahingehend, dass sich die Studierenden kontinuierlich mit dem Vorlesungsstoff beschäftigen und diesen anwenden. Es beugt dem enormen Stress in der Prüfungszeit vor und wirkt sich positiv auf die Klausurergebnisse aus. Die Kombination von Hausaufgaben und Betreuung beim Lösen der Hausaufgaben wird von den Studierenden positiv bewertet. Ob der Leistungsindikator „Klausurergebnis" allerdings ausreicht, um nachhaltiges Wissen und Kompetenzen zu bemessen, bleibt vorerst offen. Eine gleichzeitige Verbesserung der Leistungen in Physik und Maschinenkunde konnte nicht beobachtet werden.

Im nächsten Semester werden wir Studierende mit den Tutorien beauftragen und beobachten in wie weit diese unsere Arbeit umsetzen können. Die bisherigen Maßnahmen müssen in Zukunft anhand einer expliziten Methodik überarbeitet und systematisiert werden. Denkbar ist beispielsweise die Erstellung von Kompetenzrastern für die Grundausbildung in Mathematik und Physik für Ingenieure in Bezug auf Zielkompetenzen für Spezialisierungsmodule und berufliche, beziehungsweise wissenschaftliche Aufgaben.

Inwiefern die ursprüngliche Motivation für dieses Projekt, nämlich die Abbruchquote zu reduzieren, tatsächlich mit dem Scheitern bei den Mathematikprüfungen in den ersten beiden Fachsemestern zusammenhängt, ist vorerst nicht eindeutig zu beantworten. Zwar lässt sich nachweisen, dass die meisten Studienabbrecher bei der Erstsemesterklausur im Modul „Mathematik 1" durchgefallen sind, aber es gibt auch einen großen Anteil von Studierenden, die die Prüfungen zu einem späteren Zeitpunkt erfolgreich wiederholt haben.

Literatur

Barzel, B., Hußmann, S., Prediger, S., & Leuders, T. (2012). Nachhaltig lernen durch aktives Systematisieren und Sichern: Konzept und Umsetzung in der Mathewerkstatt. In M. Ludwig, & M. Kleine (Hrsg.), *Beiträge zum Mathematikunterricht 2012* (Bd. 1, S. 93–96). Münster: WTM-Verlag.

Biehler, R., Hochmuth, R., Klemm, J., Schreiber, S., & Hänze, M. (2012a). Fachbezogene Qualifizierung von MathematiktutorInnen – Konzeption und erste Erfahrungen im LIMA-Projekt. In M. Zimmermann, C. Bescherer, & C. Spannagel (Hrsg.), *Mathematik lehren in der Hochschule – Didaktische Innovationen für Vorkurse, Übungen und Vorlesungen* (S. 45–56). Hildesheim: Franzbecker.

Biehler, R., Hochmuth, R., Klemm, J., Schreiber, S., & Hänze, M. (2012b). Tutorenschulung als Teil der Lehrinnovation in der Studieneingangsphase „Mathematik im Lehramtsstudium" (LIMA-Projekt). In M. Zimmermann, C. Bescherer, & C. Spannagel (Hrsg.), *Mathematik lehren in der Hochschule – Didaktische Innovationen für Vorkurse, Übungen und Vorlesungen* (S. 33–44). Hildesheim: Franzbecker.

Murayama, K., Pekrun, R., Lichtenfeld, S., & von Hofe, R. (2012). Predicting Long-Term Growth in Students' Mathematics Achievement: The Unique Contributions of Motivation and Cognitive Strategies. *Child Development, 84*(4), 1475–1490.

Pólya, G. (1988). *How to Solve It: A New Aspect of Mathematical Method.* Princeton/Oxford: Princeton University Press.

Rooch, A., Kiss, C., & Härterich, J. (2014). Brauchen Ingenieure Mathematik? – Wie Praxisbezug die Ansichten über das Pflichtfach Mathematik verändert. In I. Bausch, R. Biehler, R. Bruder, P. R. Fischer, R. Hochmuth, & W. Koepf et al. (Hrsg.), *Mathematische Vor- und Brückenkurse: Konzepte, Probleme und Perspektiven* (S. 398–409). Wiesbaden: Springer Spektrum.

Tschekan, K. (2012). *Kompetenzorientiert unterrichten: Eine Didaktik* (3. Aufl.). Berlin: Cornelsen.

Widodo, A., & Durr, R. (2004). Konstruktivistische Sichtweisen vom Lehren und Lernen und die Praxis. *Zeitschrift für Didaktik der Naturwissenschaften, 10*, 233–255.

Wood, L. N., Manther, G., Petocz, P., Reid, A., Engelbrecht, J., Harding, A., et al. (2012). University Students' views of the role of mathematics in their future. *International Journal of Science and Mathematics Education, 10*(1), 99–119.

Grundmodelle mathematischen Lehrens an der Hochschule

30

Marc Zimmermann

Zusammenfassung

Das Lehren von Mathematik an der Hochschule unterscheidet sich nicht nur inhaltlich, sondern auch methodisch-didaktisch stark von dem in der Schule. Dies führt für viele Studienanfängerinnen und -anfänger in den ersten Mathematikvorlesungen zu Schwierigkeiten. Dieser Beitrag versucht den grundsätzlichen Unterschied zwischen dem Lernen an der Schule und der Hochschule aufzuzeigen. Als Strukturierungsmöglichkeit werden die „Grundmodelle mathematischen Lehrens", angelehnt an Überlegungen zum Lehren und Lernen in Schulen, vorgestellt. Diese sollen als Anregung dienen, wie Veranstaltungen für aktives Mathematiklernen an der Hochschule aussehen können und so die Diskontinuität von schulischem Lernen und Lernen an der Hochschule geglättet werden kann.

30.1 Einleitung

Studiengänge mit mathematischen Inhalten, wie Ingenieurwissenschaften, Naturwissenschaften oder Mathematik (Diplom/Bachelor), haben fast schon traditionell relativ hohe Studienabbruchquoten (vgl. Heublein et al. 2010, 2012). Zu den Ursachen gehören unter anderem die relativ hohen Studienanforderungen schon zu Beginn des Studiums (Heublein et al. 2010). Nicht zuletzt deshalb hat das Fach Mathematik oft den Ruf eines „Siebfachs", welches nur dazu diene, die Studierendenzahlen auch in anderen Fächern zu reduzieren.

Zu hohen Studienanforderungen zählt zum einen, dass die Inhalte in Mathematik an der Hochschule weitaus abstrakter sind, als die Inhalte der Schulmathematik. Bereits Anfang des zwanzigsten Jahrhunderts beschrieb Felix Klein (1908) die Erfahrungen junger

Marc Zimmermann ✉
Pädagogische Hochschule Ludwigsburg, Institut für Mathematik und Informatik,
Ludwigsburg, Deutschland
e-mail: zimmermann01@ph-ludwigsburg.de

© Springer Fachmedien Wiesbaden 2016   465
A. Hoppenbrock et al. (Hrsg.), *Lehren und Lernen von Mathematik in der
Studieneingangsphase*, Konzepte und Studien zur Hochschuldidaktik und Lehrerbildung
Mathematik, DOI 10.1007/978-3-658-10261-6_30

Erwachsener zu Beginn des Studiums, dass sie vor Inhalten und Problemen stehen, die kaum etwas mit der Schulmathematik zu tun haben. Insbesondere bei Lehramtsstudierenden führt dies zu einer doppelten Diskontinuität (vgl. Ableitinger et al. 2013), wenn diese später im Lehrberuf wieder auf ein wesentlich weniger abstraktes Niveau in der Schule übergehen müssen. Zum anderen hat das Curriculum des Fachs Mathematik einen stark „spiralen" Charakter, da neue Inhalte auf bereits vorhandenem Wissen aufbauen. Im Fach Mathematik bedeutet dies, dass frühere Begriffe, Definitionen, Sätze oder Arbeitsweisen – auch aus der Schule – die Grundlage des Wissens bilden, das an der Hochschule erworben werden soll.

In den letzten Jahren ist zu diesen Studienanforderungen noch ein weiterer Aspekt hinzugekommen, der den Übergang von der Schule zur Hochschule erschwert, jedoch bislang wenig Beachtung findet. Durch die Bildungsplanreform 2004 (Kultusministerkonferenz 2004) hat sich verstärkt eine konstruktivistische Lernauffassung in den Schulen durchgesetzt, welche sich stark vom Lehren und Lernen an der Hochschule unterscheidet. Während im schulischen (Mathematik-)Unterricht Inhalte verstärkt lernerzentriert vermittelt und gelernt werden, insbesondere durch eine hohe Eigenaktivität seitens der Schülerinnen und Schüler, herrscht an Hochschulen eine eher instruktionsorientierte Lehr-Lern-Auffassung vor (Beutelspacher et al. 2011; Holton 2001). Gerade in mathematischen und naturwissenschaftlichen Studiengängen bilden die klassischen Konzeptionen (Vorlesung und Tutorien) für Eingangsveranstaltungen zum Studienbeginn einen Gegensatz zum Lehren und Lernen an der Schule und stehen damit auch im Widerspruch auch zu aktuellen lerntheoretischen Auffassungen. Themen bzw. Inhalte werden häufig zu Beginn des Studiums in Vorlesungen mit großer Teilnehmerzahl von einem/r Dozenten/in vorgetragen und präsentiert. In wöchentlichen Übungsaufgaben soll der Stoff aus den Vorlesungen dann vertieft und angewandt werden. Aktives Lernen findet lediglich bei der Nachbereitung der Veranstaltung und der Bearbeitung der Übungsaufgaben statt (Beutelspacher et al. 2011; Holton 2001).

Sowohl Bildungspolitiker wie auch Bildungsforscher befassen sich mit Möglichkeiten, die hohen Nicht-Bestehensquoten zu verringern. Blömeke (2013) und Mitarbeiter haben Bedingungen ermittelt, die Einfluss auf den Studienerfolg haben. Neben dem Geschlecht und den sozioökonomischen Voraussetzungen sowie dem Interesse der Studierenden, sind die Selbstwirksamkeitserwartung und die Lernstrategien bzw. das Fachwissen entscheidend für den Studienerfolg. Insbesondere die Faktoren Fachwissen und Lernstrategien sowie der Faktor der Selbstwirksamkeitserwartung sind für erfolgversprechende Interventionen zur Verringerung der Nicht-Bestehensquoten maßgebend, da diese von den Hochschulen direkt beeinflussbar sind (vgl. Blömeke 2013). Deshalb werden an vielen Hochschulen insbesondere in Mathematik Lehrinnovationen entwickelt und evaluiert, die das Lernen besser unterstützen sollen.

In diesem Beitrag wird die Konzeption der „Grundmodelle mathematischen Lehrens an der Hochschule" vorgestellt. Diese wurden aus bereits vorhandenen Lernmodellen, die in der Schule angewendet werden, entwickelt und umgesetzt. Die Lernmodelle beschreiben dabei Phasen oder Handlungsmuster, die ein Lernender beim Lernprozess durchlaufen sollte. Diese Phasen laufen jedoch nicht automatisch ab, sondern müssen durch die Lehrperson und deren Planung der Lehre intendiert werden. Aufgrund der Beachtung der Modelle bei der Planung der Lehre bzw. der Lehrveranstaltung, wird in diesem Beitrag der Terminus „Grundmodelle mathematischen Lehrens an der Hochschule" für die chronologischen Abläufe für das Lernen verwendet. Ausgehend von den vorgestellten Grundmodellen werden Anregungen und Ideen gegeben, wie in der Hochschullehre allgemein und insbesondere in Einführungsveranstaltungen mit großen Teilnehmerzahlen nach diesen Grundmodellen gelehrt werden kann. Anhand von beispielhaften Themengebieten aus der Hochschulmathematik zeigt dieser Beitrag, wie die Veranstaltungen in der Hochschule für aktives Mathematiklernen strukturiert werden können.

30.2 Theoretischer Hintergrund

Lernen findet in unterschiedlichen Sequenzen mit verschiedenen Aktivitätsgraden statt (vgl. z. B. Gudjons 2008; Aebli 1994; Gagne 1980; Ausubel et al. 1980). Deshalb sind bei der Planung von Lernarrangements neben den Oberflächenstrukturen (Sozialform, Methoden, Inhalt, ...) vor allem die Tiefenprozesse des Unterrichts wichtig. Je nachdem ob neue Begriffe, Methoden oder Regeln gelernt werden sollen, ist es nötig, dass gewisse kognitive Operationen ablaufen, damit der Lernende das entsprechende Lernziel erreichen kann. Diese müssen aber von der Lehrperson angeregt werden.

Dieser Ansatz bildet die Grundlage für die von Oser und Baeriswyl (2001) entwickelten „Choreografien des Unterrichts". Die Basismodelle beschreiben zwar zwölf Lehrmodelle als sequenzielle Abläufe, diese sind jedoch keine festen, durch die Lehrperson einzuhaltenden Stufen. Die Modelle sind vielmehr Phasen bzw. „notwendige Handlungen (...) des Lernenden im angestrebten Lernprozess" (Niegemann et al. 2004, S. 77), die durch die Lehrperson angeregt werden müssen. Methodische Vorgehensweisen werden dabei aber nicht vorgeschrieben, sondern müssen vom jeweils Lehrenden selbst geplant werden. Auch müssen die einzelnen Phasen nicht alle immer in dieser Abfolge durchlaufen werden, einzelne Phasen können übersprungen oder weggelassen werden. Tabelle 30.1 zeigt ein vereinfachtes Basismodell zum Begriffslernen, angelehnt an Oser und Baeriswyl (2001).

Die meisten der von Oser und Baeriswyl beschriebenen zwölf Basismodelle sind für das Mathematiklernen irrelevant (z. B. Motilitätslernen, Verhandeln lernen; vgl. Oser und Baeriswyl 2001). Für den schulischen Mathematikunterricht haben sich weniger Grundmodelle für das jeweilige Lernziel herauskristallisiert. Zech (2002) extrahiert sieben mathematische Lerntypen: (i) Assoziatives Lernen, (ii) Diskriminationslernen, (iii) Lernen mathematischer Begriffe, (iv) Lernen mathematischer Regeln, (v) Lernen heuristischer Regeln, (vi) Lösen mathematischer Probleme sowie (vii) Beobachtungslernen[1]. Vollrath

---

[1] Zech beschreibt Bedingungen, die die Lehrperson berücksichtigen sollte, damit die Schülerinnen und Schüler durch Beobachtungen möglichst erfolgreich lernen.

Tab. 30.1 Grundmodell zur Begriffsbildung (nach Oser und Baeriswyl 2001)

Phase	Aktivität
1	Erfahrungen und Vorwissen zum Thema werden bewusst oder unbewusst aktiviert
2	Ein Prototyp oder Beispiel wird vorgestellt, welcher/welches die wesentlichen Merkmale und Eigenschaften des neuen Begriffs/Konzepts enthält
3	Anhand des Beispiels werden die Eigenschaften und Elemente erarbeitet und dargestellt
4	In weiteren Beispielen wird der neue Begriff aktiv angewandt und zu bereits Bekanntem in Verbindung gesetzt
5	Der Begriff/das Konzept wird analysiert und mit anderen Bereichen oder Systemen vernetzt

und Roth (2012) beschreiben nur fünf Handlungsmuster für die Lernenden in der Schule: (i) Erarbeiten von Begriffen; (ii) Erarbeiten von Sachverhalten; (iii) das Erarbeiten von Verfahren; (iv) das Anwenden und Modellbilden sowie (v) das Problemlösen. Im späteren Mathematikunterricht der Schule werden diese Handlungsmuster von den jeweiligen Lehrpersonen, wenngleich zum Teil unbewusst, im Unterricht umgesetzt. Die Lehrperson wird z. B. bei der Erarbeitung eines neuen Begriffs zuvor versuchen, das Vorwissen der Schülerinnen und Schüler zu aktivieren und Gelegenheiten anbieten, damit Vorerfahrungen zu dem Begriff gesammelt werden können.

30.3   Lehrmodelle in der Hochschullehre

Die mathematische Lehre an der Hochschule orientiert sich nur selten an den oben aufgeführten Handlungsmustern oder Operationen in der Lehre. Meistens findet die Lehre nach dem Prinzip der selbst erfahrenen Lehre statt, d. h. die Lehrperson präsentiert die Inhalte genauso wie sie diese im eigenen Studium dargeboten bekommen hat. Ein anderer Grund für die Nichtumsetzung anderer Lehrmodelle sind die hohen Teilnehmerzahlen, insbesondere zum Studienbeginn, die diese Lehr-Lern-Form nahelegt. Neue Begriffe oder Konzepte werden demnach von der dozierenden Person im Zusammenhang des jeweiligen Themas in einem mathematischen Satz oder einer Definition vorgegeben. Anschließend folgen zunächst meist ein Beweis des Satzes oder ein oder zwei Anwendungsbeispiele, welche an der Tafel durch den Dozierenden vorgeführt werden. Eine Aktivierung von Vorwissen oder Einbeziehung von Erfahrungen der Studierenden findet kaum und selten aktiv statt. Auch haben die Studierenden in dem Augenblick kaum Zeit, z. B. den neu erworbenen Begriff zu verinnerlichen. Stattdessen folgen weitere Sätze oder Definitionen, die auf den gerade vorgetragenen Inhalten aufbauen. Ein Lernen nach didaktischen und lernpsychologischen Erkenntnissen ist somit kaum möglich.

An der Hochschule werden, wie auch im schulischen Rahmen, neue Begriffe und Konzepte, aber auch Methoden bzw. Verfahren oder Arbeitsweisen vermittelt und gelernt. Die bestehenden Grundmodelle mathematischen Lehrens der Schule können jedoch nicht einfach eins-zu-eins auf das Lernen an der Hochschule übertragen und angewandt werden.

Die Mathematik an Hochschulen hat einen viel abstrakteren Charakter als die Mathematik, die an der Schule gelehrt wird. Zudem liegt der Fokus auf dem Begründen und (formalen) Beweisen von Aussagen und Folgerungen. Dennoch bilden auch dafür Begriffe, Verfahren und Regeln die Grundlage. Dies erfordert jedoch, dass Vorerfahrungen gemacht werden sollten oder Vorwissen – auch aus der Schule – aktiviert werden sollte.

Einige Projekte und Innovationen in der Hochschullehre haben bereits versucht, den Bruch zwischen Schule und Hochschule und dem Lernen zu glätten. Bauer (2013a, 2013b) versucht mit sogenannten Schnittstellenaufgaben den Bezug zwischen Hochschul- und Schulmathematik herzustellen. Dabei sollen mathematische Schulaufgaben vom höheren Standpunkt aus betrachtet und bearbeitet werden und so zu neuen Themen hinführen und implementiert werden. Ähnliche Vorgehensweisen und Ziele hat das „Projekt Mathematik besser verstehen" (Herrmann 2012). Auch hier soll über entsprechende Übungsaufgaben und mit Hilfe weiterführender Unterstützungsmaßnahmen die Brücke von der Schul- zur Hochschulmathematik geschlagen werden. Diese Innovationen beziehen sich jedoch in erster Linie auf strukturelle Maßnahmen für die begleitenden Übungen und Aufgaben und deren Verzahnung von Hochschul- und Schulmathematik. Maßnahmen, die etwas tiefer in den Lehr- bzw. Lernprozess sowie Lernstrategien eingreifen, beschreiben Bikner-Ahsbahs und Schäfer (2013). Mit einem Aufgabenkonzept versuchen sie gezielt, notwendige Kompetenzen des (mathematischen) Beweisens zu unterstützen. Mit den FABEL-Aufgabentypen sollen konkret die Phasen des Beweisens nach Boero (1999) unterstützt werden. Zwar werden somit den Studierenden Strategien an die Hand gegeben, um mathematische Beweise an zu gehen, jedoch umfasst das Lernen von Mathematik mehr als nur das Führen von Beweisen. Dennoch eignen sich viele der Aufgaben der vorgestellten Innovationen, um die im Folgenden beschriebene Konzeption zu unterstützen.

Im Projekt SAiL-M (www.sail-m.de, gefördert vom Bundesministerium für Bildung und Forschung, vgl. z. B. Bescherer et al. 2012a) wurde deshalb eine Gesamtkonzeption entwickelt und implementiert, welche die Phasen beim Lernen von Begriffen oder Verfahren beinhaltet und so eine theoretische Grundlage für das aktive Mathematiklernen an der Hochschule bildet. Dabei werden Handlungen, die zur Vorbereitung bei neuen Begriffen oder Methoden gemacht werden sollen, in die wöchentlichen Übungen oder in außerhochschulische Lernaktivitäten ausgelagert.

Im Folgenden werden die vier Grundmodelle „Begriffslernen", „Regellernen", „Methodenlernen" und „Problemlösen" beschrieben. Die Auswahl der Grundmodelle wurde aufgrund der bereits bestehenden Lernmodelle und der Relevanz in der Hochschullehre aus Sicht der Autoren getroffen und stellt keinen Anspruch auf Vollständigkeit. Anlehnend an Bikner-Ahsbahs und Schäfer (2013) kann z. B. das Grundmodell des Problemlösens aufgeteilt und ein weiteres Grundmodell „Beweisen lernen" hinzugenommen werden. Der Fokus bei der Umsetzung ist die gezielte Abstimmung von Veranstaltungs- und Übungsinhalten. Übungen wiederholen nicht mehr nur den in der Veranstaltung behandelten Stoff, sondern bereiten zusätzlich auf die jeweils nachfolgende Veranstaltung vor. Für die Grundmodelle „Begriffslernen" und „Problemlösen" werden jeweils ausführlichere Beispiele gegeben. Zum einen spielen Begriffe in der Hochschullehre eine wichtige Rolle und zum

anderen ist in der Mathematik als beweisende Wissenschaft (Heintz 2000) das Problemlösen ein zentraler Bestandteil. Die Beispielaufgaben sind aus den Veranstaltungen „Elementare Arithmetik" bzw. „Zahlentheorie" und „Elementare Geometrie" genommen, da
im Kontext des Projektes diese Veranstaltungen betreut wurden.

30.3.1 Begriffslernen

Bei der Begriffsbildung muss insbesondere in der Mathematik nach der Art des zu lernenden Begriffs differenziert werden. Im Gegensatz zu den beschriebenen Abläufen von
Gagne (1980) oder der Arbeitsgruppe von Oser (Oser und Baeriswyl 2001; vgl. Tab. 30.1),
die jeweils nur eine allgemeine Vorgehensweise zur Begriffsbildung beschreiben, wird
mittlerweile in der Mathematikdidaktik zwischen drei Arten der Begriffsdefinition unterschieden (Wittmann 1981; Zech 2002; Franke 2007): Begriffe als Realdefinitionen,
Begriffe als Konventionaldefinitionen sowie Begriffe als genetische Definitionen bzw. als
Definition einer Äquivalenzklasse. Ohne weiter auf diese Differenzierung einzugehen, sei
noch erwähnt, dass diese drei Arten sich nicht gegenseitig ausschließen, vielmehr kann ein
Begriff auf mehrere Arten definiert werden. Aus dieser Unterscheidung resultieren jedoch
verschiedene Vorgehensweisen für die Begriffsbildung, insbesondere für die erste Phase
(vgl. Tab. 30.2). So müssen bei einem Begriff als Realdefinition zunächst Oberbegriffe
des neu zu lernenden aktiviert und präsent gemacht werden, während bei genetischen Definitionen der Lernende das Objekt/den Begriff *„konstruieren"*[2] muss. Durch die Handlung
wird der zu lernende Begriff dann gewonnen. Bei einem Begriff als Konventionaldefinition
müssen aus vorgegebenen Beispielen und Gegenbeispielen Bedingungen oder Merkmale
extrahiert werden, die für den neuen Begriff relevant sind.

Die Aktivierung der benötigten Begriffe sollte also zuvor stattgefunden haben. Dies
kann z. B. in Übungen vor der eigentlichen Veranstaltung (Üvor) stattfinden, in welcher
der neue Begriff eingeführt werden soll. Aufgaben können sich auf die Erkenntnisse aus
der Schule oder aus früheren Hochschulveranstaltungen beziehen und darauf aufbauen.
Auch können Beispiele aus der direkten Umwelt der Studierenden aufgegriffen werden,
die mit dem Begriff oder dem Konzept verbunden sind. In der Veranstaltung (V) selbst
kann dann auf diesem Vorwissen aufgebaut und der neue Begriff in einer Definition formal
festgehalten werden. Die Anwendung des neuen Konzeptes und der Transfer kann dann
in der Übung anschließend an die Veranstaltung (Ünach) oder in späteren Veranstaltungen
(Vnach) gefestigt werden. Tabelle 30.2 zeigt einen möglichen Ablauf für das Bilden von
Begriffen durch Spezifikation.

Wittmann (1981) gibt als Beispiel für eine solche Vorgehensweise der Begriffsbildung
den Begriff der „Gruppe" an. Zunächst müssen die relevanten Begriffe (Menge, Eins-

---

[2] Der Begriff der Konstruktion muss hier weiter gefasst werden als nur das eigentliche Herstellen.
Er umschließt alle Tätigkeiten, die Repräsentanten des Begriffes bzw. des Objekts generieren, z. B.
zeichnen, rechnen, schreiben, bauen, usw.

Tab. 30.2 Phasen der Begriffsbildung durch Spezifikation im Hochschulkontext und deren Verortung in den Veranstaltungen

Phase	Aktivität	Verortung
1	(Ober-)Begriffe und Vorwissen zum Thema werden bewusst oder unbewusst aktiviert	Üvor
2	Ein Beispiel oder mehrere (auch negative) Beispiele wird bzw. werden vorgestellt, welches/welche die wesentlichen Merkmale und Eigenschaften des neuen Begriffs/Konzeptes enthält/enthalten	V
3	Anhand des Beispiels werden die Eigenschaften und Elemente erarbeitet und dargestellt und der neue Begriff formuliert	V
4	In weiteren Beispielen wird der neue Begriff aktiv angewandt und zu bereits Bekanntem in Verbindung gesetzt	Ünach
5	Der Begriff/das Konzept wird analysiert und mit anderen Bereichen oder Systemen vernetzt	Ünach/Vnach

element, Neutrales Element, Inverse eines Elements, ...) sowie Regeln (Assoziativität, Regeln der Verknüpfung, evtl. Kommutativität, ...) aktiviert werden. In der Veranstaltung wird anhand von Beispielen die Definition des Begriffs der „Gruppe" erarbeitet. Ein weiterer Begriff in der Hochschule ist derjenige der „Stetigkeit". Die Studierenden bringen meist bereits aus der Schule ein tragfähiges Konzept des Begriffs mit und können dieses an (Gegen-)Beispielen verifizieren bzw. es kann versucht werden, zunächst eine eigene Definition des Begriffs zu generieren. In der Veranstaltung können diese dann aufgegriffen und sodann in eine mathematisch exakte Definition gebracht werden. Die Anwendung und Vertiefung des Konzeptes erfolgt dann in Übungsaufgaben im Anschluss.

In der Veranstaltung „Elementare Geometrie" werden unter anderem Eigenschaften von ebenen Figuren behandelt. Die Begriffe „Sehnenviereck" oder „Tangentenviereck" sind den Studierenden nicht geläufig, obwohl sie in der Schule oft mit den Objekten gearbeitet haben. Eine Anwendung der Begriffe fand aber kaum statt. Um zu verstehen, welche ebenen Vierecke unter welchen der Begriffe fallen, müssen zunächst alle Viereckarten präsent sein. Aufgabe 1 zeigt zwei mögliche Aufgaben, welche die grundlegenden Begriffe aus der Schule (re-)aktivieren sollen. In den Übungen, die an die Veranstaltung anschließen, in welchen das Thema behandelt wurde, können Studierende vertiefende Aufgaben bearbeiten (vgl. Aufgabe 2).

Aufgabe 1: Aktivierungsaufgabe zum Begriffslernen für die Elementargeometrie

a) Welche Arten von Vierecken kennen Sie noch aus der Schule? Schreiben Sie diese auf!

b) Ein Viereck mit Inkreis nennt man Tangentenviereck.
   Welche Vierecktypen aus Teil a) sind Tangentenvierecke?
   Begründen Sie!

c) Ein Viereck mit Umkreis nennt man Sehnenviereck.
   Welche der bekannten Vierecktypen sind Sehnenvierecke?
   Begründen Sie!

Aufgabe 2: Vertiefungsaufgabe zum Begriffslernen für die Elementargeometrie

a) Zeigen Sie, dass in jedem Sehnenviereck $ABCD$ folgende Winkeleigenschaft gilt:

$$\alpha + \gamma = \beta + \delta = 180°.$$

b) Zeigen Sie, dass in jedem Tangentenviereck $ABCD$ gilt:

$$a + c = b + d.$$

In der Arithmetik bzw. Zahlentheorie sind Begriffe wie „vollkommene Zahlen" sowie „abundante" oder „defiziente" Zahlen neu. Um diese Begriffe vorzubereiten, können Aufgaben wie in Aufgabe 3 vor der eigentlichen Veranstaltung bearbeitet werden. So können Studierende erste Erfahrungen mit der Problematik machen. Aufgabe 4 zeigt Aufgaben, die im Anschluss an die entsprechende Veranstaltung zur Vertiefung und Festigung der neuen Begriffe gelöst werden können.

Aufgabe 3: Vorbereitende Aufgabe zur Arithmetik/Zahlentheorie zum Begriffslernen in Anlehnung an Leuders (2010)

a) Schreiben Sie die ersten 30 natürlichen Zahlen untereinander auf. Berechnen Sie anschließend für jede Zahl jeweils die Teilersumme, d. h. die Summe aller echten Teiler ($t < n$). Zeichnen Sie jeweils einen Pfeil von der Zahl n zu der Zahl, die der Teilersumme entspricht. Was fällt Ihnen auf?

b) Fügen Sie die Zahlen 284 und 220 hinzu und verfahren Sie entsprechend Teilaufgabe a). Was stellen Sie fest?

Aufgabe 4: Vertiefungsaufgabe zur Arithmetik/Zahlentheorie zum Begriffslernen

a) Zeigen Sie, dass 945 eine abundante Zahl ist.
b) Zeigen Sie, dass eine Primzahlpotenz stets defizient ist.
c) Zeigen Sie, dass es zu $n = p^2$ (p ist eine Primzahl) keine befreundete Zahl geben kann.

30.3.2 Regellernen

Das Lernen einer Regel oder einer Gesetzmäßigkeit ist eng verbunden mit dem Lernen von Bergriffen. Nach Gagne (1980) ist eine Regel „aus mehreren Begriffen zusammengesetzt" (ebd. S. 134) und wird in der Literatur auch oft als Lernen von Begriffsketten bezeichnet. Allerdings muss im mathematischen Kontext der gagnesche Regelbegriff eingeschränkt werden. Zech (2002) beschränkt das Regellernen in der Mathematik auf „mathematische Sätze [...], Gesetze [...], Regeln und inhaltliche [...] Verfahren" (Zech 2002, S. 166). Die Phasen für das Regellernen sind demnach ähnlich denen des Begriffslernens. Oser und Baeriswyl (2001) verwenden für das Begriffs- und das Regellernen fast identische Basismodelle, welche auch hier Anwendung finden (vgl. Tab. 30.3).

Im Gegensatz zu den Begriffen können in den Übungen (Üvor), neben der Aktivierung der relevanten Begriffe, auch schon erste Gesetzmäßigkeiten entdeckt werden. Die Studierenden können zu diesem Zeitpunkt sogar versuchen eine Regel selbst zu formulieren. Die eigentliche Regel kann dann in der anschließenden Veranstaltung (V), ausgehend von den aufgestellten Regeln der Studierenden, präzise formuliert werden oder es kann aus den entdeckten Gesetzmäßigkeiten die Regel entwickelt werden. In den an die Vorlesung anschließenden Übungen (Ünach) können die Regeln in Aufgaben angewandt und mit bereits vorhandenem Wissen vernetzt werden. Sind mehrere Regeln oder Sätze In-

Tab. 30.3 Grundmodell zum Regellernen (nach Oser und Baeriswyl 2001) und deren Verortung in der Veranstaltung

Phase	Aktivität	Verortung
1	Aktivierung der für die Regel relevanten Begriffe	Üvor
2	Entdeckung von Regel- oder Gesetzmäßigkeiten an Beispielen	Üvor
3	Formulierung der Regel und Überprüfung der Gültigkeit derselben an weiteren Beispielen, ggf. Änderung der Regel	V
4	In weiteren Beispielen wird die neue Regel aktiv angewandt und zu bereits Bekanntem in Verbindung gesetzt	Ünach
5	Zusammenführung verschiedener Regeln eines Themengebietes zu einer größeren Einheit (optional)	V

halt einer Veranstaltung, können diese in der aktuellen oder einer späteren Veranstaltung zusammengeführt werden.

Im Hochschulkontext kann das Modell z. B. bei der Einführung von Rechengesetzen bei komplexen Zahlen oder dem Rechnen mit Kongruenzen angewandt werden. Im Vorfeld der Veranstaltung können Studierende die Addition oder Division von Komplexen Zahlen durchführen und das Vorgehen in einer Regel beschreiben. Ob die gewonnene Regel mit der mathematisch definierten Operation übereinstimmt, spielt dabei keine Rolle. Dies wird dann in der entsprechenden Veranstaltung verifiziert. Ein weiteres Beispiel aus der Zahlentheorie ist die q-adische Systembruchentwicklung in Abhängigkeit des Nenners. Bevor eine Regel oder ein Satz entwickelt oder gegeben wird, sollten die Studierenden anhand von Beispielen „Daten" sammeln und selbst Hypothesen aufstellen.

30.3.3 Methodenlernen

Methoden, Strategien und Arbeitsweisen sind in der mathematischen Hochschullehre ein wichtiger Teil des mathematischen Lernprozesses. Stärker als in der Schule müssen z. B. verschiedene Methoden zum Führen von Beweisen gelernt werden. Auch das methodischen Vorgehen bei Näherungsverfahren oder bestimmte „Tricks" bei Rechenverfahren (z. B. additions- oder multiplikationsneutrale Erweiterungen) sind Vorgehensweisen, die gelernt werden müssen. In der Literatur findet sich diese Form des Lernens allerdings kaum. Zech (2002) beschreibt in den beiden Lerntypen „Lernen heuristischer Regeln" und „Beobachtungslernen" jeweils Teile des Methodenlernens. Im schulischen Kontext ist es sinnvoll diese beiden Lerntypen zu unterscheiden (vgl. Zech 2002, S. 166 f.), im Kontext der Hochschule sind diese beiden Typen aber kaum zu unterscheiden. Das Lernen von Strategien, wie sie bei Oser und Baeriswyl (2001) oder Gagne (1980) beschrieben sind, zielt mehr auf das Erlernen von Methoden zum „Lernen" ab. Dennoch eignen sich die Phasen dieser Modelle als Grundlage für die nachfolgende Beschreibung für das Lernen mathematischer Methoden.

Wenn eine neue Methode gelernt werden soll, muss dafür zunächst ein „Bedarf" geschaffen werden. Dieser Bedarf kann in Aufgaben in Vorbereitung auf die entsprechende Veranstaltung (Üvor) geschaffen werden, indem entweder die Lösungswege sehr umständlich und komplex werden, oder man an einem bestimmten Punkt ohne die neue Methode nicht weiterkommen würde. Ein Lernen auf Vorrat, weil man dieses ggf. später irgendwann benötigt, lässt keinen großen Lernerfolg erwarten, zumal der Lernende bisher auch ohne die neue Methode gut zu Recht gekommen ist. In der Veranstaltung (V) selbst wird dann die neue Methode vorgestellt und ausgeführt. Dabei sollte der Lernende erfahren, dass diese Methode für ihn wirkliche Vorteile, z. B. Ersparnis von Zeit, bringt. Die Methode oder Strategie wird von dem Lehrenden präsentiert und auch kommentiert im Sinne des modeling mach dem cognitive-apprenticeship-Ansatzes (Collins et al. 1989). In weiteren Aufgaben und Beispielen im Anschluss (Ünach) kann die Methode dann eingeübt und auf ihre Vor- und Nachteile untersucht werden. In den Übungen übernehmen die Tutoren dann die Rolle von Betreuern, die bei Unklarheiten oder Rückfragen beim Einüben der

Tab. 30.4 Grundmodell zum Methodenlernen basierend auf dem Basismodell „Lernen von Strategien" (nach Oser und Baeriswyl 2001) und deren Verortung im Hochschulkontext

Phase	Aktivität	Verortung
1	Aktivierung der für die Methode relevanten und bisher erworbenen Strukturen	Üvor
2	Grundlage für die „Wertschätzung" einer neuen Methode	Üvor
3	Vorstellung der Methode (modeling)	V
4	Anwendung der Methode in weiteren Beispielen	Ünach

Methode zur Verfügung stehen. Tabelle 30.4 beschreibt die relevanten Phasen des Grundmodells „Methodenlernen" und deren Umsetzung in der Hochschule.

Methoden in der Mathematik sind beispielsweise das Lösen von Gleichungssystemen, Verfahren z. B. zur Bestimmung von Nullstellen sowie mathematische Näherungsverfahren zur Bestimmung von Werten irrationaler Zahlen. In der Geometrie sind Methoden eher Fertigkeiten, wie z. B. das Konstruieren von Grundkonstruktionen ausschließlich mit Zirkel und Lineal.

30.3.4 Problemlösen

Im Gegensatz zur Schule finden sich im Kontext der Hochschulmathematik weniger alltagsbezogene und mehr abstrakte Probleme wieder. Zu den Problemlöseaufgaben können auch Beweisaufgaben gezählt werden, die, sofern diese nicht auf ähnliche Weise bereits vollzogen wurden, Studierende i. d. R. vor große Probleme stellen. Da jedes Problem und jeder Beweis immer wieder aufs Neue zu lösen ist, und es nur selten ein „Rezept" gibt, kann nicht wie bei einem Begriff oder einer Regel zu einem Zeitpunkt gesagt werden, dass man „es gelernt" hat. Deshalb spricht man beim Problemlösen auch weniger von „Lernphasen" als von heuristischen Phasen, die während des Lernprozesses durchlaufen werden müssen.

Da beim Problemlösen die zuvor gelernten Begriffe, Regeln und Methoden benötigt werden, müssen diese zunächst auch bewusst gemacht werden. Je nach Problem kann man beim Problemlösen im Hochschulkontext unterschiedlich vorgehen.

Zum einen kann eine Problemstellung in den Übungen (Üvor) gestellt werden. Diese muss der Lernende verstehen und intensiv bearbeiten, auch wenn dies zunächst keine Aussicht auf Erfolg hat, da entsprechende Methoden oder Arbeitsweisen noch fehlen. Eine Lösung des Problems findet dann in der Veranstaltung (V) statt, indem die dozierende Person Ansätze und Lösungen anbietet. Die Lösung sollte dann aber, wenn möglich, neue Probleme generieren, an denen die Studierenden in den Übungen anschließend (Ünach) arbeiten können. Eine andere Möglichkeit den Prozess des Problemlösens in die Konzeption der Veranstaltung zu integrieren kann sein, dass ein Problem in der Veranstaltung (V1) auftritt. Dieses wird dort den Studierenden bewusst und greifbar gemacht. In den Übun-

Tab. 30.5 Schrittmodell heuristischer Regeln zum Problemlösen (nach Oser und Baeriswyl 2001) und dessen Verortung in den Hochschulkontext

Phase	Aktivität	Verortung	
1	Problemgeneralisierung. Ein Problem, möglichst aus der Umwelt des Lernenden, wird vermittelt oder dargestellt	Üvor	V1
2	Problemformulierung/-klärung. Das Problem muss verstanden und die wesentlichen Merkmale, der Anfangszustand und das Ziel müssen definiert werden	Üvor	V1
3	Der Lernende muss eine oder mehrere Hypothesen formulieren, um einen Plan für eine mögliche Lösung zu entwickeln	V	Ü
4	Verifikation. Der oder die Pläne und Hypothesen müssen überprüft und auf Plausibilität hin untersucht werden. Ggf. müssen Schritt drei und vier mehrmals ausgeführt werden	V	Ü
5	Die gefundene Lösung muss kontextbezogen überprüft werden. Der Lösungsweg sollte zudem so verallgemeinert werden, dass er auf ähnliche Probleme übertragen werden kann	Ünach	V2

gen (Ü) arbeiten die Studierenden an dem Problem und versuchen eine Lösung zu finden. In der darauffolgenden Veranstaltung (V2) werden mögliche Lösungsideen und Ansätze vorgestellt. Die Verifikation und die Verallgemeinerung nimmt dann der Dozent in der Veranstaltung vor. Tabelle 30.5 beschreibt die fünf heuristischen Phasen und zeigt auf, wie beim Lösen eines Problems im Hochschulkontext idealerweise vorgegangen wird.

Eine Möglichkeit das Problem für Beweisführungen, wie z. B. der vollständigen Induktion, für Studierende zugänglicher zu machen, ist die Einbettung in das Umfeld oder in ein spielerisches (Pseudo-)Umfeld. Zunächst sollen z. B. Summen- oder Produktwerte von Reihen berechnet werden. Hierfür bieten sich z. B. die sogenannten figurierten Zahlen an (vgl. Aufgabe 5). Zunächst muss die Struktur identifiziert werden und anschließend muss eine explizite Formel gefunden werden, die anschließend auch bewiesen werden muss. Da bisherige Beweismethoden nur selten zum Ziel führen, stellt in der Veranstaltung der Dozent/die Dozentin dann die Beweismethode der vollständigen Induktion ausführlich und komplett vor. Die anschließenden Übungen (Aufgabe 6) greifen die Probleme der Vorwoche auf, die nun aber mit der neuen Methode gelöst werden können.

Aufgabe 5: Problemstellung zur Einführung des Prinzips der vollständigen Induktion[3]

Untersuchen Sie nachfolgende Muster auf Zusammenhänge innerhalb der Anzahl der Kugeln und zwischen dem Zuwachs für jede Stufe:

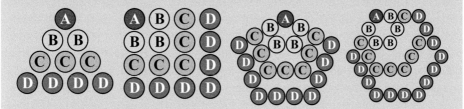

- Die erste Stufe beginnt jeweils mit der Kugel A.
- In der zweiten Stufe kommen die Kugeln B hinzu. (Wie viele Kugeln kamen hinzu, wie viele sind es insgesamt?)
- Es folgen Stufe drei (Kugeln C) und Stufe vier (Kugeln D). Wie viele Kugeln werden bei der fünften Stufe angelegt? Wie viele sind es dann insgesamt?
- Wie sieht es bei der zehnten Stufe aus? Und wie bei der n-ten Stufe?

Versuchen Sie den Aufbau und die Strukturen sowie deren Zusammenhänge anschaulich darzustellen und versuchen Sie diese zu begründen! Finden und untersuchen Sie weitere derartige Muster!

Aufgabe 6: Vertiefungsaufgaben für das Prinzip der vollständigen Induktion

Finden Sie hier zunächst einen Term $T(n)$ für das n-te Glied in der Reihe. Suchen Sie dann, wie bei den figurierten Zahlen, nach einem Term, der die Summe berechnet.

$$\frac{1}{1 \cdot 3} + \frac{1}{3 \cdot 5} + \frac{1}{5 \cdot 7} + \dots + T(n) = ? \quad (n \in \mathbb{N})$$

$$\frac{1}{1 \cdot 2} + \frac{1}{2 \cdot 3} + \frac{1}{3 \cdot 4} + \dots + T(n) = ? \quad (n \in \mathbb{N}).$$

Beweisen Sie die gefundenen Gleichungen mit Hilfe der vollständigen Induktion.

---

[3] Zeichnungen in Anlehnung an http://members.chello.at/gut.jutta.gerhard/figz1.htm (Zugegriffen: 02.05.2014).

30.4 Fazit

Die in diesem Beitrag eingeführten Grundmodelle mathematischen Lehrens an der Hochschule sind ein erster Versuch, die didaktischen und psychologischen Erkenntnisse aus dem Lehren und Lernen von Mathematik in der Schule auf die Hochschule zu übertragen. Auch wenn die Hochschulmathematik weitaus abstrakter ist als die Schulmathematik, bilden das Lernen von Begriffen, Verfahren oder Regeln den Kern. Die vier hier vorgestellten Grundmodelle „Begriffslernen", „Regellernen", „Methodenlernen" und „Problemlösen" stellen dabei keine vollständige und abgeschlossene Kategorisierung dar. Gegebenenfalls gilt es zu überprüfen, ob z. B. ein separates Modell für das Lernen von Beweisen bzw. das Führen von Beweisen sinnvoll ist, da diese den Kern der mathematischen Erkenntnisgewinnung an der Hochschule darstellen (Heintz 2000).

An der Pädagogischen Hochschule in Ludwigsburg wurde dieser Ansatz im Rahmen des Projektes SAiL-M erstmals im Sommersemester 2009 implementiert und in den Folgesemestern weiter konkretisiert. Die Konzeption kam dabei in den Veranstaltungen zur elementaren Arithmetik und zur elementaren Geometrie zum Einsatz. Die hier vorgestellten Beispielaufgaben sind nur ein Teil der Aufgaben – und der Veranstaltungskonzeption. Weitere Beispielaufgaben zu den einzelnen Grundmodellen können für diese Themengebiete konkretisiert werden. Für andere Veranstaltungen, wie die „Analysis" oder die „Lineare Algebra", die üblicherweise zu Beginn des Studiums gehalten werden, können konkrete Aufgaben analog entwickelt und eingesetzt werden.

Ähnlich zu anderen entwickelten Maßnahmen spielt hier der Ansatz des design-based Research (vgl. z. B. Gess et al. 2014) eine wichtige Rolle, d. h. dass die Innovationen theoriegeleitet entwickelt und in der Praxis erprobt sowie untersucht und anschließend optimiert wurden. Eine begleitende Evaluation aller im Projekt entwickelten Maßnahmen hinsichtlich der Fertigkeiten hat gezeigt, dass das Konzept nicht auf Kosten inhaltlicher Fertigkeiten bei den Studierenden geht. Dazu wurden am Ende des jeweiligen Semesters mit einem dichotomen Fragebogen über die Inhalte der Veranstaltungen die Fertigkeiten der Studierenden verschiedener pädagogischen Hochschulen erhoben. Ein Vergleich ergab keine signifikanten Unterschiede hinsichtlich der Fertigkeiten (Bescherer et al. 2012b). Darüber hinaus konnte aber nachgewiesen werden, dass die mathematische Selbstwirksamkeitserwartung (Bandura 1997; Schwarzer und Jerusalem 2002) im Vergleich zu den anderen Hochschulstandorten durch die Konzeption der Veranstaltung signifikant zugenommen hat (vgl. Zimmermann und Bescherer 2011, 2012). Bezugnehmend auf die Bedingungen des Studienerfolgs nach Blömeke (2013) ist dies eine nicht zu vernachlässigbare Komponente. Es konnte also gezeigt werden, dass auch in Veranstaltungen mir großen Teilnehmerzahlen ein theoriegeleitetes Lehren möglich ist. Allerdings hat sich gezeigt, dass die Aufgaben, Probleme und Themen zur Vorbereitung in der entsprechenden Veranstaltung aufgegriffen werden müssen, da viele Studierenden die Notwendigkeit der vorbereitenden Übungen nicht sehen und die Aufgabenbearbeitung als überflüssig betrachten.

Literatur

Ableitinger, C., Kramer, J., & Prediger, S. (2013). *Zur doppelten Diskontinuität in der Gymnasiallehrerbildung: Ansätze zu Verknüpfungen der fachinhaltlichen Ausbildung mit schulischen Vorerfahrungen und Erfordernissen*. Wiesbaden: Springer Spektrum.

Aebli, H. (1994). *Zwölf Grundformen des Lehrens: Eine Allgemeine Didaktik auf psychologischer Grundlage. Medien und Inhalte didaktischer Kommunikation, der Lernzyklus* (8. Aufl.). Stuttgart: Klett-Cotta.

Ausubel, D. P., Novak, J. D., & Hanesian, H. (1980). *Psychologie des Unterrichts* (2. Aufl.). Bd. 1. Weinheim: Beltz.

Bauer, T. (2013a). Schulmathematik und universitäre Mathematik – Vernetzung durch inhaltliche Längsschnitte. In H. Allmendinger, K. Lengnink, A. Vohns, & G. Wickel (Hrsg.), *Mathematik verständlich unterrichten* (S. 235–252). Wiesbaden: Springer Spektrum.

Bauer, T. (2013b). Schnittstellen bearbeiten in Schnittstellenaufgaben. In C. Ableitinger, J. Kramer, & S. Prediger (Hrsg.), *Zur doppelten Diskontinuität in der Gymnasiallehrerbildung: Ansätze zu Verknüpfungen der fachinhaltlichen Ausbildung mit schulischen Vorerfahrungen und Erfordernissen* (S. 39–56). Wiesbaden: Springer Spektrum.

Bandura, A. (1997). *Self-efficacy. The exercise of control*. New York: W. H. Freeman and Company.

Bescherer, C., Spannagel, C., & Zimmermann, M. (2012a). Neue Wege in der Hochschulmathematik – Das Projekt SAiL-M. In M. Zimmermann, C. Bescherer, & C. Spannagel (Hrsg.), *Mathematik lehren in der Hochschule – Didaktische Innovationen für Vorkurse, Übungen und Vorlesungen* (S. 93–104). Hildesheim: Franzbecker.

Bescherer, C., Spannagel, C., & Zimmermann, M. (2012b). SAiL-M: Semiautomatische Analyse individueller Lernprozesse in der Mathematik – Schlussbericht des Teilprojekts der Pädagogischen Hochschule Ludwigsburg. http://www.sail-m.de/sail-m/Publikationen. Zugegriffen: 11. Januar 2013

Beutelspacher, A., Danckwerts, R., Nickel, G., Spies, S., & Wickel, G. (2011). *Mathematik Neu Denken: Impulse für die Gymnasiallehrerbildung an Universitäten* (S. 57–76). Wiesbaden: Vieweg+Teubner.

Bikner-Ahsbahs, A., & Schäfer, I. (2013). Ein Aufgabenkonzept für die Anfängervorlesungen im Lehramt Mathematik. In C. Ableitinger, J. Kramer, & S. Prediger (Hrsg.), *Zur doppelten Diskontinuität in der Gymnasiallehrerbildung: Ansätze zu Verknüpfungen der fachinhaltlichen Ausbildung mit schulischen Vorerfahrungen und Erfordernissen* (S. 57–76). Wiesbaden: Springer Spektrum.

Blömeke, S. (2013). Der Übergang von der Schule in die Hochschule: Empirische Erkenntnisse zu Problemen und Lösungen für das Fach Mathematik. In A. Hoppenbrock, S. Schreiber, R. Göller, R. Biehler, B. Büchler, R. Hochmuth & H.-G. Rück, (Hrsg.), Mathematik im Übergang Schule/Hochschule und im ersten Studienjahr, Extended Abstracts zur 2. khdm-Arbeitstagung (S. 99–100). http://kobra.bibliothek.uni-kassel.de/handle/urn:nbn:de:hebis:34-2013081343293. ugegriffen: 05. November 2014

Boero, P. (1999). Argumentation and mathematical proof: A complex, productive, unavoidable relationship in mathematics and mathematics education. *International Newsletter on the Teaching and Learning of Mathematical Proof*, 7(8), http://www.lettredelapreuve.org/OldPreuve/Newsletter/990708Theme/990708ThemeUK.html. Zugegriffen: 8. Oktober 2015

Collins, A., Brown, J. S., & Newman, S. E. (1989). Cognitive apprenticeship: teaching the craft of reading, writing, and mathematics. In L. B. Resnick (Hrsg.), *Knowing, learning, and instruction. Essays in honor of Robert Glaser* (S. 453–494). Hillsdale: Lawrence Erlbaum Associates.

Franke, M. (2007). *Didaktik der Geometrie: In der Grundschule.* Heidelberg: Spektrum Akademischer Verlag.

Gagne, R. M. (1980). *Die Bedingungen des menschlichen Lernens* (5. Aufl.). Hannover: Schroedel.

Gess, C., Rueß, J., & Deicke, W. (2014). Design-based Research als Ansatz zur Verbesserung der Hochschulen – Einführung und Praxisbeispiel. *Qualität in der Wissenschaft, 8*(1), 10–16.

Gudjons, H. (2008). *Pädagogisches Grundwissen: Überblick – Kompendium – Studienbuch* (10. Aufl.). Bad Heilbrunn: Klinkhardt.

Heintz, B. (2000). *Die Innenwelt der Mathematik. Zur Kultur und Praxis einer beweisenden Disziplin.* Wien: Springer.

Herrmann, A. (2012). Mathematik besser verstehen. In M. Ludwig, & M. Kleine (Hrsg.), *Beiträge zum Mathematikunterricht 2012* (Bd. 2, S. 979–980). Münster: WTM-Verlag.

Heublein, U., Hutzsch, C., Schreiber, J., Sommer, D., & Besuch, G. (2010). *Ursachen des Studienabbruchs in Bachelor- und in herkömmlichen Studiengängen – Ergebnisse einer bundesweiten Befragung von Exmatrikulierten des Studienjahres 2007/08.* Hannover: HIS.

Heublein, U., Richter, J., Schmelzer, R., & Sommer, D. (2012). *Die Entwicklung der Schwund- und Studienabbruchquoten an den deutschen Hochschulen – Statistische Berechnungen auf der Basis des Absolventenjahrgangs 2010.* Hannover: HIS.

Holton, D. (2001). *The Teaching and Learning of Mathematics at University Level: An ICMI Study.* New ICMI Study Series, Bd. 7. Berlin: Springer.

Klein, F. (1908). *Elementarmathematik vom höheren Standpunkte aus. Teil I: Arithmetik, Algebra, Analysis.* Grundlehren der mathematischen Wissenschaften, Bd. 14. Leipzig: Teubner.

Kultusministerkonferenz (2004). *Bildungsstandards im Fach Mathematik für den Mittleren Schulabschluss (Beschluss vom 4.12.2003).* München: Luchterhand.

Leuders, T. (2010). *Erlebnis Arithmetik.* Heidelberg: Spektrum Akademischer Verlag.

Niegemann, H., Hessel, S., Hochschied-Mauel, D., Aslanski, K., Deimann, M., & Kreuzberger, G. (2004). *Kompendium E-Learning.* Berlin: Springer.

Oser, F., & Baeriswyl, F. (2001). Choreographies of Teaching: Bridging Instruction to Learning. In V. Richardson (Hrsg.), *Handbook of Research on Teaching* (4. Aufl. S. 1031–1065). Washington: American Educational Research Association.

Schwarzer, R., & Jerusalem, M. (2002). Das Konzept der Selbstwirksamkeit. *Zeitschrift für Pädagogik, 48*(44), 28–53.

Vollrath, H.-J., & Roth, J. (2012). *Grundlagen des Mathematikunterrichts in der Sekundarstufe.* Heidelberg: Spektrum Akademischer Verlag.

Wittmann, E. C. (1981). *Grundfragen des Mathematikunterrichts* (6. Aufl.). Wiesbaden: Vieweg.

Zech, F. (2002). *Grundkurs Mathematikdidaktik* (10. Aufl.). Weinheim: Beltz.

Zimmermann, M., & Bescherer, C. (2011). (Um-)Wege in der Ausbildung von Mathematiklehrkräften. In R. Haug, & L. Holzäpfel (Hrsg.), *Beiträge zum Mathematikunterricht 2011* (Bd. 2, S. 923–926). Münster: WTM-Verlag.

Zimmermann, M., & Bescherer, C. (2012). Zur Hochschullehre in der Lehramtsausbildung. In M. Ludwig, & M. Kleine (Hrsg.), *Beiträge zum Mathematikunterricht 2012* (Bd. 2, S. 961–964). Münster: WTM-Verlag.

Teil III
Wissenschaftliche Beiträge

Mathematik verstehen von verschiedenen Standpunkten aus – Zugänge zum Krümmungsbegriff

Thomas Bauer, Wolfgang Gromes und Ulrich Partheil

Zusammenfassung

Es wird weithin davon ausgegangen, dass Lehramtsstudierende der Mathematik auf der fachinhaltlichen Seite ausreichend (oder gar „mehr als ausreichend") für schulmathematische Erfordernisse gerüstet seien. An Beispielen wie dem Krümmungsbegriff lässt sich jedoch erkennen, dass diese Annahme nicht uneingeschränkt richtig ist: Wenn der zu einem Konzept als fachlich adäquat angesehene Standpunkt *über* dem im Lehramtscurriculum Erreichbaren liegt, dann kommen Lehramtsstudierende mit diesem Gegenstand in der Regel überhaupt nicht in Berührung und sind daher hierfür fachlich nicht vorbereitet. Wir betonen in diesem Text die Notwendigkeit, in solchen Situationen Zugänge auf elementaren Stufen zu finden. Dies konkretisieren wir am Beispiel des Krümmungsbegriffs und zeigen die Fruchtbarkeit der vorgestellten Zugänge für Schnittstellenaktivitäten.

31.1 Zugänge auf elementaren Stufen finden

Der Ausgangspunkt: Analyse einer Schülerfrage In der gymnasialen Oberstufe ist es üblich, den Graphen einer differenzierbaren Funktion links- bzw. rechtsgekrümmt zu nennen, wenn die Ableitung der Funktion monoton steigend bzw. fallend ist. Ist die Funktion zweimal differenzierbar, dann wird die zweite Ableitung herangezogen, um über die Links- bzw. Rechtsgekrümmtheit einer Funktion (eventuell auf gewissen Teilintervallen) zu entscheiden. Katrin, Schülerin in einem Leistungskurs Mathematik, macht in diesem Kontext eine sie überraschende Beobachtung:

Thomas Bauer ✉ · Wolfgang Gromes · Ulrich Partheil
Philipps-Universität Marburg, Fachbereich Mathematik und Informatik, Marburg, Deutschland
e-mail: tbauer@mathematik.uni-marburg.de, gromes@mathematik.uni-marburg.de,
partheil@mathematik.uni-marburg.de

© Springer Fachmedien Wiesbaden 2016   483
A. Hoppenbrock et al. (Hrsg.), *Lehren und Lernen von Mathematik in der Studieneingangsphase*, Konzepte und Studien zur Hochschuldidaktik und Lehrerbildung Mathematik, DOI 10.1007/978-3-658-10261-6_31

Bei der Parabelfunktion $x \mapsto x^2$ ist die zweite Ableitung überall positiv und man sieht auch „optisch", dass der Graph linksgekrümmt ist – das passt ja zusammen. Eines verstehe ich aber nicht: Man sieht doch am Graphen, dass die Krümmung immer weniger wird, je größer man x macht – aber die zweite Ableitung ist überall gleich. Wie passt denn das zusammen?

Was führt Katrin zu ihrer Frage? Wir versuchen eine Deutung: Katrin hat die Erfahrung gemacht, dass die Ableitungen f' und f'' einer zweimal differenzierbaren Funktion f qualitative Aussagen über geometrische Eigenschaften des Graphen G_f erlauben (Steigungs- bzw. Krümmungsverhalten). Da f' auch eine *quantitative* Interpretation besitzt (Steigung), ist die Analogievermutung naheliegend, dass f'' ein Maß für die Krümmung ist. Obwohl der Krümmungsbegriff im Unterricht üblicherweise nicht explizit behandelt wird (Ausnahmen bilden z. B. die Unterrichtswerke Kroll 1985 und Schmidt et al. 2010), verfügen viele Schüler durchaus über ein Präkonzept von Krümmung – im Sinne einer intuitiven Vorstellung von „Stärke des Gekrümmtseins". So formulieren Schüler, dass eine Kreislinie „überall gleich stark gekrümmt" ist, während der Graph der Exponentialfunktion „immer weniger gekrümmt" erscheint, je weiter man sich auf dem Funktionsgraphen nach rechts bewegt. Dass Katrin der zweiten Ableitung die Rolle des Krümmungsmaßes zuschreibt, ist umso verständlicher, als die korrekte Grundvorstellung von f'' als lokale Änderungsrate von f' geometrisch unsichtbar bleibt.

Katrins Frage nach dem „Zusammenpassen" sollte im Unterricht als berechtigt und sehr willkommen aufgenommen werden. In der Tat sehen wir das Einfordern solcher Passungen durchaus als soziomathematische Norm im Sinne von Yackel und Cobb (1996), die die Lehrperson in der Interaktion mit den Schülern entwickeln und als Repräsentant der mathematischen Fachgemeinschaft bewusst vertreten sollte (vgl. Kazemi und Stipek 2001).

Die Lage der Studierenden – die Situation im Lehramtsstudium Wir haben Katrins Frage Lehramtsstudierenden aus den Fachsemestern 5–11 vorgelegt (als Unterrichtsmoment im Sinne von Prediger 2013) und festgestellt, dass es praktisch keinem der befragten Studierenden gelingt, auf Katrins Frage adäquat zu antworten (vgl. die „job analysis" von Ball und Bass 2000). Dieser Befund kann im Grunde nicht überraschen: In den Grundvorlesungen zur Analysis wird der Krümmungsbegriff üblicherweise nicht thematisiert. Eine der Ursachen hierfür liegt vermutlich darin, dass der als fachlich adäquat angesehene Standpunkt[1] für das Krümmungskonzept in der Differentialgeometrie liegt. Daher wird dessen elementare Behandlung unter den Nebenbedingungen eines gedrängten Analysis-I/II-Curriculums in der Regel nicht vorgesehen. (Eine Ausnahme in der Lehrbuchliteratur bildet Abschn. 2.2 in Hildebrandt 2008.) Da die Differentialgeometrie aber im gymnasialen Lehramtsstudiengang allenfalls einen optionalen Studienanteil darstellt, werden

---

[1] Wir meinen damit den durch Abstraktionsebene und Argumentationsbasis charakterisierten Ort, an dem der fragliche Inhalt so beschrieben und untersucht werden kann, dass ein Maximum an Einsicht bei möglichst hoher fachlicher Ökonomie erreicht wird.

Lehramtsstudierende dem quantitativen Krümmungsbegriff in ihrem Studium in der Regel nicht begegnen.

Anforderungen im Lehrerberuf Das Beispiel des Krümmungsbegriffs stellt keinen singulären Fall dar – immer wieder kommen Lehrer in Situationen, die mathematische Kenntnisse erfordern, welche sie im Studium so nicht erworben haben. Unabhängig von der berechtigten Forderung nach einer breiten Ausbildung der Lehramtsstudierenden auf elementarmathematischem Niveau (vgl. Müller et al. 2002) kann kein Studium so umfassend sein, dass „alle" zukünftigen Situationen erfasst werden – wünschenswerte Wahlmöglichkeiten der Studierenden aus dem Studienangebot, die Weiterentwicklung des fachlichen Forschungsstands, sowie wechselnde fachliche und curriculare Trends an Schule und Universität sind nur einige der Gründe hierfür.

Wie schwierig es dem Einzelnen in einer gegebenen Situation fällt, sich Inhalte selbst zu erarbeiten, hängt u. a. davon ab, auf welcher Niveaustufe der zugehörige fachübliche Standpunkt liegt und ob elementare Zugänge bereits entwickelt wurden. Dennoch bleibt es der Anspruch an Mathematiklehrende, „jedes" Thema auch auf elementaren Stufen verfügbar zu machen, dabei fachlich korrekt vorzugehen und bei Lernenden adäquate Grundvorstellungen auszubilden (vgl. Bruner 1980).

Ziel dieses Texts Wir möchten in diesem Text am Beispiel des Krümmungsbegriffs aufzeigen, wie sich ein fachlich auf höherer Stufe verortetes Konzept auf verschiedenen elementaren Stufen behandeln lässt. Dabei haben wir folgende Aspekte im Blick:

- **Elementarität:** Die Zugänge sollen geringen begrifflichen Vorlauf haben, damit sie in frühem Stadium des universitären Studiums (z. B. in einem Proseminar) oder im Selbststudium einen schnellen Weg zum Krümmungsbegriff bahnen.
- **Fachlicher Anschluss:** Die Zugänge müssen in logischer Hinsicht zum selben Konzept führen wie der differentialgeometrische Zugang – die Vereinfachung darf nicht darin bestehen, dass ein *anderer* Begriff betrachtet wird.
- **Grundvorstellungen:** Die Zugänge müssen mit adäquaten Grundvorstellungen zum Krümmungsbegriff verbunden sein. Ein zwar in logischer Hinsicht zulässiger Weg, in dem sich die Vorstellung vom „Gekrümmtsein" aber nicht unmittelbar wiederfindet, würde uns nicht ausreichen.

Wir sehen unseren Text zum einen zur konkreten Verwendung in einer *Schnittstellenaktivität* im Sinne von Bauer und Partheil (2009) und Bauer (2013) in Ergänzung zu Bauer (2012). Zum anderen soll er über das konkrete Beispiel des Krümmungsbegriffs hinaus als generelle Anregung für den Umgang mit nicht studierten Inhalten dienen.

Verschiedene Autoren haben sich bereits auf elementarer Stufe mit dem Krümmungsbegriff befasst (u. a. Borges 2012; Geisreiter 2004; Henn 1997; Steinberg 1985). Der Schwerpunkt unseres Texts liegt darin, zu zeigen, wie man verschiedenartige intuitive Vorstellungen von „Gekrümmtsein" aufgreift, aus diesen jeweils (z. T. neue) Zugänge zum Krümmungsbegriff bilden und die dabei eingeschlagenen Wege konsistent und ohne Brüche bis zur Krümmungsformel gehen kann.

Wir betrachten im Abschn. 31.2 zunächst Zugänge, die auf der Idee des *Krümmungskreises* beruhen, im Abschn. 31.3 dann Zugänge über *Krümmungsdreiecke* und im Abschn. 31.4 Zugänge von höherem Standpunkt (Tangenten- bzw. Winkeländerung) sowie die Verbindung zur Flächentheorie. Schließlich erörtern wir im letzten Abschnitt Unterschiede und Bezüge zwischen den Zugängen in fachlicher und in fachdidaktischer Hinsicht. Es zeigt sich insbesondere, dass unterschiedliche Grundvorstellungen aufgebaut werden können. Interessant ist, dass deutlich verschiedene Anfangsvorstellungen zu einem übereinstimmenden Krümmungsbegriff führen, wobei die Durchführung mit unterschiedlichen, sowohl elementaren als auch fortgeschritteneren Werkzeugen und Methoden aus je verschiedenen Bereichen der Mathematik erfolgt. Diese Vielfalt ermöglicht Lehrenden insbesondere, eine für die jeweilige Lerngruppe passende Auswahl zu treffen.

31.2 Zugänge zum Krümmungsbegriff über den Krümmungskreis (K)

31.2.1 Die Idee des Krümmungskreises

Von den möglichen Zugängen betrachten wir in diesem Abschnitt zunächst diejenigen, die Krümmung unter Rückgriff auf den *Krümmungskreis* definieren und dabei wie folgt vorgehen:

- **Schritt 1: Krümmung von Kreisen.** Beim Steigungsbegriff betrachtet man zuerst diejenigen Kurven, die man intuitiv als „überall von gleicher Steigung" ansieht, also Geraden. Analog liegt es nahe, für den Krümmungsbegriff zunächst solche Kurven zu betrachten, die intuitiv „überall gleich gekrümmt" sind, also Kreise. Wählt man das Reziproke $1/r$ des Radius als Krümmungsmaß, so sind geometrisch naheliegende Forderungen erfüllt: Kreise von kleinem Radius haben größere Krümmung als Kreise von großem Radius. Für $r \to \infty$ geht die Krümmung gegen Null (der Kreis nähert sich einer Geraden an), während für $r \to 0$ die Krümmung gegen Unendlich geht.
- **Schritt 2: Approximation von Kurven durch Kreise.** Die Steigung einer beliebigen differenzierbaren Kurve wird als die Steigung einer möglichst gut (d. h. linear) approximierenden Gerade definiert. Analog wird die Krümmung einer zweimal differenzierbaren Kurve als die Krümmung eines lokal möglichst gut (d. h. quadratisch) approximierenden Kreises definiert.

Experimente mit dynamischen Geometriewerkzeugen Um den Krümmungsbegriff anzubahnen und insbesondere, um erste Erfahrungen und Ideen zur quantitativen Fassung der intuitiven Vorstellung von „Gekrümmtsein" zu gewinnen, eignen sich beispielsweise Experimente mit dynamischen Geometriewerkzeugen.

Ein Auszug aus einem dazu denkbaren Arbeitsauftrag für Schüler, denen ein Geogebra-Arbeitsblatt zur Verfügung gestellt wird:

Aufgabe
Geogebra stellt den Befehl `Krümmungskreis [<Punkt>,<Funktion>]` zur Verfügung – dieser „Krümmungskreis" soll untersucht werden. Im vorliegenden Geogebra-Arbeitsblatt ist er an der Sinusfunktion im Punkt P dargestellt. Bewegen Sie P auf dem Graphen der Funktion und beobachten Sie u. a.:

a) An welchen Stellen ist der Krümmungskreisradius am kleinsten? Welchen Wert hat er hier?

b) An welchen Stellen „springt" der Krümmungskreis auf die „andere Seite" des Funktionsgraphen?

Können Sie diese Stellen (mit Mitteln der Analysis bzw. der Kurvendiskussion) charakterisieren?

Ändern Sie den Funktionsterm zu $x^3 - 2x^2$ und auch zu x^4 und untersuchen Sie auch hier die oben gestellten Fragen. Welchen Zusammenhang zwischen dem Krümmungskreis und dem intuitiven Begriff „Krümmung"/„gekrümmt" vermuten Sie?

Die Bildung des Krümmungskreises zu gegebenem Kurvenpunkt wird hierbei als „Geogebra-Internum" verborgen. Wenn die Vorstellung gefestigt ist, dass dessen Radius sich gegenläufig zur Stärke einer intuitiv verstandenen Krümmung verhält, ist die Frage zu klären, wie der Krümmungskreis definiert und berechnet werden kann („black-box-white-box-Prinzip", vgl. Buchberger 1990).

31.2.2 Krümmungskreis – geometrischer Zugang (K1)

Der Gedanke, den Krümmungskreis als Grenzwert von „Sekantenkreisen" (oder: Drei-Punkte-Kreisen) zu beschreiben, wird häufig als motivierende Idee zum Einstieg genannt, dann aber meist zugunsten anderer (z. B. analytischer) Vorgehensweisen nicht konsequent weiter verfolgt. Wir sehen ihn dagegen als eigenständigen Zugang und zeigen in diesem Abschnitt, wie er sich mit geometrischer Argumentation bis zur Krümmungsformel durchführen lässt.

Zu gegebener zweimal differenzierbarer Funktion $f\colon I \to \mathbf{R}$ auf einem Intervall $I \subset \mathbf{R}$ und gegebener Stelle $p \in I$ betrachten wir zwei weitere Stellen $q, r \in I$. Durch die drei Punkte

$$P = (p, f(p)), Q = (q, f(q)), R = (r, f(r))$$

geht genau ein Kreis $K_{p,q,r}$ (wobei wir im Falle kollinearer Punkte eine Gerade als degenerierten Kreis akzeptieren). Die Idee ist, die Punkte Q und R gegen P gehen zu lassen und zu zeigen, dass sich dabei der Kreis $K_{p,q,r}$ einer Grenzlage nähert. Wir zeigen:

Satz

Gilt $f''(p) \neq 0$ so konvergieren für $(q, r) \to (p, p)$ die Kreise $K_{p,q,r}$ gegen einen Kreis K_p, der durch P geht. Sein Mittelpunkt ist

$$(p, f(p)) + \frac{1 + f'(p)^2}{f''(p)} \cdot (-f'(p), 1).$$

Den gefundenen Kreis K_p nennen wir den *Krümmungskreis* an f in p und seinen (mit Vorzeichen versehenen) Radius

$$\frac{\left(1 + f'(p)^2\right)^{\frac{3}{2}}}{f''(p)} \tag{31.1}$$

den *Krümmungsradius*. Für die Krümmung von f in p erhalten wir so die *Krümmungsformel*

$$\kappa(p) = \frac{f''(p)}{\left(1 + f'(p)^2\right)^{\frac{3}{2}}}. \tag{31.2}$$

Beweis Eine naheliegende Strategie besteht darin, den Mittelpunkt des Kreises $K_{p,q,r}$ als Schnittpunkt C der Mittelsenkrechten m_{PQ} und m_{PR} der Strecken $\overline{PQ}$ bzw. $\overline{PR}$ zu bestimmen (s. Abb. 31.1) und dann an ihm den Grenzübergang $(q, r) \to (p, p)$ vorzunehmen. Dieser Weg ist durchführbar und liefert in der Tat den behaupteten Kreis als Grenzwert. Wir beschreiben hier einen alternativen Weg, bei dem die erforderlichen Rechnungen durch etwas höheren argumentativen Einsatz wesentlich erleichtert werden. Die Idee liegt darin, die Normale n_P im Punkt P (Senkrechte zur Tangente) in die Argumentation einzubeziehen.

Wir werden zeigen:

(*) Die Schnittpunkte $A := m_{PQ} \cap n_P$ und $B := m_{PR} \cap n_P$ konvergieren für $(q, r) \to (p, p)$ gegen denselben Punkt S.

Gilt dies, dann konvergiert auch der Schnittpunkt $C := m_{PQ} \cap m_{PR}$ gegen S, denn das Dreieck ABC ist bei C stumpfwinklig (wenn Q und R nahe genug an P liegen) und daher ist der Abstand von A und C kleiner als der von A und B. Der Punkt S ist demnach der gesuchte Krümmungskreismittelpunkt. Den Nachweis von (*) führen wir für den Fall

Abb. 31.1 Bestimmung des Krümmungskreismittelpunkts

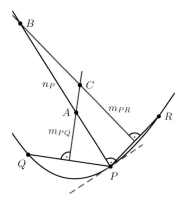

durch, dass $P = (0, 0)$ ist (was wir durch eine Verschiebung, die die Satzaussage invariant lässt, immer erreichen können). Dann ist

- die Normale $n_P = \mathbf{R} \cdot (-f'(0), 1)$, und
- die Mittelsenkrechte $m_{PQ} = \frac{1}{2}(q, f(q)) + \mathbf{R} \cdot (-f(q), q)$.

Zur Bestimmung des Schnittpunkts suchen wir $s, t \in \mathbf{R}$ mit

$$\frac{1}{2}(q, f(q)) + t \cdot (-f(q), q) = s \cdot (-f'(0), 1).$$

Löst man diese Gleichung auf (am einfachsten bildet man dazu zunächst das Skalarprodukt mit Q), so erhält man

$$s = \frac{1}{2} \cdot \frac{q^2 + f(q)^2}{-f'(0)q + f(q)}.$$

Durch zweimalige Anwendung der Regel von l'Hospital folgt nun, dass dieser Ausdruck für $q \to 0$ gegen $\frac{1+f'(0)^2}{f''(0)}$ konvergiert. Und dies impliziert, dass der Schnittpunkt $s \cdot (-f'(0), 1)$ gegen

$$\frac{1 + f'(0)^2}{f''(0)} \cdot (-f'(0), 1)$$

konvergiert. Damit ist (*) bewiesen.

Die Idee dieses Beweises lässt sich mit dynamischer Geometriesoftware auch in der Schule illustrieren.

Bemerkung Den im Satz ausgeschlossenen Fall $f''(p) = 0$ kann man dadurch berücksichtigen, dass man als Krümmungskreis in diesem Fall eine Gerade als entarteten Fall eines Kreises (von „unendlichem Radius") zulässt. Dies entspricht geometrischer

Beobachtung: An Beispielen wie der Sinusfunktion sieht man, wie die Radien der Krüm-
mungskreise bei Annäherung an einen Wendepunkt gegen unendlich gehen.[2]

31.2.3   Krümmungskreis – analytischer Zugang (K2)

Aus analytischer Perspektive lässt sich der Krümmungskreis durch die Bedingung des
Übereinstimmens bis zur zweiten Ableitung definieren. Dieser Zugang ist der in der Literatur am weitesten verbreitete (s. z. B. Henn 1997, S. 90 oder Steinberg 1985). Wir führen
den Beweis daher hier nicht aus.

Satz

Sei $f : I \to R$ eine zweimal differenzierbare Funktion auf einem reellen Intervall I
und sei $p \in I$ ein Punkt, für den $f''(p) \neq 0$ gilt. Dann gibt es genau einen Halbkreis
$x \mapsto (x, k(x))$ mit den Eigenschaften

$$k(p) = f(p) , \quad k'(p) = f'(p) , \quad k''(p) = f''(p) . \tag{31.3}$$

Sein Radius ist durch die Gl. 31.1 aus Abschn. 31.2.1 gegeben.

Als Krümmung erhalten wir aus dem Radius wieder den in (2) angegebenen Wert.

Die geometrische Interpretation dieses Zugangs wird mit Hilfe des Satzes von Taylor
deutlich: Krümmungskreis und Funktion sind in p *tangential von 2. Ordnung*, d. h. es gilt
$f(x) - k(x) = r(x) \cdot (x - p)^2$ mit einer Funktion r, die für $x \mapsto p$ gegen 0 geht.

Abbildung 31.2 illustriert die geometrische und die analytische Perspektive am Beispiel
der Normalparabel. Der Krümmungskreis (gestrichelt) ist der Grenzkreis, bei dem die

Abb. 31.2 Der Krümmungskreis berührt von zweiter
Ordnung

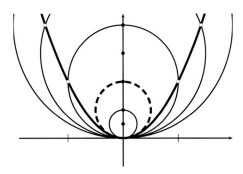

---

[2] Die entsprechende Überlegung kann man auch bei den übrigen vorgestellten Zugängen anstellen.
Wir werden dies daher nicht in jedem Fall betonen.

drei Schnittpunkte zusammenfallen. Er erfüllt die Bedingungen (31.3), während bei den größeren und bei den kleineren Kreisen $k''(p) \neq f''(p)$ ist.

31.3 Zugänge zum Krümmungsbegriff über Krümmungsdreiecke (D)

Wir stellen nun Zugänge vor, die die Krümmung nicht unter Rückgriff auf den Krümmungskreis definieren, sondern auf direkterem Wege durch Grenzwerte von Seitenverhältnissen in gewissen Dreiecken. Wir nennen diese Dreiecke *Krümmungsdreiecke* und sehen sie als Analoga zu den Steigungsdreiecken, die der Definition der Ableitung zugrunde liegen (vgl. Abb. 31.3). Unseres Wissens wurden solche Zugänge in der Literatur bislang nicht betrachtet.

Wir gehen von der geometrischen Vorstellung aus, dass Krümmung ein Maß für die Abweichung $a(t)$ einer Kurve von der Tangente relativ zum Tangentenabschnitt $b(t)$ ist. In dynamischer Sichtweise ist dies die Abweichung von der geradlinigen Bewegung. Der Quotient $a(t)/b(t)$ beschreibt diese Abweichung nicht adäquat, denn schon einfache Beispiele wie der Graph von $x \mapsto x^2$ zeigen, dass er immer gegen Null konvergiert.

Wir betrachten stattdessen den Grenzwert des Quotienten

$$\frac{2a(t)}{b(t)^2} \tag{31.4}$$

für $t \to 0$. Motiviert wird dies durch die Festlegung, dass ein Kreis mit Radius r die Krümmung $1/r$ erhalten sollte: Ist

$$t \mapsto \left(t, r - \sqrt{r^2 - t^2}\right), \quad t \in \,]-r, r[$$

der untere Halbkreis, so erhält man im Nullpunkt mit der Regel von l'Hospital

$$\lim_{t \to 0} \frac{2a(t)}{b^2(t)} = \lim_{t \to 0} \frac{2(r - \sqrt{r^2 - t^2})}{t^2} = \lim_{t \to 0} \frac{2t}{\sqrt{r^2 - t^2}} \cdot \frac{1}{2t} = \frac{1}{r}.$$

Wir zeigen im Folgenden, dass der Quotient in (31.4) stets konvergiert und damit eine von den bisherigen Zugängen unabhängige Definition des Krümmungsmaßes liefert. Im Spezialfall eines Funktionsgraphen ergibt sich überdies wieder die Gl. 31.2 aus Abschn. 31.2.1.

Abb. 31.3 Krümmungsdreieck

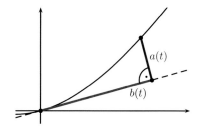

31.3.1 Der Tangentenzugang (D1)

Wir führen nun den oben bereits angedeuteten Tangentenzugang aus und skizzieren dann weitere Dreieckszugänge. Zur Vereinfachung der Darstellung betrachten wir in diesem und im nächsten Abschnitt statt eines Funktionsgraphen eine zweimal stetig differenzierbare reguläre Kurve $c : I \rightarrow \mathbf{R}^2, t \mapsto c(t)$, auf einem reellen Intervall $I \subset \mathbf{R}$. (Dabei bedeutet *regulär*, dass $c'(t) \neq 0$ für alle t gilt.) Es bezeichnet $\langle a | b \rangle = a_1 b_1 + a_2 b_2$ das kanonische Skalarprodukt zweier Vektoren in $\mathbf{R}^2$ und $\|a\|$ die Länge (Norm) von a. Mit

$$n := \frac{1}{\|c'(0)\|} \left(-c_2{}'(0), c_1{}'(0) \right) \qquad (31.5)$$

wird der orientierte Einheitsnormalenvektor und mit $v := c'(0)/\|c'(0)\|$ der Einheitstangentenvektor an c in Null bezeichnet. Wir betrachten die Krümmung stets im Kurvenpunkt $c(0)$ und setzen $c(0) = 0$ voraus. Die Abweichung $a(t)$ ist dann durch das Skalarprodukt $\langle c(t) | n \rangle$ gegeben und der Tangentenabschnitt $b(t)$ durch $\langle c(t) | v \rangle$. Wir zeigen:

Satz
Der Quotient

$$\frac{2\langle c(t)|n \rangle}{\langle c(t)|v \rangle^2} \qquad (31.6)$$

konvergiert für $t \rightarrow 0$ gegen den Wert

$$\frac{\langle c''(0)|n \rangle}{\|c'(0)\|^2}. \qquad (31.7)$$

Beweis Einmalige Anwendung der Regel von l'Hospital ergibt

$$\frac{\langle c'(t)|n \rangle}{\langle c(t)|v \rangle \langle c'(t)|v \rangle}, \qquad (31.8)$$

und die nochmalige Anwendung führt unter Verwendung von $c(0) = 0$ zu (31.7). $\square$

Ist speziell c ein Funktionsgraph $x \mapsto (x, f(x))$, so ist

$$n = \frac{1}{\|(1, f'(0))\|} \left(-f'(0), 1 \right).$$

Die *allgemeine Krümmungsformel* (Gl. 31.7) spezialisiert sich daher bei Funktionsgraphen auf die aus Abschn. 31.2 bekannte Krümmungsformel (Gl. 31.2). Damit ist die überraschende Tatsache bewiesen, dass das Verhältnis $2a/b^2$ aus dem Tangentendreieck zum selben Krümmungsmaß führt wie die Zugänge aus Abschn. 31.2.

31.3.2 Weitere Dreieckszugänge (D2)

Das Prinzip, Krümmung als Grenzwert von Quotienten der Form

$$\frac{\text{Abweichung}}{\text{Abschnitt}^2}$$

zu erhalten, erweist sich als überraschend stabil gegenüber Variationen in der Definition des Krümmungsdreiecks. Aus Abb. 31.4 ersieht man neben dem in Abschn. 31.3.1 betrachteten Tangenten-Krümmungsdreieck zwei Varianten, die zu zwei weiteren Zugängen führen.

Tangentenzugang	Sekantenzugang	Graphen-Sekantenzugang
(T) $\quad \frac{2a_1}{b_1{}^2}$	(S) $\quad \frac{2a_2}{b_2{}^2}$	(G) $\quad \frac{2a_3}{b_3{}^2}$

Dabei wird im Graphen-Sekantenzugang vorausgesetzt, dass die Kurve c ein Funktionsgraph $x \mapsto (x, f(x))$ ist.

Satz
In allen drei Zugängen konvergiert der Quotient $2a_i/b_i^2$ gegen das durch (31.7) bzw. (31.2) gegebene Krümmungsmaß.

Für (T) wurde der Nachweis im vorigen Abschnitt bereits erbracht. Wir geben noch an, wie der Beweis für den Sekantenzugang (S) geführt werden kann: Sind $v_s(t)$ und $n_s(t)$ der Einheitssekantenvektor bzw. der Einheitsnormalenvektor zur Sekante, so gilt

$$\frac{2a_2}{b_2{}^2}(t) = \frac{2\langle c | n_s \rangle}{\langle c | v_s \rangle^2}(t).$$

Abb. 31.4 Verschiedene Dreieckszugänge

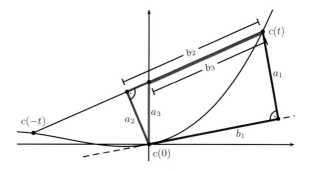

Es gilt $n_s(t) \to n$ und $v_s(t) \to v$ für $t \to 0$. Daher konvergieren auf der rechten Seite der Gleichung

$$\frac{2\langle c|n_s\rangle}{\langle c|v_s\rangle^2}(t) = \frac{2\langle c|n\rangle}{\langle c|v\rangle^2}(t) \cdot \frac{\langle c|n_s\rangle}{\langle c|n\rangle}(t) \cdot \frac{\langle c|v\rangle^2}{\langle c|v_s\rangle^2}(t)$$

die letzten beiden Faktoren gegen 1, während der erste, wie in Abschn. 31.3.1 gezeigt, gegen den Wert aus (31.7) konvergiert.

Weitere Varianten Bei der Definition des Krümmungsdreiecks sind sogar noch weitere Varianten möglich, z. B. kann man im Tangentenzugang die Tangente durch die Sehne von $c(0)$ bis $c(t)$, in den Sekantenzugängen die Sehnen von $c(-t)$ bis $c(t)$ durch die von $c(0)$ nach $c(2t)$ ersetzen. Andererseits ist aber nicht jedes einigermaßen plausible Dreieck ein zulässiges Krümmungsdreieck, wie man am Steigungsdreieck sieht: Ist z. B. $f(x) = x^2 + d \cdot x$ mit $d \neq 0$, so gilt stets $\lim_{x \to 0} f(x)/x^2 = \infty$, während die Krümmung in Null gleich $2/(1 + d^2)^{3/2}$ ist.

31.4 Der höhere Standpunkt (H)

Die ersten beiden der in diesem Abschnitt vorgestellten Zugänge sind – zumindest in Spezialfällen – die in der Fachliteratur üblichen.

In diesem Abschnitt sei $v(t) := c'(t)/\|c'(t)\|$ der Einheitstangentenvektor und wie bisher $v = v(0)$ sowie n der Einheitsnormalenvektor aus (31.5).

31.4.1 Krümmung als relative Tangentenänderung (H1)

In diesem Zugang wird Krümmung als Änderung des Tangentenvektors $v(t)$ (gemessen in Richtung der Normalen n, s. dazu Abb. 31.5) relativ zur Bogenlänge des durchlaufenden Kurvenstücks definiert:

$$\kappa := \lim_{t \to 0} \frac{\langle v(t)|n\rangle}{\int_0^t \|c'(\tau)\| d\tau}. \tag{31.9}$$

Man erhält nach Umformung und Anwendung der Regel von l'Hospital

$$\kappa := \lim_{t \to 0} \frac{\langle c'(t)|n\rangle}{\|c'(t)\| \int_0^t \|c'(\tau)\| d\tau} = \lim_{t \to 0} \frac{\langle c''(t)|n\rangle}{\|c'(t)\|' \int_0^t \|c'(\tau)\| d\tau + \|c'(t)\|^2}, \tag{31.10}$$

und damit ergibt sich wieder die Krümmungsformel (Gl. 31.7).

Bemerkung Ist die Kurve c speziell nach Bogenlänge parametrisiert, d. h. wird mit konstanter Geschwindigkeit vom Betrag 1 durchlaufen, so vereinfacht sich die Gl. 31.9 zu

$$\kappa := \langle c''(0)|n\rangle. \tag{31.11}$$

Abb. 31.5 Relative Winkeländerung und relative
Tangentenänderung

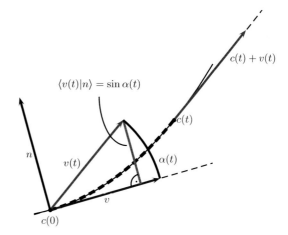

Dies ist die in der Differentialgeometrie übliche Definition der Krümmung (s. Do Carmo 1983). Für praktische Zwecke ist diese einfache Formel jedoch wenig hilfreich, da
die Parametrisierung nach Bogenlänge bei konkreten Kurven fast nie explizit durchführbar ist und Funktionsgraphen (außer bei konstanten Funktionen) nicht nach Bogenlänge
parametrisiert sind.

31.4.2   Krümmung als relative Winkeländerung (H2)

Die Idee besteht in diesem Zugang darin, Krümmung als Änderung des Tangentialwin-
kels $\alpha(t)$ $(= \arcsin(\langle v(t)\,|n\rangle))$, wieder relativ zur Bogenlänge, zu messen (vgl. im Fall
von Funktionsgraphen z. B. Schröer (2001) mit Bezug auf Bronstein und Semendjajew
(1985)). Die Winkeldefinition der Krümmung drückt dies aus:

$$\kappa := \lim_{t \to 0} \frac{\alpha(t)}{\int_0^t \|c'(\tau)\|\,d\tau}. \tag{31.12}$$

Mit der Regel von l'Hospital erhält man daraus wieder die Krümmungsformel
(Gl. 31.7).

Abbildung 31.5 zeigt die enge Verbindung der Gln. 31.9 und 31.12. Es ist lediglich
$\sin \alpha(t)$ durch $\alpha(t)$ (im Bogenmaß) ersetzt.

31.4.3   Krümmung und zweite Fundamentalform

Wir erläutern hier, dass sich der Tangentenzugang aus Abschn. 31.3.1 als Spezialfall eines differentialgeometrischen Resultats aus der Flächentheorie interpretieren lässt. Für

die hier benötigten Definitionen und Resultate aus der Flächentheorie verweisen wir auf
Kühnel (2012, Abschn. 3B).

Wir betrachten dazu zunächst den Tangentenzugang für eine Kurve c, die sich in folgendem Sinne in spezieller Lage befindet: Es sei c ein Graph $t \mapsto (t, f(t))$ mit $f(0) =
f'(0) = 0$. Dies kann stets erreicht werden (sogenannte *Mongesche Koordinaten*). Dann
gilt

$$\lim_{t \to 0} \frac{2a(t)}{b^2(t)} = \lim_{t \to 0} \frac{2f(t)}{t^2} = f''(0) = \langle c''(0)|n \rangle.$$

Der Term $\langle c''(0)|n \rangle$ entspricht der zweiten Fundamentalform in der Flächentheorie.
Das obige Resultat lässt sich mit dieser Interpretation auch so formulieren:

(*) Der Graph der zweiten Fundamentalform von c in 0, $\left(t, \frac{t^2}{2}\langle c''(0)|n \rangle\right)$ ist tangential
    von zweiter Ordnung an c.

Die zweite Fundamentalform ist in der Flächentheorie der Ausgangspunkt für die Definition von Krümmung.

Die Aussage in (*) gilt wortgleich auch in der Flächentheorie. Analog zur obigen Erläuterung sieht man auch dies, indem man die Fläche in Mongeschen Koordinaten betrachtet.

31.5   Unterschiede und Bezüge zwischen den Zugängen

In diesem Abschnitt stellen wir einige fachinhaltliche und fachdidaktische Aspekte der
betrachteten Zugänge vergleichend zusammen.

31.5.1   Fachinhaltliche Bezüge zwischen den Zugängen

Obwohl die Zugänge von sehr unterschiedlichen Vorstellungen ausgehen, haben sie strukturell überraschende Gemeinsamkeiten. In den Dreieckszugängen haben die betrachteten
Quotienten per Konstruktion ohnehin dieselbe Struktur. Bei Tangenten- und Sekantenzugang sind überdies die Zähler (und damit auch die Nenner) asymptotisch gleich (d. h.
deren Quotient konvergiert gegen 1). Für den Graphen-Sekanten-Zugang gilt dies nicht,
wie bereits einfache Beispiele zeigen.

Die Zugänge aus Abschn. 31.4 und die Zugänge über das Tangenten- bzw. Sekantendreieck aus Abschn. 31.3 sind – bei passender Schreibweise – ebenfalls asymptotisch
gleich: Um dies zu sehen betrachtet man bei den Dreieckszugängen die „differentiellen"
Quotienten, d. h. die nach einmaliger Anwendung der Regel von l'Hospital erhaltenen
Ausdrücke. Dies ist z. B. beim Tangentenzugang die Gl. 31.8, die denselben Zähler hat
wie der erste Term in der Gl. 31.10 für die relative Tangentenänderung.

Abb. 31.6 Krümmungskreis
und Sekantendreieck

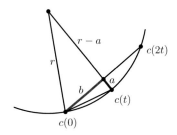

Am Beispiel eines Kreisbogens erkennt man, dass auch Krümmungskreis (speziell: geometrischer Zugang) und Dreieckszugänge (speziell: Sekantenzugang) in direkter Beziehung stehen – dies zeigt sich in Abb. 31.6.

Aus

$$b^2 + (r - a)^2 = r^2$$

folgt

$$b^2 + a^2 - 2ar = 0,$$

und damit

$$\frac{2a}{b^2} = \frac{1}{r}\left(1 + \frac{a^2}{b^2}\right) \to \frac{1}{r} \text{ für } t \to 0.$$

31.5.2 Fachdidaktische Gesichtspunkte

Grundvorstellungen Alle Zugänge gehen von geometrischen Vorstellungen von Krümmung aus. Sie können daher genutzt werden, um verschiedene Grundvorstellungen zum Krümmungsbegriff aufzubauen:

- Krümmung als *inverser Krümmungsradius* (Abschn. 31.2). Dem Krümmungskreis kommen dabei seinerseits zwei Grundvorstellungen zu:
  - Krümmungskreis als *Grenzwert von Drei-Punkte-Kreisen* (Abschn. 31.2.1), analog zur Vorstellung der Tangente als Grenzwert von Sekanten
  - Krümmungskreis als *Approximation zweiter Ordnung* (Abschn. 31.2.2), analog zur Vorstellung der Tangente als lineare Approximation
- Krümmung als *Abweichung von der Tangente bzw. Sekante* (Abschn. 31.3)
- Krümmung als *relative Tangentenänderung* (Abschn. 31.4.1)
- Krümmung als *relative Winkeländerung* (Abschn. 31.4.2)

Erforderliche Vorkenntnisse Hier zeigt sich eine weite Spanne – von den elementargeometrisch fassbaren Sekantendreiecken, bei denen schlicht Kurvenpunkte verbunden werden, bis zu den begrifflich anspruchsvollen Zugängen aus Abschn. 31.4, bei denen das Konzept der Bogenlänge von Kurven vorab benötigt wird.

Schnittstellenaspekt Die vorgestellten Zugänge lassen sich nutzen um eine Vielfalt von Grundvorstellungen zum Krümmungsbegriff aufzubauen. Gleichzeitig sind sie in einen jeweils verschiedenen globalen Theoriezusammenhang eingebettet. Dies zeigt, dass sie ein fruchtbarer Gegenstand für Schnittstellenaktivitäten sind (vgl. die Teilziele A und B in Bauer 2013, dort Abschnitt 3.2).

Danksagung Wir sind Doris Behrendt zu Dank verpflichtet – ihr Hinweis auf Schülerfragen zur Krümmung des Graphen der Parabel bildete den Ausgangspunkt für diesen Artikel.

Literatur

Ball, D. L., & Bass, H. (2000). Interweaving content and pedagogy in teaching and learning to teach: Knowing and using mathematics. In J. Boaler (Hrsg.), *Multiple perspectives on the teaching and learning of mathematics* (S. 83–104). Westport, CT: Ablex.

Bauer, T. (2012). *Analysis – Arbeitsbuch. Bezüge zwischen Schul- und Hochschulmathematik, sichtbar gemacht in Aufgaben mit kommentierten Lösungen.* Wiesbaden: Springer Spektrum.

Bauer, T. (2013). Schnittstellen bearbeiten in Schnittstellenaufgaben. In C. Ableitinger, J. Kramer & S. Prediger (Hrsg.), *Zur doppelten Diskontinuität in der Gymnasiallehrerbildung* (S. 39–56). Wiesbaden: Springer Spektrum.

Bauer, T., & Partheil, U. (2009). Schnittstellenmodule in der Lehramtsausbildung im Fach Mathematik. *Mathematische Semesterberichte, 56*(1), 85–103.

Borges, F. (2012). Krümmung – diesmal quantitativ. *Der mathematische und naturwissenschaftliche Unterricht, 65*(3), 150–153.

Bronstein, I. N., & Semendjajew, K.A. (1985). *Taschenbuch der Mathematik.* Leipzig: Teubner.

Bruner, J. (1980). *Der Prozess der Erziehung.* Düsseldorf: Schwann.

Buchberger, B. (1990). Should Students Learn Integration Rules? *SIGSAM Bulletin, 24*(1), 10–17.

Do Carmo, M. (1983). *Differentialgeometrie von Kurven und Flächen.* Wiesbaden: Vieweg.

Geisreiter, R. (2004). Krümmung von Funktionsgraphen – eine anschauliche Einführung. *PM – Praxis der Mathematik in der Schule, 46*(6), 268–277.

Henn, H.-W. (1997). *Realitätsnaher Mathematikunterricht mit DERIVE.* Bonn: Dümmler-Verlag.

Hildebrandt, S. (2008). *Analysis 2.* Berlin: Springer.

Kazemi, E., & Stipek, D. (2001). Promoting conceptual thinking in four upper-elementary mathematics classrooms. *The Elementary School Journal, 102*(1), 59–80.

Kroll, W. (1985). *Grund- und Leistungskurs Analysis, Band 1: Differentialrechnung.* Bonn: Dümmler-Verlag.

Kühnel, W. (2012). *Differentialgeometrie. Kurven – Flächen – Mannigfaltigkeiten.* Wiesbaden: Springer Spektrum.

Müller, G. N., Steinbring, H., & Wittmann, E. C. (2002). *Jenseits von PISA. Bildungsreform als Unterrichtsreform. Ein Fünf-Punkte-Programm aus systemischer Sicht.* Seelze: Kallmeyer.

Prediger, S. (2013). Unterrichtsmomente als explizite Lernanlässe in fachinhaltlichen Veranstaltungen. In C. Ableitinger, J. Kramer & S. Prediger (Hrsg.), *Zur doppelten Diskontinuität in der Gymnasiallehrerbildung* (S. 151–168). Wiesbaden: Springer Spektrum.

Schmidt, G., Körner, H., & Lergenmüller, A. (Hrsg.) (2010). *Mathematik Neue Wege Analysis*. Braunschweig: Schroedel.

Schröer, H. (2001). Der Krümmungskreis. www.rzuser.uni-heidelberg.de/~c07. Zugegriffen: 10. September 2013.

Steinberg, G. (1985). Die Krümmung von Funktionsgraphen – Unterrichtsvorschläge für Leistungs- und Grundkurse. *Didaktik der Mathematik, 13*(3), 222–236.

Yackel, E., & Cobb, P. (1996). Sociomathematical norms, argumentation, and autonomy in mathematics. *Journal of Research in Mathematics Education, 27*(4), 458–477.

Richtig Einsteigen in die Methoden- und Statistikausbildung im Fach Psychologie – Ergebnisse einer Bedarfserhebung

32

Sarah Bebermeier und Fridtjof W. Nussbeck

Zusammenfassung

Im Rahmen der Entwicklung neuer Lehr- und Beratungsangebote zur Förderung mathematischer Kompetenzen im Psychologiestudium erfolgt eine umfassende längsschnittliche Bedarfserhebung. Neben der Ermittlung des Bedarfs an Unterstützungsangeboten, wird darin die Bedeutsamkeit mathematischer Kompetenzen, motivationaler und soziodemografischer Merkmale und entsprechender Unterstützungsangebote für Studienerfolg im Fach Psychologie dokumentiert. Erste Ergebnisse der Befragung von Studierenden im ersten ($N = 117$) und dritten ($N = 71$) Semester zeigen, dass mathematische Kompetenzen und motivationale Merkmale zentral für einen erfolgreichen Einstieg ins Psychologiestudium sind. Es wird diskutiert welche Angebote aufgrund der Ergebnisse geeignet scheinen den Studienerfolg zu erhöhen und umgesetzt werden sollten/sollen. Implikationen, die sich aus den Befunden für andere Studienfächer ergeben werden aufgezeigt.

32.1 Theoretischer Hintergrund

Im Rahmen des Programms „Richtig Einsteigen" werden an der Universität Bielefeld neue Lehr- und Beratungsangebote für das erste Studienjahr entwickelt, eingesetzt und evaluiert. So soll die Qualität der Lehre und die Studienbedingungen verbessert werden und langfristig die Studienabbruchsquote verringert und der Studienerfolg gesteigert werden. Im Fach Psychologie werden insbesondere Maßnahmen für einen erfolgreichen Einstieg in die Methoden- und Statistikausbildung entwickelt, da hier der Ausbildungsschwerpunkt des ersten Studienjahres liegt. Die Konzeption und Umsetzung der Angebote erfolgt im Rahmen einer längsschnittlichen Bedarfserhebung.

Sarah Bebermeier ✉ · Fridtjof W. Nussbeck
Universität Bielefeld, Abteilung für Psychologie, Bielefeld, Deutschland
e-mail: sarah.bebermeier@uni-bielefeld.de, fridtjof.nussbeck@uni-bielefeld.de

© Springer Fachmedien Wiesbaden 2016
A. Hoppenbrock et al. (Hrsg.), *Lehren und Lernen von Mathematik in der Studieneingangsphase*, Konzepte und Studien zur Hochschuldidaktik und Lehrerbildung Mathematik, DOI 10.1007/978-3-658-10261-6_32

Bedarfserhebungen (engl. needs assessment) dienen der systematischen Analyse aktueller und gewünschter Bedingungen, um Diskrepanzen dazwischen aufzudecken (Goldstein 1993; Gupta 2011). Auch bei der Entwicklung neuer Lehr- und Beratungsangebote an Hochschulen ist eine Bedarfserhebung notwendig, um daraufhin angemessene Angebote zu realisieren, die an den Bedürfnissen der Studierenden und den allgemeinen Anforderungen der Hochschulen sowie des Studienfachs ausgerichtet sind. Wie vielfach gezeigt werden konnte, führt eine umfassende Bedarfserhebung zur Erhöhung der Relevanz, Akzeptanz und Effektivität späterer daraus abgeleiteter Maßnahmen (Kirkpatrick 1998; Tannenbaum et al. 1991).

Die Bedarfserhebung im Fachbereich Psychologie der Universität Bielefeld wird über eine Studierendenbefragung realisiert: Erfasst wird mit welchen mathematischen Kompetenzen Studienanfänger/innen an die Hochschule kommen und welche Bedeutsamkeit diese sowie motivationale und soziodemografische Merkmale für verschiedene Indikatoren von Studienerfolg haben. Aufgrund der Ergebnisse wird der Bedarf an Unterstützungsangeboten ermittelt, die anschließend konzipiert und im Rahmen weiterer Befragungen evaluiert werden. Eine solche umfassende längsschnittliche Befragung stellt erstmalig eine studienbegleitende bedarfsgerechte Konzeption und Evaluation von Maßnahmen zur Förderung mathematischer Kompetenzen im Fach Psychologie unter Berücksichtigung motivationaler und soziodemografischer Merkmale dar. Bevor die Bedarfserhebung und ihre Ergebnisse dargestellt, potenziell geeignete Lehr- und Beratungsangebote aufgezeigt und Implikationen für andere Studienfächer abgeleitet werden, wird erläutert welche Bedeutsamkeit mathematische Kompetenzen sowie motivationale und soziodemografische Variablen für den Studienerfolg haben.

32.1.1 Mathematische Kompetenzen im Psychologiestudium

Das Psychologiestudium ist das Studium einer empirischen Wissenschaft, deren Forschungsgegenstand menschliches Verhalten, Erleben und Bewusstsein sind. Im Studium werden Studierende befähigt, Theorien, Fragestellungen und Annahmen mit geeigneten wissenschaftlichen Methoden zu überprüfen und Ergebnisse korrekt zu interpretieren (Eid et al. 2011). Zu diesen wissenschaftlichen Methoden gehören Erhebungsmethoden, Untersuchungspläne, messtheoretische Grundlagen sowie Verfahren der Deskriptiv- und Inferenzstatistik. Laut Mittag (2011, S. 3 f.) ist die Statistik „in der [...] Psychologie [...] längst unentbehrlich geworden". An den meisten Universitäten nimmt die Ausbildung in Methodenlehre und Statistik daher einen breiten Raum des Psychologiestudiums ein (Hussy et al. 2009).

Die Ausbildung in Methodenlehre und Statistik erfolgt an der Universität Bielefeld im Fach Psychologie überwiegend in den ersten drei Semestern mit jeweils neun bis zwölf Lehrveranstaltungsstunden pro Woche. Fast ein Drittel der Studienleistungen der ersten drei Semester werden somit in Methodenlehre und Statistik erbracht. Eine solche empirisch-mathematische Ausrichtung des Faches entspricht nicht unbedingt den Erwartungen von Studienanfängern im Fach Psychologie (Schart 2011). Erwartungen spielen jedoch häufig eine zentrale Rolle für den Studienerfolg: So zeigte sich nicht nur in der Psychologie (Schmidt-Atzert 2005) sondern auch im Studienfach Physik (Albrecht und Nordmeier 2010), dass eine geringe Informiertheit über die Inhalte des Studienfachs und falsche Erwartungen ein Risikofaktor für einen vorzeitigen Studienabbruch sind.

Daneben ist in Fächern mit mathematischer Ausrichtung die Studienerfolgsquote geringer und ein vorzeitiger Studienabbruch häufiger (Universität Bielefeld 2012). Dabei ist es wahrscheinlich, dass Studierende an den mathematischen Anforderungen scheitern. Auch im Fach Psychologie ist die mathematische Kompetenz ein zentraler Prädiktor für Studienerfolg. So steht die Abiturnote im Fach Mathematik in signifikantem Zusammenhang mit verschiedenen im Studium erzielten Noten (Steyer et al. 2005). Zudem erzielen Personen, die über eine hohe Kompetenz in Stochastik und Algebra verfügen, in Statistik-Klausuren bessere Ergebnisse als Personen mit geringer Kompetenz (Reiss et al. 2009).

Neben mathematischen Kompetenzen sind bei der Betrachtung von Lern- bzw. Schul- und Studienerfolg jedoch auch motivationale Aspekte (Covington 2000; Dweck 1986; Steinmayr und Spinath 2009) sowie soziodemografische Faktoren wie finanzielle oder familiäre Umstände (Heublein et al. 2010; Mitterauer et al. 2012) zu berücksichtigen. In der vorliegenden Bedarfserhebung wird die Bedeutsamkeit motivationaler Merkmale und soziodemografischer Faktoren deshalb ebenfalls analysiert und in die Konzeption der Unterstützungsangebote einbezogen.

32.1.2   Motivationale Merkmale und soziodemografische Faktoren im Studium

Motivationale Merkmale und soziodemografische Faktoren spielen nicht nur im Fach Psychologie eine gewichtige Rolle für ein erfolgreiches Studium. Auf Seiten motivationaler Merkmale lassen nicht erfüllte Erwartungen, mangelnde Identifikation mit dem Studienfach und seinen Inhalten und eine schlechte berufliche Perspektive einen Studienabbruch wahrscheinlicher werden (Heublein et al. 2010). Stimmen jedoch persönliches und studientypisches Interessenprofil überein, so sind Studierende stabiler in ihrer Studienwahl, brechen ein einmal gewähltes Fach seltener ab und bei Studierenden sozialwissenschaftlicher Fächer zeigt sich darüber hinaus eine höhere Zufriedenheit mit dem Studium (Brandstätter et al. 2001; Nagy 2005). Darüber hinaus geben Studienabbrecher im Gegensatz zu Weiterstudierenden weniger Motivation, konkret einen geringeren Willen zur Realisierung von Lernintentionen, und weniger epistemische Neugier an (Schiefele et al. 2007). Auch soziodemografische Merkmale hängen mit dem Studienerfolg zusammen: Soziale Integration wirkt sich dabei über die soziale Unterstützung (Heublein et al. 2003) und Bildung von Lern- und Arbeitsgruppen (Tinto 1987) positiv auf den Studienerfolg aus, während Erwerbstätigkeit sich negativ auf den Studienerfolg auswirkt. Studierende mit Erwerbstätigkeit absolvieren weniger Prüfungen, erzielen schlechtere Noten und schätzen ihre Studienzufriedenheit und die Stabilität ihrer Studienwahl als gering ein (Brandstätter und

Farthofer 2003; Heublein et al. 2003). Eine metaanalytische Betrachtung der Bedeutsamkeit verschiedener Merkmale für Studienerfolg zeigt, dass die motivationalen Merkmale Studienziele, Leistungsmotivation und Selbstwirksamkeit und die soziodemografischen Merkmale soziale Einbindung, soziale Unterstützung und finanzielle Unterstützung durch Andere einen starken positiven Zusammenhang mit der per Durchschnittsnote erfassten Studienleistung und der Stabilität der Studienwahl aufweisen (Robbins et al. 2004).

Auch im Studienfach Psychologie erreichen leistungsmotivierte Studierende bessere Vordiplomsnoten als weniger leistungsmotivierte, während hohe Neurotizismuswerte, geringes Wissen über das Studienfach und soziodemografische Belastungen im Studium (z. B. Erwerbstätigkeit um das Studium zu finanzieren) als Risikofaktoren für eine längere Studiendauer oder einen Studienabbruch gelten (Schmidt-Atzert 2005). Diese Befunde sollen entsprechend bei der Konzeption neuer Lehr- und Beratungsangebote zur Förderung mathematischer Kompetenzen berücksichtigt werden, um die Studierenden in fachlicher wie persönlicher Hinsicht zu unterstützen.

32.1.3   Die Bedarfserhebung

Das Thema Studienerfolg ist, wie die bisherigen Ausführungen zeigen und Trost und Bickel (1979, S. 19) schon früh feststellten, „ein mehrschichtiges und facettenreiches Phänomen". Relevante Prädiktoren für Studienerfolg sind neben individueller fachlicher Kompetenz (z. B. mathematische Kompetenz) auch motivationale Merkmale (z. B. Interesse) und soziodemografische Faktoren (z. B. Erwerbstätigkeit). Aber auch die Studienbedingungen wie die Ausstattung der Hochschule oder die Bereitstellung von Unterstützungsangeboten (und deren Nutzung) sollten eine bedeutsame Rolle für Studienerfolg spielen. Diesbezüglich gibt es zwar eine Reihe genereller Empfehlungen für Unterstützungsangebote (Derboven und Winker 2010; der Smitten und Heublein 2013), aber nur wenige Studien, die den spezifischen Nutzen von Angeboten für Psychologiestudierende untersuchen (Moosbrugger und Reiß 2005). Die Vielschichtigkeit des Themas zeigt sich des Weiteren in den unterschiedlichen Kriterien, an denen Studienerfolg festgemacht werden kann (Heene 2007; Rindermann und Oubaid 1999; Schneller und Schneider 2005). So kann Studienerfolg nicht nur über objektive Kriterien wie Studiennoten und Studiendauer (Baron-Boldt et al 1988; Giesen und Gold 1996; Menzel 2005) operationalisiert werden, sondern auch über einen erfolgten Studienabschluss/Studienabbruch (Moosbrugger und Jonkisz 2005) und das subjektive Kriterium der Studienzufriedenheit (Gold und Souvignier 1997).

Für die bedarfsgerechte Konzeption und anschließende Evaluation der Unterstützungsangebote im Programm „Richtig Einsteigen!" ist eine umfassende längsschnittliche Bedarfserhebung vorgesehen, die dieser Vielschichtigkeit Rechnung trägt: Es wird zunächst erfasst, mit welchen mathematischen und persönlichen Kompetenzen Studienanfänger/innen der Psychologie an die Universität Bielefeld kommen und welche Motivationen und soziodemografischen Merkmale sie kennzeichnen. Anschließend wird der Einfluss dieser Variablen auf einen erfolgreichen Studieneinstieg und späteren Erfolg im Studium betrachtet. Dabei wird der Studieneinstieg als erfolgreich angesehen, wenn Studierende mit ihrer Studienwahl zufrieden sind, keine Tendenz zum Studienabbruch zeigen und erste Studienleistungen erfolgreich absolviert haben. Anschließend werden Unterstützungsangebote konzipiert und ihr Nutzen in nachfolgenden Bedarfserhebungen untersucht. So besteht die Möglichkeit den Einfluss verschiedener Prädiktoren auf unterschiedliche Dimensionen von Studienerfolg im Fach Psychologie zu untersuchen, wobei erstmalig auch die Nutzung bedarfsgerechter Unterstützungsangebote als Prädiktor für Studienerfolg getestet wird.

Die gesamte Bedarfserhebung stellt sich wie folgt dar: Drei Studierendenkohorten, die ihr Psychologiestudium an der Universität Bielefeld aufnehmen, werden zu sieben Messzeitpunkten (bei Studienbeginn, und nach jedem der sechs Semester des Bachelorstudiengangs) hinsichtlich verschiedener mathematischer, motivationaler und soziodemografischer Prädiktoren für Studienerfolg (u. a. Mathematische Kompetenz, Schulnoten, Informiertheit, akademische Anpassung und soziodemografische Variablen) und hinsichtlich Studienerfolg (u. a. Verständnis relevanter Inhalte, Noten im Studium und Studienzufriedenheit) befragt. Daraus wird abgeleitet, welche konkreten Lehr- und Beratungsangebote hilfreich scheinen. Diese Unterstützungsangebote werden daraufhin konzipiert und der nachfolgenden Studierendenkohorte zur Verfügung gestellt. Im Rahmen der Befragungen dieser Kohorte wird das Angebot dann zum einen evaluiert, zum anderen kann die Nutzung der Angebote mit den genannten Prädiktoren für Studienerfolg und Studienerfolg selber in Beziehung gesetzt werden.

Vor dem WS 2012/13 wurden einmalig auch Studierende befragt, die zu diesem Zeitpunkt ihr drittes Fachsemester begannen. Erstens konnte so bereits zu einem frühen Zeitpunkt der Projektlaufzeit erfasst werden, welche Unterstützungsangebote Studierende sich im ersten Studienjahr gewünscht hätten. Außerdem bestand so die Möglichkeit erste Hinweise zu erhalten, welche mathematischen, motivationalen und soziodemografischen Prädiktoren mit der Note in der Modulabschlussklausur Statistik zusammenhängen. Die Modulabschlussklausur Statistik wird in der Regel nach dem zweiten Semester geschrieben und war entsprechend von diesen Studierenden bereits absolviert worden.

Um den Bedarf an Unterstützungsangebote zu ermitteln, werden anhand der Daten der Befragungen die folgenden Hypothesen überprüft:

Hypothese 1 (H1) Je höher die für die Psychologie relevante mathematische Kompetenz zu Studienbeginn, desto erfolgreicher der Studieneinstieg.

Hypothese 2 (H2) Je ausgeprägter die Informiertheit zu Studienbeginn und die akademische Anpassung an die Studienbedingungen als motivationale Faktoren, desto erfolgreicher der Studieneinstieg.

Hypothese 3 (H3) Je weniger außeruniversitäre Belastungen während des Studiums vorliegen, desto erfolgreicher der Studieneinstieg.

32.2 Methode Erstsemesterbefragung

117 Bielefelder Psychologiestudierende im ersten Semester (18 männliche, 98 weibliche, 1 ohne Geschlechtsangabe) bearbeiteten bei Studienbeginn im Oktober 2012 einen Fragebogen, der soziodemografische Angaben (Geschlecht, Studienfach, Alter, Erwerbstätigkeit, Abiturnote) und relevante mathematische Kompetenzen (operationalisiert über das Abschneiden in einem „Mathematiktest") erfasste. Der Mathematiktest bestand aus 27 Multiple-Choice-Aufgaben zu Lerninhalten der Mittelstufe, die für das Verständnis der mathematischen Inhalte des ersten Studienjahres im Fach Psychologie relevant sind (Algebra: 7 Aufgaben; Bruchrechnung: 5; Prozentrechnung: 5; Wahrscheinlichkeitsrechnung: 6; Interpretation von Grafiken und Tabellen: 4). Die Studierenden sollten von vier Antwortalternativen die korrekte ankreuzen und außerdem zu jedem Aufgabenbereich die wahrgenommene Schwierigkeit der Aufgaben auf einer 6-stufigen Likertskala angeben. Beispielaufgaben aus dem Mathematiktest befinden sich in Abb. 32.1.

Von diesen 117 Studierenden bearbeiteten 62 Personen Ende Januar 2013, am Ende des ersten Fachsemesters, einen weiteren Fragebogen. Dieser erfasste anhand von 6-stufigen

---

Algebra

$(-1)^{26} + (-3)^2 + (-5)^2 =$ $x^6 + 6x^4 =$

o -32   o $x^2(x^2 + x^4 + 6)$
o -125   o $x^4(x^2 + 6)$
o -115   o $x^2(x^4 + 6x^4)$
o -5   o $6x^2(x^2 - 6x^4)$

Bruchrechnung

$\dfrac{1}{3a} - \dfrac{1}{2a} + \dfrac{1}{a} =$ $\left(\dfrac{1}{4}\cdot\dfrac{1}{3}\cdot\dfrac{1}{6}\right) \div \dfrac{1}{20} =$

o $\dfrac{1}{2a}$ o $1\dfrac{7}{20}$
o $\dfrac{5}{6a}$ o $\dfrac{1}{4}$
o $\dfrac{1}{6a}$ o $\dfrac{3}{16}$
o $\dfrac{5}{2a}$ o $\dfrac{5}{18}$

Prozentrechnung

Einem Studierenden wurden 120 Euro für Steuer- und Sozialabgaben abgezogen. Das sind 24% seines Bruttolohns. Wie hoch ist der Bruttolohn?

o 500 Euro
o 515 Euro
o 525 Euro
o 620 Euro

Zur Berechnung der Rentabilität eines Studententickets wird den Verkehrsbetrieben gemeldet, dass von 300 Studenten eines Jahrgangs 120 Personen mindestens einmal im Monat in ihre Heimatorte fahren. Wie groß ist der Anteil der Pendler?

o 40%
o 36%
o 42%
o 30%

Wahrscheinlichkeitsrechnung

Ausprägungen in welchem Wertebereich können Wahrscheinlichkeiten annehmen?
o zwischen 0 und 1
o zwischen -1 und 1
o zwischen 0 und 50
o zwischen 0 und 100

Bei einem Laplace-Experiment …
o …besitzt jedes Ereignis die gleiche Wahrscheinlichkeit
o …sind alle Ereignisse unterschiedlich wahrscheinlich
o …besitzt jedes Ereignis die Wahrscheinlichkeit p = 0.10
o …ändert sich die Wahrscheinlichkeit eines Ereignisses in Abhängigkeit vom vorigen Ereignis

Interpretation von Grafiken und Tabellen

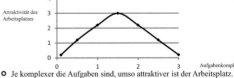

o Je komplexer die Aufgaben sind, umso attraktiver ist der Arbeitsplatz.
o Je komplexer die Aufgaben sind, umso unattraktiver ist der Arbeitsplatz.
o Bei Aufgaben von mittlerer Komplexität ist der Arbeitsplatz am attraktivsten.
o Die Komplexität der Aufgaben und die Attraktivität des Arbeitsplatzes stehen in keinem Zusammenhang

Abb. 32.1 Beispielaufgaben zu den verschiedenen Aufgabenbereichen des Mathematiktests zur Erfassung der mathematischen Kompetenz von Studierenden

Likertskalen die motivationalen Merkmale rückblickende Informiertheit zu Studienbeginn (5 Items, Cronbachs Alpha: $\alpha = 0{,}84$) und akademische Anpassung an die Studienbedingungen (3 Items, $\alpha = 0{,}79$) sowie die Studienerfolgskriterien Zufriedenheit mit dem Psychologiestudium (16 Items, $\alpha = 0{,}86$) und Verständnis relevanter Inhalte in Statistik und Methodenlehre (5 Items, $\alpha = 0{,}74$). Die Antworten der Studierenden wurden nur ausgewertet, wenn maximal ein Item pro Skala unbeantwortet blieb.

Personen, die an beiden Befragungen teilnahmen ($N = 62$), unterschieden sich auf den relevanten Skalen nicht von Personen, die nur an Befragung 1 ($N = 53$) bzw. nur an Befragung 2 ($N = 23$) teilnahmen, $ts < 1{,}55$, $ps > 0{,}22$, so dass in den nachfolgenden Analysen nur diejenigen Personen betrachtet werden, die an beiden Befragungen teilnahmen.[1] Diese Stichprobe ($N = 62$, 54 weibliche, 8 männliche) setzt sich zusammen aus 49 Hauptfach- und 12 Nebenfach-Studierenden sowie einer Person, die in ein anderes Fach eingeschrieben ist, aber ins Hauptfach Psychologie wechseln möchte, im Alter von 18 bis 55 Jahren ($M = 23{,}71$, $SD = 7{,}08$). 32 Personen (52 %) sind nicht erwerbstätig und die mittlere Abiturnote ist überdurchschnittlich gut ($M = 1{,}78$, $SD = 0{,}68$), was auf den örtlichen Numerus Clausus von 1,4 im WS 2012/13 zurückzuführen ist.

32.3 Ergebnisse Erstsemesterbefragung

Die deskriptive Auswertung der Skalen zur Erfassung der motivationalen Merkmale und des Studienerfolgs zeigt, dass die befragten Studierenden gut informiert waren ($M = 4{,}09$, $SD = 0{,}97$), ihre akademische Anpassung an die Studienbedingungen als gut gelungen bezeichnen ($M = 4{,}85$, $SD = 0{,}86$), zufrieden mit dem Psychologiestudium sind ($M = 4{,}39$, $SD = 0{,}56$) und die Inhalte in Methodenlehre und Statistik gut verstanden haben ($M = 3{,}95$, $SD = 0{,}81$).

Die Auswertung des Mathematiktests zeigt, dass die Studienanfänger im Mittel 15,82 ($SD = 4{,}61$) der 27 Aufgaben (59 %) korrekt lösen und insgesamt eine recht hohe wahrgenommene Schwierigkeit berichten ($M = 4{,}12$, $SD = 1{,}05$). Die Aufgaben zur Wahrscheinlichkeitsrechnung bereiten Studierenden die größten Schwierigkeiten, was sich in der Anzahl korrekt gelöster Aufgaben (38 %) und in der berichteten Schwierigkeit ($M = 4{,}85$, $SD = 1{,}28$) zeigt. Die wenigsten Schwierigkeiten bereiten die Aufgaben zur Prozentrechnung (wahrgenommene Schwierigkeit: $M = 3{,}66$, $SD = 1{,}41$; Anzahl gelöster Aufgaben: 73 %) und zur Interpretation von Grafiken und Tabellen (wahrgenommene Schwierigkeit: $M = 3{,}82$, $SD = 1{,}33$; Anzahl gelöster Aufgaben: 67 %). Die Aufgaben zur Algebra (wahrgenommene Schwierigkeit: $M = 4{,}16$, $SD = 1{,}34$; Anzahl gelöster Aufgaben: 62 %) und zur Bruchrechnung (wahrgenommene Schwierigkeit: $M = 4{,}10$, $SD = 1{,}52$; Anzahl gelöster Aufgaben: 54 %) liegen dazwischen.

---

[1] Systematische Unterschiede in den Gruppen waren zudem auch deshalb nicht zu erwarten, da die Teilnehmer/innen im Rahmen einer Pflichtlehrveranstaltung rekrutiert und befragt wurden.

Tab. 32.1 Schrittweise multiple Regressionsanalyse der Note in Statistik auf die mathematische Kompetenz zu Studienbeginn, motivationale Merkmale und soziodemografische Faktoren

	B	SE B	β
Modell 1			
Konstante	3,77	0,27	
Mathematische Kompetenz „Mathematiktest"	0,04	0,02	0,31*
Modell 2			
Konstante	1,41	0,50	
Mathematische Kompetenz „Mathematiktest"	0,04	0,01	0,30**
Informiertheit zu Studienbeginn	0,23	0,06	0,38**
Akademische Anpassung	0,29	0,07	0,43**
Modell 3			
Konstante	1,21	0,59	
Mathematische Kompetenz „Mathematiktest"	0,04	0,02	0,32**
Informiertheit zu Studienbeginn	0,22	0,07	0,37**
Akademische Anpassung	0,30	0,08	0,44**
Alter	0,01	0,01	0,08
Erwerbstätigkeit	−0,04	0,13	−0,04

$N = 58$; * $p < 0{,}05$, ** $p < 0{,}01$, Anmerkung: $R^2 = 0{,}09$ für Schritt 1, $p < 0{,}05$; Änderung in $R^2 = 0{,}31$ für Schritt 2, $p < 0{,}01$, Änderung in $R^2 = 0{,}01$ für Schritt 3, *ns*.

Eine schrittweise multiple Regressionsanalyse zeigt, dass die mathematische Kompetenz zu Studienbeginn und die motivationalen Merkmale Informiertheit zu Studienbeginn und akademische Anpassung einen signifikanten Beitrag zur Varianzaufklärung im Studienerfolgskriterium der Studienzufriedenheit leisten, während die soziodemografischen Variablen Alter und Erwerbstätigkeit keinen eigenen Beitrag zur Varianzaufklärung leisten (s. Tab. 32.1). Studierende sind nach dem ersten Semester also umso zufriedener, je besser sie im Mathematiktest vor Studienbeginn abschnitten (H1), je informierter sie vor Studienbeginn waren und je besser die akademische Anpassung gelang (H2); soziodemografische Variablen spielen für die Studienzufriedenheit keine Rolle (H 3).

Eine zweite schrittweise multiple Regressionsanalyse zeigt, dass die mathematische Kompetenz zu Studienbeginn einen signifikanten Beitrag zur Varianzaufklärung im Studienerfolgskriterium Verständnis relevanter Inhalte in Statistik und Methodenlehre leistet. Motivationale Merkmale wie Informiertheit zu Studienbeginn und akademische Anpassung und soziodemografische Variablen wie Alter und Erwerbstätigkeit leisten im Studienerfolgskriterium Verständnis relevanter Inhalte keinen eigenen Beitrag zur Varianzaufklärung (s. Tab. 32.2). Je besser Studierende also im Mathematiktest vor Studienbeginn abschnitten, umso mehr Verständnis relevanter mathematischer Inhalte geben Sie nach dem ersten Semester an (H1); während motivationale Merkmale (H2) und soziodemografische Variablen (H3) für das Verständnis relevanter Inhalte keine Rolle spielen. Die

Tab. 32.2 Schrittweise multiple Regressionsanalyse des Verständnisses relevanter Inhalte in Statistik und Methodenlehre auf die mathematische Kompetenz zu Studienbeginn, motivationale Merkmale und soziodemografische Faktoren

	B	SE B	β
Modell 1			
Konstante	2,59	0,33	
Mathematische Kompetenz „Mathematiktest"	0,09	0,02	0,49**
Modell 2			
Konstante	1,07	0,72	
Mathematische Kompetenz „Mathematiktest"	0,08	0,02	0,47**
Informiertheit zu Studienbeginn	0,16	0,09	0,20
Akademische Anpassung	0,19	0,11	0,19
Modell 3			
Konstante	0,64	0,85	
Mathematische Kompetenz „Mathematiktest"	0,09	0,02	0,50**
Informiertheit zu Studienbeginn	0,14	0,10	0,17
Akademische Anpassung	0,21	0,11	0,21
Alter	0,02	0,01	0,13
Erwerbstätigkeit	−0,06	0,19	−0,04

$N = 59$; * $p < 0,05$, ** $p < 0,01$, Anmerkung: $R^2 = 0,24$ für Schritt 1, $p < 0,01$, Änderung in $R^2 = 0,07$ für Schritt 2, *ns*, Änderung in $R^2 = 0,01$ für Schritt 3, *ns*.

Betrachtung der bivariaten Korrelationen zeigt ähnliche Befunde, so dass darauf verzichtet wird, diese gesondert zu berichten.

32.4 Methode Drittsemesterbefragung

71 Bielefelder Psychologiestudierende (17 männliche, 53 weibliche, 1 ohne Geschlechtsangabe) bearbeiteten zu Beginn ihres dritten Semesters im Oktober 2012 einen Fragebogen, der analog zur Erstsemesterbefragung soziodemografische Angaben (Geschlecht, Studienfach, Alter, Erwerbstätigkeit, Abiturnote), mathematische Kompetenz zu Studienbeginn (operationalisiert über die letzte Mathematiknote), Informiertheit zu Studienbeginn ($\alpha = 0,82$) und Zufriedenheit mit dem Psychologiestudium ($\alpha = 0,82$) erfasste, sowie darüber hinaus die Note in der Statistikklausur. Auch in dieser Befragung wurden die Antworten der Studierenden nur ausgewertet, wenn maximal ein Item pro Skala unbeantwortet blieb.

Die betrachtete Stichprobe besteht aus Hauptfach-Studierenden im Alter zwischen 19 und 50 Jahren ($M = 25,14$, $SD = 6,98$). 35 Personen (49 %) sind nicht erwerbstätig. Die mittlere Abiturnote ($M = 1,99$, $SD = 0,67$) und die mittlere Mathematiknote ($M = 2,13$,

$SD = 0{,}99$) sind überdurchschnittlich gut. 62 Studierende (87 %) haben die Statistikprüfung erfolgreich absolviert ($M_{\text{Note}} = 2{,}49$, $SD = 0{,}97$).

32.5 Ergebnisse Drittsemesterbefragung

Die deskriptive Auswertung der Skalen zur Erfassung des motivationalen Merkmals der Informiertheit und des Studienerfolgs zeigt, dass die befragten Studierenden gut informiert waren ($M = 3{,}57$, $SD = 0{,}87$) und zufrieden mit dem Psychologiestudium sind ($M = 4{,}41$, $SD = 0{,}54$).

Eine schrittweise multiple Regressionsanalyse zeigt, dass die mathematische Kompetenz zu Studienbeginn keinen Beitrag zur Varianzaufklärung im Studienerfolgskriterium der Studienzufriedenheit leistet, wohl aber das motivationale Merkmal Informiertheit und die soziodemografische Variable Erwerbstätigkeit (s. Tab. 32.3). Studierende sind vor ihrem dritten Semester also umso zufriedener, je informierter (H2) sie vor Studienbeginn waren und wenn sie nicht nebenbei erwerbstätig sind (H3); mathematische Kompetenz zu Studienbeginn (H1) und Alter (H3) spielen für die Studienzufriedenheit keine Rolle.

Eine zweite schrittweise multiple Regressionsanalyse zeigt, dass die mathematische Kompetenz zu Studienbeginn einen signifikanten Beitrag zur Varianzaufklärung im Studienerfolgskriterium Note in Statistik leistet, während das motivationale Merkmal Informiertheit zu Studienbeginn und die soziodemografischen Variablen Alter und Erwerbstätigkeit keinen signifikanten Beitrag leisten (s. Tab. 32.4). Studierende absolvieren die

Tab. 32.3 Schrittweise multiple Regressionsanalyse der Zufriedenheit mit dem Studium auf die mathematische Kompetenz zu Studienbeginn, Motivation und soziodemografische Faktoren

	B	SE B	β
Modell 1			
Konstante	4,63	0,17	
Mathematische Kompetenz „Mathematiknote"	−0,11	0,07	−0,20
Modell 2			
Konstante	3,73	0,39	
Mathematische Kompetenz „Mathematiknote"	−0,07	0,07	−0,13
Informiertheit zu Studienbeginn	0,23	0,09	0,33*
Modell 3			
Konstante	4,02	0,39	
Mathematische Kompetenz „Mathematiknote"	0,03	0,07	0,05
Informiertheit zu Studienbeginn	0,24	0,08	0,35**
Alter	−0,01	0,01	−0,14
Erwerbstätigkeit	−0,49	0,13	−0,46**

$N = 58$; * $p < 0{,}05$, ** $p < 0{,}01$, Anmerkung: $R^2 = 0{,}04$ für Schritt 1, *ns*; Änderung in $R^2 = 0{,}10$ für Schritt 2, $p < 0{,}05$, Änderung in $R^2 = 0{,}20$ für Schritt 3, $p < 0{,}01$

Tab. 32.4 Schrittweise multiple Regressionsanalyse der Note in Statistik auf die mathematische Kompetenz zu Studienbeginn, Motivation und soziodemografische Faktoren

	B	SE B	β
Modell 1			
Konstante	1,59	0,34	
Mathematische Kompetenz „Mathematiknote"	0,43	0,16	0,34*
Modell 2			
Konstante	0,96	0,73	
Mathematische Kompetenz „Mathematiknote"	0,46	0,17	0,37**
Informiertheit zu Studienbeginn	0,15	0,16	0,13
Modell 3			
Konstante	1,44	0,85	
Mathematische Kompetenz „Mathematiknote"	0,54	0,18	0,43**
Informiertheit zu Studienbeginn	0,18	0,16	0,15
Alter	−0,03	0,03	−0,16
Erwerbstätigkeit	−0,02	0,26	−0,01

$N = 53$; * $p < 0,05$, ** $p < 0,01$, Anmerkung: $R^2 = 0,12$ für Schritt 1, $p < 0,05$; Änderung in $R^2 = 0,02$ für Schritt 2, *ns*, Änderung in $R^2 = 0,02$ für Schritt 3, *ns*

Modulabschlussklausur Statistik also mit einer besseren Note, je besser ihre Mathematiknote war (H1). Informiertheit zu Studienbeginn (H2), Alter und Erwerbstätigkeit (H3) spielen für die Note in der Modulabschlussklausur Statistik keine Rolle. Die bivariaten Korrelationen sind erneut ähnlich, so dass auf den gesonderten Bericht verzichtet wird.

32.6   Diskussion

Die Daten bestätigen, dass individuelle fachlich-mathematische Kompetenz zu Studienbeginn und motivationale Merkmale eine zentrale Rolle für Studienerfolg im ersten Studienjahr im Fach Psychologie spielen. Studierende, die vor Studienbeginn im Mathematiktest besser abschneiden und somit über eine höhere mathematische Kompetenz verfügen, berichten nach dem ersten Semester eine größere Zufriedenheit mit dem Studium und ein besseres inhaltliches Verständnis studienrelevanter mathematischer Inhalte. Außerdem zeigt sich, dass Studierende umso besser in der Modulabschlussklausur Statistik abschneiden, je besser ihre letzte Mathematiknote war. Die Hypothese 1 konnte demnach bestätigt werden. Hinsichtlich motivationaler Merkmale sind Informiertheit zu Studienbeginn und gelungene akademische Anpassung bedeutsam. Bessere Informiertheit zu Studienbeginn und bessere akademische Anpassung gehen mit einer größeren Studienzufriedenheit nach dem ersten Semester einher. Die Hypothese 2 konnte demnach ebenfalls bestätigt werden.

Die Bedeutsamkeit soziodemografischer Faktoren für den Studienerfolg im ersten Studienjahr im Fach Psychologie kann mit den vorliegenden Daten nicht abschließend geklärt werden. Während sich in der Erstsemesterbefragung keine Zusammenhänge zwischen außeruniversitären Belastungen und Studienerfolg zeigen, wurde in der Befragung der Drittsemester ein Zusammenhang zwischen Erwerbstätigkeit und Zufriedenheit gefunden, was die Hypothese 3 zum Teil bestätigt. So ist denkbar, dass außeruniversitäre Belastungen sich erst zu einem späteren Zeitpunkt des Studiums negativ auswirken. Die Erwerbstätigkeit könnte zunächst noch gut in den Studienplan integriert werden, jedoch später negativ ins Gewicht fallen. Dabei sind negative Auswirkungen vor allem bei der Vorbereitung auf die Prüfungen jeweils nach dem Sommersemester denkbar, z. B. beim Vergleich mit Studierenden, die nicht nebenbei erwerbstätig sind und darum möglicherweise schneller und erfolgreicher studieren oder beim Verlust von Lerngruppe oder Freizeitkontakten, weil die Lern- und Freizeitpartner weniger soziodemografische Belastungen kennzeichnen, ihre Lern- und Freizeit anders aufteilen oder im Studium schon weiter sind. Die Bedeutsamkeit soziodemografischer Faktoren für den Studienerfolg soll darum im weiteren Verlauf der Bedarfserhebung im Blick behalten werden. Dabei muss auch die typische Zusammensetzung der Psychologiestudierenden hinsichtlich ihres Notendurchschnitts berücksichtigt werden: 80 % der Studierenden erhalten ihren Studienplatz aufgrund der Zugangsbeschränkung durch die Abiturnote und verfügen über ein sehr gutes Abitur mit einer Durchschnittsnote von unter 1,5; die verbleibenden 20 % verfügen über ein vergleichsweise schlechteres Abitur und erhalten ihren Studienplatz über die Wartezeitregelung, wodurch ihr Abitur mehr als fünf Jahre zurückliegt. Dies ist bedeutsam, weil diese Personen in der Regel andere soziodemografische Merkmale kennzeichnen, d. h. sie oft schon eine Ausbildung absolviert haben oder Familien gegründet haben und somit berufliche oder familiäre Verpflichtungen eingegangen sind.

Bereits zum jetzigen Zeitpunkt lassen sich zentrale Maßgaben für neue Lehr- und Beratungsangebote ableiten: Auf Seiten motivationaler Merkmale ist die umfassende Informierung von Studieninteressierten und Studienanfängern von großer Bedeutung. So sollen weniger falsche Erwartungen geweckt werden und die Bereitschaft zur Realisierung von Lernintentionen erhöht werden, was sich positiv auf Studienerfolg auswirken sollte (Rost und Rost 2012). Dabei sollte auch und insbesondere über mathematische Anforderungen informiert werden und verdeutlicht werden, welche Rolle diese für psychologische Fragestellungen spielen. Als erste Maßnahmen wurden an der Universität Bielefeld die Internetseiten der Abteilung für Psychologie und insbesondere die Internetseiten der Arbeitseinheit Methoden und Evaluation überarbeitet und eine Informationsbroschüre erstellt, die Studierenden nach der Einschreibung zugeschickt wird. Auf den neuen Internetseiten und in der Broschüre werden die mathematischen Anforderungen des Studiengangs genau beschrieben, der empfohlene Studienverlauf skizziert und auf Unterstützungsangebote und Lernhilfen hingewiesen. So erhalten Studieninteressierte und Studierende umfassende Informationen über die Inhalte und Anforderungen des Studiengangs und erfahren schon früh von Unterstützungsmaßnahmen.

Zweitens ist insbesondere die Förderung studienrelevanter mathematischer Kompetenzen von Bedeutung für den Studienerfolg und somit das Ziel weiterer Unterstützungsmaßnahmen: Durch Lehr- und Beratungsangebote vor Studienbeginn und während des ersten Studienjahres sollen Personen befähigt werden die Bedeutung von Mathematik für psychologische Fragestellungen zu verstehen und die mathematischen Grundlagen zu beherrschen, die nötig sind, um deskriptiv- und inferenzstatistische Urteile in psychologischen Fragestellungen zu treffen. An der Universität Bielefeld wurden zwei Arten von Maßnahmen zur Förderung studienrelevanter mathematischer Kompetenzen für Studierende umgesetzt: Erstens ein Angebot für Studierende mit geringer mathematischer Kompetenz, welches die Studierenden unterstützen soll „studierfähig" zu werden. Auf der universitären Lernplattform StudIP wird zum WS 2013/14 eine Online-Lehrveranstaltung zur Wiederholung schulischer, für das Psychologiestudium relevanter mathematischer Inhalte bereitgestellt. Studierende können dort Übungsaufgaben mit Musterlösungen und Erklärungen zu den Themenbereichen Notation, grundlegende Rechenoperationen, Bruchrechnung, Prozentrechnung, Tabelleninterpretation und Einführung in die Wahrscheinlichkeitsrechnung bearbeiten. Da ein solches Angebot mathematische Defizite aus der Schule verringern kann (Cramer und Walcher 2010; Grünwald et al. 2004), dies mit einem besseren Verständnis der Inhalte und einer erhöhten Studienzufriedenheit zusammenhängt, sollte der Studienerfolg so maßgeblich verbessern werden können. Außerdem ist die Bereitstellung eines Online-Self-Assessments für das Fach Psychologie geplant, so dass Studieninteressierte die Inhalte und Anforderungen des Studienfachs kennenlernen und ihre mathematische Kompetenz vor Studienbeginn überprüfen können sowie individuelle Empfehlungen für Unterstützungsangebote erhalten. Bei hoher Passung von Interessen und Fähigkeiten der Studierenden mit den Anforderungen des Studiengangs, sinkt nämlich die Studienabbruchquote und die Studienzufriedenheit steigt (Baker und Tillmann 2007). Zweitens wurde ein Angebot entwickelt, welches Studierende unterstützen soll, mathematische Kompetenzen im Verlauf des ersten Studienjahres zu vertiefen. So soll insbesondere das Verständnis der mathematischen Inhalte gefördert werden. Dazu werden theorie- und praxisrelevante Online-Lernmodule und Übungszettel zu verschiedenen Themenbereichen bereitgestellt, die je nach Kenntnisstand alleine oder in Lerngruppen mit oder ohne Anleitung eines Tutors bearbeitet werden können.

Diese Unterstützungsangebote werden der folgenden Erstsemesterkohorte, die ihr Studium im WS 2013/14 beginnt zur Verfügung gestellt, und im Rahmen der fortlaufenden Bedarfserhebung weiterentwickelt und evaluiert. Zur Ermittlung des Bedarfs neuer Lehr- und Beratungsangeboten im Fach Psychologie war die Bedarfserhebung somit erfolgreich – inwiefern auch die daraus abgeleiteten Maßnahmen den Studienerfolg positiv beeinflussen ist derzeit noch offen.

Die vorliegenden Ergebnisse bieten aber durchaus auch Implikationen für andere Studienfächer: Erstens scheint es vielversprechend die Vielschichtigkeit des Studienerfolgs auch in anderen Fächern anzunehmen und neben verschiedenen Prädiktoren auch unterschiedliche Kriterien für Studienerfolg zu berücksichtigen. So könnten dann Befunde dieser Befragung möglicherweise auch auf andere Fächer übertragen werden. Dennoch sollte bei der Konzeption und Umsetzung von Unterstützungsmaßnahmen jeweils eine eigene Bedarfserhebung durchgeführt werden, da je nach Studienfach verschiedene Kompetenzen und Merkmale unterschiedlich bedeutsam für Studienerfolg sein können. Nur so kann ermittelt werden, welche Kompetenzen tatsächlich relevant für zuvor definierte Kriterien von Studienerfolg sind. Ganz grundsätzlich ist wünschenswert dass (neue) Lehr- und Beratungsangebote generell aufgrund einer empirischen Datenlage entwickelt, umgesetzt und evaluiert werden.

Literatur

Albrecht, A., & Nordmeier, V. (2010). Studienerfolg im Fach Physik. In V. Nordmeier & H. Grötzebauch (Hrsg.), PhyDid B, Didaktik der Physik-Beiträge zur DPG-Frühjahrstagung in Hannover. http://www.phydid.de/index.php/phydid-b/article/view/121. Zugegriffen: 30. Juli 2013

Baker, A. A., & Tillmann, A. (2007). Ein generisches Konzept zur Realisierung von Self-Assessments zur Studienwahl und Selbsteinschätzung der Studierfähigkeit. In C. Eibl, J. Magenheim, S. Schubert, & M. Wessner (Hrsg.), *DeLFI 2007: Die 5. e-Learning Fachtagung Informatik 17.–20. September 2007 an der Universität Siegen* (S. 79–89). Bonn: Köllen Druck.

Baron-Boldt, J., Schuler, H., & Funke, U. (1988). Prädiktive Validität von Zeugnisnoten – Eine Metaanalyse. *Zeitschrift für Pädagogische Psychologie, 2*, 79–90.

Brandtstätter, H., & Farthofer, A. (2003). Einfluss von Erwerbstätigkeit auf den Studienerfolg. *Zeitschrift für Arbeits- und Organisationspsychologie, 47*(3), 134–145.

Brandstätter, H., Farthofer, A., & Grillich, L. (2001). Die Stabilität der Studienwahl als Funktion von Interessenkongruenz, Selbstkontrolle und intellektueller Leistungsfähigkeit. *Psychologie in Erziehung und Unterricht, 48*, 200–218.

Cramer, E., & Walcher, S. (2010). Schulmathematik und Studierfähigkeit. *Mitteilungen der DMV, 18*(2), 110–114.

Covington, M. V. (2000). Goal theory, motivation, and school achievement: An integrative review. *Annual Review of Psychology, 51*, 171–200.

der Smitten, S. I., & Heublein, U. (2013). Qualitätsmanagement zur Vorbeugung von Studienabbrüchen. *Zeitschrift für Hochschulentwicklung, 2*, 98–109.

Derboven, D. I. W., & Winker, G. (2010). Was können Hochschulen tun, um die Studierbarkeit ingenieurwissenschaftlicher Studiengänge zu erhöhen? In D. I. W. Derboven, & G. Winker (Hrsg.), *Ingenieurwissenschaftliche Studiengänge attraktiver gestalten* (S. 49–90). Berlin: Springer.

Dweck, C. S. (1986). Motivational processes affecting learning. *American Psychologist, 41*, 1040–1048.

Eid, M., Gollwitzer, M., & Schmitt, M. (2011). *Statistik und Forschungsmethoden*. Weinheim: Beltz.

Giesen, H., & Gold, A. (1996). Individuelle Determinanten der Studiendauer. Ergebnisse einer Längsschnittuntersuchung. In J. Lompscher, & H. Mandl (Hrsg.), *Lehr- und Lernprobleme im Studium* (S. 86–99). Bern: Huber.

Gold, A., & Souvignier, E. (1997). Examensleistung und Studienerleben bei Hochschulabsolventen. *Zeitschrift für Pädagogische Psychologie, 11*(1), 53–63.

Goldstein, I. L. (1993). *Training in organizations: Needs assessment, development, and evaluation.* Pacific Grove: Brooks Cole.

Grünwald, N., Kossow, A., Sauerbier, G., & Klymchuk, S. (2004). Der Übergang von der Schul- zur Hochschulmathematik: Erfahrungen aus Internationaler und Deutscher Sicht. *Global Journal of Engineering Education, 8*(3), 283–293.

Gupta, K. (2011). *A practical guide to needs assessment*. San Francisco: Jossey-Bass Pfeiffer.

Heene, M. (2007). *Konstruktion und Evaluation eines Studierendenauswahlverfahrens für Psychologie an der Universität Heidelberg*. Unveröffentlichte Dissertation, Ruprecht-Karls-Universität Heidelberg, Heidelberg.

Heublein, U., Hutzsch, C., Schreiber, J., Sommer, D., & Besuch, G. (2010). *Ursachen des Studienabbruchs in Bachelor- und in herkömmlichen Studiengängen – Ergebnisse einer bundesweiten Befragung von Exmatrikulierten des Studienjahres 2007/08*. Hannover: HIS.

Heublein, U., Spangenberg, H., & Sommer, D. (2003). *Ursachen des Studienabbruchs: Analyse 2002*. Hochschulplanung, Bd. 163. Hannover: HIS.

Hussy, W., Schreier, M., & Echterhoff, G. (2009). *Forschungsmethoden in Psychologie und Sozialwissenschaften-für Bachelor*. Berlin: Springer.

Kirkpatrick, D. (1998). *Evaluating Training Programs: The Four Levels*. San Francisco: Berrett-Koehler Publishers.

Menzel, B. (2005). Messung von Studienerfolg über Studiennoten und Studiendauer. In H. Moosbrugger, D. Frank, & W. Rauch (Hrsg.), *Riezlern-Reader, X. I. V. Arbeiten aus dem Institut für Psychologie der J. W. Goethe-Universität* (S. 147–158). Frankfurt am Main: Institut für Psychologie der J. W. Goethe-Universität.

Mittag, H.-J. (2011). *Statistik*. Berlin: Springer.

Mitterauer, L., Haidinger, G., & Frischenschlager, O. (2012). Prädiktoren des Studienabschlusses im 2002 reformierten Curriculum der Medizinischen Universität Wien. *Wiener Medizinische Wochenschrift, 162*, 74–88.

Moosbrugger, H., & Jonkisz, E. (2005). Studierendenauswahl durch die Hochschulen – rechtliche Grundlagen, empirische Studien und aktueller Stand. In H. Moosbrugger, D. Frank, & W. Rauch (Hrsg.), *Riezlern-Reader, X. I. V. Arbeiten aus dem Institut für Psychologie der J. W. Goethe-Universität* (S. 1–20). Frankfurt am Main: Institut für Psychologie der J. W. Goethe-Universität.

Moosbrugger, H., & Reiß, S. (2005). Determinanten von Studiendauer und Studienerfolg im Diplomstudiengang Psychologie. Eine Absolventenstudie. *Zeitschrift für Evaluation, 2*, 177–194.

Nagy, G. (2005). *Berufliche Interessen, kognitive und fachgebundene Kompetenzen: Ihre Bedeutung für die Studienfachwahl und die Bewährung im Studium.* Unveröffentlichte Dissertation, Max-Planck-Institut für Bildungsforschung in Berlin.

Reiss, S., Tillmann, A., Schreiner, M., Schweizer, K., Krömker, D., & Moosbrugger, H. (2009). Online-Self-Assessments zur Erfassung studienrelevanter Kompetenzen. *Zeitschrift für Hochschulentwicklung, 4*, 60–71.

Rindermann, H., & Oubaid, V. (1999). Auswahl von Studienanfängern durch Universitäten – Kriterien, Verfahren und Prognostizierbarkeit des Studienerfolgs. *Zeitschrift für Differentielle und Diagnostische Psychologie, 20*, 172–191.

Robbins, S. B., Lauver, K., Le, H., Davis, D., Langley, R., & Carlstrom, A. (2004). Do psychosocial and study skill factors predict college outcomes? *Psychological Bulletin, 130*, 261–288.

Rost, F., & Rost, F. (2012). Erfolgreich studieren – die neuen Lernchancen nutzen. In F. Rost (Hrsg), *Lern-und Arbeitstechniken für das Studium* (S. 1–15). Berlin: Springer.

Schart, C. (2011). *Erwartungen von Student_innen und Dozent_innen an das Psychologiestudium.* Unveröffentlichte Bachelorarbeit, Universität Konstanz, Konstanz.

Schiefele, U., Streblow, L., & Brinkmann, J. (2007). Aussteigen oder Durchhalten. Was unterscheidet Studienabbrecher von anderen Studierenden? *Zeitschrift für Entwicklungspsychologie und Pädagogische Psychologie, 39*, 127–140.

Schmidt-Atzert, L. (2005). Prädiktion von Studienerfolg bei Psychologiestudenten. *Psychologische Rundschau, 56*, 131–133.

Schneller, K., & Schneider, W. (2005). Bundesweite Befragung der Absolventinnen und Absolventen des Jahres 2003 im Studiengang Psychologie. *Psychologische Rundschau, 56*, 159–175.

Steinmayr, R., & Spinath, B. (2009). The importance of motivation as a predictor of school achievement. *Learning and Individual Differences, 19*, 80–90.

Steyer, R., Yousfi, S., & Würfel, K. (2005). Prädiktion von Studienerfolg: Der Zusammenhang zwischen Schul- und Studiennoten im Diplomstudiengang Psychologie. *Psychologische Rundschau, 56*, 129–131.

Tannenbaum, S. I., Mathieu, J. E., Salas, E., & Cannon-Bowers, J. A. (1991). Meeting trainees' expectations: The influence of training fulfillment on the development of commitment, self-efficacy, and motivation. *Journal of applied psychology, 76*, 759.

Tinto, V. (1987). *Leaving college. Rethinking the causes and cures of student attrition*. Chicago: University of Chicago Press.

Trost, G., & Bickel, H. (1979). *Studierfähigkeit und Studienerfolg*. München: Minerva.

Universität Bielefeld (2012). Statistisches Jahrbuch der Universität Bielefeld 2012. Referat für Kommunikation. https://www.unibielefeld.de/Universitaet/Ueberblick/Organisation/ Verwaltung/Dez_I/Controlling/Stat_Jahrbuch_2012.pdf. Zugegriffen: 30. Juli 2013

Was bewirken Mathematik-Vorkurse? Eine Untersuchung zum Studienerfolg nach Vorkursteilnahme an der FH Aachen

33

Gilbert Greefrath und Georg Hoever

Zusammenfassung

An vielen Hochschulen werden für mathematikaffine Studiengänge Vorkurse im Fach Mathematik angeboten, in denen die mathematischen Fähigkeiten und Fertigkeiten aus den Sekundarstufen wiederholt bzw. ergänzt werden. Auch für die Studiengänge Elektrotechnik und Informatik an der Fachhochschule Aachen findet seit einigen Jahren ein solcher Vorkurs statt, der an die in den ersten Semestern folgenden Mathematikvorlesungen angepasst ist. Im Artikel wird zunächst die Konzeption dieses Vorkurses vorgestellt und von einer empirischen Untersuchung der Studienanfänger beginnend mit dem Wintersemester 2009/2010 bis zum Sommersemester 2013 berichtet. Die Studienanfänger haben vor und nach der Vorkursteilnahme an einem Mathematiktest teilgenommen, in dem grundlegende hilfsmittelfreie mathematische Kompetenzen aus den Sekundarstufen untersucht wurden. Des Weiteren wurde die Entwicklung der Studierenden in den ersten Studiensemestern verfolgt. So können statistische Zusammenhänge zwischen der Teilnahme am Vorkurs und unterschiedlicher Mathematikleistung im Studium untersucht werden. Da mit den anfänglichen Tests auch weitere Daten erhoben wurden, können darüber hinaus weitere Zusammenhänge – wie beispielsweise zwischen Leistungen vor Studienbeginn und in Klausuren nach ein oder zwei Semestern – analysiert werden.

Gilbert Greefrath ✉
Westfälische Wilhelms-Universität Münster, Institut für Didaktik der Mathematik und der Informatik, Münster, Deutschland
e-mail: greefrath@uni-muenster.de

Georg Hoever
Fachhochschule Aachen, Fachbereich Elektro- und Informationstechnik, Aachen, Deutschland
e-mail: hoever@fh-aachen.de

© Springer Fachmedien Wiesbaden 2016   517
A. Hoppenbrock et al. (Hrsg.), *Lehren und Lernen von Mathematik in der Studieneingangsphase*, Konzepte und Studien zur Hochschuldidaktik und Lehrerbildung Mathematik, DOI 10.1007/978-3-658-10261-6_33

33.1 Einführung

Probleme von Studierenden in mathematischen oder mathematikaffinen Studiengängen
geben immer wieder Anlass, nach Lösungen dieser Probleme zu suchen. Diese Thematik
wird national wie auch international intensiv diskutiert (s. Thomas et al. 2015). Nicht neu
ist die Forderung nach einem Vorkurs oder einem „Nullten Semester" im Fach Mathematik
(s. z. B. Kütting 1982). Die Konzeption von Vorkursen für Studierende vor Studienbeginn
wird jedoch derzeit an vielen Hochschulen neu diskutiert. Viele Best-Practice-Beispiele und Anregungen bezüglich der Gestaltung von Vor- bzw. Brückenkursen finden sich
bei Bausch et al. 2014. Wie schon in Biehler et al. (2014) beschrieben, stellen einige
Hochschulen die Inhalte der Vorkurse von Vorgriffen auf Inhalte des ersten Semesters
auf Inhalte der Sekundarstufen I und II um (s. Cramer und Walcher 2010). Ein Grund
für Veränderungen in diesem Bereich ist möglicherweise die starke Heterogenität der
Studienanfängerinnen und -anfänger (Biehler et al. 2014; Fischer und Biehler 2011). Voßkamp und Laging (2014) stellen quantitative Analysen unter anderem auch im Hinblick
auf Bildungsherkunft und Vorkursteilnahme im Bereich Wirtschaftswissenschaften an der
Universität Kassel vor. Allerdings sind weitergehende quantitative Untersuchungen in diesem Bereich allgemein noch rar. Quantitative Analysen beschränken sich in den meisten
Fällen auf den Vergleich von Testergebnissen vor und nach einem Vor- bzw. Brückenkurs (s. z. B. Abel und Weber 2014; Haase 2014). Krüger-Basener und Rabe (2014) geben
darüber hinaus noch Zusammenhänge bezüglich Teilnahme und Ergebnissen der Mathe-
matikklausur nach dem ersten Semester an.

    An der Fachhochschule Aachen gibt es seit 2009 einen neu konzipierten Mathematik-
Vorkurs im Fachbereich Elektro- und Informationstechnik. Zugleich wurde ein Testin-
strument entwickelt, das Aufschluss über Zusammenhänge zwischen Vorkursteilnahme
und mathematischen Leistungen vor und nach dem Vorkurs bzw. ohne Vorkurs-Teilnahme
sowie bei regulären Mathematik-Klausuren der ersten beiden Semester geben kann. Von
Vorteil für die Untersuchung ist, dass der Vorkurs in den Jahren von 2009 bis 2013, ebenso wie die anschließenden Mathematikveranstaltungen, in gleicher Form vom gleichen
Dozenten und mit gleichen Inhalten abgehalten wurde. Dies bietet die Möglichkeit, die
Test- und Klausurergebnisse der einzelnen Jahre zu summieren, um die Datengrundlage
zu vergrößern.

33.2 Untersuchung

33.2.1 Konzeption des Vorkurses

Der Fachbereich Elektro- und Informationstechnik der Fachhochschule Aachen bietet
unter anderem einen Bachelor-Studiengang Informatik und einen Bachelor-Studiengang
Elektrotechnik an. Seit 2009 wird für beide Studiengänge ein gemeinsamer zweiwöchiger
Mathematik-Vorkurs vor dem Beginn der regulären Vorlesung angeboten. Die Teilnahme

an dem Vorkurs ist freiwillig und kostenlos. An dem Vorkurs nahmen pro Jahr zwischen 120 und 240 Personen teil; das entsprach jeweils ca. zwei Drittel der Erstsemester-Studierenden des entsprechenden Jahrgangs.

Der Vorkurs hat mehrere Bestandteile. An jedem Vormittag gibt es einen Vorlesungsteil für die gesamte Gruppe, zu dem auch ein Übungsblatt verteilt wird; nachmittags sollen die Übungsblätter bearbeitet werden. Dazu gibt es ein Angebot zu Hilfestellungen durch erfahrene Studierende (Tutorien). Am nächsten Morgen werden die Übungsaufgaben dann noch einmal in kleineren Gruppen besprochen:

- 09.00–10.45: Besprechung der Übungen vom Vortag in drei Gruppen,
- 11.00–13.00: Vorlesung, Verteilung von Übungszetteln und
- 13.00–16.30: Tutorien: Gelegenheit zur Übungsbearbeitung; Studierende höheren Semesters stehen für Fragen zur Verfügung.

Am ersten Tag finden vormittags zwei Vorlesungsblöcke statt, am letzten Tag gibt es nach einem verkürzten Tutorium die abschließende Besprechung des Übungsblatts.

Der Inhalt des Vorkurses besteht aus schulmathematischen Themen beider Sekundarstufen aus den Sachgebieten Analysis und linearer Algebra. In der ersten Vorkurswoche werden in sechs Vorlesungen jeweils die folgenden Themen bearbeitet:

- Terme, Aussagen, Bruchrechnung,
- Lineare Funktionen,
- Quadratische Funktionen,
- Polynome, gebrochen-rationale Funktionen, Wurzeln,
- Potenzen, Exponentialfunktion, Logarithmus und
- Winkelfunktionen.

Die fünf Vorlesungen der zweiten Vorkurswoche widmen sich den folgenden Themen:

- Ableitungsregeln,
- Kurvendiskussion,
- Integration (ohne partielle Integration, Substitution),
- Vektorrechnung, Geraden/Ebenen in vektorieller Form und
- Skalar- und Vektorprodukt.

Die genauen Inhalte der Vorlesungen sowie die entsprechenden Übungsaufgaben sind in Hoever (2014) dargestellt. Die Veranstaltungsformen des Vorkurses bereiten die Studierenden auf die regulären Mathematikveranstaltungen in Form von Vorlesung, Tutorien und Übungen der ersten beiden Semester vor. Die anschließenden Mathematikvorlesungen für die Studiengänge Elektrotechnik und Informatik schließen an die Inhalte des Vorkurses an und werden von demselben Dozenten durchgeführt wie der Vorkurs. Die Inhalte der Vorlesungen im ersten und zweiten Semester sind in Hoever (2013) beschrieben.

33.2.2 Datenerhebung

Im Rahmen der Untersuchung wurden mit Beginn des Wintersemesters 2009/10 bis zum Wintersemester 2012/13 einschließlich jeweils zwei Mathematik-Tests ohne Notenrelevanz für die Studierenden durchgeführt. Die Tests beinhalten auch eine statistische Erhebung zur Art und zum Zeitpunkt des Schulabschlusses, zur schulischen Vorbildung in Mathematik sowie zum Einsatz von digitalen Werkzeugen im Mathematikunterricht. Die Tests wurden bisher von 809 Studierenden bearbeitet.

Den Studierenden wurde jeweils zu Beginn des Vorkurses (konkret zwischen den beiden Vorlesungsblöcken des ersten Tages) und zum Ende der ersten regulären Mathematik-Vorlesung ein Mathematik-Test zur Selbsteinschätzung vorgelegt mit der Bitte, ihn zusammen mit statistischen Angaben auszufüllen. Abbildung 33.1 zeigt schematisch den zeitlichen Ablauf.

Durch diese Testzeitpunkte können zum einen die von den Studienanfängerinnen und -anfängern mitgebrachten Vorkenntnisse (bei den Vorkursteilnehmenden durch Test 1, bei den Studierenden, die nicht am Vorkurs teilgenommen haben, durch Test 2) analysiert werden und zum anderen Lerneffekte durch den Vorkurs (durch Vergleich der Ergebnisse von Test 1 und Test 2 der Vorkursteilnehmenden) untersucht werden.

Für die Studierenden ergibt sich durch die Teilnahme an Test 1 zudem die Möglichkeit abzuschätzen, ob ein Besuch des Vorkurses für sie sinnvoll ist oder ob sie schon über die erwarteten Vorkenntnisse zu Studienbeginn verfügen. Die Ergebnisse des Tests 2 ermöglichen den Studierenden abzuschätzen, ob sie gegebenenfalls aufgrund von Defiziten mit einem erhöhten Arbeitsaufwand zu rechnen haben.

Zur Untersuchung längerfristiger Zusammenhänge werden die Ergebnisse – wo möglich – in Beziehung gesetzt zu den Klausurergebnissen der Klausuren zur Höheren Mathematik 1 nach dem ersten Semester und zur Höheren Mathematik 2 nach dem zweiten Semester sowie zu weiteren Klausuren der ersten vier Semester, soweit hier für die untersuchten Studierenden bereits Daten vorliegen.

Abb. 33.1 Zeitliche Struktur

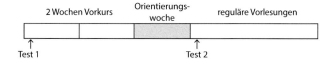

33.2.3 Testkonstruktion

Die beiden Tests, die vor und nach dem Vorkurs durchgeführt wurden, besitzen jeweils die gleiche Itemanzahl und -struktur, unterscheiden sich aber im Detail. Um den Aufwand für die Testdurchführung in Grenzen zu halten, wurde jeweils ein Test für 30 Minuten konzipiert. Sie bestehen jeweils aus 16 Items, die in 11 Aufgaben zusammenfasst sind. Alle Items erfordern dabei einfache Kurzantworten, die mit 0 (falsch) oder 1 (richtig) kodiert

Aufgabe 4: Bestimmen Sie alle Lösungen der Gleichung:

$$4 \cdot x^2 - 4 \cdot x = 3$$

Aufgabe 9: Bestimmen Sie die erste Ableitung der Funktionen

(a) $f(x) = 3x^3 + 4x^2 - x + 1$ $f'(x) = $ _____

(b) $f(x) = 2e^{-3x}$ $f'(x) = $ _____

Aufgabe 4: Bestimmen Sie alle Lösungen der Gleichung:

$$9 \cdot x^2 - 18 \cdot x = -5$$

Aufgabe 9: Bestimmen Sie die erste Ableitung der Funktionen

(a) $f(x) = -x^4 + 2x^3 - x + 3$ $f'(x) = $ _____

(b) $f(x) = 4\sin(3x)$ $f'(x) = $ _____

Abb. 33.2 Beispielhafte Aufgaben aus Test 1 (*oben*) und Test 2 (*unten*)

werden können, um den Teilnehmenden durch eine rasche Auswertung eine Rückmeldung am nächsten Tag zu ermöglichen. Vier Items werden geringer gewichtet, daher sind maximal 14 Punkte erreichbar. Die Bearbeitungszeit beträgt 30 Minuten, Hilfsmittel sind keine zugelassen. Abbildung 33.2 zeigt zwei beispielhafte Aufgaben aus dem ersten Test (oben) bzw. zweiten Test (unten).

Die Reliabilität des Tests wurde aufgrund der umfassenderen Datenlage für den zweiten Test, an dem nicht nur die Teilnehmer des Vorkurses sondern alle Teilnehmer der Mathematik-Veranstaltung teilnahmen, überprüft. Ein Reliabilitätstest für die interne Konsistenz des zweiten Tests ergibt einen guten Wert für Cronbachs Alpha ($\alpha = 0{,}82$). Dennoch ist der Test nicht eindimensional. Mit Hilfe einer Faktorenanalyse kann man zwei wesentliche Faktoren finden, die die Items trennen. Dabei bilden vier Items, in denen Graphen von Funktionen gezeichnet werden müssen, einen Faktor und die anderen 12 (eher algebraischen) Items den zweiten Faktor.

33.3   Ergebnisse

Die im Mathematiktest erhobenen statistischen Angaben ermöglichen Rückschlüsse auf Zusammenhänge zwischen im Test geprüften hilfsmittelfreien mathematischen Kompetenzen und der Ausbildung der Studierenden vor Besuch der Hochschule (Abschnitt „Ergebnisse zu Studienbeginn"). Durch die beiden Tests – zu Beginn des Vorkurses und dann zu Beginn der regulären Mathematik-Veranstaltung – ist es möglich, die kurzfristige Wirkung des Vorkurses zu untersuchen (Abschnitt „Ergebnisse vor und nach dem Vorkurs"). Schließlich erlaubt die Betrachtung der weiteren Entwicklung der Studierenden Untersuchungen zu möglichen langfristigen Zusammenhängen, zum einen in Abhängigkeit von der Vorkursteilnahme, zum anderen aber auch in Abhängigkeit von der vorherigen Bildungsgeschichte der Studierenden (Abschnitt „Langzeitbeobachtungen").

33.3.1 Ergebnisse zu Studienbeginn

Zunächst werden die Studierenden nach ihrem Schulabschluss unterschieden und die Testergebnisse der Studierenden im jeweils ersten Test untersucht. Für die Studierenden, die am Vorkurs teilgenommen haben, wird hier also der erste Test zugrunde gelegt. Für die Studierenden, die nicht am Vorkurs teilgenommen haben, wird hier der zweite Test zugrunde gelegt, der zu Beginn der Vorlesungszeit stattgefunden hat. Betrachtet man die Gesamtpunktzahl im Test, so schneiden die Studierenden mit allgemeiner Hochschulreife im Mittel im jeweils ersten Test signifikant ($p < 0{,}001$) besser ab als Studierende ohne allgemeine Hochschulreife (s. Abb. 33.3).

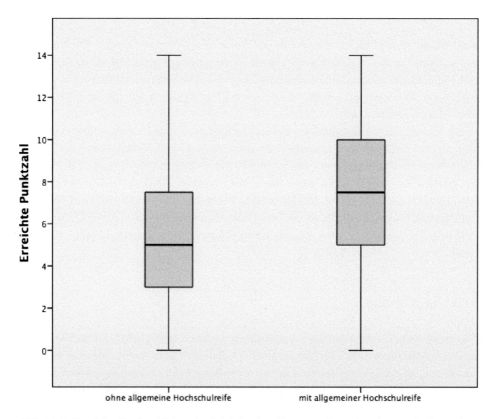

Abb. 33.3 Erreichte Punktzahl (maximal 14) im jeweils ersten Test ohne bzw. mit allgemeiner Hochschulreife ($N = 428$ bzw. $N = 325$)

Tab. 33.1 Mittelwerte der Testergebnisse nach Studiengang (Punktzahl max. 14)

Elektrotechnik	Mittelwert Punktzahl	6,9
	N	355
	Standardabweichung	3,1
Informatik	Mittelwert Punktzahl	5,8
	N	320
	Standardabweichung	3,2
Abbrecher	Mittelwert Punktzahl	5,0
	N	147
	Standardabweichung	3,3

Man erkennt den deutlichen Zusammenhang von Schulabschluss und Mathematik-Vorkenntnissen zu Studienbeginn an der Fachhochschule Aachen. Dieser ist fast bei allen Items zu beobachten. Ausnahmen bilden lediglich Items mit sehr geringer Lösungsquote.

Es wurde auch untersucht, welchen Einfluss die Zeitdauer vom Schulabschluss bis zum Studienbeginn auf die Ergebnisse des Mathematiktests hat. Hier zeigt sich, dass die Zeitdauer vom Schulabschluss bis zum Studienbeginn oder auch das Vorhandensein der Berufsausbildung kaum nachweisbare Auswirkungen auf den ersten Test haben.

Die Wahl des Studiengangs korreliert dagegen deutlich mit den Ergebnissen der Mathematik-Tests (s. Tab. 33.1): Die Studierenden, die sich für einen Elektrotechnik-Studiengang entscheiden, zeigen im Durchschnitt bessere Mathematikkenntnisse im ersten Mathematiktest als diejenigen, die das Fach Informatik studieren. Das Fach Elektrotechnik wird offenbar als mathematisch anspruchsvoller angesehen und von entsprechenden Schülerinnen und Schülern gewählt. Dies zeigt sich auch in Gesprächen mit angehenden Studierenden: Elektrotechnikstudierende sehen im Gegensatz zu Informatikstudierenden das Fach Mathematik zumeist als essentiellen Bestandteil ihres Studiums an.

Ferner zeigen die späteren Studienabbrecher bereits im Vorkurs schwächere Leistungen.

33.3.2 Ergebnisse vor und nach dem Vorkurs

Der Vergleich der Testergebnisse vor und nach dem Vorkurs zeigt eine deutliche durchschnittliche Verbesserung der Testergebnisse um etwa 3,5 Punkte (s. Abb. 33.4). Dabei wurden nur die Studierenden in die Untersuchung einbezogen, die am Vorkurs teilgenommen hatten.

Eine aufgabenweise Auswertung der Lösungsquote der Studierenden vor und nach dem Vorkurs zeigt eine deutliche Steigerung der Punktzahlen zum Zeitpunkt des zweiten Tests. Eine Ausnahme bildet lediglich Aufgabe 1 zu Bruchgleichungen, die in der ersten Vorlesungsstunde des Vorkurses vor dem Test bereits besprochen wurden.

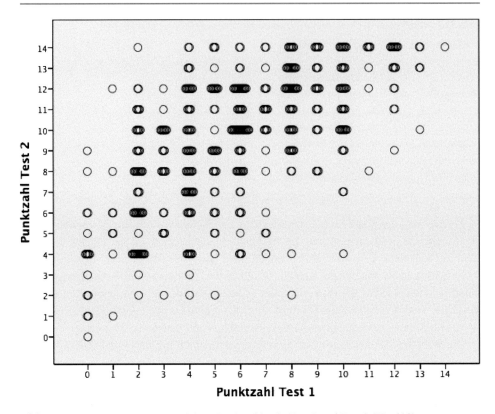

Abb. 33.4 Streudiagramm der erreichten Punktzahlen in Test 1 und Test 2 ($N = 418$)

Bei Aufgaben zu den Bereichen Potenz- und Logarithmengesetze (Aufgaben 2 und 3), Trigonometrie (Aufgabe 7), Polynomdivision (Aufgabe 8) sowie Vektorrechnung (Aufgabe 11) können besonders deutliche Steigerungen beobachtet werden (s. Abb. 33.5).

Nimmt man auch die Studierenden hinzu, die zwar am zweiten Test teilgenommen, aber nicht den Vorkurs besucht haben, so zeigt sich, dass deren Lösungsquote für jede Aufgabe deutlich unter den Ergebnissen der Studierenden mit Vorkursteilnahme liegen, aber leicht über den Ergebnissen von Test 1. Dies deutet darauf hin, dass die Studierenden, die nicht am Vorkurs teilnehmen, im Durchschnitt etwas bessere Mathematikkenntnisse mitbringen als die Vorkursteilnehmenden.

Ordnet man die Aufgaben des Tests den beiden Sekundarstufen zu, so prüfen die Aufgaben 1 bis 7 Inhalte der Sekundarstufe I und die Aufgaben 8 bis 11 Inhalte der Sekundarstufe II.

In Abb. 33.5 ist zu erkennen, dass auch die Aufgaben 2 und 3 zu Potenzen und Logarithmus, also Inhalten aus der Sekundarstufe I, sehr geringe Lösungsquoten aufweisen. Dies war auch bei Studierenden zu beobachten, die die Aufgaben mit Inhalten aus der Sekundarstufe II weitgehend fehlerfrei bearbeitet haben.

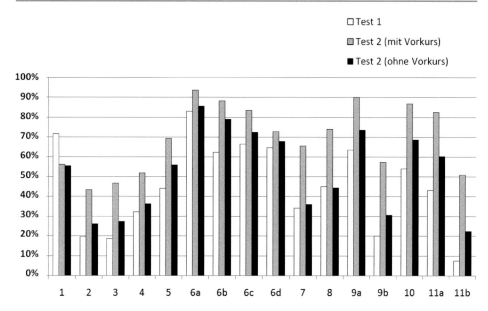

Abb. 33.5 Aufgabenweise Lösungsquote in Test 1 ($N = 371$), Test 2 mit Vorkursteilnahme ($N = 443$) und Test 2 ohne Vorkursteilnahme ($N = 241$)

Gründe für die geringen Lösungsquoten der Items mit Inhalten aus der Sekundarstufe II (9b und 11b) könnten sein, dass die Ableitung einer Exponentialfunktion bzw. Anwendung der Kettenregel (9b) und die Berechnung eines Skalarprodukts (11b) nicht für alle teilnehmenden Studierenden im Mathematikunterricht thematisiert wurde.

Es gibt aber auch Aufgaben aus der Sekundarstufe I, speziell Aufgaben 2 und 3 zu Potenzen, die eine sehr geringe Lösungsquote aufweisen.

Unterscheidet man die Studierenden nach ihrem Schulabschluss, so ist festzustellen, dass die Studierenden ohne allgemeine Hochschulreife im Vergleich durchschnittlich eine größere Steigerung nach dem Vorkurs erzielen als solche mit allgemeiner Hochschulreife. Dies lässt sich allerdings möglicherweise auch auf den Deckeneffekt zurückführen. Aber auch der Vergleich der Studierenden mit allgemeiner Hochschulreife im Test 2, die am Vorkurs teilgenommen haben, mit denen, die an Test 2 ohne Vorkurs teilgenommen haben, zeigt einen signifikanten ($p < 0{,}001$) Mittelwertunterschied zugunsten der Vorkursteilnehmenden (s. Tab. 33.2).

33.3.3   Langzeitbeobachtungen

Die vorliegenden Daten ermöglichen für größere Fallzahlen Beobachtungen über einen längeren Zeitraum. So können beispielsweise die Ergebnisse der Klausuren zur Höheren Mathematik 1 nach dem ersten und zur Höheren Mathematik 2 nach dem zweiten Semester einbezogen werden.

Tab. 33.2 Mittelwerte der Tests nach Schulabschluss und Vorkursteilnahme

		Test 1	Test 2
Ohne Allgemeine Hochschulreife ohne Vorkursteilnahme	Mittelwert Punktzahl		5,6
	N		113
	Standardabweichung		3,3
Ohne Allgemeine Hochschulreife mit Vorkursteilnahme	Mittelwert Punktzahl	5,0	9,1
	N	232	275
	Standardabweichung	2,8	3,2
Mit Allgemeiner Hochschulreife ohne Vorkursteilnahme	Mittelwert Punktzahl		8,1
	N		128
	Standardabweichung		3,0
Mit Allgemeiner Hochschulreife mit Vorkursteilnahme	Mittelwert Punktzahl	7,4	10,1
	N	139	168
	Standardabweichung	3,2	3,0

Schaut man hier auf die unterschiedlichen Studiengänge, so zeigt sich, dass der Trend aus den Mathematiktest-Ergebnissen auch nach dem ersten und zweiten Semester deutlich wird. Die Leistungen der Elektrotechnikstudierenden liegen auch bei den Klausuren am Ende des ersten und zweiten Semesters deutlich über denen der Informatikstudierenden (Abb. 33.6).

Zur Untersuchung der Vorkursteilnehmenden über einen längeren Zeitraum wurden die Studierenden nach ihrer erreichten Punktzahl im jeweils ersten Test (also bei den Vorkurs-Teilnehmern Test 1 und bei denen, die nicht am Vorkurs teilgenommen haben, Test 2) in Gruppen zu jeweils drei Punkten eingeteilt. Aufgrund der geringen Fallzahlen wurden

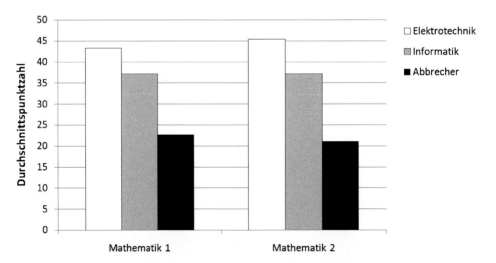

Abb. 33.6 Durchschnittspunktzahl in den Klausuren zur höheren Mathematik 1 und 2 (Maximalpunktzahl 80) in Abhängigkeit vom Studiengang

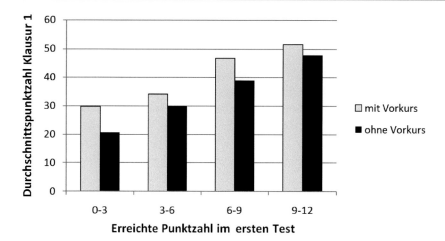

Abb. 33.7 Durchschnittspunktzahl (Maximalpunktzahl 80) in der Klausur zur höheren Mathematik 1 in Abhängigkeit von der erreichten Punktzahl im ersten Test

die Teilnehmenden mit mehr als 12 Punkten nicht berücksichtigt. Die entsprechenden Gruppen mit bzw. ohne Vorkursteilnahme wurden dann verglichen. Die Abb. 33.7 und 33.8 zeigen, dass die Vorkursteilnehmenden in den Mathematik-Klausuren am Ende des ersten und zweiten Semesters deutlich sichtbare Leistungsvorteile haben.

In Abb. 33.8 werden wegen zu geringer Fallzahlen keine Einträge für 0–3 Punkte gemacht. Die Ergebnisse deuten also darauf hin, dass die Studierenden, die am Vorkurs teilgenommen haben, auch bessere Klausurergebnisse erreichten. Ähnliche Tendenzen konnten auch für die weiteren Klausuren in den einzelnen Studiengängen festgestellt wer-

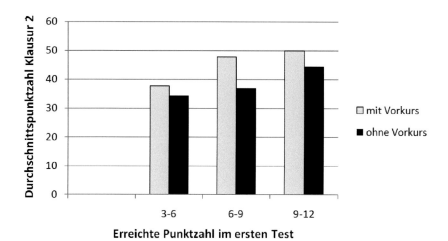

Abb. 33.8 Durchschnittspunktzahl (Maximalpunktzahl 80) in der Klausur zur höheren Mathematik 2 in Abhängigkeit von der erreichten Punktzahl im ersten Test

den. Es bleibt allerdings offen, welche Ursache für diesen Effekt maßgeblich ist. Denkbar sind hier auch Faktoren wie Anstrengungsbereitschaft, da die Vorkursteilnahme freiwillig war.

Betrachtet man mögliche Korrelationen mit dem Klausurergebnis zur höheren Mathematik 2 am Ende des zweiten Semesters, so zeigt sich, dass die Punktzahl beim Test (1 bzw. 2) mit der Note der Mathematik 2-Klausur stärker korreliert, als die Mathematiknote im Schulabschlusszeugnis. Zur Durchschnittsnote des Schulabschlusszeugnisses, Art des Schulabschlusses und dem Einsatz von Taschenrechnern mit Grafik-Funktion in der Schule ist keine Korrelation zur Klausurnote nach dem zweiten Semester nachweisbar. Der Test erscheint in dieser Konstellation also als gute Prognose für den Studienerfolg in den beiden Mathematik-Vorlesungen, zumindest als bessere Prognose im Vergleich zur Mathematiknote in der Schule oder der Durchschnittsnote des Schulabschlusszeugnisses. Das ist besonders in Anbetracht der Kürze des Tests ein interessantes Ergebnis.

33.4   Diskussion

Bei dem jeweils ersten Test erreichen die Studierenden, je nach Voraussetzungen, im Durchschnitt Lösungsquoten von 40–50 %. Dies ist zunächst – in Anbetracht der gestellten Aufgaben – besorgniserregend niedrig, allerdings liegen die Lösungsquoten des seit über zehn Jahren durchgeführten Eingangstests an Fachhochschulen in Nordrhein-Westfalen sogar noch darunter (Knospe 2008, 2011). Im Unterschied zu Knospe wurden in Aachen allerdings nur innermathematische Aufgaben und auch solche aus dem Bereich der Sekundarstufe II verwendet, daher sind die Tests nicht direkt vergleichbar.

Auch andere Untersuchungen zeigen entsprechende Ergebnisse mit niedrigen Lösungsquoten (Abel und Weber 2014; Haase 2014; Krüger-Basener und Rabe 2014; Voßkamp und Laging 2014). Wie bei Voßkamp und Laging (2014) konnten sich auch im Rahmen der vorliegenden Untersuchung signifikante Unterschiede zwischen den Teilnehmenden mit bzw. ohne allgemeine Hochschulreife festgestellt werden, während die Zeitdauer vom Schulabschluss bis zum Studienbeginn oder auch das Vorhandensein einer Berufsausbildung kaum nachweisbare Auswirkungen haben.

In der Literatur werden unterschiedliche Thesen aufgestellt, die die Ursache für das schlechte Abschneiden der Studienanfängerinnen und -anfänger beschreiben.

Knospe (2011) sieht als Grund, dass die entsprechenden Inhalte in der Schule nicht in ausreichendem Umfang behandelt und eingeübt werden. Auch Kramer stellt fest, dass Hochschulen vor allem Mängel bei Themen der Sekundarstufe I sehen (Henn et al. 2010). Die durchgeführten Tests zeigen tatsächlich, dass gerade auch Items mit Inhalten aus der Sekundarstufe I sehr geringe Lösungsquoten haben.

Kramer merkt aber auch Defizite bei allgemeinen Kompetenzen, wie beispielsweise bei der Selbstorganisation, der Selbsteinschätzung oder der Anstrengungsbereitschaft, der Studienanfänger an (Henn et al. 2010). Dies könnte ein Hinweis auf mögliche Faktoren sein, die bei der (freiwilligen) Wahl des Vorkurses in Aachen auch eine Rolle spielen könnten und daher die Testergebnisse beeinflussen. Die Studierenden, die in Aachen am Vorkurs teilgenommen haben, zeigen auch nach einem Jahr noch bessere Ergebnisse in Mathematikklausuren als solche, die den Vorkurs nicht besucht haben.

Schwenk-Schellschmidt (2013) sieht als eine der Ursachen den zu starken Einsatz von Taschenrechnern bzw. Computer-Algebra-Systemen. Dies konnte im Rahmen der durchgeführten Untersuchung so nicht bestätigt werden, da zwischen dem Einsatz von Taschenrechnern mit Grafik-Funktion in der Schule und der Klausurnote nach dem zweiten Semester keine Korrelation nachweisbar war.

Die im Rahmen der durchgeführten Studie nach dem Vorkurs erreichten Verbesserungen der Lösungsquoten liegen im gleichen Bereich wie bei entsprechenden anderen Untersuchungen (Abel und Weber 2014; Haase 2014; Krüger-Basener und Rabe 2014; Voßkamp und Laging 2014).

Die vorliegende Studie bestätigt die folgende Vermutung: Wer mit besseren Mathematikkenntnissen an die Hochschule kommt, wird das Ingenieurstudium tendenziell besser bewältigen können. Ferner ist nach den vorliegenden Ergebnissen eine Vorkursteilnahme positiv korreliert mit besseren Klausurergebnissen in den Mathematik-Klausuren der ersten Semester. Inwieweit hier tatsächlich eine Leistungssteigerung auf Grund der Vorkursinhalte vorliegt oder ob die Beobachtung von anderen Gründen herrührt (z. B. Einsatz- und Leistungsbereitschaft) und ob entsprechende Zusammenhänge auch für den weiteren Studienverlauf gelten, wie erste Daten vermuten lassen, bleibt weiteren Studien vorbehalten.

Literatur

Abel, H., & Weber, B. (2014). 28 Jahre Esslinger Modell – Studienanfänger und Mathematik. In I. Bausch, R. Biehler, R. Bruder, P. R. Fischer, R. Hochmuth, & W. Koepf et al. (Hrsg.), *Mathematische Vor- und Brückenkurse: Konzepte, Probleme und Perspektiven* (S. 9–19). Wiesbaden: Springer Spektrum.

Bausch, I., Biehler, R., Bruder, R., Fischer, P. R., Hochmuth, R., Koepf, et al. (Hrsg.). (2014). *Mathematische Vor- und Brückenkurse: Konzepte, Probleme und Perspektiven.* Wiesbaden: Springer Spektrum.

Biehler, R., Bruder, R., Hochmuth, R., & Koepf, W. (2014). Einleitung. In I. Bausch, R. Biehler, R. Bruder, P. R. Fischer, R. Hochmuth, & W. Koepf et al. (Hrsg.), *Mathematische Vor- und Brückenkurse: Konzepte, Probleme und Perspektiven* (S. 1–6). Wiesbaden: Springer Spektrum.

Cramer, E., & Walcher, S. (2010). Schulmathematik und Studierfähigkeit. *Mitteilungen der DMV*, *18*(2), 110–114.

Fischer, P. R., & Biehler, R. (2011). Über die Heterogenität unserer Studienanfänger. Ergebnisse einer empirischen Untersuchung von Teilnehmern mathematischer Vorkurse. In R. Haug, & L. Holzäpfel (Hrsg.), *Beiträge zum Mathematikunterricht 2011* (Bd. 1, S. 255–258). Münster: WTM Verlag.

Haase, D. (2014). Studieren im MINT-Kolleg Baden-Württemberg. In I. Bausch, R. Biehler, R. Bruder, P. R. Fischer, R. Hochmuth, & W. Koepf et al. (Hrsg.), *Mathematische Vor- und*

Brückenkurse: Konzepte, Probleme und Perspektiven (S. 123–136). Wiesbaden: Springer Spektrum.

Henn, H.-W., Bruder, R., Elschenbroich, J., Greefrath, G., Kramer, J., & Pinkernell, G. (2010). Schnittstelle Schule–Hochschule. In A. Lindmeier, & S. Ufer (Hrsg.), *Beiträge zum Mathematikunterricht 2010* (Bd. 1, S. 75–82). Münster: WTM-Verlag.

Hoever, G. (2013). *Höhere Mathematik kompakt*. Wiesbaden: Springer Spektrum.

Hoever, G. (2014). *Vorkurs Mathematik: Theorie und Aufgaben mit vollständig durchgerechneten Lösungen*. Wiesbaden: Springer Spektrum.

Knospe, H. (2008). Der Mathematik-Eingangstest an Fachhochschulen in Nordrhein-Westfalen. Proceedings des 6. Workshops Mathematik für Ingenieure. *Wismarer Frege-Reihe*, 03/2008, 6–11.

Knospe, H. (2011). Der Eingangstest Mathematik an Fachhochschulen in Nordrhein-Westfalen von 2002 bis 2010. Proceedings des 9. Workshops Mathematik für ingenieurwissenschaftliche Studiengänge. *Wismarer Frege-Reihe*, 02/2011, 8–13.

Krüger-Basener, M., & Rabe, D. (2014). Mathe0 – der Einführungskurs für alle Erstsemester einer technischen Lehreinheit. In I. Bausch, R. Biehler, R. Bruder, P. R. Fischer, R. Hochmuth, & W. Koepf et al. (Hrsg.), *Mathematische Vor- und Brückenkurse: Konzepte, Probleme und Perspektiven* (S. 309–323). Wiesbaden: Springer Spektrum.

Kütting, H. (1982). Brauchen wir ein Nulltes Semester in Mathematik? Ein Beitrag zur Reform des Bildungswesens. *mathematica didactica*, 5(4), 213–223.

Schwenk-Schellschmidt, A. (2013). Mathematische Fähigkeiten zu Studienbeginn. Symptome des Wandels – Thesen zur Ursache. *Die Neue Hochschule*, 01/2013, 26–29.

Thomas, M. O. J., Druck, I. de F., Huillet, D., Ju, M.-K., Nardi, E., Rasmussen, C. & Xie, J. (2015). Key Mathematical Concepts in the Transition from Secondary to University. In S. J. Cho et al. (Hrsg.), *The Proceedings of the 12th International Congress on Mathematics Education: Intellectual and Attitudinal Challenges* (S. 265–284). Cham: Springer International Publishing.

Voßkamp, R., & Laging, A. (2014). Teilnahmeentscheidungen und Erfolg. Eine Fallstudie zu einem Vorkurs aus dem Bereich der Wirtschaftswissenschaften. In I. Bausch, R. Biehler, R. Bruder, P. R. Fischer, R. Hochmuth, & W. Koepf et al. (Hrsg.), *Mathematische Vor- und Brückenkurse: Konzepte, Probleme und Perspektiven* (S. 67–83). Wiesbaden: Springer Spektrum.

Mathematikausbildung von Grundschulstudierenden im Projekt KLIMAGS: Forschungsdesign und erste Ergebnisse bzgl. Weltbildern, Lernstrategien und Leistungen

34

Jürgen Haase, Jana Kolter, Peter Bender, Rolf Biehler, Werner Blum, Reinhard Hochmuth und Stanislaw Schukajlow

Zusammenfassung

Im vorliegenden Beitrag stellen wir das im Rahmen des khdm-Projektes KLIMAGS eingesetzte Forschungsdesign zur Implementierung und Evaluation von Innovationen in fachmathematischen Vorlesungen der ersten Studiensemester im Lehramtsstudium für angehende Grundschullehrkräfte vor. Die Umsetzung an den Standorten Universität Kassel und Universität Paderborn und die standortbedingten Besonderheiten werden erläutert sowie deren Auswirkungen auf das Forschungsdesign und auf die Interpretation der erhobenen Daten diskutiert. Als Beispiele werden Leistungsdaten und Befragungen zum „Anwendungsaspekt" von Mathematik sowie zu den Lernstrategien „Organisieren" und „Zusammenhänge herstellen" vorgestellt.

Jürgen Haase ✉ · Peter Bender · Rolf Biehler
Universität Paderborn, Institut für Mathematik, Paderborn, Deutschland
e-mail: haase@khdm.de, bender@math.upb.de, biehler@khdm.de

Jana Kolter
Universität Kassel, Kassel, Deutschland
e-mail: kolter@khdm.de

Werner Blum
Universität Kassel, Institut für Mathematik, Kassel, Deutschland
e-mail: blum@mathematik.uni-kassel.de

Reinhard Hochmuth
Leibniz Universität Hannover, Institut für Didaktik der Mathematik und Physik, Hannover, Deutschland
e-mail: hochmuth@idmp.uni-hannover.de

Stanislaw Schukajlow
Westfälische Wilhelms-Universität Münster, Institut für Didaktik der Mathematik und der Informatik, Münster, Deutschland
e-mail: schukajlow@uni-muenster.de

© Springer Fachmedien Wiesbaden 2016   531
A. Hoppenbrock et al. (Hrsg.), *Lehren und Lernen von Mathematik in der Studieneingangsphase*, Konzepte und Studien zur Hochschuldidaktik und Lehrerbildung Mathematik, DOI 10.1007/978-3-658-10261-6_34

34.1   Einleitung

Im khdm-Projekt KLIMAGS (**K**ompetenzorientierte **L**ehr**I**nnovation im **MA**thematik-studium für die **G**rund**S**chule) werden die fachmathematischen Vorlesungen „Elemente der Arithmetik" und „Elemente der Geometrie" der ersten Studiensemester für angehende Grundschullehrkräfte an den Universitäten Kassel und Paderborn beforscht. Zentrales Projektziel ist zu erforschen, welches fachbezogene Wissen diese Studienanfänger von der Schule mitbringen, wie sich dieses Wissen für die beiden genannten Vorlesungen im Verlauf der ersten Studiensemester entwickelt und wie sich der fachbezogene Kompetenzerwerb der Studierenden effizient unterstützen lässt. Zur Unterstützung dieses Kompetenzerwerbs werden im Projektverlauf verschiedene Innovationen in den Vorlesungen implementiert und auf ihre Wirkung hin untersucht.

Für die Realisierung dieses Ziels wurde unter anderem ein eigener mathematischer Leistungstest konzipiert. Zu gewissen Messzeitpunkten werden neben den mathematischen Leistungswerten mit Hilfe etablierter Instrumente allgemeine psychologische und pädagogische Merkmale erhoben, die Hinweise auf Einstellungen und Haltungen der Studierenden zur Mathematik (beispielsweise zum mathematischen Weltbild, zum Interesse am Fach Mathematik, zum mathematischen Selbstkonzept) und zu ihrem Studium (beispielsweise Motive zur Studien- und Berufswahl, Lernfreude, Wohlbefinden an der Universität) sowie auf genutzte Lernstrategien liefern sollen. Durch den Forschungsbetrieb an zwei Standorten in je zwei Kohorten werden sowohl Vergleiche zwischen den Kohorten an einem Standort als auch standortübergreifende Analysen ermöglicht. Natürlich sollen keine „konkurrierenden" Vergleiche zwischen den beiden Standorten gezogen werden, dennoch gibt es erwartungsgemäß strukturelle Unterschiede, die eine grundlegende Sensibilisierung für eine standortbezogene Betrachtung sinnvoll erscheinen lassen.

In diesem Beitrag möchten wir beleuchten, ob, beziehungsweise an welchen Stellen, Unterschiede zwischen den Studierenden der beiden Universitäten auftreten. Wir wollen diskutieren, erstens ob diese durch die strukturellen Standortunterschiede erklärbar (vielleicht sogar erwartbar) sind und zweitens inwiefern sie bei der Verfolgung der oben genannten Projektziele zu berücksichtigen sind. Die Basis hierfür bilden in diesem Beitrag längsschnittliche Daten (Vor- und Nachtest) von 69 Kasseler und 53 Paderborner Studierenden, die jeweils im Rahmen der „Elemente der Arithmetik" erhoben worden sind.

34.2   Forschungsdesign

Die Studie ist in einem quasi-experimentellen Mehr-Kohortendesign mit vier Kohorten angelegt, von denen zwei in Kassel und zwei in Paderborn untersucht worden sind. Die jeweils erste Kohorte eines Standortes hat dabei als Kontrollgruppe gedient, die Innovationen sind zwei Semester später in einem „neuen" Jahrgang in den Vorlesungsbetrieb implementiert worden.

Pro Kohorte waren in beiden Veranstaltungen „Elemente der Arithmetik" und „Elemente der Geometrie" zwei Messzeitpunkte (Vortest am ersten Vorlesungstermin, Nachtest am letzten Vorlesungstermin) vorgesehen. Zur Veranstaltung „Elemente der Arithmetik" haben wir zusätzlich am Ende des nachfolgenden Semesters einen Follow-Up-Test eingesetzt. In dem zeitlichen Abstand zur Fachveranstaltung – die vorlesungsfreie Zeit plus die Vorlesungszeit des Folgesemesters – sollten so Informationen über die Nachhaltigkeit der Veranstaltung bzw. der darin implementierten Innovationen gewonnen werden.

Zu allen Messzeitpunkten (mit einer Ausnahme, siehe Abschnitt „Erhebungsdesign") sind sowohl mathematische Leistungswerte als auch allgemeine psychologische und pädagogische Merkmale erhoben worden.

34.2.1 Standortbedingte Besonderheiten

Standortübergreifende Forschung ist zwangsläufig von strukturellen Unterschieden geprägt. Daraus ergeben sich für das Projekt KLIMAGS zugleich Chancen und Herausforderungen. Die standortbedingten Besonderheiten und damit strukturelle Merkmale des Lehrens und Lernens können bei der Auswertung der erhobenen Daten als mögliche Ursache für abweichende Ergebnisse gleicher Variablen zwischen den Standorten berücksichtigt werden. Die Hauptunterschiede zwischen den beiden Projektstandorten aus Sicht der Autoren werden im Folgenden dargestellt:

- Fachinhaltlich wurden die jeweiligen Veranstaltungen an beiden Standorten weitgehend einander angepasst. Sowohl in Paderborn als auch in Kassel war jeweils nur ein Dozent für die beiden Veranstaltungen Arithmetik und Geometrie verantwortlich. Natürlich hat es zwischen den Standorten trotz aller Anpassungsbemühungen unterschiedliche inhaltliche Schwerpunkte gegeben, und jeder Dozent hat unweigerlich durch seine Person, durch den ihm eigenen Lehrstil, die Atmosphäre in der Vorlesung und den Umgang mit den Studierenden substantiellen Einfluss auf die Veranstaltung genommen. Hinzu kommt, dass den Studierenden in Paderborn bereits zu Beginn beider Veranstaltungen ein vollständiges Skript in Form eines Readers zur Verfügung gestanden hat. In Kassel wurden die Inhalte beider Veranstaltungen im Rahmen der Vorlesung und hauptsächlich in „klassischer Tafelarbeit" präsentiert. Die Studierenden mussten sich ein Skript durch eigene Mitschrift selbst erstellen, zum Teil haben ihnen PowerPoint-Präsentationen zu den Inhalten zur Verfügung gestanden. Beide Veranstaltungen wurden mit einer Klausur zum Semesterende abgeschlossen.
Eine Besonderheit der Geometrie-Veranstaltung in Paderborn war die Nutzung einer Software für dynamische Geometrie (DGS), die in der Vorlesung sowie für Hausaufgaben und den Übungsbetrieb genutzt worden ist. Durch den Einsatz dieser Software sind viele Begründungen auf einer Anschauungsebene geführt worden und sind zwar vollständig durchargumentiert, aber nicht immer ausführlich formal fixiert worden.

- Auch bezüglich der Bearbeitung der häuslichen Übungsaufgaben gab es strukturelle Unterschiede zwischen den Standorten. An beiden Standorten erhielten die Studierenden ein schriftliches Feedback mit inhaltlichen Kommentaren. In Paderborn erfolgte die Abgabe auf freiwilliger Basis und in Kleingruppen zu zwei oder drei Studierenden. Eine Einzelabgabe wurde ausgeschlossen. In Kassel wurden Übungsaufgaben zwecks Klausurzulassung bepunktet und die Einzelabgabe war verpflichtend.
- Einen erheblichen Einfluss auf die Durchführung der Studie hatten die unterschiedlichen Curricula an den Standorten Kassel und Paderborn. In Kassel begannen die Studierenden ihr Studium im ersten Semester mit der Arithmetik-Fachveranstaltung und setzten es im zweiten Semester mit der zugehörigen Arithmetik-Didaktik fort. Im zweiten und dritten Semester lagen die Geometrie-Fachveranstaltung und die Geometrie-Didaktik. In Paderborn studierten die Lehramtsstudenten in den ersten beiden Semestern die Geometrie (erst Fach, dann Didaktik) und in den Semestern zwei und drei die Arithmetik (ebenfalls erst Fach, dann Didaktik); siehe hierzu auch Abb. 34.1. Die Studierenden konnten unabhängig von ihrem Klausurergebnis in der Geometrie im ersten Semester in ihrem zweiten Semester die je andere Veranstaltung besuchen. Es fand keine „Vorauswahl" durch die Erstsemesterklausur statt. Bei standortübergreifenden Vergleichen einer Veranstaltung muss berücksichtigt werden, dass die Studierenden sich in einem anderen Abschnitt ihres Studiums befunden haben. Sowohl für die Arithmetik als auch für die Geometrie analysiert man an einem Standort Erstsemester und am anderen Zweitsemester.

Diese Aspekte bergen Potential für gewisse Verschiedenheiten in Entwicklungsverläufen, Zusammenhängen oder Einflüssen im studentischen Lernen, welche im Abschnitt „Ergebnisse und Diskussion" beleuchtet werden. Die unterschiedlichen Curricula nahmen darüber hinaus direkt Einfluss auf die Organisation von Erhebungsabläufen. Daher wird im Folgenden dezidiert dargelegt, welche Erhebungen an welchem Standort zu welchen Zeitpunkten realisiert wurden.

34.2.2 Erhebungsdesign

Zunächst muss einschränkend festgehalten werden, dass zum Projektstart primär die Arithmetik-Leistungstests entwickelt worden sind. Daher besuchte die erste Kohorte in Paderborn bei Fertigstellung der Geometrie-Items bereits die entsprechende Fachvorlesung und konnte nicht mehr für die Untersuchung berücksichtigt werden. Zum Erhebungsstart in Kassel standen die Geometrie-Items zur Verfügung, sodass sie, bedingt durch den anderen Curriculums Verlauf, hier bereits in der ersten Kohorte erhoben werden konnten.

Daraus ergibt sich eine erste Einschränkung für die Beantwortung der Fragen für die Geometrie. Da in Paderborn nur eine Kohorte die Geometrie-Tests bearbeitet hat, können für diese Veranstaltung nur in Kassel Kohorten-Vergleiche und empirische Innovations-

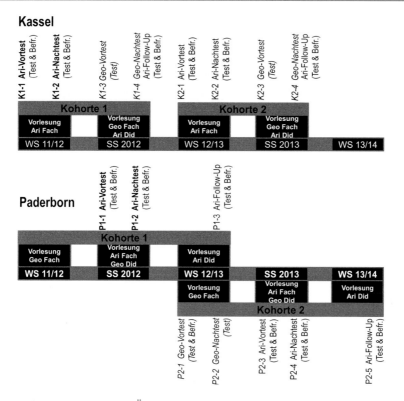

Abb. 34.1 Die Messzeitpunkte im Überblick

Evaluierungen durchgeführt werden. Die Paderborner Daten liefern aber auf der Ebene von querschnittlichen Zusammenhangsanalysen und für qualitative Einblicke in studentische Aufgabenbearbeitungen eine wertvolle Ergänzung zu den Kasseler Daten.

Abbildung 34.1 zeigt die Erhebungszeitpläne für die beiden Standorte. Bedingt durch den Studienverlauf erstreckte sich der Erhebungszeitraum in Paderborn pro Kohorte über drei Semester, wohingegen in Kassel alle drei Messzeitpunkte über zwei Semester verteilt waren. Hierdurch gab es in Paderborn effektiv fünf Erhebungstermine (drei in Arithmetik, zwei in Geometrie), denen vier Termine in Kassel gegenüber standen, wo der Geometrie-Nachtest zusammen mit dem Arithmetik-Follow-Up durchgeführt wurde.

Um die Studierenden nicht über die Maßen zu beanspruchen und weil zwischen Geometrie-Nachtest und Arithmetik-Vortest „nur" die vorlesungsfreie Zeit liegt, wurden in Paderborn beim Geometrie-Nachtest keine allgemeinen psychologischen und pädagogischen Merkmale erhoben. Veränderungen dieser Merkmale über das erste Studiensemester können aus den beiden Vortests der Geometrie- und der Arithmetik-Vorlesung gewonnen werden. Analog dazu wurde in Kassel zum Messzeitpunkt Geometrie-Vortest nur der Leistungstest ohne Fragebogen erhoben.

Durch die vielen Erhebungstermine über lange Zeiträume haben wir (trotz der dank Modularisierung vereinheitlichten Studienverläufe der Teilnehmer innerhalb eines Standorts) eine recht hohe Stichprobenmortalität. Von 140 Teilnehmern des Kasseler Vortests haben nur 69 auch am entsprechenden Nachtest teilgenommen, in Paderborn waren es 53 von 109 Vortest-Teilnehmern. Diese insgesamt 122 Teilnehmer unterscheiden sich (nach t-Tests gegen den Gesamtgruppen-Mittelwert des Vortests als festen Wert) für die untersuchten Konstrukte nicht von der Gesamt-Stichprobe und können somit als repräsentativ angesehen werden. Die folgenden Auswertungen basieren auf den Daten dieser 122 Studierenden.

34.3 Erhebungsinstrumente

Zu den Messzeitpunkten wurden, wie oben beschrieben, sowohl ein mathematischer Leistungstest als auch (mit der bereits beschriebenen Ausnahme) ein Fragebogen mit allgemeinen psychologischen und pädagogischen Merkmalen erhoben. In diesem Kapitel werden die Entwicklung und der Aufbau dieser beiden Komponenten näher beschrieben.

34.3.1 Messung mathematischer Leistung

Für das Projekt KLIMAGS wurde ein Kompetenzraster als strukturierendes Werkzeug entwickelt, das auch als Grundlage für die Itementwicklung und die Auswahl pilotierter Items diente. In diesem Kompetenzraster werden analog zu den Bildungsstandards für die verschiedenen Schulformen (Kultusministerkonferenz 2004, 2005a, 2005b, 2012) drei Dimensionen unterschieden. Eine erste Dimension enthält die aus den Bildungsstandards bekannten „allgemeinen mathematischen Kompetenzen" (Prozesskompetenzen) *„Mathematisch argumentieren"*, *„Probleme mathematisch lösen"*, *„Mathematisch Modellieren"*, *„Mathematische Darstellungen verwenden"*, *„Mit Mathematik symbolisch/formal/technisch umgehen"* und *„Mathematisch kommunizieren"* (konkretisiert bei Blum et al. 2006).

Für eine zweite Dimension wurden die Inhalte der Vorlesungen analysiert und für die Arithmetik-Veranstaltung in die Inhaltsbereiche *Positionssysteme, Operationen, Primzahlen, Relationen, Teilermengen, Teilerrelation* und *Zahlbereiche* unterteilt. Die Items für die Geometrie-Veranstaltung unterteilen sich in die Inhaltsbereiche *Symmetrie, Abbildungen/Kongruenz/Ähnlichkeit, Polygone, Platonische Körper, Parkette/Bandornamente*.

Die dritte Dimension beschreibt das Anforderungsniveau, das in drei Bereiche unterteilt ist, die uns als eine für (Lehramts-)Studierende der Mathematik angemessene Unterteilung erscheinen.

Ziel der Testentwicklung war, mit den Items die Bereiche des KLIMAGS-Kompetenzrasters möglichst breit abzudecken. Hierzu wurden für die Arithmetik 110 Items und für die Geometrie 40 Items einer Pilotstudie unterzogen. Die Itemideen wurden zum Teil aus

Geben Sie die größte 3-stellige Zahl des 12er-Systems an und rechnen Sie diese ins Dezimalsystem um.

Die größte 3-stellige Zahl des 12er-Systems ist _____(12).

Ihr Wert im Dezimalsystem beträgt: _____
(Es genügt hier ein Rechenterm, Sie brauchen das Ergebnis nicht als Zahl anzugeben).

Abb. 34.2 Beispielitem aus dem Arithmetik-Test

Bestimmen Sie die Innenwinkelsumme des folgenden regelmäßigen 7-Ecks durch geeignete Zerlegung in Dreiecke. Zeichnen Sie „Ihre" Zerlegung in die Darstellung ein und geben Sie (stichpunktartig) Ihre Überlegungen zum Lösungsweg an.

Die Innenwinkelsumme beträgt _____.

Lösungsweg:

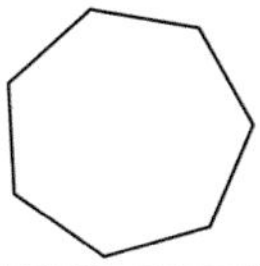

Abb. 34.3 Beispielitem aus dem Geometrie-Test (7-Eck verkleinert dargestellt)

den Leistungstest anderer Projekte (Learning Mathematics for Teaching (LMT); Arbor 2008; TEDS-M; Blömeke et al. 2010a, 2010b) adaptiert, aus Schulbüchern übernommen und zum Teil speziell für KLIMAGS neu entwickelt. Aus den pilotierten Items wurden schließlich 52 Arithmetik-Items und 24 Geometrie-Items für die Studie ausgewählt (s.a. Abb. 34.2 und 34.3).

Beide Leistungstests haben sich als geeignete Messinstrumente erwiesen. Im Arithmetik-Leistungstest beträgt die Test-Reliabilität (EAP/PV) 0,80 und im Geometrie-Leistungstest 0,71. Die inhaltliche Validität der Tests wurde durch mehrere Experten mit langjähriger Lehr- und Forschungserfahrungen aus dem Bereich „Didaktik der Mathematik" geprüft.

Eine ausführlichere Darstellung des Leistungstests findet sich bei Kolter et al. (eingereicht).

34.3.2 Befragungen: Allgemeine psychologische und pädagogische Merkmale

Zu den verschiedenen Messzeitpunkten wurden mittels Fragebögen neben individuellen Angaben zur Person (Geschlecht, Alter, Herkunft, ...) unterschiedliche allgemeine psychologische und pädagogische Merkmale erhoben. Diese Merkmale wurden über sechsstufige Likert-Skalen (*1 = stimmt gar nicht* bis *6 = stimmt genau*) erfasst. Die verwendeten Skalen wurden mehrheitlich in anderen Studien – zum Beispiel Lernstrategien im

Studium ‚LIST' (Wild und Schiefele 1994), Potsdamer-Motivations-Inventar (Rheinberg und Wendland 2000), Modellversuch Selbstwirksame Schulen (Schwarzer und Jerusalem 1999), PISA (Ramm et al. 2006), COACTIV (Baumert et al. 2009) – konzipiert und evaluiert. Ihre Zusammenstellung ist an den Fragebogen-Katalog des Projektes LIMA (http://www.lima-pb-ks.de) angelehnt.

Merkmale wie Motive zur Studien- und Berufswahl wurden einmalig zum ersten Messzeitpunkt erhoben. Sie sollen Aufschluss geben, aus welchen Beweggründen die Studierenden sich für diesen Studiengang entschieden haben und gegebenenfalls Hinweise auf Zusammenhänge dieser Motive mit dem Studienerfolg liefern.

Merkmale, deren Verlauf über den Erhebungszeitraum dokumentiert werden soll, wie das mathematische Weltbild, das mathematische Selbstkonzept, die Selbstwirksamkeitserwartung, das Fachinteresse oder die Ängstlichkeit bezogen auf das Mathematikstudium sowie die Anwendung verschiedener Lernstrategien, wurden zu allen Befragungs-Messzeitpunkten erhoben. Von ihnen erwarten wir uns Einblicke in das studentische Lernen und bezüglich der Einstellung und Haltung gegenüber Mathematik bzw. dem Mathematikstudium. Sowohl Entwicklungen der verschiedenen Konstrukte als auch ihre Zusammenhänge untereinander sowie mit der Leistung sind von Interesse und werden im Projekt beleuchtet. Natürlich konnten die Studierenden zu Beginn ihres Studiums, insbesondere in Bezug auf die Lernstrategien, nur Erwartungen bzw. „Vorsätze" formulieren, da sie „Lernen an der Hochschule" noch nicht kannten. Wir gehen davon aus, dass die zum ersten Messzeitpunkt angegebenen Werte persönliche Tendenzen ausdrücken, die sich im Verlauf der Schulzeit manifestiert haben und auf das Lernen an der Hochschule, zumindest anfänglich, nachwirken. Veränderungen in diesen Merkmalen zeugen also mindestens von einem Abweichen der ursprünglich tendierten Verhaltensweisen, wahrscheinlich auch von einer Veränderung des anfänglich praktizierten Lernens.

Zum Nachtest wurden zusätzlich Daten erhoben, die Auskunft über das Studierverhalten während des Semesters geben sollen. Diese Angaben erfolgten selbstberichtet und retrospektiv, sind also mit einer gewissen Unschärfe behaftet, die es zu berücksichtigen gilt. In Paderborn wurde beispielsweise erfasst, wie oft die Studierenden die häuslichen Übungsaufgaben der entsprechenden Veranstaltung bearbeitet und abgegeben haben. Mithilfe dieser Angaben soll überprüft werden, ob sich ein Zusammenhang zwischen der Anzahl der bearbeiteten und abgegebenen Hausaufgaben (insgesamt 52) und dem Studienerfolg feststellen lässt. Die Anzahl wurde über fünf vorgegebene nicht-äquidistante Bereiche (1 = „Keine", 2 = „1 bis 30", 3 = „31 bis 40", 4 = „41 bis 50" und 5 = „51 bis 52") erfasst. Da in Kassel aufgrund der zur Klausurzulassung benötigten Hausaufgabenpunkte eine hohe extrinsische Motivation zur Abgabe der häuslichen Übungsaufgaben bestand, wurde diese Variable nur in Paderborn erhoben.

Eine ausführliche Diskussion aller erhobenen Konstrukte würde den Rahmen des vorliegenden Beitrags bei Weitem sprengen. Daher konzentrieren wir uns hier auf eine Auswahl. Wir beschränken uns im Weiteren auf die Leistung als das Hauptanliegen des Projekts sowie auf drei Konstrukte der KLIMAGS-Erhebungen, mit denen wir die spezielle Situation der standortübergreifenden Forschung exemplarisch ausleuchten wollen. Diese werden im Folgenden zunächst kurz theoretisch beschrieben, bevor im nächsten Abschnitt die empirischen Ergebnisse vorgestellt und diskutiert werden.

34.3.3 Mathematische Weltbilder und Lernstrategien

Jeder Studierende hat in seiner Schulzeit und auch im alltäglichen Leben Erfahrungen in Bezug auf Mathematik gesammelt und ein eigenes Bild von Mathematik entwickelt, im Englischen oft mit *mathematical belief* bezeichnet. Wir benutzen hier den von Törner und Grigutsch (1994) vorgeschlagenen Begriff *mathematisches Weltbild*. Im Lehramtsstudium wird dieses durch konkrete Sichtweisen auf und Einstellungen bezüglich Mathematik als Berufsfeld ergänzt und verändert sich gegebenenfalls im Laufe der Zeit. Beutelspacher et al. (2011, S. 151) beispielsweise schreiben, dass „das Erleben der Mathematik als diskursive Wissenschaft (...) dazu beitragen [kann], die häufig aus der eigenen Schulzeit mitgebrachten Vorstellungen dessen, was Mathematik ausmacht, in ein tragfähiges, der wissenschaftlichen Praxis angenähertes mathematisches Weltbild zu überführen." Im KLIMAGS-Fragebogen wird das mathematische Weltbild anhand der von Törner und Grigutsch (1994) bzw. von Grigutsch et al. (1998) vorgestellten Konzeptionalisierung erhoben (Anwendungs-, Prozess-, System- und Toolboxaspekt, in der von COACTIV (Baumert et al. 2009) verwendeten Form). Der hier näher betrachtete Anwendungsaspekt beschreibt eine Sichtweise auf Mathematik als eine für den Alltag relevante Wissenschaft, die (unter anderen von den zu unterrichtenden Schülern) benötigt wird, um reale Aufgaben und Probleme zu bewältigen. Dies zeigt sich beispielsweise im Item „*Viele Teile der Mathematik haben einen praktischen Nutzen oder einen direkten Anwendungsbezug*".

Lernstrategien (erhoben in Anlehnung an den LIST-Fragebogen, Wild und Schiefele 1994; sowie PISA, Ramm et al. 2006) beschreiben verschiedene Vorgehensweisen beim Erlernen von Inhalten. Sie werden auf einer ersten Stufe in kognitive (Vorgehen beim Lernen), meta-kognitive (Steuerung und Regulierung des Vorgehens beim Lernen) und ressourcenbezogene (Aktivierung oder Nutzung interner und externer Ressourcen) Strategien gegliedert (Weinstein und Mayer 1986; Wild und Schiefele 1994). Bei der Messung sollte stets beachtet werden, dass Fragebögen mit Selbstberichten, die sicherlich ein effizientes Instrument darstellen und in vielen Studien eingesetzt werden, immer nur Einblicke in das von den Studierenden selbst wahrgenommene Lernverhalten bieten und dass diese gegebenenfalls von tatsächlichem Strategieeinsatz und dessen Erfolg abweichen können (zur Erhebungsproblematik s. Artelt 1999; oder speziell für Mathematik Schukajlow und Leiss 2011). Verschiedene Studien belegen einen positiven Einfluss bestimmter Lernstrategien auf die Studienleistung von Lehramtsstudierenden im Fach Mathematik (Eilerts 2009; Rach und Heinze 2013).

Als Beispiele aus diesem Bereich stellen wir die Lernstrategien „Organisieren" und „Zusammenhänge herstellen" vor. Die Lernstrategie „Organisieren" beinhaltet nach Wild und Schiefele (1994, S. 188) „Tätigkeiten, die dazu dienen, den zu bewältigenden Stoff in geeigneter Weise zu organisieren". Hierzu zählen das Anfertigen von Zusammenfassungen, Gliederungen und Mindmaps sowie das Erstellen von Karteikarten. Ein Beispiel dieser Skala ist das Item: *„Ich mache mir kurze Zusammenfassungen der wichtigsten Inhalte als Gedankenstützen"*. Die Lernstrategie „Zusammenhänge herstellen" erfasst „Tätigkeiten, die dazu geeignet sind, den neuen Stoff in bereits vorhandenes aktiv Wissen zu integrieren, d. h. das Material kognitiv zu elaborieren" (Wild und Schiefele 1994, S. 190). Hierzu zählt auch das Konstruieren von Beispielen, wie es im Item *„Ich denke mir konkrete Beispiele zu bestimmten Lerninhalten aus"* abgefragt wird.

Im nächsten Abschnitt möchten wir exemplarisch folgende Fragen beantworten:

1. Gibt es Unterschiede im Anwendungsaspekt des mathematischen Weltbildes sowie in den Lernstrategien „Organisieren" und „Zusammenhänge herstellen" zwischen Vor- und Nachtest am jeweiligen Standort und in der Gesamtgruppe?
2. Wie unterscheiden sich die Leistungen in Vor- und Nachtest am jeweiligen Standort und in der Gesamtgruppe?
3. Gibt es einen Einfluss der Standortzugehörigkeit auf die Komponente „Anwendungsaspekt" des mathematischen Weltbildes sowie auf die Lernstrategien „Organisieren" und „Zusammenhänge herstellen"?

34.4   Ergebnisse und Diskussion

Den folgenden Analysen liegt ein echter Längsschnitt aus Vor- und Nachtest mit Daten von 69 Kasseler und 53 Paderborner Studierenden zugrunde. Die Stichprobe setzt sich aus Studierenden der je ersten Kohorte zusammen. Zusätzlich beschränken wir uns auf die Erhebungen zur Veranstaltung „Elemente der Arithmetik". Die Daten stammen aus den in Abb. 34.1 fett dargestellten Messzeitpunkten K1-1, K1-2, P1-1 und P1-2. Die Kasseler Studierenden befanden sich zu diesen Zeitpunkten in ihrem ersten bzw. zweiten (Fach-) Studiensemester, die Paderborner in ihrem zweiten bzw. dritten Semester.

34.4.1   Ausgewählte Weltbilder und Lernstrategien

Anhand der oben beschriebenen drei Merkmale werden im Folgenden beispielhaft die strukturellen Gegebenheiten und ihre direkte Bedeutung für die beforschten Lehrveranstaltungen sowie für Interpretationsansätze aufgezeigt. Tabelle 34.1 fasst zunächst standortübergreifend und -getrennt die Ergebnisse (Mittelwerte M und Standardabweichungen SD) der Vor- und Nachtesterhebung der „Elemente der Arithmetik" zusammen. Anschließend präsentieren wir die Ergebnisse von t-Tests zur Einschätzung der Unterschiede zwischen den Messzeitpunkten (t-Test bei gepaarten Stichproben) sowie Varianzanalysen mit Messwiederholung (ANOVA), um die Aufklärungsleistung der Standortzugehörigkeit bezüglich der Varianz der Entwicklungen in den verschiedenen Konstrukten zu bestimmen.

Tab. 34.1 Mittelwerte, Standardabweichungen und Reliabilitäten zu den ausgewählten Merkmalen

Skala	Cronbachs α		Beide Standorte ($N = 122*$)		Kassel ($N = 69*$)		Paderborn ($N = 53$)	
			M	SD	M	SD	M	SD
Anwendungsaspekt	> 0,72	VT	4,25	0,87	4,45	0,77	4,00	0,93
		NT	3,89	0,93	3,85	0,87	3,94	1,00
LS Organisieren	> 0,62	VT	4,53	0,89	4,32	0,91	4,81	0,78
		NT	4,28	1,04	4,13	1,08	4,48	0,96
LS Zusammenhänge herstellen	> 0,52**	VT	4,08	0,86	4,13	0,86	4,02	0,87
		NT	3,87	1,04	3,67	1,05	4,12	0,97

*Anwendungsaspekt: Vortest Beide Standorte $N = 121$, Kassel $N = 68$ **Zu der nur schwachen Skalenreliabilität äußern wir uns in Abschnitt *Standortzugehörigkeit und Skala „Lernstrategie Zusammenhänge herstellen"*

Tabelle 34.2 zeigt die Ergebnisse von t-Tests (mit Signifikanzen p, Freiheitsgraden df und Effektstärken Cohens d), in denen die Unterschiede zwischen Vor- und Nachtestwerten sowohl standortübergreifend als auch -getrennt auf Signifikanz geprüft wurden, um erste Hinweise auf Entwicklungen zu erhalten.

Wir sehen, dass die Veränderungen in allen drei Konstrukten in der standortübergreifenden Auswertung (hoch-)signifikant sind und kleinere bis mittlere Effektstärken ausmachen. In der standortgetrennten Analyse ergibt sich ein differenzierteres Bild, die Veränderungen im Anwendungsaspekt sowie bei der Lernstrategie „Zusammenhänge herstellen" werden nur in Kassel und dort mit mittleren bis hohen Effektstärken signifikant. Eine Veränderung der Mittelwerte der Lernstrategie „Organisieren" kann nur in Paderborn empirisch belegt werden. Bei diesem Ergebnis sollte allerdings beachtet werden, dass die Anzahl der Probanden einen Einfluss auf das Signifikanzniveau, nicht aber auf die Effektstärke hat. Aufgrund der größeren Anzahl der Probanden können kleine Effekte in der standortübergreifenden Auswertung statistisch signifikant werden.

Tab. 34.2 Ergebnisse von t-Tests

Skala	Beide Standorte				Kassel				Paderborn			
	p	T	df	d	p	T	df	d	p	df	T	d
Anwendungsaspekt	0,000	4,75	120	0,40	0,000	7,11	67	0,73	0,637	0,47	52	0,06
LS Organisieren	0,003	3,01	121	0,26	0,104	1,65	68	0,19	0,009	2,72	52	0,39
LS Zusammenhänge herstellen	0,014	2,50	121	0,23	0,000	4,50	68	0,48	0,468	−0,73	52	0,11

34.4.2 Leistungen

Ein zentrales Projekt-Interesse liegt auf den Ergebnissen des mathematischen Leistungs-tests. An beiden Standorten zeigen die Studierenden signifikante Steigerungen im Leis-tungstest. Der Leistungszuwachs ist an beiden Standorten vergleichbar, jedoch starten die Studierenden der Paderborner Kohorte bereits von einem etwas höheren Leistungsniveau (*t*-Test für unabhängige Stichproben wird schwach signifikant: $T(121) = 1,837, p = 0,069$). Das höhere Anfangslevel der Paderborner Studierenden erklärt sich möglicherweise da-durch, dass sie als Zweitsemester durch die Erfahrungen aus dem Studium der Geometrie in ihrem ersten Semester schon stärker mit mathematischen Denk- und Schreibweisen vertraut sind, die ihnen auch im neuen Inhaltsgebiet helfen (vgl. Abb. 34.4).

Anhand der Paderborner Daten bestätigt sich zudem die Vermutung, dass eine hohe Korrelation zwischen der Anzahl der bearbeiteten und abgegebenen häuslichen Übungs-aufgaben und der Leistung im Nachtest besteht ($r = 0,438, p = 0,001$). Die Abgabehäu-figkeit wurde im Mittel mit 4,09 angegeben ($N = 53, SD = 1,27$), was einer Bearbeitung und Abgabe von 41 bis 50 der insgesamt 52 häuslichen Übungsaufgaben entspricht. Da sich zur Vortest-Leistung keine Korrelation mit der Abgabehäufigkeit feststellen lässt ($r = 0,093, p = 0,507$), sind es nicht von vornherein die „besseren" Studierenden, die die Übungsaufgaben auch abgeben, sondern eine häufige Bearbeitung der Übungsaufgaben scheint – und wegen der zeitlichen Abfolge vermuten wir hier einen kausalen Zusammen-hang – eine bessere mathematische Leistung am Ende des Semesters zu begünstigen.

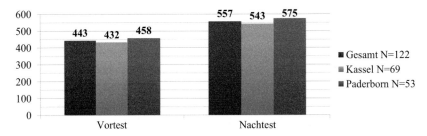

Abb. 34.4 Leistungsentwicklung Arithmetik

34.4.3 Standortzugehörigkeit und Skala „Anwendungsaspekt"

Bei Betrachtung der Mittelwerte zur Skala „Anwendungsaspekt" als Komponente des mathematischen Weltbildes zeigt sich ein deutliches Absinken am Standort Kassel. Im Nachtest wird annähernd der gleiche Wert wie in Paderborn erreicht, der dort über das Semester nahezu konstant geblieben ist. Eine Varianzanalyse mit Messwiederholung (ANOVA) bestätigt den Effekt der Standortzugehörigkeit auf die Entwicklung des Anwen-dungsaspekts (Faktor Zeit $F(1, 119) = 20,269, \eta^2 = 0,146, p < 0,001$; Faktor Zeit*Standort

$F(1, 119) = 13{,}597$, $\eta^2 = 0{,}103$, $p < 0{,}001$). Dies ist möglicherweise dadurch zu erklären, dass die Erstsemester in Kassel noch höhere Erwartungen in diesem Aspekt mitbrachten, während die Zweitsemester in Paderborn durch ihr Studium bereits etwas „ernüchtert" waren. Zudem könnte man vermuten, dass die – wenn auch auf die Geometrie bezogene – erste Didaktik-Veranstaltung, die die Paderborner in ihrem zweiten Semester gehört haben, die Anwendbarkeit der Fachinhalte herausgestellt hat. Dies hat zwar keinen Anstieg im Anwendungsaspekt bewirkt, könnte aber einem durch die formale Fachveranstaltung eventuell ausgelösten weiteren Absinken entgegengewirkt haben.

34.4.4   Standortzugehörigkeit und Skala „Lernstrategie Organisieren"

Bei der Betrachtung der Mittelwerte stellen wir fest, dass der Rückgang bei der „Lernstrategie Organisieren" von Vor- zu Nachtest fast ausschließlich durch die Gruppe der Paderborner Studierenden entsteht. Auch in t-Tests wird der Unterschied in der Gesamtgruppe und für den Standort Paderborn signifikant, während der Rückgang bei den Kasseler Studierenden nicht mehr signifikant ist. Der Standortunterschied wird in einer Varianzanalyse nicht signifikant (Faktor Zeit $F(1, 120) = 9{,}548$, $\eta^2 = 0{,}074$, $p = 0{,}002$; Faktor Zeit*Standort $F(1, 120) = 0{,}748$, $\eta^2 = 0{,}006$, $p = 0{,}389$), dennoch liefern standortgetrennte Mittelwerte und t-Tests Hinweise auf Entwicklungen, die sich gut mit den Studienbedingungen an den beiden Universitäten erklären lassen: In Paderborn stand den Studierenden ein ausgearbeitetes, ausführliches Skript vorab zur Verfügung, sodass sich eine Mitschrift auf das Notieren mündlicher Informationen des Dozenten oder auf das Markieren relevanter Textabschnitte beschränkt hat. In Kassel wurde kein Skript ausgegeben, die Studierenden mussten sich dieses durch eigene Mitschrift selbst anfertigen. Da größere Kapitel und Zusammenhänge hier nicht „auf einen Blick" deutlich wurden und zudem einige Vorlesungen per Tafelanschrieb und andere mit Hilfe von Power-Point-Präsentationen gestaltet waren, ergab sich ein höherer Bedarf an eigenen organisierenden Maßnahmen wie zusätzlichen Zusammenfassungen, Gliederungen oder Mindmaps.

34.4.5   Standortzugehörigkeit und Skala „Lernstrategie Zusammenhänge herstellen"

Zu Beginn dieses Abschnitts möchten wir auf die nur bedingt befriedigende Skalenreliabilität eingehen. Die Reliabilität ist (in der gemeinsamen sowie in der standortgetrennten Skalierung) nur beim Vortest sehr niedrig ($\alpha > 0{,}52$) und insbesondere das Item $lsz1$, in dem gezielt nach dem Erstellen eigener Beispiele gefragt wird, fällt aus der Skala heraus (Trennschärfe $r_{it} = 0{,}24$). Für die Nachtest-Erhebung liefert die Skala mit $\alpha > 0{,}70$ einer deutlich höheren inneren Konsistenz und alle Items zeigen hohe Trennschärfen ($r_{it} > 0{,}46$), weshalb wir uns gegen einen Ausschluss von Items entschieden haben. Für die Kasseler Studierenden halten wir vielmehr die „Unerfahrenheit" mit universitärem Lernen dafür ausschlaggebend, dass die Angaben im Vortest noch recht inkonsistent sind. In Paderborn haben die Studierenden im ersten Semester die Fachveranstaltung zur Geometrie studiert. In dieser wurde in Vorlesung, Übung und Hausaufgaben intensiv mit DGS gearbeitet. Wir vermuten, dass die Studierenden die vielen Beispiele, die sie mittels der Software produziert haben, gar nicht als selbsterzeugte, eigenständige Beispiele wahrgenommen haben, sondern nur als Manipulation der (einen) Ursprungsfigur, die durch die Aufgabe/den Dozenten vorgegeben wurde. In der Arithmetik-Veranstaltung wurde keine Software genutzt, so dass Beispiele hier auf „herkömmliche" Art konstruiert werden mussten und im Sinne des Items als solche erkannt wurden. Daraus resultiert, dass sich die Studierenden (im Sinne der Skala) „konsistenter verhalten haben" beziehungsweise, dass sie ihr Verhalten nun konsistenter berichtet haben.

Die Mittelwerte zur Skala Lernstrategie „Zusammenhänge herstellen" verhalten sich an beiden Standorten gegenläufig. Während in Paderborn ein leichter Zuwachs zu verzeichnen ist, fallen die Werte in Kassel signifikant ab. Wir möchten dazu die folgende Interpretation anbieten: In Paderborn fanden sich unter den häuslichen Übungsaufgaben auch „Forscher-" und Explorationsaufgaben, die das eigenständige Entdecken von Zusammenhängen anregen können. Solche Aufgaben lassen sich für eine Klausurzulassung kaum gerecht bepunkten, daher fanden sich unter den Kasseler Übungsaufgaben kaum welche dieses Typs. Zudem wurden in Paderborn im vom Dozenten zur Verfügung gestellten Skript bereits Zusammenhänge aufgezeigt, die die Kasseler Studierenden selbst anhand ihrer Mitschriften herstellen mussten. Die Standortunterschiede lassen sich auch empirisch belegen. Während die reine Entwicklung über die Zeit nur knapp 4 % der Varianz im Nachtest erklären kann (Faktor Zeit $F(1, 120) = 4{,}570$, $\eta^2 = 0{,}037$, $p = 0{,}035$), liefert die kombinierte Betrachtung von Zeit und Standort hochsignifikante 8,5 % Varianzaufklärung (Faktor Zeit*Standort $F(1, 120) = 11{,}147$, $\eta^2 = 0{,}085$, $p = 0{,}001$).

34.5 Zusammenfassung und Ausblick

Die standortübergreifende Analyse bietet, bedingt durch strukturelle Unterschiede zwischen den Standorten, die Möglichkeit, Lehrangebote unter unterschiedlichen Voraussetzungen, wie z. B. curriculare Abläufe oder bepunktete Hausaufgaben, zu implementieren und Lerngelegenheiten in den verschiedenen Bedingungen, zum Beispiel mit und ohne Ausgabe eines Skriptes, zu evaluieren. Diese Möglichkeiten bringen Herausforderungen bezüglich der Interpretation der Befunde mit sich. Anhand der im Beitrag aufgezeigten Beispiele wird ersichtlich, dass sich einige der erhobenen Werte in beiden Standorten unterschiedlich stark oder sogar gegenläufig verändern. In diesen Fällen ist bei Betrachtung über beide Standorte besondere Vorsicht geboten, da in der Gesamtschau ein Verwischen der Ergebnisse oder Abschwächungen von Effekten möglich sind.

Beim „Anwendungsaspekt" des mathematischen Weltbildes berichten die Kasseler Erstsemester einen rapiden Abfall, während bei den Paderborner Zweitsemestern keine Veränderung feststellbar ist. Wir vermuten hier starke Einflüsse der Übergangsphase von der Schul- zur Hochschulmathematik sowie der ab dem zweiten Semester einsetzenden Didaktik-Veranstaltungen. Diese Annahmen sollen anhand weiterer Daten (Paderborner Erstsemester vs. Kasseler Zweitsemester) in einer zweiten Studierendenkohorte geprüft werden. Bei den Lernstrategien „Organisieren" und „Zusammenhänge herstellen" zeigen sich ebenfalls unterschiedliche Verläufe an den beiden Standorten, die wir auf den Einsatz eines Skripts in Paderborn zurückführen. Außerdem halten wir die Art der Übungsaufgaben für einen möglichen Einflussfaktor. Für eine empirische Absicherung müsste hier in einem schlankeren Vergleichsdesign unter stärker kontrollierten Bedingungen nachgefasst werden, um zu verifizieren, dass diese Standortunterschiede nicht bloß zufällig entstanden sind. Uns scheinen jedoch beide (Einsatz eines Skriptes und Art der Übungsaufgaben) – als maßgebliche Aspekte des jeweiligen Lernumfelds – sinnvolle Erklärungsansätze für die so verschiedenen Lernverhaltensweisen zu sein. Ebenfalls weiter zu untersuchen ist der Einfluss der Hausaufgabenabgabe auf die Leistung, der sich in Paderborn bei den freiwilligen Abgaben gezeigt hat. Eine feinere Unterteilung in Abgaben, Selbstbearbeitungen und abgeschriebene Hausaufgaben (in Analogie zu Rach und Heinze 2013) könnte das Bild auch für Pflichtabgaben ausschärfen.

Insgesamt stellen wir fest, dass sich die Studierenden aus Kassel und Paderborn in vielen Bereichen (Leistung, hier nicht diskutierte Lernstrategien, weitere Aspekte des mathematischen Weltbildes) nicht bezüglich ihrer Entwicklungen unterscheiden. Insbesondere Zusammenhänge zwischen den Merkmalen fallen in beiden Standorten ähnlich aus. Die Ergebnisse weisen darauf hin, dass durch eine mehrere Standorte einbeziehende Forschung eine breite empirische Basis für (übergreifende) Zusammenhangs- und Wirkungsanalysen geschaffen werden kann. Diese kann dann durch differenzierte Einblicke und Betrachtung der Konstrukte mit unterschiedlichen Entwicklungen beziehungsweise der strukturellen Standortunterschiede ergänzt werden.

Literatur

Arbor, A. (2008). *Learning Mathematics for Teaching. Mathematical Knowledge for Teaching (MKT) Measures. Mathematics released Items 2008.* Ann Arbor: University of Michigan. www.sitemaker.umich.edu/lmt/files/LMT_sample_items.pdf. Zugegriffen: 12. September 2013

Artelt, C. (1999). Lernstrategien und Lernerfolg – Eine handlungsnahe Studie. *Zeitschrift für Entwicklungspsychologie und Pädagogische Psychologie, 31*(2), 86–96.

Baumert, J., Blum, W., Brunner, M., Dubberke, T., Jordan, A., & Klusmann, U. et al. (2009). *Professionswissen von Lehrkräften, kognitiv aktivierender Mathematikunterricht und die Entwicklung von mathematischer Kompetenz (COACTIV): Dokumentation der Erhebungsinstrumente.* Materialien aus der Bildungsforschung, Bd. 83. Berlin: Max-Planck-Institut für Bildungsforschung.

Beutelspacher, A., Danckwerts, R., Nickel, G., Spies, S., & Wickel, G. (2011). *Mathematik Neu Denken. Impulse für die Gymnasiallehrerbildung an Universitäten.* Wiesbaden: Vieweg+Teubner.

Blömeke, S., Kaiser, G., & Lehmann, R. (2010a). *TEDS-M 2008: Professionelle Kompetenz und Lerngelegenheiten angehender Primarstufenlehrkräfte im internationalen Vergleich.* Münster: Waxmann.

Blömeke, S., Kaiser, G., & Lehmann, R. (2010b). *TEDS-M 2008: Professionelle Kompetenz und Lerngelegenheiten angehender Mathematiklehrkräfte für die Sekundarstufe I im internationalen Vergleich.* Münster: Waxmann.

Blum, W., Drüke-Noe, C., Hartung, R., & Köller, O. (2006). *Bildungsstandards Mathematik: konkret. Sekundarstufe I: Aufgabenbeispiele, Unterrichtsanregungen, Fortbildungsideen.* Berlin: Cornelsen Scriptor.

Eilerts, K. (2009). *Kompetenzorientierung in der Mathematik-Lehrerausbildung: Empirische Untersuchungen zu ihrer Implementierung.* Paderborner Beiträge zur Unterrichtsforschung und Lehrerbildung, Bd. 14. Berlin: LIT.

Grigutsch, S., Raatz, U., & Törner, G. (1998). Einstellungen gegenüber Mathematik bei Mathematiklehrern. *Journal für Mathematik-Didaktik, 19*(1), 3–45.

Kolter, J., Blum, W., Schukajlow, S., Haase, J., Bender, P., Biehler, R. & Hochmuth, R. (eingereicht). *Zur Messung, zum Erwerb und zur Förderung studentischen (Fach-)Wissens in der Vorlesung „Arithmetik für die Grundschule" im KLIMAGS-Projekt.* Eingereicht für den Tagungsband der Fachtagung Innovative Konzepte für die Grundschullehrerausbildung im Fach Mathematik (Erfurt 2013).

Kultusministerkonferenz (2004). *Bildungsstandards im Fach Mathematik für den Mittleren Schulabschluss (Beschluss vom 4.12.2003).* München: Luchterhand.

Kultusministerkonferenz (2005a). *Bildungsstandards im Fach Mathematik für den Hauptschulabschluss. Beschluss vom 15.10.2004.* München: Luchterhand.

Kultusministerkonferenz (2005b). *Bildungsstandards im Fach Mathematik für den Primarbereich. Beschluss vom 15.10.2004.* München: Luchterhand.

Kultusministerkonferenz (2012). Bildungsstandards im Fach Mathematik für die Allgemeine Hochschulreife (Beschluss der Kultusministerkonferenz vom 18.10.2012). http://www.kmk. org/fileadmin/veroeffentlichungen_beschluesse/2012/2012_10_18-Bildungsstandards-Mathe-Abi.pdf. Zugegriffen: 12. September 2013

Rach, S., & Heinze, A. (2013). Welche Studierenden sind im ersten Semester erfolgreich? Zur Rolle von Selbsterklärungen beim Mathematiklernen in der Studieneingangsphase. *Journal für Mathematik-Didaktik, 34*(1), 121–147.

Ramm, G., Prenzel, M., Baumert, J., Blum, W., Lehmann, R., & Leutner, D. et al. (Hrsg.). (2006). *PISA 2003: Dokumentation der Erhebungsinstrumente.* Münster: Waxmann.

Rheinberg, F., & Wendland, M. (2000). *Potsdamer-Motivations-Inventar für das Fach Mathematik (PMI-M).* Potsdam: Universität Potsdam: Institut für Psychologie.

Schukajlow, S., & Leiss, D. (2011). Selbstberichtete Strategienutzung und mathematische Modellierungskompetenz. *Journal für Mathematikdidaktik, 32*(1), 53–77.

Schwarzer, R., & Jerusalem, M. (1999). *Skalen zur Erfassung von Lehrer- und Schülermerkmalen. Dokumentation der psychometrischen Verfahren im Rahmen der Wissenschaftlichen Begleitung des Modellversuchs Selbstwirksame Schulen.* Berlin: Freie Universität Berlin.

Törner, G., & Grigutsch, S. (1994). „Mathematische Weltbilder" bei Studienanfängern – eine Erhebung. *Journal für Mathematik-Didaktik, 15*(3/4), 211–251.

Weinstein, C. E., & Mayer, R. E. (1986). The Teaching of Learning Strategies. In M. C. Wittrock (Hrsg.), *Handbook of Research on Teaching. A Project of the American Research Association* (3. Aufl. S. 315–327). London: Macmillan.

Wild, K.-P., & Schiefele, U. (1994). Lernstrategien im Studium: Ergebnisse zur Faktorenstruktur und Reliabilität eines neuen Fragebogens. *Zeitschrift für Differentielle und Diagnostische Psychologie, 15*(4), 185–200.

Überlegungen zur Konzeptualisierung mathematischer Kompetenzen im fortgeschrittenen Ingenieurwissenschaftsstudium am Beispiel der Signaltheorie

Reinhard Hochmuth und Stephan Schreiber

Zusammenfassung

Dieser Beitrag analysiert mathematische Praktiken in fortgeschrittenen Lehrveranstaltungen des Ingenieurwissenschaftsstudiums mit Hilfe von Konzepten der Anthropologischen Theorie der Didaktik. Dieser Zugang erlaubt unter anderem, mathematisches Wissen Lehr-Lern-kontextbezogen in verschiedenen institutionellen Zusammenhängen zu analysieren und leistet damit einen Beitrag zu seiner kompetenzbezogenen Konzeptualisierung. Insbesondere gelingt es damit, wie wir in unserem Beitrag demonstrieren, mathematische Praktiken in Fachveranstaltungen des Ingenieurwissenschaftsstudiums zu Praktiken in Lehrveranstaltungen zur Höheren Mathematik für Ingenieure in Beziehung zu setzen. Unsere damit zusammenhängenden theoretischen Überlegungen werden anhand exemplarischer Analysen von Texten aus Lehrbüchern zur Lehrveranstaltung „Signale und Systeme" illustriert.

35.1 Einleitung

Mathematik spielt bekanntermaßen eine zentrale Rolle im ingenieurwissenschaftlichen Studium. Alle Studierenden müssen im Grundstudium Grundlagenkurse zur Höheren Mathematik (HM) durchlaufen. In theorieorientierten Veranstaltungen des Ingenieursstudiums gehört die Mathematik zu den wesentlichen Werkzeugen, stellt aber auch eine der größten Hürden dar. Es besteht generell Konsens darüber, dass hohe Abbruchquoten im Ingenieurstudium nicht zuletzt auf Schwierigkeiten der Studierenden mit der Mathematik

Reinhard Hochmuth ✉ · Stephan Schreiber
Leibniz Universität Hannover, Institut für Didaktik der Mathematik und Physik, Hannover, Deutschland
Leuphana Universität Lüneburg, Lüneburg, Deutschland
e-mail: hochmuth@idmp.uni-hannover.de, schreiber@khdm.de

© Springer Fachmedien Wiesbaden 2016
A. Hoppenbrock et al. (Hrsg.), *Lehren und Lernen von Mathematik in der Studieneingangsphase*, Konzepte und Studien zur Hochschuldidaktik und Lehrerbildung Mathematik, DOI 10.1007/978-3-658-10261-6_35

zurückzuführen sind und folglich das Lehren und Lernen von Mathematik im Ingenieurs-
studium verbessert werden sollte. Das führt u. a. auf die Frage, welche mathematischen
Inhalte und Kompetenzen im Rahmen des Ingenieurstudiums gelehrt und erlernt werden
sollten.

Das vom Bundesministerium für Bildung und Forschung im Schwerpunktprogramm
KoKoHs geförderte Verbundprojekt KoM@ING[1] (www.kom-at-ing.de) hat sich zum Ziel
gesetzt, Beiträge zur Kompetenzmodellierung zu leisten, Studien zur Kompetenzentwicklung und deren relevanten Entwicklungsbedingungen durchzuführen und damit Grundlagen für eine Kompetenzdiagnostik zu schaffen, welche die Gestaltung und die Evaluation
von Lehrinnovationen in den Studiengängen Elektrotechnik und Maschinenbau fundieren
können. In diesem Rahmen wird die obige Frage weiter eingegrenzt:

> Welche Inhalte, Konzepte, heuristischen Strategien und Kompetenzen sind für ein erfolgrei-
> ches Durchlaufen theoretischer Grundlagenveranstaltungen, wie etwa „Technische Mecha-
> nik" oder „Grundlagen der Elektrotechnik" und fortgeschrittener Lehrveranstaltungen wie
> „Signale und Systeme" oder spezieller Laborpraktika relevant?

Antworten auf diese Frage sollen in diesem Projekt durch die Verschränkung eines quantitativ ausgerichteten, IRT-basierten und eines vornehmlich qualitativ prozessanalytischen
Zugangs erarbeitet werden. Entsprechend ist das Verbundprojekt in drei Teilprojekte gegliedert:

- Teilprojekt A (Universität Paderborn/Leibniz Universität Hannover): Kompetenzmodellierung, Kompetenzerfassung und Kompetenzentwicklung bezogen auf die Elektrotechnik,
- Teilprojekt B (Technische Universität Dortmund/Humboldt-Universität Berlin): Kompetenzmodellierung, Kompetenzerfassung und Kompetenzentwicklung im Bereich
  Maschinenbau und
- Teilprojekt C (Universität Stuttgart/IPN Christian-Albrechts-Universität zu Kiel): IRT-
  basierte Modellierungen zentraler Felder ingenieurwissenschaftlicher Studiengänge,
  insbesondere höhere Mathematik für Ingenieure, Technische Mechanik, Werkstoffkun-
  de und Konstruktionstechnik.

Der vorliegende Beitrag beschränkt sich auf Aspekte des qualitativen Zugangs der
Hannoveraner Teilgruppe des Teilprojekts A. Darin werden mathematische Praktiken in
Lehrveranstaltungen des Ingenieurwissenschaftsstudiums einer epistemologischen Ana-
lyse unterzogen.

Ausgangspunkt für unsere Betrachtungen ist die Überlegung, dass es zweier Blickwinkel auf die universitäre (mathematikbezogene) Ausbildung bedarf, um die oben gestellte
Frage zu beantworten: den *internen* der Beteiligten, der auf die Lehre und das Lernen

---

[1] Förderkennzeichen Teilprojekt A Hannover 01PK11021D.

spezieller mathematischer Praxen gerichtet ist und den eines *externen* Beobachters, der auf Bedingungen und Beschränkungen von mathematischen Praxen im Rahmen der Mathematikausbildung fokussiert, die in institutionellen oder nationalen Kontexten oder über die Zeit erheblich variieren können (vgl. Winsløw et al. 2014).

Die Mathematik in den ingenieurwissenschaftlichen Fachveranstaltungen ist nun insbesondere durch einen Doppelcharakter der auftretenden mathematischen Symbole geprägt, die einerseits ein mathematisches Objekt und andererseits eine physikalische Größe repräsentieren, was auf jeweils verschiedene (teilweise widersprüchliche) Verwendungsmöglichkeiten verweist. Studierende müssen die jeweiligen Bedeutungen, die in die mathematische Praxis der Anwender eingewoben sind, (an-)erkennen und sich aneignen. Diese sehr spezifischen Bedeutungen „mathematischer" Symbole werden nun in und durch Diskurse innerhalb der verschiedenen *institutionellen* Kontexte konstituiert und realisiert. So wird die mathematische Bedeutung in der HM angesprochen, die kontextspezifischen Bedeutungen meist in Ingenieurlehrveranstaltungen wie etwa zur Signal- und Systemtheorie (SST).

Eine Möglichkeit, Mathematik in verschiedenen institutionellen Kontexten unter Berücksichtigung der beiden o. g. Blickwinkel zu explizieren, zu analysieren und zu reflektieren, bietet die Anthropologische Theorie der Didaktik (ATD, s. übernächsten Abschnitt). Dieser Forschungsansatz ist international etabliert und wurde insbesondere im Zusammenhang mit dem tertiären Bildungsbereich in zahlreichen wissenschaftlichen Untersuchungen bereits erfolgreich angewendet (vgl. Winsløw et al. 2014 für aktuelle Beispiele). Der Ansatz der ATD erlaubt es unseres Erachtens insbesondere, bedeutende Aspekte der Mathematikverwendung in institutionellen Kontexten so zu konzeptualisieren, dass sie eine fachbezogene Integration oben genannter „interner" und „externer" Perspektiven ermöglichen und damit ein wichtiges Element subjektbezogener Kompetenzanalysen darstellen.

Der Fokus dieses Beitrages liegt auf Lehr-Lernprozess bezogenen Aspekten epistemologischer Beziehungen zwischen mathematischen Praxen in den beiden eben genannten Lehrveranstaltungen, insbesondere auf deren Beschreibung mittels Konstrukten der ATD und der Reflektion von Zusammenhängen bzw. Widersprüchen. Nach einer kurzen Einführung in für unsere Darstellung wichtige Konstrukte der ATD präsentieren wir exemplarisch Ergebnisse unserer Analysen anhand zweier Beispiele. Dabei analysieren wir Praktiken aus Lehrmaterialien zur SST und setzen diese in Beziehung zu Praktiken der HM. Den Beitrag beschließen wir mit einer Zusammenfassung zentraler Ergebnisse und einem Ausblick auf darauf aufbauende Forschung in der Teilgruppe des Teilprojektes mit Blick auf die Eingangs gestellten Fragen nach relevanten mathematikbezogenen Inhalten, Konzepten, Strategien und Kompetenzen in fortgeschrittenen Lehrveranstaltungen im Ingenieurwissenschaftsstudium.

35.2   Mathematik im Ingenieursstudium

Studierende der Ingenieurwissenschaften eignen sich über die Schulmathematik hinausgehende Mathematik in mindestens drei verschiedenen Kontexten an.

Erstens, im Veranstaltungszyklus Höhere Mathematik für Ingenieure. Hier werden
Konzepte der Analysis, Linearen Algebra und ggf. elementaren Numerik vermittelt. Die
Inhalte werden meist in einem mehr oder weniger theoretischen mathematischen Rahmen
präsentiert. Nichttriviale oder komplexere, für Ingenieure relevante, Anwendungskontexte
werden dabei selten thematisiert.

Zweitens, in Grundlagenveranstaltungen im Fach (wie beispielsweise Grundlagen der
Elektrotechnik): Für diese Fachveranstaltungen benötigte mathematische Konzepte, die
häufig zu diesem Zeitpunkt in den parallel laufenden HM-Veranstaltungen noch nicht behandelt wurden, werden in studienbegleitenden Zusatzseminaren vermittelt. Dabei werden
die Inhalte in der Regel mathematisch weniger präzise bzw. „anders" als in den Veranstaltungen zur HM präsentiert.

Drittens, in fortgeschrittenen Fachveranstaltungen (wie beispielsweise SST): Während
exakte mathematische Definitionen und/oder Begründungen der mathematischen Konzepte der Grundlagenveranstaltungen des Faches meist später im Zyklus zur HM nachgeliefert
werden, ist dies für fortgeschrittenere mathematische Konzepte, die in späteren Fachveranstaltungen wie SST auftreten, meist nicht der Fall. Beispielsweise wird ein Konzept
wie die Diracsche Delta-Distribution typischerweise nicht in Mathematikveranstaltungen
behandelt, die Elektrotechnikstudierende besuchen.

Die Studierenden stehen vor der anspruchsvollen Aufgabe, die vielfältigen und teilweise, wie wir zeigen werden, widersprüchlichen mathematischen Vorstellungen und Strukturen in anschlussfähiges Wissen, bezogen auf die ingenieurwissenschaftlichen Fachinhalte,
zu transformieren. Wie, bzw. ob dies überhaupt gelingt, ist bislang unklar. Eine Untersuchung dieser Zusammenhänge bedarf Methoden, die es erlauben, diese Variationen
von Mathematik unter didaktischer Perspektive darzustellen, in Beziehung zu setzen und
zu reflektieren. Eine solche Methode stellt die Anthropologische Theorie der Didaktik
dar.

35.3   Anthropologische Theorie der Didaktik (ATD)

Die ATD (vgl. Chevallard 1992, 1999) zielt auf eine präzise und auf Lehr-Lernkontexte
bezogene Beschreibung mathematischen Wissens und seiner epistemologischen Verfasst-
heit ab. Grundlage dieses Ansatzes ist u. a. die Beobachtung, dass kognitionspsycholo-
gisch orientierte Ansätze dazu neigen, kontextuelle oder „institutionelle" Aspekte in erster
Linie als Facetten personenbezogener Dispositionen fehlzuinterpretieren, was den Blick
auf mögliche Einflüsse und insbesondere auch auf Möglichkeiten der Entwicklung ef-
fektiverer Lehrangebote behindern kann. Einen überblicksartige Darstellung zur ATD im
Kontext universitärer Mathematikausbildung findet man z. B. im aktuellen Artikel von

(Winsløw et al. 2014), historische Entwicklungen im Zusammenhang mit der ATD sind beispielsweise in (Bosch und Gascón 2006) oder (Chevallard 2006) beschrieben.

Ein für unsere hier dargestellten Überlegungen zentrales Konzept der ATD sind sog. *Praxeologien*, welche menschliche Aktivität und speziell mathematische Aktivität, in „4T-Modellen $(T, \tau, \theta, \Theta) = [P, L]$" beschreiben, die sich aus einem praktisch-technischen Block (P) und einem technologisch-theoretischen Block (L) zusammensetzen. Der praktisch-technische Block (*praxis*, know how, „Mathe machen") besteht aus einem Problembereich bzw. einem Aufgabentyp (T) und den zugehörigen Lösungstechniken (τ). Der technologisch-theoretische Block (*logos*, knowledge block, notwendiger Diskurs zur Interpretation und Rechtfertigung des praktischen Blocks, „spoken surround") besteht aus der Technologie (θ), die die verwendeten Techniken beschreibt, erklärt und rechtfertigt und der Theorie (Θ), dem Diskurs zur Rechtfertigung der zugrundeliegenden Technologie. Praxeologien sind atomare Einheiten des sog. *epistemologischen Referenzmodells,* das zur Beschreibung und Analyse beobachteter oder geplanter (mathematischer) Aktivität in und zwischen verschiedenen Institutionen genutzt wird.

Als Beispiel betrachten wir eine Aufgabe, die so typischerweise in einer HM-Veranstaltung gestellt werden könnte: Integriere $\sin^2(x)$. Eine im HM-Kontext mögliche Technik τ zur Lösung wäre

$$\int \sin^2(x)dx = \int \sin(x)\sin(x)dx$$

$$= -\sin(x)\cos(x) + \int \cos(x)\cos(x)dx$$

$$= -\sin(x)\cos(x) + \int 1 - \sin^2(x)dx$$

$$= -\sin(x)\cos(x) + x - \int \sin^2(x)dx,$$

womit sich unmittelbar

$$\int \sin^2(x)dx = \frac{x}{2} - \frac{1}{2}\sin(x)\cos(x) + c$$

ergibt. Die zugehörige Technologie θ bestünde neben elementaren Rechentechniken (algebraische Umformungen, trigonometrischer Pythagoras) und Integrationsregeln zu trigonometrischen Funktionen aus Linearitätseigenschaften des Integrals und der Regel zur partiellen Integration. Die Theorie Θ wäre die im Rahmen der HM bestehende elementare Integrationstheorie (eindimensionale Integralrechnung).

(Punkt-)Praxeologien, die um einen bestimmten Aufgabentyp zentriert sind, verknüpfen sich zu größeren Einheiten, komplexeren Praxeologien bzw. sog. Mathematischen Organisationen[2] (MOs). *Lokale* MOs bzw. Praxeologien beinhalten eine gewisse Men-

---

[2] Im Zusammenhang mit der Betrachtung von elektrotechnischer Aktivität wäre es passender von Elektrotechnischen Organisationen zu sprechen. Da wir insbesondere auf die mathematischen Facetten dieser Organisationen abzielen, behalten wir die gebräuchliche Sprechweise MO bei.

ge von Aufgabentypen, die sich auf eine gemeinsame Technologie beziehen, *regionale* MOs bzw. Praxeologien enthalten alle Punktpraxeologien und lokalen MOs, die durch eine gemeinsame Theorie vereint werden. Die ATD zielt auf die Erfassung insbesondere solcher lokalen und regionalen MOs, die es erlauben, praktische und epistemologische Aspekte mathematischer Objekte und der damit verbundenen Handlungsmöglichkeiten im Licht verschiedener „Institutionen" zu reflektieren, zu kontrastieren und in deren Zusammenhang darzustellen. Wir erwarten, dass dieser Ansatz hilfreich für die Analyse mathematischen Wissens und dessen Transformation in die drei oben genannten Lehr-Lernkontexte im Ingenieurwissenschaftsstudium ist. Diese Erwartung wird dadurch bestärkt, dass ein ähnlicher Ansatz in der mathematikbezogenen Ingenieurdidaktik bereits erfolgreich verwendet wurde. In einer verwandten, aber anders fokussierten Untersuchung (vgl. Castela und Romo Vázquez 2011) wurde die Lehre relevanter Inhalte der Signaltheorie in Veranstaltungen der Mathematik und der Steuerungstheorie mittels ATD analysiert.

Im folgenden Abschnitt werden wir die eben genannten Konzepte der ATD auf mathematische Praktiken der SST anwenden und an ausgewählten Beispielen genauer beschreiben.

35.4 Mathematische Praxis in der Signal- und Systemtheorie am Beispiel des Dirac-Impulses

Die Besonderheiten der Mathematikverwendung in der SST sollen bespielhaft an Texten aus zwei Lehrbüchern herausgearbeitet und veranschaulicht werden. Dabei beschränken wir uns auf Referenzliteratur der nachrichtentechnisch geprägten SST-Lehrveranstaltung für Bachelor-Studierende der Elektrotechnik (4. Semester) an der Universität Kassel, die im Rahmen des Teilprojekts begleitend untersucht wurde. Wir fokussieren auf den (kontinuierlichen) Dirac-Impuls (die Diracschen Delta-Distribution), ein zentrales Konzept der SST, das notwendig zum Verständnis zahlreicher Inhalte und Beziehungen der Lehrveranstaltung ist und dessen Anwendung in mannigfaltigen Übungs- und Klausuraufgaben erforderlich ist. Beispielsweise ist die Impulsantwort, die die Antwort eines Systems auf das Eingangssignal Dirac-Impuls bezeichnet, ein wichtiges Hilfsmittel, um die Beziehung zwischen Ein- und Ausgangssignalen bei linearen zeitinvarianten Systemen (LTI-Systemen) im Zeitbereich zu beschreiben. Darüber hinaus wird der Dirac-Impuls verwendet, um die Verbindung zwischen diskreter und kontinuierlicher Signaltheorie herzustellen (Abtastung von kontinuierlichen Signalen).

Zunächst sei angemerkt, dass die mathematische *Modellierung* von signal- bzw. systemtheoretischen Sachverhalten selbst (meist) kein eigener Gegenstand der Lehrveranstaltung ist, sondern dass von Beginn an mit mathematisch aussehenden Objekten, denen darüber hinaus auch extramathematische Bedeutungen anhaften können, operiert wird. Mathematisch formulierte Modelle bilden den Kern der Signaltheorie als wissenschaftlicher Disziplin und werden als solche in Lehrveranstaltungen und Lehrbüchern beschrieben, gerechtfertigt und erklärt. So werden die Inhalte von Beginn an in einer mathematisch formulierten und für sich kohärent strukturierten Welt dargestellt.

Der zentrale Begriff des Signals wird direkt als mathematisches Objekt dar- und vorgestellt, je nach Kontext als (reellwertige) Funktion bzw. (reelle) Zahlenfolge. Der Ausgangspunkt der Betrachtungen der Lehrveranstaltung lässt sich also offensichtlich nicht außerhalb der Mathematik verorten. Andererseits ist dieser Ort auch nicht die Mathematik (im engeren Sinne), da die Ausgangsbegriffe mit elektrotechnischen und physikalischen Vorstellungen verknüpft werden und ihnen damit verwendungsbezogene und epistemologische Aspekte zukommen, die ihnen als (im engeren Sinne) mathematische Begriffe nicht zukommen. Solche Aspekte beziehen sich einerseits auf das Vorhandensein einer elektrotechnischen *Realität,* in der Größen physikalischen Gesetzen unterliegen und zur Beobachtung insbesondere *gemessen* werden müssen. Andererseits sind derartige Aspekte auch in der (mathematischen) *Modellbildung* begründet oder werden durch ihre erfolgreiche Anwendung in der *elektrotechnischen Praxis* gerechtfertigt.

Der damit angesprochene Doppelcharakter der mathematischen Symbole, einerseits nämlich ein mathematisches Objekt und andererseits eine physikalische Größe zu repräsentieren, sowie die jeweils damit verknüpften (vielfältigen und teils widersprüchlichen, wie wir zeigen werden) „mathematischen" oder „elektrotechnischen" Handlungsmöglichkeiten Studierender müssen u. E. in geeigneter Weise bei der Kompetenzmodellierung berücksichtigt werden. Dabei ist insbesondere in Rechnung zu stellen, dass es in unserem ingenieurwissenschaftlichen Kontext offenbar nicht nur keine Situation gibt, die für sich „im Rest der Welt" verortet wäre, sondern auch keine in einer rein mathematischen Welt. In dieser Hinsicht, also der Erfassung des Doppelcharakters und seiner (zumindest partiellen) kompetenz- und handlungsbezogenen Bedeutungen, erscheinen uns Modellierungskreisläufe, die zumindest schulbezogen einen prominenten Ansatz darstellen und für sich reklamieren, „Mathematik in Anwendungen" und damit verbundene Kompetenzen zu konzeptualisieren, zur Beschreibung ingenieurwissenschaftlicher oder auch mathematischer Aspekte einer Ingenieuraufgabe und ihrer Lösungsprozesse als wenig geeignet. Wir werden diese Diskussion hier nicht weiter vertiefen und in einer kommenden Veröffentlichung wieder aufgreifen.

35.4.1 Einführung des Dirac-Impulses

Nachfolgend skizzieren wir beispielhaft eine ATD-Analyse der Einführung des Dirac-Impulses im Lehrbuch zur SST von Frey und Bossert (2008). Eine entsprechende Analyse, die auf Darstellungen im weit verbreiteten Lehrbuch von Girod et al. (2007) beruht, findet sich in Hochmuth und Schreiber (2014).

Ausgehend von der Beobachtung, dass kontinuierliche LTI-Systeme im Allgemeinen durch Differentialgleichungen beschrieben werden, tritt in Verbindung mit sprungförmigen Signalen das Problem auf, dass diese Signale an einzelnen Punkten nicht differenzierbar (etwa die Rampenfunktion) oder nicht einmal stetig (etwa die Sprungfunktion) sind.

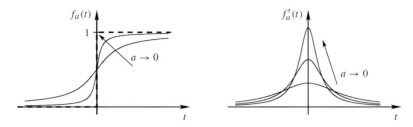

Abb. 35.1 Darstellung der Sprungfunktion und des Dirac-Impulses als Grenzwert. (Quelle: Frey und Bossert 2008, S. 109, Bild 5.1)

Zur Lösung dieses Problems wird der Funktionsbegriff durch Einführung *verallgemeinerter Funktionen* oder *Distributionen* verallgemeinert (vgl. Frey und Bossert 2008, S. 108). Aufgabe im Sinne der ATD ist die Angabe einer „Art" Ableitung zu einer nicht differenzierbaren bzw. sogar unstetigen Funktion, was hier am Beispiel der Sprungfunktion

$$\varepsilon(t) = \begin{cases} 1, & t > 0 \\ 0, & t < 0 \end{cases},$$

die an der Stelle $t = 0$ unstetig[3] und damit nicht differenzierbar ist, konkretisiert ist (T). Es stellt sich durch Beschreibung des qualitativen Verhaltens und unterstützt durch grafische Veranschaulichung (vgl. Abb. 35.1, links) heraus, dass die Sprungfunktion als punktweiser Grenzwert der bzgl. der Zeitvariablen stetigen und differenzierbaren Schar von Funktionen

$$f_a(t) = \frac{1}{\pi} \left(\arctan\left(\frac{t}{a}\right) + \frac{\pi}{2} \right), a > 0,$$

für $a \to 0$ dargestellt werden kann. Die Funktionen der Schar werden formal abgeleitet und man erhält für die Ableitung der Sprungfunktion, unter der nicht weiter begründeten Annahme, dass Grenzwertbildung und Differentiation vertauschbar sind,

$$\frac{d}{dt}\varepsilon(t) = \frac{d}{dt}\lim_{a\to 0} f_a(t) = \lim_{a\to 0} \frac{d}{dt} f_a(t) = \lim_{a\to 0} \frac{1}{\pi}\frac{a}{a^2 + t^2}.$$

Dabei kann die Konvergenz der Ausgangsschar im Sinne punktweiser Konvergenz aufgefasst werden, also im Sinne eines Konvergenzbegriffs, der aus dem Veranstaltungszyklus zur HM bekannt ist. Dagegen ist der „Grenzwert" der abgeleiteten Schar ein neues Objekt, das mathematisch als Funktional, das auf einem Raum von Testfunktionen operiert, interpretiert werden kann. Dabei wäre aus mathematischer Sicht der Grenzwert im distributionellen Sinn zu verstehen, der sich deutlich von bekannten Grenzwertbegriffen

---

[3] Die Sprungfunktion, deren Wert an der Stelle $t = 0$ hier in Einklang mit der zugrunde liegenden Quelle nicht angegeben ist, soll dabei sehr wohl auf $\mathbb{R}$ erklärt sein. Gewöhnlich setzt man den Funktionswert an der Stelle $t = 0$ auf 1/2.

des Zyklus „Höhere Mathematik für Ingenieure" unterscheidet und somit im Allgemeinen außerhalb der Möglichkeiten einer einführenden Lehrveranstaltung zur SST liegt. Stattdessen wird das Verhalten der abgeleiteten Funktionen, die für $a \to 0$ immer schmaler und höher werden, grafisch (vgl. Abb. 35.1, rechts) und sprachlich („Impuls") veranschaulicht und für den „Grenzimpuls" die *symbolische* Bezeichnung $\delta(t)$ verwendet, wobei dieser Dirac-Impuls anschaulich als punktweise Grenzfunktion

$$\delta(t) = \lim_{a \to 0} \frac{d}{dt} f_a(t) = \begin{cases} 0, & t \neq 0 \\ \infty, & t = 0 \end{cases}$$

gedeutet wird, was in gewissem Sinne zu den Grenzwertbegriffen der Höheren Mathematik passt.

Das über die Menge der reellen Zahlen erstreckte Integral über den Impulsen der Schar ist nun für alle Parameter gleich eins, womit auch dem „Integral" über dem Dirac-Impuls der Wert eins zugewiesen werden kann. Als elementare Eigenschaften des Dirac-Impulses werden somit die aus Sicht der klassischen Analysis gegensätzlichen Eigenschaften

$$\delta(t) = 0, \quad t \neq 0 \quad \text{und} \quad \int_{-\infty}^{\infty} \delta(t)dt = 1$$

herausgestellt.

Das beschriebene Vorgehen, bei dem sprungförmige Signale als Grenzwerte geeigneter parametrisierter Funktionen dargestellt werden, wird als Möglichkeit zur Lösung des Problems, Differentialgleichungen im Zusammenhang mit solchen nichtdifferenzierbaren Funktionen zu betrachten, gerechtfertigt.

Der Dirac-Impuls wird nun zusätzlich allgemeiner über seine *Wirkung* auf andere Funktionen *symbolisch* durch das Integral

$$\int_{-\infty}^{\infty} \delta(t) \cdot \phi(t)dt = \phi(0), \quad \forall \phi(t) \in C_0^{\infty}(\mathbb{R}^n)$$

beschrieben („implizit definiert"), was unter Berücksichtigung der punktweisen Darstellung von $\delta(t)$ zum Concept Image (Tall und Vinner 1981) des (gewöhnlichen) Integrals als unendlicher Summe infinitesimal kleiner Stücke $\phi(t)dt$, die bezüglich der „Funktion" $\delta(t)$ gewichtet sind, korrespondiert. Anschaulich wird unter Bezugnahme auf die eben festgestellten Eigenschaften des Dirac-Impulses begründet, dass die „Multiplikation" der Testfunktion mit dem Dirac-Impuls alle Werte bis auf $\phi(0)$ *ausblendet*, der dann vor das Integral gezogen werden kann, was zusammen mit $\int_{-\infty}^{\infty} \delta(t)dt = 1$ die Beziehung liefert. Aus dieser Beziehung, die unter Beachtung des symbolischen Charakters des Integrals aus Sicht der mathematischen Distributionstheorie (nach L. Schwartz) die Definition der Diracschen Delta-Distribution darstellt, wird die für den Umgang mit dem Dirac-Impuls als zentral herausgestellte *Abtast-* oder *Ausblendeigenschaft* abgeleitet, indem für $\phi(t)$ beliebige stetige Funktionen zugelassen werden.

Aus mathematischer Sicht kann das Vorgehen gerechtfertigt werden, da sich $\delta(t)$ als distributioneller Grenzwert der als reguläre Distributionen aufgefassten abgeleiteten Funktionsschar ergibt. Da dieser fachmathematische Sachzusammenhang im Rahmen der Lehrveranstaltung aber nicht dargestellt werden kann, werden die oben angegeben und weit verbreiteten „Plausibilitätsüberlegungen" zur Herleitung des Dirac-Impulses gewählt. Derartige Plausibilitätsbetrachtungen, die es in dieser Form nicht geben würde, wenn deren Ergebnisse *falsch* wären, die Darstellungen den Studierenden nicht *plausibel* gemacht werden könnten oder mit (im engeren Sinne) elektrotechnischen Vorstellungen nicht kompatibel wären, stellen eine zentrale Komponente der von uns betrachteten fachspezifischen Mathematikverwendung dar. Im Sinne der ATD kann der Rückgriff auf Ableitungen der approximierenden Funktionsschar, deren Funktionen im Gegensatz zur Sprungfunktion insbesondere stetig und differenzierbar sind (Eigenschaften, die auch *realen* Signalen zugeschrieben werden), als Technik τ angesehen werden, wobei der Grenzwert der abgeleiteten Schar immer schmaler und höher werdender Impulse durch Aspekte des Concept Images im Kontext von Grenzwert- bzw. Integral- Diskursen gerechtfertigt wird, was die zugehörige Technologie θ darstellt. Die Theorie Θ besteht in einer letztlich eigenständigen „elektrotechnischen" Distributionstheorie, die sich von der „mathematischen" unterscheidet (beispielsweise im diskursiven Aufbau usw.). Facetten dieser „elektrotechnischen" Theorie verwenden grafische Darstellungen, die in Beziehung mit grafischer Anschauungen stehen, in Verbindung mit der auf das Integral bezogenen Vorstellung von der Wirkung und spezielle symbolgebundenen „Analogien" aus zuvor gelernter Mathematik.

Entscheidend hierbei ist, dass die Technik τ der SST nicht zu den Diskursen der HM passt. Studierende müssen also „lernen", spezifische Aspekte der fachmathematischen Diskurse zu vernachlässigen, etwa bestimmte Concept Definitions (z. B. ist eine Integration des Dirac-Impulses im Riemannschen Sinne nicht möglich, Grenzwertsätze in Bezug auf Ableitungen aus der HM können hier nicht angewendet werden, usw.), und gleichzeitig bestimmte Aspekte dieser Diskurse zu berücksichtigen und zu verwenden, wie beispielsweise hier relevante Aspekte des Concept Images vom Integral- und Grenzwertbegriff.

Dies spiegelt sich auch darin wieder, dass der „punktweise" (also auf das gewöhnliche Funktionskonzept bezogene) Teil der Definition für den Dirac-Impuls im Sinne der HM in Konflikt stehende Facetten vereint. Da die Auflösung des Konfliktes mit den verfügbaren Mitteln der Höheren Mathematik nicht möglich ist, müssen gewisse Aspekte der HM schlicht ignoriert werden. Andererseits werden in der „impliziten" Definition des Dirac-Impulses Aspekte des HM-Diskurses etwa durch Verwendung der aus der HM im klassischen Zusammenhang bekannten Integralsymbolik auf einen allgemeineren Kontext übertragen (Gewichtungsaspekt Integral), was aus mathematischer Sicht nicht gerechtfertigt werden kann, da δ eine singuläre Distribution ist. Diese „beiden" in Bezug auf die HM „problematischen" Definitionen stehen gewissermaßen gleichberechtigt nebeneinander und werden bei Argumentationen (je nach Kontext teilweise parallel) verwendet.

Einer „punktweisen" Vorstellung vom Dirac-Impuls wird u. a. auch dadurch Vorschub geleistet, dass für diesen ein eigenes grafisches Symbol eingeführt wird, indem er als Pfeil der Länge entsprechend seiner Skalierung an der entsprechenden Stelle senkrecht auf der Abszisse eingetragen wird. Dies erweist sich als hilfreich sowohl für *praxis*- als auch für *logos*-Blöcke von Praxeologien zu Aufgabentypen, bei denen auf die grafische Darstellung anderer Funktionen Bezug genommen wird (z. B. im Kontext der Abtastung von Signalen). So wird einerseits etwa als Technik ein direktes Ablesen der abgetasteten Stellen aus dem Graphen ermöglicht, andererseits sind in dem grafischen Symbol auch Bedeutungen verdichtet, die in Argumentationen bzw. Verwendungen als Theorie- und Technologieaspekte gedeutet werden können.

Eine ATD Analyse der Einführung des Dirac-Impulses im zweiten, in der Veranstaltung referenzierten Lehrbuch von Fettweis (1990, S. 12 ff.) liefert im Kern ähnliche Ergebnisse. Der Dirac-Impuls wird dort mittels geeigneter Funktionenfolgen eingeführt, was im Wesentlichen dem oben dargestellten Vorgehen entspricht. Neben der anschaulichen Rechtfertigung dieses Vorgehens wird dabei zusätzlich auf eine passende mathematische Theorie verwiesen, die das Vorgehen auch aus fachmathematischer Sicht absichern soll. Diese orientiert sich allerdings nicht an dem in der Fachmathematik verbreiteten und auch bei Frey und Bossert referenzierten auf L. Schwartz und Sobolev zurückgehenden Zugang zu Distributionen als Funktionalen, die nach Fettweis (1990, S. 12) „[...] meist in sehr abstrakter oder zumindest physikalisch wenig ansprechender Form gebracht wird [...]", sondern geht auf J. Mikusiński zurück und führt Distributionen als Äquivalenzklassen gewisser Folgen stetiger Funktionen ein (vgl. Antosik et al. 1973), was näher an den hier durchgeführten Zugängen liegt. Auf die Rekapitulation von zumindest aus mathematischer Sicht wesentlichen Bestandteilen dieser Theorie, insbesondere etwa die exakte Definition der „gewissen" Folgen und die verwendete Äquivalenzrelation wird verzichtet, was vor dem Hintergrund verschiedener Fragerichtungen bzgl. der Verwendung der mathematischen Objekte nachvollzogen werden kann. So geht es in der Mathematik vornehmlich um strukturelle Aussagen, wogegen im Fach der operationale Gesichtspunkt im Vordergrund steht. Interessant ist dabei, dass die Voraussetzungen für die Anwendbarkeit dieser Theorie im Lehrbuch von Fettweis nicht allgemein erfüllt sind, da beispielsweise der Dirac-Impuls insbesondere auch als Grenzwert von Folgen (*nicht* stetiger) Rechteckfunktionen angegeben wird. Diesem Dilemma versucht man zu begegnen, indem man im Text statt von Distributionen den nach Fettweis in gewisser Hinsicht weniger präzisen Ausdruck „verallgemeinerte Funktionen" verwendet (Fettweis 1990, S. 12) und sich damit von der exakten mathematischen Theorie, die als Rechtfertigung angegeben wurde, in gewisser Weise abgrenzt. Der Folgenzugang lässt sich verallgemeinern, sodass auch lokalintegrierbare Funktionen verwendet werden können, womit insbesondere die eben angesprochenen Rechteckfunktionen zulässig sind (vgl. Lützen 1982 für einen Überblick über die verschiedenen Zugänge und eine detaillierte Darstellung der historischen Entwicklung der Distributionstheorie, ggf. in Verbindung mit der zugehörigen Rezension der Monografie von Dieudonne 1984). Der Zugang über Folgen lässt sich auch vermittels der auf Schwartz zurückgehenden Theorie mathematisch begründen, da insbesondere die lokalintegrierbaren Funktionen im Raum der Distributionen dicht liegen, jede Distribution also durch reguläre Distributionen approximiert werden kann (Regularisierung).

Ein Vorteil des Zugangs über Folgen bzw. Funktionsscharen liegt in seiner Anschaulichkeit: Eigenschaften des idealisierten Objekts Distribution, sofern dieses keine übliche Entsprechung im Bereich der (klassischen) Funktionen hat, können durch Rückgriff auf die Eigenschaften der Folgenglieder speziell ausgewählter (passender) Folgen plausibel gemacht werden. Umgekehrt muss die Argumentation in vielen Fällen nicht direkt am idealisierten Objekt und seinen Eigenschaften erfolgen, sondern kann durch Rückgriff auf die Folgenglieder, die insbesondere als Repräsentanten quantifizierbarer Größen gedeutet werden und somit physikalisch-technische Entsprechungen und Eigenschaften haben können, verdeutlicht werden.

Ein weiterer Vorteil des Folgenzugangs ist die im Sinne der ATD bestehende Nähe der Technik τ zur ursprünglichen Aufgabenstellung T. So werden im technischen Verständnis idealisierte Objekte (z. B. der Einheitssprung, der technisch nicht realisierbar ist) in natürlicher Weise durch gewissermaßen realitätsnähere Objekte (etwa durch stetige und differenzierbare Signale), deren Eigenschaften bekannt sind und mit denen umgegangen werden kann, approximiert.

Diese Überlegung lässt sich in Bezug auf technische Anwendungen noch weiter zuspitzen. Beispielsweise wird in Fettweis (1990, S. 33) der Stromimpuls $i = Q \cdot \delta(t)$ als Idealisierung eines *tatsächlichen* Stromes $i = Q \cdot f_n(t)$ dargestellt, dessen Verlauf einem *ganz bestimmten* Folgenglied mit Index n einer approximierenden Folge $(f_n(t))$ entspräche. Insofern bildet der Zugang über Folgen stetiger Funktionen auch die elektrotechnische Realität mit ab, da die „realen Verhältnisse" immer mitgedacht werden. Gerade diese Facette, dass der idealisierte Dirac-Impuls bezogen auf die Realität „eigentlich" ein bestimmter (wenn auch beliebiger, also irgend ein) ganz schmaler und sehr hoher Impuls ist, scheint einen zentralen Punkt im Concept Image dieses Objektes darzustellen, der durch die Approximation über entsprechende Folgen gestützt wird.

Bezüglich der Verwendung unterschiedlicher Folgen zur Approximation des idealisierten Signals „Dirac-Impuls" stellt Fettweis (1990, S. 11 f.) im Verweis auf die Mathematik folgendes heraus: „Die Frage der Äquivalenz von Darstellungen mit unterschiedlichen Folgen spielt in der mathematischen Theorie der Distributionen eine wichtige Rolle. [. . .] Wir können uns hier allerdings nicht mit der exakten Theorie der Distributionen befassen. Es soll uns genügen, dass die Darstellung durch Funktionenfolgen einem physikalischen Bedürfnis entspricht und dass bei sinnvoller Anwendung des benutzten Prinzips eindeutige, korrekte Ergebnisse erzielt werden. Auf Grund seiner universellen Bedeutung bliebe dieses Prinzip selbst dann noch gültig, wenn an gewissen Stellen sogar die Voraussetzungen für die Anwendbarkeit der Distributionentheorie nicht mehr erfüllt wären." Dieses Zitat verdeutlicht beispielhaft drei Aspekte, die als epistemologische Grundlage von Argumenten, die die pragmatische Praxis der Mathematikverwendung in der Ingenieurwissenschaft begründen, gedeutet werden können: Erstens wird deutlich gemacht, dass das Vorgehen durch existierende fachmathematische Theorien, die nicht rekapituliert werden (können), weitgehend begründet ist. Zweitens kann die Richtigkeit des Vorgehens auch durch physikalische Prinzipen begründet werden, die bei „sinnvoller" Anwendung korrekte Ergebnisse liefern (erfolgreiche Praxis). Drittens wird auf die Universalität solcher physikalisch motivierter Prinzipien rekurriert, welche die Anwendbarkeit über das von der Mathematik Bewiesene hinaus begründen kann, zumindest soweit sich im tatsächlichen Anwendungsfall mathematisch kein Widerspruch ergibt. Insbesondere wird deutlich, dass die pragmatische Mathematikverwendung in den Ingenieurwissenschaften nicht zwingend einer im engeren Sinne strengen mathematischen Rechtfertigung bedarf, sondern dass alternativ oder ergänzend auch Begründungen aus anderen Bezugswissenschaften bzw. dem Fach selbst möglich sind.

Handlungsfähigkeit in Bezug auf den Dirac-Impuls in den Übungsaufgaben der Lehrveranstaltung wird im Wesentlichen durch die Anwendung der Ausblendeigenschaft bzw. der daraus abgeleiteten „Rechenregel" $\phi(t)\delta(t - t_0) = \phi(t_0)\delta(t - t_0)$ erreicht. Der Rückgriff auf die Definition (über Folgen bzw. Funktionsscharen) ist in den Übungsaufgaben im Allgemeinen nicht erforderlich und wird nur sehr vereinzelt im Rahmen von Herleitungen theoretischer Zusammenhänge verwendet. Die Ausblendeigenschaft wird somit hauptsächlich in den praktisch-technischen Blöcken von Praxeologien zu nachgelagerten Aufgabentypen verwendet und tritt in den technologisch-theoretischen Blöcken nicht mehr auf. Im Zentrum stehen im Zusammenhang mit dem Dirac-Impuls hauptsächlich Operationen bzw. rechnerische Begründungen, wie beispielsweise die Bestimmung der Fouriertransformierten des zeitlich verschobenen Dirac-Impulses. Diese ist durch Anwendung der Ausblendeigenschaft in der Definitionsgleichung der Fouriertransformierten (die als Integralbeziehung streng genommen nur für gewisse klassische Funktionen gilt) direkt angebbar. Auf diese Weise kann die Fouriertransformation auf (die im Rahmen der Veranstaltung relevanten) Distributionen erweitert werden, ohne die komplexe mathematische Theorie zu bemühen. Insbesondere lässt sich so auch die Fouriertransformation für die in der Nachrichtentechnik wichtigen trigonometrischen Funktionen distributionell interpretieren.

Die Betrachtung des Dirac-Impulses stellt im Sinne Fettweis' nur einen Zwischenschritt der Problembearbeitung dar, da er selbst eine Idealisierung und keine quantisierbare Größe ist. Am Ende physikalisch-technischer Untersuchungen müssen stets quantifizierbare Größen stehen (vgl. Fettweis 1990, S. 12). Dennoch wird der Dirac-Impuls verwendet, um über seine Ausblendeigenschaft quantisierbare Größen darzustellen (δ als neutrales Element der Faltung). Dieser ambivalente Charakter des Dirac-Impulses, einerseits ein idealisiertes Objekt zu sein, andererseits aber notwendig zur Darstellung realer Signale zu sein, könnte unseres Erachtens ein Grund für die häufig zu beobachtenden Schwierigkeiten beim Umgang mit diesem Objekt sein. Diese Schwierigkeiten könnten noch durch technische Überlegung verstärkt werden, da aufgrund spektraler Bandbegrenzungen in *realen* Übertragungskanälen ein Dirac-Impuls, der ein nichtverschwindendes Spektrum besitzt, niemals übertragen werden kann, reale Signale, die selbst aber vermittels Ausblendeigenschaft über den Dirac-Impuls darstellbar sind, hingegen sehr wohl übertragbar sind. Diese Schwierigkeit spiegelt sich auch darin wieder, dass der Dirac-Im-

puls gleichzeitig „punktweise" (gewissermaßen als „spezielle"/idealisierte Funktion mit
nichtklassischen Eigenschaften) und „global" unter Berücksichtigung der Wirkung auf
andere (gewöhnliche) Funktionen (als Funktional) interpretiert wird.

35.4.2 Praxeologien und deren Organisationen in der SST

Natürlicherweise sind die Inhalte der SST nicht nach mathematischen Gesichtspunkten
geordnet. In Bezug auf die beiden betrachteten Lehrbücher wird ausgehend von einem
zentralen Problem des Faches ein ergebnisorientierter Lösungsweg beschrieben, bei dem
die notwendigen mathematischen Hilfsmittel pragmatisch an der benötigten Stelle zusammengetragen werden, um meist operational verwendet werden zu können. Ein struktureller Aufbau entlang mathematischer Inhalte, wie das gewöhnlich in der HM erfolgt, findet
somit nicht statt. Als Folge sind Praxeologien und damit auch lokale und regionale MOs,
die sich auf gemeinsame Technologien und Theorien beziehen, in den beiden institutionellen Kontexten unterschiedlich ausgeformt, was sich bis auf die Ebene des Aufgabentyps
durchschlägt.

Im vorigen Abschnitt wurde exemplarisch eine ATD-Analyse der Einführung des Dirac-Impulses dargestellt. Die Eigenschaften der Praxeologien der SST, wie sie sich nach
Analyse der beiden Lehrbücher bzgl. Inhaltsbereichen in Zusammenhang mit kontinuierlichen linearen zeitinvarianten Systemen im Zeit- und teilweise auch Frequenzbereich
darstellen, fassen wir im Folgenden zusammen. Darin gehen insbesondere ausführliche
Analysen zur Ausblendeigenschaft des Dirac-Impulses aus dem Lehrbuch von Fettweis
ein, die hier aus Platzgründen nicht dargestellt werden können.

Praxeologien [Π, Λ] die in der HM in Bezug auf elementare Gegenstände der Analysis (z. B. Riemann-Integral) und der linearen Algebra (z. B. lineare Abbildung) aufgebaut
werden, finden sich im Rahmen der SST in Praxeologien [P, L] wieder, indem sie u. a. in
neuen Kontexten (und häufig als „als Mittel zum Zweck") verwendet werden. Dabei wird
auf Aspekte des technologisch-theoretischen Blocks Λ im Allgemeinen nicht zurückgegriffen (z. B. keine Prüfung der Voraussetzungen mathematischer Sätze, etc.). Darüber
hinaus werden Elemente von Π mitunter in allgemeineren Kontexten in P verwendet (z. B.
Integral über Distributionen mit Rückgriff auf Aspekte der Riemann-Summe), meist ohne
eine entsprechende Auseinandersetzung in L.

Praxeologien [P, L] zu fortgeschritteneren Gegenständen wie etwa der Funktionalana-
lysis (z. B. Delta-Distribution) werden im Rahmen der LV „verwendungsbezogen" aufgebaut. Dabei ist der technologisch-theoretische Block L häufig durch grafische und technische Veranschaulichungen, Plausibilitätsargumente und Verweise auf erklärende mathematische oder bestätigende physikalisch-technische Theorien geprägt und zeichnet sich
in Bezug auf die im engeren Sinne fachmathematische Behandlung durch Übervereinfa-
chungen und Verkürzungen aus. Dabei wird häufig auf symbolgebundene Analogien zur
Höheren Mathematik zurückgegriffen. P orientiert sich zumeist an der Anschauung und
an technischen Anwendungen (z. B. Approximation des Dirac-Impulses durch geeignete

Impulsfolgen) oder überträgt bereits existierende Verfahren in einen allgemeineren Kontext (z. B. direkte Übertragung der Definitionsgleichung der Fouriertransformation auf die Delta-Distribution).

Augenfällig bei mathematischen Praxeologien der SST, die im unmittelbaren Zusammenhang mit (auch idealisierten) Signalen stehen, ist die starke Verwendung von grafischer Anschauung im technologisch-theoretischen Block. Als evident kann beispielsweise auch gelten, was aus der grafischen Veranschaulichung „offensichtlich" abzulesen ist. Ein Rückgriff auf (bekannte) mathematische Sätze findet meist nur im Verweis statt und wird nicht expliziert (insbesondere werden Voraussetzungen nicht geprüft). Als Argument in L ist zudem auch der Verweis auf eine erfolgreiche Anwendung in der Praxis der Lehrveranstaltung möglich, was im Rahmen der HM so i. A. nicht zulässig wäre. Insgesamt haben die *logos*-Blöcke im Fach eine grundlegend andere Gestalt als die in der HM. Insbesondere sind jene der HM stark vom innermathematischen Zusammenhang, die des Faches wiederum vom Verwendungszusammenhang geprägt.

Eine weitere Besonderheit der fachspezifischen Mathematikverwendung, die zumindest implizit bzw. als epistemologische Grundlage für Argumente in die technologisch-theoretischen Blöcke gewisser mathematischer Praxeologien eingeht, ist das Vorhandensein einer technischen Realität, die mit den mathematischen Modellen der Lehrveranstaltung beschrieben werden soll. Diese technische Realität, von der das mathematische Modell nur einen Teil abbilden kann, folgt wieder eigenen Gesetzen, vor deren Hintergrund die im Modell auftretenden mathematischen Symbole zusätzliche (nicht notwendig mathematische) Bedeutung erlangen, was in den Umgang mit diesen Objekten Eingang findet. Um die technische Realität beschreiben zu können, müssen auftretende Größen darüber hinaus in irgendeiner Form gemessen werden. Diese Messung unterliegt wiederum Beschränkungen, sodass gemessene Größen Eigenschaften haben können, die weder die entsprechenden „allgemeineren" mathematischen Größen im Modell, noch die entsprechenden Größen der technischen Realität haben. Da im Endeffekt aber nur gemessene bzw. messbare Objekte in die elektrotechnischen Betrachtungen einfließen, geht auch dieser Messbarkeitsaspekt, zumindest implizit, in die elektrotechnischen Diskurse in L ein.

Schwierigkeiten Studierender in der SST könnten mitunter auf das Zusammentreffen dieser institutionell begründeten Aspekte und deren komplexe, meist implizit bleibende Verknüpfung verweisen.

35.5   Zusammenfassung

Wir betrachteten Aspekte der Mathematikverwendung im ingenieurwissenschaftlichen Studium, insbesondere mathematische Praktiken in Veranstaltungen zur HM und in fortgeschrittenen Veranstaltungen des Ingenieurstudiums wie der SST. Unseren Analysen legten wir einen auf ATD basierenden Zugang zugrunde, da dieser erlaubt, epistemologische Aspekte mathematischer Praktiken in der SST zu beschreiben und damit zusammenhängende fachnahe Hinweise hinsichtlich notwendiger bzw. hilfreicher Handlungskompetenzen in Bezug auf mathematikhaltige Inhalte und Aufgaben in der Signal- und Systemtheorie zu generieren. Eine besondere Rolle spielen hierbei verschiedene Bedeutungen von Symbolen und wie diese hinsichtlich der verschiedenen institutionellen Kontexte und deren vorherrschenden Diskursen in Bezug gesetzt werden. Die Fruchtbarkeit des verfolgten Ansatzes wurde an beispielhaften Textanalysen aus der SST verdeutlicht.

Dabei fokussierten wir auf Darstellungen in Lehrbüchern zur Einführung des mathematisch anspruchsvollen Objekts Dirac-Impuls und beschrieben die dazugehörigen Praxeologien, wobei insbesondere Beziehungen zur HM expliziert wurden. Es zeigte sich, dass die Technik anschaulich und nah an der Aufgabe lag, die Technologie Plausibilitätsargumente wie grafische Anschauung in Verbindung mit Grenzprozessen beinhaltete, wobei auf ausgewählte Aspekte von Grenzwert- und Integralbegriffen der HM Bezug genommen wurde und andere hingegen ignoriert werden mussten. Die Theorie war insbesondere geprägt durch grafische Veranschaulichung und Verweise auf erklärende mathematische oder bestätigende physikalisch-technische Theorien und symbolgebundene Analogien zur höheren Mathematik. Abschließend fassten wir die Eigenschaften von Praxeologien der SST zusammen, wie sie sich nach Analysen entsprechender weiterer Inhaltsbereiche der Lehrbücher darstellen.

Die hier vorgestellten ATD-Analysen bezogen sich vornehmlich auf Lehrmaterialien, die Elemente des Lehrwissens (knowledge to be taught) im Rahmen der Didaktischen Transposition (Chevallard 1992) darstellen und deren Beziehung zur Mathematik (scholar knowledge). Um die Didaktische Transposition, die ein Kernelement der ATD ist, umfassend beschreiben zu können, werden im Rahmen einer umfangreichen qualitativ ausgerichteten empirischen Studie, von der sich Teile derzeit in der Auswertung befinden, auch die Seiten der Lehrenden (gelehrtes Wissen, knowledge actually taught) und Studierenden (gelerntes/verfügbares Wissen, knowledge learnt) mit einbezogen.

Darauf bezogene ATD-Analysen, wie sie hier skizziert wurden, ermöglichen eine Konkretisierung und die Untersuchung empirischer Fragen wie: Wie gehen Studierende mit den verschiedenen und teilweise widersprüchlichen Bedeutungen und Anforderungen um? Welche Bedeutungen werden im Kontext spezieller Aufgaben und Situationen angesprochen bzw. realisiert? Antworten auf diese Fragen geben Impulse für fachbezogene Kompetenzmodellierungen. So legen etwa die hier vorgelegten Analysen Aussagen nahe wie die, dass die technische Anwendung der Ausblendeigenschaft unter expliziter Nichtbeachtung mathematischer Inkonsistenzen eine zentrale „Kompetenz" im Kontext des Dirac-Impulses darstellt und darüber hinaus, dass eine darauf bezogene technologisch-theoretische Verwendung nicht erforderlich ist. Nicht zuletzt liefern sie also fachbezogene Hinweise für eine Optimierung der Lehre, sowohl im Fach als auch in der Höheren Mathematik.

Darüber hinaus ist davon auszugehen, dass Studierende beim Lösen spezifischer Aufgaben bestimmte Entscheidungen in Bezug auf die Relevanz von Wissen, in Worten der ATD „Technik, Technologie und Theorie", zu treffen haben. In Tuminaro und Redish (2007) werden aufgabenspezifische Entscheidungsprozesse vom kognitiven Standpunkt aus untersucht. Eine Kombination dieser Ideen mit der ATD unter Beachtung kultur-historischer Ansätze wie „communities of practices" (vgl. z. B. Lave 1988; Wenger 1998) könnte diese subjektiv verorteten aber u. a. institutionell vermittelten Entscheidungsprozesse beleuchten. Wir glauben, dass diese Prozesse insbesondere spezifische Subjektivierungsmechanismen (vgl. Brown 2008) beinhalten, die in und durch Diskurse konstituiert werden, die selbst (dialektisch) zu mathematischen Praxeologien in Beziehung stehen.

Schließlich ist die Einbeziehung der konkreten Lehr-/Lernsituation durch eine Betrachtung des Didaktischen Vertrags (Brousseau 1997) möglich. Hierbei ermöglichen ATD-Analysen, wie sie hier durchgeführt wurden, die i. A. eher abstrakten Analysen Didaktischer Verträge auf spezifische mathematische Inhalte hin zu konkretisieren (vgl. De Vleeschouwer und Gueudet 2011).

Danksagung An dieser Stelle möchten wir uns bei den Kolleginnen und Kollegen aus dem KoM@ING-Projektverbund für die gute Zusammenarbeit bedanken. Ein besonderer Dank geht darüber hinaus an Prof. Dr. D. Dahlhaus (Universität Kassel), der seine Lehrveranstaltung für unsere Untersuchungen geöffnet und diese aktiv unterstützt hat.

Literatur

Antosik, P., Mikusiński, J., & Sikorski, R. (1973). *Theory of Distributions. The Sequential Approach.* Warszawa, Polen: Polish Scientific Publishers.

Bosch, M., & Gascón, J. (2006). Twenty-Five Years of the Didactic Transposition. *ICMI Bulletin, 58,* 51–63.

Brousseau, G. (1997). *Theory of didactical situations in mathematics: Didactique des mathématiques, 1970–1990.* Dordrecht: Kluwer Academic Publishers. Übersetzung: Balacheff, N., Cooper, M., Sutherland, R., Warfield, V.

Brown, T. (2008). Lacan, subjectivity and the task of mathematics education research. *Educational Studies in Mathematics, 68*(3), 227–245.

Castela, C., & Romo Vázquez, A. (2011). Des mathématiques à l'automatique: étude des effets de transposition sur la transformée de Laplace dans la formation des ingénieurs. *Recherches en Didactique des Mathématiques, 31*(1), 79–130.

Chevallard, Y. (1992). Fundamental concepts in didactics: Perspectives provided by an anthropological approach. In R. Douady, & A. Mercier (Hrsg.), *Research in Didactique of Mathematics, Selected Papers* (S. 131–167). Grenoble: La Pensée Sauvage.

Chevallard, Y. (1999). L'analyse des pratiques enseignantes en théorie anthropologique du didactique. *Recherches en Didactique des Mathématiques, 19*(2), 221–266.

Chevallard, Y. (2006). Steps towards a new epistemology in mathematics education. In M. Bosch (Hrsg.), *Proceedings of the Fourth Congress of the European Society for Research in Mathematics Education* (S. 21–30). Barcelona, Spanien: Ramon Llull University.

De Vleeschouwer, M., & Gueudet, G. (2011). Secondary-tertiary transition and evolutions of didactic contract: the example of duality in linear algebra. In M. Pytlak, T. Rowland, & E. Swoboda (Hrsg.), *Proceedings of the Seventh Congress of the European Society for Research in Mathematics Education* (S. 2113–2122). Rzeszów, Polen: University of Rzeszów.

Dieudonne, J. A. (1984). The Prehistory of the Theory of Distributions. *The American Mathematical Monthly, 91*(6), 374–379. doi:10.2307/2322155.

Fettweis, A. (1990). *Elemente nachrichtentechnischer Systeme.* Teubner Studienbücher: Elektrotechnik. Stuttgart: Teubner.

Frey, T., & Bossert, M. (2008). *Signal- und Systemtheorie* (2. Aufl.). Wiesbaden: Vieweg+Teubner.

Girod, B., Rabenstein, R., & Stenger, A. (2007). *Einführung in die Systemtheorie: Signale und Systeme in der Elektrotechnik und Informationstechnik* (4. Aufl.). Wiesbaden: Teubner.

Hochmuth, R., & Schreiber, S. (2014). Mathematik im Ingenieurwissenschaftsstudium – Ansätze zu einer fachbezogenen Kompetenzmodellierung. In A. E. Tekkaya, S. Jeschke, M. Petermann, D. May, N. Friese, & C. Ernst et al. (Hrsg.), *movING Forward Engineering Education from vision to mission* (S. 68–76). Aachen: TeachING-LearnING.EU.

Lave, J. (1988). *Cognition in practice: Mind, mathematics, and culture in everyday life.* Cambridge: Cambridge University Press.

Lützen, J. (1982). *The Prehistory of the Theory of Distributions.* Studies in the History of Mathematics and Physical Sciences, Bd. 7. New York: Springer.

Tall, D., & Vinner, S. (1981). Concept image and concept definition in mathematics with particular reference to limits and continuity. *Educational Studies in Mathematics, 12*(2), 151–169.

Tuminaro, J., & Redish, E. F. (2007). Elements of a cognitive model of physics problem solving: Epistemic games. *Physical Review Special Topics – Physics Education Research, 3*(2), 1–22. doi:10.1103/PhysRevSTPER.3.020101.

Wenger, E. (1998). *Communities of practice. Learning, Meaning, and Identity.* Cambridge: Cambridge University Press.

Winsløw, C., Barquero, B., De Vleeschouwer, M., & Hardy, N. (2014). An institutional approach to university mathematics education: from dual vector spaces to questioning the world. *Research in Mathematics Education, 16*(2), 95–111.

Mathe – nein danke? Interesse, Beliefs und Lernstrategien im Mathematikstudium bei Grundschullehramtsstudierenden mit Pflichtfach

36

Jana Kolter, Michael Liebendörfer und Stanislaw Schukajlow

Zusammenfassung

An der Universität Kassel wurden Studierende des Grundschullehramts an drei Zeitpunkten im ersten Studienjahr zu ihrem Interesse und ihren Einstellungen bezüglich Mathematik sowie zu ihren Lernstrategien befragt. Der vorliegende Beitrag geht der Frage nach, wie sich das Interesse der Pflichtfach-Studierenden entwickelt und welche Zusammenhänge zu Einstellungen und Lernverhalten bestehen.

36.1 Einleitung

Eine Teilgruppe des khdm beschäftigt sich mit „Kompetenzorientierten LehrInnovationen im MAthematikstudium für die GrundSchule" (KLIMAGS, Projektleiter Peter Bender, Rolf Biehler, Werner Blum, Reinhard Hochmuth). Im Rahmen des Projekts wird unter anderem analysiert, welche Einstellungen und welche Lernstrategien die Studierenden an die Hochschule mitbringen, wie sich diese im Verlauf des ersten Studienjahres, in dem ein Großteil der Fachausbildung stattfindet, verändern und welches Zusammenspiel zwischen ihnen besteht (weitere Informationen zum Projekt bei Haase et al. in diesem Band).

Jana Kolter ✉
Universität Kassel, Kassel, Deutschland
e-mail: kolter@khdm.de

Michael Liebendörfer
Gottfried Wilhelm Leibniz Universität Hannover, Hannover, Deutschland
e-mail: liebendoerfer@khdm.de

Stanislaw Schukajlow
Westfälische Wilhelms-Universität Münster, Institut für Didaktik der Mathematik und der Informatik, Münster, Deutschland
e-mail: schukajlow@uni-muenster.de

© Springer Fachmedien Wiesbaden 2016
A. Hoppenbrock et al. (Hrsg.), *Lehren und Lernen von Mathematik in der Studieneingangsphase*, Konzepte und Studien zur Hochschuldidaktik und Lehrerbildung Mathematik, DOI 10.1007/978-3-658-10261-6_36

Der vorliegende Beitrag greift explizit die Frage nach dem Interesse an Mathematik und dessen Entwicklung an der Universität auf. Einflüsse auf Interesse durch Beliefs sowie Einflüsse durch Interesse auf Lernstrategien sollen analysiert werden. Für unsere Untersuchungen greifen wir auf KLIMAGS-Daten von einer Studierendengruppe zu, die (abgesehen von dem natürlichen Bestreben jeder Lehrperson, eine „möglichst gute Lehre" anzubieten) unberührt von speziellen Programmen eine – mit allen Unschärfen des Begriffs – gängige Mathematik-Ausbildung an der Universität Kassel erfahren haben. Dass im Lehramt für die Grundschule Mathematik als Pflichtfach vorgegeben ist, lässt eine sehr heterogene Zusammensetzung der Stichprobe bezüglich Vorwissen und Einstellungen erwarten. Das Fach Mathematik ist für die Studierenden nur eines von vier weitgehend gleichberechtigten Studienfächern. In diesem Studiengang ist die Anzahl der Abbrecher[1] im ersten Studienjahr im Vergleich mit anderen mathematikhaltigen Studiengängen eher gering (vgl. Heublein et al. 2008).

Eine wünschenswerte Entwicklung im ersten Studienjahr wäre – sofern nicht von Anfang an vorhanden – die Entfaltung hin zu an Mathematik interessierten Studierenden, die ein lebendiges Bild von Mathematik haben, sich elaboriert mit den Inhalten auseinandersetzen und Arbeitsweisen beherrschen. Im Folgenden soll nachgezeichnet werden, wie die tatsächlichen Verläufe sind und welche Bedingungen für positive Studienverläufe bestehen, wobei hier in erster Linie das Interesse der Studierenden fokussiert wird. Zu den Zusammenhängen und Wirkungen von Lernstrategien und ausgewählten Einstellungen auf Leistungen verweisen wir auf Kolter et al. (eingereicht).

36.2   Zur Konzeptualisierung und Rolle von Fachinteresse

Wir folgen der Interesse-Konzeption der Münchner Schule, in der Interesse als Person-Gegenstands-Relation verstanden wird (Krapp 1992, 2005). Interesse ist demnach ein dauerhaftes, herausgehobenes Verhältnis einer Person zu einem Gegenstand, wie er subjektiv aufgefasst wird. Dieses Verhältnis beschreibt eine Verhaltenstendenz hin zur Auseinandersetzung mit dem Gegenstand. Wesentliche Merkmale von Interesse sind nach Hidi und Renninger (2006) die kognitive Valenz (die Person findet den Gegenstand für sich selbst wichtig) und die gefühlsbezogene Valenz (der Gegenstand wird von der Person mit positiven affektiven Erfahrungen und Erwartungen verbunden). Interesse trägt dabei stets eine epistemische Komponente, zielt also implizit auf die Erweiterung der eigenen Kenntnisse und Fähigkeiten ab.

---

[1] Zu Gunsten der Lesbarkeit gebrauchen wir an einigen Stellen anstatt geschlechtsneutraler Begriffe das generische Maskulinum. Die Verwendung soll selbstverständlich beide Geschlechter einschließen.

In der Schule nimmt das Mathematik-Interesse über die Schuljahre langsam ab (Rheinberg und Wendland 2002), zeigt aber hohe Korrelationen von 0,54 bis 0,67 bei Messungen im Jahresabstand (Frenzel et al. 2010; Prenzel et al. 2006; vgl. auch Köller et al. 2001).

Der Interessegegenstand in unserer Untersuchung soll die Mathematik sein, was allerdings eine Frage aufwirft. Im Übergang von der Schule an die Hochschule erleben die Studierenden mit Schul- und Hochschulmathematik zwei verschiedene Formen dieser Disziplin. Während die Schule z. B. höheres Gewicht auf rechnerische Verfahren legt, kommt in der Hochschule dem Begründen und Beweisen erheblich mehr Aufmerksamkeit zu, daneben werden deutlich veränderte Anforderungen an das eigene Lernen gestellt (zus. Rach und Heinze 2013). Man könnte vermuten, dass die beiden Formen der Mathematik zu verschieden sind, um Kontinuität in der Interessenentwicklung von Schul- zu Hochschulmathematik zu ermöglichen. Dann müsste Interesse an Hochschulmathematik im ersten Studienjahr neu entstehen. Wir gehen vorläufig davon aus, dass sich das bestehende (Des-)Interesse an Schulmathematik durch die erweiterten Erfahrungen mit Mathematik verändert, werden diesen Punkt aber am Ende kurz diskutieren.

Von Bedeutung für das Interessenkonstrukt ist, dass es um eine individuelle Sicht auf den Gegenstand geht und die Mathematik schon bei Schülern von Person zu Person sehr verschieden wahrgenommen werden kann. Die verschiedenen Sichtweisen auf die Mathematik werden z. B. über Beliefs (Grigutsch et al. 1998) konzeptualisiert und erfasst. Sie gliedern sich in vier verschiedene Facetten, zwei eher dynamische (Prozess- und Anwendungsaspekt) und zwei eher statische Aspekte (Mathematik als logisch-deduktives System bzw. als Anwenden von Formeln und Verfahren/Toolbox). Dabei zeigte sich bereits, dass dynamische Auffassungen von Mathematik positiv mit Interesse zusammenhängen, während für statische Auffassungen leicht negative Korrelationen vorliegen (Baumert et al. 2000). Die Wahrnehmung von Mathematik als dynamisches und anwendungsreiches Fach bietet Perspektiven, die eigenen Fähigkeiten zu verbessern und einen persönlichen Wert im Fach zu erkennen. Dagegen ist davon auszugehen, dass Toolbox-Beliefs eigene Handlungsspielräume verschleiern und Interesse behindern (etwa durch eingeschränktes Autonomieerleben nach Deci und Ryan (1993), vgl. Willems (2011)). Deshalb gehen wir davon aus, dass von den Beliefs eine Wirkung auf das Interesse ausgeht.

Seine Bedeutung gewinnt das Interesse unter anderem als Prädiktor für die Verwendung von Tiefenlernstrategien und Anstrengungsbereitschaft (Wild et al. 1992). Über die Entwicklung der Lernstrategien im mathematikhaltigen Studium ist sehr wenig bekannt. Es wurde lediglich festgestellt, dass sich bei Ingenieuren über das erste Semester leicht fallende Werte beim Elaborieren und Memorisieren zeigen (Griese et al. 2011). Positive Auswirkungen des Interesses auf Lernstrategien erscheinen auch deshalb bedeutsam, da sich vermehrt Hinweise darauf finden, dass elaborierte Lernformen (z. B. Selbsterklärungen) in der Hochschulmathematik geeignet sind, hohes bzw. langfristig stabileres Wissen hervorzubringen (Kolter et al. eingereicht; Rach und Heinze 2013; Renkl et al. 1998). Umso bedenklicher ist, dass das Mathematikinteresse gerade bei Primarstufen-Lehramtsstudierenden eher gering ist. In einer Untersuchung von Abel (1996) lagen die Interesse-

Werte dieser Gruppe ca. eine Standardabweichung unter dem theoretischen Mittelwert der eingesetzten Skala und auch deutlich unter den Werten von Gymnasial-Lehramtsstudierenden. Es ist zu hoffen, dass die Werte im Verlauf des Studiums steigen, auch wenn sich in Untersuchungen an Schülern langfristig genau das Gegenteil zeigt, nämlich ein leichter Rückgang des Fachinteresses über die Schuljahre (Rheinberg und Wendland 2001).

36.3   Fragestellung und Methode

Wie bereits beschrieben, wurden für die vorliegende Untersuchung Daten aus dem Forschungsrahmen des Projekts KLIMAGS herangezogen, die alle per Paper & Pencil-Verfahren erhoben wurden. In diesem Beitrag werden nur diejenigen Instrumente bzw. Teile der Instrumente vorgestellt, die unmittelbar für die Bearbeitung der Fragestellungen benötigt werden. Überdies sei angemerkt, dass hier nur eine Teilpopulation (Beschränkung auf Standort Kassel und auf eine von zwei Studierendenkohorten) der in KLIMAGS beforschten Probanden analysiert wird, deren Daten nicht durch spezielle Interventionsbedingungen von in KLIMAGS evaluierten Programmen beeinflusst sind.

36.3.1   Fragestellungen der Untersuchung

Aus den dargestellten theoretischen Überlegungen leiten sich die Forschungsanliegen dieser Arbeit ab. Neben einem Vergleich des Interessenniveaus verschiedener Studierendengruppen soll überprüft werden, ob sich die positiven Zusammenhänge von Interesse zu Leistung, zu dynamischen Sichtweisen auf Mathematik und verstehensorientiertem Lernen sowie die negativen Zusammenhänge zu eher statischen Sichtweisen auch in der Gruppe der Grundschullehramtsstudierenden replizieren lassen. Darüber hinaus stellt sich die Frage, welche Entwicklungsverläufe sich in den angesprochenen Konstrukten abzeichnen, in wie weit Beliefs Interessenentwicklung vorhersagen können und ob Interesse ein geeigneter Prädiktor für das Lernverhalten ist. Wir wollen die folgenden Fragestellungen beleuchten:

1. Wie hoch ist das mathematikbezogene Interesse der Grundschullehramtsstudierenden im Pflichtfach im Vergleich mit den Werten anderer Lehramtsstudierenden mit Fach Mathematik?
2. Welche Entwicklungen nehmen Interesse, Beliefs und Lernstrategien im Verlauf des ersten Studienjahres?
3. Wie stark hängen Beliefs und Lernstrategien mit Interesse zusammen?
4. Welchen Einfluss haben die Beliefs auf Interesse von Studierenden?
5. Wie beeinflusst Interesse die Lernstrategien von Studierenden?

36.3.2 Stichprobe und Design

Erhebungsrahmen waren die Veranstaltung „Arithmetik in der Grundschule" (Fach-Vorlesung im Wintersemester, vorgesehen für das erste Studiensemester) und „Geometrie in der Grundschule" (Fach-Vorlesung im Sommersemester, vorgesehen für das zweite Studiensemester). Im Sommersemester hören die Probanden laut Regelstudienplan außerdem mit der „Didaktik der Arithmetik" ihre erste Didaktik-Vorlesung. Abbildung 36.1 veranschaulicht den zeitlichen Ablauf und die Einbettung in das Studium.

Die gewählte Stichprobe besteht aus den insgesamt 83 Studierenden des Lehramts für Grundschule der Universität Kassel, die bei der ersten und mindestens einer weiteren Erhebung teilgenommen haben. 88 % der Probanden sind weiblich. Das Durchschnittsalter zum ersten Erhebungszeitpunkt ist 21,4 Jahre (SD 3,73). Dabei liegen 57 Personen im Bereich von 18 bis 21 Jahren, weitere 20 Personen sind höchstens 26 Jahre alt und sechs Einzelfälle streuen bis zum Alter von 41.

Von 36 Personen liegen Daten von allen drei Zeitpunkten vor. Bis auf 8 Wiederholer, die nicht zu den 36 Vollteilnehmern gehören, handelt es sich um Erstsemesterstudierende, die zum ersten Erhebungszeitpunkt gerade das Hochschulstudium begonnen und noch keine Mathematik-Vorlesungen gehört hatten.

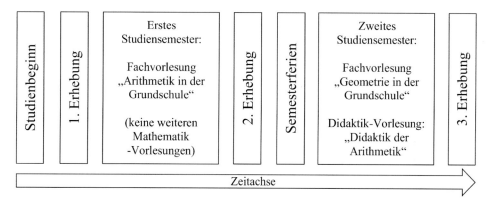

Abb. 36.1 Design der Messungen

36.3.3 Instrumente

Zu jedem der drei Messzeitpunkte (MZP) wurden die Studierenden unter Einsatz etablierter Skalen, die zum Teil in Hinblick auf die Testpersonen (Studierende anstatt Schülern) oder das Fach (Spezifizierung auf Mathematik) modifiziert wurden und die mit Hilfe von 6-stufigen Likert-Skalen (1 = stimmt gar nicht bis 6 = stimmt genau) erfasst wurden, befragt. Zum Interesse an Mathematik wurde die modifizierten Skala Sachinteresse verwendet (Rheinberg und Wendland 2000), für Lernstrategien Skalen aus dem LIST-Fragebogen

Tab. 36.1 Instrumente – Skalen und Reliabilitäten

Skala	Items	Beispielitem	α
Interesse an Mathematik	6	Ich mache für Mathe mehr, als für die Uni unbedingt nötig ist	>0,72
Lernstrategie Elaborieren	5	Neues in Mathematik versuche ich besser zu verstehen, indem ich Verbindungen zu Dingen herstelle, die ich schon kenne	>0,76
Lernstrategie Memorisieren	4	Wenn ich für Mathematik lerne, lerne ich so viel wie möglich auswendig	>0,63
Lernstrategie Organisieren	4	Ich mache mir Zusammenfassungen der wichtigsten Inhalte als Gedankenstützen	>0,68
Lernstrategie Anstrengung	8	Ich strenge mich auch dann an, wenn mir der Stoff überhaupt nicht liegt	>0,90
Beliefs Anwendungsaspekt	4	Mathematik hilft, alltägliche Aufgaben und Probleme zu lösen	>0,67
Beliefs Prozessaspekt	4	Mathematik lebt von Einfällen und neuen Ideen	>0,70
Beliefs Systemaspekt	7	Kennzeichen von Mathematik sind Klarheit, Exaktheit und Eindeutigkeit	>0,57
Beliefs Toolboxaspekt	5	Mathematik ist eine Sammlung von Verfahren und Regeln, die genau angeben, wie man Aufgaben löst	>0,57

(Wild und Schiefele 1994) und für Beliefs Skalen von Grigutsch et al. (1998) in der von COACTIV verwendeten Form (Baumert et al. 2009). Die Skala „Lernstrategie Anstrengung" wurde nur zum 2. und 3. Messzeitpunkt eingesetzt. Die Reliabilitäten (Cronbachs-α) der Skalen liegen im befriedigenden bis sehr guten Bereich (vgl. Tab. 36.1).

Die verwendeten Items unterscheiden in ihren Formulierungen nicht zwischen Schul- und Hochschulmathematik. Es ist offen, ob für die Studierenden hier ein nennenswerter Unterschied besteht. Wir gehen davon aus, dass sie sich in ihren Antworten auf die jeweils aktuell bekannte/erlebte Mathematik beziehen.

Bezüglich der Lernstrategien möchten wir einschränkend anmerken, dass es sich hier um eine Erfassung via Selbstbericht in Fragebögen handelt. Die Angaben der Studierenden geben uns Aufschluss über ihr Strategiewissen und ein gewisses Bewusstsein über ihre Strategien beim eigenen Lernen. Ein Rückschluss auf den tatsächlichen Strategieeinsatz ist nur bedingt möglich (zur generellen Schwierigkeit der Erhebung von Lernstrategien siehe z. B. Artelt 1999). Zugleich stellen Fragebögen (z. B. im Gegensatz zu Beobachtungen durch unabhängige Rater) eine sehr effiziente Form der Erhebung von Lernverhalten dar, welche in pädagogisch-psychologischen Messungen und in mathematikdidaktischen Studien häufig eingesetzt wird (Schukajlow und Leiss 2011; Spörer und Brunstein 2006).

36.4 Ergebnisse

In diesem Abschnitt stellen wir zunächst die Datengrundlage vor, von der ausgehend Untersuchungen auf einer Zusammenhangsebene (Korrelationen) und auf einer Wirkungsebene (lineare Regressionen) angestellt werden. Wir führen je die zentralen Befunde einer Analyse auf, eine Interpretation und Diskussion der Ergebnisse werden im nachfolgenden Abschnitt in einer gemeinsamen Betrachtung aller empirischen Befunde vorgenommen.

Wir wollen zuerst das Verhältnis der Kernstichprobe von 36 Personen mit vollständigen Daten zu den anderen Teilstichproben diskutieren. Es wurden die drei Gruppen (alle MZP, ohne 2. MZP, ohne 3. MZP) bezüglich aller 50 erhobener Merkmale (demographische Angaben, psychologische Konstrukte und Leistung zu allen drei MZP) mittels einfaktorieller ANOVA verglichen. Um eine durch die Vielzahl der Tests bedingte Alphafehler-Kumulierung zu vermeiden, haben wir nach der Bonferroni-Methode (Bortz 2009) das Signifikanzniveau der einzelnen Tests auf 0,001 abgesenkt. In dieser Betrachtung findet sich für keines der erhobenen Merkmale ein Unterschied zwischen den beiden anderen Restgruppen und der 36er-Kernstichprobe. Zudem waren auch die Studierenden aus den Restgruppen bei den Klausuren wieder anwesend. Die Auswahl entstand somit nicht durch Studienabbruch sondern nur durch Nicht-Teilnahme an einzelnen Befragungen. Dennoch möchten wir mit Blick auf die absoluten Werte anmerken, dass es sich bei den 36 tendenziell um eine leichte Positivauswahl handeln könnte; sie besuchen häufiger Vorlesung und Übung, zeigen nach dem Semester höhere System-Beliefs und zum MZP 3 höheres Interesse. Außerdem geben sie zum 3. MZP eine höhere Memorisationstätigkeit an als ihre Kommilitonen. Es wäre nachvollziehbar, dass gerade solche Studierende auch eine höhere Testbereitschaft mitbringen.

Tabelle 36.2 zeigt die Werte für die verschiedenen Konstrukte (Mittelwerte mit Standardabweichung in Klammern) einmal für alle Teilnehmer des jeweiligen MZP sowie einmal für die 36 Testpersonen, die an allen drei Erhebungen teilgenommen haben.

Zur Beantwortung der ersten Forschungsfrage werden die hier erhobenen Interessenswerte mit den Ergebnissen der Befragung anderer Studierender verglichen. Es zeigt sich, dass die Grundschullehramts-Kandidaten mit ihren Angaben mit $p < 0,001$ signifikant unter den Werten von Vergleichsgruppen[2] liegen (jeweils t-Test gegen festen Wert). Der Abstand fällt mit einer halben bis ganzen Standardabweichung ähnlich aus wie in der Untersuchung von Abel (1996) und bestätigt, dass sich die Grundschulstudierende deutlich weniger als Studierende anderer Lehrämter für Mathematik interessieren.

---

[2] Wir beziehen uns auf khdm-interne, bislang unveröffentlichte Erhebungen derselben Skala mit $N = 80$, $M = 3,68$, $SD = 0,87$ bei HR-Lehramtsstudierenden und $N = 47$, $M = 3,74$, $SD = 0,76$ Gymnasiallehramtsstudierenden.

Tab. 36.2 Mittelwerte und Standardabweichungen

Skala	MZP 1		MZP 2		MZP 3	
	$N = 83$	$N = 36$	$N = 69$	$N = 36$	$N = 50$	$N = 36$
Interesse an Mathematik	3,16 (0,80)	3,27 (0,85)	2,97 (0,87)	2,98 (0,97)	2,95 (0,89)	3,14 (0,86)
Lernstrategie Elaborieren	3,28 (0,83)	3,33 (0,89)	2,83 (0,84)	2,91 (0,86)	3,11 (0,94)	3,16 (0,99)
Lernstrategie Memorisieren	3,91 (0,86)	3,97 (0,89)	3,92 (0,88)	4,01 (10,03)	3,95 (0,92)	4,11 (0,94)
Lernstrategie Organisieren	4,26 (0,91)	4,31 (10,05)	4,13 (10,08)	4,22 (0,97)	3,85 (10,16)	3,97 (10,12)
Lernstrategie Anstrengung	–	–	4,55 (0,82)	4,69 (0,69)	4,71 (0,70)	4,79 (0,66)
Beliefs Anwendungsaspekt	4,46 (0,78)	4,42 (0,89)	3,85 (0,87)	3,85 (10,01)	4,27 (0,84)	4,33 (0,84)
Beliefs Prozessaspekt	4,33 (0,87)	4,31 (1,02)	3,88 (0,97)	4,07 (1,03)	4,11 (0,85)	4,18 (0,88)
Beliefs Systemaspekt	4,21 (0,61)	4,18 (0,65)	4,20 (0,65)	4,38 (0,65)	4,30 (0,59)	4,31 (0,60)
Beliefs Toolboxaspekt	4,09 (0,69)	4,04 (0,72)	4,10 (0,70)	4,09 (0,61)	4,00 (0,68)	3,89 (0,65)

36.4.1 Zusammenhänge zwischen Interesse, Leistung, Lernstrategien und Einstellungen zu verschiedenen Zeitpunkten im Studium

Im Theorie-Abschnitt wurde aufgezeigt, welche Zusammenhänge von und mit Interesse an Mathematik bereits bekannt sind. Diese Korrelationen lassen sich in der vorliegenden Stichprobe in Teilen replizieren. Tabelle 36.3 stellt Interesse-Korrelationen je Messzeitpunkt dar (also z. B. Interesse 1. MZP mit Elaborieren 1. MZP; Interesse 2. MZP mit Elaborieren 2. MZP usw. ...) und gibt einen Überblick, welche Lernstrategien und Beliefs wie mit Interesse im Querschnitt zusammenhängen.

Es zeigt sich, dass...

- ... es starke Zusammenhänge zwischen der jeweiligen Nutzung verschiedener Lernstrategien und Interesse gibt: Elaborieren (Vernetzen) und Organisieren (Strukturieren) des Lernstoffs haben zu jedem MZP einen starken positiven Zusammenhang mit Interesse, ab MZP 2 auch Anstrengung, also die Bereitschaft, sich auch mit schwerem oder „spontan unbequemem" Stoff auseinanderzusetzen. Es zeigt sich, dass die interessierten Lerner angeben, komplexere Lernstrategien anzuwenden und sich stärker anzustrengen als die weniger interessierten.
- ... die Tätigkeit des Memorisierens keinen korrelativen Zusammenhang mit dem Interesse zeigt, so dass wir davon ausgehen, dass das Auswendiglernen unabhängig von der Ausprägung des Interesses von Studierenden stattfindet.

Tab. 36.3 Korrelationen zu den jeweiligen Messzeitpunkten

Interesse mit...	MZP 1 ($N = 83$)		MZP 2 ($N = 69$)		MZP 3 ($N = 50$)	
	r	p	r	p	r	p
... Lernstrategie Elaborieren	**0,50**	**< 0,001**	**0,61**	**< 0,001**	**0,57**	**< 0,001**
... Lernstrategie Memorisieren	−0,09	0,441	−0,12	0,316	−0,09	0,545
... Lernstrategie Organisieren	**0,29**	**0,009**	**0,27**	**0,027**	0,17	0,231
... Lernstrategie Anstrengung	–	–	**0,39**	**0,001**	**0,51**	**< 0,001**
... Beliefs Anwendungsaspekt	**0,43**	**< 0,001**	**0,56**	**< 0,001**	**0,47**	**0,001**
... Beliefs Prozessaspekt	**0,43**	**< 0,001**	**0,44**	**< 0,001**	**0,53**	**< 0,001**
... Beliefs Systemaspekt	−0,14	0,213	−0,07	0,589	0,09	0,544
... Beliefs Toolboxaspekt	−0,05	0,653	−0,11	0,355	−0,15	0,302

Korrelationen, die mindestens auf 10 %-Niveau signifikant sind, sind fett unterlegt.

- ... bei den Beliefs der negative Zusammenhang des Toolboxaspekts und Systemaspekts, also der eher statischen Mathematikauffassung, zum Interesse (vgl. Abschnitt zur Konzeptualisierung und Rolle von Fachinteresse) nicht bestätigt werden kann. Der Anwendungsaspekt und der Prozessaspekt, also die beiden dynamisch geprägten Sichtweisen auf Mathematik, zeigen starke positive Zusammenhänge mit dem Interesse. Interessierte betrachten Mathematik als Hilfe für reale Problemstellungen und als Prozess von neuen und sich vernetzenden Einfällen und Ideen bzw. Personen mit einem solchen dynamischen Bild von Mathematik empfinden diese als interessant.

36.4.2 Entwicklungsverläufe von Interesse, Lernstrategien und Einstellungen

Um stichhaltige Aussagen über die Verläufe treffen zu können, beschränken wir uns im Folgenden auf die $N = 36$ Testpersonen, die in vollem Umfang an den Erhebungen teilgenommen haben. Die hieraus resultierenden Einschränkungen werden bei der Diskussion aufgegriffen.

Zunächst ist festzustellen, dass das Interesse auch in unserer Studie ein Konstrukt mit eher gleichmäßiger Entwicklung ist. Die Korrelationen betragen zwischen benachbarten Erhebungszeitpunkten 0,75 (MZP 1 & 2) und 0,77 (MZP 2 & 3) sowie 0,55 zwischen erstem und drittem MZP und sind jeweils auf 0,1 %-Niveau signifikant. Aus Tab. 36.2 (Mittelwerte) kann man die Veränderungen in den einzelnen Konstrukten ableiten. Tabelle 36.4 präsentiert nun die Ergebnisse von Signifikanzprüfungen (t-Test bei gepaarten Stichproben) dieser Unterschiede. Positive t-Werte weisen dabei auf einen Abfall des zugehörigen Mittelwertes hin. Für die Effektstärken wird zusätzlich Cohens d angegeben. Dabei spricht man in der Regel ab 0,1 von einem kleinen Effekt, ab 0,3 von einem mittleren und ab 0,5 von einem starken Effekt.

Tab. 36.4 t-Werte, Signifikanzen und Effektstärken der Mittelwertsunterschiede zwischen den jeweiligen MZP

($N = 36$)	Von MZP 1 zu 2			Von MZP 2 zu 3		
	p	$t(df = 35)$*	d	p	$t(df = 35)$*	d
Interesse an Mathematik	**0,011**	**2,67**	**0,32**	0,137	−1,52	0,17
Beliefs Anwendungsaspekt	**< 0,001**	**4,74**	**0,65**	**0,003**	**−3,24**	**0,52**
Beliefs Prozessaspekt	**0,065**	**1,91**	**0,27**	0,453	−0,76	0,11
Beliefs Systemaspekt	**0,057**	**−1,97**	**0,34**	0,570	0,57	0,11
Beliefs Toolboxaspekt	0,538	−0,62	0,12	0,114	1,62	0,31
Lernstrategie Elaborieren	**0,002**	**3,30**	**0,49**	**0,031**	**−3,05**	**0,31**
Lernstrategie Anstrengung	–	–	–	0,249	−1,17	0,15
Lernstrategie Organisieren	0,575	0,57	0,08	0,174	1,39	0,25
Lernstrategie Memorisieren	0,713	−0,37	0,04	0,359	−0,93	0,11

* Für alle Beliefs zum MZP 1 sowie für Elaborieren zum MZP 2: df 34

Wir stellen fest, dass bei mehreren Konstrukten und insbesondere im ersten Semester deutliche Veränderungen auftreten. Das Interesse der Studierenden sinkt deutlich nach dem ersten Semester und steigt zum dritten MZP tendenziell an. Eine z. T. andere Entwicklung zeigt sich bei den Beliefs zu Anwendungs- und Prozessaspekten. Beide entwickeln sich vom ersten zum zweiten Messzeitpunkt negativ. Der Anwendungsaspekt steigt dann zum dritten MZP wieder deutlich an. Der Systemaspekt entwickelt sich nach dem ersten Semester gegenläufig zu Anwendungs- und Prozessaspekt und steigt um etwa ein Drittel der Standardabweichung an. Zwischen dem ersten und zweiten MZP finden bei diesem Aspekt keine Veränderungen statt. Der Toolboxaspekt bleibt über alle Messungen stabil und ohne nennenswerte Änderungen. Bei den Lernstrategien lassen sich mit Ausnahme des Elaborierens keine systematischen Abweichungen ausmachen. Das Elaborieren geht nach dem ersten Semester zurück, steigt aber zum dritten MZP wieder an.

36.4.3 Einflüsse der Beliefs auf das Interesse

Wie im Abschnitt zur Konzeptionalisierung des Interesses bereits beschrieben, gehen wir davon aus, das Interesse als Person-Gegenstands-Relation von der Gegenstandsauffassung (konzeptionalisiert über die Beliefs) abhängt. Deshalb wählen wir als Einflussgrößen (unabhängige Variablen) das Interesse sowie die jeweiligen Beliefs zum vorangegangenen MZP, um die Varianz der Interessewerte zum nachfolgenden MZP zu erklären. Zur Ermittlung der (nun gerichteten) Einflüsse führen wir Regressionsanalysen durch: Wir nehmen einen linearen Einfluss an und bestimmen die Regressionskoeffizienten auf der vorliegenden Datengrundlage. Der Regressionskoeffizient β gibt quadriert den durch die jeweilige unabhängige Prädiktor-Variable erklärten Anteil der Varianz der abhängigen Variablen an.

Tab. 36.5 Regressionsanalysen, Wirkung der Beliefs auf Interesse

(N = 36)	Wirkung auf Interesse zum MZP 2			Wirkung auf Interesse zum MZP 3		
	β	p	R^2	β	p	R^2
Vor-Interesse	**0,678**	**< 0,001**		**0,851**	**< 0,001**	
Beliefs Anwendungsaspekt	0,112	0,473		−0,200	0,171	
Beliefs Prozessaspekt	0,043	0,792	0,59	0,011	0,937	0,69
Beliefs Systemaspekt	−0,031	0,832		**0,315**	**0,009**	
Beliefs Toolboxaspekt	0,144	0,335		−0,117	0,320	

R^2 berichtet die gemeinsame Varianzaufklärung der abhängigen Variable (z. B. Interesse zum 2. MZP) durch alle in das Modell aufgenommenen unabhängigen Variablen (z. B. Interesse und Beliefs zum 1. MZP). Wählt man ein Modell mit nur einem Prädiktor, dann errechnet sich die Varianzaufklärung durch Quadrieren des Korrelationskoeffizienten. In einem Modell mit Vor-Interesse als einzige unabhängige Variable erklärt dieses 56 bzw. 60 % der Varianz des Interesses zum 2. bzw. 3. MZP. Das Aufnehmen von Beliefs in die Regression steigert die Varianzaufklärung auf 59 bzw. 69 %.

Die größte Vorhersagekraft auf das Interesse hat in beiden Analysen erwartungskonform das zuvor bereits vorhandene Interesse. Studierende, die sich anfangs für Mathematik interessieren, sind auch nach einem halben Jahr zum größeren Teil interessiert. Weitere Einflüsse durch Beliefs zeigen sich über das erste Semester hinweg nicht. Im Verlauf des zweiten Semesters zeigt sich aber ein deutlicher Einfluss der System-Beliefs, der (fast allein) mit neun weiteren Prozentpunkten ein Viertel der Restvarianz (40 Prozentpunkte) aufklärt, die nach dem Modell mit Vorinteresse als einzigem Prädiktor verbleibt. Studierende, die Mathematik nach einem Semester als logisch zusammenhängendes Gebäude sehen, können in der Folge mehr Interesse entwickeln (s. Tab. 36.5). Diese Wirkung widerspricht erneut dem im Kontext Schule festgestellten negativen Zusammenhang von System-Beliefs und Interesse, den wir für die Hochschule oben schon nicht bestätigen konnten. Sie erscheint aber durchaus plausibel, da die Hochschulmathematik einen anderen, formaleren Charakter hat als die Schulmathematik.

36.4.4 Wirkung von Interesse auf die Nutzung von Lernstrategien

Da Interesse nicht nur Lernen angenehmer machen kann, sondern auch Auswirkungen auf das Lernverhalten nachgewiesen wurden (s. o.), sollen abschließend Einflüsse vom Interesse auf die Lernstrategien untersucht werden. Wir wählen den Interesse-Wert gemeinsam mit dem jeweiligen Lernstrategie-Wert des vorangegangenen Zeitpunkts (unabhängige Variablen) aus, um die Einflüsse auf Lernstrategien (abhängige Variablen) wie oben mittels linearer Regressionsanalysen zu bestimmen (z. B. approximieren wir Elaborieren zum MZP 2 durch die Werte von Interesse zum MZP 1 und Elaborieren zum MZP 1).

Tab. 36.6 Regressionsanalysen, Wirkung von Interesse auf Lernstrategien

($N=36$)	Wirkung auf entsprechende Lernstrategie zum MZP 2			Wirkung auf entsprechende Lernstrategie zum MZP 3		
	β	p	R^2	β	p	R^2
Interesse	0,218	0,204	0,399	−0,074	0,671	0,463
Vorwert Lernstrategie Elaborieren	**0,476**	**0,008**		**0,727**	**<0,001**	
Interesse	0,007	0,500	0,590	0,027	0,815	0,597
Vorwert Lernstrategie Memorisieren	**0,779**	**<0,001**		**0,778**	**<0,001**	
Interesse	0,070	0,626	0,393	−0,082	0,625	0,203
Vorwert Lernstrategie Organisieren	**0,602**	**<0,001**		**0,473**	**0,008**	
Interesse	–	–	–	**0,249**	**0,051**	0,562
Vorwert Lernstrategie Anstrengung				**0,626**	**<0,001**	

Das Vor-Interesse erweist sich in (fast) keinem der Modelle als signifikanter Prädiktor für die Nutzung der Lernstrategien (s. Tab. 36.6). In dieser Längsschnitt-Modellierung ist das Interesse nicht dazu geeignet, die am Ende des Semesters berichteten Lernstrategien besser vorherzusagen als durch den jeweiligen Vorwert allein.

Versucht man allerdings in weiteren Modellen, die Lernstrategien zum Ende des ersten (zweiten) Semesters querschnittlich vorherzusagen und wählt das Interesse zum MZP 2 (MZP 3) als unabhängige Variable zusätzlich zum jeweiligen Strategie-Vorwert, wird das Bild etwas klarer: Für Memorisationsstrategien lassen sich immer noch keine Vorhersagen treffen, außer dass (nach wie vor) nur das vorherige Memorisationsverhalten ein guter Prädiktor ist. Es zeigt sich aber, dass das „aktuelle Interesse" zu beiden MZP zusätzlich zum bisherigen Lernverhalten merklich zur Vorhersage der Nutzung von Elaborationsstrategien beitragen kann ($\beta = 0,45$, $p = 0,003$ für MZP 2 und $\beta = 0,37$, $p = 0,008$ für MZP 3). Außerdem erklärt es im ersten ($\beta = 0,24$, $p = 0,087$) jedoch nicht im zweiten Studiensemester ein höheres Maß an Varianz der Organisationsstrategien. Inwieweit aber Wechselwirkungen zwischen Lernverhalten(sänderung) und Interesse(entwicklung) hier eine Rolle spielen, können wir nicht abschließend klären.

36.5 Diskussion

Mit Blick auf die erste Forschungsfrage lässt sich konstatieren, dass das Mathematik-Interesse der Grundschullehramtsstudierenden mit Pflichtfach geringer als das Interesse anderer Lehrämter ist, die große Mehrzahl Mathe als wenig interessant einstuft und dem Dozent wohl gern mit „Nein Danke" abwinken würde. Aufgrund der hohen Bedeutung des Interesses für Motivation und Leistungen im Studium sollte also in Vorlesungen und

Seminaren ein besonderes Augenmerk auf die Förderung des Interesses bei den Grundschulstudierenden gelegt werden. In verschiedenen Studien gibt es bereits erste Hinweise, welche Lernumgebungen die Interessenentwicklungen beeinflussen können (Wigfield und Camria 2010). Speziell in Mathematik zeigte sich die Behandlung von multiplen Lösungen zu Modellierungsaufgaben interessenförderlich (Schukajlow und Krug 2014). Ein weiterer Grund für die Notwendigkeit, Interesse zu steigern, ist die künftige Tätigkeit als Lehrperson: Wenn die Lehrkraft ohne Begeisterung unterrichtet und keine Vorbildfunktion übernimmt, kann darunter die Unterrichtsqualität leiden (Kunter et al. 2008) In der Entwicklung (zweite Forschungsfrage) nehmen Interesse und dynamische Beliefs einen ähnlichen Weg. Nach einem spürbaren Rückgang im ersten Semester, „erholen" sich die Werte im zweiten wieder etwas. Die System-Beliefs steigen leicht, die Toolbox-Beliefs sinken leicht über die untersuchte Zeitspanne. Ähnlich wie beim Interesse gibt es ein Absinken mit anschließender Erholung auch bei den Elaborationsstrategien, nicht aber beim Memorisieren (leichter Anstieg) und Organisieren (leichter Rückgang). Insgesamt ist also gerade bei den für Lernerfolg theoretisch bedeutsamen Konstrukten (Interesse, dynamische Beliefs, Elaborieren) im ersten Semester eine Verschlechterung zu sehen. Das deckt sich mit der von vielen Dozenten regelmäßig geäußerten Beobachtung, dass der Studienstart nicht leicht sei und einige Studierende Schwierigkeiten hätten, sich auf das Fach einzustellen. Die anschließende Erholung der Werte lässt sich als Anpassung der Studierenden an die universitäre Mathematik und Arbeitsweise deuten. Ein weiterer Grund für die negative Entwicklung von Interesse kann ein eingeschränktes Autonomieerleben von Studierenden in Vorlesungen und Seminaren sein. Bekanntlich sind Autonomie- und Kompetenzerleben wichtige Voraussetzungen für die positive Entwicklung von Interesse (Krapp 2005; Schukajlow und Krug 2014). Da die Lehrveranstaltungen im ersten Studienjahr in der Studienordnung vorgegeben sind und auch in der Lehrveranstaltungen selten Wahlmöglichkeiten (Aufgaben, Sozialformen etc.) für Studierenden bestehen, können negative Auswirkungen auf Autonomie und Kompetenzerleben und somit auch auf das Interesse entstehen.

Bezüglich der dritten Forschungsfrage nach dem Zusammenhang von Interesse mit Beliefs und Lernstrategien können die aus der Schule bekannten Ergebnisse (Köller et al. 2001) weitgehend bestätigt werden. Anstrengung, elaboriertes und organisierendes Lernen sowie dynamische Beliefs korrelieren positiv mit Interesse. Es ist bemerkenswert, dass Interesse und Memorisieren nicht (auch nicht negativ) korrelieren. Das verwundert allerdings nicht, wenn wir davon ausgehen, dass auch die Interessierten „Fleißarbeit" verrichten (müssen). Nicht bestätigt werden konnte der leicht negative Zusammenhang von statischen Beliefs und Interesse.

Der Einfluss der Beliefs (vierte Forschungsfrage) stellt sich eher unerwartet dar. Während sich auf der Basis von Korrelationen noch deutliche Zusammenhänge von Beliefs und Interesse zeigte, wirken in dem Modell zur Prognose des Interesses durch Beliefs und Vorinteresse weder dynamische Beliefs förderlich, noch statische Beliefs interessebehindernd. Ganz im Gegenteil erweisen sich die System-Beliefs im späteren Studium sogar als positiver Prädiktor für Interesse. Letzteres lässt sich gut erklären mit der „neuen Art" von Mathematik, deren Stringenz und Klarheit als interessant empfunden werden kann. Zudem ist der Aufbau als logisches Gebäude in der Hochschule viel stärker sichtbar als in der Schule. Die Unwirksamkeit der dynamischen Beliefs in unserer Studie könnte sich aber z. B. darüber erklären, dass sie bereits im Prädiktor Vor-Interesse enthalten sind, mit der zumindest die dynamischen Beliefs mittel bis stark korrelieren. Zudem vermuten wir die Wirkung unmittelbarer. Es könnte durchaus sein, dass sich durch einen Wandel der Sichtweisen auf Mathematik das Interesse steigern lässt, für die Messbarkeit aber die Zeitabstände von je einem Semester zu lang sind. Diese Ergebnisse eröffnen neue Perspektiven für die Praxis: In letzter Zeit durchgeführte Lehrinnovationen zur Beeinflussung von Beliefs versuchen in der Regel eine Veränderung der Beliefs hin zu einer dynamischen Sicht zu initiieren und klammern Systemaspekte eher aus (Bernack 2011; Grootenboer 2008). Unsere Ergebnisse deuten jedoch auf die Bedeutung der Systemaspekte hin, so dass die Lehrinnovationen diese Beliefs stärker in den Fokus stellen sollen.

Bezogen auf die Lernstrategien (fünfte Forschungsfrage) zeigt sich entgegen unserer Erwartung in einer längsschnittlichen Modellierung kein Einfluss von Interesse. Wir vermuten, dass die Messzeitpunkte für eine Vorhersage des Lernverhaltens durch das Interesse zu weit auseinanderliegen und in zu verschiedenen Phasen des Studiums (Studienbeginn, erste Prüfungsphase zum Fach, zweite Prüfungsfrage zu Fach und Didaktik) liegen. Wünschenswert für weitere Untersuchungen wäre also eine zeitlich getrennte, aber nicht so weit auseinanderliegende Erhebung von Vorinteresse und Lernverhalten. Der erwartete Einfluss von Interesse auf Elaborieren und Anstrengung kann in querschnittlichen Modellen bestätigt werden, wobei durch die zeitgleiche Erhebung Wechselwirkungen nicht ausgeschlossen werden können.

Wir möchten den Übergang Schule-Hochschule noch besonders diskutieren: Die Angaben der Studierenden beziehen sich zum MZP 1 wohl auf die Schule, während später die Erfahrungen an der Universität maßgeblich sind. Dennoch haben wir sehr hohe Korrelationen zwischen den Interessewerten der verschiedenen Messzeitpunkte gefunden, die mit den Werten aus Schulstudien vergleichbar sind.

Wir gehen für diesen speziellen Fall deshalb davon aus, dass sich der betrachtete Gegenstand „Mathematik" nicht so gravierend verändert, dass man im Sinne der Person-Gegenstands-Relation Interesse von einem neuen Konstrukt ausgehen müsste. Das begründet sich auch dadurch, dass die Fachvorlesung für das Grundschullehramt, wenn auch vertieft und vom höheren Standpunkt aus, (fast) nur Inhalte der Primar- und Sekundarstufe behandeln und etliche direkte Bezüge zur Schulmathematik hergestellt werden. Gleiches gilt in unserer Untersuchung für die Beliefs, also die Ausprägungen des mathematischen Weltbildes, die direkt mit der Art der bekannten Mathematik zusammenhängen. Ob diese Antwort auch für andere (Lehramts-) Studiengänge zutrifft, d. h. ob solche Konstrukte im Übergang von Schule zu Hochschule verändert werden oder eher neu entstehen, können wir damit aber nicht sagen.

Schließlich wollen wir einschränkend festhalten, dass die Daten zu einzelnen Messzeitpunkten, vor allem aber die längsschnittlichen Daten, aus einer sehr kleinen Stichprobe gewonnen wurden, die durch die Abhängigkeit von der Kooperationsbereitschaft der Studierenden verzerrt sein könnte. Die geringe Teilnehmerzahl kann z. B. dazu führen, dass tatsächliche, in der Praxis bedeutsame, Zusammenhänge bzw. Unterschiede nicht signifikant geworden sind. Weiter bergen Selbstberichte sicherlich gewisse Unschärfen in Bezug auf das tatsächliche Verhalten. Für die weitere Forschung würden wir die Ergebnisse deshalb gern absichern, insbesondere größere Gruppen und weitere Messzeitpunkte wären wünschenswert. Gerade die überraschenden (nicht-)Einflüsse der Beliefs sollten näher untersucht werden. Praktische Maßnahmen zur Steigerung der Motivation und Identifikation mit dem Fach setzen derzeit eher auf die Stärkung dynamischer Ansichten als auf systematische. Zukünftig könnte auch untersucht werden, wie heterogen die Interesse-Entwicklung bei verschiedenen Studierendengruppen verläuft.

Für die Lehre kann man festhalten, dass sich das Interesse mit all seinen positiven Wirkungen nach einem anfänglichen Abfall an der Universität durchaus steigern kann – und die Studierenden dann hoffentlich nicht mehr sagen „Mathe – Nein Danke!".

Literatur

Abel, J. (1996). Studienbedingungen, Studieninteresse und Interessenstruktur bei Studierenden für Lehrämter der Primarstufe und Sekundarstufe II. In W. Bos, & C. Tarnai (Hrsg.), *Ergebnisse qualitativer und quantitativer Empirischer Forschung*. Münster: Waxmann.

Artelt, C. (1999). Lernstrategien und Lernerfolg – Eine handlungsnahe Studie. *Zeitschrift für Entwicklungspsychologie und Pädagogische Psychologie, 31*(2), 86–96.

Baumert, J., Bos, W., & Lehmann, R. (Hrsg.). (2000). *TIMSS/III: Dritte Internationale Mathematik- und Naturwissenschaftsstudie – Mathematische und Naturwissenschaftliche Bildung am Ende der Schullaufbahn*. Opladen: Leske+Budrich.

Baumert, J., Blum, W., Brunner, M., Dubberke, T., Jordan, A., & Klusmann, U. et al. (2009). *Professionswissen von Lehrkräften, kognitiv aktivierender Mathematikunterricht und die Entwicklung von mathematischer Kompetenz (COACTIV). Dokumentation der Erhebungsinstrumente*. Materialien aus der Bildungsforschung, Bd. 83. Berlin: Max-Planck-Institut für Bildungsforschung.

Bernack, C. (2011). Understanding the Impact of a Problem Solving Course on Pre-Service Teachers' Beliefs. In B. Roesken, & M. Casper (Hrsg.), *Current State of Research on Mathematical Beliefs XVII: Proceedings of the MAVI-17 Conference* (S. 23–32). Bochum: Professional School of Education, Ruhr-Universität Bochum.

Bortz, J. (2009). *Statistik: Für Human- und Sozialwissenschaftler*. Berlin: Springer.

Deci, E. L., & Ryan, R. M. (1993). Die Selbstbestimmungstheorie der Motivation und ihre Bedeutung für die Pädagogik. *Zeitschrift für Pädagogik, 39*(2), 223–238.

Frenzel, A. C., Goetz, T., Pekrun, R., & Watt, H. M. G. (2010). Development of Mathematics Interest in Adolescence: Influences of Gender, Family, and School Context. *Journal of Research on Adolescence, 20*(2), 507–537. doi:10.1111/j.1532-7795.2010.00645.x.

Griese, B., Glasmachers, E., Härterich, J., Kallweit, M., & Roesken, B. (2011). Engineering Students and their Learning of Mathematics. In B. Roesken, & M. Casper (Hrsg.), *Current State of Research on Mathematical Beliefs XVII: Proceedings of the MAVI-17 Conference* (S. 85–96). Bochum: Professional School of Education, Ruhr-Universität Bochum.

Grigutsch, S., Raatz, U., & Törner, G. (1998). Einstellungen gegenüber Mathematik bei Mathematiklehrern. *Journal für Mathematik-Didaktik, 19*(1), 3–45.

Grootenboer, P. (2008). Mathematical Belief Change in Prospective Primary Teachers. *Journal of Mathematics Teacher Education, 11*(6), 479–497. doi:10.1007/s10857-008-9084-x.

Heublein, U., Schmelzer, R., & Sommer, D. (2008). *Die Entwicklung der Studienabbruchquote an den deutschen Hochschulen. Ergebnisse einer Berechnung des Studienabbruchs auf der Basis des Absolventenjahrgangs 2006.* Hannover: HIS.

Hidi, S., & Renninger, K. A. (2006). The Four Phase Model of Interest Development. *Educational Psychologist, 41*(2), 111–127.

Köller, O., Baumert, J., & Schnabel, K. (2001). Does Interest Matter? The Relationship between Academic Interest and Achievement in Mathematics. *Journal for Research in Mathematics Education, 32*(5), 448–470.

Kolter, J., Blum, W., Schukajlow, S., Haase, J., Bender, P., Biehler, R., et al. (eingereicht). *Zur Messung, zum Erwerb und zur Förderung studentischen (Fach-)Wissens in der Vorlesung „Arithmetik für die Grundschule" im KLIMAGS-Projekt.* Eingereicht für den Tagungsband der Fachtagung Innovative Konzepte für die Grundschullehrerausbildung im Fach Mathematik (Erfurt 2013).

Krapp, A. (1992). Das Interessenkonstrukt – Bestimmungsmerkmale der Interessenhandlung und des individuellen Interesses aus der Sicht einer Person-Gegenstands-Konzeption. In A. Krapp, & M. Prenzel (Hrsg.), *Interesse, Lernen, Leistung* (S. 297–329). Münster: Aschendorff.

Krapp, A. (2005). Basic Needs and the Development of Interest and Intrinsic Motivational Orientations. *Learning and Instruction, 15*, 381–395.

Kunter, M., Tsai, Y.-M., Klusmann, U., Brunner, M., Krauss, S., & Baumert, J. (2008). Students' and mathematics teachers' perceptions of teacher enthusiasm and instruction. *Learning and Instruction, 18*(5), 468–482.

Prenzel, M., Baumert, J., Blum, W., Lehmann, R., Leutner, D., & Neubrand, M. et al. (Hrsg.). (2006). *PISA 2003: Untersuchungen zur Kompetenzentwicklung im Verlauf eines Schuljahres.* Münster: Waxmann.

Rach, S., & Heinze, A. (2013). Welche Studierenden sind im ersten Semester erfolgreich? Zur Rolle von Selbsterklärungen beim Mathematiklernen in der Studieneingangsphase. *Journal für Mathematik-Didaktik, 34*(1), 121–147.

Renkl, A., Stark, R., Gruber, H., & Mandl, H. (1998). Learning from Worked-Out-Examples: The Effect of Example Variability and Elicted Self-Explanations. *Contemporary Educational Psychology, 23*(1), 90–108.

Rheinberg, F., & Wendland, M. (2000). *Potsdamer-Motivations-Inventar für das Fach Mathematik (PMI-M).* Potsdam: Universität Potsdam: Institut für Psychologie.

Rheinberg, F., & Wendland, M. (2001). *DFG-Bericht zum Projekt „Förderung von Motivationskomponenten".* Potsdam: Universität Potsdam.

Rheinberg, F., & Wendland, M. (2002). Veränderung der Lernmotivation in Mathematik: Eine Komponentenanalyse. *Zeitschrift für Pädagogik, 45*(Beiheft), 308–319.

Schukajlow, S., & Krug, A. (2014). Do multiple solutions matter? Prompting multiple solutions, interest, competence, and autonomy. *Journal for Research in Mathematics Education, 45*(4), 497–533.

Schukajlow, S., & Leiss, D. (2011). Selbstberichtete Strategienutzung und mathematische Modellierungskompetenz. *Journal für Mathematikdidaktik, 32*(1), 53–77.

Spörer, N., & Brunstein, J. C. (2006). Erfassung selbstregulierten Lernens mit Selbstberichtsverfahren: Ein Überblick zum Stand der Forschung. *Zeitschrift für Pädagogische Psychologie, 20*(3), 147–160.

Wigfield, A., & Cambria, J. (2010). Students' Achievement Values, Goal Orientations, and Interest: Definitions, Development, and Relations to Achievement Outcomes. *Developmental Review, 30*, 1–35.

Wild, K.-P., & Schiefele, U. (1994). Lernstrategien im Studium: Ergebnisse zur Faktorenstruktur und Reliabilität eines neuen Fragebogens. *Zeitschrift für Differentielle und Diagnostische Psychologie, 15*(4), 185–200.

Wild, K.-P., Krapp, A., & Winteler, A. (1992). Die Bedeutung von Lernstrategien zur Erklärung des Einflusses von Studieninteresse auf Lernleistungen. In A. Krapp, & M. Prenzel (Hrsg.), *Interesse, Lernen, Leistung. Neuere Ansätze der pädagogisch-psychologischen Interessenforschung* (S. 279–295). Münster: Aschendorff.

Willems, A. S. (2011). *Bedingungen des situationalen Interesses im Mathematikunterricht eine mehrebenenanalytische Perspektive.* Empirische Erziehungswissenschaft, Bd. 30. Münster: Waxmann.

Identifizierung von Nutzertypen bei fakultativen Angeboten zur Mathematik in wirtschaftswissenschaftlichen Studiengängen

37

Angela Laging und Rainer Voßkamp

Zusammenfassung

An vielen Hochschulen werden vor allem im Bereich Mathematik Lehr-Lern-Innovationen entwickelt und eingesetzt, um Problemen, die mit der zunehmenden Heterogenität der Studienanfänger/innen verbunden sind, entgegenzuwirken. Hintergrund der Probleme sind vielfach unzureichende schulmathematische Kenntnisse, die für das Studium eigentlich vorausgesetzt werden. Vorkurse, Tutorien, Tests und weitere Angebote sollen dazu beitragen, dass die Studienanfänger/innen Defizite erkennen, aufarbeiten und das selbständige Lernen an der Hochschule trainieren. Es zeigt sich allerdings, dass die Angebote in sehr unterschiedlicher Weise genutzt werden. Insbesondere kann festgestellt werden, dass ein Großteil der Studienanfänger/innen die Angebote überhaupt nicht nutzt. Deshalb stellen sich u. a. die folgenden Fragen: Welche Studierenden nutzen welche Angebote? Nutzt insbesondere die anvisierte Zielgruppe überhaupt die Angebote? Im Rahmen dieses Beitrages konnten vier Nutzertypen auf Basis ihres Nutzungs- und Arbeitsverhaltens identifiziert werden, die sich über weitere Eigenschaften wie u. a. die mathematische Leistung zu Beginn des Studiums, die mathematische Selbstwirksamkeit, das Selbstkonzept Mathematik, das Interesse an Mathematik und die Mathe-Ängstlichkeit charakterisieren lassen. Parallelen zu Lerntypen nach Creß und Friedrich (2000) konnten hergestellt werden. Zudem konnte eine Risikogruppe identifiziert werden, die mit ungünstigen Voraussetzungen das Studium beginnt und schlechte Leistungsentwicklungen zeigt. Als Datengrundlage dienen Befragungen und

Angela Laging ⊠
Universität Kassel, khdm, Kassel, Deutschland
e-mail: laging@khdm.de

Rainer Voßkamp
Universität Kassel, Institut für Volkswirtschaftslehre & khdm, Kassel, Deutschland
e-mail: vosskamp@uni-kassel.de

© Springer Fachmedien Wiesbaden 2016
A. Hoppenbrock et al. (Hrsg.), *Lehren und Lernen von Mathematik in der Studieneingangsphase*, Konzepte und Studien zur Hochschuldidaktik und Lehrerbildung Mathematik, DOI 10.1007/978-3-658-10261-6_37

Leistungstests, die im Rahmen einer Mathematikveranstaltung für wirtschaftswissenschaftliche Studiengänge an der Universität Kassel im Wintersemester 2011/12 durchgeführt wurden.

37.1 Einleitung

Hochschulen sind vermehrt mit Problemen der Heterogenität der Studienanfänger/innen konfrontiert. Viele beginnen das Studium mit mangelnden Vorkenntnissen aus der Schule und Problemen beim selbstorganisierten Lernen. Besonders schwerwiegend sind die Defizite in Mathematik. Viele Hochschulen reagieren mit der Entwicklung und Durchführung von zusätzlichen Angeboten für Studierende mit ungünstigen Voraussetzungen. Dazu gehören u. a. Vorkurse, Brückenkurse, Tutorien und Tests. Mit der Einführung von Lehr-Lern-Innovationen (LLI) stellen sich nicht nur Fragen hinsichtlich der Effektivität, sondern auch hinsichtlich der Nutzung der Angebote. Im Rahmen dieses Beitrages soll zum einen untersucht werden, ob Nutzertypen bei den Studierenden identifiziert werden können und ob ggf. diese Nutzertypen weitergehend charakterisiert werden können, insbesondere durch motivationale Variablen, wie z. B. die mathematische Selbstwirksamkeit, das Selbstkonzept Mathematik und das Interesse an Mathematik. Erkenntnisse über Nutzertypen und das Nutzungsverhalten ermöglichen ein auf die Zielgruppe(n) besser abgestimmtes Angebot an LLI und somit ggf. eine größere Erreichbarkeit sowie einen gezielteren Einsatz von Ressourcen.

An der Universität Kassel wurden im Bereich Wirtschaftswissenschaften einige LLI eingeführt, die mit Orientierung am Projekt LIMA (Biehler et al. 2010) entwickelt wurden. Sie sollen den Studierenden frühzeitig Rückmeldung zu ihren Leistungen geben, was vor allem in Form von aufgaben- und prozessbezogenem Feedback eine wichtige Rolle bei der Leistungsentwicklung spielt (Hattie und Timperley 2007). Es handelt sich um fakultative Angebote, bei denen die Studierenden selbst entscheiden können, ob sie diese nutzen möchten.

Der Beitrag ist wie folgt strukturiert: Zunächst wird ein theoretisches Modell zur Erklärung von Wahlentscheidungen herangezogen. Hierdurch werden wesentliche Komponenten sichtbar, die eine wichtige Rolle bei der Entscheidung zur Nutzung freiwilliger Angebote haben. Die identifizierten Variablen werden im empirischen Teil für die Charakterisierung der Nutzertypen verwendet. Für spätere Vergleiche der Nutzertypen mit anderen Typisierungen wird im theoretischen Teil auch auf Lerntypen eingegangen. Die resultierenden Forschungsfragen werden am Ende dieses Kapitels herausgearbeitet. Das Kapitel Methoden widmet sich der Datengrundlage, der Stichprobe, den Erhebungsinstrumenten und den Auswertungsmethoden. Die Ergebnisse der Analysen, die im darauf folgenden Kapitel vorgestellt werden, gliedern sich in eine deskriptive Übersicht zur Nutzung der Angebote, der Identifizierung von Nutzertypen über Clusterbildung und der Charakterisierung der einzelnen Nutzertypen. Abschließend werden die Ergebnisse diskutiert und es wird ein Ausblick gegeben.

37.2   Theoretische und empirische Befunde

37.2.1   Wahlentscheidungen

Die Studierenden haben die Möglichkeit, die fakultativen Angebote zu nutzen oder auch nicht, d. h. sie haben die Wahl. Für die Vorhersage von Kurswahlverhalten ist das Erwartungs-mal-Wert-Modell weit verbreitet (Köller et al. 2000). Es lässt sich sehr gut auf die vorliegende Situation übertragen, da der Entscheidungsprozess darin eingebettet werden kann (Eccles 1985). Die Erwartungskomponente entspricht der Erfolgserwartung in Form von mathematischer Selbstwirksamkeit bzw. dem Selbstkonzept Mathematik. Nach Köller et al. (2000) kann die Erfolgserwartung in die drei Facetten Wichtigkeitskomponente, emotionale Komponente (Interesse) und Nützlichkeitskomponente gegliedert werden, was über das Interesse an Mathematik und den wahrgenommenen Nutzen von Mathematik erhoben werden kann. In einigen Fällen wird dem Erwartungs-mal-Wert-Modell eine weitere affektive Komponente hinzugefügt (u. a. Hodapp und Mißler 1996; Pintrich und De Groot 1990), die der Mathe-Ängstlichkeit entspricht. Somit können aus theoretischer Sicht die mathematische Selbstwirksamkeit (mswk), das Selbstkonzept Mathematik (msk), das Interesse an Mathematik (int), der wahrgenommene Nutzen von Mathematik (num) und die Mathe-Ängstlichkeit (mAng) als wichtige Variablen beim Entscheidungsprozess identifiziert werden. Dies wird durch empirische Studien bestätigt. Sie zeigen, dass die Wahl von freiwilligen Mathematikkursen vor allem von dem Vertrauen in die eigenen Fähigkeiten abhängt. Bei Stevens et al. (2007) beeinflussen Selbstwirksamkeit und Interesse die Mathematikkurswahl von Acht- und Neuntklässlern in den USA. Auch Lantz und Smith (1981) zählen das Vertrauen in die eigenen Fähigkeiten zusammen mit dem subjektiven Wert von Mathematik und der Unterstützung von anderen als wichtigste Faktoren in der Mathematikkurswahlentscheidung. Entsprechend halten sie Interventionen, die das Vertrauen in die eigenen Fähigkeiten und die Freude an Mathematik stärken, am effektivsten zur Beeinflussung des Entscheidungsverhaltens. Hackett (1985) weist u. a. Selbstwirksamkeit, Mathematikangst und Geschlecht als Determinanten der Wahl mathematischer Hauptfächer bei College-Studierenden nach. Köller et al. (2000) identifizieren das fachspezifische Selbstkonzept als stärksten Prädiktor für die Leistungskurswahl in Mathematik, wobei auch das Interesse eine wichtige Determinante darstellt. Der Einfluss des Selbstkonzeptes bzw. der Selbstwirksamkeit und des Interesses auf die Leistungskurswahl wird in weiteren Studien bestätigt (u. a. Hodapp und Mißler 1996; Köller et al. 2006). In einigen Studien konnten Unterschiede im Wahlverhalten freiwilliger Mathematikkurse und bei der Leistungskurswahl bezüglich des Geschlechts festgestellt werden, wobei Mädchen sich seltener für Mathematik entscheiden (u. a. Hackett 1985; Hodapp und Mißler 1996; Stevens et al. 2007).

Die Selbstwirksamkeit, das Selbstkonzept und das Interesse hängen nicht nur mit Wahlentscheidungen, sondern auch mit der Leistung zusammen. Sowohl der Selbstwirksamkeit als auch dem Selbstkonzept wird ein starker positiver Zusammenhang zur schulischen Leistung zugesprochen, der in zahlreichen Studien bestätigt wurde, wie u. a. in Meta-

Analysen gezeigt wurde (u. a. Huang 2011; Möller et al. 2009; Multon et al. 1991). Auch der positive Zusammenhang von Interesse und Leistung wurde in Meta-Analysen nachgewiesen (u. a. Schiefele et al. 2003).

Für Übergangssituationen wie den Schulwechsel oder den Beginn des Studiums werden u. a. aufgrund des Bezugsgruppenwechsels der Selbstwirksamkeit und dem Selbstkonzept eine besondere Bedeutung zugesprochen. Die Selbstwirksamkeit und der Optimismus haben bei Studienanfänger/innen Einfluss auf die Leistung und die persönliche Anpassung und Regulierung (Chemers et al. 2001). Bei einer höher ausgeprägten Selbstwirksamkeit wird das Studium eher als Herausforderung statt als Bedrohung wahrgenommen. Der Wechsel von der Grundschule in die weiterführende Schule ist vor allem für Schüler/innen mit geringeren kognitiven, motivationalen und sozialen Ressourcen schwierig, wobei eine positive Entwicklung des Selbstkonzeptes als Indikator für eine günstige Bewältigung des Übergangs angesehen wird (Aust et al. 2010).

37.2.2 Lerntypen

Lernende unterscheiden sich bezüglich vieler Variablen, insbesondere des Einsatzes von Lernstrategien. Es gibt Lerner, die eher zu Oberflächenstrategien (surface approach) wie Wiederholungsstrategien neigen und Lerner, die vor allem Tiefenstrategien (deep approach) verwenden (Marton und Säljö 1976, zit. nach Creß und Friedrich 2000). Bei ihrer Clusteranalyse mit 724 Fernstudierenden unterschiedlicher Fachrichtungen (u.a. Informatik, BWL, Maschinenbau) auf Basis von Lernstrategie-, Motivations- und Selbstkonzeptvariablen konnten Creß und Friedrich (2000) vier Lerntypen identifizieren: Tiefenverarbeiter, Wiederholer, Minimal-Lerner und Minmax-Lerner. Der Tiefenverarbeiter und der Minmax-Lerner zählen zu den erfolgreichen Lerntypen mit höherem Vorwissen, höherem Lernerfolg und geringer Tendenz zum Studienabbruch. Der Wiederholer und der Minimal-Lerner hingegen sind als eher weniger erfolgreiche Lerntypen einzuordnen. Sie weisen ein geringeres Vorwissen, einen geringeren Studienerfolg und eine höhere Tendenz zum Studienabbruch auf.

37.2.3 Resultierende Forschungsfragen

Die bisherigen Studienergebnisse beziehen sich überwiegend auf die Wahl von freiwilligen Mathematikkursen in den USA oder Leistungskurswahlen in Deutschland und können somit nur bedingt auf die Situation der fakultativen Angebote an Hochschulen übertragen werden. In diesem Bereich fehlt es noch an Forschungsergebnissen. Trotz der Unterschiede kann vermutet werden, dass das Vertrauen in die eigenen Fähigkeiten (mswk, msk), das Interesse, der wahrgenommene Nutzen und die Mathe-Ängstlichkeit eine wichtige Rolle bei der Entscheidung für oder gegen die Nutzung von fakultativen Angeboten spielen.

Im Rahmen dieser Studie soll untersucht werden, ob die Studierenden auf Basis ihres Nutzungsverhaltens der fakultativen Angebote zu Nutzertypen zusammengefasst werden können. Des Weiteren werden die Nutzertypen u. a. über bildungsbiografische und motivationale Variablen charakterisiert und mit bekannten Lerntypen verglichen. Es wird vermutet, dass die bereits genannten Konzepte zur Charakterisierung beitragen.

37.3 Methode

37.3.1 Datengrundlage

Als Datengrundlage dienen zwei Befragungen mit Leistungstests im Wintersemester 2011/12, die innerhalb des Teilprojekts „Heterogenität der mathematischen Vorkenntnisse und Selbstwirksamkeitserwartungen von Studienanfänger/innen in wirtschaftswissenschaftlichen Studiengängen" der AG Wiwi-Math des Kompetenzzentrums Hochschuldidaktik Mathematik (khdm) an der Universität Kassel eingesetzt wurden. Die Befragungen wurden in der Lehrveranstaltung „Mathematik für Wirtschaftswissenschaften I" durchgeführt, die seit dem Wintersemester 2011/12 von fakultativen Zusatzangeboten begleitet wird. Zu Beginn des Semesters (Zeitpunkt T1) und zur Mitte des Semesters (Zeitpunkt T2) wurden Befragungen mit Leistungstests zu schulmathematischen Kenntnissen innerhalb der Vorlesung im Hörsaal durchgeführt. Ergänzend wurde zu T2 eine Befragung ohne den Leistungstest in den Tutorien eingesetzt um möglichst viele Studierende zur Nutzung der Angebote zu befragen, unabhängig davon, ob sie die Vorlesung besuchten. Aufgrund der unterschiedlichen Beteiligung und einzelner fehlender Werte kann die zugrundeliegende Stichprobengröße variieren, je nachdem welche Skalen in den Analysen verwendet werden.

37.3.2 Stichprobe

Zu T1 wurden 447 Studierende befragt, von denen 71 % Wirtschaftswissenschaften, 24 % Wirtschaftspädagogik und 4 % andere Studiengänge wie z. B. Wirtschaftsromanistik studieren. Für die Wirtschaftswissenschaftler/innen ist die Veranstaltung verpflichtend, für die Wirtschaftspädagog/innen nicht, da sie die Wahl zwischen dieser und einer weiteren Veranstaltung haben. Empfohlen wird die Lehrveranstaltung für Studierende im ersten Semester. In der Folge sind 80 % der Befragten im ersten Semester. Etwa 15 % gaben an, die Vorlesung bereits in einem vorherigen Semester besucht zu haben, 12 % haben die Klausur bereits erfolglos mitgeschrieben. Der Frauenanteil liegt bei 48 %. Mehr als die Hälfte (54 %) hat kein Abitur oder keinen vergleichbaren Abschluss, sondern einen Fachoberschulabschluss (o. ä.). Zu T2 wurden 293 Studierende befragt, von denen 237 in der Vorlesung befragt wurden. Weitere 56, die nicht an der Befragung in der Vorlesung

teilgenommen haben, wurden in den Tutorien erfasst. Über eine anonyme Identifikations-
nummer (ID) liegen von 208 Studierenden Daten zu beiden Messzeitpunkten vor.

37.3.3 Instrumente

Die verwendeten Skalen wurden zum Teil übernommen, aber auch selbst entwickelt und
weisen zufriedenstellende bis sehr gute psychometrische Werte auf. Zur Prüfung der internen Konsistenz wurde die Reliabilität mittels Cronbachs α geschätzt. Wenn nicht anders
vermerkt, ist das Antwortformat eine sechsstufige Ratingskala von „stimmt gar nicht" (1)
bis „stimmt völlig" (6). Die Skalen wurden über den Mittelwert gebildet. Es wird für die
weiteren Analysen von einem intervallskaliertem Skalenniveau ausgegangen, auch wenn
dies ein umstrittenes Verfahren ist, das aber in der Praxis vielfach angewendet wird (Bortz
und Döring 2006).

Sowohl der *Leistungstest* zu Beginn des Semesters (T1) als auch zur Mitte des Semesters (T2) beinhaltet je 30 Aufgaben zu Mathematikkenntnissen aus der Schule (Bruchrechnung, Terme, Gleichungen, Funktionen, Differentialrechnung). Die Leistungsskalen
erreichen α-Werte von 0,872 und 0,862. Die Leistung zu T1 korreliert mit der angegeben Schulnote in Mathematik in der Oberstufe ($r = -0,32$; $p < 0,001$). Gleiches gilt für die
Leistung zu T2 mit ($r = -0,27$; $p < 0,001$). Somit zeigen sich Korrelationen, die vergleichbar mit denen aus anderen Studien sind (u. a. Köller et al. 2000).

Die *mathematische Selbstwirksamkeitserwartung* (30 Items, $\alpha = 0,946$), basierend auf
Bandura (1997), wurde über ein aufgabenspezifisches Verfahren erfasst, wie es u. a. von
Schunk (1981) eingesetzt wurde. Vor der Ausgabe und Bearbeitung des Leistungstests
wurden mittels Power-Point-Präsentation die 30 Aufgaben für jeweils wenige Sekunden präsentiert. Nach der Präsentation jeder Aufgabe hatten die Studierenden auf einem
Selbsteinschätzungsbogen auf einer achtstufigen Antwortskala angegeben, wie sehr sie
sich zutrauen die jeweilige Aufgabe erfolgreich lösen zu können („traue ich mir gar nicht
zu" (1) bis „traue ich mir völlig zu" (8)). Die aus der Differenz zwischen eingeschätzter
und realisierter Leistung gemessene Selbstverschätzung wird für diese Analysen nicht verwendet, da eine differenziertere Trennung in einzelne Faktoren sinnvoll ist, was an anderer
Stelle behandelt wird (Laging 2013).

Die Skala zum *Selbstkonzept Mathematik* (3 Items, $\alpha = 0,891$) wurde vom Projekt
LIMA (Fischer et al. 2012) übernommen. Das Antwortformat ist eine sechsstufige Ratingskala mit unterschiedlichen Formulierungen.

Das *Interesse bezogen auf Mathematik* (4 Items, $\alpha = 0,932$) wurde anhand von vier
Items erhoben, die aus dem Co^2CA-Projekt (Bürgermeister et al. 2011) übernommen wurden, die wiederum eine Auswahl aus den Items der Interesse-Skala von Rakoczy et al.
(2005) darstellen.

Die Skala zum *wahrgenommenen Nutzen von Mathematik* (9 Items, $\alpha = 0,88$) wurde
neu entwickelt mit Anlehnung an die Skala „Outcome Expectancy" von Shell et al. (1989).
Die Studierenden sollten über neun Items auf einer sechsstufigen Ratingskala von „sehr

unwichtig" (1) bis „sehr wichtig" (6) bewerten, wie wichtig Fähigkeiten in Mathematik für das Studium und den Beruf sind.

Die Skala *Mathe-Ängstlichkeit* (3 Items, $\alpha = 0{,}85$) sowie eine Auswahl der Items zur Skala *Lernzielorientierung* (lzo) (3 Items, $\alpha = 0{,}849$) wurden vom Projekt LIMA (Fischer et al. 2012) übernommen.

Die *Lernstrategien in Mathematik* wurden anhand der fünf einzelnen Skalen *Memorisation* (3 Items, $\alpha = 0{,}694$), *Elaboration* (4 Items, $\alpha = 0{,}705$), *Kontrollstrategien* (5 Items, $\alpha = 0{,}751$), *Planung* (4 Items, $\alpha = 0{,}678$) und *heuristische Strategien* (5 Items, $\alpha = 0{,}75$) erfasst, die auf Fischer et al. (2012; angepasst nach Kunter et al. 2002) und Rakoczy et al. (2005) mit leichten Abänderungen und Kürzungen basieren.

Die Skalen *Anstrengung* (7 Items, $\alpha = 0{,}838$), *Persistenz* (4 Items, $\alpha = 0{,}838$) und *Regelmäßigkeit* (3 Items, $\alpha = 0{,}819$) zur Erfassung des Arbeitsverhaltens wurden zu T2 erhoben. Sie wurden in Anlehnung an Kunter et al. (2002) und Rakoczy et al. (2005) sowie einigen selbstformulierten Items entworfen.

Die *Nutzung der Angebote* wurde zu T2 mit einer sechsstufigen Skala zum Antworten von „nie" (1) bis „immer" (6) abgefragt und beruht somit auf den Aussagen der Studierenden. Die Nutzung der Angebote wird als Einzelitems behandelt und zu keiner Skala gebildet.

37.3.4 Auswertungsmethoden

Der Fokus der Analysen liegt auf den fakultativen Angeboten, die im laufenden Semester angeboten werden. Ein Vorkurs, der vor Beginn des Semesters stattfindet, wird hier nicht berücksichtigt. Dieser wurde bereits an anderer Stelle thematisiert (Voßkamp und Laging 2014). Wengleich mit „normalen" Tutorien und Intensivtutorien speziell für Studierende im dritten Prüfungsversuch ein differenziertes Angebot an Tutorien existiert, werden diese nachfolgend nicht unterschieden, da an den Intensivtutorien nur wenige Studierende teilgenommen haben. Ähnliches gilt für die Übungsaufgaben: Aus didaktischen Gründen werden „gewöhnliche Übungsaufgaben", „praktische Übungsaufgaben" und „Zusatzübungsaufgaben" bereitgestellt, wobei die praktischen Übungsaufgaben nur innerhalb der Tutorien zum Einsatz kommen. Sie sind somit nicht klar von den Tutorien abzugrenzen und werden deshalb hier nicht differenziert betrachtet.

Auf Basis der erhobenen Daten zu T2 wird die Nutzung der einzelnen Angebote deskriptiv über Boxplots betrachtet. Gruppen von Studierenden, die sich bezüglich Merkmale wie u. a. Geschlecht, Studiengang und Semester unterscheiden, werden über Mittelwertvergleiche (*t*-Tests, Varianzanalysen) hinsichtlich ihrer Nutzungsintensität der einzelnen Angebote untersucht. Zusammenhänge der erhobenen Variablen wie u. a. Selbstkonzept und Selbstwirksamkeit werden anhand der Produkt-Moment-Korrelation betrachtet.

Zur Identifizierung von Nutzertypen wird eine exploratorische Clusteranalyse durchgeführt. Das Ziel der Clusteranalyse liegt in der Bildung von Clustern, die in sich möglichst homogen sind und im Vergleich möglichst heterogen (Bacher et al. 2010). Aufgrund der angestrebten objektorientierten Datenanalyse ohne extrem hohe Fallzahlen wird das Ward-Verfahren mit euklidischer Distanz verwendet, welches zu den hierarchisch-agglomerativen Verfahren gehört und Clusterzentren als Repräsentanten verwendet (Bacher et al. 2010). Zur Beurteilung der Eignung der Daten für die Clusteranalyse wird der Agglomerative Coefficient (AC) herangezogen, der Werte zwischen 0 und 1 annehmen kann, wobei Werte über 0,5 als gut eingestuft werden (Hatzinger et al. 2011). Die Nutzung der Angebote wird zusammen mit den Variablen Anstrengung, Persistenz und Regelmäßigkeit als Basisvariablen verwendet. Zur Bestimmung der Clusteranzahl werden das zugehörige Dendrogramm und die Jump-Differenzierung herangezogen. Die Jump-Differenzierung, die auf dem Fusionskoeffizienten basiert, wird als etwas objektiver als das Dendrogramm bewertet, das nach den Bedürfnissen und der Meinung des Forschers interpretiert wird (Aldenderfer und Blashfield 1985). Bei einem besonders großen Sprung zwischen den Fusionskoeffizienten ist davon auszugehen, dass zwei eher ungleiche Cluster zusammengefügt wurden und entsprechend die vorherige Clusterlösung besser ist.

Zur Bestimmung und Charakterisierung der Nutzertypen werden die Gruppen bezüglich der Basisvariablen sowie aller metrischen Variablen mit Hilfe von Varianzanalysen auf Unterschiede untersucht. Zur Untersuchung auf Unterschiede der Nutzertypen bzgl. nominalskalierter Variablen wie u. a. Geschlecht werden Chi^2-Tests und bzgl. ordinalskalierter Variablen der Kruskal-Wallis-Test durchgeführt. Die Ergebnisse dieser Analyse werden für die Charakterisierung der Nutzertypen verwendet und für Vergleiche mit bereits bekannten Lerntypen.

37.4 Ergebnisse

37.4.1 Nutzung der Angebote

Im Wintersemester 2011/12 wurden die klassischen Angebote (Vorlesung (VL), Tutorium (Tut), Übungsaufgaben (UB)) nach Eigenaussage der Studierenden sehr stark genutzt und die neu eingeführten Angebote (Mathetreff (MT), wöchentlichen Kurztests mit Abgabe (Test_mit)) nur sehr gering, wie Abb. 37.1 zeigt. Bei den Zusatzaufgaben (ZU) und den wöchentlichen Kurztests ohne Abgabe (Test_ohne) ist die Streuung deutlich höher ausgeprägt.

Eine genauere Betrachtung der Angebote ergibt, dass die meisten Angebote von Studierenden aus höheren Semestern genutzt werden, die teilweise die Klausur bereits erfolglos mitgeschrieben haben. Geschlechterunterschiede sind keine festzustellen. Die Nutzungsintensität der Angebote, bei denen ein Tutor/eine Tutorin anwesend ist (Tutorium, Mathetreff), korreliert leicht negativ mit dem Selbstkonzept und teilweise auch der Leistung zu T1 sowie leicht positiv mit Mathe-Ängstlichkeit, wie in Tab. 37.1 abzulesen ist. Bei Angeboten wie den Kurztests und den Übungsaufgaben, bei denen Studierende (zunächst) auf sich allein gestellt sind, korrelieren die Nutzungsintensitäten leicht positiv mit der

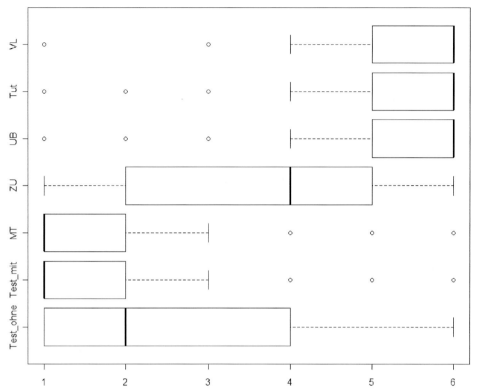

Abb. 37.1 Boxplots zur Nutzung der Angebote

Tab. 37.1 Produkt-Moment-Korrelation der Zusatzangebote mit ausgewählten Variablen

Variable	Tut	UB	ZU	MT	Test_mit	Test_ohne
Leistung T1	−0,15*	0,16*	0,12	−0,12	0,03	0,07
mswk	−0,09	0,13	0,11	−0,07	0,18*	0,11
msk	−0,17*	0,05	−0,02	−0,15*	−0,05	−0,09
mAng	0,21**	−0,04	0,06	0,19*	0,01	−0,03
int	−0,06	0,07	0,03	−0,10	0,02	−0,01
num	0,05	0,08	0,05	−0,02	0,07	−0,07

$** \ p < 0,01; \ * \ p < 0,05$

Leistung zu T1 und/oder der Selbstwirksamkeit. Bei der Bearbeitung und Abgabe der Kurztests scheint die Selbstwirksamkeit bedeutender als die Leistung.

Trotz der eher geringen Korrelationen sind erste leichte Tendenzen sichtbar, die vor allem die Rolle der Selbstwirksamkeit, des Selbstkonzepts und der Mathe-Ängstlichkeit sowie der Leistung zu T1 bei der Nutzung bestätigen. Die niedrigen Ausprägungen der Korrelationen lassen vermuten, dass weitere Variablen, die hier nicht erhoben wurden,

Tab. 37.2 Mittelwerte der Nutzertypen bzgl. der Basisvariablen

Variable	Selbst-Lerner ($n = 16$)	Traditionelle Lerner ($n = 116$)	Alles-Nutzer ($n = 50$)	Passiv-Nutzer ($n = 27$)
Tutorium	1,50	5,74	5,88	5,37
Übungsaufgaben	4,75	5,57	5,70	3,48
Zusatzaufgaben	3,31	3,47	5,02	2,70
Mathetreff	1,94	1,38	3,92	1,26
Test mit Abgabe	2,12	1,23	3,18	1,22
Test ohne Abgabe	2,31	2,59	3,36	1,56
Anstrengung	4,55	4,49	4,99	3,21
Persistenz	4,83	4,25	4,55	2,87
Regelmäßigkeit	4,94	5,17	5,45	3,06

von Bedeutung sein könnten. So könnten organisatorische Aspekte wie Überschneidungen mit anderen Veranstaltungen oder das Verhältnis zur jeweiligen Lehrperson oder soziale Aspekte aufgrund der Peer-Beziehungen eine Rolle spielen.

Es wird außerdem deutlich, dass die Angebote unterschiedliche Zielgruppen ansprechen. Leistungsschwächere Studierende mit geringerem Vertrauen in die eigenen Fähigkeiten und einer höher ausgeprägten Mathe-Ängstlichkeit suchen sich Unterstützung bei Angeboten mit direkten Ansprechpartnern, wohingegen die wöchentlichen Kurztests mit individuellem schriftlichem Feedback ein gewisses Maß an Selbstwirksamkeit benötigen.

37.4.2 Identifizierung von Nutzertypen

Zur Bildung der Nutzertypen werden die Angaben zur Nutzung der Angebote und das Arbeitsverhalten in Form von Anstrengung, Persistenz und Regelmäßigkeit als Basisvariablen verwendet. Die Daten sind bei einem AC von 0,94 für eine Clusteranalyse mit dem Ward-Verfahren sehr gut geeignet. Das zugehörige Dendrogramm spricht für eine Teilung in zwei oder vier Gruppen. Die Vier-Cluster-Lösung wird zusätzlich von der Jump-Differenzierung unterstützt, die bei der Verschmelzung von vier auf drei Cluster mit 9,82 den größten Sprung aufweist. Die Gruppen unterscheiden sich bezüglich der Basisvariablen stark signifikant ($p < 0{,}001$), wie Varianzanalysen ergeben. Die Mittelwerte der einzelnen Gruppen bzgl. der Variablen (mit 6er Skala) sind in Tab. 37.2 aufgelistet.

Vor dem Hintergrund der Ergebnisse (siehe Tab. 37.2) können die vier Cluster als „Selbst-Lerner", „Traditionelle Lerner", „Alles-Nutzer" und „Passiv-Nutzer" überschrieben werden. Die größte Gruppe wird von *Traditionellen Lernern* gestellt, die vor allem das Tutorium und die Übungsaufgaben, jedoch relativ selten die zusätzlichen Angebote nutzen. Diese Angebote werden überwiegend von den *Alles-Nutzern* in Anspruch genommen. Die *Selbst-Lerner* stellen die kleinste Gruppe dar und unterscheiden sich von den anderen Nutzertypen vor allem durch ihre sehr geringe Nutzung der Tutorien. Bis auf den

Tab. 37.3 Vergleich Nutzertypen über Chi^2-Test bzw. Kruskal-Wallis-Test (KW); verwendete Abkürzungen: Ausprägungen (AP), Geschlecht (G), weiblich (w), männlich (m), Fachsemester (FS), Klausur bereits mitgeschrieben (Kbm), Schulabschluss (SA), Abitur (Abi), Fachoberschulabschluss (FOS)

Variable	AP	SL	TL	AN	PN	Test-Statistik
G	w	5 (50 %)	40 (42 %)	20 (53 %)	10 (48 %)	$\chi^2 = 1{,}47$
	m	5 (50 %)	56 (58 %)	18 (47 %)	11 (52 %)	$p = 0{,}69$
FS	1./2.	9 (90 %)	83 (86 %)	27 (71 %)	20 (95 %)	KW-
	3./4.	1 (10 %)	10 (10 %)	8 (21 %)	1 (5 %)	$\chi^2 = 7{,}65$
	5./h.	0 (0 %)	3 (3 %)	3 (8 %)	0 (0 %)	$p = 0{,}05$
Kbm	Ja	0 (0 %)	9 (9 %)	12 (32 %)	1 (5 %)	$\chi^2 = 15{,}61$
	Nein	10 (100 %)	86 (91 %)	25 (68 %)	20 (95 %)	$p = 0{,}001$
SA	Abi	5 (50 %)	62 (65 %)	18 (46 %)	9 (43 %)	$\chi^2 = 6{,}02$
	FOS	5 (50 %)	34 (35 %)	21 (54 %)	12 (57 %)	$p = 0{,}11$

Besuch der Tutorien weist die Gruppe der *Passiv-Nutzer* fast überall die geringsten Werte auf und kennzeichnet sich anhand des deutlich geringeren Arbeitsverhaltens in Form von Anstrengung, Persistenz und Regelmäßigkeit.

37.4.3 Charakterisierung der Nutzertypen

Anhand genauerer Untersuchungen der Gruppen in Hinblick auf weitere Variablen, die in Tab. 37.3 und 37.5 dargestellt sind, können die Nutzertypen präziser charakterisiert werden. Dazu dienen vor allem die im theoretischen Teil hergeleiteten Variablen, denen ein Zusammenhang zu Wahlentscheidungen zugesprochen wird.

Die *Selbst-Lerner* (SL) gehen fast nie ins Tutorium und liegen bei der Nutzung der anderen Angebote eher im Mittelfeld. Sie zeigen relativ hohe Anstrengung und Regelmäßigkeit, höchste Persistenz und investieren mittelmäßig viel Zeit. Es handelt sich überwiegend um Studierende aus dem ersten Semester, die die Klausur meist noch nicht mitgeschrieben haben. Eine hohe Leistung im Eingangstest, hohes Selbstkonzept, geringe Mathe-Ängstlichkeit, starkes Interesse an Mathematik und eine ausgeprägte Lernzielorientierung sind kennzeichnend für diesen Nutzertyp. Insgesamt nutz er Lernstrategien relativ stark mit dem Schwerpunkt auf Elaborationsstrategien. Wie bereits im Leistungstest zu T1 erreichen die Selbst-Lerner auch im Leistungstest zu T2 die höchste Punktzahl bei mittlerem Leistungszuwachs.

Die *Traditionellen Lerner* (TL) benutzen fast nur die klassischen Elemente mit Tutorium und Bearbeitung der Übungsaufgaben. Bei den zusätzlichen Angeboten liegen sie eher im Mittelfeld. Sie weisen eine relativ hohe Anstrengung, Regelmäßigkeit und Persistenz auf und investieren mittelmäßig viel Zeit. Diese Gruppe weist den höchsten Anteil an Abiturienten auf. Die Nutzung von Lernstrategien ist insgesamt relativ hoch ausgeprägt. Bei allen anderen Variablen liegen die traditionellen Lerner eher im Mittelfeld.

Tab. 37.4 Vergleich Nutzertypen über Varianzanalyse

Variable	SL	TL	AN	PN	ANOVA
Leistung T1 (1 bis 30)	11,60	8,49	8,14	5,20	$F = 4,115$ $p = 0,008$
Mswk (1 bis 8)	5,71	5,13	5,31	4,49	$F = 2,403$ $p = 0,070$
Msk (1 bis 6)	4,20	3,76	3,52	3,38	$F = 3,374$ $p = 0,020$
Int (1 bis 6)	4,33	3,87	3,68	3,08	$F = 3,183$ $p = 0,026$
Lzo (1 bis 6)	4,10	3,62	3,54	2,87	$F = 4,031$ $p = 0,009$
MA (1 bis 6)	2,43	3,86	3,95	4,13	$F = 4,246$ $p = 0,006$
Schulnote Mathe (1 bis 5)	1,90	2,40	2,54	2,38	$F = 1,465$ $p = 0,226$
Wöch. Vor-/Nachb. VL in h	2,88	2,42	3,84	1,93	$F = 6,376$ $p < 0,001$
Wöch. Vor-/Nachb. Tut/UB in h	2,47	2,38	3,96	1,48	$F = 10,33$ $p < 0,001$
Leistung T2	14,75	13,47	12,93	8,24	$F = 14,35$ $p < 0,001$
Differenz Leistung T2 − T1	4,35	5,45	5,17	2,99	$F = 2,784$ $p = 0,043$

Tab. 37.5 Mittelwertvergleich der Nutzertypen bzgl. Lernstrategien

Variable	SL	TL	AL	PN	ANOVA
Elaboration	3,13	3,03	3,01	2,51	$F = 1,681$ $p = 0,173$
Wiederholung	3,93	4,10	3,82	3,95	$F = 0,662$ $p = 0,577$
Planung	4,20	4,47	4,31	4,18	$F = 1,171$ $p = 0,323$
Kontrolle	4,30	4,32	4,28	4,07	$F = 0,609$ $p = 0,610$
Heuristische Lernstrategien	4,80	4,75	4,56	4,44	$F = 1,598$ $p = 0,192$

Beim Leistungstest zu T2 erreichen sie eine relativ hohe Punktzahl bei höchstem Leistungszuwachs.

Die *Alles-Nutzer* (AN) nehmen alle Angebote wahr und erreichen bei der Nutzung überall die höchsten Werte. Sie weisen höchste Anstrengung und Regelmäßigkeit sowie relativ hohe Persistenz auf und investieren sehr viel Zeit. In dieser Gruppe sind relativ viele Studierende aus höheren Semestern, die teilweise die Klausur bereits erfolglos mitgeschrieben haben. In allen Bereichen liegen sie sonst eher im Mittelfeld, ähnlich wie die *Traditionellen Lerner*. Sowohl im Leistungstest zu T1 als auch im Leistungstest zu T2 erreichen sie mittlere Punktzahlen bei einer relativ hohen Leistungssteigerung.

Die *Passiv-Nutzer* (PN) gehen fast ausschließlich nur ins Tutorium und weisen bei allen anderen Angeboten die niedrigsten Werte auf. Sie zeigen deutlich die geringste Anstrengung, Persistenz und Regelmäßigkeit, investieren am wenigsten Zeit und nutzen am seltensten Lernstrategien. Es handelt sich bei dieser Gruppe überwiegend um Studierende aus dem ersten Semester und nur wenige Studierende, die bereits die Klausur in einem vergangenen Semester erfolglos mitgeschrieben haben. Der Anteil der Studierenden ohne Abitur ist relativ hoch. Sie weisen die geringste Punktzahl im Leistungstest zu T1, niedriges Selbstkonzept, hohe Mathe-Ängstlichkeit, geringes Interesse an Mathematik und geringe Lernzielorientierung auf. Im Leistungstest zu T2 erreichen sie die niedrigste Punktzahl bei geringstem Leistungszuwachs.

Ein Vergleich der Lerntypen nach Creß und Friedrich (2000) mit den hier identifizierten Nutzertypen führt zu teilweiser Übereinstimmung, obwohl die Clusteranalysen auf unterschiedlichen Variablen und Verfahren basieren. Die Zuordnung muss allerdings etwas vorsichtig betrachtet werden, da die Mittelwertunterschiede bezüglich der Lernstrategien bei den Nutzertypen nicht signifikant sind ($\alpha = 0{,}05$), siehe Tab. 37.5. Die *Selbst-Lerner* entsprechen ungefähr den Tiefenverarbeitern und die *Traditionellen Lerner* am ehesten den Minmax-Lernern. Die *Passiv-Nutzer* entsprechen den Minimal-Nutzern, was eine Klassifizierung als Risikogruppe verstärkt. Die *Alles-Nutzer* konnten keinem Lerntypen zugeordnet werden, was vermutlich mit der besonderen strukturellen Zusammensetzung von Studierenden aus höheren Semestern, die überwiegend die Klausur bereits erfolglos mitgeschrieben haben, zusammenhängen könnte. Der Lerntyp Wiederholer konnte in dieser Stichprobe nicht identifiziert werden. Eine mögliche Ursache könnte die unterschiedliche Vorgehensweise bzgl. der Basisvariablen sein, die hier nicht auf Lernstrategien basieren und die einzelnen Nutzertypen sich nicht bezüglich der Wiederholungsstrategien signifikant unterscheiden ($p = 0{,}577$).

37.5   Diskussion und Ausblick

Die fakultativen Angebote werden sehr unterschiedlich stark genutzt, wobei vor allem die neu eingeführten Lehr-Lern-Innovationen eher gering und tendenziell stärker von Studierenden, die bereits die Klausur erfolglos mitgeschrieben haben, genutzt wurden. Die betreuten LLI werden von der anvisierten Zielgruppe genutzt, d. h. vor allem von Studierenden mit geringem Vertrauen in die eigenen Fähigkeiten und hoher Mathe-Ängstlichkeit. Bei den LLI, die stärkere Selbständigkeit fordern, hingegen werden diese Studierenden scheinbar eher abgeschreckt. An dieser Stelle wird die Wichtigkeit des Vertrauens in die eigenen Fähigkeiten, die bereits aus der Theorie bekannt ist, nochmals deutlich. Für die Praxis ist daher zu empfehlen, sowohl Angebote mit als auch ohne direkten Ansprechpartner zur Verfügung zu stellen. Außerdem wird die Notwendigkeit deutlich Studierende

mit mangelnder Selbstwirksamkeitserwartung zur Nutzung selbständiger LLI zu animieren. Die Übungsaufgaben und Tests könnten z. B. leichte Einstiegsaufgaben enthalten,
die sich die Studierenden eher zutrauen. Oder es werden stufenweise Hilfestellungen
integriert, die bei Bedarf abgerufen werden können, was am ehesten bei e-Learning-Angeboten realisiert werden könnte.

Die Clusteranalyse zur Identifizierung von Nutzertypen kommt zu sehr zufriedenstellenden Ergebnissen, die eine Verbindung zu bereits bekannten Lerntypen ermöglicht. Es
kann eine Risikogruppe, die Passiv-Nutzer, identifiziert werden, die mit besonders ungünstigen Voraussetzungen das Studium beginnen, kaum Anstrengung investieren und die
fakultativen Angebote nicht nutzen, was zu einer schlechten Leistungsentwicklung führt.
Diese Studierenden zu erreichen stellt eine besondere Herausforderung dar, insbesondere
weil Anstrengung, Regelmäßigkeit und Nutzung der Angebote, mit Ausnahme der Tutorien, sehr gering sind. Der Besuch von Tutorien allein ist bei mangelnder Beteiligung und
Vorbereitung jedoch unzureichend. Innerhalb der Clusteranalyse ist die Risikogruppe zwar
relativ klein, aber eine Betrachtung der Studierenden, die zum zweiten Messzeitpunkt
nicht mehr dabei waren, lässt eine deutlich größere Risikogruppe vermuten. Weniger als
die Hälfte der Studierenden, die zu Beginn des Semesters die Veranstaltung besucht haben,
melden sich am Ende zur Klausur an. Vermutlich konnte der Großteil von ihnen bereits
zum zweiten Messzeitpunkt nicht mehr erfasst werden. Erste Analysen zeigen, dass diese
Studierenden ähnliche Merkmale aufweisen wie die Risikogruppe der Passiv-Nutzer. Es
besteht die Vermutung, dass es sich teilweise um (potentielle) Studienabbrecher handelt,
da vor allem fehlende Mathematikkenntnisse das Studienabbruchsrisiko deutlich erhöhen
und Leistungsüberforderung bei Studierenden wirtschaftswissenschaftlicher Studiengänge als entscheidender Studienabbruchsgrund genannt wird (Heublein et al. 2010). Eine
genauere Analyse der Studierenden, die innerhalb des Semesters beschließen, die Veranstaltung nicht mehr zu besuchen, wird für die nächsten Semester angestrebt.

Literatur

Aldenderfer, M., & Blashfield, R. (1985). *Cluster Analysis* (2. Aufl.). Beverly Hills: SAGE Publica-
    tions.
Aust, K., Watermann, R., & Grube, D. (2010). Selbstkonzeptentwicklung und der Einfluss von Ziel-
    orientierungen nach dem Übergang in die weiterführende Schule. *Zeitschrift für Pädagogische
    Psychologie, 24*(2), 95–109.
Bacher, J., Pöge, A., & Wenzig, K. (2010). *Clusteranalyse. Anwendungsorientierte Einführung in
    Klassifikationsverfahren* (3. Aufl.). München: Oldenbourg.
Bandura, A. (1997). *Self-efficacy. The Exercise of Control*. New York: W. H. Freeman and Company.
Biehler, R., Eilerts, K., Hänze, M., & Hochmuth, R. (2010). Mathematiklehrerausbildung zum Stu-
    dienbeginn: Eine empirische Studie zu Studienmotivation, Vorwissen und Einstellungen zur
    Mathematik (BMBF-Projekt LIMA). In A. Lindmeier, & S. Ufer (Hrsg.), *Beiträge zum Mathe-
    matikunterricht 2010* (Bd. 1, S. 269–272). Münster: WTM-Verlag.

Bortz, J., & Döring, N. (2006). *Forschungsmethoden und Evaluation für Human- und Sozialwissen-schaftler* (4. Aufl.). Berlin: Springer.

Bürgermeister, A., Kampa, M., Rakoczy, K., Harks, B., Besser, M., & Klieme, E. et al. (2011). *Dokumentation der Befragungsinstrumente des Laborexperimentes im Projekt „Conditions and Consequences of Classroom Assessment"(Co²CA)*. Frankfurt am Main: DIPF.

Chemers, M., Hu, L., & Garcia, B. (2001). Academic Self-Efficacy and First-Year College Student Performance and Adjustment. *Journal of Educational Psychology, 93*(1), 55–64.

Creß, U., & Friedrich, H. F. (2000). Selbst gesteuertes Lernen Erwachsener: Eine Lernertypologie auf der Basis von Lernstrategien, Lernmotivation und Selbstkonzept. *Zeitschrift für Pädagogische Psychologie, 14*(4), 194–205.

Eccles, J. (1985). Model of students' mathematics enrollment decisions. *Educational Studies in Mathematics, 16*(3), 311–314.

Fischer, E., Bianchy, B., Biehler, R., Hänze, M., & Hochmuth, R. (2012). *Lehrinnovationen in der Studieneingangsphase ‚Mathematik im Lehramtsstudium'- Hochschuldidaktische Grundlagen, Implementierung und Evaluation: Skalendokumentation*. Unveröffentlichte Skalendokumentation.

Hackett, G. (1985). Role of Mathematics Self-Efficacy in the Choice of Math-Related Majors of College Women and Men: A Path Analysis. *Journal of Counseling Psychology, 32*(1), 47–56.

Hattie, J., & Timperley, H. (2007). The Power of Feedback. *Review of Educational Research, 77*(1), 81–112.

Hatzinger, R., Hornik, K., & Nagel, H. (2011). *R – Einführung durch angewandte Statistik*. München: Pearson Studium.

Heublein, U., Hutzsch, C., Schreiber, J., Sommer, D., & Besuch, G. (2010). *Ursachen des Studienabbruchs in Bachelor- und in herkömmlichen Studiengängen – Ergebnisse einer bundesweiten Befragung von Exmatrikulierten des Studienjahres 2007/08*. Hannover: HIS.

Hodapp, V., & Mißler, B. (1996). Determinanten der Wahl von Mathematik als Leistungs- bzw. Grundkurs in der 11. Jahrgangsstufe. In R. Schumann-Hengsteler, & H. M. Trautner (Hrsg.), *Entwicklung im Jugendalter* (S. 143–164). Göttingen: Hogrefe.

Huang, C. (2011). Self-concept and academic achievement: A meta-analysis of longitudinal relations. *Journal of School Psychology, 49*, 505–528.

Köller, O., Daniels, Z., Schnabel, K., & Baumert, J. (2000). Kurswahlen von Mädchen und Jungen im Fach Mathematik: Zur Rolle von fachspezifischem Selbstkonzept und Interesse. *Zeitschrift für Pädagogische Psychologie, 14*(1), 26–37.

Köller, O., Trautwein, U., Lüdtke, O., & Baumert, J. (2006). Zum Zusammenspiel von schulischer Leistung, Selbstkonzept und Interesse in der gymnasialen Oberstufe. *Zeitschrift für Pädagogische Psychologie, 20*(1/2), 27–39.

Kunter, M., Schümer, G., Artelt, C., Baumert, J., Klieme, E., & Neubrand, M. et al. (2002). *PISA 2000: Dokumentation der Erhebungsinstrumente*. Materialien aus der Bildungsforschung, Bd. 72. Berlin: Max-Planck-Institut für Bildungsforschung.

Laging, A. (2013). Wie wichtig sind die Selbstwirksamkeit und die Selbsteinschätzung für die mathematischen Leistungen von Studienanfänger/innen? In G. Greefrath, F. Käpnick, & M. Stein (Hrsg.), *Beiträge zum Mathematikunterricht 2013* (Bd. 2, S. 592–595). Münster: WTM-Verlag.

Lantz, A. E., & Smith, G. P. (1981). Factors Influencing the Choice of Nonrequired Mathematics Courses. *Journal of Educational Psychology, 73*(6), 825–837.

Möller, J., Pohlmann, B., Köller, O., & Marsh, H. W. (2009). A Meta-Analytic Path Analysis of Internal/External Frame of Reference Model of Academic Achievement and Academic Self-Concept. *Review of Educational Research, 79*(3), 1129–1167.

Multon, K. D., Brown, S. D., & Lent, R. W. (1991). Relation of Self-Efficacy Beliefs to Academic Outcomes: A Meta-Analytic Investigation. *Journal of Counseling Psychology, 38*(1), 30–38.

Pintrich, P. R., & De Groot, E. V. (1990). Motivational and Self-Regulated Learning Components of Classroom Academic Performance. *Journal of Educational Psychology, 82*(1), 33–40.

Rakoczy, K., Buff, A., & Lipowsky, F. (2005). Befragungsinstrumente. In E. Klieme, C. Pauli, & K. Reusser (Hrsg.), *Dokumentation der Erhebungs- und Auswertungsinstrumente zur schweizerisch-deutschen Videostudio „Unterrichtsqualität, Lernverhalten und mathematisches Verständnis"*. Materialien zur Bildungsforschung, Bd. 13. Frankfurt am Main: DIPF.

Schiefele, U., Krapp, A., & Schreyer, I. (2003). Metaanalyse des Zusammenhangs von Interesse und schulischer Leistung. *Zeitschrift für Entwicklungspsychologie und Pädagogische Psychologie, 10*(2), 120–148.

Schunk, D. H. (1981). Modeling and Attributional Effects on Childrens's Achievement: A Self-Efficacy Analysis. *Journal of Educational Psychology, 73*(1), 93–105.

Shell, D. F., Murphy, C. C., & Bruning, R. H. (1989). Self-Efficacy and Outcome Expectancy Mechanisms in Reading and Writing Achievement. *Journal of Educational Psychology, 81*(1), 91–100.

Stevens, T., Wang, K., Olivárez, A., & Hamman, D. (2007). Use of Self-perspectives and their Sources to Predict the Mathematics Enrollment Intentions of Girls and Boys. *Sex Roles, 56,* 351–363.

Voßkamp, R., & Laging, A. (2014). Teilnahmeentscheidungen und Erfolg. Eine Fallstudie zu einem Vorkurs aus dem Bereich der Wirtschaftswissenschaften. In I. Bausch, R. Biehler, R. Bruder, P. R. Fischer, R. Hochmuth, & W. Koepf et al. (Hrsg.), *Mathematische Vor- und Brückenkurse: Konzepte, Probleme und Perspektiven* (S. 67–83). Wiesbaden: Springer Spektrum.

Operationalisierung und empirische Erprobung von Qualitätskriterien für mathematische Lehrveranstaltungen in der Studieneingangsphase

38

Stefanie Rach, Ulrike Siebert und Aiso Heinze

Zusammenfassung

Universitäre Lerngelegenheiten im Fach Mathematik werden häufig aufgrund ihrer mangelhaften didaktischen Struktur kritisiert. Trotz dieser Kritik wurde die Lehrqualität von mathematischen Veranstaltungen in der Studieneingangsphase bisher noch nicht systematisch untersucht. In diesem Beitrag stellen wir eine Konzeptualisierung und Operationalisierung von fachbezogenen Lehrqualitätskriterien vor. Diese Konkretisierung in Form von mathematikspezifischen und allgemeinen Kriterien nutzen wir in einer Machbarkeitsstudie, um die Lehrqualität von Veranstaltungen (eine Vorlesung mit zehn zugehörigen Tutorien) mittels standardisierter Beobachtungen zu untersuchen. Erste Ergebnisse deuten darauf hin, dass sich solch eine quantitative Erfassung vor allem von mathematikspezifischen Kriterien der Lehrqualität bewährt und dass sich Tutorien in ihrer Lehrqualität, z. B. bei der Anregung von Denkanstößen sowie im Explizierungsgrad von mathematischen Strategien, unterscheiden. Diese Systematik von Lehrqualität liefert eine Orientierung für hochschulmathematische Fortbildungsangebote.

38.1 Einführung

Der Übergang von der Schule zur Hochschule im Fach Mathematik geht für Studienanfängerinnen und Studienanfänger mit vielen Herausforderungen einher. Diesbezüglich identifiziert Luk (2005) in ihrer theoretischen Arbeit vier Faktoren (vgl. auch Selden 2005): (1) ungünstige Lernvoraussetzungen von Studierenden, (2) inadäquates Passungsverhältnis von Lehrangebot und Lernvoraussetzungen, (3) schwieriger Lerngegenstand

Stefanie Rach ✉ · Ulrike Siebert · Aiso Heinze
Leibniz-Institut für die Pädagogik der Naturwissenschaften und Mathematik (IPN),
Kiel, Deutschland
e-mail: rach@ipn.uni-kiel.de, siebert@ipn.uni-kiel.de, heinze@ipn.uni-kiel.de

© Springer Fachmedien Wiesbaden 2016   601
A. Hoppenbrock et al. (Hrsg.), *Lehren und Lernen von Mathematik in der
Studieneingangsphase*, Konzepte und Studien zur Hochschuldidaktik und Lehrerbildung
Mathematik, DOI 10.1007/978-3-658-10261-6_38

und (4) veränderte Rahmenbedingungen der Lehre. Diese von Luk (2005) angesprochenen Aspekte decken sich mit oft vermuteten Ursachen für die hohen Studienabbruchquoten im Fach Mathematik, vor allem in den ersten Semestern (Autorengruppe Bildungsberichterstattung 2012). In diesem Beitrag konzentrieren wir uns auf den zweiten Aspekt und betrachten detailliert das Lehrangebot an der Hochschule, das in vielen theoretischen Arbeiten bemängelt wird. Neben Rahmenbedingungen, z. B. der Veranstaltungsart Massenvorlesung (Yoon et al. 2011), werden auch Prozessmerkmale, z. B. eine mangelhafte Anpassung der Inhalte an das Vorwissen der Studierenden (Brandell et al. 2008), beanstandet. Im Bereich der hochschulinternen Lehrevaluationen werden umfangreiche Maßnahmen vorgenommen. Diese verfolgen allerdings in der Regel kein Forschungsinteresse und weisen nicht selten unscharfe Konstrukte bzw. eine geringe psychometrische Qualität der Instrumente auf. Entsprechend sind sie oft nicht geeignet, Forschungsergebnisse zur Lehrqualität zu liefern. Aufgrund der wenigen existierenden, empirischen Arbeiten ist das Ziel unseres Projektes, ein Instrument zu entwickeln, das die Lehrqualität in mathematischen, universitären Veranstaltungen der Studieneingangsphase erhebt. Wir gehen davon aus, dass universitäre Lerngelegenheiten im Fach Mathematik spezifische Besonderheiten aufweisen (vgl. Abschnitt Spezifität des mathematischen Lehrangebots an Hochschulen) und sich somit nicht alle Erkenntnisse aus der Unterrichtsforschung (vgl. Abschnitt Allgemeine und mathematikspezifische Lehrqualitätskriterien) eins zu eins auf universitäre Lehrsituationen im Fach Mathematik übertragen lassen. Es werden mathematikspezifische und allgemeine Kriterien verwendet, die die Prozessqualität von Lehrveranstaltungen beschreiben. Die Machbarkeit solch einer quantitativen Erhebung wird durch den Einsatz dieses Beobachtungsinstrumentes in einer Lehrveranstaltung (eine Vorlesung mit zehn Tutorien) überprüft. Solch eine systematische Beschreibung von Lehrqualität bietet neben der Ausweitung der Erkenntnisse der Unterrichtsforschung auf die Hochschulforschung im Fach Mathematik auch praktische Implikationen für hochschuldidaktische Fortbildungsmaßnahmen.

38.2   Spezifität des mathematischen Lehrangebots an Hochschulen

In diesem Beitrag konzentrieren wir uns auf die Qualität von Lerngelegenheiten im ersten Semester des Mathematikstudiums[1]. Diese zeichnen sich durch den Lerngegenstand sowie die universitären Rahmenbedingungen und die didaktische Qualität der implementierten Lehrprozesse aus. In den beiden folgenden Abschnitten werden diese Teilaspekte der Lernumwelt charakterisiert.

---

[1] Im Vordergrund steht hier das universitäre Mathematikstudium (früher Diplom bzw. Lehramt Gymnasium, heute die entsprechenden Bachelor-Studiengänge).

38.2.1 Wissenschaftliche Mathematik als Lerngegenstand

Beim Übergang von der Schule zur Hochschule kommt es unserer Ansicht nach zu einer Charakterverschiebung der Domäne Mathematik aufgrund unterschiedlicher Zieldimensionen der mathematischen Lehre: Während im Schulunterricht das Allgemeinbildungskonzept im Vordergrund steht (Winter 1996), besteht ein wichtiges Ziel der Lehre an der Hochschule in der Studieneingangsphase darin, Studierende an die Erkenntnisse und Arbeitsweisen der wissenschaftlichen Mathematik heranzuführen (Heintz 2000). Im Gegensatz zum instrumentellen Charakter der Mathematik in der Schule besticht die wissenschaftliche Mathematik durch einen geschlossenen Theorieaufbau, der aus formal definierten Objekten sowie mathematischen Aussagen zu diesen Objekten und schließlich deduktiven Beweisen dieser Aussagen besteht (Rach und Heinze 2013; Tall 2008).

Während sich eine große Schnittmenge zwischen zentralen Begriffen in Mathematikkursen in der Oberstufe und in der Studieneingangsphase zeigt (z. B. „Grenzwert" und „Vektor"), gibt es beim Vergleich des angestrebten Begriffswissens jedoch deutliche Unterschiede zwischen den Bildungsinstitutionen. In der Schule steht beispielsweise ein propädeutischer Grenzwertbegriff im Vordergrund, hingegen wird in der Studieneingangsphase der Grenzwert von konvergenten Folgen mit Hilfe des ε-N-Kriteriums formal definiert. Daraus ergibt sich eine Kluft im Lernprozess der Studierenden: Sie beginnen ihr Studium mit mentalen Vorstellungen von Begriffen (*concept image*, Tall und Vinner 1981) und müssen dann eine formale Definition (*concept definition*) in ihr Begriffsnetz einbauen.

In Bezug auf das Beweisen von Aussagen kann beobachtet werden, dass in der Schule oft Plausibilitätsüberlegungen herangezogen werden, um Aussagen bzw. Regeln herzuleiten und inhaltlich verständlich zu machen. An der Hochschule dagegen haben deduktive Beweise die offizielle Rolle als Evidenzinstrument (Rach und Heinze 2013). Studierende bringen deshalb nur wenige Vorerfahrungen aus der Schule mit und besitzen kaum beweisspezifische Strategien (Weber 2001). Darüber hinaus wird Beweisen immer im Kontext eines sozialen Prozesses angesehen, da ein Beweis erst dann seine Gültigkeit erlangt, wenn er von einer entsprechenden sozialen Bezugsgruppe anerkannt wird (Heintz 2000). Aufgrund unterschiedlicher Normen in den Institutionen könnten damit vorhandene Beweiskompetenzen im Kontext der wissenschaftlichen Mathematik nicht ausreichend sein. Zudem repräsentiert der Beweis als Produkt nur das Ergebnis des Beweisprozesses und besitzt meist eine deutlich geringere Komplexität als der Prozess der Beweisgenerierung (Reiss und Ufer 2009).

38.2.2 Strukturelle Rahmenbedingungen und Merkmale der Lehrprozesse an Hochschulen

Nicht nur die didaktische Aufbereitung des Lerngegenstands, sondern auch die strukturelle Organisation fällt in den Bereich der Lernumgebung. In der Studieneingangsphase im Fach Mathematik findet man sowohl im nationalen, als auch im internationalen Raum (Pritchard 2010) eine Dreiteilung der Veranstaltungsformen vor: Vorlesungen, Tutorien und Selbststudium[2]. In Bezug auf die erwähnten Schwierigkeiten der Studienanfängerinnen und Studienanfänger stellt sich die Frage, ob diese strukturelle Dreiteilung der Lerngelegenheiten per se ungünstig für den Lernprozess ist, wofür uns jedoch kein empirischer Nachweis bekannt ist (vgl. Clark und Lovric 2008). Wir sehen eher die von der Organisation unabhängige Prozessqualität in Lehrveranstaltungen als relevant an.

Wie im Abschnitt Allgemeine und mathematikspezifische Lehrqualitätskriterien ausgeführt wird, fällt unter Prozessqualität von Lehrprozessen u. a. die Auswahl und Strukturierung der Inhalte. In der Schule orientiert sich der curriculare Aufbau stärker an den Lernenden, wohingegen in der Hochschule die mathematischen Inhalte häufig anhand der Sachlogik strukturiert werden (vgl. Dörfler und McLone 1986; Tall 1992). Beispielsweise wird die Darbietung der Inhalte in der Schule häufig durch eine didaktische Aufbereitung unterstützt, z. B. durch das Induzieren von Grundvorstellungen (Hofe 1995). Insgesamt kann aufgrund der didaktischen Aufbereitung und Strukturierung der Lerninhalte von einem angeleiteten Lernen im schulischen Kontext gesprochen werden. Dagegen findet man solch eine fachdidaktische Unterstützung an der Hochschule nur selten.

38.3 Allgemeine und mathematikspezifische Lehrqualitätskriterien

Nachdem wir bereits die Besonderheiten der Lernumwelt von universitären, mathematischen Lerngelegenheiten beschrieben haben, präsentieren wir in diesem Abschnitt bestehende Konzeptualisierungen und empirische Ergebnisse hinsichtlich allgemeiner und mathematikspezifischer Kriterien von Lehrqualität.

38.3.1 Konzeptualisierungen allgemeiner Lehrqualitätskriterien

Forschungen im Bereich der Hochschule greifen als indirekte Indikatoren für die Lehrqualität häufig die Lehrauffassungen der Lehrpersonen auf (z. B. Trigwell et al. 2005). Dagegen gibt es in der Unterrichtsforschung eine lange Tradition in der Beschreibung der Qualität von Lehrprozessen (z. B. Helmke 2009), die sich in vielen Studien explizit auf Mathematikunterricht bezieht (z. B. Hugener et al. 2006). So konnten die folgenden vier Dimensionen[3] von Unterrichtsqualität identifiziert werden, die jeweils durch Indikatoren beschrieben und operationalisiert wurden und in quantitativ messbarer Form vorliegen (Clausen et al. 2003): (1) *Instruktionseffizienz* (z. B. Klassenführung); (2) *Schülerorientierung* (z. B. individuelle Lernunterstützung); (3) *Kognitive Aktivierung* (z. B.

---

[2] Auf Unterstützungsangebote, die im Moment an vielen Hochschulen angeboten werden, gehen wir nicht gesondert ein.

[3] Anzumerken ist, dass die Dimensionierung von der Wahl der Indikatoren abhängt (andere Dimensionierung z. B. in Klieme und Rakoczy 2008).

anspruchsvolles Üben); (4) *Klarheit und Strukturiertheit* (z. B. Strukturierungshilfen). Da diese Merkmale von Lehrqualität schon in empirischen Studien erfolgreich eingesetzt wurden, stützen wir uns insbesondere auf diese Zusammenstellung von Clausen et al. (2003). Der Zusammenhang dieser Prozessmerkmale (z. B. kognitiver Aktivierung bzw. Strukturiertheit) mit dem Lernerfolg (z. B. Motivationsförderung bzw. Kompetenzerwerb) konnte für den schulischen Mathematikunterricht nicht nur theoretisch begründet, sondern auch auf empirischer Basis nachgewiesen werden (Klieme und Rakoczy 2008).

38.3.2 Konzeptualisierungen mathematikspezifischer Lehrqualitätskriterien

Die vorgenommene Trennung in *allgemeine* und *mathematikspezifische Qualitätskriterien* ist z. T. künstlich, denn die im Abschnitt Konzeptualisierungen allgemeiner Lehrqualitätskriterien erwähnten Qualitätsdimensionen können in ihrer Operationalisierung spezifisch auf mathematische Inhalte hin angepasst werden. Wir halten eine Trennung dennoch für sinnvoll, da z. B. der Begriff „Kognitive Aktivierung" in der Unterrichtsforschung oft eher fachunspezifisch beschrieben wird (z. B. Lipowsky et al. 2009). Die im Folgenden betrachteten Indikatoren für mathematikspezifische Lehrqualität sind z. T. fachspezifisch adaptierte, allgemeine Qualitätskriterien und greifen jene Aspekte auf, die aus fachdidaktischer Sicht als relevant angesehen werden können, da sie individuelle Lernaktivitäten beeinflussen dürften.

Bezogen auf den Lerngegenstand wissenschaftliche Mathematik ist die Einführung von Begriffen mittels einer formalen Definition ein zentraler Aspekt der Hochschullehre (vgl. Abschnitt Wissenschaftliche Mathematik als Lerngegenstand). Für das Verwenden eines Begriffs beim mathematischen Arbeiten ist neben einer formalen Begriffsdefinition auch die Entwicklung adäquater mentaler Vorstellungen notwendig (Reiss und Ufer 2009). Diese können z. B. mittels geeigneter Beispiele und Gegenbeispiele oder graphischer Repräsentationen aufgebaut werden (Bikner-Ahsbas und Schäfer 2013; Engelbrecht 2010). Um einen Begriff mit dem bestehenden Vorwissen zu verknüpfen, ist die Motivierung des mathematischen Begriffes mit Hilfe inner- und außermathematischer Probleme von Bedeutung. Insbesondere das Aufzeigen von Beziehungen zwischen mentalen Vorstellungen, die Studienanfängerinnen und Studienanfänger aus der Schule mitbringen, und den an der Hochschule präsentierten formalen Begriffsdefinitionen wird als wichtiges Lehrqualitätsmerkmal angenommen (Kajander und Lovric 2009; Tall 1992; Tall und Vinner 1981).

Wie im Abschnitt Wissenschaftliche Mathematik als Lerngegenstand dargestellt, ist auch das Beweisen in seiner spezifischen mathematischen Form ein essenzielles Element der wissenschaftlichen Mathematik. Beim Lehren der Tätigkeit des Beweisens scheint das Kennenlernen von Strategien zum Umgang mit Beweisproblemen (Weber 2001) sowie von impliziten Normen (Bergsten 2007) wichtig zu sein. Beobachtungsstudien zur Präsentation von Beweisen in universitären Lehrveranstaltungen sind selten zu finden (Mejía-

Ramos und Inglis 2009). Die Ergebnisse dieser Untersuchungen sind meist nicht quantifizierbar und es handelt sich oftmals um Fallstudien (z. B. Bergsten 2007; Weber 2004).
Im Gegensatz dazu steht eine quantitative Beobachtungsstudie mit videographierten Unterrichtsstunden zum Beweisen in der Geometrie von Heinze und Reiss (2004). Diese
Studie nutzt das sechsstufige Phasenmodell von Boero (1999), welches das Vorgehen von
Expertinnen und Experten bei der Beweisfindung postuliert. Ausgehend von diesem Modell kommen Heinze und Reiss (2004) zu dem Schluss, dass Explorationsphasen (z. B.
zur Analyse einer Vermutung oder zur Generierung einer Beweisidee) im Mathematikunterricht der Mittelstufe selten behandelt werden. Gerade in diesen Explorationsphasen
scheinen jedoch mathematische Arbeitsweisen deutlich zu werden, die in individuellen
Lernprozessen von Bedeutung sind. Aus diesem Grund scheint das Auftreten derartiger
Explorationsphasen ein wichtiges Qualitätsmerkmal im Bereich des Beweisens zu sein.

Die allgemeinen Lehrqualitätskriterien (vgl. Abschnitt Konzeptualisierungen allgemeiner Lehrqualitätskriterien) sind stark an vorhandene Arbeiten (v. a. Clausen et al. 2003)
aus dem Bereich der Unterrichtsforschung angelehnt und für verschiedene (Studien-)Fä-
cher geeignet. Dagegen sind die in diesem Abschnitt Konzeptualisierungen mathematikspezifischer Lehrqualitätskriterien genannten Qualitätskriterien speziell bezogen auf das
Lernen wissenschaftlicher Mathematik und sind in dieser Form nur in wenigen Beiträgen
zu finden (vgl. Abschnitt Ziele und Methoden bisheriger Studien zur Lehrqualität).

38.3.3   Ziele und Methoden bisheriger Studien zur Lehrqualität

In der Unterrichts- sowie Hochschulforschung gibt es unterschiedliche Arbeiten zur Konzeptualisierung und Erfassung von Lehrqualität. In diesem Abschnitt geben wir einen
zusammenfassenden Überblick bezüglich der Kriterien *Ziele* und *Methoden* der durchgeführten Studien, aus denen wir relevante offene Fragen für unsere Untersuchung generieren.

Vor allem Arbeiten aus dem Bereich der Unterrichtsforschung verfolgten das *Ziel*, den
Ist-Zustand von als relevant angesehenen Merkmalen des Lehrangebots abzubilden und
den Zusammenhang mit dem Lernerfolg der Lernenden zu analysieren. Die hochschuldidaktische Forschung hingegen war bisher eher daran interessiert, hochschuldidaktische
Maßnahmen zu evaluieren. Die mathematikdidaktische Forschung im Feld der Hochschule kann zwischen diesen beiden Polen verortet werden: Sie beschreibt einerseits Merkmale
der Lehrprozesse und hinterfragt diese kritisch, versucht andererseits aber auch Unterstützungsangebote umzusetzen und zu evaluieren (vgl. die Beiträge in Bausch et al. 2014).

Die *Methoden* der Forschungsarbeiten sind ebenfalls sehr heterogen. Neben Befragungen von Lehrenden (Thomas und Klymchuk 2012) und Studierenden (Brandell et al.
2008) gibt es theoretische Arbeiten (Alsina 2001) sowie Beobachtungsstudien (Clausen
et al. 2003). Insbesondere bei der Methode der Studierendenbefragung stellt sich aufgrund des Zusammenhangs zwischen der berichteten Lehrqualität mit dem Fachinteresse
(Blüthmann 2012) die Frage nach der Validität der Messung. Die kritischen Anmerkungen

der theoretischen bzw. erfahrungsbasierten Arbeiten, z. B. die produktorientierte Präsentation der Mathematik (Alsina 2001), sind bisher kaum empirisch nachgewiesen. Eine Methode zur Erfassung der Lehrqualität stellen Beobachtungen dar. Während in der allgemeinen Unterrichtsforschung Beobachtungen häufig durch mehrere Beobachtende anhand eines Klassifikationssystems durchgeführt werden und die Daten damit quantifizierbar und z. T. generalisierbar sind (Clausen et al. 2003), werden mathematische Lehrprozesse an der Hochschule meist allein durch eine Person nach einem qualitativen Paradigma eingeschätzt (z. B. Bergsten 2007).

38.4 Ziele und Forschungsfragen der Untersuchung

Aufgrund der Ausführungen in den theoretischen Abschnitten gehen wir davon aus, dass sich mathematische Lehr-Lern-Prozesse an der Schule und der Hochschule in mindestens zwei Aspekten unterscheiden: dem Lerngegenstand und der Lernumgebung. Aufbauend auf dieser Annahme sollte die Lehrqualität fachspezifisch unter Einbeziehung der Rahmenbedingungen der Institution betrachtet werden. Entsprechend ist es fraglich, inwieweit Forschungsansätze zur Unterrichtsqualität aus dem schulischen Kontext auf die Lehre an der Hochschule übertragen werden können. Bezüglich der Lehrqualität in mathematischen Veranstaltungen werden oft in theoretisch gehaltenen Arbeiten Kritikpunkte angeführt, die jedoch selten systematisch empirisch überprüft werden. Bei den bereits durchgeführten empirischen Untersuchungen handelt es sich meist um qualitative Fallstudien, die einen vertieften Einblick in eine notwendigerweise kleine Anzahl von Fällen ermöglicht, aber Grenzen in der Generalisierbarkeit haben. Mit dem hier vorgestellten Ansatz soll die Forschungslage um eine quantitative Sicht ergänzt werden. Das Ziel dieser Studie ist, ein Verfahren zur quantitativen Erhebung der Lehrqualität an der Hochschule in Form von Lehrqualitätskriterien zu entwickeln und einen ersten Einblick in die Qualität mathematischer Lehrangebote in der Studieneingangsphase zu gewinnen. Unsere explorativ geprägten Forschungsfragen lauten:

1. Welche mathematikspezifischen und allgemeinen Lehrqualitätskriterien können reliabel in Lehrveranstaltungen (Vorlesungen und Tutorien) in der Studieneingangsphase im Fach Mathematik erfasst werden?
2. Können Unterschiede in der Lehrqualität (mathematikspezifisch und allgemein) zwischen Tutorien festgestellt werden?

Mit der Untersuchung wenden wir uns (zunächst) einer eher methodischen Fragestellung zu. Zwar werden wir im Folgenden auch erste (deskriptive) Ergebnisse zur Lehrqualität für die betrachtete Stichprobe berichten. Damit erheben wir aber nicht den Anspruch einer Generalisierbarkeit, da die hier gewählte Stichprobe unserer explorativen Studie dafür nicht geeignet und auch nicht vorgesehen war.

38.5   Design und Methode

38.5.1   Grundlage der Stichprobe und Vorgehensweise im Überblick

Als Stichprobe wurden Lehrveranstaltungen (eine Vorlesung à vier Semesterwochenstunden und zugehörige Tutorien à zwei Semesterwochenstunden) des Moduls „Analysis 1" einer Universität herangezogen. Das Modul ist für Studierende im ersten Semester mit Hauptfach Mathematik (1-Fach-Bachelor sowie 2-Fächer-Bachelor, gymnasiales Lehramt) verpflichtend. Im Rahmen dieser Untersuchung konnten aus praktischen Gründen nur 10 der 15 Tutorien beobachtet werden. Der Beobachtungszeitraum umfasste drei Vorlesungswochen, in denen fünf Vorlesungs- und drei Tutorientermine stattfanden und in denen der mathematische Inhaltsbereich *Reelle Folgen und Reihen* behandelt wurde.

Ausgehend von den Erkenntnissen in den vorherigen Kapiteln haben wir zur Beschreibung der Lehrqualität von hochschulmathematischen Veranstaltungen verschiedene Facetten mit zugehörigen Indikatoren abgeleitet (vgl. Abschnitt Kriterien von Lehrqualität). Zur empirischen Bestimmung der Lehrqualität haben wir hochinferente Messungen verwendet, die von den Beobachtenden einen erhöhten Abstraktions- und Interpretationsgrad erfordern. Entsprechend wurde ein umfangreiches Codiermanual entwickelt, in dem alle Indikatoren in Form von zu beobachtenden Merkmalen sowie deren Qualitätsausprägungen definiert und durch Ankerbeispiele illustriert wurden. Die dazugehörigen Beobachtungsbögen enthielten für jedes zu beurteilende Merkmal kurze inhaltliche Informationen. Die zu beobachtenden Merkmale wurden auf einer vierstufigen Likert-Skala beurteilt, die Qualitätsabstufungen von gut (3) bis schlecht bzw. nicht vorhanden (0) erlaubt.

Die Beobachtungsbögen wurden vor ihrem Einsatz pilotiert und falls notwendig angepasst. Die Beobachtungsteams (vier bis sechs Personen in der Vorlesung, zwei Personen pro Tutorium) bestanden aus wissenschaftlichen Mitarbeiterinnen und Mitarbeitern und studentischen Hilfskräften des Institutes, die zuvor anhand der pilotierten Materialien umfangreich geschult wurden. Der Schulung kam insbesondere deshalb eine besondere Bedeutung zu, da keine Erlaubnis für eine Videoaufzeichnung der Lehrveranstaltungen vorlag[4].

38.5.2   Kriterien von Lehrqualität

Die Abb. 38.1 gibt einen Überblick über die Konzeptualisierung der Lehrqualität in Form von Kriterien. Unter Bezugnahme auf diese Abb. 38.1 gehen wir auf die verschiedenen Facetten der Lehrqualität und deren Indikatoren ein.

Zu den mathematikspezifischen Facetten zählten in den Vorlesungen die *Einführung von Begriffen* und die *Präsentation von Beweisen*, für die Tutorien war die *Präsentation*

---

[4] Wir möchten dem beteiligten Dozent sowie den Tutorenleiterinnen und -leitern danken, dass Sie uns einen Einblick in Ihre Veranstaltungen gewährt haben.

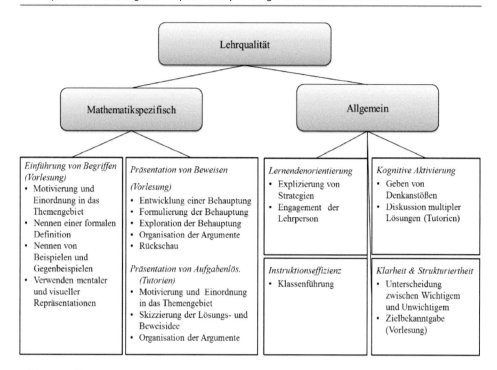

Abb. 38.1 Übersicht über die Konzeptualisierung von Lehrqualität: Facetten der Lehrqualität sind jeweils die Qualität der *Einführung von Begriffen*, der *Präsentation von Beweisen* sowie *von Aufgabenlösungen* im mathematikspezifischen Bereich sowie jeweils der Grad der *Lernendenorientierung*, der *kognitiven Aktivierung*, der *Instruktionseffizienz* sowie der *Klarheit und Strukturiertheit*

von Aufgabenlösungen entscheidend. Die *Einführung von Begriffen* wurde anhand der folgenden vier Merkmale beobachtet (vgl. Abb. 38.1, hier Kurzform): (a) Motivierung und Einordnung; (b) Nennen einer formalen Definition; (c) Nennen von (Gegen)Beispielen; (d) Verwenden von Repräsentationen.

Für die qualitative Beurteilung der Merkmale gab es Richtlinien, welche wir exemplarisch für das Merkmal (d) näher erläutern (vgl. Abb. 38.2): Die höchste Stufe 3 (gut behandelt) wurde vergeben, wenn das genannte Merkmal in den jeweiligen Kontext eingeordnet wurde, d. h. es wurde mindestens eine mentale Repräsentation in Verbindung mit einer formalen Begriffsdefinition angeführt. Die Qualitätsstufe 2 (behandelt) wurde gewählt, wenn das Merkmal ohne Einbettung in die Zusammenhänge vorkam, d. h. in diesem Fall wurde eine mentale Repräsentation genannt ohne Bezug zu einer formalen Definition. Die Stufe 1 (schlecht behandelt) erfolgte bei fehlerhafter Behandlung der Merkmale und Stufe 0 (nicht behandelt), wenn das Merkmal nicht beobachtet wurde. Es wurden die folgenden vier für den Bereich „Reelle Folgen und Reihen" essenziellen Begriffe ausgewählt: konvergente Folge, monotone Folge, Cauchy-Folge und Reihe.

Bei der Beurteilung der Facette *Präsentation von Beweisen* orientierten wir uns am Modell von Boero (1999; vgl. Heinze und Reiss 2004). In unserem Modell haben wir

Diese Kategorie wird codiert

- wenn der Begriff durch eine graphische Darstellung visualisiert wird.

- wenn mentale Bilder verwendet werden.

- wenn Fehlvorstellungen genannt werden, die bei diesem Begriff anzutreffen sind.

Kodieranmerkung: Wichtig ist zu beurteilen, ob die Repräsentation geeignet ist, den intendierten (gewünschten) Gedankengang zu kommunizieren.

- *gut behandelt* Es werden verschiedene visuelle Darstellungen oder mentale Vorstellungen verwendet. Es muss die Verbindung zur formalen Definition des Begriffes gezogen werden.

- *behandelt* Es werden visuelle Darstellungen und mentalen Repräsentationen sinnvoll verwendet. Die Verbindung zur formalen Definition wird nicht hergestellt.

- *schlecht behandelt* Es werden zwar visuelle Darstellungen verwendet, jedoch veranschaulichen sie das zu erklärende Objekt nicht bzw. besitzen mathematische Schwächen. Oder es werden mentale Repräsentationen angesprochen, aber missverständlich bzw. mit mathematischen Schwächen erklärt.

- *nicht behandelt* Es werden keine visuellen Darstellungen und keine mentalen Repräsentationen angesprochen.

Abb. 38.2 Auszug aus dem Codiermanual zum Merkmal *Mentale Repräsentationen* bei der *Einführung von Begriffen* in der Vorlesung

die folgenden Phasen als Merkmale betrachtet (vgl. Abb. 38.1): (1) Entwicklung einer Behauptung (vgl. Abb. 38.3); (2) Formulierung der Behauptung; (3) Exploration der Behauptung; (4) Organisation der Argumente; (5) Rückschau. Es wurden Beweise zu neun vorher festgelegten Aussagen beobachtet, z. B. zum Satz von Bolzano-Weierstraß. Für die Qualitätsausprägungen der Merkmale wurden als Richtlinien die in Heinze und Reiss (2004) dargestellten Codiervorschriften herangezogen und diese für jeden beobachteten Beweis spezifisch adaptiert.

In den Tutorien wurde als mathematikspezifische Facette die *Präsentation von Aufgabenlösungen* beobachtet. Da dort zumeist Aufgabenlösungen behandelt wurden, war dies die Facette von größter inhaltlicher Relevanz, die sich erwartungsgemäß vor allem auf Beweisprobleme bezog. Für die Bestimmung der relevanten Merkmale wurde auf das beschriebene Modell der Beweispräsentation in der Vorlesung zurückgegriffen, das für die Beobachtungen in den Tutorien reduzierend angepasst wurde. Aufgrund der veränderten Zielsetzung in den Tutorien wurde ein zusätzliches Merkmal einbezogen, das die fachdidaktische Motivation der Aufgabe betrifft (vgl. Abb. 38.1, hier Kurzform): (i) Motivierung und Einordnung; (ii) Skizzierung der Beweisidee; (iii) Organisation der Argumente. Die detaillierten Codiervorschriften bezogen sich vor allem auf den Explizierungsgrad und die fachliche Korrektheit (in Anlehnung an Heinze und Reiss 2004). Insgesamt wurden in den einzelnen Tutorien zwischen 11 und 23 Aufgabenlösungen beurteilt.

Zur Messung allgemeiner Lehrqualitätskriterien haben wir uns an der Operationalisierung von Clausen et al. (2003) orientiert und in den Facetten *Lernendenorientierung,*

Definition	Ankerbeispiele
In dieser Phase werden die folgenden Aspekte angesprochen: - Klarheit über die Problemsituation - Aufstellen einer Vermutung - Liefern unterstützender Argumente - Motivation des Satzes Es handelt sich hierbei um die Phase des Satzfindungsprozess. An dessen Anschluss befindet sich meistens die Phase 2, die das Ergebnis dieses Prozesses behandelt.	- Das Thema, in dem die Vermutung eingebettet ist, wird verdeutlicht. Die Vermutung wird z.B. durch einen Bezug zum Vorwissen motiviert und die Art und Weise, wie sich diese Aussage in die Theorie einbettet. - Die Plausibilität der Vermutung wird (anhand von Beispielen, logischen Gedanken, Veranschaulichungen) gezeigt. - Die Beweisbedürftigkeit der Behauptung wird herausgestellt. Intuitive Beweise reichen in der Mathematik nicht aus (motivational und kognitive Einsicht).

- *gut behandelt* Einige wichtige Punkte werden angesprochen. Dabei ist es entscheidend, diese Phase den Studierenden transparent zu machen - wie kann ich selber mir eine Vermutung überlegen, wie kann man sich selber den Inhalt einer Vermutung erschließen.

- *behandelt* Einige wichtige Punkte werden nur implizit angesprochen, also nicht transparent gemacht.

- *schlecht behandelt* Ein Punkt wird kurz und implizit angesprochen. Oder einzelne Punkte werden nicht adäquat ausgeführt (zu Plausibilität: Es werden Beispiele angeführt, die nicht charakteristisch für die Behauptung stehen). Oder es werden mathematische Fehler eingebaut.

- *nicht behandelt* Keiner der oben genannten Punkte wird angesprochen.

Abb. 38.3 Auszug aus dem Codiermanual zum Merkmal *Entwicklung einer Behauptung* bei der *Präsentation von Beweisen* in der Vorlesung

Instruktionseffizienz, Kognitive Aktivierung und *Klarheit und Strukturiertheit* einzelne Indikatoren erhoben (s. Abb. 38.1). Da die Lehrveranstaltungen nicht videographiert wurden, konnten nur einige Indikatoren für die entsprechenden Dimensionen erhoben werden. Zudem unterscheiden sich die Merkmale zwischen den beiden verschiedenen Lehrveranstaltungstypen aufgrund der unterschiedlichen Zielsetzungen der Lehrveranstaltungen: Während in Vorlesungen der Schwerpunkt auf der Präsentation mathematischer Inhalte liegt und damit beispielsweise eine Zielbekanntgabe als relevant angesehen wird, werden in den Tutorien häufig Aufgabenlösungen besprochen und hier somit eher die Diskussion multipler Lösungen als relevant eingestuft.

38.6 Ergebnisse

38.6.1 Güte der Beobachtungen

Aufgrund der Qualitätsabstufungen, die bei den Beobachtungen vorgenommen wurden, wurde für die Überprüfung der Beobachtungsübereinstimmung der ICC(-Test) nach McGraw und Wong (1996) verwendet. Dabei wurde die Übereinstimmung für jedes Tutorium

Tab. 38.1 Güte der Instrumente: Beobachtungsübereinstimmung als ICC(1)

	Vorlesung	Tutorium
Mathematikspezifische Merkmale	0,73–0,77	0,77–0,92
Allgemeine Merkmale	0,50–0,57	0,45; 0,52; 0,60–0,86; 1

auf der Merkmalsebene betrachtet. Die Übereinstimmung der Beurteilungen ist als mäßig bis gut zu bewerten (vgl. Tab. 38.1)[5].

Die Beobachterübereinstimmungen geben nur einen ersten Hinweis auf die Güte des entwickelten Instrumentes. Aufgrund der deskriptiven Befunde (vgl. Abschnitt Deskriptive Ergebnisse zur Lehrqualität und Abschnitt Unterschiede in der Lehrqualität zwischen Tutorien) werden weitere Anhaltspunkte generiert.

38.6.2 Deskriptive Ergebnisse zur Lehrqualität

In diesem Abschnitt geben wir eine Übersicht über die beobachteten Indikatoren von Lehrqualität in den beiden Veranstaltungstypen. Da die Einschätzungen anhand von Qualitätsstufen durchgeführt wurden, ist es sinnvoll, Mittelwerte und Standardabweichungen bei den beobachteten Indikatoren zu bilden. In diesem Kontext sind die Standardabweichungen der Beobachtungen so zu interpretieren, dass Varianz in Bezug auf die Präsentation der einzelnen Begriffe, Beweise und Aufgabenlösungen sowie bei den allgemeinen Indikatoren zwischen den einzelnen Vorlesungsterminen bzw. zwischen den Tutorien auftrat.

Bei der Betrachtung der Einführung von Begriffen in Vorlesungen zeigte sich, dass das Merkmal „Nennen einer formalen Definition" „behandelt" bis „gut behandelt" wurde ($M = 2{,}25$; $SD = 0{,}50$). Im Gegensatz dazu fand fast keine „Motivation und Einordnung" der eingeführten Begriffe statt ($M = 0{,}13$; $SD = 0{,}25$). Die Merkmale „Nennen von (Gegen)Beispielen" ($M = 1{,}25$; $SD = 0{,}96$) und „Verwenden von Repräsentationen" ($M = 0{,}88$; $SD = 1{,}03$) sind im niedrigen bis mittleren Qualitätsbereich beurteilt worden. Bei den Beweisprozessen zeigte sich, dass die Behauptungen häufig korrekt formuliert wurden (Phase 2, $M = 2{,}67$; $SD = 0{,}29$), während die „Organisation der Argumente" eher nur im mittleren Qualitätsbereich angesiedelt war ($M = 1{,}65$; $SD = 0{,}53$). Die Merkmale zur Exploration bzw. zur Metaebene werden unzureichend behandelt: „Entwicklung der Behauptung" ($M = 1{,}24$; $SD = 0{,}88$), „Exploration der Behauptung" ($M = 1{,}48$; $SD = 0{,}80$) sowie „Rückschau" ($M = 0{,}83$; $SD = 0{,}97$). Die Auswertung der Kriterien zur allgemeinen Lehrqualität in den Vorlesungen ergab, dass die Merkmale „Klassenführung" ($M = 2{,}50$; $SD = 0{,}39$) und „Engagement der Lehrperson" ($M = 2{,}57$; $SD = 0{,}37$) im guten Qualitäts-

---

[5] Die Lehrqualität in einem Tutorium wurde nur durch eine Person beobachtet. Trotzdem wurden die Daten in die Analysen einbezogen, da die beobachtende Person auch zu Beobachtungsteams bei anderen Tutorien gehörte und ihre Beurteilungen keine auffälligen Abweichungen zu anderen Beurteilungen zeigten.

bereich eingeordnet wurden. Die „Explizierung von Strategien" war dagegen stark unterrepräsentiert ($M = 0,78$; $SD = 0,85$). Andere Merkmale wie „Geben von Denkanstößen" ($M = 1,63$; $SD = 0,95$), „Unterscheidung zwischen Wichtigem und Unwichtigem" ($M = 1,87$; $SD = 0,80$) und „Zielbekanntgabe" ($M = 1,23$; $SD = 0,72$) wurden im mittleren Qualitätsbereich verortet.

Die mathematikspezifische Lehrqualität in den Tutorien wurde anhand der Präsentation von Aufgabenlösungen gemessen. Auffallend ist, dass in den Tutorien fast keine „Motivation und Einordnung" stattfand ($M = 0,17$; $SD = 0,23$). Etwas besser wurde die „Skizzierung der Beweisidee" beobachtet ($M = 1,48$; $SD = 0,69$). Am besten schnitt die „Organisation der Argumente" ab ($M = 2,10$; $SD = 0,50$). Die Auswertung der Kriterien zur allgemeinen Lehrqualität in den Tutorien ergab, dass die Merkmale „Klassenführung" ($M = 2,70$; $SD = 0,41$) und das „Engagement der Lehrperson" ($M = 2,51$; $SD = 0,57$) ähnlich positiv beobachtet wurden wie bereits in den Vorlesungen. Die „Explizierung von Strategien", unterrepräsentiert in den Vorlesungen, finden in den Tutorien deutlich mehr Beachtung ($M = 1,99$; $SD = 0,57$). Stark vernachlässigt bzw. kaum behandelt wurde in den Tutorien die „Diskussion multipler Lösungen" ($M = 0,66$; $SD = 0,39$). Die anderen Merkmale wie „Geben von Denkanstößen" ($M = 1,60$; $SD = 0,74$) und die „Unterscheidung zwischen Wichtigem und Unwichtigem" ($M = 1,32$; $SD = 0,90$) sind im mittleren Qualitätsbereich angesiedelt.

38.6.3   Unterschiede in der Lehrqualität zwischen Tutorien

In dieser Machbarkeitsstudie soll ebenfalls die Frage geklärt werden, ob das Beobachtungsinstrument sensitiv auf Unterschiede reagiert. Zur Beantwortung greifen wir auf Daten der zehn Tutorien zurück. Da eine kleine Anzahl von Tutorien beobachtet wurde, verwenden wir zur Varianzanalyse den Kruskal-Wallis-Test als nicht-parametrischen Test mit dem Mann-Whitney-U-Test als post-hoc-Test.

Für die mathematikspezifischen Kriterien finden wir keine signifikanten Unterschiede bei der „Motivierung und Einordnung" ($H(9) = 11,82$; $p > 0,05$). Hingegen gibt es signifikante Unterschiede bei der „Skizzierung der Beweisidee" ($H(9) = 20,00$; $p < 0,05$) und der „Organisation der Argumente" ($H(9) = 20,68$; $p < 0,05$). Man erkennt, dass ein Tutorium für beide Merkmale hohe Werte zeigt, während die anderen Tutorien sich tendenziell in zwei Gruppen einordnen lassen (vgl. Abb. 38.4): Die Tutorien der ersten Gruppe legen eher mehr Wert auf die Präsentation der Beweisidee, während die zweite Gruppe eher die Formulierung der Beweise fokussiert. In den post-hoc-Analysen konnten jedoch keine signifikanten Unterschiede zwischen den Tutorien ermittelt werden.

Im Bereich der allgemeinen Lehrqualitätskriterien unterscheiden sich die Tutorien nicht signifikant in den Merkmalen „Explizierung von Strategien" ($H(9) = 14,26$; $p > 0,05$) und „Diskussion multipler Lösungen" ($H(9) = 8,48$; $p > 0,05$), jedoch bei „Geben von Denkanstößen" ($H(9) = 17,84$; $p < 0,05$) und bei der „Unterscheidung zwischen Wichtigem und Unwichtigem" ($H(9) = 19,43$; $p < 0,05$). Jedoch ist eine Identifizierung von

Abb. 38.4 Mittelwerte zweier mathematikspezifischer Merkmale in Tutorien

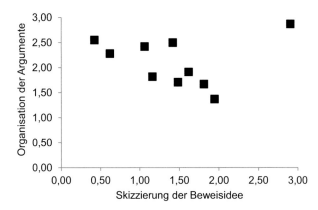

Abb. 38.5 Mittelwerte zweier allgemeiner Merkmale in den beobachteten Tutorien

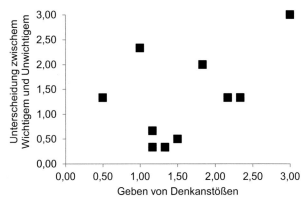

Gruppen von Tutorien mit ähnlichen Ausprägungen relativ schwierig (vgl. Abb. 38.5). Auch in diesem Fall ergaben die post-hoc-Analysen keine signifikanten Unterschiede zwischen den Tutorien.

38.7 Diskussion und Ausblick

Universitäre Lerngelegenheiten sind für Mathematikstudierende im ersten Semester ungewohnt und werden als unpassend für deren individuellen Lernprozess angesehen (z. B. Luk 2005). Diese Annahmen scheinen bisher vor allem auf theoretischen Betrachtungen und subjektiven Wahrnehmungen zu beruhen, da uns noch kein Beobachtungsinstrument zur quantifizierten Erfassung der Lehrqualität von hochschulmathematischen Veranstaltungen bekannt ist. Aus diesem Grund haben wir versucht, die Qualität des universitären Lehrangebots im Fach Mathematik zu konzeptualisieren und zu operationalisieren. Aufbauend auf Erkenntnissen vor allem aus dem mathematischen Schulunterricht haben wir ein Kategoriensystem entwickelt, das mathematikspezifische sowie allgemeine Kriterien zur Qualität von Lehrveranstaltungen enthält (vgl. Abb. 38.1). Als mathematikspezifische

Facetten spielen in diesem Zusammenhang insbesondere die Einführung von Begriffen und die Präsentation deduktiver Beweise in den Vorlesungen sowie die Besprechung von (Beweis-)Aufgaben in den Tutorien eine entscheidende Rolle. Das entwickelte Instrument zeichnet sich insbesondere dadurch aus, dass es den Lerngegenstand wissenschaftliche Mathematik mit seinen Besonderheiten berücksichtigt. Aus diesem Grund ist es zwingend erforderlich, dass die beobachtenden Personen im Bereich der wissenschaftlichen Mathematik hinreichende Kenntnisse besitzen.

Die empirische Untersuchung stützt sich auf eine Vorlesung mit zehn zugehörigen Tutorien. Diese geringe Stichprobe ist sicherlich ein Schwachpunkt unserer empirischen Studie, jedoch haben wir erste Hinweise auf die Machbarkeit solch einer Konzeptualisierung und quantifizierten, reliablen Erhebung von Lehrqualität sowie einen ersten Einblick in eine typische Lehrveranstaltung erhalten. Für die häufig in der Literatur genannten Kritikpunkte wie mangelhafte Verknüpfung von mentalen Vorstellungen und formalen Begriffsdefinitionen (Kajander und Lovric 2009), ungenügende Explizierung von Beweisstrategien (Hemmi 2008) sowie fehlender Lernendenorientierung (Alsina 2001) konnten hier erste empirische Evidenzen gefunden werden. Es zeigt sich, dass unser Instrument sensitiv ist, da wir relativ große Unterschiede in einigen Kriterien zur Lehrqualität in den Tutorien festgestellt haben, wobei die post-hoc-Tests wahrscheinlich aufgrund zu geringer Stichprobengröße keine signifikanten Gruppenunterschiede anzeigten.

Unsere Studie stellt einen ersten Versuch zur quantifizierten Erhebung von Lehrqualität in mathematischen Veranstaltungen in der Studieneingangsphase dar. Deshalb wäre es sicherlich sinnvoll, dieses Beobachtungsinstrument anhand der Erprobungserfahrungen zu verbessern, die Gütekriterien des Instrumentes weiter zu untersuchen und zusätzliche Kriterien, z. B. die Aktivierung von Vorwissen, mit aufzunehmen. Vor allem die Integration weiterer allgemeiner Kriterien in das Instrument könnte die eher mäßige Beobachterübereinstimmung verbessern. Unsere Erkenntnisse bilden auch einen Ansatzpunkt, um die schon in einigen Projekten durchgeführten Tutorinnen- und Tutorenschulungen (z. B. Biehler et al. 2012) theoretisch noch stärker zu untermauern und Konzepte von Fortbildungsmaßnahmen zu evaluieren. Beispielsweise scheint der Motivation von Begriffen und Aufgaben eine sehr geringe Beachtung in den Lehrveranstaltungen zugemessen zu werden, die sicherlich zur Sinnstiftung für die Studierenden beitragen könnte.

Literatur

Alsina, C. (2001). Why the Professor Must be a Stimulating Teacher: Towards a New Paradigm of Teaching Mathematics at University Level. In D. Holton (Hrsg.), *The teaching and learning of mathematics at university level. An ICMI study* (S. 3–12). Dordrecht: Kluwer Academic Publishers.

Autorengruppe Bildungsberichterstattung (2012). *Bildung in Deutschland 2012. Ein indikatorengestützter Bericht mit einer Analyse zur kulturellen Bildung im Lebenslauf. Im Auftrag der Ständigen Konferenz der Kultusminister der Länder in der Bundesrepublik Deutschland und des Bundesministeriums für Bildung und Forschung.* Bielefeld: Bertelsmann.

Bausch, I., Biehler, R., Bruder, R., Fischer, P. R., Hochmuth, P. R., & Koepf, R. et al. (Hrsg.). (2014). *Mathematische Vor- und Brückenkurse: Konzepte, Probleme und Perspektiven.* Wiesbaden: Springer Spektrum.

Bergsten, C. (2007). Investigating Quality of Undergraduate Mathematics Lectures. *Mathematics Education Reserach Journal, 19*(3), 48–72.

Biehler, R., Hochmuth, R., Klemm, J., Schreiber, S., & Hänze, M. (2012). Fachbezogene Qualifizierung von MathematiktutorInnen – Konzeption und erste Erfahrungen im LIMA-Projekt. In M. Zimmermann, C. Bescherer, & C. Spannagel (Hrsg.), *Mathematik lehren in der Hochschule – Didaktische Innovationen für Vorkurse, Übungen und Vorlesungen* (S. 45–56). Hildesheim: Franzbecker.

Bikner-Ahsbahs, A., & Schäfer, I. (2013). Ein Aufgabenkonzept für die Anfängervorlesung im Lehramt Mathematik. In C. Ableitinger, J. Kramer, & S. Prediger (Hrsg.), *Zur doppelten Diskontinuität in der Gymnasiallehrerbildung: Ansätze zu Verknüpfungen der fachinhaltlichen Ausbildung mit schulischen Vorerfahrungen und Erfordernissen* (S. 57–76). Wiesbaden: Springer Spektrum.

Blüthmann, I. (2012). Individuelle und studienbezogene Einflussfaktoren auf die Zufriedenheit von Bachelorstudierenden. *Zeitschrift für Erziehungswissenschaft, 15*(2), 273–303.

Boero, P. (1999). Argumentation and mathematical proof: A complex, productive, unavoidable relationship in mathematics and mathematics education. *International Newsletter on the Teaching and Learning of Mathematical Proof*, 7(8). http://www.lettredelapreuve.org/OldPreuve/Newsletter/990708Theme/990708ThemeUK.html. Zugegriffen: 8. Oktober 2015

Brandell, G., Hemmi, K., & Thunberg, H. (2008). The Widening Gap – A Swedish Perspective. *Mathematics Education Research Journal, 20*(2), 38–56.

Clark, M., & Lovric, M. (2008). Suggestion for a Theoretical Model for Secondary-Tertiary Transition in Mathematics. *Mathematics Education Research Journal, 20*(2), 25–37.

Clausen, M., Reusser, K., & Klieme, E. (2003). Unterrichtsqualität auf der Basis hoch-inferenter Unterrichtsbeurteilungen: Ein Vergleich zwischen Deutschland und der deutschsprachigen Schweiz. *Unterrichtswissenschaft, 31*(2), 122–141.

Dörfler, W., & McLone, R. R. (1986). Mathematics as a School Subject. In B. Christiansen, A. G. Howson, & M. Otte (Hrsg.), *Perspectives on Mathematics Education* Mathematics Education Library, (Bd. 2, S. 49–97). Dordrecht: D. Reidel Publishing Company.

Engelbrecht, J. (2010). Adding structure to the transition process to advanced mathematical activity. *International Journal of Mathematical Education in Science and Technology, 41*(2), 143–154.

Heintz, B. (2000). *Die Innenwelt der Mathematik: Zur Kultur und Praxis einer beweisenden Disziplin.* Wien: Springer.

Heinze, A., & Reiss, K. (2004). The teaching of proof at the lower secondary level – a video study. *ZDM, 36*(3), 98–104.

Helmke, A. (2009). *Unterrichtsqualität und Lehrerprofessionalität. Diagnose, Evaluation und Verbesserung des Unterrichts.* Seelze: Klett-Kallmeyer.

Hemmi, K. (2008). Students' encounter with proof: the condition of transparency. *ZDM, 40*(3), 413–426.

von Hofe, R. (1995). *Grundvorstellungen mathematischer Inhalte.* Heidelberg: Spektrum Akademischer Verlag.

Hugener, I., Pauli, C., & Reusser, K. (2006). Videoanalysen. In E. Klieme, C. Pauli, & K. Reusser (Hrsg.), *Dokumentation der Erhebungs- und Auswertungsinstrumente zur schweizerisch-*

deutschen Videostudie „Unterrichtsqualität, Lernverhalten und mathematisches Verständnis". Frankfurt am Main: GFPF.

Kajander, A., & Lovric, M. (2009). Mathematics textbooks and their potential role in supporting misconceptions. *International Journal of Mathematical Education in Science and Technology, 40*(2), 173–181.

Klieme, E., & Rakoczy, K. (2008). Empirische Unterrichtsforschung und Fachdidaktik. Outcome-orientierte Messung und Prozessqualität des Unterrichts. *Zeitschrift für Pädagogik, 54*(2), 222–237.

Lipowsky, F., Rakoczy, K., Pauli, C., Drollinger-Vetter, B., Klieme, E., & Reusser, K. (2009). Quality of geometry instruction and its short-term impact on students' understanding of the Pythagorean Theorem. *Learning and Instruction, 19*(6), 527–537.

Luk, H. S. (2005). The gap between secondary school and university mathematics. *International Journal of Mathematical Education in Science and Technology, 36*(2/3), 161–174.

McGraw, K. O., & Wong, S. P. (1996). Forming inferences about some intraclass correlation coefficients. *Psychological Methods, 1*(1), 30–46.

Mejía-Ramos, J. P., & Inglis, M. (2009). Argumentative and proving activities in mathematics education research. In F.-L. Lin, F.-J. Hsieh, G. Hanna, & M.de Villiers (Hrsg.), *Proceedings of the ICMI Study 19 conference: Proof and Proving in Mathematics Education* (Bd. 2, S. 88–93). Taipei: National Taiwan Normal University, The Department of Mathematics.

Pritchard, D. (2010). Where learning starts? A framework for thinking about lectures in university mathematics. *International Journal of Mathematical Education in Science and Technology, 41*(5), 609–623.

Rach, S., & Heinze, A. (2013). Welche Studierenden sind im ersten Semester erfolgreich? Zur Rolle von Selbsterklärungen beim Mathematiklernen in der Studieneingangsphase. *Journal für Mathematik-Didaktik, 34*(1), 121–147.

Reiss, K., & Ufer, S. (2009). Was macht mathematisches Arbeiten aus? Empirische Ergebnisse zum Argumentieren, Begründen und Beweisen. *Jahresbericht der Deutschen Mathematiker-Vereinigung, 111*(4), 155–177.

Selden, A. (2005). New developments and trends in tertiary mathematics education: or, more of the same. *International Journal of Mathematical Education in Science and Technology, 36*(2/3), 131–147.

Tall, D. (1992). The Transition to Advanced Mathematical Thinking: Functions, Limits, Infinity and Proof. In D. A. Grouws (Hrsg.), *Handbook of research on mathematics teaching and learning* (S. 495–511). New York: Macmillan.

Tall, D. (2008). The Transition to Formal Thinking in Mathematics. *Mathematics Education Research Journal, 20*(2), 5–24.

Tall, D., & Vinner, S. (1981). Concept image and concept definition in mathematics with particular reference to limits and continuity. *Educational Studies in Mathematics, 12*(2), 151–169.

Thomas, M. O. J., & Klymchuk, S. (2012). The school-tertiary interface in mathematics: teaching style and assessment practice. *Mathematics Education Research Journal, 24*(3), 283–300.

Trigwell, K., Prosser, M., & Ginns, P. (2005). Phenomenographic pedagogy and a revised „Approaches to teaching inventory". *Higher Educ. Research & Development, 24*(4), 349–360.

Weber, K. (2001). Student difficulty in constructing proof: The need for strategic knowledge. *Educational Studies in Mathematics, 48*(1), 101–119.

Weber, K. (2004). Traditional instruction in advanced mathematics courses: A case study of one professor's lectures and proofs in an introductory real analysis course. *The Journal of Mathematical Behavior, 23*, 115–133.

Winter, H. (1996). Mathematikunterricht und Allgemeinbildung. *Mitteilungen der Gesellschaft für Didaktik der Mathematik, 61*, 37–46.

Yoon, C., Kensington-Miller, B., Sneddon, J., & Bartholomew, H. (2011). It's not the done thing: social norms governing students' passive behaviour in large undergraduate mathematics lectures. *International Journal of Mathematical Education in Science and Technology, 42*(8), 1107–1122.

Ein Modell des mathematischen Lehrerwissens als Orientierung für die mathematische Ausbildung im Lehramtsstudium der Grundschule

39

Christian Rüede, Christine Streit und Thomas Royar

Zusammenfassung

Empirische Befunde weisen darauf hin, dass besonders jene Aspekte des mathematischen Wissens einer Lehrkraft zum Erfolg im Mathematikunterricht beitragen, die sie für ihr Unterrichtshandeln nutzen kann. Von dieser These ausgehend schlagen die Autoren eine Modellierung des mathematischen Wissens einer Grundschullehrkraft vor. Dazu wird auf Resultate bislang vorliegender empirischer Studien zurückgegriffen und – angelehnt an Erkenntnissen aus der Expertenforschung und bereits vorliegenden Konzeptualisierungen des mathematischen Wissens – ein zweidimensionales Modell entwickelt. Darin unterscheiden die Autoren erstens zwischen einem innermathematischen (allgemeinen) Wissen und dem (spezifischen) Wissen, dies auf unterrichtsnahe Kontexte anzuwenden; zweitens zwischen der (deduktiven) Rolle von mathematischen Begriffen beim Explizieren von mathematischen Zusammenhängen und ihrer (konversionalen) Rolle bei der Verknüpfung verschiedener Sichtweisen. Dass ein solches Modell als Orientierung für die mathematische Ausbildung im Lehramt der Grundschule dienen kann, soll der letzte Teil der Ausführungen zeigen.

39.1 Einleitung

Gegenwärtig ist das Interesse der Unterrichtsforschung und -entwicklung an fachlichen Aspekten groß: Wissen wird zunehmend unter bereichsspezifischen Gesichtspunkten betrachtet (Hirschfeld und Gelman 1994), bei der Taxierung der Unterrichtsqualität wird die Wichtigkeit der fachlichen Perspektive hervorgehoben (Drollinger-Vetter 2011) und in Konzepten der Unterrichtsplanung werden fachliche bzw. fachdidaktische Aspekte stärker betont (Barzel et al. 2011). Daher erstaunt es nicht, dass Untersuchungen zum Lehrerwis-

Christian Rüede ✉ · Christine Streit · Thomas Royar
Fachhochschule Nordwestschweiz, Institut Vorschul- und Unterstufe, Liestal, Schweiz
e-mail: christian.rueede@fhnw.ch, christine.streit@fhnw.ch, thomas.royar@fhnw.ch

© Springer Fachmedien Wiesbaden 2016
A. Hoppenbrock et al. (Hrsg.), *Lehren und Lernen von Mathematik in der Studieneingangsphase*, Konzepte und Studien zur Hochschuldidaktik und Lehrerbildung Mathematik, DOI 10.1007/978-3-658-10261-6_39

sen die fachliche Perspektive vermehrt einbeziehen. So stellt sich die Frage, in wie weit das mathematische Wissen einer Lehrkraft zum Erfolg ihres Mathematikunterrichts beiträgt. Dazu existieren unterschiedliche Aussagen und Befunde: Während beispielsweise Loucks-Horsley und Matsumoto (1999) davon ausgehen, dass ein entsprechendes Fachwissen eine notwendige Voraussetzung darstellt, um Schülerinnen und Schülern Fachinhalte so näher zu bringen, dass diese von den Lernenden verstanden werden können, und Hill et. al (2005) über eine positive, signifikante Korrelation zwischen dem mathematischen Wissen der Lehrkraft und den Schülerleistungen berichten, dokumentieren Begle (1972) und Eisenberg (1977) das Fehlen eines solchen Zusammenhangs. Die Metaanalyse von Ahn und Choi (2004) über knapp 30 Studien macht ebenfalls deutlich, dass die Zusammenhänge zwischen Lehrerfachwissen und Schülerleistung empirisch nicht eindeutig in eine Richtung zu interpretieren sind.

Wie sind solch divergierende Resultate erklärbar? Die Antwort liegt möglicherweise in der unterschiedlichen Operationalisierung des mathematischen Wissens der Lehrkräfte: Je unterrichtsnaher das mathematische Wissen operationalisiert wird, umso stärker korreliert es mit der Schülerleistung. Eisenberg (1977) arbeitete zum Beispiel mit Items zum Körper der reellen Zahlen und anderen algebraischen Strukturen. Diese Items sind nicht direkt mit Fragen der Schulmathematik verknüpft. In der COACTIV-Studie (Krauss et al. 2008) oder etwa auch in Lindmeier et al. (2013) wird das mathematische Wissen durch Aufgaben aus dem Bereich der „Elementarmathematik vom höheren Standpunkt aus" (Krauss et al. 2008, S. 237) modelliert. Dabei werden vier Ebenen des mathematischen Wissens beschrieben: 1. mathematisches Alltagswissen, über das Erwachsene nach Abschluss ihrer Schullaufbahn verfügen sollten, 2. das zum Beherrschen des zu unterrichtenden Schulstoffes erforderliche Wissen, 3. ein fundiertes Verständnis der in der Schule gelehrten Mathematik und 4. akademisches Wissen (Krauss et al. 2008, S. 237). Auch wenn die in der Studie verwendeten Items ausschließlich Wissen der dritten Ebene berücksichtigen, ist durch den Bezug zur Schulmathematik eine Unterrichtsnähe gegeben. Allerdings kann dieser Einschränkung auf die dritte Ebene zufolge das mathematische Wissen einer Lehrkraft nur durch genau eine Skala beschrieben werden und qualitativ unterschiedliche Wissensaspekte werden so nicht kenntlich. Die Arbeiten um die Michigan-Forschungsgruppe (Hill et al. 2005) unterscheiden dagegen zwischen einem allgemeinen und einem spezifischen mathematischen Wissen der Lehrkraft. Letzteres ist dabei als mathematisches Wissen einer Lehrkraft zu verstehen, welches sie für berufstypische Tätigkeiten wie das Erklären von Inhalten oder Analysieren von Schülerdokumenten braucht. So konstruierten Hill et al. (2005) zum Beispiel Items, die erheben, wie gut jemand die Verallgemeinerbarkeit einer Strategie zur Berechnung von $35 \cdot 25$ einschätzen oder elementare Teilbarkeitsregeln mathematisch begründen kann. Die bislang vorliegenden Ergebnisse bestätigen, dass ein solch (unterrichts-)spezifisches mathematisches Wissen die Schülerleistungen positiv beeinflusst.

Weitere Studien zeigen, dass die Qualität des Mathematikunterrichts nicht nur davon abhängt, inwiefern die Lehrkraft die in der mathematischen Literatur explizit notierten Definitionen, Theoreme und Beweise kennt, sondern auch davon, inwiefern sie die mathematischen Begriffe wie ein Mathematiker gebrauchen, also mit ihnen arbeiten und entsprechende Verbindungen zwischen ihnen herstellen kann. Beispielsweise identifizieren Stein et al. (1990) in einer Fallstudie unterschiedliche qualitative Aspekte des mathematischen Wissens einer Lehrkraft und beschreiben, wie sich diese auf den Unterricht der Lehrkraft auswirken. Über ähnliche Resultate berichten im Grundschulbereich Ma (1999) sowie Swafford et al. (1997).

Die Befunde weisen also darauf hin, dass vor allem jene Aspekte des mathematischen Wissens einen Einfluss auf die Schülerleistung respektive die Qualität des Mathematikunterrichts haben, die die Lehrkraft für ihr alltägliches Unterrichtshandeln nutzen kann. Demnach scheint es unterschiedliche Facetten des mathematischen Lehrerwissens zu geben, die das Unterrichtshandeln entsprechend beeinflussen. Es erscheint sinnvoll, diese unterschiedlichen Facetten des mathematischen Lehrerwissens in den Blick zu nehmen und über mögliche Konsequenzen für die fachwissenschaftliche Lehrerausbildung nachzudenken. Hier setzt die vorgelegte Arbeit an. Sie resümiert diese Resultate, gibt ihnen eine theoretische Basis und führt so auf eine sowohl empirisch belegbare als auch theoretisch begründbare Modellierung des mathematischen Wissens von Lehrkräften der Primarstufe. Ein solches Modell kann als Orientierung für die mathematische Ausbildung von Lehramtsstudierenden dienen: Diese müssen in der Aus- und Weiterbildung befähigt werden, ein entsprechendes mathematisches Wissen aufbauen zu können. Im letzten Teil dieses Artikels diskutieren wir daher zentrale Aspekte der mathematischen Ausbildung von Grundschullehrkräften, die Gegenstand des Lehramtsstudiums sein könnten. Es sei schon an dieser Stelle darauf hingewiesen, dass bei der Konzeptualisierung auch normative Setzungen eine Rolle spielen. Denn aktuell liegen keine Längsschnittstudien über die Wirkung bestimmter Ausbildungskonzeptionen im Lehramtsstudium vor.

39.2   Das Lehrerwissen als Erfahrungswissen

Das Lehrerwissen ist primär gemäß den Anforderungen strukturiert, die sich einer Lehrkraft im Schulalltag stellen – und weniger entlang theoretischer Bereiche wie Fachwissenschaft, Fachdidaktik, Allgemeine Didaktik etc. Diese Aussage folgt, wenn das Lehrerwissen erstens als Expertenwissen konzipiert und zweitens das Expertenwissen wesentlich als wahrnehmungsbasiert begriffen wird – wie im Folgenden erläutert wird.

Lehrkräfte eignen sich in der Ausbildung vorwiegend theoretisches Wissen an. Dieses Wissen nutzen sie, um anhand der Erfahrungen im eigenen Berufsleben nach mehrjähriger Unterrichtstätigkeit zu Fachleuten des Unterrichtens zu werden. Sie verfügen dann über ein professionelles Wissen zur Bewältigung der komplexen und schwierigen Aufgaben ihres Schulalltags. Insofern machen sie einen Prozess von einem wissenschaftlichen Studium hin zur Fachkraft durch, analog etwa zu Ärzten und Ingenieuren. Daher bietet es sich an, ihre Wissensorganisation analog zu jener von Experten zu konzipieren. Im deutschsprachigen Raum gründet dieser Ansatz wesentlich auf Bromme (1992). Er spricht von *Lehrerexpertise* und meint damit das „berufsbezogene Wissen und Können" von Lehrkräften als „Experten für das Lernen und Lehren in der Schule" (Bromme 1992, S. 159). Den von Bromme entwickelten, psychologischen Expertenansatz des Lehrerwissens hat vor allem Neuweg (2001) um eine handlungstheoretische Perspektive ergänzt. Entsprechend verwendet Neuweg die Begriffe der Könnerschaft und des *impliziten Wissens* nach Michael Polanyi.

Gemäß Bromme (1992) erlaubt es der Begriff der Lehrerexpertise, die Besonderheiten dieses Berufs und der damit verbundenen Wissensorganisation hervorzuheben. Das heißt, grundsätzlich geht es um ein Wissen zur „Bewältigung sogenannter semantisch reichhaltiger Aufgaben" (Bromme 1992, S. 37). Zur Spezifizierung dieses Wissens zieht Bromme nun die Eigenheiten der beruflichen Anforderungen der Lehrkräfte bei. Im Mittelpunkt seiner Betrachtungen steht daher die Analyse der alltäglichen Anforderungen an die Lehrkräfte. Nach Bromme ist das Expertenwissen entlang dieser Anforderungen strukturiert und nicht entlang der eindeutigen Gliederung der damit verbundenen wissenschaftlichen Disziplinen. Insbesondere hat ein solches Expertenwissen nicht die Form von „Wenn-Dann"-Regeln, sondern es ist ein Erfahrungswissen, in dem „Wahrnehmung, Interpretation und Handeln in Mustern verb[u]nden" sind (Combe und Kolbe 2008, S. 861).

Ein Aspekt erscheint in diesem Zusammenhang besonders erwähnenswert: Jede Lehrkraft hat ihren eigenen Unterrichtsstil, Bromme (1992, S. 135) spricht von „Denkstil". Diese Individualität spiegelt sich in der Tatsache, dass sowohl die Ziele des Unterrichts als auch die Vorgehensweisen, wie sie erreicht werden können, vielfältig und nicht eindeutig festlegbar sind. Beispielsweise belegen Pauli et al. (2008) anhand einer Videostudie, dass mathematische Begriffe im Unterricht erfolgreich sowohl fragend-entwickelnd als auch explorativ-entdeckend entwickelt werden können. Entsprechend hängt es von der Lehrperson ab, wie sie die Ereignisse im Unterricht bewertet und für die Weiterarbeit nutzt. Denn die Lehrperson nimmt diese Ereignisse subjektiv wahr. Was ihr wichtig ist, hängt von ihrem individuellen Begriffssystem ab. Dieses bestimmt die Kategorien, gemäß denen eine Lehrperson Unterrichtssituationen erfasst, interpretiert und bewertet. Bromme bezeichnet dies als *kategoriale Wahrnehmung* (Goldstone und Hendrickson 2010; Harnad 1987). Diese kategoriale Wahrnehmung verbindet die beruflichen Anforderungen einer Lehrkraft mit ihrer Wissensorganisation. Denn die Organisation des Wissens der Lehrkraft bestimmt den (personalen) Gehalt ihrer Begriffe und legt so die Kategorien fest, denen zufolge die Lehrkraft Situationen durch die Wahrnehmung strukturiert, um ihre beruflichen Anforderungen erfüllen zu können.

Bromme (1992) macht nicht explizit, inwiefern die Lehrerexpertise als *adaptive Expertise* zu verstehen ist, also sowohl Routine als auch Innovation umfasst (Schwartz et al. 2005). Es ist aber davon auszugehen, dass erfolgreiche Lehrkräfte immer auch innovativ sind, ansonsten etwa eine „forschende Haltung" (Sjuts 2008, S. 115) undenkbar ist. Solche Innovationen basieren typischerweise auf einem Perspektivenwechsel (Schwartz et al. 2005), bei dem es der Lehrkraft gelingt, unvertraute Kategorien an eine Situation heranzutragen, beispielsweise aufgrund elaborativer Prozesse. Ebenso sind die Kategorien einer Lehrkraft, die relevant für die mit ihren beruflichen Anforderungen verbundenen Wahrnehmungen sind, Änderungen unterworfen. Dabei wird der Gehalt jener Begriffe, die wichtig für die beruflichen Anforderungen sind, durch das alltägliche Unterrichten verändert oder, besonders zu Beginn der Laufbahn, erst ausgebildet.

Das von Bromme (1992) benutzte Konzept der kategorialen Wahrnehmung wird auch von anderen Autoren verwendet, oftmals aber anders bezeichnet. So spricht Brandom (2000) in seiner (allgemeinen) Handlungstheorie von *verlässlich unterscheidenden Reaktionsdispositionen*, die genau dem kategorialen Wahrnehmen entsprechen. Die dabei wirksamen Kategorien entsprechen dem impliziten Wissen. Analog modelliert Neuweg (2001) das Wahrnehmen als *implizites Erkennen*. Eine ganz spezifische Unterrichtshandlung, nämlich das Lesen von Schülertexten, steht in Rüede und Weber (2012) im Zentrum. Die Rolle von Kategorien wird dort vom Konstrukt der (Lese-)*Perspektiven* übernommen.

39.3   Dimensionen der mathematischen Lehrerexpertise

Die Lehrerexpertise ist entlang von unterrichtsbezogenen Anforderungen strukturiert. Im Mathematikunterricht spielt der Umgang mit mathematischen Aufgaben die zentrale Rolle, beispielsweise bei der Unterrichtsplanung: „Berufserfahrene Mathematiklehrer konzentrieren sich bei der Unterrichtsplanung weitgehend auf die Auswahl und Abfolge mathematischer Aufgaben" (Bromme 1992, S. 100). Mit zunehmender Berufserfahrung verfügt eine Lehrkraft über ein Repertoire abrufbarer, mehr oder weniger fixen, möglicher Aufgabenfolgen, an denen sich ihr Unterrichtshandeln orientiert. Putnam (1987) bezeichnet eine solche Abfolge von Aufgaben als *Curriculum-Script*. In seiner Studie folgten die untersuchten Lehrkräfte ihrem Curriculum-Script. Sie achteten in den Aufgabenbearbeitungen der Schülerinnen und Schüler vor allem auf Fehler und versuchten dann durch Nachfragen, Anpassen des Tempos und weitergehenden Erläuterungen den Fehler zu beheben, um dann zur nächsten Aufgabe in ihrer Abfolge überleiten zu können. Es zeigt sich, dass für die untersuchten Lehrkräfte die Aufgaben den Ablauf des Unterrichts bestimmten. Lehrerexpertise im Mathematikunterricht, auch in der Grundschule, wird demzufolge wesentlich dadurch konzipiert, wie Aufgaben ausgewählt und konstruiert, wie sie im Unterricht eingesetzt und wie ihre Bearbeitungen für den weiteren Unterricht genutzt werden. Dieses Wissen über Aufgaben im Mathematikunterricht umfasst auch ein mathematisches und genau diese mathematische Komponente gibt im Folgenden Anlass zur Unterscheidung in ein allgemeines und ein spezifisches mathematisches Wissen einer Lehrkraft.

Stein et al. (1990) haben in ihrer Fallstudie nachgewiesen, dass das mathematische Wissen der Lehrkraft bestimmt, welche Aufgaben zu ihrem Repertoire gehören, wie sie diese ordnet und gegebenenfalls an die Klasse anpasst. Dazu erfassten sie das mathematische Wissen einer Lehrkraft über Funktionen. Es zeigte sich, dass die Lehrkraft nicht in der Lage war, eine Funktion als Objekt zu begreifen: Sie behandelte die Funktionsgleichung, die Wertetabelle und den Grafen einer Funktion als drei verschiedene Aufgabenbereiche und nicht als drei unterschiedliche Darstellungen der Funktion. Dieses Defizit im mathematischen Wissen wirkte sich auf ihr Curriculum-Script aus. Im Unterricht glichen das Aufstellen von Funktionsgleichungen, das Erstellen von Wertetabellen und das Zeichnen von Grafen drei verschiedenen Aufgabentypen, die keinen Zusammenhang untereinander haben. Entsprechend muss eine Lehrkraft nicht nur wissen, was mathematisch korrekt ist oder wie die jeweiligen mathematischen Begriffe genau definiert sind, sondern sie muss auch (Quer-)Verbindungen zwischen mathematischen Aussagen herstellen, das heißt, ein Objekt wie die Funktion mathematisch unterschiedlich beschreiben können. Dies wird im Folgenden zur Unterscheidung eines deduktiven und eines konversionalen mathematischen Wissens führen.

39.3.1 Allgemeines und spezifisches mathematisches Wissen

Beim Umgang mit Aufgaben greift die Lehrkraft immer auch auf mathematisches Wissen zurück. Dabei spielen sowohl innermathematische als auch unterrichtsbezogene Aspekte eine Rolle. In Anlehnung an die Forschungsgruppe aus Michigan um Hill et al. (2004) sprechen wir daher von einem *allgemeinen* und einem *spezifischen* mathematischen Wissen. In jener Studie wird das allgemeine mathematische Wissen gleich dem mathematischen Wissen einer gut gebildeten, erwachsenen Person gesetzt. Wir verallgemeinern diese Definition und verstehen im Folgenden unter dem allgemeinen mathematischen Wissen das Wissen einer Lehrkraft über den Gebrauch dieser mathematischen Begriffe innerhalb der Mathematik: Wie sind sie definiert? Was sagen die mathematischen Theoreme über sie aus? Wie hängen diese Begriffe untereinander zusammen? Wie werden sie beim mathematischen Arbeiten gebraucht? Unter dem spezifischen mathematischen Wissen versteht die Michigan-Gruppe das mathematische Wissen, welches eine Lehrkraft für die Spezifika des Unterrichtens von Mathematik braucht, etwa das Wissen um geeignete Darstellungs- und Erklärungsweisen, um die Verallgemeinerbarkeit von Vorgehens- und Denkweisen oder um die Kenntnis unterschiedlicher Lösungsmöglichkeiten einer Aufgabe. An dieser Vorstellung des spezifischen mathematischen Wissens im Sinne der Michigan-Gruppe knüpfen wir an, definieren es aber konzeptuell etwas anders, nämlich als Wissen, das die *Anwendung* des allgemeinen mathematischen Wissens der Lehrkraft auf den Mathematikunterricht ermöglicht. Damit geht eine Bedeutungsverschiebung der mathematischen Begriffe einher. Wer über spezifisches Wissen verfügt, verbindet mit den mathematischen Begriffen nun auch unterrichtsbezogene Verwendungsweisen und nicht nur innermathematische. Dieses spezifische Wissen ist aber immer noch ein mathematisches Wissen, denn die unterrichtsbezogene Anwendung des allgemeinen mathematischen Wissens resultiert in etwas Mathematischem, etwa in einer Aufgabe, einer Darstellungsform oder einer identifizierten Vorgehensweise.

Diese Konzeption von allgemeinem und spezifischem mathematischen Wissen ist im weiteren Sinne vergleichbar mit dem Modellieren von realen Situationen. Beim Modellieren wird innermathematisches Wissen (bei uns: das allgemeine Wissen) auf eine externe reale Situation (bei uns: der Mathematikunterricht) angewendet. Dazu braucht es beispielsweise Wissen über das Aufstellen eines mathematischen Modells etwa in Form einer Funktionsgleichung (bei uns: das spezifische Wissen). Und wie dieses Anwendungswissen beim Modellieren ein zusätzliches mathematisches Wissen ist, ist es auch das spezifische mathematische Wissen beim Unterrichten. Diese Konzeption des allgemeinen und spezifischen mathematischen Wissens müsste sich empirisch so äußern, dass die beiden Dimensionen statistisch nicht als unabhängige Faktoren erscheinen, sondern als aufeinander aufbauend. Die Resultate der Faktorenanalysen in Hill et al. (2004) können in dieser Weise so interpretiert werden. Offenbar gibt es Items, die nur auf dem allgemeinen mathematischen Wissen laden, aber auch solche, die sowohl auf dem allgemeinen als auch auf dem spezifischen mathematischen Wissen laden. Demgegenüber gibt es keine Items, die allein auf dem spezifischen Wissen laden.

Gegenwärtig wird kontrovers diskutiert, wo die Trennlinie zwischen mathematischem und mathematikdidaktischem Wissen genau zu ziehen ist. Für die Michigan-Gruppe ist das spezifische mathematische Wissen ein mathematisches Wissen:

> Unlike the composite known as "pedagogical content knowledge", SCK [das spezifische mathematische Wissen] is mathematical knowledge, not knowledge intertwined with knowledge of students and pedagogy. It is knowledge of mathematics needed specifically for the work of teaching. (Ball et al. 2005, S. 3)

Die COACTIV-Gruppe hingegen neigt dazu, Komponenten dieses spezifischen mathematischen Wissens dem mathematikdidaktischen Wissen anzurechnen, wie etwa die mathematikdidaktischen Items in Krauss et al. (2008) nahe legen. Wir folgen in diesem Artikel dem Ansatz der Michigan-Gruppe und begreifen das spezifische mathematische Wissen als mathematisches Wissen. Unseres Erachtens bestimmt das mathematikdidaktische Wissen einer Lehrkraft, wie sie den Lernprozess der Kinder steuern will, um die mathematischen Inhalte verständlich zu machen (Shulman 1986, 1987). Für die Realisierung ihrer intendierten Steuerung benötigt sie hingegen mathematisches Wissen. Beispielsweise legt ihr mathematikdidaktisches Wissen fest, was für einen Typ von Aufgabe sie gerade konstruieren will, wozu sie diese Aufgabe gebrauchen will und welchen detaillierten Anforderungen diese Aufgabe genügen soll. Das mathematische Wissen braucht die Lehrkraft dann im Kontext der expliziten Produktion einer solchen Aufgabe. Weiter bestimmt das mathematikdidaktische Wissen der Lehrkraft, wie sie die Aufgabenbearbeitungen der Kinder nutzen will, dass sie zum Beispiel auf verallgemeinerbare Vorgehensweisen achten will. Wiederum braucht sie das mathematische Wissen zur konkreten Identifikation der Vorgehensweisen in den Aufgabenbearbeitungen inklusive der Abschätzung deren Verallgemeinerbarkeit. In diesem Zusammenhang kann es hilfreich sein auf ein Item in Krauss et al. (2008, S. 235) hinzuweisen, welches in der COACTIV-Studie zur Erhebung des mathematikdidaktischen Wissens benutzt wurde. Darin werden die Lehrkräfte aufgefordert, möglichst viele verschiedene Lösungsmöglichkeiten der folgenden Aufgabe zu beschreiben: „Luca behauptet: ‚Das Quadrat einer natürlichen Zahl ist immer um 1 größer als das Produkt ihrer beiden Nachbarzahlen?'. Stimmt Lucas Behauptung?" Wir behandeln dieses Item als Frage, deren Beantwortung mathematisches Wissen erfordert. Das mathematikdidaktische Wissen hingegen würde festlegen, mit welchem Ziel eine Lehrkraft die Aufgabe einsetzen und ggfs. variieren könnte, und wie sie mit dieser Aufgabe, insbesondere den damit verbundenen konkreten Aufgabenbearbeitungen, umgeht.

39.3.2   Deduktives und konversionales mathematisches Wissen

Eine Lehrkraft muss mathematische Begriffe nicht nur definieren und anwenden können, sondern sie muss auch Verbindungen zwischen mathematischen Begriffen herstellen. Solche Verbindungen müssen einerseits korrekt sein, andererseits zweckmäßig. Diese beiden Qualitäten der Verbindungen der mathematischen Begriffe begründen die zweite Dimension des mathematischen Wissens: das *deduktive* und das *konversionale* mathematische Wissen. Das deduktive Wissen ist ein Wissen darüber, wann zwei mathematische Aussagen korrekt miteinander verbunden sind. Es ist ein Wissen über die expliziten Normen der Mathematik, also darüber, wann eine Aussage mathematisch korrekt dargestellt ist und wann sie als bewiesen gilt. Eine Lehrkraft, die über deduktives Wissen verfügt, kennt die mathematischen Definitionen der Begriffe, die Gesetze sowie die Schreibweisen und kann überprüfen, ob diese korrekt verwendet respektive miteinander verbunden wurden. Sie ist insbesondere im präzisen (Fach-)Sprachgebrauch gewandt. Darüber hinaus kennt sie den formalen Kalkül, unterscheidet etwa zwischen Voraussetzung, Behauptung und Beweis und weiß, was für Ansprüche an die Korrektheit eines Beweises gestellt werden. Sie achtet zum Beispiel darauf, dass bei einer Fallunterscheidung alle Fälle berücksichtigt, bei einer Argumentationskette keine Schritte vergessen und die mathematischen Symbole korrekt verwendet sind. Das deduktive Wissen ist also ein Wissen über den korrekten Gebrauch der mathematischen Begriffe.

Das konversionale Wissen ist hingegen ein Wissen über den zweckmäßigen Gebrauch dieser Begriffe. Es korrespondiert zur Art und Weise, wie Mathematiker mit mathematischen Begriffen alltäglich arbeiten: Wie findet man neue mathematische Aussagen? Wie beweist man diese? Wie löst man Aufgaben? Wie diskutiert man sie? Welche Sichtweisen können an einen Begriff herangetragen werden? Wann ist welche hilfreich? Um solche Fragen im konkreten Fall beantworten zu können, muss eine Lehrkraft die mathematischen Begriffe aufeinander beziehen und miteinander vergleichen können. Dazu kann sie beispielsweise denselben Begriff unterschiedlich darstellen respektive beschreiben, sie kann unterschiedliche Vorgehensweisen zur Lösung desselben Problems auf Einfachheit und Eleganz einschätzen oder sie kann arithmetische und algebraische Ausdrücke unterschiedlich strukturieren und kennt den Anwendungsbereich der sich daraus ergebenden Umformungen. Dank des deduktiven Wissens weiß eine Lehrkraft, ob eine mathematische Regel richtig oder falsch verwendet wurde, dank des konversionalen Wissens weiß sie, wie und wann sie diese Regel für das mathematische Arbeiten gebrauchen kann.

Das deduktive und das konversionale Wissen sind nicht unabhängig voneinander. Einerseits setzt das konversionale Wissen das deduktive voraus, denn manche zweckmäßige Verbindung mathematischer Begriffe ist auch eine korrekte. Andererseits führt konversionales Wissen oftmals zu neuen mathematischen Erkenntnissen, die wiederum explizit gemacht werden wollen. Und für diesen Prozess der Explizierung wird deduktives Wissen gebraucht.

Zur Verdeutlichung unserer Intention, die hinter der Unterscheidung zwischen deduktiven und konversionalen Wissen steht, verweisen wir auf zwei Aspekte aus Studien zur Begriffsentwicklung, an denen wir uns orientieren.

1. Duval (2006) unterscheidet zwei unterschiedliche mathematische Tätigkeiten: Man kann innerhalb desselben Darstellungssystems mathematisch tätig sein oder man kann das Darstellungssystem wechseln. Als Beispiele für Tätigkeiten der ersten Art nennt er das numerische Rechnen, das Lösen von Gleichungen und das Verwandeln von Figuren. Beispiele der zweiten Art sind für ihn das Darstellen einer Gleichung als Schnittpunkt zweier Grafen sowie das Fassen von sprachlichen Aussagen in mathematischen Symbolen. Diese Darstellungswechsel bezeichnet er als Konversionen (conversions). In Anlehnung an solche Konversionen sprechen wir vom konversionalen Wissen. Denn Konversionen zeichnen das mathematische Arbeiten aus. Wir fassen den Begriff aber breiter, insofern geben wir dem Wort „Konversion" eine an Duval (2006) angelehnte, aber umfassendere Bedeutung. Es geht uns beim konversionalen Wissen um das Aufeinanderbeziehen nicht nur von verschiedenen Darstellungssystemen sondern allgemein von verschiedenen Sichtweisen, egal ob sie sich auf dasselbe Darstellungssystem beziehen oder auf zwei unterschiedliche. Konversionales Wissen in unserem Sinne erlaubt damit ganz allgemein das Vergleichen, das Wechseln des Standpunkts sowie das Einschätzen unterschiedlicher Sichtweisen. Es entspricht also der Fähigkeit, an einen mathematischen Begriff verschiedene Sichtweisen heranzutragen: ihn verschieden darzustellen, ihn unterschiedlich zu strukturieren, ihn mit unterschiedlichen anderen Begriffen in Zusammenhang zu bringen etc. Das deduktive Wissen fokussiert hingegen auf die Rolle dieses Begriffs bei der Darstellung der mathematischen Theorie.

2. Das konversionale Wissen orientiert sich an Theorien zur Begriffsentwicklung, die besagen, dass Experten einen mathematischen Begriff als Objekt erfassen (Gray und Tall 1994; Sfard 1991). Denn sie behandeln einen mathematischen Begriff so, als entsprächen die mathematischen Aussagen über ihn seinen Eigenschaften. Zum Beispiel sind die oben erwähnten Darstellungen einer Funktion als Funktionsgleichung, als Wertetabelle oder als Graf drei Eigenschaften des Objekts „Funktion". Mit dem konversionalen Wissen berücksichtigen wir diese Form des praktischen mathematischen Arbeitens, die es erlaubt, einen mathematischen Begriff als mehrperspektivisch zu erfahren und je nach Situation die eine oder andere Perspektive zu nutzen.

39.3.3 Die Gliederung des mathematischen Wissens einer Lehrkraft

Mit dem allgemeinen und spezifischen sowie dem deduktiven und konversionalen mathematischen Wissen sind zwei Dimensionen der Lehrerexpertise gegeben. Sie stellen

Mathematisches Wissen einer Lehrkraft	Deduktives mathematisches Wissen	Konversionales mathematisches Wissen
Allgemeines mathematisches Wissen	- Begriffe präzis definieren - Beweise auf Korrektheit prüfen - ...	- Begriffe als Objekte behandeln - Verfahren vergleichen, Darstellungen wechseln - ...
Spezifisches mathematisches Wissen	- Aufgaben so anordnen, dass Fachlogik sichtbar wird - Erkennen von Fehlern und Lücken in Aufgabenbearbeitungen - ...	- Aufgaben konstruieren, die Begriffe als Objekte erkennbar machen - Vorgehensweisen in Aufgabenbearbeitungen identifizieren und z. B. auf Verallgemeinerbarkeit einschätzen - ...

Abb. 39.1 Elemente des mathematischen Wissens einer Lehrkraft hinsichtlich des Umgangs mit Aufgaben. Die Namen der Zeilen und Spalten entsprechen den vier Aspekten dieses Wissens. In den Zellen der 2 × 2 Matrix sind zur Illustration dieser Aspekte je zwei Beispiele angegeben, welche beim Umgang mit Aufgaben relevant sind

Aspekte dar, welche bei der Anforderung des Umgangs mit Aufgaben einen hohen Stellenwert besitzen. In Abb. 39.1 sind sie als Namen der Zeilen und Spalten einer 2 × 2 Matrix aufgeführt.

Die vier Dimensionen machen qualitativ unterschiedliche Aspekte des mathematischen Wissens einer Lehrkraft sichtbar. Sie muss zum einen mathematische Begriffe korrekt miteinander verbinden (deduktives mathematisches Wissen). Darüber hinaus muss sie aber auch „mathematisch arbeiten" können, also zum Beispiel zur Bewältigung von Problemen neue Verbindungen herstellen (konversionales mathematisches Wissen). Zudem muss sie in Unterrichtssituationen die Mathematik erkennen (spezifisches mathematisches Wissen). Beispielsweise muss sie das mathematisch Wertvolle in den Aufgabenbearbeitungen der Schülerinnen und Schüler identifizieren und solche Aufgaben produzieren, die sowohl den Aufbau der Mathematik als auch einen mathematischen Begriff als Objekt erkennbar machen.

In Abb. 39.1 sind in den Zellen der 2 × 2 Matrix je zwei Beispiele konkreter Anforderungen respektive des dafür benötigten mathematischen Wissens aufgelistet, die sich der Lehrkraft beim Umgang mit den Aufgaben stellen. Das allgemeine mathematische Wissen greift die Definition von Begriffen und den Vergleich von Verfahren auf. Das sind zwei Aspekte, die mitbestimmen, wie die Lehrkraft auf die Aufgaben hinführt. Beim spezifischen mathematischen Wissen ist mit dem Erkennen von Fehlern, Lücken und Vorgehensweisen vor allem angesprochen, wie die Lehrkraft die Aufgabenbearbeitungen der Schülerinnen und Schüler nutzt.

39.4 Beispiele von Elementen des mathematischen Wissens

Das Ziel dieses Abschnitts ist die Identifikation einzelner Elemente des allgemeinen und spezifischen mathematischen Wissens, insbesondere der deduktiven und konversionalen Aspekte, wie sie in Abb. 39.1 dargestellt sind. Aus Platzgründen findet eine Beschränkung auf die Schularithmetik statt. Um die Analyse möglichst konkret gestalten zu können, legen wir weitere Randbedingungen fest. So wird im Folgenden von Aufgaben ausgegangen, die zum flexiblen Rechnen mit den natürlichen Zahlen führen sollen, wie es typisch für die Primarstufe ist. Zudem stellen wir uns eine Lehrkraft vor, die die Aufgabenbearbeitungen der Kinder für die jeweils weitere Unterrichtsgestaltung nutzt. Einer solchen Unterrichtskonzeption folgt beispielsweise das *Dialogische Lernen* (Ruf und Gallin 1999).

39.4.1 Elemente des allgemeinen mathematischen Wissens einer Lehrkraft

Die Anforderung des Umgangs mit einer Aufgabe ist (auch) gekoppelt an das Lernziel, mit dem die Aufgabe verbunden ist. Abhängig davon, was eine Lehrkraft unter dem flexiblen Rechnen mit natürlichen Zahlen versteht, wird sie Aufgaben auswählen und anordnen. Genau das ist die Quintessenz der Studie von Stein et al. (1990), die oben vorgestellt wurde: Das mathematische Wissen einer Lehrkraft beeinflusst, welche Aufgaben sie konstruiert, wählt, wie sie diese im Unterricht einsetzt und wie sie die Bearbeitungen nutzt. Einerseits spielt das deduktive Wissen eine Rolle, andererseits das konversionale.

Deduktives Wissen, Begriffe präzis definieren
Wir fokussieren hier auf das Gleichheitszeichen. Allgemein drückt das Gleichheitszeichen eine Relation aus: Die Terme links und rechts des Gleichheitszeichens haben denselben numerischen Wert.

Zwei typische Fälle von Rollen des Gleichheitszeichens beim Rechnen mit den natürlichen Zahlen seien hervorgehoben. Erstens wird es zur Notation von Rechenwegen genutzt: $38 + 39 = 38 + 30 + 9 = 68 + 9 = 77$. Eine solche Kette steht als Abkürzung für $38 + 39 = 38 + 30 + 9$, $38 + 30 + 9 = 68 + 9$, $68 + 9 = 77$. Zweitens kommt das Gleichheitszeichen in Gleichungen wie $45 + \square = 13 + 56$ vor. Herauszufinden ist jene Zahl für die Box $\square$ so, dass die Aussage gilt. Hinter diesen zwei Fällen stehen zwei unterschiedliche Konzepte, deren Unterschied eigentlich erst in der Algebra zum Tragen kommt. So drückt das Gleichheitszeichen in der Algebra bei der Notation von Rechenwegen eine Allgemeingültigkeit aus: $22(x + 1) - 22 = 22x + 22 - 22 = 22x$. Solche Umformungen gelten für alle Werte von x. Das ist anders bei Gleichungen, wo gerade jene Werte x zu suchen sind, die die Aussage gültig machen: Die Aussage $19(x - 1) = 19$ gilt beispielsweise nur für x gleich 2. Wird der Faden noch weiter gespannt, so stellt man fest, dass bei Rechenwegnotationen respektive einer Kette von algebraischen Umformungen links und rechts immer derselbe numerische Wert steht. Bei Äquivalenzumformungen von Gleichungen kann sich dieser Wert hingegen ändern, falls die Lösung eingesetzt wird: Aus $19(x - 1) = 19$ folgt beispielsweise $x - 1 = 1$; setzt man für x die Lösung 2 ein, folgt $19 = 19$ und $1 = 1$.

Es ist davon auszugehen, dass ein solches Wissen den Unterricht einer Lehrperson beeinflusst. Dokumentiert sind beispielsweise die Schwierigkeiten der Kinder beim Gebrauch des Gleichheitszeichens. Offenbar fassen viele Kinder das Gleichheitszeichen einfach als „Mach!" oder „Rechne!" auf (Winter 1982). Der Grund liegt darin, dass die Kinder zum Teil jahrelang nur Ausdrücke der Form „28 + 13 =" sehen und dadurch dem Gleichheitszeichen die Bedeutung der Aufforderung „Rechne!" zuweisen. Solche Missverständnisse gründen unseres Erachtens nicht etwa darin, dass das Gleichheitszeichen ein besonders schwieriger Begriff ist, sondern im mangelnden deduktiven Wissen einer Lehrkraft, welche beispielsweise im Unterricht Schreibweisen wie „$36 + 47 = 36 + 40 = 76 + 7 = 83$" (Winter 1982, S. 190) nicht korrigiert oder gar selbst verwendet.

Konversionales Wissen, Begriffe als Objekte behandeln

Für den Arithmetikunterricht der Grundschule ist das flexible Beherrschen der Grundrechenarten ein zentrales Ziel (Krauthausen 1993; Rathgeb-Schnierer 2006; Selter 2000; Wittmann 1999). Die Kernfrage ist, wann wie gerechnet werden kann (Sfard 2008). Danach kann eine Person addieren, subtrahieren, multiplizieren und dividieren, wenn sie mit einem arithmetischen Term nicht ein fixes Verfahren verbindet, sondern ihm das Potential zuweist, so oder anders umgeformt zu werden. Dabei meint „so oder anders umgeformt werden", dass der Term eigentlich verschiedene Eigenschaften hat und als Objekt begriffen wird. Denn um etwa 18 + 47 nicht als Befehl für ein Verfahren zu begreifen, sondern als Term, den man so oder anders umformen kann, muss man ihn als etwas auffassen, das Eigenschaften besitzt:

- 18 + 47 ist eine Addition, zu 18 addiert man 47.
- 18 + 47 folgt der Kommutativität und ist äquivalent zu 47 + 18.
- 18 + 47 ändert den Wert nicht, wenn ungleichsinnig zu 19 + 46 und 20 + 45 variiert wird.
- 18 + 47 ist äquivalent zu 20 + 47 − 2.

Wer 18 + 47 so begreift, fasst 18 + 47 nicht als „Aufgabe" respektive als Standardverfahren auf, addiert also nicht reflexartig 18 und 47 gemäß dem erlernten Verfahren, sondern versteht unter 18 + 47 einen Ausdruck, der unterschiedlich strukturiert werden kann und dem entsprechend unterschiedliche „Lesarten" zugeordnet sind. Wer „eloquent" im 1000-er Raum rechnen kann, weiß also, wann ein arithmetischer Term wie zu „lesen" ist.

Es ist zu erwarten, dass eine Lehrkraft, die das Wie *und* Wann verbindet, anders mit den Aufgaben umgeht als eine Lehrkraft, die einzig auf das Wie fokussiert. Um darüber Vermutungen anstellen zu können, bietet sich ein Vergleich mit der oben erwähnten Studie von Stein et al. (1990) an. Denn auch eine Funktion kann als Objekt behandelt werden. Sie hat etwa die Eigenschaft als Funktionsgleichung, als Wertetabelle oder als Graf dargestellt zu werden. Die in der Studie vorgestellte Lehrkraft behandelte eine Funktion aber nicht als Objekt, sondern für sie waren das Aufstellen von Funktionsgleichungen, das Berechnen von Wertetabellen und das Zeichnen von Grafen drei unterschiedliche Aufgabentypen, die miteinander wenig zu tun haben. Entsprechend unabhängig voneinander unterrichtete sie diese drei Aspekte. Übertragen auf die Objekte der arithmetischen Terme hieße das: Eine

Lehrkraft, die arithmetische Terme nicht als Objekte zu behandeln vermag, sondern jeden arithmetischen Term als Hinweis auf ein Verfahren begreift, unterrichtet die einzelnen Verfahren unabhängig voneinander. Gut vorstellbar, dass eine solche Lehrkraft zuerst ein Verfahren zum Addieren, dann eines zum Subtrahieren etc. einführt und diese unabhängig voneinander thematisiert, ähnlich zu der in Stein et al. (1990) beschriebenen Lehrkraft. Sie würde zum Beispiel das „Pluszeichen" als Befehl zum Addieren via Hinzufügen lehren, das Minuszeichen als Befehl zum Subtrahieren via Wegnehmen etc. Wenn hingegen eine Lehrkraft einen arithmetischen Term als Objekt begreift, dann wird sie immer das Wann *und* Wie im Fokus haben. Vermutlich wird sie einerseits auf Verbindungen hinarbeiten, etwa zwischen dem Addieren und Subtrahieren, andererseits wird bei ihr das flexible Rechnen im Zentrum stehen. Denn es wird nicht darum gehen, in einem arithmetischen Term genau ein Merkmal zu erkennen und ein dazugehöriges Verfahren auszuführen. Vielmehr wird sie betonen – so unsere Hypothese – wann dieser Term wie gelesen werden kann und soll. Möglicherweise wird sie zum mehrmaligen Lösen derselben Aufgabe auffordern (z. B. $47 + 18 = 47 + 10 + 8, 47 + 18 = 45 + 20, 47 + 18 = 47 + 20 - 2$ etc.) um überhaupt auf mehrere Lesarten eines Terms aufmerksam zu machen. Insgesamt wird sie Aufgaben auswählen und so anordnen, dass das Verbinden der mathematischen Begriffe unterstützt wird, insbesondere das flexible Rechnen.

Damit ist ausgeführt, dass das allgemeine konversionale Wissen einer Lehrkraft der Grundschule vor allem eine Expertise im mathematischen Arbeiten sein soll: Wann ist ein arithmetischer Term wie zu „lesen"? Welchen Anwendungsbereich haben die einzelnen „Lesarten"? Diese Art des Umgangs mit arithmetischen Termen zeichnet den Experten aus. Leider existiert unseres Wissens keine Studie, die das empirisch belegt. Allerdings sind in inhaltlich nahen Bereichen genau solche Beobachtungen dokumentiert. So schätzten die von Dowker (1992) untersuchten Experten das Ergebnis von numerischen Termen äußerst aufgabenspezifisch und vielfältig ab, ein entsprechend adaptives Verhalten zeigten Experten beim Strukturieren algebraischer Terme (Rüede 2013).

39.4.2 Elemente des spezifischen mathematischen Wissens einer Lehrkraft

In diesem Abschnitt beschränken wir uns auf die Anforderungen der Nutzung der Aufgabenbearbeitungen der Kinder für die weitere Unterrichtsgestaltung. Diese Anforderung meint, dass die Lehrkraft in den Aufgabenbearbeitungen mathematisch wertvolle Teilleistungen erkennen und durch eine passende Aufgabe im weiteren Unterricht zum Thema machen kann. Dazu kann sie bekannte Aufgaben anpassen, umformulieren und variieren oder gegebenenfalls basierend auf ihrem Erfahrungswissen eine neue Aufgabe konstruieren. Wir gehen dabei davon aus, dass das Erkennen von Teilleistungen und das Formulieren einer geeigneten Aufgabe abhängig voneinander sind. Denn die Lehrkraft schaut mit einer bestimmten Leseperspektive auf die Aufgabenbearbeitungen: sie will sie nutzen. Im Folgenden sind anhand von zwei Beispielen Aspekte des spezifischen mathematischen

Abb. 39.2 Anordnung von
Plättchen zur Untersuchung
der Frage nach der Parität der
Summe von aufeinander folgenden natürlichen Zahlen: In
der ersten Zeile vier Plättchen,
in der zweiten Reihe fünf

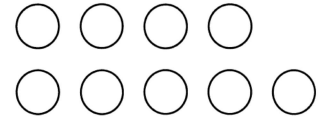

Wissens aufgelistet, die für diese Anforderung der Nutzung wesentlich sind. Wiederum
wird auf das flexible Rechnen mit natürlichen Zahlen fokussiert.

Deduktives Wissen, Erkennen von Lücken in Aufgabenbearbeitungen
Beim Addieren und Subtrahieren spielen auch Fragen zu geraden und ungeraden Zahlen
eine Rolle. Eine typische Fragestellung fordert hier zur Untersuchung der Summe zweier aufeinander folgender natürlicher Zahlen hinsichtlich der Parität gerade/ungerade auf.
Angenommen ein Kind (Jahrgangsstufe 1) legt zwei Reihen von Plättchen zur Beantwortung dieser Frage. In der ersten Zeile legt es vier Plättchen und in der zweiten fünf so, wie
in Abb. 39.2 skizziert.

Das Kind argumentierte dann so, dass die beiden Zahlen zusammen ungerade seien.
Die ersten vier Plättchen seien zusammen gerade, da jedes Plättchen ja zweimal vorkom-
me (je unten und oben). Es bliebe aber ein Plättchen übrig, nämlich das fünfte der unteren
Zeile. Die Anforderung an die Lehrkraft besteht nun darin, die Beweisstruktur des Kinds
nachzuvollziehen und Teilleistungen zu erkennen, die sie nutzen kann. Beispielsweise
wäre es hier möglich, von einer Fallunterscheidung auszugehen: Zu addieren sind zwei
Zahlen. Der erste Fall ist, dass die erste Zahl gerade ist, der zweite, dass die erste Zahl
ungerade ist. Das Kind liefert ein Argument für den ersten Fall. Das könnte die Lehrkraft
für den weiteren Unterricht nutzen. Zudem muss sie realisieren, dass mit einem Zahlen-
beispiel die Behauptung allgemein nicht bewiesen ist, sondern eine Algebraisierung nötig
wäre. Ob und wie sie auf diese zwei Aspekte in ihrer ersten Klasse eingeht, muss sie
situativ entscheiden.

**Konversionales Wissen, Vorgehensweisen in Aufgabenbearbeitungen identifizieren
und einschätzen**
Die Ausbildung zum flexiblen Rechnen umfasst die Hinführung zu einer adäquaten Auffassung des Gleichheitszeichens. Wir haben oben erwähnt, dass dieses von den Kindern
als Relation begriffen werden soll und nicht als Befehl zum Ausführen der Operationen
auf der linken Seite des Gleichheitszeichens. Carpenter et al. (2003) sprechen davon, dass
ein Kind *relational denkt*, sobald es das Gleichheitszeichen als Relation behandelt. Zur
Entwicklung des relationalen Denkens schlagen sie vor, die Kinder unter anderem Ausdrücke wie $58 + 59 = 59 + 58$ und $76 + 28 = 75 + 29$ untersuchen zu lassen hinsichtlich
der Korrektheit der Aussagen. Das Ziel solcher Aufgaben ist die Ausbildung des relatio-

nalen Denkens. Möchte die Lehrkraft beispielsweise die Bearbeitungen der Kinder von $76 + 28 = 75 + 29$ für die Arbeit mit weiteren Beispielen nutzen, stellen sich ihr bei der Durchsicht der Aufgabenbearbeitungen Fragen wie: Wie gehen die Kinder vor, welchen Strategien folgen sie? Welche Überlegungen weisen auf ein ungleichsinniges Verändern der Summanden hin, welche nicht? In welchen Bearbeitungen kommen hilfreiche verbale und non-verbale Mittel der Beschreibung vor? Welche Spezialfälle sind besonders erhellend? Welche Überlegungen lassen sich zutreffend verallgemeinern, welche stellen unzulässige Übergeneralisierungen dar? Was wäre eine aus mathematischer Sicht geeignete Folgeaufgabe, wenn ein Kind zu der Aussage gelangt, dass auch $76 - 28 = 75 - 29$ gilt? Zu erkennen, dass die Aufforderung zur Überprüfung der Richtigkeit dieser Aussage weniger gehaltvoll ist als beispielsweise diejenige, $5 + 3 = 4 + 4$ und $5 - 3 = 4 - 4$ zu vergleichen, bedingt spezifisches konversionales Wissen, genauso wie die kompetente Beantwortung der skizzierten Fragen primär mathematisches und nicht primär mathematikdidaktisches Wissen voraussetzt – das Wissen um diese Fragen ist dagegen ein mathematikdidaktisches.

39.5 Konsequenzen und Umsetzungen für das Lehramtsstudium

Offenbar sind die Anforderungen an die Lehrkräfte mit mathematischem Wissen verbunden, welches sich stark an der Praxis des Mathematikunterrichts orientiert. Das ist die Essenz der bisherigen Erörterung. Wir fokussieren nun auf die Konsequenzen für die Mathematikausbildung im Lehramtsstudium der Grundschule, die sich daraus ergeben. Zudem machen wir Vorschläge zu deren Umsetzung.

39.5.1 Konsequenzen

Grundsätzlich teilen wir die Feststellung von Bromme und Haag (2004):

> Die Betonung des Anwendungsbezugs der zu vermittelnden Wissensinhalte in der Lehrerausbildung bedeutet [...] nicht, dass die angehenden Lehrer nur mit Themen und Fragestellungen konfrontiert werden sollten, die einen unmittelbaren Handlungsbezug aufweisen und die jeweils durch konkrete Handlungsanforderung des Unterrichtsalltags begründet wären (S. 812).

Das ist ein Votum für eine akademische Ausbildung, die sich durchaus an der fachlogischen Strukturierung der einzelnen Disziplinen orientiert. Zwei Argumente erachten wir hierbei relevant. Erstens organisiert sich das Wissen einer Lehrkraft erst im Laufe ihrer jahrelangen beruflichen Tätigkeit. Dabei werden personale Bedingungen die Ausprägung dieser Lehrerexpertise entscheidend mitbestimmen. Das heißt, das im Lehramtsstudium erworbene Wissen muss so allgemein sein, dass es im Berufsleben auf unterschiedliche personale Bedürfnisse zugeschnitten umgebaut werden kann. Ein Wissen, das nur auf konkrete Handlungssituationen bezogen ist, wäre zu spezifisch und nähme zu wenig Rücksicht auf individuelle, zukünftige berufliche Anforderungen. Zweitens ist die Entwicklung zur Lehrerexpertise ein nie endender Prozess. Je breiter und vielfältiger das im Lehramtsstudium erworbene Wissen ist, umso öfter kann während dieses lebenslangen Lernens darauf zurückgegriffen werden. Also ist das mathematische Wissen, das die Lehramtsstudierenden erwerben sollen, nicht einzig in konkreten Anforderungen des zukünftigen Berufslebens zu begründen. Vielmehr soll es so angelegt sein, dass es möglichst viele Lehramtsstudierende bei der Entwicklung ihrer Lehrerexpertise unterstützt. Dazu sind fundierte mathematische Kenntnisse notwendig, nicht zu vernachlässigen sind auch entsprechende fachbezogene Überzeugungen, die zum einen die mathematische Selbstwirksamkeit beeinflussen und zum anderen einen nicht unerheblichen Einfluss auf das spätere berufliche Handeln haben können (Hess 2002). Bezogen auf die beiden zentralen Wissenskomponenten, das allgemeine und das spezifische mathematische Wissen, hat dies für die Lehrerausbildung folgende Konsequenzen:

- Allgemeines mathematisches Wissen: Das Lehramt der Grundschule muss die Studierenden so ausbilden, dass sie die stufenrelevanten mathematischen Begriffe wie „Mathematiker" behandeln können. Es scheint uns wichtig, dass wir hier zur Vermeidung von Missverständnissen explizit werden. Nehmen wir dazu das flexible Rechnen mit den natürlichen Zahlen. Wir meinen hier nicht, dass die Arithmetik im Lehramtsstudium sich auf das „Rechnen" beschränkt. Vielmehr soll die Ausbildung die Lehramtsstudierenden dazu befähigen, mit Termen und Gleichungen so wie Mathematiker umgehen zu können. Dass hier tatsächlich ein großer Ausbildungsbedarf besteht, zeigt eine empirische Erhebung, die wir zur Erfassung des elementaren mathematischen Vorwissens unserer Studienanfänger durchführten. Zwei Beispiele aus dem Bereich der Grundrechenarten: Bloß die Hälfte der Befragten löste $68 + 25 - 68$ durch Wegstreichen der beiden 68, die anderen addierten zuerst $68 + 25$ zu 93 und subtrahierten dann 68. Kaum zehn Prozent erkannten bei $6 \cdot 13 + 4 \cdot 13$ die Vereinfachung zu $10 \cdot 13$, die anderen rechneten auch hier von links nach rechts. Mit anderen Worten: Viele unserer Studienanfänger behandeln die arithmetischen Ausdrücke als Befehl zur Ausführung eines Verfahrens, aber nicht als Objekt. Solche Defizite in der Begriffsentwicklung respektive in der Flexibilität zeigen sie auch außerhalb der Arithmetik. Hier scheinen auch grundlegende fachbezogene Überzeugungen zum Tragen zu kommen, die sich hinderlich auf die Ausbildung mathematischer Expertise auswirken können. Eine Auseinandersetzung damit erscheint unabdingbar.
- Spezifisches mathematisches Wissen: Das Ziel ist die Ausbildung von Anwendungswissen der mathematischen Begriffe auf Kontexte des Unterrichts. Weil es sich dabei um eine zusätzliche Dimension des mathematischen Wissens handelt, muss deren Ausbildung gezielt angestrebt werden. Es reicht nicht, die fachwissenschaftlichen Veranstaltungen mit Beispielen aus dem Unterrichtsalltag anzureichern. Vielmehr sind in diesen Veranstaltungen Anforderungssituationen zu schaffen, die analog zu jenen des Unterrichtsalltags und denen die Lehramtsstudierenden auszusetzen sind. Also

müssen Aufgaben im Zentrum stehen, insbesondere deren Auswahl, Konstruktion und
Bearbeitung. Allerdings denken wir hier nicht an Aufgaben auf der Schülerebene, son-
dern an Aufgaben, die der Ausbildung des allgemeinen mathematischen Wissens der
Studierenden dienen, denn in den fachwissenschaftlichen Veranstaltungen steht die
Ausbildung des mathematischen Wissens der Studierenden und nicht jenes der Kin-
der im Zentrum (vgl. unten).

39.5.2 Umsetzung

Am Beispiel der mathematischen Ausbildung unserer Studierenden im Studiengang Vor-
schul- und Unterstufe der Pädagogischen Hochschule FHNW illustrieren wir eine mögliche Umsetzung. Dabei greifen wir nur den Bereich „Zahl und Variable" auf. Es ist zu
beachten, dass für die mathematische Ausbildung bei diesem Studiengang insgesamt nur
5 ECTS-Punkte zur Verfügung stehen. Tabelle 39.1 gibt einen Überblick, der im Folgenden erläutert wird.

Die erste Spalte charakterisiert das allgemeine mathematische Wissen im Bereich
„Zahl und Variable" und zwar sowohl das deduktive als auch das konversionale. Aufgrund des unterschiedlichen Vorwissens unserer Studierenden und der nur sehr begrenzt
zur Verfügung stehenden Ausbildungszeit kann nicht davon ausgegangen werden, dass
zum Ende der Ausbildung bereits umfassendes konversionales Wissen gesichert ist. Mi-
nimalziel ist jedoch das Schaffen einer tragfähigen Basis, auf der dieses Wissen in der
weiteren Berufsbiografie auf dem Weg zum Experten gründen kann.

Tab. 39.1 Wesentliche Elemente unserer Veranstaltung „Mathematik" im Bereich „Zahl und Variable" im Lehramtsstudium der Vorschul- und Unterstufe

Merkmale des allgemeinen mathematischen Wissens	Begriffe, deren Ontogenese diskutiert wird	Bereiche, die durch Auseinander-setzung mit Aufgaben erarbeitet werden
Konversionales Wissen: – Zahlenblick, Struktur- und Symbolsinn – Behandlung von mathe-matischen Ausdrücken als Objekte – Anschauliches Beweisen (figurierte Zahlen)	– Zahlbegriff (ordinal, kardinal, etc.) – Zahldarstellung, Stellenwertsysteme – Variable, Operationen – Gleichheitszeichen – Zahlbereiche	– Stellenwertsysteme (Rechnen in und Wechseln zwischen Stellenwertsystemen) – Kombinatorisches Zählen – Teilbarkeiten – (Um)Deuten und Umformen von Termen – Lösen von Gleichungen
Deduktives Wissen: – Definition und Verwendung algebraischer Fachtermini – Vermuten, Erkennen und Beweisen algebraischer Sach-verhalte		

In Anbetracht der oben genannten Defizite von Lehramtsstudierenden ist für uns die Behandlung von algebraischen Termen als Objekte ein wichtiges Ziel. Die algebraische Sprache vermag Beziehungen explizit zu machen und die Anwendung derselben unterstützt den Aufbau algebraischer Expertise. Sfard (2008) oder auch Tirosh et al. (1998) betonen, dass algebraische Expertise darauf basiert, Ausdrücke nicht ausrechnen zu wollen, was bei arithmetischen Termen wie $4 + 2 \cdot 7$ problemlos möglich wäre. In diesem Sinne „erzwingt" die algebraische Sprache, dass ein Term oder eine Gleichung als Ausdruck einer Beziehung verstanden wird und nicht (nur) als eine Rechnung. Damit zusätzlich mit einem algebraischen Ausdruck nicht einfach ein Verfahren verbunden wird, müssen die Studierenden einen flexiblen Umgang mit Termen und Gleichungen entwickeln (Rüede 2013). Das gelingt, indem das mathematische Arbeiten Thema wird und nicht einfach Standardverfahren vorgestellt werden wie in den folgenden drei Beispielen deutlich wird:

1. Beim Vereinfachen von Termen und Lösen von Gleichungen kommen nicht nur Verfahren zum Einsatz, ein Teil der Terme und Gleichungen ist so konstruiert, dass ein geübter Blick eine einfache Lösung liefert. Wir denken hier an Beispiele wie:

$$(x + 10)^5(x - 10)^5 - \frac{1}{2}(x - 10)^{10} + 512 = (x - 10)^5(x + 10)^5$$

$$\frac{11}{9}(14x + 12) + 80 = \frac{29}{9}(14x + 12)$$

$$\frac{2x + 2}{x + 1} + \frac{x^2 - x}{x - 1} = 2x,$$

oder auch an Aufgaben, die sich am relationalen Denken orientieren (Rüede 2012). Insgesamt verhindern solche Beispiele ein stures Abarbeiten der Aufgaben.

2. Strukturierungen werden explizit gemacht, indem die Wahrnehmung des algebraischen Ausdrucks zum Thema wird. Dadurch realisieren die Studierenden, dass sie in Termen und Gleichungen eigenständige Bezüge zwischen einzelnen Zeichen herstellen sollen, um geeignete Umformungen zu entdecken, und die Terme und Gleichungen nicht einfach aus der Perspektive des Standardverfahrens „lesen" sollen. Solche Perspektivenwechsel führen zur Behandlung von algebraischen Ausdrücken als Objekte (Rüede 2013).

3. Oftmals meinen die Studierenden, ein Experte sehe die Lösung sofort. Es ist äußerst wertvoll, ihnen an konkreten Aufgabenbearbeitungen von ihren Mitstudierenden aufzuzeigen, dass mathematisches Arbeiten ein Vermuten, Überprüfen und Verwerfen ist, bis dann am Ende eine Vermutung als Lösung akzeptiert wird. Elektronische Lernplattformen, auf denen Studierende und Dozierende gleichermaßen Aufgaben, Lösungen und Kommentare hochladen und einstellen können, ermöglichen hierbei eine breitere, enthierarchisierte und trotzdem konversionalisierte Diskussionskultur. Das kann unter anderem zur Änderung der Überzeugungen der Studierenden beitragen (Schoenfeld 1985).

Die zweite Spalte in Tab. 39.1 umfasst eine Liste von Begriffen, deren Ontogenese wir in unserer Veranstaltung skizzieren. Die damit verbundene Absicht orientiert sich an dem von Toeplitz (1927, 1949) und Wittmann (1981) modifizierten historisch-genetischen Prinzip von Felix Klein (1933).[1] Wir beziehen dabei die historische Analyse ausschließlich auf stufenrelevante mathematische Begriffe, wie z. B. das Stellenwertsystem, in der Absicht, dass die Lehramtsstudierenden daraus lernen können, „was der eigentliche Sinn, der wirkliche Kern des Begriffs ist, und daraus Folgerungen für das Lehren dieses Begriffs ziehen können" (Toeplitz 1927, S. 93). Wir gehen davon aus, dass diese Art der Auseinandersetzung mit mathematischen Begriffen und Objekten sowohl auf das allgemeine wie auch das spezifische mathematische Wissen zielt.

In der dritten Spalte sind Bereiche gegeben, die großteils anhand von Aufgaben bearbeitet werden. Vor allem das (Um)Deuten und Umformen von Termen sowie das Lösen von Gleichungen nutzen wir auch zur Ausbildung der Dimension des spezifischen Wissens. Hierzu fordern wir die Studierenden zur Auseinandersetzung mit den Aufgabenbearbeitungen ihrer Mitstudierenden auf. In einem ersten Schritt müssen die Studierenden Teilleistungen in den Aufgabenbearbeitungen ihrer Mitstudierenden sichtbar machen, benennen und rückmelden. Wichtig ist hier einerseits das Identifizieren von Vorgehensweisen und andererseits deren Einschätzung beispielsweise auf Verallgemeinerbarkeit, Einfachheit und Korrektheit. In einem zweiten Schritt müssen die Studierenden darauf basierend passende, weitere Aufgaben konstruieren, die dann wiederum Teil der Veranstaltung sind. Das zwingt die Studierenden zur Einnahme eines Expertenstandpunkts, wenn auch noch eines fragilen.

39.6 Diskussion

Die gegenwärtigen Studien deuten auf einen Einfluss des mathematischen Wissens einer Lehrkraft auf den Unterrichtserfolg hin. Allerdings sind nicht alle Aspekte des mathematischen Wissens gleich relevant für den Mathematikunterricht. Wichtig sind vor allem jene, welche zur Bewältigung von Anforderungen gebraucht werden, die sich der Lehrkraft beim Unterrichten von Mathematik stellen. Dieser Artikel schlägt vor, dabei zwischen dem spezifischen und allgemeinen sowie zwischen dem deduktiven und konversionalen mathematischen Wissen einer Lehrkraft zu unterschieden. Diese vier Aspekte basieren darauf, dass eine Lehrkraft sowohl innermathematisches Wissen braucht (allgemei-

---

[1] Klein bezieht sich auf das biogenetische Grundgesetz des Biologen Ernst Haeckel (1866), wonach der einzelne Mensch in seiner Entwicklung diejenigen Stufen durchlaufen muss, welche die gesamte Menschheit im Lauf der Geschichte zurückgelegt hat. Er ging davon aus, dass sich durch die Auseinandersetzung mit der historischen Entwicklung von mathematischen Begriffen Zusammenhänge erschließen und einen induktiven und problemlösenden Zugang zu mathematischem Denken und Arbeiten ermöglichen. Die Kritik am historisch-genetischen Prinzip bezieht sich vor allem darauf, dass Fehler und Unzulänglichkeiten in der Geschichte der Mathematik nicht reproduziert werden müssen (vgl. z. B. Pringsheim 1898).

nes Wissen) als auch Anwendungswissen in Unterrichtskontexten (spezifisches Wissen). Zweitens sind die Anforderungen an sie so, dass sie sowohl über die korrekte Verwendung mathematischer Begriffe Bescheid wissen muss (deduktives Wissen) als auch über ihren Gebrauch beim mathematischen Arbeiten (konversionales Wissen). Aus dieser Gliederung des mathematischen Wissens wurde gefolgert, dass Studierende des Lehramts der Grundschule in den mathematischen Veranstaltungen nicht nur mathematische Inhalte kennen lernen sollten, sondern vor allem auch eine Expertise im Gebrauch der Begriffe beim mathematischen Arbeiten entwickeln und exemplarisch darauf in unterrichtsnahen Situationen zurückgreifen lernen. Am Beispiel des Rechnens mit den natürlichen Zahlen wurde aufgezeigt, dass das Sichtbarmachen von Eigenheiten des mathematischen Arbeitens sowie die Anwendung auf unterrichtsrelevante Kontexte einen wesentlichen Teil einer Veranstaltung in Mathematik für Lehramtsstudierende ausmachen kann, darf und vielleicht auch soll.

Wir verstehen unseren Vorschlag als Ergänzung zu bestehenden Konzeptionen der Mathematikausbildung von Lehramtsstudierenden der Grundstufe, wie sie etwa in Padberg (1997), Leuders (2010, 2012) oder Müller et al. (2004) vorgestellt sind. Unser Vorschlag bezieht sich ausschließlich auf die Primarstufe. Inwiefern sich eine solche Konzeption des mathematischen Wissens auf Lehrkräfte der Sekundarstufe übertragen lässt, bleibt offen. Allerdings besteht berechtigte Hoffnung, dass die Gliederung von Abb. 39.1 auch für die Sekundarstufe anwendbar ist. Denn erstens zeigen Untersuchungen von Hill (2007), dass die Unterscheidung in ein spezifisches und allgemeines mathematisches Wissen auch für das Lehramt der Sekundarstufe von Bedeutung sein kann. Zweitens ist die Unterscheidung in ein deduktives und ein konversionales Wissen ein Charakteristikum des mathematischen Wissens ganz allgemein und somit stufenunabhängig.

Die Mathematikausbildung am Institut Vorschul- und Unterstufe der Pädagogischen Hochschule FHNW folgt aktuell dem hier vorgestellten Konzept. Gegenwärtig begleiten wir diese Ausbildung mit empirischen Erhebungen. Ein erstes Ziel ist der Nachweis von Änderungen beim Bild der Mathematik der Studierenden sowie bei ihrem mathematischen Wissen insbesondere ihrer Flexibilität. Wir werden an anderer Stelle darüber berichten.

Literatur

Ahn, S., & Choi J. (2004, April 12–16). *Teachers' subject matter knowledge as a teacher qualification: A Synthesis of the quantitative literature on students' mathematics achievement.* Vortrag auf der Jahrestagung der American Education Research Association, San Diego, Kalifornien, USA.

Ball, D. L., & Hill, H. (2008). *Mathematical Knowledge for Teaching (MKT) Measures – Mathematics Released Items.* Ann Arbor: University of Michigan.

Ball, D. L., Bass, H., Sleep, L. & Thames, M. (2005, Mai). *A Theory of Mathematical Knowledge for Teaching.*[Arbeitssitzung: 15th ICMI Study Conference], Águas de Lindóia, Brasilien.

Barzel, B., Holzäpfel, L., Leuders, T., & Streit, C. (2011). *Mathematik unterrichten planen, durchführen, reflektieren.* Berlin: Cornelsen.

Begle, E. J. (1972). *Teacher Knowledge and Student Achievement in Algebra*. SMSG Reports, Bd. 9. Stanford: SMSG.

Brandom, R. B. (2000). *Expressive Vernunft: Begründung, Repräsentation und diskursive Festlegung*. Berlin: Suhrkamp.

Bromme, R. (1992). *Der Lehrer als Experte*. Bern: Hans Huber.

Bromme, R., & Haag, L. (2004). Forschung zur Lehrerpersönlichkeit. In W. Helsper, & J. Böhme (Hrsg.), *Handbuch der Schulforschung* (S. 803–820). Wiesbaden: VS Verlag für Sozialwissenschaften.

Carpenter, T. P., Franke, M. L., & Levi, L. (2003). *Thinking Mathematically: Integrating Arithmetic and Algebraic in the Elementary School*. Portsmouth: Heinemann.

Combe, A., & Kolbe, F.-U. (2008). Lehrerprofessionalität: Wissen, Können, Handeln. In W. Helsper, & J. Böhme (Hrsg.), *Handbuch der Schulforschung* (S. 857–875). Wiesbaden: VS Verlag für Sozialwissenschaften.

Dowker, A. (1992). Computational Estimation Strategies of Professional Mathematicians. *Journal for Research in Mathematics Education, 23*(1), 45–55.

Drollinger-Vetter, B. (2011). *Verstehenselemente und strukturelle Klarheit. Fachdidaktische Qualität der Anleitung von mathematischen Verstehensprozessen im Unterricht*. Münster: Waxmann.

Duval, R. (2006). A Cognitive Analysis of Problems of Comprehension in a Learning of Mathematics. *Educational Studies in Mathematics, 61*, 103–131.

Eisenberg, T. A. (1977). Begle Revisited: Teacher Knowledge and Student Achievement in Algebra. *Journal for Research in Mathematics Education, 8*, 216–222.

Goldstone, R. L., & Hendrickson, A. T. (2010). Categorical Perception. *Wiley Interdisciplinary Reviews Cognitive Science, 1*(1), 69–78.

Gray, E. M., & Tall, D. (1994). Duality, Ambiguity and Flexibility: A „Proceptual" View of Simple Arithmetic. *Journal for Research in Mathematics Education, 25*(1), 116–140.

Harnad, S. (1987). *Categorial Perception. The Groundwork of Cognition*. Cambridge: Cambridge University Press.

Hess, K. (2002). *Lehren – zwischen Belehrung und Lernbegleitung*. Dissertation, Universität Zürich, Zürich, Schweiz.

Hill, H. C. (2007). Mathematical Knowledge of Middle School Teachers: Implications for the No Child Left Behind Policy Initiative. *Educational Evaluation and Policy Analysis, 29*(2), 95–114.

Hill, H. C., Schilling, S. G., & Ball, D. L. (2004). Developing Measures of Teachers' Mathematics Knowledge for Teaching. *The Elementary School Journal, 105*(1), 11–30.

Hill, H. C., Rowen, B., & Ball, D. L. (2005). Effects of Teachers' Mathematical Knowledge for Teaching on Student Achievement. *American Educational Research Journal, 42*(2), 371–406.

Hirschfeld, L. A., & Gelman, S. A. (1994). *Mapping the Mind: Domain Specificity in Cognition and Culture*. Cambridge: Cambridge University Press.

Klein, F. (1933). *Elementarmathematik vom höheren Standpunkte aus. Teil I: Arithmetik, Algebra, Analysis* (4. Aufl.). Grundlehren der mathematischen Wissenschaften, Bd. 14. Berlin: Springer.

Krauss, S., Neubrand, M., Blum, W., Baumert, J., Brunner, M., Kunter, M., et al. (2008). Die Untersuchung des professionellen Wissens deutscher Mathematik-Lehrerinnen und -Lehrer im Rahmen der COACTIV-Studie. *Journal für Mathematik-Didaktik, 29*(3/4), 223–258.

Krauthausen, G. (1993). Kopfrechnen, halbschriftliches Rechnen, schriftliche Normalverfahren, Taschenrechner: Für eine Neubestimmung des Stellenwertes der vier Rechenmethoden. *Journal für Mathematik-Didaktik, 14*(3/4), 189–219.

Leuders, T. (2010). *Erlebnis Arithmetik*. Heidelberg: Spektrum Akademischer Verlag.

Leuders, T. (2012). Authentische Begegnung von angehenden Grundschullehrkräften mit der Fachwissenschaft – am Beispiel Theorie und Anwendung von Graphen. In W. Blum, R. Borromeo Ferri, & K. Maaß (Hrsg.), *Mathematikunterricht im Kontext von Realität, Kultur und Lehrerprofessionalität* (S. 207–219). Wiesbaden: Springer Spektrum.

Lindmeier, A. M., Heinze, A., & Reiss, K. (2013). Eine Machbarkeitsstudie zur Operationalisierung aktionsbezogener Kompetenz von Mathematiklehrkräften mit videobasierten Massen. *Journal für Mathematik-Didaktik, 34*(1), 99–119.

Loucks-Horsley, S., & Matsumoto, C. (1999). Research on Professional Development for Teachers of Mathematics and Science: The State of the Scene. *School Science and Mathematics, 99*(5), 258–271.

Ma, L. (1999). *Knowing And Teaching Elementary Mathematics*. Mahwah: Lawrence Erlbaum Associates.

Müller, G. N., Steinbring, H., & Wittmann, E. C. (Hrsg.). (2004). *Arithmetik als Prozess*. Seelze: Friedrich.

Neuweg, G. H. (2001). *Könnerschaft und implizites Wissen*. Münster: Waxmann.

Padberg, F. (1997). *Einführung in die Mathematik 1. Arithmetik*. Heidelberg: Spektrum Akademischer Verlag.

Pauli, C., Drollinger-Vetter, B., Hugener, I., & Lipowsky, F. (2008). Kognitive Aktivierung im Mathematikunterricht. *Zeitschrift für Pädagogische Psychologie, 22*(2), 127–133.

Pringsheim, A. (1898). Über den Zahl- und Grenzbegriff im Unterricht. *Jahresbericht der Deutschen Mathematikervereinigung, 6*(1), 73–83.

Putnam, R. T. (1987). Structuring and Adjusting Content for Students: A Study of Live and Simulated Tutoring of Addition. *American Educational Research Journal, 24*(1), 13–48.

Rathgeb-Schnierer, E. (2006). *Kinder auf dem Weg zum flexiblen Rechnen*. Hildesheim: Franzbecker.

Rüede, C. (2012). Ein Blick für Termstrukturen. *mathematik lehren, 171*, 55–59.

Rüede, C. (2013). How Secondary Level Teachers and Students Impose Personal Structure on Fractional Expressions and Equations – an Expert-Novice Study. *Educational Studies in Mathematics, 83*(3), 387–408.

Rüede, C., & Weber, C. (2012). Schülerprotokolle aus unterschiedlichen Perspektiven lesen – eine explorative Studie. *Journal für Mathematik-Didaktik, 33*, 1–28.

Ruf, U., & Gallin, P. (1999). *Dialogisches Lernen in Sprache und Mathematik* Bd. 1. Seelze: Friedrich.

Schoenfeld, A. H. (1985). *Mathematical Problem Solving*. San Diego: Academic Press.

Schwartz, D. L., Bransford, J. D., & Sears, D. (2005). Efficiency and Innovation in Transfer. In J. Mestre (Hrsg.), *Transfer of Learning from a Modern Multidisciplinary Perspective* (S. 1–51). Greenwich: Information Age Publishing.

Selter, C. (2000). Vorgehensweisen von Grundschüler(inne)n bei Aufgaben zur Addition und Subtraktion im Zahlenraum bis 1000. *Journal für Mathematik-Didaktik, 21*(3/4), 227–258.

Sfard, A. (1991). On the Dual Nature of Mathematical Conceptions: Reflections on Processes and Objects as Different Sides of the Same Coin. *Educational Studies in Mathematics, 22*(1), 1–36.

Sfard, A. (2008). *Thinking as Communicating: Human Development, the Growth of Discourses, and Mathematizing*. Cambridge: Cambridge University Press.

Shulman, L. S. (1986). Those Who Understand: Knowledge Growth in Teaching. *Educational Researcher, 15*(2), 4–14.

Shulman, L. S. (1987). Knowledge and Teaching: Foundations of the New Reform. *Harvard Educational Review, 57*(1), 1–22.

Sjuts, J. (2008). *Diagnostik in Mathematik: Aufbau diagnostischer Kompetenz durch Mini-Forschung zur Metakognition beim mathematischen Denken*. Leer: Förderkreis für Bildungsinitiativen des Studienseminars Leer.

Stein, M. K., Baxter, J. A., & Leinhardt, G. (1990). Subject-Matter Knowledge and Elementary Instruction: A Case from Functions and Graphing. *American Educational Research Journal, 27*(4), 639–663.

Swafford, J. O., Jones, G. A., & Thornton, C. A. (1997). Increased Knowledge in Geometry and Instructional Practice. *Journal for Research in Mathematics Education, 28*(4), 467–483.

Tirosh, D., Even, R., & Robinson, M. (1998). Simplifying Algebraic Expressions: Teacher Awareness and Teaching Approaches. *Educational Studies in Mathematics, 35*, 51–64.

Toeplitz, O. (1927). Das Problem der Universitätsvorlesungen über Infinitesimalrechnung und ihrer Abgrenzung gegenüber der Infinitesimalrechnung an den höheren Schulen. *Jahresbericht der Deutschen Mathematiker-Vereinigung, 36*, 88–100.

Toeplitz, O. (1949). *Die Entwicklung der Infinitesimalrechnung – eine Einleitung in die Infinitesimalrechnung nach der genetischen Methode*. Die Grundlehren der Mathematischen Wissenschaften, Bd. 56, Bd. 1. Berlin: Springer.

Winter, H. (1982). Das Gleichheitszeichen im Mathematikunterricht der Primarstufe. *mathematica didactica, 5*(4), 185–211.

Wittmann, E. C. (1981). *Grundfragen des Mathematikunterrichts* (6. Aufl.). Wiesbaden: Vieweg.

Wittmann, E. C. (1999). Die Zukunft des Rechnens im Grundschulunterricht: Von schriftlichen Rechenverfahren zu halbschriftlichen Strategien. In E. Hengartner (Hrsg.), *Mit Kindern lernen. Standorte und Denkwege im Mathematikunterricht* (S. 88–93). Zug: Klett und Balmer.

Teil IV
Diskussionsbeiträge

Das SEFI Maths Working Group „Curriculum Framework Document" und seine Realisierung in einem Mathematik-Curriculum für einen praxisorientierten Maschinenbaustudiengang

40

Burkhard Alpers

Zusammenfassung

Die SEFI (European Society for Engineering Education) Mathematics Working Group hat eine Neuauflage ihres Curriculum-Dokuments erstellt, die auf dem Konzept der mathematischen Kompetenz basiert. Diese Neuauflage wird im Beitrag vorgestellt und erläutert. Ferner wird ein auf dieser Basis erstelltes Curriculum für die Mathematikausbildung in einem praxisorientierten Maschinenbaustudiengang umrissen.

40.1 Einleitung

Die Mathematics Working Group der europäischen Gesellschaft für Ingenieurausbildung (SEFI) hat sich zum Ziel gesetzt, den Informationsaustausch zum Thema Mathematikausbildung von Ingenieuren zu fördern und Dokumente zu erstellen, die den an diesem Thema Interessierten Orientierung bieten. Neben den Proceedings der Seminare handelt es sich bei letzteren im Wesentlichen um das Curriculum-Dokument, das wie alle anderen Unterlagen auf der Webseite der Gruppe (http://sefi.htw-aalen.de) frei zur Verfügung steht. Das Curriculum-Dokument erschien in seiner ersten Auflage 1992 und bestand zum größten Teil aus einer Liste von zu behandelnden Inhalten. In der zweiten Auflage zehn Jahre später (Mustoe und Lawson 2002) erfolgte eine Orientierung an der modernen Curriculumsentwicklung, bei der Lernziele in Form von so genannten „Learning Outcomes" formuliert werden. Diese Auflage enthält sehr detaillierte, inhaltsbezogene Listen von Aktivitäten, zu denen ein Student nach erfolgreicher Ausbildung in der Lage sein sollte. Die Listen sind noch strukturiert in einen Kernbereich (Core Zero, Core Level 1), der von allen Ingenieurstudenten beherrscht werden sollte, und einen darauf aufbauenden Bereich (Level 2), bei dem je nach Art des Studiengangs eine Auswahl zu treffen ist, sowie

Burkhard Alpers ✉
Hochschule Aalen, Fakultät Maschinenbau und Werkstofftechnik, Aalen, Deutschland
e-mail: burkhard.alpers@htw-aalen.de

© Springer Fachmedien Wiesbaden 2016
A. Hoppenbrock et al. (Hrsg.), *Lehren und Lernen von Mathematik in der Studieneingangsphase*, Konzepte und Studien zur Hochschuldidaktik und Lehrerbildung Mathematik, DOI 10.1007/978-3-658-10261-6_40

einen dritten fortgeschrittenen Bereich (Level 3), der eher in Anwendungsfächern behandelt wird. Als Defizit dieser zweiten Auflage ist in den Folgejahren in den Seminaren der Gruppe das Fehlen übergreifender Lernziele konstatiert worden, die Verständnis und Anwendungsfähigkeit betreffen. Um diese systematisch zu erfassen, erfolgt in der dritten Auflage (Alpers et al. 2013) eine Erweiterung um kompetenzbezogene Lernziele, wobei das Konzept der mathematischen Kompetenz von Mogens Niss übernommen wird (Niss 2003; Niss und Højgaard 2011), der es im Rahmen des dänischen KOM-Projekts entwickelt hat.

Im vorliegenden Beitrag wird die dritte Auflage des Curriculums vorgestellt, wobei die Bedeutung der kompetenzbezogenen Lernziele an Beispielen aus dem Ingenieurbereich erläutert und illustriert wird. Ferner werden auch die Ausführungen, die geeignete Lern- und Prüfungssituationen sowie die Integration in einen Ingenieurstudiengang betreffen, kurz umrissen. Das Curriculum-Dokument versteht sich selbst als „Framework Document" für die Erstellung von Mathematikcurricula in ingenieurwissenschaftlichen Studiengängen, nicht als konkretes Curriculum für einen bestimmten Studiengang oder gar für alle Studiengänge. Denn die Anforderungen in den verschiedenen Ingenieurwissenschaften (vom technischen Vertrieb bis zur Grundlagenforschung in der Mechanik oder Elektronik) und ebenso die stark unterschiedlichen Arbeitsplatzprofile lassen ein „one-fits-all"-Curriculum als nicht sinnvoll erscheinen. Um nun aber den Nutzer des Curriculum-Dokuments bei der Erstellung eines konkreten Curriculums zu unterstützen, hat der Verfasser basierend auf dem „Framework Document" ein konkretes Curriculum spezifiziert, und zwar für einen praxisorientierten Maschinenbaustudiengang. Vorgehensweise und Inhalt des Dokuments werden ebenfalls in diesem Beitrag vorgestellt. Er schließt dann mit einer Zusammenfassung und einem Ausblick auf zukünftige Aufgaben im Zusammenhang der Curriculumentwicklung und -umsetzung.

40.2 Das SEFI „Curriculum Framework Document"

Das „Framework Document" gliedert sich in vier Teile. Im ersten Teil werden die erforderlichen allgemeinen mathematischen Kompetenzen für Ingenieurstudenten beschrieben, die auf dem Konzept der „Mathematical competence" von Mogens Niss basieren. Diese werden im nächsten Abschnitt erläutert. Der zweite Teil besteht aus den inhaltbezogenen Lernzielen (geordnet nach mathematischem Fachgebiet und gestuft), die den Kernbereich der vorhergehenden Auflage des Dokuments bildeten und nur geringfügig modifiziert wurden. Der dritte Teil befasst sich mit „teaching and learning environments", insbesondere mit Lernsituationen, die für den Kompetenzerwerb geeignet sind. Daneben wird auch auf aktuelle Themen wie die Unterstützung beim Übergang Schule/Hochschule und Chancen und Risiken des Technologieeinsatzes in der Mathematiklehre eingegangen. Ferner werden Aspekte der Integration der Mathematikausbildung in einen Ingenieurstudiengang beleuchtet. Im vierten Teil wird schließlich das Thema Lernzielüberprüfung („assessment") behandelt, da nach den Erfahrungen der Verfasser das Lernverhalten von Ingenieuren stark prüfungsgesteuert ist. Für ein kompetenzbasiertes Curriculum geeignete Lern- und Prüfungssituationen werden im übernächsten Abschnitt dieses Beitrags kurz umrissen.

40.2.1   Mathematische Kompetenzen

Die Forderung, neben den kleinschrittigen, inhaltsbezogenen Lernzielen auch weitergehende Ziele wie mathematisches Verständnis oder Denken und Anwendungsfähigkeit zu berücksichtigen, wurde in einigen Beiträgen zu Seminaren der Mathematics Working Group wie z. B. in Booth (2004) und Cardella (2008) erhoben. Ähnliche Tendenzen findet man in der allgemeinen Diskussion zur Zielbestimmung in der Ingenieurausbildung, wobei der Kompetenzbegriff eine wesentliche Rolle spielt (Lemaitre et al. 2006). Obwohl es in der Literatur zur Ingenieurausbildung keine einheitliche Begriffsnutzung gibt, so hat sich doch gezeigt, dass der Kompetenzbegriff handlungsorientierendes Wissen gegenüber einem trägen fakten- und prozedurenbezogenen Wissen in den Vordergrund stellt („action-based knowledge over knowledge simply held", Lemaitre et al. 2006, S. 47).

Das von Niss im dänischen KOM-Projekt entwickelte Konzept der mathematischen Kompetenz zielt nun gerade darauf ab, die Fähigkeit, verständig mit Mathematik in unterschiedlichen Kontexten umzugehen, näher zu spezifizieren. Da Niss auch wesentlichen Einfluss auf die Pisa-Studie hatte, hat das Konzept starken Einfluss auf die Entwicklung von Schul-Curricula gehabt, die das Kompetenzkonzept nutzen (s. z. B. Kultusministerium Baden-Württemberg 2004). Verwendet man für die Spezifikation von mathematischen Hochschul-Curricula ebenfalls dieses Konzept, so erleichtert dies die Kommunikation an der Schnittstelle Schule/Hochschule. Niss definiert mathematische Kompetenz folgendermaßen: „*Mathematical competence* then means the ability to understand, judge, do, and use mathematics in a variety of intra- and extra-mathematical contexts and situations in which mathematics plays or could play a role. Necessary, but certainly not sufficient, prerequisites for mathematical competence are lots of factual knowledge and technical skills [. . .]" (Niss 2003, S. 6–7).

Dieses Konzept betont einerseits die Fähigkeit, mathematische Konzepte und Verfahren verständig in Anwendungskontexten einzusetzen, macht zum anderen aber auch sehr deutlich, dass dafür eine solide Basis an mathematischem Wissen und Fertigkeiten erforderlich ist. Nach Auffassung der Mathematics Working Group wird damit das Ziel der Mathematikausbildung im Ingenieurbereich sehr gut erfasst. Natürlich muss der Kompetenzbegriff noch genauer spezifiziert werden, um wirklich hilfreich für Mathematikausbilder und Curriculumsersteller zu sein. Dazu wurde die Kompetenz im KOM-Projekt noch in acht Kompetenzbereiche (genannt „competencies") unterteilt, die näher beschrieben wurden:

- „*Thinking mathematically*": Die Fähigkeit einzuschätzen, wann eine mathematische Vorgehensweise zur Problemlösung adäquat ist und welche Arten von Antworten die Mathematik liefern kann.

- *„Reasoning mathematically"*: Die Fähigkeit, mathematisch zu argumentieren, d. h. logische Argumentationsketten zu verstehen und selbst zu erstellen.
- *„Posing and solving mathematical problems"*: Die Fähigkeit, eine Fragestellung als mathematisches Problem zu formulieren und mathematische Problemlösungsstrategien anzuwenden, die von einfachen Prozeduren bis hin zur Anwendung allgemeiner Strategien reichen (z. B. Betrachtung vereinfachter Situationen zur Hypothesengewinnung).
- *„Modeling mathematically"*: Die Fähigkeit, existierende Modelle zu verstehen und in diesen Probleme zu lösen, und die Fähigkeit, selbst Modelle zu erstellen und Teile des Modellierungszyklus' durchzuführen.
- *„Representing mathematical entities"*: Die Fähigkeit, problemadäquate mathematische Darstellungen zu finden und zu interpretieren und je nach Aufgabenstellungen zwischen Darstellungen zu wechseln.
- *„Handling mathematical symbols and formalism"*: Die Fähigkeit, mathematische Symbolik und mathematische Sprache zu verstehen und selbst korrekt zu nutzen.
- *„Communicating in, with, and about mathematics"*: Die Fähigkeit, schriftliche und mündliche mathematische Ausführungen anderer zu verstehen und selbst schriftlich und mündlich mathematische Sachverhalte zu beschreiben.
- *„Making use of aids and tools"*: Die Fähigkeit, Grenzen und Möglichkeiten von Hilfsmitteln (z. B. Bücher, Formelsammlungen) und Tools zu kennen und diese entsprechend sinnvoll zu nutzen.

Die Wichtigkeit obiger mathematischer Kompetenzen soll im Folgenden anhand zweier Beispielaufgaben verdeutlicht werden. Die Beispielaufgaben zeigen auch, wie man zum Kompetenzerwerb anregen kann.

Beispiel 1: Kerbenkonstruktion nach DIN 509
In der DIN-Norm 509 werden verschiedene Möglichkeiten spezifiziert, in einem eigentlich rechtwinkligen Werkstück die Spannung durch eine Entlastungskerbe zu reduzieren. Abbildung 40.1 zeigt eine normierte Variante (Wittel et al. 2009, S. 343). Diese ist in einem CAD-Programm nachzubilden und das Vorgehen ist zu dokumentieren.
Der Aufgabenbearbeiter sollte erkennen, dass die Aufgabenstellung mit den konstruktiven Mitteln der Geometrie (als Teilgebiet der Mathematik) zu bewältigen sein sollte („thinking mathematically"). Um die angegebenen Daten nutzen zu können, muss er die geometrische Darstellung verstehen („representing mathematical entities"). Er muss dann

Abb. 40.1 Freistich nach DIN 509 (vereinfacht)

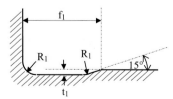

Abb. 40.2 Holzbrücke

die Zeichnungsaufgabe als mathematisches Problem formulieren: Wie kann aus den angegebenen Größen mit den im CAD-System vorhandenen geometrischen Konstruktionsoperationen die Figur sukzessive erzeugt werden? Legen die angegebenen Daten die Figur überhaupt eindeutig fest? („posing mathematical problems"). Dann muss der Bearbeiter sich eine „Konstruktionsstrategie" überlegen. Diese könnte zum Beispiel lauten: *Zeichne eine horizontale und eine vertikale Gerade, die sich schneiden, und zeichne dann alle geometrischen Objekte ein, die sich daraus mit den verfügbaren Operationen unmittelbar konstruieren lassen. „Hangle" dich von da aus Schritt für Schritt weiter* („solving mathematical problems"). Dabei muss zumindest „im Geiste" mathematisch argumentiert werden, wie z. B.: „der Mittelpunkt des linken Ausrundungskreises ist eindeutig festgelegt als Schnittpunkt der rechten Parallelen zur vertikalen Gerade im Abstand R_1 mit der oberen Parallelen zur unteren horizontalen Geraden ebenfalls im Abstand R_1. Diese Argumentation ist auch zu dokumentieren („communicating in, with, and about mathematics"). Beim Vorgehen sind die im Tool (hier: CAD-System) vorhandenen Mittel einzusetzen sind, wie z. B. das Zeichnen einer Parallelen in einem gegebenen Abstand („making use of aids and tools"). Manchmal gibt es sogar in Programmen bereits Zusatzpakete, die gewisse kompliziertere Anwendungskonstruktionen wie Sicken automatisch bei Angabe der Daten erzeugen, wodurch die Aufgabe dann trivialisiert wird.

Beispiel 2: Dimensionierung einer Holzbrücke

Ein Entwässerungskanal soll durch eine einfache Brücke aus Holzbohlen für Fußgänger überquerbar gemacht werden. Welche Holzbohlen kann man nutzen (s. Abb. 40.2)?

Diese Aufgabe ist sehr offen formuliert. Da die Holzbrücke Menschen tragen können soll, muss sie für diesen Zweck dimensioniert werden. Die Aufgabenbearbeiterin sollte erkennen, dass dafür ein (existierendes oder neu zu erstellendes) mathematisches Modell benötigt wird, dass die Lasten mit den geometrischen Eigenschaften der Balken verbindet, so dass das Problem rechnerisch gelöst werden kann („thinking mathematically"). Als vereinfachtes geometrisches Modell für den Balken kann man zunächst einen Quader annehmen, der durch Länge l, Höhe h und Breite b festgelegt ist. Eine weitere wesentliche geometrische Größe ist die Spannweite L des Kanals. Da die Balken auf Biegung belastet werden, ist die maximal tragbare Biegespannung σ_{max} für die Aufgabenstellung ebenfalls relevant. Die unsicherste Größe ist die Last. Die Bearbeiterin muss Annahmen über Anzahl und Gewicht der auf einem Balken befindlichen Personen machen, wobei zunächst eine gleichmäßige Verteilung angenommen wird. Dann benötigt man ein Modell zur Bestimmung der maximalen Biegespannung. Hier ist zu erkennen, dass es bereits

Abb. 40.3 Linienlastmodell

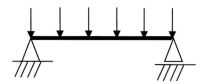

fertige idealisierte Modelle für die Linienlast gibt, für die man nur die Flächenlast in eine Linienlast umwandeln muss (s. Abb. 40.3 als Prinzipskizze mit einem Festlager links und einem Loslager rechts; eine ausführlichere Behandlung des Folgenden findet man im Appendix von Alpers et al. 2013). In diesem Modell erhält man eine quadratische Beziehung zwischen dem Abstand vom linken Lager und der auftretenden Biegespannung, die in den beiden Lagern links und rechts wegen drehbarer Lagerung gleich 0 ist. Daher findet man die maximale Biegespannung in der Mitte („reasoning mathematically"). Eine kurze symbolische Berechnung im Modell („handling mathematical symbols") ergibt für die maximale Spannung

$$\sigma_{\max} = \frac{3pL^2}{4h^2},$$

wobei p die auftretende Flächenlast ist (in N/m^2). Die Formel zeigt, dass die maximale Biegespannung unabhängig von der Breite ist und nur die Höhe entsprechend gewählt werden muss, um eine tragbare Spannung zu garantieren („reasoning mathematically"). Die Dokumentation zur der Auslegung erfordert dann die schriftliche Darstellung der Vorgehensweise und Berechnung („communicating in, with, and about mathematics"). Statt der oben dargelegten Vorgehensweise kann man auch ein Modell in einem FEM-Programm erstellen und dort Lasten aufbringen. Dies wäre jedoch für die gegebene Aufgabenstellung keine adäquate Toolauswahl, da die FEM-Modellierung einen deutlich höheren Aufwand erfordert und die Detailliertheit der Ergebnisse (Spannungsverteilung in den Balken) hier unnötig ist („making use of aids and tools").

Auch wenn die Beispiele illustrieren, dass die oben angegebenen mathematischen Kompetenzziele wichtig für die Bewältigung von Ingenieuraufgabenstellungen sind, so ist doch anzumerken, dass die Kompetenzen ein sehr weites Feld abdecken, das sowohl die Schul- als auch die Hochschulmathematik umfasst. Für ein konkretes Mathematik-Curriculum muss man genauer spezifizieren, welchen Fortschritt man bezüglich der Kompetenzen in einem Ausbildungsabschnitt erreichen will. Zu diesem Zweck führt Niss drei „Dimensionen" ein, in denen ein entsprechender „level of progress" festzulegen ist. Der Abdeckungsgrad („degree of coverage") legt fest, welche Aspekte einer Kompetenz eingeschlossen sein sollen. Der Aktionsradius („radius of action") umfasst alle Situationen und Kontexte, in denen die Kompetenz angewendet werden kann. Im technischen Bereich („technical level") legt man schließlich fest, welche mathematische Konzepte und Verfahren im Rahmen der Kompetenzen anwendbar sein sollen. Im zweiten Teil dieses Beitrags wird für ein spezielles Curriculum genauer angegeben, welcher Fortschritt bezüglich der drei genannten Dimensionen erzielt werden soll.

40.2.2   Lernsituationen und Lernzielüberprüfung

Im „Framework Document" werden verschiedene Lernszenarien bezüglich ihrer Chancen zum Kompetenzerwerb erörtert: Vorlesung, Übung, Tutorium, Projekt, Labor und technologie-unterstützte Lernumgebung. Es ist evident, dass der Kompetenzerwerb durch die klassische Mathematikvorlesung nur eingeschränkt möglich ist, selbst wenn aktivierende Elemente inkludiert werden. Auch prozedur-orientierte klassische Übungsaufgaben sind zwar zum Training und für die „Gewöhnung" an den Umgang mit mathematischen Konzepten sinnvoll, aber für den Kompetenzerwerb nicht ausreichend. Offenere Aufgabenstellungen in Übungen und in Einzel- oder Gruppenprojekten (vgl. Alpers 2002) bieten demgegenüber die Möglichkeit, Problemlöse- und Modellierungskompetenzen zu entwickeln und durch entsprechende Präsentationen auch die kommunikative Kompetenz zu fördern. Auch ist der Technologieeinsatz in solchen Lernumgebungen adäquat und häufig auch notwendig zur Bearbeitung realistischer Aufgabenstellungen.

Ein wesentlicher Unterschied zur Schulsituation besteht bei der Ingenieurausbildung darin, dass die Mathematikausbildung als integraler Teil des Ingenieurstudiums zu sehen ist, wobei zwei Aspekte der Integration hervorzuheben sind. Zum einen sollen die auszubildenden mathematischen Kompetenzen primär zum Bewältigen von Anwendungsproblemstellungen dienen und nicht der Allgemeinbildung. Zum anderen ist das Aufstellen und Arbeiten in mathematischen Modellen wesentlicher Bestandteil zahlreicher Anwendungsfächer des Ingenieurstudiums. Aufgrund des letzteren Aspekts ist der Erwerb mathematischer Kompetenzen auch keineswegs auf die engere Mathematikausbildung beschränkt. Wenn Studenten in den Anwendungsfächern lernen, mathematische Modelle für gewisse Anwendungssituationen aufzustellen und in ihnen Anwendungsprobleme (z. B. Bauteildimensionierung oder optimale Steuerung) zu lösen, so vertiefen sie insbesondere die Modellierungs- und Problemlösekompetenz. Es gibt noch keine Untersuchungen zu der Frage, ob und ggf. wie man die Verantwortlichkeiten genauer abgrenzen kann (Was soll in der Mathematikausbildung, was in den Anwendungsfächern bezüglich des mathematischen Kompetenzerwerbs geleistet werden?).

Erfahrungsberichte von zahlreichen Mathematiklehrenden bei den Seminaren der Mathematics Working Group haben gezeigt, dass Ingenieurstudenten in der Regel stark prüfungsorientiert denken und arbeiten („What you get is what you assess."). Umso wichtiger ist es, auch im Prüfungswesen die angestrebte Kompetenzentwicklung zu berücksichtigen. Dies ist deutlich anspruchsvoller als das in weiten Teilen Europas übliche Prüfen von eher kleinschrittigen prozeduralen Fähigkeiten in schriftlichen Klausuren, wobei es bezüglich der Klausurlänge größere Unterschiede gibt. Will man das ganze Spektrum der erwünschten Kompetenzentwicklung auch prüfungstechnisch abdecken, so sind kurze Klausuren sicherlich nicht ausreichend. Insbesondere die Problemlösungs- und die Modellierungskompetenz können adäquater durch die Beurteilung von größeren Hausaufgaben oder Projektarbeiten bewertet werden. Für die kommunikative Kompetenz sind mündliche Prüfungen oder Aufgaben- und Projektpräsentationen sowie technische Berichte als Bewertungsgrundlage geeignet. Wegen des höheren Betreuungs- und Bewertungsaufwands sind hier aber auch durch die vorhandenen Ressourcen Grenzen gesetzt. Damit lässt sich sicherlich auch erklären, dass alternative Prüfungsformen jenseits klassischer Klausuren in der Ingenieursausbildung weder in größerem Umfang untersucht noch eingesetzt werden. Im „Framework Document" findet man einen kurzen Überblick zum Thema.

40.3 Ein Mathematik-Curriculum für einen praxisorientierten Maschinenbaustudiengang

Das „Framework Document" selbst gibt kein konkretes Curriculum vor, da die Ingenieurstudiengänge (etwa an Fachhochschulen und Universitäten) und dementsprechend auch die späteren Arbeitsplatzprofile sehr unterschiedlich sein können. Daher ist für einen spezifischen Studiengang im Rahmen des Framework-Dokuments ein spezielles Curriculum zu erstellen. Der Verfasser hat dies für einen praxisorientierten Maschinenbaustudiengang durchgeführt, wobei die Ausführungen auf einer etwa zwanzigjährigen Praxiserfahrung in einem solchen Studiengang beruhen (Alpers 2014). Für die einzelnen mathematischen Kompetenzen wird in dem Curriculum genauer spezifiziert, welche Aspekte der Kompetenz wichtig sind, in welchen Anwendungszusammenhängen die Studenten damit umgehen können sollten und welche mathematischen Konzepte und Verfahren sie dabei nutzen können sollten. Dies sind im ursprünglichen Konzept des dänischen KOM-Projekts die Dimensionen „degree of coverage", „radius of action" und „technical level". Ferner wird eine Auswahl aus dem im Framework-Dokument aufgelisteten Katalog inhaltsbezogener Lernziele vorgenommen. Das Curriculum soll auch als Vorlage für die Erstellung weiterer studiengangsbezogener Curricula dienen.

40.3.1 Vorgehensweise

Da mathematische Kompetenz im Kern die Fähigkeit beschreibt, mathematische Konzepte, Modelle und Verfahren in gewissen Kontexten verständig einzusetzen, ist für eine nähere Spezifikation eine Untersuchung der relevanten Kontexte der naheliegende Ausgangspunkt. In einem Ingenieurstudium findet man diese zunächst einmal in den „mathematikreichen" Anwendungsfächern wie Technische Mechanik oder Regelungstechnik. Längerfristig gedacht sind darüber hinaus natürlich auch die Mathematikanwendungen in der Ingenieurpraxis von hoher Relevanz. Allerdings ist deren Erfassung im Rahmen von Arbeitsplatzstudien ein nur spärlich erforschtes Gebiet (s. als Überblick Alpers 2010), so dass eine Beschränkung auf die Bedürfnisse in den Anwendungsfächern des Studiums realistischer ist. Eine solche Untersuchung erfordert, wenn sie denn umfassend, systematisch und auf der Basis mathematikdidaktischer Forschung (vgl. Schreiber und Hochmuth 2013) erfolgen soll, einen enormen Aufwand, der von einem einzelnen Mathematiklehrenden kaum zu leisten ist. In einer „Vorstufe" können aber – weniger methodisch-systematisch abgesichert, sondern auf Praxisreflektion beruhend – einige wesentliche Arten von Mathematiknutzung in Anwendungsfächern eines Studiengangs erfasst werden. Als Grundlage dienen dabei Vorlesungsskripte, Übungsaufgaben und Lehrbücher aus den Anwendungsfächern. So kann man zum Beispiel in einem Standard-Lehrbuch zum Thema „Maschinenelemente" wie (Wittel et al. 2009) erkennen, dass bei der Maschinenelementauslegung gewisse Vorgehensmuster vielfach auftreten, wie etwa: Gib für gewisse Größen Werte vor, bestimme die auftretende Spannung, bestimme die maximal tragbare Spannung, vergleiche und iteriere. Hierbei sind häufig die Vielzahl der Variablen und das Finden eines „guten" Anfangsentwurfs die größten Herausforderungen. Daraus lassen sich dann wichtige Aspekte einer mathematischen Kompetenz herausarbeiten, die wesentlichen Kontexte und Situationen und auch die genutzten mathematischen Konzepte und Verfahren bestimmen.

Der Verfasser hat sich intensiv mit der Mathematiknutzung in den Anwendungsfächern des Maschinenbaus an einer Fachhochschule beschäftigt und daraus auch zahlreiche mathematische Anwendungsprojekte identifiziert und von Studenten bearbeiten lassen (Alpers 2002). Auf diesem Erfahrungshintergrund beruhen die Spezifikationen im „Mathematik-Curriculum für einen praxisorientierten Maschinenbaustudiengang", die im Folgenden vorgestellt werden. Das Vorliegen eines solchen Curriculums soll zum einen demonstrieren, wie auf Basis des „Framework Documents" die Erstellung eines konkreten Curriculums erfolgen kann. Zum anderen kann es auch als Basis für eine einfachere eigene Spezifikation dienen, indem man nur die nötigen Modifikationen vornimmt.

40.3.2   Spezifikation der Ziele nach Dimensionen

Im Curriculum (Alpers 2014) wird gemäß den oben beschriebenen drei Dimensionen aus dem KOM-Projekt der Fortschrittslevel spezifiziert, der bezüglich der mathematischen Kompetenz erreicht werden soll. Im Folgenden wird ein kurzer Überblick gegeben und an einigen Beispielen die Bedeutung illustriert. Die Beispiele geben auch Hinweise auf geeignete Aufgaben zum Kompetenzerwerb.

Abdeckungsgrad („Degree of coverage")
Zu jeder Kompetenz werden im Curriculum 6 bis 8 Aspekte angegeben, die den Abdeckungsgrad näher beschreiben. Im Folgenden sind beispielhaft zwei Aspekte der Modellierungskompetenz („Modeling mathematically") aufgeführt und an Beispielen illustriert:

Aspekt 1: Studenten sollen in der Lage sein, eine angemessene Modellgranularität zu finden, so dass sie mit einem einfachen, aber hinreichend umfassenden Modell arbeiten. Sie sollten sich des Problems bewusst sein, bei komplexeren Modellen mit vielen Parametern überhaupt sinnvolle Parameterwerte zu ermitteln.
Beispiele:

a) Holzbrücke: Beim Holzbrückenbeispiel im vorhergehenden Abschnitt war ein Modell für die Belastung durch überquerende Fußgänger zu erstellen. Ein einfaches konstantes

Abb. 40.4 Greifzange

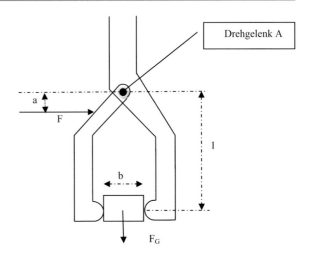

Flächenlastmodell, aus dem dann ein sogar noch einfacheres Linienlastmodell gebildet werden kann, genügt für die Aufgabenstellung, da man ohnehin üblicherweise noch einen Sicherheitsaufschlag (etwa Faktor 1,3) vornimmt. Ein komplizierteres FEM-Modell mit Fußgängermodellierung ist hier sicherlich vollkommen überzogen.

b) Greifer (Zimmermann 2006, S. 16): Ein zangenähnliches Greifwerkzeug soll ein Maschinenteil der Masse m anheben können. Dazu muss der Hydraulikzylinder, der die Zangenarme zusammenpresst, ausreichend dimensioniert werden. Ein einfaches Modell der Situation wird durch die Skizze in Abb. 40.4 gebildet, die nur wenige relevante Information enthält, nämlich Abstands- und Kraftinformation (Abstände a, l und b, Hydraulikkraft F und Gewichtskraft F_G). Damit das Maschinenteil nicht aus den Greiferarmen herausrutscht, muss die Summe der (Haft-)Reibungskräfte an beiden Seiten des Teils gleich der Gewichtskraft sein, also $F_R = \frac{F_G}{2}$. Die einseitige Reibungskraft F_R ist kleiner gleich Haftreibungskoeffizient mal Normalkraft, also $F_R \leq \mu F_N$. Um die Gewichtskraft F_G und die Hydraulikkraft F zueinander in Beziehung zu setzen, wird das Momentengleichgewicht für den beweglichen Arm um den Drehpunkt A betrachtet: $F \cdot a - F_N \cdot l + F_R \cdot \frac{b}{2} = 0$. Aus diesen Gleichungen kann die minimal nötige Hydraulikkraft F bestimmt werden. Im verwendeten Modell ist die genaue Greifergeometrie nicht berücksichtigt und die Annahme, dass die Arme genau im Abstand l angreifen ist auch nur eine Näherung. Mit einem gewissen Sicherheitsaufschlag liefert das Resultat sicherlich eine brauchbare Dimensionierung. Anspruchsvoller wird die Aufgabenstellung, wenn auch noch zu berücksichtigen ist, dass das Teil bei zu großer Hydraulikkraft eingedrückt und damit beschädigt wird, etwa bei Kunststoffbehältern.

Aspekt 2: Studenten sollten sich der begrenzten Aussagekraft eines mathematischen Modells bewusst sein.

Beispiel: Eine Firma produziert zahlreiche Varianten eines Produkts. Es ist für eine kostengünstige Fertigung wünschenswert, eine hohen Grad an Gemeinsamkeit („commo-

Tab. 40.1 Vorkommende Teile

	Produktvariante A	Produktvariante B	Produktvariante C
Part 1	1	1	0
Part 2	0	1	1
Part 3	1	0	1
Part 4	1	1	0
Part 5	0	0	1

nality") bei den Produkten zu haben, wie dies etwa mit dem „Plattformprinzip" in der Autoindustrie angestrebt wird. Es stellt sich die Frage, wie der Grad an Gemeinsamkeit sinnvoll modelliert werden kann, so dass man diesen dann bei unterschiedlichen Vorschlägen für neue Produkte ermitteln und vergleichen kann. Ein Vorschlag hierfür ist der so genannte DCI („degree of commonality index") (Collier 1981). Dort sind in einer Tabelle die verschiedenen Varianten in der ersten Zeile und die verschiedenen vorkommenden Teile in der ersten Spalte aufgelistet (s. Tab. 40.1). Enthält eine Variante ein entsprechendes Teil, so ist der Tabelleneintrag 1, sonst 0.

Der DCI wird nun gebildet, indem die Summe über alle Tabelleneinträge gebildet und durch die Anzahl der Teile geteilt wird. In Tab. 40.1 ergibt sich also ein DCI von 9/5 = 1,8. Studenten sollten in der Lage sein, folgende Fragen zu beantworten: Welche Werte kann der DCI annehmen? Was drückt er aus (ein Teil kommt durchschnittlich in DCI-Wert Varianten vor)? Wie entwickelt sich der DCI, wenn eine neue Variante hinzukommt, die die Hälfte der Teile enthält? Welche möglicherweise relevanten Aspekte werden nicht modelliert (Kosten eines Teils; Häufigkeit des Vorkommens in einer Variante)?

Abschließend sei zur Abgrenzung darauf hingewiesen, dass die Fähigkeit, von Grund auf neue Modellierungsmöglichkeiten zu entwickeln, nicht als Aspekt aufgenommen wurde. Dies wäre sicherlich sinnvoll für einen grundlagenorientierten Studiengang, der für eine spätere Arbeit im Forschungsbereich qualifiziert.

Aktionsradius („Radius of action")
Bei der Spezifikation des Aktionsradius' sind diejenigen maschinenbaulichen Kontexte anzugeben, in denen ein Student in der Lage sein sollte, die ausgewählten Aspekte einer Kompetenz anzuwenden. Für die Modellierungskompetenz werden in (Alpers 2014) zum Beispiel folgende Kontexte angegeben:

- Studenten sollten in der Lage sein, diejenigen mathematischen Modelle und Modellierungsmöglichkeiten zu nutzen, die in den Anwendungsfächern wie Technische Mechanik, Thermodynamik, Regelungstechnik usw. entwickelt werden.
- Studenten sollten in der Lage sein, Anwendungsprobleme in diesen Gebieten als mathematische Probleme in den entsprechenden Modellen zu formulieren und diese mit mathematischen Mitteln zu lösen, sei es mit oder ohne Technologieeinsatz. Sie soll-

ten die Lösungen im Rahmen des Anwendungsproblems interpretieren und validieren können.

- Studenten sollten in der Lage sein, ihr Wissen über Modellarten und Modellierungsmittel (z. B. Kräfte- und Momentenbetrachtung mit Gleichgewicht, Energiebetrachtung mit Erhaltungsgleichung) auch auf Anwendungssituationen zu übertragen, die sie noch nicht zuvor in der Ausbildung angetroffen haben, die aber auf die bekannte und trainierte Art und Weise modelliert werden können.
- Studenten sollten die Modelle und Modellierungsmittel, die den verwendeten Anwendungsprogrammen (z. B. FEM-Programm, CAD-Programm, Maschinenelementdimensionierung, Mehrkörpersimulationsprogramme) zugrunde liegen, zumindest in einfachen Versionen kennen, so dass sie diese mit korrektem Input versehen können, mit ihnen effizient arbeiten und den Output interpretieren können, um Fehlbedienungen oder Programmfehler zu entdecken.

Technischer Level („Technical level")

In der Dimension „Technischer Level" sind die mathematischen Konzepte, Modelle und Verfahren zu spezifizieren, die der Student bei der Ausübung der jeweiligen Kompetenz einsetzen können sollte. Bezüglich der Modellierungskompetenz sind in (Alpers 2014) folgende Festlegungen vorgenommen worden, die auf einer Analyse der in den Anwendungsfächern vorkommenden Modelle beruhen:

- Studenten sollten die folgenden Mittel zur Modellierung von Größen kennen: Zahlen (natürlich, ..., komplex); Vektoren; Matrizen; Variablen; Funktionen. Sie sollten Darstellungen dieser Objekte kennen und Operationen mit ihnen ausführen können.
- Studenten sollten folgende Mittel zur Beschreibung von Beziehungen zwischen Größen kennen und nutzen können: Gleichungen; Funktionen; Ableitungsbeziehung; Integralbeziehung; Differentialgleichungsbeziehung.
- Studenten sollten wissen, wie man mit Funktionen Verhalten modelliert: Wachstumsverhalten (linear, quadratisch, exponentiell); Sättigungsverhalten; Schwingungsverhalten; Kombinationen daraus. Sie sollten die Bedeutung der jeweiligen Modellierungsparameter kennen und Probleme in diesen Modellen lösen können.
- Studenten sollten wesentliche Mittel der geometrischen Modellierung für reguläre und Freiformgeometrien kennen und nutzen können.
- Studenten sollten die Approximation von Messdaten durch Modelle mit Hilfe der „Methode der kleinsten Quadrate" kennen und nutzen können.
- Studenten sollten Mittel zur Modellierung zufallsbehafteter Größen kennen. Sie sollten die grundlegenden Verteilungsmodelle (normal, binomial, poisson) und deren Eigenschaften kennen. Sie sollten wissen, wie man Schätzgrößen in diesen Modellen bestimmt und deren Qualität ermittelt.

Obige Liste enthält teilweise recht grobe Angaben, die einer Feinspezifikation bedürfen. Diese erfolgt bei der Auswahl der konkreten inhaltbezogenen Lernziele, auf die im nächsten Abschnitt kurz eingegangen wird.

40.3.3   Auswahl von inhaltsbezogenen Lernzielen

Aus dem Katalog an inhaltsbezogenen Lernzielen („learning outcomes"), der im „Framework Document" zu finden ist, sind schließlich die relevanten Lernziele auszuwählen, wodurch die Angaben in der Dimension „Technischer Level" konkretisiert werden. Gegebenenfalls können auch über den Katalog des „Framework Document" hinaus weitere Ziele hinzugefügt werden. Aus der Auswahl, die in (Alpers 2014) getroffen wurde, seien nur zwei Beispiele angegeben, die den Umgang mit Funktionen und die Parameter der allgemeinen Sinusfunktion betreffen:

* Studenten sollen die Auswirkung einer Verschiebung des Funktionsgraphen auf den Funktionsausdruck kennen und diesen entsprechend anpassen können.
* Studenten sollten in der Lage sein, den Ausdruck $a \cdot \sin(\omega t + \varphi)$ zur Darstellung einer Schwingung zu nutzen und die Parameter in Bezug auf die Schwingung zu deuten.

40.4   Zusammenfassung und Ausblick

Ein wesentliches Ziel der SEFI Mathematics Working Group besteht darin, Mathematiklehrenden im Ingenieurbereich hilfreiche Orientierung zu bieten. Dazu dient insbesondere das Curriculum-Dokument, dass 2013 in modifizierter Form neu herausgegeben wurde. Die wesentliche Änderung besteht darin, dass das Curriculum auf dem Konzept der mathematischen Kompetenz aus dem dänischen KOM-Projekt basiert, mit dem man auch höhere Lernziele wie das verständige Nutzen von Mathematik in relevanten Anwendungskontexten erfassen kann. Der Kompetenzbegriff ist im Beitrag erläutert und an Beispielen illustriert worden. Solche Beispiele sind nach Ansicht des Verfassers für die Akzeptanz des Konzepts von großer Bedeutung, da anhand dieser zum einen die abstrakten Begriffe in ihrer Bedeutung klarer werden und zum anderen durch die beschriebenen Aufgabenstellungen Ideen für die Umsetzung einer kompetenzbasierten Ausbildung angeboten werden. Daher wird die Entwicklung eines reichhaltigen Angebots an solchen Aufgaben wesentlich für die breite Nutzung des Konzepts sein. Das Curriculum-Dokument enthält auch Hinweise zu adäquaten Lern- und Prüfumgebungen, wobei insbesondere die Überprüfung von kompetenzbasierten Lernzielen noch weiterer Untersuchungen und Erprobungen bedarf.

Das „Framework Document" gibt kein konkretes Curriculum für alle ingenieurwissenschaftlichen Studiengänge vor, da dies aufgrund der Heterogenität der Studiengänge als nicht sinnvoll erscheint. Vielmehr soll der Rahmen für die Erstellung konkreter Curricula angegeben und deren Spezifikation erleichtert werden. Als „proof-of-concept" wurde ein Curriculum für einen praxisorientierten Maschinenbaustudiengang erstellt, in dem der erwünschte Kompetenzgewinn anhand der drei im dänischen KOM-Projekt angegebenen Dimensionen Abdeckungsgrad, Aktionsradius und technischer Level genauer bestimmt wurde. Bei diesem speziellen Curriculum handelt es sich um einen ersten Entwurf, der sicherlich in der Diskussion noch einige Iterationen durchlaufen wird. Er kann aber bereits jetzt dazu dienen, die Erstellung von speziellen Mathematik-Curricula für andere Typen von Studiengängen zu erleichtern. Damit kann man dem Ziel näher kommen, für eine größere Anzahl von Typen von Ingenieurstudiengängen orientierende Mathematik-Curricula zur Verfügung zu stellen.

Literatur

Alpers, B. (2002). Mathematical application projects for mechanical engineers – concept, guidelines and examples. In M. Borovcnik, & H. Kautschitsch (Hrsg.), *Technology in Mathematics Teaching. Proc. ICTMT 5 Klagenfurt 2001, Plenary Lectures and Strands* (S. 393–396). Wien: Öbv&http.

Alpers, B. (2010). Studies on the Mathematical Expertise of Mechanical Engineers. *Journal of Mathematical Modelling and Application, 1*(3), 2–17.

Alpers, B. (2014). *A Mathematics Curriculum for a Practice-oriented Study Course in Mechanical Engineering, Version 1.3*, Aalen: Aalen University. http://sefi.htw-aalen.de/Curriculum/Mathematics_curriculum_for_mechanical_engineering_February_3_2014.pdf. Zugegriffen: 11. April 2014

Alpers, B., Demlova, M., Fant, C.-H., Gustafsson, T., Lawson, D., & Mustoe, L. et al. (Hrsg.). (2013). *A Framework for Mathematics Curricula in Engineering Education. A Report by the SEFI Mathematics Working Group*. Brüssel: SEFI.

Booth, S. (2004). Learning and Teaching for Understanding Mathematics. In M. Demlová, & D. Lawson (Hrsg.), *12th SEFI Maths Working Group Seminar Proceedings* (S. 12–25). Prag: Vydavatelství ČVUT.

Cardella, M. (2008). Which mathematics should we teach engineering students? An empirically grounded case for a broad notion of mathematical thinking. *Teaching Mathematics and its Applications, 27*(3), 150–159.

Collier, D. A. (1981). The measurement and operating benefits of component part commonality. *Decision Sciences, 12*(1), 85–96.

Kultusministerium Baden-Württemberg (2004). *Mathematik. Bildungsplan Gymnasium.*

Lemaitre, D., LePrat, R., De Graaff, E., & Bot, L. (2006). Editorial: Focusing on Competence. *European Journal of Engineering Education, 31*(1), 45–53.

Mustoe, L., & Lawson, D. (Hrsg.). (2002). *Mathematics for the European Engineer. A Curriculum for the Twenty-First Century. A Report by the SEFI Mathematics Working Group*. Brüssel: SEFI.

Niss, M. (2003). Mathematical competencies and the learning of mathematics: The Danish KOM project. In A. Gagatsis, & S. Papastravidis (Hrsg.), *3rd Mediterranean Conference on Mathematics Education* (S. 115–124). Athen, Griechenland: Hellenic Mathematical Society and Cyprus Mathematical Society.

Niss, M., & Højgaard, T. (Hrsg.). (2011). *Competencies and Mathematical Learning. Ideas and Inspiration for the development of mathematics teaching and learning in Denmark, English Edition*. Roskilde: Roskilde University.

Wittel, H., Muhs, D., Jannasch, D., & Voßiek, J. (2009). *Roloff/Matek Maschinenelemente. Normung, Berechnung, Gestaltung* (19. Aufl.). Wiesbaden: Vieweg+Teubner.

Schreiber, S., & Hochmuth, R. (2013). Mathematik im Ingenieurwissenschaftsstudium: Auf dem Weg zu einer fachbezogenen Kompetenzmodellierung. In G. Greefrath, F. Käpnick, & M. Stein (Hrsg.), *Beiträge zum Mathematikunterricht 2013* (Bd. 2, S. 906–909). Münster: WTM-Verlag.

Zimmermann, K. (2006). *Technische Mechanik multimedial*. München: Carl Hanser.

Mathematisches Problemlösen und Beweisen: Ein neues Konzept in der Studieneingangsphase

41

Daniel Grieser

Zusammenfassung

In diesem Beitrag wird das Konzept des Moduls *Mathematisches Problemlösen und Beweisen* vorgestellt, das einen problemorientierten Zugang zur Mathematik und eine ausführliche Thematisierung von Beweisen in den Mittelpunkt stellt. Das Modul eignet sich für den Einsatz am Beginn des Mathematikstudiums und bildet eine Antwort auf aktuell viel diskutierte Probleme beim Übergang von der Schule zur Hochschule. Gleichzeitig bereichert es das Mathematikstudium um wertvolle, bisher vernachlässigte Aspekte. Im vorliegenden Artikel wird nach grundsätzlichen Überlegungen zum Problemlösen und Beweisen im Studium sowie zur Studieneingangsphase das Konzept des Moduls vorgestellt und über seine Durchführung an der Universität Oldenburg in den Wintersemestern 2011/12 und 2012/13 berichtet.

Wichtiger Hinweis Ich weise darauf hin, dass dieser Beitrag mit einer etwas anderen Fokussierung schon einmal veröffentlicht wurde (s. Grieser 2015). Zahlreiche Passagen sind in beiden Artikeln identisch. In diesem Beitrag kommen jedoch grundsätzliche Überlegungen didaktischer Natur hinzu, zum Beispiel zu den unterschiedlichen Funktionen von Beweisen und der daraus entstehenden Problematik, zum Übergang von der Schule zur Hochschule und zur Rolle psychologischer Faktoren. Dagegen ist der Artikel Grieser (2015) stärker praktisch orientiert und enthält mehr konkrete Beispiele aus der Durchführung.

Daniel Grieser ✉
Carl von Ossietzky Universität Oldenburg, Institut für Mathematik, Oldenburg, Deutschland
e-mail: daniel.grieser@uni-oldenburg.de

© Springer Fachmedien Wiesbaden 2016   661
A. Hoppenbrock et al. (Hrsg.), *Lehren und Lernen von Mathematik in der
Studieneingangsphase*, Konzepte und Studien zur Hochschuldidaktik und Lehrerbildung
Mathematik, DOI 10.1007/978-3-658-10261-6_41

41.1 Ausgangspunkte

41.1.1 Kreativität und Problembewusstsein in der Mathematik

Mathematik gilt als schwierig, aber Mathematik ist auch das Fach, das die intensivsten „Heureka-Erlebnisse" generieren kann. Das sollten wir in der Lehre, besonders am Studienbeginn, stärker als bisher nutzen.

Die meisten Mathematiker sehen Kreativität als wichtigen Teil mathematischer Aktivität an. Auch viele Kinder haben einen neugierigen, entdeckenden Zugang zu dem Fach. Irgendwann geht das den meisten verloren. Wie sieht es im Mathematik-Studium aus? Fach-Studenten merken, wenn überhaupt, oft zum ersten Mal bei ihren Abschlussarbeiten, dass Kreativität zur Mathematik gehört. Vorher sind sie damit beschäftigt, all die wunderbaren Definitionen, Konzepte und Sätze zu verdauen, die wir, die Lehrenden, ihnen in den Vorlesungen vorführen.[1] Viele Lehramtsstudenten[2] erreichen diese Stufe nie. Das ist umso tragischer, als die aktuellen Kerncurricula bei Mathematik-Lehrern die Fähigkeit voraussetzen, das Entdecken von Mathematik kompetent zu begleiten. Wie soll das gehen, wenn sie es selbst nie erlebt haben?

Wir sollten uns auch fragen, ob wir unseren Studenten ausreichend Gelegenheit geben, Problembewusstsein zu entwickeln. Die über Jahrhunderte hinweg ausgefeilten Theorien, die wir lehren, sind aus Problemen entstanden, und sie können verwendet werden, um unzählige Probleme zu lösen. In der Lehre erscheinen die Probleme oft erst im Nachhinein, als Illustration oder Anwendung der Theorie. Wäre es nicht klüger, erst ein Problem zu formulieren und dann die Lösung zu geben? Mehr noch: die Studenten ernsthaft über das Problem nachdenken zu lassen, damit sie ein Gefühl dafür bekommen, wo die Schwierigkeiten liegen?[3] Das macht neugierig, regt die Kreativität an, und es wird das Verständnis für die Theorie erhöhen.

Es ist unsere Aufgabe, den zukünftigen Mathematikern und Mathematik-Lehrern in ihrer Fachausbildung schon früh die Gelegenheit zu geben, Problembewusstsein zu entwickeln und mathematisch kreativ zu sein, und dabei immer wieder „Heureka" zu erleben. Dieses Ziel innerhalb existierender Lehrveranstaltungen zu verfolgen ist zwar möglich, doch hat man hier wegen des „Stoffdrucks" meist wenig Zeit dazu.

Ein solcher Ansatz würde dem oft vernachlässigten dritten Punkte in der Triade mathematischer Aktivitäten *Rechnen – Theoriebildung – Problemlösen* die gebührende Aufmerksamkeit verschaffen.

---

[1] Natürlich gibt es immer einige wenige, die schon früh weiter sehen können, aber die meisten sind von Übungsaufgaben, bei denen neuer Stoff mit eigenen Einfällen verknüpft werden muss, überfordert und bearbeiten nur die theorie-illustrierenden Aufgaben.

[2] Hier sind immer Studenten des gymnasialen Lehramts gemeint. Allgemein sind mit Studenten natürlich immer Studentinnen und Studenten gemeint, genauso mit Mathematikern etc.

[3] Im heutigen Schulunterricht ist es weit verbreitet, Problemlösen an scheinbar anwendungsorientierten, doch häufig stark konstruierten Problemen zu betreiben. Dies ist hier ausdrücklich nicht gemeint. Es gibt auch unzählige motivierende innermathematische Probleme auf jedem Niveau, die jedenfalls für den Hochschulkontext geeignet erscheinen.

41.1.2 Beweise

Beweise sind das Herz der Mathematik, und so ist uns besonders daran gelegen, sie den Studierenden näher zu bringen. Doch allzu oft schauen wir in leere Gesichter, wir begegnen Studenten, die Beweise verständnislos auswendig lernen, und Beweisaufgaben in Klausuren werden meist nur von wenigen bearbeitet. Wo liegt das Problem?

Beweise erfordern eine große intellektuelle Anstrengung und Disziplin. Wir akzeptieren und verstehen Beweise daher nur, wenn wir stark motiviert sind. Schon Pólya (1967, S. 195) schrieb: „In erster Linie muss der Anfänger davon überzeugt werden, dass sich das Lernen von Beweisen lohnt, dass sie einen Zweck haben, dass sie interessant sind."

Pólya dachte an Schüler. In der Schule werden heute Beweise noch weniger thematisiert als damals. Daher sind die „Anfänger" heute die Studienanfänger.

Ein Beispiel: Fragen der Grundlagen der Mathematik werden in der Schule nicht gestellt. Da überrascht es wenig, wenn der Beweis, dass das Quadrat jeder reellen Zahl nichtnegativ ist („das weiß doch jeder"), oder der Beweis des Basisergänzungssatzes – um zwei typische Beispiele aus Analysis und Lineare Algebra zu nennen – nicht beim Adressaten ankommt. Was nicht überrascht oder zu abstrakt daherkommt, motiviert nicht.

Beweise haben unterschiedliche Funktionen. Die wichtigsten sind Erkenntnis und Ordnung von Wissen. Dass es unendlich viele Primzahlen gibt, weiß ich erst, wenn ich es bewiesen habe. Indem ich Teilmengen mit 0,1-Folgen in Beziehung setze, entwickle ich ein tieferes Verständnis für die Formel für die Mächtigkeit einer Potenzmenge. Diese Beweise liefern mir Erkenntnis, dass und warum etwas wahr ist. Jedoch hat der Beweis des Zwischenwertsatzes aus den Axiomen der reellen Zahlen und der Definition der Stetigkeit eher eine Ordnungsfunktion: Jeder „weiß", dass der Satz stimmt, das ist keine neue Erkenntnis. Der Beweis ordnet den Satz in das heute übliche Axiomensystem ein.[4]

Diese doppelte Funktion von Beweisen kann für Studienanfänger verwirrend sein. Leider wird sie nur selten thematisiert.

Bei einem ersten Kontakt mit Beweisen sollten Beweise zum Erkenntnisgewinn voranstehen. Denn dieser wirkt als Belohnung für die Anstrengung, die der Beweis erfordert. Dies schafft die nötige innere Motivation und erzeugt das Verlangen nach logischer Korrektheit. Weiterhin wird man dies am besten anhand bekannter, leicht zugänglicher Inhalte erreichen, nicht an neuen, abstrakten Themen.

---

[4] Auch dieser Beweis liefert eine Erkenntnis, wenn auch eine recht abstrakte und für Studienanfänger schwer nachvollziehbare: Die Erkenntnis, dass sich der Satz aus diesen Axiomen und mit dieser Definition der Stetigkeit beweisen lässt. Das Ringen mit diesem Thema lässt sich historisch belegen: Bei der Grundlegung der Analysis im 19. Jahrhundert war jedem klar, dass der Zwischenwertsatz gelten muss. Die Frage bestand darin, wie man die Grundmauern der Mathematik so anlegt, dass er beweisbar ist (s. Spalt 1988).

41.1.3   Der Übergang Schule – Hochschule

Werfen wir einen Blick auf den Beginn des Mathematikstudiums, wie er in Deutschland seit langem üblich ist. Die Studierenden haben da viel zu schlucken:

- Eine neue Sprache, die konsequent Begriffe der Mengenlehre verwendet und logisch präzise ist.
- Alles wird bewiesen.
- Abstraktion und Allgemeinheit.
- Neuer Stoff (Lineare Algebra, Analysis), der in der neuen Sprache formuliert ist.
- Axiomatischer Aufbau der Mathematik.

Zweifellos, all dies sind wesentliche Elemente der Mathematik. Doch haben die meisten Studierenden aus der Schule ein Bild von der Mathematik als Sammlung von Rechentechniken, und dieser Übergang macht ihnen schwer zu schaffen: Sie können anfangs nur schwer nachvollziehen, wozu Abstraktion, Axiomatik und die neue Sprache gut sein sollen. Beweisen ist für sie keine gefühlte Notwendigkeit, sondern Pflichtübung. Und kein Wunder: Wie kann man sich für einen Beweis begeistern, wenn man sich nie ernsthaft eine mathematische Frage gestellt hat? Wie eine Theorie schätzen, die Antworten auf nie gestellte Fragen gibt? Wie die Axiomatik gutheißen, wenn man den Wert von Beweisen nicht erkennt? Kurz: Die Anforderungen passen nicht zum Entwicklungsstand vieler Studienanfänger.

> Die Saat der wunderbaren Mathematik, die wir säen wollen, fällt auf ein ungepflügtes Feld.

Dies ist nicht nur ineffizient, es hat auch handfeste Nachteile:

- Viele Studierende erkennen die Mathematik, das Fach, das ihnen in der Schule Spaß gemacht hat, nicht wieder. Ihre Begeisterung verpufft, statt genutzt zu werden. Wir holen sie nicht da ab, wo sie stehen.
- Schlimmer noch: Kann eine Enttäuschung ein guter Einstieg in einen neuen Lebensabschnitt sein? Manche werden sie überwinden, vielleicht sogar angespornt werden, den Sinn hinter dem Neuen zu entdecken. Aber es ist kaum verwunderlich, wenn viele abgeschreckt werden.
- Die hohen Ansprüche, der fehlende Anschluss an Bekanntes verunsichern viele Studierende, sie verlieren den Glauben an sich selbst. Im ungünstigsten Fall führt dies zum Studienabbruch bzw. Studienfachwechsel.
- Die fragende, forschende Haltung, die für ein erfolgreiches Studium so wichtig ist und die einige wenige mitbringen, ist durchaus für die Breite lehrbar. Doch ist dafür bei der Vielfalt anderer Anforderungen zu wenig Platz.

Tab. 41.1 Zwischenstufen zwischen Schul- und Hochschulmathematik

Schule:	Faktenwissen		Anschauliches Argumentieren	
Zwischenstufe:	Entwickeln einer fragenden Haltung	Umgangssprachliches, doch präzises Argumentieren	An elementaren Inhalten argumentieren	Relevanz von Beweisen erfahren
Hochschule:	Fakten verstehen	Formaler Beweis	An höheren oder abstrakten Inhalten argumentieren	Das hoch komplexe, beweisend aufgebaute Gebäude der Mathematik verstehen

- Für Lehramtsstudenten stellen sich diese Probleme verschärft: Während viele Fach-Studenten nach einigen Semestern Mathematik eine kritische Schwelle überschreiten, bei der sie einsehen, wozu die neue Sichtweise gut ist, lernen die meisten Lehramtsstudenten nicht ausreichend viel und intensiv Mathematik, um diese Schwelle zu erreichen. Zudem bleibt für sie die Berufsrelevanz unklar, da sie wissen, dass sie diese Sprache, Systematik und Abstraktion in der Schule nicht werden einsetzen können.

Um hier weiterzukommen, sollten wir auf das Positive sehen: Viele Schüler haben sich durchaus zu gewissen Zeiten ernsthaft mathematische Fragen gestellt; das weiß jeder, der erlebt hat, wie begeisterungsfähig viele Grundschulkinder auch für mathematische Inhalte sind. Leider wird dies nur selten im Unterricht aufgegriffen, und nur die wenigsten erhalten sich eine entdeckende Haltung bis in die Oberstufe. Trotzdem ist dies eine Ressource, an die wir anknüpfen können.

Einen Hinweis, wo wir ansetzen können, gibt uns folgende Überlegung: Beim Übergang von der (gegenwärtigen) Schulmathematik zur Hochschulmathematik (wie sie traditionell gelehrt wird) fehlen *Zwischenstufen* (s. Tab. 41.1).[5]

Als Illustration sei hier eine Erfahrung genannt, die aus der vernachlässigten Zwischenstufe zum formalen Beweis resultiert: Manche fortgeschrittene Studierende, die durchaus in der Lage sind, formale Beweise nachzuvollziehen, erkennen einen nach mathematischen Standards korrekten, aber informell formulierten Beweis nicht als Beweis an.

41.1.4 Psychologische Faktoren

Psychologische Faktoren sind entscheidend für den Lernerfolg. Gute Lehre nimmt daher psychologische Faktoren ernst. Viele erfolgreiche Lehrende tun dies intuitiv. Ändern

---

[5] Die Aussagen hier, z. B. über die Schulmathematik, sind zur Verdeutlichung der Unterschiede bewusst plakativ formuliert und entsprechen in dieser Ausprägung sicher nicht durchgehend der Realität.

sich die Rahmenbedingungen, z. B. durch veränderte Eingangsvoraussetzungen (größerer Anteil eines Jahrgangs studiert, veränderte Curricula in Schulen) oder durch ehrgeizigere Ziele (weniger Abbrecher), lohnt es sich, explizit darüber nachzudenken. Obwohl solche Faktoren bereits in den vorangegangenen Abschnitten erwähnt wurden, verdienen sie eine eigenständige Betrachtung, auch wenn diese hier nur unvollständig sein kann. Aus Sicht einer sinnvollen Gestaltung von Lehre sollten wir dabei stets im Auge behalten, welche Faktoren wir beeinflussen können.

Motivation Motivation ist das, was uns zum Handeln antreibt. Wer motiviert ist, lernt besser und ausdauernder. Die Quelle der Motivation kann intrinsisch (z. B. Neugierde, Spaß an der Sache, an der Herausforderung) oder extrinsisch (z. B. Berufsziel, Streben nach Anerkennung, Erfüllen von Erwartungen anderer) sein. Intrinsische Motivation kann z. B. gesteigert werden durch Freude an Evidenzerlebnissen, durch Schönheitsempfinden, Erleben eigener Kreativität sowie durch eine erhöhte Selbstwirksamkeitserwartung (s. unten). Sie kann auch mit der Zeit entstehen, z. B. wenn, zunächst extrinsisch motiviert, ein gewisses Verständnis-Niveau erreicht wird, auf dem gewisse Evidenzen usw. erst erlebt werden können. Motivation kann aber auch rasch verlorengehen, z. B. wenn Erwartungen nicht erfüllt werden oder schwer nachvollziehbare Brüche in der Lernbiographie auftreten (z. B. beim Übergang Schule-Hochschule).

Selbstvertrauen In der modernen Psychologie spricht man genauer von der *Selbstwirksamkeitserwartung (SWE)*, definiert als die Überzeugung, schwierige Anforderungen aufgrund eigener Fähigkeiten bewältigen zu können (s. a. Blömeke in diesem Band). Sie wird für viele positive Effekte mitverantwortlich gemacht, z. B. Glücklichsein, längeres Leben, Erfolg. Im Studiumskontext ist eine hohe Korrelation zum Studienerfolg nachgewiesen. Eine hohe SWE hilft uns, hochgesteckte Ziele anzustreben und ausdauernd zu verfolgen, Durststrecken auszuhalten, uns von externen Faktoren (z. B. schlechte Lehrende) unabhängig zu machen oder kreativ eigene Lösungen anzustreben. Die SWE kann gesteigert werden unter anderem durch Erfolgs- und Heureka-Erlebnisse, durch das Beobachten von Experten beim Umgang mit Problemen und Sackgassen, durch Ermutigung und durch das Bewusstmachen eigener Freiheitsgrade (z. B.: viele Lösungen sind möglich), wie es z. B. durch das Erlernen von Problemlösestrategien geschieht. Sie wird nicht gesteigert durch mechanisch zu erledigende Aufgaben (Prototyp „Malen nach Zahlen"). Sie kann verringert werden z. B. durch dem Lernstand nicht angemessene Herausforderungen.

41.2 Das Modul Mathematisches Problemlösen und Beweisen

Im Folgenden stelle ich ein Konzept einer Lehrveranstaltung vor, das auf die oben genannten Probleme eingeht und die dort formulierten Lösungsansätze konkretisiert. Der Titel *Mathematisches Problemlösen und Beweisen* (kurz MPB) nennt bereits die wesentlichen Aspekte:

- Anspruchsvolle Mathematik,
- Problemorientiertes Lernen und
- Ausführliche, eigenständige Behandlung von Beweisen.

Das Konzept wird zunächst anhand der zugrundeliegenden Ideen und Ziele vorgestellt. Diese erlauben in Organisationsform und Inhalt unterschiedliche Umsetzungen, zum Beispiel lassen sich Teile davon in bestehende Lehrveranstaltungen integrieren. Einen umfassenderen Anspruch hat das an der Universität Oldenburg geschaffene Modul MPB, dessen Inhalte, Aufbau und Durchführungsform, wie ich es in den Wintersemestern 2011/12 und 2012/13 durchgeführt habe, in den folgenden Abschnitten beschrieben sind. Die Einbindung in die Studiengänge und Erfahrungen werden ebenfalls thematisiert. Mehr zu den Inhalten des Moduls erfahren Sie in dem Buch *Mathematisches Problemlösen und Beweisen* (Grieser 2013), weitere Ausführungen und Beispiele in Grieser (2015).

41.2.1 Grundidee, Ziele

Mathematisches Problemlösen und Beweisen soll

- … ein Ort für einen kreativen, problemorientierten Zugang zur Mathematik sein. Schon der Titel verschafft einem in der Lehre bisher vernachlässigten Aspekt der Mathematik die gebotene Aufmerksamkeit.
- … ein Ort für eine ausführliche Thematisierung von Beweisen sein. Die Studierenden sollen dabei Beweise als Mittel zum Erkenntnisgewinn in elementaren, leicht zugänglichen Kontexten kennenlernen, nicht als Kitt in einem systematischen Aufbau der Theorie. Zudem ist es sinnvoll, nicht nur allgemeine Beweisformen, sondern auch typische Beweismuster zu identifizieren und systematisch zu üben.
- … explizit Problemlösestrategien thematisieren. Einige dieser Strategien sollten gleichzeitig als wichtige mathematische Leitideen identifiziert werden.
- … sich auf elementare, intuitiv leicht zugängliche Themen beschränken. Dies bedeutet anfangs ein direktes Anknüpfen an Schulstoff der Mittelstufe sowie bei neu eingeführten Themen Verzicht auf Abstraktion.[6] Bei der Themenauswahl soll auch auf den Bezug zu anderen Teilen des Mathematikstudiums und zu mathematischer Allgemeinbildung geachtet werden.
- … sprachlich an die Alltagssprache anknüpfen. Dabei soll auf logisch präzise Ausdrucksweise geachtet und nach und nach mathematisch formale Sprache (z. B. Mengen, Bijektionen) in bedeutungstragenden Kontexten eingeführt werden.

Dabei soll das Niveau (z. B. die Schwierigkeit der Aufgaben) so gewählt und variiert werden, dass ein „breites Mittelfeld" im Leistungsspektrum angesprochen wird, aber auch

---

[6] Das heißt nicht Verzicht auf Niveau. Es gibt viele elementare, schwierige Probleme, an denen man viel lernen kann.

leistungsstarke Studierende vor Herausforderungen gestellt werden. *Ausdrückliches Ziel von MPB ist es, Aspekte der Mathematik, die bisher hauptsächlich für besonders leistungsstarke Studierende erreichbar waren, für viele zugänglich zu machen.*[7]

Ich halte es für wichtig, im Studium Lehrveranstaltungen anzubieten, die zumindest teilweise explizit methodisch, nicht fachgebietsbezogen (z. B. Problemlösen und Beweisen, nicht Analysis, Algebra) ausgerichtet sind (s. z. B. Fußnote 10). Natürlich müssen die Methoden mit Inhalten verknüpft sein, sonst sind sie leer. Allgemeine Kompetenzkurse (z. B. „Einführung in wissenschaftliches Arbeiten") werden bereits an vielen Universitäten angeboten, oft aber wegen der fehlenden Anbindung an konkrete Inhalte kritisiert. Daher muss diese Art von Kurs ein Teil der mathematischen Fachausbildung sein.

Mit einer nach den oben genannten Prinzipien durchgeführte Lehrveranstaltung lassen sich weitere positive Effekte erzielen:

- Indem die Studierenden erleben, dass sie selbst kreativ tätig sein können, werden sie *motiviert* und gewinnen *Selbstvertrauen.*
- Die Akzeptanz von Beweisen wird erhöht, da sie natürlich und in leicht zugänglichem Kontext auftreten, nicht als formale Pflicht. *Studenten wollen beweisen.*
- Die Studierenden erleben Mathematik als *lebendige Wissenschaft*, nicht als statisches Gebäude.
- Es wird ein *fruchtbarer Boden* für das weitere Studium bereitet:
  - Die forschende Haltung, die die Studierenden im Laufe des Moduls entwickeln, ermöglicht ihnen ein tieferes Verständnis von Mathematik.
  - Die Probleme machen neugierig auf mehr Mathematik. Wer an elementaren Inhalten gelernt hat, was ein mathematisches Problem oder ein Beweis ist, wer sich selbst mathematische Fragen gestellt hat, dem wird die „höhere Mathematik" leichter fallen als dem, der Mathematik wie Vokabeln lernt.
  - Durch die Einführung übergreifender mathematischer Leitideen wird die Grundlage für ein Erkennen der Kohärenz der Mathematik, quer zu den Grenzen der Fachgebiete, gelegt.
- Für Lehramtsstudenten haben diese Ziele besondere Bedeutung: Sie können ihren Schülern eine lebendige Mathematik nur vermitteln, wenn sie sie selbst als solche erleben. Die Berufsrelevanz ist für sie klar erkennbar.[8]

Ein Vorbild Vor über 50 Jahren entwickelte Georg Pólya in zahlreichen Büchern (z. B. Pólya 1949, 1967) sehr konkrete Ideen zu problemlösendem Unterricht. Er dachte damals an Schüler und an die Lehrerausbildung. Heutige Lehramtsstudenten lernen Pólya in fachdidaktischen Lehrveranstaltungen kennen, da sie auf problemorientiertes Lehren

---

[7] Dies, und die Anbindung an die Hochschulmathematik, unterscheidet MPB wesentlich von Vorbereitungskursen für mathematische Schülerwettbewerbe. MPB soll das Positive solcher Kurse mit den Ansprüchen eines Studiums verknüpfen.

[8] Um dies noch greifbarer zu machen, wurde in einer Vorlesung eine Lehrerin eingeladen, die über ihre Erfahrungen mit problemlöseorientiertem Unterricht und mit Beweisen in der Schule berichtete.

vorbereitet werden sollen. Doch wird nur gut problemorientiert lehren können, wer selbst zumindest zeitweise problemorientiert gelernt hat. Daher muss das Reden *über* Pólya von einem eigenen Praktizieren begleitet oder vorangegangen sein. Daher hat MPB seinen Platz in der Fachausbildung, nicht in der Didaktik.

41.2.2 Inhalt und Aufbau; das 3-Phasen-Modell

In den folgenden Abschnitten wird die konkrete Durchführung von MPB an der Universität Oldenburg beschrieben.

Probleme und Lösungsstrategien Den Kern des Moduls bildet das Bearbeiten zahlreicher *Probleme* in Vorlesung, Übungen und Hausaufgaben. Diese sind so ausgewählt, dass die Studierenden zum eigenen Entdecken eingeladen werden und an ihnen mathematische Arbeitsweisen und wichtige mathematische Ideen in elementarem Kontext entdecken, üben oder lernen können. Ein weiteres Kriterium ist Attraktivität: „hübsche" Probleme motivieren mehr als langweilige.

Durch das gemeinsame Bearbeiten der Probleme in Vorlesung und Tutorien (s. u.) erleben und erlernen die Studenten den *mathematischen Prozess:* was tue ich, wenn ich anfange, mir über ein mathematisches Problem Gedanken zu machen? Dies fängt an mit einfachen Techniken der Selbstorganisation (sich klar werden über die verwendeten Begriffe; was ist gegeben? was ist gesucht? Nicht aufgeben, wenn ein Ansatz nicht weiterführt, sondern einen anderen versuchen, usw.) und reicht über einfache Problemlösetechniken (Vorwärts- und Rückwärtsarbeiten, Zwischenziele setzen etc.) bis hin zu komplexen Techniken des Beweisens und Problemlösens (indirekte Beweise, Extremalprinzip usw.). Solche *Problemlösestrategien* werden explizit thematisiert, im Laufe des Semesters immer wieder angesprochen und in einer Liste („Werkzeugkasten") gesammelt.

Als ordnende Struktur wird ein 4-Stufen-Schema verwendet, das ungefähr den *Vier Stufen des Problemlösens* von Pólya (1949) entspricht, aber durch die klarere Forderung nach korrektem Aufschreiben für den Hochschulkontext angepasst wurde:

1. Verstehen des Problems,
2. Untersuchung des Problems,
3. Geordnetes Aufschreiben der Lösung und
4. Rückschau.

Sinn dieses Schemas ist es, immer wieder an die wichtigen und oft vernachlässigten Schritte 1 und 4 zu erinnern und explizit zwischen den Phasen der Untersuchung und des geordneten Aufschreibens zu unterscheiden. Dies ist geboten, da in den meisten Mathematik-Texten die Untersuchungsphase nicht sichtbar ist. Natürlich wird das Schema oft nicht linear durchlaufen, Rückkopplungsschleifen z. B. zwischen 2. und 3. sind alltäglich.

Logik und Beweise Logik und Beweise werden systematisch und mit vielen Beispielen behandelt, jedoch erst nach ca. 1/3 des Semesters, da die Studierenden zu diesem Zeitpunkt schon einige Erfahrungen im Argumentieren gesammelt haben. Eine Behandlung am Anfang erscheint wenig sinnvoll, da die Studierenden eine Alltagslogik mitbringen und erst durch die intensivere Beschäftigung mit Mathematik Offenheit für eine genaue Betrachtung entsteht.

Die Notwendigkeit von Beweisen wird für die Studierenden evident durch Einsatz offener Problemstellungen („Entscheiden Sie, ob ..." statt „Beweisen Sie, dass ...") und von Problemen mit Überraschungen (z. B. „Ist $n^2 + n + 41$ für alle natürlichen Zahlen n eine Primzahl?" – beim Probieren von $n = 1, 2, 3, \ldots$ könnte man zunächst vermuten, dass die Antwort ja ist).

Neben den allgemeinen Beweisformen (direkter, indirekter, Widerspruchsbeweis) werden typische Beweismuster (z. B. Existenzbeweise mittels Konstruktion, Schubfach- oder Extremalprinzip) anhand geeigneter Probleme eingeführt, benannt und geübt.

Themenauswahl Die Themenauswahl ordnet sich den Grundideen unter. Konkrete Themen waren u. A. Rekursionen, Graphen (z. B. Eulerformel, Planarität), Abzählprinzipien, elementare Zahlentheorie (Teilbarkeit, Kongruenzen) sowie Permutationen und deren Signatur (als wichtiges nicht-triviales Beispiel einer Invariante). Ein anderes Thema, das sich gut eignen würde, ist die Geometrie.

Die drei Phasen Dem Aufbau des Moduls MPB liegen einige grundsätzliche Überlegungen zugrunde, wie Studierende zu einem selbständigen Umgang mit Mathematik hingeführt werden können. Ich unterscheide drei Phasen:

1. **Entdecken**: In der ersten Phase machen die Studierenden die Erfahrung, dass sie Mathematik selbst entdecken können. Diese Phase öffnet den Geist für die Mathematik und schafft Selbstvertrauen.
2. **Konsolidieren**: In der zweiten Phase lernen die Studierenden, ihre Lösungsideen zu präzisieren und genau zu formulieren, und erkennen den Wert von Beweisen und allgemeinen Formulierungen. Nachdem sie eine Gesetzmäßigkeit oder ein Muster entdeckt haben, brauchen sie einen Beweis, um sicher zu sein, dass diese allgemein gilt.
3. **Strategien lernen**: In der dritten Phase lernen die Studierenden Strategien zum Problemlösen und Beweisen kennen und setzen sie gezielt ein.

In den ersten Wochen liegt der Fokus auf der ersten Phase, sie wird jedoch schon bald durch die zweite und dritte Phase ergänzt, wobei im Laufe des Semesters die Komplexität der eingesetzten Strategien und Beweismuster zunimmt. Mit der Zeit wird die Kombination von Entdecken, allgemeinem Formulieren und Beweisen unter (meist unbewusstem) Einsatz von Problemlöse- und Beweisstrategien selbstverständlich. Für das Entdecken wird immer wieder viel Zeit eingeräumt. Der Übergang zu allgemeinen Formulierungen und Argumenten fällt vielen Studierenden schwer. Hier hilft viel Übung, viel Hilfestellung und konstruktives Korrigieren der Hausaufgaben. Sorgfältig aufgeschriebene Lösungen, die die in der Veranstaltung gefundenen Lösungswege zusammenfassen, bilden hilfreiche Vorbilder.

Einen guten Einstieg in die anspruchsvollste dritte Phase bieten relativ transparente Lösungs- bzw. Argumentationsstrategien, z. B. Rekursion und Induktion. Neben das schematische Anwenden dieser Strategien[9] tritt von Anfang an das gezielte Planen ihres Einsatzes (eine Rekursion suchen, einen Induktionsbeweis planen). Gegen Ende des Semesters wird ein anspruchsvolles Niveau erreicht, das im Hinblick auf logische Komplexität und Anspruch an Kreativität deutlich über andere Anfängervorlesungen hinausgeht. Dies ist nur möglich, da nicht gleichzeitig abstrakte Inhalte zu verarbeiten sind.

41.2.3   Form: Durchführung von Vorlesung und Tutorien; Prüfungen

Wenn wir die Studierenden zu einem aktiven Umgang mit Mathematik hinführen wollen, sollten wir unsere Lehrveranstaltung so gestalten, dass sie ständig zur Mitarbeit aufgerufen sind. Wie lässt sich dies verwirklichen, insbesondere bei hohen Teilnehmerzahlen?

Das Modul MPB an der Uni Oldenburg gliedert sich in wöchentlich je eine 90-minütige Vorlesung (ca. 200 Studierende) und ein 90-minütiges Tutorium (ca. 15–20 Studierende unter Anleitung eines Tutors/einer Tutorin – dies sind fortgeschrittene Studierende).

Die Vorlesung In weiten Teilen hat die Vorlesung die Form eines Dialogs zwischen Dozent und Studierenden. Der Dozent formuliert ein Problem und illustriert es kurz durch ein oder zwei Beispiele. Es werden keine fertigen Lösungen präsentiert, sondern Ideen gesammelt, verschiedene Zugänge versucht, Ziele analysiert usw. Dabei wird den Studierenden immer wieder Zeit zum Nachdenken gegeben, gerne auch im Gespräch mit den Nachbarn. Dadurch erleben die Studierenden, wie Mathematik entsteht, und sind intensiv am Geschehen beteiligt. Obwohl im Plenum nur wenige Studierende zu Wort kommen, können sich die anderen mit diesen identifizieren. Dies ist besser, als wenn alle Beiträge zur Lösung vom Dozenten kämen.

Es ist wichtig, für diese explorativen Phasen viel Zeit einzuräumen.[10] Sie werden gelegentlich durch Abschnitte in eher klassischem Vorlesungsstil ergänzt (s. die Themenauswahl in Abschnitt „Inhalt und Aufbau")

Die bei den Lösungsprozessen gewonnenen methodischen und inhaltlichen Erkenntnisse werden vom Dozenten explizit benannt, geordnet und dadurch für weitere Probleme nutzbar gemacht.

---

[9] Zum Beispiel der Beweis von Formeln durch vollständige Induktion. Da in der Analysis-Vorlesung viele solche „Schema F" Beispiele behandelt werden, wird dies in MPB nur kurz illustriert.

[10] Der Luxus, diese Zeit zu haben, ist der Vorteil einer methodisch orientierten Lehrveranstaltung.

Die Tutorien Hier werden Probleme zunächst allein und dann in kleinen Gruppen (2–4 Studierende) erarbeitet und die Lösungsversuche dann in der gesamten Gruppe besprochen. In der Kleingruppenarbeit haben die Studierenden Gelegenheit, ihre Ideen sprachlich zu formulieren, und lernen voneinander. Wichtig ist eine enge Abstimmung von Tutorien und Vorlesung sowie der Tutorien untereinander. Dies wurde durch ausführliche Besprechungen sowie durch die Vorgabe von Präsenzaufgaben für die Tutorien durch den Dozenten erreicht. Neben inhaltlichen Hinweisen (z. B. auf mehrere Lösungsansätze hinweisen) sind methodische Überlegungen wie die Grundprinzipien und das 3-Phasen-Modell Thema der Besprechungen. Die Tutoren haben eine sehr wichtige Funktion und sollten darin angeleitet werden, Hilfe zur Selbsthilfe zu geben.

Übungszettel und Klausur Wie sonst auch üblich, werden wöchentlich Übungszettel ausgegeben. Die Korrektur ist anspruchsvoll, da häufig sehr verschiedene Lösungswege beurteilt werden müssen. Daher korrigieren die Tutoren gemeinsam. Als Prüfungsform am Semesterende ist wegen der großen Zahl der Studierenden nur eine Klausur praktikabel. Die naheliegende Frage, wie man Problemlösefähigkeiten unter Klausurbedingungen testen kann, wird dadurch beantwortet bzw. teilweise umgangen, dass die Klausuraufgaben Variationen von Aufgaben sind, die in Vorlesung, Übungsgruppe oder Hausaufgaben behandelt wurden.

41.2.4 Rahmenbedingungen: Einbindung in die Studiengänge

An der Universität Oldenburg wurde das Modul *Mathematisches Problemlösen und Beweisen* zum Wintersemester 2011/12 eingeführt. Es wird immer im Wintersemester angeboten. Im Studiengang 2-Fächer-Bachelor Mathematik (für das Lehramt in Gymnasien und berufsbildenden Schulen) ist es Pflicht und wird zum Besuch im ersten Semester, neben der Analysis 1, empfohlen. Im Vergleich zur früher empfohlenen Kombination Analysis 1/Lineare Algebra bedeutet das eine Entlastung am Studienbeginn, sowohl zeitlich (10 statt 12 h wöchentliche Präsenzzeit) als auch inhaltlich (MPB wird als leichter empfunden als Lineare Algebra). Im Fach-Bachelor Studiengang ist MPB Teil eines Wahlpflicht-Bereichs (sog. Professionalisierungsbereich) und wird empfohlen. Die Standardempfehlung für das erste Semester ist hier wie früher Analysis 1 und Lineare Algebra. Auch Studierende höherer Semester profitieren von dem methodischen Ansatz, den herausfordernden Problemen und der Diskussion übergreifender wissenschaftlicher Prinzipien.

Eine solche Umstellung bringt Herausforderungen mit sich, organisatorisch (z. B. wird die Lineare Algebra im Winter und im Sommer angeboten; Lehramtsstudenten besuchen sie parallel zur Analysis 2) und inhaltlich: Wird eine neue Lehrveranstaltung Pflicht, muss eine andere weichen. Das ist eines der Hauptprobleme bei der Weiterentwicklung von Studiengängen. Alles erscheint wichtig, für jedes existierende Modul gibt es gute Gründe, es beizubehalten. Für das Pflichtmodul MPB wurden in Oldenburg Kürzungen in fortgeschrittenen Themen der Analysis und Algebra im Lehramtsstudium vorgenommen. Wir haben uns entschieden, dass wir für die angehenden Lehrer einen soliden Einstieg, an dem sie wachsen und die Mathematik entdeckend erleben, als wichtiger ansehen als zum Beispiel den Satz über implizite Funktionen.

41.2.5 Erfahrungen

Wurden die angestrebten Ziele erreicht? Wie wurde das Format angenommen? Gibt es nun weniger Studienabbrecher?

Die folgenden Einschätzungen/Aussagen basieren auf vielen Gesprächen mit den Tutoren und mit Studierenden, auf Lehrevaluationen, auf der Klausurkorrektur sowie auf Berichten der Studierenden in sogenannten Lerntagebüchern. In diesen sollten sie die Inhalte des Moduls aus Sicht ihres eigenen Lernfortschritts reflektieren und beurteilen. Mehrmals im Semester wurden die Lerntagebücher eingesammelt.[11]

Allgemein kann gesagt werden, dass die im Abschnitt „Grundideen, Ziele" formulierten Ziele für einen großen Teil der Studierenden erreicht wurden: Entwickeln von Problemlösefähigkeiten, souveräner Umgang mit Beweisen, erhöhtes Selbstvertrauen und Erleben der Lebendigkeit der Mathematik. Beweisaufgaben in der Klausur wurden von einer deutlichen Mehrheit der Teilnehmer gut gelöst – im Kontrast zu Erfahrungen, die man meist mit (selbst einfachen) Beweisaufgaben z. B. in Analysis 1 Klausuren macht.

Das 3-Phasen-Modell hat sich sehr gut bewährt: Nach 1–2 Wochen war bei vielen Teilnehmern eine Begeisterung über die ersten eigenen mathematische Entdeckungen zu verspüren. Das wiederholte explizite Thematisieren der Notwendigkeit von Beweisen und allgemeinen Formulierungen in der zweiten Phase erlaubte es, damit auch Studenten zu erreichen, die anfangs damit Schwierigkeiten hatten. Die dritte Phase des gezielten Einsetzens und Planens von Beweisen wurde erwartungsgemäß sehr unterschiedlich gemeistert und bot auch den leistungsstärksten Studenten angemessene Herausforderungen.

Die meisten Studierenden waren durchgehend sehr motiviert. Dies war besonders auffällig für die Lehramtsstudenten, da für sie die Berufsrelevanz gut erkennbar war.

Das interaktive Format, gemischt mit gelegentlichen Vorlesungssequenzen, hat sich trotz der Größe der Vorlesung bewährt, um die Aufmerksamkeit über weite Strecken zu erhalten. Ebenfalls bewährt hat sich das Format der Kleingruppenarbeit in den Tutorien, dort wurde meist begeistert mitgearbeitet.

Die insgesamt sehr positive Stimmung lässt sich durch eine Äußerung beschreiben, die ich von mehreren der beteiligten Tutoren gehört habe: So ein Modul hätte ich mir am Studienbeginn auch gewünscht.

---

[11] Die Akzeptanz der Lerntagebücher war anfangs gering. Einige Studierende fanden sie bis zum Semesterende überflüssig, aber es gab auch viele, die sie sehr schätzten, am Ende noch einmal ihre Eintragungen vom Anfang zu lesen und ihre Fortschritte so klar vor Augen zu haben. Das Führen der Lerntagebücher war gefordert, ihre Inhalte flossen aber nicht in die Note ein.

Studienabbrecherzahlen lassen sich zwar erheben, sie sind aber schwierig zu interpretieren, da sie vielen Einflüssen und natürlichen Schwankungen unterliegen. Im Lehramtsstudiengang (2-Fächer-Bachelor Mathematik) war die Anzahl der Abbrecher im 1. Semester im WS 2011 mit 12,5 % geringer als in den Vorjahren, im WS 2012 mit 6,8 % sogar deutlich. Die Anzahl der Studierenden, die im WS 2011 begonnen und ihr Studium bis zum Ende ihres 3. Semesters abgebrochen oder das Fach gewechselt hatten, lag immerhin noch bei 34 %, war damit aber auch deutlich geringer als in den Vorjahren.

Ich möchte auch einige Schwierigkeiten erwähnen. Da MPB von den Studierenden als deutlich zugänglicher empfunden wurde als die parallel besuchte Analysis 1, ergab sich hier zeitweilig eine Konkurrenzsituation, z. B. Konkurrenz um Arbeitszeit (Fokussierung auf die schwierigere Veranstaltung). Die Ansprüche an die Tutoren sind hoch, insbesondere wenn die Veranstaltung erstmalig durchgeführt wird. Sie lernen aber auch methodisch viel dabei. Auch die Ansprüche an den Dozenten der Vorlesung sind zumindest ungewöhnlich: Das interaktive Format erfordert ein schnelles Eingehen auf unvorhergesehene Vorschläge, manchmal auch den Mut, vor Publikum zu überlegen, zu schwanken oder auch zu sagen, dass man sich etwas in Ruhe überlegen müsse. Genau das ist aber auch im Sinne von MPB: Den mathematischen Prozess für die Studenten sichtbar machen.

41.3 Schlussworte

Mit MPB habe ich eine Möglichkeit beschrieben, dem Mathematikstudium wertvolle neue Impulse zu geben und damit unter anderem den Übergang von der Schule zur Hochschule zu erleichtern, ohne dabei die wissenschaftliche Qualität des Studiums zu kompromittieren. Manche Kollegen mögen sich durch die positiven Erfahrungen ermutigt fühlen, ähnliches zu versuchen. Aufgrund der Hindernisse, die großen Änderungen von Studiengängen im Weg stehen, mag dies auch durch teilweise Integration der im Abschnitt „Grundidee, Ziele" dargelegten Grundideen geschehen.

Im schulischen Bereich wurden seit einigen Jahren von zahlreichen Autoren Forderungen und Konzepte formuliert, die eine ähnliche Zielrichtung wie MPB haben (z. B. Bruder 2001; Pehkonen 2001; Winter 1989). Im universitären Bereich scheint ein derartiger Ansatz bisher neu zu sein – abgesehen vom Klassiker (Pólya 1967). Es ist bemerkens- und bedauernswert, dass die dort formulierten Ideen bisher nicht systematisch in das Mathematikstudium integriert wurden. MPB greift diese Ideen auf und zeigt, wie sie im Kontext der aktuellen Mathematikausbildung in Schule und Universität umgesetzt werden können.

In der Studie *Mathematik Neu Denken,* die der Gymnasiallehrerbildung neue Impulse gegeben hat, fordern die Autoren neben Veranstaltungen zu historischen und philosophischen Themen unter anderem: „Die Fachmathematik muss nach unserer Auffassung eine starke elementarmathematische Komponente enthalten, die nach Möglichkeit an schulmathematische Erfahrungen anknüpft und auch wissenschaftliches Arbeiten „im Kleinen" ermöglicht" (Beutelspacher et al. 2011, S. 2). Genau dies (und mehr) leistet MPB.

Literatur

Beutelspacher, A., Danckwerts, R., Nickel, G., Spies, S., & Wickel, G. (2011). *Mathematik Neu Denken. Impulse für die Gymnasiallehrerbildung an Universitäten.* Wiesbaden: Vieweg+Teubner.

Bruder, R. (2001). Kreativ sein wollen, dürfen und können. *mathematik lehren, 106,* 46–50.

Grieser, D. (2013). *Mathematisches Problemlösen und Beweisen: Eine Entdeckungsreise in die Mathematik.* Wiesbaden: Springer Spektrum.

Grieser, D. (2015). Mathematisches Problemlösen und Beweisen: Entdeckendes Lernen in der Studieneingangsphase. In J. Roth, T. Bauer, H. Koch, & S. Prediger (Hrsg.), *Übergänge konstruktiv gestalten: Ansätze für eine zielgruppenspezifische Hochschuldidaktik Mathematik* (S. 87–102). Wiesbaden: Springer Spektrum.

Pehkonen, E. (2001). Offene Probleme: Eine Methode zur Entwicklung des Mathematikunterrichts. *Der Mathematikunterricht, 47*(6), 60–72.

Pólya, G. (1949). *Schule des Denkens: Vom Lösen mathematischer Probleme.* Bern: Francke.

Pólya, G. (1967). *Vom Lösen Mathematischer Aufgaben – Einsicht und Entdeckung, Lernen und Lehren* Bd. 2. Basel: Birkhäuser.

Spalt, D. D. (1988). Das Unwahre des Resultatismus. Eine historische Fallstudie aus der Analysis. *Mathematische Semesterberichte, 35,* 6–36.

Winter, H. (1989). *Entdeckendes Lernen im Mathematikunterricht: Einblicke in die Ideengeschichte und ihre Bedeutung für die Pädagogik.* Wiesbaden: Vieweg.

Vielfältige Anwendungen des Begriffs „Basis" in Vektorräumen

42

Dörte Haftendorn

Zusammenfassung

Die Entwicklung mathematischen Denkens ist zentrales Anliegen aller Mathematik-lehre. Daher werden zunächst theoretische Konzepte hierzu vorgestellt und weiterent-wickelt. Erfahrungsgemäß wird das Lehrgebiet Lineare Algebra oft nicht in dem Maße verstanden, wie sich das die Lehrenden wünschen. Das übliche Vorgehen wird in Be-ziehung zu diesen Konzepten mathematischen Lernens gesetzt. Lernbehinderungen im Thema „Lineare Algebra" haben ihren Grund z. T. auch darin, dass die Studierenden wenige Bezüge zu einer für sie relevanten Wirklichkeit erkennen können. Der schuli-sche, geometrische Zugang im $\mathbb{R}^2$ oder $\mathbb{R}^3$ ist zunächst eine Hilfe, trägt aber nicht für höhere Dimensionen. Der Beitrag wird zeigen, dass sich mit den Funktionen-Vektor-räumen höhere Dimensionen auf natürliche Weise ergeben. Interessante Zugänge zum Basisbegriff, die einen starken Praxisbezug haben, werden eröffnet. Die tragenden Bei-spiele sind vor allem aus der elementaren Numerik, aber auch aus anderen Themen. Eine vielfältige Betrachtung des Basisbegriffs trägt somit zur frühen Vernetzung ma-thematischen Wissens bei.

42.1 Vorbemerkungen

Im Rahmen der Querschnittsarbeitsgruppen des khdm sind diese Ausführungen der QAG2 „Fachdidaktische Analyse und Aufbereitung mathematischen Wissens" zuzuordnen. Wei-ter sind sie ein Beitrag zur QAG4 „... digitale Medien in der Hochschulausbildung".

In drei Jahrzehnten am Gymnasium, zwei Jahrzehnten Lehramtsausbildung und an-derthalb Jahrzehnten Ingenieurmathematik haben sich in meiner Lehre die hier gemachten Vorschläge gebildet. Sie sind durch die Möglichkeiten der Visualisierung mit Computern

Dörte Haftendorn ✉
Leuphana Universität Lüneburg, Institut für Mathematik und ihre Didaktik, Lüneburg, Deutschland
e-mail: haftendorn@uni.leuphana.de

© Springer Fachmedien Wiesbaden 2016
A. Hoppenbrock et al. (Hrsg.), *Lehren und Lernen von Mathematik in der Studieneingangsphase*, Konzepte und Studien zur Hochschuldidaktik und Lehrerbildung Mathematik, DOI 10.1007/978-3-658-10261-6_42

immer mehr unterstützt worden. Dieses ist dokumentiert auf der Website von Haftendorn (2012). Darüber hinaus gehe ich ausführlich auf die Vorstellungen von David Tall zur Entwicklung mathematischen Denkens ein und referiere auch die sonst üblichen Vorgehensweisen in den von mir angesprochenen Thematiken.

42.2 Didaktische Einordnung

bom Folgenden entwickele ich Gedanken zum Lernen von Mathematik überhaupt, insbesondere im Spannungsfeld von Themen, die einerseits „verstanden" werden sollen, andererseits von ihrer Natur her eine starke Abstraktion und Symbolisierung aufweisen. Speziell befasse ich mich mit Beobachtungen zum Lernen des Vektorraum- und Basisbegriffs. Da sich meine tragenden Beispiele auf Polynome beziehen und oft in der Numerik angesiedelt sind, stelle ich die Vorerfahrungen der Studierenden in beiden Thematiken dar.

42.2.1 Aufbau mathematischer Kompetenzen

In seinem Aufsatz von 2007 entwickelt David O. Tall eine Theorie mathematischen Lernens:

> This gives a theoretical framework in which three modes of operation develop and grow in sophistication from conceptual-embodiment using thought experiments, to proceptual-symbolism using computation and symbol manipulation, then on to axiomatic-formalism based on concept definitions and formal proof (Tall 2007, S. 145).

Mit den Doppelworten mit Bindestrich meint er geradezu drei „Welten", die bezüglich jeder größeren Thematik von den Lernenden – unterstützt durch die Lehrenden – durchlaufen werden sollten. Naturgemäß greift die dritte, die axiomatisch-formale Welt erst ab der Sekundarstufe II und für Studierende und das auch in sanft steigendem Maße.

Erklärungsbedürftig ist der von Tall selbst gebildete Begriff „procept". Er ist gebildet aus „process" und „concept" und meint, dass sich aus Handlungen, Benennungen und Überlegungen im Zusammenhang mit einem Phänomen ein tragfähiges Konzept bildet. Dieses schlägt sich in passenden Symbolen nieder, die dann auch wieder den Prozess mit abbilden können. Ein solches Symbol bilden zum Beispiel die Zeichen für ein bestimmtes Integral.

In diese mittlere Welt gehören die symbolischen Handlungen und Umformungen, die gemeinhin von den Lernenden verlangt werden: algebraische Manipulationen, Gleichungslösen, Differenzieren, Integrieren, Vektor- und Matrizenrechnung und so weiter. Tall legt aber großen Wert darauf, dass stets das Konzept und das passende Ziel handlungsleitend sind. Rein prozedurales Arbeiten führe nicht zu nachhaltigem Lernen.

Er verstärkt diesen Ansatz noch, indem er ausdrücklich fordert: „The fundamental idea in the development of powerful thinking in mathematics is the compression of knowledge into thinkable concepts" (Tall 2007, S. 150).

Dieser letzte Begriff ist erklärungsbedürftig, denn ein Konzept ist per se denkbar. Er meint aber, dass die Lehre vom Phänomen ausgehen und durch gute Benennungen und angepasste Symbolik die Lernenden anregen soll, sich *selbst* Gedanken zu dem Konzept zu machen. In die Entwicklung des Konzepts sollen sie eingebunden sein und es sich so *zu eigen* machen. Ich würde daher „thinkable concepts" gern mit „eigendenkbare Konzepte" übersetzen.

Talls erste Welt, die Verankerung der Begriffe mit Gedankenexperimenten, betrifft die Vorerfahrungen, an die die Thematik anknüpft, siehe unten.

Die dritte Welt wird in einer Algebra-Vorlesung auf jeden Fall angesprochen. Die in diesem Betrag dargestellten Vorschläge sollen das axiomatische, formale Verstehen „unterfüttern".

Ein weiteres Anliegen Talls ist die Berücksichtigung der „met-befores", also der Vorerfahrungen im gerade anstehenden Thema. Unterschiede, Erweiterungen, manchmal sogar Umbrüche im Vergleich zu einer früher zu recht gebildeten Vorstellung müssen angesprochen werden. Unterlassungssünden an dieser Stelle führen – so auch meine Erfahrung – zur Verunsicherung, Ablehnung des Neuen und bewirken eine allenfalls oberflächliche Hantierung im neuen Thema.

Gerade im Zusammenhang mit der in meinem Aufsatz angesprochenen Linearen Algebra ist Talls dritte Welt der Axiomatik interessant. Da er selbst sowohl als Mathematiker als auch als Mathematikdidaktiker ausgebildet ist, liegt ihm die Entwicklung dieser Stufe sehr am Herzen. Sie soll bei jedem Thema aus der zweiten Stufe erwachsen in dem Sinne, dass in einem zusammenfassenden Rückblick die Kraft mathematischer Abstraktion, Axiomatik und Deduktion verdeutlicht wird. Dies soll natürlich im Studentenalter in zunehmendem Maße geschehen. Keinesfalls aber stellt er sich vor, dass es sinnvoll sein kann, an der Universität die erste und zweite Stufe auszulassen, da diese angeblich schon in der Schule erledigt seien. Hier stimmt Tall überein mit Estep (2005, S. viii):„Weder eine Kunst noch eine Wissenschaft kann effektiv im Abstrakten gelehrt werden. Konzepte und Techniken, die in praktischen Umgebungen bestens motiviert sind, werden im Abstrakten einfach zu einer ‚Trickkiste‘."

Im Großen und Ganzen kann ich dem zustimmen, meine Modifizierungen bzgl. des Vektorraum- und Basisbegriffs folgen unten.

42.2.2 Sicht der Mathematik-Lehrenden auf den Vektorraumbegriff

Es ist allgemein bekannt, dass die Rezeption der Inhalte einer Veranstaltung zur Linearen Algebra oft nur unzureichend gelingt und vielfach Studierende an diesem Thema scheitern. Allenfalls gelingt es, hinreichend vielen Schülern oder Studierenden das Rechnen mit Vektoren, Matrizen und Gleichungssystemen beizubringen. Die Unzufriedenheit mit fehlendem Verständnis und massiven Fehlvorstellungen kam in den Beiträgen der khdm-Tagung im Februar 2013 in Paderborn vielfach zur Sprache. Auf erkenntnistheoretische Aspekte der Vektorraumtheorie und die Vorschläge mehrerer Autoren geht Fischer (2013, S. 313) in ihrer empirischen Untersuchung zum Vektorraumbegriff ein.

Sie selbst unterscheidet *drei verschiedene Grundvorstellungen* zum Vektorraumbegriff und geht auf deren Begrenztheit ein (a. a. O., S. 317). Ich führe dies hier weiter aus.

Die *Elementtypvorstellung* wird begünstigt durch die Vektorraumeinführung anhand bestimmter mathematischer Objekte, etwa der Pfeilklassen. Obwohl die Vektorraumgesetze sich damit einigermaßen leicht beweisen lassen, behindert diese Vorstellung zunächst die Bildung eines allgemeineren Verständnisses.

Die *Komponentenvorstellung* sieht die Vektoren als n-Tupel und die entsprechenden Gesetze leuchten ein. Bildet man nun die Begriffe „linear unabhängig", „Basis" und „Dimension", so stellt sich „nachträglich" heraus, dass man mit einer Standardbasis gearbeitet hat. Ein Basiswechsel ist nun eine kognitive Herausforderung (a. a. O., S. 316), zumal nach dem Basiswechsel die Vektoren wieder n-Tupel sind.

Bei der *Baukastenvorstellung* finden sich „neue" Symbole und Elemente eines Körpers oder Ringes so zu Bausteinen zusammen, dass sich eine additive abelsche Gruppe und eine Skalarmultiplikation mit den passenden Gesetzen ergeben. Als Beispiel nennt Astrid Fischer die Erweiterungskörper der rationalen Zahlen. Aber auch die Polynome, die unten eine entscheidende Rolle spielen, gehören in diese Kategorie. Die neuen Symbole sind X und seine Potenzen, die Bausteine sind die üblichen Polynomterme. Diesen Weg gehen Arens et al. (2013, S. 86 f.). Der Übergang von dieser Vorstellung zur Komponentenvorstellung ist einfach, ein Basiswechsel aber ist schwierig, wie eben genannt. Es geht bei den von mir unten vorgestellten Fällen aber gar nicht um das Wechseln einer Basis, sondern um Polynome, die *sofort* als Bausteine in einer anderen Basis erscheinen. Dazu muss die Basiseigenschaft aus der Theorie durch lineare Unabhängigkeit und passende Anzahl legitimiert werden.

42.2.3   Vorerfahrungen von Studierenden zum Vektorraumbegriff

Es gibt keine einheitlichen Vorkenntnisse in der Linearen Algebra. In manchen Bundesländern können die einzelnen Gymnasien und Fachgymnasien auswählen, ob Stochastik oder Lineare Algebra unterrichtet wird. Des Weiteren beginnen recht viele Menschen über das Berufsbildende Schulwesen mit Fachhochschulreife, Fachoberschule oder direkt aus einer Berufsausübung heraus ein Studium. Im Hinblick auf die Wichtigkeit der „met-befores" nach Tall (2007) ist es nicht günstig, dass die Hochschullehre eigentlich nichts voraussetzen kann. Darum muss ein Curriculum so aufgebaut werden, dass auch Talls erste Stufe, die „conceptual-embodied world", eingeplant wird. Dazu bieten sich die Ortsvektoren im Punktraum und die Vektoren als Pfeilklassen an. Es reicht zunächst, wenn die Addition und die skalare Multiplikation mit ihren Eigenschaften betrachtet werden. Auf die Weiterführung gehe ich unten ein.

42.2.4   Vorerfahrungen zu Polynomen und Interpolation

Polynome kommen im Schulunterricht mit diesem Namen – oder mit der Bezeichnung: ganzrationale Funktionen – erst in der Kursstufe (Sek II) vor. Gemeint sind dann Polynomfunktionen wie etwa f mit $f(x) = ax^4 + bx^3 + cx^2 + dx + e$.

Summenschreibweisen und Indizes werden in der Regel nicht verwendet. Reine Potenzfunktionen finden sich schon in den 10. Klassen, Geraden und Parabeln ab Klasse 7 bis 9 aller weiterführenden Schulen. Bei Geraden werden die beiden Parameter als Steigung und Achsenabschnitt gedeutet. In Österreich gibt es für Geraden auch die Relationsdarstellung $ax + by = c$. Mit diesen Vorerfahrungen kann das „Polynom als Folge von Ringelementen, die fast alle Null sind" nicht ohne weiteres verstanden werden.

Auf den ersten Blick gehören die Interpolationspolynome in die Numerik. Zu gegebenen $n + 1$ Punkten in kartesischen 2D-Koordinaten soll die reelle Polynomfunktion gefunden werden, deren Graph durch alle Punkte verläuft. Für 2 und 3 Punkte reicht diese Fragestellung zu Geraden und Parabeln zurück. In der Sek. II gibt es die Fragestellung: „Funktionen zu vorgegebenen Eigenschaften", bei der meist nicht nur Punkte sondern auch Eigenschaften (z. B. hier eine Extremstelle, dort ein Wendepunkt usw.) gefordert werden. Gemeint sind i. A. Polynomfunktionen und die Lösung wird mit überschaubaren Gleichungssystemen ermittelt. Eine Verallgemeinerung findet eher nicht statt, numerische Aspekte werden – meiner Kenntnis nach – nicht angesprochen.

Überhaupt hat meines Erachtens die Numerik einen zu geringen Stellenwert in der Lehramtsausbildung und damit auch in der Schule, wenn man bedenkt, dass die Taschenrechner und graphikfähigen Mathematik-Werkzeuge ihre Antworten numerisch ermitteln. Aber das ist ein anderes Thema.

42.3   Interpolationspolynome in Numerikbüchern oder -kapiteln

Zu den Zielen der Numerik gehört zentral die rechnerische Bewältigung der ihr vorgelegten Probleme. Darum erscheint es nur zu natürlich, dass in Numerik-Lehrbüchern die Verfahren so aufbereitet sind, dass sie sich leicht rechnen lassen. Dabei beschränkt sich die Begründung oft lediglich darauf, dass das Verfahren wirklich das leistet, was es soll. Allenfalls wird noch ein Fehlerglied betrachtet. Die Genese der Ideen steht meist im Hintergrund. Sehr selten werden Erkenntnisse anderer mathematischer Gebiete angesprochen, obwohl sie geeignet wären, Verständnishilfen zu leisten. In dieser Richtung liegt der Kern dieses Aufsatzes (s. u.).

Zunächst seien diese Behauptungen durch einige Beispiele untermauert.

42.3.1 Polynomansatz in der Standardbasis, Vandermonde-Determinante

Der Polynomansatz in der Standardbasis ist aus den Vorerfahrungen (s. o.) direkt verständlich. Er wird von Arens et al. (2013, S. 488 f.) beschritten. Für die dabei auftretende Vandermonde-Determinante wird dann mit den Entwicklungssätzen für Determinanten eine Produktform bewiesen, aus der man die Eindeutigkeit des Interpolationspolynoms schließen kann. Die eigentliche Lösung des Gleichungssystems kann heute jeder mindestens grafikfähige Taschenrechner, wie er in vielen Bundesländern eingeführt ist, liefern. Ein solcher und sogar die Tabellenkalkulation Excel geben aber auch ganz direkt zu einem entsprechenden Satz von Punkten das Interpolationspolynom an. Die CAS-Werkzeuge tun dieses ohnehin. Insofern ist dieser Weg zum Ziel „Interpolationspolynom" vertretbar. Schade ist allerdings, dass auf die numerische Instabilität der Vandermonde-Determinante nicht verwiesen wird, wie dieses Engel (2010, S. 115 ff.) ausführlich tut.

42.3.2 Übliche Lagrange- und Newton-Interpolation

Engel stellt dann noch die übliche Lagrange- und Newton-Interpolation vor, steuert dabei aber sehr schnell auf ein Rechenschema zu. Ein solches ist nicht mehr zeitgemäß (s. o.).

In dieser Weise arbeitet auch Westermann (2002, S. 164–172). Erstaunlicherweise gibt er ein nicht so leicht zu durchschauendes Schreibschema an, wie es in den 1960iger Jahren üblich war, obwohl sich sein Buch an Maplenutzer wendet.

Schon Klein (1933a, S. 247–253) arbeitet ausführlich mit Lagrange- und Newton-Interpolation. Den damaligen rechnerischen Möglichkeiten – und auch den Lehramtsadressaten – entsprechend, beschränkt er sich auf „praktische" Berechnungsmethoden für äquidistante Stützstellen, erläutert sein Vorgehen aber ausführlich und leitet jeweils ein Restglied her. Interessanterweise zeigt er noch die enge Verwandtschaft mit der Taylorreihe, die entsteht, wenn man die Stützstellen infinitesimal aneinander rückt. Dann gehen die Newton-Interpolationspolynome in die Taylorpolynome über.

Dieses Konzept führt er in seinem dritten Band (Klein 1933b, S. 51–67) noch weiter aus. Er knüpft die Begründung der Fourierreihen an die Lagrange-Interpolation an. Der Übergang von endlichen trigonometrischen Summen zu der bekannten Formel für Fourierreihen, bei denen die Koeffizienten aus Integralen berechnet werden, gelingt unter anderen durch Umformung von Produkten von Sinustermen in Summen von Sinus- und Kosinustermen. Man kann nur staunen, was – im Vergleich zu heute – Anfang des 20. Jahrhunderts in der Ausbildung der Gymnasiallehrer möglich war. Allerdings ist zu bedenken, dass es sich nicht um „Elementare Einführungen" handelt, sondern dass seine drei Bücher „Elementarmathematik vom höheren Standpunkte aus" am Abschluss des Lehramtsstudiums das mathematische Wissen vernetzen sollten.

Klein also verknüpft die Numerik mit der höheren Analysis, während dieser Aufsatz zur Verknüpfung mit der Linearen Algebra beitragen soll.

42.3.3 Verwendung des Basisbegriffs bei der Interpolation

Das Wort „Basis" für die einzelnen Lagrange- und Newtonpolynome wird von Böhm et al. (1985) zwar verwendet, aber eher im Sinne von „Grundelement" und nicht im Sinne der Linearen Algebra. Sie verwenden nämlich nicht das Wort Linearkombination, sondern geben jeweils unbewiesen eine Formel und ein Rechenschema zur Ermittlung der Koeffizienten an. Dem heutigen Standard entspricht es nicht, dass die f_i die Stützwerte sind, mehrfach indizierte f, z. B. f_{345}, f_{01}, ..., die Koeffizienten sind und f ohne Index über die Gleichung $f = \text{pol}(x)$ mit dem gesuchten Interpolationspolynom identifiziert wird. Unter didaktischen und semiotischen Aspekten ist das für das Verstehen nicht förderlich.

Unter den von mir durchgesehenen Werken verwendet lediglich Estep (2005, S. 595–612) ausdrücklich die Begriffe *Basis und Linearkombination*.

Die Lagrange-Basispolynome bestehen nicht, wie bei mir unten vorgeschlagen, allein aus dem Produkt der passenden Linearfaktoren, sondern enthalten noch einen Streckfaktor, der sie an der jeweils für sie gültigen Stützstelle auf den Wert 1 zwingt. Das entspricht dem üblichen Vorgehen, wie es die oben genannten Autoren und auch Nachschlagewerke wie Bronstein et al. (1999, S. 912 f.) tun. Ich normiere nicht, da ich dann den Basisbegriff in „reinerer" Form habe. Mathematisch ist dieses äquivalent. Die Basis-Eigenschaft folgt bei Estep aus der Eindeutigkeit des Interpolationspolynoms und nicht aus der linearen Unabhängigkeit der Polynome.

42.4 Der hier verfolgte Ansatz zur Lehre des Vektorraum- und Basisbegriffs

Meines Erachtens sind viele Schwierigkeiten, die im Zusammenhang mit der Linearen Algebra – oder allgemeiner mit abstrakten Konzepten – in der Hochschullehre auftreten, „hausgemacht" in dem Sinne, dass nicht genügend beachtet wird, wie sich Kompetenzen in diesem Feld aufbauen können. Tall (2007) bietet da einen brauchbaren theoretischen Rahmen. Spezifischer, aber auch darüber hinausgehend, schlage ich in diesem Abschnitt eine brauchbare Arbeitsweise vor. Wie eingangs erwähnt hat sie sich in vier Jahrzehnten Lehre herauskristallisiert. Einige tragende übergreifende Elemente möchte ich vorausschicken:

- Die Lernenden müssen eine ehrliche Chance haben, eine momentane Lehrsituation in ein größeres Ganzes einzuordnen. Ein Ziel muss „am Horizont" erkennbar sein, die Lehre einer Lehrstunde darf sich nicht im „Klein-Klein" verlieren.
- Der Respekt gegenüber den Lernenden darf nicht verloren gehen. Auch bei kummervollen Lücken im Vorwissen vermittele man die Botschaft: Gemeinsam können wir es schaffen.
- Die Lehrsituation selbst muss die wichtigen Denkschritte angehen und mögliche Fehlvorstellungen gleich durch die Lehre ansprechen. Es ist nicht förderlich, das Wichtige in die „Übung" auszulagern.

42.4.1 Vorgehen in einer Vorlesung Lineare Algebra

Ich gehe hier davon aus, dass in der entsprechenden Veranstaltung noch nicht klar ist, dass es Gruppenaxiome gibt. Dann ist es im Sinne von Talls erster Welt, an die Darstellungen von Punkten im $\mathbb{R}^3$, die i. d. R. unmittelbar einleuchten, anzuknüpfen und Richtungsangaben als Punktkoordinaten-Differenzen zu entwickeln. In natürlicher Weise entstehen die Klassen von Pfeilen gleicher Richtung und Länge, die man als neue Objekte verwenden und untersuchen will. Elmar Cohors-Fresenborg spricht hier von Reifikation (mündliche Mitteilung 2006). Mit der komponentenweisen Addition knüpft man an das evtl. Vorwissen aus der Kräfteaddition an, verallgemeinert bewusst, da z. B. der Angriffspunkt einer Kraft von Belang ist, eines Vektors aber nicht.

Nun kann das „ehrliche Ziel" angesteuert werden, nämlich die Frage: Erfüllen diese Objekte eine Liste von Gesetzen, erfüllen sie also die Vektorraumaxiome?

Ich kürze hier ab. Es sollte aber klar sein, dass es nun für die Lernenden nicht überraschend ist, wenn weitere Modelle für die Vektorraumaxiome folgen, z. B. auch die *Polynomräume*. Ich möchte darauf hinweisen, dass es im Sinne der Vorerfahrungen (s. o.) sinnvoll ist, hier die vertrauten Polynomfunktionen, genannt Polynome, zu verwenden. Man kann sie durch ihre Graphen visualisieren und viele ihrer Eigenschaften sind bekannt. Die sofortige Gegenüberstellung von Tupel und Funktionsterm gelingt problemlos, die Verifizierung der Vektorraumaxiome ist einfach.

Im vielfach üblichen Vorgehen ist mit der Formulierung der Vektorraumaxiome – und allfälligen Modellen dazu – die abstrakte Ebene erreicht und sie wird dann kaum wieder verlassen. Es folgen Definitionen, Sätze, Beweise wie es die Weiterentwicklung der Theorie erfordert. Im Gegensatz dazu wird hier vorgeschlagen, weitere Begriffe, Eigenschaften und Elemente der Lehre nun in einem *spiraligen Curriculum* in allen angesprochenen Modellen zu realisieren oder eben festzustellen, dass eine Realisierung problematisch ist. Zum Beispiel ist mir für das Skalarprodukt von Polynomen keine griffige, jungen Studierenden zugängliche, Deutung bekannt. Zu den Begriffen Lineare Unabhängigkeit, Basis und Dimension macht dieser Aufsatz im nächsten Absatz passende Vorschläge.

So werden die drei Welten von Tall *häufig* durchlaufen, wobei die Lenkung des mathematischen Handelns von den Axiomen aus sich immer mehr festigt. Die Einsicht, dass Polynomräume nicht etwas Neues sind, sondern Modelle für die Vektorraumaxiome, erhöht letztlich die Akzeptanz des mathematische-abstrakten Vorgehens. Ohne eine solche Akzeptanz kann das Lernen nicht nachhaltig sein. Eine übertriebene Verknappung ist nicht zielführend. Die Entwicklung der „thinkable concepts" nach Tall (2007), der „eigendenkbaren Konzepte", gehört nicht in die „Übung", da dann zu leicht nur ein oberflächlicher kalkülhafter Aspekt entwickelt wird. Danach aber ist in den Übungen die Gewinnung von Sicherheit und Routine in den symbolischen Prozessen und Konzepten höchst sinnvoll.

42.4.2 Linear unabhängig und Basis

Für eine Menge von Vektoren ist eine Leitfrage aus der unteren Tallschen Welt: Gibt es einen Vektor in dieser Menge, der sich durch die anderen „darstellen" lässt, der eine Linearkombination der anderen ist? Für den $\mathbb{R}^3$, kann man das oft einfach sehen, für Polynome z. B. kann es heißen: kann man aus diesen Geraden durch Addition und Streckung eine Parabel erzeugen? Nein? Dann ist die Parabel linear unabhängig von den Geraden. Aber vielleicht sind die Geraden untereinander abhängig. Bei einem Verallgemeinerungsversuch wird einsichtig, dass ein entsprechender Begriff am günstigsten damit arbeitet, dass *keiner* der Vektoren irgendwie von den anderen abhängen darf, wenn man die Menge als „linear unabhängige Vektorenmenge" bezeichnen will. Schon hat man die übliche Definition: ... wenn aus einer aufgeschriebenen linearen Gleichung, die den Nullvektor darstellt, folgt, dass alle Koeffizienten Null sein müssen.

Nachweise der linearen Unabhängigkeit können in der Tallschen zweiten Welt in mehreren Modellen erbracht werden, auch in den Übungen. In die dritte Welt gehören dann die Begriffe „minimale linear unabhängige Vektorenmenge", die Erkenntnis, dass jeder Vektorraum viele solche Mengen, genannt Basismengen, gleicher Mächtigkeit hat, und damit die Wohldefiniertheit des Begriffs *Dimension* eines Vektorraumes. Weiter ist der Satz wichtig, dass die Darstellung eines beliebigen Vektors in dem Vektorraum mit jeder Basis möglich und auch eindeutig ist.

An dieser Stelle setzt mein Vorschlag aus dem Vortrag vom Februar 2013 ein.

42.4.3 Interpolationspolynome, Polynombasis von Lagrange

Aus der bisherigen Lehre in einem Kurs, der dem Konzept dieses Beitrags folgt, sei also klar, dass der Vektorraum der Polynome bis zum 3. Grad die Dimension 4 hat, allgemein bis zum n-ten Grad die Dimension $n + 1$. Daher ist zu erwarten, dass man durch $n + 1$ Punkte im $\mathbb{R}^2$ mit paarweise verschiedenen Stützstellen ein Polynom n-ten Grades legen kann. Software kann dies „auf Knopfdruck", aber welches Konzept könnte hinter dem automatisierten Vorgehen stehen?

Lagrange wählt eine an das Problem angepasste Basis.

Für jeden der $n + 1$ Stützpunkte P_j stellt er ein Polynom n-ten Grades auf, das er aus allen Linearfaktoren $(x - x_i)$ mit $i \neq j$ aufbaut.

Beispiel

$$L_1(x) := (x - x_2)(x - x_3)(x - x_4)$$
$$L_2(x) := (x - x_1)(x - x_3)(x - x_4)$$
$$L_3(x) := (x - x_1)(x - x_2)(x - x_4)$$
$$L_4(x) := (x - x_1)(x - x_2)(x - x_3)$$
$$p(x) := c_1 L_1(x) + c_2 L_2(x) + c_3 L_3(x) + c_4 L_4(x).$$

Abb. 42.1 Lagrange-Polynom
mit vier Basispolynomen

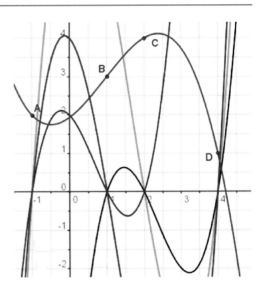

Durch die Betrachtung der Nullstellen überlegt man leicht, dass keins der 4, allgemein $n + 1$, Polynome L_j durch die anderen darstellbar ist. Zum Beispiel sieht man in Abb. 42.1 an jeder Stützstelle drei Polynome, die dort eine Nullstelle haben und das vierte hat an dieser Stelle einen (garantiert) von Null verschiedenen Wert.

Daher sind die $n + 1$ Polynome linear unabhängig und sie spannen den $n + 1$-dimensionalen Vektorraum der Polynome bis zum Grad n auf.

Das in Abb. 42.1 dargestellte Interpolationspolynom – an seinem Verlauf durch A, B, C, D erkenntlich – ist eindeutig als Linearkombination der Lagrange-Basis-Polynome zu erhalten. Die notwendigen Faktoren c_j sind leicht als Streckfaktoren für L_j zu deuten und zu berechnen. An der Stelle x_j hat genau L_j keine Nullstelle. Der Linearfaktor von L_j ist der Quotient aus Stützwert y_j und dem Wert $L_j(x_j)$ dieses Polynoms an dieser Stelle.

In einem DMS (Dynamischen Mathematik-System) kann man die Situation so realisieren, dass die Stützpunkte interaktiv frei gezogen werden können. Dieses können die Lernenden selbst (z. B.) im freien System GeoGebra oder einem Applet tun.

Selbstverständlich enthalten Systeme wie GeoGebra, aber auch Excel und erst recht alle CAS, direkte Befehle für das Interpolationspolynom. Die vorgestellte Herleitung ermöglicht aber tieferes Verstehen. Durch die explizite Nutzung des Basisbegriffs und der dazu erarbeiteten Theorie trägt sie zur mathematischen Bildung bei. Danach kann dann sinnvoll jede „black box" verwendet werden.

42.4.4 Interpolationspolynome, Polynombasis von Newton

Im Hinblick auf die Einleitung des vorigen Abschnitts stelle ich nun Newtons Vorgehen vor. Auch er wählt eine passende Basis, nun aber eine, die sich mit jedem weiteren

Abb. 42.2 Newtonpolynom
mit 4 Basispolynomen

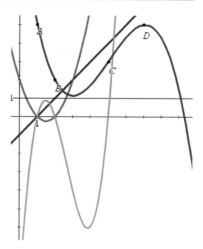

Stützpunkt erweitert. Dabei ist die Reihenfolge der Stützstellen unerheblich, sie müssen
lediglich verschieden sein.

Newton baut zu $n + 1$ Stützpunkten P_j mit den Linearfaktoren $(x - x_j)$ eine Basis auf,
nun allerdings schrittweise durch Anfügen jeweils eines neuen Faktors (s. Abb. 42.2).

Beispiel

$$N_1(x) := 1$$
$$N_2(x) := (x - x_1)$$
$$N_3(x) := (x - x_1)(x - x_2)$$
$$N_4(x) := (x - x_1)(x - x_2)(x - x_3)$$
$$p(x) := a_1 N_1(x) + a_2 N_2(x) + a_3 N_3(x) + a_4 N_4(x).$$

Auch die Polynome N_j sind linear unabhängig und spannen den passenden Polynomraum auf. Die Faktoren für die Linearkombination können sukzessive berechnet werden.
Dabei ergibt sich a_j aus der Streckung für N_j so, dass P_j erreicht wird. Auffällig ist,
dass in den Basispolynomen die Stützstelle x_{n+1} gar nicht vorkommt. Darin zeigt sich
(bei genauerem Hinsehen), dass bei der Newton-Interpolation weitere Punkte hinzugefügt werden können, ohne dass man die bisherigen a_j neu berechnen muss. Hierin liegt
ein Vorteil des Newtonschen Polynoms. In der interaktiven Version kann man wieder alle Punkte frei ziehen, auch die Reihenfolge ist nicht festgelegt. Didaktisch gilt das oben
Gesagte.

42.4.5   Anwendung in der Ökonomie

In Abb. 42.3 ist oben durch vier frei ziehbare Punkte K_f, B, C und D ein Interpolationspolynom gelegt. Bei seiner Deutung als Kostenfunktion sind weiterhin die Funktionen für variable Kosten, Grenzkosten, Stückkosten und variable Stückkosten eingetragen. Die eingezeichneten Schnittpunkte haben als Abszisse das Betriebsminimum BM bzw. Betriebsoptimum BO, als Ordinaten die kurzfristige bzw. langfristige Preisuntergrenze. Dies sind Zusammenhänge aus den ersten Semestern Wirtschaft bzw. Wirtschaftsmathematik.

Es ist nun äußerst eindrucksvoll, dass schon kleine Bewegungen von z. B. Punkt D bei den Wirtschaftsparametern BM und BO sehr große Änderungen bewirken. Auch wenn Kostenfunktionen durch die Methoden der Kostenrechnung entstehen, gehen dort wiederum Annahmen ein, deren Unsicherheit hier durch das Ziehen an D verdeutlicht wird. Ein solches Beispiel kann nachhaltig eine kritische Haltung gegenüber ökonomischen Modellierungen hervorrufen. Überhaupt verhilft eine gute Dynamisierung von mathematischen Zusammenhängen zu einem vertieften Verständnis der Zusammenhänge und vermeidet übertriebene Zahlengläubigkeit.

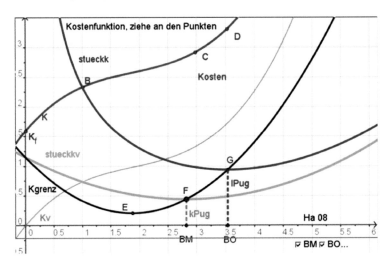

Abb. 42.3 Zusammenhänge von ökonomischen Funktionen

42.4.6   Kubische Splines

Beim Entwurf von gebogenen Formen, wie sie etwa im Schiffbau notwendig sind, werden Splines verwendet. Spline heißt auf Deutsch Straklatte. Man versteht darunter ein elastisch biegsames Metallband, das eine Reihe von festen Punkten, genannt „Nägel", genau erreichen soll. Abbildung 42.4 zeigt einen Balken beim Nachbau der Poeler Kogge (http://www.poeler-kogge.de), für den man beim Fund im Schlick der Wismarer Bucht nur we-

Abb. 42.4 Poeler Kogge (eigenes Foto)

Abb. 42.5 Schiffsmodell mit Splines

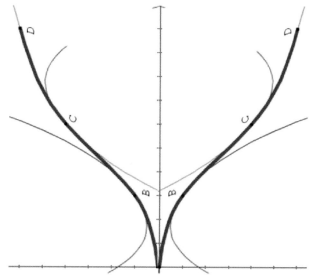

nige Anhaltspunkte gefunden hatte. Abbildung 42.5 deutet die Modellierung mit Splines in aufrecht gedrehter Form an.

Die Modellierung erfolgt für $n + 1$ Punkte P_i, wie Abb. 42.6 zeigt, mit einem „kubischen Spline". Dafür wird von Nagel zu Nagel in einem passenden Koordinatensystem ein Polynom dritten Grades S_i gelegt, *zusammen* ergeben diese den Spline. Die S_i genügen folgenden Bedingungen.

- S_i ist Polynom 3. Grades, $i = 0 \ldots n - 1$.
- S_i erreicht P_i und $P_{i+1}, i = 0 \ldots n - 1$.

Abb. 42.6 Kubischer Spline
für vier Punkte

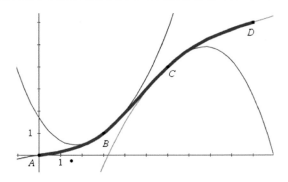

- In den inneren Punkten stimmen die Steigungen überein:

$$S_{i-1}'(x_i) = S_i'(x_i), i = 1 \ldots n-1.$$

- In den inneren Punkten stimmen die Krümmungen überein[1]:

$$S_{i-1}''(x_i) = S_i''(x_i), i = 1 \ldots n-1.$$

- Beim „natürlichen Spline" sind die Krümmungen am Anfang und am Ende Null:
  $S_0''(x_0) = 0$ und $S_{n-1}''(x_n) = 0$.

Als letzte Bedingung können auch andere Randvorgaben verwirklicht werden. Diese
hier bedeuten, dass die Straklatte an den Enden „gerade" weiter verläuft.

Polynome 3. Grades sind Elemente eines Polynomraumes der Dimension 4. Also
braucht man für die Darstellung von n Polynomen $4n$ Bedingungen. Aus den Bullet-
Zeilen zwei bis vier ergeben sich $(n + n) + (n - 1) + (n - 1) = 4n - 2$ Bedingungen.
Daher sind die zwei Randbedingungen in Zeile 5 frei wählbar.

Ein möglicher Ansatz ist, die n Polynome in der Standardbasis aufzuschreiben und
für die Bedingungen ein lineares Gleichungssystem mit $4n$ Gleichungen aufzustellen.
StDir. Heiko Knechtel hat dies bei einem Vortrag am MNU-Tag Hannover etwa 1998 mit
Leistungskursschülern und dem Taschenrechner TI 92 in etwa 5 s Rechenzeit vorgeführt.
Heute machen dies die Taschenrechner und CAS in wenigen Millisekunden. Im Sinne der
met-befores von Tall ist dieses Vorgehen naheliegend[2] und für die Schule sinnvoll.

Im Zusammenhang mit einer Stärkung des Basisbegriffs ist aber auch der z. B. von
Nachschlagewerken wie Bronstein et al. (1999, Gl. 19.235 ff.) verfolgte Ansatz inter-
essant. Dort wird jedes der Teilpolynome, die von Nagel zu Nagel gültig sind, für die
Stelle x_i seines linken Nagels in „verschobener" Standardbasis angesetzt: $S_i(x) = a_i + b_i(x - x_i) + c_i(x - x_i)^2 + d_i(x - x_i)^3, i = 0 \ldots n - 1$.

---

[1] Da die Ableitungen an einem inneren Nagel ja schon übereinstimmen, wird die Krümmungsgleich-
heit direkt von der zweiten Ableitung gesteuert.
[2] Siehe Abschnitt: Vorerfahrungen zu Polynomen und Interpolation

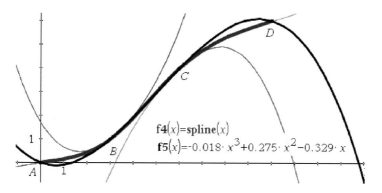

Abb. 42.7 Kubischer Spline und Interpolationspolynom

Dadurch vereinfachen sich die Gleichungen aus den Bedingungen erheblich, z. B. ist $S_i{}'(x_i) = b_i$ und $S_i{}''(x_i) = c_i, i = 1 \ldots n - 1$ und das noch zu lösende lineare Gleichungssystem hat eine tridiagonal-Matrix. Die Lösung soll hier nicht weiter verfolgt werden. Es kommt darauf an, elegantes mathematisches Arbeiten zu erfahren. Solche Erfahrungen sind die Grundlage für die Entwicklung entsprechender Kompetenzen. Übrigens: ein Geigenlehrer, zumal an einer Musikhochschule, wird *zeigen*, wie die Schwierigkeiten zu meistern sind, und nicht erwarten, dass die Geigenstudenten irgendwie in Übungen selbst darauf kommen. In Übungen machen sie sich das Gezeigte zu *eigen*.

Für wesentlich halte ich noch, das Spline-Konzept gegen das Interpolations-Konzept abzugrenzen. Abbildung 42.7 zeigt zusätzlich das Interpolationspolynom. Durch dynamische Realisierung, bei der man an den Stützpunkten ziehen kann, kann in Übungen erfahren werden, dass meist die Interpolationspolynome „stärker ausschwingen".

42.4.7   Bézier-Splines

Bézier-Splines haben eine doppelte Verbindung zur Linearen Algebra. Zum einen werden sie von einem System von Vektoren erzeugt (vgl. Abb. 42.8). Dessen rechnerische Umsetzung führt zu einer Parameterdarstellung, die in der x- und der y-Komponente eine Linearkombination der Bernsteinpolynome ist.

Die Bernsteinpolynome (vgl. Abb. 42.9) sind in diesem Zusammenhang:

$$B_0(t) = \quad (1-t)^3$$
$$B_1(t) = 3t\,(1-t)^2$$
$$B_2(t) = 3t^2(1-t)$$
$$B_3(t) = \quad t^3.$$

Abb. 42.8 Bézier-Spline

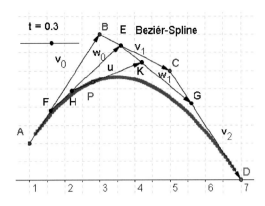

Sie sind linear unabhängig, denn ihre Linearkombination

$$qB_o(t) + sB_1(t) + rB_2(t) + vB_3(t) = q(1-t)^3 + s\,3\,t\,(1-t)^2 + r\,3t^2(1-t) + v\,t^3 \equiv 0$$

ist nur für verschwindende Koeffizienten das Nullpolynom, wie man durch Einsetzen geschickter Werte sofort sieht. Der Bézier-Spline hat dann die Parameterdarstellung:

$$x(t) := a_x \cdot B_0(t) + b_x \cdot B_1(t) + c_x \cdot B_2(t) + d_x \cdot B_3(t)$$
$$y(t) := a_y \cdot B_0(t) + b_y \cdot B_1(t) + c_y \cdot B_2(t) + d_y \cdot B_3(t).$$

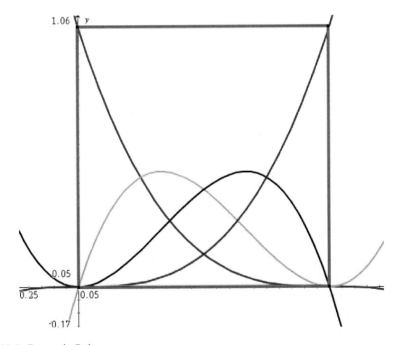

Abb. 42.9 Bernstein-Polynome

42.4.8 Basisbegriff beim Lösen von DGLn

Dieses Beispiel zeigt nochmals die Nützlichkeit des Basisbegriffs in ganz anderem Zusammenhang. Bei linearen Differenzialgleichungen mit konstanten Koeffizienten wie $y'' + k\,y' + m\,y = g(x)$ nennt man den Term $g(x)$ das Störglied. Nachdem man die zugehörige homogene DGL gelöst hat, sucht man eine spezielle Lösung $y = G(x)$. Nun ist der Funktionenvektorraum relevant, in dem das Störglied und seine Ableitungen liegen.

- Ist das Störglied ein Polynom n-ten Grades, so bildet man ein allgemeines Polynom n-ten Grades $Q_n(x)$ und ein passender Ansatz ist $y = Q_n(x)$ oder $y = x\,Q_n(x)$ oder $y = x^2 Q_n(x)$, je nachdem, ob Null keine, eine einfache oder eine doppelte Nullstelle des charakteristischen Polynoms ist. Die $n + 1$ Parameter von $Q_n(x)$ sind nach dem Einsetzen in die DGL zu berechnen.
- Also ist bei $k \cdot m \neq 0$ für $g(x) = x^2$ der Ansatz $y = G(x) = a x^2 + b x + c$.
- Für $g(x) = \sin(\omega x)$ bildet man aus dem zugehörigen Funktionenraum $G(x) = a \sin(\omega x) + b \cos(\omega x)$ und ein passender Ansatz ist dann $y = G(x)$ oder $y = x G(x)$, je nachdem, ob $i\omega$ keine Lösung oder Lösung des charakteristischen Polynoms ist. Genauso verfährt man mit dem Kosinus.
- Für $g(x) = e^{bx}$ bildet man $G(x) = a \cdot e^{bx}$ und ein passender Ansatz ist dann $y = G(x)$ oder $y = x G(x)$ oder $y = x^2 G(x)$, je nachdem, ob b keine, eine einfache oder eine doppelte Nullstelle des charakteristischen Polynoms ist.
- Bei Störgliedern, die Summen oder Produkte aus den genannten Funktionen sind, kann man es mit Summen oder Produkten dieser Vorschläge versuchen. Aber es gibt auch Fälle, in denen dieses nicht zum Erfolg führt.
- Bei Störgliedern aus anderen Funktionenklassen, z. B. $g(x) = \frac{1}{x}$, gibt es auch Fälle, die gar keine geschlossen darstellbare spezielle Lösung haben.

Mathematica und andere CAS lösen i.W. alle diese Differentialgleichungen. Formelsammlungen wie die von Papula (2003, S. 273) u. a. führen die Fälle eventuell tabellenartig auf. Für die Lehre ist es also wesentlich, die gebotene Vielfalt durch die tragenden Begriffe *Nullstellen des charakteristischen Polynoms* und *Funktionenraum der Störfunktion und ihrer Ableitungen* zu gliedern.

42.5 Fazit

Das Verständnis tragender Begriffe und die Entwicklung mathematischen Denkens sollten erklärtes Ziel der Mathematiklehre sein. Dieser Aufsatz versuchte, zum Begriff Basis in Vektorräumen reichhaltige Anregungen zu geben.

Überhaupt könnte man durch tragende Begriffe so manches Gebiet übersichtlicher gliedern als es gemeinhin getan wird. Ein solcher Begriff ist *Vielfachheit einer Nullstelle*, ausgeführt in Haftendorn (2010, S. 132 f.). Auch der Begriff *Ortslinie* kann Einsichten vertiefen, insbesondere, wenn man interaktive Realisierungen verwirklicht.

Gleichzeitig sollte aber auch deutlich werden, dass Verständnis sich nur ausbilden kann, wenn *immer wieder* der Zyklus von einer Konkretisierung, prozesshaftem Umgang mit eigendenkbaren Konzepten und symbolischer Realisierung bis zur axiomatischen und formalen Fassung durchlaufen wird. Vorerfahrungen sind nicht nur aufzugreifen, sondern bewusst zu verfeinern und auszuformen, denn schließlich greift das *entwickelte mathematische Denken auf einen reichen Schatz an Vorerfahrungen zurück.*

Literatur

Arens, T., Busam, R., Hettlich, F., Karpfinger, C., & Stachel, H. (2013). *Grundwissen Mathematikstudium – Analysis und Lineare Algebra mit Querverbindungen.* Wiesbaden: Springer Spektrum.

Böhm, W., Gose, G., & Kahmann, J. (1985). *Methoden der Numerischen Mathematik.* Braunschweig: Vieweg.

Bronstein, I. N., Semendjajew, K. A., Musiol, G., & Muehlig, H. (2000). *Taschenbuch der Mathematik* (4. Aufl.). Frankfurt am Main: Harri Deutsch.

Engel, J. (2010). *Anwendungsorientierte Mathematik: Von Daten zur Funktion – Eine Einführung in die mathematische Modellbildung für Lehramtsstudierende.* Berlin: Springer.

Estep, D. (2005). *Angewandte Analysis in einer Unbekannten.* Berlin: Springer.

Fischer, A. (2013). Gegenseitige Beeinflussungen von Darstellungen und Vorstellungen zum Vektorraumbegriff. *Journal für Mathematik-Didaktik, 28*(3/4), 311–330.

Haftendorn, D. (2010). *Mathematik sehen und verstehen.* Heidelberg: Spektrum Akademischer Verlag.

Haftendorn, D. (2012). Mathematik Verstehen (Bereiche Numerik & Lineare Algebra). http://www.mathematik-verstehen.de. Zugegriffen: 18. Januar 2015

Klein, F. (1933a). *Elementarmathematik vom höheren Standpunkte aus. Teil I: Arithmetik, Algebra, Analysis* (4. Aufl.). Grundlehren der mathematischen Wissenschaften, Bd. 14. Berlin: Springer.

Klein, F. (1933b). *Elementarmathematik vom höheren Standpunkte aus. Teil III: Präzisions- und Approximationsmathematik* (4. Aufl.). Grundlehren der mathematischen Wissenschaften, Bd. 14. Berlin: Springer.

Papula, L. (2003). *Mathematische Formelsammlung: für Ingenieure und Naturwissenschaftler* (8. Aufl.). Wiesbaden: Vieweg.

Tall, D. (2007). Developing a theory of mathematical growth. *ZDM, 39*(1/2), 145–154.

Westermann, T. (2002). *Mathematik für Ingenieure mit Maple* (2. Aufl.). Bd. 1. Berlin: Springer.

Schwierigkeiten beim Übergang von Schule zu Hochschule im zeitlichen Vergleich – Ein Blick auf Defizite beim Erwerb von Schlüsselkompetenzen

43

Joachim Hilgert

Zusammenfassung

In diesem Beitrag werden Schwierigkeiten benannt, die nach Beobachtung des Autors in den mathematischen Studiengängen beim Übergang von Schule zur Hochschule auftreten. Dabei wird unterschieden nach solchen, die schon zu Beginn des Beobachtungszeitraums Anfang der 1980er Jahre auftraten, solchen, die im Laufe der Zeit verstärkt auftraten, und solchen, die qualitativ neu sind. Schwierigkeiten treten auf, wenn Studierenden der Erwerb der folgenden vier Schlüsselkompetenzen nicht gelingt:

- Fähigkeit und Bereitschaft zur Selbstmotivation; Aufbringen von Interesse an vertieftem Fachverständnis,
- Fähigkeit und Bereitschaft zur Reflexion über den eigenen Lernfortschritt,
- Fähigkeit und Bereitschaft zu angemessenem Arbeitseinsatz und
- Fähigkeit und Bereitschaft zur Entwicklung eigenständiger Lösungsstrategien.

Der Aufsatz möchte eine Diskussion über Ausbildungsziele des Mathematikstudiums anregen. Er stellt Fragen an Schule und Hochschule, die über eine realistische Bestandsaufnahme zu einem Diskurs über mögliche und nötige Veränderungen in der Hochschullehre beitragen sollen.

Joachim Hilgert ✉
Universität Paderborn, Institut für Mathematik, Paderborn, Deutschland
e-mail: hilgert@math.upb.de

© Springer Fachmedien Wiesbaden 2016
A. Hoppenbrock et al. (Hrsg.), *Lehren und Lernen von Mathematik in der Studieneingangsphase*, Konzepte und Studien zur Hochschuldidaktik und Lehrerbildung Mathematik, DOI 10.1007/978-3-658-10261-6_43

43.1 Einleitung

Seit der Umstellung der Studiengänge auf das Bachelor-Master System und der Verkürzung der Schulzeit wird vermehrt über Schwierigkeiten beim Übergang von der Schule zur
Hochschule diskutiert. Eine systematische Untersuchung darüber, ob es die organisatorischen und inhaltlichen Veränderungen in Schul- und Hochschulausbildung sind, die den
Übergang erschwert haben, steht noch aus. Der Ausgangspunkt dieses Aufsatzes hingegen
sind die Beobachtungen des Autors aus gut dreißig Jahren Tätigkeit in der universitären
Lehre im Fach Mathematik an verschiedenen Hochschulen. Aus ihnen ergeben sich andere, vielleicht weitreichendere Fragestellungen.

Nicht alle Schwierigkeiten, die Erstsemester in den mathematischen Studiengängen
heutzutage haben, sind neu. Bereits zu Beginn des Beobachtungszeitraums Anfang der
1980er Jahre traten bestimmte Probleme auf, die unverändert bis heute zu beobachten sind.
Einige Probleme verstärkten sich im Lauf der Zeit, und eine dritte Gruppe von Problemen
ist neu hinzugekommen. In die erste Gruppe fallen zum Beispiel die Verständnisprobleme
mit neuen abstrakten Konzepten und der Umgang mit ihnen. Von der zweiten Art ist zum
Beispiel das Problem mangelnder Einsicht in die Notwendigkeit von Beweisen. Beispiele
für die neuartigen Probleme sind die Schwierigkeiten beim sinnentnehmenden Lesen von
Aufgabentexten, der Unterscheidung logischer Kategorien sowie beim Aufrechterhalten
der Konzentration über eine volle Unterrichtseinheit.

In der Praxis versuchen die Lehrenden auf die Probleme der Studierenden einzugehen,
indem sie beispielsweise bei der Auswahl und Formulierung der gestellten Aufgaben in
den Übungen verstärkt auf beobachtete Schwierigkeiten Rücksicht nehmen. Im Wandel
der vorlesungsbegleitenden Übungsaufgaben zu den ersten Vorlesungseinheiten in den
letzten dreißig Jahren spiegelt sich die Wahrnehmung der Lehrenden von veränderten
Schwierigkeiten der Lernenden.

Die zeitliche Veränderung der oben genannten Probleme beim Übergang von der Schule zur Hochschule legt Fragen nach Kausalitäten innerhalb der strukturellen Veränderungen im Bildungssystem nahe. In der Lehre muss mit den sich ändernden Bedingungen
umgegangen werden auch wenn die Gründe für ihr Auftreten nicht systematisch geklärt
sind. Da sich naheliegende Lösungsansätze wie Reduktion von Umfang und Komplexität
der Lehrinhalte entscheidend auf den Ausbildungsstand der Absolventen auswirken, ist
eine Diskussion über die Zielvorstellungen universitärer Ausbildung unerlässlich. Es fehlt
ein Konsens über die Quantität und Qualität der von den Studierenden zu erwerbenden
Kenntnisse und Kompetenzen.

Aus den beobachteten Schwierigkeiten leiten sich vier Schwerpunktkompetenzen ab,
die ich für ein erfolgreiches Studieren für unabdingbar halte und deren Nichterreichen
einen zentralen Grund für ausbleibenden Studienerfolg nicht nur im Fach Mathematik
darstellt.

Die Rolle von schulischer und universitärer Ausbildung gerade im Hinblick auf diese
Schwerpunktkompetenzen wird in der Zukunft in einem dringend nötigen Diskussions-

und Forschungsprozess zu definieren sein. Die in diesem Essay abschließend gestellten Fragen verstehen sich als ein erster Anstoß für diesen Prozess.

43.2 Beobachtete Schwierigkeiten

In diesem Abschnitt werden die beobachteten Schwierigkeiten nicht nur beschrieben, sondern es wird auch kurz auf die Ursachen und den praktischen Umgang mit diesen Schwierigkeiten eingegangen.

43.2.1 Im Fach begründete Schwierigkeiten

Der hohe Abstraktionsgrad der Mathematik ist von je her eine große Herausforderung. Da die Leistungsfähigkeit der Mathematik in der universellen Einsetzbarkeit ihrer Konzepte begründet ist, lässt sich daran auch nichts ändern, ohne den Anspruch aufzugeben, dass die Studierenden Einsicht in die Bedeutung ihres Faches erlangen. Die in der Mathematik verwendeten Konzepte sind Ergebnis jahrhundertelanger Entwicklungsarbeit und haben meist keinen am täglichen Leben orientierten intuitiven Gehalt. Daher ist zum Beispiel die Unterscheidung ähnlicher Begriffe wie *stetig – gleichmäßig stetig* schwierig. Die gewählten Bezeichnungen verwenden oft Worte der Alltagssprache, die hier aber eine genau definierte und nicht einfach zu erschließende Bedeutung haben. Hinzu kommt, dass sich die Fremdheit der Inhalte durch die Verknüpfung mehrerer mathematischer Konzepte potenziert. Typische Beispiele solch zusammengesetzter Strukturen, die dennoch fundamentale Bedeutung haben, sind Äquivalenzklassen als Punkte in *Mengen von Mengen* (Restklassen, Quotientenvektorräume) und Strukturen auf Mengen von Abbildungen (Vektorräume von linearen Abbildungen, Dualräume).

Es bedurfte schon immer einer intensiven Einübungsphase, bis die Studierenden sicher und intuitionsbasiert mit den neuen abstrakten Begriffen umgehen konnten. Beispiele für Konzepte, die im Fach Analysis von Anfang an zentral, aber für die Studierenden nicht intuitiv abgesichert sind, sind *Supremum* und *Infimum*. Auch der korrekte Umgang mit logischen Aussagen, speziell wenn sie Quantoren beinhalten, fällt schwer. Dafür ist das Begriffspaar *konvergent – gleichmäßig konvergent* ein gutes Beispiel. Als besonders schwierig empfinden Studierende stets das Finden von Beweisen, selbst wenn es sich um Varianten von in den Vorlesungen wiederholt vorgeführten Beweisen handelt. Ein Beispiel hierfür ist der Nachweis von Stetigkeit oder Konvergenz, wobei das Auffinden der δ bzw. n zu gegebenem ε regelmäßig Probleme bereitet.

Um die Einübungsphasen zu unterstützen, setzt man spezielle Formen von Übungsaufgaben ein. Man lässt zum Beispiel kurze Nachweise von Eigenschaften der in den Vorlesungen vorgestellten abstrakten Strukturen ausarbeiten, die sich durch Kombination der schon behandelten Eigenschaften ergeben. Oder man lässt nachweisen, dass konkret gegebene Objekte bestimmte, zuvor in der Vorlesung eingeführte, mathematische Eigenschaften haben. Die Bearbeitung solcher Übungsaufgaben ist sehr zeitaufwendig, erzwingt intensive Beschäftigung mit dem Stoff (Vorlesungsmitschriften, Skripten, Lehrbücher) und erfordert die Fähigkeit sich durch anfängliche Misserfolge nicht entmutigen zu lassen.

43.2.2   Heute verstärkt auftretende Schwierigkeiten

Der hohe Zeitaufwand für die Übungsaufgaben wurde schon immer als Belastung empfunden, die Klagen haben aber in den letzten Jahren drastisch zugenommen. Zeitlich fällt diese Zunahme mit der Einführung des Bachelor/Master Systems zusammen. In Studien (Schulmeister und Metzger 2011) konnte ein erhöhter zeitlicher Aufwand für das Studium nicht nachgewiesen werden, die Erwartungshaltung in Bezug auf den nötigen Zeiteinsatz und das subjektive Belastungsgefühl scheint sich aber deutlich verschoben zu haben. In der Praxis stellt man fest, dass in der Kette *Vorlesungsnacharbeit – Übungsbesuch – Aufgabenbearbeitung – Korrektur – Überarbeitung* insbesondere die Nacharbeit und die Korrektur aus gefühltem Zeitmangel zurückgestellt werden.

Während die Frage „Wozu brauchen wir das" heute sehr viel häufiger gestellt wird als in den achtziger Jahren, habe ich das Gefühl, dass sich die Studierenden heutzutage sehr viel leichter mit unbewiesenen Aussagen zufrieden geben als früher, ja selbst die Einsicht in die Notwendigkeit von Beweisen ist zunehmend schwer zu vermitteln. Die Frage „Warum ist diese Aussage richtig" wird immer weniger gestellt. Die Vorliebe für und der Rückzug auf algorithmische Aufgabenstellungen, die sich nach einem vorgegebenen Muster mit vorhersagbarem Zeitaufwand lösen lassen, prägt sich immer mehr aus. Die zurückgehende Bereitschaft zur intensiven Auseinandersetzung mit Beweisen geht einher mit zunehmenden Schwierigkeiten mit der Entwicklung eigenständiger Lösungsstrategien und der präzisen Formulierung eigener Lösungsansätze.

Mir scheint die Motivationslage der Studierenden von zentraler Bedeutung für die eben beschriebenen Veränderungen zu sein. Es wäre interessant, die Gründe für die Wahl des Studienfachs Mathematik genauer zu untersuchen. Zumindest im Lehramtsbereich könnte man vermuten, dass sie bei vielen in den letzten Jahren eher in den exzellenten Berufsaussichten als im Interesse am Fach lag. Dies würde nicht nur das verbreitet relativ geringe Interesse in dieser Studierendengruppe an komplexeren mathematischen Zusammenhängen, sondern auch die beobachtete starke Fokussierung auf das Bestehen der Prüfungen unabhängig von der Note erklären.

Für alle Studierendengruppen gilt, dass sie weit höhere Erwartungen an die Motivationskraft der Lehrenden haben als frühere Generationen. In Diskussionen ist sehr viel von der demotivierenden Wirkung von Misserfolgen bei der Bearbeitung von Übungsaufgaben die Rede. Ebenso demotivierend empfinden es viele Studierende, dass die Dozenten ihnen nicht vermitteln können „wozu" sie den jeweiligen Stoff lernen sollen. Auf der anderen Seite stößt man als Dozent auf wenig Verständnis, wenn man die Bedeutung von Selbstmotivation für Tätigkeiten, die keinen „Spaß" machen, betont.

Hausübung 34 :   Betrachte eine beliebige Menge $N = \{a, b, c\}$ mit drei Elementen und darauf die Relation $< := \{(a, b), (b, c), (a, c)\}$. Zeige, dass $(N, <)$ die drei folgenden Eigenschaften hat:

(AS) $\forall x, y \in N : \quad x < y \Rightarrow \neg(y < x)$,

(MinP) $\forall \emptyset \neq X \subseteq N \; \exists m \in X : \quad (\forall x \in X : \; m < x \text{ oder } m = x)$,

(MaxP) $\forall \emptyset \neq X \subseteq N$ beschränkt $\exists m \in X : \quad (\forall x \in X : \; x < m \text{ oder } x = m)$.

Dabei bedeutet X „beschränkt", dass $\exists s \in N : (\forall x \in X : \; x < s \text{ oder } x = s)$.

Abb. 43.1 Hausübung aus dem Wintersemester 2012/2013 im Rahmen der Vorlesung Einführung in das mathematische Denken und Arbeiten

Die beschriebenen Schwierigkeiten treten auch in eher propädeutischen Veranstaltungen auf, die im ersten Semester klassische Veranstaltungen wie die *Analysis* ersetzen. In Paderborn ist das zum Beispiel die Vorlesung *Einführung in das mathematische Denken und Arbeiten*, deren Inhalt sich an dem Buch *Mathematik – Ein Reiseführer* (Hilgert und Hilgert 2012) orientiert. Dies legt nahe, dass Stoffreduktionen in der Oberstufe eher nicht ursächlich für die Schwierigkeiten sind. Defizite, die es Studierenden erschweren, der Präsentation des Unterrichtsmaterials zu folgen, sind eher im Mittelstufenstoff angesiedelt (Termumformungen, Addition von Brüchen).

In Abb. 43.1 ist eine Hausübung aus der eben erwähnten Vorlesung zu sehen. Diese wurde Mitte des ersten Semesters gestellt, weshalb ich sie für besonders charakteristisch halte. Die Aufgabe wurde im Kontext der axiomatischen Charakterisierung der natürlichen Zahlen gestellt. In der Vorlesung war vorher eine *unendliche* Menge, die die in der Aufgabe nochmal aufgeführten Eigenschaften (AS), (MinP) und (MaxP) hat, als ein „Modell für die natürlichen Zahlen" vorgestellt worden. Die Beschreibung von Relationen als Mengen von Paaren war in der Vorlesung ebenfalls behandelt und mit diversen Beispielen illustriert worden. Trotzdem war die Bearbeitung der Aufgabe ein Fiasko.

43.2.3 Neu auftretende Schwierigkeiten

Ein qualitativ neues Phänomen sind die zum Teil massiven Schwierigkeiten, die Studierende beim sinnentnehmenden Lesen von Aufgabentexten haben. Diese äußern sich zum Beispiel darin, dass relevante Detailinformationen übersehen werden. Häufig gibt es auch Probleme mit der Erfassung und Unterscheidung logischer Kategorien (was ist Voraussetzung, was soll gezeigt werden, was ist ein Schluss). Oft fällt Studierenden auch die präzise Verbalisierung von Formeltexten schwer. Dies ist sogar der Fall, wenn die Formeln im Zuge von Aufgabenbearbeitungen von den Studierenden selbst hergeleitet worden sind.

In Übungen und Klausureinsichten lässt sich feststellen, dass trotz ausbleibenden Erfolgs bei der Bearbeitung von Aufgaben oft keine realistische Einsicht in den eigenen Lernstand vorliegt („eigentlich habe ich alles verstanden, ich kann es nur nicht hinschreiben"). Obwohl die Diagnose der eigenen Stärken und Defizite in den Schulen einen hohen

Stellenwert genießt, sind die Kompetenzen der Studierenden auf diesem Gebiet häufig nicht ausreichend entwickelt.

Überraschend war für mich die Beobachtung, dass in der Durchführung von Gruppenarbeit während der Übungen neuartige Probleme mit der Selbstorganisation auftauchen (schlecht gewählte Gruppengrößen, ineffektive Arbeitsorganisation). Insbesondere gibt es eine Tendenz zu größeren, eher sozialen und nicht arbeitsfokussierten Gruppen.

In allen Veranstaltungsformen stellt man Probleme mit der Aufrechterhaltung der Konzentration über eine volle Unterrichtseinheit fest, die man zum Beispiel an zwischenzeitlichem Gebrauch sozialer Medien und ausufernden Privatunterhaltungen ablesen kann.

Es drängt sich der Gedanke auf, dass die Art der Kommunikation und Informationsverbreitung in den modernen Medien die Probleme mit dem Verständnis komplexer Texte sowie die Konzentrations- und Zeitprobleme zumindest verstärken. Die Fokussierung auf Kurztexte in der Kommunikation und das überfliegende Lesen von online-Texten kommen der Entschlüsselung und Produktion formalisierter mathematischer Texte ohne große Redundanz nicht entgegen. Leider unterstützen die Ausdünnungen im Lehrplan der weiterführenden Schulen diese Tendenz. Es wäre wünschenswert, wenn die Mathematikausbildung an den Schulen wenigstens punktuell weniger oberflächlich wäre.

Es muss die Frage gestellt werden, ob die zunehmenden Schwierigkeiten beim Einstieg in das Mathematikstudium etwas mit dem steigenden Prozentsatz an Studierberechtigten zu tun haben. Zumindest im geschützten Raum wird das oft als Grund für steigende Durchfallquoten trotz sinkender Anforderungen genannt. Die unverändert hohe Leistungsfähigkeit der Spitzenstudierenden spricht für diese These. In diesem Kontext wäre es interessant zu wissen, ob auch ein höherer Prozentsatz eines Jahrgangs Mathematik studiert und um welches Leistungssegment (in Bezug auf die Abiturnoten) es sich dabei im Vergleich zu früheren Jahrgängen handelt.

43.2.4 Fazit

Die Beschreibung dieser Schwierigkeiten zeigt, dass insgesamt vier grundlegende Kompetenzen (Schlüsselkompetenzen) vielfach nicht erreicht sind.

- Fähigkeit und Bereitschaft zur Selbstmotivation; Aufbringen von Interesse an vertieftem Fachverständnis,
- Fähigkeit und Bereitschaft zur Reflexion über den eigenen Lernfortschritt,
- Fähigkeit und Bereitschaft zu angemessenem Arbeitseinsatz und
- Fähigkeit und Bereitschaft zur Entwicklung eigenständiger Lösungsstrategien.

Abgesehen vom letzten Punkt, den man als fachspezifisch betrachten könnte, handelt es sich hier um studienpropädeutische Fähigkeiten und Einstellungen. Die Entwicklung dieser Fähigkeiten sollte nach traditionellen Maßstäben mit der Erreichung der „allgemeinen Hochschulreife" weit fortgeschritten sein. Auch wenn man sich an den Hochschulen die Zeit nimmt, am Erwerb dieser Kompetenzen verstärkt zu arbeiten, kann diese Arbeit die inhaltliche Auseinandersetzung mit dem Fach nicht ersetzen. Ein zusätzliches propädeutisches Jahr, wie es immer wieder vorgeschlagen wird, muss in den mathematischen Studiengängen zwangsläufig studienzeitverlängernd wirken.

Selbstverständlich sollten die vorgestellten Beobachtungen aus der Praxis des Hochschulunterrichts und die daraus abgeleiteten Hypothesen systematisch und methodisch sauber überprüft werden. Es ist zu erwarten, dass sich im Abgleich mit der hochschuldidaktischen Forschung begriffliche Verfeinerungen insbesondere der angesprochenen Schlüsselkompetenzen ergeben.

43.3   Ausbildungsziele

Ob es möglich ist, das Mathematikstudium so umzugestalten, dass die genannten vier Schlüsselkompetenzen schon in der Anfangsphase erreicht werden, ist nicht klar. Um diese Frage zu beantworten, ist es nötig, einen Konsens über die Ausbildungsziele der unterschiedlichen Studiengänge zu erreichen. Es gibt dabei verschiedene Aspekte zu beachten, wobei insbesondere die Unterschiede zwischen den fachmathematischen und den Lehramtsstudiengängen (für die Sekundarstufe) zu berücksichtigen sind.

Die deutschen Universitäten haben Mathematiker immer nur zu einem kleinen Teil für den wissenschaftlichen Nachwuchs ausgebildet. Bis zur Trennung von *Staatsexamen* und *Diplom* in den 1940er Jahren arbeitete die überwiegende Mehrheit der Absolventen als Gymnasiallehrer. Heute steht Fachmathematikern in Deutschland ein breites Spektrum an beruflichen Möglichkeiten offen. In moderner Terminologie ist das Mathematikstudium sehr stark kompetenzorientiert. Die zentralen Kompetenzen, die durch die intensive Beschäftigung mit abstrakten Strukturen und ihren Anwendungen in natur- oder ingenieurwissenschaftlichen Modellierungen gefördert werden, sind das analytische Denken sowie die Fähigkeit komplexe Probleme zu strukturieren und damit behandelbar zu machen. Diese Kompetenzen sind in vielen Bereichen stark nachgefragt und die deutschen Arbeitgeber wissen, dass die Absolventen mathematischer Studiengänge in Deutschland diese Kompetenzen mitbringen. Das ist in anderen Ländern nicht genauso. Zum Beispiel werden Stellen, die in Deutschland oft mit Mathematikern besetzt werden, in Schweden eher mit theoretisch orientierten Elektroingenieuren besetzt. Mathematiker findet man dort ebenso wie in Frankreich immer noch überwiegend im schulischen und akademischen Bereich. Es besteht die Gefahr, dass eine Umstellung der deutschen Ausbildung weg von der Betonung analytischer Fähigkeiten hin zu prozeduralem Faktenwissen das Alleinstellungsmerkmal (in der deutschen Ausbildungstradition geteilt mit theoretischen Physikern und Informatikern) in Mitleidenschaft zieht, was langfristig die Palette der Optionen für die Absolventen einschränken könnte.

Angesichts der beschriebenen Entwicklung ist es nicht erstaunlich, dass die Bandbreite der möglichen Ausbildungsziele fachmathematischer Studiengänge von reiner Kompetenzorientierung bis zu Faktenwissen, das an Anwendungsproblemen orientiert ist, reicht.

In der Lehramtsausbildung muss das fachliche Ziel die Durchdringung des Schulstoffes sein, die es den Lehrkräften erlaubt, die Inhalte in angemessener Weise didaktisch zu reduzieren und sowohl korrekt als auch adressatengerecht zu erklären. Darüber hinaus sollten Lehrer an weiterführenden Schulen in der Lage sein, sich mathematische Inhalte aus Materialien selbst anzueignen (um mit Änderungen im Lehrplan umgehen zu können). Wünschenswert ist außerdem, dass eine Lehrkraft in der Lage ist schlüssig zu argumentieren, warum einzelne Inhalte des Lehrplans für einen Schüler relevantes Wissen darstellen.

43.4 Offene Fragen

Aus dem bisher Gesagten ergeben sich eine Reihe von offenen Fragen, die hier als Anstoß für die dringend erforderliche weiterführende Diskussion, die nicht allein an den Hochschulen zu führen sein wird, gestellt werden.

43.4.1 Fragen an die Schule

Die Probleme beim Start sind Probleme des Übergangs, an denen Schule und Hochschule gemeinsam arbeiten müssen. Für die Hochschulen ist ein wichtiger Punkt sich darauf einzustellen, in welchem Maße die an den Schulen verorteten Kompetenzziele dort tatsächlich erreicht werden. Konkret sind folgende Fragen zu stellen.

An welcher Stelle wird präzises Formulieren und Argumentieren vorgestellt, geübt und eingefordert? Es ist wichtig, dass es solche Elemente im Unterricht gibt. Es sollte aber in den Hochschulen auch bekannt sein, welche Optionen für vertiefte Themen es an den Schulen gibt, damit die Dozenten gezielt Brücken bildende Beispiele aus diesen Bereichen in ihren Unterricht einbauen können.

Wie effektiv wird der Zweck von Gruppenarbeit thematisiert und der Erfolg von Gruppenarbeit evaluiert? Die Erfahrungen mit als Gruppenarbeit organisierten Lernformen an den Universitäten sprechen dafür, dass in den Schulen unterschiedliche Lernmethoden nicht nur praktiziert, sondern stärker hinterfragt und ehrlich evaluiert werden sollten.

Welche Strategien zur Selbstorganisation bringen Abiturienten mit? Im Gespräch mit Studierenden gewinne ich häufig den Eindruck, dass selbst Standardmethoden selbstorganisierten Arbeitens wie das Erstellen von Mitschriften, die Nachbereitung von Vorlesungen oder die Korrektur von Lösungsansätzen nicht zielgerecht eingesetzt werden.

43.4.2 Fragen an die Lehramtsausbildung

Gutausgebildete Lehrerinnen und Lehrer spielen eine entscheidende Rolle bei der Vorbereitung der Schülerinnen und Schüler auf den Übergang zur Hochschule. Im Lehramtsstudium muss daher neben dem Fachwissen in besonderem Maß das Bewusstsein über die speziellen Anforderungen eines eigenverantwortlichen Studierens vermittelt werden. Es ist aber festzustellen, dass die Gruppe der Lehramtsstudierenden selbst von den geschilderten Übergangsproblemen besonders stark betroffen ist. Speziell für diese Gruppe von Studierenden müssen wir nach Maßnahmen suchen, die dazu führen, dass sie die Hochschule weniger als eine Hürde und mehr als eine Lerngelegenheit begreift, die Studierende nur mit aktivem Engagement positiv nutzen können.

Die zu beobachtenden Vorlieben und Arbeitsstrategien insbesondere der Lehramtsstudierenden in den ersten Semestern (wenig selbstgesteuertes Lernen, Wunsch nach Frontalunterricht mit Musterlösungen) offenbaren ein starkes Festhalten an der Schülerrolle. Es wäre für die Vermittlung vertiefender Inhalte sehr hilfreich, wenn die Studierenden den zu vollziehenden Perspektivenwechsel frühzeitig vornehmen würden. Für die Fachwissenschaftler stellt sich in diesem Kontext die Frage, welchen Beitrag die Bildungswissenschaften dazu leisten, dass Studierende auch ihre Rolle als Lernende reflektieren.

Nach meinem Eindruck herrscht unter den Lehramtsstudierenden auch eine stark schülerhafte Vorstellung von ihrer künftigen Lehrerrolle vor. Hier stellt sich der Fachwissenschaftler die Frage, wann Studierende eine Vorstellung von ihrer zukünftigen Lehrerrolle entwickeln und wie dieser Lernprozess in Veranstaltungen von Fachdidaktik und Bildungswissenschaften unterstützt wird.

Die politischen Diskussionen legen nahe, dass es auch keinen Konsens über die Lehrerrolle gibt, auf die hin die Lehramtsstudierenden ausgebildet werden sollen. Die verschiedenen Modelle reichen vom reinen Lernbegleiter ohne fachwissenschaftliche Funktion über den Trainer für abrufbare Fertigkeiten („teaching to the test") bis hin zum Vermittler von Verständnis.

43.4.3   Fragen an die Universität

Aus Studienplänen, Übungsaufgaben und Klausuren geht aus meiner Sicht eindeutig hervor, dass parallel zur Erhöhung der Studierendenzahlen die fachlichen Anforderungen abgesenkt worden sind. Trotzdem hat man heute eher noch höhere Durchfallquoten als vor 30 Jahren. Die große Herausforderung für die Hochschuldidaktik ist, Vorschläge dafür zu unterbreiten, wie eine weitere Absenkung der Niveaus vermeidbar wird, auch wenn die Studierendenzahlen weiter erhöht werden.

Wo werden an den Universitäten neue Lehrmethoden entwickelt und auf nachhaltigen Erfolg getestet? Wie werden möglicherweise effektive Methoden verbreitet? Im Sinne eines *evidence based teaching* müssen neu konzipierte propädeutische Eingangsphasen, Vorkurse und zusätzliche E-Learning Angebote auch getestet und evaluiert werden.

Die Frage nach den Ausbildungszielen der mathematischen Studiengänge wird kontrovers diskutiert. Die oben angesprochene Bandbreite von Ausbildungszielen wird in den gegensätzlichen Positionen voll ausgeschöpft und es lassen sich dabei für alle Positionen gute Argumente finden. Was aus meiner Sicht fehlt, ist eine Konsensbildung für die einzelnen Studiengänge und die klare Kommunikation der Ausbildungsziele, auf die man sich geeinigt hat. In den nächsten Jahren wird eine Ausdifferenzierung der deutschen Hochschulen stattfinden. Deshalb brauchen die Studierenden für die Wahl des Studienorts transparente und verlässliche Informationen über die Ausbildungsziele der Hochschulen.

Erst wenn man sich über die Studienziele verständigt hat und die Rahmenbedingungen wie Studienzeiten, wöchentliche Arbeitsbelastung etc. geklärt sind, kann man entscheiden, welche Maßnahmen zur Erleichterung des Übergangs in das Studium integriert werden können und welche Voraussetzungen vor dem eigentlichen Studium vermittelt werden müssen.

43.5 Déjà-vu?

Die Beschreibung der Problemlage zusammen mit den oben formulierten Fragen zur Unterrichtspraxis an den Schulen und zur Lehrerausbildung führt mich persönlich zurück zum Anfang meiner Tätigkeit in der universitären Lehre. In den Jahren 1980/81 habe ich als Teaching Assistant an einer privaten US-amerikanischen Universität gearbeitet. In vielerlei Hinsicht nähern sich Verhalten, Interessenslage und Lernerfolg der Studierenden denen der damaligen US-Collegestudenten („Undergraduates") an: Fokussierung auf automatisierte Lösungswege, Desinteresse an Beweisen und die zentrale Rolle von Credits und Noten. Allerdings waren diese Studierenden bereit, einen sehr hohen Arbeitseinsatz für das Erreichen ihrer Ziele zu investieren.

Die Ausbildungsziele des US-College-Systems sind jedoch nicht mit den traditionellen universitären Ausbildungszielen vergleichbar. Das College hat, zumindest in den ersten beiden Jahren, einen stark propädeutischen Charakter. Erst in den letzten beiden Jahren beginnt die Spezialisierung. Die Ziele der Studierenden, für die sie hart arbeiten, sind dann zum Beispiel die Aufnahme in eine Medical oder Law School. Nur ein relativ geringer Anteil der College-Absolventen setzt sein Studium unmittelbar mit einem Master- oder Ph.D.-Studium fort. Die meisten durchlaufen betriebsinterne Traineephasen.

Strukturell wurde das deutsche Hochschulwesen in den letzten Jahrzehnten immer mehr dem amerikanischen angeglichen. Die Verhaltensweisen der Studierenden haben sich ebenfalls angeglichen. Wünschenswert wäre eine sachliche Analyse der Auswirkungen auf den Berufseinstieg. Ich vermute, dass der Vergleich mit der Situation in den USA auch hier aufschlussreiche Hinweise liefern kann. Ähnlich wie im Falle der universitären Ausbildungsziele ist eine Konsensbildung darüber, wo die eigentliche Berufsausbildung stattfinden soll, unerlässlich für eine zielgerechte Weiterentwicklung des Hochschulsystems, in dem sich die Lücke zwischen Schule und Hochschule schließen lässt.

43.6 Illustrationen

Im Anhang stelle ich einige Übungsblätter zur ersten Woche des Studiums zusammen, an denen ich als Student bzw. Dozent beteiligt war. Ich habe mich dabei auf die *Analysis 1* und die in Paderborn den Lehramtskandidaten als Ersatz für die *Analysis 1* im ersten Semester angebotene Vorlesung *Einführung in das mathematische Denken und Arbeiten* beschränkt (die *Analysis 1* wird dann im dritten Semester gehört). Die Reihe der Übungsblätter illustriert verschiedene Veränderungen in der Praxis des Stellens von Übungsaufgaben, die ich für einen allgemeinen Trend halte:

• Rückgang abstrakter Aufgaben zugunsten von Beispielaufgaben,
• Rückgang von Beweisaufgaben (in Umfang und Anspruch) und
• Zunehmend kleinschrittige Arbeitsanweisungen und enge Lenkung des Lösungsvorgangs.

Die Art der Übungsaufgaben spiegelt zwei Einschätzungen der Aufgabensteller wieder: Was trauen sie den Studierenden zu und wo sehen sie besonderen Übungsbedarf.

43.7 Anhang
TU München 1977/78

Analysis I

<u>Hausaufgaben</u> (Abgabe bis Montag, 14.11.77, 11.00 h, Kasten vor
S 1232). Heften Sie bitte Ihre Aufgaben in einen Ordner, auf
dem Ihr Name und Ihre Gruppennummer gut lesbar sein sollen!
Sie erhalten die korrigierten Aufgaben in Ihrer Gruppe zurück.

H1) Quadrate beliebiger reeller Zahlen sind immer nichtnegativ.
Für jedes $x \in \mathbb{R}$, $x > 0$, gilt $x + x^{-1} \geq 2 = 1 + 1^{-1}$. Wann
gilt das Gleichheitszeichen? Beweisen Sie eine entsprechende
Ungleichung für negative x ! Kann man ähnliche Ergebnisse
für beliebige angeordnete Körper beweisen?

H2) In einem angeordneten Körper folgt aus $x < y$ die Ungleichung
$x^3 < y^3$. Beweisen Sie: aus $x^3 < y^3$ folgt $x < y$! Was gilt,
wenn man 3 durch z.B. 1,2,4,5 etc. ersetzt?

H3) Kein angeordneter Körper K hat ein größtes Element,oder ein
kleinstes positives Element;zwischen zwei Elementen x , $y \in K$,
$x < y$, liegt mindestens noch ein drittes, z (d.h. $x < z < y$).

*H4) Seien A , B zwei nichtleere, nach oben beschränkte Teilmengen
von $\mathbb{R}$. Zeigen Sie: sup A $\leq$ sup B $\leftrightarrow$ zu jedem $a \in A$ gibt es
jeweils ein $b \in B$ mit $a \leq b$! Formulieren Sie das entsprechende
Kriterium für sup A = sup B ! (Wie läßt sich dieses Kriterium
auf Teilmengen beliebiger linear geordneter Mengen übertragen?)

<u>Tutoraufgaben</u> (Die Tutorübungen beginnen am Montag, dem 7.11.77.)

T1) Für a , $b \in \mathbb{R}$, $b \neq 0$, sei $\frac{a}{b}$ als $a\, b^{-1}$ definiert.

a) $\frac{a}{1} = a$; $\frac{a}{b} = 0 \leftrightarrow a = 0$; $\frac{a}{b} = 1 \leftrightarrow a = b$;

$\frac{a}{b} > 0 \leftrightarrow ((a , b > 0)$ oder $(a , b < 0))$.

Seien weiter c , $d \in \mathbb{R}$, $d \neq 0$.

b) $\frac{a}{b} \pm \frac{c}{d} = \frac{a\,d \pm b\,c}{b\,d}$; $-\frac{a}{b} = \frac{-a}{b} = \frac{a}{-b}$; $\frac{a}{b} \cdot \frac{c}{d} = \frac{ac}{bd}$;

$\frac{\frac{a}{b}}{\frac{c}{d}} = \frac{ad}{bc}$ (falls $\frac{c}{d} \neq 0$) ; $\left(\frac{a}{b}\right)^{-1} = \frac{b}{a}$; $\frac{a}{b} = \frac{c}{d} \leftrightarrow a\,d = b\,c$;
                                                    (falls $\frac{a}{b} \neq 0$) ;

$\frac{a}{b} > \frac{c}{d} \leftrightarrow a\,d > b\,c$ (falls b , $d > 0$ oder b , $d < 0$)

T2) Für alle x , y ∈ ℝ gilt x y ⩽ ($\frac{x + y}{2}$)^2 , und das Gleichheitszeichen gilt genau dann, wenn x = y .

T3) Der aus der Vorlesung bekannte Körper mit 2 Elementen läßt
   sich nicht anordnen, ebensowenig jeder Körper, in dem die
   Gleichung x^2 + 1 = 0 eine Lösung hat (z.B. ℂ , der Körper
   der komplexen Zahlen).

Universität Paderborn 2004/05

Übungsblatt 1 für Analysis

Aufgabe 1.1. Beweise die folgenden Identitäten für $a, b, c, d \in Z$

(i) $a - 0 = a$

(ii) $a + (b - c) = (a + b) - c$

(iii) $-(b - a) = a - b$

(iv) $a - (b - c) = (a + c) - b$

(v) $-(a + b) = -a - b$

(vi) $(a - b) + (c - d) = (a + c) - (b + d)$

Aufgabe 1.2. Sind die folgenden Relationen Funktionen?

(i) $f := \{(n, m) \in \mathbb{N} \times \mathbb{N} \mid n = m^2\}$

(ii) $f := \{(x, y) \in \mathbb{R} \times \mathbb{R} \mid x = y^2\}$

(iii) $f := \{(n, m) \in \mathbb{N} \times \mathbb{N} \mid n^2 = 1 + m\}$

Aufgabe 1.3. Eine Äquivalenzrelation $\sim$ auf einer Menge X ist eine Relation auf X, für die gilt:

(a) $\forall x \in X: x \sim x$ (Reflexivität)

(b) $\forall x, y \in X: (x \sim y \Rightarrow y \sim x)$ (Symmetrie)

(c) $\forall x, y, z \in X: (x \sim y$ und $y \sim z \Rightarrow x \sim z)$ (Transitivität).

Die natürlichen Zahlen $\mathbb{N}$ mit der üblichen Addition seien nun als gegeben vorausgesetzt (man benutze hier sein intuitives Verständnis dieser). Zeige, dass

$$(a, b) \sim (c, d) \quad :\Leftrightarrow \quad a + d = c + b$$

eine Äquivalenzrelation auf $\mathbb{N} \times \mathbb{N}$ definiert. Man beachte, dass kein „-" bekannt ist!

Abgabe: spätestens am 21.10.2004 um 12:00 Uhr in den grünen Kasten 116

Universität Paderborn WS 2012/13   1

1. Übungsblatt zur Vorlesung
Einführung in mathematisches Denken und Arbeiten
WS 2012/2013
Prof. Dr. J. Hilgert

Übung 1 : Wir beschreiben die Addition auf den ganzen Zahlen als Abbildung $\alpha : \mathbb{Z} \times \mathbb{Z} \to \mathbb{Z}$ mit $\alpha(n,m) = n + m$.

(i) Welche Elemente hat die Menge $\alpha^{-1}(0) := \{(n,m) \in \mathbb{Z} \times \mathbb{Z} \mid \alpha(n,m) = 0\}$?

(ii) Welche Elemente hat die Menge $\alpha^{-1}(\{0,1\}) := \{(n,m) \in \mathbb{Z} \times \mathbb{Z} \mid \alpha(n,m) \in \{0,1\}\}$?

Übung 2 :   Betrachte die Mengen

$$M_0 := \{n \in \mathbb{Z} \mid n \text{ ist durch 3 teilbar}\},$$
$$M_1 := \{n \in \mathbb{Z} \mid n - 1 \text{ ist durch 3 teilbar}\},$$
$$M_2 := \{n \in \mathbb{Z} \mid n - 2 \text{ ist durch 3 teilbar}\}.$$

Man nennt die M_k die Restklassen modulo 3.

(i) Zeige, dass die drei Mengen M_0, M_1 und M_2 paarweise disjunkt sind.

(ii) Zu welcher der Restklassen gehören die Zahlen $4, 7, 13, 19, 25, 39, 12883$?

(iii) Zeige, dass $\mathbb{Z} = M_0 \cup M_1 \cup M_2$.

(iv) Zeige, dass für $n, m \in M_1$ immer gilt $n + m \in M_2$.

(v) Zeige, dass für $n, m \in M_1$ immer gilt $nm \in M_1$.

(vi) Zeige, dass für $n, n' \in M_k$ und $m, m' \in M_\ell$ die Zahlen $n + m$ und $n' + m'$ in derselben Restklasse modulo 3 liegen.

(vii) Zeige, dass für $n, n' \in M_k$ und $m, m' \in M_\ell$ die Zahlen nm und $n'm'$ in derselben Restklasse modulo 3 liegen.

(viii) Konstruiere eine Addition und eine Multiplikation auf der Menge der Restklassen modulo 3.

(ix) Welche von den ganzen Zahlen bekannten Rechengesetze (Beispiele: $n+m = m+n$, $n(k+\ell) = nk+n\ell$ etc.) gelten auch für die Rechenoperationen aus (viii)?

Literatur

Hilgert, I., & Hilgert, J. (2012). *Mathematik – Ein Reiseführer*. Heidelberg: Springer Spektrum.

Schulmeister, R., & Metzger, C. (Hrsg.). (2011). *Die Workload im Bachelor: Zeitbudget und Studierverhalten: Eine empirische Studie*. Münster: Waxmann.

Übergang gymnasiale Oberstufe – Hochschule Diskussionsbeitrag: Wie der Vorkurs Mathematik in zwei Wochen Grundlagen auffrischt und Einstellungen verändert

44

Britta Ruhnau

Zusammenfassung

Der Vorkurs an der BiTS wendet sich an Studienanfänger, die während der Schulzeit mit Mathematik Schwierigkeiten hatten und das Fach als nicht vorrangig wichtig erachtet haben. Mit Aufnahme des Studiums werden dann Grundlagen aus der Schulzeit vorausgesetzt, die häufig nicht vorhanden sind. Diese bereitzustellen und die ablehnende Haltung der Teilnehmer der Mathematik gegenüber aufzubrechen, ist wesentliches Ziel des zweiwöchigen Vorkurses.

44.1 Ausgangslage

Die BiTS, eine staatlich anerkannte private Fachhochschule mit Standorten in Iserlohn, Berlin und Hamburg, bietet verschiedene Studiengänge an, die jeweils Businessinhalte mit spezifischen thematischen Schwerpunkten verbinden. Zum Beispiel mit Psychologie, Kommunikation oder Sport und Event, um nur einige zu nennen. Der Businessanteil, der für alle Studiengänge gleich ist, setzt sich aus klassischen betriebswirtschaftlichen und volkswirtschaftlichen Fächern zusammen. Dazu gehören unter anderem Accounting, Wirtschaftsrecht, Marketing und Wirtschaftsmathematik. Diese Managementinhalte fallen bei der Wahl des Studiengangs für viele Studieninteressierte nicht ins Gewicht, da der Focus auf dem anderen Teil der Studiengänge liegt, welcher oft Neigungen und Interessen wiederspiegelt. Recht, Accounting und die mathematischen Fächer, wie Wirtschaftsmathematik und Statistik oder Stochastik, werden als notwendige Übel betrachtet, die irgendwie absolviert werden müssen. Vor dieser allgemeinen Lage soll im Folgenden insbesondere die Situation für die mathematischen Fächer näher betrachtet werden. Regelmäßige Befragungen der Studienanfänger ergeben, dass ungefähr die Hälfte von ihnen

Britta Ruhnau ✉
Business and Information Technology School (BiTS), Iserlohn, Deutschland
e-mail: britta.ruhnau@bits-iserlohn.de

© Springer Fachmedien Wiesbaden 2016
A. Hoppenbrock et al. (Hrsg.), *Lehren und Lernen von Mathematik in der Studieneingangsphase*, Konzepte und Studien zur Hochschuldidaktik und Lehrerbildung Mathematik, DOI 10.1007/978-3-658-10261-6_44

Mathematik bereits in der Schule als Problemfach kennengelernt oder als nicht besonders wichtig wahrgenommen hat. Die Spannweite von Kommentaren reicht hier von „ging so, aber war nie so meins" bis zu „damit hatte ich bereits in der Grundschule Schwierigkeiten" (aus Erstsemesterbefragungen, die regelmäßig durchgeführt werden). Ein kleinerer Teil hat Mathematik gerne gemacht und im Grund- oder Leistungskurs gute Leistungen gezeigt. Dieser Teil der Studienanfänger nimmt ohne Schwierigkeiten und interessiert an den Vorlesungen in Wirtschaftsmathematik teil, bereichert die Vorlesungen durch konstruktive und mitdenkende Beiträge, kann sich die neuen Inhalte aneignen und auch die Prüfungen problemlos bestehen. Diese Gruppe meistert den Übergang von der gymnasialen Oberstufe ins Studium in Bezug auf die mathematischen Inhalte ohne Schwierigkeiten und wird deshalb im Weiteren auch nicht Thema dieses Beitrags sein.

Dass eine andere Gruppe von Studienanfängern mit Mathematik zum Teil „erhebliche Schwierigkeiten" hat, stellen zum Beispiel auch Purkert (2005) und Voßkamp und Laging (2014) fest

Für diese Gruppe ergeben sich zwei Barrieren in unterschiedlich starken Ausprägungen:

1. Mathematik wurde während der Schulzeit nicht nachhaltig gelernt.
2. Im Bewusstsein der Studierenden hat sich ein innerer Widerstand gegenüber der Mathematik gebildet.

Zum ersten Punkt: In der aktuellen Fassung des Lehrplans Mathematik für Gymnasien in NRW heißt es:

Kernlehrpläne sind ein wichtiges Element eines zeitgemäßen und umfassenden Gesamtkonzeptes für die Entwicklung und Sicherung der Qualität schulischer Arbeit. Sie bieten allen an Schule Beteiligten Orientierungen darüber, welche Kompetenzen zu bestimmten Zeitpunkten im Bildungsgang verbindlich erreicht werden sollen, und bilden einen Rahmen für die Bewertung der erreichten Ergebnisse (Mathematik KLP 2011a).

Tabelle 44.1 zeigt zusammenfassend die Kompetenzerwartungen für die Jahrgangsstufen 5 bis 9 (Mathematik KLP 2011b).

Da mit der Einführung des G8 eine Verkürzung der zur Verfügung stehenden Zeit einherging, könnte man davon ausgehen, dass nicht erst die Schülerinnen und Schüler des verkürzten Bildungsganges, auch G8 genannt, die in der Übersicht zusammengefassten Kompetenzen haben, sondern auch die Schülerinnen und Schüler des „alten" G9 über diese Kompetenzen verfügen sollten. In Stingl (2009) finden wir jedoch schon im Vorwort zur 4. Auflage die folgende Feststellung:

Die langjährige Erfahrung mit Studienanfängern hat jedoch gezeigt, daß die entscheidenden Defizite aus zeitlich früheren Kapiteln der Schullaufbahn stammen, vom simplen Bruchrechnen über elementare Algebra bis zur Definition von Funktionen, …

Tab. 44.1 Kompetenzerwartungen für die Jahrgangsstufen 5 bis 9

	Arithmetik/Algebra	Funktionen	Geometrie	Stochastik
5/6	Grundrechenarten Ganze Zahlen (nur Addition und Multiplikation) einfache Brüche und endliche Dezimalzahlen Größen Ordnen, Vergleichen, Runden Zahlengerade Rechenvorteile, Teiler und Vielfache	Tabellen und Diagramme Muster bei Zahlen Maßstab	Ebene Figuren Umfang und Fläche von Dreiecken und Vierecken Quader und Würfel Oberfläche und Volumen Schrägbilder, Netze, Körpermodelle	Ur- und Strichlisten Häufigkeitstabellen, Säulendiagramme, Kreisdiagramme arithmetisches Mittel, Median
7/8	Rechnen mit rationalen Zahlen Termumformungen lineare Gleichungen lineare Gleichungssysteme irrationale Zahlen Potenzieren, Radizieren	Wertetabellen, Grafen und Terme proportionale und antiproportionale Zuordnungen lineare Funktionen Prozentrechnung, Zinsrechnung	Eigenschaften von Figuren Zeichnen von Dreiecken Umfang und Fläche von Kreisen (Kreisberechnung) Säulen (Prismen, Zylinder)	Planung und Durchführung von Erhebungen Häufigkeit und Wahrscheinlichkeit einstufige und zweistufige Zufallsexperimente Baumdiagramme Laplaceregel und Pfadregeln Boxplots
9	Zehnerpotenzschreibweise Potenzschreibweise mit ganzzahligen Exponenten einfache quadratische Gleichungen	Darstellungswechsel (in Worten, Tabelle, Graf, Term) quadratische Funktionen exponentielle Funktionen im Kontext Zinseszins Sinusfunktion	Spitzkörper (Pyramiden, Kegel) und Kugeln geometrische Größen bestimmen Sinus, Kosinus und Tangens Satz des Pythagoras Vergrößern, Verkleinern, Ähnlichkeit	Analyse von grafischen Darstellungen Beurteilung von Chancen und Risiken

Ein Teil der Studienanfänger verfügt also nicht über die Kompetenzen, welche eigentlich schon zu allen Zeiten in den Klassen 5 bis 10 (im G8 bis Klasse 9) erworben werden sollten.

Welche Gründe dafür verantwortlich sind, ob es etwa an einem Lernverhalten liegt, welches für die bevorstehende Klausur die Unterrichtsinhalte der letzten Wochen übt, um diese anschließend wieder zu vergessen, oder ob pubertäre Umbauarbeiten im Gehirn dazu führen, oder ob die Lehrpläne selbst einem nachhaltigen Lernen nicht förderlich sind, spielt in der Situation zum Studienbeginn eigentlich keine große Rolle mehr. Es bleibt festzuhalten, dass grundlegende Rechentechniken nicht beherrscht werden oder nur stark fehlerhaftet.

Beispielsweise das Auflösen von Klammern, wenn ein Minuszeichen davor steht, was für die Bildung der Gewinnfunktion $G(x)$ aus Umsatz- und Kostenfunktion benötigt wird. Mit der Umsatzfunktion $U(x) = 3300x - 26x^2$ und der Kostenfunktion $K(x) = x^3 - 2x^2 + 420x + 750$ soll die Gewinnfunktion erstellt werden:

$$G(x) = U(x) - K(x) = 3300x - 26x^2 - (x^3 - 2x^2 + 420x + 750).$$

Häufig wird beim Auflösen der Klammer nicht berücksichtigt, dass sich die weiteren Rechenzeichen umdrehen und anstelle der korrekten Gewinnfunktion

$$G(x) = -x^3 - 24x^2 - 2880x - 750,$$

ergibt sich das falsche Ergebnis

$$= -x^3 - 28x^2 + 3720x + 750.$$

Darauf aufbauende weitere Untersuchungen, wie die Bestimmung von Extrem- oder Wendestellen führen dann, trotz evtl. richtigen Vorgehens, unweigerlich zu falschen Ergebnissen.

Ein weiteres Beispiel: Die Umformung der Rentenbarwertformel nach n, also der Laufzeit, wenn alle anderen Werte gegeben sind.

$$B_n^{(N)} = Eq\frac{q^n - 1}{q^n i}.$$

Abgesehen davon, dass Logarithmen einem großen Teil der Studierenden unbekannt sind, stellt auch die Tatsache, dass die Unbekannte n zweimal auftaucht und hier zum Beispiel Bruchrechenregeln angewendet werden könnten, viele Studierende vor eine gefühlt unlösbare Aufgabe.

Durch das nicht nachhaltige Lernen während der Schulzeit, insbesondere in der Unter- und Mittelstufe, werden einfache Umformungen von Gleichungen zu Herausforderungen. Es gäbe nun zwei – beide nicht zufriedenstellende – Vorgehensmöglichkeiten: Entweder wird auf die Schwächen Rücksicht genommen und einer eigentlichen Nebenrechnung sehr viel Zeit gewidmet. Das hat wiederum zur Folge, dass es zu Verzögerungen im Semesterablauf kommt und das Semesterziel nicht erreicht wird. Oder auf die Schwächen wird keine Rücksicht genommen. Die betroffenen Studierenden erleben, dass sie aufgrund ihrer Lücken dem Geschehen in Teilen nicht folgen können und steigen im schlimmsten Fall komplett aus. Auch in diesem Szenario ist das Semesterziel in Gefahr, da ein nachhaltiges Verständnis für die Inhalte nicht erreicht wird. Es steht zu befürchten, dass wieder nur für die Klausur kurzfristig gelernt und geübt wird und die Inhalte nicht als Grundlage für folgende Vorlesungen, zum Beispiel Logistik oder Investition und Finanzierung zur Verfügung stehen. Gegen das kurzfristige Lernen hat Spitzer (2006) eine gute Idee. Als Regel sollte eingeführt werden: „Es wird nichts von dem geprüft, was gerade dran war, sondern alles andere." Somit werden „Schüler und Studenten dazu angehalten, nachhaltig zu lernen und nicht ihre Zeit mit sinnlosem Gepauke zu verschwenden." (Spitzer 2006, S. 410/411).

Zum zweiten Punkt: Die unter dem ersten Punkt beschriebenen Sachverhalte wirken sich auch auf die Einstellung gegenüber der Mathematik bzw. dem eigenen Können aus. Studierende beginnen ihr Studium mit der Haltung: Mathe kann ich eh nicht. Interviews mit Studienanfängern haben ergeben, dass diese Haltung sich zum Teil bereits in der Grundschule, in weitem Umfang aber spätestens in der Unter- und Mittelstufe gebildet und gefestigt hat. Neben den konkreten Erfahrungen im Mathematikunterricht spielen hier auch Pubertät und Persönlichkeitsentwicklung sowie die Förderung/Forderung aus dem Umfeld, zum Beispiel dem Elternhaus eine Rolle (vgl. z. B. Schoener 2012; Hüther 2014 oder Spitzer 2006, S. 410).

Die immer wieder bestätigte Erfahrung, dass trotz Anstrengungen ein Erfolg in Mathematikarbeiten ausbleibt, verselbständigt sich. Selbst wenn sich in der Oberstufe oder im Studium in einem neuen Themengebiet Verständnis einstellt und ein Gefühl von Beherrschung des Stoffes, führen zum einen die vorhandenen Lücken in grundlegenden Rechentechniken, zum anderen die innerliche Erwartung von „Mathe kann ich nicht" im Sinne einer sich selbst erfüllenden Prophezeiung zu schlechten Prüfungsergebnissen, vgl. auch Hüther (2014).

Diese beiden Barrieren, die in unterschiedlichem Ausmaß bei vielen Studienanfängern zu beobachten sind, sollen mit dem Vorkurskonzept bereits vor dem Studienbeginn angegangen werden.

44.2 Die Entwicklung des Vorkurs-Konzeptes

An der BiTS wurde zum Wintersemester 2004 erstmalig ein Mathematik-Propädeutikum als zweitägiger Kurs angeboten. Die für ein Managementorientiertes Studium notwendigen Rechentechniken wurden in 8 Blöcken von jeweils zwei Unterrichtseinheiten wiederholt und anhand von einigen Aufgaben geübt. Im Laufe der Semester wuchs die Anzahl der Teilnehmer, so dass schließlich die große Gruppe durch Kleingruppen und Betreuung durch Tutoren abgelöst wurde. Neben der Auffrischung der Mathematik-Kenntnisse nutzten viele Teilnehmer das Propädeutikum um das Hochschulumfeld und die neuen Kommilitonen kennen zu lernen. Für Studierende, die eigentlich über gute Mathematikkenntnisse verfügten, konnte das Ziel der Auffrischung dieser Kenntnisse erreicht werden. Diejenigen, die wie oben beschrieben, über unzureichende Kenntnisse verfügten, wurden mit diesem Format nicht erreicht. In einer neuen Umgebung mit unbekannten weiteren Teilnehmern wird das eigene Nicht-Können nur von wenigen geäußert. Wohingegen es leichter fällt, richtige Antworten oder Erklärungen zu geben. Sehr plastisch wurde im

Vorkurs zum Wintersemester 2009 von einer Studentin nach Beginn des zweiten Blocks geäußert: „Und jetzt spricht sie chinesisch." Damit drückte die Studentin aus, dass sie bereits zu diesem recht frühen Zeitpunkt abgehängt war und es gelang auch nicht, sie wieder mitzunehmen.

Fazit: Für Teilnehmer mit Lücken in den mathematischen Vorkenntnissen bzw. größeren Problemen im Umgang mit der Mathematik konnte das zweitägige Format keine Hilfestellung bieten.

Da der zweitägige Kurs nicht die Zielgruppe erreichte, stellte sich die Frage, ob Vorkurse komplett eingestellt oder massiv ausgeweitet werden sollten.

Als Antwort wurde ein Kurskonzept für zwei Wochen, also 10 Kurstage entwickelt. Dieses wurde zum Sommersemester 2010 erstmalig durchgeführt und hat seitdem, abgesehen von kleineren Änderungen und inhaltlichen Anpassungen, Bestand.

Der Mathematik-Vorkurs startet drei Wochen vor Semesterbeginn. Er findet täglich von Montag bis Freitag von 9.00 bis 17.00 Uhr statt und ist kostenpflichtig.

Morgens werden, nach der Begrüßung und einem kurzen Test der bisherigen Inhalte, „neue" Inhalte in Vorlesungsform behandelt. Nachmittags werden unter Anleitung von Tutoren Übungsaufgaben zu diesen Inhalten gerechnet.

Die sowohl monetären als auch zeitlichen Kosten dieses Formats haben dazu geführt, dass sich solche Studienanfänger, die fit in Mathematik sind und den Kurs nicht benötigen, in der Regel auch nicht anmelden. Die entstehende Gruppe ist also bezüglich der vorhandenen Kenntnisse wesentlich homogener. Durch eine Befragung am Anfang des Kurses, bei der vor allem Wert auf die Einstellung zur Mathematik und eine eigene Einschätzung gelegt wird, stellen die Teilnehmer fest, dass sie alle mit den gleichen Schwierigkeiten zu kämpfen haben, sich also unter Gleichgesinnten befinden. Fragen, die geäußert, oder falsche Antworten, die gegeben werden, werden von anderen nicht belächelt, sondern entweder unterstützt oder engagiert beantwortet bzw. korrigiert. Es entsteht regelmäßig eine offene und angenehme Lernatmosphäre. Diese Lernatmosphäre ist einer von zwei wichtigen Pfeilern und Grundlage für ein erfolgreiches Arbeiten in den beiden Vorkurswochen und wird aktiv von Dozenten und Tutoren gefördert. Darauf setzt der zweite Pfeiler: Die Teilnehmer werden so früh wie nur möglich in ihren mathematischen Fähigkeiten abgeholt. Neben der Aufarbeitung fehlender Kenntnisse soll ja auch erreicht werden, „dass Lernende Vertrauen in ihre eigenen Fähigkeiten entwickeln" (Roegner et al. 2014, S. 195). Der letzte wirklich sicher beherrschte Ort sind die Grundrechenarten. Dort, in der dritten bzw. vierten Klasse der Grundschule, setzt der Vorkurs thematisch an.

44.3   Die 10 Vorkurstage im Themenüberblick

Am ersten Tag werden zunächst die Zahlenbereiche von den natürlichen bis zu den reellen Zahlen und die Grundrechenarten auf praktischer sowie abstrakter Ebene thematisiert. 18 bis 22 jährige reflektieren das Rechnen anders als Grundschüler. Die schriftliche Division beispielsweise ist bei vielen in Vergessenheit geraten. An einem Beispiel vorgeführt und mit den entsprechenden Erklärungen versehen, beherrschen die Teilnehmer sie nach kurzer Zeit. Im Hinblick auf die Polynomdivision ist vor allem das Verständnis für das, was man tut, ein wichtiger Baustein.

Assoziativ-, Kommutativ- und Distributivgesetz ergänzen das Rechnen. Die Inhalte des ersten Tages werden allgemein als sehr einfach empfunden. Deshalb fällt es den Teilnehmern auch leicht, eigene Fehler, die sich teilweise über längere Zeit eingeschlichen haben, zu registrieren. Durch explizite Hinweise auf typische Fehler, wie beispielsweise bei der Auflösung von Klammern, vor denen ein Minus steht, sollen die Teilnehmer sensibilisiert werden, ihr eigenes Handeln kritisch zu betrachten, Fehler selbst zu erkennen und letztlich die Verantwortung für ihren Lernprozess eigenständig zu übernehmen. Der einfache Einstieg an diesem ersten Tag hat das weitere Ziel, Erfolgserlebnisse zu schaffen und ein erstes Gefühl von: *Ich kann das ja doch*, bzw. *Mathe ist ja gar nicht schwer*. Dies wird in der Übung am Nachmittag verstärkt. Neben den eigentlichen Aufgaben bleibt genug Zeit, um die sozialen Kontakte innerhalb der Gruppe zu bilden. Die Tutoren als Kenner der Hochschule stehen auch für viele Fragen, die den Studienalltag betreffen, zur Verfügung.

Der zweite Tag beginnt mit einem Test der Inhalte des Vortages. Der Test hat zum einen eine Kontrollfunktion. Werden die bisherigen Inhalte beherrscht? – Was muss ggfs. nochmals thematisiert werden? – Welche typischen Fehler können erkannt werden, an denen die Teilnehmer arbeiten müssen? Die zweite Funktion des Tests ist eher psychologischer Natur: Tests stellen eine Prüfungssituation dar, die Nervosität und Unsicherheit auslöst, im schlimmsten Fall Versagensängste. Zum Einfluss von Angst auf das Lernen vgl. auch Spitzer (2006). Die Tests im Vorkurs laufen unter lockeren Bedingungen ab, als schwierig empfundene Aufgaben werden anschließend thematisiert und in der Gruppe besprochen, die Korrektur der Tests erfolgt ohne eine Bewertung in Form von Punkten oder Noten. Dies führt dazu, dass sich spätestens in der zweiten Woche die Nervosität vor den Tests gelegt hat und in der Evaluation als einer der positiven Aspekte regelmäßig diese Tests genannt werden. Viele Teilnehmer erfahren durch die Korrektur eine Bestätigung und Erfolgserlebnisse und legen ihre negative Einstellung bezüglich der eigenen Fähigkeiten in Mathematik ein stückweit ab.

Inhaltlich ist der zweite Tag dem Bruchrechnen gewidmet. Bruchrechnen wird an den Gymnasien in der Regel in der Klasse 6 behandelt, liegt also zum Studienbeginn schon einige Jahre zurück. Zu Beginn dieser thematischen Einheit wird viel Zeit darauf verwendet, ein tieferes Verständnis für das Wesen des Bruchs aufzubauen. Anhand von Faltblättern, Alltagsbeispielen wie Pizza- oder Kuchenstücken und weiteren Beispielen aus Reihen der Teilnehmer wird versucht, ein anschauliches Bild zu erzeugen. Auf dieses Bild wird dann immer wieder zurückgegriffen, um die Notwendigkeit von Rechenregeln für Brüche aufzuzeigen.

Am dritten Tag werden Potenzen, Wurzeln und Logarithmen behandelt. Vielfach ist die Bedeutung von anderen als der Quadratwurzel nicht bekannt; Logarithmen sind einem größeren Teil der Teilnehmer nicht bekannt. Potenzieren und Radizieren ist im Kernlernplan in den Stufen 7/8 angesiedelt. Die Bedeutung der Potenz für konkrete Zahlenbeispiele ist durchaus bekannt. Rechenregeln für Termumformungen eher weniger. Einer der

Schwerpunkte dieses Tages liegt dementsprechend auf der Anwendung der Regeln zur Auflösung von Gleichungen.

Der vierte Tag widmet sich dem Thema Textaufgaben. Beginnend mit der Umsetzung einfacher Anweisungen in mathematische Gleichungen steigern sich die Anforderungen bis hin zu typischen Textaufgaben, wie sie in der BWL üblicherweise auftreten. Die Aufgaben sind so gewählt, dass bei der Lösung der mathematischen Gleichungen die Rechenfertigkeiten, welche in den ersten drei Tagen besprochen wurden, zum Einsatz kommen. An diesem Tag werden vor allem die Probleme, welche bei der Behandlung von Textaufgaben auf Seiten der Teilnehmer auftreten, thematisiert und gemeinsam Lösungsstrategien gesucht. Die Arbeitsformen der Gruppenarbeit und offenen Diskussion von präsentierten Lösungen eignen sich hier besonders.

Den Abschluss der ersten Woche bildet die Behandlung des Summenzeichens. Damit geht der Vorkurs an dieser Stelle über die reine Wiederholung schulischer Inhalte hinaus. Da insbesondere in Literatur zu Finanzmathematik und Statistik bzw. Stochastik Summenzeichen verwendet werden, greift der Vorkurs dieses Thema auf.

Die zweite Woche steht überwiegend im Zeichen von Funktionen und deren Behandlung. Dies beginnt am Montag mit binomischen Formeln und dem Lösen quadratischer Gleichungen. Erstaunlicherweise kann hier bei vielen Teilnehmern wieder viel „mechanisches" Können festgestellt werden. Die p-q-Formel, oder bei Teilnehmern aus Süddeutschland die abc-Formel, ist oft präsent und kann nach kurzer Wiederholung sicher eingesetzt werden.

Der siebte Tag beschäftigt sich generell mit Funktionen. Von der Definition über lineare und quadratische Funktionen (mit Hinweis auf den Vortag) geht es allgemein zu Polynomen n-ten Grades, gebrochen-rationalen Funktionen sowie Wurzel-, e- und Logarithmus-Funktionen. Eigenschaften wie Monotonie, Stetigkeit, Grenzverhalten und Nullstellen werden allgemein besprochen und an Beispielen veranschaulicht.

Am achten Tag wird, aufbauend auf den Inhalten des siebten Tages, das Thema Ableitungen in den Mittelpunkt gestellt. Nach einer kurzen Herleitung werden Ableitungsregeln ausführlich besprochen und geübt. Danach geht es an die Bestimmung von Extrem- und Wendestellen.

Der Stoffumfang des siebten und achten Tages erscheint verhältnismäßig groß und mit der Differentialrechnung enthält er wichtige Grundlagen für die Vorlesungen in den ersten Semestern des Studiums. Auf der anderen Seite werden diese Inhalte am Ende der Schulzeit bis ins Abitur hinein in den Schulen behandelt. Die Kenntnisse sind also recht frisch und das Erinnern fällt verhältnismäßig leicht. Gekoppelt mit der intensiven Wiederholung von weiter zurückliegenden Grundlagen erschließt sich die Differentialrechnung dem überwiegenden Teil der Vorkursteilnehmer in einem zufriedenstellenden Maße. Benötigt der Kurs in höherem Umfang die Beschäftigung mit diesem thematischen Bereich, so steht der 10. Tag alternativ dafür zur Verfügung.

Der neunte Tag beschäftigt sich mit der Behandlung von linearen Gleichungssystemen. Nach dem Lehrplan für das G8 (vgl. Mathematik KLP 2011b), werden lineare Gleichungssysteme bereits in der Stufe 7 oder 8 behandelt. Nach Aussagen von Lehrern (vgl. z. B. Schoener 2012) eine eher schwierige Zeit. In der Oberstufe wird das Thema erneut aufgegriffen. Trotzdem bereitet das Lösen selbst kleiner Gleichungssysteme einem größeren Teil von Studienanfängern erhebliche Probleme. Neben der Rechentechnik fehlt vielfach das Verständnis für die Inhalte, die mit Gleichungssystemen dargestellt werden.

Der 10. und letzte Tag des Vorkurses ist inhaltlich nicht von vornherein festgelegt. Je nach Verlauf des Vorkurses und der in den Testen aufgetretenen Fehlern können bestimmte Inhalte wiederholt und/oder vertieft werden, oder weitere Inhalte angesprochen werden. Häufig besteht der Wunsch, auf Matrizenrechnung einzugehen. Diese wird innerhalb der Vorlesung Wirtschaftsmathematik in ihren grundlegenden Operationen behandelt und ist deshalb als eigenständiger Teil des Vorkurses nicht vorgesehen, wird aber auf Wunsch natürlich besprochen.

44.4 Evaluation

Die Evaluation des Vorkurses erfolgt auf der einen Seite, um die Qualität zu überprüfen bzw. zu sichern, zum zweiten mit dem Ziel, das Konzept weiter auf die Bedürfnisse der Teilnehmer anzupassen. Ablauf und Fortschritt innerhalb des Kurses sind darauf ausgerichtet, einfach zu starten und den „Schwierigkeitsgrad" so zu steigern, dass ein Mitkommen problemlos möglich sein sollte. Die erste Frage des einseitigen Evaluationsbogens bezieht sich darauf:

Wie haben Sie den Schwierigkeitsgrad des Vorkurses empfunden?

73 % der Teilnehmer bewerten im WS 13 den Schwierigkeitsgrad als *genau richtig.*

Die angestrebte Änderung in der Einstellung zur eigenen Fähigkeit in Mathematik wird mit der zweiten Frage angesprochen:

Glauben Sie, dass Sie in Zukunft kompetenter mit mathematischen Aufgaben umgehen?

58 % wählten im WS 13 die Antwort „Ja, auf jeden Fall!". Die restlichen 42 % werteten etwas zurückhaltender mit „Ja, etwas.".

Die restlichen Fragen der kurzen Evaluation beziehen sich auf Kritik, Lob, Bewertung von Dozent und Tutor und Anregungen zur Verbesserung. Sehr häufig wurde geäußert, dass die gute und lockere Lernatmosphäre, die guten und geduldig auch mehrfach vorgetragenen Erklärungen und die intensive Betreuung in den Übungseinheiten wichtige Komponenten des Kurses waren. Die Stimmung während der zwei Wochen, die sich leider einer objektiven Bewertung entzieht, war ausgesprochen gut – eigentlich verwunderlich, wenn man Zielgruppe und Inhalt der Veranstaltung betrachtet. In der langfristigen Beobachtung der Studierenden, die am Vorkurs teilgenommen haben, zeigt sich ein sehr unterschiedliches Bild. Ein größerer Teil geht mit einem gestärkten Selbstbild und ausreichenden Kompetenzen in den mathematischen Grundlagen ins Studium und schafft in den mathematisch ausgerichteten Vorlesungen befriedigende bis gute Ergebnisse. Ein, zum Glück kleinerer, Teil kämpft leider auch im Studium weiter mit Schwierigkeiten in diesen Fächern. Für diese Gruppe sind zwei Wochen eventuell zu kurz, um einen nachhaltigen Effekt zu erreichen. Im Rahmen des Vorkurses werden keine Eingangs- bzw. Abschlussprüfung durchgeführt. Eine objektive Bewertung der Fortschritte ist deshalb nicht möglich. Entsprechende Prüfungen in der Zukunft einzuführen, wäre eine Möglichkeit zur Abrundung des Konzeptes. Auf der anderen Seite wird damit eine Prüfungssituation geschaffen, die eventuell der Arbeitseinstellung *„Ich arbeite für mich"* entgegensteht.

44.5   Diskussion des lernpsychologischen Ansatzes

Das hier vorgestellte Konzept unterscheidet sich in zwei Punkten von vielen anderen Vorkurskonzepten, von denen die Autorin bisher gehört und gelesen hat. Zunächst ist es der inhaltlich sehr frühe Start mit Inhalten aus dem Übergang von Grundschule zu weiterführender Schule. Eine Reihe von Vorkursen startet dort, wo unser Vorkurs aufhört, mit Funktionen und Differentialrechnung. Das hat gute Gründe, die sich in der Zielgruppe der jeweiligen Studiengänge wiederfinden. Wohl kaum ein Abiturient mit grundlegenden Schwierigkeiten und Lücken in Mathematik, wie sie eingangs beschrieben wurden, kommt auf die Idee, Mathematik oder einen Ingenieurstudiengang zu studieren.

Für managementorientierte Studiengänge interessieren sich jedoch auch Studieninteressierte, die mit Mathematik verschiedene Probleme haben, wie zu Beginn dieses Beitrags dargestellt wurde. Für die in typischen BWL- und VWL-Fächern benötigte Mathematik sind insbesondere die in unserem Vorkurs vermittelten Vorkenntnisse notwendig *und* die richtige Einstellung zur Mathematik und den eigenen Fähigkeiten. Wie Spitzer (2006) feststellt: „ist mathematisches Können eine Funktion von Begabung *und* von Übung. Man kann zeigen, dass es vor allem das freiwillige und durch die Sache selbst motivierte Üben ist, das uns auch in der Mathematik weiterbringt" (S. 274).

Diese Überzeugung, dass mathematische Fähigkeiten bis zu einem gewissen Grad von eigentlich jedem geleistet werden können, bildet die Grundlage für den Vorkurs an der BiTS. Die für ein managementorientiertes Studium notwendigen Fähigkeiten liegen in einem Bereich, der durch Üben in befriedigendem Maße erschlossen werden kann. Durch den einfachen Einstieg und die langsame Steigerung, bei der nach Möglichkeit das Tempo der Teilnehmer maßgebend ist, werden diese nicht nur in ihren „neu" erworbenen Fähigkeiten bestärkt, sondern insbesondere in ihrer Einschätzung der eigenen Kompetenzen in der Mathematik. Die Relevanz von Emotionen für das Lernen begründet zum Beispiel Spitzer (2006) *„Eine positive Grundstimmung ist daher gut für das Lernen"* (S. 164). Die positive Grundstimmung wird nicht nur durch den einfachen Einstieg und das angepasste Lerntempo erzeugt, sondern wesentlich auch durch die Gruppenzusammensetzung bzw. -Größe bestimmt. Kleine Gruppen, mit maximal 30 Teilnehmern, die für die nachmittäglichen Übungen entweder nochmal geteilt oder im Teamteaching betreut werden, schaffen eine geschützte Umgebung. Der einzelne Teilnehmer kann sich nicht in der Menge verstecken, muss aber auch keine Bloßstellung vor einer großen Menge befürchten. Das Wissen, dass auch die anderen Teilnehmer Schwierigkeiten mit der Mathematik haben und an dem gleichen Ziel arbeiten, verbindet innerhalb der Gruppe auf natürliche Weise. Die Evaluationen bestätigen dies. Der insgesamt lockere Umgangston trägt seinen Teil bei, so dass eine überwiegend gute Atmosphäre entsteht und wir feststellen, um ein letztes Mal Spitzer (2006) zu zitieren, „[. . .], dass Lernen bei guter Laune am besten funktioniert, [. . .]" (S. 167).

44.6 Baustellen bzw. Verbesserungspotential

Trotz positiver Erfahrungen und einem eigentlich gut funktionierenden Konzepts gibt es natürlich Verbesserungspotential für die Weiterentwicklung des Kurses.

Eine wesentliche Schwäche des Vorkurses besteht in der Teilnehmerauswahl. Der Vorkurs ist nicht verpflichtend und es geht kein entsprechender mathematischer Test voraus. Aufgrund eines allgemeinen Aufnahmetests und der aus dem Abiturzeugnis erkennbaren Leistungen erfolgt im Aufnahmegespräch ggfs. eine Empfehlung zum Besuch des Vorkurses. Prinzipiell ist er allerdings freiwillig. Daraus resultiert, dass nicht alle, die es benötigen würden, den Vorkurs auch tatsächlich besuchen.

Das eigentliche Vorkurskonzept beinhaltet weder die Matrizenrechnung noch Statistik- oder Stochastik, mit Ausnahme des Summenzeichens. Matrizenrechnung im Sinne ökonomischer Verflechtungen wird etwas weniger als der Hälfte der Studierenden als bekannt angegeben. Insbesondere Absolventen von Kollegschulen sind hier gut gerüstet. Stochastik hingegen haben viele Studierende während ihrer Schulzeit nicht oder nur in sehr geringem Maße behandelt. Mit dem Lehrplan für das G8, in dem die Stochastik für alle Jahrgangsstufen der Klassen 5 bis 9 explizit ausgewiesen ist, wird sich hier evtl. eine Änderung in den nächsten Jahren ergeben. Um dann in den Vorlesungen des Studiums auf dieser breiteren Wissensbasis aufsetzen zu können, könnte eine Aufnahme von grundlegenden Begriffen und Vorgehensweisen der Stochastik in den Vorkurs diskutiert werden.

Ausweitung auf drei oder vier Wochen und differenzierte Kursangebote? – Auch diese Fragen stellen sich. Jahrelang aufgebaute Defizite in und Abneigungen gegenüber der Mathematik benötigen eine angemessene Zeit. Zwei Wochen Mathematik sind sicherlich sehr intensiv, aber ob sie ausreichend sind? – Verschiedene andere Vorkurskonzepte, zum Beispiel an der FH Südwestfalen vgl. Reimpell et al. (2014), verlängern die Dauer des Kurses oder führen den Kurs über das erste Semester weiter fort. Hier ergeben sich Anregungen, die in die Weiterentwicklung des Vorkurskonzeptes an der BiTS einbezogen werden. Um ein differenziertes Angebot zu machen, ist ein entsprechendes Testverfahren der vorhandenen Kenntnisse notwendig (s. o.).

Letzte Baustelle aus der aktuellen Sicht ist die Online Unterstützung des Kurses. Mit weiteren Aufgaben und Lerneinheiten in Form eines Online-Angebotes wäre auch die Nachhaltigkeit des Lernens und des neuen, positiveren Zugangs zu den eigenen mathematischen Kenntnissen gegeben.

44.7 Fazit

Mit dem Konzept des Vorkurses wurde ein erfolgversprechender Weg eingeschlagen. Die Ziele des Vorkurses werden überwiegend erreicht. Studierende, die auch noch nach mehreren Semestern gerne an den Vorkurs zurückdenken und ihn als wichtigen und guten Teil ihres Studiums sehen, sind keine Seltenheit und bestätigen das Konzept.

Ein flächendeckender Test für alle Studienanfänger wird einer der nächsten Schritte sein, um gezielter auf vorhandene Schwächen hinzuweisen und mit Nachdruck eine Auffrischung bei denjenigen einzufordern, die diese für einen gelungenen Studienstart benötigen. Neben den zeitlich gebundenen Präsenzkurs wird ein Onlineangebot treten, um zeitlich flexibel und im Selbststudium arbeiten zu können. Inwieweit das mit jünger werdenden Studienanfängern funktionieren kann oder durch Präsenzangebote zumindest ergänzt werden muss, wird sich dann zeigen.

Literatur

Hüther, G. (2014). *Was wir sind und was wir sein könnten – ein neurobiologischer Mutmacher* (4. Aufl.). Frankfurt am Main: Fischer.

Mathematik KLP (2011a). *Mathematik KLP – Vorbemerkungen*. http://www.standardsicherung. schulministerium.nrw.de/lehrplaene/lehrplannavigator-s-i/gymnasium-g8/mathematik-g8/ kernlehrplan-mathematik/vorbemerkungen/vorbemerkungen.html. Zugegriffen: 07. Mai 2014

Mathematik KLP (2011b). *Mathematik KLP – Kompetenzerwartungen*. http://www. standardsicherung.schulministerium.nrw.de/lehrplaene/lehrplannavigator-s-i/gymnasium-g8/ mathematik-g8/kernlehrplan-mathematik/kompetenzen/kompetenzen.html. Zugegriffen: 07. Mai 2014

Purkert, W. (2005). *Brückenkurs Mathematik für Wirtschaftswissenschaftler* (5. Aufl.). Leipzig: Teubner.

Reimpell, M., Hoppe, D., Pätzold, T., & Sommer, A. (2014). Brückenkurs Mathematik an der FH Südwestfalen in Meschede – Erfahrungsbericht. In I. Bausch, R. Biehler, R. Bruder, P. R. Fischer, R. Hochmuth, & W. Koepf et al. (Hrsg.), *Mathematische Vor- und Brückenkurse: Konzepte, Probleme und Perspektiven* (S. 165–180). Wiesbaden: Springer Spektrum.

Roegner, K., Seiler, R., & Timmreck, D. (2014). Exploratives Lernen an der Schnittstelle Schule/Hochschule. In I. Bausch, R. Biehler, R. Bruder, P. R. Fischer, R. Hochmuth, & W. Koepf et al. (Hrsg.), *Mathematische Vor- und Brückenkurse: Konzepte, Probleme und Perspektiven* (S. 181–196). Wiesbaden: Springer Spektrum.

Schoener, J. (2012). Die verflixte achte Klasse. Die Zeit. http://www.zeit.de/gesellschaft/schule/zeit-schulfuehrer/2012/Pubertaet (Erstellt: 15. November 2012). Zugegriffen: 02. Mai 2014

Spitzer, M. (2006). *Lernen. Gehirnforschung und die Schule des Lebens*. Heidelberg: Spektrum Akademischer Verlag.

Stingl, P. (2009). *Einstieg in die Mathematik für Fachhochschulen* (4. Aufl.). München: Hanser.

Voßkamp, R., & Laging, A. (2014). Teilnahmeentscheidungen und Erfolg. Eine Fallstudie zu einem Vorkurs aus dem Bereich der Wirtschaftswissenschaften. In I. Bausch, R. Biehler, R. Bruder, P. R. Fischer, R. Hochmuth, & W. Koepf et al. (Hrsg.), *Mathematische Vor- und Brückenkurse: Konzepte, Probleme und Perspektiven* (S. 67–83). Wiesbaden: Springer Spektrum.

Printed in the United States
By Bookmasters